记
/M/A/R/K/
号

真知　卓思　洞见

中國古代戰爭的地理樞紐

宋杰◎著

第3版增订本

北京科学技术出版社

图书在版编目（CIP）数据

中国古代战争的地理枢纽 / 宋杰著 . -- 3 版 , 增订
本 . -- 北京：北京科学技术出版社 , 2024. -- ISBN
978-7-5714-4201-9（2025.2 重印）

Ⅰ . E993.2

中国国家版本馆 CIP 数据核字第 2024NK3887 号

选题策划：	记　号
策划编辑：	马春华　马　旭
责任编辑：	武环静
责任校对：	贾　荣
封面设计：	田金泓
图文制作：	刘永坤
责任印制：	吕　越
出 版 人：	曾庆宇
出版发行：	北京科学技术出版社
社　　址：	北京西直门南大街 16 号
邮政编码：	100035
电　　话：	0086-10-66135495（总编室）　0086-10-66113227（发行部）
网　　址：	www.bkydw.cn
印　　刷：	北京顶佳世纪印刷有限公司
开　　本：	710 mm × 1000 mm　1/16
字　　数：	685 千字
印　　张：	53
版　　次：	2024 年 12 月第 2 版
印　　次：	2025 年 2 月第 2 次印刷
审 图 号：	GS（2024）3646 号
ISBN 978-7-5714-4201-9	

定　　价：180.00 元

前　言

　　古今士子对于议论兵戎之事多有浓厚的兴趣，正如李贺诗云："男儿何不带吴钩，收取关山五十州。"我早年在北京师范学院（今首都师范大学）历史系就读时，听过宁可先生讲授的《中国历史的地理环境》一课，老师纵论古今形势之演进，屡出妙语灼见，给人留下了深刻印象。我毕业任教以后，有幸分配在中国古代社会经济史研究室接受宁可先生的专业指导，后又在其门下攻读博士学位，耳提面命，获益良多。先生曾推荐阅读英国学者麦金德的名著《历史的地理枢纽》，并指出可以结合中国历史上的东西对立和南北对峙局面来研究军事枢纽问题。在这一思路的启发下，我将自己的博士论文题目拟为《先秦战略地理研究》，遂奠定了探讨此项课题的决心。由于《中国古代战争的地理枢纽》这一命题所包含的内容过于浩繁，夏商以来至明清垂垂四千余年，所涉及的军事重镇不可胜数，以个人渺渺之身做系统深入的研究是完全不可能的事，如庄子所言："以有涯随无涯，殆已！"另外，现代学者亦对于历代兵家要地多有论述，如何在前人的成果基础上取得创新和突破，也是需要认真考虑的问题。有鉴于此，我在动手写作之前曾对这项课题的研究范围和切入角度做了一番详细的思索，特向读者说明。

　　首先，当今学人集中研讨古代军事枢纽地点的代表性著作颇多，计有张晓生著《兵家必争之地》①、曹云忠等编著《中华名关》②、陆宝千著《中国史地综论》③，以及胡阿祥主编《兵家必争之地》④等。尤其以胡氏之书较为详备，它在体例上仿效顾祖禹《读史方舆纪要》，采取"平铺直叙"的表述方式，分别介绍各省的地理形势，包括战略地位、山川险要和境内的军事重镇，可以使读者全面地了解我国历史上各个区域兵家要地的分布情况及所经历的战事。但从学术研究的角度来说，此类书籍的不足之处主要有两点。其一，皆为通论性著作，内容多为对前人成果的综合与复述，问题的个别论证缺乏深度。其二，它们是以各个要地的相邻"空间"为出发点和基本线索陈述、研讨的，对于"时间"，即各历史阶段的时代背景对枢纽地区的战略价值造成了何种影响则重视得不够。而在中国古代社会演变过程里，随着生产、科学及军事技术的发展，还有经济、政治重心地区的转移，各个枢纽地区的作用、影响也会发生起伏。不同的朝代往往具备各自独有的兵家要地，所谓"天下之枢"并非永久不变的。所以笔者认为，若要在这一研究领域取得新的进展，可以考虑从"时间"概念出发来探索军事枢纽的分布和变化，即以我国历史发展脉络为主线，研讨各个王朝兵家要地发生转移的情况，再剖析其社会背景和转移的原因。这就是本书的写作宗旨。因此，在课题研究和表述的逻辑顺序上与以前的相关著作有所区别。

　　其次，在地理空间上，我大致以历史上华夏族、汉族的居住区域边界为界线，将夏朝至清代数千年的战事分为边境战争和内地战争。前者在秦汉以后表现为中原王朝与周边民族在边境线附近爆发的战争，后者是在东部季风区内部、距离边境较远的腹地——如黄河中下游、长江中

---

① 张晓生：《兵家必争之地》，解放军出版社，1987 年。
② 曹云忠等编著：《中华名关》，解放军出版社，1988 年。
③ 陆宝千：《中国史地综论》，广文书局，1962 年。
④ 胡阿祥主编：《兵家必争之地》，河海大学出版社，1996 年。

下游及淮河、汉水流域等地发生的战争。笔者认为，内地战争在古代中国历史上的影响远远超过边境战争，所以内地的枢纽地区在战争史上发挥的作用总的来说也比边关要塞更为重要。其详说及论据请读者阅览本书的"导言"部分。基于上述判断和个人的有限能力，我把课题的研究重点放在了中原内地的枢纽地区上，而不得不舍弃边境战争中的许多重镇（如朔方、雁门关、山海关等）。在这里还要再次感谢导师宁可先生。他指出，可以把内地数量繁众的枢纽地区按照战略价值的高低分成若干等级，在时间、精力有限的情况下，先集中研究那些级别最高，即对当时战争影响最为重要的地点，其他的暂且搁置。这就是我在本书中只对每个朝代选择一两处枢纽地区加以探析的缘故。

再次，关于这一课题研究对象在"时间"方面的上限和下限问题，由于已经确定的思路是探讨中国东西对立和南北对峙期间军事枢纽的转移，故笔者认为最早可以追溯到夏商时代。华夏、东夷民族集团的角逐与融合是当时政治斗争的主流，甘、韦、阚、管所在的今河南郑州地段，位于两大历史民族区的接壤处和交通冲要，曾经频频引起军队统帅的关注。而其终止的时间则定在南宋末年，由于政治向心性的加强、中央集权制度和统一国家的巩固，元朝建立之后，中国大陆未再出现春秋战国、魏晋南北朝和五代十国那样长期的分裂割据局面。另外，元末以来火药、火器在军事上得到普遍应用，采取火药爆破和火炮轰城的攻垒战术相当有效，使城堡的防御作用大大降低。因此，蒙古和南宋的襄樊之战以后，内地战争中也再没有发生较弱的一方可以凭借几座城垒和险要地势来长期抗拒强敌，并且最终获得成功，从而使己方的统治得以延续的战例。关于这个问题，可以参阅史念海所著《论我国历史上东西对立的局面与南北对立的局面》一文 [1]，他即主张中国大陆政治上的长期分裂局面是在

---

[1] 史念海：《论我国历史上东西对立的局面与南北对立的局面》，《中国历史地理论丛》1992 年第 1 期，第 57～112 页。

南宋末年最终结束的。

由于我在单位从事的科研任务以秦汉史为主，教学工作亦相当繁重，始终很难对军事史研究倾注全力，所以自1989年发表《秦汉时代的敖仓》一文到今天初步结题，竟然耗时整整二十年。在此期间，我探讨了三代的甘、管，春秋之郑，战国之韩魏、函谷关和豫西通道，秦汉的荥阳及敖仓，三国的合肥、濡须和汉中，东晋南朝的寿春，两魏周齐的河东，北朝至唐中叶的河阳三城，隋末唐初的洛阳，南宋末年的襄阳等枢纽重地在战争中的作用，其中不成熟的意见恭请各位师友批评指正。遗憾的是，限于个人的身体状况和业务能力，还有许多价值颇高的内地军事枢纽，如上党、晋阳、徐州、邺城、开封等未能付诸研究，只有期盼后人来从事这项工作了。《中国古代战争的地理枢纽》这一命题所包含的素材几乎是无穷无尽的，希望我这部浅陋的著作能够成为引玉之砖，使更多的学人对此产生兴趣并进入相关领域展开探讨，借以促进古代军事史研究的繁荣。

另外，本书的图页绘制得到了首都师范大学历史学院马保春先生的协助，部分图页参考了《中国古代战争战例选编》第一册至第三册①中的附图，以及史念海《河山集》三集中的《济水鸿沟略图》②，在此谨致谢意。

宋　杰

2008年8月31日于颐源居

---

① 军事科学院战争理论研究部、《中国古代战争战例选编》编写组：《中国古代战争战例选编》第一册，中华书局，1981年。军事科学院战争理论研究部、《中国古代战争战例选编》编写组：《中国古代战争战例选编》第二册，中华书局，1983年。军事科学院战争理论研究部、《中国古代战争战例选编》编写组：《中国古代战争战例选编》第三册，中华书局，1984年。

② 史念海：《河山集》三集，人民出版社，1988年，第314～315页。

修订版附言

拙著《中国古代战争的地理枢纽》12 年前由中国社会科学出版社发行初版，受到读者和业内人士的好评。原书发行量较少，未能满足市场的需要，今承北京科学技术出版社的美意予以再版，特在此表示由衷的感谢。

此次修订，本人对初版著作中的文字和注释做了订正，后由责任编辑仔细审核，减少了其中的一些错误。初版中《合肥与曹魏的御吴战争》一章，未能吸取近年对三国合肥新城遗址的考古发掘成果，这次修订版做了相应的补充。另外，正始二年（241）吴军曾绕开合肥，自皖城北进，经舒县西北越过江淮丘陵抵达六安，再北上到寿春以南的芍陂作战，这段史实笔者没有注意，致使在文中出现了认为当时曹魏弃守合肥的错误判断，此次也一并予以修正。

值得一提的是，此次修订版中的参考地图特约请专业绘图机构按照国家标准重新绘制，受时间等条件限制，最终确认保留与内容密切相关的 22 幅地图放于书前，以飨读者。

对军事历史的热爱是我写作本书的主要动机，此修订版若能对此领域的发展有所促进，将会满足我的夙愿。

宋　杰

2021 年 11 月 25 日于颐源居

第 3 版增订本附言

拙著《中国古代战争的地理枢纽》自 2022 年再版发行以来，受到学界与广大读者的好评与欢迎，笔者在这里表示由衷的感谢。但同时也收到了一些不满的意见，综述如下：首先，受当时各种出版条件的制约，再版时拙著只保留了 22 张插图，比起初版的 54 张减少了许多；其次，书中的论述仍有若干细节上的错误，被热心读者发现并提出了批评；再次，先秦至南宋末年的战争里，有许多影响重大的地点和区域，笔者受限于时间和精力，仅对每个朝代或历史阶段里最具代表性的一两个例证进行研究，因而不够全面，有些读者提出了扩大内容的期盼，希望能够增加此项课题的研究对象。

上述批评和意见都是非常合理的，对此我诚恳接受，对拙著做了必要的补充与修订，并获得了北京科学技术出版社的全力支持。第 3 版增订本，将插图增加到 73 张，尽量满足读者的需求。我近年的研究工作集中于三国军事地理与攻守战略方面，但仍抽时间完成了《秦、西汉王朝"以关中制山东"的对内防御战略》和《北朝后期战争中的晋阳》两篇论文（前者被人民大学《复印报刊资料·先秦秦汉史》全文转载），现将其收入新版的著作。另外，第 3 版增订本又对整部著作的论述及引文、出处做了系统的校对修订，纠正了不少错误，努力改善学术质量，把它以更好的面貌呈献给读者，以此来促进我国军事历史研究领域的发展，期望这门学科日益繁荣，涌现出越来越多的精品成果，得到大众的普遍关注与热爱。

宋　杰

2024 年 7 月 27 日

目 录

导　言

一、兵学中的"衢地"——枢纽地区

　　人类有史以来的战争，都是在一定的地理环境中进行的。战争的胜负，除了双方政治、经济、军事指挥、装备、士气等影响因素之外，在很大程度上还要受到地理形势（包括自然地理因素和人文地理因素）的制约。正确地选择和利用战争的地理条件，往往也是克敌制胜的要因之一。尤其是在军事技术、交通手段落后的古代，地理环境对作战的影响更为显著，以至于长江大河被称为"天堑"，崇山峻岭"一夫当关，万夫莫开"。在大规模的战争里，某个或某几个面积有限的区域由于地理位置的重要，成为交战双方对峙的热点，即所谓"兵家必争之地"，它的得失对战争的结局常常具有决定性作用。这种战略要地，军事地理学中叫作"枢纽地区"，或是"锁钥地点"。克劳塞维茨曾经说过："任何国家里都有一些特别重要的地点，那里有很多道路汇合在一起，便于筹集给养，便于向各个方向行动，简单地说，占领了这些地点就可以满足许多需要，得到许多利益。如果统帅们想用一个词来表示这种地点的重要性，因而把它叫作国土的锁钥，那么似乎只有书呆子才会加以反对。"①

在我国封建社会形成的春秋战国时期，由于经济发展、民族融合速度的加快，各地区之间的交往、联系日益密切，出现了统一的趋势；诸侯国间的战争规模扩大、次数频繁，装备、技术水平也显著提高。这一切使政治家和军事家的视野变得广阔起来，考虑战略问题时，开始把"天下"看成一个由不同区域组成的整体，其中某些区域的地位价值较高，在兼并战争中如果能被率先夺取、控制，就能使自己处于有利的态势。这种认识的产生，在时间上远远领先于西方近代"枢纽地区"的军事思想，最早是由我国的"兵学之祖"孙武提出来的。孙武在其著名的十三篇兵法中，把位置、地形不同的作战区域分为九类，强调对它们应采取不同的行动方针，其中，敌国、我国与第三国接壤，道路四通的地区称为"衢地"，最有战略价值——"诸侯之地三属，先至而得天下之众者，为衢地"。若是先敌占领，就能得到其他诸侯国的支持，营造主动的局面。略晚于孙武的范雎，在向秦昭王阐述其"远交近攻"的著名战略时，对各国的地理形势做了全方位的分析，更加明确地把位于东亚大陆中心的韩、魏两国称作"中国之处而天下之枢也"②。指出秦国若要成就霸业，必须先攻取这一枢纽地区，才能逐步兼并楚、赵、齐、燕等边远敌国。秦国遵行他的主张，终获成功，得以扫清六合，一统寰宇。秦汉至明清两千多年以来，历代的军事家、兵学家非常重视枢纽地区的控制，认为封建政权不论在平时还是战时都应该牢牢掌握住它，这样就可以"扼天下之吭，制群生之命"③。因此，深入研究我国古代战争中的枢纽

---

① 〔德〕克劳塞维茨：《战争论》第 2 卷，商务印书馆，1978 年，第 636~637 页。
② 《史记》卷 79《范雎列传》。
③ 〔唐〕李吉甫：《元和郡县图志·序》，中华书局，1983 年，第 2 页。

地区，探讨其形成和演变的背景，以及它在历史上不同时期发挥的作用，是一项极为重要、很有意义的课题。

二、我国古代战争的地域分类和锁钥地点

自秦朝以来，我国成为一个多民族的统一国家，雄踞东亚大陆。一方面，因为疆域辽阔，汉族居住生活的东部地区，与周边少数民族分布的蒙新高原、青藏高原、云贵高原在自然条件、经济活动和社会发展程度上存在着很大的差异，带来了政治上的不平衡。汉族的中原王朝与周边各少数民族长期共存，双方在战时攻掠烧杀，尖锐对立；即便在和平时期，周边民族对中原王朝通常也只有名义上的藩属关系，相当松散；朝廷对戎狄蛮夷多是设官监护、羁縻，不干涉当地政务，很少建立直接统治的机构。这个政治特点反映在地域上就是古代中华民族活动的东亚大陆上始终存在着若干历史民族区，从事游牧、狩猎、农牧、农耕生活的少数民族分别居住在东北、北部、西北、西部和西南地区，以长城和青藏高原、云贵高原的东端为分界线，对汉族居住的东部地区构成了半包围状态，在政治、经济上处于相对独立的局面。

此外，汉族居住的东部季风区幅员广阔，自然条件也不一致，区域开发有早有晚，使其内部各地区在经济生活、政治趋向、风俗文化上也出现了显著的区别，结果导致汉族居住区内的大规模军事冲突往往表现为南、北方或东、西方政治力量的对抗。封建中国的历史上曾经多次发生分裂、割据，甚至持续数百年。秦汉到隋唐，中原王朝直接统治的东部地区习惯上以函谷关或崤山、太行山及长江为界，分为关（山）西、关（山）东、江南三大基本经济区，代表黄土高原、华北平原和东南丘陵，社会严重动乱时由几股政治势力分别占据。宋朝以后则以秦岭、淮河为界，划分为南、北两方。从根本上讲，在封建社会占支配地位的是

自然经济，商品交换不发达，各地区间的经济联系不像现代社会那样紧密，并非相互依存、不可分离，经济上的自立为政治上的分裂割据提供了物质基础。

受上述情况的影响和制约，我国秦汉至明清的大规模战争在地域上可以划分为两类。

1. **边境战争**。即中原王朝与周边民族在边境线附近爆发的战争，这类军事冲突主要发生在北方万里长城的沿线，由汉族军队同东北、北部、西北游牧民族交锋、对峙；与西部、西南地区少数民族的战争则比较少，历史上只有唐朝中后期的吐蕃、南诏对中原王朝构成过为时不长的威胁。

2. **内地战争**。即在东部地区内部、距离边境较远的腹地——如黄河中下游、长江中下游，以及淮河、汉水流域等地发生的战争，包括魏晋南北朝、五代十国、南宋等分裂时期割据政权间的交战，西汉"七国之乱"、唐朝"安史之乱"那样的中央政权与地方叛乱势力的交战，还有历代农民起义军与封建王朝军队的战斗，在历史上是相当频繁的。

这两类战争里都形成过枢纽地区，像边境战争中的河套、阴山地带，秦、西汉、唐朝均屯驻重兵，号为"国之北门"。唐蕃交战时的维州，"据高山绝顶，三面临江，在戎虏平川之冲，是汉地入兵之路"[1]，吐蕃得后，称为"无忧城"。明末的山海关，扼东北平原通往华北的孔道，兵家视为"两京锁钥"，汉满两族均力争该地。不过，边境战争中的枢纽地区存在的时间普遍不长，随着各个时期汉族与周边民族的矛盾激化而转移，或在西部、西南，或在北方、东北。

内地的战略枢纽则相对稳定。大体上来说，如果是东西对立，即政治集团的斗争在地域上表现为关（山）东与关（山）西势力相抗衡，那么双方对峙争战的主要区域往往是东西方交界的豫西走廊，它以洛阳为中

---

① 《旧唐书》卷 174《李德裕传》。

心，东至荥阳，西达潼关，南至南阳盆地，北抵黄河或延伸到晋南的河东（中）地区。我们看到，中国历史上的秦末农民战争、楚汉战争、绿林赤眉起义、董卓之乱、东魏及西魏与北齐及北周间的战争、唐朝政权与窦建德及王世充的交战、安史之乱，基本上都是以该地区为主要战场。

如果是南北对立，双方的征伐攻守则主要在黄河、长江之间的淮河、汉水流域。争夺、对峙的枢纽地区有二。**甲、淮南**。江苏、安徽两省淮河以南、长江以北地区。唐庚曾对此议论道："自古天下裂为南北，其得失皆在淮南。晋元帝渡江迄于陈，抗对北敌者五代，得淮南也。杨行密割据迄于李氏，不宾中国者三姓，得淮南也。吴不得淮南而邓艾理之，故吴并于晋。陈不得淮南而贺若弼理之，故陈并于隋。南得淮则足以拒北，北得淮则南不可复保矣。"①淮南被苏北丘陵、山地分割为两块，即宋代的淮南东路、淮南西路。前者以广陵（扬州）为中心，北抵淮阴、淮安，南到瓜洲、京口；后者以合肥为中心，北至寿春，南达巢湖、濡须。**乙、荆襄**。湖北北部江陵、襄樊、汉阳一带，尤以襄阳为重。庾翼曾说襄阳"西接益梁，与关陇咫尺；北去洛河，不盈千里，土沃良田，方城险峻，水路流通，转运无滞，进可以扫荡秦赵，退可以保据上流"②。顾祖禹把襄阳称为"天下腰膂"，认为"中原有之可以并东南，东南得之亦可以图西北者也"③。在中国古代历史上，三国时魏与蜀吴联盟的交战，西晋与东吴、东晋与十六国、南朝与北朝及隋的对抗，北宋与南唐、南宋与金朝及元朝的作战、对峙，多发生在淮南、荆襄两地。

此外，在中国古代，四川盆地基本上是一个独立的经济区域，不划

---

① 〔清〕顾祖禹：《读史方舆纪要》卷19《南直一》，中华书局，2005年，第916页。
② 《晋书》卷73《庾翼传》。
③ 〔清〕顾祖禹：《读史方舆纪要·湖广方舆纪要序》，中华书局，2005年，第3484页。

归关西或江南。北方政治势力南进时，往往也越过秦岭，通过汉中进入四川盆地，然后或东出三峡，或南下云贵，对江南加以侧翼包围。故此，川陕交界的汉中也是南北战争的一个枢纽地区。不过，它的作用和影响大不如淮南和荆襄，因为汉中距离南方政权的统治中心——江浙较远，不能构成直接的威胁。即使北方势力占领了四川，江南的割据政权也不会很快灭亡。如曹魏灭蜀，北周、蒙古据川后，东吴、陈和南宋仍能将其统治维持下去。

比起边境战争中的枢纽地区来，豫西、淮南和荆襄在我国战争史上的地位和作用就显得更为重要了。这样说的根据何在呢？首先，边境战争的战线很长，像北方的长城绵延万里，中原王朝没有力量处处屯以重兵，只能把军队相对集中到一些要塞，其他地区的守备兵力比较薄弱，仅能防备小股胡骑的袭扰。长城以外，沿线多是空旷的草原、荒漠，便于骑兵运动，游牧民族可以发挥机动性强的优势，迅速集结部队，避实就虚，突入边境。像明朝中叶，蒙古铁骑数次兵临北京城下，明末的满洲八旗也几番绕过重镇山海关，穿越长城，横行华北，都没有受到大的阻碍，可见边境枢纽在战争中的影响有限。而内地战争的情况则有所不同：东部地区被山脉、丘陵、河流的纵横分割，大部队的通行要受到陆路、水道的制约，所以战线比较短，控制枢纽地区的一方常常能够利用复杂险要的地势来阻挡强敌入侵。在交通干线的限制下，敌方很难做远程的战略迁回，出奇制胜。如刘邦在荥阳、成皋、巩洛一线的狭窄地段设防，挫败了项羽的进攻，力保关中不失。三国时曹魏与吴、蜀相持，接壤数千里，也是只用重兵守住几处枢纽地区，便立于不败之地，正如魏明帝所称："先帝东置合肥，南守襄阳，西固祁山，贼来辄破于三城之下者，地有所必争也。"[1]安史之乱中潼关的失守，南宋末年襄阳的陷

---

[1]《三国志》卷3《魏书·明帝纪》。

落，都导致战局的全面崩溃，体现了内地枢纽地区在战争中发挥的突出作用。

其次，我国古代各少数民族强盛持续的时间大多不长，故有"胡无百年之运"的说法。受这种特点影响，在封建社会的各个阶段里，与中原王朝发生尖锐对立的边疆民族并不相同，甚至一个朝代的前期、中期、后期也不一样，如东汉与匈奴和羌人，唐朝与突厥、吐蕃和南诏，明朝与蒙古和女真，爆发冲突、战争的地点转移比较频繁。边境战争的枢纽地区存在的时间较短，如唐后期的维州、明末的山海关等，由此，它们在军事史上的影响就有限了。不像内地的豫西、淮南、荆襄，在千余年，甚至整个中国封建时代里都具有重要的战略地位。

再次，边境战争的规模、兵力通常有限，决战性质的交锋比较少。即便是较大的会战，对于交战双方来说，也只能算是在第一道防线的对阵，双方作战的回旋余地都还很大。任何一方失败了，都不会立即土崩瓦解、俯首称臣。游牧民族战败后，可以远遁漠北、西域，或撤入东北的深山老林；汉族若是失利，则能够将防线南移，凭借黄河、淮河、长江及坚城峻岭来继续对抗。真正决定中国封建王朝、统治民族历史命运的决战，都是在内地爆发的，即所谓"中原逐鹿"。所以说，内地战争在古代中国历史上的影响远远超过了边境战争；因此，内地的枢纽地区在战争史上发挥的作用总体来说也比边关要塞更为重要。我国封建社会里，战略价值居于首位的锁钥地点，是被历代兵家称为"天关""地机""九州咽喉""天下要领"的豫西、淮南、荆襄。它们不仅在战时是双方争夺的热点，得失能够影响整个战局，就是在和平统一时期，它们也被历代封建王朝重视，朝廷不仅要在边关和都城设置重兵，同时也在豫西、淮南、荆襄等地筑仓屯粮、储备武器、驻扎军队，以防出现地方割据势力的叛乱，或者能在农民起义爆发后控制该地，避免陷于被动。

三、对内地战略枢纽形成原因的分析

为什么我国古代军事家、政治家会选择豫西、淮南、荆襄等地区作为战略枢纽？它们形成的原因和背景何在？不同时期为什么会出现枢纽地区位置的转移？笔者认为，内地枢纽地区的存在和转移需要一定的历史条件，具体说来有以下几个方面的因素。

（一）与几大基本经济区域并存局面的形成有关

前文已述，古代中国汉族居住区的地域相当辽阔，其内部又可以分成关西、关东、江南等几个基本经济区。在封建社会自然经济占支配地位的情况下，基本经济区能够在人力、财力上为中央或地方割据政权提供物质保证，使它们可以相对独立地统治一段时期。像三国、两晋、南北朝、五代十国、南宋时期那样，自给自足的区域经济充当了分裂政权的经济基础。在东部地区发生大规模内战的时候，政治家们要解决的首要问题，就是控制一个基本经济区作为自己的根据地，维持那里的正常生产，为战争提供必要的兵员、粮草、器械和财物。如荀彧对曹操所言："昔高祖保关中，光武据河内，皆深根固本以制天下，进足以胜敌，退足以坚守，故虽有困败而终济大业。……且河、济，天下之要地也，今虽残坏，犹易以自保，是亦将军之关中、河内也，不可以不先定。"[①] 兴兵举事者若奉行黄巢、李自成式的流寇主义，不重视后方建设，就难以在长期、持久的战争里获得足够的物资和人员补充，必败无疑。战时敌对双方为了确保自己统治地区的安全，要把兵力集中到敌我区域的交界之处，阻挡敌军入境，使己方的民生免遭破坏蹂躏，所谓御敌于国门之外；同时，也使自己的军队处于即将进入敌区的有利态势。即便在天下安定、

---

① 《三国志》卷10《魏书·荀彧传》。

和平统一的环境里，中央政权为了防备地方起兵叛乱、威胁首都所在地域的安全，也总是在几个基本经济区接壤的地方驻军守护，以备不时之虞。因此，内地战争中的枢纽地区都是处在几大经济区交界的边缘地带，如豫西在关西、关东之间，淮南、荆襄在南、北方之间，具有防备入侵和准备出击的双重作用，成为内地战争中的前哨阵地。

（二）与地形、水文等自然地理条件有关

冀朝鼎曾经指出："分隔中国三大水系的各条山脉，是造成经济与政治区划的屏障，也是多少世纪以来在中国出现分治现象的天然基础。"[①] 长城以南、巫山及云贵高原以东的汉族居住区，总的来说地势比较平缓，处于我国地理三级台阶中最低的部分。几个基本经济区的划分，主要根据山脉、河流等自然地理因素。例如，山东、山西的分界线是太行山或崤山，而南、北方的分界线则是长江或后来的秦岭、淮河。由于古代战争基本上使用刀剑、矛、弓矢等冷兵器，以步兵、骑兵为主，装备技术水平低下，机动作战的能力比较差，山脉、河流对部队的进军、运输补给产生的阻碍要比现代大得多，无论是攀越、徒涉、舟济、架桥均有很多困难，防御的一方利用山水设置阵地，在很大程度上可以弥补自己兵力的不足。如三国时鲍勋谏魏文帝曰："王师屡征而未有所克者，盖以吴、蜀唇齿相依，凭阻山水，有难拔之势故也。"[②]

开阔、平坦的"四战之地"，像豫东、冀南、苏北，有利于展开兵力发动会战，却不利于实力较弱的一方组织防御。故此，古代中国的战略枢纽或是设置在山区，像豫西；或是在江河沿线、水网地带，如淮南、

---

① 冀朝鼎：《中国历史上的基本经济区与水利事业的发展》，中国社会科学出版社，1981年，第30页。
②《三国志》卷12《魏书·鲍勋传》。

荆襄，正是为了利用当地复杂的地形、水文条件，作为天然屏障，使自己先得地利，攻守俱便。

（三）与当时的水陆交通干线有关

关西、关东、江南之间的接壤地带很长，绵延千里乃至数千里；而豫西、淮南、荆襄等枢纽地区并非像长城、马其诺防线那样横贯东西、呈线式防御体系，它们只是基本经济区交界处几个有限的地理区域。内地的战略枢纽之所以成为点或不大的面，而非千里防线，其主要原因就在于它们地当要冲，扼制了东西方或南北方的水陆交通干道，能够阻塞大规模军队、给养运输调动的必经之路。

秦汉至隋唐，政治重心在咸阳、长安所据的关中地区，它通往关东的陆路干线是出潼关，沿黄河南岸走陕县、函谷，横穿豫西山区，过荥阳（河阴）、中牟后分道扬镳，向北方、东南进入开阔的华北、江淮平原。关中通往关东的水路，则是由渭水入黄河，历三门、孟津，到达荥阳，这里是河水与济水（汴渠）分流所在，可顺黄河东下至河北、山东，也能够通过济水、鸿沟进入淮河流域。可见，不论是水路还是陆路，豫西山区都是关西、关东两大经济区域交通往来的必经之途，控制该地在军事上显然具有非常重要的意义。如果关西势力控制了豫西山区，战局不利时可以闭关锁国，使关中无患；有利时可以从那里水陆齐发，进取关东各地。若是关东势力占据了豫西，就等于夺取了关中的大门，使八百里秦川门户洞开，无险可守，像安史之乱和黄巢起义时，潼关一旦陷落，唐朝皇帝就只得丢弃首都长安，逃窜入蜀。关东势力即便只控制了豫西山区的东端——荥阳、成皋一带，也截断了东西方水陆交通的主要干线，"绝成皋之口，天下不通"①，使关西军队无法迅速挺进中原，如

---

① 《史记》卷118《淮南衡山列传》。

绕道武关、河东而出，则旷日费时，容易贻误战机。

古代中国北方与南方联系的主要交通干线有三条。**甲**、由徐州南下，经淮泗口入邗沟（又称中渎水、山阳渎），过淮阴、高邮，至广陵渡长江。**乙**、自开封（大梁）沿鸿沟南下，过陈（淮阳），沿颍水入淮河，渡河沿淝水过寿春、合肥，经巢肥运河入巢湖，从濡须口或历阳抵达长江。**丙**、从洛阳南下，经叶县、昆阳、南阳，由襄阳入汉水，经汉口入长江。古代中国南北战争的进退路线基本上是这三条，而且都沿着天然或人工河道，这是因为水运的效率高，省时省力，"一船之载当中国数十两车"①。而襄阳、淮阴、淮安、广陵、寿春、合肥等重镇俱在上述三条水运干线上，所以成为兵家必争之地。围绕这些战略枢纽组织攻守，也是为了控制、利用交通干线，使己方兵力顺利进入敌境，或者是阻止敌军侵犯自己的统治区域。

交通干线是否畅行，也影响着枢纽地区在战争中的地位和作用。汉末三国时期，淮东的中渎水淤塞，不甚通畅，黄初元年（220）曹魏舟师伐吴，退兵过此道时，"战船数千皆滞不得行"②，淮阴至广陵、京口地带在军事上的重要性便有所减弱，沟通江淮的水道主要是淮西的淝水、巢肥运河、濡须水，所以魏、吴水师多在合肥、巢湖、濡须一线争战相拒。而宋代巢肥运河堙塞已久，水运不通，故南宋与金、元对峙交战主要在淮南东路和襄阳地区，寿春、合肥的战略地位则大大下降。

枢纽地区的形成，不仅和军队兵员、物资的交通运输路线有关，也和封建帝国的漕运渠道有密切联系。秦、西汉、隋、唐等王朝建都关中，尽管那里农业发达，物产丰富，但因为是京师所在，人口众多，又有帝室、贵族、百官豪富的奢靡耗费，当地的出产不足以供给，在很大程度

---

① 《史记》卷118《淮南衡山列传》。
② 《三国志》卷14《魏书·蒋济传》。

上要依靠渭水、黄河转运关东、江南的粮食来弥补。关中以外的几个产粮区，如华北平原、山东半岛、长江中下游平原所产的漕粮由黄河、济水、鸿沟诸渠或汴渠溯流而上，总汇于荥阳，再沿黄河西行，转至关中。因此，豫西、淮南地据漕运路线冲要，控制住那里，可以确保帝京生命线的安全；若是落入敌手，维系京师心脏搏动的输血管即被切断，会引起中央政府的崩溃。

（四）军事装备技术、作战方式的发展

夏、商、西周的奴隶社会属于青铜时代，生产力水平低下，受采矿、冶炼技术条件的限制，青铜兵器数量少，不能满足军队装备的需要。考古和文献资料证明，商、周军队作战时还部分使用着木、石兵器。[①]另外，受落后生产方式的制约，当时中国境内处于邦族林立、小国寡民的状态，人口很少，国家又没有常备兵的制度。上述两个因素使青铜时代的军队数量有限，所谓"帝王之兵，所用者不过三万，而天下服矣"[②]。军队人数少，作战地域狭窄，战争持续时间也不长，决定性战役往往是一天之内结束，例如甘之战、鸣条之战、牧野之战，均在都城附近交战，一战失利便邦灭国亡。夏、商、西周军队以贵族"甲士"充当的车兵为主，车战是主要的作战方式，会战地点都是适合车队列阵驰骋的平川旷野。如果依托山岭、江河拒守交战，复杂的地形、水文条件则不利于战车部队的发挥。综合以上原因，交战双方既没有能力派遣大量部队到距离都城较远的边境去长期守卫或作战，又都不愿意在兵车难以驱驰的山川险要地段对阵。所以在春秋以前的战争里，并没有出现两军长期对峙争夺的

---

① 杨泓：《中国古兵器论丛》，文物出版社，1980年，第84页；《左传·僖公二十八年》载晋军"遂伐其木，以益其兵"。
②《战国策·赵策三》。

枢纽地区。

春秋以后，由于铁制兵器的广泛应用，步兵、骑兵的野战成为主要的作战方式，交战范围随之扩大到山林、水网地带。封建小农经济的迅速发展，使人口大量增加，"千丈之城，万家之邑相望也"[①]。主要兵种步兵以农民为主体，军队的规模也日益庞大起来，像战国的长平之战、王翦灭楚之役，双方参战的兵力接近百万。这些变化引起了战区的扩展和交战时间的延长，也开阔了政治家、军事家们的眼界，使他们考虑到在频繁、激烈的战争里，如何利用边界的有利地形来阻滞敌人的突然进攻，保护本国不受破坏，又可以随时出击敌区，形成对自己有利的态势。社会经济、政治制度发生了变革，在这种新的历史背景下，古老的地理环境才开始在军事上发挥重要作用，在豫西等地形成"一里之厚，而动千里之权"[②]的战略枢纽。

此外，铁制兵器的性能虽然比青铜兵器优越，但是并没有发生本质上的变化。它们同属冷兵器，只利于近战杀伤，对城池、壁垒缺乏破坏力。在这种情况下，交战中较弱的一方为了减少牺牲和避免在不利条件下的决战，普遍采取据城固守和野战中坚壁筑垒的方法。和商周春秋时代不同的是，战国以后出现了持久的阵地战和城垒攻守战，守军的粮草、士气若很充足，往往能坚守很长时间。攻方即使兵力占有绝对优势，但因为缺少有效的攻坚手段，也常常师老兵疲，久攻不下。如新莽军队围攻昆阳，北魏大军围攻彭城、盱眙，唐太宗率领重兵围攻高句丽安市城等，皆属此类战例。枢纽区域对战争的重要影响，在于控制它的一方能够把当地有利的地形、水文、交通条件和城垒防御工事有机地结合起来，构成难以摧毁的阵地。因此可以说，古代中国军事家、政治家之所以特

---

① 《战国策·赵策三》。
② 《战国策·韩策一》。

别重视对枢纽地区的控制，在很大程度上也是由铁制冷兵器的性能及其作战技术的局限决定的。

四、战略枢纽与首都和基本经济区的关系

战略枢纽通常设置在几个基本经济区的交界地带。历史经验表明，上述地点是只宜于建立军事枢纽而不适合建立都城的。都城如果距离基本经济区的边界太近，在战时容易遭受敌人侵袭，陷于被动的局面。中国古代有很多这样的事例。例如战国初期魏国以安邑为都，和秦国隔河相望，屡屡受敌军迫境的威胁，后来将都城东迁到大梁，才摆脱了困境。豫西山区的中心洛阳，在东汉、隋唐时期也做过首都或陪都，防卫效果并不理想。东汉定都洛阳，周围虽有嵩山、伊阙、黄河环绕，但地域狭小，缺乏防御纵深和作战的回旋余地，位置又在天下之中，道路四通，敌军进犯甚易。所以汉末董卓篡政时，关东诸侯联军来攻，董卓不敢守洛阳，只得焚宫室、挟天子西迁长安，以豫西为前方战场，与敌军相持。隋朝以洛阳为东都，亦数番受到反叛势力（杨玄感、李密、李世民）的长期围攻，几次粮尽援绝，形势危难。唐朝安史之乱时，东京洛阳亦两度失守，为叛军所据。北宋选择了靠近南北方交界地带的水陆冲要开封建都，女真铁骑南下时也轻易地将其包围，终至陷落。究其原因，很重要的一条就是首都设在基本经济区的边缘地带，在战乱时期就不得不充当军事枢纽。把国家的政治中枢推到作战前线，无异于与人争斗时不用手足，而以头相搏，自然是十分危险的。所以顾祖禹在《读史方舆纪要·河南方舆纪要序》中强调不能在"四战之地"（即枢纽区域）建都，他说："河南，古所称四战之地也。当取天下之日，河南在所必争；及天下既定，而守在河南，则岌岌焉有必亡之势矣。"

另一种情况是，首都设在某个基本经济区的中心，距离边缘地带较

远，还有战略枢纽的保护，可以收到较好的防御效果。如秦都咸阳、西汉首都长安，附近沃野千里，又是四塞之国，关东势力来犯时，可以凭借荥阳至潼关的豫西数百里山险步步为营，设防抗衡；历史上在关东建都者多选择河内（豫北、冀南平原）为定鼎之地，如战国时赵都邯郸，十六国、北朝之君常都邺城，河内"左孟门，右太行，常山在其北，大河经其南"①，是华北平原的中心，四周山川环绕，自古称为形胜；江南立国则多在建康（金陵），它"内以大江为控扼，外以淮甸为藩篱"②，龙盘虎踞，为王者瞩目。上述三个地点都是周围经济发达、物产丰饶，能够在较大程度上解决统治集团的物资需要，又离所在基本经济区的边缘地带较远，外有山岭江河为险阻，敌军来袭时可以用作缓冲之地，避免受到直接的军事威胁。比起洛阳和开封，长安、邺城与金陵作为都城在战争防御上的地理条件要优越得多。

五、我国古代枢纽地区地位价值的演变

在夏、商到清中叶长达四千余年的历史进程里，随着我国古代社会的演变，各个枢纽地区的战略地位也在发生变化，经历了建立、发展和衰落过程。这个过程大致可以划分为以下几个阶段。

（一）三代（夏朝到西周）是我国军事史上枢纽地区初步形成的时期

华夏、东夷民族集团的角逐与融合，是当时政治斗争的主流，这一趋势表现在地域上就是东方与西方的对立冲突。甘、韦、阚、管所在的今河南省郑州市地段位于两大历史民族区的交界之处，是东亚大陆中部

---

① 《史记》卷 65《孙子吴起列传》。
② 〔清〕顾祖禹：《读史方舆纪要》卷 19《南直一》，中华书局，2005 年，第 918 页。

的交通冲要，为军队统帅们所瞩目，三代建国的君主都曾率领兵马至此激战，或在这里设置重兵驻防。

商、周之际，随着关中平原经济的发展和周族的兴起，西方的政治重心从夏人故居伊洛平原转移到泾渭流域，枢纽地区也因此略向西移，改在洛邑。周朝统治者在那里兴建城池，屯驻大军，作为控御东方商族遗民与诸夷邦国的前哨基地，稳定、巩固了西周的统治。

（二）春秋是枢纽地区由点到面的扩展时期

平王东迁后周室衰微，先后出现了齐、晋与楚国南北对抗的争霸局面。位于双方中间地带的豫东平原屡遭兵劫，那里的郑、宋两国成为列强争夺控制的首选目标，历经百余年的战火，直至"弭兵之会"才暂告结束。

（三）战国到东汉，是枢纽地区由平原转移到山险的时期

春秋以来，封建生产方式在辽阔的北方成长壮大，致使在战国中叶出现了秦与六国两大政治集团东西对立的形势。在地域上它们分别代表"关中"与"关东"，各施"合纵""连横"的斗争策略。函谷关前的豫西走廊成为双方激烈厮杀对阵的主要战场，东西对抗的军事格局和豫西的首要战略地位延续到东汉，以汉末董卓集团与关东诸侯联军的战争为尾声而暂告结束。

（四）魏晋南北朝是枢纽地区转移、发展的时期

东汉南方经济的增长、关中地区屡遭战乱后实力的下降，使这个阶段内地战争的基本形势改为南北对抗；荆襄、淮南两个地区成为敌对双方长期对峙、争夺的主要战场，豫西的战略价值大大下降。直到北朝后期，随着关中经济的复兴与关陇地主集团势力的崛起，北方才重新出现

了关东、关西（东魏—西魏、北齐—北周）两大势力的角逐，以洛阳为中心的豫西走廊再度成为兵家必争之地。

（五）隋唐是枢纽地区对战争影响极盛的时期

南方地主集团经过"侯景之乱"和隋初镇压"江南之叛"的打击后，元气大伤，无力在中国的政治舞台上扮演主角，叱咤风云的始终是北方的关东、关西两大集团。这种格局又使豫西取代了淮南、荆襄在军事战略上的头等地位。隋唐最高统治者们对豫西地区空前重视，皆以洛阳为东都，广屯仓粟，驻守重兵；而这个时期惊心动魄的大战——如杨玄感起兵、瓦岗军与隋军的决战、唐朝政权平定中原、安史之乱也主要是在这个地区展开的。唐朝后期藩镇割据，朝廷衰弱不堪，无力控制豫西要地，出现黄巢大军长驱直入、直捣长安的局面。

（六）两宋是枢纽地区再次转移、作用开始衰落的时期

受经济重心南移的影响，豫西彻底丧失了"天心地胆"的战略地位。秦汉以来，封建生产方式从黄河流域南移，向长江、珠江流域蔓延，使南方的经济、文化水平逐渐上升，终于在宋代超过了北方。为了漕运物资的方便，封建王朝的首都由西部的长安移到开封，接近了经济重心地区——江浙。而原来物产丰饶、号称"陆海"的关中地区，由于战乱频繁，自然生态结构受到破坏，经济实力大为跌落，不再"天下之富，什居其六"，以致失去了基本经济区的独立地位，降为关东的附庸。这样一来，秦汉和隋唐时代东西抗衡的政治态势一去不返，再次演变为南方和北方的对抗，过去雄踞关西、关东之间的豫西走廊也丧失了举足轻重的战略地位。五代以后，此地很少出现两大集团军队长期对峙、决战的情况。女真入主中原后，南宋与金朝、元朝恢复了南北抗衡的局面，襄阳和淮南作为国防屏障，在百余年的时间里保护了摇摇欲坠的南宋政权。

襄阳被破后，国门洞开，南宋的半壁江山只得任凭蒙古铁骑践踏，无法再做有力的抵抗了。

（七）元朝到清中叶（鸦片战争以前）是枢纽地区作用明显衰落的时期

在这一历史阶段，受我国经济、政治结构变化以及军事技术进步的影响，枢纽地区在内地政治斗争中的地位、作用大大下降，其表现有以下三个方面。

首先，继豫西之后，襄阳也失去了"天下腰膂"的战略地位。元明清三代，大规模的战役或两军长期对阵的情况都没有在那里发生过。这个时期政治地理的基本形势仍是南北对立，北方、南方的政治中心分别在北京和南京，从朱元璋与元顺帝、燕王朱棣与建文帝、清初顺治政权与南明弘光帝的斗争延续到后来的太平天国、辛亥革命。连接北京、南京的主要交通干线是纵贯河北、山东、江苏等省的大运河，处于运河中段的淮南东路的战略价值大大提升，成为北伐、南下的必经之所。我国中部的南北交通枢纽也由襄阳东移到了靠近大运河的开封，明朝人郑廉说河南"地方千余里，而梁（开封）绾毂其间，天下有事，则四战之地也"[1]。在这个历史阶段，元末红巾军曾攻占汴梁，定为国都；元军又竭力反扑，将其夺回。朱元璋灭元时，以开封为北伐、西征的基地；明末李自成大军也曾和明朝官军三次争夺开封，可见当时军事家、政治家们对它的重视。而襄阳、江陵因为偏离主要交通干线，对战争的影响明显减弱了。

其次，由于统一国家的巩固，内地的叛乱减少，不再有公开、持续的分裂割据，政治领域的这一变化也削弱了豫西、淮南、荆襄在军事战略上的地位。在这个历史阶段里，除了元末、明末因统治腐朽、农民起

---

[1] 郑廉：《豫变纪略·自序》。

义爆发后天下大乱，出现过短暂的群雄割据之外，没有重演过魏晋南北朝、五代十国那样的长期政治分裂；像吴楚七国之乱、八王之乱、安史之乱那种大闹中原的地方叛乱也基本绝迹。与之形成鲜明对照的是：汉族与北方民族的冲突加剧，元朝、清朝等少数民族政权打过长江、统一中国的情况，在此之前是见不到的。随着民族矛盾的尖锐，边境战争的规模、持续时间和激烈程度都有所发展，汉族中原王朝（明朝）建国后在军事上首先是注重边备，防止胡骑南下，故将军队主力、粮草器械配置在北方防线，不再像秦汉、隋唐那样，为了防止内地发生叛乱，而在中原腹地设置巨大的仓群、武库，屯驻重兵，这也反映出朝廷认为外患的危害要重于内乱。中央与地方矛盾的缓和，内地割据、叛乱战争的减少，以及边境冲突的加剧，也使豫西、淮南、荆襄等枢纽地区的战略地位、作用下降了。其原因主要是宋朝以来封建专制集权政体不断加强，最高统治集团逐步把地方的军事、行政、财政、司法大权收归中央，各地长官由皇帝直接任命，辅之以"重文抑武"的政策，有效地限制了地方割据势力的发展，使皇权日益巩固。同时，上述变化也造成了国家积贫积弱，与北方游牧民族作战时处处被动的局面。

再次，元朝到清中叶的内地战争里，阵地战的时间缩短，两支大军在某个地段长期城垒攻守的情况已不多见。这个时期的大规模战争里，势力较弱的一方往往采取流动作战、避实就虚的策略来保全自己，例如元末红巾军和明末农民起义军四处游击的战略。如果沿袭固守城垒险要的传统战术来抗御强敌，通常是很难抵挡的。像朱元璋北伐元朝，李自成称王后进军关中、北京，清兵入关后进攻西安、江南，这些战役里守方也利用过潼关、宁武、扬州等要塞坚城来防御，但是收效甚微，阻止不了攻方势如破竹的进军。出现这种情况的主要原因是武器装备和作战技术的进步。前文已述，枢纽地区之所以能在战国至唐宋的战争里发挥重要的作用，从根本上讲，是由于当时铁制冷兵器的性能与战术的相对落后，对城池壁垒缺乏有效的攻击、破坏手段，因此，较弱的守方能够利用城垒工事和有利的地理条件大大增强自己的防御能力，阻挡强敌的进攻。而元末以来，火药、火器在军事上得到普遍应用，它们虽不能取代弓箭、刀枪等冷兵器，但是已经对军队的战术产生重大影响。在城垒攻守战中，攻方可以采取火药爆破和火炮轰城的强攻办法，效果相当显著，成功的例子很多，如朱元璋攻平江（今苏州），李自成克襄城、宁武，张献忠破重庆、成都。特别是明末出现的红夷（衣）大炮，"长二丈余，重者至三千斤，能洞裂石城，震数十里"①，在攻城战斗中发挥了巨大的作用。再如清朝顺治元年（1644）九月太原战役中，大顺军守将陈永福率军民坚壁清野，使敌无机可乘，而十月三日清兵调来"西洋神炮"，轰塌西北城垣数十丈，得以冲入城内取胜。②在后来具有决定意义的潼关战役中，火炮也是清军制胜的重要因素。据《清世祖实录》记载，清军到达战地后，并不急于进攻潼关天险，而是等待炮兵到来。"师距潼关十里立营，候红衣炮军"，到顺治二年（1645）元月"初九日，红衣炮军至。十一日，遂进逼潼关口。贼众凿重壕，立坚壁，截我进师之路，于是举红衣炮攻之，贼众震恐，我军相继冲入，诛斩无算"。清兵下江南时，在扬州、江阴等地遇到顽强抵抗，亦是用大炮轰坍城墙后进攻占领的。新式火药武器的威力使城垒的防御作用明显下降，形势开始有利于攻方，从而大大减弱了枢纽地区对战争的影响。

---

① 《明史》卷 92 《兵志四》。
② 雍正十二年（1734）修《山西通志》、《清世祖实录》顺治元年十月。

第一章

郑州在三代战争中的枢纽地位

郑州古称"管""管城",《史记·周本纪》《正义》引《括地志》曰:"郑州管城县外城,古管国城也,周武王弟叔鲜所封。"《元和郡县图志》卷8《河南道四》"郑州"条载:"管城县,本周封管叔之国,自汉至隋皆为中牟县。隋开皇十六年,于此置管城县,属管州。大业二年改管州为郑州,县又属焉。""管"在先秦亦称为"关",受封于该地的管叔也叫作"关叔",见《墨子·公孟篇》:"周公旦为天下之圣人,关叔为天下之暴人。"毕沅《校正》:"'关'即'管'字假音。……《左·僖三十二年》传云'掌北门之管',即关也。"在商代和周初的铜器铭文里,该地的名称"管"又写作"阑"[①]。邹衡先生通过考证认为:"郑州在成汤未伐韦以前,本名韦,成汤占据韦以后,筑了今郑州商城,加了'邑',或叫郢。

[①] 见戍嗣子鼎、父己觯、宰椃角、利簋铭文。于省吾认为"阑"是"管"的初文,"古文无'管'字,管为后起的借字",见《利簋铭文考释》,《文物》1977年第8期。徐中舒也说:"阑,屡见于殷商的铜器,其地必去殷都朝歌不远,于氏以为阑为管叔之管,以声韵及地望言之,其说可信。"见《关于利簋铭文考释的讨论》,《文物》1978年第6期。

但同时又改称'亳'了，因此又叫'鄣薄（亳)'。"①我国文明发展的最初阶段——夏、商、西周三代，各民族集团间的战争在规模、范围、次数、手段等方面发生了重大变化。如果从地理角度来考察，这个时代的战争特点之一，就是逐渐形成了近代军事地理学所谓的"枢纽地区"，即位于交通冲要的兵家必争之地。韦、阑、管所在的今河南郑州地区受到军队统帅的关注，三代建国的君主都曾调兵遣将在此激战，或在这里设置重兵驻防，其中原因何在？

一、"甘"地与夏初军事冲突的地理背景

据考古发掘证明，郑州地区早在仰韶文化时期，就已经有了大河村、牛寨、二里岗等原始村落遗址。至龙山文化——父系氏族公社阶段，中原各部落集团间的战争愈演愈烈，传说中的西方部族首领黄帝率众东进时，也在这一带长期活动过；黄帝号"有熊氏"，曾"居有熊"②，《史记·五帝本纪》《集解》引皇甫谧曰："有熊，今河南新郑是也。"后世所称的"轩辕之丘"也在那里。古籍中记载黄帝所临的大隗、具茨之山，亦在与郑州相邻的密县③。后来，当地又成为祝融氏的住地。见《左传·昭公十七年》："郑，祝融之虚也。"夏朝建国之际，初王天下的禹、启率领族众与有扈氏在郑州附近的甘多次激战，史载：

---

① 邹衡：《夏商周考古学论文集》，文物出版社，1980年，第250页。

②〔清〕朱右曾、王国维：《古本竹书纪年辑校 今本竹书纪年疏证》，辽宁教育出版社，1997年，第39页。

③《庄子·徐无鬼》："黄帝将见大隗乎具茨之山。"《水经注·溴水下》："溴水出河南密县大騩（隗）山。（注：大騩，即具茨之山也。黄帝登具茨山，升于洪堤上，受神芝图于华盖童子，即是山也。)"郭璞注《山海经·中次七经》："今荣阳密县有大騩山。"现河南新密市东南还有大騩镇。

过
寒
有穷氏
泰山
少昊氏
东夷
仍
缗
虞
莘
斟灌
有鬲氏
甘
阳翟
太室山
阳城
斟鄩
夏
安邑
平阳
太行山脉
有苗
涂山氏
淮水
江水
河水

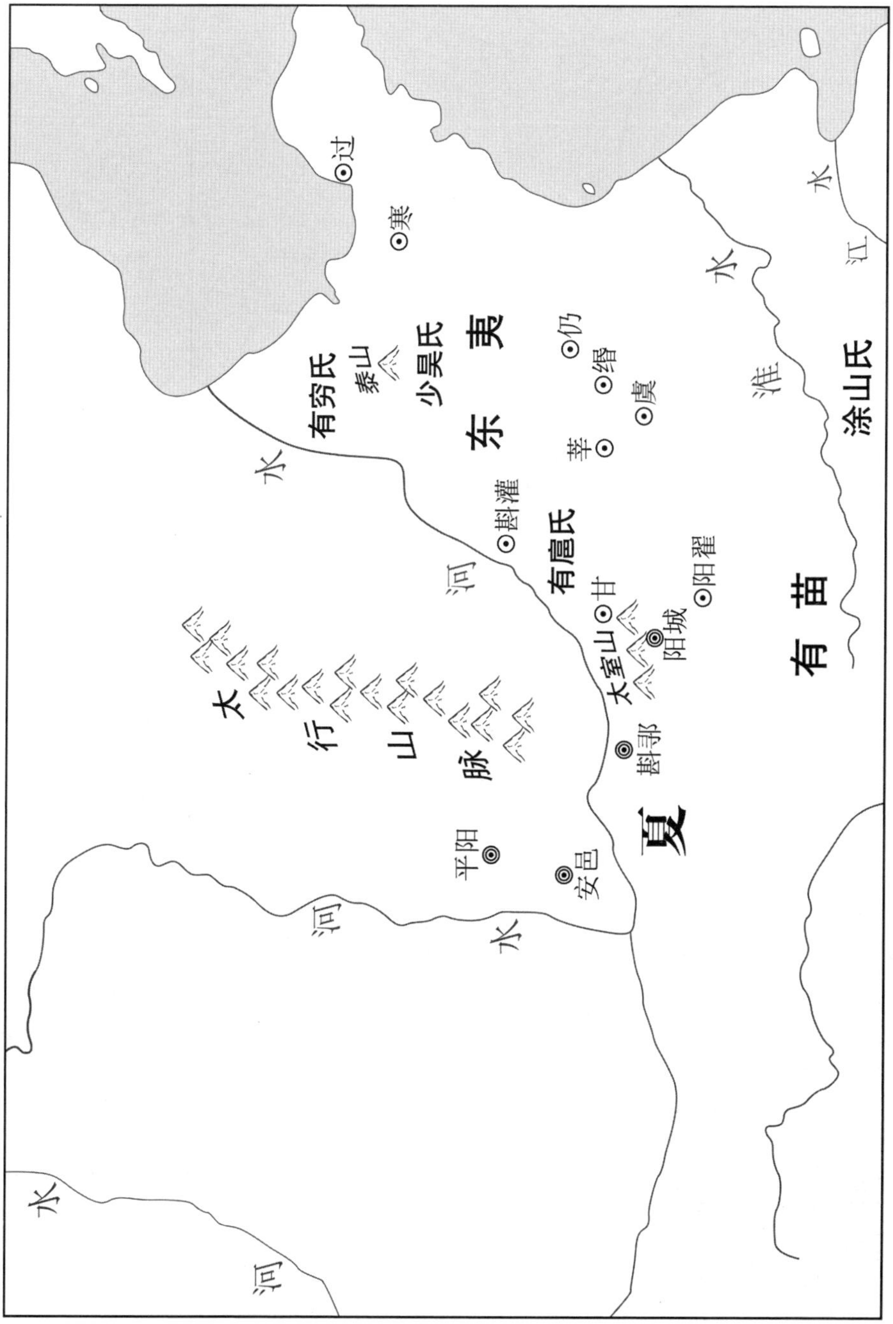

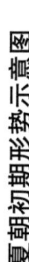

夏朝初期形势示意图

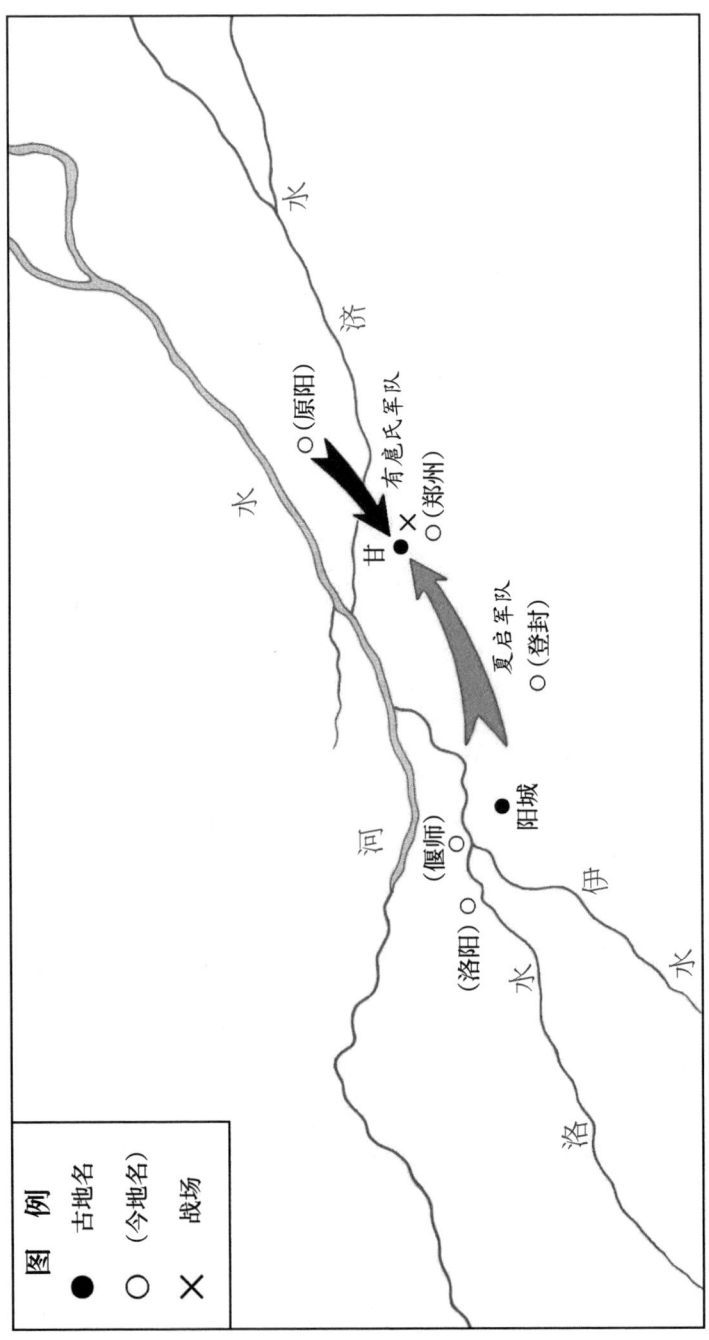

夏启与有扈氏甘之战示意图

禹攻有扈，国为虚厉，身为刑戮，其用兵不止。[①]

禹与有扈氏战，三陈而不服。[②]

《禹誓》曰："大战于甘，王乃命左右六人，下，听誓于中军。"[③]

夏后相与有扈战于甘泽而不胜。[④]

有扈氏不服，启伐之，大战于甘。[⑤]

　　一度成为夏族劲敌的有扈氏是东夷集团中"九扈"的分支，住地在郑州以北的原武（今原阳县）[⑥]。夏末、商初该地称"顾""雇"，周代称"扈"，杜预注《春秋·庄公二十三年》"盟于扈"条曰："扈，郑地，在荥阳卷县西北。"即今河南省原阳县西北，尚有扈亭之名。夏族与有扈氏屡次激战的地点"甘"，旧说在陕西户县境内[⑦]，近世学者多言其谬。郑杰祥先生考证后指出："夏与有扈'大战于甘'的甘地，据文献记载或当时形势，既不应在陕西户县县境，也不应在洛阳市西南，而实在今郑州市以西的古荥甘之泽和甘水沿岸。"[⑧]此说颇获史学界赞同。

　　为什么甘地在此时成为兵戈屡动的战场呢？这与当时的政治格局以及郑州地区在战略上的价值有密切联系。夏朝建立前夕，即将跨入文明时代大门的中国，在政治上逐渐出现了东西对立的地理格局。当时经济发达、文化先进、人口密集的是东亚大陆的中部——黄河中下游地区，它又以太行山脉和豫西山地丘陵的东端为界，分为西方、东方两大区域，

---

① 《庄子·人间世》。

② 《说苑》卷7《政理》。

③ 《墨子·明鬼下》。

④ 《吕氏春秋·季春纪·先己》。

⑤ 《史记》卷2《夏本纪》。

⑥ 顾颉刚、刘起釪：《〈尚书·甘誓〉校释译论》，《中国史研究》1979年第1期。

⑦ 《史记》卷2《夏本纪》《集解》《索隐》《正义》，《汉书·地理志》。

⑧ 郑杰祥：《"甘"地辨》，《中国史研究》1982年第2期。

即后来周人所谓的"西土""东土"，^①代表着黄土高原丘陵和华北大平原。国内最为强大的两股政治、军事力量，就是发祥、活动于西方的华夏民族集团和东方的东夷集团，前者以黄帝、炎帝为祖，夏族、周族同是其后系；后者的代表有太昊氏、少昊氏、蚩尤等部族，商族是其衍生的分支。而南方、中原以西以北地区经济落后，人烟稀少，因此当地民族苗戎的实力较为薄弱，无法在历史舞台上扮演主角。从夏朝建立到西周灭亡的千余年内，华夏、东夷两大民族集团的角逐和融合，始终是我国政治斗争的主流。这一趋势表现在地域上就是东方与西方的对立冲突，夏、商、西周三代的统治民族，都是在这两个民族集团的相互征战中更替产生的，胜者君临天下，败者俯首称臣。

　　我国原始社会末期，华夏、东夷集团共同组成了前国家的联合体——酋邦（cheifdom），先后推举了尧、舜、禹为最高首脑——"帝"^②，双方的其他部族酋长如皋陶、伯益、契、弃等在其手下担任各种官职。禹当政时，其部族已成为华夏集团中最强大的一支。夏族的发祥地在晋南的"夏墟"^③，从它势力扩张的过程来看，先由晋南渡过黄河，到达豫西，逐步控制了伊洛平原和嵩山附近的丘陵台地，并将原来设在安邑、平阳的都城迁到黄河以南、临近东方的阳城、阳翟^④。由于势力增强和私有制观念的影响，禹想把帝位传给自己的儿子启，但这一举动不能不顾及其他民族首领的反对。当时实力较盛、对夏族领导地位威胁最大的，是东夷集团中以伯益为首领的少昊氏部族。《汉书》卷 28 下《地理志下》

---

① 《尚书·大诰》《尚书·康诰》《国语·郑语》。

② 谢维扬：《中国国家形成过程中的酋邦》，《华东师范大学学报》1987 年第 5 期。

③ 刘起釪：《由夏族原居地纵论夏文化始于晋南》，王文清：《陶寺遗存可能是陶唐氏文化遗存》，皆见《华夏文明》（第 1 集），北京大学出版社，1987 年。

④ 《古本竹书纪年》："禹居阳城。"《世本·居篇》："禹都阳城。"《史记·夏本纪》《正义》引《帝王纪》："禹受封为夏伯，在豫州外方之南，今河南阳翟是也。"《史记·周本纪》《集解》引徐广曰："夏居河南，初在阳城，后居阳翟。"

载："秦之先曰柏益，出自帝颛顼，尧时助禹治水，为舜朕虞，养育草木鸟兽，赐姓嬴氏，历夏、殷为诸侯。"韦昭注《国语·郑语》曰："伯翳，舜虞官，少暤之后伯益也。"其故居"少昊之墟"在鲁西南平原，今山东省曲阜市一带。[①] 伯益依靠族众强盛，在禹死后几乎代启为天子，启是在打败伯益之后，才最终确立夏朝统治的。

夏族若想取得君临万邦的领导地位，必须战胜活动在豫兖徐平原（古豫、兖、徐三州交界处，今豫东、鲁西南、苏北平原）与河内（今豫北、冀南平原）的东夷各族，可是从夏族居住的豫西向上述两地进军，势必要经过郑州地区，那里是中原的核心，处在西方、东方两大区域交界的边缘。该地南通陈、蔡，北临黄河延津渡口，西对天险雄关——虎牢（今河南省荥阳市汜水镇），东边则是一望无际的黄淮平原，为四通五达之衢，地理位置十分重要，古人称其"阃域中夏，道里辐辏"[②]，"雄峙中枢，控御险要"[③]，是联系东西、南北往来的交通枢纽。夏族在控制豫西以后，下一个战略目标就是打败东夷各族，将自己的统治范围扩大到东方。而从嵩高地区出兵，无论是北渡济水、黄河，进入河内，还是东出豫兖徐平原，盘踞在郑州以北的有扈氏部族都是其首要障碍，威胁和阻挡着夏族向东方的进军。对禹、启来说，唯有消灭这只拦路虎，占领郑州地区这个"十字路口"，征服东夷的军事行动才能顺利开展。

从地貌上分析，秦岭自陕西南部伸入河南，逐渐显出余脉的特点。一方面高度降低，山势变缓；另一方面分成嵩山、熊耳山、外方山、伏牛山等数支山脉，呈扫帚状展开、解体，至今京广铁路沿线以西消失。黄土台地丘陵和豫东平原的分野明显，呈阶梯状。郑州处在黄淮平原的

---

① 《太平御览》卷 79 引《帝王世纪》："少昊帝名挚，……邑于穷桑，以登帝位，都曲阜。"

② 〔清〕顾祖禹：《读史方舆纪要》卷 46《河南一》，中华书局，2005 年，第 2132 页。

③ 〔清〕顾祖禹：《读史方舆纪要》卷 47《河南二》，中华书局，2005 年，第 2197 页。

西端，附近地势平坦，利于兵车列阵驰骋。夏朝至春秋时期，奴隶制国家军队的主体是贵族甲士充当的车兵，马拉双轮战车是其重要装备；骑兵尚未出现；步兵（徒卒）多由庶民、奴隶充当，隶属于车兵，作战时组成小方阵，簇拥着战车前进，在会战中不起决定作用。杨泓曾谈道："这些徒兵装备简陋，他们也不会心甘情愿地去为奴隶主卖命，所以当时决定战争胜负的，主要是靠奴隶主阶级之间的车战。当一方的战车被击溃以后，真正的战争就结束了。"①

夏朝的车战在历史上不乏记载，如《尚书·甘誓》写甘之战前，夏启誓曰："左不攻于左，汝不恭命；右不攻于右，汝不恭命；御非其马之正，汝不恭命。用命，赏于祖；弗用命，戮于社。"《司马法·天子之义》曰："戎车，夏后氏曰钩车，先正也。殷曰寅车，先疾也。周曰元戎，先良也。"《释名·释车》："钩车以行为阵，钩股曲直有正，夏所制也。"夏朝末年成汤伐桀，即以"良车七十乘，必死六千人"②为先锋。三代的兵车庞大笨重，作战时又要排开阵形，列成横队冲击，因此战场必须在空旷平坦的原野上；遇到山林、沼泽等复杂地形，战车就行动不便，难以发挥出威力。如兵家所言："步兵利险……车骑利平地。"③郑州地区不仅处于交通冲要，而且临近的自然地形条件也适于战车部队的运动、列阵和冲杀，所以被夏族和有扈氏选为战场，双方多次展开殊死的搏杀。

夏禹在对有扈氏用兵以前，先从豫西南下，打败了三苗（有苗）④。《战国策·魏策二》载："合仇国以伐婚姻，臣为之苦矣。黄帝战于涿鹿之野，而西戎之兵不至；禹攻三苗，而东夷之民不起。"反映了东夷与三苗通婚，而与夏族相仇，所以拒绝发兵从禹出征。而禹在进攻劲敌东夷

---

① 杨泓：《战车与车战——中国古代军事装备札记之一》，《文物》1977 年第 5 期。

②《吕氏春秋·仲秋纪·简选》。

③《史记》卷 106《吴王濞列传》。

④《墨子·兼爱下》《墨子·非攻下》。

之前，先征服其姻国有苗，解除了南翼的威胁，也削弱了敌方集团的力量。经过禹、启父子两代的反复用兵，终于在甘地击败了有扈氏，将其全族罚为"牧竖"，打开了进军东方的大门。甘之战是夏王朝的立国之战。《史记》卷2《夏本纪》载启"灭有扈氏，天下咸朝"，借此取得了中原各族领导者的地位和权力。

夏启在战胜有扈氏之后，采取了以下军事行动。

1. **诛伯益**。双方的斗争见下列记载。《竹书纪年》："益干启位，启杀之。"《韩非子·外储说右下》："古者禹死，将传天下于益，启之人因相与攻益而立启。"《战国策·燕策一》："启与支党攻益而夺之天下。"

据《今本竹书纪年》所载，伯益在启即位的第二年回到山东故国，同年启在甘地打败有扈氏。而伯益被杀、少昊族被征服是在四年以后，即启在位的第六年。

2. **征西河**。《路史·后纪》卷13注引《竹书纪年》载启二十五年征西河。《今本竹书纪年》则称："（启）十五年，武观以西河叛，彭伯寿帅师征西河，武观来归。"夏、商之西河不在晋南，而在今豫北安阳一带。[①]《吕氏春秋·季夏纪·音初》："殷整甲徙宅西河。"《竹书纪年》亦作"河亶甲整即位，自嚣迁于相"，是谓西河即相。又见《太平寰宇记》，相州安阳有西河。可见启在甘之战后先后进军鲁西南和豫北，如果不打败有扈氏，控制郑州地区，上述军事行动是无法开展的。

夏启死后，由于即位的太康"盘于游田，不恤民事"[②]，结果又被东夷有穷氏打败，亡国达数十年。有穷氏首领后羿、寒浞代夏期间，与夏族的残余势力做了长期、反复的斗争，至少康复国，才恢复了夏朝的统治。此阶段双方战斗、流徙、定居的地点与涉及的邻国、部族有十余处，如斟鄩、

---

① 钱穆：《子夏居西河在东方河济之间不在西土龙门汾州辨》，《先秦诸子系年》，中华书局，1984年。

②《尚书·五子之歌》伪孔传。

斟灌、钽、穷石、寒、商（帝）丘、过、戈、缗、有仍、虞、纶等，或在豫西伊洛平原，或在豫东、山东半岛，不见有关郑州地区的记载。[①] 尽管有穷氏西征河洛与夏人复进豫东、鲁西南，都要经过郑州地区，却未见在那里交战的史迹，似乎该地的防务不太受人重视。启之后，历代夏王的都邑据《竹书纪年》所载如下：太康、桀居斟鄩（今河南省巩义市、偃师区间）；相据商丘（今河南省商丘市），或作"帝丘"（今河南省濮阳市），后居斟灌（今山东省寿光市）；帝宁（杼）居原（今河南省济源市），迁老邱（今河南省陈留镇）；胤甲居西河（今河南省安阳市），也都不在郑州附近。直到夏朝末年，郑州地区的战略价值才再次陡升，复受关注。

二、"韦"地对商汤灭夏作战方略的影响

夏桀之时国力已衰，无力镇抚东方，故将都城西迁至伊洛平原的斟鄩。商汤起兵灭夏前居亳，据王国维考证，其地在山东曹县西南。[②] 汤伐桀的作战经过，《诗·商颂·长发》曰："韦顾既伐，昆吾夏桀。"朱熹注："初伐韦，次伐顾，次伐昆吾，乃伐夏桀，当时用师之序如此。"成汤是在接连打败三个邦国后，兵临夏桀城下的。旧说韦在河南滑县、顾在山东范县[③]，近世学者多议其非，如王国维、顾颉刚、陈梦家、李学勤等皆指出"顾"即商代之"雇"、周代之"扈"，地在南临郑州的原武县（今原阳县）境，即夏初有扈氏所居之地[④]，而韦则在河南郑州[⑤]。昆吾之

---

① 刘绪：《从夏代各部族的分布和相互关系看商族的起源地》，《史学月刊》1989 年第 3 期。
② 王国维：《观堂集林·说亳》，中华书局，2004 年。
③《水经注·济水》；〔唐〕李吉甫：《元和郡县图志》卷 11《河南道七》，中华书局，1983 年。
④ 王国维：《殷虚卜辞中所见地名考》，载《观堂集林·别集》卷 1；陈梦家：《殷墟卜辞综述》，中华书局，1988 年；李学勤：《殷代地理简论》，科学出版社，1959 年。
⑤ 邹衡：《夏商周考古学论文集》，文物出版社，1980 年，第 250 页。

国，史载夏初原居濮阳，后迁到许（今河南省许昌市）[①]。但是考古发掘表明，许昌地区并未发现当时的夏文化遗址。邹衡先生钩稽史料，结合考古发现，判断夏末的"昆吾之居"很可能在今郑州地区新郑的"郑韩故城"近旁。他还从地理形势方面分析："孟家沟和曲梁都在郑州以南数十里以内，这两个夏属邑聚的存在，对成汤所居的亳城来说，无疑是很大的威胁。且此两地，西与嵩山相邻，尤其是曲梁，正处丘陵地带的边缘，由此西去，便是夏都邑阳城（告成镇）所在，由此往东，则是广大平原，其在古代军事上的重要地位是显而易见的。因此，成汤西向征夏，必先占领此二邑聚，可以说，这是入夏的门户，而与'韦顾既伐，昆吾夏桀'的作战路线也是正好相合的。"[②]

《史记》卷65《孙子吴起列传》称："夏桀之居，左河济，右泰华，伊阙在其南，羊肠在其北。"是说夏朝末年王畿的范围以伊洛平原为中心，东到黄河与济水的分流之处（即今郑州市以西的荥阳市），西至华山，南抵洛阳龙门，北临太行山的羊肠坂。而顾（今河南省原阳县）、韦（今郑州市）、昆吾（今新郑市）三个诸侯邦国，正位于王畿的东界，自北向南依次而列，成掎角之势，封闭了东方之敌西进河洛的交通要道。商族及其东夷诸盟邦，无论自河内南下，或是从豫东平原西来，势必要经过此地，可见这三个属国乃是夏朝王畿的东部屏藩，对于国家安全保障具有十分重要的战略意义。商族大军自梁宋而来，韦地（郑州）首当其冲，因此出现了"韦顾既伐，昆吾夏桀"的用兵次序。

商汤在发展势力、灭亡夏朝的行动中，充分考虑到郑州地区在军事上的重要性。商族发祥于河内的滴水流域，成汤时强大起来，从其扩张、进军路线来看，在国力有限的初兴之时，并没有南渡河、济，直接进攻

[①]《国语·郑语》韦昭注："其后夏衰，昆吾为夏伯，迁于旧许。"《路史·国名纪丙》："昆吾，己姓，樊之国卫，是潬之濮阳，昆吾氏之虚也。……夏末迁许。"

[②] 邹衡：《夏商周考古学论文集》，文物出版社，1980年，第232页。

郑州地区这一战略枢纽，而是小心翼翼地向东南渡过黄河，进入鲁西南平原，与那里的东夷部族联合，并把都城和族众迁到亳（今山东省曹县西南），直到控制了整个东方，才公开叛夏，出兵直指韦、顾、昆吾所在的郑州地区。这项举措在战略上的好处主要有二。

其一，如果从故居的滴水流域向南发展，前有黄河、济水阻隔，对岸的两个敌国韦、顾临近夏朝王畿，南渡河济的行动势必要和敌军主力发生直接冲突，又会陷于背水而战的不利局面，这对于羽翼未丰的商族来说，显然是无甚把握的。而向东南方向发展，迁都到亳，先控制鲁西南地区，再折向西进，前途多是平川旷野，没有大河的阻拦，有利于军队（特别是车兵）向夏朝腹地——伊洛平原的运动。

其二，亳的位置正处于东方的中心，《读史方舆纪要》卷33《山东四》引朱鼏曰："曹南临淮、泗，北走相、魏，当济、兖之道，控汴、宋之郊，自古四战用武之地也。"其北邻的陶（今山东省菏泽市定陶区），后来被称为东方的"天下之中"[1]。因为这一带位置居中，交通便利，也成为古代帝王召集东方诸侯、举行盟会的场所。如夏桀曾在亳地东北作"仍之会"[2]，商汤在亳作"景亳之命"[3]。亳地周围有众多的东夷邦国，如奄、有缗、有仍，特别是西邻的有莘氏，与商族首领联姻通好，是其政治上最重要的盟友，成汤的辅相伊尹就是该族人，史称"汤与伊尹盟，以示必灭夏"[4]。《说苑·权谋篇》曰："汤欲伐桀，伊尹曰：'请阻乏贡职，以观其动。'桀怒，起九夷之师以伐之。伊尹曰：'未可。彼尚犹能起九夷之师，是罪在我也。'汤乃谢罪请服，复入贡职。明年，又不供贡职。桀怒，起九夷之师。九夷之师不起。伊尹曰：'可矣。'汤乃兴师，伐而残之。"可见，东

---

① 《史记》卷41《越王勾践世家》、卷129《货殖列传》。

② 《左传·昭公四年》。

③ 《左传·昭公四年》。

④ 《吕氏春秋·慎大览》。

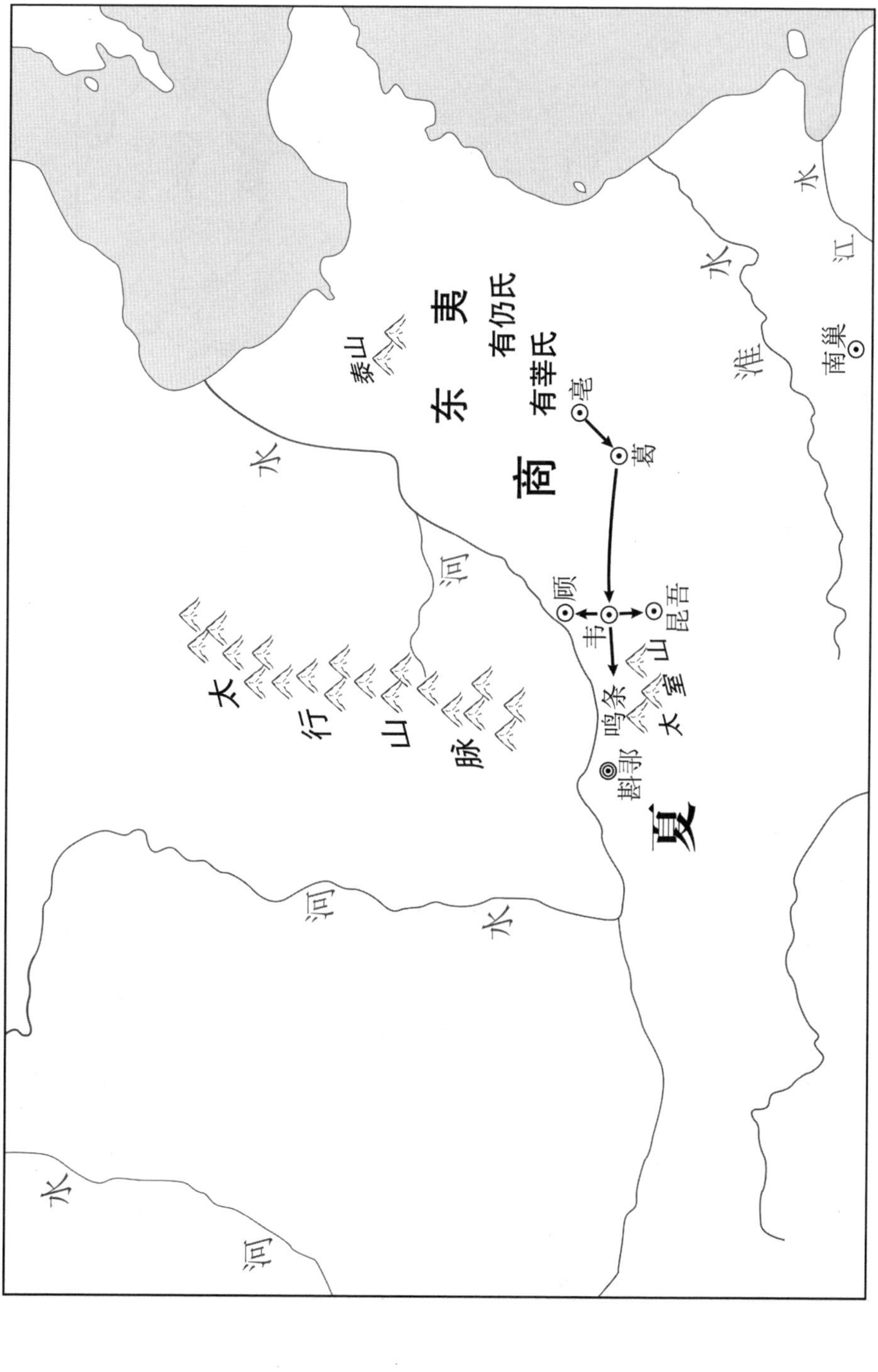

商汤灭夏战争示意图

图例
◎ 商朝都城
1、2 迁都次序
⊙ 方国
○ （今地名）
渤海
黄海
太湖
舌方
鬼方
羌方
人方
夷
虎方
盂方
孤竹
（北京）
薄姑
（潍坊）
逢
曩
奄 7
（曲阜）
（淄博）
泰山
薛
彭（徐州）
曹县
亳 1
商丘
亳州
厉
杞
隞（嚣）2
相 3
庇 6
大野泽
邢 5
苏
殷 8
（安阳）
太行山脉
（太谷）
（长治）
黎
鄂
耿 4
虞
（洛阳）
霍
应
莘
芮
（大荔）
周 2
周 1
共
密
巢
六
英
（金寨）
（盘龙城）
（武汉）
荆蛮
（楚）
卢
彭
（秭归）
庸
濮
巴
蜀
岷江
汾水
洛水
泾水
渭水
济水
颍水
汝水
淮水
汉水
江水
河水

商朝形势示意图

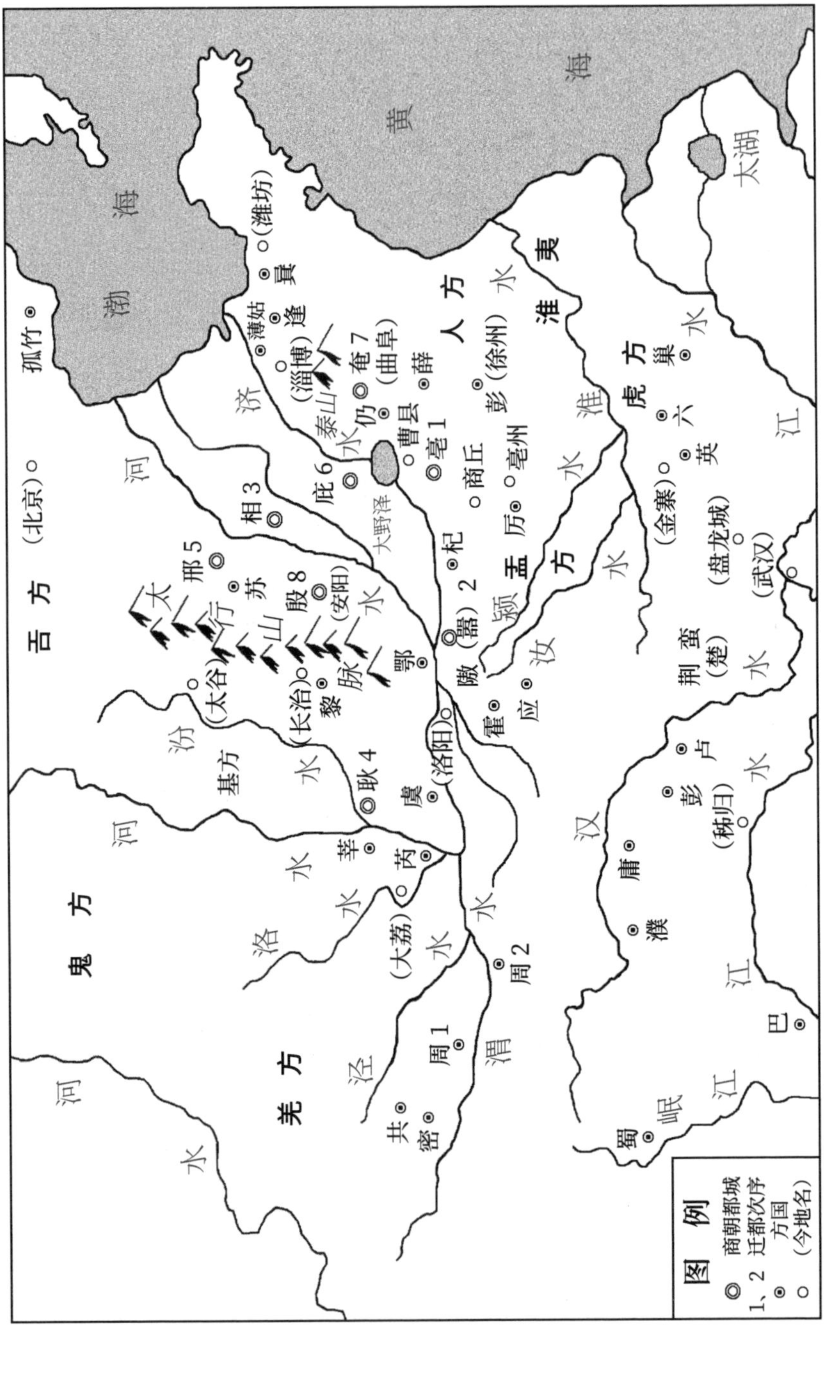

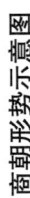

夷各邦拥商反夏，对成汤决定起兵伐桀是至关重要的因素。东夷集团政治态度的转变，与商都迁亳后对其影响增强有着密切的关系。

商汤势力壮大后，自亳出师灭夏，用兵的次序是先扫灭不服从自己的邦国，如葛等；然后穿过豫东平原，直取战略要地郑州地区，先攻克韦（今郑州市），再北上灭顾（今河南省原阳县），南下取昆吾（今新郑市），打破了这三个属国构成的防御屏障，夏朝的王畿门户洞开，商族大军便可直捣夏都，在斟鄩之郊的鸣条击败敌人，攻占了伊洛平原。

1955 年以来，考古工作者在郑州白家庄一带发现了商代早期的都城遗址，其面积、规模比偃师商城和著名的安阳殷墟还要大。一些学者结合文献记载分析，汤灭夏后，先在夏都斟鄩附近建立了偃师商城（西亳）；此后不久，又在韦地建起一座规模更大的都城，作为商王朝的统治中心，其地名称"鄩"，亦称"亳"，即古籍中的"鄩薄（亳）"，现在学术界所称的"郑亳"[①]。将首都迁至这一地区，显然具有对西方夏族遗民加强防范和控制的作用，该地在战略上的重要价值不言自明。

商朝建立后国都屡徙，自祖乙迁邢之后，就定都于黄河以北，"薄"在金文中便改称"阑"；直到商朝后期，根据戍嗣子鼎、宰椃角、父己觯等商朝铜器铭文所载，阑邑仍设有宗庙、"大室"，被当作别都[②]，商王曾数次到此赏赐臣下。这时的郑州——"阑"，仍然是军事重镇。《史记》卷 65《孙子吴起列传》曰："殷纣之国，左孟门，右太行，常山在其北，大河经其南。"是说商朝后期王畿的范围，东至孟门山（商都朝歌东北）之险隘，北据恒山，南带黄河；王畿的南端就是临近黄河的阑邑。"阑"的初义为门外的栅栏，《史记》卷 40《楚世家》载："而令仪亦不得为门阑之厮也。"引申为阻隔、边防，见《战国策·魏策三》："晋国之去梁

---

① 孙淼：《夏商史稿》，文物出版社，1987 年，第 330 ~ 345 页。
② 杨宽：《商代的别都制度》，《复旦学报》1984 年第 1 期。

也，千里有余，河山以兰（阑）之。"《汉书》卷 96 下《西域传下》："今边塞未正，阑出不禁。""郫薄"改称"阑"，即表明它由政治中心转变为边关重镇，起着藩卫王畿的作用。

三、"阑（管）邑"与武王伐纣的战略部署

在周族灭商的过程里，占领阑邑也是重要步骤之一。周人在勘黎、伐于、伐崇后，基本上控制了晋南和豫西，进攻商都朝歌可以走两条路线，一条是自丰镐至洛邑后继续东进，经巩、偃师、虎牢、荥阳至阑（管邑），然后北渡济水、黄河，抵达朝歌之郊；另一条是自洛邑北上，在孟津渡河，再沿黄河北岸往东北方向进军，到达牧野。武王、太公选择了后一条道路，因为若从阑邑北进，需要涉渡济水、黄河两条巨川，庞大的战车部队渡河费时费力。当地距离商朝王畿和敌军主力较近，渡河时易受阻击，只能背水迎敌，犯兵家之忌，是很被动的。另外，管邑以东、以南的商朝属国若发动袭击，也会对其侧翼造成威胁。但是在孟津渡河，对岸的于（今河南省沁阳市）、黎（今山西省长治市南）等重镇早被周师攻占，大军涉渡时不受敌人干扰，可以免遭"半渡而击"。尽管周师主力伐纣途中未经管邑，但武王在师渡孟津、开赴朝歌之前，仍然先发兵占领了这一战略要地[1]。

控制管邑对战局发展的有利因素主要有以下两点。第一，能够吸引商朝军队的注意，诱使他们关注管邑周军的动向，借此掩护主力在孟津的渡河行动。第二，当时豫东、豫南还有不少与周人敌对的商朝属国，如陈（今河南省淮阳区）、卫（今河南省滑县南）、磨（亦作历、栎，今河南省禹州市）、蜀（即蜀泽，今河南省新郑市西南、禹州市东北），据

---

① 杨宽：《中国古代都城制度史》，上海古籍出版社，1993 年，第 37 ~ 38 页。

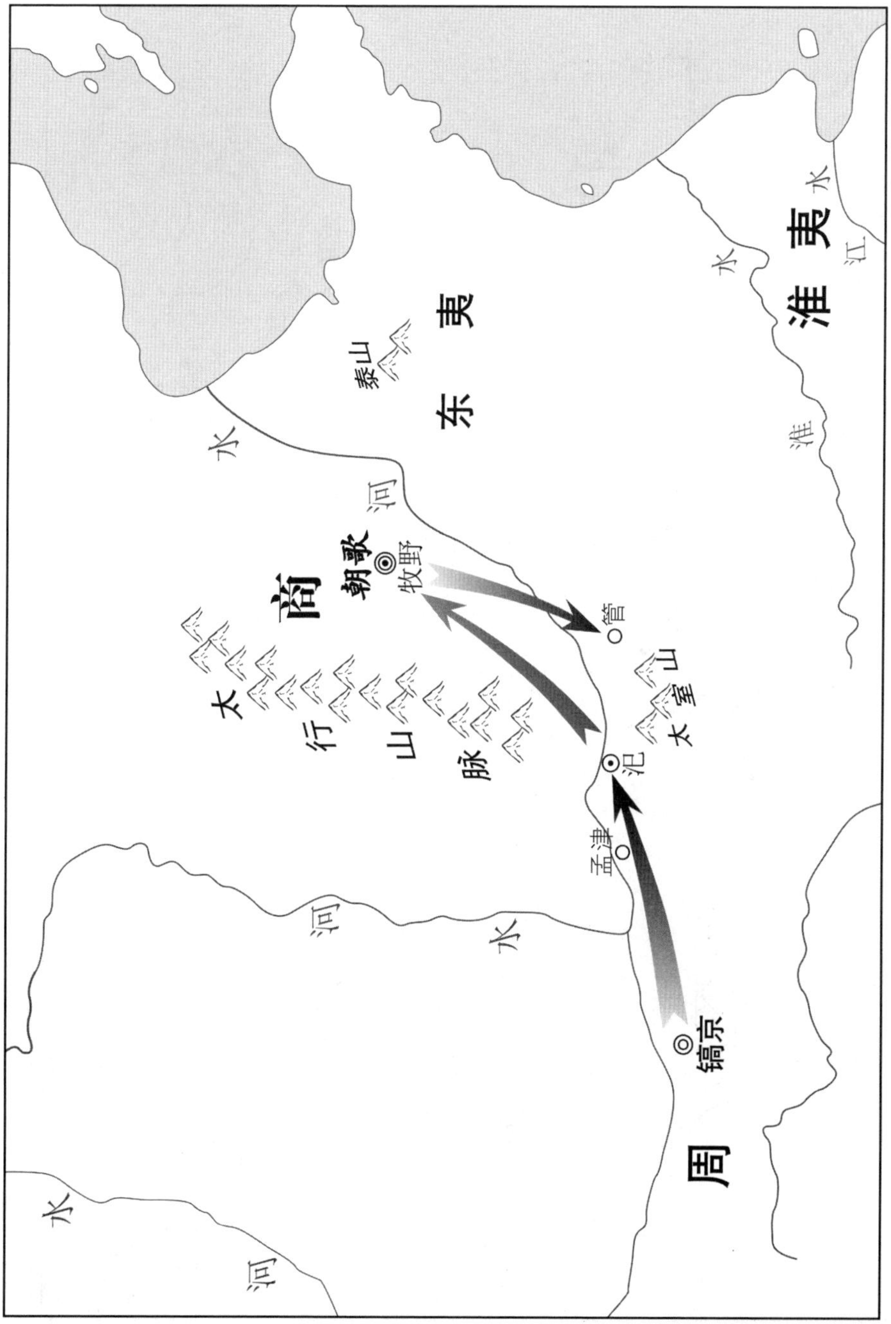

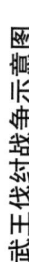

武王伐纣战争示意图

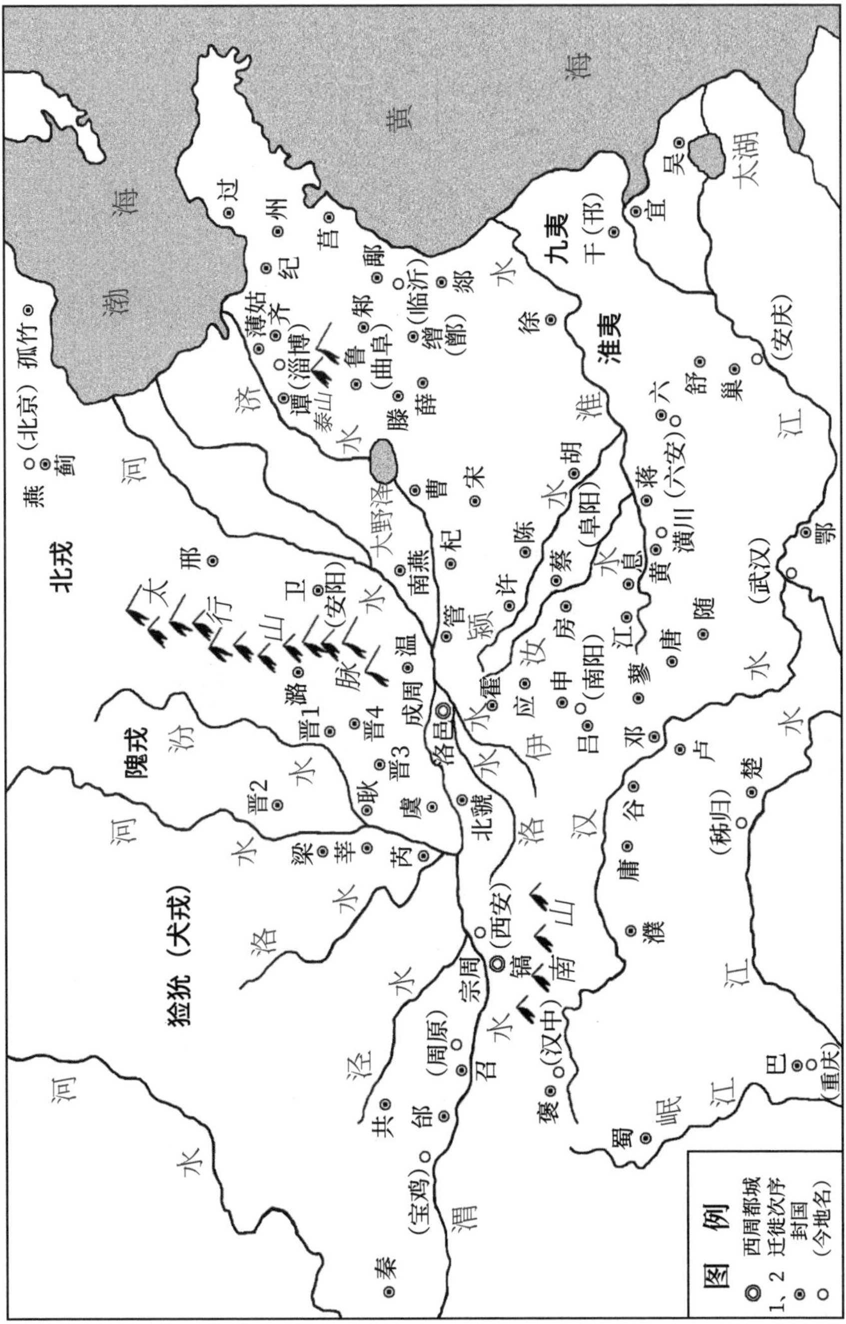

西周王朝形势示意图

图　例
◎　西周都城
1、2　迁徙次序
◎　封国
○　（今地名）

《逸周书·世俘篇》记载，武王在攻克朝歌、灭亡商朝以后，才命令大军分六路南下，去征服它们。周族军队在决战前占领管邑，守住这一交通枢纽，既能北上威胁商都，又能在主力部队奔赴牧野时，有效地保护其侧翼及后方的安全，抵御周围敌对势力可能发动的袭击。利簋的铭文表明，武王在克商后的第八天就赶到管邑，封赏功臣，并把管和附近的祭（蔡）封给了担当监视商族遗民重任的管叔、蔡叔，让他们带领兵马驻此要地，防备宿敌殷人和东夷的反叛。武王回到丰镐以后，又屡到阚（管）巡视，《逸周书·文政解》曰："惟十有三祀，王在管，管、蔡开宗循王。"是言二叔在管开启宗庙迎接，并听从武王训示，这与商代的阚邑内设置宗庙、大室的情况相似，亦表明它在国家政治生活中的重要地位。

四、周初洛邑的兴建与枢纽地区的西移

周公东征平叛，大行分封之后，东西方交界的战略枢纽自管向西转移到洛邑。周公、召公至洛阳相宅定址，征集各地诸侯与殷人兴筑大城，并设宗庙、建明堂、迁九鼎、徙殷顽民，驻以重兵"成周八师"，天子定期至此接受东方诸侯的朝觐述职，洛邑成为周朝的另一个政治中心，也是藩卫镐京、控制东方的新建军事重镇。而管邑的战略地位则一落千丈，不复受人青睐，附近少有居民，渐次荒芜。西周末年，郑桓公鉴于"王室多故"，率领属民东迁到新郑，"庸次比耦，以艾杀此地，斩之蓬蒿藜藋而共处之"①。其荒秽情状跃然纸上。枢纽地区从管地移到洛邑的原因，看来主要是由于商末到周初西方政治地理的结构发生了变化。夏朝到商初，西方主要民族夏族居住生活的基本区域是豫西的伊洛平原、嵩山附近及南阳盆地，其次为晋南的"夏墟"；而关中平原大部分还处在游牧民族的控制下，

①《左传·昭公十六年》。

虽有个别农耕民族在那里活动，也不免"窜于戎、狄之间"①。商朝灭夏后，伊洛平原的夏族遗民多被驱散流徙，当地人口减少，经济明显衰退。商朝后期，随着周族的兴起，关中的农业获得了迅速发展，"周原膴膴，堇荼如饴"②。那里富饶的自然资源得到开发，丰镐所在的渭水流域成为周族的根据地，为其发动灭商战争提供了雄厚的物质基础。周朝建立后，天子、百官及周族的主体仍居住在镐京及附近地区。西方的经济、政治中心从伊洛平原西移到关中以后，和战略枢纽管邑之间的延伸距离大大加长了。两地相距有千里之遥，中间又隔着地形复杂的豫西山地，联系往来与及时驰援都有一定的困难。先秦时军队日行一舍，不过三十里，千里征途要跋涉月余时间，不仅将士疲惫，而且粮草转运也十分不易，使部队的战斗力大大减弱。《左传·僖公十二年》载黄君曰："自郢及我九百里，焉能害我！"就反映了当时人们对这个问题的认识。

　　从丰镐沿渭水、黄河南岸东行至管邑的陆路是当时东、西方之间的主要交通干线，洛邑正坐落在中途。由该地东出虎牢、荥阳，即到达豫东平原的边缘；北渡孟津，则进入西方另一个经济区域——河东，还能沿太行山麓、黄河北岸抵达原东方政治中心——商都朝歌所在的河内；南下伊阙，穿过南阳盆地，则进入南方主要民族荆楚盘踞的汉水流域。特别是洛邑以西，经函谷至桃林的道路穿过险要的殽函山区（殽即崤山，函即函谷关），《读史方舆纪要》卷46《河南一》曰："自新安西至潼关殆四百里，重冈叠阜，连绵不绝，终日走硖中，无方轨列骑处。"地势尤为险要，而洛邑的位置正处在这条通道的东口。桃林东至管邑的大道绵延千里，周朝却没有足够的兵力在沿途驻守，因此这条交通干线的两翼是不安全的。南面的荆楚和周王室多次发生激烈的冲突，曾使昭王南征不复，"丧六师于

①《国语·周语上》。
②《诗经·大雅·绵》。

汉"①。北面黄河彼岸，又有迁徙到唐的殷民"怀姓九宗"、河内殷墟遗民，以及散布于晋北、冀北的戎狄诸部。如史伯所称："当成周者，南有荆蛮、申、吕、应、邓、陈、蔡、随、唐，北有卫、燕、狄、鲜虞、潞、洛、泉、徐、蒲……是非王之支子母弟甥舅也，则皆蛮、荆、戎、狄之人也。非亲则顽，不可入也。"②如果洛邑空虚，仅将重兵驻扎在管邑，一旦东方有变，管邑之师被牵制住，敌对势力出奇兵南渡孟津或北进伊阙，占据了洛邑，就会切断关中根据地和管邑的联系，封闭殽函山区的狭窄通道，使周军主力不能由此捷径东进；如果绕道武关或临晋而出，则旷费时日，不利于兵力的迅速运动和展开，会使西周军队陷入极为被动的局面。

此外，从地形来看，管邑在大河之南平川旷野之上，属于四战之地，无险可恃。而洛邑所在的伊洛平原则北带邙山、黄河，南据龙门，西阻殽函，东镇虎牢，防御的地理条件要比管邑有利得多。出于上述种种原因，武王灭商后虽然在管邑留下驻军，但仍担心东方的政治局势不稳，唯恐这一战略要地有失，他在与周公、太公的谈话里都提到该地的重要性，准备在那里设置重镇。③武王死后，武庚、管、蔡等人发动东方叛乱，企图袭取的首要目标也是洛邑，见《史记》卷37《卫康叔世家》："管叔、蔡叔疑周公，乃与武庚禄父作乱，欲攻成周。"洛邑在战略上的重要地位、作用已是政治家、军事家们的共识。所以，周公东征胜利后全力经营洛邑，在那里大兴土木，屯驻八师，以该城作为监控东方、守卫关中的门户。而对原来的别都、要镇"阚（管邑）"则弃之不顾，终西周一代，此地既未再驻王室重兵，也再没有发生过激战，以致榛莽丛生，人烟疏寥，无复当年金戈铁马、军氛干云的凛凛气象。

---

① 《古本竹书纪年·周纪》。

② 《国语·郑语》。

③ 《史记》卷4《周本纪》及《集解》引《周书·度邑篇》。

第二章

——

夏、商、西周的经济区划、政治格局与国家战略

一、东亚大陆在三代时期的地理形势

在我国古代的历史上，政治斗争往往表现为不同地域的集团势力之对抗。中国所在的东亚大陆虽然自成一个独立的地理单元，但是由于幅员辽阔，内部各个区域的自然条件存在显著差异，对人类的生产活动会产生不同作用，致使各地在经济、文化发展水平和政治趋向上具有很大的区别，可以依照其不同特点，划分为若干个基本经济区域，在此基础上形成几股较强的政治势力。它们之间的力量对比关系和矛盾激化程度，是影响国家统一和分裂、社会治乱和安危的重要因素。历代王朝的统治者在确立根本国策和战略方针时，不能不考虑境内的经济区划与政治力量的分布态势。

此外，人们生存的地理环境并非亘古不变。在不同的历史阶段里，受生产力发展、文明进步或者战乱破坏等因素的影响，国家的经济、人口布局与政治形势会发生变化，形成各自的时代特征。史称"三代"的夏、商、西周王朝，在生产力水平上都处于青铜工具阶段，又同属奴隶

社会，由此使这个时期中国的经济区划与政治格局相对稳定，具有共性。三代的东亚大陆可以分为三个较大的基本经济区域。

1. **中部农耕区**。即夏、商、西周王朝直接统治的黄河中下游区域。它位于东亚大陆的中部地带，南抵汉水、淮河流域，北到燕山、晋北和陕北高原脚下，东连海岱，西及秦陇。概如《汉书》卷64下《贾捐之传》所称："武丁、成王，殷周之大仁也，然地东不过江、黄，西不过氐、羌，南不过蛮荆，北不过朔方。"我国许多新石器时代人类遗址里发现过谷物和其他农作物的遗迹，以黄河中下游最为集中，说明那里是最早开发农业的地区。夏朝到西周，生产力水平进入青铜时代，可是青铜工具的韧性较差，作为翻土掘石的农器很容易碎裂，又比较贵重，难以在农业劳动中普遍应用，人们通常还是使用原始的"耒耜"来耕作。古代黄河中下游的气候温暖湿润，地势平缓，土质较为软沃，为使用木石农具垦耕殖粟和引水灌溉、排涝提供了有利条件，所以得到了较早的开拓，成为三代人口最密集，经济、政治和文化最发达的地区，也是华夏文明孕育、萌发的场所，作为夏、商、西周统治中心的都城和王畿都设在这片地区。

地质学的研究表明，远古时期河南嵩山与山东泰山之间原是内海，后来经过地壳运动，形成阻碍交通的低洼薮泽，致使黄河流域中游与下游的人类走上各自独立发展的道路，出现了西方的仰韶文化和东方的大汶口、山东龙山文化两种系统。又经黄河泥沙多年的沉积和淤塞，这一低下地带逐步上升，才形成新的冲积平原，两地的居民开始了较为密切的交流。[①] 因为历史上的长期隔绝与自然环境的差别，三代的中部农耕区习惯上分为西方和东方两大地域，即周人所谓的"西土""东土"[②]。其分

① 徐中舒：《先秦史论稿》，巴蜀书社，1992年，第4～7页。
②《国语·郑语》《尚书·大诰》《尚书·康诰》。

界线大致是沿太行山麓南下，至古黄河、济水的分流之处——今河南省郑州市、荥阳市一带，也就是《史记》卷65《孙子吴起列传》所载的夏朝后期王畿的东界与商朝后期王畿的西界[①]；再沿着豫西山地丘陵的东缘向南延伸，至夏族民众居住的南阳盆地[②]与桐柏山脉的连接地段。从宏观地貌来看，我国所在的东亚大陆，按其不同的海拔高度和自然条件，可以划分为三级台阶，中部农耕区横跨第二、三级阶梯。三代东、西方的分界线——太行山脉和属于秦岭余脉的熊耳山、外方山、伏牛山脉东端，正是这两级地貌台阶之间的过渡边坡，以此为界，将黄土高原、丘陵、台地与华北大平原区隔开来。西周初年，都城设在偏居西隅的镐京，东、西方分界线的中段也随之西移，挪在号称"天下之中"的洛邑附近。《史记》卷34《燕召公世家》载："其在成王时，召公为三公，自陕以西，召公主之；自陕以东，周公主之。"此处的"陕"，有些学者认为指的就是"郏""郏鄏"，即洛阳王城。

　　两地的居民被称为"西人""东人"[③]，犹如后世之"南人""北人"，在社会生活的许多方面保持着自己的风俗习惯。西方的主要民族——夏族、周族，故居在河东（今晋西南）、河南（今豫西）及关中，为仰韶文化发源扩展的地区。《汉书》卷28下《地理志》载："河东土地平易，有盐铁之饶，本唐尧所居。"晋南的唐（今山西省翼城县）就是传说中的陶唐氏和夏族初期活动的中心[④]，即后代所谓的"夏墟"。夏族势力壮大后，渡河进入豫西，占据伊洛和嵩高地区，开始建立夏王朝的统治。晋南、

①《史记》卷65《孙子吴起列传》："夏桀之居，左河济，右泰华，……殷纣之国，左孟门，右太行……"

②《史记》卷129《货殖列传》："颍川、南阳，夏人之居也。夏人政尚忠朴，犹有先王之遗风。"

③《诗经·小雅·大东》。

④ 刘起釪：《由夏族原居地纵论夏文化始于晋南》，王文清：《陶寺遗存可能是陶唐氏文化遗存》，皆见田昌五主编：《华夏文明》（第1集），北京大学出版社，1987年。

豫西境内山岭峪谷纵横交错，三代时期人多聚居在其中面积不大的山间盆地、河谷平原上，如"唐在河、汾之东，方百里"①，称为"有夏之居"的洛阳地区"其中小，不过数百里"②，故司马迁说这两处"土地小狭，民人众"③。关中平原辽阔肥美，"膏壤沃野千里，自虞夏之贡以为上田"④，不过在三代之初，当地多有游牧民族活动，农业的全面开发是自商朝后期以降、随着周族势力的强盛而繁荣起来的。与东方，即黄河下游相比，西方海拔稍高，少受洪涝之患，土壤基本为较厚的黄土，质地疏松，容易掘穴构屋，冬暖夏凉，给先民的定居生活提供了便利。对于农作物来说，"这种土质由于结构疏松，具有垂直的纹理，利于毛细现象的形成，可以把下层的肥力和水分带到地表，形成黄土特有的土壤自肥现象。另外土质疏松也便于原始方式的开垦及作物的浅种直播"⑤。《尚书·禹贡》称其为"黄壤"，认为它的农业利用价值最高，"厥田惟上上"，比华北平原、山东丘陵的"白壤""黑壤"（即含有盐碱或腐殖质的冲积土）更为沃软易耕。在当时的社会条件下，西方发展农业的自然环境较东方更有利，因此居民多以务农为本，性重厚忠朴，尚文习礼；直至汉代，"其民犹有先王之遗风，好稼穑，殖五谷，地重，重为邪"⑥，用龙、虎、熊等兽类作为本族的图腾⑦。

东方民族的代表是东夷集团及其衍生的分支——商族，东夷因为部

---

① 《史记》卷 39《晋世家》。
② 《史记》卷 55《留侯世家》。
③ 《史记》卷 129《货殖列传》。
④ 《史记》卷 129《货殖列传》。
⑤ 黄其煦：《黄河流域新石器时代农耕文化中的作物——关于农业起源问题的探索（三）》，《农业考古》1983 年第 2 期。
⑥ 《史记》卷 129《货殖列传》。
⑦ 闻一多：《龙凤》，载《闻一多全集》（第一册），开明书店，1949 年；丘菊贤等：《周族图腾崇拜溯源》，《河南大学学报》1989 年第 1 期。

族众多又被称为"九夷"[1]，它们和商族皆以鸟类为图腾，主要生活在河内（今冀南平原、豫北）与豫兖徐平原（古豫、兖、徐州交界地区，今豫东平原、鲁西南平原、苏北平原），是山东大汶口文化、龙山文化的后继者。东方地区农业发展的自然条件与西方有所不同，黄河下游支流很多，有"九河"之称，故常受泛滥、淤塞之灾，对人们的农业定居生活有不利影响。如《尚书序》所载，发祥于漳水流域的先商民族曾被迫多次迁徙，"自契至于成汤八迁"。河内所在的冀南及冀中平原，土壤含有盐碱成分，颜色发白，即《尚书·禹贡》所载"至于衡、漳，厥土惟白壤"，肥沃程度较差。所以，三代前期——夏朝和早商——的东方农业民族，主要活动在条件更好一些的豫东、鲁西南平原；到盘庚迁殷以后，河内的农业才获得了长期稳定的发展。东方的地势低下卑湿，湖泽川渎密布，河、济之外，又有淮、泗、沂、汴、睢、涡、颍、汝等河流；古籍提到的国内"十薮""九薮"中，很多著名的大泽如巨鹿、巨野、菏泽、雷夏、孟诸、圃田、海隅等散布在那里。加上临近海边，降水量较大，使数泽近旁林莽丛生，鸟兽繁息。因此，居民在务农之外，经常从事狩猎活动，民众普遍习射，甚至表现在族名上，许慎《说文解字》："夷，从大从弓，东方之人也。"夷人尚武，性格上轻剽颛急，"其民之敝，荡而不静"[2]。自西方华夏集团的炎帝、黄帝两族进入中原，与东夷的蚩尤族发生激战以来，东、西方两大民族集团的政治交往相当频繁。如傅孟真先生所言："三代及近于三代之前期，大体上有东西不同的两个系统，因争斗而趋混合，因混合而文化进展，夷和商属于东系，夏和周属于西系。"[3]

如前文所言，我国原始社会末期，这两股势力共同组成了前国家的

① 《后汉书》卷85《东夷传》。
② 《礼记·表记》。
③ 傅斯年：《夷夏东西说》，《庆祝蔡元培先生六十五岁论文集》，"中研院"历史语言研究所，1933年。

联合体——酋邦（Cheifdom）①，先后推举了华夏集团的尧、东夷集团的舜为最高首脑"帝"②，双方的其他部族酋长如皋陶、伯益、契、禹、弃等在其手下担任各种官职③。夏、商建立以后仍是如此，由西方或东方的某个民族首领世代为王，另一方的诸侯可以根据王室的需要在朝为官，如夏朝的冥，商朝的九侯、鄂侯、西伯等。贵族统治阶级中的这种地域差别，有时在朝会典礼的站位秩序上也能反映出来，《尚书·康王之诰》："王出，在应门之内，太保率西方诸侯入应门左，毕公率东方诸侯入应门右。"时局动荡之日，两大民族集团又会为争夺天下共主的领导地位而殊死搏斗，直到其中一方彻底失败臣服为止。

2. **北部游牧区**。在中部农耕区的北方和西北，包括内蒙古高原，冀北山地，晋北、陕北、甘肃黄土高原和青海东部。这一区域地势较高，气候干旱寒冷，土地瘠薄，不利于种植业的发展，所以居民务农者少，多以游牧为生，在先秦被称为"戎""狄"，生活习俗与中原的华夏民族有很大差别，所谓"被发衣皮，有不粒食者矣"④，既是其不种五谷桑麻的结果，也是该地区恶劣环境造成的。即使有些内地的农耕民族迁徙到那里，受技术能力和自然条件的制约，也不得不抛弃原有的劳动方式和生活习惯，被迫接受异俗。如《史记》卷110《匈奴列传》所载："夏道衰，而公刘失其稷官，变于西戎。"《史记索隐》引乐彦《括地谱》载夏桀死后："其子獯粥妻桀之众妾，避居北野，随畜移徙。"⑤游牧生产依赖牲畜的自然繁殖，受外界环境的影响比较大，遇到暴风雪、干旱、瘟疫等灾

---

① 谢维扬：《中国国家形成过程中的酋邦》，《华东师范大学学报》1987 年第 5 期。
② 尧居河东，属西方民族集团。《孟子·离娄下》："舜生于诸冯，迁于负夏，卒于鸣条，东夷之人也。"
③《尚书》中《尧典》《舜典》，《史记》卷1《五帝本纪》。
④《礼记·王制》。
⑤《史记》卷110《匈奴列传》《索隐》。

害，都会造成畜群大量死亡，不如农业稳定。这种脆弱、落后的生产方式，使三代时期北部游牧区的民族社会发展相当缓慢，与中部农耕民族的经济实力、文化水平相比，明显处于劣势。

夏、商、西周时期，北方游牧民族活动的地域较后代为广，像冀北山地和晋北、陕北高原，在战国以后，长期被内地的农耕民族所控制。历代中原封建王朝利用燕山、代北的复杂地形修筑长城，屯兵驻守，抵御胡骑南下。但在三代，这一连绵千里的地带因为峰岭交错、密林丛生，使用木石农具很难开发，不适于农业居民生存，所以依旧遍布着森林、草甸，成为游牧民族的栖息之所。春秋以后，随着铁器的推广，中原的农耕民族才得以把活动范围向北方扩展，使长城以南的高原、山地逐步变成了农业区域。

战国以降，北方游牧民族主要的活动区域是大漠南北的蒙古高原，由于地形开阔，骑乘往来便利，使散居各地的部族容易联合、兼并，能够建立强大、统一的民族政权，像匈奴那样，"控弦之士三十余万"①。而三代之时，北方游牧民族的主体——山戎、鬼方等，基本上居住于冀北、晋北和陕北，那里的地形分割零碎，"径深山谷，往来差难"②。交通不便，经济生活又比较分散，致使他们难以在政治上形成集中的力量。如司马迁所说，周代秦、晋、燕地之北的戎狄诸部，"各分散居溪谷，自有君长，往往而聚者百有余戎，然莫能相一"③。再加上经济落后，人数稀少，军事实力不是很强。尽管他们与中原的华夏族时有冲突，但总的来说，规模不大，胜少负多，始终未能动摇华夏民族在东亚大陆上的统治地位。

3. 南部农耕渔猎区。这一经济区位于东亚大陆的南部，包括长江中

---

① 《史记》卷 110《匈奴列传》。
② 《汉书》卷 94 下《匈奴传下》。
③ 《史记》卷 110《匈奴列传》。

下游、淮河、汉水及珠江流域。当地气候潮湿炎热，居住环境不如黄河流域，有"江南卑湿，丈夫早夭"①之称。境内的丘陵、山地往往覆盖着原始森林，平原地带则是水网密布、荆莽丛生，遍地的红壤土质紧密，用木石农具来垦荒翻耕是相当困难的。尤其是江南的水田稻作农业，在生产技术、过程上要比旱地粟作农业复杂、费力得多。在三代简陋的劳动条件下，南部地区无法做到普遍开发，那里的农业发展不充分，居民的生活在一定程度上要依靠原始的渔猎采集活动来补充，所谓"民食鱼稻，以渔猎山伐为业"②。尽管"地势饶足"，有丰富的自然资源，但是缺乏必要的开采手段，甚至在铁器使用初步推广的西汉，仍处于"地广人希，饭稻羹鱼，或火耕而水耨"，民众"无积聚而多贫"③的状态。南部较大的民族如荆蛮、淮夷，主要活动区域在长江以北的汉水、淮河流域，直到春秋以前，他们都不具备和华夏民族逐鹿中原的强盛国力，在双方的交战中通常是被动迎敌，屡遭败绩，从未对夏、商、西周王朝的统治构成过严重威胁。

上述情况表明，这个历史阶段里，东亚大陆存在着以地域划分的四股政治势力，即中部农耕区的西方、东方两大民族集团，北部游牧区的戎狄和南部农耕渔猎区的蛮夷。其中以前两股势力最为强大，他们分别活动在当时最为富庶的黄河中游、下游地区，人口众多，经济、文化先进。因此，三代时期的统治民族都是由这两方中的一个分支来担任的，王朝的更替过程就建立在西方和东方两大民族集团的相互征服上。而北部和南部地区的戎狄蛮夷，由于自身力量的分散和弱小，只能在这个时期的政治舞台上扮演配角，没有足够的实力去问鼎中原。

三代的战争从地域上可以划分为两类，第一类是中部农耕区政

---

① 《史记》卷129《货殖列传》。
② 《汉书》卷28下《地理志下》。
③ 《史记》卷129《货殖列传》。

权——夏、商、西周王朝与北部、南部戎狄蛮夷的战争，第二类是中部农耕区内西方和东方两大民族集团之间的战争。如果我们比较一下这两类战争的目的、规模和后果，就能清楚地看到，后一类战争的历史影响是前一类战争无法相提并论的。

　　戎狄蛮夷对中原王室、诸侯国发动战争，目的是劫掠财富和人口，规模不大，多在边境地带骚扰。因为本身经济、政治力量的薄弱，北部或南部民族中的任何一支，都未有过夺取天子宝座的举动。而三代王室对戎狄蛮夷发动的战争，目的或是消除边患，抵御、反击其局部入侵，或是讨伐反叛的部族、方国，"伐不祀，征不享"①，迫使他们臣服，以维护自己天下共主的统治地位，双方没有出现过为了争夺国家最高领导权力而战的情况。由于对手实力较弱，王室征讨戎狄蛮夷，并不需要举全国之师，通常只是临时征发一些本族的人众。像卜辞中商朝伐羌方、鬼方，每次不过动用数千人、上万人；或是出动王室的常备军，如西周伐荆蛮、淮夷派遣的"六师"，人数也是有限的。有时甚至不用王师出征，只要责令一方的诸侯代劳，去平息边患即可，如商之季历、西伯，周之太公、伯禽，都接受并完成过天子的这类使命。纵观双方的交战，中部农耕民族占了明显的上风，华夏政权统治的区域逐步向四周扩展；即使个别战争遭到失败，也不会亡国灭族，给东亚大陆的政局带来重大改变。

　　中部农耕区内西方、东方两大民族集团的角逐则与前者不同，三代决定统治民族领导地位、历史命运的重要战争，几乎都是在二者之间爆发的，如启诛伯益、穷寒代夏、少康复国、成汤伐桀、武王伐纣、周公东征等，结果往往导致社稷易主、江山改姓。战争的总体规模、出动的兵力也要大得多，因为双方的实力相对接近，会战前都要尽最大可能扩充兵马，占据优势；为此经常要纠合各路诸侯，组成联军出征。如夏桀

---

① 《国语·周语上》。

曾起"九夷之师"①以征成汤，汤后来又率六州诸侯以灭夏②；武王伐纣，西土八国之士随军出动，"诸侯兵会者车四千乘，陈师牧野"③；武庚作乱时，也联合东夷多方以叛周。像牧野之战那样规模巨大、两军出动十数万兵力的战役，也只有在东、西方民族集团对抗的战争里才能见到。

以上分析表明，三代时期政治力量矛盾冲突的主流是东西对立，即中部农耕区内西方、东方两大民族集团的抗衡。在一般情况下，夏、商、西周王朝的统治民族最为担心的，还是自己东邻或西邻可能发生的暴乱，认为他们的反叛对国家安全最有威胁。像夏桀"梦西方有日，东方有日，两日相与斗"④；周人灭商后武王夜不能寐，周公"一沐三捉发，一饭三吐哺"⑤，都是出于上述原因。事实上，从这三个政权建立、巩固的历史过程也能看得出来，开国创业的王者、将帅制定军事战略时，悉心研究过当时政治力量的地域分布态势，在兵力的组织和部署上深受东西对立格局的影响，并且设想与实施了各种措施，使态势向有利于自己的方向发展。

二、从地理角度来看三代建立、巩固国家的战略活动

从地理角度来分析夏、商、周族在夺取政权过程中的进攻战略，可以看出这三个民族建国之前控制的土地、人口原本有限，特别是商族和周族，"汤以七十里，文王以百里"⑥，在东西对立的政治格局中是较弱的一方。他们之所以能最终击败劲敌，统治全国，除了内政、外交等原因，

---

① 《说苑》卷13《权谋》。
② 《吕氏春秋·仲夏纪·古乐》。
③ 《史记》卷4《周本纪》。
④ 《吕氏春秋·慎大览》。
⑤ 《史记》卷33《鲁周公世家》。
⑥ 《孟子·公孙丑上》。

与其指挥作战、兼并天下的方略得当有密切关系。这些民族的领导者在和主要敌人决战之前，先后采取了各种措施，使政治力量的地域对抗形势发生了对自己有利的转变。

首先，三代立国者对本族所在地域的其他部落、邦国采用拉拢或强迫的手段，使它们归附、降服，完成中部农耕区内西方或东方民族集团的联合。欲做天子，要先成为一方的诸侯领袖。像夏禹、启即位前，都得到了邻近部族的拥戴。商汤未叛夏时，也是通过和东夷有莘氏联姻来加强自己力量的；同时，他还勤修内政，布德施惠，以扩大政治影响，使"诸侯八泽来朝者六国"①。周文王翦商之初，亦"阴行善，诸侯皆来决平"②。对于不肯附从的邻近小国，则出兵剿灭，免生肘腋之变，如汤诛葛伯、文王伐密须等。

从三代建国的历史来看，夏、商、周族在未控制所在西方或东方的基本区域之前，是不肯贸然进军对方势力范围、和敌军主力交战的。例如，夏族兴起于晋南，其主要敌人是活动于鲁西南、豫东平原的东夷各族③。夏人未直接向东方发展，没有沿着黄河的北岸进军河北，而是渡河到豫西，打败有扈氏和与启争夺帝位的伯益④，建立起夏王朝对东方和全国的统治。商族发祥于河内的滴（漳）水流域，成汤时强大起来，也是向东南渡过黄河，进入豫兖徐平原，与那里的东夷诸部联合，控制了整

① 《尚书大传》。
② 《史记》卷4《周本纪》。
③ 刘起釪：《由夏族原居地纵论夏文化始于晋南》，《华夏文明》（第1集）；刘绪：《从夏代各部族的分布和相互关系看商族的起源地》，《史学月刊》1989年第3期。
④ 伯益是东夷集团少昊氏的部族首领，见韦昭注《国语·郑语》："伯翳，舜虞官，少暤之后伯益也。"或称其为皋陶之子，故居在今山东省曲阜市一带，势力强大，几乎代启作后。《楚辞·天问》载伯益曾拘禁启，后斗争失败，被启杀死。《今本竹书纪年》卷上载益死于启在位的第六年，即甘之战以后，可见启是在战胜有扈氏之后才进军东方，消灭伯益的。

个东方后，才公开叛夏的。文王勘黎、伐于（盂）后，已经掌握了关中、晋南两个地区，黎（今山西省长治市南）、盂（今河南省沁阳市）距离商都朝歌不过数百里，但是周人仍耐心等到伐崇胜利、占领豫西之后①，才出师伐纣。也就是说，要尽最大可能扩展己方控制的地域，增强力量，造成相对的均势、优势，甚至需要争取中部农耕区以外的民族加入自己的阵营。如汉南四十国诸侯归汤②，武王伐纣时，有羌、卢、髳、彭、巴、濮、邓、蜀八国军队随从。实施这项战略措施的作用是相当重要的，因为三代时期刚刚步入文明社会，政治结构相当松散，还处于邦国林立的状态。史称："当禹之时，天下万国，至于汤而三千余国。"③夏、商、西周王朝都是以某个统治民族为核心的政治联合体，王室直接控制的领土——王畿，面积不过今一省之地。如孟子所言："夏后、殷、周之盛，地未有过千里者也。"④相当于众多邦国中较大的一个。周围诸侯与王室之间，也没有秦汉以后地方与中央政府那样严格的隶属关系，仅仅要尽纳贡、朝觐等义务，在军事、财政、司法等方面政由己出，很少受王室的干涉，呈半独立状态。如王国维在《观堂集林·殷周制度论》中所言，夏商时期，"盖诸侯之于天子，犹后世诸侯之于盟主，未有君臣之分也"。在这种状况下，统治民族即使本身力量较强，如果陷于孤立，同时与许多邦国作战，往往也是力不从心的。孤军作战难以成功，所以必须尽量联合、利用其他部族、邦国来加强自己的实力。如《吕氏春秋·离俗览第七·用民》所称："汤、武非徒能用其民也，又能用非己之民。能用非己之民，国虽小，卒虽少，功名犹可立。"说的就是这种情况。

---

① 旧说崇在今陕西省户县，非是；今人多认为在河南省嵩山一带。参见马世之：《文王伐崇考——兼论崇的地望问题》，《史学月刊》1989 年第 2 期。

②《吕氏春秋·孟冬纪·异用》。

③《吕氏春秋·离俗览·用民》。

④《孟子·公孙丑上》。

其次，三代立国者将都城向中原或是靠近敌方区域、交通较为便利的地点迁移。首都是一国的政治中心，是最高领导集团和中枢机构的驻地，设置在适宜的地点、地区，对于国家的政治、军事活动会产生积极的影响。所以，统治者在选择建都地址的时候，总要经过慎重的考虑和比较，综合各种因素，并根据现实的战略需要来确定其位置。夏、商、周起初都是领土有限的邦国，都城偏在一隅或游移不定。随着势力的壮大，逐步控制了半壁河山，甚至"三分天下有其二"①，原有的地区性政权正在向全国性政权过渡，其军事力量即将开入对方区域，与敌人主力交锋。在这种形势下，旧都的地理位置偏远或交通不便，不利于对战争的指挥部署。因此，三代的建国者在发动决战之际，都会将都城不同程度的内迁，接近前线或处于交通便利的区域中心，以便及时了解敌情，调动兵马，能够迅速有力地控制战争和政治局势。

如夏族原居河东，禹曾在安邑、平阳等地设都②，为了适应和东夷、有苗作战的需要，他迁都到黄河以南、靠近东方的阳城、阳翟③。商汤灭夏之前，把都城和族众从黄河以北的滳水流域迁到位于东方中心的亳（今山东省曹县西南）④，在联合鲁西南平原的东夷部族后向西进军；由此至夏朝腹地伊洛平原路途坦荡，无高山大川阻隔，对大军的运动较为便利。周族的国都原来在关中西部的岐下，其统治者在进兵朝歌之前亦将都城向东迁到丰、镐，以图向中原发展势力，更有效地控制战局。

---

① 《论语·泰伯》。
② 《史记集解》卷2《夏本纪》引皇甫谧曰："（禹）都平阳，或在安邑，或在晋阳。"
③ 《古本竹书纪年》："（禹）居阳城。"《世本·居篇》："禹都阳城。"《汉书》卷28上《地理志上》颍川郡"阳翟县"条自注曰："夏禹国。"《帝王世纪》："禹受封为夏伯，在豫州外方之南，今河南阳翟是也。"《史记集解》卷4《周本纪》引徐广曰："夏居河南，初在阳城，后居阳翟。"
④ 王国维：《观堂集林·说亳》，中华书局，2004年。

再次，三代立国者占领了东西方交界的"枢纽地区"。枢纽地区亦称"锁钥地点"，通常是指某个具有战略意义的交通要冲，作战时占领了它就能得地利，进可以长驱直入对方腹地，退则能扼守要道拒敌于境外。从三代的历史来看，开国建业者都曾把今河南郑州地区当作用兵必争之地。该地在商周亦称"关""柬""阕""管"[1]，位于中部农耕区的核心，是黄淮海平原与豫西山地丘陵接壤之处。北渡济水、黄河，可以直达幽燕；南通两湖，西临虎牢，面对自关中、洛阳而来的陆路干线；东蔽梁、宋，背后是广阔的豫兖徐平原，为四方道路交会之所，在军事上有着重要的地理价值。夏朝之初，禹和启为了打开进军东方的大门，曾经和东夷的有扈氏发生激战，主战场"甘"即在今河南郑州以西的古荥甘之泽和甘水沿岸[2]。经过长期的多次搏杀，启"灭有扈氏，天下咸朝"[3]。夏族控制了这一地区，能够北进河内，东出豫兖徐平原，也就慑服了东方各邦诸侯。

成汤自亳出兵伐桀，也是先打败了郑州附近的三个夏朝属国"韦"（今河南省郑州市）、"顾"（今河南省原阳县）、"昆吾"（今河南省新郑市）[4]，才直捣夏都，在鸣条（今河南省洛阳市偃师区、巩义市间）[5]战胜夏军主力，占领了伊洛平原。

在武王灭商的作战行动里，虽然周师主力是从孟津北渡黄河、向东

---

① 于省吾：《利簋铭文考释》，《文物》1977 年第 8 期。

② 参见郑杰祥《"甘"地辨》，《中国史研究》1982 年第 2 期。

③《史记》卷 2《夏本纪》。

④《诗经·商颂·长发》："韦、顾既伐，昆吾、夏桀。"朱熹注："初伐韦，次伐顾，次伐昆吾，乃伐夏桀，当时师之序如此。"关于韦、顾、昆吾的地理位置，请参阅陈梦家：《殷虚卜辞综述》，中华书局，1988 年；李学勤：《殷代地理简论》，科学出版社，1959 年；顾颉刚、刘起釪：《〈尚书·甘誓〉校释译论》，《中国史研究》1979 年第 1 期；邹衡：《夏商周考古学论文集》，文物出版社，1980 年，第 232 页。

⑤ 谭继和：《桀都与鸣条地望新考》，《西南民族学院学报（社会科学版）》1986 年第 1 期。

北进军抵达商都朝歌的，但在此之前，武王仍先发兵占领了郑州地区[①]，通过此举来吸引商朝军队的注意，并掩护主力部队的侧翼与后方的安全。克商后，武王即将"管"（今郑州市）和附近的"祭（蔡）"封给管叔、蔡叔，留下他们率兵戍守，用以监督、弹压商族遗民。这些情况都反映了该地在三代的重要作用。

通过以上措施，在政治地理格局中，东西方力量对比发生了变化，在决战之前处于有利地位。这样就为下一步进攻敌方腹地、都城，歼灭敌军主力，夺取最后的胜利奠定了基础。

夏、商、周族在开国创业的过程中，制定的战略以进攻、夺取天下为目的，而一旦击败对方民族集团，建立起对全国的统治以后，战略目的便转为防御，即如何保证国家的安全，有效地抵御、镇压敌人的暴动、入侵。从他们实行的各项部署来看，显然是受东西对立的形势影响，把刚被自己征服的东邻或西邻民族集团当作最危险的假想敌，采取种种措施来防备他们聚集力量、发动叛乱，夺回失去的权益。实际上，在三代建国之后，上述地区、民族都发生过规模不同的武装反抗行动，证明统治者的担心并不是多余的。如夏朝遗民"土方"与商朝的冲突，断断续续地到武丁时期才基本结束。[②]周初武庚、奄、蒲姑的作乱，周公花费三年时间才将其平息。而东夷有穷氏的羿、寒浞甚至一度灭亡了夏朝，"因夏民以代夏政"[③]。王朝的统治能否稳固，与其防御战略的制定实施是否得当有密切的关系。从地理角度来看，三代建国之初的防御战略具有以下内容和特点：

---

① 杨宽：《中国古代都城制度史》，上海古籍出版社，1993 年，第 37～38 页。
② 其说及史实参阅胡厚宣：《甲骨文土方为夏民族考》，日知主编：《古代城邦史研究》，人民出版社，1989 年，第 340～353 页。
③《左传·襄公四年》。

（一）将部分兵力留在被征服的敌方区域，或守住东西方交界的战略要地，起到监视、控制亡国遗民的作用

　　三代军队中的大量步兵战士是农民，平时担负着繁重的劳动，在作战之前被临时召集入伍，而不是常备兵。如果长期从军，脱离生产，将给社会经济带来恶果，这是民众和统治者都不愿看到的。商汤伐桀之前，军中的士兵们就认为出征耽误了农作而颇有怨言："我后不恤我众，舍我穑事而割正夏。"[①]汤不得不向他们专门解释，并在大战结束后立即率众"复归于亳"[②]，让多数士兵复员回乡，继续务农，以保证生产。武王伐纣，大军自出征到返回关中，跋涉数千里，前后也只用了78天[③]，然后便"纵马于华山之阳，放牛于桃林之虚，偃干戈，振兵释旅，示天下不复用也"[④]。但是东西方相距甚远，如果将军队全部撤回己方根据地，被征服地域若发生叛乱，再集结兵力、远涉山水赶来镇压，则不免师老兵疲、贻误战机了。所以，胜利者在还师之前，往往将部分兵力留驻当地，控制一些军事重镇，起到威慑作用。而一旦发现被征服者有不轨之举，可以及时作出反应，就近出动兵力平叛。即便对方势力强大，胜利者也能够暂时守住要地，牵制敌人进攻，不使战火蔓延，这样就能为自己争取时间，出兵救援反击。

　　留驻兵力的第一类地点，是被征服王朝或邦国的都城，那里是敌对者的政治中心，附近人口稠密，是亡国的旧贵族、遗民的聚居之地，反抗力量最为集中，蕴藏着很多不稳定因素，属于最有可能爆发动乱的地点。在此地驻军可以针对上述威胁，最有效地预防、制止叛乱的发生。所以征服者常在当地或附近设置别都或诸侯国都，驻以重兵。如汤灭夏

---

①《尚书·汤誓》。

②《尚书·汤诰·序》。

③ 赵光贤：《说〈逸周书·世俘篇〉并拟武王伐纣日程表》，《历史研究》1986年第6期。

④《史记》卷4《周本纪》。

后，在夏都斟鄩附近的偃师建立别都"西亳"，筑城屯兵，以为军事基地[1]。武丁击败晋南夏族遗民"土方"后，也在"夏墟"所在的唐（今山西省翼城县）"作大邑"，镇守一方。[2]周公东征平叛后，"以武庚殷余民封康叔为卫君，居河、淇间故商墟"[3]；又悉封宗亲、功臣带兵进驻东夷各邦之都，如太公往蒲姑，伯禽往奄，受封者占据原夷邦都城，将被征服民族驱至郊野居住，并镇压了莱夷、淮夷的反抗。

第二类驻军地点是在枢纽地区，即东西方交界地带的交通冲要，控制了这类地点可在军事上大有获益，攻则能麾兵直入敌方腹地，守则可御寇于藩篱之外。夏朝至周初最重要的战略枢纽是管城（今河南省郑州市）。该地位于中部农耕区的核心，黄淮海平原与豫西山地丘陵接壤之处，扼住横贯东西方的陆路交通干线，地位十分重要。1955年以来，考古工作者在郑州市白家庄一带发现了商代早期的都城遗址，其面积、规模比偃师商城（西亳）和著名的安阳殷墟还要大[4]。一些学者结合文献记载分析，汤灭夏后，先在夏都附近建立了偃师商城（西亳），后又在今郑州大建都城，作为商王朝的统治中心，其地名仍称为"亳"，即现在学术界所说的"郑亳"[5]。将首都迁至这一地区，显然具有对西方夏族遗民加强防范和控制的作用。武王克商后，亦将管叔、蔡叔封于此地，领兵镇守，监视殷民与东夷。周公东征平叛、大行分封之后，东西方交界的"天下

---

[1]《汉书》卷28上《地理志上》偃师县班固自注："尸乡，殷汤所都。"《帝王世纪》："偃师为西亳。"《括地志》："亳邑故城在洛州偃师县西十四里。……河南偃师为西亳，帝喾及汤所都。"《元和郡县图志》卷5《河南道一》"偃师县"条："成汤居西亳，即此是也。"河南偃师曾发掘出商代早期都城遗址。

[2] 其说及史实参阅胡厚宣：《甲骨文土方为夏民族考》，《古代城邦史研究》，人民出版社，1989年，第340～353页。

[3]《史记》卷37《卫康叔世家》。

[4] 孙淼：《夏商史稿》，文物出版社，1987年，第330～345页。

[5] 孙淼：《夏商史稿》，文物出版社，1987年。

之中"向西转移到洛邑，周朝在那里筑王城、定九鼎、迁殷民，又把精锐部队"成周八师"派驻此地，来监控东方，守卫关中的门户。

(二) 驱迫部分被征服民族离开中部农耕区，到北部、南部荒僻地域

这类措施在历史上出现较早，如舜"乃流四凶族，迁于四裔"[1]，禹逐三苗。夏朝灭亡后，桀及余众被驱至南巢（今安徽省巢湖市），另一部分夏人逃到北野成为匈奴、大夏之先[2]。商朝灭亡后，箕子率众入朝鲜；武庚叛乱失败，亦有部分殷民向东北、北方流亡[3]。周公东征，"伐奄三年讨其君，驱飞廉于海隅而戮之，灭国者五十"[4]。亡国的东夷族众有些留在当地接受周人统治，另一些离乡背井，南迁到淮河、长江流域。据顾颉刚先生考证，奄君被杀后，余众逃至今江苏常州；蒲姑氏亡国后徙至苏州，丰国之人迁到苏北丰、沛县一带居住[5]。

三代的统治民族通过上述行动，改变了中部农耕区内人口、政治势力的分布状况，使被征服的西方或东方原住人口减少，这一结果对于新王朝的巩固，显然起到了积极的促进作用。被征服民族的故居之地，通常是自然条件优越、适宜农业发展的区域，比较发达、富庶。统治民族用战争、殖民等手段占领该地，无疑扩充、改善了本族的生活环境；而失败的对手抛弃故乡的田园家产，逃到边远蛮荒地区，经济上损失惨重，居住的外界条件又相当恶劣，使他们的生存和发展都受到很大的局限，难以聚集财富、繁衍人口，恢复原有的国力。而留在当地接受统治的被征服民族，人数则大大减少，相对来说较易控制，即使发生叛乱，镇压

---

① 《史记》卷1《五帝本纪》。
② 《史记》卷110《匈奴列传》及《史记索隐》引乐彦《括地谱》。
③ 《史记》卷38《宋微子世家》、《逸周书·作雒》。
④ 《孟子·滕文公下》。
⑤ 顾颉刚：《奄和蒲姑的南迁》，《文史》第31辑，中华书局，1988年。

起来也要省力得多。迁徙之后，敌对民族集团的力量被分散了，不像原来那样集中和强大，由于生存环境的恶化，又被削弱了经济实力，他们对统治民族的威胁明显减小了。

（三）将被征服民族的部分人众迁到己方地域，以便就近监管、弹压

商汤灭夏后，把一些夏族贵族、平民从豫西迁移到东方的杞（今河南省杞县），靠近商族的根据地。见《史记》卷55《留侯世家》："昔者汤伐桀而封其后于杞。"《世本》："殷汤封夏后于杞，周又封之。"《大戴礼记·少间篇》："（成汤）乃放移夏桀，散亡其佐，乃迁姒姓于杞。"《左传·襄公二十九年》："杞，夏余也，而即东夷。"

周公东征之后，也把持敌对态度的殷族"顽民"强制迁徙到成周，处于八师的监督之下。另一支殷民"怀姓九宗"则被迁移到晋南的唐地，受姬姓诸侯叔虞统辖。内迁的殷民中有许多贵族，即《尚书·召诰》所载的"庶殷侯、甸、男邦伯"，他们接受周公的命令，指挥属下的"庶殷""殷庶"（商族的平民或奴隶）从事筑城等劳作。这些人在故土拥有雄厚的财力和较高的社会地位，具备很强的政治影响与号召能力，却又冥顽不顺，抵触周族的统治，留在当地很可能成为将来组织叛乱的隐患，所以周公把他们迁到卧榻之侧加以监控，不使再度生变。

另外，还有部分诸侯因为反形渐露，受到王朝统治者的怀疑，也被强迫入朝，作为人质扣押起来，待其政治态度转变后再释放回乡。如桀曾拘商汤于夏台，纣囚西伯于羑里。周公平叛后亦将东夷诸邦的许多国君、酋长带回洛邑看管起来，警告他们如果再三举行叛乱，会受到同样的镇压和囚禁："尔乃自作不典，图忱于正！我惟时其教告之，我惟时其战要囚之，至于再，至于三。"[1]这些人与被迁的殷顽民不同。从周公对他

---

[1]《尚书·多方》。

们的讲话（"今尔尚宅尔宅，畋尔田，尔曷不惠王熙天之命"[①]）来看，这些诸侯还保持着自己的故土，在洛邑居住是临时性的，一旦证明了对王室的效忠，就能够脱离羁绊，返回家乡。

　　纵观三代建国后的防御战略，夏初的措施最少，几乎看不到有这方面的记载。夏人对待战败者、附从诸侯的统治手段也比较简单，如诛防风氏，罚有扈氏全族为放牧奴隶等。古籍中关于"甸服""侯服""要服""荒服"的记载，也反映了夏朝王室与诸侯的隶属关系相当松弛，只对近旁的邦国责以贡职，而对距离较远者，仅要求它们在名义上服从即可。夏族当时刚刚进入文明社会，国家草创，可能对如何保障安全的战略问题思虑不周，未做妥善安排。因此禹、启开国之后，只过了一代，便遭"太康失国"的厄运，被宿敌东夷集团中的有穷氏颠覆。其原因虽然是多方面的，但缺少预防叛乱的有效措施也是其中重要一条。"殷鉴不远，在夏后之世"[②]，后代的建国者们看来是汲取了前朝的经验教训，制定的防御计划日益严密、完备，加强了对被征服民族的控制和防范，从而有效地巩固了新兴的政权。在少康复国及成汤灭夏、武王克商之后，尽管还发生过反抗征服的叛乱暴动，但是再没有重演过像"穷寒代夏"那种新王朝夭折的悲剧。

　　从地理角度分析，上述防御战略都是针对东西对立的军事形势而制定的。在夏、商、西周时期，东、西方民族集团始终是我国政治舞台上演对手戏的两大主角。受当时社会、自然条件的制约，上述格局在这个历史阶段里不会改变，但是双方的力量对比可以因人为的影响而发生转化。国君和统帅的高明之处，就是能够正确地认识和驾驭这种形势，运用一切可能的手段来扩展己方的势力范围，将兵力部署在地理价值最高

---

① 《尚书·多方》。
② 《诗经·大雅·荡》。

的区域和地点，并且尽量分散、削弱敌方民族集团的人力、物力，缩小或恶化其生存环境。这样，在预想的战争爆发之前，在东西抗衡的军事冲突中，自己已经处于最有利的地位，拥有敌弱我强的战略形势。尽管这种形势本身不能直接取得战果，但是在这种优势条件下和敌人交战，会有最大的获胜把握。依据客观地理条件，成功地制定和实施战略计划，对王朝的建立、巩固起到了至关重要的作用。

第三章

——

春秋时期的诸侯争郑

一、诸侯争郑的历史演变

春秋在我国古代以战争频繁而闻名，仅据相关著作统计，诸侯间的征伐有 380 余次[①]。当时王室衰微，大国争霸，数百年来干戈纷扰，茫茫神州几无宁日。值得注意的是，列强都把"服郑"——控制郑国——当作战胜对手、建立霸权的必要步骤，为此不惜劳师动众、连年用兵。杨伯峻先生曾指出："（春秋诸侯）欲称霸中原，必先得郑。当晋、秦争霸时，郑为晋、秦所争。今晋、楚争霸，又为晋、楚所争，国境屡屡为战场，自襄公以来，几至年年有战事。"[②]据初步统计，郑在春秋时即遭受战争之灾约 80 次[③]，为列国中蒙难最重者，是名副其实的兵家必争之地。

——————————

① 《中国军事史》编写组：《中国军事史》附卷，《历代战争年表（上）》，解放军出版社，1991 年。

② 杨伯峻：《春秋左传注》，中华书局，1981 年，第 988 页。

③ 《中国军事史》编写组：《中国军事史》附卷，《历代战争年表（上）》，解放军出版社，1991 年。

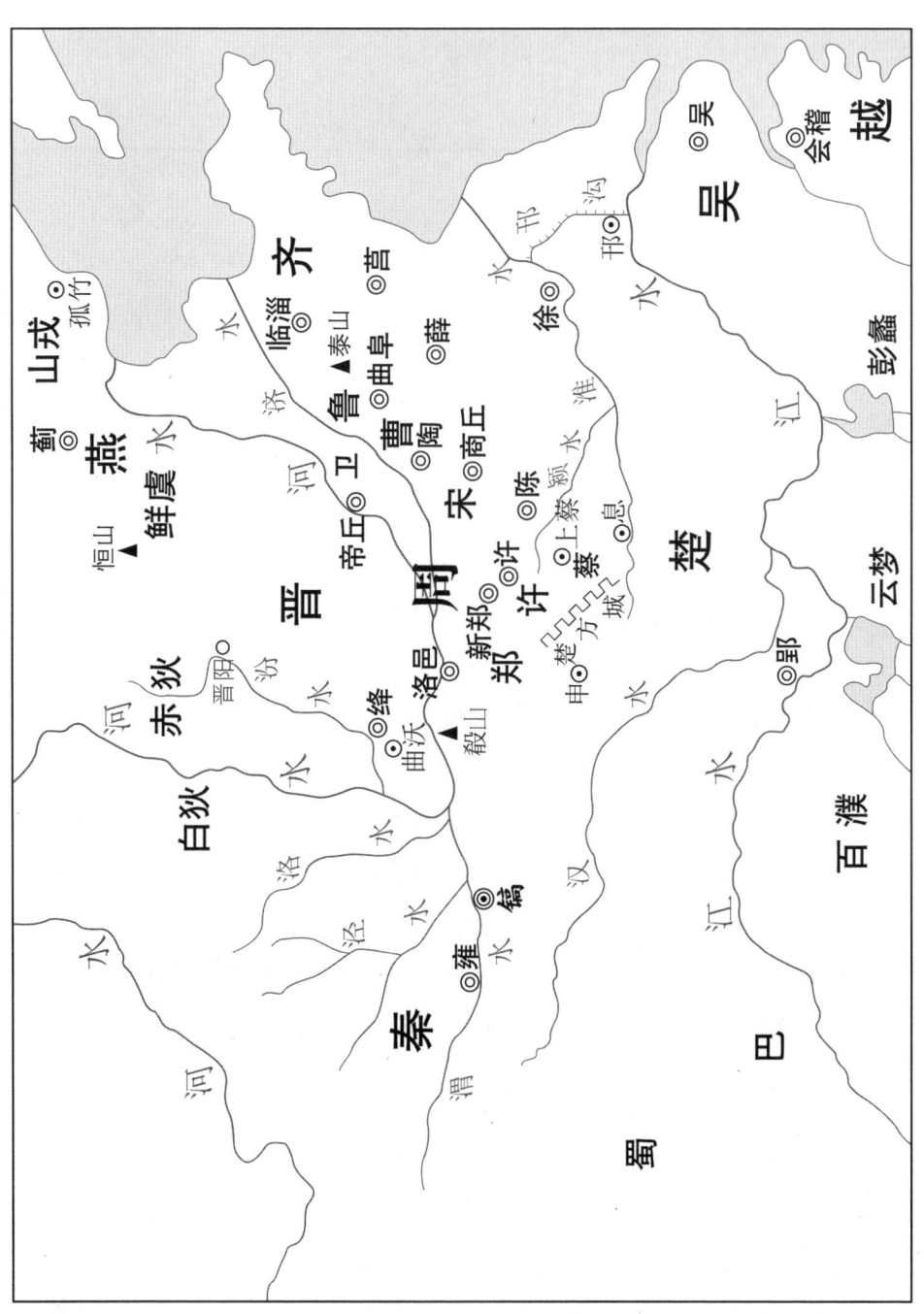

春秋中后期列国形势示意图

郑国在西周时建国很晚，先祖桓公姬友为宣王之弟，公元前806年始封于郑（今陕西省渭南市华州区）。幽王之时，他见西土艰危，天下将乱，便接受了史伯的建议，行贿于虢、郐，将部分族人和财物寄居在两国之间。西周灭亡后，郑武公率众东迁，都新郑（今河南省新郑市），逐步兼并邻近小国，占有今河南省中北部一带，成为周都洛邑以东的重要诸侯。据郑臣子产追述："昔我先君桓公与商人皆出自周，庸次比耦，以艾杀此地，斩之蓬蒿藜藋而共处之。"[①]可见那里在西周末年还是荆榛丛生、满目荒凉，而数十年后却屡屡被列强当作风云际会的战场。许多重要战役，如泓水之战、殽之战、邲之战、鄢陵之战，都和诸侯对郑国的争夺有直接关系。从时间顺序来看，自公元前681年齐桓公率诸侯主北杏之盟开始，到公元前546年列国举行"弭兵之会"、订盟休战为止，在争霸战事最为激烈的百余年内，列强对郑国的争夺可以分为以下几个阶段：

（一）齐、楚争郑

春秋前期强盛起来的大国首推齐、楚。齐桓公于公元前685年即位，任管仲为相，富国强兵，积极对外扩张，并联络宋、卫、郑、陈、曹、鲁等诸侯，以"尊王攘夷"相号召，初任华夏盟主。南方的楚国此时也蒸蒸日上，先后占领了江汉平原、南阳盆地，随即挥师北进，叩打中原的大门。春秋时期两大政治集团的对抗形势从此奠立。后来齐国衰落，其盟主地位由晋国接替，而这种南北对峙冲突的军事地理格局却没有改变，一直延续到春秋末年，郑国均是双方反复争夺的主要战略目标，如清朝学者顾栋高所称："然自是而楚患兴矣，齐、晋迭伯，与楚争郑者二百余年。"[②]

---

① 《左传·昭公十六年》。
② 〔清〕顾栋高：《春秋大事表》卷4《春秋列国疆域表·郑疆域论》，中华书局，1993年。

公元前 678 年夏，由于郑国背盟侵宋，齐桓公联合宋、卫两国军队伐郑，迫使郑国屈服。而当年秋天，楚国因郑倒向齐国，也派兵攻郑，至栎（今河南省禹州市）而退。

公元前 667 年，齐桓公邀诸侯会盟，郑国亦参加，再度引起楚国的不满，第二年又派令尹子元率 600 辆兵车伐郑，打进了郑都郭城。齐、鲁、宋等国联合发兵救郑，楚军始退。

公元前 659 年秋，"楚人伐郑，郑即齐故也"[①]，还是因为郑服从了齐国。齐桓公因此约会宋、鲁、郑、曹、邾五国君主商讨退楚之策。次年楚师再度伐郑，打败郑军，并俘虏了郑臣聃伯。下一年冬，楚师又伐郑，郑文公欲媾和，被大夫孔叔劝阻。第二年春季，齐桓公为了阻止楚国势力北侵，率领诸侯联军打败了附属于楚的蔡国，并乘胜伐楚，陈兵于召陵（今河南省漯河市郾城区东），迫使楚国订盟，挫败了其屡次伐郑、染指中原的企图。

召陵之盟以后，齐、楚两国对郑国的争夺并未停止。公元前 655 年，齐桓公邀诸侯在首止会盟，周惠王因忌恨齐国权力过盛，"使周公召郑伯，曰：'吾抚女以从楚……'"[②]唆使郑国逃盟叛齐。次年齐、鲁、宋、陈、卫、曹等国会师伐郑，惩其背盟；楚国则派兵围许以救郑。公元前 653 年，齐桓公又单独出兵伐郑，郑国派太子请降，声称愿事齐如封内之臣："我以郑为内臣，君亦无所不利焉。"[③]次年冬，齐桓公又会诸侯于洮，"郑伯乞盟，请服也"[④]。齐国最终在争夺中获胜。高闳曰："郑自此年从齐，至十七年小白卒，楚人绝迹于郑，桓之伯功盛矣。"[⑤]

---

①《左传·僖公元年》。
②《左传·僖公五年》。
③《左传·僖公七年》。
④《左传·僖公八年》。
⑤〔清〕顾栋高：《春秋大事表》卷 26《春秋齐楚争盟表》，中华书局，1993 年。

郑国之所以屡次叛齐，是由于它认为齐国地处泰山以北，与郑相隔卫、鲁、宋等国，路途遥远，师旅往来不易。而楚国占据南阳盆地以后，与郑接壤，距离较齐为近，军事威胁要严重得多，所以不愿与楚为敌，对齐屡服屡叛。直到召陵之盟以后，眼见以齐为首的华夏联盟势力强盛，楚不敢与之交锋，才改变了骑墙观望的态度。顾栋高曾对此评论道："齐积谋攘楚数十年，始终皆为郑，其勤亦至矣。而郑以齐之强不如楚，齐远而楚近，首叛齐侯。且许在郑之南，更迩于楚，许犹坚从中国，而郑顾反覆，郑在齐桓世已狡狯如此。"①

（二）宋、楚争郑

公元前643年冬，齐桓公去世，郑国立即投楚。此后，宋襄公平定齐国的内乱，企图接替齐国的霸业，成为中原诸侯的新首领。公元前638年，郑伯朝见楚成王，激怒了宋襄公，会合宋、卫、许、滕四国军队伐郑，"楚人伐宋以救郑"②，并在泓水之战中大败宋军，使宋襄公的称霸梦想彻底破灭。战后，郑、鲁、陈、蔡、许、曹、卫、宋等国纷纷从楚，楚之霸业煊赫一时，"天下几不复知有中夏"③。

（三）秦、晋争郑

泓水之战后数年，晋文公返国图霸，得到秦国支持。公元前633年，宋国叛楚从晋，郑国继续为虎作伥，出兵助楚攻宋，并在城濮之战中加入楚军阵营，与中原诸侯为敌。楚军战败后，一时无力北上。公元前631年，晋文公会诸侯于翟泉，《左传·僖公二十九年》称其"寻践土之盟，

①〔清〕顾栋高：《春秋大事表》卷26《春秋齐楚争盟表》，中华书局，1993年。
②《左传·僖公二十二年》。
③〔清〕顾栋高：《春秋大事表》卷4《春秋列国疆域表·卫疆域论》，中华书局，1993年。

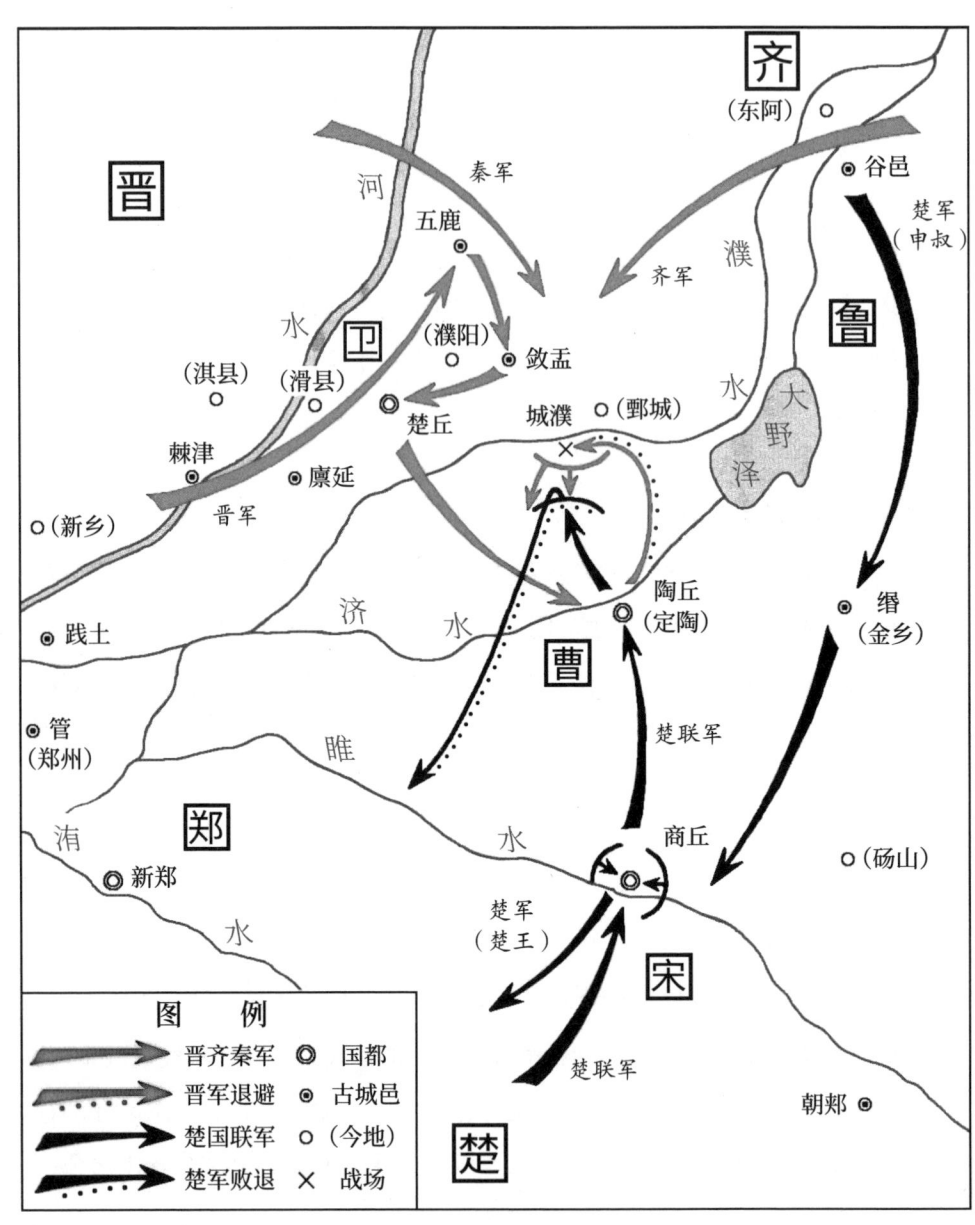

晋楚城濮之战示意图（前632）

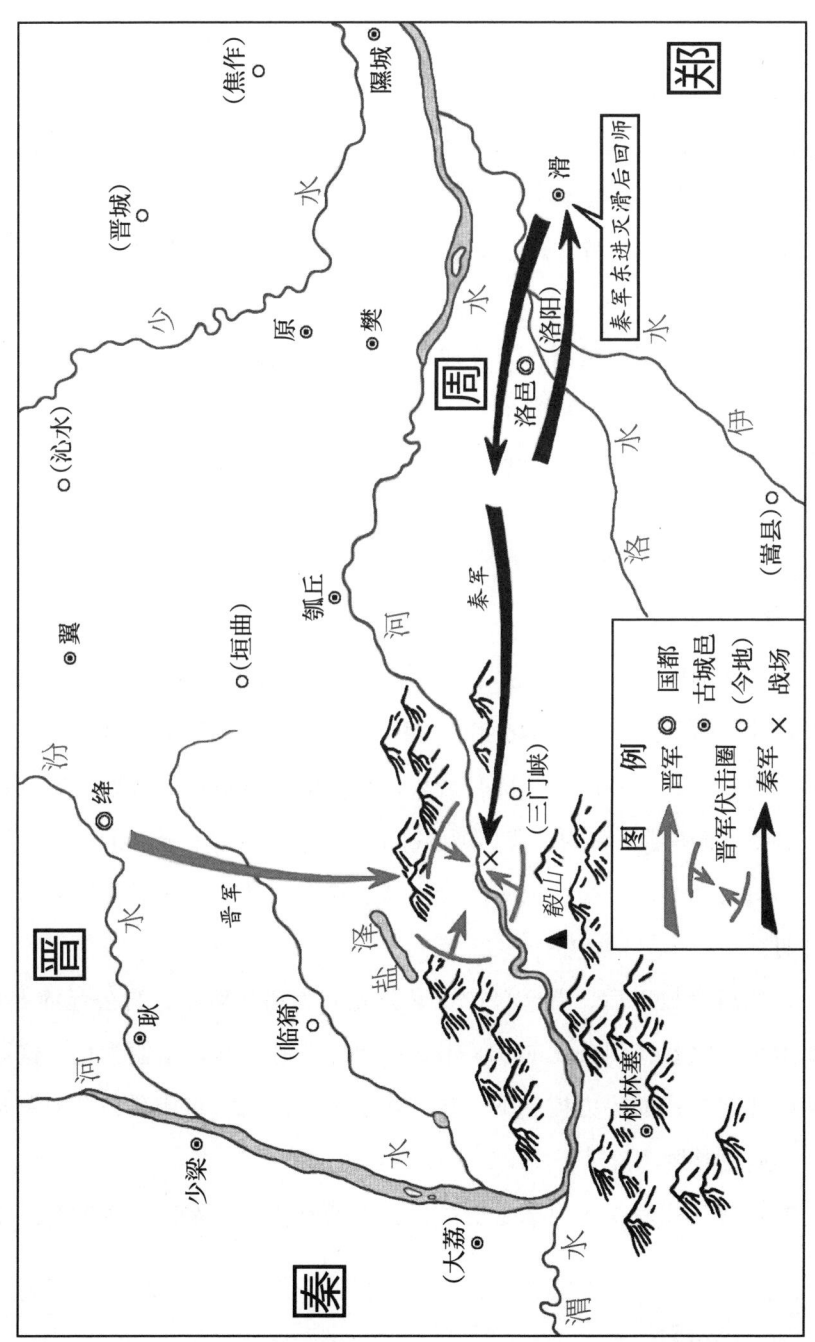

秦晋殽之战示意图（前627）

且谋伐郑也"。次年，秦国如约出兵，联合晋军攻郑，以扫除称霸中原的障碍。郑伯见形势危急，遣谋臣烛之武说服秦国撤兵，承诺做秦之属国。秦穆公同意后留下部分兵马，协助郑国防卫都城。郑国又尊晋君为盟主，脱离楚国，但秦、晋两国均未能单独控制郑国。

公元前628年，晋文公去世，戍郑的秦将杞子乘机遣使密告："若潜师以来，（郑）国可得也。"[1]秦穆公闻讯后发兵偷袭，欲灭亡郑国，独占此战略要地，但阴谋败露，未能成功。秦军班师回国时，在殽地被晋国伏兵打败，全军覆没。戍郑的秦国三将逃奔齐、宋，郑国独属于晋，与秦为敌。《史记》卷42《郑世家》载郑缪公三年，"郑发兵从晋伐秦，败秦兵于汪"。

（四）晋、楚争郑

晋、楚两国争夺霸权的战斗，从公元前633年楚军围宋，晋师伐曹、卫以相救开始，到公元前546年"弭兵之会"结束，延续了80余年。在春秋的历史上，双方的争战历时最久，涉及的地域最广，规模、影响最大，以至于有些学者认为，"晋、楚两国的历史是一部《春秋》的中坚"[2]。两国的对抗和交战，往往也是围绕着"争郑"展开的，先后可以分为几个时期：

1. 城濮之战以后，晋文公、晋襄公先后为诸侯盟主，自公元前630年郑国叛楚服晋，到公元前618年楚军伐郑获胜、与郑结盟为止。这段时期内郑国在晋的势力控制下，楚军曾于公元前627年伐郑，晋国及时相救，迫楚退兵。

2. 晋襄公死后，国内屡生变乱，势力渐衰，又与秦国频频冲突。楚

---

① 《左传·僖公三十二年》。
② 童书业：《春秋史》，山东大学出版社，1987年，第181页。

国乘机北伐，从公元前618—前591年，楚穆王、楚庄王出兵郑国8次；晋军救郑或伐郑7次，在对抗中处于下风。在此期间，楚军于公元前597年攻陷郑都，又在邲之战中大败晋军，楚庄王由此取得了霸主的地位。庄王死后，余烈未消，公元前589年，楚在蜀地（今山东省泰安市西）约十四国诸侯会盟，齐、秦、鲁、郑、宋、卫等国皆从命前往。这段时期楚国的霸业达到鼎盛，郑国基本被楚国控制。

3. 晋景公末年调整了内外政策，与戎狄讲和，稳定了后方；在鞌之战中打败齐军，国势复盛，又联合吴国，与楚争郑。从公元前588年晋师伐郑，到公元前547年秦、楚联军伐郑，40余年之内，晋、楚各向郑国出兵14次，多数情况下晋国占据上风。楚国因为屡受吴国袭扰，被削弱了力量，在鄢陵之战、湛阪之战等大战中连连告负，致使晋厉公、晋悼公重振霸业，郑国又倒向了以晋国为首的华夏诸侯联盟。

公元前546年，诸侯代表在宋举行"弭兵之会"，订盟休战，郑与其他小国共尊晋、楚为霸主。此后中原的局势大为缓和，多年不起兵灾，列强对郑国的争夺基本结束，直到战国初年。

二、诸侯争郑的原因

为什么春秋时期的郑国兵祸连年、受侵不止呢？笔者认为，主要原因在于两周之际的社会形势发生了剧变，新的政治地理格局使郑国所在区域的战略价值陡然增升，从而引起了争霸诸侯们的觊觎。

犬戎攻陷镐京、平王被迫东迁后，周朝王畿局限于洛邑附近，方圆不过数百里，"而孱弱不振，日朘月削"[1]，实力和影响一落千丈。原来封地偏狭、国力弱小的齐、晋、秦、楚等诸侯，由于境内封建经济的迅速

---

① 〔清〕顾栋高：《春秋大事表》卷4《春秋列国疆域表·周疆域论》，中华书局，1993年。

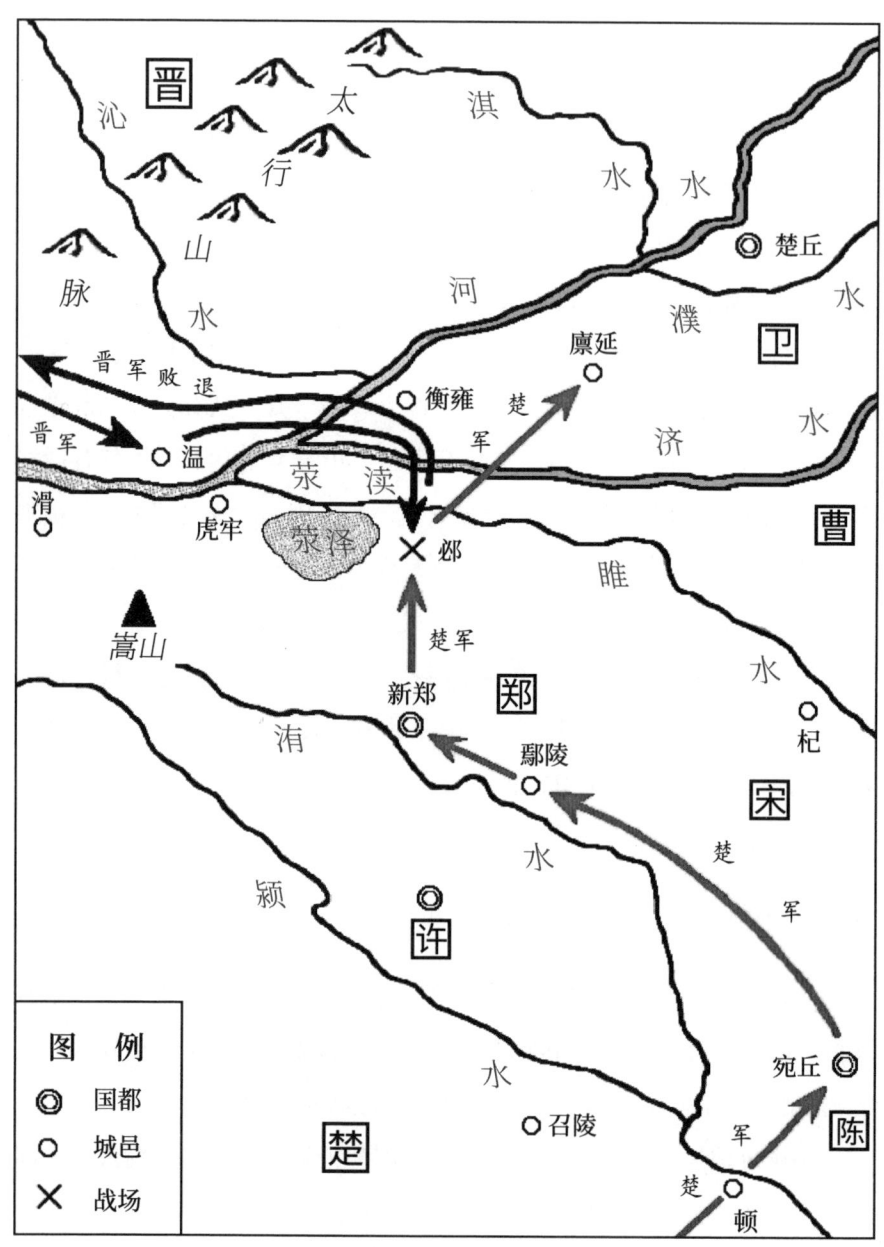

晋楚邲之战示意图（前597）

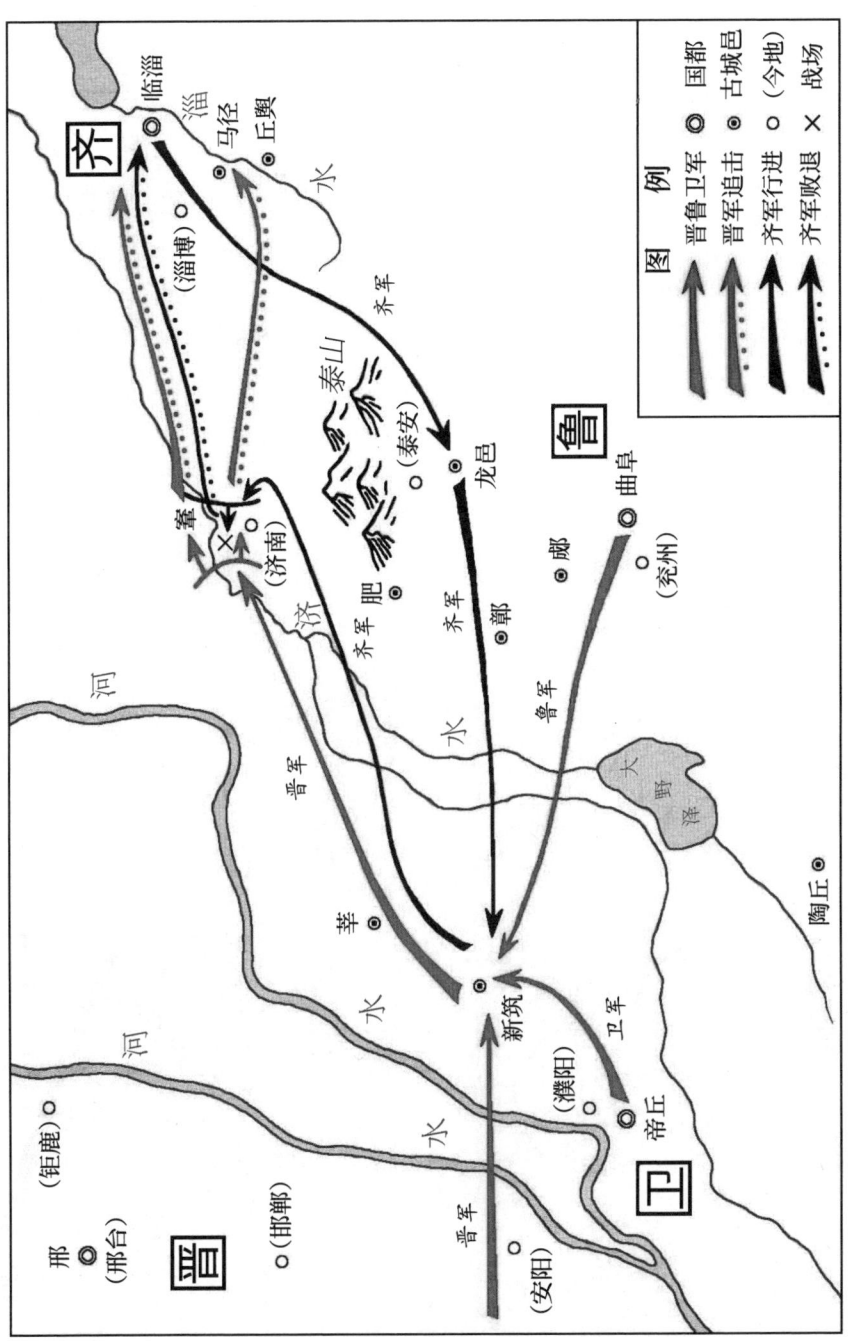

齐晋鞌之战示意图（前 589）

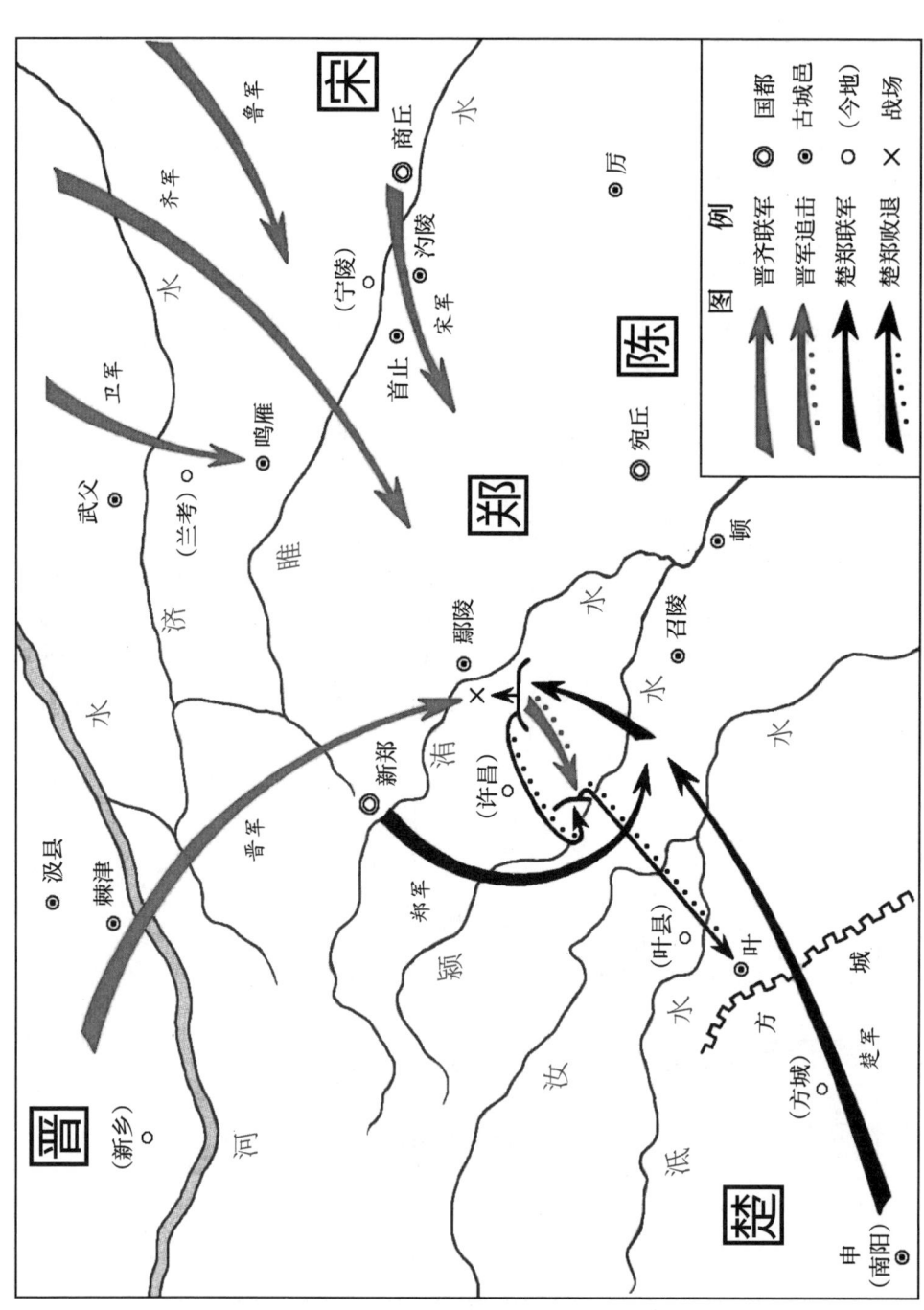

晋楚鄢陵之战示意图（前575）

发展，势力不断扩张，在政治舞台上称霸扬威，号令天下；春秋时期的政局，基本上是由这几个大国更迭主宰的。它们的领土自齐国所在的山东半岛向西延伸，经过晋国的东阳、河内（今河北省中南部）、河东（今山西省西南部），到达秦国的关中平原；然后折向东南，经商洛、淅川进入楚国的南阳盆地、江汉平原，至大别山以东、与吴国交界的淮南，在东亚大陆上构成了一个巨大的弧形地带。其中齐晋、秦晋、秦楚之间都有疆界相连，但是受到黄河、秦岭东脉等复杂地形、水文条件的局限，难以展开兵力、运输给养，不利于军队的运动和作战。四大强国彼此又势均力敌，在边境互相攻打会遇到强烈的抵抗与反击，很难吞并对方的领土。像秦曾逾武关灭都，越殽函灭滑，渡黄河取王官，最后仍被迫放弃，为楚、晋所有。强国之间的边境战争虽有胜负，但未给接壤地区的疆界和领土带来大的变动。齐、晋、秦、楚的扩张主要依靠"内取诸夏"和"外攘夷狄"，即选择境外边远地区的少数民族和内地中小诸侯作为兼并对象。特别是被四强领土半包围的黄淮平原（今豫东、鲁西南、苏北、皖北），境内地势平缓，河流纵横，交通便利，气候温暖湿润，土质肥沃，是三代以来农业发达、资源丰富的区域，物产远远胜过夷狄所居的蛮荒之地。在政治上，那里分散着许多的华夏、东夷诸侯，处于小国寡民的状态，没有形成强大的军事力量。因此，对列强来说，向这个地区用兵损失较小，却能获得最大的收益。在大国的争霸角逐中，靠近它们的小国如谭、遂、莱、莒、虞、虢、申、息、吕、江等，纷纷被其吞并；而距离稍远或国力略强的中小诸侯，像郑、卫、宋、鲁、曹、邾等，列强暂时无力消灭，但也不断蚕食其领土，千方百计地控制和支配它们，使之成为自己的属国，就可以得到许多好处。和平时期向它们勒索财物，使"职贡不乏，玩好时至"[①]；战争时期责令它们供应军需，出兵助阵，借

① 《左传·襄公二十九年》。

以增强军力，击败对手。

向中原（豫东、鲁西南、苏北平原）发展势力，降服那里的众多诸侯，是春秋列强争霸的主要战略任务；而位于东亚大陆核心的郑国，由于地理位置重要，更成为各国瞩目的焦点，深受兵灾，其具体原因有以下几点。

1. **郑国处于东西、南北陆路干线会合的十字路口，属于交通枢纽。**春秋时期中国东、西两大经济区域——华北平原和关中平原——之间的交通往来，主要依靠横贯豫西山区的狭窄通道。自秦国所在的渭水流域东行，沿着黄河南岸，穿越桃林、殽函的险要峡谷，可到达周朝王室所居的伊洛平原；由洛邑东过偃师，出虎牢天险，至郑国境内，便进入平坦辽阔的黄淮海平原。沿着济水、濮水、睢水向东有数条大道直通曹、卫、宋、鲁，远抵齐国和淮北、泗上，东方诸侯和周王室的朝聘往来都要经过郑国。秦国要想向中原进兵，最直接的路线也是这一途径，如能占领郑国，即控制了豫西走廊的东边门户，不仅能够自由出入，还可将王室置于肘腋之下，可挟天子以令诸侯。秦穆公就是出于此目的，才冒险派兵马远涉千里袭郑。有前人评论此举："盖乘文公之没蕲，灭郑而有之，其地反出周、晋之东。使衰绖之师不出，秦将包陕、洛，亘崤、函，其为患且十倍于楚。……秦得郑则周室如累卵，三川之亡，且不待赧王之世。"[①]

南方大国荆楚与北方交通的陆路干线也和郑国有密切关系。楚国北进的主要道路是自郢（今湖北省荆州市）向北出发，水陆兼行，经襄阳进入南阳盆地；盆地的西北为伏牛山，东南为桐柏山，两条山脉相对的丘陵地段有著名的方城隘口，在今河南省方城、叶县之间。楚国军队、商旅的北行，以经过这条通道最为方便，历史上称其为"夏路"。《史记》卷41《越王勾践世家》《索隐》解释道："楚适诸夏，路出方城，人向北

---

① 〔清〕顾栋高：《春秋大事表》卷31《春秋秦晋交兵表》，中华书局，1993年。

行。"方城隘口以北是郑国疆界，人众车马直登坦途，沿豫东平原西缘前进，穿越郑国境内，北渡黄河，便进入晋国的南阳（今河南省修武县）、河内（今河北省中南部）。

楚国北进中原的另一条路线，是出方城隘口往东，横穿汝、颍流域，经过陈都宛丘（今河南省周口市淮阳区东），向宋都商丘，再到鲁都曲阜，最后抵达泰山以北的齐国。公元前634年，楚军伐宋，又接受鲁国的请求伐齐，占领谷邑（今山东省东阿县），留兵戍守，就是经由此道。如卓尔康所言："陈、郑、宋皆在河南为要枢，郑处其西，宋处其东，陈其介于郑、宋之间。得郑则可以致西诸侯，得宋则可以致东诸侯。"[1]

郑、宋两国的地理位置均处于交通要冲，不过郑国更具有战略价值。首先因为楚国的主要争霸对手是黄河以北的晋国，郑国隔在两大强国之间，"其距晋、楚道里俱各半"[2]。晋军伐楚，或由河东渡过孟津东行，出虎牢后南下；或从南阳由延津渡河，抵郑国北郊后南下，两条道路都要经过郑境。楚国若能控制郑国，可以利用它做缓冲区域，屏障自己的北部边境，阻碍晋军进入中原。其次，郑国南郊诸邑紧迫方城隘口，威胁着楚国北进中原的门户。楚若不能服郑，非但无法饮马黄河，兵临晋境，亦不敢轻易出方城，越陈、蔡而攻宋，向东北方向发展势力。春秋历史上楚国几次攻宋，围城数月，都是在服郑以后，以郑屏晋，确保方城隘口至陈这条交通线的侧翼安全，才敢放心出师，越千里而取宋。否则大军孤悬在外，敌兵若从郑境南下，封闭方城隘口，切断其粮道、归途，形势便岌岌可危了。正是因为这个缘故，清代学者王葆认为，在中原列国里，"郑之要害，尤在所先，中国得郑则可以拒楚，楚得郑则可以窥中国"[3]。赵鹏飞亦

① 〔清〕顾栋高：《春秋大事表》卷28《春秋晋楚争盟表》，中华书局，1993年。
② 〔清〕顾栋高：《春秋大事表》卷28《春秋晋楚争盟表·晋悼公论》，中华书局，1993年。
③ 〔清〕顾栋高：《春秋大事表》卷26《春秋齐楚争盟表》，中华书局，1993年。

曰："盖郑入楚，则楚兵将横行宋、卫之郊，天下诸侯为之不宁。"①再次，郑国傍靠王畿，其西境要塞虎牢扼守京师洛邑通往东方的孔道，距伊洛平原近在咫尺；列强如果控制了郑国，就能有效地对周王室造成威胁，迫使它承认自己的霸权，并利用其政治影响拉拢中小诸侯，加强己方的势力。齐桓公越过鲁、卫、宋等国，再三出兵与楚争郑，也是由于考虑到这个问题。顾栋高曾评论道："当日北方多故，桓公之为备者多……而未暇以楚为事，以为王畿之郑能不向楚，则事毕矣，故终其身竭力以固之。"②

2. 郑在中原诸侯内属于国力较强者，其归属对战略格局举足轻重。郑国在春秋初期经武公、庄公两代的扩张，其疆域北越黄河，东括汴梁，西据虎牢，南抵汝、颍，纵横二百余里。国内的农业、手工业均有较高水平，贸易也很发达，郑国商贾遍行天下，闻名于世。在中原的众多邦国里，郑国是比较富裕强盛的。五霸未兴之时，郑庄公东征西讨，连连获胜，甚至打败过周桓王率领的联军，被史家称为"小霸"。公元前548年，郑子展、子产曾率兵车700辆伐陈③，有学者估计其兵力总数不少于兵车千乘、士众4万人，相当于同时期晋国总兵力的四分之一④，可见郑国有一支不容忽视的军事力量。春秋时郑国常常抵御晋、楚等优势兵力的进攻，有时还取得胜绩⑤。齐、晋、秦、楚虽然都没有足够的力量吞并郑国，但如果能打败它，迫使其听从号令，利用郑国可观的兵力、财力，无疑会在列强对抗的天平上为自己加上一枚沉重的砝码，从而打破原有的平衡状态。反之，要是连郑国都征服不了，又怎么能战胜更强的对手称霸天下呢？

综上所述，郑国不仅具有一定的经济、军事实力，而且处在东西、

①〔清〕顾栋高：《春秋大事表》卷28《春秋晋楚交兵表》，中华书局，1993年。
②〔清〕顾栋高：《春秋大事表》卷26《春秋齐楚争盟表·叙》，中华书局，1993年。
③《左传·襄公二十五年》。
④ 阎铸：《春秋时代的军事制度（上）》，《社会科学战线》1980年第2期。
⑤《左传·成公三年》《左传·成公七年》《左传·成公十六年》。

南北交通干线会合的十字路口，又迫近王畿，因此具有很高的战略价值，成为列强图霸的必争之地。

三、郑国对盟主承担的义务

伐郑、争郑获胜的大国，即与郑国订立不平等盟约，强迫它承担各项义务，满足盟主的种种要求。通常包括：

（一）交纳贡赂

盟主向郑国勒索的财物，主要项目名为"职贡"，大约每年一次。顾颉刚先生曾对此考证道："晋自文公为侯伯后，凡从晋之国莫不向其君纳其贡赋，一若西周诸国之对周王然；其多少之数则晋君规定之，晋官分征之，晋司马掌其事而接收之。"[①]楚国对从属诸侯也是如此。另外还有不时奉献的礼物，"纳币""纳赂"，包括玉帛、牲畜、甲兵、女乐、工匠、礼器等，负担非常沉重。如《左传·襄公二十四年》载晋国"范宣子为政，诸侯之币重，郑人病之"；晋平公死，郑国被迫为新君送去厚礼，出动了百辆千人的庞大车队[②]。盟主对郑国贪得无厌的征敛，使其君臣发出"贡献无极，亡可待也"[③]的哀叹。

（二）调发兵马

列强在中原地区发动战争，往往要求郑国出兵助阵，以增强军力，取得优势。春秋时齐楚、晋楚之间的几次著名战役，如召陵之役、城濮之战、邲之战、鄢陵之战，郑国作为附庸都派兵参加了。如郑臣子产所

---

① 顾颉刚：《史林杂识（初编）·职贡》，中华书局，1977 年，第 22 页。
② 《左传·昭公十年》。
③ 《左传·昭公十三年》。

称："不朝之间，无岁不聘，无役不从。"① 有时郑国甚至受盟主的差遣，单独出兵征伐敌国。如《左传·宣公二年》载："郑公子归生受命于楚，伐宋。"《左传·襄公二年》载："郑师侵宋，楚令也。"

（三）提供军旅、使团的过境费用

春秋时期大国争霸作战的费用开支是惊人的。《孙子兵法·用间》曾说当时"凡兴师十万，出征千里，百姓之费，公家之奉，日费千金，内外骚动，怠于道路，不得操事者七十万家"。而郑国位处中原要枢，屡屡被兵，不但人畜财舍要受死伤焚掠之祸，还要替过境的盟主国军队提供物资补给，"共其资粮扉屦"②。如齐桓公伐楚返国时路过陈、郑，两国大臣就因为劳军负担太重，而计议诱使齐师绕道东方回国，以减轻费用："师出于陈、郑之间，国必甚病。若出于东方，观兵于东夷，循海而归，其可也。"③ 但密谋泄露，未能成功。此外，盟主派使臣到他国访问、交聘，路过郑国境内时，也要索取给养，已成惯例。烛之武请降于秦时，即称："若舍郑以为东道主，行李之往来，共其乏困，君亦无所害。"④

（四）政治、外交受盟主操纵

郑国被迫订立的不平等盟约通常规定它必须绝对服从盟主的命令。例如公元前 564 年，晋率诸侯联军伐郑，强迫其立盟，盟誓辞曰："自今日既盟之后，郑国而不唯晋命是听，而或有异志者，有如此盟！"⑤ 郑国不得与盟主之敌国结盟，不得向其纳贡朝聘，否则会再次受到征伐。盟

---

① 《左传·襄公二十二年》。
② 《左传·僖公四年》。
③ 《左传·僖公四年》。
④ 《左传·僖公三十年》。
⑤ 《左传·襄公九年》。

主甚至有权力决定郑国储君的废立、执政大臣的任免，实际上完全操纵了郑国在政治、外交上的主权。

由此可见，建立从属关系以后，盟主能够从郑国那里得到经济、政治、军事、外交等诸多方面的好处，增强其对外扩张的实力，在争霸斗争中处于更为有利的地位。

四、列强为争夺、控制郑国而采取的策略与手段

春秋列强由于国力所限，既不能完全吞并郑国，也无法长期供养一支驻郑大军，故通常情况下出师伐郑，迫使它结盟降服后就撤军回国。敌国若来争郑，盟主要派兵救援。郑国如果背盟投敌，原来的盟主再出动人马去征讨。这是列强为了争郑、保郑所采用的基本手段。但是，郑国的外交原则是"唯强是从"[1]。照大臣子驷的话讲："敬共币帛，以待来者，小国之道也。牺牲、玉帛，待于二竟，以待强者而庇民焉。"[2]实属朝晋暮楚，反复无常，"与大国盟，口血未干而背之"[3]的事情常有发生。齐、晋、秦、楚四强的统治中心分别在胶莱、河东、关中和江汉平原，距郑千里，又有山水相阻，进军中原要耗费大量的人力、财力，若是频繁出师伐郑、救郑，国家和民众都是难以承受的。再者，列强距郑较远，订盟后遇到敌国来争，征发人马、筹集粮草均需时间，再跋涉千里相救，是很难及时赶到、逐退敌兵的，往往时隔数月才姗姗来迟，而郑国早已叛盟降敌了。另外，试观列强争郑的历史，双方全力相搏，以会战胜负决定郑国归属的情况并不常见，只有少数几次，更多的则是相峙、相避，小心翼

---

[1]《左传·襄公九年》。
[2]《左传·襄公八年》。
[3]《左传·襄公九年》。

翼地回避决战，如顾栋高所言："春秋时，晋、楚之大战三，曰城濮，曰邲，曰鄢陵，其余偏师凡十余遇，非晋避楚则楚避晋，未尝连兵苦战如秦晋、吴楚之相报复无已也。其用兵尝以争陈、郑与国，未尝攻城入邑，如晋取少梁、秦取北征之必略其地以相当也。何则？晋、楚势处辽远，地非犬牙相辏，其兴师必连大众，乞师于诸侯，动必数月而后集事。故其战尝不数，战则动关天下之向背。"[1]因为中原会战对全国的政治形势有着极其重要的影响，争霸双方又势均力敌，均没有必胜的把握，且害怕承担决战失败的巨大风险，所以非到万不得已，不愿意对阵厮杀。鉴于以上原因，列强为了减少兵员和物资的损失，免受往来奔波之苦，在正面运动作战之外，还采用了其他策略与斗争手段来控制郑国、挫败对手。

（一）在都城留驻监控军队

西周王室曾派遣官兵监控被征服的畿外诸侯，防其反叛，如武王灭商后置管叔等"三监"。春秋时列强对属国、属邑有时也实施这种制度，如楚占领齐地谷邑，置傀儡公子雍为君，留申公叔侯领兵监戍。[2]楚取宋邑彭城，置宋国叛臣鱼石等，又派甲兵三百乘监戍。[3]公元前630年，郑国降秦后，秦穆公亦留杞子、逢孙、杨孙三大夫率领军队驻郑，"掌其北门之管"[4]，接管了都城北门的防务，给养由郑国负担[5]。从后果来看，对郑国的监戍并不成功。盟主驻军若多，郑国供养不起；兵马若少，又起不到威慑镇服的作用。郑国兵车千乘，也有相当实力，一旦反目为仇，兵戈相见，少数外国驻军不是对手。所以当郑穆公向秦将杞子等下逐客令

①〔清〕顾栋高：《春秋大事表》卷32《春秋晋楚交兵表·叙》，中华书局，1993年。

②《左传·僖公二十六年》。

③《左传·成公十八年》。

④《左传·僖公三十二年》。

⑤《左传·僖公三十三年》郑皇武子谓秦将："吾子淹久于敝邑，唯是脯资、饩牵竭矣。"

后，他们只好逃之夭夭。参与争郑活动历时最久的齐、晋、楚三国，都没有采用这种做法。

（二）在郑国统治集团中清除异己、扶植傀儡、扣押人质

列强为了操纵郑国，根据其君臣的政治倾向，对他们采取打击或扶植的策略。如公元前 654 年齐师伐郑，曾迫使郑国处死大夫申侯。① 公元前 630 年晋师伐郑，逼郑伯杀掉大臣叔詹，改立亲晋的公子兰为太子。② 公元前 606 年，楚国对郑公子士不满，下毒将他暗害。③ 另外，有时还拘留郑国君臣为人质，以此为要挟，来保证盟约的执行。④ 不过，由于郑国的对外政策是择强而从，所以不管什么人当政，是否提供人质，做决策时还是要看列强的实力对比和郑国的利益需要，来决定留在哪个阵营。上述的几种手段也没有取得明显的效果。

（三）占据郑国边境要冲，筑城戍守

公元前 561 年，晋国率诸侯之师伐郑后，在虎牢（今河南省荥阳市汜水镇）筑城戍守。《左传·襄公十年》载："诸侯之师城虎牢而戍之，晋师城梧及制，士鲂、魏绛戍之。"杨伯峻注："梧当在虎牢附近。制即虎牢，晋又为小城，以屯兵及粮食武器。"⑤ 虎牢北临黄河，南侧山岭绵延，岗峦高峻，难以筑路通行，其旋门关至板渚数十里长的路段为东西交通干线的咽喉。晋军占领这一战略要地，可以守住豫西走廊的门户，楚军若来争郑，晋国能够以逸待劳，随时从这里发兵反击，不用再于河

---

① 《左传·僖公七年》。

② 《左传·僖公三十年》，《史记》卷 42《郑世家》。

③ 《左传·宣公三年》。

④ 《左传·宣公十二年》《左传·成公九年》《左传·成公十年》。

⑤ 杨伯峻：《春秋左传注》，中华书局，1981 年，第 981 页。

东兴师动众，跋山涉水进入中原。另外，虎牢距郑都新郑不远，皆为坦途，在此驻军即形成威慑，将郑国统治中心置于控制范围之内，使它不会轻易背盟投敌。顾栋高曾称赞晋国此举："戍虎牢者，所以保郑，非以争郑也。郑未尝不愿服于晋，特虑为楚所扰，故欲两事以苟免，其心盖不得已。戍之则郑在晋之宇下，楚不敢北向以争郑，以郑屏楚，而东诸侯始得晏然。攘楚以安中夏，其计无出于此。"①

楚国也采取了相应的对策。据《左传·昭公元年》载："楚公子围使公子黑肱、伯州犁城犨、栎、郏，郑人惧。"这三个聚邑本属郑国，分别在今河南省鲁山县东南、禹州市和郏县，位于楚国方城隘口北通郑都新郑的路上。于此地筑城戍守，能够作为拱卫方城通道的外围据点，抵御北方诸侯的入侵；更为重要的是，它们成为楚军北上中原的前哨基地，摆出随时可以长驱直入郑国腹地的态势，使郑国南境门户洞开，经常受到三城驻军的威胁，所以引起了其君臣的恐惧。

晋国占据南阳、虎牢等地后，进兵中原要比楚国方便得多，距离郑、宋、卫等国很近，控御诸侯的能力明显增强。楚国深切地意识到自己在这方面的劣势，从而不断将边境军事据点向北推移，于方城之外修筑大城，敛赋聚兵，借此扭转不利的局面。如《左传·昭公十二年》载楚灵王语："昔诸侯远我而畏晋，今我大城陈、蔡、不羹，赋皆千乘，子与有劳焉，诸侯其畏我乎？"《左传·昭公十九年》亦载："费无极言于楚子曰：'晋之伯也，迩于诸夏，而楚辟陋，故弗能与争。若大城城父而置大子焉，以通北方，王收南方，是得天下也。'王说，从之。故大子建居于城父。"据勘查，不羹有东西两城，西城在河南省襄城县东，东城在河南省舞阳县北，城父故城在河南省宝丰县东②，俱在方城以北，临近郑境，也起到震慑中原诸侯的作用。

---

① 〔清〕顾栋高：《春秋大事表》卷28《春秋晋楚争盟表·晋悼公论》，中华书局，1993年。
② 尚景熙：《楚方城及其与楚国的军事关系》，《中原文物》1992年第2期。

（四）分兵轮番伐郑，以疲惫敌军

公元前564年，晋国会合齐、鲁、宋、卫等诸侯联军伐郑，楚军未能及时救援，郑国被迫求和。晋国将领荀偃建议暂不撤军，继续围郑，待楚军来救时与之决战，否则郑国事后又会背盟投楚。但是，"诸侯皆不欲战"[①]，晋军统帅荀罃认为战无必胜把握，不如与郑结盟后退兵，诱楚来争；再把诸侯联军分为三部，轮流伐郑，使敌人疲于奔命，这样，"于我未病，楚不能矣"[②]。此计确定后，晋师回国，楚军来争时郑国果然再次投降。于是，以晋为首的诸侯联军于公元前563—前562年三次伐郑，楚军则两次被动进军救援，又找不到作战机会，因而士卒疲惫，人力、财力大受损耗。公元前562年周历九月，晋、郑再次订盟；十二月，华夏诸侯在郑地萧鱼（今河南省原阳县东）举行大会，奉晋悼公为盟主。楚国元气大伤，无力北上争霸，只好听任郑国附晋，不再出兵竞夺。史载晋"三驾而楚不能与争"[③]，荀罃"不战而屈人之兵"的策略获得了完全成功。此后直到"弭兵之会"，南北立盟休战，郑国再未叛晋。

（五）联合敌国的强邻，共同打击对手

长期争郑的晋、楚两国没有交界，交兵需要远涉千里，无力牵制和削弱对手。它们一方面在中原角逐，做直接的军事对抗；另一方面，又分别施展外交手段，拉拢和敌国接壤的强邻，结成联盟，利用其兵力袭扰对方的侧翼。

城濮之战时，晋与齐、秦等国联合抗楚，取得胜利。而殽之战后，秦、晋交恶，联盟瓦解，楚国则迅速利用这种形势，化敌为友，与秦国

---

① 《左传·襄公九年》。
② 《左传·襄公九年》。
③ 《左传·襄公九年》。

结盟修好，"绊以婚姻，衿以斋盟"①，并发誓世世代代永不相攻："叶（亿）万子孙，毋相为不利。"②此后，秦军不断侵扰晋境，两国在河曲厮杀不已。楚国则全力北伐，反复攻郑。晋国兵力分散，顾此失彼，结果连连失败。至公元前594年，楚师围困三月，终于攻克郑国都城，又在邲之战中打败晋军，成为诸侯霸主。

事后晋国吸取教训，亦以其人之道，还治其人之身。晋景公听从楚国降将巫臣的建议，派他出使吴国，教授吴军射箭、御马驾车、布置战阵等军事技术，鼓动吴国袭扰楚境。自公元前584年吴师伐巢、徐、州来，楚将"子重自郑奔命"③，顾救不暇，一岁曾往返七次。此后，"楚之边鄙无岁不有吴师"④。在双方的交锋中楚国负多胜少，已处于劣势，再没有足够的力量北进中原、控制郑国。郑最终留在以晋为首的华夏诸侯阵营，而没有像陈、蔡那样被楚吞并，也是由于晋国"联吴制楚"外交策略的成功。正如顾栋高所言："晋悼之世，楚不敢北向争郑，中国得以安枕者，通吴之力也。"⑤

五、春秋后期争郑战事的沉寂

公元前546年，列国代表在宋举行"弭兵之会"，承认晋、楚两国平分霸权，郑国和其他中小诸侯一样，"晋、楚之从交相见"⑥，轮流向两国

---

① 姜亮夫：《秦诅楚文考释——兼释亚驼、大沈久湫两辞》，《兰州大学学报》1980年第4期。

② 姜亮夫：《秦诅楚文考释——兼释亚驼、大沈久湫两辞》，《兰州大学学报》1980年第4期。

③《左传·成公七年》。

④《左传纪事本末》卷49。

⑤〔清〕顾栋高：《春秋大事表》卷26《春秋齐楚争盟表》，中华书局，1993年。

⑥《左传·襄公二十七年》。

朝聘纳贡。以后百余年间，中原的局势缓和，郑国也摆脱了屡受列强征伐的困境。其中主要原因是各大国内部矛盾激化，无力再为争郑投入重兵。晋、齐等国的旧贵族日趋没落，人民不堪忍受其腐朽统治，激烈反抗；以六卿、田氏为代表的新兴地主阶级乘机展开了夺权斗争，社会动荡加剧。楚国政治也非常腐败，奸佞掌权，谗害忠良，盘剥百姓，"民之羸馁，日已甚矣。四境盈垒，道殣相望"①。随着楚国势力的衰落，其南方霸主的地位逐渐被吴国取代。公元前506年，吴军在柏举之役后五战五胜，直取郢都，楚昭王奔随以避。两年后，"吴复伐楚，取番；楚恐，去郢，北徙都鄀"②。面对吴军咄咄逼人的攻势，楚国仅得自保，没有余力北伐中原，恢复旧日的霸业。据《左传·哀公十六年》的记载，白公胜曾请求楚令尹子西出兵伐郑，子西认为楚国丧乱之后力量尚未恢复，不宜劳师动众，只得遗憾地拒绝了这个建议，说："楚未节也，不然，吾不忘也。"

春秋末期称雄东南的吴、越两国，主要是向其北方扩张，与齐、鲁等国发生冲突，争夺对苏北、皖北和鲁南地区的控制，它们的势力范围和政治影响也未能波及郑国。综上所述，春秋末叶的百余年里，郑国不再是诸侯争夺的热点区域，往日列强大军云集、对峙厮杀的景象一去不返。直到战国以降，韩、魏南渡黄河，侵入中原，才敲响了郑国灭亡的丧钟。

---

① 《国语·楚语下》。
② 《史记》卷40《楚世家》。

第四章

———

春秋地理形势与列强争夺中原地带的战略

我国历史发展到春秋时期，由于贵族宗法制度的衰败与新生产方式的成长，引发了剧烈的社会动荡，使各国政治力量的分布态势发生了重大变化，形成新的格局，并持续了近三百年，直至战国前期。这一阶段的地理形势具有鲜明的时代特征。齐、晋、秦、楚等强国为了击败对手、夺取霸权，纷纷根据局势的变化制定出争夺中原地带的战略。

一、春秋时期中国政治力量的分布态势

中国古代王朝的疆土，是由若干个自然或人为划分的地理区域构成的，它们在政治生活里有着不同的地位，发挥的影响也有显著差别。在某个历史时期，总是有一个或几个重点地区占据着优势，驻扎着最强的政治势力，这些势力的活动对全国政局的演变起着支配作用。西周时期，全国的政治重心是王室直接统治的王畿，包括关中平原和伊洛平原，以及联络两地交通的豫西走廊。首都镐京（"宗周"）和别都洛邑（"成周"）设置在两地，由周朝的主力军队"西六师"和"东八师"分别戍守。天

子以丰、镐为根据地，定期到洛邑接受各方诸侯的朝觐和贡纳；分封的诸侯邦国散布在四周，拱卫着王室，遵从其指挥、调遣。概如清人顾栋高所述："武王既胜殷，有天下，大封功臣宗室。凡山川纠纷形势禁格之地，悉周懿亲及亲子弟，以镇抚不靖，翼戴王室。自三监监殷而外，封东虢于荥阳，据虎牢之险；西虢于弘农陕县，阻崤、函之固；太公于齐，召公于燕；成王又封叔虞于晋，四面环峙。而王畿则东西长，南北短，短长相覆方千里。无事则都洛阳，宅土中以号令天下；有事则居关内，阻四塞以守，曷尝不据形胜以临制天下哉！"①

至西周末年，犬戎同申侯、缯侯攻破镐京，杀死幽王，泾渭平原听任戎骑横行，平王被迫放弃丰镐故地，东迁洛邑。全国政治力量的分布态势从而发生了重大变化。王室领土狭小，势力衰弱，丧失了对诸侯邦国的军事优势和统治权力，它所在的伊洛平原因而不再是政治上的重点地域，一时出现了群雄并起的混乱局面。如楚王熊通所称："今诸侯皆为叛相侵，或相杀。"②经过数十年的兼并战争，到公元前7世纪初期，齐、晋、秦、楚实力强盛，脱颖而出，成为中国大陆上对峙争霸的一流强国。随着它们的领土扩张，构成了新的政治地理格局，"晋阻三河，齐负东海，楚介江淮，秦因雍州之固。四海迭兴，更为伯主"③。按照当时各个邦国、部族集团在政治活动中地位、影响的差别，中国大陆可以划分为三个较大的地理区域：周王室和华夏、东夷中小诸侯所在的中原地带，戎狄、西南夷、南蛮和越人等少数民族主要活动的周边地带，齐、晋、秦、楚及后起的吴国等诸强盘踞的弧形中间地带。

---

① 〔清〕顾栋高：《春秋大事表》卷4《春秋列国疆域表·后叙》，中华书局，1993年。
② 《史记》卷40《楚世家》。
③ 《史记》卷14《十二诸侯年表·序》。

（一）中原地带

其范围由东往西，以沂山、泰山、黄河中游河段为北界，至洛阳盆地的西端折向东南；以伏牛山、桐柏山、大别山脉到长江下游为南界，顺流而至东海。其外围是齐、晋、秦、楚及吴等争霸强国的疆土。

中原地带的西部，尤其是中部为其主要部分，包括伊洛平原，豫西山地的东段，嵩高、外方以东的豫东平原，鲁西南平原和豫南汝、颍流域的丘陵地区，居住有周王室和郑、宋、鲁、卫、陈、蔡、曹、许等众多华夏中小邦国。其地理位置处于东亚大陆的核心，就自然条件来说，是当时全国最为优越的，有着温暖湿润的气候，适宜人们居住及农作物的生长；黄河从孟津以下流势渐缓，支流分泻而出，经过多年的堆积，形成辽阔的黄淮海平原及汝、颍流域的丘陵坡地，土质肥厚软沃，易于耕作，早在新石器时期便得到了开发。

豫东、鲁西南平原在古代地势卑湿，湖沼密布。据谭其骧先生统计，自鸿沟、汝、颍以东，泗、济以西，黄河以南，长淮以北，曾有较大的湖泊约 140 个[1]，较为著名的有孟诸、巨野、雷夏、荥泽等。湖沼附近草木丛生，鸟兽繁息，有利于采集、渔猎等活动的开展，可以作为农业生产的补充。

中原的西部、中部河流众多，除了黄河、济水、淮河等巨川之外，还交织着伊、洛、汴、睢、濮、涡、汝、颍等诸条水道，对发展航运和灌溉事业亦较为理想。因为当地具有许多优越条件，自武王克商、周公东征以后，西来的征服民族周族便逐步占据了这片沃土，原有的东夷、殷人则受到周族的驱逐或统治。如杨伯峻先生所言："姬姓所封诸国，多在古黄土层，或冲积地带，就当时农业生产而论，是最好或较好之土地。"[2]

---

[1] 谭其骧：《黄河与运河的变迁》，《地理知识》1955 年第 8 期。
[2] 杨伯峻：《春秋左传注》，中华书局，1981 年，第 423 页。

　　在经济活动方面，中原华夏诸邦有着"重农"的历史传统，如宋地居民"好稼穑"①，邹鲁"地陿民众，颇有桑麻之业"②。手工业的发展水平也很高，很多产品闻名遐迩，"郑之刀，宋之斤，鲁之削，……迁乎其地而弗能为良"③。这里的地势平坦，人众车马行驰便利，周之洛阳与曹、宋的陶均被称为"天下之中"，这两地与郑都是交通枢纽，道路交会，是四方邦国、部族贸易往来的必经之处，因而成为春秋时期繁荣的商业都市。

　　不过在当时的政治领域里，中原诸侯只扮演着二三流的附庸角色，受到弧形中间地带诸强的操纵和压榨，不能独立自主。王室在西周为天下共主，西有六师，东有八师，其实力足以震慑海内，征讨不庭；鲁、卫也是周公所襃封的大国，为天子股肱。然而到了春秋，它们在激烈的社会变革中迅速衰落，王室仅仅保持着虚有的头衔，"礼乐征伐自诸侯出"④，由霸主掌握最高的统治权力。鲁、卫、宋等国必须倚仗晋国的保护，以免被齐、楚吞并；而陈、蔡、许等皆仰楚国之鼻息，乃至社稷几度覆灭。

　　在意识形态方面，中原地带为华夏古邦所萃聚，有着较高的文明程度和教育水准，周、鲁藏有丰富的典籍⑤，成为春秋两大思想家老子、孔子的主要活动地点。从社会风尚和民间习俗的地域差别来看，可以分为两类。一类是偏近东部的鲁、邹、宋等以农为本的国家，好学重礼，民风淳朴平和，可参见《史记》卷129《货殖列传》：

---

①《史记》卷 129《货殖列传》。

②《汉书》卷 28 下《地理志下》。

③《周礼·冬官·考工记》。

④《论语·季氏》。

⑤《左传·昭公二年》："春，晋侯使韩宣子来聘，且告为政而来见，礼也。观书于太史氏，见《易》《象》与《鲁春秋》，曰：'周礼尽在鲁矣，吾乃今知周公之德与周之所以王也。'"《左传·昭公二十六年》："王子朝及召氏之族、毛伯得、尹氏固、南宫嚚奉周之典籍以奔楚。"

而邹、鲁滨洙、泗，犹有周公遗风，俗好儒，备于礼。……（宋地）昔尧作于成阳，舜渔于雷泽，汤止于亳，其俗犹有先王遗风，重厚多君子。

《汉书》卷 28 下《地理志下》：

（鲁地）其民有圣人之教化，……是以其民好学，上礼义，重廉耻。

《管子·水地》：

宋之水，轻劲而清，故其民间（简）易而好正。

这类邦国民风之弊有二：一是被传统礼教束缚，显得拘谨、保守、胆怯，甚至有些愚钝。如《管子·大匡》载："鲁邑之教，好迩而训于礼。"《史记》卷 129《货殖列传》称邹鲁"俗好儒，备于礼，故其民龊龊。……畏罪远邪"。先秦寓言中的"守株待兔""揠苗助长"，都是讽刺宋人愚拙的著名作品；而最典型的代表就是宋襄公行"仁义之师"，作战中"不禽二毛"、不击半渡、不鼓不成列的事例。二是过于注重节俭而演变为小气、吝啬，如《史记·货殖列传》载邹鲁"地小人众，俭啬"，宋人"能恶衣食，致其蓄藏"，显得缺乏大度和勇于进取的精神。

另一类是周、郑、卫、陈等地，处于四通五达之衢。商业活动较为发达的周、郑，民风受其影响，特点之一是居民的头脑精明灵活，如当时俗称"郑昭、宋聋"[1]，《吕氏春秋·孟冬季·异宝》亦载伍员"登太行而望郑曰：'盖是国也，地险而民多知（智）。'"其弊病则在于投机取巧，唯利是图："周人之失，巧伪趋利，贵财贱义。"[2]社会习俗对于国家政治亦有重要作用，如宋、郑两国相邻，而对外政策却截然不同。宋国从晋

---

① 《左传·宣公十四年》。
② 《汉书》卷 28 下《地理志下》。

抗楚的态度始终很坚决，甚至在邲之战后晋国无力庇宋的情况下，做出不理智的举动，杀掉不肯假道的楚使，招来兵祸，几至亡国。郑国则是朝晋暮楚，反复无常，如其大臣子展所言："牺牲玉帛，待于二竟，以待强者而庇民焉。"①顾栋高曾分析过郑、宋两国的外交情况，将其各自特点概括为"黠（狡狯）"和"狂（发昏）"，见《春秋大事表》卷25《春秋郑执政表·叙》：

> 世尝谓郑庄公炼事而黠，宋襄公喜事而狂。然此二者，两国遂成为风俗。宋之狂，非始于襄公也，殇公受其兄之让，而旋仇其子，至十年十一战，卒召华督之弑，此非狂乎？下及庄公冯以下诸君，以及华元，不忍鄙我之憾，而旋致析骸易子之惨。……至郑则不然，明事势，识利害，常首鼠晋、楚两大国之间，视其强弱以为向背，贪利若鹜，弃信如土。故当天下无伯则先叛，天下有伯则后服。

这两国施政方针的强烈反差，恐怕与各自重农、重商传统所形成的不同性格心理有密切的关系。

特点之二是流行淫逸之风，和鲁、宋之民的淳朴、重厚有别。《汉书·地理志下》称郑之西境"土陕而险，山居谷汲，男女亟聚会，故其俗淫"，"卫地有桑间濮上之阻，男女亦亟聚会，声色生焉，故俗称郑卫之音"。《诗经》中有《陈风》十章，专叙陈国风俗。当地的统治者信巫鬼，喜歌舞，"民风化之"；而君臣往往游荡无度，荒淫昏乱。《汉书·地理志下》亦言陈国："妇人尊贵，好祭祀，用史巫，故其俗巫鬼。《陈诗》曰：'坎其击鼓，宛丘之下，亡冬亡夏，值其鹭羽。'又曰：'东门之枌，宛丘之栩，子仲之子，婆娑其下。'此其风也。吴札闻陈之歌，曰：'国亡主，其能久乎！'"

---

① 《左传·襄公八年》。

　　上述各种缺点对中原邦国政治上的发展显然是非常不利的。

　　中原地带的东部是泗水流域和淮河中下游地区，即滨海的鲁南、江北平原丘陵。这片区域在春秋时期被称为"东方"，是风姓、任姓和盈姓等少数民族集团居住活动的地方。《左传·僖公四年》："陈辕涛涂谓郑申侯曰：'师出于陈、郑之间，国必甚病。若出于东方，观兵于东夷，循海而归，其可也。'"鲁南的邾、薛、郳、杞等国，虽与夏人杂处，但仍保持着自己的"夷礼"[①]。两淮居民则统称"淮夷"，如淮北的徐、萧、同、胡，淮南的群舒、邗等。滨海区域由于偏僻荒凉，地浸盐碱，上古时多是被放逐或未开化之民族生活的地方。如《左传·宣公十二年》郑伯出降楚师时所言："孤不天，不能事君，使君怀怒以及敝邑，孤之罪也，敢不唯命是听？其俘诸江南，以实海滨，亦唯命。"《国语·越语下》范蠡曰："昔吾先君固周室之不成子也，故滨于东海之陂，鼋鼍鱼鳖之与处，而蛙黾之与同渚。"

　　东夷诸邦亦以农业为主要经济，杂以渔猎、采集，较华夏诸侯落后。在政治上，东方小国林立，分散衰弱，是春秋大国兼并的首要对象。齐、楚、吴都曾向该地积极扩张势力，鲁、宋等中等诸侯也乘机征服和驱逐它们，使其成为自己的属国，或者干脆将它们灭掉。《左传·昭公十三年》即载："邾人、莒人诉于晋曰：'鲁朝夕伐我，几亡矣。'"《左传·定公元年》宋仲几曰："滕、薛、郳，吾役也。"薛国之宰也说："宋为无道，绝我小国于周，以我适楚，故我常从宋。"整个春秋时期，东方诸夷的众多小邦并无作为，它们的活动对全国政局没有起到重要影响，正如顾栋高在《春秋大事表》卷39《春秋四裔表·叙》中所称："东方之夷曰莱，曰介，曰根牟。后莱、介并于齐，根牟灭于鲁，不复见《经》。惟淮夷当齐桓之世，尝病郯、病杞，后复与楚灵王连兵伐吴，然皆窜伏海滨，于中

_____

[①]《左传·僖公二十七年》："杞桓公来朝，用夷礼，故曰子。"

国无甚利害。"

总而言之，尽管中原地带有优越的农业资源条件，生产和贸易比较发达，人口稠密，但是那里的华夏诸侯与东夷邦族在政治上力量分散，相当软弱，无法和外围的弧形中间地带列强抗衡。

（二）周边地带

春秋时期少数民族的主要活动区域位于中国大陆的外缘。这个地带呈巨大的半环状，其北部自东北平原、内蒙古高原和冀北山地向西推移，含有楔入晋国领土的太行山脉；经过晋北、陕北、甘肃黄土高原，缘及青海东部；转而南下，过四川盆地、云贵高原再折向东方，越过岭南的珠江流域、浙闽丘陵，抵达东海之滨，将中原和弧形中间地带的齐、晋、燕、秦、楚、吴等国围拱起来。

周边地带的北部和西北海拔较高，气候较为寒冷，干旱少雨。和战国以降的情况不同，春秋时期北方游牧民族的主要活动区域不是在蒙古高原，而是在后来长城以南的冀北山地、晋陕北部及陇西的黄土高原与丘陵沟壑区域。这些地段的山坡和沟道上，古代曾生长着茂密的森林，而且草原分布面积较广，适于放牧。因为当地岭谷交错，土地瘠薄，特别是水源短缺，在三代使用木石农具为主的条件下，华夏农耕民族还未能普遍开发那里的资源。春秋时期，铁器刚刚在内地涌现，尚未普及至周边，所以上述地区仍为游牧民族占据。《史记》卷110《匈奴列传》概述过秦、晋、燕北的戎狄分布情况："秦穆公得由余，西戎八国服于秦，故自陇以西有绵诸、绲戎、翟䝠之戎；岐、梁山、泾、漆之北有义渠、大荔、乌氏、朐衍之戎。而晋北有林胡、楼烦之戎；燕北有东胡、山戎。各分散居溪谷，自有君长……"顾栋高也做过概略的统计，说戎狄"春秋之世，其见于经传者名号错杂，然综其大概，亦约略可数焉。戎之别有七（骊戎，犬戎，允姓之戎，扬、拒、泉、皋、伊、洛之戎，茅戎，山戎，己氏之戎）……狄之别有三，曰赤狄，曰白狄，曰长狄。长狄兄弟三人，无种类。而赤狄之种有六，曰东山皋落氏，曰廧咎如，曰潞氏，曰甲氏，曰留吁，曰铎辰。……白狄之种有三，其先与秦同州，在陕之延安，所谓西河之地。其别种在今之真定藁城、晋州者，曰鲜虞，曰肥，曰鼓"①。

戎狄以游牧、射猎为生，食肉衣皮，披发左衽，语言习俗与中原农耕民族有很大区别，彼此也缺乏正常、友好的交往。如《左传·襄公十四年》载戎子驹支所言："我诸戎饮食衣服不与华同，贽币不通，言语不达。"少数戎狄部族被晋、楚等强国征服后，迁徙到内地务农，并和盟主建立了隶属关系。

在社会组织方面，戎狄多处于原始氏族制末期的军事民主制阶段，文明程度较低，习性强悍好战，劫掠成风，华夏诸邦多受其害。王国维在《观堂集林·鬼方昆夷猃狁考》中论道："戎与狄皆中国语，非外族之本名。戎者，兵也。《书》称：'诘尔戎兵。'《诗》称：'弓矢戎兵。'其字从戈从甲，本为兵器之总称。引申之，则凡持兵器以侵盗者，亦谓之'戎'。狄者，远也，字本作逖。《书》称：'逖矣，西土之人。'《诗》称：'舍尔介狄。'皆谓远也。后乃引申之为驱除之于远方之义。……因之凡种族之本居远方而当驱除者，亦谓之狄。且其字从犬，中含贱恶之意，故《说文》有犬种之说，其非外族所自名，而为中国人所加之名，甚为明白。……（戎狄）为害尤甚，故不称其本名。"

戎狄多事寇盗又尚未开化，故受到中原民族的仇恨、蔑视，甚至譬为禽兽。其民风的突出特点就是贪婪自私，缺乏仁义礼孝等道德观念的约束。相关记载可见《左传·隐公九年》："戎轻而不整，贪而无亲，胜不相让，败不相救。"《左传·襄公四年》："戎狄无亲而贪。"《国语·晋

---

① 〔清〕顾栋高：《春秋大事表》卷39《春秋四裔表·叙》，中华书局，1993年。

语七》："戎狄无亲而好得。"

西周末年，北方旱灾严重，水草枯竭[1]，迫使游牧民族纷纷南下，对中原大肆侵掠。当时西周王朝的统治已然腐朽没落，华夏诸邦的防御能力明显下降，使戎狄屡占上风，不断向黄河流域进逼，至镐京陷落，幽王被杀而达到顶点。平王东迁后，戎狄继续为害，"春秋初，曾侵郑、伐齐，已而又病燕"[2]。顾栋高曾言："盖春秋时，戎、狄之为中国患甚矣，而狄为最。……然狄之强，莫炽于闵、僖之世，残灭邢、卫，侵犯齐、鲁。"[3]其势力渗入弧形中间地带乃至中原腹地，与华夏民族杂居并处。如晋国在献公时，"景、霍以为城，而汾、河、涑、浍以为渠，戎、狄之民实环之"[4]。晋文公率师赴洛邑勤王，还要行赂于"草中之戎""丽土之狄"才能顺利通过。[5]《左传·哀公十七年》亦载："（卫庄）公登城以望，见戎州。"《通典·州郡七》河南府睢阳郡"楚丘县"条曰："古之戎州己氏之邑，盖昆吾之后，别在戎翟中，周衰入居中国。己氏，戎君姓也。"王畿之内亦杂有诸戎，见《后汉书》卷87《西羌传》："齐桓公征诸侯戍周，后九年，陆浑戎自瓜州迁于伊川，允姓戎迁于渭汭，东及轘辕，在河南山北者号曰阴戎。"就是在齐、晋、秦、楚崛起之后的一段时间内，"戎"还能和它们并列称强[6]。然而，戎狄本身在政治上有无法克服的弱点，难以发展成为主宰中国政局的支配力量。其原因如下：

---

①《古本竹书纪年》周厉王二十二年至二十六年"大旱"，周宣王二十五年"大旱"。又《诗经》载周末时旱状，见《大雅·云汉》："旱既太甚，涤涤山川，旱魃为虐，如惔如焚。"《小雅·谷风》："无草不死，无木不萎。"

②〔清〕顾栋高：《春秋大事表》卷39《春秋四裔表·叙》，中华书局，1993年。

③〔清〕顾栋高：《春秋大事表》卷39《春秋四裔表·叙》，中华书局，1993年。

④《国语·晋语二》。

⑤《国语·晋语四》。

⑥《左传·成公十六年》晋范文子曰："吾先君之亟战也，有故。秦、狄、齐、楚皆强，不尽力，子孙将弱。"

　　1. 部族分立、不相统属。春秋时期北方的游牧民族分裂为许多部落或小邦，相互联系比较松散，不像后代的匈奴、突厥、蒙古那样，能够统一为强大的国家，这和他们主要居住地域的环境特点有关。太行山区、冀北、晋北、陕北及陇西的山地、高原中峡谷纵横、地形崎岖，交通不便，使游牧部族之间难以沟通交往和建立起密切的联系，这阻碍了它们政治上的发展，以致邦族众多，名号繁杂。如《史记》卷110《匈奴列传》称春秋诸戎"往往而聚者百有余戎，然莫能相一"，《风俗通义》亦称羌戎"无君臣上下，健者为豪，不能相一，种别群分"①。顾栋高也对此评论说："意其种豪自相携贰，更立名目，如汉之匈奴分为南北单于，而其后遂以削弱易制。"②戎狄的分散孤立，减弱了其自身的力量和政治影响。

　　2. 文明程度较低。戎狄多数处在原始氏族制向奴隶制社会过渡的阶段，对于华夏文明的先进内容，远未普遍吸收。与中原的农耕民族相比，戎狄没有较为完备的国家政治组织和法令制度，"无城郭、宫室、宗庙、祭祀之礼，无诸侯币帛饔飧，无百官有司"③。在上层建筑方面还不具备作为统治民族所必需的条件，就像秦穆公所言："中国以诗书礼乐法度为政，然尚时乱，今戎夷无此，何以为治，不亦难乎？"④

　　受以上情况的局限，春秋的戎狄很难成长为一支有王者风范的堂堂之师，而始终充当着往来劫掠的草寇角色。如《左传·昭公四年》司马侯所称："冀之北土，马之所生，无兴国焉。"齐、晋、秦等诸侯通过改革内政，富国强兵，很快扭转了局势，在与戎狄的交锋中掌握了主动权，并逐步驱迫它们，将自己的领土向北方、西方扩张。自春秋中叶，许多

---

① 《太平御览》卷794引《风俗通义》佚文。
② 〔清〕顾栋高：《春秋大事表》卷39《春秋四裔表·叙》，中华书局，1993年。
③ 《孟子·告子下》。
④ 《史记》卷5《秦本纪》。

戎狄部族沦为弧形中间地带诸强的附庸，受其号令驱使。如戎子驹支所言："晋之百役，与我诸戎相继于时。"① 它们对中国的政局也不再产生重大影响。

周边地带的南部气候潮湿炎热，平原地区在夏季多为水乡泽国，丘陵山地则往往覆盖着原始森林；东南地域的红壤质地较硬，又难于翻耕。当时铁器刚刚在中原出现，至春秋后期才随着楚人势力的南渐而流入江南一带，尚未得到推广。南方多数地区的生产力仍处在青铜时代，以木石农具为主，砍伐丛林、开垦农田均有较大难度，多采用"火耕水耨"的原始耕作法，农业发展水平很低，居民经常要兼营采集、渔猎活动。社会组织也相当落后，基本处于氏族部落阶段，"扬、汉之南，百越之际，……多无君"② 。居民的族称有越（粤）、夷、群蛮、百濮等，俗为"剪发文身，错臂左衽"③ ，或椎髻箕踞。政治上亦普遍呈分散孤立的弱小状态，除了浙地的越人在春秋末叶强盛起来之外，其余的蛮夷百越在与楚人的冲突中始终处于下风，被征服、驱逐者甚众，在全国的政治领域内没有什么地位，如顾栋高所言："南方之种类不一，群蛮在辰、永之境，百濮为夷，卢戎为戎。群蛮当楚庄王时，从楚灭庸，自后服属于楚，鄢陵之役，从楚击晋。而卢戎与罗两军屈瑕，后卒为楚所灭，率微甚无足道者。"④

在周边地带的南部，自然条件和经济开发较好的区域是四川盆地。那里资源丰富，灌溉便利，农业、手工业、采矿业和商业均有一定程度的发展。《史记》卷 129《货殖列传》称："巴蜀亦沃野，地饶厄、姜、丹沙、石、铜、铁、竹木之器。"《汉书》卷 28 下《地理志下》亦载："巴、

---

① 《左传·襄公十四年》。
② 《吕氏春秋·恃君览》。
③ 《史记》卷 43《赵世家》。
④ 〔清〕顾栋高：《春秋大事表》卷 39《春秋四裔表·叙》，中华书局，1993 年。

蜀、广汉本南夷，秦并以为郡，土地肥美，有江水沃野，山林竹木疏食
果实之饶。南贾滇、僰僮，西近邛、莋马旄牛。民食稻鱼，亡凶年忧。"
早在商代，这里就出现了像三星堆文化那样发达的文明社会。春秋时当
地有巴、蜀等小国，经济、文化水平均高于越、群蛮。但是民众缺乏刚
勇的气质，"俗不愁苦，而轻易淫泆，柔弱褊厄"[1]。在东边受到楚人的压
迫，亦没有大的作为。

（三）弧形中间地带

从齐国所在的山东半岛、鲁西北平原向西方延伸，经过晋国的东阳
与河内（豫北、冀南平原）、河东（晋西南河谷盆地），至秦国的泾渭平
原、商洛山地，再向东南过楚国的南阳盆地、江汉平原，到大别山以东
与吴国交界的淮南，在东亚大陆上构成了一个巨大的弧形。春秋中叶，
齐、晋、秦、楚的领土逐渐接壤，对中原地带形成了半包围的状态。

弧形中间地带的内缘，大致北在齐、晋两国的南疆——泰山、沂山
与黄河中游河段，向西延至伊洛平原的西端，再沿着伏牛山、桐柏山、
大别山脉至长江下游河道。其外缘北边即齐、燕、晋、秦等国的北疆，
约在冀北山地、晋北及陕北高原的南端，西至陇坂，再向东南折至秦岭、
巴山及巫峡东段。南边随着楚国势力的扩张，由长江中游推移到五岭。
东到楚吴边境的昭关、州来、居巢。

春秋初期，这个地带的齐、晋、秦、楚等国领土狭小，与鲁、卫、
郑、宋等中原诸侯相比并不占有多少优势。但是它们都在数十年内脱颖
而出，成为地方千里，甚至数千里的一流强国，在政治舞台上叱咤风云，
更迭称霸。从其疆域的发展过程来看，齐国初封于营丘，不过区区百里

---

[1]《汉书》卷 28 下《地理志下》。

之地，桓公建立霸业时吞并弱小，领土剧增。[①]《管子·小匡》载当时齐国正其封疆："南至于岱阴，西至于济，北至于海，东至于纪随。"国土方五百里。春秋后期齐国领土进一步扩大，景公时晏子称齐国疆域的范围是"聊、摄以东，姑、尤以西"[②]。据杨伯峻先生考证，"聊在今山东聊城县西北。'摄'亦作'聂'，僖元年《经》'次于聂北救邢'是也，当在今聊城县境内"，"姑即今大姑河，源出山东招远县会仙山，南流经莱阳县西南。尤即小姑河，源出掖县北马鞍山，南流注入大姑，合流南经平度县为沽河。至胶县与胶莱河合流入海"[③]。齐灭掉东莱后，遂占据了整个山东半岛，东疆亦达于海滨，西境至黄河下游河道，与晋国隔岸相峙。

晋国初封于唐，领土亦为偏狭。《国语·晋语一》载郭偃曰："今晋国之方，偏侯也，其土又小，大国在侧。"自献公时起，屡屡兼并邻近小国，及驱逐戎狄，疆域显著扩大。顾栋高曾论曰："晋所灭十八国。又卫灭之邢、秦灭之滑皆归于晋。景公时剿灭众狄，尽收其前日蹂躏中国之地。又东得卫之殷墟、郑之虎牢。自西及东，延袤二千余里。"[④] 其基本统治区域在太行山脉两侧，西、南、东三面受黄河环绕，与秦、周、郑、卫、齐等国夹河相邻。继献公灭虢，抢占豫西走廊西端后，悼公时又城虎牢而戍之，从而控制了豫西走廊的东端，并在伊洛之上的山间谷地保有一线领土，即所谓"阴地"。杨伯峻在《春秋左传注·宣公二年》中说："阴地，据杜注，其地甚广，自河南省陕县至嵩县凡在黄河以南、秦岭以北者皆是，此广义之阴地也。然亦有戍所，戍所亦名阴地，哀四年

---

① 《荀子·仲尼》："(齐桓公)并国三十五。"《韩非子·有度》："齐桓公并国三十。"《国语·齐语》："(桓公)即位数年，东南多有淫乱者，莱、莒、徐夷、吴、越，一战帅服三十一国。"

② 《左传·昭公二十年》。

③ 杨伯峻：《春秋左传注》，中华书局，1981年，第1417～1418页。

④ 〔清〕顾栋高：《春秋大事表》卷4《春秋列国疆域表·晋》，中华书局，1993年。

'蛮子赤奔晋阴地'，又'使谓阴地之命大夫士蔑'是也。今河南省卢氏县东北，旧有阴地城，当是此地。此狭义之阴地也。"

秦在西周时期被孝王封为附庸，立国在今甘肃省清水县的秦亭附近。[①] 周室东迁洛邑后，秦襄公得赐"岐以西之地"[②]。秦经过上百年与戎狄的奋战，控制了甘肃中部东至华山、黄河的广阔领土，至穆公时为全盛，"东平晋乱，以河为界，西霸戎翟，广地千里，天子致伯，诸侯毕贺，为后世开业"[③]。后又占据商南、秦岭北麓，与楚国隔少习山相对。但其东进的要道豫西走廊被晋国占领，无法与列强逐鹿中原，只能偏居西陲一隅[④]。

楚原居于荆山（今湖北省南漳县西北）漳水流域，自西周末年吞并弱邻，发展壮大。清人高士奇在《左传纪事本末》中说："春秋灭国最多者，莫若楚矣。"据何浩先生统计，约有 48 国为楚所灭[⑤]。楚在春秋全盛时，东抵豫章、番、巢、州来及赣江上游，北据陈、顿、应、不羹，至汝水流域，西北到商於，西起巫峡东段、神农架，南到今长沙、常德、衡阳一带，方圆近三千里[⑥]。即当今湖北、湖南及江西大部，安徽（江北的西半部）、河南南部及陕西东南一隅，及广西东北角与广东北部，为春秋列国中疆域最广者。

---

①《史记》卷 5《秦本纪》载周孝王封秦时曰："'朕其分土为附庸。'邑之秦。"《史记正义》："《括地志》云秦州清水县本名秦，嬴姓邑。"

②《史记》卷 5《秦本纪》。

③《史记》卷 5《秦本纪》。

④"秦以西陲小国，乘衰周之乱，逐戎有岐山之地。是时兵力未盛，西周故物未敢觊觎也。值平、桓懦弱，延及宁公、武公、德公以次蚕食，……遂灭芮筑垒为王城，以塞西来之路，而晋亦灭虢，东西京隔绝。由是据丰、镐故都，判然为敌国，与中夏抗衡矣。"〔清〕顾栋高：《春秋大事表》卷 4《春秋列国疆域表·秦》，中华书局，1993 年。

⑤ 何浩：《楚灭国研究·楚灭国表》，武汉出版社，1989 年。

⑥《韩非子·有度》："荆庄王并国二十六，开地三千里。"

"弭兵之会"以后，齐、晋、秦、楚因为国内社会矛盾激化，势力略衰；而东南崛起的吴国先后挫败楚、齐两强，成为新兴的霸主。弧形中间地带的范围得以从楚国东境继续向东方延伸，经过吴国占据的太湖流域、江北平原而抵达海滨，彻底完成了对中原地带的封闭。

与中原地带的华夏诸邦相比，弧形中间地带诸强领土的经济发展环境（包括自然条件和外部社会条件）要略差一些。齐、秦、楚为异姓诸侯；晋、吴虽为姬姓，但和王室的关系比较疏远，因此起初受封的国土偏远荒凉，又紧邻蛮夷戎狄等落后民族，屡受其侵扰，战事不断。即使到后来扩张为大国时，其农业资源（除了秦国）也多不如中原丰衍。例如《汉书》卷28下《地理志下》称："齐地负海舄卤，少五谷而人民寡。"《盐铁论·轻重》亦载："昔太公封于营丘，辟草莱而居焉，地薄人少。"故在建国之初便与莱夷展开了激烈的战斗。

晋国统治的两大区域，太行山以东的河内、东阳，处于黄河下游支流分布地段，《尚书·禹贡》称其"北播为九河，同为逆河，入于海"。夏季洪水横溢，湖沼罗列，冲积土层中亦含有盐碱，《尚书·禹贡》称其为"白壤"，肥力不高。《汉书·地理志下》也说："赵、中山，地薄人众。"太行山以西的晋南地区，河谷丘陵纵横分割，间杂小块盆地，并无辽阔的平原沃野，又屡受游牧民族侵袭。如《左传·昭公十五年》籍谈所言："晋居深山，戎狄之与邻，而远于王室，王灵不及，拜戎不暇。"

秦国起初远在陇西，平王率众东迁后，关中平原沦为戎骑出没之地，田地多荒，周族遗民难以正常生活。王室仅许秦以空头人情，"秦能攻逐戎，即有其地"[1]。秦与戎狄的战争频繁残酷，相持了近百年才得以在泾渭流域立足。

---

[1]《史记》卷5《秦本纪》。

楚建国之初,"辟在荆山,筚路蓝缕以处草莽"①,也经历过艰苦的努力。其统治中心区域的江汉平原在古代川泽密布,草木繁茂,夏秋季节亦饱受洪水泛滥之害。顾祖禹曾引方志谈到当地的情况:"汉水由荆门州界折而东,大小群川咸汇焉,势盛流浊,浸淫荡决,为患无已。而潜江地居汗下,遂为众水之壑,一望弥漫,无复涯际。汉水经其间,重湖浩淼,经流支川不可辨也。"②明清时尚且如此,先秦时代开发之难可以想见。《史记·货殖列传》也记载了楚地的贫瘠:"夫自淮北沛、陈、汝南、南郡,此西楚也。其俗剽轻,易发怒,地薄,寡于积聚。……衡山、九江、江南、豫章、长沙,是南楚也,其俗大类西楚。"《汉书·地理志下》亦载:"沛楚之失,急疾颛已,地薄民贫。"楚国西、南部邻近百濮、群蛮,虽然楚势力占优,但是国内若遇到灾变,也常常会遭受他们的袭击。如《左传·文公十六年》载:"楚大饥,戎伐其西南,至于阜山,师于大林。又伐其东南,至于阳丘,以侵訾枝。庸人帅群蛮以叛楚,麇人率百濮聚于选,将伐楚。于是申、息之北门不启。"

《左传·昭公三十年》曰:"吴,周之胄裔也,而弃在海滨,不与姬通。"吴国所在的太湖流域,也是水网交织,荆莽丛生,直到春秋中叶尚未得到充分治理,《吴越春秋·阖闾内传》载吴王光对伍子胥言:"吾国僻远,顾在东南之地,险阻润湿,又有江海之害,君无守御,民无所依,仓库不设,田畴不垦。"

弧形中间地带诸强的兴起,需要一定的经济实力作为基础,而在西周,由于青铜时代的农业生产工具主要是木器、石器,因此这一地带(除了关中平原)的耕垦开发要比中原困难得多。春秋时代铁器的推广为这些区域的普遍垦殖和繁荣提供了必要条件,如齐地的盐碱瘠土逐渐得

---

①《左传·昭公十二年》。
②〔清〕顾祖禹:《读史方舆纪要》卷127《川渎四》汉水,中华书局,2005年。

到改造利用，"自泰山属之琅邪，北被于海，膏壤二千里"①，不复当初的贫瘠情景了。

尽管生存的自然、社会环境要比中原诸邦艰难恶劣，弧形中间地带的列国却在春秋政局中发挥着最为重要的影响。较之另外两个地带，这个区域占据着国力上的明显优势，对于当时的历史进程起主导作用，是名副其实的政治重心地区。首先，春秋的时代特点是王室衰弱，其原有的地位和统治权力被霸主所取代。争霸战争中获胜的诸侯主持盟会，向与盟的中小邦国、部族责纳财赋、调发兵马，操纵其政治、外交，主盟国家的领土实际上发挥着以往周室王畿的政治影响。而春秋时期的霸主全部出于弧形中间地带，又没有一个强国能够长期垄断霸主的位置，自齐桓公、晋文公至吴王夫差（勾践灭吴称霸已进入战国初年），是由这一地带内的各个大国更替称霸的，所谓"五伯迭兴，总其盟会"②。可见这个地带在中国大陆的政治格局中占据着优势地位。

其次，弧形中间地带的各个大国处于势均力敌的对峙状态，虽然在每个阶段只有一个国家称霸，但是其他诸强仍能大体上和盟主国维持着均势，它们或是霸主的盟友，或保持中立，而即使被击败，也只是暂时退出争霸的行列，并没有降为附庸、朝请纳贡，仍然具有可观的实力和独立自主的政治地位。霸主只能统率中小诸侯，无法支配弧形中间地带内的其他强国。如《左传·襄公二十七年》载赵孟所言："晋、楚、齐、秦，匹也。晋之不能于齐，犹楚之不能于秦也。"像鞌之战后，齐被晋国挫败，遣使求和。但是当晋提出苛刻的条件，要求齐国母后萧同叔子做人质，把田亩改成东西走向时，立即遭到齐使的严词拒绝，并声称不惜为此再战："请收合余烬，背城借一。"鲁、卫两国都认为晋无必胜把握：

---

① 《史记》卷32《齐太公世家》太史公曰。
② 《汉书》卷28上《地理志上》。

"齐、晋亦唯天所授，岂必晋？"①说服晋国让步，使双方媾和。

在中原争霸中受挫的强国，可以继续在自己的势力范围内对弱小邻邦盘剥役使，充当局部地区的宗主国。如秦穆公受挫于晋，无法东进，还可以称霸西戎。鄢陵之战楚国失败后，暂无力量与晋国角逐，却也还能向南方扩张，征服和统治周边的蛮夷。

出于争霸战略的需要，诸强对失败的邻国有时并不落井下石，反而伸出援助之手，拉拢、扶植它们，以便共同对付自己的主要敌人。如齐在鞌之战受挫后，被迫退出侵占鲁国的汶阳之田。而晋国为了联齐抗楚，事后又逼着鲁国将其地返还于齐。②柏举之战后吴师入郢，楚国危在旦夕，秦亦出兵车五百乘助其复国，以牵制自己的强邻晋国。齐、晋、秦、楚之间的抗衡均势一直延续到春秋末叶，因为四强实力相当，它们的政治地位比较接近，但是和另外两个地带的中小诸侯、少数民族则有明显的差别。春秋时期中国政局的发展变化，主要是由这几个国家（加上后起的吴国）的活动所支配、决定的，所以应把弧形中间地带视为那个历史阶段的政治重心区域。

二、春秋战争之地域分析

春秋时期的军事冲突非常频繁，几乎无岁不战。就对当时全国政局变化的影响而言，不同地带的邦国、部族、联盟集团之间的战争作用有很大区别。下面试将这些战争按照爆发的地域加以分类，分析其各自的目的、规模和结果，进而探讨哪类战争所起的影响最大。

1.中原地带内部华夏、东夷诸侯之间战事不断。特别是郑、鲁、宋

---

① 《左传·成公二年》。
② 《左传·成公八年》："八年春，晋侯使韩穿来言汶阳之田，归之于齐。"

等中等国家，一有机会便侵吞邻近小邦，彼此亦屡屡交手。但是自从弧形中间地带大国对峙争雄的局面形成以后，这些国家的领土逐渐被外围的诸强蚕食，力量日益削弱，因而缓和了它们之间的战斗。这种战争通常规模不大，结果也只是保持了相互的均势，并没有通过这类战争提高自己的实力和地位，跃升到大国的行列。再者，诸强争霸的形势出现后，中原地带的诸侯基本上都要受齐、晋、楚、吴等强国的支配，投入某个阵营，成为霸主手中的棋子。它们的人力、财力多被盟主榨取，参加的战争也主要是跟随列强之师出征，协助盟主争夺霸权。如顾栋高所言："当是时，宋、郑之君俱共玉帛，以从容于坛坫之上，间一用兵，不过帅敝赋以从大国之后，无两君对垒，朝胜夕负，报复无已者。"[1] 即使它们之间的单独较量，也常常是受盟主的指使[2]。所以，这类战争对全国政治形势的影响，并不是决定性的。

2. **周边地带内部夷狄邦族之间的战争亦始终存在**。西戎"强者凌弱，转相抄盗"[3]。南方的百越、群蛮也是如此，"粤人之俗，好相攻击"[4]。但是总的来看，由于经济、文化上的落后，以及政治上的分散孤立，周边民族相互间战争的结果，未能像后世那样形成强盛的区域性民族政权，如秦汉时的匈奴、南越，可以割据一方，与中原王朝抗衡。因此这类战争也不具备重要的意义。

3. **弧形中间地带内部诸强之间的边界战争**。分别有齐晋、秦晋、秦楚和吴楚间的作战。自殽之战后，秦与晋国决裂，转而和楚通婚结好，世为盟国，终春秋之世不再有边界冲突。齐、晋隔河相峙，两国关系的

---

① 〔清〕顾栋高：《春秋大事表》卷 37《春秋宋郑交兵表·叙》，中华书局，1993 年。
② 《左传·宣公二年》："郑公子归生受命于楚，伐宋。"《左传·襄公二年》："郑师侵宋，楚令也。"
③ 《太平御览》卷 794 引《风俗通义》佚文。
④ 《汉书》卷 1 下《高帝纪下》。

主流是联合抗楚，交战次数不多，也未给疆界带来大的变动，基本上维持着原有的态势。秦晋、吴楚间的对阵则是频繁激烈的，因为双方边境犬牙交错，或有山川阻隔，彼此国势又大致相当，所以战争多呈胶着状态，通常限制在局部地段，你来我往，很难攻入对方腹地。如秦晋韩原之战、殽之战，都是一方获得大胜，但均未能进逼敌人国都，置其于死地或迫使对方签订城下之盟。此外，受南北对抗地理形势的影响，晋与齐、秦与楚之间都有联盟抗敌的政治需要，这个因素对弧形中间地带列国的边境战争也起着制约作用，使其结果往往是有限的，不会破坏原有格局。例如，鞌之战晋国获胜，但为了拉拢齐国共同抗楚，甚至强迫鲁国将汶阳之田重新割让予齐，齐国的领土、实力并未因战败而受到很大损失。吴师在柏举之战中大胜楚军，长驱入郢，可以说获得了这场战争的最大胜利。但是楚在秦国的支持下很快击退吴军，基本上恢复了原有的对峙状态，吴国亦未能在领土方面捞到许多好处。在南北两大阵营的对抗态势下，齐、晋或是楚、吴要想登上霸主的宝座，夺取统率中小诸侯的最高权力，不仅要制服或结好于邻邦，更重要的是，必须打败没有共同疆界的对方地域之强敌，而这种战争只能在南北强国相隔的中间区域——中原地带发起，齐晋、秦晋、秦楚、吴楚之间边界战争的有限胜利，并不能达到称霸天下的目的。

　　4. 弧形中间地带列国与周边地带邦族的战争也贯穿着整个春秋时期。当时，南方的蛮夷、越人未能对楚国构成严重威胁；戎狄虽然一度深入黄河流域，但是限于自身的弱点，难以在政治、军事上取得更大的成就。弧形中间地带的诸强崛起之后，对夷狄的战争常以胜利告终；齐、晋、秦、楚能够成为地方千里乃至数千里的泱泱大国，有许多领土是得自邻近少数民族的。不过，它们所追求的最高政治目标是"帅诸侯而朝天子"，充当霸主，即诸侯盟会的领袖，而这里的"诸侯"主要是指中原地带的华夏中小诸侯。对列强来说，如果只是战胜、降服了周边的落后民族，而没有取得中原逐鹿的胜利，还是不能称霸诸侯、号令天下的。像秦穆公尽管重创西戎，"益国十二，开地千里"①，但仍得不到华夏诸侯的尊重和服从。楚共王兵败鄢陵之后，虽然对南方蛮夷作战大获成功，但也无法动摇晋国的主盟地位。仅仅在这类战争中获胜的强国，至多能充当"偏霸"，即某个边远地区的"方伯"，算不上诸侯公认的盟主，其政治影响还是大受局限的。

5. 弧形中间地带列强向中原地带用兵。齐、晋、秦、楚对峙的局面形成以后，中原地带的夷夏诸侯通常不敢向外围的强国寻衅滋事，主动挑起战端，那样做无疑是自讨苦吃。这两个地带之间发生的军事冲突往往是单方面的，即弧形中间地带的诸强向中原进军，从用兵的目的和规模来看，可以分为以下几种：

（1）短时间、小范围的边境袭击。焚掠破坏，劫取邻邦的人口、财物，造成其经济损失，但不以侵占领土为目标。

（2）兼并土地，攻占中原中小邻国的领土，据为己有。这种战争出动兵力较多，得手后要在当地留驻军队，一般要筑城或因旧城戍守。列强对待中等诸侯主要采取蚕食的策略，而对弱小邻邦则经常一举灭亡，借以扩张自己的疆域。在这方面，齐、晋、楚三国的收获最为显著，如《荀子·仲尼》称齐桓公"并国三十五"，《吕氏春秋·贵直论·贵直》载晋国烛过曰"昔吾先君献公即位五年，兼国十九"，《韩非子·有度》则说"荆庄王并国二十六，开地三千里"。它们灭亡的小国，大部分是在中原地带。

（3）建立对中原诸侯的统治权，即霸权。通常是派遣重兵进攻郑、宋、鲁、卫、陈、蔡等中等国家，直逼其都城，迫使它们投降，服从某个强国的支配。这种战争在春秋历史上规模最大，往往历时很久，其原

---

① 《史记》卷5《秦本纪》。

因首先是郑、宋、鲁等国亦有一定实力，兵车约在千乘上下，如果据城固守，强国也很难速胜，通常要经过数月的围攻才能见效。再者，春秋列强争霸的重点，就是争夺对华夏中小诸侯的统治权，齐、晋、秦、楚之间处于均势，如若能把中原各国拉进自己的阵营，势力将明显扩大，会改变争霸双方原有的力量对比，引起政治天平的倾斜，因此，这种战争常常会引发大国间直接的军事冲突。一方进攻某个中小诸侯，另一方前来救援，于是在中原腹地发生大战。春秋历史上意义重大的几次战役，如城濮之战、邲之战、鄢陵之战，都是由此爆发的。战争的规模、参战军队的数量相当可观，除了晋楚两国各出动兵车数百、千乘之外，还有各自的附庸诸侯、戎夷派兵助阵。另外，春秋两次声势浩大的"兵车之会"，也属于同种性质的军事行动。前者为齐桓公的"召陵之役"，动员了九国之师[①]；后者为晋平公的"平丘之会"，出动了兵车四千乘[②]，规模空前。由于对手楚国怯阵，未敢应战，齐、晋两国顺利得到了盟主的地位和权力。此类战争的结果，将决定霸主是否易位，涉及中国最高统治权力的归属问题，所以，它带来的政治影响最为重要。

　　春秋列强在不同地域开展的军事较量，其后果有着明显的差别。顾栋高曾敏锐地发现了这一点，即大国间的边界战争尽管频繁，但多数是小规模的报复行动，效果不大，不像在中原地带的会战那样具有决定意义。见顾栋高《春秋大事表》卷32《春秋晋楚交兵表·叙》：

[①]《尉缭子·制谈》曰："有提十万之众，而天下莫当者谁？曰桓公也。"按桓公之世齐国兵力实为3万～5万，见《国语·齐语》管仲曰："君有此士也三万人，以方行于天下，以诛无道，以屏周室，天下大国之君莫之能御也。"《吴子·图国》："昔齐桓募士五万，以霸诸侯。"《尉缭子》所言十万人，可能是指召陵之役齐会九国之师所达到的军队数量，这在当时是规模空前的。

[②]《左传·昭公十三年》："七月丙寅，治兵于邾南。甲车四千乘。"

春秋时，晋、楚之大战三，曰城濮，曰邲，曰鄢陵，其余偏师凡十余遇，非晋避楚则楚避晋，未尝连兵苦战如秦晋、吴楚之相报复无已也。其用兵尝以争陈、郑与国，未尝攻城入邑，如晋取少梁、秦取北征之必略其地以相当也。何则？晋、楚势处辽远，地非犬牙相辕，其兴师必连大众，乞师于诸侯，动必数月而后集事。故其战尝不数，战则动关天下之向背。城濮胜而天下诸侯翕然从晋，邲胜而天下诸侯翕然从楚。

中原之所以成为争霸战争的主要爆发地域，其原因首先是南北对抗的双方（齐或晋／楚或吴）没有共同的疆界相连，被中原地带隔开。中原的西侧为豫西山地和秦岭，东侧是大海，都不利于部队的迂回运动与后勤供应。吴曾尝试发舟师从海上攻齐，结果遭到惨败[1]。楚亦威胁过晋国，"不然，将通于少习以听命"[2]，实则为虚言恫吓，根本无力做到。对双方来说，通过中原地带接触、较量才是最现实、最直接便利的。

其次，中原地带平坦辽阔，少有山川阻隔，便于车马驱驰，人众跋涉；其位置又在东亚大陆的核心，属于枢纽地区，控制了这一地带，可以向几个战略方向用兵，又能阻挡敌方侵袭自己的领土，御敌于国门之外，所以在军事上具有很高的利用价值。特别是在当时，军队的主要作战方式是车战，对于兵车的运动和列阵，中原广阔平坦的地形条件也是最为适合的。

再次，中原的华夏诸邦有着悠久的历史文明，经济发达，人口众多，较为富庶，又有一定的兵力；诸强如果征服或控制了它们，将其纳入自己的势力范围，不仅能够榨取到丰厚的财物，还能明显扩大军事力

---

①《左传·哀公十年》。
②《左传·哀公四年》。

量和政治影响，以便击败对手，成为霸主。因此，在春秋时期的各种战争中，弧形中间地带列强向中原的用兵具有最为重要的意义，它对全国政治形势的发展变化起着决定性的支配作用，是其他地域的军事行动不能比拟的。条件许可时，齐、晋、秦、楚等强国总是力图向中原进攻、扩张，以谋求霸权；而往往是在不得已的情况下才把征伐的矛头指向周边地带。

三、从地理角度所见列强争夺中原地带的战略

春秋历史表明，那些挫败群雄、执盟会牛耳的国家之所以能取得胜利，不仅是由于内政、外交和会战的成功，在相当程度上也得益于制定了合理的战略。一方面，其统帅、将领们正确认识和利用了当时的地理形势，根据不同时期的客观情况来部署兵力，选择进军方向、路线及交锋的战场，造就了对本国有利的态势。另一方面，这些国家也尽量利用自然、人文地理等种种条件来遏制对手，给敌人的军事行动带来困难，促成自己在作战中的胜利。从地理角度来观察，齐、晋、秦、楚等强国采取的战略，其主要内容是围绕着争夺中原地带这个目标来实施各种举措、手段，大致有以下几项：

（一）兼并弱邻、蓄势待发

弧形中间地带诸强在其发展的最初阶段，因为国力有限，不敢贸然向中原地带进军，触犯那些传统大邦；都是先征服、吞并邻近的小国弱族，扩充和巩固后方。如楚国"克州、蓼，服随、唐，大启群蛮"[1]。晋国则如叔侯所言："虞、虢、焦、滑、霍、杨、韩、魏，皆姬姓也，晋是以

---

[1]《左传·哀公十七年》。

大。若非侵小，将何所取？武、献以下，兼国多矣，谁得治之？"① 待到羽翼丰满后，再实行下一步骤。

（二）占领、控制出入中原的通道门户

弧形中间地带与中原之间有河流、山脉等天然障碍，如齐之泰山，晋之中条、太行山及黄河，秦之崤函，楚之伏牛山与淮阳山地，相互的往来必须沿着一定的交通路线。因此，占领或控制两大地带交界处的孔道，既可以保障本国的军队自由进出中原，又能阻止敌方兵力攻入自己的腹地。诸强能否实现称霸天下的战略目的，很大程度上取决于这项举措的成败。而诸强谋求通道门户的具体过程与手段，可分为两类：

1. **直接占领——楚灭申、息，晋据南阳**。楚人征服江汉平原后，开始图谋北进，以成霸业，如楚武王对随侯言："我有敝甲，欲以观中国之政。"② 当时，楚国与中原的交通路线主要有两条：

（1）**通过南襄夹道和方城隘口**。自楚都郢城（今湖北省荆州市）北上，至襄阳后进入申、吕等国所在的南阳盆地，然后穿过伏牛、桐柏山脉之间的方城隘口，到达华北大平原的南端。在那里经过叶、许，即兵临郑国，饮马黄河。东越汝、颍流域，经陈、宋、曹地，可达泰山以南的鲁国。南阳盆地不仅是江汉地区通往黄淮平原的门户，由此北上轘辕，还能直抵洛阳以窥周室；或西出武关，穿越商洛山地进入关中平原。南阳地区的经济环境亦很优越，被古人称为"割周楚之丰壤，跨荆豫而为疆"③，可以为战争提供必要的财赋。在自然地形方面，南阳区域西、北、东三面环山，敞开的南方正对着江汉平原的北门——襄樊盆地。楚国占

---

① 《左传·襄公二十九年》。
② 《史记》卷40《楚世家》。
③ 《文选》卷4张衡《南都赋》。

据南阳，能够利用其外围山地的有利条件组织防御，阻止北敌侵入汉水流域。如《左传·成公七年》所载："楚围宋之役，师还，子重请取于申、吕以为赏田，王许之。申公巫臣曰：'不可。此申、吕所以邑也，是以为赋，以御北方。若取之，是无申、吕也，晋、郑必至于汉。'王乃止。"

正是因为南阳地区在交通、军事上的重要作用，楚国在由丹阳迁都至郢的第二年（公元前 689 年），便假道于邓以伐申（今河南省南阳市附近），逐步灭申、吕（今河南省方城县）、应（今河南省鲁山县），将南阳盆地全部占领①，随即在当地设县。楚王亦常至申地，策划指挥对中原的作战②，并在那里召见中小诸侯，与之会盟。灭申使楚国获得了诸多好处，为后来向中原北方和东方的军事扩张奠定了基础。《春秋大事表》曾言："楚之强横莫制，实始于灭申也。"③其卷4《楚疆域论》中对此亦有精辟的议论：

> 余读《春秋》至庄六年楚文王灭申，未尝不废书而叹也。曰："天下大势尽在楚矣！"申为南阳，天下之膂，光武所发迹处。是时齐桓未兴，楚横行南服，由丹阳迁郢，取荆州以立根基。武王旋取罗、鄀，为鄢郢之地，定襄阳以为门户。至灭申，遂北向以抗衡中夏。然其始要，非一朝一夕之故也。平王东迁，即切切焉。戍申与甫、许，岂独内德申侯为之遣戍，亦防维固围之计，有不获已。逮桓王、庄王六七十年之久，楚之侵扰日甚，卒为所灭。自后灭吕、

---

① 楚灭申的时间约在公元前 687 年至前 682 年间。参见宋公文：《春秋前期楚北上中原灭国考》，《江汉论坛》1982 年第 1 期。

② "楚有图北方之志，其君多居于申。"〔清〕顾栋高：《春秋大事表》卷9《春秋列国地形险要表》，中华书局，1993 年。

③〔清〕顾栋高：《春秋大事表》卷9《春秋列国地形口号·列国险要二十二首》，中华书局，1993 年。

灭息、灭邓，南阳、汝宁之地悉为楚有。如河决鱼烂，不可底止，遂平步以窥周疆矣。

（2）通过淮阳山地的城口诸隘。淮阳山地包括豫、鄂、皖三省交界处的桐柏山、大洪山、大别山等广阔低山丘陵，是长江、淮河水系的分水岭。楚国与中原交往的另一条通道，是从江汉平原的东北，经随（今湖北省随县）穿过桐柏、大别山脉会合处的城口诸隘（大隧、直辕、冥阨），即今河南省信阳市与湖北省广水市之间的义阳三关——大胜关、武胜关、平靖关，到达蔡国所在的汝水流域。由蔡而发，可以北趋召陵，分赴许、郑或陈、宋等国，也能沿淮而下，抵达诸夷所居的东方和吴国境界。公元前512年，吴王阖庐就是在蔡、唐军队的引导下，"次注林，出于冥隘之径，战于柏举，中楚国而朝宋与及鲁"[1]，走这条道路击败楚师，攻入郢都的。

由随地北出城口中的直辕（今武胜关），经东申（今河南省信阳市）沿溮河东北而行，在其汇入淮水之处，便是息国（今河南省息县）；该地既是城口诸隘的屏藩，又东通淮域，北连陈、蔡，故而成为楚国争霸战略中首先考虑占领的另一个重要据点。楚文王在灭申之后，立即与蔡国合谋，以诈袭取了息国。

申、息是楚国北进中原的前哨阵地，楚于两邑设县置公，调发兵马军赋，组织了两支地方部队——"申、息之师"，在其北境遥相呼应，担当国防重任。如顾栋高所言："故楚出师则申、息为之先驱，守御则申、吕为之藩蔽。"[2]《左传》对这两支部队的活动亦多有记载。[3]

---

[1]《墨子·非攻中》。
[2]〔清〕顾栋高：《春秋大事表》卷4《春秋列国疆域表·楚疆域论》，中华书局，1993年。
[3]《左传》僖公二十五年、二十六年、二十八年，文公三年、十六年，成公六年，襄公二十六年。

晋国的经济、政治重心在山西南部，进兵中原必须南渡黄河，由于中条山、王屋山和太行山脉的阻隔，晋军渡河主要通过三座要津：

甲、茅津。 又称陕津、大阳津，位于今山西省平陆县的古茅城，对岸是今河南省三门峡市会兴镇。但是渡河后要穿过数百里豫西山地才能进入中原，行路艰险，并非理想的途径。

乙、孟津。 在今河南省洛阳市孟津区东北，孟州市西南。武王伐纣时曾在此地会盟诸侯，渡河而趋朝歌。孟津南临洛邑，是东周王畿的北门。晋国聘问王室、出兵勤王及与伊洛流域的戎狄作战时多走这条道路。

丙、延津。 古黄河流经今河南省延津县西北至滑县间的河段，有灵昌津、南津等数处渡口，总称为延津。晋师若从孟津渡河后奔赴郑、宋，要经过豫西走廊的东端，越虎牢之险，易受阻碍。而由延津渡河后，即达郑国北郊，进入豫东平原，行军较为方便，所以晋国往往采用这条路线。如《左传·僖公二十八年》载城濮之战时，晋师伐曹救宋，"假道于卫，卫人弗许，还，自南河济，侵曹，伐卫"。杨伯峻注："南河即南津，亦谓之棘津、济津、石济津，在河南省淇县之南，延津县之北，河道今已湮。"晋师击败楚军后回国时亦走此途，并在南津附近的衡雍（今河南省原阳县西）停留，作"践土之盟"。据《左传·宣公十二年》所载，邲之战时晋军也由此往来渡河，楚师追击时辎重至邲（今河南省荥阳市北），兵马"遂次于衡雍"。杨伯峻注："《韩非子·喻老篇》云：'楚庄王既胜，狩于河雍。'河雍即衡雍也，战国时又曰垣雍，在河南省原武废县（今并入原阳县）西北五里。黄河旧在其北二十二里。"

从晋国绛都所在的运城盆地前往延津或孟津，都要向东南穿越王屋山至晋之南阳。《水经注·清水》引马融曰："晋地自朝歌以南至轵为南阳。"《左传·僖公二十五年》杨伯峻注曰："朝歌，今河南省淇县治；轵，今济源县东南十三里轵城镇，则南阳大约即河南省新乡地区所辖境，亦阳樊诸邑所在地。其地在黄河之北，太行之南，故晋名之曰南阳。"

周襄王十六年（前636），王子带勾结狄人攻进洛邑，自立为天子，襄王出奔居氾。晋文公利用这个机会，于次年率兵勤王，攻克温邑，诛王子带，"晋侯朝王，……（王）与之阳樊、温、原、攒茅之田，晋于是始启南阳"①。《国语·晋语四》亦载："（王）赐公南阳阳樊、温、原、州、陉、絺、钼、攒茅之田。"阳樊在今河南省济源市东南古阳城，温在今河南省温县西，原在河南省济源市北，州在河南省沁阳市东，陉在沁阳市西北，絺在沁阳市西南，钼无考，攒茅在河南省修武县北。②上述城邑所在的南阳地区位于太行山南麓与黄河北岸之间的狭长走廊，其中原邑南屏孟津，轵邑在走廊西端，为太行第一陉——"轵道"所在地，山险路狭，是豫北、晋南间的交通咽喉。经轵道过温、攒茅之后，便抵达河内（豫北、冀南平原），可以由南津渡河兵临郑、宋，或从白马津渡河经卫地至齐、鲁。实际上，当时的南阳诸邑大多属于王子带的势力范围，不肯听命于王室，襄王以其赐晋，只是空头人情③。晋国是用武力征服温、原、阳樊诸邑的反抗之后，才在当地建立起自己的统治的。晋国占领南阳后，掌握了出入中原的通道，对其军事扩张非常有利。顾栋高曾在《春秋大事表》卷4《春秋列国疆域表·晋疆域论》中谈道："（晋）自灭虢据崤、函之固，启南阳扼孟门、太行之险，南据虎牢，北据邯郸，擅河内之殷墟，连肥、鼓之劲地，西入秦域，东轶齐境，天下扼塞巩固之区，无不为晋有。然后以守则固，以攻则胜，拥卫天子，鞭笞列国。"史念海先生也论述过晋国此举的重要意义："这条道路开通后，晋兵才能直下太行，伐卫，伐

---

① 《左传·僖公二十五年》。

② 地名考证参见杨伯峻《春秋左传注》隐公十一年、昭公三年。

③ "而南阳肩背泽潞，富甲天下，……至襄王以温、原畀晋，而东都之事去矣。然论者谓襄王之失计，此又非也。在桓王时已尝以十二邑易郑邬邢之田于郑，郑不能有，而复归诸周，周复不能有而强以与晋。如豪奴悍仆，主人微弱不能制，而择巨室之能者使治之。至襄王时已视为弃地，固不甚爱惜也。晋得之而日以强，周日以削。"〔清〕顾栋高：《春秋大事表》卷4《春秋列国疆域表·周疆域论》，中华书局，1993年。

曹，又和楚人战于城濮。城濮之战，晋国固然获齐、宋、秦诸国的赞助，增加了若干胜利的信心。然太行南阳一途的开通，出兵便利，在战争上也容易获得优势。后来晋兵一再耀武中原，也都是由这条道路出师的。"[①]

从历史记载来看，晋国大军出征中原时，南阳为其通行的孔道、门户。如果是范围有限的战役，则只需征发黄河以北沿岸几个城邑的地方军队就可以应付，不必再从绛都腹地劳师远行了。如公元前533年晋国出兵平定周室内乱，就是由"籍谈、荀跞帅九州之戎及焦、瑕、温、原之师，以纳王于王城"[②]。

2. 间接控制——齐、秦的假道过境。齐、秦两国与晋、楚不同，它们在春秋的鼎盛阶段（齐桓公、秦穆公在位时），主要采用和通道所属国家建立联盟、左右其政治的办法来获得通往中原的便利，而未能直接占领门户地段。齐国自襄公至桓公初年，不断兼并弱小邻邦，由泰山西侧沿济水南岸向中原扩张，先后灭掉谭（今山东省济南市）、遂（今山东省宁阳县西北），推进至谷（今山东省东阿县）[③]，但是遭到了鲁国的激烈抵抗。公元前684年春，齐国伐鲁，兵败于长勺；六月齐与宋师再次伐鲁，又受挫而返。此后，齐桓公放弃了使用武力打开中原大门的做法，接受了管仲的建议，一方面内修国政，富国强兵，对外以"尊王攘夷"为号召，拉拢诸侯入盟，向邻近的鲁、卫两国施加压力；另一方面，又与鲁、卫两国重新修好，退还侵地，以求获得它们的支持，能够自由出入中原。参见《国语·齐语》："桓公曰：'吾欲南伐，何主（韦昭注：主，主人，

---

① 史念海：《春秋时代的交通道路》，《河山集》，人民出版社，1978年，第70页。

② 《左传·昭公二十二年》。

③ 谷邑为齐边境重镇，桓公筑城在公元前672年，为管仲封地。见《左传·庄公三十二年》："城小谷，为管仲也。"《左传·昭公十一年》："齐桓公城谷而置管仲焉，至于今赖之。"又见《水经·济水注》："济水侧岸有尹卯垒，南去鱼山四十余里，是谷城县界，故春秋之小谷城也，齐桓公以鲁庄公二十三（应为'三十二'）年城之，邑管仲焉。城内有夷吾井。"

共军用也）？'管子对曰：'以鲁为主。反其侵地棠、潜，使海于有蔽，渠弭于有渚，环山于有牢。'桓公曰：'吾欲西伐，何主？'管子对曰：'以卫为主。反其侵地台、原姑与漆里，使海于有蔽，渠弭于有渚，环山于有牢。'"

公元前 681 年，齐桓公与鲁侯在柯地会盟；公元前 678 年，齐又争取鲁国参加了诸侯在幽地的盟会，尊桓公为盟主；公元前 672 年，齐桓公又以其女嫁鲁侯，用通婚来巩固两国的联盟关系。卫国曾有不听齐命的表现，齐桓公便于公元前 666 年借天子名义出兵讨伐，迫使卫国纳贿求和。公元前 660 年，赤狄灭卫，杀死卫懿公，卫之遗民逃至曹邑。齐国派公子无亏领兵车三百乘助其戍守，又率诸侯在楚丘为其筑城，通过种种努力保护了卫国，同时也控制了它。所以终桓公之世，齐多次出兵中原（四伐郑，一伐宋，一伐蔡、楚），均未受到鲁、卫阻碍，顺利假道成行。

但是用这种手段过境，能否成行毕竟要听从鲁、卫两国的决定，总是不如自己直接掌握通道来得可靠、方便。桓公死后，齐与鲁、卫关系恶化，两国利用列强之间的均势和矛盾，先后借助楚、晋的军事力量来抵制齐国。齐虽然侵占了鲁、卫一些城邑，但是其势力始终被封闭于两国境外，不能任意将兵力投入到中原的核心区域——郑、宋，使齐国的争霸活动大受影响，直到春秋末年也未能重登诸侯盟主的宝座。

秦国驱逐戎狄，占领关中平原时，东进中原的通道——豫西走廊的西段已被晋国占领。秦穆公起初的做法与齐桓公相似，也想通过操纵邻国来获得出入中原的通行权。为此他对晋国软硬兼施，曾先后扶立惠公、文公，与晋国联姻，送粮助晋度过灾年。当惠公不肯听命时，秦出兵韩原败晋，并扣押其太子做人质，但是收效不大。晋国实力很强，又靠近中原，不愿让秦军自由穿越豫西通道；秦与晋国的几次联合军事行动只是促成了晋文公的霸业，自己并未捞到多少好处。晋文公死后，秦国改变战略，冒险发兵越过晋境袭郑，企图在中原建立自己的据点，结果在殽之战中被晋军全歼。此后两国绝交，兵戈相见，秦多次攻晋未能取胜，只得转向西方发展，被屏于中原诸侯盟会之外。

齐、秦两国"近交远攻"的战略先后失败，表明依靠与邻邦结盟修好来假道通行的做法是难以实现或不能持久的。争夺中原霸业，还是像晋、楚进据南阳那样，直接占领通道门户，才能出入自由、攻守自若，不会受制于人。

（三）封堵对手进兵中原的途径

对列强来说，自己掌握进出中原的主动权固然是有利的，不过，如果争霸的对手也能顺利来往，和自己在中原驰骋角逐，那就难说鹿死谁手了，即使会战获胜，兵员、物资的损耗也是惊人的。若是能把敌人的军事力量阻止在中原地带之外，不给对手登场竞技的机会，迫使它们向周边或偏远的地方发展势力，即可不战或小战而屈人之兵，应该是最为理想的解决办法。实行这种战略，必须率先占领或控制敌人进入中原的通道路口。中原地带横长纵短，晋、楚分据南北，疆域辽阔，晋"自西及东，延袤二千余里"[1]，楚境则更胜于晋。它们和中原地带接壤的边境较长，相互来往的通道较多，距离中原的核心地段——郑、宋、陈、蔡、卫、曹的距离也比较近，处在相对有利的地位。而偏居东、西两端的齐、秦则要困难得多，秦和中原地带没有共同边界，来往的豫西走廊要穿过数百里山地，艰险狭促；齐国本土被渤海、泰山所挟持，其兵力向中原方向的投送亦受到限制，只能在一个不够宽阔的正面来运动，难以展开。在争霸作战中，晋、楚两国分别抓住了齐、秦地理位置上的弱点，对它们加以遏制。

1. 楚之抑齐。齐桓公死后，楚国乘齐与鲁、卫关系紧张，联鲁伐齐，

---

[1]〔清〕顾栋高：《春秋大事表》卷4《春秋列国疆域表·晋疆域表》，中华书局，1993年。

攻占了齐国边境重镇谷邑，扶植齐反叛势力公子雍、易牙，使其居谷，并留兵助守①，又让鲁国出师助戍卫地，将齐之兵力封闭于境内，无法染指中原事务，从而把黄河以南的郑、宋、鲁、卫、陈、蔡、曹、许诸国都纳入自己的势力，"天下几不复知有中夏"②。

2. 晋之抑秦。献公初兴晋国时，广地略土，"兼国十九"③。其中最重要的一步是抢先灭亡虢国（今河南省三门峡市附近），占领豫西走廊西端，关上了秦国东进中原的门户。公元前 628 年，秦军偷越崤函袭郑，即遭歼灭。公元前 614 年，"晋侯使詹嘉处瑕，以守桃林之塞"④，又把防秦的戍所向西推移。顾栋高曾评论晋灭虢国所产生的重要影响："献公灭耿，灭霍，灭魏，拓地渐广。而最得便利者，莫如伐虢之役，自渑池迄灵宝以东崤、函四百余里，尽虢略之地。晋之得以西向制秦，秦人抑首而不敢出者，以先得虢扼其咽喉也。"⑤

3. 晋之抑齐。晋对齐国的遏制手段有所不同，并非直接出兵占领其邻境，而是联合齐国进军中原必经的鲁、卫两邦，共同制齐。公元前 592 年，晋邀请鲁、卫、曹、邾四国之君在断道（今山西省沁县西）会盟，确定了联手对齐的方略。三年后，齐伐鲁取隆邑，复而伐卫。晋国立即出兵，会合鲁、卫、曹师在鞌（今山东省济南市北）大败齐军，迫使其求和。此后，晋国长期实行联鲁、卫以制齐的政策，鲁、卫两国畏惧齐之入侵，不得不附晋以求自安。《左传·昭公四年》载楚灵王在申召会诸侯，曾问郑相子产："'诸侯其来乎？'对曰：'必来。从宋之盟，承君之

---

① 《左传·僖公二十六年》："（楚）置桓公子雍于谷，易牙奉之以为鲁援，楚申公叔侯戍之。"杜注："雍本与孝公争立，故使居谷以逼齐。"
② 〔清〕顾栋高：《春秋大事表》卷 4《春秋列国疆域表·卫疆域论》，中华书局，1993 年。
③ 《吕氏春秋·贵直论·贵直》。
④ 《左传·文公十三年》。
⑤ 〔清〕顾栋高：《春秋大事表》卷 4《春秋列国疆域表·叙》，中华书局，1993 年。

欢，不畏大国，何故不来？不来者，其鲁、卫、曹、邾乎！曹畏宋，邾畏鲁，鲁、卫逼于齐而亲于晋，唯是不来。其余，君之所及也，谁敢不至？'"即表明了晋国对鲁、卫的政治影响。

通过军事、外交上的努力，晋国堵住了齐国出入中原的通道，将其扩张范围局限在较为荒僻的东方，远离繁盛富庶、交通便利的中原核心区域，无法和自己争夺霸权，使其只能做晋国的盟友和助手，从而取得了满意的效果。

（四）控制中原地带的枢纽地区

在军事地理学上，往往把位于某个作战地区核心、各方道路交会的"兵家必争之地"称为"枢纽地区"或"锁钥地点"。它是交战双方对峙争夺的热点，其得失对战争的结局影响甚大。如果率先夺取、控制这个区域，会使自己处于有利的地位。春秋军事家孙武在其兵法《九地篇》里，把这种敌、我与第三国接壤、道路四通的地区称为"衢地"，认为它具有最高的战略价值。若是先敌占领，就能得到中小诸侯的服从和支持，造成优势局面："诸侯之地三属，先至而得天下之众者，为衢地。"春秋时期，中原地带领域辽阔，水旱路线交织如网，枢纽地区也并非一处，根据它们地理位置的重要程度，可以分成两类：

1. **郑、宋**。顾栋高曾言："中州为天下之枢，而宋、郑为大国，地居要害，国又差强。故伯之未兴也，宋与郑常相斗争。逮伯之兴，宋、郑常供车赋，洁玉帛牺牲以待于境上，亦地势然也。"[1] 在中原诸侯里，郑、宋两国受列强侵略的次数最多，罹祸最深，是争霸各方的首要征服对象。这两个国家位于东亚大陆的核心，郑国"西有虎牢之险"[2]，扼守豫西通

---

①〔清〕顾栋高：《春秋大事表》卷24《春秋宋执政表·叙》，中华书局，1993年。

②〔清〕顾栋高：《春秋大事表》卷4《春秋列国疆域表·郑疆域论》，中华书局，1993年。

道的东段出口，可以封锁两大经济区域华北平原与关中平原的交通往来，"北有延津之固，南据汝、颍之地"①；其国境临近晋、楚出入中原的重要门户——黄河南津与方城隘口，是这两个大国通商贸易、发兵交战的必经之地。"南北有事，郑先被兵，地势然也。"②无论哪一方控制了郑国，都会威胁对方的边境，形成军事压力，并给对方部队的调遣运动带来困难。"中国得郑则可以拒楚，楚得郑则可以窥中国。"③所以在春秋历史上，齐楚、秦晋、晋楚都为争夺郑国而发生过激烈的冲突。

宋国也处在几条交通干线会合的十字路口。楚与北方东部的大国齐、鲁的往来途径，是出方城隘口，东经召陵过陈（今河南省周口市淮阳区一带）向东北行，经宋都睢阳（今河南省商丘市）而达鲁境，再到泰山以北的齐国。如《左传·宣公十四年》所载："楚子使申舟聘于齐，曰：'无假道于宋！'亦使公子冯聘于晋，不假道于郑。"过宋而不假道，以示对宋的蔑视与挑衅。宋国因长期与齐、晋结盟，故屡次受到楚国的进攻。

此外，晋国与东南吴国的联系路线，是由延津渡过黄河，也要经过宋国，越两淮、长江而至太湖流域。春秋后期，晋、吴结盟抗楚，两国使臣来往频繁，国君亦数次相会④。楚国对此深感威胁，故在公元前573年乘宋国内乱而出兵征伐，取其朝郏、幽丘、城郜、彭城，并纳宋国叛臣鱼石等人于彭城（今江苏省徐州市），助以兵车三百乘戍守，企图切断晋、吴之间的交通线。晋国为了与吴保持联络，于次年会宋、卫、曹、莒、邾、滕、薛，共八国之师，攻克彭城，交还宋国。⑤公元前563年，

---

① 〔清〕顾栋高：《春秋大事表》卷4《春秋列国疆域表·郑疆域论》，中华书局，1993年。
② 同上。
③ 〔清〕顾栋高：《春秋大事表》卷26《春秋齐楚争盟表》，中华书局，1993年。
④ 晋、吴两国在春秋后期频繁交往的情况可参《左传》成公十五年，襄公三年、五年、十年、十四年，昭公十三年。
⑤《左传》成公十八年、襄公元年。

晋国又会合诸侯联军，攻灭附楚妘姓小国偪阳（今山东省枣庄市峄城区南），并将此邑给予宋国，以加强它的力量，确保这条交通路线的畅通。①

郑、宋两国不仅地理位置重要，它们的国力在中原诸侯里也是较为强盛的，各有兵车千乘左右，在列强争霸作战中投向何方，至关重要。春秋的几次重大战役，城濮之战、邲之战、鄢陵之战是因为晋、楚争宋而起，而殽之战则缘于晋与秦争郑。至于齐、晋、楚各自出兵伐郑、伐宋的行动则不胜枚举。

在对郑、宋两国的控制方式上，诸强均不采取直接军事占领的做法。即使郑、宋城防陷落或濒于崩溃，已经唾手可得，强国也不肯将其灭为属县，建立自己的统治，而只是要求它们降服归顺，结盟确立从属关系，便收兵回国。如公元前630年，"秦、晋围郑，郑既知亡矣"②，但郑表示归降后，秦、晋便先后撤兵。公元前597年，楚师克郑，郑伯肉袒出降，楚庄王"引兵去三十里而舍，遂许之平"③，群臣建议灭掉郑国，"庄王曰：'所为伐，伐不服也。今已服，尚何求乎！'卒去"④。公元前594年，楚师围宋九月，危在旦夕，宋君遣华元入楚师告曰："敝邑易子而食，析骸以爨。虽然，城下之盟，有以国毙，不能从也。去我三十里，唯命是听。"⑤楚亦退兵与宋立盟而还，并未乘机灭宋。其主要原因是：郑、宋距离列强的统治中心区域较远，往来跋涉艰难，如楚大夫所言："自郢至此（郑），士大夫亦久劳矣。"⑥两国疆域各数百里，亦不算狭小。如果直接占领，需要留驻大量军队来防御敌对强国的攻击和当地居民的反叛，并长

---

① 《左传·襄公十年》。
② 《左传·僖公三十年》。
③ 《史记》卷40《楚世家》。
④ 《史记》卷42《郑世家》。
⑤ 《左传·宣公十五年》。
⑥ 《史记》卷42《郑世家》。

途供应给养，这是当时列强无力承担的。若只留下少量军队戍成，则郑、宋国力又较强，起不到实际控制作用。例如，秦曾留下杞子、逢孙、杨孙三将率兵戍郑，"掌其北门之管"①，后来郑国下逐客令，他们无力抗拒，只得逃之夭夭。在这种情况下，列强不得不采取征服后收兵回国、遥控统治，待郑、宋受到敌人威胁，再出兵救援。由于郑、宋两国的战略地位非常重要，南北抗衡的争霸各方都不能容忍对手独据该地。所以自齐桓称霸后的百余年内，郑、宋频频受兵，被列强反复争夺，直到公元前546年，诸侯召开"弭兵之会"，约定郑、宋等中小国家两属晋、楚，轮流向它们朝聘纳贡，才算平息了战事。

2. 陈、卫。此两国战略地位略逊于郑、宋，但也是交通枢纽，为列强所瞩目。它们的共同特点之一，是临近晋、楚两国出兵中原的通道门户，如"陈在楚夏之交，通鱼盐之货"②。陈国位居楚方城隘口之东，楚赴宋以至齐、鲁，要经过陈国。《国语·周语中》："定王使单襄公聘于宋，遂假道于陈，以聘于楚。"韦昭注："假道，自宋适楚，经陈也。"楚师北上伐郑，也要考虑用兵方向侧翼的安全，提防北方之敌从陈地西趋召陵，威胁方城隘口，断其粮道、归途。征服了陈国，楚国才能放心对郑、宋用兵。正如卓尔康所言："陈、郑、宋皆在河南为要枢，郑处其西，宋处其东，陈其介于郑、宋之间。得郑则可以致西诸侯，得宋则可以致东诸侯，得陈则可以致郑、宋。"③

晋、楚两国在作战中很重视对陈国的控制，如《左传·襄公四年》载魏绛向晋悼公说明，应与宿仇戎狄和好，集中兵力与楚争夺陈国，因为陈之归属影响中原诸侯对晋的叛从："诸侯新服，陈新来和，将观于

---

① 《左传·僖公三十二年》。
② 《史记》卷 129《货殖列传》。
③ 〔清〕顾栋高：《春秋大事表》卷 28《春秋晋楚争盟表》，中华书局，1993 年。

我。我德，则睦；否，则携贰。劳师于戎，而楚伐陈，必弗能救，是弃陈也。诸华必叛。戎，禽兽也。获戎失华，无乃不可乎！"悼公因而接受了魏绛"和戎"的建议。楚国为了争取陈国的服从，不惜杀掉施政大臣，见《左传·襄公五年》："楚人讨陈叛故，曰：'由令尹子辛实侵欲焉！'乃杀之。"

卫地"西邻晋，东接齐，北走燕，南拒郑、宋"①，与晋之南阳为邻，和延津渡口近在咫尺。卫国若与楚国结盟，就会威胁晋师南下中原的交通干线。晋国在没有控制卫国、保障其后勤与运兵路线的安全时，是不敢贸然渡河至郑、宋，与楚交锋的。如城濮之战时，晋军并未直接开赴前线，解除宋国所受的围困，而是先打败附楚的曹、卫两国，巩固了后方，才与楚军决战。顾栋高曾评论道："晋文城濮之战，楚始得曹而新昏于卫，盖欲为远交近攻之计，结卫以折晋之左臂，使晋不得东向争郑也。故晋文当日汲汲焉首事曹、卫，岂惟报怨之私，亦事势有不得不尔。晋欲救宋，则不得不先伐卫；晋欲服郑，则不得不先服卫，卫服而郑、鲁诸国从风而靡矣。盖卫踞大河南北，当齐、晋、郑、楚之孔道，晋不欲东则已，晋欲东则卫首当其冲。曹、卫以北方诸侯而为楚之役，天下几不复知有中夏，此晋之用兵所以不获已也。"②

陈、卫的共同特点之二，就是都处于中原地带边缘，坐落在弧形中间地带两个相邻强国间的交通路线上。如卫介于齐、晋之间，"其曹、濮之地，与齐犬牙错互。宣、成之世，卫屡受齐师。每有齐师，则乞援于晋"③。自晋文称霸之后，卫附属于晋，成为晋国阻止齐兵进入中原的前线阵地。而陈介于吴、楚之间，弭兵之会以后，南北休战，吴、楚两国的

①〔清〕顾栋高：《春秋大事表》卷4《春秋列国疆域表·卫疆域论》，中华书局，1993年。
②〔清〕顾栋高：《春秋大事表》卷4《春秋列国疆域表·卫疆域论》，中华书局，1993年。
③〔清〕顾栋高：《春秋大事表》卷4《春秋列国疆域表·卫疆域论》，中华书局，1993年。

战争愈演愈烈。春秋时期，长江航运尚在草创阶段，吴、楚交兵多由陆路，陈国因此屡受双方的攻伐争夺，叛属无常。例如《左传·哀公六年》载吴国伐陈，"楚子曰：'吾先君与陈有盟，不可以不救。'乃救陈，师于城父"。《左传·哀公九年》曰："夏，楚人伐陈，陈即吴故也。"《左传·哀公十年》曰："冬，楚子期伐陈，吴延州来季子救陈。"

无论哪一方控制了陈国，都会使对手深感不安。如《左传·哀公元年》载："吴师在陈，楚大夫皆惧，曰：'阖庐惟能用其民，以败我于柏举，今闻其嗣又甚焉，将若之何？'"为了与吴国争陈，楚王不惜冒性命危险，《左传·哀公六年》："秋七月，楚子在城父，将救陈。卜战，不吉；卜退，不吉。王曰：'然则死也。再败，楚师不如死。弃盟，逃仇，亦不如死。死一也，其死仇乎！'……将战，王有疾。庚寅，昭王攻大冥。卒于城父。"

陈、卫两国最后的归属，则是由晋、楚平分秋色。城濮之战结束后，卫服于晋，楚不能越郑、宋而与之争。"自是以后，卫几同晋之鄙邑"[1]，疆土多被晋国侵蚀，其外交、军事也受到晋国操纵，晋之君臣视之同属县，见《左传·定公八年》载晋臣成何曰："卫，吾温、原也，焉得视诸侯？"杜预注："言卫小，可比晋县，不得从诸侯礼。"而陈国近于楚，距晋较远，晋国亦难以频繁出师与楚争陈，如《左传·襄公五年》记载："楚子囊为令尹。范宣子曰：'我丧陈矣。楚人讨贰而立子囊，必改行，而疾讨陈。陈近于楚，民朝夕急，能无往乎？有陈，非吾事也，无之而后可。'"

晋国若想与楚争陈，必须先取得郑国的服属和支持，因为郑在晋、陈之间，为晋出师所必经，郑之国力又强于陈，它既能辅助晋军伐陈，又能单独对陈施加压力，逼其附晋。如《左传·文公十七年》载郑国大

---

[1]〔清〕顾栋高：《春秋大事表》卷4《春秋列国疆域表·卫疆域论》，中华书局，1993年。

臣子家对晋卿赵宣子所言："以陈、蔡之密迩于楚，而不敢贰焉，则敝邑之故也。"杨伯峻注："谓郑事晋殷勤，陈、蔡不敢专事楚。"弭兵之会以后，郑国中立，晋国无法对陈施以影响，只得听任楚国侵占。

（五）在中原地带建立军事据点

由于中原各邦在外交上多采取"唯强是从"的政策，强国来伐，即纳贡结盟，权且听命；待盟主收兵回国，则往往是"口血未干而背之"[①]，并不确守盟约。为了保障对中原属国的控制，诸强纷纷在其边境修筑城堡，留驻军队，构成近在的威胁，使它们不敢轻易叛盟。此种措施被称为"逼"，对待不肯服从又暂时无法攻克的小国，诸强也采取过这种做法。例如《左传·襄公二年》曰："齐侯使诸姜、宗妇来送葬，召莱子，莱子不会，故晏弱城东阳以逼之。"《左传·哀公十五年》曰："成叛于齐，武伯伐成，不克，遂城输。"杜预注："以逼成。"

晋国在与楚争霸的作战中，曾于郑国边境重镇虎牢筑城戍兵，迫使郑国屈服。见《左传·襄公十年》："诸侯之师城虎牢而戍之，晋师城梧及制，士鲂、魏绛戍之。书曰'戍郑虎牢'，非郑地也，言将归焉。郑及晋平。"后来晋国又在伊洛上游的阴地（今河南省卢氏县）设置戍所，以大夫辖领[②]。公元前 525 年，晋出兵灭掉汝水北岸的陆浑之戎，后亦在其地筑城戍军，见《左传·昭公二十九年》："冬，晋赵鞅、荀寅帅师城汝滨。"杜预注："汝滨，晋所取陆浑地。"这是晋国在春秋时期军事力量南戍的极点。

楚国在这方面的举措最多，曾于方城之外广筑城池。其前期针对北方敌国，主要在郑国南境和陈、蔡所居的汝、颍流域筑城。可见：

---

① 《左传·襄公九年》。
② 杨伯峻：《春秋左传注》哀公四年，中华书局，1981 年。

《左传·僖公二十三年》：

秋，楚成得臣帅师伐陈，讨其贰于宋也，遂取焦、夷，城顿而还。

《左传·宣公十一年》：

令尹蒍艾猎城沂。（笔者注：沂在今河南省正阳县。）

《左传·昭公元年》：

楚公子围使公子黑肱、伯州犁城犫、栎、郏，郑人惧。（笔者注：三城分别在今河南省鲁山县东南、新蔡县北及郏县。）

《左传·昭公十一年》：

楚子城陈、蔡、不羹，使弃疾为蔡公。

《左传·昭公十九年》载楚平王大城城父（今河南省宝丰县东），令太子建居之。并使令尹子瑕再度城郏，将周地属楚的阴戎迁至下阴（今湖北省老河口市西）。此时因吴国袭扰日甚，楚对北方收缩兵力，以防御为主，不再摆出进攻的态势，鲁国叔孙昭子闻讯曰："楚不在诸侯矣，其仅自完也，以持其世而已。"

从晋、楚上述筑城的地点来看，分别散布于黄河以南及方城之外，是两国边境的屏藩，与山川等天然防线唇齿相依，不但对中原邻邦形成威胁，还掩护着本国的疆界，在军事上可谓一举两得。

楚国后期的筑城多是为了防御东边的强邻吴国，地点多在淮河及颍水流域。例如《左传·昭公四年》：

楚子欲迁许于赖，使斗韦龟与公子弃疾城之而还。……冬，吴

伐楚，入棘、栎、麻，以报朱方之役。楚沈尹射奔命于夏汭，葴尹
宜咎城钟离，薳启疆城巢，然丹城州来，东国水，不可以城，彭生
罢赖之师。（笔者注：赖在今湖北省随县东，钟离在今安徽省凤阳县
东北，巢在今安徽省寿县南，州来在今安徽省凤台县。）

《左传·昭公十九年》：

> 楚人城州来。

《左传·昭公二十五年》：

> 楚子使薳射城州屈，复茄人焉。城丘皇，迁訾人焉。使熊相禖
> 郭巢，季然郭卷。（笔者注：州屈在今安徽省凤阳县西，丘皇在今河
> 南省信阳市，卷在今河南省叶县西。）

《左传·昭公三十年》载吴国二公子奔楚，楚王"使居养，莠尹然、
左司马沈尹戌城之。……楚沈尹戌帅师救徐，弗及，遂城夷，使徐子处
之"。养在今河南省沈丘县，邻安徽省界首市；夷在今安徽省亳州市东南[1]。
弧形中间地带诸强在中原的筑城活动，主要是晋、楚两国；秦国无
载，齐国甚少，和这两个国家受到晋国遏制有关。

（六）迁徙属国、降国

春秋诸强在争霸作战中，除了将本国的军队部署在有利的地理位置
上，以满足攻防需要之外，还可以调遣另一种军事力量，即在政治上不太
可靠的附属国、战败国及少数民族，根据战略的安排，将其君民迁出原有
居住地，转移到其他区域。《春秋》《左传》中关于"迁"的记载很多，基

---

① 地名考证参见杨伯峻：《春秋左传注》昭公三十年，中华书局，1981 年。

本上都是在强国的逼迫下做出的。刘师培《春秋左氏传答问》曰："《春秋》之例，自迁弗书，经书所迁，均逼于外势者也。许四迁，三由楚命。蔡迁迫于吴，邢、卫之迁迫于狄。"有些诸侯国甚至被盟主强制迁徙了许多次。例如，"许国本在现在河南的许昌市东，它始迁于叶，为现在河南叶县，在楚国方城之外。再迁于夷，在现在安徽亳县东南。三迁于荆山，在现在湖北中部。四迁由荆山复归于叶。五迁于析，在现在河南内乡县西。六迁于容城，在现在叶县西北。辗转迁徙最后复归于方城之外"①。

从那些国家、民族迁徙的方向、位置来看，大致可以分为以下几类：

1. 驱逐。征服者占领对方的城邑后，将原有的君民驱赶出去，任其所往，不安排迁移地点。这是一种比较原始的做法，战胜国重新安排占领的土地，并不打算在经济、军事上利用被征服邦国、民族的人力资源。下文以齐国、晋国、吴国为例。

（1）齐国。《春秋·庄公元年》："齐师迁纪郱、鄑、郚。"杜预注："无传，齐欲灭纪，故徙其三邑之民而取其地。"杨伯峻注："郱、鄑、郚为纪国邑名，齐欲灭纪，故迁徙其民而夺取其地。郱音瓶，故城当在今山东省安丘县西。鄑音赀，故城当在今山东省昌邑县西北二十里。郚音吾，故城当在今安丘县西南六十里。"

《春秋·闵公二年》："正月，齐人迁阳。"杨伯峻注："阳故城在今山东省沂水县西南，此盖齐人逼徙其民而取其地。"

（2）晋国。《国语·周语中》载公元前635年，晋出兵平定周室内乱，"王至自郑，以阳樊赐晋文公，阳人不服，晋侯围之。仓葛呼曰：'王以晋君为能德，故劳之以阳樊，阳樊怀我王德，是以未从于晋。谓君其何德之布以怀柔之，使无有远志？今将大泯其宗祊，而蔑杀其民人，宜吾不敢服也！……'晋侯闻之，曰：'是君子之言也。'乃出阳民"。韦昭

----

① 史念海：《中国历史人口地理与历史经济地理》，台湾学生书局，1991年，第113页。

注："放令去也。"

其事又见《左传·僖公二十五年》："阳樊不服，围之。苍葛呼曰：'德以柔中国，刑以威四夷，宜吾不敢服也。此，谁非王之亲姻，其俘之也？'乃出其民。"杨伯峻注："出者，放之令去也，取其土地而已。"

（3）吴国。《左传·昭公三十年》载吴师灭徐，"徐子章禹断其发，携其夫人以逆吴子"。此举表示徐人愿意改俗为吴国臣民[①]，但是吴王不予接受，迫其离去："吴子唁而送之，使其迩臣从之，遂奔楚。"

2.**内迁**。将服属邦族居民向宗主国的领土方向迁移，以便加强控制。这类迁徙还可以细分为两种：

（1）入境。由境外迁至宗主国境内，往往是人烟稀少的荒僻之地，可以利用他们来开发本土的资源，增强国力。其情况分述如下：

甲、楚国。楚在春秋灭国最多，经常采取内迁的措施，如《左传》所载楚之迁权、郧、罗、赖、阴戎、蔡等。楚国内迁诸侯规模最大的一次，是在灵王时期，《左传·昭公十三年》载："楚之灭蔡也，灵王迁许、胡、沈、道、房、申于荆焉。"杜预注"灭蔡在（鲁昭公）十一年，许、胡、沈，小国也；道、房、申，皆故诸侯，楚灭以为邑"，然后把它们徙至境内。杨伯峻注："道，国名，其故城当在今河南省确山县北，或云在息县西南。""胡，妫姓，故国在今安徽阜阳市及阜阳县；沈，姬姓，故国在今河南沈丘县东南沈丘城，即安徽阜阳市西北。……房，故国，在今河南遂平县治。申，姜姓，故国，在今河南南阳市北，荆即楚。"

乙、晋国。晋对部分境外降服的邦族也采取了迁移内地，就近监管并使之开荒辟土的做法。如惠公时曾徙姜戎于晋国南鄙，见《左传·襄公

---

① 吴国民俗断发文身，见《史记》卷31《吴太伯世家》："太王欲立季历以及昌，于是太伯、仲雍二人乃奔荆蛮，文身断发，示不可用，以避季历。"《左传·哀公七年》称吴"大伯端委以治周礼，仲雍嗣之，断发文身，裸以为饰"。

十四年》。公元前 563 年，晋率诸侯联军灭偪阳（东夷小国），《左传·襄公十年》载："以偪阳子归，献于武宫，谓之夷俘。偪阳，妘姓也。使周内史选其族嗣纳诸霍人。"杨伯峻注："霍人，晋邑，在今山西省繁峙县东郊，远离其旧国，防其反叛。"

公元前 520 年，晋国出兵灭掉位于今河北省晋州市的白狄鼓国①《国语·晋语九》载晋灭鼓后，迁其故君与臣属于晋国南境垦殖："既献，言于公，与鼓子田于河阴，使夙沙釐相之。"韦昭注："河阴，晋河南之田，使君而田也。"

不过，从春秋历史发展趋势来看，上述内迁的情况越来越少，楚平王甚至把原来迁入楚境的许、胡、沈、道、房、申等小国全部遣出境外②。

（2）近境。此种迁徙的移动方向与前一种相同，区别在于被迁邦族并不进入宗主国境内，只是靠近其边境。这种措施的目的在于使被迁者易于获得盟主的军事支援，避免或减轻敌对国家的侵害。以楚之属国为例，计有顿、许、徐、潜等，见《汉书》卷 28 上《地理志上》汝南郡"南顿"条及注，《水经注·颖水》及《左传》僖公二十五年，成公十五年，昭公三十年、三十一年。

吴国迁蔡亦是一例，见《史记》卷 35《管蔡世家》："楚昭王伐蔡，蔡恐，告急于吴。吴以蔡远，约迁以自近，易以相救；昭侯私许，不与大夫计。吴人来救蔡，因迁蔡于州来。"《史记索隐》："州来在淮南下蔡县。"

从表面上看，上述事例有一些是被迁国自己提出来的，但宗主国同意其向内迁移，靠近边境，是经过仔细考虑，认为符合自身的利益需要才答应的。这样做除了便于出兵救援，还加强了对这些属国的控制，杨

---

①《左传·昭公十五年》："晋荀吴帅师伐鲜虞，围鼓。"杨伯峻注："鼓，国名，姬姓，白狄之别种，时属鲜虞。国境即今河北晋县。"
②《左传·昭公十三年》。

伯峻先生曾这样评论楚国迁许至叶的行动："此后，许为楚附庸，晋会盟侵伐，许皆不从；楚有事，许则无役不从。"①另外，宗主国还可以利用这些小邦来骚扰、牵制敌国。如《左传·襄公四年》载："楚人使顿间陈而侵伐之，故陈人围顿。"杜预注："间，伺间缺。"

3. **徙边**。被迁邦族从宗主国的域内徙至境外，或者从其境外的某处迁到另一处。从迁移地点来看，分为以下几种：

（1）迁往宗主国与中原交界的地域。如晋国曾向周室所在的伊水流域迁徙陆浑（允姓）之戎，见《左传·僖公二十二年》："秋，秦、晋迁陆浑之戎于伊川。"杜预注："允姓之戎，居陆浑，在秦、晋西北。二国诱而徙之伊川。遂从戎号，至今为陆浑县也。"《左传·昭公九年》亦载周使詹桓伯辞于晋曰："先王居梼杌于四裔，以御螭魅，故允姓之奸居于瓜州。伯父惠公归自秦，而诱以来，使逼我诸姬，入我郊甸，则戎焉取之。"实际上晋国是将允姓诸戎布置在对楚作战的前沿，成为防御楚师北上的一道屏障。楚庄王争霸中原时，就曾出兵伐陆浑之戎，并问鼎于周室。②但后来陆浑之戎慑于楚国的胁迫，不再坚持为晋卖命，采取了两面敷衍的投机政策，因而在公元前525年被晋国派兵袭灭。《左传·昭公十七年》载："（九月）庚午，遂灭陆浑，数之以其贰于楚也。"

又如许国在楚灵王时被内迁于荆（楚国境内），平王时又令其迁叶（今河南省叶县南），《左传·昭公十八年》载王子胜言曰："叶在楚国，方城外之蔽也。"杜预注："为方城外之蔽障。"也是用许进驻防备晋、郑等国南侵的前哨阵地，保护楚国的方城隘口。

（2）迁往弧形中间地带诸强交界的边境。如晋国迁原，见《左传·僖公二十五年》："冬，晋侯围原，命三日之粮。原不降，命去

---

① 杨伯峻：《春秋左传注》，中华书局，1981年，第877页。
②《左传·宣公三年》。

之。……退一舍而原降。迁原伯贯于冀，赵衰为原大夫。"原在今河南省济源市北，南遮孟津渡口。而冀在今山西省河津市东北，与秦国隔黄河相对。晋国此举是用自己的亲信来统辖这个通往中原的要地，而把原伯及族众置于受秦威胁的边境充当防盾。

楚也曾多次向与吴国交界的淮河流域迁徙属国，如《左传·昭公二十五年》载："楚子使薳射城州屈，复茄人焉。"杨伯峻注："据高士奇《地名考略》，州屈在今安徽省凤阳县西。茄音加，近淮水小邑。"许国原居叶，被楚迁至夷（今安徽省亳州市东南）。《左传·昭公九年》载："二月庚申，楚公子弃疾迁许于夷，实城父。取州来、淮北之田以益之，伍举授许男田。然丹迁城父人于陈，以夷濮西田益之。迁方城外人于许。"杨伯峻注："楚有两城父，此所谓夷城父，取自陈。……州来即今安徽凤台县，亦在淮水北岸。淮北范围甚广，疑此仅指凤台至夷一带。"

四年后，许国又自夷地复迁回叶。王子胜认为许与郑国有宿仇，居于楚邑，容易引起晋、郑的侵袭，建议将许迁出楚境，平王同意，于是把许迁到秦楚交界的析（今河南省淅川县）。见《左传·昭公十八年》："楚左尹王子胜言于楚子曰：'许于郑，仇敌也，而居楚地，以不礼于郑。晋、郑方睦，郑若伐许，而晋助之，楚丧地矣。君盍迁许。……土不可易，国不可小，许不可俘，仇不可启，君其图之！'楚子说。冬，楚子使王子胜迁许于析，实白羽。"

以上两种迁徙，主要是出于军事防御的考虑，将服属的诸侯或少数民族安置在境外，作为藩屏。这种战略部署可以上溯到三代，是古老的政治传统。可见《左传·昭公二十三年》沈尹戌所言："古者，天子守在四夷；天子卑，守在诸侯。诸侯守在四邻；诸侯卑，守在四竟。"尽量让"非我族类"的势力在前线先行迎敌，以节省、保护自己的兵力。与此相似的措施还有将政治上不信任的本国贵族或敌国降臣置于边境，迎击入侵，承担最危险的军事任务。例如晋国骊姬欲立己子为嗣，就说服献公让公子"重耳居蒲城，夷吾居屈"[1]，守边御狄。

《左传·襄公二十八年》载齐国内乱，大臣庆封奔鲁，"既而齐人来让，奔吴。吴句余予之朱方，聚其族焉而居之，富于其旧"。杨伯峻注："朱方，今江苏镇江市东丹徒镇南。"吴国的意图是以庆封御楚，后竟为楚师所灭。见《左传·昭公四年》："秋七月，楚子以诸侯伐吴，宋大子、郑伯先归，宋华费遂、郑大夫从。使屈申围朱方，八月甲申，克之，执齐庆封而尽灭其族。"

《左传·昭公三十年》载吴公子光刺杀王僚，即位后捉拿领兵在外的烛庸、掩余（或作"盖余"），"二公子奔楚，楚子大封，而定其徙，使监马尹大心逆吴公子，使居养，莠尹然、左司马沈尹戌城之；取于城父与胡田以与之，将以害吴也"。《史记》卷31《吴太伯世家》则载楚封二人于淮南之舒地，后亦遭到吴军进攻，被杀："吴公子烛庸、盖余二人将兵遇围于楚者，闻公子光弑王僚自立，乃以其兵降楚，楚封之于舒。……三年，吴王阖庐与子胥、伯嚭将兵伐楚，拔舒，杀吴亡将二公子。"

（3）迁往诸强与周边地带交界之处。《左传·宣公十二年》载楚师克郑，郑伯出降时言："孤不天，不能事君，使君怀怒以及敝邑，孤之罪也，敢不唯命是听？其俘诸江南，以实海滨，亦唯命；其翦以赐诸侯，使臣妾之，亦唯命。"春秋时征服者处置亡国君民的手段之一，就是将他们迁到偏远的化外之地，或驱往接近周边的地带。这样做在经济上可以利用被迁邦族来开荒拓境；在政治上，考虑到他们如果留在战胜国与中原或强邻的交界地段，则容易与敌对势力相互勾结，发生叛乱。迁往周边地带，就使他们和自己的强敌失去直接联系；当地生活环境恶劣，也会限制其经济发展与人口繁衍，从而削弱被迁邦族的力量。即便发生叛乱，造成的威胁也不大。下文以楚为例，介绍这种迁徙的情况。

———————

[1]《左传·庄公二十八年》。

麇，亦作"麋"，其国原在陕南汉中。《左传·文公十一年》："楚子伐麇，成大心败麇师于防渚。潘崇复伐麇，至于锡穴。"杜注："防渚，麇地。""锡穴，麇地。"《汉书》卷 28 上《地理志上》汉中郡锡县本注曰："莽曰锡治。"颜师古注："应劭曰：音阳。师古曰：即春秋所谓锡穴。"《水经注·沔水》："汉水又东迳魏兴郡之锡县故城北，为白石滩。"小注："县故春秋之锡穴地也，故属汉中，王莽之锡治也。"何浩先生考证道："麇国当在今白河至郧县一带，或者说是今白河、郧西、郧县、房县之间。其中心区域在汉水以北，其南境伸入汉水以南的今房县北境。"①后被楚灭亡，南迁至今湖南岳阳。《通典·州郡典》巴陵郡"岳州"条即称岳阳为"麇子国"，又见于《太平寰宇记》。

蔡，春秋前期国都在蔡（今河南省上蔡县）。公元前 531 年，蔡灵侯被楚诱杀于申，国灭。两年后复国，蔡平侯迁于新蔡（今河南省新蔡县）；昭侯时迁于州来（今安徽省寿县北），称为"下蔡"。《史记》卷 35《管蔡世家》记载，蔡侯齐四年灭于楚。但是程恩泽根据《战国策·楚策》《荀子·强国》《淮南子·道应训》等史料，考证出蔡国实际上被楚由下蔡迁到其西部边境山区，称"高蔡"，最终在蔡圣侯时被楚令尹子发率兵灭掉②。

罗，初被楚由今湖北宜城迁到枝江，后又徙至湖南长沙。见《汉书》卷 28 下《地理志下》长沙国"罗县"条，颜师古注："应劭曰：楚文王徙罗子自枝江居此。"又见《水经注·江水》："（江水）又东过枝江县南……（注：其地夷敞，北据大江，江汜枝分，东入大江，县治洲上，故以枝江为称。《地理志》曰：江沱出西，东入江是矣。其地，故罗国，

① 何浩：《楚灭国研究》，武汉出版社，1989 年，第 227 页。
② "盖蔡虽一灭于灵王，再灭于惠王，复并于悼王，其后仍国于楚之西境所谓高蔡者。相其地望，当在今湖北之巴东、建始一带，故曰北陵巫山，饮茹溪流，食湘波鱼；而荀子亦云西伐蔡也。……迨至子发获蔡侯归，而蔡乃真不祀矣。"〔清〕程恩泽：《国策地名考》卷 16《诸小国》。

盖罗徙也，罗故居宜城西山，楚文王又徙之于长沙，今罗县是也。)"

顾栋高《春秋大事表》卷7《春秋列国都邑表》曰："今湖广襄阳府宜城县西二十里有罗川城，又荆州府枝江县、岳州府平江县皆其所迁处。"

(七) 与争霸对手的邻国结盟，迫使敌人两面作战

弧形中间地带的诸强彼此间势均力敌，要想单独打败对手、摘取霸主的桂冠，是相当困难的。此外，在南北对抗的形势下，齐、晋与吴、楚之间被中原地带分隔，没有领土接壤，互相的交锋需要长途跋涉，费时劳苦，大军的粮草物资供应也很难解决。如果能够和敌国的邻邦结盟，在两条战线上进攻对手，这样既改变了双方的力量对比，又会造成敌人兵力分散、顾此失彼，陷入非常被动的局面。因此，这种战略在春秋诸侯的争霸斗争中获得了广泛的运用，具体情况分述如下：

1. **晋合秦、齐以败楚**。晋文公与楚争霸时，先联合秦国出师以伐都，从侧翼袭击楚国，取得了攻克商密，俘获楚军子仪、子边的胜利[1]。晋兵在城濮与楚决战时，亦有齐国的归父、崔夭、秦国小子憖领军相助，促成其获胜。

2. **楚与秦结盟抗晋**。秦国在殽之战后与晋反目为仇，楚国则乘机与秦联盟，"嫁子取妇，为昆弟之国"[2]。如秦《诅楚文》追述："昔我先君穆公与楚成王，是僇力同心，两邦若壹，绊以婚姻，袗以斋盟。"他们进行了一系列军事合作，楚国从中获益甚多。例如：

（1）秦军长期袭扰晋国西境，牵制和削弱了晋的兵力，有助于楚国在中原地带开展争霸作战行动。

（2）秦国还曾直接派兵协同楚师进攻中原，如公元前547年，秦楚

---

[1]《左传·僖公二十五年》。
[2]《战国策·齐策一》。

合兵侵郑[①]。

（3）楚国几次遇到危难，得到秦军的有力支持。如公元前611年，"楚大饥，戎伐其西南，至于阜山，师于大林。又伐其东南，至于阳丘，以侵訾枝。庸人帅群蛮以叛楚，麇人率百濮聚于选，将伐楚"[②]。而秦国出师会合楚人灭庸，消除了重患。公元前506年，楚军惨败柏举，吴师长驱入郢，楚国危在旦夕，秦亦派子蒲、子虎率兵车五百乘救楚，击退吴师，扭转了战局，使楚国收复失地。

3. 晋联齐、吴以制楚。 秦楚结盟后，晋国腹背受敌，陷于被动；终在邲之战中惨败于楚，丢掉盟主地位。事后晋国总结教训，调整战略部署，积极与其他大国结盟，共同对付楚国。

（1）联齐。晋国在文公去世以后，西与秦国交恶，东与齐国的联系也日趋淡漠。邲之战失利，晋国霸业被楚取代，和失去齐国的支持也有一定关系。赵孟何曾就此论道："自晋文公卒，齐不复从晋盟，晋是以不竞于楚，而历三君，问不及齐。齐，东方大国也，晋不得齐，则诸侯不附。"[③]楚国为了孤立晋国，亦与齐通使结好。[④]晋国为了扭转不利的局面，对齐采取了软硬兼施的手段。一方面，伙同鲁、卫、狄人，在鞌之战中打败齐军，迫使齐与楚绝交，转而支持自己；另一方面，为了笼络齐国，又逼鲁国割汶阳之田予齐。此后齐国多次参加晋国主持的盟会，并派兵助师伐秦、伐郑，为晋厉公、悼公的复霸做出了贡献。

（2）通吴。晋景公派楚降将巫臣出使吴国，帮其训练军队，并怂恿吴攻楚。"与其射御，教吴乘车，教之战陈，教之叛楚。置其子狐庸焉，

---

① 《左传·襄公二十六年》："楚子、秦人侵吴，及雩娄，闻吴有备而还，遂侵郑。"
② 《左传·文公十六年》。
③ 〔清〕顾栋高：《春秋大事表》卷28《春秋晋楚争盟表》，中华书局，1993年。
④ 《左传·成公元年》鲁臧宣叔言："齐楚结好，我新与晋盟，晋楚争盟，齐师必至，虽晋人伐齐，楚必救之，是齐、楚同我也，知难而有备，乃可以逞。"

使为行人于吴。吴始伐楚、伐巢、伐徐……蛮夷属于楚者，吴尽取之"①，开辟了另一条对楚战线。此后，楚国频繁出兵应付吴之袭扰，疲于奔命，难以再投入大量兵员、财力与晋国在中原逐鹿了。

4. 楚联越击吴。"弭兵之会"以后，晋、楚平分霸权，在中原休战；而楚国与东邻吴国的交兵却屡遭败绩，继柏举之战失利、郢都弃守之后，公元前 504 年楚国水陆两军又受吴国重创，被迫迁都于鄀（今湖北省宜城市东南）以避其锋②。为了减缓吴国的军事压迫，楚与太湖之南的越国结盟，挑动它在背后袭击吴境，牵制吴军。楚王曾娶越女。《史记》卷 40《楚世家》载昭王领兵救陈御吴时患病，死于军中，楚大臣相谋，"伏师闭涂，迎越女之子章立之，是为惠王"。《史记集解》服虔曰："越女，昭王之妾。"楚国群臣立庶出之子为君，主要考虑其母是越人，想以此来发展两国的盟友关系，共同对吴作战。

另外，辅助越王勾践卧薪尝胆、打败吴国的两位股肱之臣范蠡、文种都是楚人，还出任过要职。《史记》卷 41《越王勾践世家》《正义》引《吴越春秋》曰："大夫种姓文名种，字子禽。荆平王时为宛令。""（范）蠡字少伯，乃楚宛三户人也。"二人由楚至越后主持军政事务③，《史记》卷 41《越王勾践世家》载："（勾践）欲使范蠡治国政，蠡对曰：'兵甲之事，种不如蠡；镇抚国家，亲附百姓，蠡不如种。'于是举国政属大夫种。"越本是蛮夷小邦，能够在二十余年内富国强兵，灭亡吴国，范蠡、文种二人居功甚伟，楚国亦因此除掉了心腹大患。

---

① 《左传·成公七年》。

② 《左传·定公六年》："四月己丑，吴大子终累败楚舟师，获潘子臣、小惟子及大夫七人。楚国大惕，惧亡。子期又以陵师败于繁扬。令尹子西喜曰：'乃今可为矣。'于是乎迁郢于鄀，而改纪其政，以定楚国。"

③ 《史记》卷 41《越王勾践世家》《正义》引《越绝书》称范蠡、文种二人推历望气而投奔越国，恐不足信；根据当时的军事形势和楚国的对越政策来看，他们应是接受楚国助越攻吴的使命而成行的。

四、余论

春秋时期中原地带的华夏、东夷诸侯及周朝王室在政治上呈分散衰弱的状态，自大国争霸的局面形成后，它们都要依附、服从于某个弧形中间地带的强国，是后者兼并、役使和压榨的首要对象。周边地带南部的蛮夷无足称道，北部的戎狄虽然在春秋初年嚣张一时，但不久便随着齐、晋、秦等国的崛起而处于颓势，向北方、西方步步退缩。"自宣迄昭六七十年，晋灭陆浑，兼肥、鼓，剿潞氏、留吁、铎辰，戎狄之在河朔间者稍稍尽矣，独无终以请和得存"[①]。从地理角度来看，春秋的历史主要是弧形中间地带诸强领土由点到面的扩张史。齐、晋、秦、楚兴起后，彼此保持着均势，相互间的边界变动也不大，它们的疆域扩展基本是靠"内取诸夏"和"外攘夷狄"来实现的，即兼并中原弱小诸侯和周边少数民族的土地。降服中原各邦是诸强的首选作战任务，它们制定的种种战略也受到上述地理形势的制约影响，多数内容围绕着"尽力去占领、控制中原地带，将对手驱除或阻隔于中原之外"的目的。"弭兵之会"以后，随着各个大国内部社会矛盾的激化，以及吴、越的崛起，诸强对中原核心区域——郑、宋等地的争夺暂时停止，交战的热点地段向东转移到了吴楚、吴齐之间的淮河、泗水流域，这一趋势延续到战国前期。列国变法改革图强后再次掀起兼并狂潮，齐取泗上，韩国灭郑，魏渡河据梁地，楚国进占淮北，中原地带被瓜分得所剩无几，南北列强的军事力量发生直接碰撞，不再通过第三国的中间地带。更为重要的是，西方的秦国日益强盛，频频越过黄河、殽函和武关向东方进攻，六国被迫多次结盟抗秦，出现了东西两大武装集团对抗的形势，旧的政治地理格局被彻底打破，而"合纵""连横"等新的地缘战略也开始登场了。

---

① 〔清〕顾栋高：《春秋大事表》卷39《春秋四裔表·叙》，中华书局，1993年。

第五章

——

魏在战国前期的地理特征与作战方略

公元前 453 年，赵、魏、韩三家灭掉执政的智氏，瓜分了晋国的绝大部分领土，成为战国前期政治舞台上最为活跃的新兴势力。它们一改春秋末叶晋国衰弱不振的颓势，迅速向四邻扩张，其中，魏国作为三晋联盟的领袖，变法图强，频频击败秦、齐、楚等大国，广拓疆土。延至惠王时，他迁都大梁，战功显赫，邻近诸侯多来听命，甚至"乘夏车，称夏王，朝为天子，天下皆从"[1]，登上盟主的宝座，使魏国的霸业升到顶点；但是不久后其便在对外战争中连连告负，国势一蹶不振，退居二流，被迫充当齐、秦等强国的附庸，而不再扮演主角。魏国崛起和暴跌的原因，前人有所分析。笔者则试从地理角度探讨魏国作战方略的形成背景和得失成败。

一、三家分晋后的魏国疆域及其主要特征

魏氏为姬姓，其祖系周文王之子，名高。武王伐纣，建立周朝后，

---

[1]《战国策·秦策四》。

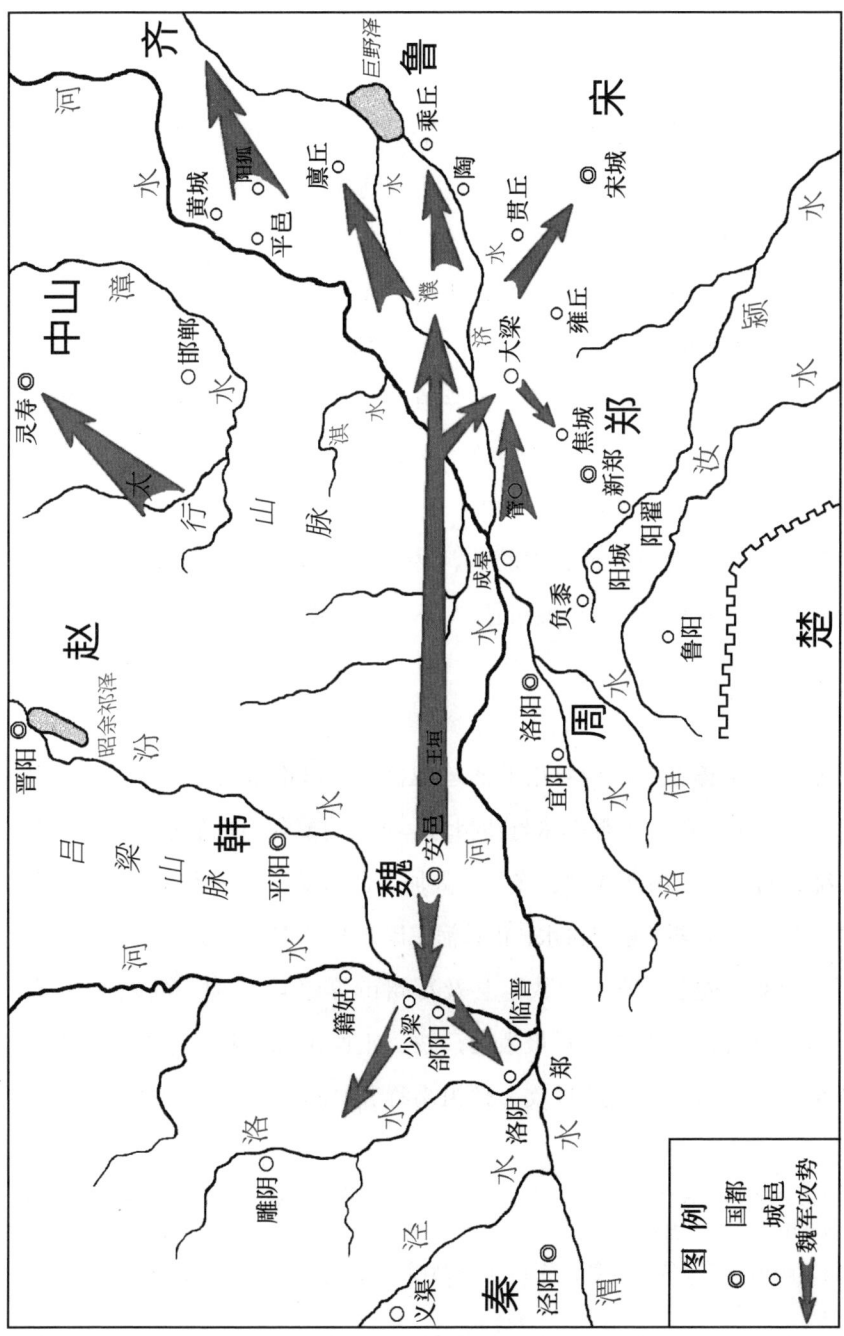

战国前期魏国攻战示意图

分封姬高于毕（今陕西省西安市长安区附近），后代沦为庶民[①]。春秋时毕万从晋献公征伐有功，受封于魏（今山西省芮城县），为大夫，便以邑名为氏。至魏悼子时徙封于霍（今山西省霍州市），其子魏绛为晋悼公名臣，曾徙治安邑（今山西省夏县），此后直到战国初年更未迁都。

　　春秋后期，晋国已从汾浍流域的百里之地发展为北方首屈一指的大邦，绵延两千余里，跨越太行山脉两侧，并在黄河西岸、南岸占据了若干领土，作为防御秦、楚的外围屏障[②]。三家分晋时，赵多得其北，韩获其南，魏氏则占有其中部地域，主要疆土可分为四处，程恩泽《国策地名考》曾引管同曰："魏地兼有河东、河西、河内、河外，约言之，龙门以东，据汾为河东，今汾、蒲、吉、解诸府州是；龙门以西为河西，今同、鄜等州是；太行之南，殷墟为河内，今彰德、卫辉、怀庆等府是；太华以东，虢略为河外，今陕州是。"下文予以详述。

（一）河东

　　其国土主体在今山西省南部的运城盆地，以都城安邑为中心，西及南境面临黄河河曲，东至垣曲与韩相邻，北接晋君保有的领地——故都新田、绛、曲沃（今山西闻喜、绛县、翼城、曲沃等，后三家灭绝晋祀，其地多入于魏）[③]。西北越过汾水，沿黄河东岸北上，又有北屈、蒲阳、羁（今山西省吉县、隰县、蒲县、大宁县及霍州市等地），与赵、韩领土接壤。

　　河东是魏国诸部中面积最大的一块，土厚水深，物产丰饶，又有河山环绕，利于阻滞敌人的进攻，顾祖禹称其"东连上党，西略黄河，南

---

①《史记》卷44《魏世家》："武王之伐纣，而高封于毕，于是为毕姓。其后绝封，为庶人，或在中国，或在夷狄。"

②〔清〕顾栋高《春秋大事表》卷4《春秋列国疆域表·晋疆域表》后案，中华书局，1993年。

③《史记》卷39《晋世家》："幽公之时，晋畏，反朝韩、赵、魏之君。独有绛、曲沃，余皆入三晋。"

通汴、洛，北阻晋阳，宰孔所云景、霍以为城，汾、河、涑、浍以为渊，而子犯所谓表里山河者也"①。《战国策·魏策一》亦载："魏武侯与诸大夫浮于西河，称曰：'河山之险，岂不亦信固哉？'王钟侍王曰：'此晋国之所以强也！若善修之，则霸王之业具矣。'"河东在春秋时便是晋国的经济、政治重心。战国时期，人们仍然习惯称魏都安邑所在的河东地区为"晋国"②，或称魏为"晋国"③，魏也自视为春秋晋之霸业的后继者。

（二）河内

位于今豫北冀南的狭长地带，北邻赵境，东抵齐界，南临黄河，与郑、卫接壤。据钟凤年考证，该地"在河以北，西以济源、孟、温、武陟、获嘉、新乡、汲、淇、濬、临漳为'河内'"，"并涉有河北之大名、广平，山东之冠县"④。河内可分为两部分，西部为晋之南阳，即今河南省焦作、新乡地区，因在太行山脉南麓、黄河北岸而得名⑤。此地原属周朝王畿，公元前635年，晋文公出师勤王，天子"与之阳樊、温、原、攒茅之田，晋于是始启南阳"⑥。其治所在修武，《水经注·清水》曰："修武，故宁也，亦曰南阳矣。马季长曰：晋地自朝歌以北至中山为东阳，朝歌以南至轵为南阳，故应劭《地理风俗记》云：河内，殷国也，周名

---

① 〔清〕顾祖禹：《读史方舆纪要》卷41《山西三》平阳府，中华书局，2005年，第1872页。

② 《战国策·赵策一》："且夫说士之计，皆曰韩亡三川，魏灭晋国，恃韩未穷，而祸及于赵。"鲍彪注："晋国，谓安邑。"

③ 《孟子·梁惠王上》："晋国，天下莫强焉，叟之所知也。"清人刘宝楠著《愈愚录》卷4："《孟子》，梁惠王自称'晋国'，魏人周霄亦自称'晋国'。此晋国即指魏国也。"清人程恩泽著《国策地名考》卷18："案《元和志》，晋迁新田，今平阳绛邑县也，战国时属魏。邵晋涵曰：三家分晋，魏得之故都，故独称晋国。"

④ 钟凤年：《〈战国疆域变迁考〉序例》，《禹贡》第六卷第十期。

⑤ 《左传·僖公二十五年》。

⑥ 《左传·僖公二十五年》杜预注："在晋山南河北，故曰南阳。"

之为南阳。又曰：晋始启南阳。今南阳城是也。"道光《修武县志》亦曰："春秋南阳城在县北三十里，又名安阳城。"战国时南阳入魏，《史记》卷5《秦本纪》载昭王三十三年，"魏入南阳以和"。《史记集解》引徐广曰："河内修武，古曰南阳，秦始皇更名河内，属魏地。"

东部在太行山脉南端的东麓，包括今河南省安阳地区与河北省邯郸以南的临漳、魏县、大名、广平等地。该地为商朝故都近畿，春秋时属卫国，后转入晋。《汉书》卷28下《地理志下》载："（卫）懿公亡道，为狄所灭。齐桓公帅诸侯伐狄，而更封卫于河南曹、楚丘，是为文公。而河内殷虚，更属于晋。"

河内的著名城市为邺（今河北省临漳县），曾作为魏文侯的封邑和魏武侯的别都[1]，贤臣西门豹为令，多有治绩。此外还有共（今河南省辉县），是发现魏国墓群的集中地点之一，其中1950年以来发掘的固围1、2、3号墓，在已知的魏国墓葬中规格最高，被认为是王室的异穴合葬墓[2]。汲县在西晋时发现过魏国王墓，出土大量竹简及钟磬、玉器、铜剑等，古书称为"汲冢"。20世纪30年代汲县山彪镇亦发掘出战国前期的魏国大墓，有随葬的车马，仅青铜器一项就有1447件之多，包括五件一组的列鼎[3]。

（三）河西

指魏国在晋陕交界之黄河河段西岸的若干领土，《史记》卷110《匈奴列传》曰："（赵氏）其后既与韩魏共灭智伯，分晋地而有之，则赵有

---

①《水经注》卷10《浊漳水》："（邺）本齐桓公所置也，故《管子》曰：筑五鹿、中牟、邺，以卫诸夏也。后属晋，魏文侯七年始封此地，故曰魏也。"《汉书》卷28上《地理志上》魏郡魏县注引应劭曰："魏武侯别都。"

② 中国社会科学院考古研究所：《新中国的考古发现和研究》，文物出版社，1984年，第292页。

③ 李学勤：《东周与秦代文明》，文物出版社，1984年，第54～55页。

代、句注之北，魏有河西、上郡，以与戎界边。"魏之河西亦可分为南
北两部。北为上郡，在今陕西省延安地区；南部在渭水以北的少梁等地
（今陕西省韩城市附近）。战国初年，魏建立上郡、西河两个行政区域，
设守治理。如名将吴起曾任西河守，李悝曾任上郡（或作"上地"）守①。

　　春秋前期，晋献公兼并邻邦，广拓疆土，为了阻止秦人东进，不仅
占据殽函之险，而且越过黄河，在西岸建立了若干据点，构筑城池保护
几处渡口。《史记》卷39《晋世家》载："当此时，晋强，西有河西，与
秦接境，北边翟，东至河内。"秦穆公扶立晋惠公时，曾要求取得河西之
地作为报酬，而后者深知该地的重要性，不惜在返国后食言拒绝："惠公
夷吾元年，使邳郑谢秦曰：'始夷吾以河西地许君，今幸得入立，大臣
曰：地者先君之地，君亡在外，何以得擅许秦者？寡人争之弗能得，故
谢秦。'"②公元前645年，秦师伐晋，兵至韩原（今陕西省韩城市），尚
未东渡黄河，晋惠公居然说："寇深矣，若之何？"③顾栋高就此评论道：
"可见晋之幅员广远，斗入陕西内地，不始于文公时，此亦可为秦、晋疆
域之一证也。"④自殽之战后，秦晋两国干戈日兴，河西城池成为双方争夺
的重点，晋挟诸侯之师，占有上风⑤。

　　另外，晋国在文公时出兵驱逐白狄，占领了陕北部分地区，便是后
来的上郡。见《史记》卷110《匈奴列传》："当是之时，秦晋为强国，晋
文公攘戎翟，居于河西圁、洛之间。"《史记集解》引徐广曰："圁在西河，
音银。洛在上郡、冯翊间。"《春秋大事表》卷4《春秋列国疆域表·秦

---

① 《韩非子·内储说上》《韩非子·外储说左上》。
② 《史记》卷39《晋世家》。
③ 《左传·僖公十五年》。
④ 〔清〕顾栋高：《春秋大事表》卷4《春秋列国疆域表·秦疆域论》，中华书局，1993年。
⑤ 《左传·文公二年》："冬，晋先且居、宋公子成、陈辕选、郑公子归生伐秦，取汪及彭
衙而还。"两地在今陕西白水、澄城县境。《左传·文公十年》："春，晋人伐秦，取少梁。"

疆域论》亦曰："后晋文公初伯，攘白翟，开西河，魏得之为西河、上郡。白翟之地，为今陕西延安府，东去山西黄河界四百五十里。"《史记》卷44《魏世家》载襄王五年："秦败我龙贾军四万五千于雕阴。"《史记集解》引徐广曰："在上郡。"《史记正义》引《括地志》云："雕阴故县在鄜州洛交县北三十里，雕阴故城是也。"其地在今陕西省甘泉县南。

（四）河外

魏在黄河河曲、渭水以南的领土。广义的"河外"包括河南与河西地区，而狭义的"河外"仅指今豫陕交界地区，西至华阴，东抵陕县，南达上洛。如《左传·僖公十五年》曰："赂秦伯以河外列城五，东尽虢略，南及华山。"杜预注："河外，河南也。东尽虢略，从河南而东尽虢界也。"杨伯峻注："今河南省灵宝县治即旧虢略镇。""华山为秦、晋之界。"《史记》卷5《秦本纪》："魏将无忌率五国兵击秦，秦却于河外。"《史记正义》："河外，陕、华二州也。"《史记》卷69《苏秦列传》："秦攻赵，则韩军宜阳，楚军武关，魏军河外。"《史记索隐》："河外，谓陕及曲沃等处也。"

晋国初兴时，献公曾假道于虞，袭灭虢国，控制了豫西通道西段。虢国所在的陕地（今河南省三门峡市），西周时即被看作是天下之中，王畿以此分界，"自陕以西，召公主之；自陕以东，周公主之"[1]。该地北临黄河，南据殽函，扼守关中通往豫东平原的要途，地理位置非常重要。公元前614年，"晋侯使詹嘉处瑕，以守桃林之塞"[2]，杨伯峻《春秋左传注》曰："桃林塞在今河南省灵宝县闵乡以西，接陕西潼关界。瑕在今山西省芮城南，于桃林隔河相对，故处瑕即可守桃林，以遏秦师之东向。"

---

① 《史记》卷34《燕召公世家》。
② 《左传·文公十三年》。

此外，还有陕地附近的焦和曲沃。《史记·秦本纪》《正义》曰：“《括地志》云：‘焦城在陕州城内东北百步，因焦水为名。’周同姓所封，《左传》云虞、虢、焦、滑、霍、阳、韩、魏皆姬姓也。杜预云八国皆为晋所灭。”“《括地志》云：‘曲沃在陕州陕县西南三十二里，因曲沃水为名。’按：焦、曲沃二城相近，本魏地。”

魏之河外还有陕城以东、以南的“阴地”，原属晋国。《左传·哀公四年》载楚袭蛮氏，“蛮子赤奔晋阴地”，杜预注：“阴地河南山北，自上洛以东至陆浑。”《左传·宣公二年》亦载：“秦师伐晋，以报崇也，遂围焦。夏，晋赵盾救焦，遂自阴地，及诸侯之师侵郑。”杨伯峻《春秋左传注》：“阴地，据杜注，其地甚广，自河南省陕县至嵩县凡在黄河以南、秦岭山脉以北者皆是。此广义之阴地也。……哀四年‘蛮子赤奔晋阴地’，又‘使谓阴地之命大夫士蔑’是也。今河南省卢氏县东北，旧有阴地城，当是此地，此狭义之阴地也。”该地西南伸入陕南商洛地区，见《太平寰宇记》卷141《山南西道九》商州“上洛县”条：《竹书纪年》云：晋烈公三年（即魏文侯三十三年），楚人伐我南鄙，至于上洛。”

晋国曾把河外的西界推至华山之北，设立武城，用来保护豫西通道的出口；秦与晋、魏曾反复争夺该地，《读史方舆纪要》卷54《陕西三》载华州“周畿内地，郑始封邑也……后属于晋。战国为秦、魏二国之境”，“武城，《括地志》：‘故城在郑县东北十三里。《左传》文八年秦伐晋，取武城。’《史记》：‘秦康公二年伐晋，取武城，以报令狐之役。’又秦厉公二十一年，晋取武城。魏文侯三十八年伐秦，败我武下，即武城下也”。

在上述四个地区之外，魏在今山西省东南部的上党还有一些领土，参见：

《战国策·秦策二》：

秦有安邑，则韩、魏必无上党哉。

《战国策·赵策一》：

> 秦尽韩、魏之上党，则地与国都邦属而壤挈者七百里。

《战国策·西周策》：

> 犀武败于伊阙，周君之魏求救，魏王以上党之急辞之。……（綦母恢谓魏王曰：）"秦悉塞外之兵，与周之众，以攻南阳，而两上党绝矣。"（吴师道注："是时魏上党被兵，若周、秦攻南阳，则魏又当御其攻，而上党必绝。"）（顾祖禹曰："上党跨韩、魏两境，故曰两上党。"①）

《史记》卷44《魏世家》：

> 今魏螯得王错，挟上党，固半国也。

《史记正义·赵世家》：

> 秦上党郡，今泽、潞、仪、沁等四州之地，兼相州之半，韩总有之。至七国时，赵得仪、沁二州之地，韩犹有潞州及泽州之半，半属赵、魏。

《史记》卷43《赵世家》：

> 秦废帝请服，反高平、根柔于魏。（《史记正义》曰："返，还也。《括地志》云：'高平故城在怀州河阳县西四十里。《纪年》云魏哀王改向曰高平也。'"）

出土魏国布币文字又有"高都"，地在山西省晋城市东北。魏在晋东

---

① 〔清〕顾祖禹：《读史方舆纪要》卷49《河南四》怀庆府，中华书局，2005年，第2285页。

南占地甚少，周围与韩境相邻，其地理位置处于河东与河内之间；战国初年，联系两地的太行要径——轵道尚在韩人手中，来往不得自由。

三家分晋时，赵氏因在消灭智氏的战争中牺牲惨重，贡献最大，故所获领土较多。如《战国策·赵策一》载"昔者知氏之地，赵氏分则多十城"。魏国疆域虽不如赵之广袤，但是具有很多有利条件。

1. **资源丰足**。韩、赵两家的领土，总的来说较为贫瘠，物产欠乏。如《汉书》卷 28 下《地理志下》载："赵、中山地薄人众。"张仪则称："韩地险恶，山居，五谷所生，非麦而豆；民之所食，大抵豆饭藿羹；一岁不收，民不餍糟糠。地方不满九百里，无二岁之所食。"[①]而魏国的情况有所不同，河东所在的运城盆地土壤肥沃，并有涑、浍、汾诸水的灌溉，利于农作物的垦殖。战国初年，李悝为相，推行"尽地力之教"，发展精耕细作，提高土地的利用率和单位面积产量，遂使国家富强。

魏国东部的河内，背依太行山麓，有淇水、洹水、漳水的溉注。当地土壤中含有盐碱，即所谓"斥卤之地"，《尚书·禹贡》称其为"白壤"，本来是不利于垦种的。但在战国时期，由于铁制工具的普遍推广，为水利的开发提供了条件。魏国先后任命西门豹、史起为邺令，开凿灌渠，治理洪患，并引水冲洗土壤中的盐分，促成了河内的农业繁荣[②]，甚至在河东受灾时，能够向其支援余粮，并接收那里的移民[③]。

魏国还蕴藏着丰富的矿产资源。《汉书》卷 28 下《地理志下》称："河东土地平易，有盐铁之饶。"著名的盐池在魏都安邑之南，"长五十一

①《战国策·韩策一》。
②《史记》卷 126《滑稽列传》："西门豹即发民凿十二渠，引河水灌民田，田皆溉。……至今皆得水利，民人以给足富。"《汉书》卷 29《沟洫志》："于是以史起为邺令，遂引漳水溉邺，以富魏之河内。民歌之曰：'邺有贤令兮为史公，决漳水兮灌邺旁，终古舄卤兮生稻粱。'"
③《孟子·梁惠王上》载惠王曰："寡人之于国也，尽心焉耳矣。河内凶，则移其民于河东，移其粟于河内。河东凶亦然。"

里，广六里，周一百一十四里。……紫色澄渟，浑而不流，水出石盐，自然凝成，朝取夕复，终无减损。……又有女盐池，在解州西北三里，东西二十五里，南北二十里，其西南为静林等涧。服虔曰：土人引水沃畦，水耗土自成盐处也"①《左传·成公六年》载晋国朝议迁都时，"诸大夫皆曰：必居郇、瑕氏之地，沃饶而近盬，国利君乐，不可失也"。杨伯峻《春秋左传注》："盬即盐池，今曰解池。《穆天子传》：至于盬。《说文》：盬，河东盐池。均可以为证。"河东盐池储量巨大，加工简单方便，是当时内陆最大的产盐地，有着广阔的销售市场。《史记》卷129《货殖列传》称"山东食海盐，山西食盐卤"，后者主要指的是河东盐池所产的硝盐，它给魏国带来的利润是非常可观的。

河东的铜矿资源在北方亦有名声，据成书于战国时期的《山海经》记载，天下产铜之山共有29处。经郝懿行《山海经笺疏》和吴任臣《山海经广注》研究，在河东者有两处，即今山西省平陆县境的阳山和垣曲县的鼓镫之山②。另外，1958年，考古工作者在山西运城的洞沟还发现了一座古代铜矿遗迹，据分析，其开采历史可从先秦延续到东汉。③河东又"有盐铁之饶"，南部的中条山脉是我国北方冶铁的发源地之一。④较为丰富的铁矿储量使魏国得以开采冶炼，促进其经济的发展。魏都安邑的故地——山西夏县曾发现过大批战国时期冶铜的陶范，以及不少战国前期的铁工具，表明当地金属铸造业的发达。后来西汉政府在安邑、绛、皮氏等地设置铁官，就是对前代魏、秦铁官的继承。

---

① 〔清〕顾祖禹：《读史方舆纪要》卷39《山西一》，中华书局，2005年，第1792～1793页。

② 史念海：《河山集》，人民出版社，1978年，第86页注②。

③ 安志敏、陈存洗：《山西运城洞沟的东汉铜矿和题记》，《考古》1962年第10期。

④ "据研究，最初的铁冶脱胎于铜冶，故而先秦的铁铜共生带如秦岭北缘、中条山、太行山、桐柏山、鲁山都是铁冶的发轫地。"郭声波：《历代黄河流域铁冶点的地理布局及其演变》，《陕西师范大学学报》1984年第3期。

河东等地的沃饶，为魏国早期的对外征伐提供了充足的兵员劳力和粮草财赋，奠定了其霸业兴盛的经济基础。

2. **交通便利**。魏国的地理位置处于中国大陆的核心，水道旱路四通八达，和其他地域的往来十分方便。魏国境内的汾水、涑水、浍水均可航行舟船，入河溯渭，沟通秦晋两地。魏都安邑处在几条道路交会的中心，北过绛、平阳、晋阳，即可直达代北。东去垣曲，逾王屋山，穿过轵道，便进入华北平原。南由茅津（今山西省平陆县西南）或封陵（今山西省风陵渡镇）渡河，经豫西走廊东出崤函，就是号称"天下之中"的周都洛阳。西越桃林、华下，又能抵达关中平原。还可以从西境的岸门（今山西省河津市）、蒲坂（今山西省永济市）等地渡河入秦。交通条件的便利，不仅使魏国商旅云集，贸易发达，而且便于军队调遣，有助于各个方向的兵力运动。

3. **多据要枢**。魏国的疆土南北狭而东西长，多在黄河中游两岸，占据了许多关塞津渡，能够控制当时的几条主要交通干线，在军事上处在极为有利的位置。例如，黄河自河曲折向东流，阻隔南北，为天下巨防。顾祖禹曾论述道："河南境内之川，莫大于河；而境内之险，亦莫重于河；境内之患，亦莫甚于河。盖自东而西，横亘几千五百里，其间可渡处约以数十计，而西有陕津，中有河阳，东有延津。自三代以后，未有百年无事者也。"[①] 这里提到的最为重要的三处渡口——陕津、河阳（孟津）、延津，都在魏国的版图之内，由此可见魏国掌握着南北交通要道上的几座枢纽。

战国时期，联系东、西方（山东、山西）两大经济区域的陆路干线，主要有两条。

---

① 〔清〕顾祖禹：《读史方舆纪要》卷46《河南一》，中华书局，2005年，第2102～2103页。

（1）豫西通道。从关中平原沿渭水南岸东行，过华阴，入桃林、殽函之塞，穿越豫西的丘陵山地，经洛阳、成皋、荥阳至管城（今河南省郑州市），到达豫东平原。魏国占领了豫西走廊的西段，并屯兵于号称"关中喉舌"①的华下，既保护了通道的出口，阻止秦人东进，又能威胁无险可守的泾渭平原，从而把握了作战的主动权。

（2）晋南豫北通道。由渭水北岸的临晋（今陕西省大荔县朝邑镇）东渡黄河，沿涑水东北行，穿越王屋山后，从轵（今河南省济源市西北）经过太行山南麓与黄河北岸之间的狭长走廊，便进入河内所在的冀南平原。走廊的西端为轵道，战国初年属韩；其东段的南阳归属魏国。《读史方舆纪要》卷49《河南四》称该地"南控虎牢之险，北倚太行之固，沁河东流，沇水西带，表里山、河，雄跨晋、卫，舟车都会，号称陆海"，形势十分重要。而河内东部的安阳、邺地屏护延津，隔阻赵、齐，扼守南北要途，也具有极高的战略地位，顾祖禹称其"西峙太行，东连河、济，形强势固，所以根本河北而襟带河南者也"②。

上述两条干线的几处关键路段被魏国控制，这给西方和东方的邻国——秦、齐、赵的兵力运动带来了很大困难，使各国无法将军队顺利投送到当时诸侯争夺的热点区域——中原地带。受制最为严重的要属秦国，顾栋高曾指出，春秋乃至战国前期，秦与晋、魏交战虽互有胜负，"然终不能越河以东一步，盖有桃林以塞秦之门户，而河西之地复犬牙于秦之境内，秦之声息，晋无不知。二百年来秦人屏息而不敢出气者，以此故也"③。

---

① "（华）州前据华岳，后临泾、渭，左控桃林之塞，右阻蓝田之关，自昔为关中喉舌，用兵制胜者必出之地也。"〔清〕顾祖禹：《读史方舆纪要》卷54《陕西三》，中华书局，2005年，第2583页。

②〔清〕顾祖禹：《读史方舆纪要》卷16《北直七》"大名府"条，中华书局，2005年，第696页。

③〔清〕顾栋高：《春秋大事表》卷4《春秋列国疆域表·秦疆域论》，中华书局，1993年。

魏国在战国初年能够迅速发展壮大，成为三晋领袖、诸侯盟主，除了政治、经济等方面的原因，地理条件的积极影响也是不容忽视的。但是，魏国的领土状况也有不利因素，制约和局限了它的防御及扩张。详述如下：

其一，土狭民众。 魏在战国之初的主要疆土——河东、河内，尽管农业发达，可是由于人口繁衍，居住密集，致使领域窄小，耕地面积相对不足，成为突出的社会矛盾。如《史记》卷 129《货殖列传》所称："夫三河在天下之中，若鼎足，王者所更居也，建国各数百千岁。土地小狭，民人众。"《商君书·徕民》亦称："秦之所与邻者，三晋也；所欲用兵者，韩、魏也。彼土狭而民众，其宅参居而并处，其寡萌贾息，民上无通名，下无田宅，而恃奸务末作以处。人之复阴阳泽水者过半。此其土之不足以生其民也。"李悝在魏推行"尽地力之教"，就是希望利用有限的耕地资源，提倡精耕细作，来克服上述困难。再者，对魏国来说，急需向外开疆拓土，像齐、秦、楚、越那样，成为地方千里乃至数千里的泱泱大国，从根本上解决问题。

其二，分割零散。 魏在三家分晋后的疆土，除了河东地区较为完整，其他各处面积不大，又受到黄河与中条、王屋、太行诸山及韩、赵、秦等国领土的分隔，显得支离破碎，相互间的来往联系多有不便。如河内、陕、华、西河、上郡等地，孤悬于河东本土之外，有山川相阻，且遭到强邻的严重威胁，处境险恶。钟凤年先生曾对此评论道："（魏国）诸部最大者为河东，跨今县二十三；余者，或微逾十县，或五六县，最小者不及三县。地势如此畸零，平时需逐处设备，一部告警，则征调困难，实不易于立国。"[①]魏国君臣面临的要务之一，就是需将河东以外的各地拓展相连，借以巩固国防，保障安全。

---

① 钟凤年：《〈战国疆域变迁考〉序例（续）》，《禹贡》第七卷第六、七合期。

二、从战国前期魏之用兵方向和次序分析其地缘战略

　　战国初年，魏国的疆域和人口有限，拥有的兵力并不充足[①]。因为领土分割零散，四处设防，占用了不少常备军队，能够集中起来投入进攻的只有 5 万～7 万人[②]。这个因素造成了当时魏国用兵的一些特点：

　　第一，维持三晋联盟，共同对外作战。由于魏兵员不足，又属于"四战之国"，不能树敌太多。三家分晋以后，尚未得到周天子的承认，在政权统治上还有待巩固，所以有必要联合盟友，以增强自己的力量。有鉴于此，魏文侯一向把巩固韩、赵两家的睦邻关系作为基本国策。例如："韩、赵相难，韩索兵于魏，曰：'愿得借师以伐赵。'魏文侯曰：'寡人与赵兄弟，不敢从。'赵又索兵以攻韩，文侯曰：'寡人与韩兄弟，不敢从。'二国不得兵，怒而反，已乃知文侯以讲于己也，皆朝魏。"[③] 另一方面，魏文侯在对秦、齐、楚国作战时，往往是和韩、赵两国一起行动，其结果获得了战争的胜利[④]。

[①] 春秋后期晋国的兵力，据《左传·昭公十三年》载平丘之会，晋"治兵于邾南，甲车四千乘"。按《左传·成公元年》《正义》引《司马法》："长毂一乘，马四匹，牛十二头，甲士三人，步卒七十二人。"四千乘合三十万人，还应加上留守部队千乘左右，共有五千乘，约四十万人。见《左传·昭公五年》："（晋）因其十家九县，长毂九百。其余四十县，遗守四千。"还可参见童书业：《春秋左传研究》（94）军数，上海人民出版社，1980年。韩连琪：《周代军赋及其演变》，《文史哲》1980 年第 3 期。三家分晋后，魏国有军队十余万人，除去守境者，其机动兵力只有数万人。

[②]《吴子·励士》载吴起曰："今臣以五万之众，而为一死贼，率以讨之，固难敌矣。"《尉缭子·制谈》："有提七万之众，而天下莫当者，谁？曰：吴起也。"

[③]《战国策·魏策一》。

[④]《史记》卷 5《秦本纪》载孝公元年令曰："会往者厉、躁、简公、出子之不宁，国家内忧，未遑外事，三晋攻夺我先君河西地。"《水经注·瓠子河》引《竹书纪年》："晋烈公十一年，……（齐）田布围廪丘，（魏）翟角、赵孔屑、韩师救廪丘，及田布战于龙泽，田布败逋是也。"《水经注》卷 26《汶水》引《竹书纪年》："晋烈公十二年，王命韩景子、赵烈子、（魏）翟员伐齐，入长城。"《史记》卷 40《楚世家》："悼王二年，三晋来伐楚，至乘丘而还。"

第二，集中兵力，依次打败对手。 除了盟友韩、赵，魏的邻国多是宿仇旧敌，如秦、齐、楚等，且地广兵强，不易战胜。魏国此时还没有足够的力量同时出击，为了确保获胜，总是把有限的军队集结起来，每次只在一个战略方向发动攻势。从魏文侯在位时对外的战况来看，魏国先后主动进攻秦、中山、齐与中原地带的郑、宋等国，其用兵具有阶段性，作战意图十分明显，都是在取得预期的目标后转移兵力，投入另一战场，其他地区随即改为防御。按时间顺序为：公元前419—前408年，于河西、河外伐秦；公元前408—前406年，伐灭中山；公元前405—前404年，伐齐；公元前400年以后，伐郑、宋、楚等。

此后魏武侯、魏惠王继续向郑、宋等国所在的中原地带投入主力军队，广拓疆土，取得了赫赫战果，直至"逢泽之会"，惠王率诸侯朝天子，登上了霸主的宝座。可以说，魏国在战国前期实施的战略收效显著，获得了很大的成功。但是，魏国统治者为什么要采取这样的用兵次序和作战方向？它和当时的地理形势及魏国的领土特征有何必然联系？笔者将在下文试作分析。

战国前期的政治势力，大致可以分为三类：

（1）华夏与东夷中小诸侯。立国于中原地带（黄河、泰山以南，嵩高、外方以东，桐柏、大别山及淮河以北）的郑、宋、鲁、卫等华夏旧邦，以及淮北、泗上的众多小国——莒、邹、杞、蔡、薛、郯、任、滕、倪等。这些国家国力较为弱小，自春秋诸侯争霸以来，就是强国吞噬、奴役的主要对象。

（2）戎狄蛮夷。活动于中国大陆周边地带的部族、邦国，如北方的游牧民族东胡、楼烦、林胡、义渠、乌氏、西羌等，南方务农又兼营渔猎的百越、群蛮和文明程度略高的巴、蜀等。它们也是大国兼并、驱除的目标。

（3）强国。如齐、三晋、秦、楚、越等大国，地广兵强，历史上充当过海内或地区性的霸主，是战国前期政治舞台上最为活跃的主角。它们的疆土从山东半岛向西推移，经过河北平原、山西及陕北高原、关中平原，再由陕南和豫西丘陵折而向南，包括南阳盆地、江汉平原后转向东方，经江淮平原抵达海滨，呈现出一个巨大的弧形。在地理位置上，上述强国的领域正好位于中原和周边地带之间，将华夏与东夷中小诸侯国家包围起来，而这些强国则又被外围的戎狄蛮夷所环绕。

上述的地理格局和春秋时期政治力量的地域分布态势基本相同。从春秋历史来看，齐、晋、秦、楚、吴几大强国间的战争互有胜负，维持着均势状态；它们的领土扩张主要是靠兼并弱邻完成的，即所谓"内取诸夏，外攘夷狄"，向中原和周边地带发展势力。从春秋时期的历史来看，大国成长称霸都需要一定的地理条件，即与实力相对较弱的中小诸侯、戎狄蛮夷有着较长的共同边界。列强崛起的首要步骤，是选择弱小邦国、部族作为用兵对象，在不太耗费兵员财力的情况下扩展领土，充实国力，待到羽翼丰满时再与其他强国交锋。如《左传·襄公二十九年》鲁叔侯曰："虞、虢、焦、滑、霍、杨、韩、魏，皆姬姓也，晋是以大。若非侵小，将何所取？"豫东、鲁南和淮北平原，地势平坦，沃野千里，经过华夏与东夷中小邦国的开发，经济富庶，物产丰饶，军事力量又比较弱小，因此是强国侵略争夺的首选对象。在向中原用兵不利的情况下，诸强还可以转而侵吞戎狄蛮夷的土地，如晋国群臣所言："狄之广莫，于晋为都，晋之启土，不亦宜乎。"[①]秦、楚两国进兵中原受挫后，也转而出师夷狄，亦大有收获。像秦穆公"用由余谋伐戎王，益国十二，开地千里，遂霸西戎"[②]；楚共王败于鄢陵，还能"抚有蛮夷，奄征南海"[③]。但是，

---

① 《左传·庄公二十八年》。

② 《史记》卷5《秦本纪》。

③ 《左传·襄公十三年》。

魏国在战国初年的疆域却没有这种便利条件，其地北临赵，西临秦，与戎狄少有接壤，河内又东与齐国交界。它在河外的阴地南邻楚、韩，东进中原的豫西通道出口被韩国控制。魏国大部分的疆界和强国接壤，多处遭受严重威胁，交锋亦难以获胜。只有东南方向的河内一隅，面对黄河以南的郑、宋、卫等弱邻；不过，在这个理想的用兵方向上作战，正面比较狭窄，使魏国的发展受到很大局限。

战国前期，诸强的主要用兵方向仍然是在中原地带，力图兼并和支配当地的华夏与东夷中小诸侯。例如，齐国极力进攻泰山以南的鲁、莒、薛、邹等，占据了大片土地。《史记·鲁仲连邹阳列传》《索隐》注"齐之南阳"曰："即齐之淮北、泗上之地也。"《史记》卷46《田仲敬完世家》载齐威王曰："吾臣有檀子者，使守南城，则楚人不敢为寇东取，泗上十二诸侯皆来朝。"

楚国也积极地在这一区域展开军事行动。《史记》卷40《楚世家》载："（惠王）四十二年，楚灭蔡。四十四年，楚灭杞，与秦平。是时越已灭吴而不能正江、淮北；楚东侵，广地至泗上。……简王元年，北伐灭莒。"《史记正义》曰："《括地志》云：'密州莒县，故国也。'言'北伐'者，莒在徐、泗之北。"

远在江南立国之越，亦频频向淮北出击。《孟子·离娄下》载："曾子居武城，有越寇。或曰：'寇至，盍去诸？'……寇退，曾子反。"武城在今山东省费县西南。据《竹书纪年》记载，越王朱句三十四年（前419）灭滕（今山东省滕州市西南），次年灭郯（今山东省郯城县北）[1]；越王翳时（约前404）灭缯国（今山东省枣庄市东）[2]。

---

[1] 《史记》卷41《越王勾践世家》《索隐》引《竹书纪年》，《水经注·沂水》载《竹书纪年》。

[2] 《战国策·魏策四》："缯恃齐以悍越，齐和子乱而越人亡缯。"蒙文通：《越史丛考》，人民出版社，1983年，第129~130页。

　　魏之盟友韩国也对东略郑宋、向中原扩张领土早有预谋，《战国策·韩策一》载："三晋已破智氏，将分其地。段规谓韩王曰：'分地必取成皋。'韩王曰：'成皋，石溜之地也，寡人无所用之。'段规曰：'不然。臣闻一里之厚，而动千里之权者，地利也。万人之众而破三军者，不意也。王用臣言，则韩必取郑矣。'王曰：'善。'果取成皋。至韩之取郑也，果从成皋始。"韩武子即位后，把都城由平阳（今山西省临汾市西北）迁到河南的宜阳，后又徙至阳翟[①]，便于向东、南发展，与楚争夺郑、宋的土地。

　　从魏国的历史来看，它也和诸强一样，把黄河以南的中原地带作为重点进攻区域，投入大量兵力；并于公元前361年迁都至大梁，将河南地区作为新的根据地，完成了统治重心的转移。但是，魏国并没有在一开始就南向作战，而是先打败东西两翼的邻国秦、中山、齐，原因主要有以下几点。

　　1. 直接进军中原，必然激化魏与齐、楚及郑、宋等国的矛盾，受到多股敌对力量的抗击，难以获胜。魏在东方的主要敌人是齐国，它对魏的扩张抵制最为强烈。齐在战国初年所奉行的策略之一，便是远交近攻，侵略较近的鲁、卫及淮泗小国，与距离自己较远而迫近晋地的郑国结盟，来阻挠晋（或是后来的三晋）对河南的攻掠。如公元前468年，"晋荀瑶帅师伐郑，次于桐丘，郑驷弘请救于齐"[②]，齐师来援，晋人不愿同时与两国交锋，统帅智伯曰："我卜伐郑，不卜敌齐。"[③]只得被迫退兵。公元前

---

①《战国策·秦策二》："宜阳未得，秦死伤者众，甘茂欲息兵。"高诱注："宜阳，韩邑，韩武子所都也。"《吕氏春秋·审分览·任数》高诱注："（韩）康子与赵襄子共灭智伯而分其地，生武子，都宜阳。"《元和郡县图志》卷5《河南道一》："阳翟县，本夏禹所都，春秋时郑之栎邑，韩自宜阳移都于此。"

②《左传·哀公二十七年》。

③《左传·哀公二十七年》。

464年，晋国再次伐郑，齐兵"救郑，晋师去"①。《史记》卷15《六国年表》又载齐宣公四十八年，"与郑会于西城。伐卫，取册"。对魏国来说，不先打败齐国，中原方向的军事行动是无法顺利推进的。

2. 魏国的本土河东，受到秦国的严重威胁。秦是晋的宿敌，自春秋中叶以来，两国隔河相峙，互有征伐百余年。晋国阻秦东进之路，使其不能得志于中原。而秦国在晋卧榻之侧，仅有一水相隔，晋之都城腹地的安全亦得不到可靠保障。战国以降，晋国先后爆发了六卿的混战与韩、赵、魏灭智氏的斗争，内乱不断。三家分晋后，又在30余年内忙于巩固统治，恢复发展力量，无暇外顾。所以秦在战国初年乘机发动攻势，频频削弱晋及后来之魏国的势力和影响。

（1）招纳亡叛。智氏集团被韩、赵、魏打败后，残余势力逃奔秦国，得到秦之庇护，继续与三晋为敌。如《史记》卷15《六国年表》载公元前452年，"晋大夫智开率其邑来奔"；公元前448年，"晋大夫智宽率其邑人来奔"。

（2）伐大荔、取临晋。大荔是春秋战国之际较强的西戎部族，活动在黄河以西的洛水下游地区②，其王城在河西的重要渡口临晋（今陕西省大荔县），对岸便是魏国要津蒲坂（今山西省永济市），在此渡河后沿涑水而行即可抵达魏都安邑，是秦晋之间的交通枢纽，为兵家所必争。《元和郡县图志》卷2《关内道二》载："朝邑县，本汉临晋县地。大荔国在今县东三十步，故王城是也。……县西南有蒲津关。河桥，本秦后子奔晋，造舟于河，通秦、晋之道，今属河西县。"大荔戎盘踞此地，筑城固守，立国二百余年。公元前461年，秦国打败大荔，兵临黄河之滨。《史

---

① 《史记》卷15《六国年表》。
② 《后汉书》卷87《西羌传》："洛川有大荔之戎。……是时（战国）义渠、大荔最强，筑城数十，皆自称王。"李贤注："洛川即洛水。大荔，古戎国，秦获之，改曰临晋，今同州城是也。"

记》卷 5《秦本纪》载是年"以兵二万伐大荔，取其王城"，《史记集解》引徐广曰："今之临晋也。"秦据此地，作为侵伐河东的桥头堡，一来直接威胁魏国腹地、都城的安全；二来逼迫大荔部族屈服，成为秦之附庸，共同对魏作战（公元前 338 年，秦孝公出兵与大荔之戎共围魏之合阳城，即是一例），使形势发生了对魏国不利的变化。

（3）沿河修筑城堑，加强防务。《史记》卷 15《六国年表》载秦厉共公十六年（前 461），"堑阿（河）旁，伐大荔，补庞戏城"。舒大刚指出："阿旁即河旁，阿、河古字通用。庞戏城即彭衙，亦即庞戏氏。《秦本纪》武公元年'伐彭戏氏'。《正义》云：'戏音许宜反，戎号也。盖同州彭衙故城是也。'缪公三十四年，'孟明视等将兵伐晋，战于彭衙'。《集解》引杜预：'冯翊郃阳县西北有衙城。'《正义》引《括地志》：'彭衙故城在同州白水县东北六十里。'……彭衙即彭戏之异译。彭又与庞同声，故彭戏城即庞戏城。地望在白水、合阳之间，即今大荔县北。大荔、河旁、庞戏临近，因此，秦师一出，乃得堑河旁、伐大荔、补庞戏城，一石三鸟，缘其同在一域之故。"[1]彭衙亦为河西要镇，在大荔之北，春秋时于秦晋之间数次易手，战国初年被秦出师灭大荔时顺势攻克，因其旧城驻守，仅加以修补。

《史记》卷 15《六国年表》秦灵公十年（前 415），"补庞，城籍姑"，《史记索隐》案："庞及籍姑皆城邑之名。补者，修也，谓修庞而城籍姑也。"《史记·秦本纪》灵公十三年（前 412）"城籍姑"，《史记正义》引《括地志》云："籍姑故城在同州韩城县北三十五里。"这里提到的"籍姑"在魏国河西重镇少梁之北，秦派兵夺取后筑城屯兵，对少梁形成半包围，使其呈背水作战之劣势。

（4）越河侵袭晋（魏）国城邑。《史记》卷 15《六国年表》载公元

---

[1]　舒大刚：《春秋少数民族分布研究》，文津出版社，1994 年，第 170～171 页。

前 467 年，"（秦）庶长将兵拔魏城"。魏城在今山西省芮城县境，滨于黄河。《元和郡县图志》卷 6《河南道二》芮城县条载："黄河，在县南二十里。故魏城，春秋晋灭之，封毕万是也，在县北五里。"

秦国经过上述一系列的军事行动，南服大荔，占领临晋、彭衙，切断了少梁与渭水以南的魏河外诸城之联系；北夺籍姑，又阻隔了少梁与上郡的交通；使魏国在河西、河外的领土分为三段，其中部的西河仅剩少梁一座孤城。秦国的防线已推至河旁，与魏共有黄河天险，随时可以进军河东，攻击魏国腹地，此种形势对魏形成严重威胁，使其如同骨鲠在喉，不得不除。相形之下，齐、楚等强国距离魏本土河东较远，威胁并不大；卧榻之侧的秦国则是心腹之患，如果置之不理，出师东方，国内兵力空虚，很可能遭受秦国的致命袭击。因此，魏国把与齐、楚争夺中原的宏远目标暂且搁置，而首先选择秦国作为打击对象，以解决门庭之患。

况且，齐国的田襄子执政以来，忙于将亲属派往各地执掌官职，篡夺权力，因为害怕受到诸侯的干涉，故对外采取睦邻政策，息事宁人；只要三晋不发兵东向，侵犯其利益，齐国则尽量避免和它们发生冲突[①]，魏国也可以暂时不用担心东方的侵袭。而秦国自厉公去世以后，因君主废立问题多次发生动乱，受到内耗的削弱，客观上有利于魏国向河西的进攻。如《史记》卷 5《秦本纪》所称："秦以往者数易君，君臣乖乱，故晋复强，夺秦河西地。"所以，魏国便开始了对秦作战的军事行动。

（一）伐秦

公元前 419 年，魏国在河西重镇少梁筑城，加强这个渡口的防卫，以此作为向西方进攻的前哨基地，结果引起了秦国的猛烈反击。《史记》

---

① 《史记》卷 46《田敬仲完世家》："田襄子既相齐宣公，三晋杀知伯，分其地。襄子使其兄弟宗人尽为齐都邑大夫，与三晋通使，且以有齐国。"

卷5《秦本纪》载灵公六年，"晋城少梁，秦击之"。《史记》卷15《六国年表》则载秦在第二年（前418）再次发动攻势，"与魏战少梁"，但是没有取得预期的效果。魏国保住了阵地，并在下一年（前417）"复城少梁"，继续强化该地的防卫。秦国同年则"城堑河濒，初以君主妻河"，即在黄河沿岸筑城设垒，削陡河岸使之成为防御工事，并以公主殉祭河神，借以祈求神灵保佑秦国在和魏国的交战中获胜。

筹备数年之后，魏国正式向秦发动进攻，于公元前413年出兵河外，在郑（今陕西省渭南市华州区）大败秦军。见《史记》卷15《六国年表》秦简公二年（前413），"与晋战，败郑下"。次年，魏太子击率军围攻少梁以北的繁庞（今陕西省韩城市境），得手后即将不可靠的原地居民逐出，更以魏人驻守。公元前409—前408年，魏文侯任用名将吴起领兵，自少梁南伐，拔秦五城，渡过渭水后到达郑地，在先后攻占的临晋、元里（今陕西省澄城县南）、洛阴（今陕西省大荔县西）、合阳（今陕西省郃阳县东南）筑城戍守，迫使秦人退据洛水，"堑洛"，又筑长城以拒魏师。通过上述进攻，魏国广拓领土，全据河西之地，将西河与上郡、河外三地连成一片，使黄河河曲成为魏国的内河，消除了秦国对河东的直接威胁，建立了巩固的外围安全屏障。

（二）伐中山

吴起在河西作战大获全胜后，魏国迅速改变了用兵的主攻方向，于公元前408年转移主力，进攻中山，而对秦国只留下少数兵力，采取防御态势。究其原因，这和魏国侧重在东方、中原地带扩张发展的战略构想有关。

中山是白狄鲜虞部建立的国家，位于今河北省中部。张琦《战国策释地》曰："考中山之境，自今直隶保定府之唐县、完县，真定府之获鹿、井陉、平山、灵寿、无极、定州、新乐、行唐、曲阳，兼有冀州之地。《通典》曰：中山都灵寿。《世本》则曰：中山武公居顾，桓公徙灵寿。"其地西倚太行，扼守井陉要道，控制了山西高原通往河北的一条险途；又北屏燕境，南临赵国的东阳、邯郸，东与强齐相邻，处在黄河以北几大强国之间的枢纽地段，位置相当重要。《战国策·秦策三》称："中山之地方五百里。"疆土亦不算小。鲜虞原是游牧民族，自春秋时入居河北平原后，吸收了华夏族的先进经济、文化，拥有较为发达的农业、手工业，军力也很强劲。王先谦曰："中山为国历二百余年，晋屡战而不服，魏灭之而复兴。厥后七雄并驱，五国相王，兵力抗燕、赵而胜之，可谓能用民矣。"[1]各个强国如果能够占领或控制利用中山，不仅可以明显增强己方阵营的力量，改变实力对比关系，还能威慑邻国，向几个战略方向用兵，形成十分有利的态势。如郭嵩焘所言："战国所以盛衰，中山若隐为辖枢，而错处六国之间，纵横捭阖，交相控引，争衡天下如中山者，抑亦当时得失之林也。"[2]正因如此，春秋战国之际，中山便成为几大强国竞相争夺的焦点。鲜虞曾利用齐、晋间的矛盾，与齐联盟，对抗晋国，多次袭击其河内之地。例如公元前494年，齐、鲁、卫及鲜虞共同伐晋，取其棘蒲（今河北省赵县）[3]。

公元前491年，齐国又出兵伐晋，连陷八城，鲜虞再次派兵配合作战[4]。三家分晋前，楚国曾派司马子期率兵，不远千里伐灭中山[5]，然未能久驻。晋国的智伯也攻占过中山的仇由和穷鱼之丘。三家灭智氏后，中

---

① 〔清〕王先谦：《鲜虞中山国事表 疆域图说》，上海古籍出版社，1993年，第7页。

② 〔清〕王先谦：《鲜虞中山国事表 疆域图说》，郭嵩焘序，上海古籍出版社，1993年，第5页。

③ 《左传·哀公元年》："夏四月，齐侯、卫侯救邯郸，围五鹿。……齐侯、卫侯会于乾侯，救范氏也。师及齐师、卫孔圉、鲜虞人伐晋，取棘蒲。"

④ 《左传·哀公四年》十二月，"（齐）国夏伐晋，取邢、任、栾、鄗、逆畤、阴人、盂、壶口，会鲜虞，纳荀寅于柏人"。

⑤ 《战国策·中山策》；天平、王晋：《试论楚伐中山与司马子期》，《河北学刊》1988年第1期。

山之地多为赵国吞并。魏在东方仅有河内一隅，又受到齐、赵、郑、卫的挤迫，勉可容足，急需扩大地盘，建立一块稳固的前哨基地来抗衡诸强，进据中原。因此，在赵襄子时，魏文侯提出"残中山"，要求瓜分原中山国的领土，此举未得到满足，赵氏仅同意纳魏公主为正妻，将原中山部分国土封给她做采邑，使魏国获得一些收入[1]。当时赵氏势力强盛，魏只好妥协，先以秦国作为进攻对象来筹备战略计划。

正当魏在河西展开攻势时，东方的政局却发生了变化。公元前414年，中山复国；《史记》卷43《赵世家》载此年，"中山武公初立"。宋人吕祖谦所撰《大事记》对此解释道："中山武公初立，意者其势益强，遂建国备诸侯之制，与诸夏抗轶。"中山为了得到外界支持，以对抗赵、魏，和旧日盟友齐国结约修好。齐国意欲削弱三晋在东方的影响，也积极配合，向赵、魏发动进攻，借此牵制它们对中山用兵。公元前413年，"（齐）伐晋，毁黄城，围阳狐"[2]。《竹书纪年》载公元前410年，"齐田盼及邯郸韩举战于平邑，邯郸之师败逋，获韩举，取平邑新城"。

这时的赵国经历了襄子死后十余年的内乱[3]，三易其君，元气大伤，尚未复原，无力单独应付齐与中山的进攻。中山的复国，使魏丧失了公子倾的封邑，又多了一个劲敌；中山与齐国结成联盟，改变了东方地域的政治力量对比，魏国的河内孤悬在外，与本土河东联系不便，受到严

---

[1]《战国策·中山策》："魏文侯欲残中山，常庄谈谓赵襄子曰：'魏并中山，必无赵矣！公何不请公子倾以为正妻，因封之中山，是中山复立也。'"高诱注："公子倾，魏君之女，封之于中山以为邑，是则中山不残也。故云'中山复立'，犹存也。"鲍彪注："（公子倾）魏君女，魏不残其女之封。"金正炜曰："按'常庄谈谓赵襄子曰'，《寰宇记》作'张孟谈谓赵襄子'。"诸祖耿撰：《战国策集注汇考》卷33《中山》。
[2]《史记》卷46《田敬仲完世家》。
[3]《史记》卷43《赵世家》："襄子立三十三年卒，浣立，是为献侯。献侯少即位，治中牟。襄子弟桓子逐献侯，自立于代，一年卒。国人曰：'桓子立非襄子意。'乃共杀其子而复迎立献侯。"

重威胁。这种局面如果延续下去，不仅河内的安全无法保障，魏国的兵力也会被牵制，不能顺利执行预想的战略，即南渡黄河向中原扩张，这对魏国来说是十分被动的。

为了改变东方的不利形势，魏国在河西作战获胜、实现预定目标（将河外、西河、上郡连成一片，有效地保障魏国西境的安全）后，立即将军队主力调往太行山东，投入对中山的攻击。从史籍的记载来看，魏国对中山的进攻经过了精心策划，准备充分①；与中山一战遇到了顽强的抵抗，战事相当激烈，持续了三年②，也因此引起群臣的激烈反对③，但魏文侯不为所动，先后派遣乐羊、吴起等名将，又得到中山叛臣白圭的帮助④，才取得了最后的胜利。

———————————

①《韩非子·外储说左下》："田子方从齐之魏，望翟黄乘轩骑驾出，方以为文侯也，移车异路而避之，则徒翟黄也。方问曰：'子奚乘是车也？'曰：'君谋欲伐中山，臣荐翟角而谋得果。且伐之，臣荐乐羊而中山拔。得中山，忧欲治之，臣荐李克而中山治。是以君赐此车。'方曰：'宠之称功尚薄。'"由此可见中山在魏文侯心中的重要地位，以及伐中山之事的运筹策划。

②《战国策·秦策二》："魏文侯令乐羊将，攻中山，三年而拔之。"《史记·甘茂列传》所载略同。《说苑》卷8《尊贤》载魏文侯曰："我欲伐中山，吾以武下乐羊，三年而中山为献于我，我是以知友武之功。"《先秦诸子系年·吴起为魏将拔秦五城考》："余考魏伐中山，当在周威烈王十八年。且《国策》诸书，皆言乐羊围中山三年拔，则中山之灭，犹在后。盖乐羊主其事，而吴起将兵克攻。"《先秦诸子系年·魏灭中山考》："孙氏《墨子年表》魏灭中山在周威烈王二十年，《周季编略》亦然，盖据乐羊围中山，三年而克之。"钱穆：《先秦诸子系年》，中华书局，1985年。

③《战国策·秦策二》："魏文侯令乐羊将，攻中山，三年而拔之。乐羊反而语功，文侯示之谤书一箧，乐羊再拜稽首曰：'此非臣之功，主君之力也。'"《吕氏春秋·先识览·乐成》："魏攻中山，乐羊将。已得中山，还反报文侯，有贵功之色。文侯知之，命主书曰：'群臣宾客所献书者，操以进之。'主书举两箧以进，令将军视之，书尽难攻中山之事也。将军还走，北面再拜曰：'中山之举，非臣之力，君之功也。'当此时也，论士殚之日几矣，中山之不取也，奚宜二箧哉？一寸而亡矣。文侯贤主也，而犹若此，又况于中主邪？"

④《史记》卷83《鲁仲连列传》："白圭战亡六城，为魏取中山，何则？诚有以相知也。……白圭显于中山，中山人恶之魏文侯，文侯投之以夜光之璧。"《史记集解》张晏曰："白圭为中山将，亡六城，君欲杀之，亡入魏，文侯厚遇之，还拔中山。"

（三）伐齐

魏国在灭亡中山后，留太子击驻守，并顺势展开了对齐国的战略进攻。从前一段历史来看，田氏代齐后，曾有数十年的时间忙于巩固内部统治，担心诸侯前来干涉，而采取了睦邻政策，不敢贸然对外略地用兵。《史记》卷 46《田敬仲完世家》载："田常既杀简公，惧诸侯共诛己，乃尽归鲁、卫侵地，西约晋、韩、魏、赵氏，南通吴、越之使，修功行赏，亲于百姓，以故齐复定。"中山复立之后，齐国在东方地域的政治、军事力量得到了有力支持，因此摆脱了以往的沉闷状态，活跃起来，开始频频向泰山、黄河以南的鲁、卫等小国发动攻击，并与郑国联合，抑制赵、魏势力在这一地区的发展。例如：

> （齐）宣公四十三年，伐晋，毁黄城，围阳狐。明年，伐鲁、葛及安陵。明年，取鲁之一城。……宣公四十八年，取鲁之郕。明年，宣公与郑人会西城。伐卫，取毌丘。①

面对齐国咄咄逼人的攻势，魏不能等闲视之；只有打败齐国，消除了侧翼的威胁，魏国才可以把主力军队投入中原地带，放手与郑、宋及楚国一搏。因此，魏在灭亡中山后的公元前 405 年，即命令翟角（员）率兵协同赵国攻齐，解救廪丘之围，获得大胜②。次年（前 404），魏又会合赵、韩军队攻入齐国长城，事见骉羌钟铭文及《水经注·汶水》引《竹书纪年》："晋烈公十二年，王命韩景子、赵烈子、翟员伐齐，入长

---

① 《史记》卷 46《田敬仲完世家》。
② 《水经注》卷 24《瓠子河》引《竹书纪年》："晋烈公十一年，田悼子卒，田布杀其大夫公孙孙，公孙会以廪丘叛于赵。田布围廪丘，翟角、赵孔屑、韩师救廪丘，及田布战于龙泽，田师败逋是也。"《吕氏春秋·慎大览·不广》："齐攻廪丘，赵使孔青将死士而救之。与齐人战，大败之。齐将死，得车二千，得尸三万以为二京。"《孔丛子·论势》："齐攻赵，围廪丘，赵使孔青帅五万击之，克齐军，获尸三万。"

城。"方诗铭先生云："《吕氏春秋·下贤》：'（魏文侯）故南胜荆于连堤，东胜齐于长城，虏齐侯，献诸天子，天子赏文侯以上闻。'与《纪年》所记为一事。翟员即上条之翟角，魏将。晋烈公十二年当魏文侯四十二年。时三晋之中，文侯最强，此役实以魏为主，故《吕氏春秋》仅举文侯。"[1]

魏灭中山，又率领韩、赵两次重创了齐这个传统大国，使东方的政治地理格局发生了重大改变。三晋，尤其是魏国声威大震，周王室不得不在次年正式承认他们为诸侯。齐国受此打击后，实力大为削弱，被迫退出与魏的竞争；整整十年之后，才恢复对外的军事行动[2]。而获胜的魏国则可以放心从河内南下，实施其中原逐鹿、称霸天下的战略构想。

（四）伐郑、宋与楚

魏国接连战胜秦、中山与齐，而东西两侧的劲敌暂时不能为患。在有利的形势下，魏国全力向中原进兵，以夺取郑、宋、卫及淮泗间小国的土地，迫使它们臣服。上述中小诸侯势微力弱，无法组织有效的抵抗，魏国的主要对手是南方的强楚。据《史记》卷15《六国年表》记载，魏文侯晚年的用兵，基本上是在河南与楚国争郑。如楚悼王二年（前400），"三晋来伐我，至乘丘"，《史记》卷40《楚世家》记载悼王十一年"三晋伐楚，败我大梁、榆关"。这是魏国获得的一场决定性胜利，此役之后，魏在豫东平原站稳了脚跟，夺取了大梁附近的大片土地。

《史记·六国年表》载次年（前399），楚国为了拉拢郑国抗魏，曾"归榆关于郑"。在没有收到效果的情况下，又于次年（前398）"败郑师，围郑"，逼迫郑国杀掉执政的大臣子阳后投靠自己。魏国则在公元前393

---

① 方诗铭、王修龄：《古本竹书纪年辑证》，上海古籍出版社，1981年，第94页。
②《史记·田敬仲完世家》《集解》引徐广曰："（齐康公）十一年，伐鲁，取最。"当公元前394年，最在今山东省曲阜市南。

年"伐郑，城酸枣"。酸枣是黄河渡口延津西南的重要军事据点，原属郑国，被魏占领后作为南略中原、抗衡齐楚的前哨基地[①]。魏文侯去世后，武侯及惠王即位之初，继续在这一地区用兵，向东、南扩展，逐步开拓出一块物产丰饶、面积远远超过河东本土的新疆域。公元前 361 年，距魏文侯协韩、赵伐楚，初次向河南出师还不到 40 年，魏在中原的疆土已然颇具规模，惠王把都城从安邑迁到大梁[②]，建立了新的政治中心。国都东移的原因，并非像有些史家所说的"避秦"，而是由于河南地区在经济、政治上的地位影响已经超过了河东，魏在那里与齐、楚、韩、赵等强国角逐激烈，形势紧迫，但两地相隔千里，交通不便，从安邑对河南实行遥控是难以收到满意成效的。迁都大梁，有利于魏国对中原的开拓和巩固，可以实现其图霸争雄的宏伟抱负，如朱右曾所言："惠王之徒者，非畏秦也，欲与韩、赵、齐、楚争强也。安邑迫于中条、太行之险，不如大梁平坦，四方所走集，车骑便利，易与诸侯争衡。赵之去耿徒中牟，又徒邯郸，志在灭中山以抗齐、燕。韩之去平阳徒阳翟，又徒新郑，志在包汝颍以抑楚魏。岂皆为避秦哉。"[③]战国前期魏国的领土扩张，主要是在这个战略方向完成的。《战国策·魏策一》载苏秦说魏王曰："大王之地，南有鸿沟、陈、汝南、许、鄢、昆阳、邵陵、舞阳、新郪；东有淮、颍、沂、黄、煮枣、海盐、无疏……"《汉书》卷 28 下《地理志下》载魏地"南有陈留及汝南之召陵、濦强、新汲、西华、长平，颍川之舞阳、郾、许、鄢陵，河南之开封、中牟、阳武、酸枣、卷，皆魏分也"。上述领土，基本都是魏国在迁都大梁前后的数十年间，从郑、宋、楚等国手中夺来的。这一显赫功业，是其先邦——春秋时晋国——远未达到的。魏也因为占据中原沃土，

[①]《说苑·臣术》翟黄曰："昔者西河无守，臣进吴起而西河之外宁。邺无令，臣进西门豹而魏无赵患。酸枣无令，臣进北门可而魏无齐忧。"
[②]《水经注》卷 22《渠水》引《竹书纪年》："梁惠成王六年四月甲寅，徒都于大梁。"
[③]〔清〕朱右曾辑录：《汲冢纪年存真》。

大大增强了实力，从而一跃成为称霸诸侯的头号强国。《战国策·齐策五》载："昔者魏（惠）王拥土千里，带甲三十六万，其强而拔邯郸，西围定阳，又从十二诸侯朝天子。"甚至采用天子的服制，"身广公宫，制丹衣柱，建九斿，从七星之旟，此天子之位也，而魏王处之"。公元前344年，魏惠王召集诸侯，举办"逢泽之会"。《战国策·秦策四》载："魏伐邯郸，因退为逢泽之遇，乘夏车，称夏王，朝为天子，天下皆从。"魏王俨然成为战国第一代霸主，邻近中小诸侯都来朝见，服从并受其驱使调遣[①]。战国前期，魏国在政治、军事上取得的巨大成功，和其实施的战略有着密不可分的关系。魏文侯、武侯比较客观地判断了当时的地理形势，决定了合理的主攻作战方向与用兵次序，先后打败了秦、中山、齐、楚等国，获得预期的效果，为其霸业的建立奠定了基础。

三、从地理角度分析魏国的战略失误

魏自武侯至惠王前期，东方的战事进展顺利，不断开疆拓土，捷报频传，但是政治、军事形势逐渐变得复杂、恶化起来。魏在中原与齐、楚、赵、韩交兵，多获胜绩，却也受过桂陵之战那样的重创。随着秦国的崛起，魏在西线的作战接连告负，被迫筑长城以加强防御，陷入两面受敌的不利局面。公元前341年马陵之战，魏惨败于齐，十万大军被歼，统帅太子申、庞涓阵亡。次年（前340）又遭到秦国的打击，主将公子卬被俘，丧师失地。魏之局势从此江河日下，退出了一流强国的行列，被迫充当齐、秦的附庸，再未能恢复往日的伟绩。短短数十年间，魏国经历了由盛入衰的剧变，这使惠王痛心疾首。他曾不胜感慨地对孟子说：

---

① 《战国策·齐策五》："卫鞅见魏王曰：'大王之功大矣，令行于天下矣。今大王之所从十二诸侯，非宋、卫也，则邹、鲁、陈、蔡，此固大王之所以鞭箠使也。'"

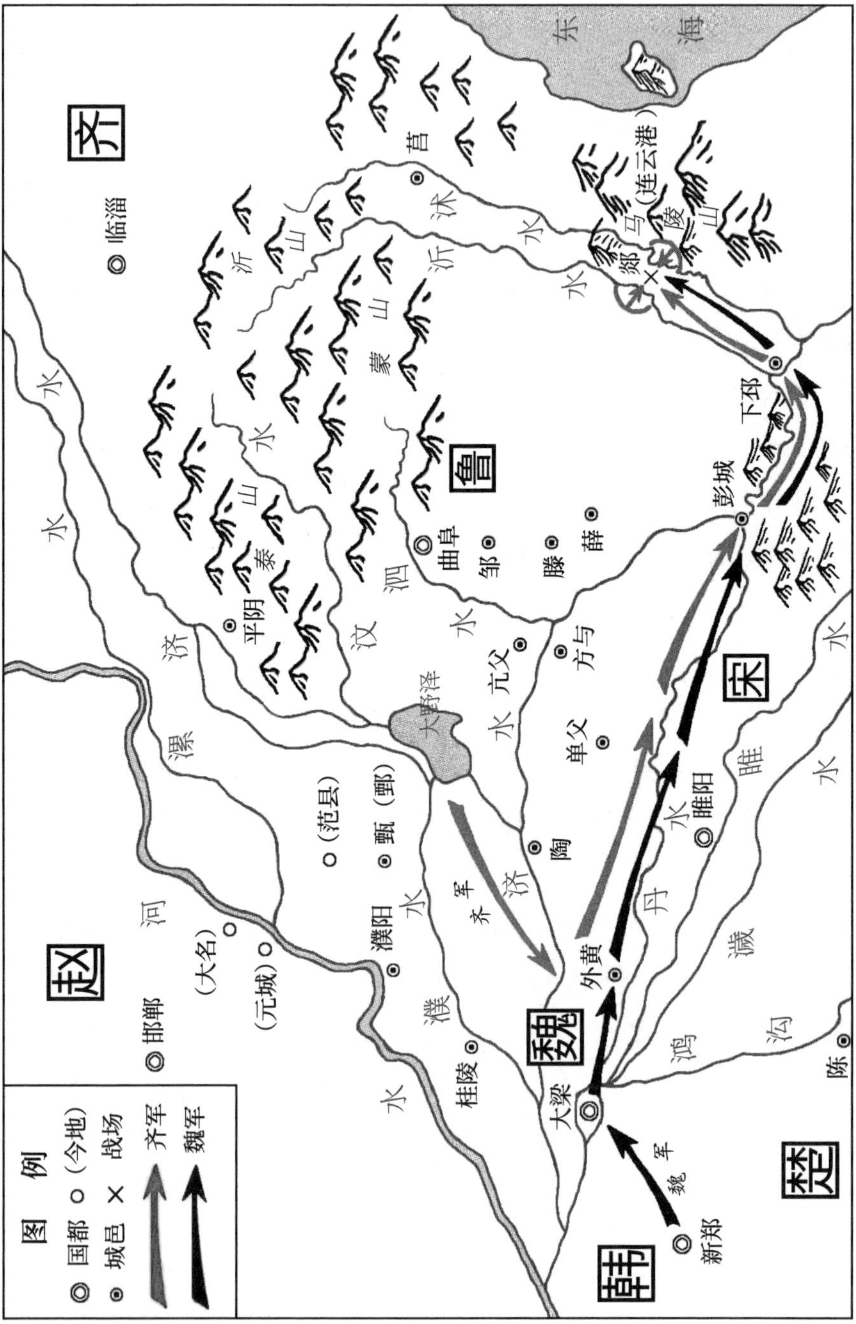

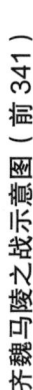

齐魏马陵之战示意图（前341）

"晋国，天下莫强焉，叟之所知也。及寡人之身，东败于齐，长子死焉；西丧地于秦七百里；南辱于楚。寡人耻之，愿比死者一洒之。"[1]魏国霸业跌落的原因，前人多有评论，大致有以下几点。

1. 魏在兵制上推行"武卒"制度，免除了战士的赋税、徭役，并赐给田宅，因此使财政收入显著减少[2]，以致削弱了国家的经济基础。

2. 外交上树敌太多。魏文侯时尚注意联合韩、赵，每次用兵只针对一个敌国。而魏武侯和惠王却未能处理好与邻邦的关系，常常同时交恶数国，导致敌众我寡，战事频繁，大大损耗了人力、财力。

3. 作战指挥上有重大失误。如马陵之战时，庞涓受"减灶"之计的蒙蔽，中伏而亡；公子卬在西河为商鞅欺骗，赴会遭擒，致使军队溃败。

除此种种，笔者试从地理角度来分析一下魏国战略的失误。

（一）对河西战场缺乏足够的重视

对魏国来说，河东是根据地，而秦与其隔河相峙。较之齐、楚等国，秦所构成的威胁要严重得多。实际上，秦为魏国最险恶的敌人，双方绝不能共存，如商鞅对秦孝公所言："秦之与魏，譬若人之有腹心疾，非魏并秦，秦即并魏。"[3]魏国从公元前408年吴起伐秦获胜后，便在河西采取守势，主力尽调东方，未能彻底解决西方的潜在威胁，以致留下隐患，使秦国东山再起。魏国的这一战略部署虽然收效于中原，却在西方暗伏败笔。钟凤年曾就此论道："魏文侯力争秦河西，首将渭南北地连为一部，盖已深知全局如此非持久之计而然也。奈终未及逐秦远徙，布置

---

① 《孟子·梁惠王上》。
② 《荀子·议兵》："魏氏之武卒，以度取之，衣三属之甲，操十二石之弩，负服矢五十个，置戈其上，冠轴带剑，赢三日之粮，日中而趋百里。中试则复其户，利其田宅，是数年而衰而未可夺也，改造则不易周也，是故地虽大，其税必寡，是危国之兵也。"
③ 《史记》卷68《商君列传》。

周备，即舍而之他；武侯则直不以秦为虑。故传至惠王，一旦秦日暴兴，魏则拙势立见，从此处处失败，地或残或丧，无一片得宁靖者矣。"①

就战国前期情况而言，魏文侯末年至惠王即位之初，形势明显对魏国伐秦有利。原因主要有以下几点。

1. 秦自厉公以后，怀公至出子五代国君期间（前429—前385），统治集团内部斗争激烈，废立君主频繁出现，国内政局不稳，"群贤不说（悦）自匿，百姓郁怨非上"②；致使国力衰弱，对外作战连连失败，使得魏国继续向河西进攻，扩大战果。

2. 秦与其传统盟友楚国此时关系冷淡。《史记》卷40《楚世家》载悼王二年（前400），"三晋伐楚，败我大梁、榆关；楚厚赂秦，与之平"。看来两国之间存在着冲突，楚为了应付三晋的进攻，被迫向秦厚纳财物以求缓和关系。楚国当时正与齐、魏、韩在方城之外激烈争夺，亦无暇助秦。

3. 秦国在外交上处于孤立状态，华夏诸侯多予鄙视。《史记》卷5《秦本纪》言战国初年，"周室微，诸侯力政，争相并。秦僻在雍州，不与中国诸侯之会盟，夷翟遇之。……诸侯卑秦，丑莫大焉"。魏国若大举伐秦，邻国多会袖手旁观，不会助秦抗魏；韩、赵为了参与瓜分秦地，很可能像往日那样，出兵协魏攻秦。

所以，魏国较为理想的战略步骤应是首先全力伐秦，即使不能灭亡其国，也可以将秦远逐到陇坂以西，占据关中这块宝贵的"四塞之地"；北连上郡，南抵秦岭，然后再东进中原，这样形势要有利得多。从当时的情况来看，魏国确实有能力和条件完成驱秦的军事行动。如商鞅对秦孝公所言："夫魏氏其功大而令行于天下，有十二诸侯而朝天子，其与必众。故以一秦而敌大魏，恐不如。"③可惜魏国没有把握住这个难得的机会。

---

① 钟凤年：《〈战国疆域变迁考〉序例（续）》，《禹贡》第七卷第六、七合期。
②《吕氏春秋·不苟论·当赏》。
③《战国策·齐策五》。

（二）未能巩固对中山的统治

魏国对中山的用兵持续三年，人马财粟损耗甚众；占领之后，尽管曾派太子击和李悝前往镇守，但事后对这块国土以外的"飞地"未给予足够的关注与支持。《说苑》卷12《奉使》载："魏文侯封太子击于中山，三年使不往来。"竟然不闻不问。后又将太子击召回，委任少子挚守中山，其人年少，尚无经验，担不起这个重任。再者，中山与魏之间被赵国阻隔，来往需要假道，受制于人，运送兵员财粟相当困难；且又受到燕、齐、赵等强邻的包围，本来就难以坚守。魏国君臣再不加重视，未能及时打通道路，巩固统治，后来丧失其地在所难免。

（三）没有处理好三晋的联合或统一问题

魏与韩、赵壤土交错，又同出于晋，在政治、疆域和历史渊源上都有实行联盟或统一的条件。反之，魏如不能兼并韩、赵或与韩、赵结盟，后果则是严重的。首先，领土被分割破碎的状况无法根本改变，各地区之间交通不便，难以相互支援，做有效的防御。其次，与韩、赵敌对会牵制和消耗魏国有限的兵力，这对魏的发展十分不利。

战国初年，魏文侯注意维持与韩、赵的友好关系，三家协同对外作战，魏国多有受益。但是自武侯即位后，支持赵国逃亡贵族公子朔，发兵偷袭邯郸，受挫而返。此后三晋联盟破裂，交战不已，魏国亦因此遭受了重大损失。如惠王初立，"（韩懿侯）乃与赵成侯合军并兵以伐魏，战于浊泽，魏氏大败，魏君围。赵谓韩曰：'除魏君，立公中缓，割地而退，我且利。'韩曰：'不可，杀魏君，人必曰暴；割地而退，人必曰贪。不如两分之。魏分为两，不强于宋、卫，则我终无魏之患矣。'赵不听，韩不说，以其少卒夜去"①。司马迁对此评论道："惠王之所以身不死、国

---

① 《史记》卷44《魏世家》。

不分者，二家谋不和也。若从一家之谋，则魏必分矣。"

因为三晋之间存在着利益冲突，相互觊觎领土，很难实行长久的联合。而它们的分立又导致势单力孤，难以在与诸强的抗衡中占有优势，容易被敌人各个攻破。顾祖禹曾论道："呜呼！秦之能灭晋者，以晋分为三而力不足以拒秦也。假使三晋能知天下之势，其于安邑、于上党、于晋阳也，如捍头目而卫心腹也，即不能使秦人之不我攻，必当使我之不可攻。"[①] 对魏国来说，即使暂时无法吞并韩、赵，至少应联合其中一家，来制约、削弱另一家，形成有利的局面。但在实际上，往往是韩、赵两家共同对抗魏国，魏曾多次以一敌二，陷于被动。

（四）过早向中原扩张和迁都

战国前期，魏把中原地带当作战略主攻方向，投入大量主力军队，并把都城迁到大梁，这一选择和举措在事实上是利弊各半的。黄淮平原地势平坦，便于部队的运动；当地土壤肥沃丰饶，立国者多为中小诸侯，力量不强；向这一地带用兵直接损失较少，收益较多，是其诱人之处。不过，也有不利因素，详述如下。

豫东平原位于天下之中，车马辐辏，皆为坦途，又无名山大川之险阻，实为易攻难守的四战之地。魏国在河南开辟的疆土，被齐、楚、韩三面包围，北边的河内也受到赵国的威胁；魏与韩、赵关系恶化后，已处在四面受敌的尴尬境地。《商君书·兵守》对这种情况加以分析后，指出"四战之国"应该侧重于防御，不宜到处出击："四战之国贵守战，负海之国贵攻战。四战之国好举兴兵以距四邻者，国危。四邻之国一兴事，而己四兴军，故曰国危。四战之国不能以万室之邑舍巨万之军者，其国危。故曰：四战之国务在守战。"上述议论实际是对魏在中原屡次轻举妄

---

① 〔清〕顾祖禹：《读史方舆纪要·山西方舆纪要序》，中华书局，2005 年，第 1775 页。

动，结怨众多邻国，而最终招致失败的总结与批评。

惠王迁都大梁，虽然有利于控制中原的军政国务，但是该地四面临敌，又无险可守，易被敌军长驱直入，造成兵临城下的危险局面。大梁车骑四通，道路交会，属于军事地理学上的枢纽地区，战时即成为兵家必争的热点，冲突频繁，安全很难得到保障。都城是国家的政治中枢，设置在这样的地点是不适合的。顾祖禹即在《读史方舆纪要·河南方舆纪要序》中强调，不宜在河南那样的"四战之地"建都，否则会陷于危难；河南的防务有赖于周围地区，特别是关中、河北等地作为其屏障："河南，古所称四战之地也。当取天下之日，河南在所必争；及天下既定，而守在河南，则岌岌焉有必亡之势矣。周之东也，以河南而衰；汉之东也，以河南而弱；拓拔魏之南也，以河南而丧乱。……然则河南固不可守乎？曰：守关中，守河北，乃所以守河南也！"

战国时期的中原，对魏国来说，一旦过早置身于此，便会受到诸多强邻的围攻，无法摆脱困境。后来秦国发动统一战争时，也出现过类似的战略失误。秦昭王时魏冉执政，亦曾把主攻方向定在中原，频频出兵围攻魏都大梁，又与齐国争夺陶邑，结果并不理想。由于燕、赵、韩等诸侯来救，"穰侯十攻魏而不得伤"[①]。陶邑虽然得手，但因距离关中太远，有韩、魏阻隔，日后还是被魏国夺走。范雎献"远交近攻"之策后，秦国及时调整战略，以主力进攻邻近的河东、河内、南阳，与三晋和楚国分别作战，待扫清外围后，便势如破竹地攻占了中原地带。

---

① 《战国策·秦策三》。

第六章

——

战国中叶秦、齐、楚诸强对"天下之枢" 韩、魏的争夺

　　战国中叶[①]，中国的政治形势发生了重大变化，出现了群雄并立对峙的复杂局面。其中最为强大的齐、秦、楚国各展图谋，竞成帝业；它们实行的军事外交战略的一项重要内容，就是力求控制位处中原要枢的韩、魏两国，以此成就对敌斗争的有利态势。本章探讨的是这一历史阶段韩、魏在地理位置上的枢纽作用与军事价值，以及诸强为争夺两国所实施的战略特点及其成败原因。

　　公元前334年，魏国在接连惨败于齐、秦之后，惠王被迫协同韩及其他小国诸侯赴徐州朝见齐威王，承认齐国的霸主地位，即所谓"徐州

---

① 战国时代大致可以分为前、中、后三期，前期又可以分成两个阶段：1. 公元前475—前420年，齐、晋（及后来的"三晋"）、楚、越四强并立，秦国因内乱等缘故势力衰弱，被屏于外；2. 公元前419—前334年，魏国从积极向外扩张、独霸中原到败于齐、秦，被迫投靠强国，沦为附庸。中期也可以分为两个阶段：1. 公元前333—前284年，从齐魏"徐州相王"到秦国支持五国伐齐获胜，乐毅率燕军灭亡齐国；2. 公元前283—前260年，从秦国首次兵围大梁，又攻陷楚都鄢郢，到长平之战中全歼赵军四十余万，山东再也没有能够单独与其抗衡的政治势力。后期则由公元前259—前221年，秦国逐步消灭对手，兼并六国，完成了统一天下的大业。

相王"。此后中国进入了群雄角逐、纵横捭阖的混战时期。其概况如《史记》卷5《秦本纪》所载，秦国虎踞关中，"河山以东强国六，与齐威、楚宣、魏惠、燕悼、韩哀、赵成侯并。淮泗之间小国十余。……周室微，诸侯力政，争相并"。由于政治改革和经济发展的不平衡，战国"七雄"中的齐、秦、楚三国地广兵强，各自的综合实力超过其他诸侯。三强之间实力相对均衡，谁都没有绝对把握战胜对手。因为统一条件尚未成熟，任何一强要想吞并邻国，都会遭到其他数国的联合抵制与阻击，难以一举成功。既然兼并天下的时机未到，齐、秦、楚便暂且奉行徐图进展、谋求霸权的策略。一方面，它们胁迫或拉拢其他中小国家加入本方阵营，以壮大自己的力量，形成对敌优势，即所谓"合纵""连横"；另一方面，它们蚕食邻土以增强国力，打击并削弱争霸对手，待到时机成熟，再来扫清寰宇，一统海内。

在这一历史阶段的政治斗争里，韩、魏两国显得尤为重要，它们所附从的强国往往会取得作战的胜利，甚至能够不战而迫使对手割地求和。齐、秦、楚为了达到控制韩、魏的目的，在军事和外交活动中各施谋略。而齐、楚争霸失利，秦国最终获胜，得以独步天下，这一结果与它们争夺韩、魏的成败有着密切的关系。韩、魏之所以引起列强瞩目，源于这两个国家的枢纽地位和战略价值，以下予以详述。

一、韩、魏两国的枢纽地位和战略价值

军事地理学上的"枢纽地区"也叫作"锁钥地带"，指的是处于交通要道，在对立作战的双方或数方中间的"兵家必争之地"；其地理位置十分重要，如果夺取、控制了这一区域，就可以阻挡敌方的进击，并使自己能够向多个战略方向运动兵力，获得战争的主动权。战国中期的枢纽地区，由位居中原腹地的韩、魏两国构成。

1.**魏国**。"徐州相王"之时，魏国的主要疆域在豫东、冀南豫北平原及晋南河谷盆地，分布于黄河中游南北两岸，与韩地错处其间。黄河以西虽然屡屡失地于秦，但还保有西河、上郡的部分领土，以及殽函北道的最后几个据点——陕、曲沃、焦。《汉书》卷28下《地理志下》载魏地："其界自高陵以东，尽河东、河内，南有陈留及汝南之召陵、濦强、新汲、西华、长平，颍川之舞阳、郾、许、鄢陵，河南之开封、中牟、阳武、酸枣、卷、皆魏分也。"国土西接秦、韩，北临赵，东拒齐，南面与楚交界。魏国地多平原，农业资源丰富，人口密集，"然而庐田庑舍，曾无所刍牧牛马之地。人民之众，车马之多，日夜行不休已，无以异于三军之众"①。

2.**韩国**。韩国国土分布于豫西和豫南的丘陵山地、晋南谷地，以及国都新郑所在的豫东平原。《汉书》卷28下《地理志下》曰："韩地，角、亢、氐之分野也。韩分晋得南阳郡及颍川之父城、定陵、襄城、颍阳、颍阴、长社、阳翟、郏，东接汝南，西接弘农得新安、宜阳，皆韩分也。"苏秦曰："韩北有巩、洛、成皋之固，西有宜阳、常阪之塞，东有宛、穰、洧水，南有陉山，地方千里，带甲数十万。"②

韩、魏两国在军事地理方面的特点，首先是处于东亚大陆的中心，控制了当时中国几条重要的水陆交通干线。如通往东西方的陆路有：**甲、豫西走廊**，西端的重镇临晋、陕、焦、曲沃属魏，宜阳和东端的成皋、荥阳与管属韩。**乙、晋南豫北通道**，其西端的少梁（临晋）、蒲坂、皮氏，东端的宁、共、汲属魏，中段的上党、轵道分属韩、魏。

连接南北方的大道则由燕赵南下，进入魏地的邺、朝歌，渡过黄河，经韩之管城（今河南省郑州市）、国都郑（今河南省新郑市），直赴楚国

---

① 《战国策·魏策一》。
② 《战国策·韩策一》。

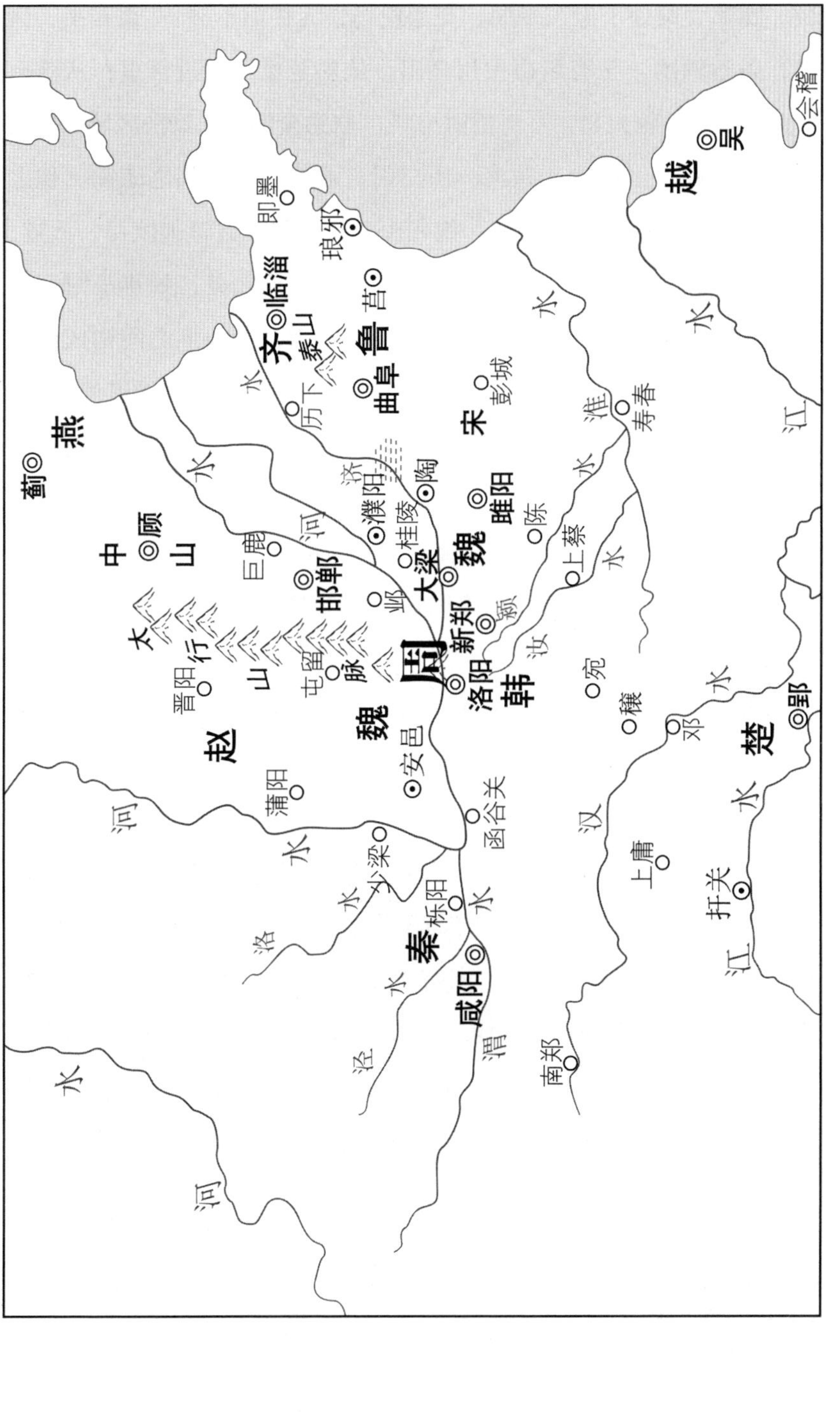

战国中期形势示意图（前350）

的方城。魏都大梁处于豫东平原，交通便畅，无往而不利："地四平，诸侯四通，条达辐凑，无有名山大川之阻。从郑至梁，不过百里；从陈至梁，二百余里。马驰人趋，不待倦而至。"①联系全国两大经济区域——关中与山东的水路，由渭水入黄河，历三门、孟津，到达韩之荥阳、魏之延津，黄河中游河段两岸多是韩、魏领土，几处重要渡口如陕津、武遂、河阳、白马俱在其内。荥阳又是黄河与济水的分流之处，魏惠王时开凿鸿沟运河，把济水与汝水、泗水、淮水连接起来，在河淮之间构成了一个巨大的水运交通网，韩之荥阳与魏之大梁都是总绾几条河道的枢纽。从那里出发，既能溯河而上，进入秦境；又可以沿黄河、济水或鸿沟诸渠到达山东与江南。如《史记》卷29《河渠书》所言："荥阳下引河东南为鸿沟，以通宋、郑、陈、蔡、曹、卫，与济、汝、淮、泗会。于楚，西方则通渠汉水、云梦之野，东方则通沟江淮之间。于吴，则通渠三江五湖。于齐，则通菑济之间。"

　　因为韩、魏特殊的地理位置在交通方面具有极高的战略价值，而两国的兵力又不够强大，所以引起了政治家、军事家们的瞩目，成为战国中叶几大强国争夺、控制的热点，被认为是"天下之枢"。特别是争霸的两个主要对手——齐、秦之间没有共同边界，只有假道韩、魏才能交锋，如"秦假道韩、魏以攻齐，齐威王使章子将而应之"②；苏秦曰："夫齐威、宣，世之贤主也，德博而地广，国富而用民，将武而兵强。宣王用之，后富（逼）韩威魏，以南伐楚，西攻秦。"③另外，韩、魏又是它们抗御对手的屏障，司马光在《资治通鉴》卷7中说："夫三晋者，齐、楚之藩蔽；齐、楚者，三晋之根柢；形势相资，表里相依。"在这样的政治地理形势

---

① 《战国策·魏策一》。
② 《战国策·齐策一》。
③ 《战国策·赵策二》。

下，诸强对韩、魏的觊觎也就不足为怪了。

其次，是韩、魏的综合实力略弱于齐、秦、楚。洪迈《容斋随笔》卷10曰："魏承文侯、武侯之后，表里山河，大于三晋，诸侯莫能与之争。而惠王数伐韩、赵，志吞邯郸，挫败于齐，军覆子死，卒之为秦困，国日以蹙，失河西七百里，去安邑而都大梁，数世不振，讫于玢国。"张仪则称："魏地方不至千里，卒不过三十万人。"①韩的疆域在七雄中最小，而且多山，土地瘠薄，不利于种植业的发展，国家亦因此贫弱。张仪为秦连横说韩王曰："韩地险恶，山居，五谷所生，非麦而豆；民之所食，大抵豆饭藿羹；一岁不收，民不厌糟糠；地方不满九百里，无二岁之所食。料大王之卒，悉之不过三十万，而厮徒负养在其中矣，为除守徼亭障塞，见卒不过二十万而已矣。"②

再次，韩、魏两国因位于天下之中，四面受敌，尤其是被齐、秦、楚三强包围，在军事上处于十分不利的态势，使本来不足的兵力更加捉襟见肘。例如《韩非子·存韩》曾言："夫韩，小国也，而以应天下四击，主辱臣苦，上下相与同忧久矣。"《战国策·魏策一》载："（梁）南与楚境，西与韩境，北与赵境，东与齐境，卒戍四方，守亭障者参列，粟粮漕庾，不下十万。魏之地势，故战场也。魏南与楚而不与齐，则齐攻其东；东与齐而不与赵，则赵攻其北；不合于韩，则韩攻其西；不亲于楚，则楚攻其南。此所谓四分五裂之道也。"《吴子·料敌》亦载魏君曰："今秦胁吾西，楚带吾南，赵冲吾北，齐临吾东，燕绝吾后，韩据吾前。六国兵四守，势甚不便，忧此奈何？"韩、魏较弱的国力与地理特点使它们在群雄割据混战中陷于被动，不得不在军事战略上注重守备，

---

① 《战国策·魏策一》。
② 《战国策·韩策一》。

较多地采取守势,《商君书》详细论证了这个问题①,总结说:"四战之国务在守战。"从史实来看,若无大国支持,韩、魏尚不具备与其他强国(齐、秦、楚)对抗的能力。公元前318年,以三晋为主的五国合纵攻秦失败就表明了这一点。

最后,由于韩、魏四面临敌,国力较弱,在复杂激烈的兼并战争中,不得不注重审时度势,结交和依托强国,以求生存发展。韩、魏重要的地理位置和数十万兵力,对周围邻国的安全及争霸扩张具有重大影响,与其联盟,控制和利用韩、魏,被当作这些国家军事外交政策的基本方针。故此,韩、魏所在的枢纽地区是这一历史阶段列国纵横捭阖的政治外交活动中心,成为"合纵""连横"思想的发源地。战国时期的纵横家多出于韩、魏,司马迁在《史记》卷70《张仪列传》中说:"三晋多权变之士,夫言从衡强秦者大抵皆三晋之人也。"如张仪、公孙衍、范雎、姚贾,以及苏秦与苏代、苏厉兄弟(周人,国土被韩包围)。刘师培在《南北文学不同论》中亦称:"春秋以降,诸子并立。……故河北、关西,无复纵横之士。韩、魏、陈、宋,地界南北之间,故苏、张之横放(苏秦为东周人,张仪为魏人),韩非之宕跌(非为韩人),起于其间。"这既取决于当时险恶多变的国际形势,也和当地居民善于机巧权诈的风俗对政治的影响有关②。

如前所述,由于韩、魏所在的枢纽地区具有重要的战略价值,对于齐、秦、楚来说,打败对手,确立自己的优势地位之关键。一方面在于勤修内政,富国强兵;另一方面就在于军事、外交活动的成功,其中很

①《商君书·兵守》:"四战之国贵守战,负海之国贵攻战。四战之国好举兴兵以距四邻者,国危。四邻之国一兴事而己四兴军,故曰国危。四战之国不能以万室之邑舍巨万之军者,其国危。故曰:四战之国务在守战。"

②《汉书》卷51《邹阳传》:"邹鲁守经学,齐楚多辩知,韩魏时有奇节。"《战国策·秦策三》载秦王曰:"寡人欲亲魏,魏,多变之国也,寡人不能亲。"

重要的一项内容就是能否控制和利用韩、魏两国，当时明智的政治家和统帅多这样认为。如甘茂言："楚、韩为一，魏氏不敢不听，是楚国以三国谋秦也，如此则伐秦之形成矣。"①范雎对秦王称："今韩、魏，中国之处而天下之枢也。王若欲霸，必亲中国而以为天下枢，以威楚、赵。赵强则楚附，楚强则赵附。楚、赵附则齐必惧，惧必卑辞重币以事秦。"②顿子也说："韩，天下之咽喉；魏，天下之胸腹。王资臣万金而游，听之韩、魏，入其社稷之臣于秦，即韩、魏从。韩、魏从，而天下可图也。"③事实上，在这一历史阶段三强争霸的战争中，得到韩、魏支持的一方往往在激烈的角逐中获胜。例如：

甲、公元前 313 年，秦国联合韩、魏，与齐、楚、宋作战；秦利用魏国挡住了齐、宋的攻势，并出师助魏反击到濮水，虏齐将声子（或曰"赘子"）。韩国助秦攻楚，围柱国景差。秦又在丹阳大败楚军，俘楚将屈丐等七十余人。次年秦、楚战于蓝田，韩、魏袭击楚国后方，迫使楚国撤兵。④

乙、公元前 303—前 299 年，齐挟韩、魏攻楚，在垂沙之役中大胜楚军，杀其将唐蔑（或曰"唐昧"），攻占了楚国宛、叶以北的大片领土。⑤

丙、公元前 298—前 296 年，齐与韩、魏联军大举攻秦，破函谷关，迫使秦国求和，归还前所侵占的韩、魏之河外、封陵、武遂等地。⑥

---

① 《战国策·韩策二》。
② 《战国策·秦策三》。
③ 《战国策·秦策四》。
④ 《史记》卷 5《秦本纪》、卷 15《六国年表》、卷 40《楚世家》、卷 44《魏世家》、卷 45《韩世家》《集解》引《竹书纪年》，《战国策·齐策六》。
⑤ 《史记》卷 5《秦本纪》、卷 15《六国年表》、卷 40《楚世家》，《吕氏春秋·似顺论第五·处方》，《战国策·秦策四》。
⑥ 《史记》卷 15《六国年表》、卷 44《魏世家》、卷 45《韩世家》、卷 46《田敬仲完世家》。

　　丁、公元前 288—前 287 年，齐国主持五国（齐、韩、魏、燕、赵）伐秦。迫于其声势，秦未敢应战，再次退地于三晋，以求息兵；宋也被齐国灭亡。[①]《战国策·秦策一》曾追述："昔者齐南破荆，中破宋，西服秦，北破燕，中使韩、魏之君，地广而兵强，战胜攻取，诏令天下。"

　　戊、公元前 285—前 284 年，秦国得到韩、魏的附从，假道出兵，攻占齐地九城。又操纵五国联军伐齐，大获全胜，打败并削弱了齐国，使之不再成为抗秦的主力，彻底退出了竞争行列。[②]

　　如上所言，韩、魏在当时的合纵、连横战争里，虽然不是一流强国，却因为地控枢要，拥兵数十万，从而具有举足轻重的地位，故此引起齐、秦、楚诸强的重视，成为它们竞相争夺的首选目标。

二、列强争夺韩、魏的政治、外交斗争

　　战国中期，列强为了控制韩、魏，采取了多种手段，第一种是联合，即依靠利诱或武力慑服使韩、魏加入自己主持的军事联盟，来与敌人斗争。在当时群雄力量均衡、战事酷烈的形势下，各国都注重采用"合纵"与"连横"的谋略，这是这一历史阶段的显著特点。"合纵""连横"的宗旨都强调"择交"[③]，即在审时度势的情况下选择和结交盟友，以求联合制敌，形成力量上的优势，作为强化自己、削弱敌人的手段。《韩非子·五蠹》称："从（纵）者，合众弱以攻一强也；而衡（横）者，事一强以攻众弱也。"徐中舒先生对此解释道："所谓合从（纵）连横，原是以三晋为主，北联燕，南联楚为纵，东连齐或西连秦为横。合从既可

---

①《史记》卷 43《赵世家》，《战国纵横家书》第二十一，《战国策·赵策一》。

②《史记》卷 5《秦本纪》、卷 15《六国年表》、卷 46《田敬仲完世家》。

③《战国策·赵策二》苏秦曰："安民之本，在于择交。择交而得则民安，择交不得则民终身不得安。"

以对秦，也可以对齐，连横既可以连秦，也可以连齐。"① 这是因为"合纵""连横"思想源于三晋，它们在国力上略逊齐、秦、楚一筹，需要彼此结盟或与强国结盟来保护自己，求生存，图发展。如《战国策·燕策二》载说客曰："又譬如车士之引车也，三人不能行，索二人，五人而车因行矣。今山东三国弱而不能敌秦，索二国，因能胜秦矣。"但是这种策略很快流行开来，也被其他国家的统治者们接受采用了。

　　齐、秦、楚三强实力相侔，任何一方都无法消灭韩、魏，完全兼并其领土。韩、魏如果受到大举进攻，面临灭亡的危险，通常会向其他强国求助，而后者不愿让争霸对手夺取这块战略要地，往往发兵支援。如《战国策·魏策四》载说客献书于秦王曰："梁者，山东之要（腰）也。有蛇于此，击其尾，其首救；击其首，其尾救；击其中身，首尾皆救。今梁王，天下之中身也。秦攻梁者，是示天下要断山东之脊也，是山东首尾皆救中身之时也。"诸侯救兵到来后，即能扭转战局的不利，迫使来犯者撤军休战。如公元前 312 年，"楚围雍氏五月，韩令使者求救于秦，冠盖相望也。……（秦）果下师于崤以救韩"②。齐、秦、楚迫于彼此国力的相对均衡和互相牵制，只能选择联合而不是消灭韩、魏的策略。若是能够迫使韩、魏不战而降服，加入自己的阵营，不仅可以减少本国的伤亡，壮大己方的军事力量，从而打破均势，还能在部队的运动和部署上造就有利的态势，迅速、顺畅地开赴敌境，甚至发动多点攻击，使对方腹背受敌，难以应付。因此，通过非军事的政治外交手段来控制韩、魏，以达到利用其地域、兵力和财富的目的，是齐、秦、楚诸强在争霸活动中经常使用的办法。下面具体论述其内容。

　　1. 诸强控制韩、魏的各种非军事手段。 为了操纵韩、魏，使这两个

---

① 徐中舒：《论〈战国策〉的编写及有关苏秦诸问题》，《历史研究》1964 年第 1 期。
② 《战国策·韩策二》。

国家留在自己的阵营里，齐、秦、楚三强除了使用军事征服之外，还采取以下各种措施来影响韩、魏的政治与外交。

（1）置相。派遣本国的贵族、近臣到韩、魏出任宰相，以影响该国的政策。如秦曾遣张仪相魏，樗里疾相韩；楚遣昭献相韩；齐曾遣田文、周最相魏。他们在执政中带有明显的倾向，如《战国策·魏策二》所载："苏代为田需说魏王曰：'臣请问（田）文之为魏，孰与其为齐也？'王曰：'不如其为齐也。'"

（2）质子。强迫对方提供人身抵押。魏国在马陵之战失败后，被迫使太子鸣质于齐。《战国策·魏策二》载秦、楚共攻魏国，围皮氏，"（楚）乃倍秦而与魏，魏内太子于楚"。《战国策·秦策五》："楼铻约秦、魏，魏太子为质。"韩曾有太子仓质于秦，公子虮虱等人质于楚。

（3）立储。扶植某位公子担任王储，以培养亲己的政治势力。如魏惠王年迈，太子鸣质于齐；楚欲扶植公子高为储，以密切两国关系，抵消齐国的影响。朱仓说服齐相田婴送太子鸣回国："魏王之年长矣，今有疾，公不如归太子以德之。不然，公子高在楚，楚将内而立之，是齐抱空质而行不义也。"[①]《史记》卷45《韩世家》亦载韩襄王十二年，"太子婴死，公子咎、公子虮虱争为太子。时虮虱质于楚。苏代谓韩咎曰：'虮虱亡在楚，楚王欲内之甚。……'"

（4）伙同韩、魏侵略他国后分赃。这样可以一举两得，用他国领土使自己和韩、魏同时得到好处，以达到拉拢的目的。如张仪说韩王曰："今王西面而事秦以攻楚，为敝邑，秦王必喜。夫攻楚而私其地，转祸而说秦，计无便于此者也。"[②]齐国也屡次挟韩、魏攻楚，并把占领的许多土地给予韩、魏。

---

①《战国策·魏策二》。
②《战国策·韩策一》。

（5）尽量拆散韩、魏与对手的联盟。三强运用游说、欺诈等方法，促使韩、魏附从自己，从争霸对手的军事集团中脱离出来，以削弱敌人的力量。这一历史阶段内，韩、魏在三强之间左右摇摆，时叛时合，很大程度上是受到它们外交活动的影响。

齐、秦、楚通过以上手段，辅以武力威胁，曾先后迫使韩、魏加入本国所在的军事集团，从而在争霸角逐中获得主动。

2. 秦国为争夺韩、魏所采取的特殊手段。 在三强争夺韩、魏的激烈斗争里，秦国能够击败齐、楚，最终控制枢纽地区，是因为采取了和其他两强不同的政治措施，收到了满意的效果。

（1）招诱韩、魏贫民。韩、魏耕田面积不足，秦国则地广人稀，因此秦王接受了商鞅的建议，利用自己的有利条件，用田宅、复除等优惠吸引三晋移民入秦，以削弱韩、魏，增强国力。"今秦之地，方千里者五，而谷土不能处什二，田数不满百万，其薮泽、溪谷、名山、大川之材物货宝又不尽为用，此人不称土也。秦之所与邻者，三晋也，所欲用兵者，韩、魏也。彼土狭而民众，其宅参居而并处，其寡萌贾息，民上无通名，下无田宅，而恃奸务末作以处。人之复阴阳泽水者过半。此其土之不足以生其民也，似有过秦民之不足以实其土也。……今利其田宅而复之三世，此必与其所欲而不使行其所恶也。然则山东之民无不西者矣。"[1]杜佑在《通典》卷174《州郡四》中也记载道："商鞅佐秦，以一夫力余，地利不尽，于是改制，二百四十步为亩，百亩给一夫矣。又以秦地旷而人寡，晋地狭而人稠，诱三晋人发秦地利，优其田宅，复及子孙，而使秦人应敌于外，非农与战不得入官。大率百人则五十人为农，五十人习战，兵强国富，职此之由。"

（2）退还或交换其被占领土地。值得注意的是，秦国占领韩、魏领

---

[1]《商君书·徕民》。

土后，经常使用交换或退还部分土地的手法，以拉拢两国留在自己的阵营之内，这种欺骗伎俩时有收效。例如，《史记》卷70《张仪列传》载："秦惠王十年，使公子华与张仪围蒲阳，降之。（张）仪因言秦复与魏，而使公子繇质于魏。仪因说魏王曰：'秦王之遇魏甚厚，魏不可以无礼。'魏因入上郡、少梁，谢秦惠王。"《史记》卷44《魏世家》载秦惠王时攻占了魏国的汾阴、皮氏、曲沃和焦，后将曲沃与焦归魏。秦攻克韩国重镇宜阳后，为了防止韩倒向齐、楚，就把武遂退与韩国，三年后又夺回。

（3）迁徙移民。秦国攻占韩、魏一些重要领土后，一方面将原地的被征服居民逐出，另一方面把本国的释放囚犯、奴隶迁到当地居住，以巩固在那里的统治。例如《史记》卷5《秦本纪》载惠文君十三年（前325），"使张仪伐取陕，出其人与魏"；昭王二十一年（前286），"（司马）错攻魏河内，魏献安邑，秦出其人，募徙河东赐爵，赦罪人迁之"；昭王三十四年（前272），"秦与魏、韩上庸地为一郡，南阳免臣迁居之"。《战国策·韩策一》亦载秦攻占韩宜阳后，"甘茂许公仲以武遂，反宜阳之民"，鲍注曰："取其地而还其民也。"

（4）离间韩、魏。韩、魏的联合、结盟，对秦是极为不利的。故此，秦多次采取挑拨离间的做法，支持一国，打击另一国，以达到分散削弱其抵抗力量的目的。即使不直接进攻，也能坐收渔人之利。《战国策·赵策一》载："三晋合而秦弱，三晋离而秦强，此天下之所明也。秦之有燕而伐赵，有赵而伐燕；有梁而伐赵，有赵而伐梁；有楚而伐韩，有韩而伐楚，此天下之所明见也。"公元前308年，秦国在攻打韩国重镇宜阳时，便先采取分化政策，派甘茂、向寿赴魏国修好，使韩国孤立无援，再出兵进攻得手。

（5）聘用韩、魏智士。在战国历史上，秦国很重视从文化发达的中原各国招贤纳士，其中以魏人居多，从商鞅到张仪、范雎、姚贾、尉缭等，不胜枚举，纷纷出任宰相、客卿等要职。这些人熟悉本土的情况，既运用自己的聪明才智为秦之军事、外交作出许多贡献，同时又使韩、魏人才外流，可谓一举两得。

秦国之所以能够在与齐、楚争夺韩、魏的斗争中获得成功，以上措施起了重要作用。

三、从地理角度分析齐、秦、楚的进攻战略

（一）对主要用兵方向的选择

齐、秦、楚诸强控制韩、魏的第二种手段是军事进攻，即用武力夺取其部分领土。能不战而屈人之兵，说服韩、魏与自己结盟对敌，自然是上策；但是，韩、魏两国在外交方面唯利是图，无信义可言，所谓朝秦暮楚，反复无常。如《战国策·赵策一》所载："秦、楚战于蓝田，韩出锐师以佐秦。秦战不利，因转与楚。不固信盟，唯便是从。"秦王亦说过："魏，多变之国也，寡人不能亲。"① 当时人们对韩、魏的背盟欺诈已经习以为常，甚至说："三晋百背秦，百欺秦，不为不信，不为无行。"② 与通过胁迫或利诱使韩、魏加盟的办法相比，军事征服的手段更为可靠，因为如能夺取韩、魏的某些交通枢纽，既可以扩大自己的边界，增强国力，又能够自由地调动部队进出一些战略要地，根据形势的需要组织攻击或防御，还可以削弱韩、魏的力量，迫使其服从自己，签订城下之盟。所以，军事进攻实际上是强国政治、外交活动的必要支持手段，如果没有武力威慑，与韩、魏的结盟是得不到切实保证的。《史记》卷79《范雎蔡泽列传》的记载就是一个很好的例证。秦昭王对魏国外交政策的多变感到无计可施，向范雎请教。范雎献策曰："王卑词重币以事之；不可，

---

① 《战国策·秦策三》。
② 《战国策·秦策二》。

则割地而赂之；不可，因举兵而伐之。"这种软硬兼施的策略得到昭王认可，获得了明显的成效："王曰：'寡人敬闻命矣。'乃拜范雎为客卿，谋兵事，卒听范雎谋，使五大夫绾伐魏，拔怀。后二岁，拔邢丘。"当然，采取这种手段也有许多困难，韩、魏是万乘之国，拥有数十万军队，如果据险而守，攻占其领土要付出沉重的代价，何况可能还有其他强国发兵前来支援。因此，只有运筹帷幄，克服军事、外交上的诸多障碍，孤立对手，并坚持对这一战略方向投入主要兵力，才能取得预期的效果，兼并韩、魏的边境冲要，控制这一枢纽地区。

尽管齐、秦、楚都在一定程度上认识到争夺韩、魏的重要性，但是因为它们在地理位置和外部环境方面各有特点，三国统治集团关于政治、军事形势的主观判断也有正确和失误的区别，所以在选择主攻方向和部署兵力时，这些因素促使它们做出了不同的战略抉择，结果导致秦国争霸的胜利与齐、楚的失败。下面笔者将对三国做具体分析。

1. **齐国**。齐国本土在山东半岛与泰山以北的鲁西北平原，东临大海，其南部越泰山、泗水，到达豫东和苏北平原；疆界在襄陵（今河南省睢县）、彭城（今江苏省徐州市）与下邳（今江苏省睢宁县），与魏、楚相拒，统称为"南阳"[①]；西部在今冀南、豫北，与赵、魏隔黄河为邻[②]；北有徐州、狸、桑丘，在今河北中部的大城、任丘、徐水一线以南，与燕国接壤。齐之形势较为完备，如《战国策·秦策四》所称："齐南以泗为境，东负海，北倚河，而无后患。天下之国，莫强于齐。"齐国因东边及东北濒临渤海，无从用兵；主要有南（对楚）、西（对赵）和北（对燕）

---

① 《孟子·告子下》："一战胜齐，遂有南阳，然且不可。"赵岐注："就使慎子能为鲁一战取齐南阳之地，且犹不可。山南曰阳，岱山之南谓之南阳也。"《史记》卷41《越王勾践世家》载无强曰："愿齐之试兵南阳莒地。"《史记索隐》："此南阳在齐之南界，莒之西。"

② 《汉书》卷29《沟洫志》载："齐与赵、魏，以河为竟。赵、魏濒山，齐地卑下，作堤去河二十五里。"

三个攻防作战方向。如齐威王所言："吾臣有檀子者，使守南城，则楚人不敢为寇东取，泗上十二诸侯皆来朝。吾臣有盼子者，使守高唐，则赵人不敢东渔于河。吾吏有黔夫者，使守徐州，则燕人祭北门，赵人祭西门，徙而从者七千余家。"①

在战国中叶这一历史阶段，齐国和秦、楚相比，兼并的领土较少。它对赵、中山的西境和对燕的北境基本上维持原状，未有大扩张，主要是向泰山以南的豫兖徐平原（今鲁西南平原、豫东平原、苏北平原）发展势力，开辟疆域。齐国为什么会做出这种选择？下面予以分析：

（1）北方。齐之北邻燕国都蓟（今北京市西南），其领土有今冀北和辽宁西南部，兼有晋东北一角。因为生产和贸易不够发达，其国力在七雄中显得最为弱小。如苏代曰："凡天下之战国七，而燕处弱焉。"②时人所称："燕，弱国也，东不如齐，西不如赵。"③燕国的财力匮乏，地理位置又远离中原的枢纽地区，在经济、军事、交通上利用价值不高，因此并非当时大国争夺的重点对象，战事稀少，"夫安乐无事，不见覆军杀将之忧，无过燕矣"④。

此外，燕国虽然势力较弱，但毕竟也是"万乘之国"，不可轻视。如苏秦所言："燕东有朝鲜、辽东，北有林胡、楼烦，西有云中、九原，南有呼沱、易水。地方二千余里，带甲数十万，车七百乘，骑六千匹。"⑤此外，秦为了抑制齐国，与燕联姻结好，在燕、齐对抗中支援燕国，这使齐国在北方的用兵不得不有所顾忌。齐在南方的劲敌楚国也和燕有联盟关系，如《战国策·燕策三》载："齐、韩、魏共攻燕，燕使太子请救于

①《史记》卷46《田敬仲完世家》。

②《战国策·燕策一》。

③《战国策·燕策一》。

④《战国策·燕策一》。

⑤《战国策·燕策一》。

楚，楚王使景阳将而救之。"后来齐趁燕国内乱而北伐，占有其地，也是
迫于外界的压力撤兵回国。鉴于以上因素，齐国对燕用兵的收益并不丰
厚，又有列强的牵制，故此未把燕当作主要的进攻目标。

（2）西方。齐之西境临近赵和中山，只有少许与魏相邻。赵国拥有
陕北一部，晋中及晋东北、东南部分，其主体在冀南平原和鲁西、豫北
一角。中山是白狄鲜虞部族建立的国家，位于太行山以东的冀中平原，
西、南与赵国相邻，东界齐，北临燕。战国前期，中山曾被魏将乐羊、
吴起率军攻灭，但后来又得以复国。其地约方五百里①。这两个国家的特
点，首先是土壤贫瘠，资源不够丰富，而人口相对密集，见《汉书》卷
28 下《地理志下》："赵、中山地薄人众。"两国的经济实力较为薄弱。
其次是地理位置比较重要。两国均处于中原偏北区域，为诸侯各邦所围
绕。尤其是赵国西距强秦，北凌弱燕，南临韩魏，亦属四战之地，故被
人称为"中央之国"②。而郭嵩焘亦论中山"错处六国之间，纵横捭阖，交
相控引"③。两国在军事战略上的重要性仅次于当时的"天下之枢"——
韩、魏。

再次，两国均有尚武之风，军队战斗力较强。"千乘之国"的中山，
依然保持着原来游牧民族勇猛善战的风俗，兵力强劲。郭嵩焘言："中山
前后百二十年，与燕、赵交兵争胜为强国。及周显王四十六年，燕、韩、
宋相与称王，中山与焉。"④中山还积极参与了当时的"合纵""连横"活
动，如"五国相王""五国伐秦"等。赵国因为地近北边，常与游牧民族
发生战斗，有着尚武轻文、骁勇善战的民风。司马迁在《史记》卷 129
《货殖列传》中曾说："种、代，石北也，地边胡，数被寇。人民矜懻忮，

---

① 《战国策·秦策三》："且昔者，中山之地方五百里，赵独擅之。"
② 《韩非子·初见秦》曰："赵氏，中央之国也，杂民所居也。"
③ 〔清〕王先谦：《鲜虞中山国事表 疆域图说》，郭嵩焘序，上海古籍出版社，1993 年。
④ 〔清〕王先谦：《鲜虞中山国事表 疆域图说》，郭嵩焘序，上海古籍出版社，1993 年。

好气，任侠为奸，不事农商。……其民羯羠不均，自全晋之时固已患其儇悍，而（赵）武灵王益厉之。"赵之实力虽不及齐，但是强于燕国，苏秦曰："（赵）北有燕国，燕固弱国，不足畏也。"① 俗称："一赵尚易燕。"② 赵人勇悍善战，从兵力上看，曾出动二十万军队征伐中山，持续五年③，是齐的一个强劲对手。齐若大举攻赵略地，必须聚集众多军队，并得到其他强国的支援，否则难以进展。如时人所言："齐、魏虽劲，无秦不能伤赵。……秦、魏虽劲，无齐不能得赵。"④

另外，在战国的历史上，齐的两个争霸对手曾经屡次拉拢赵国，借以对抗和削弱齐国的力量。如秦多次与赵结盟修好，并交换质子，企图利用赵国来牵制打击和自己没有共同边界的齐国。楚也曾多次出兵救赵⑤，使其保持国力，从而对劲敌齐、魏侧翼与背后构成威胁。

在此情况下，齐国知难而退，也没有把赵当作主攻方向，对燕、赵基本上采取维持现有边境的守御态势，如苏代所说："（齐）济西不役，所以备赵也；河北不师，所以备燕也。"⑥

齐在西方曾组织过几次大规模用兵，都是联合韩、魏攻秦，作战目的和投入的兵力是有限的，并不是为自己开拓疆土，而是打击和抑制主要争霸对手秦国。虽然几次合纵伐秦获胜，但齐国本身寸土未得，仅仅满足于迫使秦国退还侵占的部分三晋领土。齐国采取这种适可而止的态

---

① 《战国策·赵策二》。
② 《史记》卷 89《张耳陈馀列传》。
③ 《战国策·赵策二》："赵以二十万之众攻中山，五年乃归。"
④ 《战国策·赵策三》。
⑤ 楚救赵之事，参见《战国策·楚策一》魏攻邯郸，"楚因使景舍起兵救赵，邯郸拔，楚取睢、濊之间"；《战国策·齐策五》："魏王身被甲底剑，挑赵索战。邯郸之中鹜（惊），河、山之间乱。……赵氏惧，楚人救赵而伐魏，战于州西，出梁门，军舍林中，马饮于大河。赵得是藉也，亦袭魏之河北，烧棘沟，队黄城。"
⑥ 《战国策·燕策一》。

度，首先是因为它不与秦国接壤，即便秦割地再多也只是增加三晋的疆域，所以并未全力以赴。其次，齐国不愿使秦国被过分削弱，让近邻韩、魏获利太多而强大起来，对自己构成威胁。所以往往秦只要表示屈服求和，齐即收兵休战，而不是将其彻底打垮。如《战国策·西周策》载韩庆谓主持伐秦的齐相薛公曰："'君以齐为韩、魏攻楚，九年而取宛、叶以北以强韩、魏，今又攻秦以益之。韩、魏南无楚忧，西无秦患，则地广而益重，齐必轻矣。夫本末更盛，虚实有时，窃为君危之。君不如令弊邑阴合于秦而君无攻，又无藉兵乞食。……秦不大弱，而处之三晋之西，三晋必重齐。'薛公曰：'善。'因令韩庆入秦，而使三国无攻秦。"

（3）南方。齐国的南境，是位于淮泗流域的诸多小国，如《史记》卷5《秦本纪》孝公元年所载："淮泗之间小国十余。"包括宋、鲁、卫、邹、薛、邾、莒、滕、杞、任、郯等，亦称"泗上十二诸侯"。这一地带多是平原旷野，土壤肥沃，河流湖泊纵横，拥有丰富的农业资源。《史记》卷129《货殖列传》载："邹、鲁滨洙、泗，犹有周公遗风，俗好儒，备于礼，故其民龊龊，颇有桑麻之业。……夫自鸿沟以东，芒、砀以北，属巨野，此梁、宋也。陶、睢阳亦一都会也。昔尧作于成阳，舜渔于雷泽，汤止于亳。其俗犹有先王遗风，重厚多君子，好稼穑。"但在政治上，这些诸侯皆为小国寡民，军事力量相当衰弱。战国前期，淮泗之间先后受到越人与楚人北伐、魏人东进和齐师南下，多次被诸强宰割兼并，或者沦为附庸，朝聘纳贡，服从军役。如《战国策·秦策五》所载："梁君伐楚胜齐，制赵、韩之兵，驱十二诸侯以朝天子于孟津。"徐州相王以后，齐国取代了魏在这一区域的霸主地位。

在这一地带中，宋、鲁、卫是周初分封的旧日望国，号称"千乘"；而它们至战国中叶大多衰弱不堪，仅有宋的实力略强。《战国策·宋卫策》载墨子曰："荆之地方五千里，宋方五百里。"宋建都于彭城（今江苏省徐州市），并拥有东方著名的商业都市——陶，号称"天下之中"。农业、手工业和商业较为发达。

淮泗流域地势空旷，无名山大川之险阻，便于军队的运动。当地经济繁荣，饶有财富，众多小国的兵力又相当薄弱，所以在齐国看来，是最理想的进攻对象。《战国策·齐策四》载苏秦劝齐王曰："伐赵不如伐宋之利……夫有宋则卫之阳城危，有淮北则楚之东国危。"齐在马陵之战胜魏以后，长期把主要兵力投到南方，致力于侵略和控制破碎地带，与楚国争夺淮北、泗上的弱小诸侯。如《战国策·燕策一》载苏代所言："（齐）南面而举五千乘之劲宋，而包十二诸侯，此其君之欲得也。"《战国纵横家书·八》："薛公之相齐也，伐楚九岁，攻秦三年，欲以残宋，取淮北。"在齐国南征的强大攻势下，"泗上十二诸侯皆来朝"[①]。齐在这一地带与楚国的反复争夺中，通常占有上风。公元前288—前286年，齐国经过数次征伐，终于灭宋，取得其豫东和淮北之地，达到南方疆域扩张的鼎盛状态。直到湣王末年，乐毅率五国联军败齐，齐一度亡国，宋之故地得而复失，被楚、魏两国瓜分。

2. **楚国**。自东向西与齐、魏、韩、秦交界，东南与越国接壤。楚在七雄中疆域最广。《战国策·楚策一》："楚地西有黔中、巫郡，东有夏州、海阳，南有洞庭、苍梧，北有汾陉之塞、郇阳。地方五千里，带甲百万，车千乘，骑万匹，粟支十年，此霸王之资也。"楚全盛时在威王至怀王初年，领土东至于海；东北抵淮泗之间；北达河南太康、襄城、鲁山；西到秦岭以南的汉中，及川东、三峡；南至五岭、两广。其疆域包括长江中下游、淮河与珠江流域，几乎统一了整个南方。《淮南子·兵略训》曰："昔者楚人地南卷沅、湘，北绕颍、泗，西包巴、蜀，东裹郯、邳。颍、汝以为洫，江、汉以为池，垣之以邓林，绵之以方城。山高寻云，溪肆无景，地利形便，卒民勇敢。……楚国之强，大地计众，中分天下。"楚

---

①《史记》卷46《田敬仲完世家》。

在战国中叶的七雄里疆域最为辽阔，"荆之地方五千里"①。但是由于边境漫长，敌国较多，造成兵力分散。此外，楚的经济开发和贸易相对落后，富裕程度不高，人口密度较低。如司马迁所说："楚越之地，地广人希，饭稻羹鱼，或火耕而水耨。……地势饶食，无饥馑之患，以故呰窳偷生，无积聚而多贫。是故江淮以南，无冻饿之人，亦无千金之家。"②这使军队人数较少，加大了国防上的困难。《战国策·楚策三》载杜赫说楚之不利形势："东有越累，北无晋（韩、魏），而交未定于齐、秦，是楚孤也。"楚国对兵力部署和主攻方向的选择情况如下：

（1）北方。战国之初，楚在北方的强敌晋国正值内乱，三家灭智伯后各自巩固政权，未暇旁顾。楚国得以北上中原，夺取郑、宋土地，乃至黄河之滨。但三晋迅速崛起，韩、魏兵进河南后，楚师数次战败，丢失了大梁、榆关与豫东、豫南等大片领土，处于不利形势。楚悼王时任吴起为令尹，改革政治，振兴军旅，曾经"南平百越，北并陈蔡，却三晋，西伐秦"③，局面有所改观，但旋因吴起被杀而回复旧状。马陵之战后，魏国势力衰弱，楚乘机北伐获胜。《战国策·齐策二》载楚怀王初年，"昭阳为楚伐魏，覆军杀将，得八城"。魏随即附从齐国，楚仍未能取得很大进展。楚在方城之外的北部防线横贯千里，作战正面过于宽大，兵力部署比较分散，如果在一处集中军队，势必会削弱其他区域的守备，容易被敌人乘虚而入，所以楚在北方战线基本上处于防御态势，和韩、魏相持，并未把这一地带作为扩张的主要方向。

（2）西方。楚在西方的敌对势力首先是强邻秦国。春秋时期因为晋国的强大，楚与秦深受其威胁，故而结成同盟，联姻修好，并协调对晋

---

① 《战国策·宋卫策》。
② 《史记》卷 129《货殖列传》。
③ 《史记》卷 65《孙子吴起列传》。

作战。两国的睦邻关系延续到战国中叶，发生了重大变化。一方面，魏国的势力削弱，对秦、楚的军事压力明显减轻；另一方面，秦在商鞅变法后国势日盛，已经具备了对外兼并的能力，楚国为其近邻，自然成为它进攻的目标；两国又都有争霸的野心，无法调和。如张仪所言："凡天下强国，非秦而楚，非楚而秦。两国敌侔交争，其势不两立。"①从实力上来说，楚不如秦；两国交界的秦岭和商洛、豫西山区地形复杂，不利于调动军队、运输给养，楚国因此没有攻秦略地的打算，一直处于守势。直到怀王受了张仪的欺骗，盛怒之下丧失理智，不听陈轸等人的劝阻，两次出师伐秦，结果在秦和韩、魏的联手夹击下惨败。

楚在西方的另一个敌人是四川盆地的蜀国。公元前377年，吴起被杀，发生内乱，蜀乘机伐楚，取兹方（今湖北省松滋市西），距郢仅百余里，"于是楚为扞关以距之"②。楚曾吞并蜀之汉中，但未能进军灭蜀，看来是战略上的失策。后来，秦捷足先登，在公元前316年占领了蜀地，对楚构成了侧翼攻击的威胁。如果楚国抢先灭蜀，将蜀与汉中连成一片，那么战略形势就会有利得多。

（3）南方。楚之南方是蛮夷和越人居住的周边地区，经济文化比较落后，邦族分散，力量弱小，难以抵抗楚军的攻势，故也是楚国用兵扩张的一个重要方向。楚向南方的发展多有胜利。《后汉书》卷86《南蛮西南夷列传》载："吴起相悼王，南并蛮越，遂有洞庭、苍梧。"威王、怀王时进攻越国也取得成功。《史记》卷41《越王勾践世家》载："越以此散，诸族子争立，或为王，或为君，滨于江南海上。"

不过，越人仍不断袭扰楚国后方，牵制了楚的部分兵力。《战国策·楚策一》载张仪谓怀王曰："且大王尝与吴（即越）人五战三胜而

---

① 《战国策·楚策一》。
② 《史记》卷40《楚世家》。

亡之，陈（阵）卒尽矣。"《史记》卷15《六国年表》载楚怀王十年（前319），在广陵筑城，为防越人。

（4）东方。这是战国中叶楚国投入大量兵力的主要扩张方向。早在春秋时期，面对以齐、晋为首的华夏诸侯强大联盟，楚国的北进接连受阻，便转而向小国林立、抵抗较弱的东方开拓。兵出陈蔡，征服江淮流域，是楚国的一项基本战略。春秋战国之际，楚曾夺取江淮间的大片领土，进至泗水流域。《史记》卷40《楚世家》载："是时越已灭吴而不能正江、淮北，楚东侵，广地至泗上。"公元前447年楚灭蔡（今安徽省寿县北）；公元前445年，灭杞（今山东省安丘市北）；公元前441年灭莒（今山东省莒县），势力一度进入胶东半岛。魏、齐等大国相继崛起后，东方局势严峻，迫使楚在这一地区投入更多的兵力争夺霸权。楚宣王、威王时，又北灭邾（今山东省邹城市南）、小邾（今山东省滕州市东），在徐州战役中击败齐军。不过，齐国灭薛（今山东省滕州市南），将其封给田婴、田文父子后，在当地筑城置守，有效地遏止了楚国对泗上的进攻，东方的战局呈现胶着状态。《元和郡县图志》卷9《河南道五》徐州"滕县"条载："故薛城，在县东南四十三里，薛侯国也。孟尝君时，薛中六万家，其中富厚，天下无比，此田文以抗御楚、魏也。"

春秋时期，楚在东方的统治区域称为"东国"[①]，大约在淮水南北两岸。而战国时楚之"东国"的面积更为广大，《战国策·西周策》姚宏注："东国，近齐南境者也。"其新兼并的领土又称"下东国"或"新东国"。金正炜曰："盖楚后得之东地，故或言'下'，或言'新'以别之。"[②]楚之东国多为平原沃野，物产丰饶，已成为新的经济重心，在楚国全境中有

着十分重要的地位。《战国策·楚策二》载:"昭常入见,(楚)王曰:'齐使来求东地五百里,为之奈何?'昭常曰:'不可与也。万乘者,以地大为万乘。今去东地五百里,是去战国之半也,有万乘之号而无千乘之用也,不可。臣故曰勿与。'"齐国在控制泗上以后,始终觊觎宋及楚之东国。《战国策·西周策》与《齐策三》《楚策四》中即有齐率韩、魏攻楚东国和胁楚强索东国的记载。为了保卫这块领土,楚国需要在当地部署大量兵力;另外,由于当时西邻秦国的强盛,以及北部战线过于宽阔,难以扩张的局势,楚仍然选择了将东方作为进攻的主要战略方向。楚在屡挫于秦后还与秦国结盟,就是考虑到在东方与齐的尖锐对立,同意与秦连横,分兵东进的战略构想。如张仪所称:"秦下兵攻卫、阳晋,必开扃天下之匈。大王悉起兵以攻宋,不至数月而宋可举。举宋而东指,则泗上十二诸侯尽王之有已。"[1] 楚国东地的军队数量,有30余万。[2] 后来楚国的统治重心郢都及江汉流域被秦将白起攻占,它仍能坚持与列国对抗,所依赖的主要就是"东国"的人口、财富和兵力。

3. **秦国**。秦国的统治重心在关中平原,自然条件丰饶;边境又有黄河与秦岭为天然屏障,有利于国防。如苏秦对秦王所称:"大王之国,西有巴、蜀、汉中之利,北有胡貉、代马之用,南有巫山、黔中之限,东有肴、函之固。田肥美,民殷富,战车万乘,奋击百万,沃野千里,蓄积饶多,地势形便,此所谓天府,天下之雄国也。"[3] 秦在东境与魏国的西河、上郡相连,南与楚国隔秦岭相持。《史记》卷5《秦本纪》载:"楚、魏与秦接界。魏筑长城,自郑滨洛以北,有上郡。楚自汉中,南有巴、黔中。"马陵之战以后,秦把握时机,利用魏国衰弱的形势,逐渐夺回了

---

① 《战国策·楚策一》。
② 《战国策·楚策二》:"齐使人以甲受东地,昭常应齐使曰:'我典主东地,且与死生。悉五尺至六十,三十余万弊甲钝兵,愿承下尘。'"
③ 《战国策·秦策一》。

河西故地，与三晋以黄河、殽函为界。秦在战国中叶的主要战线是其东境，自北而南，由陕北高原沿黄河而下，至豫西的殽函山区和陕南的商洛山地及秦岭。大致可以分为三个区域。

（1）北部。包括河西、河东与陕北的上郡，主要敌人是魏国。秦、魏两国从三晋分裂以来战斗激烈，秦在战国前期处于被动，在河西连连丧失领土，被迫退至洛水据守。商鞅变法成功后，形势发生逆转。魏军惨败于马陵，实力大损，秦国借此机会，首先向河西、上郡发动攻势，力图将魏之势力逐过黄河，夺回这道天然防线，以保证关中统治地区的完整与稳定。从历史记载来看，在战国中叶的开始时期，秦国把主要兵力投入到这一作战区域，战略目标是收复河西与上郡，并在河东夺取几个东进的立足点。据《史记》中《秦本纪》《魏世家》《商君列传》，以及《古本竹书纪年》所载：

> 公元前340年，齐、赵攻魏，秦相商鞅乘机攻魏西鄙，诱擒其将公子印，大败魏军。
>
> 公元前338年，秦胜魏军于岸门（今山西省河津市南），虏其将魏错。
>
> 公元前330年，秦在雕阴（今陕西省富县北）击败魏军四万五千人，擒魏将龙贾，迫使魏献河西余地。
>
> 公元前329年，秦师东渡黄河，攻占魏之汾阴（今山西省万荣县西北）、皮氏（今山西省河津市西）及焦、曲沃（均在今河南省三门峡市附近）。
>
> 公元前328年，秦命公子华与张仪率军再次渡河攻魏，占领蒲阳（今山西省永济市北）。魏国被迫把上郡15县及河西孤镇少梁（今陕西省韩城市）献出，秦则将焦、曲沃退还与魏。至此，秦已占有黄河以西的全部土地。

　　不过，秦在河东的作战有很多困难，如背倚黄河，不便向前线运送兵员和给养；敌方往往是三晋联合抵抗、反击，还几次得到了齐国的有力支援，使秦国在河东攻占的城邑旋得旋失，不易取得明显的进展。秦对此认识得很清楚，因此在预期目标实现之后，即将军队主力南调，重点攻击殽函山区的魏、韩城池，以打通豫西走廊。

　　（2）中部。秦国所在的关中盆地东端，正对着联系东西方交通的主要陆路干线——豫西走廊之西段，殽函山区坐落其中。自春秋前期晋献公假途灭虢，占领这块战略要地以来，便堵住了秦国东进中原的门户。秦收复河西、上郡之后，即在中部发动攻势，竭尽全力打通殽函山区的南北两道。公元前324年，张仪领兵攻陷魏之陕城（今河南省三门峡市）；公元前314年，重新占领魏在殽函北道最后的据点——焦、曲沃。这时，魏国河外的领土丧失殆尽，秦国转而把韩国当作头号敌人。

　　秦占殽函北道后，豫西走廊的其余地段都在韩国的控制之下，韩成为秦师出关的最大障碍。秦若想兵进中原，必须要制服韩国，才能取得军队的通行权。山东诸侯合纵攻秦的主要进军路线也是穿过韩国的豫西走廊，才能打开关中的大门。出于攻防两面的需要，秦确认了伐韩的主攻方向，为达此目的，甚至要与宿敌魏国缓和关系，并联络楚国伐韩。如张仪提出的计划："亲魏善楚，下兵三川，塞轘辕、缑氏之口，当屯留之道。魏绝南阳，楚临南郑，秦攻新城、宜阳，以临二周之郊。"[1]公元前308年，秦历经数月苦战，打下韩国在殽函南道的要塞宜阳，终于控制了豫西走廊的西段。此后，秦时而在函谷设防，以待诸侯西伐之师；时而与韩连横，兵出豫东攻魏击齐。对秦国来说，这一作战区域具有最为重要的意义。

　　（3）南部。秦国的南境，与楚之汉中隔秦岭相对；东南则临之以商洛、武关。楚乃春秋以来的传统大国，地广兵强，屡为诸侯盟主，在战

---

①《战国策·秦策一》。

国政治舞台上影响重大，是秦争霸活动的一个主要对手。秦国若沿豫西通道东进中原，其南方的侧翼会受到楚之威胁，成为潜在的隐患，势所必除。因此，秦在设计这一阶段的军事行动时，精心筹划了对楚的战略包围，为最终灭亡楚国做好准备。秦国南向对楚作战的计划是构设三个进攻方面。

甲、巴蜀。巴、蜀位处秦国西南，居于四川盆地。公元前 316 年，两国相互攻击，都来向秦求援。秦惠文王接受了司马错的建议，派他和张仪领兵伐蜀，大获全胜，遂占有该地。司马错认为，伐蜀不仅名正言顺，还能拓广国土，饱敛财富，增强自己的实力。尤为重要的是，控制巴蜀后可以沿江顺流而下，攻取楚国，进而兼并海内。如《华阳国志》卷 3《蜀志》载司马错所言："（巴蜀）水通于楚，有巴之劲卒，浮大舶船以东向楚，楚地可得；得蜀则得楚，楚亡则天下并矣。"得蜀数年后，秦即在蓝田之战打败楚国，陷其汉中，使秦之本土与巴蜀连成一片，对楚之西境构成了严重威胁。

乙、武关。武关在秦楚交界的少习山下，方圆数百里都是丘陵山地，形势险要，不利于大军的行动和运输粮草。因此，战国中叶之初，秦在这里摆出了防御态势，并不主动进攻。公元前 312 年，楚军大举来犯，秦国放弃武关，采取了诱敌深入的策略，在蓝田大败楚军，使楚之国势从此一蹶不振。之后，秦楚攻守易势，武关随即成为秦师攻楚的主要路线之一。如张仪对楚王所言："秦西有巴蜀，方船积粟，起于汶山，循江而下，至郢三千余里。舫船载卒，一舫载五十人，与三月之粮，下水而浮，一日行三百余里；里数虽多，不费马汗之劳，不至十日而距扞关；扞关惊，则从竟陵已东，尽城守矣，黔中、巫郡非王之有已。秦举甲出之武关，南面而攻，则北地绝。秦兵之攻楚也，危难在三月之内。"[1]

———————————

[1]《战国策·楚策一》。

丙、宜阳。楚之西北的南阳盆地，邻近韩国。公元前 308 年，秦国不惜巨大牺牲，攻占韩国重镇宜阳。此举一箭双雕，既打通殽函南道，可以下兵三川，以窥周室，继而东出中原，又能威胁楚国北境的新城[①]，形成对楚进攻的第三个作战方面，使其受到包围，形势极为被动。张仪说楚连横时即以此恫吓道："大王不与秦，秦下甲兵，据宜阳，韩之上地不通；下河东，取成皋，韩必入臣于秦。韩入臣，魏则从风而动。秦攻楚之西，韩、魏攻其北，社稷岂得无危哉？"[②]

不过，在蓝田、垂沙战役后，秦国暂时停止了对楚的大举进攻，转而全力与东方的齐国角逐。其原因有三。

1. 楚国实力业已大衰，对秦不再构成严重威胁；而齐国挟持韩、魏，势力强劲，是秦国当时最危险的敌手，需要认真对待。如《战国策·燕策一》所载："秦五世以结诸侯，今为齐下；秦王之志，苟得穷齐，不惮以一国都为功。"

2. 秦国对楚的战略包围已经完成，随时可以发动总攻，只是因为时机尚不成熟，所以并不忙于草率行事。

3. 秦欲联楚以制齐。楚国衰弱之后，秦、齐两大对立集团形成，在双方的激烈斗争中，楚国倒向何方，其作用是举足轻重的。秦国清醒地认识到这一点；在齐国势力强大的情况下，秦有赖楚国的协助与齐对抗。如果楚国残破，齐与韩、魏则更加强盛，会愈发难以应付。如说客对秦相魏冉所言："楚破，秦不能与齐县衡矣。"[③]

鉴于以上缘故，秦在这一时期奉行的连横策略之一，就是"和楚"，用秦、楚联盟抗衡齐、韩、魏集团。秦国通过休兵息战、派遣张仪等游

---

① 《战国策·楚策一》："郑（韩）、魏之弱，而楚以上梁应之；宜阳之大也，楚以弱新城围之。"

② 《战国策·楚策一》。

③ 《战国策·秦策三》。

说来诱使楚国加入自己的阵营，并支持楚在东方扩张，以吸引和削弱齐国的军事力量[①]。秦在南部的战事因而沉寂下来，集中兵力在中部与齐、韩、魏等国较量。直到乐毅破齐，秦在东方暂无劲敌，才移师南下，攻陷鄢、郢，占领了楚国的江汉平原。

（二）对齐、秦、楚进攻战略得失的分析

1. **齐、楚的失误。** 齐、楚两国在主攻方向的选择上出现了严重的错误，偏离了枢纽地区——韩、魏。群雄逐鹿，必争中原，这个道理列强都很清楚，但是实施起来却会遇到许多不易克服的困难。韩、魏拥兵数十万，又有深沟坚城，还可能获得他国的有力支援，攻占其领土的难度之大可想而知。但这是称霸天下乃至统一海内的必由之途，并无其他可以取巧的捷径。与秦国对殽函山区的殊死搏争相比，齐、楚显然犯有"知难而退"的决策失误，即没有竭尽全力攻占韩、魏的战略要地（豫西和冀南豫北），以便直接控制交通枢纽，抑制秦国势力的发展，并作为伐秦大军的出发基地。齐、楚都把扩张的主要目标放在阻力较小的淮泗流域，尽管在那里拓地千里，收获很大，但是由于地理位置偏僻，这一局部成功对于争霸天下的整个计划来说，并不具有决定性的作用。秦国的政治家对此已有洞察。《战国策·齐策五》即载商鞅谓魏惠王曰："今大王之所从十二诸侯，非宋、卫也，则邹、鲁、陈、蔡，此固大王之所以鞭箠使也，不足以王天下。"所以秦一再怂恿齐、楚攻宋，加剧对淮北、泗上的争夺，借此减轻自己所受的军事压迫，便于向中原进展，以占据有利的形势。而齐、

---

①《战国策·楚策二》曾载："齐王大兴兵，攻（楚）东地，伐昭常，未涉疆，秦以五十万临齐右壤。"这里记载的兵力数量虽然多有夸张，但是秦国越韩、魏而出师，攻齐援楚是确有其事的。如公元前286年齐国灭宋，又"南割楚之淮北"；次年（前285）秦国即假道韩、魏出兵，攻占齐地九城。参见《史记》卷5《秦本纪》、卷15《六国年表》、卷46《田敬仲完世家》。

楚两国的君主和统帅缺乏远见，做出错误的用兵决策，导致失去对枢纽地区的控制，在与秦国的角逐中先后遭到重创，一蹶不振。

齐国与韩并不接壤，与魏只有很少的领土相邻，要想占领"天下之枢"——三河地区（河内、河南、河东），应该先把主攻方向对准西邻的赵国。赵国地跨太行山两侧，东凭邯郸，西据晋阳，纵横之士说赵"尝抑强齐四十余年，而秦不能得所欲。由是观之，赵之于天下也不轻"①。齐如不能破赵，便无法打开挺进中原的大门，攻占魏、韩所居的枢纽地区。但是齐国在争霸战争中主要采取"近交远攻"的做法，即与邻邦燕、赵以和为主，甚至在灭亡燕国之后又将驻军撤回国内；而多与远方的秦、楚交战，结果在中原的扩张未有明显的进展。一方面，尽管齐国多次役使韩、魏伐秦攻楚，取得过数次成功，可是得到的土地不与本国接壤，皆为韩、魏所获，自己的领土得不到扩展。如范雎所述："昔者，齐人伐楚，战胜，破军杀将，再辟千里，肤寸之地无得者，……以其伐楚而肥韩、魏也。"②而齐国两次组织联军伐秦，迫使秦割地求和，也都划入了韩、魏及赵国的版图。

另一方面，齐国把主要兵力投入淮泗流域的作战，忽视了卧榻之侧的燕、赵，结果为其所乘。燕对齐有亡国之恨。燕昭王"居处不安，食饮不甘，思念报齐"③，尝言："齐者，我仇国也，故寡人之所欲伐也。"④为此广招天下贤士，励精图治，筹划伐齐报怨。齐国受到间谍苏秦等人的欺骗，盲目相信燕国附从自己，全力南下攻宋，甚至将济西、河北防备燕、赵的兵力南调，以致国防空虚⑤。此外，在五国伐齐之前，燕、赵两

①《战国策·赵策三》。

②《战国策·秦策三》。

③《战国策·燕策一》。

④《战国策·燕策一》。

⑤《战国策·燕策一》载苏代言齐国："异日也，济西不役，所以备赵也；河北不师，所以备燕也。今济西、河北尽以役矣，封内弊矣。"

国做了大量军事、外交上的准备活动，燕昭王"于是使乐毅约赵惠文王，别使连楚、魏，令赵嚼说秦以伐齐之利"[1]，他还亲自赴赵联络定盟。而齐国竟对此肘腋之变毫无察觉，在敌军来袭时仓促迎战，导致惨败。

楚国在兵力部署和主攻方向选择上的错误，则是忽略了秦的威胁与韩国在秦楚交战时的作用。楚与齐虽有争夺东地的矛盾冲突，但是比起秦国兵临汉中和南阳盆地的压迫要缓和得多。对楚来说，齐国在淮泗流域的威胁并不是致命的，最危险的敌人是秦国。魏被秦逐出殽函之后，韩国由于控扼秦军东进中原的豫西通道，又迫近楚国的北部门户方城隘口，战略地位极为重要。正如张仪所言："秦之所欲，莫如弱楚，而能弱楚者莫如韩。非以韩能强于楚也，其地势然也。"[2]楚在这一时期遭受的两次重创——蓝田之战、垂沙之战，都和韩国加入敌对阵营，攻击宛、邓地区有着密切的关系。楚国要想有效地抵御来自秦国武关的进攻，在当时的形势下可以有两种选择。

第一，北上攻韩。即动用军队主力从南阳盆地直出进攻韩国，设法占据黄河南岸的某个要点（如宜阳），借以切断豫西通道。这样能够一箭双雕，既控制了交通要途，给秦国东进中原的捷径设下障碍，又可以在西北方向（武关—丹阳一线）与秦军交战时保护自己北方侧翼的安全。但是楚国君臣没有采取这种战略，而是把主要兵力投入到东方战场。

第二，联韩抗秦。对楚国来说，抵抗秦的侵略必须要联合韩国共同作战，才能取得有效的战果。楚与秦在武关方向交战时，韩如加入楚国阵营，可以威胁函谷关方向，吸引和分散秦国的兵力；又能减轻楚国在宛、邓以北的防御负担，将军队西调与秦国作战。可是由于楚国统治者的短视，未能与韩联合抗秦，而且常常见韩危而不救，致使两国关系恶

---

[1]《史记》卷 80《乐毅列传》。

[2]《战国策·韩策一》。

化。例如公元前 308 年，秦攻韩国重镇宜阳，死伤甚众，因畏惧楚国援韩，使冯章伪许楚以汉中之地，楚亦贪利而不救韩；秦攻占宜阳之后不予楚地。《战国策·秦策二》载："楚王以其言责汉中于冯章，冯章谓秦王曰：'王遂亡臣，固谓楚王曰：寡人固无地而许楚王。'"《战国策·韩策一》载秦、韩战于浊泽，楚王坐观其成败，假称援韩："儌四境之内选师，言救韩，发信臣，多其车，重其币。谓韩王曰：'弊邑虽小，已悉起之矣。愿大国遂肆意于秦，弊邑将以楚殉韩。'"结果，"楚救不至，韩氏大败"。楚的上述做法加深了它与韩国的矛盾，一来促使韩国投入齐或秦国的军事集团，与楚对抗，增加了自己的敌对势力；再者，秦国占领宜阳，便把那里作为南下伐楚的出发基地。此后不久，秦就出兵攻陷了与其相邻的楚国北方主郡新城①。楚国既不能伐韩夺邑以抑秦师东出，又不能联韩拒秦于武关、函谷之内，造成了自身的被动和失利。

齐、楚两国和秦选择的扩张方向不同，这与各自政治目的不同也有密切关系。秦顺应中国社会发展需要统一的历史趋势，以兼并海内为己任，大肆攻占诸侯领土。如说客对韩王曰："秦之欲并天下而王之也，不与古同。事之虽如子之事父，犹将亡之也。行虽如伯夷，犹将亡之也。行虽如桀、纣，犹将亡之也。虽善事之无益也，不可以为存，适足以自令亟亡也。"②

齐、楚两国的最高理想仍是做传统的霸主，如《战国策·赵策三》曾载："昔齐威王尝为仁义矣，率天下诸侯而朝周。周贫且微，诸侯莫朝，而齐独朝之。"齐宣王亦"欲辟土地，朝秦楚，莅中国而抚四夷也"③。《新书·春秋》载："楚怀王心矜好高人，无道而欲有伯王之号，铸金以

①《史记》卷5《秦本纪》昭王七年，《睡虎地秦墓竹简·编年记》秦昭王六至八年。
②《战国策·韩策三》。
③《孟子·梁惠王上》。

象诸侯人君，令大国之王编而先马。"齐、楚虽然吞并小国不遗余力，但是仍承认七雄中其他六国的独立地位，维持列强割据的基本政治局面；仅仅满足于充当诸侯联盟的领袖，没有完成统一大业的雄心和气魄，对于三强中的另外两个对手，只是削弱而不是消灭它们。齐国在这方面表现得最为突出，齐与三晋、燕等中原诸侯同受华夏文化熏陶，政教、习俗和意识形态相近，又与周王室有甥舅关系，历史上齐桓公曾"九合诸侯，为五伯首，名高天下，光照邻国"①，因此在政治影响和号召力上略胜秦、楚一筹。马陵之战齐击败魏国，"其后三晋之王皆因田婴朝齐王于博望，盟而去"，"齐最强于诸侯，自称为王，以令天下"②，形势本来对齐相当有利，但是由于传统称霸意识的影响，韩、魏等国一旦表示服从、跟随，齐国也就不再坚持对其用兵略地，甚至把共同掠夺来的大部分城邑赏给它们，以资鼓励，显示霸主的泱泱风范。正如齐客所责魏王曰："王之事齐也，无入朝之辱，无割地之费。齐为王之故，虚国于燕、赵之前，用兵于二千里之外，故攻城野战，未尝不为王先被矢石也。得二都，割河东，尽效之于王。自是之后，秦攻魏，齐甲未尝不岁至于王之境也。请问王之所以报齐者可乎？"③这样做的结果，则是兵力耗费，国土的扩张与军队主攻方向偏离中原重地，使敌人得以占据优势。

2. 秦国进攻战略筹划的成功。 与齐、楚两国相比，秦国在兵力部署和战略进攻方向的选择上显然是成功的，下面对此问题予以详述：

（1）主攻目标明确无误。在这个阶段，秦国把韩、魏当作自己的主要攻击和占领对象，这一选择无疑是非常正确的。一方面，秦与韩、魏相邻，从历史上看，韩、魏的前身晋国长期以来是秦的死敌，数百年来

---

① 《战国策·齐策六》。

② 《史记》卷 46《田敬仲完世家》。

③ 《战国策·赵策四》。

兵戈相见。战国以降，魏占河西、上郡，严重威胁着地处关中的秦国。另一方面，秦国若想成就霸业，进而统一天下，必须兵进中原；而当时联络关中平原和华北平原的两条主要陆路交通干线——豫西通道和晋南豫北通道，都控制在韩、魏的手里，如不征服这两国，就无法向东方推进。如昭忌所称："夫秦强国也，而韩、魏壤梁，不出攻则已，若出攻，非于韩也，必魏也。"[①]因此，在秦国统治者眼里，韩、魏是最主要的敌人，也是首选的进攻目标。商鞅曾对秦孝公谈论了他的战略构想："秦之与魏，譬若人之有腹心疾，非魏并秦，秦即并魏。何者？魏居领阨之西，都安邑，与秦界河而独擅山东之利。利则西侵秦，病则东收地。今以君之贤圣，国赖以盛。而魏往年大破于齐，诸侯畔之，可因此时伐魏。魏不支秦，必东徙。东徙，秦据河山之固，东乡以制诸侯，此帝王之业也。"[②]他的构想得到了孝公的同意和实施。范雎也向秦昭王建议伐韩："'秦韩之地形，相错如绣。秦之有韩也，譬如木之有蠹也，人之有心腹之病也。天下无变则已，天下有变，其为秦患者孰大于韩乎？王不如收韩。'昭王曰：'吾固欲收韩，韩不听，为之奈何？'对曰：'韩安得无听乎？王下兵而攻荥阳，则巩、成皋之道不通；北断太行之道，则上党之师不下。王一兴兵而攻荥阳，则其国断而为三。夫韩见必亡，安得不听乎？若韩听，则霸事因可虑矣。'王曰：'善。'"[③]

（2）用兵策略得当。秦国不仅正确地决定了主要进攻方向，在用兵的过程中还成功地运用了各种谋略，使其计划得以顺利施行。

甲、蚕食兼并。秦若大举进攻韩、魏，他们往往因惧怕亡国而倾全力抵抗；还将引起齐、楚两强的警惕，有可能派遣兵马前来支援。故此，

---

① 《战国策·魏策四》。
② 《史记》卷 68《商君列传》。
③ 《史记》卷 79《范雎蔡泽列传》。

秦国采取了缓进的战略，侵蚀韩、魏领土，借以麻痹对手，达到逐步兼并的目的。如《战国策·魏策三》载须贾对魏冉所言："夫秦贪戾之国而无亲，蚕食魏，尽晋国，战胜暴子，割八县，地未毕入而兵复出矣。"

乙、背盟突袭。秦国经常采用背信弃义的手段，在与韩、魏结盟后乘其不备，突然发动进攻，使对方措手不及，从而占领其领土。例如商鞅欺骗魏将公子卬，在会盟饮酒时伏兵擒之，袭破其军。据《史记》卷5《秦本纪》所载，惠文王后十年，韩遣公子仓来秦为人质，表示附从修好，而秦却乘机发兵攻取了韩国的石章。公元前 308 年，秦武王与韩襄王在临晋会盟，随后即遣甘茂等将兵伐韩宜阳。

丙、锲而不舍。对于韩、魏具有战略意义的枢纽地点，秦国不惜投入重兵，付出巨大的牺牲，直至夺取这一要冲。例如公元前 308 年，秦国派甘茂率兵攻打宜阳，历时五月不下，秦军死伤甚众。武王不顾大臣们的反对，"因大悉起兵，使甘茂击之。斩首六万，遂拔宜阳"[1]。

丁、一张一弛。秦国虽然把攻占韩、魏领土放在首要位置，但是并非不注意客观形势的变化，一味进攻韩、魏，而往往是因势利导，根据现实情况对主攻方向做出调整。例如公元前 316 年，秦国君臣讨论作战方略，张仪力主攻韩，挟持周天子以号令诸侯。而惠王采纳司马错的建议，先利用巴、蜀之间的冲突，出兵攻灭了有"天府"之称的这两个小国，扩充自己的实力。"蜀既属，秦益强富厚，轻诸侯"[2]，然后再挥师东进，与韩、魏作战。

公元前 294—前 290 年，秦国对韩、魏连续发动攻势，夺取多座城池，在伊阙大败两国联军，斩首二十四万，韩国被迫割让武遂二百里地予秦，魏国也向秦献河东四百里地。在此形势下，秦国并没有继续攻打

---

①《史记》卷 71《樗里子甘茂列传》。
②《战国策·秦策一》。

韩、魏，而是抓住劲敌齐国灭宋后引起诸侯疑惧的有利时机，拉拢韩、魏、燕、赵，组织五国联军伐齐，在济西击溃齐兵，使齐一度亡国。后来齐虽然得以复国，但实力大损，再也无法与秦国抗衡。

秦国运用上述手段，结合军事力量的威慑，得以有效地操纵了韩、魏，打败齐、楚这两个主要竞争对手，从群雄对峙的混乱局面中脱颖而出，独占鳌头。

综上所述，战国中期的合纵连横战争里，秦国一方面在兵力部署和进攻的主要方向上做出了正确的判断与选择，通过种种手段部分夺取和控制了韩、魏所在的枢纽地区，取得了军事的主动权。另一方面，秦国运用谋略拆散了齐、楚与其他诸侯之间的联盟，削弱了他们的势力；又威逼、利诱一些中小国家投入自己的阵营，改变和齐、楚的力量对比。秦国因军事、外交战略上的成功，得以在争雄角逐中击败对手，确立自身的优势地位，为其后来统一战争的胜利奠定了基础。

第七章

——

秦对六国战争中的函谷关和豫西通道

　　函谷关故址在豫西灵宝市旧城西南，因"路在谷中，深险如函，故以为名"[1]。由该地西至潼关，东抵崤山，古称桃林或殽（崤）函，战国初年属魏。商鞅变法后秦国势力强盛，于公元前329—前314年逐步攻占了附近的曲沃、焦和陕城。函谷关就是秦在此期间建立起来的，它的名称最早出现于公元前318年。此后秦与六国近百年的战争里，函谷关所在的殽函地区由于军事意义的重要，成为双方争夺的热点。诸侯联军伐秦的进军路线，主要是自荥阳、成皋西行，经巩、洛，穿过崤山后攻打函谷关，以求进入秦国腹地关中平原。例如《史记》卷40《楚世家》载怀王十一年（前318），"苏秦约从山东六国共攻秦，楚怀王为从（纵）长，至函谷关，秦出兵击六国"。《史记》卷45《韩世家》载襄王十四年（前298），"与齐、魏王共击秦，至函谷而军焉"。又见《史记》卷77《魏公子列传》："公子率五国之兵破秦军于河外，走蒙骜。遂乘胜逐秦军至函

---

①〔唐〕李吉甫：《元和郡县图志》卷6《河南道二》引《西征记》，中华书局，1983年，第158页。

谷关，抑秦兵，秦兵不敢出。"《史记》卷 78《春申君列传》："春申君
相二十二年，诸侯患秦攻伐无已时，乃相与合从，西伐秦，而楚王为从
（纵）长，春申君用事，至函谷，秦出兵攻，诸侯兵皆败走。"因为合纵
攻秦多走此途，秦王才会威胁楚王说："寡人积甲宛，东下随，知者不及
谋，勇者不及怒，寡人如射隼矣。王乃待天下之攻函谷，不亦远乎！"①

此外，秦与山东六国作战，也多次兵出函谷，穿越豫西山区进军中
原，所以纵横家有言："六国从（纵）亲以摈秦，秦必不敢出兵于函谷关
以害山东矣。"②"且夫秦之所以不出甲于函谷关十五年以攻诸侯者，阴谋
有吞天下之心也。"③

众所周知，正确认识和利用地理条件，是交战获胜的重要原因之一。
秦与六国的军队统帅在策划、指挥战争时，也充分考虑了山川、道路、
城市、人口、资源等各种地理因素对军事行动的影响，从而选择了函谷
关所在的豫西通道作为主要的行军路线和作战方向，笔者试对其原因作
一初步探讨。

一、战国中叶的地理形势与函谷关、豫西通道的重要军事价值

从战国中叶的历史背景来看，华北平原和泾渭平原生产、贸易飞速
发展，形成了山东和关中两大基本经济区。山东地域宽广，自燕山以南
到长江以北，东达海滨，西抵晋陕边界的黄河与殽函山区。春秋以来铁
器牛耕的普遍推广与水利灌溉事业的开发，使黄河下游两岸的农耕区迅
速向北、东、南三面推进，除了雁北、冀北和渤海沿岸的部分地段，华

---

① 《战国策·燕策二》。
② 《战国策·赵策二》。
③ 《战国策·楚策一》。

北大地到处是良田沃野，各地的盐、铁、纺织等手工业与物资交流、交通干线和城市建设也随之发展起来。华北平原的开发与繁荣，促使韩、赵、魏三国纷纷将都城迁出了河山环阻、土地偏狭的晋南，移到了辽阔的中原。

关中地区虽然面积小得多，自然条件却很优越，"有鄠、杜竹林，南山檀柘，号称陆海，为九州膏腴"[①]。秦在当地兴修水利，发展农业，使关中经济出现了空前的繁荣，可以与山东分庭抗礼。凭借这一雄厚的物质基础，"秦据河山之固，东乡（向）以制诸侯"[②]。山东六国危亡之际也屡次合纵联盟，反击秦国的兼并。这样，中国的政治格局和军事斗争在地域上呈现出东西对立的基本特点，由战国初期群雄的割据混战演变为山东、关中两大集团争雄的局面。

华北平原的经济繁荣与三晋国都的东迁，使山东六国的经济、政治重心区域转移和分布在我国地貌第三阶梯的范围之内，包括华北平原、胶莱平原和江汉平原；它们和秦国的基本统治区域——关中平原之间，被海拔较高、地形复杂的中间地带隔开，即山西高原、豫西丘陵山地和商洛山区、南阳盆地。和两大基本经济区相比，这条中间地带人口较少，物产不够丰饶，自然地形也不利于大部队的运动和展开。秦或六国发动进攻时，都想迅速通过这一地带，将其优势兵力开进对方的平原作战，威胁和打击敌人的心腹要地。防御时为了确保己方基本经济区的安全，也要把军队部署在中间地带与敌交界之处，尽量利用当地的复杂地形阻滞敌军进入自己的平原区域。这一中间地带虽然纵贯南北、绵延千里，但是因为地形、水文条件的限制，横贯东西的陆路干线只有三条：

1.晋南豫北通道。由陕晋边界的临晋（今陕西省大荔县朝邑镇）东

---

①《汉书》卷 28 下《地理志下》。

②《史记》卷 68《商君列传》。

渡黄河，经过运城盆地，在其北部折向东南，翻越王屋山，从轵（今河南省济源市）穿过太行山麓南端与黄河北岸之间的狭长走廊，即可进入河内，来到赵都邯郸所在的冀南平原。走廊的西端为太行第一径，古称轵道，山险路狭；东端是宁邑（今河南省修武县），战国时属魏。道光《修武县志》称当地"西扼秦韩，北达燕赵，兵车冲会之区也"，战略地位相当重要。

2. **豫西通道**。自咸阳渡过渭水东行，在潼关进入豫西丘陵山地，沿黄河南岸经函谷、陕城（今河南省三门峡市）抵达崤山，分为南北二途，南路沿雁翎关河、永昌河谷隘路东南行，再沿洛河北岸达宜阳，东行至洛阳盆地；北路沿涧河河谷而行，经硖石、渑池、新安抵达洛阳。东过巩、成皋、荥阳的低山丘陵，便进入豫东平原。韩都新郑、魏都大梁俱在邻近。这条通道还可以由洛阳北渡孟津，过黄河经温、怀（今河南省武陟县），入河内，武王伐纣时走的就是这条路线，而他灭商后即由朝歌南下至管（今河南省郑州市），再穿过豫西通道回到关中。这条道路是我国先秦时代东西方联系的主要交通干线。

3. **商洛、南阳通道**。由咸阳沿灞水、丹水东南行，穿过秦岭、商洛山区，经蓝田、商县、丹凤，在今陕、豫、鄂交界处出武关，进入楚国的南阳盆地，东行至宛（今河南省南阳市）后，南下穰、邓，可达楚都郢城所在的江汉平原。自宛东行夏路，出方城，又能进入华北平原的南端，即汝水、颍水流域，北上到达韩都新郑，东进便是楚国名都上蔡、陈。江汉平原后来被秦占领，楚国便迁都于陈，作为新的统治中心。

公元前330年，秦国收复全部河西失地，随即开始东进扩张。它与六国军队的往来交战基本都是沿着这三条通道展开的。秦为了守卫关中，凭借黄河、殽函、少习山的险要地势，在这三条通道的西端修建了临晋关、函谷关和武关，以阻拦敌军的入侵。如《新书·壹通》所言：

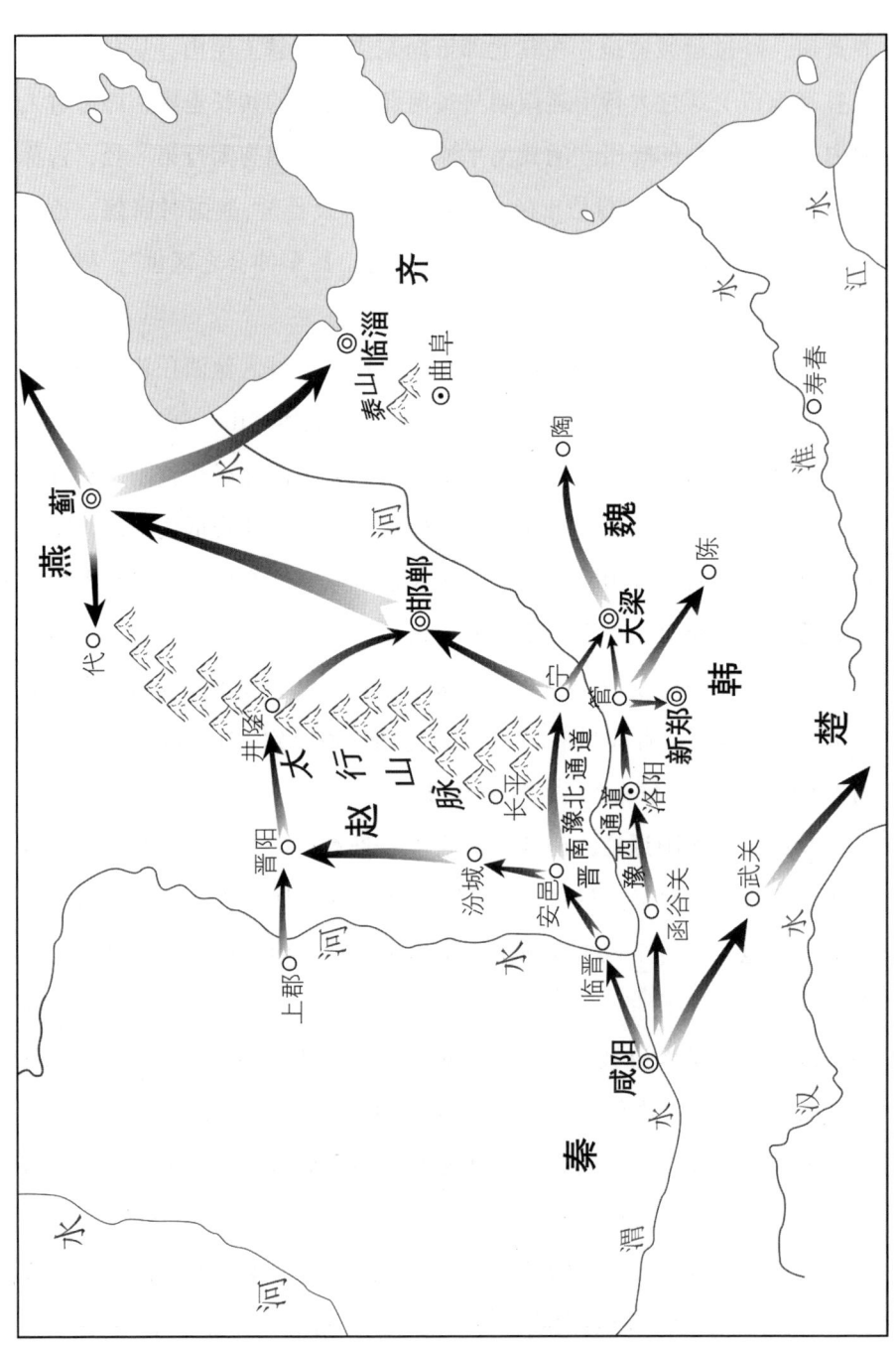

秦进军豫西通道和晋南豫北通道进攻六国示意图

所谓建武关、函谷、临晋关者，大抵为备山东诸侯也。天子之制在陛下，今大诸侯多其力，因建关而备之，若秦时之备六国也。

函谷关之所以受人重视，成为兵家必争之地，是因为它扼守的豫西通道具有十分重要的军事价值。当时秦与六国都认为经过豫西通道进攻对方是最为有利的，原因大致有以下几点：

1. **经豫西通道距离最短**。华北平原、江汉平原与关中平原之间距离最短的便是豫西通道，其路线几乎是笔直的。《通典》卷 177《州郡七》载函谷关东至洛阳六百四十里，洛阳至荥阳二百七十里。秦国由这条路线东进中原乃一捷径，对企图攻入关中的诸侯联军来说也是如此。《史记》卷 45《韩世家》记载公元前 273 年赵、魏攻韩，秦自关中出兵相救，仅用八日便穿过豫西通道，来到华阳（今河南省新密市）。而晋南豫北通道和商洛、南阳通道距离要长得多，路线曲折，行军费时费力。

2. **距离韩、魏的国都最近**。从六国的地域分布来看，燕、齐和秦没有领土相邻，无法直接交战。赵国与秦在陕北的上郡接壤，离关中平原较远。楚国以往长期与秦结盟通婚，进入战国后百余年内双方未发生战争，两国交界的汉中、商於等地与关中有秦岭巨防相隔，所以楚对秦亦威胁不大。与秦利害相关的是韩、魏两国，它们在晋南、豫西的土地与关中平原相邻，在秦卧榻之侧，边境冲突不断，如商鞅和范雎所言："秦之与魏，譬如人之有腹心疾，非魏并秦，秦即并魏。"[1] "秦、韩之地形，相错如绣。秦之有韩，若木之有蠹。"[2] 这是秦面临的最现实、最直接的威胁。要想向东方扩张，首要的就是利用韩、魏的领土。

韩、魏国都所在的豫东平原位处东亚大陆的核心，军事价值很高。

---

① 《史记》卷 68《商君列传》。
② 《战国策·秦策三》。

顿弱曾说："韩，天下之咽喉；魏，天下之胸腹。"①秦国若要统一海内，必须先征服或控制韩、魏在河南、山西的领土，才能进一步对齐、赵、燕等偏远国家用兵。秦军出函谷关，穿过豫西通道，韩都新郑即在近旁，"从郑至梁，不过百里。……马驰人趋，不待倦而至"②。走这条路线东征，可以直捣韩、魏心喉，迫使其俯首就范。

此外，秦国这时实力强盛，山东各国大多不敢单独向秦主动进攻，往往是组成联军，合纵伐秦。韩、魏都城所在的豫东平原位置适中，交通便利，"地四平，诸侯四通，条达辐凑，无有名山大川之阻"③，燕、赵、齐、楚等国军队奔赴集结较为方便，此地又离豫西通道甚近，所以诸侯联军多选择这条路线伐秦，函谷关一线自然也就成为秦国的主要防御方向了。

3. 可以利用周王室统治的洛阳地段。豫西通道中途的洛阳盆地是周王室的领土，战国时分裂为西周、东周两个小国。对秦和六国来说，将豫西通道作为大军的行动路线还能从中获得以下好处：

首先，周王室力量微弱，只能保持中立，任凭各国军队假道通过，进军一方出入巩、洛不用攻城夺邑，既节省了时间，又保存了兵力。其次，军队过境时还可以向周索取给养，减轻后方长途运输的负担，此时的周通常不敢拒绝。如"楚攻雍氏，周粮秦、韩"④，"（薛公）又与韩、魏攻秦，而藉兵乞食于西周"⑤。再次，周王虽然实力弱小，但名义上仍为天下共主，还有诸侯去朝见，三晋、田齐称侯还要请周王册封，说明周王在政治上还有一定影响。秦若想征服六国，成就帝业，操纵和接替周王

---

① 《战国策·秦策四》。
② 《战国策·魏策一》。
③ 《战国策·魏策一》。
④ 《战国策·东周策》。
⑤ 《战国策·西周策》。

室是必不可少的两步举措。兵出函谷，走豫西通道东进，能够顺势控制周室，加以胁迫利用，如张仪所言："据九鼎，案图籍，挟天子以令于天下，天下莫敢不听，此王业也。"①时机一旦成熟则取而代之，名正言顺地易鼎登极。秦国国君对此方案朝思暮想，视为终生奋斗的目标。言者曾对赵王讲："秦之欲伐韩、梁，东窥于周室甚，惟寐亡（忘）之。"②秦武王也说："寡人欲车通三川，以窥周室，而寡人死不朽乎！"③

4. **不用涉渡江河**。商洛、南阳通道和晋南豫北通道除了路线曲折、距离较远之外，后者还有晋陕边界的黄河天险阻拦。在古代技术条件下，大军渡过无法徒涉的河流是相当困难的，架桥、舟济繁苦，需要花费大量的人力、物力，后续部队和给养的运输也是个难题，渡河的先头部队还会陷入背水而战、被半渡而击的危险境地。秦如选择晋南豫北通道为主攻路线，自然地理条件不利，山东六国也不愿走此道伐秦。事实上，自公元前330年秦收复河西失地后，三晋或诸侯联军没有一次从蒲津、夏阳或龙门强渡黄河向秦讨战。所以，这条路线也不是秦的主要防御方向。穿过豫西通道则不必涉渡江河，军队的运动较为方便，苏秦即认为："秦之攻韩、魏也，则不然。无有名山大川之限，稍稍蚕食之，傅之国都而止矣。韩、魏不能支秦，必入臣。"④

5. **受到的抵抗较为薄弱**。在秦国东进的三条路线中，豫西的敌人实力稍弱。秦攻占殽函以后，魏在豫西几乎没有城邑，黄河以南的通道均为韩国和两周的领土。周室微不足道，"夫韩，小国也，而以应天下四击"⑤，兵员本来有限，还要分散防守周边，因此难以抵抗秦的强攻。若

---

① 《史记》卷70《张仪列传》。
② 《战国策·赵策一》。
③ 《战国策·秦策二》。
④ 《战国策·赵策二》。
⑤ 《韩非子·存韩》。

求诸侯相助，则没有把握，或因路远未能及时赴救，或应以虚言而兵马不至。来助阵者也多是心怀鬼胎，为了保存实力不肯死战，如《尉缭子·制谈》所言："今国被患者，以重宝出聘，以爱子出质，以地界出割，得天下助卒，名为十万，其实不过数万尔。其兵来者，无不谓其将曰：'无为天下先战。'其实不可得而战也。"所以秦国兵出函谷，进攻豫西通道，沿路遇到的抵抗相对较弱。如走晋南豫北通道，河东乃三晋旧都所在，韩、赵、魏列城参差其间，唇齿相依，赴救解围朝发夕至。历史上三晋曾是兄弟之国，长期与秦交战，积怨甚深。当时人称"三晋百背秦，百欺秦，不为不信，不为无行"①，容易结盟抗秦。而秦军渡河攻城作战则相当艰苦，往往夺取了城池也很难守住，像武遂、蔺、离石等城曾数次易手。

如经过商洛、南阳通道进攻，当时楚国尚强，"地方五千里，带甲百万，车千乘，骑万匹，粟支十年"②，俗称"天下莫强于秦、楚"③。秦军若进攻南阳盆地，将面临恶战，胜负难料。从后来的情况看，公元前312年，楚军攻秦曾长驱直入，破武关，抵蓝田，秦国靠韩、魏相助才勉强获胜。此后南阳盆地成了秦、楚、韩、魏四国争战之地，反复争夺了数十年，直到韩国灭亡前夕，秦国才完全征服了该地。

综上所述，豫西通道对秦与合纵诸侯进攻兵力的运动利多弊少，所以被当作主攻的行军路线；而函谷关又是这条通道西段的咽喉要地，因而成为秦与六国诸侯殊死相争的战略枢纽。桃林地段的大路，"东自崤山，西至潼津，通名函谷，号曰天险"④。函谷关设在这条谷道的中途，背依稠桑原，面临弘农涧，群山雄峙，涧水横流，"其中劣通，东西十五里，绝

---

① 《战国策·秦策二》。

② 《战国策·楚策一》。

③ 《战国策·秦策四》。

④ 〔唐〕李吉甫：《元和郡县图志》卷6《河南道二》，中华书局，1983年，第158～159页。

岸壁立，崖上柏林荫谷中，殆不见日"①。敌军无论从崤山南北哪条道路而来，都要经过这座关隘，而险要的地势加上重兵防守足以使其却步。

秦国如控制函谷关，退可以守住关中门户，保八百里秦川不失；进可以出兵豫东，争雄天下。如果该地被敌国占领，秦国军队则被封闭在潼关以西，难以东进，而且随时面临着敌军入侵驰踏关中平原的危险。春秋之时，晋献公假途灭虢，先据桃林，秦兵屡争不得，以穆公国势之强亦无法东进中原，与华夏诸侯争霸。"二百年来秦人屏息而不敢出气者，以此故也"②。顾栋高读《过秦论》曾感叹道："贾生有言：秦孝公据崤、函之固，拥雍州之地，君臣固守以窥周室。呜呼！此周、秦兴废之一大机也。考春秋之世，秦、晋七十年之战伐，以争崤、函。而秦之所以终不得逞者，以不得崤、函。"③正因该地在军事上具有重要意义，秦国在收复河西的第二年便全力进攻此地，志在必得。函谷关设立后，由于地势险要，防卫坚固，抵御诸侯联军进攻时多有胜绩；仅在公元前296年被齐、韩、魏合兵攻破，引起秦国朝野恐慌，被迫退地求和。

二、范雎献"远交近攻"之策以前，秦在豫西通道沿线的作战方略

在秦对六国近百年的征服战争中，受形势变化的影响，函谷关及豫西通道的战略地位曾有过重大变化，前后可以分为两个阶段。从公元前314年秦完全占领函谷地区，到公元前270年范雎拜相、献"远交近攻"之策是第一阶段。在此期间，秦对六国的进攻和防御皆以函谷关、豫西通道为主要作战方向，分别采取了下列步骤。

---

① 〔唐〕李吉甫：《元和郡县图志》卷6《河南道二》，中华书局，1983年，第158页。
② 〔清〕顾栋高：《春秋大事表》卷4《秦疆域论》，中华书局，1993年。
③ 〔清〕顾栋高：《春秋大事表》卷31《春秋秦晋交兵表·叙》，中华书局，1993年。

1. **逐步蚕食，占领通道西段**。秦国占据函谷地区后集中力量打通崤山南北二途，进占豫西通道的西段。崤山一带地形险峻，通行不便，当年秦国千里袭郑，就是回师至此遭到晋国伏击而全军覆没的。如不夺取，东进仍会受阻。公元前 308 年，秦以倾国之师，围攻"城方八里，材士十万，粟支数年"[①] 的韩国重镇宜阳，历时五月才将其攻克，从此控制了崤山南路。北路也将边境推进到渑池，并在新安谷口"筑垒当大道"[②]，屯兵驻守。

2. **与韩国结盟，暂不进占通道东段**。秦在此时对六国阵营并不具有优势，苏秦曾说："诸侯之地五倍于秦，料诸侯之卒，十倍于秦，六国并力为一，西面而攻秦，秦破必矣。"[③] 六国当中，齐在威王、宣王时期国家强盛，马陵之战打败魏国后成为中原霸主，实力与秦相侔。齐湣王曾南灭"五千乘之劲宋"，声震天下，与秦昭王同时称帝，并两度主持合纵伐秦，迫使秦国割地求和。秦国君臣审时度势，看清自己的力量尚不足以单独打败齐国，更不用说与六国合纵对抗了，因此采取"连横"的策略，一方面进攻蚕食韩、魏的领土，迫使它们屈服；另一方面通过部分退地、结盟修好等外交手段来换取它们的支持，承认自己的霸主地位，使韩、魏在政治、军事上成为自己的附庸，分化瓦解以齐为首的合纵联盟。钱穆先生在《先秦诸子系年·苏秦考》中曾说："秦之外交，常主折齐之羽翼，散齐之朋从，使转而投于我。"在"连横"思想的指导下，这一阶段秦国不急于灭掉两周、进占豫西通道东段。由于韩、魏倒向秦国阵营，"称东藩，筑帝宫，受冠带，祠春秋"[④]，特别是韩国对秦"出则为

---

① 《战国策·东周策》。
② 《水经注》卷 16《谷水》。
③ 《战国策·赵策二》。
④ 《战国策·魏策一》。

捍蔽，入则为席荐"①，秦国以向周、韩假道的方式获得了豫西通道东段的通行权。此后，秦多次越韩、魏而攻齐，夺城占地。齐欲伐秦却屡被韩、魏阻拦，无法兵进函谷。

在此期间，韩、魏与秦的关系虽有反复，但秦联合诸侯以孤立、削弱齐国的战略方针始终未变，终于在公元前284年促成五国联军伐齐，大获全胜。齐被燕军灭亡后虽然由田单复国，但实力明显衰落，不再是秦的劲敌。而秦通过对齐作战，夺取了中原许多城邑，包括东方最富庶的商业都市——陶（今山东省定陶市），还占领了韩国迫近豫西通道东段出口的重镇管邑（今河南省郑州市），形势非常有利。

3. **大举攻魏**。齐国破败之后，秦便开始全面出击，先后攻取赵国的蔺、祁、离石和包括楚都郢城在内的江汉平原，但是主攻方向仍放在豫东。公元前283—前273年，秦军多次伐魏，三围大梁，企图一举灭掉魏国，使自己在齐地的城邑和豫西通道相接，隔断燕、赵与韩、楚的联系。"拔梁则魏可举，举魏则荆、赵之意绝，荆、赵之意绝则赵危，赵危而荆狐疑。东以弱齐、燕，中以凌三晋。然则是一举而霸王之名可成也，四邻诸侯可朝也。"②然而这几次进攻都没有达到灭魏的战略目的，领兵的秦相穰侯魏冉"引军而退，复与魏氏为和"③。

三、战国后期秦军主攻目标的改变与进兵路线的转移

公元前270年，范雎在秦拜相，献"远交近攻"之策，使秦对六国的作战方略发生了重大变化，改变了出兵豫东的主攻方向，把晋南豫北

---

① 《韩非子·存韩》。
② 《韩非子·初见秦》。
③ 《韩非子·初见秦》。

通道作为主要进军路线，夺取和巩固沿途的三晋城市，以赵国为首要的打击对象。表现如下。

1. 秦于公元前 269 年发动阏与之战开始，随后又发动上党之战、邯郸之围等，这一系列大规模战役主要是与赵国交锋。

2. 从《史记》卷 5《秦本纪》、卷 15《六国年表》、诸侯世家的记载来看，第二阶段（前 269—前 221）秦国发动的进攻多数集中在河东—河内方向，大约 30 次，而豫西—豫东方向和南阳方向仅各有数次。

3. 据《史记》卷 5《秦本纪》中关于秦军作战斩首数量的记载，第二阶段河东—河内方向的战斗杀敌 60 余万，而其他方向不过 10 万，表明这个地区的交战异常激烈，秦军和六国的军队主力往往在此对阵。

秦军主攻方向改变的原因，据笔者分析有以下几点。

第一，大梁城池坚固，魏又调集境内全部兵力拼死抵挡，使秦难以速胜。《战国策·魏策三》载须贾对魏冉说："臣闻魏氏悉其百县胜兵，以止戍大梁，臣以为不下三十万。以三十万之众，守十仞之城，臣以为虽汤、武复生，弗易攻也。"再者，秦灭魏"以绝从（纵）亲之要（腰）"[1] 的战略意图被六国识破，"秦攻梁者，是示天下要断山东之脊也，是山东首尾皆救中身之时也"[2]。大梁三次被围，燕、赵、韩等诸侯纷纷来救，使秦未能得手。

第二，此时齐、楚新遭国破，抱残守缺，已无力与秦争雄；而赵国经过胡服骑射的军事改革和整顿内政，壮大了力量，北灭中山，屡挫齐、魏，如纵横家所言："当今之时，山东之建国，莫如赵强。"[3] 赵国成为合纵的中心和策源地，是新的抗秦中坚。如《韩非子·存韩》曰："夫赵氏

①《战国策·秦策四》。
②《战国策·魏策四》。
③《战国策·赵策二》。

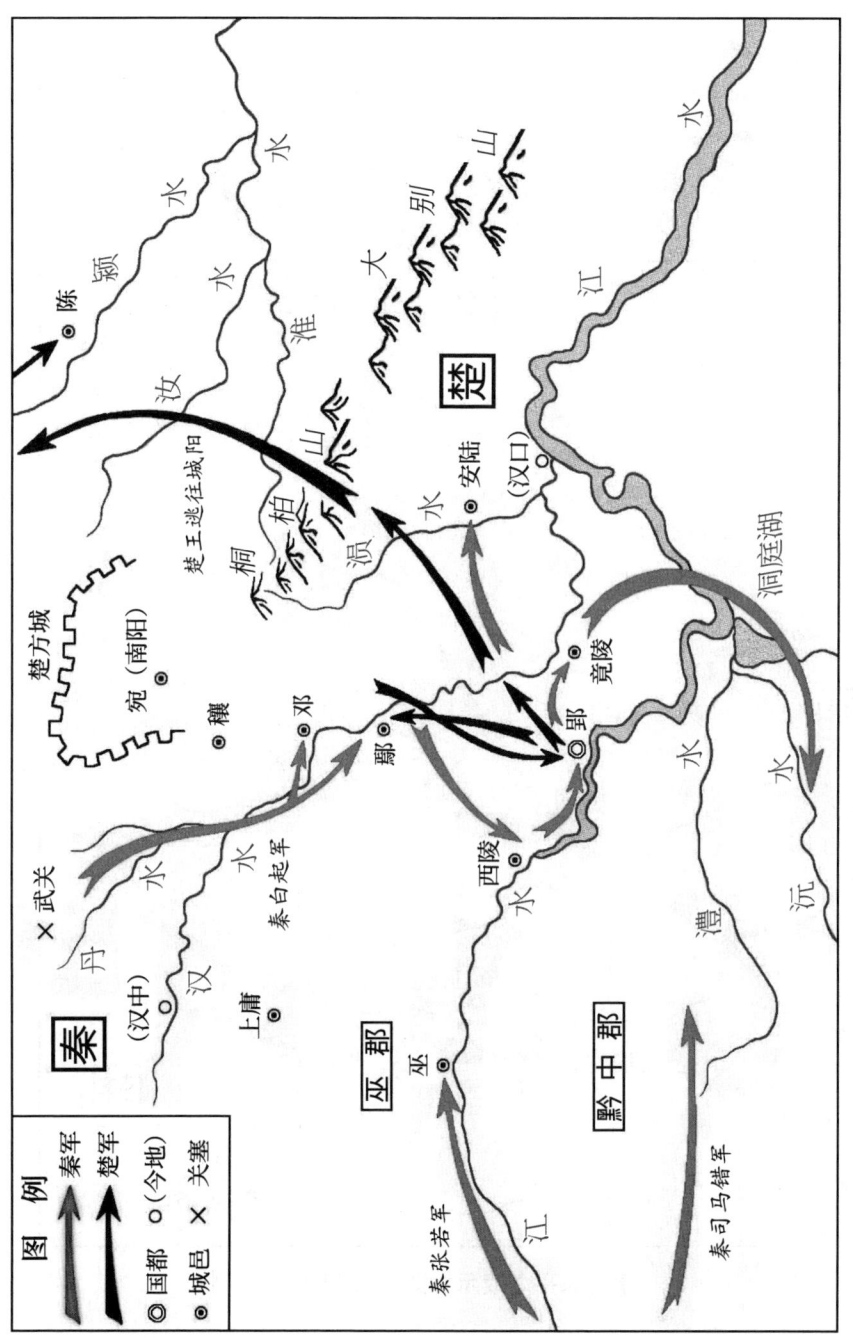

秦楚鄢郢之战示意图（前 279—前 278）

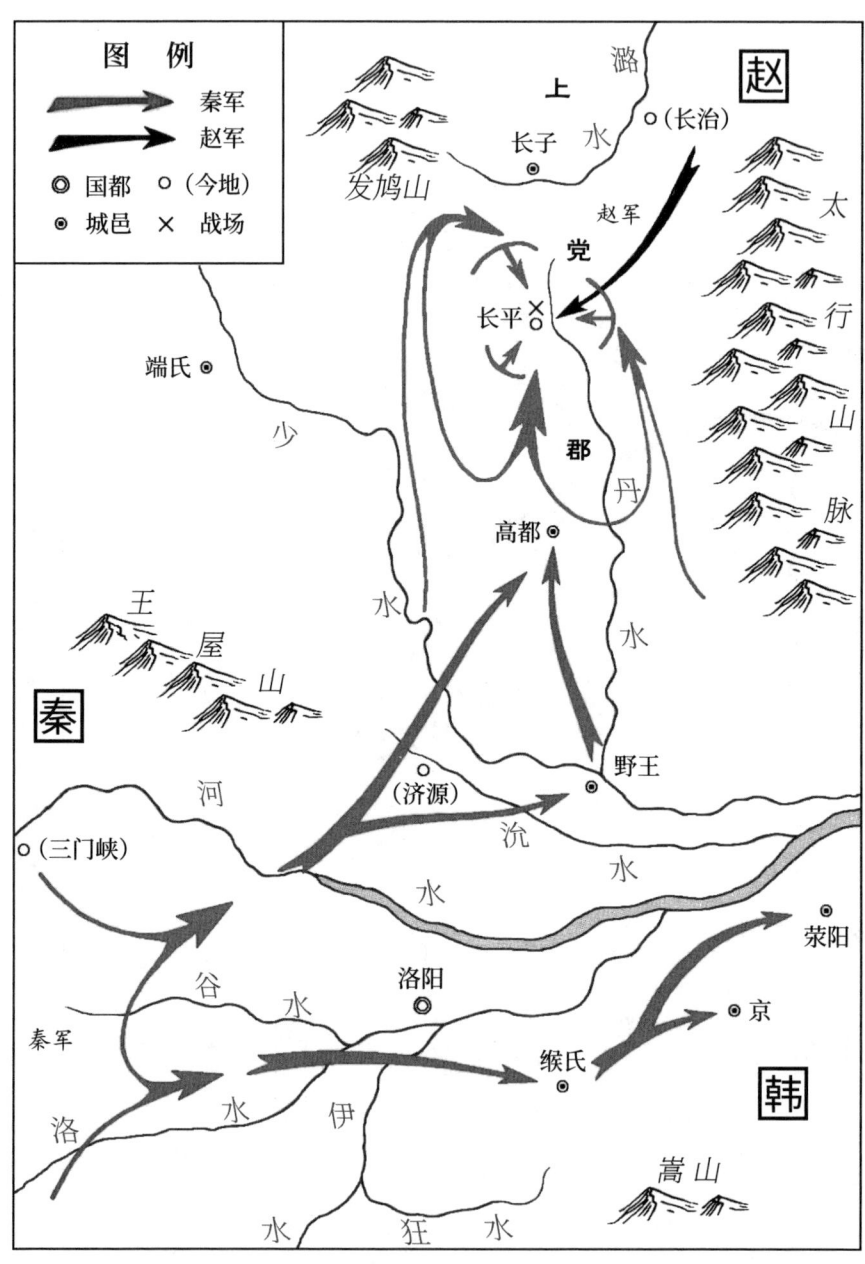

秦赵长平之战示意图（前260）

聚士卒，养从（纵）徒，欲赘天下之兵，明秦不弱。"《战国策·秦策三》曰："天下之士，合从相聚于赵，而欲攻秦。"所以范雎向秦昭王指出原来的战略部署有误，兵出豫西通道，越韩、魏而攻齐，"非计也，少出师，则不足以伤齐，多之则害于秦"[①]；伐魏围梁也未收到预期的效果，"穰侯十攻魏而不得伤"[②]。事实上，赵国才是秦征服山东的最大障碍，"应侯谓秦王曰：王得宛、叶、蓝田、阳夏，断河内，困梁、郑，所以未王者，赵未服也"[③]，应该改变战略方针，把赵国当作进攻的主要目标。

赵国的统治中心邯郸地区在冀南平原，秦军如走豫西通道出荥阳北上攻赵，需要连续渡过济水、黄河、漳水三条河流，多有不便；而且进军的侧翼是敌对的魏国，粮草、兵员的补给线要穿过韩境，也有后顾之忧。李斯曾说："夫韩虽臣于秦，未尝不为秦病；今若有卒报之事，韩不可信也。"[④]秦王也说韩国："不固信盟，唯便是从。韩之在我，心腹之疾。"[⑤]因此秦不愿走豫西通道伐赵，正如《战国策·赵策二》载苏秦说过的那样："然而秦不敢举兵甲而伐赵者，何也？畏韩、魏之议其后也。然则韩、魏，赵之南蔽也。"

秦国伐赵的主攻路线是走晋南豫北通道，"秦举安邑而塞女戟，韩之太原绝；下轵道、南阳而伐魏，绝韩，包二周，即赵自消烁矣"[⑥]。女戟在太行山脉西侧，此处的南阳是指晋之南阳——修武地区，轵道和修武南阳皆属魏，故曰"伐魏绝韩"，然后再由河内出师北攻邯郸。河东的汾城（今山西省临汾市）被秦当作关中至河内用兵的中转站，伐赵的先头

---

① 《战国策·秦策三》。
② 《战国策·秦策三》。
③ 《韩非子·内储说上》。
④ 《韩非子·存韩》。
⑤ 《战国策·赵策一》。
⑥ 《战国策·赵策四》。

部队、后续部队经过汾城到前线，增援部队也在此屯集待命，前方部队后撤时亦回到这里休整。公元前257年邯郸战役时，秦"益发卒军汾城旁"①。胡三省注《资治通鉴》卷5曰："汾城，即汉河东临汾县城也，去邯郸尚远。秦盖屯兵于此，为王龁声援。"后来秦军失利，"攻邯郸不拔，去，还奔汾军"②。由于这条通道的人员、物资交通流量显著增大，从临晋渡河的困难更加突出。为了解决这个矛盾，公元前257年，秦"初作河桥"③。《史记正义》载："此桥在同州临晋县东，渡河至蒲州，今蒲津桥也。"这项措施大大提高了晋南豫北通道的运输能力。

通道东端的河内原属卫地，战国时入魏，是赵、魏、齐三国交界之处。秦占领河内，在黄河以北建立了一个楔入中原的桥头堡，截断了赵、燕与韩、魏、楚国的联系。东边陈兵迫近齐境，使齐不敢加入合纵联盟。有识之士曾评论夺取这个地段的重要性："秦下甲攻卫阳晋，必大关天下之匈（胸）。"④《史记索隐》曰："夫以常山为天下脊，则此卫及阳晋当天下胸，盖其地是秦、晋、齐、楚之交道也。以言秦兵据阳晋，是大关天下胸，则他国不得动也。"

第三，豫西通道附近多是丘陵山地，土狭民贫，物产匮乏。如张仪所言："韩地险恶，山居，五谷所生，非菽而麦，民之食大抵菽饭藿羹；一岁不收，民不餍糟糠。"⑤大军通过时沿途的补给相当困难。晋南地区则比较富庶，"河东土地平易，有盐铁之饶"⑥，且此时大部分已被秦军占领，运输线亦很安全。长平之战后，"秦尽韩、魏之上党，则地与国都邦属而

---

① 《史记》卷5《秦本纪》昭王五十年。
② 《史记》卷5《秦本纪》昭王五十年。
③ 《史记》卷5《秦本纪》昭王五十年。
④ 《史记》卷70《张仪列传》。
⑤ 《史记》卷70《张仪列传》。
⑥ 《汉书》卷28下《地理志下》。

壤挈者七百里"①。通道东端的河内地区经济也很发达，秦国可以利用当地的人员、粮草补给前线，减轻关中后方的沉重压力。如《史记》卷 73《白起王翦列传》载长平之战中，"秦王闻赵食道绝，王自之河内，赐民爵各一级，发年十五以上悉诣长平，遮绝赵救及粮食"；《史记正义》曰："（河内）时已属秦，故发其兵。"

第四，从道路的通达性来看，如果只有一条路线能够到达进攻的目的地，守军可以集中兵力抗击，防御比较容易，一旦堵塞就无法通行。如果在交通干线之外还有几条支线可以到达，防御则比较困难，对攻方比较有利。从这个角度来看，晋南豫北通道具有优越性，秦军如占领山西中南部，既能够兵出河内，又能够利用横穿太行山脉的几条路径作为进军邯郸的辅助路线。轵道以北，还有羊肠、壶口、阏与、井陉等孔道可行。占有优势的秦国能采取两路分兵的办法，来分散赵国的防御力量。范雎向秦王提出的战略设想之一，就是用进占上党的军队越过太行，夺取赵都以北的东阳以威胁邯郸："弛上党在一而已，以临东阳，则邯郸口中虱也。"②公元前 233—前 229 年，秦国发动三次进攻，都是用一支军队自河内北攻邯郸，另一支军队从上党等地直下井陉，实行夹击最终灭赵。豫西通道在这方面就相形见绌了，它的东段出口只有成皋、荥阳一线，因为成皋以北是黄河，以南多为纵向山岭，岗峦连绵不绝，难以逾越通行。

鉴于以上原因，秦国改变了战略，将军队主力部署在河东、河内，与赵国交战。秦国同时也企图占领豫西通道东段，于公元前 256—前 249年灭两周，夺取韩国的荥阳、成皋，设立三川郡。但秦国随即被信陵君率诸侯联军打败，兵退函谷关内，不敢出战；沿途据点纷纷失守，连在中原黄河以南的许多城池（如陶、管等）也被魏国攻占，可以说秦在这

①《战国策·赵策一》。

②《韩非子·内储说上》。

个作战方向遭到惨败。不过，秦坚持在黄河以北用兵的主攻战略，逐步占据了赵之晋阳、上党与河内的漳水流域，使邯郸孤立无援，终于在公元前 228 年灭亡赵国，然后北上灭燕，南渡黄河攻占魏都大梁。在此期间，函谷关与豫西通道方向未见到大规模的军事行动。韩都新郑虽然在通道东端出口近旁，不过秦是由内史腾率兵从南阳郡东出方城，再北上灭韩的。

秦国对战略进攻方向和行军路线的选择并非一成不变，而是根据形势的变化及时加以调整，其结果是成功的，保证了秦统一中国战争的顺利完成。

第八章

———

敖仓在秦汉时代的兴衰

我国封建社会的历史上，秦、西汉、新莽、东汉四代王朝的统治者都在河南荥阳设置了敖仓，用来囤积粮粟，并修筑仓城，派兵驻守。而国内起兵反抗朝廷的政治集团，也多企图袭取荥阳，"据敖仓之粟"，和敌手争夺天下。敖仓成为秦汉兵家确定战略时必然考虑的重要因素，它对于国家的经济生活亦有不可低估的影响。但是东汉以来，敖仓的地位却江河日下。魏晋南北朝的数百年间，占据河南的封建政权都放弃了对它的经营，使它在历史舞台上销声匿迹。敖仓的兴衰，几乎和秦汉王朝的崛起、败落同始终，其原因何在？笔者在本章对此问题做一些探讨，论述如下。

一、敖仓出现的历史背景

敖仓故地位于汉荥阳县城西北，以所在的敖山而得名。它北临黄河和济水的分流之处，南带广武山，西隔汜水，与天险雄关成皋（即虎牢）遥遥相望。因大河多年南侵，沿岸崩坍，仓城旧址早已荡然无存。据皇甫谧《帝王世纪》记载，商王仲丁曾率众迁居于此，河亶甲即位后又徙去。西周时，宣王"薄狩于敖"①，在该地行猎。春秋战国期间，荥阳成皋附近的战事频繁起来，公元前 249 年，秦庄襄王"使蒙骜伐韩，韩献成皋、巩，秦界至大梁"②，开始置三川郡来管辖这一地区。秦始皇时，在敖山置仓积谷，"会天下粟，转输于此，故名敖仓"③。西汉初年重修敖仓，并设荥阳敖仓官治理仓务，直属中央④。秦汉敖仓的规模巨大，藏粮甚多，世人常以敖仓之粟比黄河、东海之水⑤。

从史实来看，当时的封建统治者在敖仓囤粮的主要目的之一，是补给战争的消耗。秦和西汉建都关中，但是都把荥阳当作军事重镇，严加守卫。如秦朝曾派丞相李斯长子李由为三川郡守，领兵驻扎荥阳。陈胜吴广起义爆发后，六国故地多被起义军占领，而荥阳则久攻不下，历时数月，直到章邯率援军出关后解围。

西汉时期，国内一旦发生政治危机，或者函谷关外出现变乱，朝廷往往立即派遣大军进驻荥阳，抢先控制这一战略要地。例如，刘邦临终，使陈平与灌婴率军十万屯驻荥阳⑥。顾祖禹对此解释道："帝以天下新定，恐易世之际人心动摇，故以信臣重兵屯南北之冲。"⑦

吕后驾崩，"琅邪王泽乃曰：'帝少，诸吕用事，刘氏孤弱。'乃引兵与齐王合谋西，欲诛诸吕。至梁，闻汉遣灌将军屯荥阳，泽还兵备西界"⑧。

---

①《诗经·小雅·车攻》，亦作"搏兽于敖"。

②《史记》卷 5《秦本纪》。

③〔清〕申奇彩：《河阴县志》卷 2 "古迹"。

④《汉书》卷 2《惠帝纪》六年，"起长安西市，修敖仓"。

⑤《淮南子·精神训》："今赣人敖仓，予人河水，饥而餐之，渴而饮之，其入腹者不过箪食瓢浆，则身饱而敖仓不为之减也，腹满而河水不为之竭也。"柳宗元《与李睦州书》："盐东海之水以为咸，醯敖仓之粟以为酸。"

⑥《史记》卷 8《高祖本纪》、卷 56《陈丞相世家》。

⑦〔清〕顾祖禹：《读史方舆纪要》卷 47《河南二》，中华书局，2005 年，第 2197 页。

⑧《史记》卷 51《荆燕世家》。

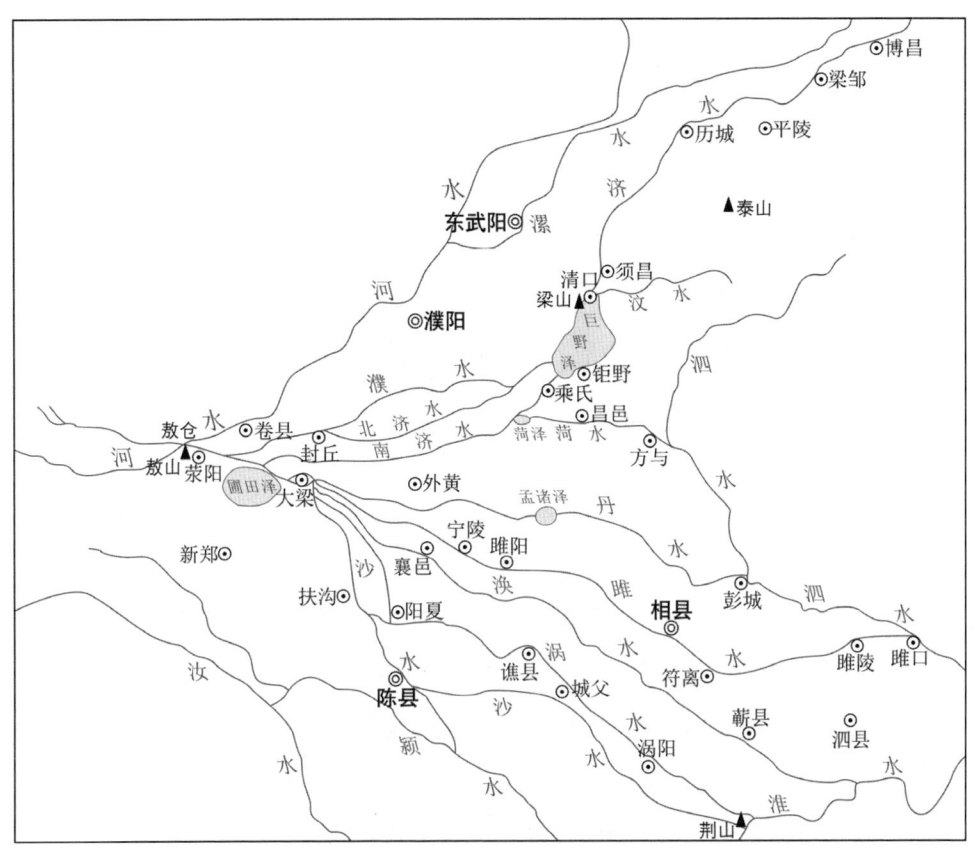

敖仓与河济鸿沟水运图

文帝三年（前 177）六月，济北王刘兴居起兵造反，"于是诏罢丞相兵，遣棘蒲侯陈武为大将军，将十万往击之。祁侯贺为将军，军荥阳。……八月，破济北军，虏其王"[①]。

景帝三年（前 154），爆发"七国之乱"。太尉周亚夫领兵平叛，"将乘六乘传，会兵荥阳"[②]，在那里集结军队，然后分兵进击，留大将军窦婴镇守荥阳，以为后援。

新莽地皇三年（22），赤眉、绿林起义军连获胜利，声威大震。王莽亦遣大将军阳浚率兵至荥阳敖仓镇守[③]。

可见，敖仓所在的荥阳，被秦、西汉王朝的统治者视为咽喉要地、临战必守之所。究其原因，与当时的政治形势和荥阳的地理位置有密切关系。

秦、西汉时期，幅员辽阔的中国刚刚建立起统一的中央集权国家，国内各地区的经济发展很不平衡，以致在生产活动、文化传统和风俗习惯等方面具有明显的差别。司马迁在《史记》卷 129《货殖列传》中把全国分成了山西、山东、江南和龙门碣石以北四大区域。其中江南地广人稀，"或火耕而水耨"；龙门碣石以北半农半牧，"多马、牛、羊、旃裘、筋角"，这两个地区比较落后。最为发达的是山东和山西的关中两个经济区。山东又称关东，地域广大，西至函谷，东达海滨，南缘长江，北抵燕山；此地又是龙山文化的发祥地，有着悠久的农业生产的历史传统，在秦汉时代长期保持经济繁荣。关中地区虽然面积较小，却有优越的自然条件，泾渭流域"膏壤沃野千里，自虞夏之贡以为上田"。战国以来，秦在当地兴修水利，发展农业，使关中经济空前发展，可以与山东比肩。

---

① 《史记》卷 10《孝文本纪》。
② 《史记》卷 106《吴王濞列传》。
③ 《汉书》卷 99 下《王莽传下》。

正如司马迁所说："故关中之地，于天下三分之一，而人众不过什三，然量其富，什居其六。"

关中经济力量的崛起，对古代中国历史发展产生了深刻的影响，使数百年间各国政治斗争在地域上表现出东西对峙的时代特点。这一格局始于商鞅变法后的战国中期。秦国吞并汉中、巴蜀，逐步向东方扩张，引起"诸侯恐惧，会盟而谋弱秦，不爱珍器重宝肥美之地，以致天下之士，合从（纵）缔交，相与为一"①，山东六国形成反秦联盟，由原来的群雄割据混战演变成关中、山东两大政治势力互相抗争的局面。秦以关中为本，虏西戎而兼山东，灭亡六国。西汉王朝的建立亦是如此，汉高帝虽起兵山东，但是后来他打败项羽和其他诸侯，统一天下，也是依靠了关中人力、财力的支持。鄂君曾说："夫上与楚相距五岁，常失军亡众，逃身遁者数矣。然萧何常从关中遣军补其处，非上所诏令召，而数万众会上之乏绝者数矣。夫汉与楚相守荥阳数年，军无见粮，萧何转漕关中，给食不乏。陛下虽数亡山东，萧何常全关中以待陛下，此万世之功也。"②

统一后的秦、西汉政权，都把山东地区的敌对势力（如六国旧贵族、汉异姓同姓诸侯王）当作国内主要的政治威胁。因此，这两个王朝制定的基本政策之一，就是"以关中制山东"。定都于咸阳、长安，凭借关中优越的自然环境和有利地形，作为中央政权统治的地理基础。山东无事，则征发那里的赋税、劳力输入关中，补充中央政权的消费。一旦山东发生动乱，中央政权退可以闭关自守，进可以依靠关中雄厚的经济、军事力量东出镇压。这一政策的指导思想，在汉初一些谋士劝说刘邦建都关中的议论里表现得十分明显。如娄（刘）敬曰："且夫秦地被山带河，四

---

① 《史记》卷6《秦始皇本纪》载贾谊《过秦论》。
② 《史记》卷53《萧相国世家》。

塞以为固，卒然有急，百万之众可具也。因秦之故，资甚美膏腴之地，此所谓天府者也。陛下入关而都之，山东虽乱，秦之故地可全而有也。夫与人斗，不搤其亢，拊其背，未能全其胜也。今陛下入关而都，案秦之故地，此亦搤天下之亢而拊其背也。"①刘邦未能决。张良支持娄敬的建议，说："夫关中左殽函，右陇蜀，沃野千里，南有巴蜀之饶，北有胡苑之利，阻三面而守，独以一面东制诸侯。诸侯安定，河渭漕挽天下，西给京师；诸侯有变，顺流而下，足以委输。此所谓金城千里、天府之国也，刘敬说是也。"②终于打消了刘邦的疑虑，决定在长安建都。

荥阳的位置在关中、山东两大经济区域的交界地带，所以，东西对峙的政治形势与秦、西汉王朝"以关中制山东"的政策，使之成为兵家必争之地。荥阳以东，即进入空旷辽阔的黄河中下游平原，可任大军纵横驰骋；荥阳以西，自成皋至函谷关，则是峰谷交错的豫西山区，易守难攻。《读史方舆纪要》卷46《河南一》曰："今自荥阳而东皆坦夷，西入汜水县境地渐高，城中突起一山，如万斛囷。出西郭则乱岭纠纷，一道纡回，其间断而复续，使一夫荷戈而立，百人自废。"其中新安至潼关约四百里，"重冈叠阜，连绵不绝，终日走硖中，无方轨列骑处"。如果说豫西山区是关中的屏障，那么荥阳就是这一屏障的东大门。秦汉关中通往山东的陆路干线，正是出函谷关，穿过豫西山区，至荥阳分道扬镳，"东穷燕齐，南极吴楚"③。关中通往山东的水路，则是由渭入黄河，历三门、孟津，到达荥阳，此地正是黄河与济水的分流之处。自魏惠王开凿鸿沟运河，将济水与汝水、泗水、淮水连接起来，河淮之间形成了一个巨大的水运交通网，荥阳是总绾这几条河道的地方。从这里沿着黄河、

① 《史记》卷99《刘敬叔孙通列传》。
② 《史记》卷55《留侯世家》。
③ 《汉书》卷51《贾山传》。

济水和鸿沟诸渠顺流而下，能够到达山东各地。如《史记》卷29《河渠书》所言："荥阳下引河东南为鸿沟，以通宋、郑、陈、蔡、曹、卫，与济、汝、淮、泗会。于楚，西方则通渠汉水、云梦之野，东方则通沟江淮之间。于吴，则通渠三江五湖。于齐，则通菑济之间。"由此可见，不论水路、旱路，荥阳都是当时关中、山东两大经济区间交通往来的枢纽，故桑弘羊称其"居五诸之冲，跨街衢之路也"①。对于奉行"以关中制山东"政策的秦、西汉王朝来说，控制荥阳显然具有非常重要的意义。和平时期，国家的主力军队在函谷关内，如果山东诸侯发生叛乱，抢先占据荥阳，"绝成皋之口，天下不通"②，东西交通的主要干线即被截断，朝廷的大军就会堵塞在成皋以西的山区里，无法迅速东进中原；绕道武关而出，则旷日费时，容易贻误战机。相反，如果中央政权控制了荥阳，就能掌握较大的主动权，不利时可以拒敌于国门之外，保关中不失；得势时可以由该地水陆并进，以高屋建瓴之势，开往山东各处。正是由于荥阳具有十分重要的战略地位，吴楚七国之乱爆发后，汉将周亚夫驰往该地，未受敌人阻截，喜悦之情溢于言表，得意地说："吾据荥阳，荥阳以东无足忧者！"③

秦、西汉时期国内遇到战乱，荥阳地区就会大军云集，而部队的粮食供应则是关键问题。孙子曾说："军无辎重则亡，无粮食则亡，无委积则亡。"④战时风云骤变，军队要抢占要地，仓促运粮往往措手不及，所以俗语说"兵马未动，粮草先行"。事先在可能爆发战争、需要集结军队的前哨阵地囤积粮草，作为备战的重要手段，这在秦汉历史上是常见的。例如，汉文帝采纳晁错的建议，令天下入粟拜爵，输粮于北边以备匈奴；

---

①《盐铁论·通有》。
②《史记》卷118《淮南衡山列传》。
③《汉书》卷35《荆燕吴传》。
④《孙子兵法·军争》。

宣帝时，赵充国在金城屯田储粮，运入郡仓，准备将来出兵平定羌乱时所用；郑吉"以侍郎田渠黎，积谷，因发诸国兵攻破车师"[①]。看来，设置在重镇荥阳的敖仓，也具有明显的军事补给性质，是关中的中央政权为了镇压山东叛乱而采取的预防措施。

封建统治者在荥阳设置敖仓的另一个目的，和漕运转输有关。王鸣盛《十七史商榷·诸仓》曰："秦都关中，故于敖置仓，以为溯河入渭地。"秦、西汉王朝建都的关中地区尽管农业发达，物产丰饶，但由于是京师所在，人口众多，加上帝室贵族、百官豪富的奢靡，当地的出产是不足以供给的。秦代咸阳已经"当食者多，度不足，下调郡县转输菽粟刍藁"[②]。西汉时这一矛盾更加突出。如《盐铁论·园池》中所说："三辅迫近于山河，地狭人众，四方并凑，粟米薪菜不能相赡。"在很大程度上需要依靠渭水、黄河漕运山东的粮食来弥补。秦朝在这方面消耗的人力、物力很多，二世时"盗多，皆以戍漕转作事苦，赋税大也"[③]，成为社会矛盾激化的重要原因之一。西汉漕运事业出现空前的兴盛。《汉书》卷51《枚乘传》曰："夫汉并二十四郡、十七诸侯，方输错出，运行数千里不绝于道……转粟西乡，陆行不绝，水行满河。"武帝至宣帝时每年输往关中的山东漕粮常有四百万石，甚至高达六百万石。对于秦、西汉来说，漕运水道是维系政权的重要生命线，其所提供的物资是封建国家不可缺少的支柱。

当时，山东的几个主要农业区域，如华北平原、山东半岛、淮河流域，所产的漕粮由黄河、济水和鸿沟诸渠溯流而上，总会于荥阳，再沿黄河西行，转至关中。鸿沟水系的入河口就在荥阳的广武山北麓，而在

---

① 《汉书》卷70《郑吉传》。
② 《史记》卷6《秦始皇本纪》。
③ 《史记》卷6《秦始皇本纪》。

这里设仓储粮，还可以减轻黄河漕运的难度。首先，荥阳以西，自孟津至三门、砥柱，黄河两岸峡谷耸立，水面狭窄，河流湍急，又有暗礁浅滩，是漕船航行的危险地段，多有毁亡。船只运行的数量和速度在这一带骤然下降，各条水道的漕船如果同时大量地驶进，会出现拥挤堵塞，容易造成事故。其次，黄河各季节的水量差距很大，对漕运亦有影响。冬季河面结冰，不能行船；春夏之际为枯水期，也对航行不利。《汉书》卷 29《沟洫志》载："今西方诸郡，以至京师东行，民皆引河渭山川水溉田。春夏干燥，少水时也，故使河流迟，贮淤而稍浅。"而盛夏初秋，黄河中游又多降暴雨、阴雨，不时出现较大的洪峰，即所谓"伏秋大汛"。汛期水势汹涌，"两涘渚崖之间，不辨牛马"①，难以逆流而行。遇到上述情况，济水、鸿沟诸渠的漕船无法入河行驶，如果靠岸等待又虚耗时日，浪费人力、物力。在荥阳修筑敖仓，可以让不能西行的漕船卸下粮食，贮存入仓，或者转为陆运，或者等待能够通航时再行装船，不致造成汴渠航道内船只的积压堵塞。后人提到这种"行来已久"的转运办法时，说它的益处在于"水通利则随近运转，不通利则且纳在仓，不滞远船，不生隐盗"②。可见，缓和黄河不能常年航运的矛盾，是敖仓屯粮的另一个作用。

综上所述，敖仓的出现有着深刻的历史背景。鉴于秦、西汉时期特殊的政治形势与漕运路线，荥阳成了国内首屈一指的军事重镇和水陆运输的中转码头，统治集团在这里设置敖仓，既有助于保障封建国家的安全，又维持了经济命脉的搏动，敖仓称得起"一身系天下之安危"了。

---

① 《庄子·秋水》。
② 〔唐〕李吉甫：《元和郡县图志》卷 5《河南道一》"河阴县"条，中华书局，1983 年，第 136 页。

二、敖仓对关中、山东势力军事影响的异同

自秦朝建立敖仓之后，荥阳地区的战略意义就更大了。秦汉时代关中与山东两大政治势力的角逐中，占据荥阳者，不仅能够控制国内水陆交通的中心枢纽，而且能够得到充足的粮食补给。有利的地理位置和巨量的物质财富综合在一起，使敖仓对秦汉的军事家们产生了强烈的吸引力。内战爆发时，有识之士常常提出建议或采取行动，抢先占领敖仓，以此来左右战局的发展。秦、西汉、新莽时期，关中的封建政权与山东势力（农民起义军或地方割据集团）之间爆发的战争，主要有以下几次。

（1）秦王朝同陈胜、吴广起义军的战争；

（2）秦王朝同刘邦、项羽起义军的战争；

（3）楚汉战争；

（4）汉高帝平定异姓诸侯王叛乱的战争；

（5）汉文帝平定济北王叛乱的战争；

（6）汉景帝平定吴楚七国之乱的战争；

（7）新莽王朝同绿林、赤眉起义军的战争。

其中关中的封建政权获胜五次，为（1）（3）（4）（5）（6），原因固然是复杂和多方面的，但是我们看到，这几次战争中，关中势力都控制、利用了敖仓和荥阳地区，使自己在军事上占据了主动。

陈胜、吴广起义军西进关中时，未能攻克荥阳，大军被牵制在那里。周文贸然分兵入关，被秦军击败后，荥阳城下的吴广所部即陷入腹背受敌的不利局面。田臧杀吴广后，"自以精兵西迎秦军于敖仓。与战，田臧死，军破"[1]，义军主力丧亡殆尽。

楚汉战争中，敖仓所起的作用最为显著。刘邦在彭城惨败之后，退

---

[1]《史记》卷48《陈涉世家》。

据荥阳，"筑甬道属之河，以取敖仓粟"①，充分利用了那里的存粮，扼守该地，"楚以故不能过荥阳而西"②，使战局进入了相持阶段。后来，楚军截断了敖仓对荥阳的粮食供应。《史记》卷8《高祖本纪》载："项羽数侵夺汉甬道，汉军乏食，遂围汉王。汉王请和，割荥阳以西者为汉。"遭到拒绝以后，刘邦接连败走成皋、巩、洛，而获胜的楚军却不重视对敖仓和荥阳地区的守卫。汉谋士郦食其发现后，立即向刘邦建议："夫敖仓，天下转输久矣，臣闻其下乃有藏粟甚多。楚人拔荥阳，不坚守敖仓，乃引而东，令适（谪）卒分守成皋，此乃天所以资汉也。……愿足下急复进兵，收取荥阳，据敖仓之粟，塞成皋之险，杜大行之道，距蜚狐之口，守白马之津，以示诸侯效实形制之势，则天下知所归矣。"③刘邦采纳其策，"复取成皋，军广武，就敖仓食"④。后来楚军反攻，未能夺回，粮道又被彭越所断，迫于乏食，只好与汉军议和撤兵。可见，汉军收复敖仓的成功，带来了战争形势的重大转折。

汉高帝十一年（前196），淮南王英布发动叛乱，这是汉初诸侯王规模最大的一次造反。谋士薛公分析了英布可能采取的三种战略，其言见《史记》卷91《黥布列传》："上曰：'何谓上计？'令尹对曰：'东取吴，西取楚，并齐取鲁，传檄燕、赵，固守其所，山东非汉之有也。''何谓中计？''东取吴，西取楚，并韩取魏，据敖庾之粟，塞成皋之口，胜败之数未可知也。''何谓下计？''东取吴，西取下蔡，归重于越，身归长沙，陛下安枕而卧，汉无事矣。'"这里所说的"上计"，是迅速控制华北平原、山东半岛、江淮流域等广阔的重要经济区，扩大自己的领土和人力、财力，以便和汉朝对抗；"中计"是抢占关中、山东交界的枢纽地

①《史记》卷7《项羽本纪》。
②《史记》卷7《项羽本纪》。
③《史记》卷97《郦生陆贾列传》。
④《史记》卷7《项羽本纪》。

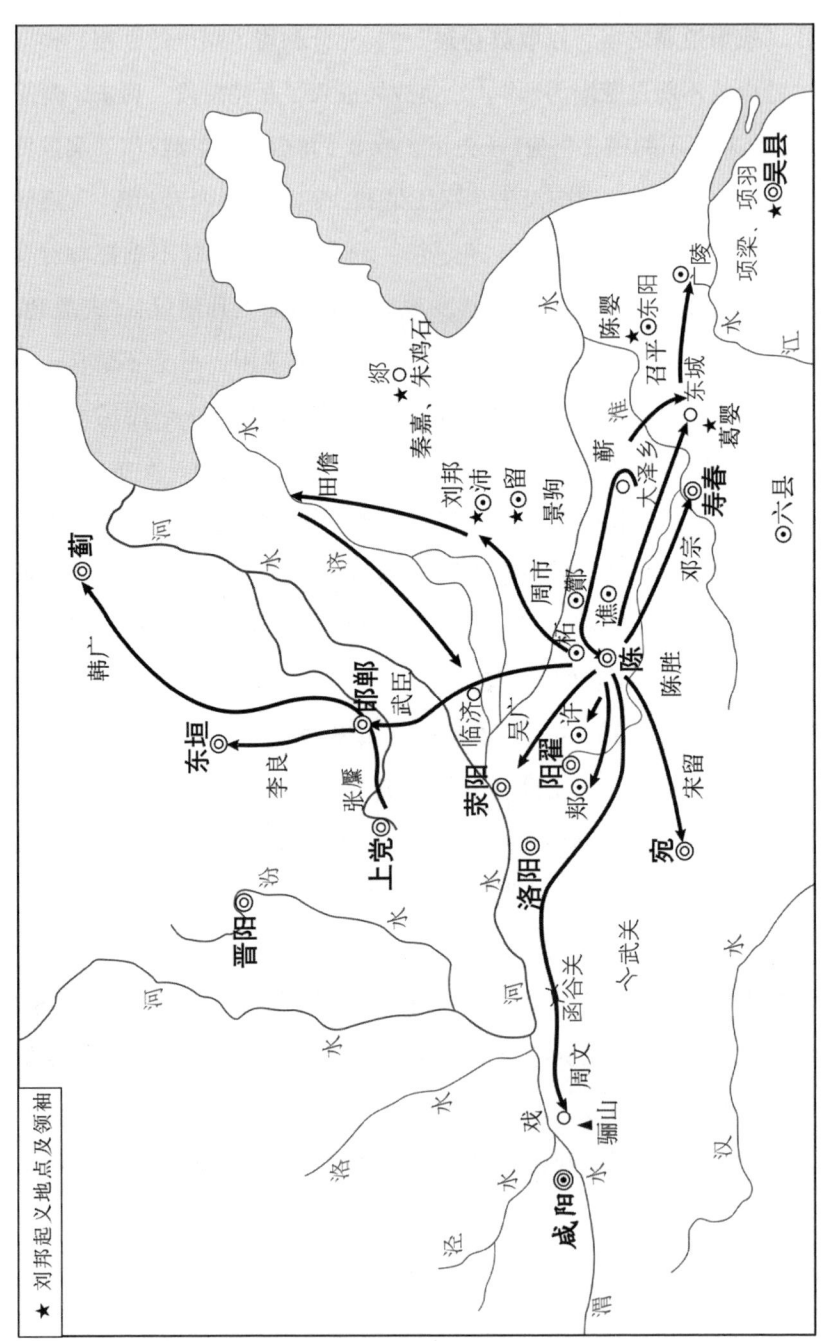

陈胜农民起义军进攻关中路线图（前209）

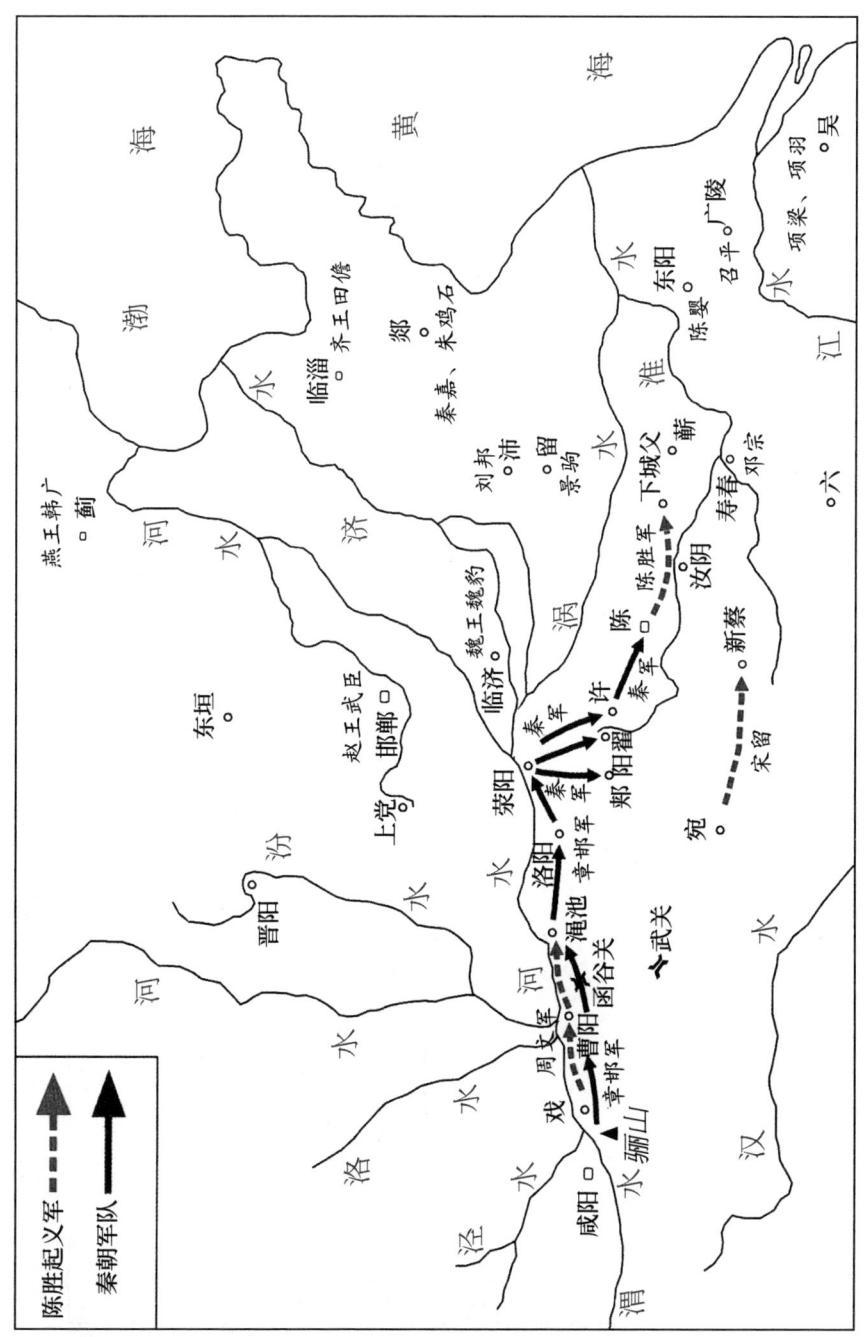

陈胜农民起义军败退路线图（前209—前208）

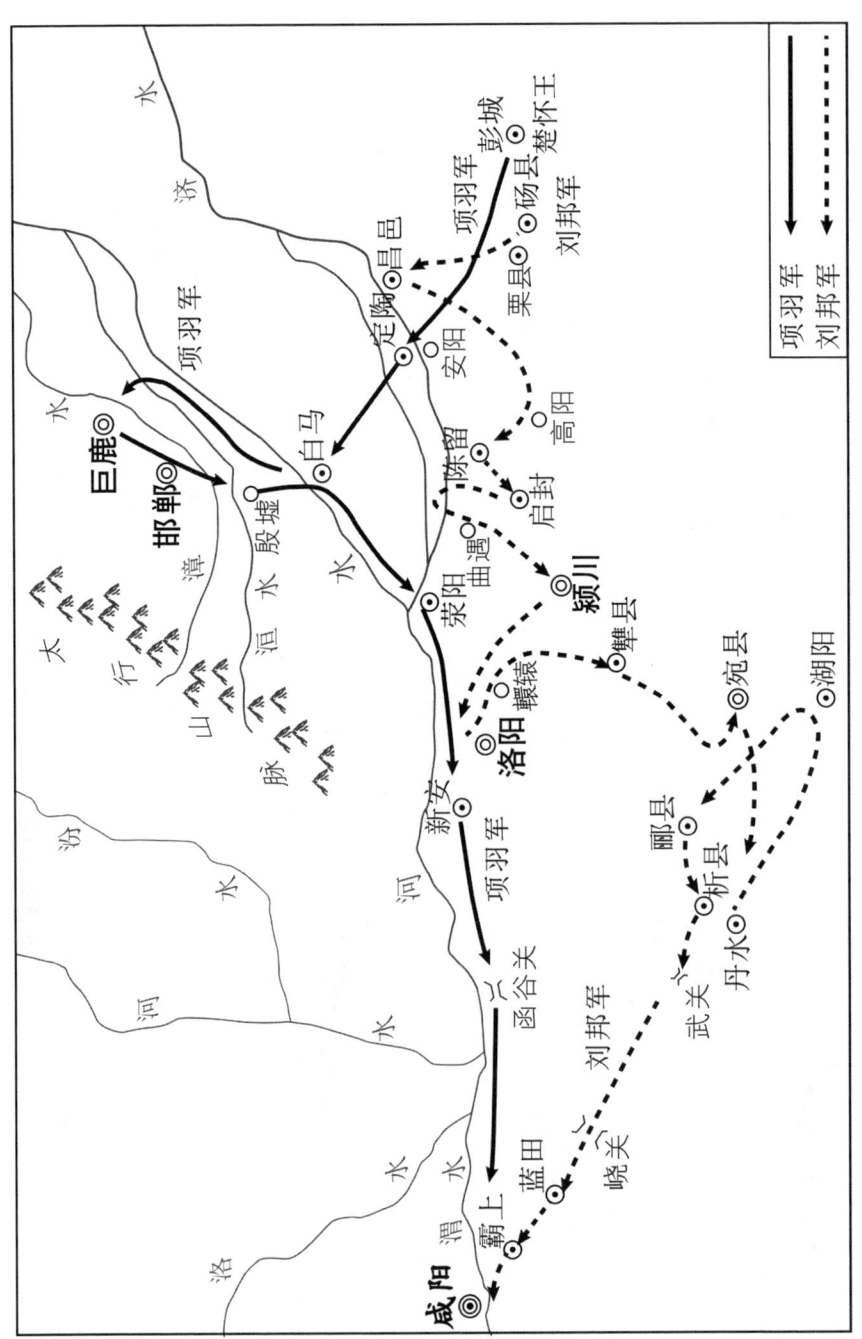

刘邦、项羽起义军进攻关中路线图（前 206）

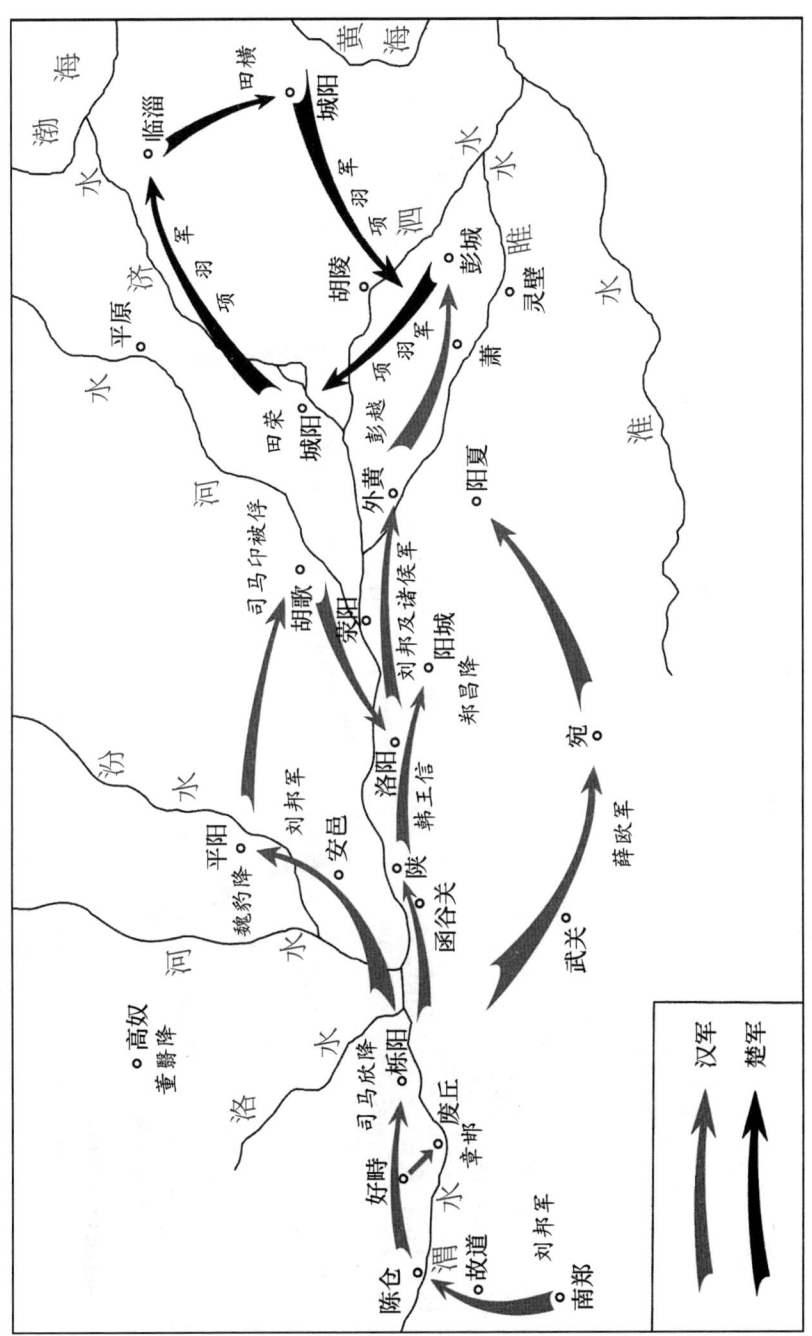

楚汉战争汉军出关进攻示意图（前 205）

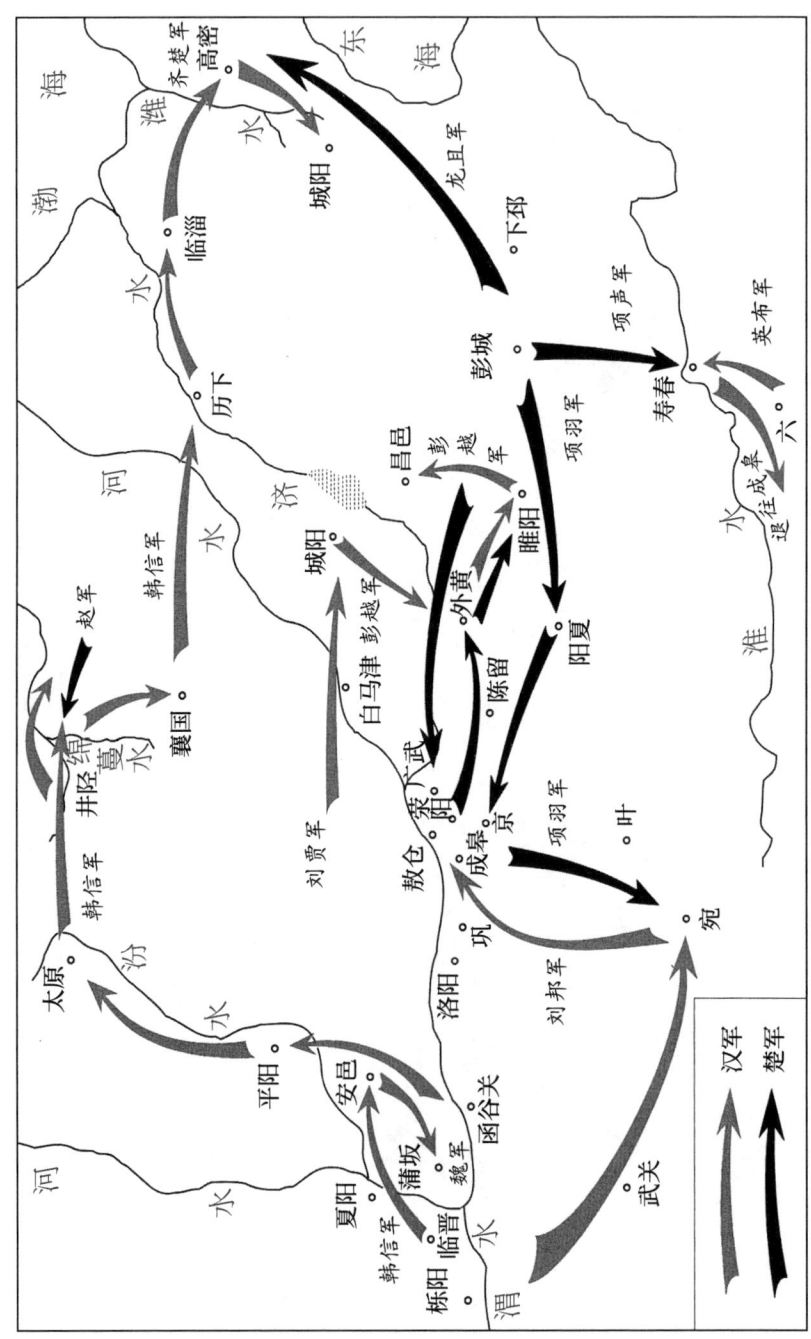

楚汉战争汉军防御作战示意图（前205—前203）

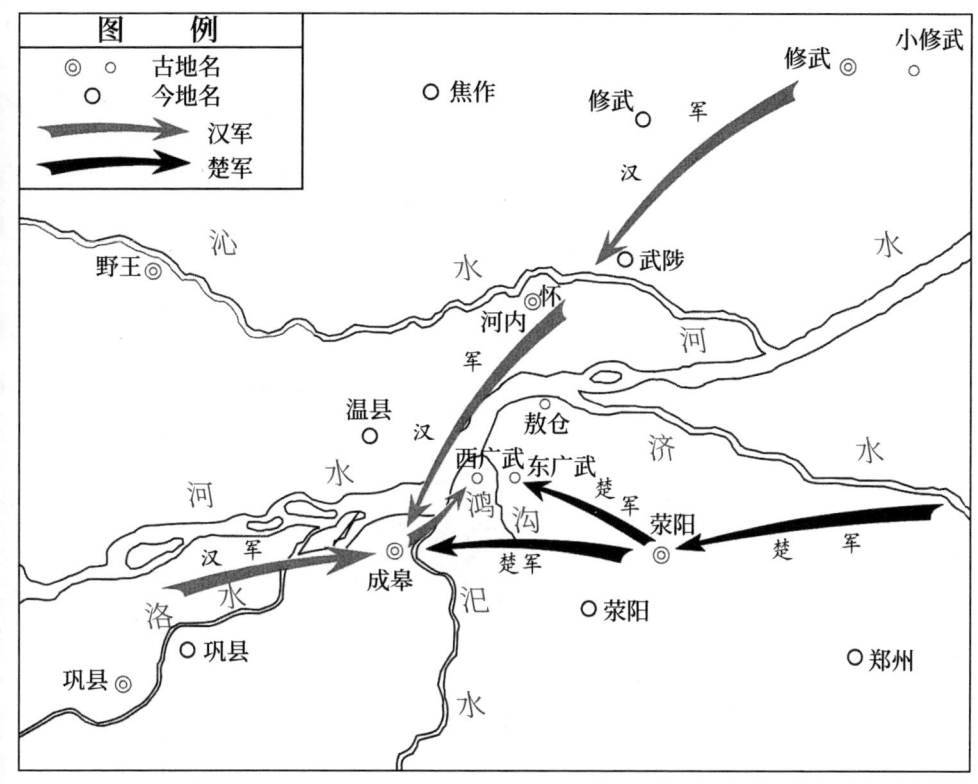

楚汉对峙荥阳形势图（前203）

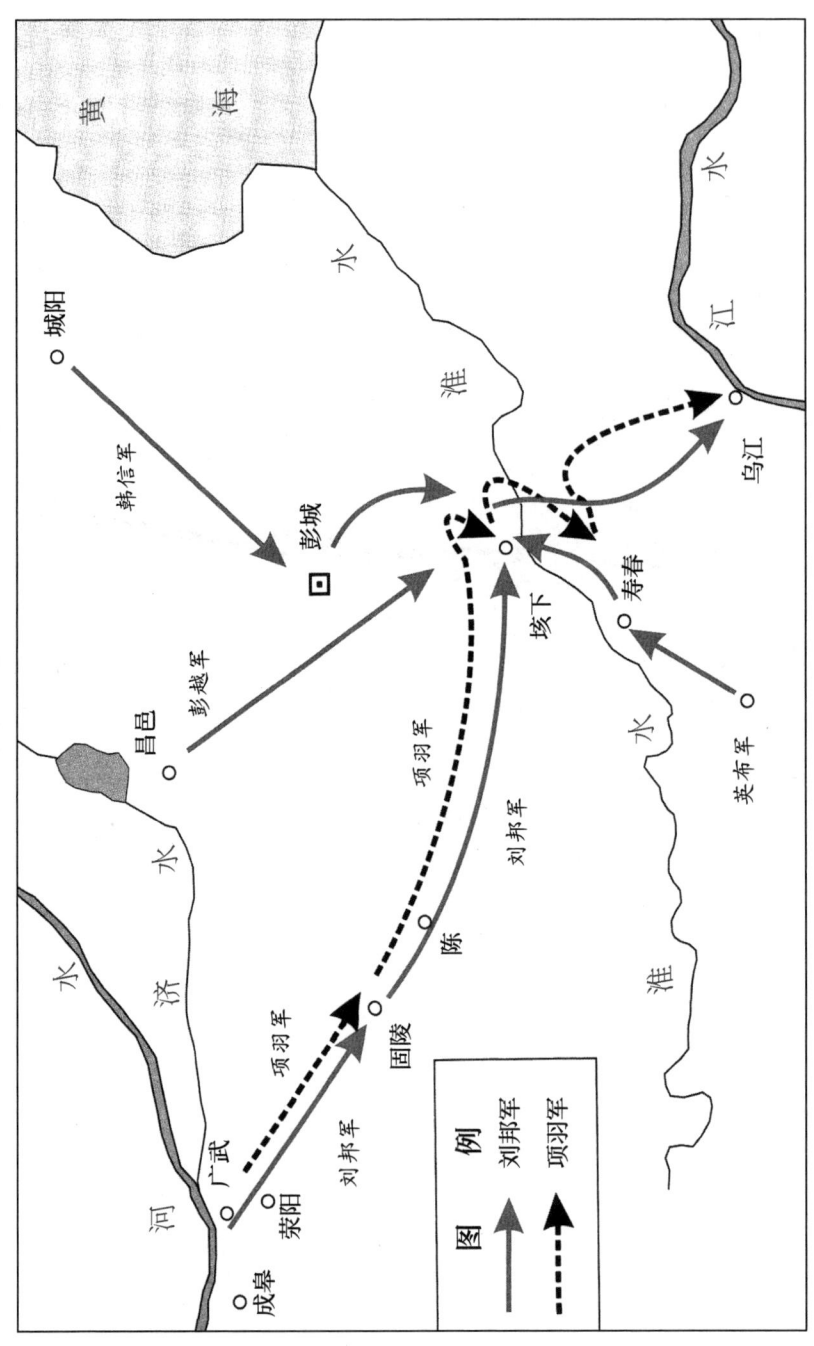

汉军追击楚军路线示意图（前 202）

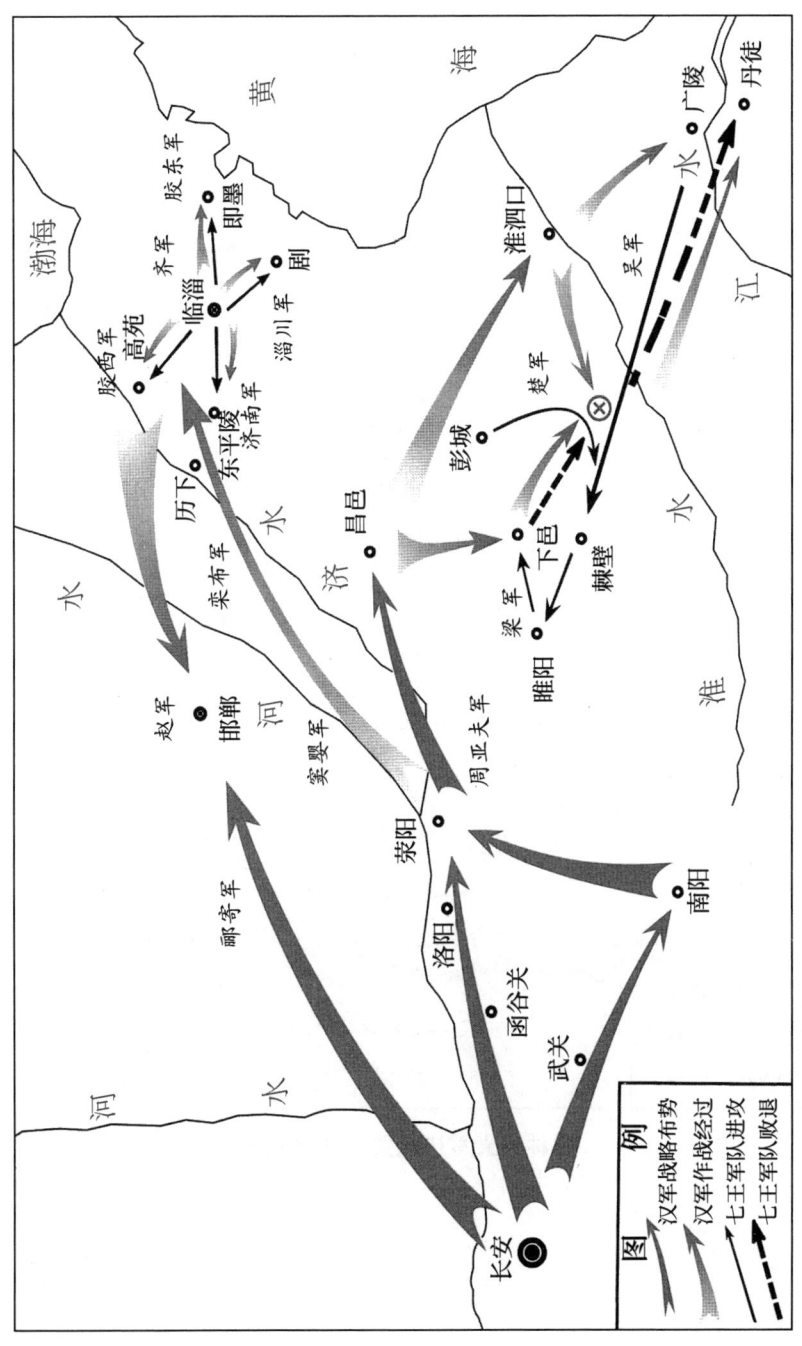

汉景帝平定吴楚七国之乱示意图（前 154）

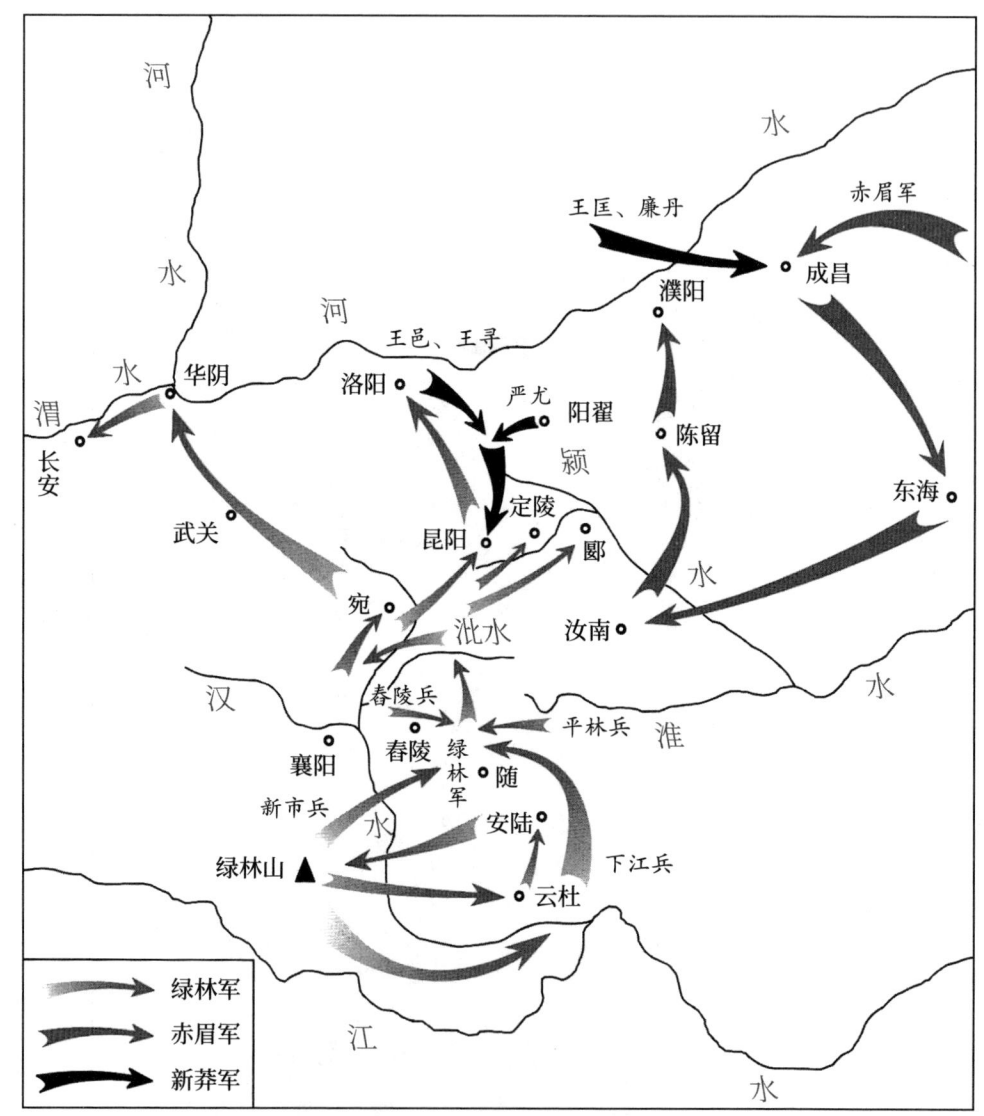

绿林起义军进攻关中路线图（23）

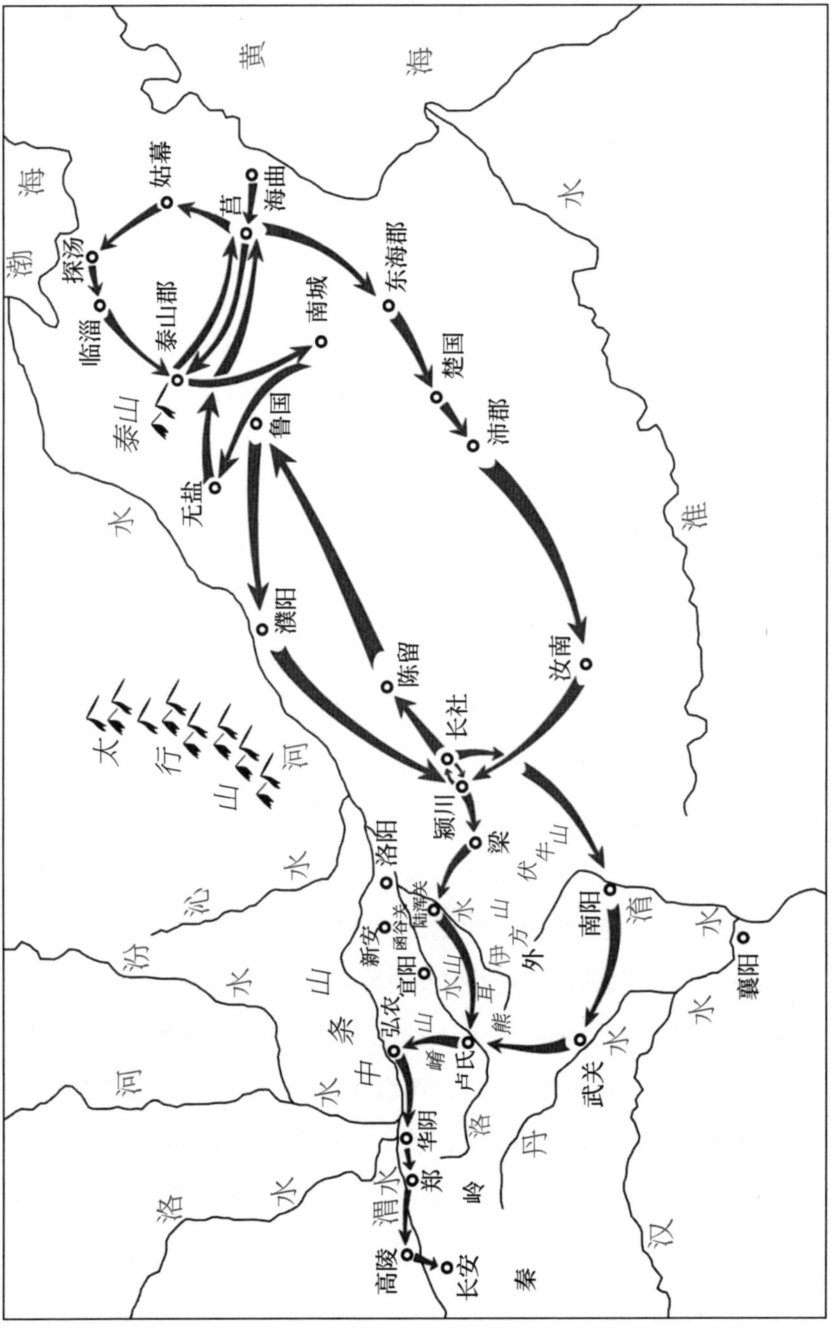

赤眉起义军进攻关中路线图（25）

区——韩、魏，依靠敖仓的粮食供应，把汉军堵在成皋以西，使其不能东进中原；"下计"只是占领吴、楚、越等穷乡僻壤，不能给关中的西汉政权造成致命的威胁。而英布无谋，恰恰采用了下计，所以刘邦率军顺利出关，很快就平息了这次叛乱。

济北王刘兴居在公元前 177 年起兵反汉。据《汉书》卷 4《文帝纪》载："济北王兴居闻帝之代，欲自击匈奴，乃反，发兵欲袭荥阳。"但是汉朝政府行动迅速，任命"祁侯缯贺为将军，军荥阳"，保住了这一战略要地，使济北王的计划未能得逞，仅过两月，叛乱就被镇压。

吴王刘濞发动"七国之乱"时，部下桓将军说王曰："吴多步兵，步兵利险；汉多车骑，车骑利平地。愿大王所过城邑不下，直弃去，疾西据雒阳武库，食敖仓粟，阻山河之险以令诸侯，虽毋入关，天下固已定矣。"[①]谋士应高也主张"略函谷关，守荥阳敖仓之粟，距汉兵"[②]。吴王未从其计，全力攻梁，屯兵于睢阳城下。而汉将周亚夫则疾速出关，会兵于荥阳，扼住吴楚军队西进关中的要道，先使自身立于不败之地，然后进军反击，掌握了战局的主动权。

看来，这几次战争里，秦汉政权苦心经营的巨仓坚城，在一定程度上巩固了中央王朝的统治。控制敖仓和荥阳地区，使关中的封建王朝在和山东政治势力的角逐中，不仅占据"地利"，还能为大军就地补充粮饷，对于它们的军事胜利，起到了推波助澜的作用。

关中势力失败的两次战争，是刘邦、项羽起义军灭秦和绿林、赤眉起义军诛莽之役。值得注意的是，这两次战争里，获胜的山东义兵所采取的战略和进军路线，具有某些共同特点。他们（如项羽起义军、赤眉起义军）都没有从正面攻击敖仓、荥阳，自成皋、巩、洛西进函谷关，

① 《史记》106《吴王濞列传》。

② 《汉书》卷 35《荆燕吴传》。

而是有意无意地用一个重兵集团在荥阳以东和敌人交战，消灭或牵制对方的兵力，转移其视线。另一路人马（如刘邦起义军、绿林起义军）先占领关中和山东的另一个交界地区南阳，然后从敌人兵力守备相对薄弱的武关进军，打入关中，推翻盘踞在那里的封建朝廷。

以上情况反映了以下问题：首先，敖仓和荥阳对于当时国内战争的影响虽然重要，但它的作用毕竟是有限的。在（2）（7）两次战争里，关中的封建政权在山东义军入关之前，并没有失掉荥阳、敖仓，但是也摆脱不了失败的命运。因为决定战争胜负的是人而不是物，秦、新莽王朝对人民横征暴敛、严刑苛法，激起了天下大众的愤怒反抗，它们的覆灭是必然的。险要的关塞和充足的粮粟，对于战争的胜败只是起辅助作用的客观条件，并不能保证倒行逆施的残暴统治"二世三世至于万世，传之无穷"①。

其次，山东势力攻打关中的进军路线，如果是全力沿着黄河南岸的驰道西行，攻击荥阳、成皋，穿过豫西山区入关，虽然路程较近，可是也有一些不利因素。因为在秦、西汉政权"以关中制山东"的战略当中，三川——河南郡（豫西山区）是重点防御地带。荥阳敖仓、洛阳武库平时就派兵守卫，一旦东方有变，封建国家立即派遣大军到那里集结，已经成了既定的作战方针；山东势力起兵造反后，很难用奇袭的手段占领它。如果以堂堂之师进攻荥阳，当地既有重兵坚城，又有敖仓的囤粮供应，实在是不易攻克。即使像楚汉战争中，山东军队（楚军）付出很大代价占领了荥阳，关中势力的军队还可以退守成皋，再败又能退守巩、洛。即便是再次失败后撤，通往关中的大道上还有新安、渑池、函谷、桃林等许多险峻的关口。防守的一方能够利用豫西山区数百里的险要地势，步步为营，和敌手相抗。而山东势力则要面对一系列的攻坚战，伤

---

① 《史记》卷6《秦始皇本纪》。

亡和物资消耗无疑是巨大的。从刘邦起义军、绿林起义军的入关路线来看，他们都采取了避实就虚的做法，不从荥阳至函谷关的大路上进军，而是绕开关中势力在豫西山区的坚固防御体系，占领南阳，出兵武关，进入渭河平原。这种作战计划大大削弱了敖仓、荥阳对关中地区的保护作用，收到了很好的效果。

由以上七次战争的结果来看，敖仓和荥阳在秦、西汉、新莽时期的国内战争中，对于东西方军事力量的影响并不是均等的。关中势力在荥阳集结部队，既能守住入关的主要通道，又能沿着水陆诸路开赴山东，还可以利用敖仓的积粟供给大军；无论是防御还是进攻，这里都是咽喉重地，所以每战必争必守。而对山东势力来说，敖仓和荥阳地区尽管很重要，却不是必争之地。在敌人重兵防守的情况下，强攻往往得不偿失，何况荥阳以西还有道道雄关挡住去路，难以逾越。采取兵进南阳、武关的行动，由于沿途敌军守备较弱，入关战斗会更为顺利。如前所述，英布反汉时，薛公认为对他来说，"据敖仓之粟，塞成皋之险"，只是中计，而不是上计；原因也在于攻占荥阳、敖仓的把握并不大，即便占领了，也未必能够再克险阻，进入函谷关。所以说实行此计是"胜败之数未可知也。"

三、东汉敖仓军事意义的削弱

东汉时期，政府依旧经营敖仓，将其作为漕运的重要中转站。光武帝刘秀定都洛阳之后，先后派王梁、张纯主持开凿阳渠，引洛水环绕京师，以发展漕运事业。由于关中地区经历了新莽末年战乱的浩劫，残破不堪，所以首都洛阳的消费主要依靠山东经济区，即黄河、济水中下游与江淮平原出产的各种物资的供应。漕运也是维系东汉政权生存的一条命脉。如洛阳建春门石桥柱上铭刻的汉顺帝阳嘉四年（135）诏书所称："城下漕渠，东通河济，南引江淮，方贡委输，所由而至。"①山东漕粮的运输路线，仍是经黄河、济水、鸿沟诸渠溯流而上，会于荥阳后再沿着黄河西行，由洛口入洛水，至偃师以东入阳渠，穿鸿池陂后抵达洛阳。荥阳的水运交通枢纽地位并没有消失。东汉政府为了保证漕运的畅通，于永平十二年（69）治理汴渠、黄河，"遂发卒数十万，遣（王）景与王吴修渠筑堤，自荥阳东至千乘海口千余里"②。后又在汴渠渠口修建石砌水门，以节制引水。敖仓也继续发挥着贮存转运作用，仅在永初七年（113）就有"滨水县彭城、广阳、庐江、九江谷九十万斛送敖仓"③。

不过，敖仓在东汉时期的军事意义，比以前有所减弱了。它和荥阳地区的防务，并不像秦、西汉时期那样受重视。安帝时，"朝歌贼甯季等数千人攻杀长吏，屯聚连年，州郡不能禁"。官员虞诩言道："朝歌者，韩、魏之郊，背太行，临黄河，去敖仓百里，而青、冀之人流亡万数，贼不知开仓招众，劫库兵，守成皋，断天下右臂，此不足忧也。"④尽管起义者威胁着敖仓和荥阳的安全，朝廷却没有直接派军队去镇压，平乱的事情始终是委派地方郡县官吏处理。此外，看来敖仓的守军人数不多，所以虞诩对"贼不知开仓招众"的举动感到诧异。黄巾起义爆发时，灵帝命令加强京师的守备，诏"自函谷、大谷、广城、伊阙、轘辕、旋门、孟津、小平津诸关，并置都尉"⑤，派大将军何进率羽林军屯驻洛阳附近的都亭⑥，而敖仓和荥阳却根本没有提到。这和秦、西汉、新莽时国内一有动乱，政府马上调兵遣将据守荥阳、敖仓的情况迥然不同。笔者分析，

---

①《水经注》卷16《谷水》。
②《后汉书》卷76《循吏列传·王景》。
③《后汉书》卷5《安帝纪》注引《东观汉记》。
④《后汉书》卷58《虞诩传》。
⑤《后汉书》卷71《皇甫嵩传》。
⑥《后汉书》卷69《何进传》。

这种现象的出现，与东汉时期经济政治形势的变化有密切联系。关中地区的经济遭到王莽末年战乱的破坏以后，又频频受到陇西羌人起义的冲击，始终比较低落，没能恢复到昔日富甲天下的景象。山东地区却继续保持着经济繁荣。崔寔在《政论》中写道："今青、徐、兖、冀，人稠土狭，不足相供。而三辅左右及凉、幽州内附近郡，皆土旷人稀……"可见它们的差距已经十分明显。关中的衰落，丧失了它支持中央政权与山东势力抗衡的经济基础。这样，就使数百年来国内东西对峙的政治形势被淡化乃至消失了。

东汉的开国者刘秀，不像秦、西汉王朝那样以关中为根本而定天下。他所依靠的主要是山东的河内地区（今河南北部、河北南部和山东西部）人力、物力的支持。刘秀起兵后，任寇恂为河内太守，谓之曰："河内完富，吾将因是而起。昔高祖留萧何镇关中，吾今委公以河内，坚守转运，给足军粮，率厉士马，防遏它兵，勿令北度而已。"刘秀出征后，寇恂在河内"讲兵肄射，伐淇园之竹，为矢百余万，养马二千匹，收租四百万斛，转以给军"[1]，保证了前线的物资供应。后来东汉定都洛阳，没有选择长安，主要原因就在于山东的经济力量大大超过了关中，在洛阳建都，临近东方的几个重要产粮区，可以减轻转运之劳。因此，东汉的统治者放弃了前代"以关中制山东"的基本国策。

由于洛阳处在豫西山区中一块不大的河谷平原上，"其中小，不过数百里"[2]，地理位置又在天下之中，交通便利，一旦国内出现较大规模的变乱，就有四面受敌之虞。所以，洛阳号称"八关都邑"，防守体系呈环状，守在四周，并不偏重于哪一方面，和西汉定都长安，"阻三面而守，独以一面东制诸侯"的情况大不相同。敖仓的所在地荥阳成为洛阳周围

---

[1]《后汉书》卷16《寇恂传》。
[2]《史记》卷55《留侯世家》。

诸多关隘中的一个，甚至排在八关之外，不再具有原来那种非常重要的军事意义，也就得不到封建政权的特殊重视了。

四、敖仓在魏晋南北朝废置的原因

东汉末年，自董卓进京以后，军阀混战连年不绝。敖仓过去虽然屡经血雨腥风的洗沐，但是这一次的战火却令它走向了末日。当时中原烽烟遍地，暴骨如莽，加上天灾疾疫流行，使社会经济受到严重的破坏。各地的割据武装都困于乏粮，被迫以桑葚、螺蚌充饥，甚至出现了"吏士大小自相啖食"[①]的惨剧。敖仓由于留有余粟，又引起兵家的觊觎。枭雄曹操捷足先登，他占领荥阳后，把敖仓作为对河北用兵的前方基地，利用那里残存的仓粟补给军需，与冀州军阀袁绍相持[②]。不过，此时敖仓的积粟毕竟有限，无法供大军长期使用，所以曹操对利用此处只是权宜之计。他解决军粮的根本办法是实行屯田。建安元年（196），曹操挟天子迁都许昌，即募民屯田许下，得谷百万余斛。后来又将此制推广到附近州郡，大获成效，"数年中所在积粟，仓廪皆满"[③]。自此，曹操便采取"积谷于许都以制四方"[④]的战略来统一中原，防御河北的军事重镇也转移到靠近许昌且补给方便的官渡。此后，敖仓的名称便在魏晋南北朝数百年的历史中消逝了。占据河南的各代封建政权都没有重新在敖山置仓、转输粮粟，仓城码头渐渐变成了废墟。

敖仓在汉末的废置，首先和当时经济区域的变化有关。东汉时期的主

① 《三国志》卷 32《蜀书·先主传》注引《英雄记》。
② 《三国志》卷 1《魏书·武帝纪》建安四年（199）、卷 6《魏书·袁绍传》注引《魏氏春秋》，《后汉书》卷 74《袁绍传》。
③ 《三国志》卷 16《魏书·任峻传》。
④ 《三国志》卷 28《魏书·邓艾传》。

要经济区，包括三河（河南、河内、河东）与豫、冀、兖、青、徐五州的山东。关中、巴蜀、江南、陇西等地，由于种种情况，农业、手工业生产水平较低，经济力量和山东相比有很大差距，因此，在这一地域上没有出现两大政治势力对峙的形势。尤其是南方的地主阶级，在国内政治领域中的地位和影响远远不如北方地主阶级，人称："吴楚之民脆弱寡能，英才大贤不出其土。"[①]但是这一格局在东汉末年被打破了，频繁激烈的军阀混战，给北方经济区造成了严重破坏；而南方，特别是江东和巴蜀地区受战乱的影响比较小，成为北方士民的避难之所。那里的生产活动经过多年的发展，也有很大的提高，足以分别支持一个割据政权与中原的曹魏相抗。南北经济力量的此消彼长，使中国的政治地理结构出现了新的态势，由战国至新莽时期的东西（山东—关中）对峙，演变成南、北势力的角逐。四川盆地与长江中下游的经济繁荣，不仅提供了三国鼎立的物质基础，而且开创了东晋至隋统一前数百年间南北割据的局面。

秦、西汉、新莽时期大规模的内战中，双方争夺的要地，首推关中、山东两大经济区的交界之处——豫西山区，即秦之三川、汉之河南，所以统治集团在荥阳设敖仓屯粮以供军需。三国时期，由于政治形势的变化，内战的相持地带转移到南、北方经济区交界的淮南、江汉和秦岭。《三国志》卷3《魏书·明帝纪》载曹叡曰："先帝东置合肥，南守襄阳，西固祁山，贼来辄破于三城之下者，地有所必争也。"上述诸地就是军事冲突爆发的焦点。三方为了备战，平时或在这些地区屯田积谷，或从后方运来粮草，设置军仓（邸阁）储存起来。如秦岭战区有蜀国的斜谷邸阁；魏国则把长安作为对蜀作战的大本营，置横门邸阁，积粮甚多[②]。青龙三年（235），

---

①《三国志》卷4《魏书·三少帝纪》注引《汉晋春秋》。

②《三国志》卷33《蜀书·后主传》建兴十一年（233）"冬"条、卷40《蜀书·魏延传》注引《魏略》。

关东大饥，司马懿曾"运长安粟五百万斛输于京师"①。吴在江夏置安陆邸阁，在南郡置雄父邸阁②。魏在淮北有南顿邸阁，在淮南有安城邸阁③。其中曹魏在两淮建立的仓群规模最大，积粟约三千万斛。"每东南有事，大军兴众，泛舟而下，达于江淮，资食有储而无水害，（邓）艾所建也"④。

魏晋南北朝时期，除了西晋的短期统一，中国常处于南北分裂的状态。南方政权的国都始终设在临江的建康（今南京），防务"必内以大江为控扼，外以淮甸为藩篱"⑤。淮南一直是南北双方争夺激烈的战略要地。如唐庚所言："自古天下裂为南北，其得失皆在淮南。晋元帝渡江迄于陈，抗对北敌者，五代得淮南也。……吴不得淮南而邓艾理之，故吴并于晋。陈不得淮南而贺若弼理之，故陈并于隋。南得淮则足以拒北，北得淮则南不可复保矣。"⑥无论南北是战是和，两淮都是双方军事力量集结活动的主要地区之一，所以军仓的设置也多在此地。康基田在《河渠纪闻》卷4中说："晋及六朝，俱屯守淮阴，修塘堰，备储糈。祖逖以三千军屯淮阴，兵食足而后能遂其力治中原之志。谢玄先屯淮阴，次屯邳、徐，兵食足而后能接肥（淝）水以入洛阳。晋之平吴，亦屯田江北，以为兵食之资。北齐谷贵，议修石鳖等屯，自是淮南军防食足。"隋伐陈之前，先在山阳设大仓屯粮，储积谷百万石。新的时代出现了新的军事枢纽地区，从敖仓所在的豫西转移到淮南，大型军仓的设置也自然集中到这一地区，这是中央政权不再经营敖仓的一个重要原因。

另外，秦汉时代敖仓的另一个作用是充当漕运的中转站，囤积经黄河、鸿沟水系运来的山东漕粮，再转输到京师长安、洛阳。而东汉以后，

①《晋书》卷1《宣帝纪》。

②《三国志》卷60《吴书·周鲂传》、卷27《魏书·王基传》。

③《三国志》卷27《魏书·王基传》、卷47《吴书·吴主传》赤乌四年（241）。

④《三国志》卷28《魏书·邓艾传》。

⑤〔清〕顾祖禹：《读史方舆纪要》卷19《南直一》，中华书局，2005年，第918页。

⑥〔清〕顾祖禹：《读史方舆纪要》卷19《南直一》，中华书局，2005年，第916页。

我国历史进入了长达数百年的分裂割据时代。黄、淮之间兵祸连年，内河航行和漕运常常受到破坏。即使在和平时期，由于南北方的军事对峙，淮河流域成为屯兵的重镇，非但不能向北方政权的首都地区提供漕粮，相反，还需要往这里运送兵员物资。像苻坚伐晋，"水陆齐进，运漕万艘，自河入石门，达于汝、颍"①。北魏宣武帝时，也"修汴、蔡二渠以通边运"②。据《魏书》卷110《食货志》记载，北魏政府还在黄河、汴渠、漳水沿岸设邸阁八所储粮，"每军国有须，应机漕引"，其目的也不是供应京师，而是为了"经略江淮"，"转运中州，以实边镇"。前面说过，秦汉时建立敖仓的原因之一，是解决黄河不能常年航运、中游河道过于狭窄、船只容易在荥阳附近堵塞的问题。魏晋南北朝时期黄河与鸿沟诸渠的漕运，不仅规模比秦汉时小得多，而且运输的主要航向也不同。旧时漕运遇到的那些严重困难，此刻并不很突出。因此，也就没有必要在荥阳设置"转输天下粮粟"的大仓了。

如果说东汉时期敖仓的军事意义已经不十分显著，经营它主要为了漕运转输的经济需要，那么到三国以后，由于黄河、汴渠航运事业的衰落，维系它存在的另一根纽带也断裂了。敖仓于是废置，昔日兵民云集、车船交凑的盛况化为过眼烟云。直到隋唐定都长安，重新统一中国，黄河、汴河的漕运再度兴盛起来，封建统治者才又在荥阳附近筑起巨大的转运粮仓，如虎牢仓、河阴仓等，以储备和倒运山东、江南的漕米，敖仓的名称也重新出现在中国历史上③。

---

① 《晋书》卷114《苻坚载记下》。

② 《魏书》卷66《崔亮传》。

③ 《八琼室金石补正》卷30《传太仓出土铭砖一》："贞观八年十二月廿日，街东从北向（南）第二院，北向南第二行，从西向东第十三窖纳转运敖仓粟四千硕。"《唐会要》卷88："（咸亨）三年六月十七日，于洛州柏崖置敖仓，容二十万石，至开元十年九月十一日废。"从以上史料记载来看，唐代确有"敖仓"之称，但似乎不专指敖山之仓，这个问题尚待进一步研究。

第九章

———

秦、西汉王朝"以关中制山东"的对内防御战略

中国历史上的各代政权为了保障自身安全，需要根据面临的形势制定具有针对性的防御计划，用以克制政权内外的敌对势力。在帝制时代初期，秦与西汉王朝（包括接替它的新莽政权）的国防战略大致相同，都城咸阳、长安都设在渭河平原，以关中为根据地，对外在北边修筑长城烽燧，屯驻戍卒，防备匈奴的侵掠；对内则奉行"以关中制山东"的战略，视六国（齐、楚、燕、韩、赵、魏）故地的贵族豪强为假想敌，"缮津关，据险塞，修甲兵而守之"[1]。不过，秦汉时期匈奴虽然猖獗，也只是在边郡劫掠，事毕即撤回塞外，并没有侵占领土、颠覆政权的企图。如阏氏对冒顿所言："今得汉地，而单于终非能居之也。"[2] 而山东势力一旦举事，轻则分疆裂土，自立为王；重则聚集大军西向入关，与中央王朝争夺统治天下的权力，其威胁往往是致命的。如汉初淮南王英布反叛，薛公对刘邦说："使布出于上计，山东非汉之有也；出于中计，胜败之数

———

① 《史记》卷6《秦始皇本纪》。
② 《史记》卷110《匈奴列传》。

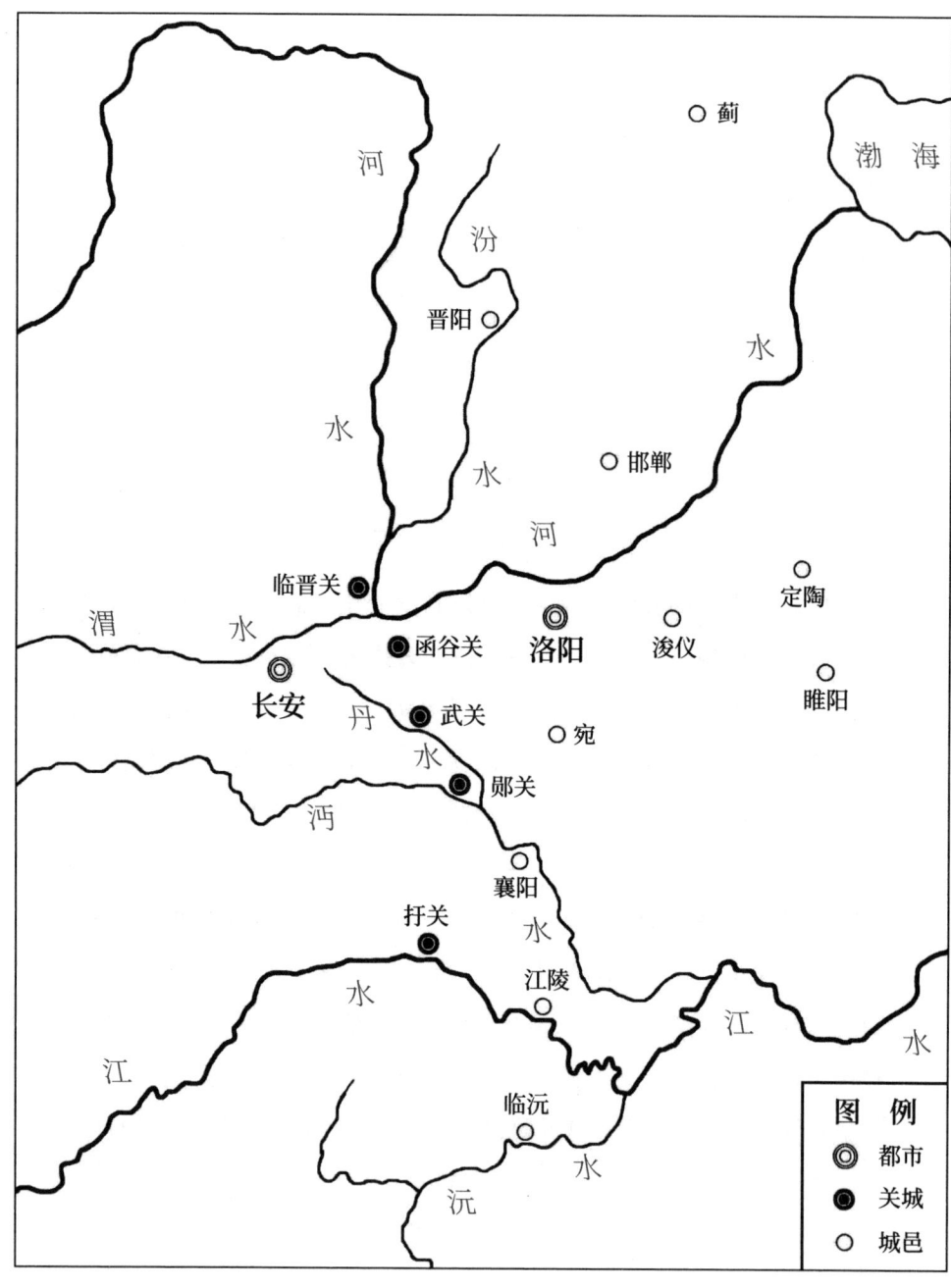

西汉初年"五关"示意图

未可知也。"① 因此，对秦、西汉王朝来说，策划并实行完善有效的对内防御战略，是生死攸关的头等大事，其意义重大。学术界对此问题多就某个方面展开分析②，综合性的专论较少③，尚有充分发掘的余地，故写作此文。

一、秦与西汉的基本经济区——关中

自战国中叶商鞅变法以来，秦的国势渐强，孝公时尽收河西之地，惠王又派将军司马错占领巴蜀，此后中国逐渐形成"山西（关西）"与"山东（关东）"相抗衡的政治地理格局，一直延续到新莽末年。东西对峙的两大区域以函谷关（今河南省灵宝市函谷关镇）或崤山（今河南省三门峡市陕州区东南）为界。所谓"山东"有广义、狭义之分：广义包括函谷关或崤山以东广袤的六国故地，如苏秦对赵王曰："六国从亲以摈秦，秦必不敢出兵于函谷关以害山东矣！"④ 狭义则不包括江南的"楚越之地"和燕赵北方山区的部分领土，如司马迁在《史记·货殖列传》里把中国分为山西、山东、江南和龙门、碣石以北四个区域，这里的"山东"就是狭义的，只有华北平原、山东半岛、南阳盆地以及山西高原的南部、豫西丘陵的东部。"山西""关西"则专指秦国的故地，以关中平原为核心，加上陕北、陇东和陇西黄土高原及汉中、四川盆地和豫西丘陵的西部，如苏秦对秦惠王说："大王之国，西有巴、蜀、汉中之利，北

---

① 《史记》卷 91《黥布列传》。
② 参见辛德勇：《汉武帝"广关"与西汉前期地域控制的变迁》，《中国历史地理论丛》2008 年第 2 辑；庄辉明：《对秦汉"强干弱枝"政策的再思考》，《历史教学问题》2002 年第 4 期；高晓荣：《秦汉时期"强干弱枝"政策考论》，《齐鲁学刊》2014 年第 3 期。
③ 参见杨建：《西汉初期津关制度研究》第七章第二节《强化皇权与关中政策》，上海古籍出版社，2010 年，第 159～167 页。
④ 《战国策》卷 19《赵策二》。

有胡貉、代马之用，南有巫山、黔中之限，东有肴（崤）、函之固。"① 汉朝的"山西"又称作"秦地"，由于武帝开西南夷、进占河西走廊，其地域较秦朝更加辽阔。《汉书·地理志下》载秦地："其界自弘农故关以西，京兆、扶风、冯翊、北地、上郡、西河、安定、天水、陇西，南有巴、蜀、广汉、犍为、武都，西有金城、武威、张掖、酒泉、敦煌，又西南有牂柯、越嶲、益州，皆宜属焉。"②

值得注意的是，秦汉的"山西"和"秦地"与广义的"关中"为同义语（狭义的"关中"仅指今陕西的泾渭平原，如司马迁曰："关中自汧、雍以东至河、华，膏壤沃野千里。"③）广义的"关中"包括天水、陇西、北地、上郡及巴蜀、汉中，占到秦汉国土面积的三分之一。如《史记·货殖列传》载："故关中之地，于天下三分之一"；《汉书·地理志下》载："故秦地天下三分之一"，可见秦汉时"关中"与"秦地"概念的含义是基本一致的。正因如此，当时人们也经常把"关中"和"山东"对称，如谒者鄂千秋曰："陛下虽数亡山东，萧何常全关中以待陛下。"④ 文士邹阳曰："今天子新据先帝之遗业，左规山东，右制关中，变权易势，大臣难知。"⑤

冀朝鼎曾经指出，古代中国各个经济区域当中，地位和影响最重要的区域就是所谓的基本经济区，它是从秦统一到清朝中叶各个王朝统治天下的基础，而基本经济区之外的其他区域则称为附属经济区或次要经济区。冀氏又说："中国的统一与中央集权问题，就只能看成是控制着这样一种经济区的问题：其农业生产条件与运输设施，对于提供贡纳谷物来说，比其他地区要优越得多，以致不管是哪一集团，只要控制了这一

---

① 《战国策》卷 3《秦策一》。
② 《汉书》卷 28 下《地理志下》。
③ 《史记》卷 129《货殖列传》。
④ 《史记》卷 53《萧相国世家》。
⑤ 《汉书》卷 51《邹阳传》。

地区，它就有可能征服与统一全中国。这样的一种地区，就是我们所要说的‘基本经济区’。”[①] 而在秦朝和西汉时期，国家统治的重心和基本经济区就是广义的“关中”即山西，它的两个农业发达地区关中平原和成都平原都号为“天府”，土壤肥沃，灌溉充足。前者“为九州膏腴。始皇之初，郑国穿渠，引泾水溉田，沃野千里，民以富饶”[②]。后者“土地肥美，有江水沃野，山林竹木疏食果实之饶”[③]。它们为秦和西汉统治者兼并天下提供了丰富的兵力来源与坚实的物质基础。如苏秦说秦国“田肥美，民殷富，战车万乘，奋击百万，沃野千里，蓄积饶多，地势形便，此所谓天府，天下之雄国也。以大王之贤，士民之众，车骑之用，兵法之教，可以并诸侯，吞天下，称帝而治”。[④] 楚汉战争期间，刘邦依靠秦地的兵粮补充得以战胜项羽。如鄂千秋所言：“夫上与楚相距五岁，常失军亡众，逃身遁者数矣。然萧何常从关中遣军补其处，非上所诏令召，而数万众会上之乏绝者数矣。夫汉与楚相守荥阳数年，军无见粮，萧何转漕关中，给食不乏。”[⑤]《华阳国志》亦称：“汉祖自汉中出三秦伐楚，萧何发蜀、汉米万船而给助军粮，收其精锐以补伤疾。”[⑥] 另外，关中周围有山河环绕，便于设置关塞以驻军防守，一旦发生战乱，形势不利时可以据险而守，御山东之敌于关外，确保关中不失；局势有利时则能够发兵东下，以高屋建瓴之势摧破诸敌。如秦统一天下后，为了防备被征服的山东六国贵族和民众反叛，“斩华为城，因河为津，据亿丈之城，临不测之溪以

① 冀朝鼎：《中国历史上的基本经济区和水利事业的发展》，中国社会科学出版社，1981年，第10页。
②《汉书》卷28下《地理志下》。
③《汉书》卷28下《地理志下》。
④《战国策》卷3《秦策一》。
⑤《史记》卷53《萧相国世家》。
⑥〔晋〕常璩撰，刘琳校注：《华阳国志校注》卷3《蜀志》，巴蜀书社，1984年，第214页。

为固。良将劲弩守要害之处，信臣精卒陈利兵而谁何，天下以定。秦王
之心，自以为关中之固，金城千里”①。汉朝建立后，许多大臣建议把都城
设在位于“天下之中”的洛阳，刘邦对此有所犹豫。娄敬劝说他建都关
中，也是依据上述理由。其说曰：

> 且夫秦地被山带河，四塞以为固，卒然有急，百万之众可具也。
> 因秦之故，资甚美膏腴之地，此所谓天府者也。陛下入关而都之，
> 山东虽乱，秦之故地可全而有也。夫与人斗，不搤其亢，拊其背，
> 未能全其胜也。今陛下入关而都，按秦之故地，此亦扼天下之亢而
> 拊其背也。②

刘邦手下最杰出的谋士张良，也支持娄敬的上奏，力主把都城定在
长安。他说：“夫关中左殽函，右陇蜀，沃野千里，南有巴蜀之饶，北有
胡苑之利，阻三面而守，独以一面东制诸侯。诸侯安定，河渭漕輓天下，
西给京师；诸侯有变，顺流而下，足以委输。此所谓金城千里，天府之
国也，刘（娄）敬说是也。”③娄敬和张良的建议，均明确地提出了“以关
中制山东”的战略构想，并且获得了刘邦的赞同，并予以实施，“于是高
帝即日驾，西都关中”④。

二、秦与西汉“以关中制山东”战略的具体内容

古代中国内部的政治、军事斗争，往往在地域上表现为东西或南北
两大集团的对抗，政权的对内防御重点是准备打击都城以外其他地区政

---

① 《史记》卷 6《秦始皇本纪》。
② 《史记》卷 99《刘敬叔孙通列传》。
③ 《史记》卷 55《留侯世家》。
④ 《史记》卷 55《留侯世家》。

治势力发动的叛乱。朝廷通常要在防御计划中事先确立未来战争的假想敌人,它会来自哪个地域?哪个方向?会走哪一条或几条路线?必须针对可能发生的情况预先作出兵力部署、物资调配与防御工事的修建,以保护政治中心,即首都和基本经济区的安全,这是军事方面的战略考虑与施行。"战略"这个现代名词具有两个层面,即军事战略和所谓大战略:前者是统帅指挥作战的谋略,完全是从军事方面来考虑、制定和施行的,故其早期又称作"将道";后者则是国家从全局考量并实施的一种长远的总体规划,其内容除了军事战略还有政治、经济、科技等诸多因素,因此是宏观的、综合性的。秦与西汉实施的"以关中制山东"的政策,其实也是一种大战略,预判最有可能爆发的叛乱将在山东(关东)一带发生,因此在军事上假设的强敌是山东诸侯、豪强、"盗贼(起义军)",朝廷针对上述情况制定的防御战略包含诸多内容。分述如下。

(一)在两大区域的分界线上设置关津防线,派兵驻守盘查

秦、西汉在"关中"之外的领土泛称"山东"[①],另曰"关外"。像秦始皇大修宫室,"关中计宫三百,关外四百余"[②]。张家山汉简《二年律令·津关令》亦可见多处以"关外"与"关中"对称,反映了这里的"关中"具有"关内"的含义。亦见黄歇说秦王联楚:"王襟以山东之险,带以河曲之利,韩必为关中之候。"又云:"如此,而魏亦关内候矣。"[③]上述可说明"关中"与"关内"同义,之所以在称呼上内外有别,是由于秦与西汉王朝都把关中视为帝国的根据地。秦汉的"关中"与"山东",即与"关外"之间应当有一条较长的分界线,而不仅仅是函谷关或崤山这一

---

① 《史记》卷53《萧相国世家》鄂君曰:"陛下虽数亡山东,萧何常全关中以待陛下……"
② 《史记》卷6《秦始皇本纪》。
③ 《战国策》卷6《秦策四》。

个点。关于上述问题，史书未有详细明确的记载。史念海曾论道："作为
东西对立的分界线，函谷关诚然是其中重要的所在，虽然重要，到底只能
算是一个据点，不足以概括全面。"[①]他认为"关中"一词的命名与其周围
的关隘有关，函谷关南北两方面的侧翼沟通了关中平原和南阳盆地的武
关（今陕西省商州市丹凤县东南），以及黄河西岸的重要渡口临晋关（今
陕西省大荔市朝邑镇），这三座关大体上呈一条直线。史念海又云："战
国时期，东西对立开始形成之际，魏国据有河东，仍居于东方诸侯之列，
其时秦地已东至于河滨，所以东西两方的分野界线，函谷关以北，即在河
东、河西之间的黄河。这样一条界线经过秦统一六国之后，仍存在一般人
的心目中，故楚汉战争肇始，这段黄河即成为汉军东趋的阻力。"[②]笔者以
为，史氏的论证非常精辟，他认为战国至汉初关中与山东两大区域的分界
线大致沿晋陕边境的黄河南下至崤函山地，再南延至武关，这一观点后来
被荆州出土的张家山汉简《二年律令·津关令》所证实。

　　首先，《津关令》所反映的是西汉初年的制度，下限为吕后二年（前
186 年），其中数处提到"关中""关外"以及两地边界上的"扞（扜）
关、郧关、武关、函谷［关］、临晋关，及诸其塞之河津"，或作"扜
（扞）关、郧关、函谷［关］、武关及诸河塞津关"[③]。律令中的"扜关"即
古籍中的"扜关""捍关"或"楚关"，位置在秦汉的鱼复县，即今重庆
市奉节县境[④]，是三峡西段瞿塘峡的出口，它起初为蜀国与楚国边境上的
关塞，后来秦国灭蜀，则又为秦所据。郧关在今湖北省郧县西北，秦汉

① 史念海：《论我国历史上东西对立的局面和南北对立的局面》，《中国历史地理论丛》
1992 年第 1 期。

② 史念海：《论我国历史上东西对立的局面和南北对立的局面》，《中国历史地理论丛》
1992 年第 1 期。

③ 张家山二四七号汉墓竹简整理小组：《张家山汉墓竹简［二四七号墓］》（释文修订
本），文物出版社，2006 年，第 83、85 页。

④ 参见杨建：《西汉初期津关制度研究》，上海古籍出版社，2010 年，第 45～46 页。

属汉中郡长利县。司马迁曰："南阳西通武关、郧关"①，表明郧关是汉中盆地向东去南阳盆地的门户。"诸河塞津关"则应当包括黄河龙门以下的夏阳、邰阳与临晋等诸座津渡。《津关令》明确记载了关中与关外分界线上的各个关塞，即从晋陕黄河诸津南至临晋、函谷、武关、郧关和扞关，绵延千余里。"除临晋关稍偏西以外，其余四关由北向南，恰好构成一条大致端正的南北轴线。这五座关的位置，竟然都在东经110°与111°之间。"②可以概称为"五关"防线。秦汉函谷、武关、江关（扞关）等地的军事长官为领兵的关都尉，朝廷多遣酷吏（如宁成、尹齐、张敞）或重臣子弟（如丞相田千秋弟、黄霸与翟方进之子）担任。关塞的检查又称为"阅"，检查对象为过关的人、畜、车马、器物等。如秦昭王时魏冉罢相出关到封地陶邑（今山东省定陶市），"到（函谷）关，关阅其宝器，宝器珍怪多于王室"③。《津关令》中规定的各项制度以及所反映的东西两大区域边界之设置关防情况，应当是汉初继承秦朝的有关法令，属于一脉相承，其作用首先是为了防范东方势力。如贾谊所言："秦兼诸侯山东三十余郡，循津关，据险塞，缮甲兵而守之。"④贾氏又云："所为建武关、函谷、临晋关者，大抵为备山东诸侯也。天子之制在陛下，今大诸侯多其力，因建关而备之，若秦时之备六国也。"⑤

其次，是为了阻止关中与山东之间人员的非法流动。秦、西汉山东吏民经常要到关西边郡或都城咸阳、长安服兵役、劳役，事毕返乡；两地

---

①《史记》卷129《货殖列传》。

② 王子今、刘华祝：《说张家山汉简〈二年律令·津关令〉所见五关》，《中国历史文物》2003年第1期。

③《史记》卷79《范雎列传》。

④〔汉〕贾谊撰，阎振益、钟夏校注：《新书校注》卷1《过秦下》，中华书局，2000年，第15页。

⑤〔汉〕贾谊撰，阎振益、钟夏校注：《新书校注》卷3《壹通》，中华书局，2000年，第113页。

还有商旅往来贸易，这些都是合法行为，行者持有官府颁发的"符""传"等证件通过关卡即可。但从《津关令》规定的内容与史籍相关记载来看，中央王朝在东西两大区域的分界线上设置关卡，严格稽查，禁止未持或伪造"符""传"证件的人员擅自出入，违反法令的人犯和官员要受到严惩。"阑出入塞之津关，黥为城旦舂；越塞，斩左止（趾）为城旦；吏卒主者弗得，赎耐；令、丞、令史罚金四两。智（知）其请（情）而出入之，及假予人符传，令以阑出入者，与同罪。"①这是为了防备山东诸侯派遣奸细入关刺探消息，以及杜绝关中的民众非法流入关外，或是阻截关中豪强与东方的反叛势力串联勾结。如武帝天汉二年（前 99 年）冬十一月："诏关都尉曰：'今豪杰多远交，依东方群盗。其谨察出入者。'"②

再次，向过关的人员及其携带的物品收取关税。例如武帝时宁成为函谷关都尉，开始对出入关者盘查征税："关吏税肄郡国出入关者，号曰：'宁见乳虎，无直宁成之怒。'"注引李奇曰："肄，阅也。"③这就是搜求检查的意思。索取的关税或作为守关官兵的生活开支。如武帝太初四年（前 101 年），"徙弘农都尉治武关，税出入者以给关吏卒食"④。对钱币货物征收关税的事例可参见汉代著作《九章算术》中的《衰分章》和《均输章》。

又次，《二年律令·津关令》反映出西汉政府针对"关中"即"关内"地区制定有严格的经济保护法规，禁止黄金、铜料及器皿与铁、马匹、大型弩弓等重要物资流出。例如，"制诏御史，其令扞（扜）关、郧关、武关、函谷［关］、临晋关，及诸其塞之河津，禁毋出黄金，诸奠黄金器

---

① 张家山二四七号汉墓竹简整理小组：《张家山汉墓竹简［二四七号墓］》（释文修订本），文物出版社，2006 年，第 83 页。
②《汉书》卷 6《武帝纪》。
③《汉书》卷 90《酷吏传》。
④《汉书》卷 6《武帝纪》。

及铜……"①张家山二四七号汉墓竹简整理小组注释："奠，疑读为'填'。填黄金器，镶嵌黄金的器物。"秦汉时期黄金和铜是制造货币的重要材料，属于贵金属，朝廷禁止这两类材料流向关外，是为了保证关中基本经济区的财富积累。《津关令》又曰："□、制诏御史：其令诸关，禁毋出私金器、铁。其以金器入者，关谨籍书。出，复以阅，出之。"②私人携带金器进入关中，要在关津检查登记，再出关时按原来注册的"籍书"审核通过，才准许放行。铁可以制造兵器和农工器具，在汉代不仅禁止从关中流往山东，而且不许私出国境。例如"高后时，有司请禁南越关市铁器"③。在北方边境亦然，"律，胡市，吏民不得持兵器及铁出关"④。朝廷通过这种策略，保持关中地区对山东与境外在兵器、工具材料方面的优势。秦始皇统一中国后，为了削弱关东兵器的数量，阻止当地势力反叛，"收天下兵，聚之咸阳，销以为钟鐻，金人十二，重各千石"⑤。杨建认为，汉初《津关令》严格盘查金器、铜、铁等金属出关中，与秦始皇"收天下之兵"具有同样的目的⑥。

《津关令》还规定"禁民毋得私买马以出扞（扜）关、郧关、函谷［关］、武关及诸河塞津关"⑦，并要求关外郡国及诸侯王国若要在关中购买公用马匹，必须按实际需求向当地有关机构提出申请，经过审批后办理各种证明手续，方可据之出关。马匹在古代不仅用于乘骑耕作，还具

---

① 张家山二四七号汉墓竹简整理小组：《张家山汉墓竹简［二四七号墓］》（释文修订本），文物出版社，2006年，第83页。

② 杨建：《西汉初期津关制度研究》附录《津关令简释（订补）》，上海古籍出版社，2010年，第187页。

③《史记》卷113《南越列传》。

④《汉书》卷50《汲黯传》注引应劭曰。

⑤《史记》卷6《秦始皇本纪》。

⑥ 参见杨建：《西汉初期津关制度研究》，上海古籍出版社，2010年，第131页。

⑦ 张家山二四七号汉墓竹简整理小组：《张家山汉墓竹简［二四七号墓］》（释文修订本），文物出版社，2006年，第85页。

有重要的军事用途，其数量多少能够决定骑兵力量的强弱，因而马匹也属于朝廷严格管控的战略物资，限制其流往诸侯王国。如贾谊所言："所谓禁游宦诸侯及无得出马关者，岂不曰诸侯得众则权益重，其国众车骑则力益多，故明为之法，无资诸侯。"[①] 禁马出关的法令至汉景帝中元四年（前146年）有所松动，"御史大夫（卫）绾奏禁马高五尺九寸以上，齿未平，不得出关"。注引服虔曰："马十岁，齿下平。"[②] 也就是说十岁以下，或高五尺九寸以上的马匹禁止出关，目的是限制年轻力壮的高头大马流往山东。这条禁令到汉昭帝始元五年（前82年）才被废除，当年夏，"罢天下亭母马及马弩关"[③]。"亭母马"是官亭饲养的母马，"马弩关"见该条孟康注："旧马高五尺六寸齿未平，弩十石以上，皆不得出关，今不禁也。"这是说过去拉力在十石以上的大型弩弓属于威力强大的重型武器，因此也禁止流出关外。

（二）主力部队多为"关中（山西）"人，屯驻于都城附近

秦、西汉的都城咸阳、长安，都是设置在关中平原的中心地带，为了保护皇室百官的安全，在附近驻扎重兵，主要由"关中（山西）"人担任，但是秦与西汉在兵力部署上有所差异。秦二世在关中"尽征其材士五万人为屯卫咸阳，令教射狗马禽兽"[④]。但是把一支规模更大的军队驻守在咸阳北方的上郡（治今陕西省延安市），主要目的是防备匈奴。"秦已并天下，乃使蒙恬将三十万众北逐戎狄，收河南。……于是渡河，据阳山，逶蛇而北。暴师于外十余年，居上郡。"[⑤]《史记·匈奴列传》则曰：

---

① 〔汉〕贾谊撰，阎振益、钟夏校注：《新书校注》卷3《壹通》，中华书局，2000年，第113页。

②《汉书》卷4《景帝纪》。

③《汉书》卷7《昭帝纪》。

④《史记》卷6《秦始皇本纪》。

⑤《史记》卷88《蒙恬列传》。

"后秦灭六国，而始皇帝使蒙恬将十万之众北击胡，悉收河南地。因河为塞，筑四十四县城临河，徙適戍以充之。"①施丁认为"十万之众"是蒙恬部下军队的数额，后来迁徙谪卒充实河南地，约有二十万人，故又有三十万众之说。蒙恬死后，这支军队改由王离率领。秦末农民大起义爆发，"中国扰乱，诸秦所徙適戍边者皆复去"②。因此，王离所部只剩下原来的十万人，后来开赴河北与起义军作战③。由于王离大军不在咸阳附近，猝遇变故赶赴不及。陈胜、吴广起义爆发后，周文率领起义军迅速攻入关中，"西至戏，兵数十万"④。秦二世麾下兵少而无法抵御，最后接受章邯的建议，赦免骊山刑徒、人奴产子组成军队与京师的"材士五万人"汇合，才勉强打败了起义军，度过危机。不过，使用刑徒、奴婢只是仓促应对之策。"后来在东方作战，秦一再补给章邯的，都是'关中卒'及新征'秦人'。"⑤巨鹿之战前，章邯与王离所部同在关外作战，战役失败后投降项羽并被坑杀的"秦卒"竟有二十余万人。

西汉初年与匈奴和亲之后，朝廷在都城长安设置南军和北军，分别来自山东郡国与关中的三辅（京兆、冯翊、扶风三郡）。易氏曰："郡国去京师为甚远，民情无所适莫，而缓急为可恃，故以之卫宫城，而谓之南军；三辅距京师为甚迩，民情有闾里、墓坟、族属之爱，而利害必不相弃，故以之护京城，而谓之北军。其防微杜渐之意深矣。"⑥南军由卫尉率领，起初有二万人，汉武帝以降裁至一万人⑦。北军先后由卫将军、中

①《史记》卷110《匈奴列传》。

②《史记》卷110《匈奴列传》。

③ 参见施丁：《谈谈"章邯军"与"王离军"》，《史学月刊》2001年第3期。

④《史记》卷6《秦始皇本纪》。

⑤ 张传玺：《关于"章邯军"与"王离军"的关系问题》，《史学月刊》1958年第11期。

⑥〔元〕马端临：《文献通考》卷150《兵考二》引（宋）山斋易氏《汉南北军始末序》，中华书局，1986年，第1312页。

⑦《汉书》卷6《武帝纪》建元元年七月诏："卫士转置送迎二万人，其省万人。"

尉和中垒校尉统率，担负着保卫京师和外出平叛的任务，其具体数量不明，学界认为至少有数万人，规模远超过南军。黄今言曾总结道："汉初的诸吕之乱，周勃'以北军安刘氏'；平定'七国之乱'，以北军主力参战，而获胜；武帝晚年的戾太子（刘据）在京师发动叛乱，也因北军'不肯应太子'，而太子失败。在汉代这几次重大的政治事件中，都与南北军有关，尤其是北军对稳定汉代政局的意义不可低估。"[1]这种主要以关中人组成大军集于长安附近以震慑全国（主要是山东地区）的做法，被史家称作"居重驭轻"[2]，被认为是"内外自足以相制，兵制之善者也"[3]。至于宫内的禁军，更是专门从西北六郡选拔而出，而不用关外的山东人。"天水、陇西，山多林木，民以板为室屋。及安定、北地、上郡、西河，皆迫近戎狄，修习战备，高上气力，以射猎为先……汉兴，六郡良家子选给羽林、期门，以材力为官，名将多出焉。"[4]

（三）扩大都城及基本经济区的防御纵深

　　秦、西汉王朝都城所在的关中平原，可以说是山西（广义的"关中"）的核心地段，它是否有足够的防御纵深，是关系到朝廷生死存亡的重要问题。当时山东的经济、政治重心区域主要分布在黄淮海平原、胶莱平原和江汉平原，它们和关中平原之间，有一个地形复杂、海拔较高的中间地带，即山西高原、豫西丘陵山地和商洛山区、南阳盆地，这一地带的自然地形不利于大部队的运动与展开。秦与西汉前期在临晋、函谷关、武关一线设置的关塞，分布于上述中间地带的西侧。如果说武关后边还有峣关（今陕西省商州市西北）和蓝田可以据守，那么临晋关背

---

① 黄今言：《秦汉军制史论》，江西人民出版社，1993 年，第 151 页。
② 〔元〕马端临：《文献通考》卷 150《兵考二》，中华书局，1986 年，第 1311 页。
③ 〔元〕马端临：《文献通考》卷 150《兵考二》，中华书局，1986 年，第 1311 页。
④ 《汉书》卷 28 下《地理志下》。

后就是关中平原；函谷关西去百余里即进入关中，沿途只有秦汉时代基本上不设防的桃林（今陕西省潼关县），临晋关与函谷关都缺乏防御纵深，特别是函谷关面对的豫西通道（自荥阳、成皋、洛阳、新安、陕州至函谷、桃林），沟通关中与山东两地之间的距离最短，因而在战国时期秦与六国诸侯联军交战中被频繁使用。函谷关一旦被打破，敌军往往就能顺利地进入关中平原。

秦朝在统一天下之后，就已经认识到函谷关方向防御纵深不足，它所采取的解决办法是设置三川郡，将整个豫西通道包括进去，单独进行行政、军事上的管理，并委派丞相李斯的长子李由担任郡守，来镇抚这一重要的战略防区。同时在豫西通道东口的荥阳预先设立巨大的敖仓以储备粮草，如果关东有战乱爆发，可以凭借荥阳的坚城和敖仓的补给来固守，尽量阻止或拖延敌军进入豫西通道，借以等待中央驻扎在关中的主力部队赶来支援。陈胜、吴广发动起义后，起义军很快占领了六国故地，但对李由防卫的荥阳与敖仓久攻不下，历时数月，大军被牵制在那里，陈胜不得已派周文分兵进攻关中，结果被章邯击败，秦军出关后解救了荥阳之围，使陈胜、吴广所部伤亡殆尽。

西汉王朝建立以后，仍然执行秦朝的这一战略方针，不仅继续在荥阳经营敖仓，还在它西邻的洛阳设置了储存兵器的巨大"武库"，敖仓和武库所在的河南郡由朝廷直接管辖，不分封给诸侯王。汉武帝曾据此制度拒绝了宠妃王夫人为其子在洛阳封王的请求，说："洛阳有武库、敖仓，当关口，天下咽喉。自先帝以来，传不为置王。"①西汉时期，朝廷出现政治危机或是关外发生叛乱，统治集团往往迅速派遣大军赶赴荥阳，抢先控制这一战略要地。例如刘邦在临终前，"诏（陈）平与灌婴屯于荥阳"②。汉惠

①《史记》卷126《滑稽列传》。
②《史记》卷56《陈丞相世家》。

帝病重时，"发车骑、材官诣荥阳，太尉灌婴将"①。吕后驾崩后，琅王刘泽与齐王刘肥合谋起兵西进，"欲诛诸吕。至梁，闻汉灌将军屯荥阳，泽还兵备西界"②。汉文帝时济北王刘兴居举兵造反，"发兵欲袭荥阳。于是诏罢丞相兵，遣棘蒲侯陈武为大将军，将十万往击之。祁侯贺为将军，军荥阳"③。随即平定了叛乱。汉景帝时七国之乱爆发。吴王刘濞的部下桓将军建议："愿大王所过城邑不下，直弃去，疾西据雒阳武库，食敖仓粟，阻山河之险以令诸侯，虽毋入关，天下固已定矣。"④但吴王未听从其建议，汉将周亚夫则疾速出关，会兵于荥阳，扼守吴楚军队西进关中的孔道，先使自身立于不败之地，然后反击获胜。周亚夫占据荥阳后曾得意地说："吾据荥阳，荥阳以东无足忧者！"⑤喜悦之情溢于言表。由此可见控制荥阳对于稳定山东局势至关重要。

　　扩大关中地区防御纵深的另一项举措，就是汉武帝的"广关"。汉武帝在位时，中央政权势力强盛，曾经将山西、山东两大区域的分界线即对内设置关津的防线向东迁移，借以扩大关中的地域范围与人口、财富。元鼎三年（前114年）冬，"徙函谷关于新安。以故关为弘农县"⑥。函谷关原在今河南省灵宝市，此次向东迁徙，"去弘农三百里"⑦，改设在今河南省新安县境，仍然使用旧的关名。另据《史记》记载，汉朝的这次举措称为"广关"，不仅将函谷关向东迁移，其北部的界线亦从晋陕边境的黄河东进至太行山。"（代王刘义）十九年，汉广关，以常山为限，而徙代王王

①《汉书》卷2《惠帝纪》。

②《汉书》卷35《荆燕吴传·燕王泽》。

③《史记》卷10《孝文本纪》。

④《史记》卷106《吴王濞列传》。

⑤《汉书》卷35《荆燕吴传·吴王濞》。

⑥《汉书》卷6《武帝纪》。

⑦《汉书》卷6《武帝纪》注引应劭曰。

清河。清河王徙以元鼎三年也。"[1]此事又见于《汉书·文三王传》:"元鼎中,汉广关,以常山为阻,徙代王于清河。"颜师古注:"依山以为关。"[2]邢义田对此论道:"这是两条很重要的证据。所谓'广关''以常山为阻'很清楚是以常山所在的太行山为界,太行山以西之地此后都是关中了。"[3]此后的史籍仍可见到相关的记载,如汉成帝阳朔二年(前23年)秋,"关东大水,流民欲入函谷、天井、壶口、五阮关者,勿苛留"[4]。天井关在今山西省晋城市南;壶口又称壶关,在今山西省壶关县西北;五阮关在今河北省易县西北,即紫荆关。这三关都在太行山麓。辛德勇分析说:"天井、壶口、五阮诸关与函谷关相并列,显然这些关口和函谷关一样,起着分隔大关中与关东两大区域的作用。这里所说的函谷关,自然是指汉武帝移关后的新关;弘农郡东界上另有陆浑关,与此函谷新关南北并列,同样起着阻隔关中、关东两大区域的作用。"[5]辛氏认为,函谷关的东移和太行山西侧地区划入关中,大大增强了朝廷依托关中以控制关东这一基本政治和军事地域治国方略的作用。笔者补充,"广关"在军事上也起到了增加防御纵深的重要功效,把对山东的"五关"防线北段向外延伸到中间地带山西高原的东侧,使关中地区的防守态势获得了明显的改善。

(四) 对同姓诸侯王的抑制与削弱

秦朝对关中和山东两地都实行郡县制,由中央统一管辖。楚汉战争结束后,刘邦为了答谢韩信、彭越、英布等功臣,曾将关外领土分封给

---

[1]《史记》卷58《梁孝王世家》。

[2]《汉书》卷47《文三王传·代孝王参》。

[3] 邢义田:《〈试释汉代的关东、关西与山东、山西〉补正》,《治国安邦——法制、行政与军事》,中华书局,2011年,第208页。

[4]《汉书》卷10《成帝纪》。

[5] 辛德勇:《汉武帝"广关"与西汉前期地域控制的变迁》,《中国历史地理论丛》2008年第2辑。

七个异姓诸侯王，数年后将其大多数翦灭。高帝十二年（前195年），刘邦又分封了九个同姓宗室为诸侯王，加上长沙王吴芮，分别治理广袤的山东。"自雁门、太原以东至辽阳，为燕、代国；常山以南，大行左转，度河、济，阿、甄以东薄海，为齐、赵国；自陈以西，南至九疑，东带江、淮、谷、泗，薄会稽，为梁、楚、淮南、长沙国：皆外接于胡、越，而内地北距（太行）山以东尽诸侯地。"① 同姓诸侯之所据疆土北距长城，东沿海滨，南隔五岭。周振鹤指出，九个同姓王国与异姓长沙国在地域上连成一片，总封域占全汉疆域的一半以上，这时高帝自领地不过十五个郡。②

刘邦委任宗室去统治山东的目的，是希望这些与皇帝具有血缘关系的亲属能够镇压地方，拱卫朝廷，并抵御胡、越等异族；同时吸取了秦朝灭亡时没有同姓王侯在朝内及关外协助救援的教训。如班固所言："（秦始皇）窃自号为皇帝，而子弟为匹夫，内亡骨肉本根之辅，外亡尺土藩翼之卫。"③ 但是，刘邦对这些同姓诸侯王也怀有戒心，恐怕他们日后会因势力强大而与朝廷反目。如刘濞受封为吴王，有三郡五十三城。刘邦事后有些后悔，"业已拜，因拊其背，告曰：'汉后五十年东南有乱者，岂若邪？然天下同姓为一家也，慎无反！'"④ 按照贾谊的说法，诸侯王就没有不想做皇帝的。"若此诸王，虽名为臣，实皆有布衣昆弟之心，虑亡不帝制而天子自为者。"⑤ 为了防备山东的同姓诸侯王反叛，汉朝中央政府除了禁止黄金、铜铁和马匹流出关外，还采取了如下重要措施。

第一，在关外设置郡县以阻隔诸侯王国。汉廷没有把山东的领土都

---

① 《史记》卷17《汉兴以来诸侯王年表·序》。
② 参见周振鹤：《西汉政区地理》，人民出版社，1987年，第10页。
③ 《汉书》卷14《诸侯王表·序》。
④ 《史记》卷106《吴王濞列传》。
⑤ 《汉书》卷48《贾谊传》。

分封给诸侯王，而是在紧邻临晋、函谷、武关、郧关、扞关的地段设立了上党、河东、河内、河南、南阳和南郡，由中央直辖，以此作为诸侯王国与关中东部"五关"防线之间的隔离地段。梁万斌把关中诸郡称为"关中核心区"，关外汉廷直辖的诸郡和诸侯王国分别称为"关外直辖地"和"关外王国"。他指出，汉廷直辖的上党、河东、河内、河南、南阳、南郡等关外诸郡，不仅在地理上南北相连，而且位于"关中核心区"与"关外王国"之间。这样的空间布局，在"关中核心区"与"关外王国"之间形成了一个军事缓冲区，使临晋、函谷等"五关"及其防线前面出现了一道屏障①，朝廷得以利用"关外直辖地"来保护关中并对山东的诸侯王国进行制约。笔者认为，上述"关外直辖地"分布于山西高原南部、豫西丘陵山地、南阳盆地与江汉平原西部，其自然地形较为复杂，或山陵起伏，或川流散布，不利于大部队的行进。汉廷将其地段划入中央直辖的郡县，在战乱爆发时可以使用当地的武装力量据守抵抗，借以阻击延迟诸侯王国的军队前进。

　　第二，运用各种措施来削弱王国势力。汉初诸侯王国相当强盛，"大者或五六郡，连城数十，置百官宫观，僭于天子"②。像吴王刘濞起兵反汉时，征发二十余万人。朝廷为了削除他们的严重威胁，先后采取了各种有效的举措。概如班固所言："文帝采贾生之议分齐、赵，景帝用晁错之计削吴、楚。武帝施主父之册，下推恩之令，使诸侯王得分户邑以封子弟，不行黜陟，而藩国自析。"③略述如下：首先，贾谊上《治安策》，提出"众建诸侯而少其力，力少则易使以义，国小则亡邪心"④。就是命令诸侯王的儿子分割继承封土，这样王国数量依次增多，而领土则逐步缩小，

---

① 参见梁万斌：《津关令与汉初之政治地理建构》，《复旦学报》2016年第2期。
②《史记》卷17《汉兴以来诸侯王年表·序》。
③《汉书》卷14《诸侯王表·序》。
④《汉书》卷48《贾谊传》。

便无力举兵反抗朝廷。这项建议得到了汉文帝的重视，随后分齐国为七，淮南国为三。其次，晁错上《削藩策》，主张乘诸侯王违反法纪来削减其领土，"今削之亦反，不削之亦反。削之，其反亟，祸小；不削，反迟，祸大"①。汉景帝采纳这项建议后削减了楚国的东海郡，吴国的豫章郡、会稽郡，赵国的河间郡以及胶西国的六个县，激起了"七国之乱"，最终朝廷派周亚夫领兵扑灭。汉景帝随即在吴、楚、齐、赵故地立皇子十三人为王，继续缩小其领土，同时"令诸侯王不得复治国，天子为置吏"②。取消了他们的行政权和官吏任免权，使诸侯王在封国内只能享受租税，而丧失了实际统治权力。再次，汉武帝听从了主父偃的"推恩"建议，使诸侯王得以划分封土给众多子弟来做列侯，这样王国的领土更为缩小，势力愈发衰弱，靠近胡、越的王国边境也被划为郡县。"皇子始立者，大国不过十余城。长沙、燕、代虽有旧名，皆亡南北边矣。"③这一系列措施的施行使此后直到王莽执政前再也没有发生山东诸侯起兵割据叛乱的事情了。

（五）强干弱枝，迁徙豪族

秦、西汉在建国之初，都面临着山东六国故地旧贵族豪强的严重威胁，这些势力自春秋战国以来分裂割据多年，虽然先后败于秦始皇与汉高祖的统一战争，但仍拥有不容小觑的力量，对中央王朝的统治构成潜在的威胁，因此秦朝与西汉统治者都对他们采取了强制迁徙到关中的打击措施。秦始皇二十六年（前221年）下令，"徙天下豪富于咸阳十二万户"④，若按一家五口估算，约有六十万人。至三十五年（前212年）又下令："立石东海上朐界中，以为秦东门。因徙三万家丽邑，五万家云

---

① 《史记》卷106《吴王濞列传》。
② 《汉书》卷19上《百官公卿表上》。
③ 《汉书》卷14《诸侯王表·序》。
④ 《史记》卷6《秦始皇本纪》。

阳，皆复不事十岁。"① 丽邑在咸阳东南，是秦始皇陵墓所在地；云阳在今陕西省淳化县，有秦的行宫。另一处迁徙地点则是关内的蜀地，《华阳国志》曰："始皇克定六国，辄徙其豪侠于蜀。"② 如《史记·货殖列传》记载："蜀卓氏之先，赵人也，用铁冶富。秦破赵，迁卓氏。"还有"程郑，山东迁虏也，亦冶铸，贾椎髻之民，富埒卓氏，俱居临邛"③。

　　西汉定都长安后，关中地区因为受战争影响而人口减少，北边又有匈奴的逼迫，因此刘（娄）敬向朝廷提出迁徙山东强宗豪族入关的建议。"夫诸侯初起时，非齐诸田，楚昭、屈、景莫能兴。今陛下虽都关中，实少人。北近胡寇，东有六国之族，宗强，一日有变，陛下亦未得高枕而卧也。臣愿陛下徙齐诸田，楚昭、屈、景，燕、赵、韩、魏后，及豪杰名家居关中。无事，可以备胡；诸侯有变，亦足率以东伐。"④ 刘娄敬把这一建议称作"强本弱末之术"，得到了刘邦的赞同。"上曰：'善。'乃使刘敬徙所言关中十余万口。"⑤ 命其居住在刘邦的陵墓长陵附近。从此以后，迁徙山东豪族成了西汉王朝长期奉行的国策，从汉高帝九年（前 198 年）延续到汉成帝鸿嘉二年（前 19 年），共有 10 次，仅汉文帝与汉元帝时不见徙民。《汉书·地理志下》曰：

　　　　汉兴，立都长安，徙齐诸田，楚昭、屈、景及诸功臣家于长陵。后世世徙吏二千石、高訾富人及豪杰并兼之家于诸陵。盖亦以强干弱支，非独为奉山园也。⑥

---

①《史记》卷 6《秦始皇本纪》。

②〔晋〕常璩撰，刘琳校注：《华阳国志校注》卷 3《蜀志》，巴蜀书社，1984 年，第225 页。

③《史记》卷 129《货殖列传》。

④《史记》卷 99《刘敬叔孙通列传》。

⑤《史记》卷 99《刘敬叔孙通列传》。

⑥《汉书》卷 28 下《地理志下》。

　　这段记载概括说明了西汉实行徙民关中政策前后的变化，刘邦时迁徙到长陵的是齐、楚等六国旧贵族与功臣的家属，此后则逐渐演变为禄秩在二千石以上的高级官吏家属、符合一定财产标准的富人（或三百万钱，或一百万、五百万钱，因时而定）以及称雄乡里、兼并土地的"豪杰"。西汉政府迁徙山东豪富的措施很见成效，一方面，这些人离开故土，降低了在原籍聚众叛乱的潜在威胁。如王夫之所言："富豪大族之所以强者，因其地也。诸田非勃海鱼、盐之利，不足以强；屈、昭、景非云梦泽薮之资，不足以强；世家非姻亚之盛、朋友之合、小民之相比而相属，不足以强。弃其田里，违其宗党，夺其所便，拂其所习，羁旅寓食于关中土著之间，不十年而生事已落，气焰沮丧。"①另一方面，豪富强宗移民到关中居住便于朝廷对他们的就近监控，又增强了京畿和基本经济区的人口与财力，可谓是一举两得。秦统一以前，全国的商业都市最著名的是同样号为"天下之中"的洛阳和陶邑（今山东省定陶市）。秦都咸阳所在的关中地区多年来以重农著称，"其民有先王遗风，好稼穑，务本业"②。经过西汉的屡次迁徙豪富，当地的商业获得了迅速发展，财富显著增加，出现了许多原籍在山东的巨贾。例如，"关中富商大贾，大抵尽诸田，田啬、田兰。韦家栗氏，安陵、杜杜氏，亦巨万"③。长安不仅是全国的政治中心，而且是最大的商业中心。"郡国辐凑，浮食者多，民去本就末"④，经商获利成为京师百姓追逐的风尚。与此形成对比的是，山东地区虽然疆域辽阔，拥有更多的人口，但是在朝廷"强本弱末"政策的打击下，其财富的拥有明显比（广义的）关中处于劣势。如司马迁所言："故关中之地，于天下三

①〔清〕王夫之：《读通鉴论》，中华书局，1975 年，第 19 页。
②《汉书》卷 28 下《地理志下》。
③《史记》卷 129《货殖列传》。
④《汉书》卷 28 下《地理志下》。

分之一，而人众不过什三；然量其富，什居其六。"①

（六）在关中大兴水利、推广农业先进技术

冀朝鼎曾指出："中国历史上的每一个时期，有一些地区总是比其他地区受到更多的重视。这种受到特殊重视的地区，是在牺牲其他地区利益的条件下发展起来的，这种地区就是统治者想要建立和维护的所谓'基本经济区'。"②朝廷往往额外加大对该地区公共事业的建设投入，例如水利灌溉设施、水旱交通道路等，以便增强它在全国的统治地位和支配作用。

秦和西汉时期，关中作为都城所在地，同时又是基本经济区，从而获得了许多特殊的待遇，它的经济繁荣是在征调各地人力、财力的条件下优先发展起来的。秦和西汉都曾在关中修建大规模的灌溉工程和漕运的人工渠道，以此来促进关中对山东地区的经济优势的形成，借以巩固其统治地位，这也是"以关中制山东"战略方针的一项重要内容。据《史记·河渠书》与《汉书·沟洫志》记载，西汉自汉武帝时起，先后修筑了与渭水并行的漕渠，从汉中通往关中的褒斜道与漕渠（未成功），由陕西澄城县引洛水灌溉今陕西蒲城、大荔的龙首渠，在郑国渠上游分流灌溉的六辅渠，引泾水从谷口到栎阳的白渠，以及灵轵渠、成国渠和湋渠，对促进关中农业的发展起到了非常重要的作用，但是在山东各地却罕有大规模的水利工程。

公元前 111 年，汉武帝下令开凿六辅渠的时候，黄河由于曾在瓠子（今河南省濮阳市西南）决口，已经在河南和山东泛滥了很长时间，造成

---

① 《史记》卷 129《货殖列传》。
② 冀朝鼎：《中国历史上的基本经济区和水利事业的发展》，中国社会科学出版社，1981年，第 8 页。

了严重危害。朝廷没有把大量人力、财力集中投入到显然更为重要的堵塞黄河决口的任务上，反而先去开凿六辅渠。这一事实激怒了清代学者康基田，他在《河渠纪闻》中批评汉武帝不顾黄河堤岸失修和附近人民生命财产的安危，而热衷于搞"一隅之利"的水利事业。冀朝鼎对此评论道："康的批评，从人道主义的理由来说，完全是正当的。但也暴露了他对基本经济区在半封建中国中，对经济政治的枢轴作用是一无所知的。诚然，六辅渠只是'一隅'之利，但是，那是重要的一隅，重要到足以被看成是基本经济区。受洪水破坏的这 5 或 10 郡，也许有较多的人口和较广的耕地，但这些地方与首都相距太远。在武帝采纳开凿六辅渠的计划时，他对这两个地区两项水利工程的利害关系所作的估价，表明了他对基本经济区的重要性有着多么深切的理解。"[1]顺便提一下，黄河瓠子的决口是在堤防溃坏 20 年后才得以修复的。在此之前，汉武帝先后批准了在关中及附近地区大兴土功，修建褒斜道及漕渠、龙首渠。在这两项工程都遭受挫折之后，汉武帝才亲自督促把重点水利工程投入到黄河的堤防修复中，最后堵住了决口。

西汉农业先进技术的代表有赵过发明的代田法和二牛三人的耦犁，以及氾胜之的区种法。代田法的应用明显地提高了粮食产量，"一岁之收常过缦田亩一斛以上，善者倍之"[2]。它是在汉武帝晚年，从关中地区开始试验，收到成效后逐步推广。"是后边城、河东、弘农、三辅、太常民皆便代田，用力少而得谷多。"[3]值得注意的是，这项先进的耕作技术只是流行在广义的关中，即山西地区，像长安附近的三辅、太常所辖陵县以及西北边郡，而河东与弘农两郡此时经过汉武帝的"广关"已被纳入"关

---

① 冀朝鼎：《中国历史上的基本经济区和水利事业的发展》，中国社会科学出版社，1981年，第 71 页。

②《汉书》卷 24 上《食货志上》。

③《汉书》卷 24 上《食货志上》。

中"即关内的范围了。正如史念海所指出的那样，"秦汉时代农业技术的改革以赵过的代田法和氾胜之的区种法最为重要。直到西汉末年，区种法仅试行于三辅，代田法则在三辅而外，曾在西北边地推广，山东似尚未沾其余泽"[①]。

三、"以关中制山东"战略的成败与终结

秦、西汉还有新朝奉行的"以关中制山东"战略在实际运用中收效如何呢？从历史进程来看，这一防御战略对于维持秦和新朝的统治基本上没有什么效果，它们都是短命政权，在短时间内，就被起兵于山东的农民起义军推翻了。西汉则有所不同，它延续了二百多年，其间山东地区发生了几次叛乱，都被朝廷轻易地镇压下去。例如刘邦铲除异姓诸侯王、文帝消灭济北王的叛乱，景帝平定七国之乱，以后直到西汉被新朝取代，山东地区也没有发生过动摇帝国根基的大规模起义或叛乱。西汉亡于专权的外戚，而不是外部的山东势力，因此可以说它所执行的"以关中制山东"战略比较成功。那么，秦与新朝失败的缘故是什么呢？笔者分析，主要原因有以下两条。

首先是政治方面的原因。秦、西汉"以关中制山东"战略的假想敌是六国旧贵族、豪富与诸侯王，它们的力量有限，如果仅仅是针对这股势力来实施上述战略，中央政权处于优势地位，可以说是以强凌弱、稳操胜券的。但若是与山东的全体民众为敌，那么力量对比就会掉转过来，无论如何难以取胜。秦和新莽政权的统治残酷暴虐，激起了全国民众（主要是山东百姓）的激烈反抗。前文已述，关中的人数只占天下的3/10，山东则占全国人口的大多数，如果遍地起兵，"云集响应，赢粮而

---

① 史念海：《秦汉时代的农业地区》，《河山集》，人民出版社，1963 年，第 181 页。

景（影）从"①，即使秦与新莽投入数十万军队镇压，最终也只能淹没在民众的汪洋大海里。宋朝的何去非曾经评论过秦末农民起义与吴楚七国之乱一胜一败的原因，他认为就是由"民志"来决定的。山东人民不愿意接受秦朝统治，都想尽快推翻它，起义的领袖顺从了他们的意愿。"夫秦有可亡之形，而天下之众亦锐于亡秦，是以豪杰之起者因民志也，关东非为秦役矣。"②西汉政权并未实行暴政，全国百姓没有颠覆它的意愿，因此吴楚七国的叛乱未能得到民众的支持，这是其失败的根本原因。"汉无可叛之衅，而天下之民无志于负汉，则七国之起非民志矣，天下皆为汉役者也。"③如果说秦朝末年与关西故国民众的矛盾还不是那样尖锐，秦地百姓尚未爆发起义的话，那么对王莽的倒行逆施，就连关中民众也忍无可忍了。绿林、赤眉起兵时，"三辅盗贼麻起，乃置捕盗都尉官"④。绿林军打进关中后，"三辅豪杰共诛王莽，传首诣宛"⑤。要是丧失了关内百姓的支持，还谈什么"以关中制山东"呢？

其次是军事方面的原因。制定作战方略必须根据形势的需要来决定是进攻还是防守。"善为兵者，必知夫攻守之所宜。故以攻则克，以守则固。当攻而守，当守而攻，均败之道也。"⑥秦与新莽的统治者都错误地判断了形势，认为山东起义军不过是乌合之众，因而采取了倾注全力出关进攻的冒险战略，结果主力军队在关外被歼灭，导致"五关"防线没有足够的兵力防守，加速了它们灭亡的进程。例如，在河北的巨鹿之战中，秦朝王离的十万军队被项羽打垮，章邯被迫率二十余万人投降项羽，致

---

① 《史记》卷 6《秦始皇本纪》。

② 冯东礼：《何博士备论注译》，解放军出版社，1990 年，第 12 页。

③ 冯东礼：《何博士备论注译》，解放军出版社，1990 年，第 12 页。

④ 《汉书》卷 99 下《王莽传下》。

⑤ 《后汉书》卷 1 上《光武帝纪上》。

⑥ 冯东礼：《何博士备论注译》，解放军出版社，1990 年，第 11 页。

使后来刘邦顺利打进关中，并未受到明显的阻碍。贾谊在《过秦论》中指出，秦朝对抗战国时期的山东六国和陈胜、吴广发动的农民大起义，处于迥然不同的作战形势，前者处于攻势，后者处于守势，"攻守之势异也"①。面对貌合神离的山东六国，秦朝可以出关攻战，并能统一天下。但是与同仇敌忾的关东反秦浪潮对抗，秦朝的军队寡不敌众，是注定要失败的。在这种被动的形势下，如果将数十万秦军部署在"五关"防线闭门自守，还能够拖延时日，不至于迅速瓦解。贾谊曾说："藉使子婴有庸主之材，仅得中佐，山东虽乱，秦之地可全而有，宗庙之祀未当绝也。"②他的评论得到了司马迁的认同。何去非在《秦论》中也提到，秦朝的灭亡是必然的，但是之所以迅速崩溃是在用兵指导的作战方略上犯了"当守而攻"的致命错误。"虽二世之乱足以覆宗，天下之势足以夷秦，而其亡遂至于如此亟者，用兵之罪也。"③他认为秦国故土的百姓遭受秦二世的危害还不深，人们勇于战斗、乐于保卫帝王的风俗仍然存在，章邯、王离等人的二三十万大军还有战斗力，"以攻则不足，以守则有余"④。如果放弃关东，凭借山河关塞的险固来防御，秦朝在关内的统治还可以苟延残喘。"使其知捐背叛之山东，严兵拒关为自救之计，虽以无道行之，而山西千里之区犹可岁月保也。"⑤可是秦二世与赵高谋划失误，把全部主力都投到关外，导致"五关"防线甚至连都城咸阳都没有足够的后备力量来防守。"乃空国之师以属章邯、李由之徒，越关千里以搏寇"⑥，孤军深入到河北、河南，"弃大险，渡漳逾洛，左驰右骛，以婴四合之锋，卒至

---

① 《史记》卷 6《秦始皇本纪》。

② 《史记》卷 6《秦始皇本纪》。

③ 冯东礼：《何博士备论注译》，解放军出版社，1990 年，第 12 页。

④ 冯东礼：《何博士备论注译》，解放军出版社，1990 年，第 12 页。

⑤ 冯东礼：《何博士备论注译》，解放军出版社，1990 年，第 11 页。

⑥ 冯东礼：《何博士备论注译》，解放军出版社，1990 年，第 11 页。

于败。而沛公之众，扬袖而下控函关"①。最终陷入无法抵御的地步。新莽末年的情况与秦朝有些相似，山东各地的农民起义爆发后，王莽先是派王匡、廉丹率十万军队东征赤眉，在成昌之战中大败。随后王邑、王寻领四十二万大军征讨绿林，在昆阳之战中覆灭，朝廷的主力在关外丧亡殆尽。等到起义军入关后，长安附近的豪杰纷纷举兵，不待绿林大军到来就打进城内，诛杀了王莽。朝廷若是将这几十万大军驻守在"五关"防线，起义军也不会轻易地进入关中，新莽政权也不至于速亡。

东汉建国伊始定都洛阳，到建武三年（27 年）打败赤眉占领关中，但未返都长安，放弃了"以关中制山东"的防御战略，这又是什么原因？学术界对光武帝建都洛阳、舍弃秦与西汉"关中本位"的政策多有讨论，从各方面进行了分析。傅乐成曾对此有一段综合性的概述："王莽末年，光武起兵于舂陵，从龙之士，皆山东人。他即帝位后，采取保守主义。因长安遭赤眉破坏，而其地接近外族，他的部下又都是山东人，因而定都洛阳。"②笔者现就此问题展开论述，东汉初年没有继续奉行"以关中制山东"的战略，主要有以下原因。

其一，关中残破与基本经济区的转移。东汉王朝建立之际，关中地区受到的破坏极其严重，与秦、西汉统一全国时当地的情况大相径庭。绿林军占领长安后，关中的社会秩序还算稳定。"三辅悉平，更始都长安，居长乐宫。府藏完具，独未央宫烧攻莽三日，死则案堵复故。"③更始三年（25 年）赤眉军攻入关中，迫降更始帝，对三辅地区大肆焚掠。"赤眉遂烧长安宫室市里，害更始。民饥饿相食，死者数十万，长安为虚，城中无人行。"④至建武二年（26 年）正月，赤眉军因为粮食缺乏离

① 冯东礼:《何博士备论注译》，解放军出版社，1990 年，第 11 ~ 12 页。
② 傅乐成:《汉代的山西与山东》，《食货月刊》复刊六卷九期，1976 年 12 月。
③《汉书》卷 99 下《王莽传下》。
④《汉书》卷 99 下《王莽传下》。

开长安西行，当年九月重返长安，"时三辅大饥，人相食，城郭皆空，白骨蔽野"①。关中的百姓大量死亡，生产停滞，西汉二百余年的建设成就扫地无余，关中已经完全丧失了作为基本经济区的物质条件。前文已述，秦、西汉王朝建立时，都是以关中为根据地，凭借当地的丰富物产与劳动力、兵丁取得了统一战争的胜利，这是它们奉行"以关中制山东"战略的经济基础。但是光武帝起兵时，关中并不在他的手里，后来他平定四方，主要依靠的是河北地区的粮饷与人力资源。耿弇曾对刘秀说："公首事南阳，破百万之军；今定河北，据天府之地。以义征伐，发号响应，天下可传檄而定。"李贤注："《前书》曰：'关中所谓金城天府。'（耿）弇以河北富饶，故以喻焉。"②这是把河北比作秦与西汉的关中，尤其是河内郡，更为刘秀所倚重。他曾对寇恂说："河内完富，吾将因是而起。昔高祖留萧何镇关中，吾今委公以河内，坚守转运，给足军粮，率厉士马，防遏它兵，勿令北度而已。"③光武帝出征后，"（寇）恂移书属县，讲兵肆射，伐淇园之竹，为矢百余万，养马二千匹，收租四百万斛，转以给军"④，充分表明了这一地区对刘秀争夺天下的重要性。梁万斌曾指出："幽州十郡的突骑与河内的财富，是刘秀争夺天下最为关键的两大凭借。因此，河北是刘秀最终赢得帝业而必须固守的基地。"⑤光武帝后来占领了关中，这时那里的经济和人口已被战乱摧毁殆尽，无法被东汉政权利用来制衡山东，刘秀又有了新兴的基本经济区——河北，因而最终决定仍将都城设在距离河北根据地较近又处于"天下之中"的洛阳。正如汉末杨彪所言："更始赤眉之时，焚烧长安，残害百姓，民人流亡，百无一

---

① 《后汉书》卷11《刘盆子传》。
② 《后汉书》卷19《耿弇传》。
③ 《后汉书》卷16《寇恂传》。
④ 《后汉书》卷16《寇恂传》。
⑤ 梁万斌：《东汉建都洛阳始末》，《中华文史论丛》2013年第1期。

在。光武受命，更都洛邑，此其宜也。"①

其二，漕运耗费的节省。关中平原虽然号称"陆海"，拥有丰富的
农业资源，但由于是京师所在，有皇室、百官、大量豪富与侍从奴仆，
以及庞大的驻军、刑徒和数十万移民，地狭人众，粮草给养长期入不敷
出，在很大程度上要靠山东地区的漕运来解决。如秦末农民起义爆发
后，丞相李斯等进谏曰："关东群盗并起，秦发兵诛击，所杀亡甚众，然
犹不止。盗多，皆以戍漕转作事苦，赋税大也。"②西汉初年都城所需供养
有限，"漕转山东粟，以给中都官，岁不过数十万石"③。至武帝时长安人
口膨胀，"诸官益杂置多，徒奴婢众，而下河漕度四百万石，及官自籴乃
足"④。元封元年（前110年），"山东漕益岁六百万石"⑤，达到了漕粮数量
的顶峰。后来到昭帝、宣帝时，大体上维持着每年四百万石的水平⑥。当
时黄河漕运在三门峡有砥柱之险，航船触礁毁坏相当严重，不得已在当
地改为陆运，再经渭水转漕到长安。这是一项非常沉重的负担，东汉如
果继续沿用"以关中制山东"战略，就得在长安附近建都，从而带来漕
运的巨大开支。廖伯源强调，漕转山东的粮食西入关中，役苦而耗费，
也是光武舍关中长安而都洛阳的重要原因，并指出："光武于建武七年
'二月辛巳，罢护漕都尉官'。此时离建武十二年底统一天下，尚有六年，
光武已确定帝国之首都为洛阳，不会变更，此后不复漕运西往关中，故
罢护漕都尉官。"⑦其说可以信从。

①《三国志》卷6《魏书·董卓传》注引《续汉书》。

②《史记》卷6《秦始皇本纪》。

③《史记》卷30《平准书》。

④《史记》卷30《平准书》。

⑤《史记》卷30《平准书》。

⑥《汉书》卷24上《食货志上》宣帝五凤年间大司农中丞耿寿昌奏："故事，岁漕关东
谷四百万斛以给京师，用卒六万人。"

⑦ 廖伯源：《论东汉定都洛阳及其影响》，《史学集刊》2010年第3期。

其三，不以山东势力为假想敌。笔者认为，刘秀放弃以长安为都城，不采取"以关中制山东"战略，其中很重要的一个原因，就是他没有把山东势力作为东汉王朝建立后的主要假想敌。这里有三个因素。

首先，据林剑鸣统计，在光武帝的三十二位开国功臣中，"属于南阳、颍川人者廿一名，属于河北的六人；属于关中冯翊、扶风人者四人（其中耿弇先世为巨鹿）；属于东莱（今山东境内）一人，这就具体地反映了创立东汉的开国元勋基本上是南阳、颍川、河北的大豪强地主"[1]。学界因此认为东汉政权的建立主要是依靠关东豪族的鼎力相助，他们并不赞同建都关中并采取各种措施来削弱山东势力，使自己的利益受到损害，这是刘秀选择定都洛阳的重要原因[2]。

其次，东汉统一天下后，面临的形势与西汉不同。刘邦当时担心山东的六国旧贵族与分封疆土的诸侯王可能会造反，从而分裂甚至颠覆他的帝国，所以接受了刘娄敬、张良的建议，依靠关中的险固和实力来监控制约山东。东汉时则没有上述威胁，一方面，六国旧贵族经过西汉政府的多次迁徙，力量大为削弱，已经丧失了在山东发动叛乱的能力及影响；另一方面，刘秀称帝后分封诸子每人仅四县，"是即度西汉末年最小之封国而置制也"。"明、章二帝封国更明以钱谷为准，不以郡县地区为准。换言之，但丰其衣食，无复藩辅之意义矣。"[3]这样做使得诸侯王占地甚小，也没有实力反叛朝廷。东汉建国主要靠山东豪强支持，还有一些割据地方的异己势力，如淮南的李宪、楚地的秦丰、琅邪的张步、东海

---

[1] 林剑鸣：《秦汉史》下册，上海人民出版社，1989 年，第 185 页。

[2] 参见朱志先、张霞：《析东汉定都洛阳的原因》，《洛阳师范学院学报》2004 年第 3 期；方原：《东汉都城选址原因研究》，《西北工业大学学报（社会科学版）》2009 年第 2 期；梁万斌：《东汉建都洛阳始末》，《中华文史论丛》2013 年第 1 期。

[3] 严耕望：《中国地方行政制度史》上编卷上《秦汉地方行政制度》，上海古籍出版社，2007 年，第 28~29 页。

的董宪，都被刘秀派兵诛灭，并没有危害中央政权统治的巨大隐患，反而是隗嚣、公孙述等关西势力与中央政权抗拒到最后，所以朝廷并没有将山东豪族作为假想敌。后来光武帝"度田"激起郡国豪强纷纷起兵，他们起兵的目的也只是企图隐瞒田土、少交赋税，并非想要推翻东汉政权，所以在朝廷做出让步后很快就平息了。

再次，西汉"以关中制山东"战略，本身具备浓重的地域扬抑色彩，其各种针对性的措施都带有优待关中人士、削弱山东势力的显著倾向，例如迁徙豪富，禁止黄金、铜铁与马匹流向关外，北军与禁军主要用关西人，在关中大兴水利、推广先进农业技术等，使关中士民获得抬举及优惠，而山东人士遭到歧视和打击，其利益受到明显的损害，以致出现了"耻为关外民"①的流行意识，这项政策造成山东士民的不满与憎恨。贾谊曾批评朝廷此类做法是"疏山东，孽诸侯，不令似一家者，其精于此矣"②。他主张撤除"五关"及盘查制度，使东西两大区域间通行无阻，表明朝廷对各地居民平等看待，并不偏袒某一地域。"因行兼爱无私之道，罢关一通，示天下无以区区独有关中者。"③因此，东汉政府取消"以关中制山东"的战略，消除了两大地域居民之间的地位差别与隔阂，有利于社会的和谐与发展。

总之，东汉王朝的建立主要依靠山东豪强的支持，朝廷在关东地区没有遇到强大的对抗势力，所以用不着躲到关中去防备，更何况当时的关中已经残破不堪，充当不了基本经济区与根据地了。"以关中制山东"防御战略的废止，节省了漕运与移民的巨大耗费，中国东西两大地域的居民在身份地位上趋于平等，中央政权不再向关中实行各种优惠待遇及

---

① 《汉书》卷6《武帝纪》元鼎三年注引应劭曰。
② 〔汉〕贾谊撰，阎振益、钟夏校注：《新书校注》卷3《壹通》，第113页。
③ 〔汉〕贾谊撰，阎振益、钟夏校注：《新书校注》卷3《壹通》，第113页。

财政的倾斜投入，广袤的关东在经济上不受政策的干扰，得以正常发展；这无疑都是社会进步的表现，对于维护政权的稳定很有益处。"五关"虽然保留了下来，其作用也只是检查证件和征收关税，并允许黄金、铜铁与马匹自由流通。黄巾起义爆发前，东汉的山东地区在百余年内并未发生过大规模的叛乱，这也说明朝廷放弃"以关中制山东"的政策是正确合理的。

第十章

——

合肥与曹魏的御吴战争

三国时期，曹魏与吴、蜀长期对峙，互有攻守，其接壤疆界东起广陵，西达临洮，绵延数千里。曹魏的防御兵力并非在国境沿线平均配置，而是集中扼守几处要枢，成功阻止了吴、蜀两国的多次北伐。如魏明帝曹叡所称："先帝（曹操）东置合肥，南守襄阳，西固祁山，贼来辄破于三城之下者，地有所必争也。"[1]其中东方重镇合肥自赤壁之战以后，频频遭受孙吴大军的侵袭，由于防卫方略得当，尽管守军在数量上经常处于劣势，却能多次挫败强敌、粉碎其北进的企图。综观曹魏对吴防御作战的历史，合肥这一要塞发挥了突出的作用，不过，它在三国战争中的地位价值前后却有所不同。笔者将在这一章里，分析探讨魏、吴双方争夺该地的过程、原因，以及曹魏在合肥及淮南地区的兵力部署、防御战略之演变。

---

[1]《三国志》卷3《魏书·明帝纪》。

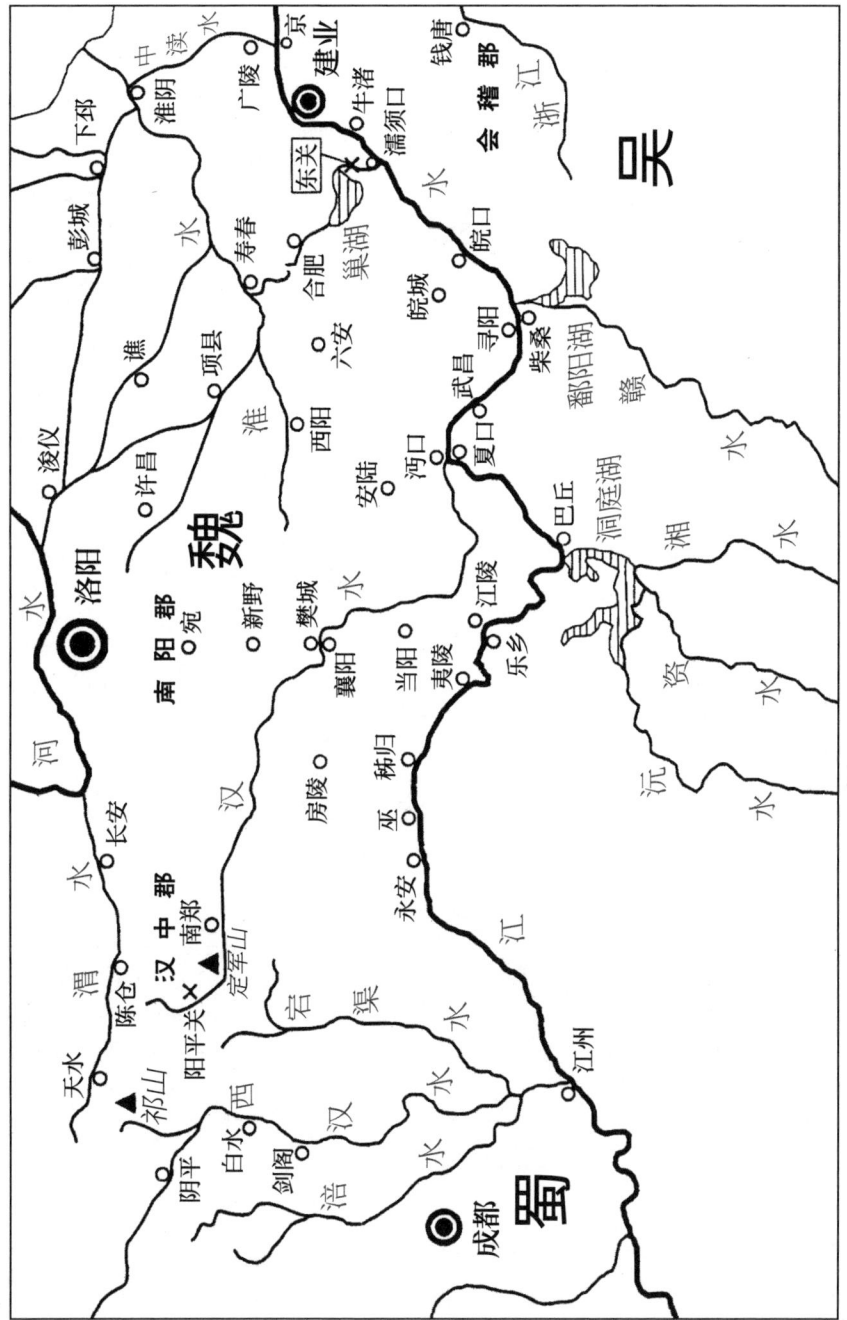

三国边防兵争要地示意图

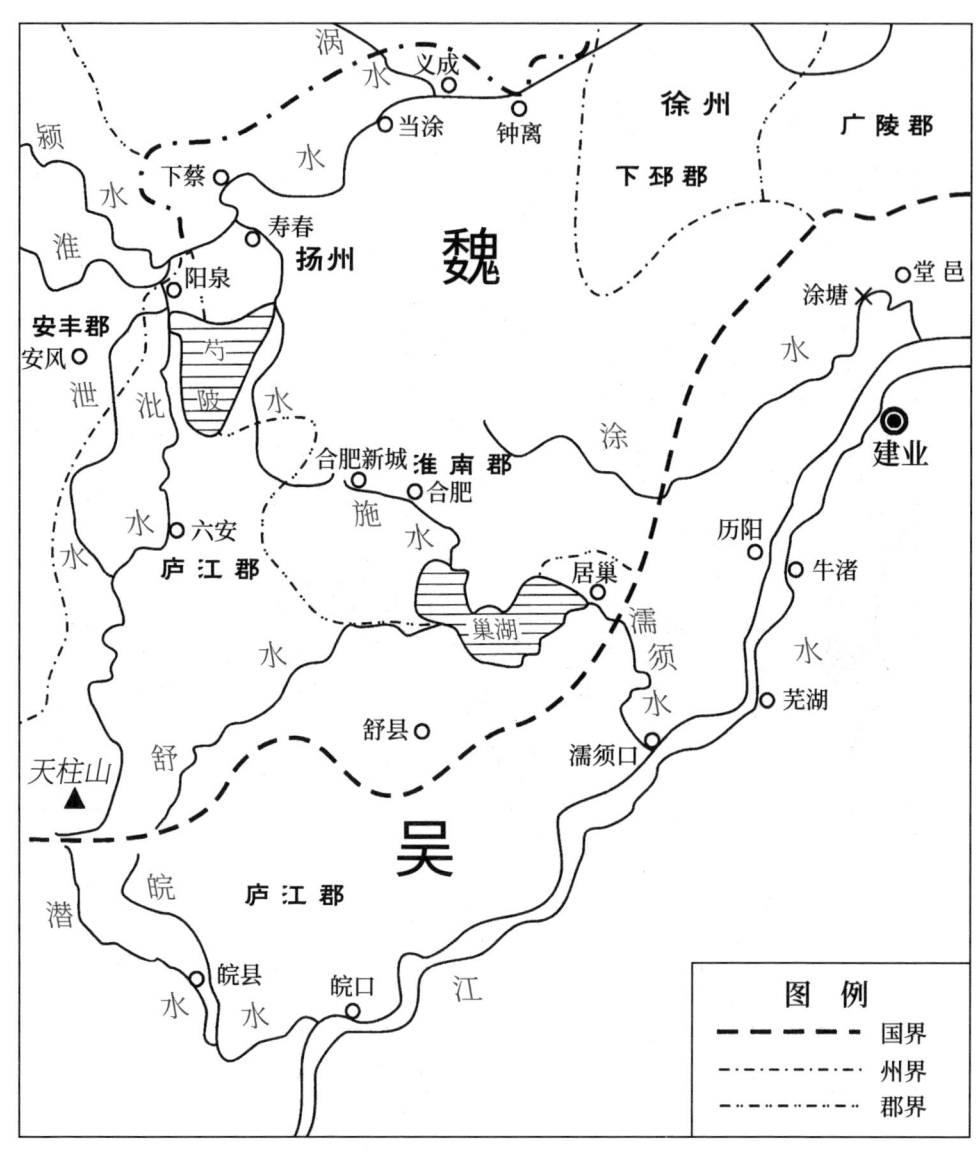

三国合肥地区形势图

一、孙吴在合肥—寿春方向的历次进攻战役

根据《三国志》及裴注、《资治通鉴》等史籍的记载，孙吴军队在208—278 年间，共对曹魏（及西晋）发动过 34 次进攻作战（含主动出击，但未与敌交战即撤退的几次）；合肥方向的进攻为 12 次，占总数的 35%。其中国君（孙权、孙皓）亲征的有 6 次，权相（诸葛恪、孙峻、孙綝）领兵的有 3 次，包括东吴历次进攻战役中出动兵力最多的一次（253 年诸葛恪率军 20 余万伐淮南），以及三国区域性战役参战人数最多的一次（257 年诸葛诞反寿春，魏、吴双方投入军队共计超过 50 万），可见这一地区是魏、吴两国战略攻防的主要目标。吴军对合肥—寿春方向的进攻，从时间和战役目的、作战特点等来看，可以划分为以下几个阶段。

（一）孙、刘结盟攻魏

此阶段为汉建安十三年（208）至二十四年（219）。赤壁之战以后，孙吴对魏的战略进攻方向有所改变，由荆州一路改为荆、扬两路。西线由周瑜领兵与刘备所部配合进攻。占领江陵后，孙权即表奏刘备为荆州牧。在这一区域的作战中以刘氏军队为主，吴军仅投入偏师，充当刘备的后援。东线则由孙权亲统吴军主力，向合肥等地发动激烈攻击。曹操亦迅速调整战略，命曹仁自江陵撤兵至襄樊，将淮南作为主要作战方向，屡率大军南征，掀起了魏、吴在巢湖南北的第一次交战高潮。这一阶段孙吴对合肥发起了三次进攻，分述如下。

1. **初攻合肥**。事在建安十三年十二月 [①]。据《三国志》卷15《刘馥传》、卷 47《吴主传》的记载，赤壁之战结束后，孙权便亲率十万大军进

---

① 《三国志》卷 1《魏书·武帝纪》载攻合肥事在赤壁之战期间，裴松之注引孙盛《异同评》曰："二者不同，《吴志》为是。"

攻合肥，围城百余日，并遣张昭率领偏师攻击当涂（一说为匡琦）①，但皆在攻城中受挫。曹操又派遣张喜率援军到来，吴师被迫撤退。

2. **二攻合肥**。事在建安二十年（215）八月。孙权对合肥的首次进攻虽然失利，但是引起了曹操对这一战略方向的充分关注。建安十四年（209）、十七年（212）至十八年（213）、十九年（214），曹操率大军三越巢湖攻吴。孙权在兵力上处于劣势，只是屯据濡须以抗魏军，无力北伐。建安二十年三月至十二月，曹操西征汉中张鲁，孙权乘东线魏军空虚，再次领兵十万进攻合肥，结果被守将张辽等击退，大挫锐气。孙权在撤军时为张辽所袭，险些被擒②。

3. **三攻合肥**。事在建安二十四年（219）。是岁，曹操引众至汉中讨伐刘备，关羽围曹仁于樊城，水淹于禁所率七军精锐，迫使曹魏救兵云集襄樊。孙权此时做出重大战略决策，与曹魏联合攻蜀，倾注全力夺取荆州，消灭关羽。《三国志》卷47《吴书·吴主传》建安二十四年载："权内惮羽，外欲以为己功，笺与曹公，乞以讨羽自效。……闰月，权征羽，先遣吕蒙袭公安。"孙权在主力西征之前，为了迷惑魏、蜀两家，遮掩自己的真实意图，曾派遣一支部队北越巢湖佯攻合肥。曹魏方面尽管接到孙权的降书，但是考虑到兵不厌诈，有可能是敌人的诡计，为了防止受骗，仍调遣了邻近诸州的援军前往合肥助守③。

---

① 张昭偏师的作战情况可参见《三国志》卷52《吴书·张昭传》注引《吴书》。

② 战役详细情况可参见《三国志》卷1《魏书·武帝纪》建安二十年"八月"条，卷17《张辽传》，卷18《李典传》，卷47《吴书·吴主传》及《吴主传》注引《献帝春秋》《江表传》，卷54《吕蒙传》，卷55《凌统传》《潘璋传》，卷60《贺齐传》及其注引《江表传》。

③ 其事可见《三国志》卷15《魏书·温恢传》。

（二）吴、蜀相应攻魏

此阶段为魏太和四年（230）至正始二年（241）。曹魏黄初元年（220）至魏太和三年（229），合肥地区没有吴军来袭。孙权占领荆州后，与蜀汉战事激烈，爆发了夷陵之战。在此期间吴国与曹魏修好，主力几乎全部开往西线御蜀。夷陵之战以后，吴、魏关系破裂，双方又进入了交战状态；但是吴国的主要兵力——中军部署在国都武昌附近，对魏作战的主攻方向是武昌东北的庐江、西北的江夏①，濡须—巢湖方向则以防御为主，因此合肥在此 10 年内未曾受到吴军的进攻。

公元 229 年，孙权自武昌迁都建业。中军也随之东移，其进攻魏国的主要作战方向亦发生改变，又恢复到距离建业较近的濡须—巢湖—合肥一线，由水路北伐，并且往往与蜀国的出击东西呼应。这一阶段孙吴对合肥方向的大规模进攻有四次。

1. **太和四年**。见《三国志》卷 26《魏书·满宠传》："（太和）四年，拜宠征东将军。其冬，孙权扬声欲至合肥，宠表召兖、豫诸军，皆集。贼寻退还，被诏罢兵。宠以为今贼大举而还，非本意也，此必欲伪退以罢吾兵，而倒还乘虚，掩不备也，表不罢兵。后十余日，权果更来，到合肥城，不克而还。"

2. **青龙元年**（233）。当年魏筑合肥新城以守之，弃其旧城。《三国志》卷 47《吴书·吴主传》载："是岁，（孙）权向合肥新城，遣将军全琮征六安，皆不克还。"

3. **青龙二年**（234）。诸葛亮出五丈原，孙权亦遣兵将三路伐魏，自己统军围攻合肥；魏明帝亲率水军来救，孙权闻讯后撤回。

---

① 《三国志》卷 15《魏书·贾逵传》曰："时孙权在东关，当豫州南，去江四百余里。每出兵为寇，辄西从江夏，东从庐江。"文中的"东关"乃武昌，其说可参见第十一章《孙吴武昌又称"东关"考》。

4. **正始二年**（241）。是年吴国在扬州、荆州方向同时发动进攻。其中全琮率军经舒城、六安绕过曹魏的合肥到达芍陂，严重破坏了当地的水利、仓储设施，后为魏将王凌所败，被迫退兵[①]。

全琮入侵淮南之后，至252年孙权去世，11年内合肥方向未曾发生过激战。据史书记载，此时孙权年迈，朝内政局不稳，故建业的中军主力不敢外遣。见《资治通鉴》卷75正始八年（247）："吴主大发众集建业，扬声欲入寇。扬州刺史诸葛诞使安丰太守王基策之。基曰：'今陆逊等已死，孙权年老，内无贤嗣，中无谋主，权自出则惧内衅卒起，痈疽发溃；遣将则旧将已尽，新将未信。此不过欲补绽支党，还自保护耳。'已而吴果不出。"又见同书同卷嘉平二年（250）："吴主遣军十万，作堂邑涂塘以淹北道。"胡三省注："淹北道以绝魏兵之窥建业。吴主老矣，良将多死，为自保之规摹而已。"濡须—合肥方向因此并无战事。魏、吴双方只是在襄樊、涂中等地出现了一些小规模冲突。

（三）吴、魏淮南大战

此阶段为魏嘉平五年（253）至甘露三年（258）。这是合肥所在的淮南地区战事最为激烈、双方动用兵力最多的阶段，其间爆发过三次大战，情况分述如下。

1. **诸葛恪伐淮南**。嘉平四年（252）四月孙权去世，辅政权臣诸葛恪遂定北伐之策。十月，吴发兵于巢湖之南修东兴堤，筑东关，引魏兵三道来攻，大败其众。嘉平五年三月，诸葛恪与蜀汉姜维配合北伐，率举国之兵20余万众进攻淮南。曹魏方面的防御战略做了一些调整，将扬州守军主力与来援诸军集结于寿春附近，以避敌锋；而在合肥留下数千守

---

① 《三国志》卷47《吴书·吴主传》赤乌四年（241）"夏四月"条，卷24《魏书·孙礼传》、卷28《魏书·王凌传》。

军，用牺牲少数兵力的做法来迟滞和消耗敌军，收效极佳。诸葛恪围攻合肥新城数月不下，又遇疾疫，丧师损众，惨败而归。此次作战的激烈程度超过了以往，据《三国志》卷 28《魏书·毌丘俭传》注引毌丘俭、文钦等表曰："贼举国悉众，号五十万，来向寿春，图诣洛阳，会太尉孚与臣等建计，乃杜塞要险，不与争锋，还固新城。淮南将士，冲锋履刃，昼夜相守，勤瘁百日，死者涂地，自魏有军已来，为难苦甚，莫过于此。"

2. **毌丘俭、文钦反淮南**。正元二年（255）正月，魏驻守扬州的镇东大将军毌丘俭、前将军文钦以讨司马师为名，反于寿春。《三国志》卷 28《魏书·毌丘俭传》载其"遂矫太后诏，罪状大将军司马景王，移诸郡国，举兵反。迫胁淮南将守诸别屯者，及吏民大小，皆入寿春城，为坛于城西，歃血称兵为盟，分老弱守城，俭、钦自将五六万众渡淮，西至项。俭坚守，钦在外为游兵"。东吴丞相孙峻闻讯后与将军吕据、留赞等率兵北袭寿春，而吴师行动迟缓，"军及东兴，闻钦等败。壬寅，兵进于橐皋，钦诣峻降，淮南余众数万口来奔。魏诸葛诞入寿春，峻引军还"[1]。

《资治通鉴》卷 76 正元二年"闰正月"条亦载："吴孙峻至东兴，闻俭等败，壬寅，进至橐皋，文钦父子诣军降。"胡三省注"橐皋"："杜预曰：在九江逡遒县东南，今其地在巢县界，亦谓之柘皋。"

3. **诸葛诞反淮南**。甘露二年（257）五月，魏征东大将军诸葛诞反于寿春，"召会诸将，自出攻扬州刺史乐綝，杀之。敛淮南及淮北郡县屯田口十余万官兵，扬州新附胜兵者四五万人，聚谷足一年食，闭城自守。遣长史吴纲将小子靓至吴请救。吴人大喜，遣将全怿、全端、唐咨、王祚等，率三万众，密与文钦俱来应诞"[2]。司马昭则召集魏国中外诸军 26

---

① 《三国志》卷 48《吴书·孙亮传》。
② 《三国志》卷 28《魏书·诸葛诞传》。

万人前往寿春，吴国援兵入城后，魏军随即合围，并与吴将朱异率领的后续部队展开激战，接连获胜，还烧掉吴军辎重。吴相孙綝无法解围，恼羞成怒，杀掉败将朱异后被迫退兵。诸葛诞坚守寿春至次年三月，因为绝粮，被魏军攻克，"诞及左右战死，将吏已下皆降"[①]。

魏、吴在淮南的这场会战是三国战争史上投入兵力最多（双方合计50余万）、历时最久（10个月）的一次区域性战役，也是吴军在合肥方向历次北伐中进军距离最远、形势最为有利的。从有关史料来看，合肥的魏国守军被诸葛诞调走，致使吴国的援兵未受阻击，先后顺利进入寿春，或抵达黎浆。吴国的战略意图，最初是守住寿春，占据淮南，与曹魏隔淮相持。后来战事不利，又想拔出寿春的10余万守军，撤回本土。可是由于作战指挥的失误，行动迟缓，投入的兵力亦有不足，导致战役完全失败。相形之下，曹魏的决心果断，行动迅速，又集中了倾国之师，动用全力与吴争夺寿春，虽然在兵员财物上损失严重，但是寸土未失，保住了淮南这块战略要地，取得了战役的成功。

（四）孙休、孙皓扰魏（晋）

此阶段为曹魏景元四年（263）至晋咸宁四年（278）。曹魏平诸葛诞之叛后，淮南局势恢复稳定。吴在有利形势下损兵折将，北伐的信心由此大减。263年，曹魏灭蜀。264年，昏君孙皓即位，为政暴虐，大失臣民所望。孙吴政局不稳，国力削弱，在经济、政治和军事力量的对比上劣势日益明显。如魏帝曹奂咸熙元年（264）十月丁亥诏中所言："又孙休病死，主帅改易，国内乖违，人各有心。伪将施绩，贼之名臣，怀疑自猜，深见忌恶。众叛亲离，莫有固志，自古及今，未有亡征若此之甚。"[②]

---

①《三国志》卷48《吴书·孙亮传》太平二年（257）。

②《三国志》卷4《魏书·三少帝纪》。

此前孙吴的北伐多和蜀汉相互呼应，东西出兵，两线配合作战。蜀汉灭亡之后，吴国势单力孤，加上自身的衰弱，所以对敌人重兵盘踞的合肥—寿春方向发动的进攻寥寥无几，仅有的数次也多是象征性的骚扰行动，均未构成真正的威胁，其情况如下。

1. 景元四年（263）丁奉北伐。是年曹魏伐蜀，蜀国形势危急，遣使赴吴请求发兵相救，《三国志》卷48《吴书·孙休传》载当年"冬十月，蜀以魏见伐来告。……甲申，使大将军丁奉督诸军向魏寿春，将军留平别诣施绩于南郡，议兵所向，将军丁封、孙异如沔中，皆救蜀。蜀主刘禅降魏。问至，然后罢"。

2. 西晋泰始四年（268）丁奉攻合肥。是年吴主孙皓亲至东关前线督师，命丁奉、诸葛靓攻合肥。丁奉用离间计，使晋撤掉了征东将军石苞之职，但军事行动受阻，被迫还兵[1]。

此后，合肥地区再未有吴军来袭。据史籍所载，孙吴方面还策划了两次对合肥—寿春方向的进攻战役，但由于种种原因均未得到完全实施。

第一次是西晋泰始七年（271）正月，吴主孙皓听信方士胡编的谶语，认为自己上应天命，能够统一中国，便亲率后宫嫔妃与兵众北伐。西晋方面则做好了迎击的准备，为了防范吴兵进犯合肥，遣义阳王司马望领中军来救，屯于寿春。孙皓从建业至牛渚[2]，"行遇大雪，道涂陷坏，兵士被甲持仗，百人共引一车，寒冻殆死，兵人不堪，皆曰：'若遇敌便当倒戈耳。'皓闻之，乃还"[3]，结束了这次军事行动。

---

[1] 详情可参见《三国志》卷48《吴书·孙皓传》宝鼎三年（268）"秋九月"条、卷55《丁奉传》；《资治通鉴》卷79晋武帝泰始四年九月至十一月。

[2]《资治通鉴》卷79晋武帝泰始七年"正月"条胡三省注："《水经注》：牛渚在姑孰、乌江两县界中，今太平州当涂县北三十里有牛渚山，山下有牛渚矶，与和州横江渡相对。杜佑曰：牛渚圻即今当涂县采石。"

[3]《三国志》卷48《吴书·孙皓传》注引《江表传》。

第二次，西晋咸宁四年（278），吴国预备在淮南发动进攻，事先派遣军队于庐江皖城一带大举屯田，企图在江北积聚军粮，以供进兵所用。晋朝察觉了此项计划，先发制人，遣寿春驻军前往，打垮了东吴的这支部队，使其图谋未能得逞。事见《资治通鉴》卷 80 晋武帝咸宁四年"十月"条："吴人大佃皖城，欲谋入寇。都督扬州诸军事王浑遣扬州刺史应绰攻破之，斩首五千级，焚其积谷百八十余万斛，践稻田四千余顷，毁船六百余艘。"

在这次战役后一年，晋朝便六路兵马齐发，大举征吴，灭亡了江东的孙氏政权，再次统一中国。

二、合肥在军事上备受重视的原因

在三国的战争中，合肥被当作兵家必争之地，魏、吴长期频繁地于此组织攻防战斗，其原因何在？这一地区在战略上具有怎样的意义和影响，以至于引起两国的关注和争夺？

（一）合肥所处之淮南西部对于东吴的安全保障极为重要

在三国南北对抗的政治形势下，东吴的基本经济区在太湖流域，都城常设在建业，它和曹魏的统治重心——冀、兖、豫州（黄河中下游平原）之间，被淮水及淮南江北的广阔地带相隔。江淮之间的这一地段又以今洪泽湖、张八岭为界，分为东西两个区域：东部是苏北平原，即曹魏徐州的南部、广陵郡与下邳郡的南端，有中渎水（古邗沟）贯穿其间，地势低洼潮湿，水网纵横，湖沼密布，不利于行军作战，故魏、吴都对此区域不大重视；西部是江淮丘陵、皖西山地与长江沿岸平原，即曹魏的扬州，设有淮南、庐江两郡，地形多为低山丘陵，有肥水、施水、濡须水沟通江淮，这一区域是魏、吴军事力量对峙冲突的焦点。

对于东吴来说，合肥所在的淮南西部具有极为重要的战略意义。从防御方面来讲，淮南是江东的外围屏障，东吴若不能占据这一区域，仅仅与北方之敌隔江相持，那么可倚仗的长江天险则失去其半，都城建业直接暴露在敌军的威胁之下。而吴国的陆军由于数量有限，无法在沿江千里处处设防，往来调动又有很大的困难，处境将十分被动。正如赵范所言："有淮则有江，无淮则长江以北港汊芦苇之处，敌人皆可潜师以济，江面数千里，何从而防哉。"① 所以东吴最可靠的守江办法是控制江北、淮南的土地，把防线前移，使敌军水师不能顺利入江，只能沿着几条南北方向的水道运动；这样吴军可以使作战的正面防线大大缩短，有利于兵力的集中。合肥的地理位置处于淮南西部地区的中心，吴国若想实现上述战略意图，势必要努力夺取合肥。如李焘在《六朝通鉴博议》中所言："吴之与陈，虽皆守江，吴围合肥，陈攻寿春，所争常在于淮甸。"

从进攻的角度来看，孙吴如欲北伐中原、击败对手而统一天下，第一步也必须要控制淮南，作为北进的出发基地和跳板。而从江东建业出兵，攻击曹魏的统治重心洛阳、许昌等地，途经合肥所在的淮南西部，是距离最近、对敌人威胁最大的。所以孙吴多次经此地区进军北向，力图夺取合肥并控制整个淮南。

（二）合肥处于南北水陆交通的要冲

三国时期，社会政治、军事冲突的地域表现主要是曹魏与吴、蜀的南北对抗，魏、吴两国交战对峙的疆界沿江上下，自东向西横贯数千里。由于受到山陵、川泽等自然条件的限制，双方的军事行动基本上是经过几条水陆交通干线展开的。吴国的北伐多依赖水军的优势，沿着以下三条南北走向的河流部署。

① 〔清〕顾祖禹：《读史方舆纪要》卷19《南直一》，中华书局，2005年，第887页。

1. **中渎水**，从江都北入水道，过精湖、射阳湖等，至广陵进入淮河。

2. **濡须水—巢肥运河—肥水**，自濡须口逆流而上，过东关、入巢湖，沿施水过合肥，再沿肥水过芍陂、寿春入淮。

3. **汉水**，自沔口溯汉江西进，至竟陵北上，过荆城、鄀县、宜城，抵达襄樊。

单纯使用陆路交通线的情况，在魏、吴之间的大规模军事行动中出现得较少，主要原因是陆运兵员、粮草给养的方式通常为步行、畜驮和车载，费时费力。相比之下，船只航运因为能够利用水、风等自然力，效率要比陆运高得多。如汉朝人称："一船之载，当中国（原）数十两车。"[①]而孙吴军队又以水师、水战见长，以致被曹魏方面统称为"水贼"[②]，即使步兵陆战，也经常依托船队，所谓"上岸击贼，洗足入船"[③]，所以北伐的路线往往要选择水道。

在上述三条水道中，合肥方向的濡须水—施水、肥水航线为吴国北伐道路之首选，运用的次数最多，投入的军队数量与作战规模最大，统帅多为亲征的国君或权臣，可见其备受东吴军事指挥集团的重视。其中原因又是什么呢？分析起来主要有以下几点。

第一，中渎水道及其经过的湖泊通常较浅，受季节和雨量的影响，时有干涸淤塞，不能保证船队常年通航。如黄初六年（225）魏文帝曹丕领舟师经广陵征吴，蒋济便上表称"水道难通，又上《三州论》以讽帝，帝不从"，结果返途至精湖时搁浅，"战船数千皆滞不得行"[④]。建安十六年（211），曹操对江北地区实行移民后，中渎水道附近人烟稀少，给养难觅，加上船只航行的困难，因此不是吴军北伐的理想途径。曹魏也深知

---

① 《史记》卷118《淮南衡山列传》。
② 《三国志》卷14《魏书·刘放传》注引《孙资别传》。
③ 《三国志》卷54《吴书·吕蒙传》注引《吴录》。
④ 《三国志》卷14《魏书·蒋济传》。

这一点，故对徐州地区的防务并不重视，部署的守军很少①。

第二，汉水一路，船只溯流抵达襄樊后，由于水道折而向西，无法北进中原。吴国军队即使占领了重镇襄阳，还需要弃船陆行，打通豫西丘陵或方城隘口，才能进入华北大平原。在地形不利的条件下连续作战，又无法发挥水军的优势，这对吴国来说，阻力和难度是很大的。

第三，合肥所在的这条水陆通道是当时南北交通最重要的干线，由于巢肥运河的开凿，肥水与濡须水将长江与淮河沟通起来。曹操在赤壁之战后数次南征，都曾利用水路，船队由河北的邺城出发，经白沟入黄河，进阴沟水、蒗荡渠、涡水入淮，再浮肥水，过寿春、合肥，越巢湖，入濡须水而达长江，若非孙吴设置的坞垒障碍，沿途可以畅行无阻。吴国水师如能由这条航道入淮，那么，沿淮上下具有多条通往北方的水路，如东有涡、泗，西有颍、汝等，可供进兵选择。在水道的通达性方面，这条行军路线显然要更为有利。因此，它被当作吴军攻魏的首选战略方向，其主力北伐多经此途。

合肥所在的地理位置，正好处于这条水陆交通干线的要冲。首先，合肥位于巢肥运河的修建之处，即施水与肥水的连接地段。合肥名称的来历，据《水经注》记载，是因为它乃施水合于肥水之所；这两条河流原本不相通，只是在夏水暴涨时才汇合到一起。后来经过人工开凿疏浚，使肥水与施水、巢湖及濡须水连接起来，形成了邗沟之外另一条贯通江淮的水道。据刘彩玉考证，这段运河即在合肥以西的将军岭，平均长度约四千米。②

---

① 《三国志》卷 54《吴书·吕蒙传》："（孙权）又聊复与论取徐州意，蒙对曰：'……徐土守兵，闻不足言，往自可克。然地势陆通，骁骑所骋，至尊今日得徐州，操后旬必来争，虽以七八万人守之，犹当怀忧。'"

② "'江淮运河'故道究竟在什么地方呢？具体地说，在东肥河与南肥河的发源地——分水岭，即将军岭。它通过淮南丘陵蜂腰地带，平均长度约四千米。……'江淮运河'是怎样维持水量水位和通航的呢？毫无疑问是在将军岭西肥河源流处建有闸坝蓄泄来维持航道通行和溉田的。"刘彩玉：《论肥水与江淮运河》，《历史研究》1960 年第 3 期。

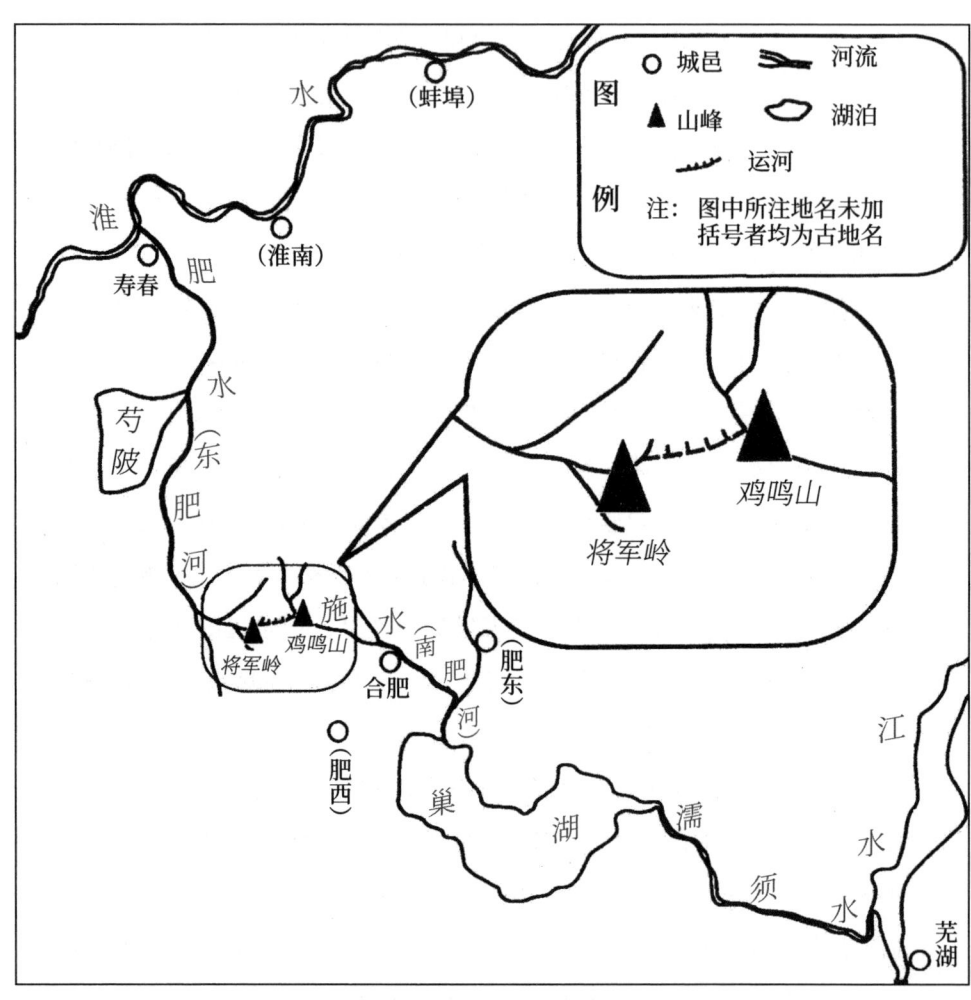

肥水、施水及其发源处运河图

其次，就地形而言，合肥西边是大别山脉东端的隆起地带——皖西山地，主峰天柱山、白马尖等海拔都在千米以上。大别山余脉向东北延伸为江淮丘陵，合肥以东的张八岭一带地势较高，散布着老嘉山、琅邪山、尤王尖等岭峰。江淮丘陵的蜂腰地段也在合肥西面的将军岭附近，水道及沿河的陆路即由此经过。合肥坐落在这一狭窄通道上，因而成为道路要冲。早在春秋战国时期，这里就是南北商旅往来的萃居之所，从而形成了一个繁荣的贸易都市。如《史记》卷129《货殖列传》所称："合肥受南北潮，皮革、鲍、木输会也。"《史记正义》曰："合肥，县，庐州治也。言江淮之潮，南北俱至庐州也。"在地理条件上，合肥左右两侧受地形、水文等不利因素的限制，难以做大规模的兵力运动，部队行进往往要途经这个咽喉要地。所以，占据了合肥，即控制了南北交通的主要干线，可以在军事上获得很大的主动权。

（三）合肥位于淮南（西部）的中心，是数条道路汇集的交通枢纽

合肥的地理位置，正处在江淮之间的中心地段，不仅是南北水陆干线的冲要，而且四通五达，为数条路途的会聚之所，属于"锁钥地点"，即交通、军事上的枢纽。控制了合肥，便可以向几个战略方向用兵，或堵住几个方面的来敌。如顾祖禹所言："府为淮右噤喉，江南唇齿。自大江而北出，得合肥则可以西问申、蔡，北向徐、寿，而争胜于中原；中原得合肥则扼江南之吭，而拊其背矣。……盖终吴之世，曾不能得淮南尺寸地，以合肥为魏守也。"[1] 这也是它备受军事家重视的原因。

从合肥出发，除了北上寿春抵达淮滨、经南越巢湖进入长江之外，还有以下几个方向的道路。

---

① 〔清〕顾祖禹：《读史方舆纪要》卷26《南直八》庐州府，中华书局，2005年，第1270页。

1. **东路**。由合肥东去，沿着江淮丘陵的南麓而行，过大、小岘山（春秋楚国曾在小岘山上设置著名要塞"昭关"），就到了长江北岸又一处重要渡口——历阳的横江渡。此地原为汉朝扬州刺史治所，对岸便是建业以西的关津门户——牛渚（采石矶）。魏军如果兵临历阳，就会直接威胁东吴的国都。黄初三年（222），曹魏复合肥之守，即由此派遣兵马至横江，与吴军接战，孙权惊恐，上书询问曹丕[①]。后来西晋灭吴时，扬州都督王浑所率南征大军，也是由合肥走这条陆路到横江，打败了吴师主力中军，迫使吴国投降。

2. **西南路**。由合肥南下，沿着巢湖西岸及皖西山地的边缘向西南而行，即可到达皖城（今安徽省潜山市），这是魏、吴长期交战争夺的另一个重要地点。皖城所在的安庆地区亦为江北要冲，被兵家誉为"中流天堑"。曹魏如果占据皖城，既可以向西南威胁孙吴在长江中游的重镇武昌、夏口，又可以向东逼迫牛渚、建业，取得有利的形势。在三国的战争史上，曹魏方面曾数次派遣大将（如曹休、司马懿、满宠等）领军经过合肥，对此地发动攻击。

3. **西路**。自合肥西去，经庐江郡之六安，陆路可达豫州南部诸郡。建安十三年（208）冬，曹操从荆州遣张喜救合肥，即由此途东来，并顺路带上汝南郡兵增援。豫州南境的汝南、弋阳、安丰等郡，在大别山之北麓，吴军若从其南边发动进攻，则背临大江，穿越峰岭，多有不利因素。但若能占领合肥，由该地出发西行，一路皆为坦途，并无名山大川之阻，交通条件优越得多。

---

①《三国志》卷47《吴书·吴主传》黄武元年（222）九月魏文帝报孙权书条注引《魏略》载孙权与曹丕书："近得守将周泰、全琮等白事，过月六日，有马步七百，径到横江，又督将马和复将四百人进到居巢，琮等闻有兵马渡江，视之，为兵马所击，临时交锋，大相杀伤。……又闻张征东、朱横海今复还合肥，先王盟要，由来未久，且权自度未获罪衅，不审今者何以发起，牵军远次？"

就以上情况来看，合肥乃四方道路交会之所，是兵法所言的"衢地"，具有很高的军事价值。因此魏、吴双方均竭尽全力争夺这一战略要枢。

（四）合肥对魏、吴两国在淮南的屯垦事业影响重大

曹魏与孙吴在淮南西部连年征战对峙，投入重兵，消耗的大量粮草军资，都需要从后方辗转千里运来，耗费的人力财力甚多。如果在前线附近就地屯垦，生产军粮，则能大大减轻内地的繁重负担。从地形水文情况来看，魏、吴双方在淮南西部的领土大致上是被皖西山地、巢湖和江淮丘陵的东段所隔开。曹魏控制的寿春地区，地势平坦，土壤肥沃，又有肥水、黎浆水、泚水等河流经过，自然条件有利于农业垦殖。自春秋楚相孙叔敖在此修建芍陂以来，稻作农业大为发展。正始年间，魏国采纳了邓艾的建议，以寿春为中心，在淮南、淮北大兴屯田水利，积聚军粮，取得了显著成效。吴国占领的庐江皖城地区，则是在皖西山地以南的长江沿岸平原，土壤肥美，灌溉便利，宜于耕种。孙吴也多次于此驻军屯垦，颇有收获。魏、吴两国在淮南发动的战役，有些就是以破坏对方的前线屯垦事业为目的。如青龙三年（235）孙权派兵数千家佃于江北，八月秋收时，魏征东将军满宠"遣长吏督三军循江东下，摧破诸屯，焚烧谷物而还"[1]。正始二年（241）全琮伐魏，"决芍陂，烧安城邸阁，收其人民"[2]。由于地形的阻隔，巢湖以南的吴师进攻寿春，或是江淮丘陵以北的魏军攻击皖城，最为便利的进军路线都要经过合肥；在两国都不能独占淮南的情况下，控制合肥的一方显然可以在军事上获得很大的收益。从史实来看，吴国因为不能占领合肥，在庐江皖城一带的屯垦得不到安

---

① 《三国志》卷 26《魏书·满宠传》。
② 《三国志》卷 47《吴书·吴主传》赤乌四年（241）夏四月。

全保障。魏军掌握着出击的主动权，多次从合肥南下，顺利摧破孙吴的江北诸屯，焚烧积谷，使其无法利用当地的经济资源。此外，魏国由于长期占据着合肥，屡次将吴师阻于城下，使对方难以逾越江淮丘陵；这样，魏在寿春地区的农垦经济只受到过少数短暂的破坏，并未伤及元气。三国后期，魏、吴双方的军事实力对比发生了较大的变化，曹魏在淮南的军事优势渐渐变得不可动摇，其重要原因之一就是在两淮地区屯垦事业的巨大成功。而这项成功的地理保障，便是占据合肥这块前哨阵地，既能够进击破坏吴国的江北屯垦，又可以阻止敌军穿越江淮丘陵，保护本国在淮南的经济建设。

综合以上几项因素，合肥对于魏、吴双方的战争行动有着举足轻重的意义，所以受到两国统帅的重视，多次调兵遣将，争夺激烈。这是由合肥在地理位置、自然地形、交通和军事上的特殊价值所决定的。

三、曹魏防守合肥的兵力部署与战略的演变

曹魏在与孙吴交战的数十年内，对于合肥的驻兵与援军部署做过几次较大的调整，反映出魏国防御淮南的战略方针有所变化。笔者在下文探讨的问题，主要是从动态方面考察魏军在合肥及扬州的兵力配置，包括不同时期曹魏派驻合肥的守军数量、遇到优势敌人入侵时调遣何处的军队前来增援、合肥军事地位和作用的前后差别等。根据魏军在淮南地域分布情况的变动，能够看出其御吴战略发生过以下几次调整。

（一）合肥防务的草创

此阶段为汉建安五年（200）至十四年（209）。曹魏对合肥地区的控制，始于建安五年。此前淮南曾被军阀袁术占领，他称帝号，都寿春，"荒侈滋甚，后宫数百皆服绮縠，余粱肉，而士卒冻馁，江淮间空尽，人

民相食"①。袁术后为吕布、曹操所败，忧惧病死。淮南各地豪强召集人马，形成割据混战的局面。"庐江太守李述攻杀扬州刺史严象，庐江梅乾、雷绪、陈兰等聚众数万在江、淮间，郡县残破"②。江东孙策、孙权曾先后消灭盘踞庐江的刘勋和李述，但是都未留驻军队占领江北，而是把上游荆州的刘表当作主要敌人，频频与其部将黄祖交战，以致在淮南形成了政治上的短暂真空。当时曹操正在官渡与袁绍激战，无暇南征，但是他认识到这一地区的重要性，迅速任命能臣刘馥为扬州刺史，治合肥，在纷乱的棋局上先投下一子，抢占了战略要点，反映出他的远见卓识。

刘馥到任后积极活动，在当地建立行政机构，招抚流亡，劝课农桑。"数年中恩化大行，百姓乐其政，流民越江山而归者以万数"③。通过种种努力，使曹魏政权在扬州的统治逐渐巩固。刘馥虽然积劳成疾而死，但是继任官员依靠其积聚的经济、军事力量，在建安十三年至十四年（208—209）抵抗住了孙权的初次进攻，堵住吴兵的北进道路，确保了淮南地区的安全。

这一阶段魏军在合肥与扬州的军事部署，具有以下内容及特点。

1. 兴水利，办屯田。《晋书》卷26《食货志》载曹操"既而又以沛国刘馥为扬州刺史，镇合肥，广屯田，修芍陂、茹陂、七门、吴塘诸塌，以溉稻田，公私有蓄，历代为利"。这样不仅恢复发展了经济，而且可以利用屯田的准军事化组织将流亡百姓收编起来，增强地方武装。

2. **守军为州郡地方军队**。刘馥未曾从朝中带兵赴任，而是"单马造合肥空城"④，逐步建立了一支由当地郡县壮丁组成的地方部队，人数不详。建安十三年冬，孙权首次进攻合肥时，曹魏守军不敢迎战，仅和

①《三国志》卷6《魏书·袁术传》。
②《三国志》卷15《魏书·刘馥传》。
③《三国志》卷15《魏书·刘馥传》。
④《三国志》卷15《魏书·刘馥传》。

当地百姓一起困守孤城，反映出这支驻军数量相当有限（后来曹操增强合肥防守兵力，派张辽率七千余人屯驻，此前的守军应明显低于这个数目），战斗力也不强。

3. **以合肥为扬州的防御中心**。扬州刺史的治所原来在近江的历阳，受孙吴军队的威胁较为严重。刘馥就任后，将州治西移合肥，该州的常备武装也驻扎在这里。他还修葺合肥旧城，增高加固，储存了大量守城作战的器械，准备以此为据点，迎接孙吴军队的进攻："又高为城垒，多积木石，编作草苫数千万枚，益贮鱼膏数千斛，为战守备。"[1]刘馥的备战工作意义重大，为后来合肥与淮南的固守奠定了基础。《三国志》卷15《魏书·刘馥传》载："（刘馥）建安十三年卒。孙权率十万众攻围合肥城百余日，时天连雨，城欲崩，于是以苫蓑覆之，夜然脂照城外，视贼所作而为备，贼以破走。扬州士民益追思之，以为虽董安于之守晋阳，不能过也。"

4. **占据皖城、历阳等临江津要**。刘馥对淮南的布防，虽是以合肥为中心，另一方面则尽量把防线的前沿推至长江岸边。合肥以南的庐江郡界，旧有雷绪、陈薄等豪强土寇。刘馥在暂时无力消灭他们的情况下，对其加以招抚，说服他们归顺朝廷。《三国志·魏书·刘馥传》载："馥既受命，单马造合肥空城，建立州治，南怀（雷）绪等，皆安集之，贡献相继。"此举不仅缓和了境内的紧张局势，而且打开了曹魏势力南下扩张的门户。刘馥在合肥西南兴办的屯田及水利重点设施有龙舒的七门堰，《太平寰宇记》卷126《淮南道四》曰："七门堰，在（庐州庐江）县南一百一十里，刘馥为扬州刺史修筑，断龙舒水，灌田千五百顷。"还有皖城的吴塘（或作"吴陂"）。《太平寰宇记》卷125《淮南道三》载，吴塘陂在舒州怀宁县西二十里，有吴陂祠，刘馥开吴陂以溉稻田。皖城一带

---

[1]《三国志》卷15《魏书·刘馥传》。

位处长江沿岸平原，土质肥沃，易于耕垦，还是"滨江兵马之地"，西控武昌、夏口，东逼采石、建业。皖城自刘馥在任时被曹魏占据后①，直到建安十九年（214）才由孙权攻克。

建安九年（204），吴将丹阳都督妫览、郡丞戴员叛变，"遣人迎扬州刺史刘馥，令住历阳，以丹阳应之"②。胡三省注："历阳与丹阳隔江，使馥来屯，以为声援。"刘馥由合肥带兵进驻这个重要渡口，亦造成了对江东的威胁。

5. 未事先安排支援兵力。从建安十三年至十四年（208—209）合肥守城战役魏方增援的情况来看，曹操此前对这个战略方向的关注仍有忽略之处，在南征荆州时，没有做好援救合肥的兵力部署，这从以下几个方面可以看出来。

（1）曹操率军南征刘表时，后方留守的部队主要由张辽、于禁、乐进三将统领，分别驻扎在长社、阳翟和颍阴③，其意图明显是保卫许昌、洛阳等中原重镇，距离合肥很远。合肥如出现危难，即使想救也鞭长莫及。

（2）此时合肥为扬州刺史治所。该州地方军队的有限兵力大部集中在这里，被孙权围入城内，其他郡县自顾不暇，所以没有多余兵马来救，邻近州郡亦未能及时派出军队支援解围。

（3）当时曹操在赤壁战败，滞留荆州，尚未还师。因为刚刚遭受了惨重损失，兵员不多，故仅派张喜领骑兵千人往救合肥，并补充了沿途

---

① 谢钟英：《〈补三国疆域志〉补注》卷五按："建安四年孙策拔庐江，策亡，庐江太守李术（述）不肯事（孙）权。五年，攻术于皖城，枭术首，徙其部曲三万余人。皖城入魏，当在此时。"

②《资治通鉴》卷 64 汉献帝建安九年。

③《三国志》卷 23《魏书·赵俨传》："入为司空掾属主簿。时于禁屯颍阴，乐进屯阳翟，张辽屯长社，诸将任气，多共不协；使俨并参三军，每事训喻，遂相亲睦。太祖征荆州，以俨领章陵太守，徒都督护军，护于禁、张辽、张郃、朱灵、李典、路招、冯楷七军。"又见《资治通鉴》卷 65 建安十三年六月。

豫州汝南郡的少数军队，但兵力仍很单薄，难以击退孙权的数万人众。后来还是依靠蒋济的计策，虚张声势，才惊走敌人。

以上史实表明，以前孙吴的主要用兵方向始终在荆州，曹操没有预料到敌人会突然大举进攻合肥，对此准备不足，以致应付得相当被动，用兵捉襟见肘，只是勉强守住了该地。为了改变不利局面，曹操及时改变战略，迅速调整了合肥及淮南地区的兵力配置。

（二）合肥防务的强化

此阶段为汉建安十四年（209）至魏太和六年（232）。赤壁之战以后，孙权改变战略部署，荆州方向仅以偏师配合刘备军队作战，而自己亲率主力攻打合肥，力图夺取淮南，以窥许、洛。面对东方的危急形势，曹操迅速做出了相应的对策：荆州地区改为防御，率主力北还，留下曹仁领少数军队驻守；后又命令曹仁撤出江陵，退守襄阳，以此缩短运输线，以便集中兵力，加强防御。

此外，针对孙吴的主要进攻方向——扬州地区，即合肥—濡须一线，曹操投入重兵，予以反击。建安十四年，曹操见扬州形势严峻，便亲率大军南下。《三国志》卷1《魏书·武帝纪》记载这次行动曰："（建安）十四年春三月，军至谯，作轻舟，治水军。秋七月，自涡入淮，出肥水，军合肥。……十二月，军还谯。"曹操此次南征未与吴军交战，到达扬州后，为了巩固当地的军事防御，采取了以下措施。

1.**恢复地方行政组织**。"置扬州郡县长吏，开芍陂屯田"[①]。据前引《魏书·刘馥传》所载，刘馥在建安五年（200）出任扬州刺史后，曾建立地方行政组织，并兴屯田、修芍陂。看来在孙权对合肥等地的初次进攻中，淮南地区曹魏原有的郡县官府和典农（屯田）机构受到了严重的破坏或

---

① 《三国志》卷1《魏书·武帝纪》建安十四年七月。

削弱，所以这次予以重建。

2. 消灭豪强割据势力。 合肥西南的庐江郡界，有陈兰、梅成、陈策等土豪草寇，各拥人马数万，依阻山险，发动叛乱，对曹魏在淮南的统治构成威胁。曹操领兵到达后，随即派遣于禁、臧霸、张辽、张郃诸将分兵征讨，经过多次激战将其剿灭，除掉了合肥的肘腋之患。①

3. 留驻精兵强将。 扬州原有的守军乃地方州郡兵，训练较差，作战能力不强，在与孙吴军队的对抗中处于下风，屡屡陷入被动。曹操还师时，将张辽、李典、乐进三员大将及所属中军一部留驻合肥，显著增强了当地守备力量。建安二十年（215），孙权乘曹操西征汉中，大举进犯合肥。张辽以少敌众，指挥得当，两度领兵主动出击，使孙吴军队惨败而回。

曹操此次南征后，对合肥及扬州地区的兵力部署和防御战略做了重要调整，基本格局大致延续到魏明帝太和六年（232），其主要内容与特点如下。

1. 增加合肥驻军人数。 张辽等将统领的军队为七千余人②，虽然在与吴军主力的对抗中获胜，但是兵力对比悬殊（敌军约为十万人）③。事后，曹操再次南征扬州时，了解到来犯吴军具有数量上的绝对优势，为了确保安全，又增加了张辽所部的兵员。《三国志》卷17《魏书·张辽传》："建安二十一年，太祖复征孙权，到合肥，循行辽战处，叹息者良久。乃增辽兵。"具体数目不详，估计新添约数千人，总数可能超过万人。

---

① 魏军平定庐江等地叛乱的情况可参见《三国志》卷17《魏书·张辽传》、《资治通鉴》卷66建安十四年（209）十二月、《三国志》卷14《魏书·刘晔传》。

②《三国志》卷17《魏书·张辽传》："（建安十四年）太祖既征孙权还，使辽与乐进、李典等将七千余人屯合肥。"

③《三国志》卷17《魏书·张辽传》："太祖征张鲁，教与护军薛悌，署函边曰'贼至乃发。'俄而（孙）权率十万众围合肥……"

　　需要指出的是，这一阶段魏军在合肥的兵力配置发生过两次短暂的变化：第一次在建安二十二年（217），曹操三越巢湖之后，留夏侯惇领二十六军屯居巢，驻扎在巢湖以南①，将防御孙吴的前哨阵地大大南移，对敌人形成进攻的威胁态势。此时，合肥原有的大部守军在张辽率领下进驻居巢，留下的兵力自然减少了许多②。

　　第二次在建安二十四年（219），孙权决定与曹魏联合，上书请降，调遣主力谋袭荆州。曹操下令"除合肥之守"，这样做的目的，一方面是表示相互信任，自己不打算利用淮南驻军攻击吴国的江北；另一方面也相信孙权没有进攻合肥的企图，从而使其放心西征，在背后偷袭关羽，以削弱蜀汉的严重威胁。如孙权与曹丕书所言："先王以权推诚已验，军当引还，故除合肥之守，著南北之信，令权长驱不复后顾。"③此外，曹操此时正与关羽在樊城激战，形势紧张，亦急需兵力增援。撤除合肥、居巢等地的守军后，立即将夏侯惇、张辽所部西调，缓解荆襄前线的军事压力④。

　　樊城解围后，曹操拉拢孙权，挑动吴、蜀交战而从中渔利的策略未变，因此仍未在合肥驻军。夏侯惇所部返回寿春，又北撤到召陵。张辽

①《三国志》卷1《魏书·武帝纪》："（建安）二十二年春正月，王军居巢，二月，进军屯江西郝溪。权在濡须口筑城拒守，遂逼攻之，权退走。三月，王引军还，留夏侯惇、曹仁、张辽等屯居巢。"

②《三国志》卷9《魏书·夏侯惇传》："（建安）二十一年，从征孙权还，使惇都督二十六军，留居巢。"《三国志》卷17《魏书·张辽传》："建安二十一年，太祖复征孙权，到合肥，循行辽战处，叹息者良久。乃增辽兵，多留诸军，徙屯居巢。"

③《三国志》卷47《吴书·吴主传》黄武元年（222）九月"魏文帝报孙权书"条注引《魏略》。

④《三国志》卷9《魏书·夏侯惇传》："（建安）二十一年，从征孙权还，使惇都督二十六军，留居巢。……二十四年，太祖军于摩陂，召惇常与同载，特见亲重，出入卧内，诸将莫得比也。拜前将军，督诸军还寿春，徙屯召陵。"

属军亦徙屯陈郡，直到曹丕即位后，魏、吴交恶，他才领兵重返合肥[1]。黄初二年（221）后，曹魏数次伐吴，合肥恢复屯戍，又成为进攻的出发基地。但随即扬州军政中心北迁寿春，合肥的驻兵再度减少（详见下文"4.改变扬州的兵力配置"）。

2. 确立邻州救援制度。这一阶段，曹魏各州的最高军事长官是都督，《晋书·职官志》载："魏文帝黄初三年，始置都督诸州军事，或领刺史。"而都督扬州军事者多为征东将军，清人洪饴孙所著《三国职官表》载："魏征东将军一人，二千石，第二品。武帝置，黄初中位次三公，领兵屯寿春。统青、兖、徐、扬四州刺史，资深者为大将军。"如果遇到吴军大众来攻，扬州的兵力不足以抵挡，则由都督迅速上表，奏明情况，请朝廷调动邻近各州的兵马来援（主要是兖、豫等州），通常由该州刺史率领前往。可见《三国志》卷17《魏书·张辽传》：

> 关羽围曹仁于樊，会权称藩，召辽及诸军悉还救仁。辽未至，徐晃已破关羽，仁围解。辽与太祖会摩陂。辽军至，太祖乘辇出劳之，还屯陈郡。文帝即王位，转前将军。……孙权复叛，遣辽还屯合肥，进辽爵都乡侯。给辽母舆车，及兵马送辽家诣屯。

《三国志》卷15《魏书·温恢传》：

> 建安二十四年，孙权攻合肥，是时诸州皆屯戍。恢谓兖州刺史裴潜曰："此间虽有贼，不足忧，而畏征南方有变。今水生而子孝县（悬）军，无有远备。关羽骁锐，乘利而进，必将为患。"于是有樊城之事。诏书召潜及豫州刺史吕贡等……

《三国志》卷26《魏书·满宠传》：

---

[1]《三国志》卷9《魏书·夏侯惇传》、卷17《张辽传》。

> （太和）四年，拜宠征东将军。其冬，孙权扬声欲至合肥，宠表召兖、豫诸军，皆集。贼寻退还，被诏罢兵。宠以为今贼大举而还，非本意也，此必欲伪退以罢吾兵，而倒还乘虚，掩不备也，表不罢兵。后十余日，权果更来，到合肥城，不克而还。

这一阶段曹魏受到吴、蜀东西夹攻，不得不分兵抵御。东吴军队对合肥的攻击经常是在曹魏的主要机动兵力中军开往西线征蜀时发动的，由于距离遥远，魏军主力往往来不及撤回救急，所以援助的任务多由扬州的寿春驻军和邻近的兖、豫等州军队承担。另外，合肥方向的作战区域相当狭窄，吴军基本只是沿着濡须水—巢湖—施水等河流一线前进，到了合肥这个瓶颈地带，兵力难以展开，魏军的防守相对比较容易。因此本州军队加上兖、豫等州的援兵通常就能胜任。

3. 迁徙民众，使江淮之间形成无人地带。在对吴作战中，曹操意识到沿江防御有很多不利因素。首先，大军若在江淮、江汉持久作战，根据地远在北方，向前线运输粮草给养有很大的困难。其次，吴军在江东建业等地集结后，乘船进犯淮南比较容易，又可以在江北沿岸的魏国境内掠夺人力、粮饷作为补给。而曹魏的主力中军平时驻在河北的邺城，必须做应付东（扬州）、中（荆州）、西（汉中）三个方向的作战准备，往往需要千里赴援，疲于奔命；重兵不能长期屯驻于江淮之间，实际上没有足够的兵力来保卫江北沿岸的广阔边境。在这种局面下，曹操决定将徐、扬两州南部的居民内迁，放弃长江以北至皖西山地—江淮丘陵—淮水下游河段的大片领土，形成一个纵深数百里的无人地带，其间仅保留少数军事据点。消息传出后，引起江淮民众的恐慌，大量百姓南逃至吴国境内。见《三国志》卷14《魏书·蒋济传》：

> 明年（建安十四年）使于谯，太祖问济曰："昔孤与袁本初对官渡，徙燕、白马民，民不得走，贼亦不敢钞。今欲徙淮南民，何

如？"济对曰："是时兵弱贼强，不徙必失之。自破袁绍，北拔柳城，南向江、汉，荆州交臂，威震天下，民无他志。然百姓怀土，实不乐徙，惧必不安。"太祖不从，而江、淮间十余万众，皆惊走吴。后济使诣邺，太祖迎见大笑曰："本但欲使避贼，乃更驱尽之。"

《三国志》卷47《吴书·吴主传》建安十八年（213）"正月"条曰：

> 初，曹公恐江滨郡县为权所略，征令内移。民转相惊，自庐江、九江、蕲春、广陵户十余万皆东渡江，江西遂虚，合肥以南惟有皖城。

而皖城在建安十九年（214）也被孙权攻克，魏庐江太守朱光就擒，曹魏失去了扬州沿江的最后一座城池。

曹魏方面尽管损失了不少人众，但是这一巨大的隔离地带却按照其战略意图形成了。《宋书》卷35《州郡志一》记述秦汉魏晋淮南郡县政区演变时称："三国时，江淮为战争之地，其间不居者各数百里，此诸县并在江北淮南，虚其地，无复民户。"曹操通过放弃部分土地、收缩兵力的做法，缓和了徐、扬两州驻军分散的矛盾，使防务得到加强，并且大大缩短了前线与后方的距离，明显改善了兵员、粮饷的运输状况。

这种形势的出现也给孙吴的北伐带来了很大的困难，由于野无所掠，不能取敌之资供己之需，增加了进攻合肥及淮南的难度。从史实来看，孙吴在扬州地区的军事行动往往不能持久，这和供给困难有密切联系。到三国后期，甚至出现了这样的局面：曹魏弃守合肥，吴国亦没有能力对其实行长期的占领，无法把它变成己方的前哨阵地。例如，毌丘俭及诸葛诞前后据寿春反魏，撤除了合肥驻军，吴国都未能乘机控制该地，并占领魏国在江淮丘陵以南的领土。在上述两次叛乱期间，吴师虽然出动策应，但后见战况不利，便退回境内，并未坚持与魏军做争夺合肥及淮南的持久努力。

4.改变扬州的兵力配置。曹魏扬州驻军的主力原来常在合肥。建安十四年（209）后，曹操在淮南实行移民措施，合肥以南成为无人地带，而魏国扬州的人口、经济重心则转移到江淮丘陵以北。这样一来，合肥若要继续充当该地区的军政中心，就面临以下困难。

（1）距离敌境较近。淮南徙民之后，合肥直接受到敌人的威胁，在它南面没有一座强固的边境要塞作为屏障缓冲吴军的进攻。作为一州的行政首府，合肥的地理位置距离敌境较近，缺乏必要的安全保障。

（2）失去附近郡县的人力、财赋支援。合肥左近的居民多被迁徙，人口稀少，农业荒废，无法像过去那样提供赋役。扬州驻军主力若要长期屯集合肥，准备抵御吴军入侵，其消耗的大量给养必皆由后方调来，在运输上需要投入许多人员和物力。

针对这一矛盾，曹魏在文帝黄初年间又调整了扬州的军事、政治部署，将州治和最高军事长官征东将军的驻所北移到寿春。前引洪饴孙《三国职官表》"征东将军"条，提到征东将军领兵屯寿春是在黄初年间，据笔者分析，应是黄初四年（223）三月之后①。上述调整的结果是，合肥由军政中心变为前线要塞，守军减少，主力随征东将军驻所转移到寿春，其表现有二。

----

① 关于魏征东将军驻所移至寿春的时间，洪饴孙的《三国职官表》称在黄初年间，笔者认为应在黄初四年三月之后。理由如下：首先，这次迁移应是曹休就任征东将军以后，前引《三国职官表》魏"征东将军"条下曰："曹休：黄初三年由镇南将军迁，使持节，领扬州刺史，行都督督军。是年进号征东大将军，都督扬州如故。"据《三国志》卷 17《魏书·张辽传》所载，在曹休任职以前，张辽率领的扬州守军于黄初元年（220）由陈郡进驻合肥，次年还屯雍丘。《资治通鉴》卷 69 载黄初三年（222）孙权复叛，"九月，命征东大将军曹休、前将军张辽、镇东将军臧霸出洞口，大将军曹仁出濡须"。两路魏军皆到达江边，与吴师接战后，于次年二月退兵。其中曹仁所统步骑数万仍屯合肥，见《三国志》卷 9《魏书·曹仁传》："文帝遣使即拜仁大将军。又诏仁移屯临颍，迁大司马，复督诸军据乌江，还屯合肥。"黄初四年三月曹仁病死。笔者据此分析扬州守军主力北移寿春的时间，应在这次征吴作战与曹仁去世之后。

第一，扬州魏军主力南下进攻吴国时，是从寿春出发的。《资治通鉴》卷71载太和二年（228）曹休率兵十万攻吴庐江，"初，休表求深入以应周鲂，帝命贾逵引兵东与休合"。胡三省注："按《逵传》，逵自豫州进兵，取西阳以向东关，休自寿春向皖。"此外，魏文帝黄初五年（224）伐吴之役，也是由许昌"循蔡、颍，浮淮，幸寿春"①，会合扬州军队后再到广陵，南下临江的。

第二，遇到强敌入侵合肥，由寿春驻军或集中于寿春的各路援兵前往支援。这在史籍中多有记载。如满宠于太和二年至景初二年（238）都督扬州诸军事，此间曾数次领兵援救合肥。《三国志》卷26《魏书·满宠传》："（太和）四年，拜宠征东将军。其冬，孙权扬声欲至合肥，宠表召兖、豫诸军，皆集。贼寻退还，被诏罢兵……（青龙二年）权自将号十万，至合肥新城。宠驰往赴……贼于是引退。"

又田豫为殄夷将军、督青州诸军，孙权攻合肥时，他曾领所部至寿春救援，在满宠麾下，并提出作战建议②。

通过上述改动，使扬州的兵力配置趋于合理。原来的军政中心合肥距离敌境较近、不够安全，而且与地区经济重心（寿春）相互脱离，这些矛盾都由此得到了解决。

5. 北兵南驻。刘馥出任扬州刺史时，并未带领军队前来，扬州驻军基本上是由当地壮丁组成的。自从曹操南征合肥，留张辽、李典所部镇守后，扬州军队的主力变为来自北方的"士家"，其家属住在中原，作为人质受到监管。将士如有叛逃、作战不力等情况，亲属会受到株连。如《三国志》卷24《魏书·高柔传》即载："鼓吹宋金等在合肥亡逃。旧法，

---

① 《三国志》卷2《魏书·文帝纪》。
② 《三国志》卷26《魏书·田豫传》载："后孙权号十万众攻新城，征东将军满宠欲率诸军救之。……豫辄上状，天子从之。会贼遁走。"

军征士亡，考竟其妻子。太祖患犹不息，更重其刑。金有母妻及二弟皆给官，主者奏尽杀之。"

在这种残酷制度的胁迫下，前方将士多有必死不降之心，作战相当英勇[①]。即使发生叛乱，那些受裹胁卷入者通常也会顾忌家属的命运，因而投顺朝廷。如毌丘俭反魏时，"淮南将士，家皆在北，众心沮散，降者相属"[②]，致使叛乱很快失败。

以上几项措施的实行，显著地加强了合肥与扬州地区的防御能力。孙吴在这一阶段对合肥发动了几次进攻，曹魏方面都能应付裕如，有惊无险，这在很大程度上有赖于其战略部署调整得当。

（三）两淮增兵，合肥防务渐弱

此阶段为魏青龙元年（233）至晋咸宁四年（278）。229 年，孙吴自武昌迁都建业，其部队的主力中军也随之转移，由此带来了北伐战略的一些改变，合肥所在的淮南西部又成了吴国进攻的重点。230—258 年，魏、吴在合肥—寿春地区发生过数次大战，用兵规模、持续时间和激烈程度均超过以往。根据战争形势的改变，曹魏对合肥与扬州的军事部署陆续做了调整，其基本格局一直延续到西晋与吴国灭亡。这一阶段，魏国合肥与扬州的兵力配置发生了以下变化。

---

①《三国志》卷 4《魏书·三少帝纪》："（嘉平）六年春二月己丑，镇东将军毌丘俭上言：昔诸葛恪围合肥新城，城中遣士刘整出围传消息，为贼所得，考问所传，语整曰：'诸葛公欲活汝，汝可具服。'整骂曰：'死狗，此何言也！我当必死为魏国鬼，不苟求活，逐汝去也。欲杀我者，便速杀之。'终无他辞。又遣士郑像出围传消息，或以语恪，恪遣马骑寻围迹索，得像还。四五人鞢头面缚，将绕城表，敕语像，使大呼，言'大军已还洛，不如早降'。像不从其言，更大呼城中曰：'大军近在围外，壮士努力！'贼以刀筑其口，使不得言，像遂大呼，令城中闻知。整、像为兵，能守义执节，子弟宜有差异。诏曰：……今追赐整、像爵关中侯，各除士名，使子袭爵，如部曲将死事科。"
②《三国志》卷 28《魏书·毌丘俭传》。

1. **弃合肥旧城，迁移新址**。吴军对合肥的攻击，总是尽量发挥其水军的优势，步兵乘船渡过巢湖，逆施水而临合肥城下。如果战况不利，可及时登舟撤走，来往甚便。据《三国志》卷26《魏书·满宠传》记载，扬州主将满宠注意到这一情况后，上疏请求放弃合肥旧城，将防务西移，在离施水三十里处依山险修筑新城。这样可以削弱敌人水军的优势，迫使他们在登陆后远离船队作战，以便截断其归路。起初，他的建议遭到部分大臣的反对，未获批准："护军将军蒋济议，以为：'既示天下以弱，且望贼烟火而坏城，此为未攻而自拔。一至于此，劫略无限，必以淮北为守。'帝未许。"满宠再次上表奏明利害，得到了朝廷的赞同："宠重表曰：'孙子言，兵者，诡道也。故能而示之以弱；不能，骄之以利，示之以慑。此为形实不必相应也。又曰：善动敌者形之。今贼未至而移城却内，此所谓形而诱之也。引贼远水，择利而动，举得于外，则福生于内矣。'尚书赵咨以宠策为长，诏遂报听。"

经现代考古发掘确定，三国合肥新城位于今合肥市西北郊大约15千米处，"遗址东距合肥至淮南市际公路约9公里，南临肥水故道，西距鸡鸣山约2公里，北为起伏连绵的岗地，新城遗址坐落在岗地顶部"[1]。关于合肥移城的时间，史籍记载有所不同[2]。据《三国志》卷26《魏书·满宠传》所录，满宠上疏和移城皆在青龙元年（233）。移城之后，果然形成了魏国防御有利的形势，给吴军的进攻带来不便："其年，（孙）权自出，欲围新城，以其远水，积二十日不敢下船。"

2. **中军加入支援部队**。这一阶段，吴国频频进攻合肥，"时权岁有来

① 安徽省文物考古研究所：《合肥市三国新城遗址的勘探和发掘》，《考古》2008 年第12 期。
②《资治通鉴》卷72 载上疏与诏书报听事在太和六年（232）。而《三国志》卷47《吴书·吴主传》则曰："（黄龙）二年春正月，魏作合肥新城。"称其事在230 年。

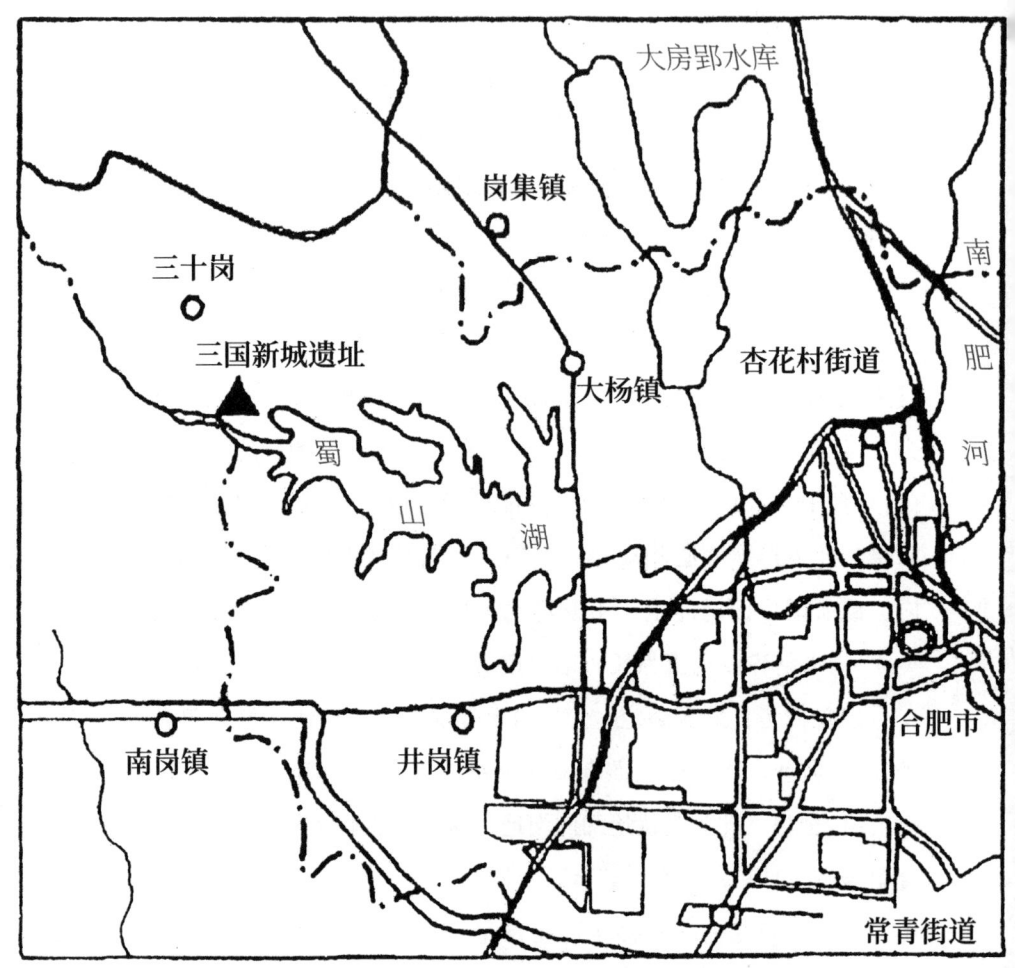

三国合肥新城遗址位置示意图

（出自：李德文《合肥市三国新城遗址的勘探和发掘》）

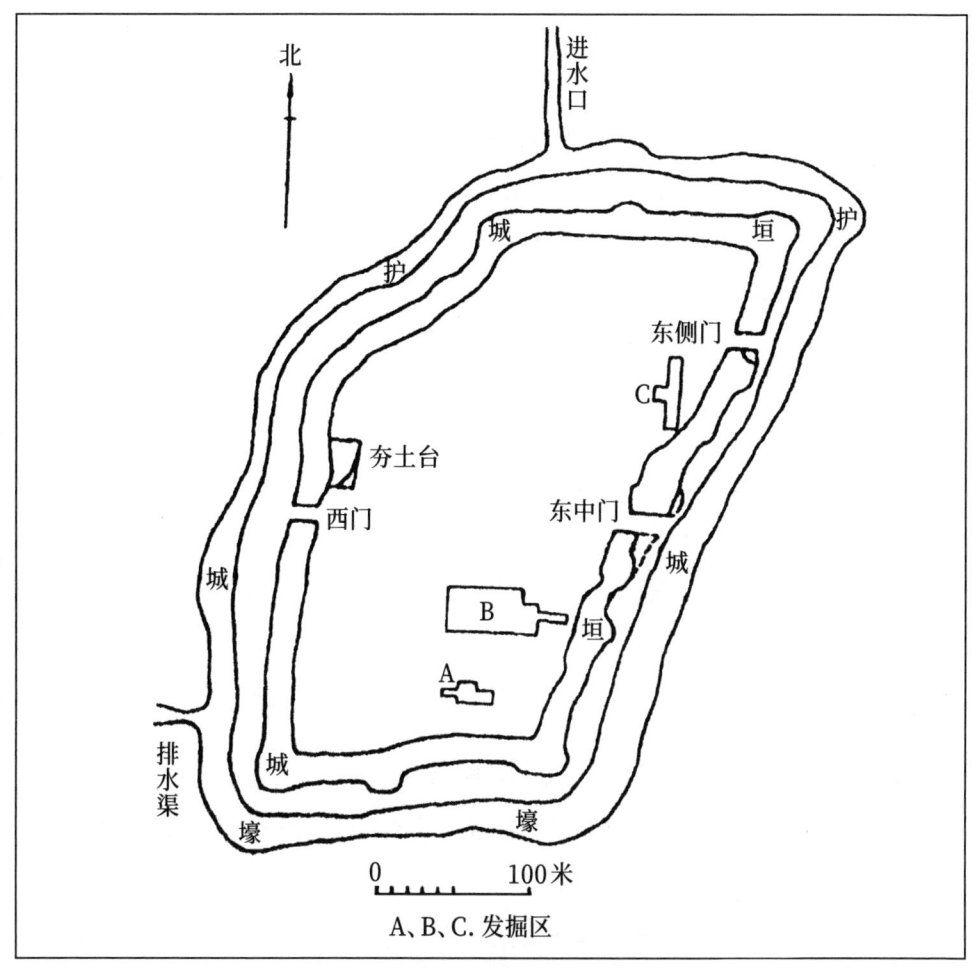

三国合肥新城遗址平面图

（出自：李德文《合肥市三国新城遗址的勘探和发掘》）

计"①，投入的兵力众多，少则数万，多则十万甚至二十万，又是吴军的主力。而曹魏诸州边兵战斗力较弱，远不如精锐的中军②；另外，扬州士兵时有返回北方休假者，种种原因致使魏军的应战相当吃力。为了扭转这种被动的局面，确保淮南的安全，魏国开始动用驻扎在洛阳附近的中军直接支援扬州的守兵。

魏中军对扬州的首次救援行动发生在青龙二年（234），事见《三国志》卷21《魏书·刘劭传》：

> 青龙中，吴围合肥，时东方吏士皆分休，征东将军满宠表请中军兵，并召休将士，须集击之。劭议以为："贼众新至，心专气锐。宠以少人自战其地，若便进击，不必能制。宠求待兵，未有所失也。以为可先遣步兵五千，精骑三千，军前发，扬声进道，震曜形势。骑到合肥，疏其行队，多其旌鼓，曜兵城下，引出贼后，拟其归路，要其粮道。贼闻大军来，骑断其后，必震怖遁走，不战自破贼矣。"帝从之。

《资治通鉴》卷72亦载其事，不过，魏国根据刘劭建议派出的只是数千人的一支先遣部队，中军主力是随后由明帝曹叡御驾亲统出征的。孙权闻讯退走，未敢迎战。见《三国志》卷3《魏书·明帝纪》青龙二年："五月，太白昼见。孙权入居巢湖口，向合肥新城，又遣将陆议、孙韶各将万余人入淮、沔。六月，征东将军满宠进军拒之。……秋七月壬寅，帝亲御龙舟东征，权攻新城，将军张颖等拒守力战，帝军未至数百里，权遁走，议、韶等亦退。"

此次战役之后，淮南如果有急，曹魏便动用中军前往平叛或援救，

---

① 《三国志》卷26《魏书·满宠传》。
② 《晋书》卷37《安平献王孚传》："（司马）孚以为擒敌制胜，宜有备预。每诸葛亮入寇关中，边兵不能制敌，中军奔赴，辄不及事机，宜预选步骑二万，以为二部，为讨贼之备。"

这一战略部署基本上保持到西晋时期。例如：

（1）嘉平三年（251）魏征东将军王凌谋反，"宣王（司马懿）将中军乘水道讨凌，先下赦赦凌罪，又将尚书广东，使为书喻凌，大军掩至百尺逼凌"①。

（2）嘉平五年（253）诸葛恪伐淮南。《三国志》卷28《魏书·毌丘俭传》曰："吴太傅诸葛恪围合肥新城，俭与文钦御之，太尉司马孚督中军东解围，恪退还。"

（3）正元二年（255）毌丘俭反淮南，"帝（司马师）统中军步骑十余万以征之，倍道兼行"②。

（4）甘露二年（257）诸葛诞据寿春反，"大将军司马文王督中外诸军二十六万众，临淮讨之"③。

（5）《资治通鉴》卷79载晋武帝泰始四年（268）吴攻合肥："（九月）吴主出东关；冬十月，使其将施绩入江夏，万彧寇襄阳。……十一月，吴丁奉、诸葛靓出芍陂，攻合肥"，晋武帝"诏义阳王望统中军步骑二万屯龙陂，为二方声援。会荆州刺史胡烈拒绩，破之，望引兵还"。

（6）泰始七年（271）吴侵淮南。《晋书》卷37《义阳成王望传》载："孙皓率众向寿春，诏望统中军二万，骑三千，据淮北。皓退，军罢。"《资治通鉴》卷79晋武帝泰始七年"正月"条载："帝遣义阳王望统中军二万、骑三千屯寿春以备之。闻吴师退，乃罢。"

针对合肥—淮南战事日益激烈的情况，曹魏及时改变部署，投入中军给予有力的支援或镇压，保障了这一战略枢纽地区的安全，使得吴军多次大举北伐与敌对势力的叛乱均未能获得成功。

---

① 《三国志》卷28《魏书·王凌传》。
② 《晋书》卷2《景帝纪》。
③ 《三国志》卷28《魏书·诸葛诞传》。

3. 移兵两淮，大兴屯田水利。 曹魏的根据地在邺城、许昌、洛阳一带，距离淮南甚远。一旦与吴国在淮南交战，魏军主力从内地驰援，不仅耗费时日，还有需要后方转运给养的困难。正始二年（241），邓艾调查两淮的军情后，向朝廷上奏，指出了中原和扬州地区兵力部署上存在的问题："今三隅已定，事在淮南，每大军征举，运兵过半，功费巨亿，以为大役。"①并提出解决办法，即于淮南、淮北实行大规模屯田，尽量在当地解决所需粮草和兵员，改善中原到淮南的水运交通条件，这样就能节省大量人力、物力，使扬州地区的对吴作战态势处于有利地位。这项建议得到权臣司马懿的赞同，随即推行。其内容包括：

（1）自许昌等地迁徙大量士家于两淮。"可省许昌左右诸稻田，并水东下，令淮北屯二万人，淮南三万人。"②

（2）建立军屯组织。"北临淮水，自钟离而南，横石以西，尽泚水四百余里，五里置一营，营六十人，且佃且守。"③

（3）设置邸阁，积储军粮。两淮具有优越的土壤、水利资源，"陈、蔡之间，土下田良"④；其收获供屯田官兵食用之外还多有结余。曹魏因此在淮水南北设仓储粮，以备大军抵达边境与吴国交战时消费。"水丰常收三倍于西，计除众费，岁完五百万斛以为军资。六七年间，可积三千万斛于淮上，此则十万之众五年食也。以此乘吴，无往而不克矣。"⑤

（4）改变分休制度。扬州的驻军多是北方士兵，享有定期返乡的假期，为轮换休整，称为"分休"。分休具体内容不详，但是从《三国志》的记载来看，在邓艾的建议实施之前，扬州守军分休时往往有许多将士

---

① 《三国志》卷28《魏书·邓艾传》。
② 《三国志》卷28《魏书·邓艾传》。
③ 《晋书》卷26《食货志》。
④ 《三国志》卷28《魏书·邓艾传》。
⑤ 《三国志》卷28《魏书·邓艾传》。

返回北方，致使前线空虚。吴国经常利用这种机会对淮南发动进攻，使魏军陷于被动。可见《三国志》卷21《魏书·刘劭传》：

> 青龙中，吴围合肥，时东方吏士皆分休，征东将军满宠表请中军兵，并召休将士，须集击之。

《三国志》卷24《魏书·孙礼传》：

> （正始二年）吴大将全琮帅数万众来侵寇，时州兵休使，在者无几。礼躬勒卫兵御之，战于芍陂，自旦及暮，将士死伤过半。礼犯蹈白刃，马被数创，手秉桴鼓，奋不顾身，贼众乃退。

邓艾建议，屯田官兵改为"十二分休"，即每次允许驻军的十分之二返乡休假："令淮北屯二万人，淮南三万人，十二分休，常有四万人，且田且守。"[①]这样就使大部分将士在边境保持战备，消除了原有制度的弊病。

（5）拓宽南北水道。"兼修广淮阳、百尺二渠，上引河流，下通淮、颍"[②]，使连接黄河、淮水之间的渠道转运便利。

（6）广修水利灌溉设施，促进两淮地区的经济发展。"大治诸陂于颍南、颍北，穿渠三百余里，溉田二万顷，淮南、淮北皆相连接。自寿春到京师，农官兵田，鸡犬之声，阡陌相属。"[③]

曹魏淮河流域军屯区的建成，实质上是将其在黄河中下游的经济重心区域向东南延伸。这一战略举措显著增强了扬州的经济、军事力量，经过这次北方士家向两淮的迁徙，扬州兵力显著增加，诸葛诞作乱时，曾"敛淮南及淮北郡县屯田口十余万官兵，扬州新附胜兵者四五万人"[④]。

---

① 《三国志》卷28《魏书·邓艾传》。
② 《晋书》卷26《食货志》。
③ 《晋书》卷26《食货志》。
④ 《三国志》卷28《魏书·诸葛诞传》。

如此庞大的军队，用来对付吴师的进攻，称得起绰绰有余了。淮阳、百尺二渠的修广，提高了由中原直达江淮的水运输送能力。两淮屯垦事业的发展，也使当地守军的粮草和北方大军南下所需的给养能够在很大程度上就地解决。由于上述各项条件的改善，曹魏在东南战场逐渐扭转了被动局面，这在很大程度上应归功于邓艾的远见卓识。如《晋书》卷26《食货志》所言："每东南有事，大军出征，泛舟而下，达于江淮，资食有储，而无水害，艾所建也。"

4. 合肥多次捐弃或仅留少量军队驻守。自正始二年（241）起，扬州地区的战事出现了一些新的特点，反映出曹魏对合肥—淮南兵力部署的变更。和以往不同的是，吴军数次越过或绕过合肥，在芍陂、安丰，甚至寿春附近的黎浆作战。这表明魏国曾数次放弃合肥的防务，或仅留下少数部队来牵制、消耗敌人，主力并不去那里救援或阻击，而是集结在寿春，等待吴军开到江淮丘陵以北，距离自己较近时再出动迎敌。下面我们看看扬州魏军自正始二年以后的历次御吴作战情况。

（1）芍陂战役。有关历史记载见《三国志》卷4《魏书·三少帝纪》曰："（正始二年）夏五月，吴将朱然等围襄阳之樊城，太傅司马宣王率众拒之。六月辛丑，退。"注引干宝《晋纪》曰："吴将全琮寇芍陂，朱然、孙伦五万人围樊城，诸葛瑾、步骘寇柤中；琮已破走而樊围急。（司马懿救之）……然等闻之，乃夜遁。追至三州口，大杀获。"又见《三国志》卷47《吴书·吴主传》：

> （赤乌四年）夏四月，遣卫将军全琮略淮南，决芍陂，烧安城邸阁，收其人民。威北将军诸葛恪攻六安。琮与魏将王凌战于芍陂，中郎将秦晃等十余人战死。车骑将军朱然围樊，大将军诸葛瑾取柤中。

《资治通鉴》卷75曹魏嘉平四年（252）：

初，吴大帝筑东兴堤以遏巢湖，其后入寇淮南，败，以内船，遂废不复治。（胡三省注："谓正始二年芍陂之败也。遏巢湖所以利舟师，而反为湖内之船所败，故废而不治。"）

《三国志》卷 52《吴书·顾谭传》曰：

先是，谭弟承与张休俱北征寿春，全琮时为大都督，与魏将王凌战于芍陂，军不利，魏兵乘胜陷没五营将秦晃军，休、承奋击之，遂驻魏师。时琮群子绪、端亦并为将，因敌既住，乃进击之，凌军用退。

《三国志》卷 28《魏书·王凌传》曰：

正始初，为征东将军，假节都督扬州诸军事。二年，吴大将全琮数万众寇芍陂，凌率诸军逆讨，与贼争塘，力战连日，贼退走。

《三国志》卷 27《魏书·王基传》曰：

昔孙权再至合肥，一至江夏，其后全琮出庐江，朱然寇襄阳，皆无功而还。

值得注意的是，孙吴的这次北伐没有走巢湖至合肥的旧途，而是改由西边的皖城北进，经舒县（今安徽省庐江县）西北穿越江淮丘陵到达六安，然后再沿淠水与芍陂西岸之间的陆路北上，到达寿春以南的安城[①]，破坏堤坝，烧毁邸阁。皖城自建安十九年（214）被孙权攻陷后，一直为吴军占领。早在吴嘉禾六年（237），即魏青龙五年，孙权曾派遣全琮领兵

[①]《三国志》卷 27《魏书·王基传》载诸葛诞据寿春叛乱时，"（王）基累启求进讨。会吴遣朱异来救诞，军于安城。基又被诏引诸军转据北山"。卢弼注引赵一清曰："《吴志·孙𬘡传》云，朱异率三万人屯安丰城为文钦势。安城在寿州南，安丰城在寿州西南，两城相近，故二传各书之。"参见卢弼：《三国志集解》，中华书局，1982 年，第 622 页。

经此道伐魏，又令诸葛恪进驻皖城地区："冬十月，遣卫将军全琮袭六安，不克。诸葛恪平山越事毕，北屯庐江。"[①]据诸葛恪本传记载，他向孙权建议在皖水流域屯田，并以此为基地抄掠和侦察魏境，准备进攻寿春："恪乞率众佃庐江皖口，因轻兵袭舒，掩得其民而还。复远遣斥候，观相径要，欲图寿春，权以为不可。"[②]看来当时孙权认为袭击寿春时机还不成熟，但是后来同意并实施了诸葛恪的上述作战计划，在正始二年（241）四月发动了较大规模的出征，自皖城经舒县、六安进攻寿春："威北将军诸葛恪攻六安，（全）琮与魏将王凌战于芍陂，中郎将秦晃等十余人战死。"[③]这样就避开了魏军在合肥一带的坚固防守，较为顺利地进抵寿春南郊。不过，由于皖城到舒县、六安沿途都是陆路，没有水道，孙吴使用这条路线进攻淮南，军队补充给养和兵员运输相当困难，因此难以维持较长时间的战斗，此后吴国也没有派遣大军经此道路北伐寿春。

（2）诸葛恪攻新城。嘉平五年（253），吴相诸葛恪召集江东兵马20余万人，号称50万，全力北伐，是孙吴立国以来规模最大的一次出征，并联络蜀汉姜维在西方出兵相助，志在夺取淮南。吴军的战略和以往相同，即用大军围困合肥新城，迫使魏国援兵从寿春来救，再予以迎击。见《三国志》卷64《吴书·诸葛恪传》："恪意欲曜威淮南，驱略民人，而诸将或难之曰：'今引军深入，疆场之民，必相率远遁，恐兵劳而功少，不如止围新城。新城困，救必至，至而图之，乃可大获。'恪从其计，回军还围新城。"

魏之合肥与扬州受到前所未有的严重威胁，司马师等统帅经过商议，认为敌军势大，难以争锋，所采取的对策与上一次相似，内容包括：第

---

①《三国志》卷47《吴书·吴主传》。

②《三国志》卷64《吴书·诸葛恪传》。

③《三国志》卷47《吴书·吴主传》。

一，收缩防守。淮南坚壁清野，诱敌深入，由司马孚所督扬州军队的主力及各路援兵20余万屯于寿春，避免和吴军过早决战①，待敌人兵士疲惫衰弱时再出动给予打击。

第二，以新城委吴。合肥仅留下3000人左右的守军②，用来牵制敌人主力，在他们受到围攻时不做救援，准备牺牲掉这有限的兵力，消耗吴师的攻击力量和粮草给养，挫其锐气。见《三国志》卷4《魏书·三少帝纪》注引《汉晋春秋》："是时姜维亦出围狄道。司马景王问虞松曰：'今东西有事，二方皆急，而诸将意沮，若之何？'松曰：'昔周亚夫坚壁昌邑而吴楚自败，事有似弱而强，或似强而弱，不可不察也。近恪悉其锐众，足以肆暴，而坐守新城，欲以致一战耳。若攻城不拔，请战不得，师老众疲，势将自走，诸将之不径进，乃公之利也。姜维有重兵而县（悬）军应恪，投食我麦，非深根之寇也。且谓我并力于东，西方必虚，是以径进。今若使关中诸军倍道急赴，出其不意，殆将走矣。'景王曰：'善！'乃使郭淮、陈泰悉关中之众，解狄道之围；敕毌丘俭等案兵自守，以新城委吴。姜维闻淮进兵，军食少，乃退屯陇西界。"

魏军的这次部署调整，从实战效果来看，是大获成功的。吴国20余万大军越过巢湖以后，求战不得，野无所掠，而合肥的攻城战斗旷日持久，损耗了大量兵力，士气严重受挫，被迫还师。《三国志》卷64《吴书·诸葛恪传》载："攻守连月，城不拔。士卒疲劳，因暑饮水，泄下流肿，病者大半，死伤涂地。诸营吏日白病者多，恪以为诈，欲斩之，自是莫敢言。恪内惟失计，而耻城不下，忿形于色。将军朱异有所是非，

---

① 《晋书》卷37《安平献王孚传》："时吴将诸葛恪围新城，以孚进督诸军二十万防御之。孚次寿春……故稽留月余乃进军，吴师望风而退。"
② 《三国志》卷4《魏书·三少帝纪》正始五年（244）七月裴松之注："是时张特守新城。《魏略》曰：……及诸葛恪围城，特与将军乐方等三军众合有三千人，吏兵疾病及战死者过半。"

恪怒，立夺其兵。都尉蔡林数陈军计，恪不能用，策马奔魏。魏知战士
罢病，乃进救兵。恪引军而去。士卒伤病，流曳道路，或顿仆坑壑，或
见略获，存亡忿痛，大小呼嗟。"

这次战役，曹魏并未出动主力与吴军交战，损失很小，取得了不战
而屈人之兵的理想结果。本来魏国是准备丢弃合肥要塞，牺牲数千守兵
的，不料因为他们的奋勇作战和吴军指挥的拙劣，使城池与半数守军得
以保全①。

（3）毌丘俭、诸葛诞反寿春。诸葛恪伐魏失败后不久，相继爆发了
毌丘俭与诸葛诞在寿春的叛乱，吴国则乘机出兵北伐淮南。值得注意的
是，在这两次军事行动中，魏国均未在合肥驻兵，南逃的叛将与北援的
吴军于该地畅行无阻。正元二年（255）毌丘俭造反时，"迫胁淮南将守
诸别屯者，及吏民大小，皆入寿春城，为坛于城西，歃血称兵为盟，分
老弱守城，俭、钦自将五六万众渡淮，西至项"②。合肥的魏军亦被调走，
无人守城，所以吴国孙峻的援兵直向寿春，而不用围攻合肥："魏将毌丘
俭、文钦以众叛，与魏人战于乐嘉，（孙）峻帅骠骑将军吕据、左将军留
赞袭寿春，会钦败降，军还。"③ 吴军先锋曾进至寿春以南的黎浆："吴大
将军孙峻等号十万众，将渡江，镇东将军诸葛诞遣（邓）艾据肥阳，艾
以与贼势相远，非要害之地，辄移屯附亭，遣泰山太守诸葛绪等于黎浆

---

① 《三国志》卷4《魏书·三少帝纪》正始五年（244）七月注引《魏略》："及诸葛恪
围城，特与将军乐方等三军众合有三千人，吏兵疾病及战死者过半，而恪起土山急攻，
城将陷，不可护。特乃谓吴人曰：'……此城中本有四千余人，而战死者已过半，城虽
陷，尚有半人不欲降，我当还为相语之，条名别善恶，明日早送名，且持我印绶去以为
信。'乃投其印绶以与之。吴人听其辞而不取印绶。不攻。顷之，特还，乃夜彻诸屋材
栅，补其缺为二重。明日，谓吴人曰：'我但有斗死耳！'吴人大怒，进攻之，不能拔，
遂引去。"

② 《三国志》卷28《魏书·毌丘俭传》。

③ 《三国志》卷64《吴书·孙峻传》。

拒战，遂走之。"①按黎浆在芍陂附近，位于寿春东南数十里。②另外，文钦兵败奔吴时曾经过合肥到达橐皋（今安徽省巢湖市西北柘皋镇），途中并未受到阻拦；其后余众数万又陆续沿此道路逃至吴境，也没有在合肥遭到堵截，证明那里确实无人把守③。

甘露二年（257）诸葛诞反寿春时，亦将所属扬州各地魏军与壮丁调入城内，"敛淮南及淮北郡县屯田口十余万官兵，扬州新附胜兵者四五万人，聚谷足一年食，闭城自守"④。合肥再次成为空城。从史籍所载来看，吴国先后遣文钦、朱异等各率数万人来援，均顺利越过江淮丘陵抵达寿春城下。文钦突围入城，朱异的部队则在寿春附近的都陆、黎浆等地与魏军激战⑤，失利撤兵时亦未遇到阻碍。上述史实反映了上述两次战役中魏国未曾故意放弃合肥，但事实上该地无人把守，吴军可以自由通过。

（4）丁奉对淮南的两次征伐。诸葛诞叛乱失败之后，直到西晋灭吴前夕，吴军还对淮南发动了两次进攻。虽然有关战役的史料记载不甚详

---

①《三国志》卷28《魏书·邓艾传》。

②"（芍）陂有五门，吐纳川流，西北为香门陂水，北径孙叔敖祠下。谓之芍陂渎。又北分为二水：一水东注黎浆水，黎浆水东径黎浆亭南。文钦之叛，吴军北入，诸葛绪拒之于黎浆，即此水也。东注肥水，谓之黎浆水口。"杨守敬按："水在今寿州东南。"〔北魏〕郦道元注，〔民国〕杨守敬、熊会贞疏：《水经注疏》卷32《肥水》。

③《三国志》卷48《吴书·孙亮传》五凤二年："闰月壬辰，（孙）峻及骠骑将军吕据、左将军留赞率兵袭寿春，军及东兴，闻钦等败。壬寅，兵进于橐皋，钦诣峻降，淮南余众数万口来奔。魏诸葛诞入寿春，峻引军还。"

④《三国志》卷28《魏书·诸葛诞传》。

⑤《三国志》卷64《吴书·孙綝传》："魏大将军诸葛诞举寿春叛，保城请降。吴遣文钦、唐咨、全端、全怿等帅三万人救之。……孙綝于是大发卒出屯镬里，复遣（朱）异率将军丁奉、黎斐等五万人攻魏，留辎重于都陆。异屯黎浆，遣将军任度、张震等募勇敢六千人，于屯西六里为浮桥夜渡，筑偃月垒。为魏监军石苞及州泰所破。"《三国志》卷28《魏书·诸葛诞传》："吴人大喜，遣将全怿、全端、唐咨、王祚等，率三万众，密与文钦俱来应诞。以诞为左都护、假节、大司徒、骠骑将军、青州牧、寿春侯。是时镇南将军王基始至，督诸军围寿春，未合。咨、钦等从城东北，因山乘险，得将其众突入城。"

细，但是根据一些迹象可以做出如下判断：魏国（或西晋）扬州地区兵力配置的上述格局未有大的变化，敌人来攻时，魏（晋）军主力仍然屯于寿春待机而动。合肥或放弃不守，或仅留驻少量部队守城。

第一次是景元四年（263）丁奉为了救蜀而北伐，此次军事行动有两点值得注意。首先，孙吴本无伐魏之意，只是迫于蜀汉求援的外交压力，不得已摆出了进攻姿态，实际上虚张声势，聊作敷衍，并未与魏军接仗，拖延到蜀汉亡讯传来，便收兵回境。如《三国志》卷 55《吴书·丁奉传》所称："奉率诸军向寿春，为救蜀之势。蜀亡，军还。"胡三省也在《资治通鉴》卷 78 注中评论此举曰："然亦犹激西江之水以救涸辙之鱼耳。"

其次，丁奉此次领兵北伐，通常情况下，进军路线应该是沿着濡须水道出东关，入巢湖，先抵合肥，再北向寿春。但据《吴书·孙休传》与《吴书·丁奉传》所载，丁奉率领诸军径直开往目的地寿春，并未提到中途必经的要塞合肥。这很有可能表明：曹魏当时仍未在合肥派驻守兵，吴军可以畅行无阻，所以它的直接攻击目标是寿春。

第二次是泰始四年（268）丁奉寇芍陂之役。据《三国志》卷 48《吴书·孙皓传》"宝鼎三年"（268）条所载，当年九月，孙皓督师到东关，丁奉率领前军攻打合肥。随后，丁奉所率吴军又出现在合肥以北的芍陂，与晋将司马骏相持不下后退兵。又见《晋书》卷 38《扶风王骏传》："武帝践阼，进封汝阴王，邑万户，都督豫州诸军事。吴将丁奉寇芍陂，骏督诸军距退之。"据《资治通鉴》卷 79 晋武帝泰始四年记载："十一月，吴丁奉、诸葛靓出芍陂，攻合肥；安东将军汝阴王骏拒却之。"由此看来，当时合肥守兵的数量仍然不多，可能还是像诸葛恪伐淮南时的那种情况，魏军只留下少量部队牵制、消耗敌人。吴国也吸取了以往的教训，并未把全部主力用来围攻这座孤城，即分为两股，一部围困合肥，另一部继续北进，开到芍陂附近，破坏敌方的经济区。

综上所述，在这一阶段，曹魏把经营两淮屯田当作首要任务，通过增派屯田官兵和调遣中军支援等部署，竭力加强寿春周围地区的军事和经济力量。合肥的驻军人数再次被削减，甚至有时不设防御。吴师来犯时，扬州魏军不再倾注全力到合肥阻击，而是诱使敌人穿越巢湖和江淮丘陵，自己在寿春附近以逸待劳，就近迎战。这样可以使魏军处于更为有利的形势。

曹魏在扬州地区防守战略和兵力配置的改变，使合肥的军事枢纽作用明显削弱了。对于魏、吴来说，争夺合肥的意义并不像从前那样重要。从这一阶段两国在淮南交战的情况来看，第一，曹魏方面审时度势，并未一味向合肥派驻重兵，死守此地，而是根据整个战局形势变化的需要，做出切合实际的决定：或不派救兵支援，听任吴军围攻；或直接放弃，诱敌深入到寿春附近，再给予反击。结果收效是相当令人满意的，几乎每次战役都以吴国的失败或无功而返告终。这说明魏国更改战略部署的成功，以及合肥的得失并没有给淮南战局带来重大影响。

第二，曹魏平定毌丘俭、诸葛诞叛乱的情况表明，吴国先后有两次机会占领合肥，但是其统帅孙峻、孙綝却相继做出了放弃的选择。孙峻在橐皋受降文钦后便退兵回境，没有进占无人把守的合肥。孙綝指挥朱异等救援诸葛诞时，吴军顺利越过江淮丘陵，直抵寿春城下，但被魏军烧掉辎重后，也被迫撤回本土，未能留下军队守住合肥空城，把它作为自己的前线要塞。实际上，吴国不是不想占领合肥，而是由于三国后期魏、吴之间的实力差距拉大了。吴国若要在合肥长期屯驻重兵与魏国对抗，就得克服粮草运输、兵力补充等巨大困难，但这是吴国的国力无法承受的，因此只得放弃合肥，回师江东。以前，诸葛亮曾分析过孙吴"限江自保"的原因非是志满意得、不思进取，而是"智力不侔"，在人才和综合国力方面都和曹魏存在显著差距，尚不具备进据江北的客观条件："（孙）权之不能越江，犹魏贼之不能渡汉，非力有余而利不取也。"[1]孙权死后的东吴，国

---

[1]《三国志》卷35《蜀书·诸葛亮传》注引《汉晋春秋》。

势每况愈下，更是没有力量与曹魏在合肥一带做长期对抗，所以，唾手可得，甚至已经在握的要塞也不得不放弃。这说明在吴军统帅眼里，合肥在军事上的地位价值明显下降了：不再是必争之地，而是可争可弃之地了。

在营救诸葛诞的行动失败之后，吴国对合肥—寿春方向的进攻基本丧失了信心。此后吴军在淮南地区的北伐，或是在合肥一线虚张声势，骚扰破坏，而不再强攻要塞，也避免和魏军正面交锋〔如前述丁奉在景元四年（263）、泰始四年（268）的入寇〕；或是转移进攻方向，经中渎水至广陵入淮，对魏国的淮北地区发动攻势。如孙吴建衡元年（269）丁奉率众进攻西晋谷阳，"谷阳民知之，引去，奉无所获"①。谷阳原为汉县，属九江郡，在清朝安徽灵璧县境②。钱林书考证云："谷阳县故城，在今安徽省固镇县西北。"③《晋书》卷3《武帝纪》载泰始六年（270）正月，"吴将丁奉入涡口，扬州刺史牵弘击走之。"涡口在今安徽省怀远县北，即涡水入淮之口，六朝时有城戍。顾祖禹曰："涡口城，（怀远）县东北十五里。"④《晋书》卷29《五行志下》言泰始六年："孙皓遣大众入涡口。"可见丁奉的军队数量较多。谷阳与涡口皆在寿春东北的淮河西岸，吴军无法经合肥陆道越过寿春进攻，应是走中渎水道一路入淮，再发起袭击的。司马光认为，丁奉进攻谷阳和涡口或并非在两年内接连北征，可能只是同一次战役行动。参见《资治通鉴》卷79晋武帝泰始六年正月"吴丁奉入涡口"条胡三省注："《考异》曰：《吴志·丁奉传》：'建衡元年，攻晋谷阳。'晋帝纪不载，奉传不言入涡口，疑是一事。"

---

① 《三国志》卷55《吴书·丁奉传》。
② "《郡国志》：豫州沛国谷阳。《一统志》：今安徽凤阳府灵璧县西南。赵一清曰：《方舆纪要》卷二十一，谷阳城在宿州灵璧县西北七十五里，汉县属沛郡。应劭曰：县在谷水之阳，谷水即睢水。晋省。"卢弼：《三国志集解》卷55，中华书局，1982年，第1035页。
③ 钱林书编著：《〈续汉书·郡国志〉汇释》，安徽教育出版社，2007年，第88页。
④ 〔清〕顾祖禹：《读史方舆纪要》卷21《南直三》，中华书局，2005年，第1004页。

第十一章

——

孙吴的抗魏重镇——濡须和东关

濡须本是古代水名，在今安徽省中部，自巢湖东口宛转而下，汇入长江。三国时期，濡须流域是魏、吴频繁用兵的热点地区之一。213—252年，曹魏曾数次出动大军进攻该地，企图由此打开临江的通道。孙吴则在濡须口夹水筑坞，设立军镇，置濡须（都）督统辖当地防务。后又在其北面的东兴，即东关（今安徽省含山县西南）修建巨堤坚城，作为抗击魏军入侵的前哨阵地。每有危难，孙吴常遣全国之师赶赴救援，力保该镇不失。综观魏、吴交战的历史，濡须和东关为保障孙吴的江防安全发挥了突出作用。顾祖禹《读史方舆纪要》卷26《南直八》曾引述前人的评论：

> 宋周氏曰："孙氏既夹濡须而立坞，又堤东兴以遏巢湖，又堰涂塘以塞北道，然总不过于合肥、巢湖之左右，遏魏人之东而已。魏不能过濡须一步，则建业可以奠枕，故孙氏之为守易。"
>
> 唐氏曰："曹公以数十万众，再至居巢，逡巡而不能进；诸葛诞以步骑七万，失利而退，以濡须、东兴之扼其吭也。"

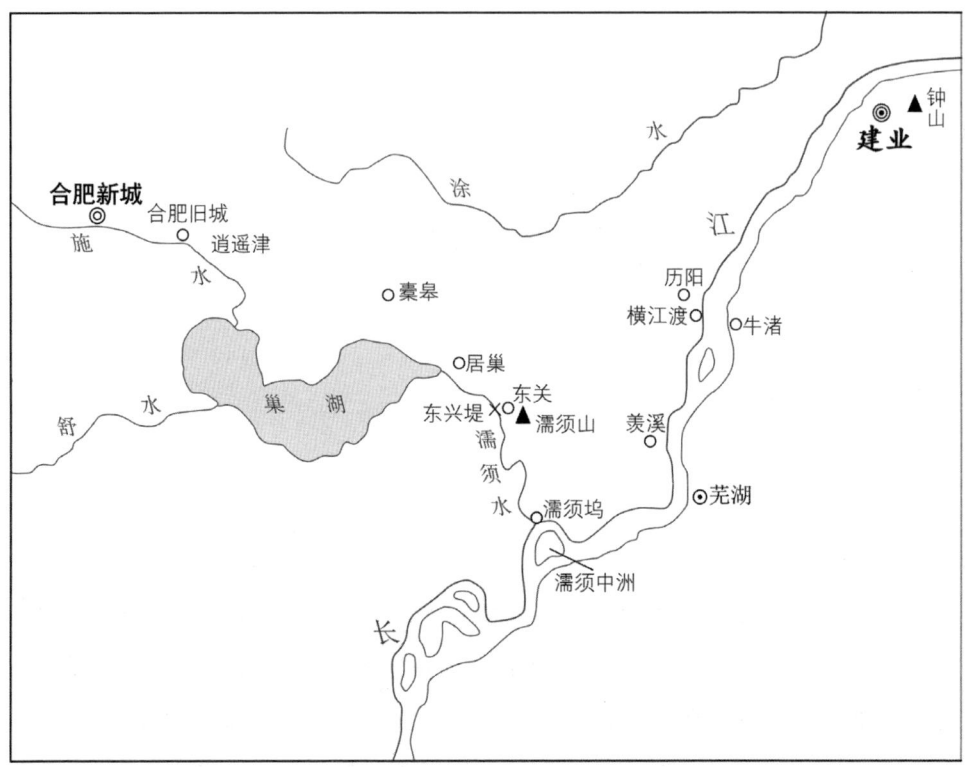

三国合肥、濡须地区形势图

濡须和东关为什么会在当时产生重要的军事影响？孙吴在当地的防御部署情况如何？魏、吴两国在那里历次交兵的过程怎样，其攻防的作战方略有何变化？这些都是本章将要分析、研究的问题，下面分别展开论述。

一、吴国所置濡须督将考述

三国时期，各个军事集团为了适应征伐的需要，纷纷建立了领兵的"都督"一职。《宋书》卷 39《百官志上》载："建安中，魏武帝为相，始遣大将军督军。"孙吴政权也设置了不同类型的都督，其中有统管全国军务的都督中外诸军事，如孙峻[①]；有临时带兵作战的征讨都督，如韩当、蒋钦等[②]。此外，还有负责各地驻屯防务的军镇都督，亦称"督""督将""督军"。胡三省曰："吴保江南，凡边要之地皆置督。"[③]王欣夫《补三国兵志》称吴国"遇征伐之事，则置大都督，或称中部督，中军督，前部督。又有左、右二部督。其督水军者则为水军督、水军都督。又有监军使者、督军使者，皆将兵者也。……而又边镇设监督"，自注："胡三省曰：吴之边镇有督有监，督者督诸军之职，监者监诸军事之职。"[④]濡须乃东吴边陲冲要，其得失会影响长江防线的稳固甚至都城、社稷的安危，故受到统治集团的特殊重视，多遣能征善战的忠勇之士出任督将。据《三国志·吴书》所载，自建安十七年（212）孙权筑濡须坞后，曾有

---

① 《三国志》卷 64《吴书·孙峻传》。

② 《三国志》卷 55《吴书·蒋钦传》："（建安十三年）贺齐讨黟贼，钦督万兵，与齐并力，黟贼平定。"《三国志》卷 55《吴书·韩当传》："黄武二年，封石城侯，迁昭武将军，领冠军太守。后又加都督之号，将敢死及解烦兵万人，讨丹阳贼，破之。"

③ 《资治通鉴》卷 71 太和三年（229）九月胡三省注。

④ 王欣夫：《补三国兵志》，《中国历史文献研究集刊》（第二集），岳麓书社，1982 年，第 137~141 页。

朱然、蒋钦、吕蒙、周泰、朱桓、骆统、张承、钟离牧八人主管过该地的军务，历任情况分述如下：

1. **朱然**。顾祖禹《读史方舆纪要》卷19《南直一》"东关"条记载，濡须的首任主将为吕蒙：

> 建安十七年吕蒙守濡须，闻曹公欲东下，劝权夹水口立坞。诸将皆曰："上岸击贼，洗足入船，何用坞为？"蒙曰："兵有利钝，战无百胜，如有邂逅，敌步骑蹙人，不暇及水，其得入船乎？"权曰："善。"遂作濡须坞。

实际上，这段史料的来源是《三国志》卷54《吴书·吕蒙传》：

> （吕蒙）后从（孙）权拒曹公于濡须，数进奇计，又劝权夹水口立坞，所以备御甚精，曹公不能下而退。（裴松之注引《吴录》曰：权欲作坞，诸将皆曰："上岸击贼，洗足入船，何用坞为？"蒙曰："兵有利钝，战无百胜，如有邂逅，敌步骑蹙人，不暇及水，其得入船乎？"权曰："善。"遂作之。）

从上述原始史料来看，只是记述了建安十七年至十八年（212—213）吕蒙跟随孙权至濡须作战并提出立坞建议，并未写到他担任该地驻军的主将。据《三国志》卷56《吴书·朱然传》所载，守坞的将领是吴国另一位名将朱然："曹公出濡须，然备大坞及三关屯，拜偏将军。"卢弼《三国志集解》引赵一清曰："大坞即濡须坞也。"曹操曾在建安十八年、二十二年（217）两次进攻濡须，据前引《吴书·吕蒙传》记载，魏军第二次进攻濡须时，吴国由吕蒙任都督，据坞抵抗："后曹公又大出濡须，权以蒙为督，据前所立坞，置强弩万张于其上，以拒曹公。"那么，朱然守坞肯定是在首次濡须会战之时，即建安十八年了。这次战役干系重大，所以孙权亲自统兵出征，朱然分管濡须坞与三关屯的防务，但未被授予都督之衔。

2. **蒋钦**。《三国志》卷 55《吴书·蒋钦传》曰："从征合肥，魏将张辽袭权于津北，钦力战有功，迁荡寇将军，领濡须督。"此次合肥战役是在建安二十年（215）八月，蒋钦因为阵前立功而升任濡须督。就现存史料而言，这是孙吴在濡须设置军镇都督的最早记载。

3. **吕蒙**。建安二十二年（217），曹操再次进攻濡须时，孙权任命吕蒙为濡须督，挫败了魏军的攻击，事见前引《吴书·吕蒙传》。

4. **周泰**。魏、吴第二次濡须会战结束后，孙权在还师之前留下勇将周泰督濡须诸军。由于周泰出身寒门，部下将领多有不服，孙权特为其设宴行酒，历数战功，并赐御帻青盖以示恩宠。此事见《三国志》卷 55《吴书·周泰传》及注引《江表传》。

5. **朱桓**。《三国志》卷 56《吴书·朱桓传》载朱桓"后代周泰为濡须督"。《资治通鉴》卷 69 载其事在黄初三年（222）："九月，命征东大将军曹休、前将军张辽、镇东将军臧霸出洞口，大将军曹仁出濡须，上军大将军曹真、征南大将军夏侯尚、左将军张郃、右将军徐晃围南郡。吴建威将军吕范督五军，以舟军拒休等，左将军诸葛瑾、平北将军潘璋、将军杨粲救南郡，裨将军朱桓以濡须督拒曹仁。"次年二月，朱桓在濡须调度自如，击败来犯的优势魏军，受到孙权的嘉奖升迁，本传载："权嘉桓功，封嘉兴侯，迁奋武将军，领彭城相。"

6. **骆统**。骆统原为朱桓部将，在抵御曹仁军队的作战中立功封侯。朱桓调离后，骆统继任濡须督，黄武七年（228）去世。《三国志》卷 57《吴书·骆统传》："以随陆逊破蜀军于宜都，迁偏将军。黄武初，曹仁攻濡须，使别将常雕等袭中洲，统与严圭共拒破之，封新阳亭侯，后为濡须督。数陈便宜，前后书数十上，所言皆善，文多故不悉载。……年三十六，黄武七年卒。"

另据《三国志》卷 56《吴书·朱桓传》记载，朱桓于黄龙元年（229）任前将军，至嘉禾六年（237）前后，曾统率部下兵马驻扎在濡须中洲，很可能是在骆统死后复任濡须督之职。

7. 张承。东吴重臣张昭之子，曾任濡须都督，出任年代不详。见《三国志》卷52《吴书·张承传》："权为骠骑将军，辟西曹掾，出为长沙西部都尉。讨平山寇，得精兵万五千人。后为濡须都督、奋威将军，封都乡侯，领部曲五千人。"据本传所载，他死于赤乌七年（244）。

8. 钟离牧。永安六年（263）任平魏将军，领武陵太守，讨平五溪夷人叛乱。《三国志》卷60《吴书·钟离牧传》载其因功"迁公安督、扬武将军，封都乡侯，徙濡须督。复以前将军假节，领武陵太守。卒官"。

濡须的守将或称"督"，或称"都督"，洪饴孙《三国职官表》与陶元珍《三国吴兵考》皆谓权轻者曰督。而据严耕望先生考证，军镇主将称"都督"者，权位视"督"为重，除掌管本辖区的军务外，还兼统邻近数"督"，即史籍中所言的"大督"。其说见《中国地方行政制度史》乙部上册：

> 按乐乡都督始于朱然。《吴志·朱然传》云：
> "蒙卒，权假然节，镇江陵。……诸葛瑾子融，步骘子协，虽各袭任，权特复使然总为大督。……赤乌十二年卒。"
> 据《步骘传》，协为西陵督；据《诸葛瑾传》，融为公安督；则然为大督，除督江陵外，又兼统西陵、公安两督也。大督即都督之谓。

如按严耕望所言，濡须守将称"督"者，其统辖范围仅限于本地区；称"都督"者，则兼统附近数位督将，职权较重。

二、孙吴在濡须驻军的人数

吴国在濡须地区驻军的人数未有明确记载。从现有史料分析，平时约在万人，后期曾减至数千人。如《三国志》卷56《吴书·朱桓传》载其"与人一面，数十年不忘，部曲万口，妻子尽识之"。部曲是隶属于朱桓个人的将士，他所统率的还有直属国家的军队①，合计应超过万人。

《吴书·朱桓传》记载黄初四年（223）濡须之战时，也提到朱桓曾中魏将曹仁诱敌之计，误认为敌军主力东攻羡溪，分调兵将赴救。"既发，卒得仁进军拒濡须七十里间。桓遣使追还羡溪兵，兵未到而仁奄至。时桓手下及所部兵，在者五千人，诸将业业，各有惧心"。由于濡须大部分守军前往羡溪，坞城兵少，才引起诸将的恐慌。朱桓以五千人留守，也反映出原有驻军的总数会超过万人。

张承任濡须都督时，其私属兵士为五千人。《三国志》卷52《吴书·张承传》："后为濡须都督、奋威将军，封都乡侯，领部曲五千人。"加上国家直属的军队，所领可能也在万人左右。

另，《三国志》卷55《吴书·周泰传》注引《江表传》载孙权至濡须坞，与周泰宴饮，"坐罢，住驾，使泰以兵马导从出，鸣鼓角作鼓吹"。按照汉朝制度，统率兵马至万人的将军才有资格使用此乐。见《资治通鉴》卷68胡三省注："刘昫曰：鼓吹，本军旅之音，马上奏之。自汉以来，北狄之乐，总归鼓吹署。余按汉制，万人将军给鼓吹。"也可以说明濡须守兵为万人左右。

又，驻守濡须的最高将领为督或都督，按吴国兵制，一般的"督将"统辖兵马在万人左右。可参见《三国志》卷55《吴书·蒋钦传》注引《江表传》载蒋钦曰：

（徐）盛忠而勤强，有胆略器用，好万人督也。

---

① 张鹤泉曾通过研究指出："这些国家军队只受军镇都督的指挥，并没有人身隶属关系。《吴书·宗室传》说：'（孙）綝遣朱异潜袭（孙）壹。异至武昌，壹率部曲千余口过将胤妻奔魏。'这说明，在孙吴军镇都督降敌时，他只能号令自己的部曲，并不能控制国家的军队。因此在军镇戍守的国家士兵只同军镇都督有军事上的联系，他们与军镇都督所领部曲是完全不同的。"张鹤泉：《孙吴军镇都督论略》，《史学集刊》1996年第2期。

《三国志》卷55《吴书·蒋钦传》：

> （建安十三年）贺齐讨黟贼，钦督万兵，与齐并力，黟贼平定。

《三国志》卷55《吴书·韩当传》：

> 黄武二年，封石城侯，迁昭武将军，领冠军太守。后又加都督
> 之号，将敢死及解烦兵万人，讨丹杨贼，破之。

《资治通鉴》卷69黄初三年（222）：

> 吴将孙盛督万人据江陵中洲，以为南郡外援。

统率数万人者则又称为"大督"。军镇都督有时也仅领数千人。吴国后期政治腐败，边境各镇守军多不足额，荆州主将陆抗曾上奏请求补兵："又黄门竖宦，开立占募，兵民怨役，逋逃入占。乞特诏简阅，一切料出，以补疆场受敌常处，使臣所部足满八万，省息众务，信其赏罚，虽韩、白复生，无所展巧。"[1]据《三国志》卷60《吴书·钟离牧传》注引《会稽典录》所载，濡须的驻军在永安六年（263）以后，只有督将钟离牧所属的五千人；邻近沿江的诸将，并不归他指挥，也不向濡须派兵支援、补充。如钟离牧对侍中朱育发怨所称："大皇帝时，陆丞相讨鄱阳，以二千人授吾，潘太常讨武陵，吾又有三千人，而朝廷下议，弃吾于彼，使江渚诸督，不复发兵相继。蒙国威灵自济，今日何为常。"

由于濡须的战略地位十分重要，遇到魏军大举进犯时，东吴往往出动驻扎在都城附近的中军主力来援，力保该地不失。例如建安二十二年（217）曹操南征濡须，孙权领兵七万赴前线应敌[2]。嘉平四年（252）胡

遵、诸葛诞进攻东关，太傅诸葛恪"兴军四万，晨夜赴救"[1]。这样就使当地的兵力大大增强了。

三、濡须守军的兵力部署

濡须都督组织防御作战时，其统辖区域的范围如何？所属兵力（步骑、水军）配置在哪些地点？据史书记载来看，濡须地区的吴军分布在以下据点。

1. **濡须坞（城）**。濡须坞是该地区的防御核心，濡须督将的治所[2]，守军主力的驻地，后又称"濡须城"。濡须坞的军事作用，主要是保护登陆作战的步兵撤退上船。吴军将士往往依托水边的船队开展陆战，利则进取，不利则登舟还师，所谓"上岸杀贼，洗足入船"。若是遇到优势敌人的袭击，"步骑蹙人，不暇及水"，则可以利用坞垒防守掩护，使自己的部队安全撤到舟中。所以这种坞是紧靠岸边，背水而立，面向平地的，实际上是半水半陆。濡须坞又被称为"偃月坞""偃月城"[3]，即表明它仅

---

[1]《三国志》卷64《吴书·诸葛恪传》。

[2] 孙吴濡须督将平时与战时的治所均在坞内，可见《三国志》卷54《吴书·吕蒙传》："后曹公又大出濡须，权以蒙为督，据前所立坞，置强弩万张于其上，以拒曹公。"《三国志》卷55《吴书·周泰传》："荆州平定，将兵屯岑。曹公出濡须，泰复赴击，曹公退，留督濡须，拜平虏将军。时朱然、徐盛等皆在所部，并不伏也，权特为案行至濡须坞，因会诸将，大为酣乐。"《三国志》卷56《吴书·朱桓传》："后代周泰为濡须督。黄武元年，魏使大司马曹仁步骑数万向濡须，……桓因偃旗鼓，外示虚弱，以诱致仁。仁果遣其子泰攻濡须城，分遣将军常雕督诸葛虔、王双等，乘油船别袭中洲。中洲者，部曲妻子所在也。仁自将万人留橐皋，复为泰等后拒。桓部兵将攻取油船，或别击雕等，桓等身自拒泰，烧营而退。"

[3]〔唐〕李吉甫：《元和郡县图志》，中华书局，1983年，第1078页。〔清〕顾祖禹：《读史方舆纪要》卷19《南直一》"东关"条、卷26《南直八》无为州"偃月城"条，中华书局，2005年。

在水边筑起一道状如新月的弧形坞墙，作为防御工事。临江一侧，船只可以驶入坞内，靠岸停泊。因为水中无法筑墙，故在浅水之处立栅，留有栅口，以供船只出入。这也是濡须水和濡须口古称"栅水"和"栅口"的来历。濡须坞的上述情况可见《元和郡县图志·阙卷逸文》卷2《淮南道》和州含山县"濡须坞"条："建安十八年，曹公至濡须，与孙权相拒月余。权乘轻舟，从濡须口入偃月坞。"①《读史方舆纪要》卷19《南直一》"东关"条："（濡须坞）亦曰偃月城，以形如偃月也。（建安）十八年，曹操至濡须，与权相拒月余。权乘轻舟入偃月坞，行五六里，回环作鼓吹，操不敢击。"

濡须坞南扼濡须水入江之口，该城的军事意义非常重要，孙吴为守军配备充足、精良的武器，增强其战斗力，在防御中发挥明显的作用。《三国志》卷54《吴书·吕蒙传》载吕蒙"又劝（孙）权夹水口立坞，所以备御甚精，曹公不能下而退"。"后曹公又大出濡须，权以蒙为督，据前所立坞，置强弩万张于其上，以拒曹公。曹公前锋屯未就，蒙攻破之，曹公引退"。

据魏晋以后的历代地理书籍所载，濡须坞有两处地点：

甲、位置在濡须水入江之口，即今安徽省无为县东南，距离旧巢县二百余里。《元和郡县图志·阙卷逸文》卷2《淮南道》载："濡须坞，在（含山）县西南一百十里。濡须水，源出巢县西巢湖，亦谓之马尾沟，东流经亚父山，又东南流注于江。……坞在巢县东南二百八里濡须水口。"②《太平寰宇记》卷126《淮南道四》庐州巢县："偃月坞在县东南二百八十里濡须水口。初，吕蒙守濡须，闻曹操将来，欲夹水筑坞。……遂筑坞如偃月，故以为名。"

---

① 〔唐〕李吉甫：《元和郡县图志》，中华书局，1983年，第1078页。

② 〔唐〕李吉甫：《元和郡县图志》，中华书局，1983年。

乙、在前者之北，位于今安徽省无为县东北的濡须山南麓，距离旧巢县仅数十里。参见《资治通鉴》卷66建安十七年（211）"九月"条胡三省注："（李）贤曰：濡须，水名，在今和州历阳县西南。孙权夹水立坞，状如偃月。杜佑曰：濡须水，在历阳西南百八十里。余据濡须水出巢湖，在今无为军北二十五里，濡须坞在今巢县东南四十里。"又见《读史方舆纪要》卷26《南直八》无为州"濡须山"条：

> 州东北五十里，接和州含山县界，濡须之水经焉。三国吴作坞于此，所谓濡须坞也。

《读史方舆纪要》卷26《南直八》无为州"偃月城"条：

> 州东北五十里，与巢县接界，即濡须坞也。

为什么会出现两处坞址，位置相距百余里呢？笔者认为，这可能反映了孙吴前后修筑两处坞城的情况。根据史料记载来看，濡须坞的地理位置和构造在不同时期发生过变化。如下所述：

（1）建安十七年筑坞在滨江的濡须水口。《元和郡县图志》与《太平寰宇记》中记载的坞址，是在濡须水的南口，汇入长江之处；与《三国志》卷54《吴书·吕蒙传》"夹水口立坞"的记载相合，它表现的是濡须坞在建安十七年初立时的地理位置，即滨江而建，距巢县和濡须山较远。

濡须坞"夹水口而立"，即在濡须水入江之口两侧各建造一座坞垒，数量是两座。见《无为州志》"栅口"条引顾野王《舆地志》："栅江口，古濡须口也，吴筑两坞于北岸。"夹水筑坞的意图是阻击顺流而下的敌人船队，以及防御在河流两岸陆行的魏军。这种筑垒部署还可以参见《三国志》卷64《吴书·诸葛恪传》所载建兴元年（223）吴军在东兴作堤断濡须水，左右"侠（夹）筑两城"的情况。

另外，史籍中又有濡须"大坞"之名，这一名称应该是与其他较小的坞城相对而产生的。由此推断，有可能上述濡须两坞是一大一小。《三国志》卷56《吴书·朱然传》载："曹公出濡须，然备大坞及三关屯，拜偏将军。"据赵一清解释，大坞即濡须坞，三关屯即东关。朱然任濡须主将时，和守军主力屯驻在大坞，位于濡须水道的左岸，兼管三关屯的防务。

（2）建安二十二年（217）又于濡须口筑城。据《三国志》卷1《魏书·武帝纪》所载，濡须城始筑于建安二十二年，是年二月，曹操"进军屯江西郝溪，权在濡须口筑城拒守，遂逼攻之，权退走"。时间在濡须坞初筑五年之后。旧说以为濡须城即濡须坞。如《资治通鉴》卷68"建安二十二年"亦载："春正月，魏王操军居巢，孙权保濡须。二月，操进攻之。"胡三省注："孙权所保者，十七年所筑濡须坞也。"卢弼所著《三国志集解》所注《三国志·魏书·武帝纪》建安二十二年"二月"条，与胡三省之言相同。他们都认为孙权此次筑城及防御作战和建安十七年（212）立坞是在同一地点。

为什么濡须坞建立之后，孙权又要在当地筑城呢？就字义而言，"城"和"坞"两者有别。"坞"的含义最初为驻扎军队的小城，服虔《通俗文》曰："营居曰坞，一曰庳城也。"[1]《字林》曰："坞，小障也，一曰小城。字或作'隖'。"[2]其记载始见于西汉中后期的居延汉简[3]，为边郡驻军的一种防御设施。汉末三国时期长期战乱，各地军阀、豪强出于防暴御敌的需要，普遍筑坞，以求自保。例如，《元和郡县图志》卷5《河南道一》载："白超故城，一名白超垒，一名白超坞，在（新安）县西北十五里。垒当大道，左右有山，道从中出。汉末黄巾贼起，白超筑此垒以自固。"《三国志》卷6《魏书·董卓传》载卓"筑郿坞，高与长安城埒，积

---

①《后汉书》卷9《孝献帝纪》李贤注。

②《后汉书》卷24《马援列传》李贤注。

③《居延汉简释文合校》6·8简文："五凤二年八月辛巳朔乙酉甲渠万岁隧长成敢言之乃七月戊寅夜随（堕）坞陛伤要有廖即日视事敢言之"。

谷为三十年储。云事成，雄据天下；不成，守此足以毕老"。《三国志》卷16《魏书·杜畿附恕传》注引《杜氏新书》载杜恕因病辞官，"去京师，营宜阳一泉坞，因其垒堑之固，小大家焉"。郡县城池属于某个地区的政治、经济、军事、文化中心，住有居民，人口众多。而照前引各家注释所言，"坞"属于小城，用于应急，其规模不大，墙垒不高。从筑城学的观点来看，"坞"是一种与城池、营垒相同的环形军事防御工程，范围小，防御设施比较简单。"所以其规模、牢固性及设施无法与郡县城池相比。一般说，坞壁仅有四隅及坞门的简单楼台设施和较薄的坞墙，近似近代有些地区所筑的土寨子。因而，当时的郡县城池，有些至今尚有遗存，而当时曾遍及各地的坞壁，现在却已无遗迹可寻"①。陈寅恪先生曾说："《说文》所谓小障、庳城，略似欧洲的堡（castle），非城。城讲商业交通，坞讲自给自保。城大坞小。《孟子》言及'三里之城，七里之郭'，而董卓所筑最大的郿坞，周围也不到三里、七里之数。"②由此可见孙权在濡须后筑之"城"，比起原有的"坞"，肯定是添高加固了，借此来增强其防御能力。

（3）黄初四年（223）朱桓据守濡须城在水口以北的濡须山麓。《三国志》卷56《吴书·朱桓传》记载黄初四年濡须战役时，也提到"濡须城"："（曹）仁果遣其子泰攻濡须城，分遣将军常雕督诸葛虔、王双等，乘油船别袭中洲。"就该传中反映的一些情况来看，笔者认为朱桓据守的濡须城和孙权在濡须口所筑之城有些区别，似是两处要塞，因为《吴书·朱桓传》载该城位置时称"桓与诸军，共据高城，南临大江，北背山陵"。这里有两点值得注意。

---

① 《中国军事史》编写组：《中国军事史》第六卷《兵垒》，解放军出版社，1991年，第138～139页。

② 陈寅恪：《魏晋南北朝史讲演录》，黄山书社，1999年，第140页。

第一，此处所说的濡须城，位置有所移动，由依水改为"傍山"，很可能离开了河岸，完全建造在陆地上，四面环墙，不再是原来那种半水半陆的坞垒。因为是在山麓筑城，地势较高，再加上城墙的增高，故被朱桓称为"高城"，这一改动使敌军进攻城池的难度加大了。

第二，濡须城所在之山麓，即濡须山的南麓，这片丘陵山地距离长江北岸还有近百里的路程。而原濡须坞所在的水口附近是滨江平原，无山可傍，很难筑起高城。由此看来，《吴书·朱桓传》所言之濡须城，恐怕不会是建安二十二年（217）孙权在水口旧坞基础上改建的那座坞城，而是向北推移至濡须山麓重新筑造的；这座城池看来应是前引《资治通鉴》胡三省注和《读史方舆纪要》所讲的"濡须坞"，在无为县东北、旧巢县东南数十里处。

从军事地理的角度来分析，孙吴方面此举是相当有利的。吴国起初在濡须口筑坞，把防御兵力重点部署在背水的滨江平原上，地形开阔，以步骑为主的敌军来去较为便利。如果把防区向北推移，在濡须山的南麓筑城固守，不仅扩展了防御阵地的纵深，还可以利用当地的险要地势和狭窄的水陆通道阻击魏军，使敌人的优势兵力不容易展开。另外，在濡须山麓筑城镇守，又使防御重心和北面的东关诸屯缩短了距离，能够向后者提供有力的支援，构成了一个完整紧密的防守体系。经过这次兵力部署的调整，吴国在濡须地区的防御态势得到了改善，增强了抗击魏军入侵的能力。

濡须水口之坞与濡须山南麓之城，相距百余里，因为年代久远，史书所载又不甚明了，两处要塞往往被混为一谈。笔者分析，它们应当是孙吴在不同时期分别建造的。古代地志中关于濡须坞地点的矛盾记载，可以据此做出合理的解释。

2. **中洲（州）**。长江中心的沙洲，位于濡须水口附近。见《三国志》卷47《吴书·吴主传》："（黄武）二年春正月，曹真分军据江陵中州。……三月，曹仁遣将军常雕等，以兵五千，乘油船，晨渡濡须中州。"卢弼《三国志集解》引赵一清曰：“凡曰中州皆江中之洲也，下文濡须中州正同。”

　　因中洲在濡须坞的后方，孙吴最初对它并没有设防。建安十八年（213），曹操初次进攻濡须时，曾派遣一支数千人的船队乘夜渡江，占领中洲，企图截断大坞与江东联系的水道，但随即被吴国水师歼灭。[①]

　　后来，中洲被孙吴用来安置濡须驻军的家属，《三国志》卷56《吴书·朱桓传》载：“黄武元年，魏使大司马曹仁步骑数万向濡须，仁欲以兵袭取州上，伪先扬声，欲东攻羡溪。……桓因偃旗鼓，外示虚弱，以诱致仁。仁果遣其子泰攻濡须城，分遣将军常雕督诸葛虔、王双等，乘油船别袭中洲。中洲者，部曲妻子所在也。”朱桓属下部曲就有万人，若仅按每卒一妻一子计算，家属也有两万人之众。由此可见，中洲的面积是相当可观的。

　　把将士亲属安排到某地居住，主要是出于政治上的考虑，将他们作为人质控制起来，以防止前线官兵投敌，而集中宿营则便于监管。三国时期，各方都采取了类似的措施。在这种情况下，袭取敌方将士的家属，往往会起到瓦解其军心士气的作用。例如，吕蒙偷袭江陵，“尽得（关）羽及将士家属，……故羽吏士无斗心”[②]。曹仁进攻濡须中洲也是出于同样目的。

　　《三国志》卷56《吴书·朱桓传》载嘉禾六年（237），朱桓因与全琮、胡琮等将领发生争执，“刺杀佐军，遂托狂发，诣建业治病。权惜其功能，故不罪。使子异摄领部曲，令医视护。数月复遣还中洲”。由于朱桓患病未愈，故回到军队的家属驻地休养。

　　3. 羡溪。位于濡须坞之东，即今安徽省裕溪口，孙吴在此有驻军。黄初四年（223）曹仁攻濡须时，曾散布魏军主力东攻羡溪的流言，诱使吴师分兵救援。《资治通鉴》卷70黄初四年“二月”条：“曹仁以步骑数万向濡须，先扬声欲东攻羡溪。朱桓分兵赴之。”胡三省注：“羡溪在濡

---

① 《三国志》卷47《吴书·吴主传》建安十八年“正月”条注引《吴历》。
② 《三国志》卷54《吴书·吕蒙传》。

须东，而蜀本注以为沙羡，误矣。杜佑曰：羡溪在濡须东三十里。"

顾祖禹认为羡溪就是中洲。《读史方舆纪要》卷 26《南直八》"无为州"条："羡溪，在州东北，亦谓之中洲。三国吴黄武初朱桓戍濡须，其部曲妻子皆在羡溪。魏曹仁来侵，率万骑向濡须，先扬声欲东攻羡溪是也。"其说有误，按《三国志》卷 56《吴书·朱桓传》所载："黄武元年，魏使大司马曹仁步骑数万向濡须，仁欲以兵袭取州上，伪先扬声，欲东攻羡溪。桓分兵将赴羡溪，既发，卒得仁进军拒濡须七十里间。"羡溪与中洲分明是两处，因此曹仁采取了"声东击西"的策略，意在将濡须人马调至羡溪，以便乘虚占领中洲。

另外，《三国志》卷 14《魏书·蒋济传》写得清楚，曹仁在实施此项计划时，曾派蒋济佯攻羡溪，吸引吴军，而将主力投向中洲："黄初三年，与大司马曹仁征吴，济别袭羡溪，仁欲攻濡须洲中。"可见羡溪与中洲乃两地，并非一处。

4. 东关（兴）。孙吴东关故址在今安徽省巢湖市东南濡须山，位于濡须坞之北，临近巢湖濡须水口。魏国则于十里以外对岸的七宝山上建立西关，与之相拒。参见：

> 东关口，在（巢）县东南四十里，接巢湖，在西北至合肥界，东南有石渠，凿山通水，是名关口，相传夏禹所凿，一号东兴。今其地高峻险狭，实守扼之所，故天下有事，必争之地。[①]

《读史方舆纪要》卷 19《南直一》"东关"条曰：

> 东关在庐州府无为州巢县东南四十里，东北距和州含山县七十里，其地有濡须水，水口即东关也。亦谓之栅江口，有东西两关……东关

之南岸吴筑城，西关之北岸魏置栅。李吉甫曰："濡须水出巢湖，东流出濡须山、七宝山之间，两山对峙，中有石梁，凿石通流，至为险阻，即东关口也。"濡须水出关口东流注于江，相传夏禹所凿。三国吴于北岸筑城，魏亦对岸置栅。

《读史方舆纪要》卷26《南直八》"巢县"条：

> 东关，县东南四十里。即濡须山麓也，与无为州、和州接界。又西关，在县东南三十里七宝山上，三国时为吴、魏相持之要地。

《三国疆域表》注吴庐江郡"东关"条曰：

> 今含山县西南七十里，濡须坞之北。

东关又称"东兴"，为吴国与魏交界之边境要塞。孙权在位时，此地屡有得失，仅作为前哨营寨，称为"三关屯"，并未修筑关城。参见《三国志》卷56《吴书·朱然传》：

> 曹公出濡须，然备大坞及三关屯，拜偏将军。（卢弼《三国志集解》引赵一清曰："大坞即濡须坞也，三关屯即东兴关也，关当三面之险，故吴人置屯于此。"）

《读史方舆纪要》卷26《南直八》巢县"东关"条曰：

> 又有三关屯，即东关也。关当三面之险，故吴人置屯于此。《吴志》：曹公出濡须，朱然备大坞及三关屯。皆东关矣。

曹操四越巢湖，进攻濡须时，吴军两度退保大坞，放弃了坞北的三关屯——东关，该地被魏军占领。《太平寰宇记》卷124《淮南道二》和州"含山县"条："魏武帝祠，在县西南九十里。按《魏志》：建安十八年'曹操侵吴，楼船东泛巢湖，将逼历阳，至濡须口，登东关以望江山。'后人因立祠焉。江水，在县南一百七十里。"建安二十二年（217），曹操攻濡须坞不利，收兵北还时，曾留夏侯惇领二十六军屯居巢。两年之后魏、吴联合，共同对荆州的关羽作战。曹操下令撤除居巢、合肥的守军，西调至荆襄前线，居巢以南的东关看来也不会有魏军留守了。

吴黄龙二年（230），孙权遣众在东兴筑造大堤，遏止濡须水流，借此阻挡魏国船队南下。后来吴军北伐淮南，其舟师要溯濡须水而上，进入巢湖，为此又毁掉堤坝，以利行船。孙权晚年，吴军数次进攻合肥、芍陂不利，还师后仍然据守濡须，东兴堤废而不修[1]，该地重被魏国占领。谢钟英据《三国志》卷47《吴书·吴主传》、卷48《吴书·孙皓传》和卷64《吴书·诸葛恪传》的有关记载，在《〈补三国疆域志〉补注》中总结道："据三传所言，黄龙后，阜陵、东兴皆为魏地。至建兴元年恪败魏师，复为吴有。终魏之世，淮南郡与吴以巢湖为界，吴守东兴，魏守合肥，湖滨之居巢、橐皋皆为隙地。"

吴国重新控制东关，驻军屯守，是在太元二年（252）。孙权死后，太傅诸葛恪执掌朝政，为了向北扩张，在那里筑堤阻水，建立关城。其事可见《三国志》卷64《吴书·诸葛恪传》："恪以建兴元年十月会众于东兴，更作大堤，左右结山侠筑两城，各留千人，使全端、留略守之，引军而还。"《三国志》卷48《吴书·孙亮传》建兴元年（223）记载此事为："冬十月，太傅恪率军遏巢湖，城东兴，使将军全端守西城，都尉留略守东城。"魏国认为吴师此举侵犯了自己的领土，便兴兵予以反击："魏以吴军入其疆土，耻于受侮，命大将胡遵、诸葛诞等率众七万，欲攻围两坞，图坏堤遏。"[2]吴国的关城地势险要，魏军屡攻不克，随即惨败于孙吴的援兵。

---

① 《三国志》卷64《吴书·诸葛恪传》："初，（孙）权黄龙元年迁都建业，二年筑东兴堤遏湖水。后征淮南，败以内船，由是废不复修。"

② 《三国志》卷64《吴书·诸葛恪传》。

魏国此战失利后，该地即被东吴牢牢控制，直至东吴灭亡。

《水经注》卷29《沔水下》曾提到孙吴的"东关三城"，文字如下："湖水又东径右塘穴北，为中塘，塘在四水中。水出格虎山北，山上有虎山（城），有郭僧坎城，水北有赵祖悦城，并故东关城也。昔诸葛恪帅师作东兴堤以遏巢湖，傍山筑城，使将军全端、留略等，各以千人守之。魏遣司马昭督镇东诸葛诞，率众攻东关三城，将毁堤遏，诸军作浮梁，陈于堤上，分兵攻城，恪遣冠军丁奉等，登塘鼓噪奋击，朱异等以水军攻浮梁。魏征东胡遵军士争渡，梁坏，投水而死者数千。塘即东兴堤，城亦关城也。"杨守敬疏曰："此云'三城'，按《朱然传》：'曹公出濡须，然备大坞及三关屯。'大坞即濡须坞，三关即东兴关也。是东兴本有三城，其后元逊更分筑两城耳。'三'字亦非误也。"

按照杨守敬的解释和他所绘的《水经注图》，格虎山即濡须山，"东关三城"有两座在山上，即虎山城、郭僧坎城，一座在山阴水北，即赵祖悦城，是孙吴在三关屯的旧址上建立起来的。诸葛恪修建东兴堤后，又在堤之左右另筑了两座关城。值得注意的是，上述情况亦反映了东关诸城和濡须城不在一处。《三国志》卷56《吴书·朱桓传》中的濡须城是在山的南麓，"南临大江，北背山陵"；而东关三城当中，两座在山上，一座在山北，皆与其位置不合。

5. **新附城**。在今安徽省无为县南，即濡须山西南数十里处，乃吴国权臣诸葛恪所建，屯驻军队由魏国降人组成。见《读史方舆纪要》卷26《南直八》"无为州偃月城"条："新附城，在州南十五里。三国吴诸葛恪筑此以居新附者，因名。"

"新附"指新近归附者，汉代已有此称。见《后汉书》卷22《王梁传》："拜山阳太守，镇抚新附，将兵如故。"三国时亦有把来降之敌众编入军队的事例，可见《三国志》卷28《魏书·毌丘俭传》载毌丘俭反寿春："淮南将士，家皆在北，众心沮散，降者相属，惟淮南新附农民为之用。"《三国志》卷28《魏书·诸葛诞传》载诸葛诞反寿春，"敛淮南及淮北郡县屯田口十余万官兵，扬州新附胜兵者四五万人，聚谷足一年食，闭城自守"。

当时还有将归降之敌单独编成一支部队作战的情况，见《三国志》卷48《吴书·孙休传》："（永安七年）夏四月，魏将新附督王稚浮海入句章，略长吏赀财及男女二百余口。"此事又见《资治通鉴》卷78魏元帝咸熙元年："夏，四月，新附督王稚浮海入吴句章，略其长吏及男女二百余口而还。"胡三省注："新附督，盖以吴人新附者别为一部，置督以领之。句章县属会稽郡。"

魏国兵民亦多有降吴者，可见《三国志》卷24《魏书·高柔传》："鼓吹宋金等在合肥亡逃。旧法，军征士亡，考竟其妻子。太祖患犹不息，更重其刑。"《三国志》卷48《吴书·孙亮传》载五凤二年（255）正月魏将毌丘俭、文钦反淮南，吴丞相孙峻率兵向寿春，"军及东兴，闻钦等败。壬寅，兵进于囊皋，钦诣峻降，淮南余众数万口来奔"。

由此看来，"新附城"这座前线的军事据点，士众多是魏国降人，被孙吴纳入城内，担负屯驻守卫之任。

6. **水军泊地**。濡须守军临江作战，还拥有一支船队，其泊地有以下几处：

（1）濡须坞。由于坞城是夹水而立，船只可以驶入坞内停泊。见《元和郡县图志·阙卷逸文》卷2《淮南道》"濡须坞"条："建安十八年，曹公至濡须，与孙权相拒月余。权乘轻舟，从濡须口入偃月坞。坞在巢县东南二百八里濡须水口。"[①]

（2）上流。濡须坞内水域狭窄，难以容纳大量的船只。据《三国志》卷14《魏书·蒋济传》所载，朱桓守濡须时，其所属水军船队停泊在濡

---

① 〔唐〕李吉甫：《元和郡县图志》，中华书局，1983年，第1078页。

须口外长江上流某处，以便在大坞和中洲受到攻击时顺水驶来支援。蒋济认为吴军这样部署相当有利，魏兵若冒险对中洲发动袭击，会因为敌人洲上驻军与水师的夹攻而导致失败，故反对此项作战计划，但未被曹仁接受，果然失利而还："黄初三年，与大司马曹仁征吴，济别袭羡溪。仁欲攻濡须洲中，济曰：'贼据西岸，列船上流，而兵入洲中，是为自内地狱，危亡之道也。'仁不从，果败。"

（3）濡须水口。孙权领兵抵御魏军时，曾命令董袭率楼船巨舰停在濡须水口，准备阻击敌兵船队顺流入江，不幸遇风倾覆。见《三国志》卷55《吴书·董袭传》："曹公出濡须，袭从权赴之，使袭督五楼船住濡须口。夜卒暴风，五楼船倾覆，左右散走舸，乞使袭出。袭怒曰：'受将军任，在此备贼，何等委去也，敢复言此者斩！'于是莫敢干。其夜船败，袭死。权改服临殡，供给甚厚。"

四、魏、吴在濡须地区的历次攻防作战

三国时期，曹魏大兵曾屡次南征孙吴，濡须流域是其重要的主攻方向。魏军共对濡须—东关一线发动了四次大规模的进攻，所采用的方略前后亦有变化。但由于吴师防守得当，魏国的攻势均被挫败。

（一）曹操初攻濡须

此次战役发生在建安十八年（213）正月至二月。赤壁之战以后，孙权改变了对魏的主要作战方向，在荆州西线仅派周瑜率领的偏师与刘备军队配合攻击江陵，自己则亲统主力，大举进攻合肥等地。针对孙吴的战略调整，曹操也迅速做出反应，在江陵留下曹仁的少数人马转入防守（后又撤至襄樊），而将大军调到东线。建安十四年（209），曹操率兵南下扬州，在谯地制造战船、训练水军，恢复淮南的郡县行政组织，在合

肥留驻张辽所率的精兵强将，并消灭了当地陈兰、梅成、陈策等豪强割据势力，以上种种措施，极大地巩固了扬州的军事防御。[①] 建安十六年（211）七月至十七年（212）正月，曹操为了安定后方，占领关中，驱逐了马超、韩遂势力，随即准备征伐淮南，与强敌孙权作战。其目的一是挫败吴军在江北扩张的企图，确保中原东南的安全；二是占领濡须水口这座交通冲要，对孙吴的都城建业与三吴经济重心造成威胁。

孙权得知曹军即将南征的消息后，也开始积极备战。《三国志》卷47《吴书·吴主传》建安十七年载："闻曹公将来侵，作濡须坞。"据《三国志》卷54《吴书·吕蒙传》裴松之注引《吴历》所言，当时众将习惯于乘船水战和登陆游击，多不赞成在濡须筑坞设防，吕蒙力陈其便，才获得孙权的首肯。

建安十七年十月，曹操出动大军南征[②]，次年正月到达濡须。孙权亦率领吴军主力抵此阻击，双方互有胜负。孙权起初试图与曹兵正面交锋，但战果不佳。见《三国志》卷51《吴书·孙瑜传》："后从权拒曹公于濡须，权欲交战，瑜说权持重，权不从，军果无功。"本传又载孙瑜"年三十九，建安二十年卒"，可见所言是建安十八年（213）濡须战役之事。孙吴方面的失利情况还见于《三国志》卷1《魏书·武帝纪》："（建安）十八年春正月，进军濡须口，攻破（孙）权江西营，获权都督公孙阳，乃引军还。"

吴军曾歼灭偷袭濡须中洲的曹兵近万人，也是不小的胜利。见《三国志》卷47《吴书·吴主传》建安十八年"正月"条注：《吴历》曰：曹公出濡须，作油船，夜渡洲上。权以水军围取，得三千余人，其没溺者亦数千人。"

---

① 《三国志》卷1《魏书·武帝纪》记载这次行动曰："（建安）十四年春三月，军至谯，作轻舟，治水军。秋七月，自涡入淮，出肥水，军合肥。……置扬州郡县长吏，开芍陂屯田。十二月，军还谯。"
② 《三国志》卷1《魏书·武帝纪》建安十七年，"冬十月，公征孙权"。

孙吴转入防御后，两军在濡须相持了月余，由于坞城守备严密，曹兵屡攻不下①。其间孙权驾轻舟冒险窥测曹营。《三国志》卷47《吴书·吴主传》建安十八年（213）"正月"条注引《吴历》曰："权数挑战，公坚守不出。权乃自来，乘轻船，从濡须口入公军。诸将皆以为是挑战者，欲击之。公曰：'此必孙权欲身见吾军部伍也。'敕军中皆精严，弓弩不得妄发。权行五六里，回还作鼓吹。公见舟船器仗军伍整肃，喟然叹曰：'生子当如孙仲谋，刘景升儿子若豚犬耳！'"裴松之注又引《魏略》曰："权乘大船来观军，公使弓弩乱发，箭著其船，船偏重将覆，权因回船，复以一面受箭，箭均船平，乃还。"

最后，曹操见吴军守备甚严，无隙可乘，只得撤军北还。可参见《三国志》卷47《吴书·吴主传》：

> （建安）十八年正月，曹公攻濡须，权与相拒月余。曹公望权军，叹其齐肃，乃退。（裴松之注引《吴历》曰：权为笺与曹公，说："春水方生，公宜速去。"别纸曰："足下不死，孤不得安。"曹公语诸将曰："孙权不欺孤。"乃彻军还。）

这次战役双方出动的兵力，《三国志》及裴注中未有明确记载。据《资治通鉴》所言，曹兵号四十万，吴军为七万。见该书卷66建安十八年："春，正月，曹操进军濡须口，号步骑四十万，攻破孙权江西营，获其都督公孙阳。权率众七万御之，相守月余。"司马光此处记载可能有误，因为该段文字明显来自《三国志》卷55《吴书·甘宁传》注引《江表传》："曹公出濡须，号步骑四十万，临江饮马。权率众七万应之，使宁领三千人为前部督。权密敕宁，使夜入魏军。宁乃选手下健儿百余人，径诣曹公

---

① 《三国志》卷54《吴书·吕蒙传》："后从权拒曹公于濡须，数进奇计，又劝权夹水口立坞，所以备御甚精，曹公不能下而退。"

营下，使拔鹿角，逾垒入营，斩得数十级。"而据《吴书·甘宁传》所载，夜劫魏营之事发生于建安十九年（214）甘宁参加攻皖战斗以后，应该是在建安二十年（215）曹操再攻濡须之时，《资治通鉴》则错把《江表传》对这次战役双方的兵力记载当作是建安十八年（213）的情况了。

（二）曹操再攻濡须

　　此次会战的时间是建安二十二年（217）。建安十九年五月，孙权统兵攻克皖城，拔除了曹魏在扬州长江北岸的最后一个据点。[①] 次年，他又趁曹操西征汉中，亲领十万大军进攻合肥，虽然被魏将张辽所却，但是扬州地区的军事形势依然紧张，孙吴在兵力方面占有很大的优势，随时可以卷土重来。据《三国志》卷1《魏书·武帝纪》所载，曹操于建安二十一年（216）二月返回邺城，五月进爵魏王后，便再次筹备南征；当年十月发兵，次年正月抵达居巢，二月向濡须发动攻击，没有取得明显的战果。[②] 据《江表传》所称，曹兵号四十万，估计实际兵力可能有十余万人；孙吴迎战的军队有七万人，处于劣势。其交战经过如下：

　　曹操的军队渡过巢湖以后，驻扎在濡须水北口的居巢，然后向吴军发动攻击。孙权仍然以濡须坞为防御的核心，任命吴国当时最为出众的将军吕蒙为督，在坞内配置了强弩万张。曹兵前锋到坞前立营未就时，被吕蒙率众击溃。参见《资治通鉴》卷68建安二十二年：

　　　　春，正月，魏王操军居巢，孙权保濡须。二月，操进攻之。（胡

---

① 《三国志》卷47《吴书·吴主传》："（建安）十九年五月，权征皖城。闰月，克之，获庐江太守朱光及参军董和，男女数万口。是岁刘备定蜀。"

② 《三国志》卷1《魏书·武帝纪》："（建安）二十一年春二月，公还邺。……夏五月，天子进公爵为魏王。……冬十月，治兵，遂征孙权，十一月，至谯。二十二年春正月，王军居巢。"

三省注："孙权所保者，十七年所筑濡须坞也。"）

《三国志》卷54《吴书·吕蒙传》曰：

> 后曹公又大出濡须，权以蒙为督，据前所立坞，置强弩万张于其上，以拒曹公。曹公前锋屯未就，蒙攻破之，曹公引退。拜蒙左护军、虎威将军。

曹操大军抵达濡须后，孙权命勇将甘宁率部下百人夜袭魏营，大挫敌军锐气。曹兵主力屯驻在长江西岸的郝溪，随即向濡须发动进攻。孙权见敌人势大，便领兵后撤，见《三国志》卷1《魏书·武帝纪》："（建安）二十二年春正月，王军居巢，二月，进军屯江西郝溪。权在濡须口筑城拒守，遂逼攻之，权退走。"卢弼《三国志集解》引谢钟英曰："郝溪在居巢东、濡须之西。"不过，据《吴书·吕蒙传》《吴书·徐盛传》的记载来看，曹兵虽然到达江边，但未能攻克濡须坞城。

在两军对峙交战的过程中，曾经遇到风暴，孙吴停泊在濡须水口的楼船舰队颠覆，水军将领董袭溺亡。曹操还派兵袭击历阳的横江渡（在濡须东北），孙权遣徐盛等人乘船赴救，也遭遇飓风，将战船吹至敌岸。徐盛率兵登陆作战，杀退敌军，待风停后驶回。

魏、吴相持一段时间后，孙权见形势不利，"令都尉徐详诣曹公请降，公报使修好，誓重结婚"[1]。曹操也认为无法取胜，便接受了孙权的伪降，率兵撤退，留下夏侯惇统曹仁、张辽等二十六军屯于居巢[2]，继续威胁濡须。

---

[1]《三国志》卷47《吴书·吴主传》。
[2]《三国志》卷1《魏书·武帝纪》："（建安二十二年）三月，王引军还，留夏侯惇、曹仁、张辽等屯居巢。"《三国志》卷9《魏书·夏侯惇传》："（建安）二十一年，从征孙权还，使惇都督二十六军，留居巢。"

（三）曹仁进攻濡须

222 年夷陵之战以后，魏、吴关系恶化，曹丕决心攻吴，他在进攻战略上做了一些调整。曹操的几次南征，如赤壁之战、四越巢湖，都是集中兵力为一路；这样部署的缺陷，是使自己的众多军队局限在一个进攻点上，难以展开，因此兵员数量上的优势不能完全得到体现，无法充分发挥兵多将广的长处。而吴军每次迎敌，却可以相应地将主力集结于一处，给予阻击。对孙吴来说，曹魏的这种作战部署易于应付，由于是集中防御，吴国兵员短缺的弱点得以掩盖，暴露得不太明显。为了分散敌人的兵力，曹丕采取了多路进攻的战略，孙权亦遣将分头抵御。《资治通鉴》卷 69 黄初三年（222）记载了双方的部署："九月，（魏）命征东大将军曹休、前将军张辽、镇东将军臧霸出洞口，大将军曹仁出濡须，上军大将军曹真、征南大将军夏侯尚、左将军张郃、右将军徐晃围南郡。吴建威将军吕范督五军，以舟军拒休等，左将军诸葛瑾、平北将军潘璋、将军杨粲救南郡，裨将军朱桓以濡须督拒曹仁。"

进攻濡须的魏军由曹仁指挥，属下有数万人，次年（223）二月，到达濡须前线。据《三国志》卷 56《吴书·朱桓传》和卷 14《魏书·蒋济传》的记载，曹仁制定了兵分三路、声东击西的作战计划，其内容如下：

1. 派遣蒋济率少数人马伪装成主力，大张旗鼓地去攻打羡溪（今安徽省裕溪口），企图把濡须的吴军吸引出来救援，达到削弱其防御力量的目的。

2. 待吴国援兵出动后，命其子曹泰带领主力进攻濡须坞城，即使攻城不下，也能牵制住留守的吴军。

3. 派常雕、诸葛虔、王双领兵五千，乘油船袭击濡须中洲，欲俘虏吴国守军的家属，作为人质来胁迫敌兵投降。

4. 曹仁自己统兵万人屯驻橐皋（今安徽省巢湖市西北柘皋镇），作为曹泰攻城部队的后援。

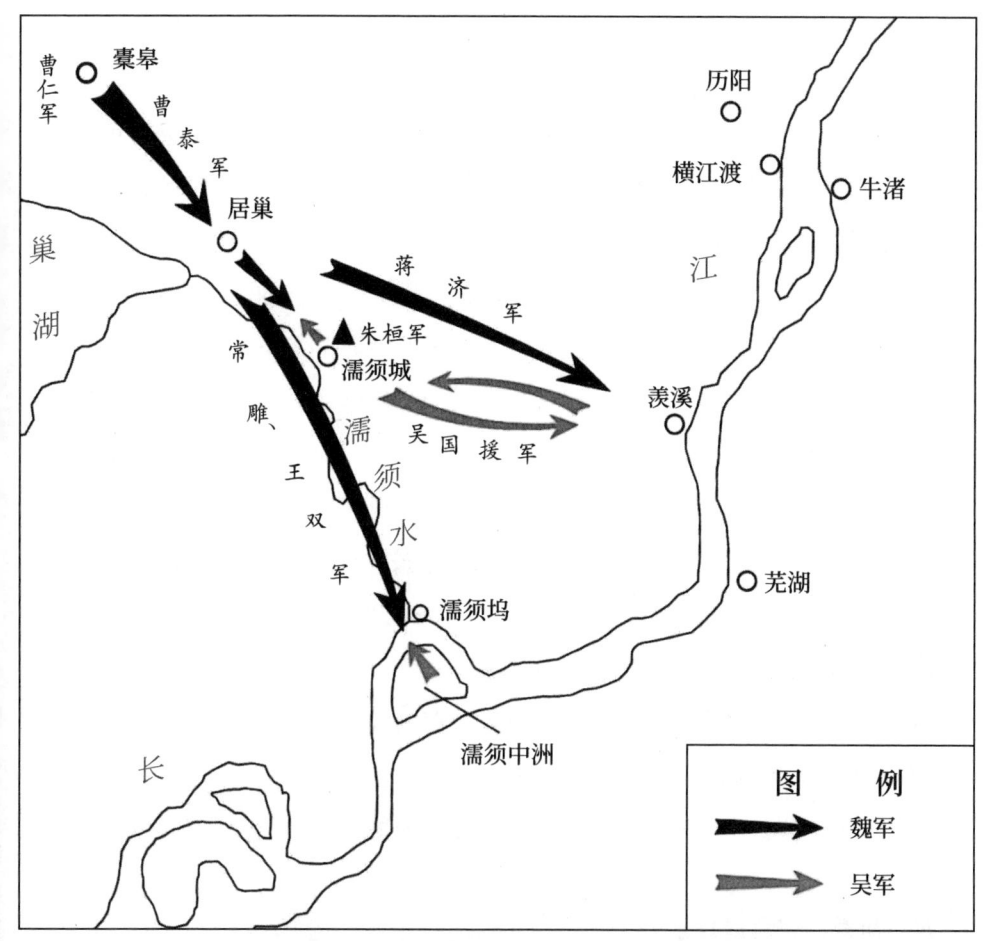

曹魏黄初四年（223）曹仁进攻濡须示意图

《三国志》卷56《吴书·朱桓传》记载吴国濡须守将朱桓起初被魏军主力进攻羡溪的流言欺骗，"分兵将赴羡溪，既发，卒得仁进军拒濡须七十里间。桓遣使追还羡溪兵，兵未到而仁奄至。时桓手下及所部兵，在者五千人，诸将业业，各有惧心"。朱桓临危不惧，对部将侃侃而言，详析了敌兵之弊与吴军的有利条件，使得众心安定："桓喻之曰：'凡两军交对，胜负在将，不在众寡。诸君闻曹仁用兵行师，孰与桓邪？兵法所以称客倍而主人半者，谓俱在平原，无城池之守，又谓士众勇怯齐等故耳。今人既非智勇，加其士卒甚怯，又千里步涉，人马罢困，桓与诸军，共据高城，南临大江，北背山陵，以逸待劳，为主制客，此百战百胜之势也。虽曹丕自来，尚不足忧，况仁等邪！'"

随后，朱桓又做出应敌的部署，"因偃旗鼓，外示虚弱，以诱致仁"。待敌军到来后，"桓部兵将攻取油船，或别击雕等，桓等身自拒泰，烧营而退，遂枭雕，生虏双，送武昌，临陈斩溺，死者千余"。

这次战役的结果是吴国获胜，偷袭中洲的魏军被歼，常雕等将或死或俘；攻击大坞的曹泰所部也受挫而退。因为耻于言败，《三国志》卷9《魏书·曹仁传》中对此战只字未提。而吴军的损失很小，只有千余人[①]。

（四）胡遵、诸葛诞攻东关

252年四月，孙权病逝，执政的吴国太傅诸葛恪意欲北伐淮南，于是年十月派兵至濡须以北的东兴修筑大堤和两座关城，各留千人，遣将全

[①] 曹丕在223年三月丙午日诏书中称曹仁在濡须前线消灭了上万吴军，见《三国志》卷2《魏书·文帝纪》黄初四年三月"丙申"条注引《魏书》载丙午诏曰："今征东诸军与权党吕范等水战，则斩首四万，获船万艘。大司马据守濡须，其所禽获亦以万数。"其实是一种虚报战功的宣传，曹魏方面历来有此传统。《三国志》卷11《魏书·国渊传》中曾解释其原因曰："夫征讨外寇，多其斩获之数者，欲以大武功，且示民听也。"又曰："破贼文书，旧以一为十。"由此判断，魏军在这次濡须之战中可能只消灭了千余吴兵。

端、留略驻守，将防线向北推移，接近巢湖。参见《三国志》卷64《吴书·诸葛恪传》：

> 恪以建兴元年十月会众于东兴，更作大堤，左右结山侠筑两城，各留千人，使全端、留略守之，引军而还。

《三国志》卷48《吴书·孙亮传》建兴元年：

> 冬十月，太傅恪率军遏巢湖，城东兴，使将军全端守西城，都尉留略守东城。

吴国此举引起了曹魏的强烈反应，镇东将军诸葛诞上书司马师，主张对吴军的入侵予以反击，采取兵分三路的策略，先攻击江陵、武昌，使其守军无法东调；然后再派精锐部队围攻东关诸城，待敌人援兵到来时将其歼灭。这项建议得到了司马师的赞同。参见《三国志》卷4《魏书·三少帝纪》注引《汉晋春秋》："诸葛诞言于司马景王曰：'致人而不致于人者，此之谓也。今因其内侵，使文舒逼江陵，仲恭向武昌，以羁吴之上流，然后简精卒攻两城，比救至，可大获也。'景王从之。"

当时，曹魏征南大将军王昶、征东将军胡遵、镇南将军毌丘俭等都上报了伐吴的作战计划，内容各不相同："昶等或欲泛舟径渡，横行江表，收民略地，因粮于寇；或欲四道并进，临之以武，诱间携贰，待其崩坏；或欲进军大佃，逼其项领，积谷观衅，相时而动。"[1]朝廷因此下诏征求尚书傅嘏的意见，傅嘏在回奏中详细地分析了孙吴的军事形势和魏国多年对吴交战的教训后，认为立即向吴国进攻的主张是不可取的："自治兵已来，出入三载，非掩袭之军也。贼丧元帅，利存退守，若撰饰舟楫，罗船津要，坚城清野，以防卒攻，横行之计，殆难必施。贼之为寇，

---

[1]《三国志》卷21《魏书·傅嘏传》注引司马彪《战略》。

几六十年，君臣伪立，吉凶同患，若恪蠲其弊，天去其疾，崩溃之应，不可卒待。今边壤之守，与贼相远，贼设罗落，又持重密，间谍不行，耳目无闻。夫军无耳目，校察未详，而举大众以临巨险，此为希幸徼功，先战而后求胜，非全军之长策也。"①傅嘏认为，只有"进军大佃"，即在边境地区驻军屯田，才是较为完善的策略，但是司马师未予听从②，仍然坚持伐吴的主张。

魏主曹芳在嘉平四年（252）十一月，"诏王昶等三道击吴。十二月，王昶攻南郡，毌丘俭向武昌，胡遵、诸葛诞率众七万攻东兴"③。胡遵所部到达东兴后，随即"敕其诸军作浮桥度，陈于堤上，分兵攻两城。城在高峻，不可卒拔"④。吴国迅速派兵来援，"甲寅，（诸葛）恪以大兵赴敌。戊午，兵及东兴"⑤。援军的人数为四万，由将军留赞、吕据、唐咨、丁奉为前部，自建业而来，昼夜兼行。⑥吴军前锋到达东兴后，利用敌人的轻敌发动突袭，击溃魏兵，歼灭数万人，大获全胜。在西线进攻江陵和武昌的王昶、毌丘俭得到魏军大败于东关的消息后，也立即烧营退走⑦。

这次战役的惨重失败，给予魏国朝野很大的震动。执政的司马师承担了责任，并贬削了其弟司马昭（担任监军）的爵位⑧。另外，东关（兴）及濡须地区的险要地势和魏军屡攻不克的战绩也使其后继的统帅吸取了

---

① 《三国志》卷21《魏书·傅嘏传》注引司马彪《战略》。

② 《三国志》卷21《魏书·傅嘏传》。

③ 《资治通鉴》卷75魏邵陵厉公嘉平四年。

④ 《三国志》卷64《吴书·诸葛恪传》。

⑤ 《三国志》卷48《吴书·孙亮传》。

⑥ 《三国志》卷64《吴书·诸葛恪传》："恪兴军四万，晨夜赴救。……恪遣将军留赞、吕据、唐咨、丁奉为前部。"

⑦ 《三国志》卷4《魏书·三少帝纪》注引《汉晋春秋》曰："毌丘俭、王昶闻东军败，各烧屯走。朝廷欲贬黜诸将，景王（司马师）曰：'我不听公休，以至于此。此我过也，诸将何罪？'悉原之。时司马文王为监军，统诸军，唯削文王爵而已。"

⑧ 《三国志》卷4《魏书·三少帝纪》。

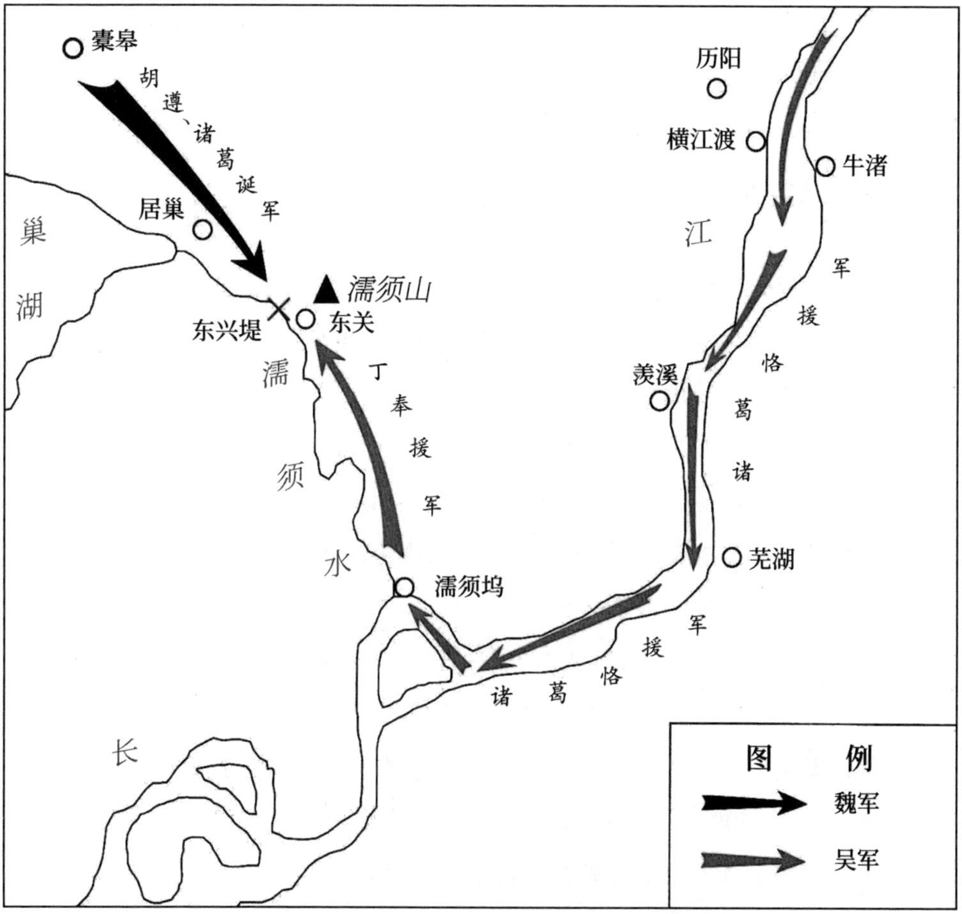

曹魏嘉平四年（252）进攻东关示意图

教训。此后直到吴国灭亡，曹魏和西晋南征时，再也没有直接对东关、濡须发动进攻。

五、濡须地区在军事上备受重视的原因

魏、吴双方为什么屡次投入重兵，激烈争夺濡须地区呢？这主要是由濡须特殊的地理位置、地形条件及其对交通的重要影响决定的，控制该地的一方将会在军事上获得明显的主动权。

三国战争的基本形势，是魏与吴、蜀之间的南北对抗。曹魏统一北方，占据了中原沃土，三分天下已有其二，在国力、人口、兵员的数量上占有优势，因此在对吴作战中往往采取攻势。尽管魏军以步骑为主，长于陆战，但是考虑到江淮多为水乡泽国，河道纵横，如果能够利用船只运送军队和粮草，效率要比人畜驮载的陆运高出许多[①]。另外，吴国的舟师是江防中坚，曹魏若没有水军参与征伐，不仅难以和敌人的船队交战，而且无法运送大军渡江。因此，曹魏对吴作战经常是水陆并发。例如建安十三年（208）曹操南征荆襄前，"作玄武池以肄舟师"[②]；次年兵进扬州，"春三月，军至谯，作轻舟，治水军。秋七月，自涡入淮，出肥水，军合肥"[③]。黄初五年（224）、六年（225）魏文帝两次伐吴，亦出动战船数千艘[④]，兵众十余万[⑤]。曹魏后期与吴国的大规模用兵，也以水路运输为

---

① 《史记》卷45《淮南衡山列传》："一船之载，当中国（原）数十两车。"
② 《三国志》卷1《魏书·武帝纪》。
③ 《三国志》卷1《魏书·武帝纪》。
④ 《三国志》卷14《魏书·蒋济传》。
⑤ 《三国志》卷2《魏书·文帝纪》黄初六年："（三月）辛未，帝为舟师东征。……八月，帝遂以舟师自谯循涡入淮，……冬十月，行幸广陵故城，临江观兵，戎卒十余万，旌旗数百里。是岁大寒，水道冰，舟不得入江，乃引还。"

主，"每东南有事，大军兴众，泛舟而下，达于江、淮"①。

由于依赖水运，魏军的南下作战多途经以下三条南北流向的河道进入长江。

1. **东路**。中渎水，即古邗沟，自淮阴至广陵。

2. **西路**。汉水，自襄樊至沔口。

3. **中路**。肥水—巢湖—濡须水，自寿春、芍陂过合肥入巢湖，经居巢、东兴（关）至濡须口。

其中第3条路线最受重视，常被选用。例如，曹操在赤壁之战后"四越巢湖"的军事行动，黄初四年（223）曹仁率众数万进攻濡须，嘉平四年（252）胡遵、诸葛诞领兵七万围攻东关等。这是因为**肥水—巢湖—濡须水道是当时南北交通干线的重要航段**。

东汉三国时期，江南的经济、政治重心地区是三吴，即太湖流域。中原与该地如通过汉水、长江往来，是绕行千里、耗费时力而得不偿失的。从军事方面考虑，曹操统一北方后，原以冀州，即邺城地区为根本。曹丕称帝后定都洛阳，又迁冀州士家五万户于河南②，军队主力集中在许、洛一带③。南征的大军从河北或河南出发，若经襄樊，沿汉水而下进入长江，距离孙吴的都城建业与三吴根据地太远，难以对敌人的心腹地带构成致命威胁，所以汉水一途并不是魏军主力征吴路线的最佳选择，往往是偏师在使用。

中渎水道虽然距离吴都建业和太湖流域较近，但是它的航行使用却

---

① 《三国志》卷28《魏书·邓艾传》。

② 《三国志》卷25《魏书·辛毗传》。

③ 曹丕以后，魏国军队的主力——中军平时驻扎在河南许昌、洛阳一带，可见《三国志》卷35《蜀书·诸葛亮传》注引《汉晋春秋》载诸葛亮对群臣言交好吴国可以牵制曹魏兵力，有利于蜀汉的作战："若就其不动而睦于我，我之北伐，无东顾之忧，河南之众不得尽西，此之为利，亦已深矣。"

存在着一些严重困难。首先，航路附近由于地处卑湿，靠近黄海，常常发生水患，从而造成淤塞。"这一水道南高北下，两侧区域地势低洼，遍布湖泊沼泽。两岸不设堤防，水盛时所在漫溢，水枯时以至干涸。水道及其穿行的湖泊一般都很浅，不能常年顺利通航。七国之乱以后到东汉时期，中渎水道情况不见于历史记载，大概是湮塞不通或通而不畅"①。黄初六年（225）曹丕由此征吴，蒋济曾表奏广陵"水道难通，又上《三州论》以讽帝，帝不从"②，结果整支船队在精湖搁浅。

其次，广陵一带江面宽阔③，又濒临海口，时有奔腾澎湃的潮水，渡江的难度较大。例如黄初五年（224）九月，曹丕征吴至广陵，"时江水盛长，帝临望，叹曰：'魏虽有武骑千群，无所用之，未可图也。'帝御龙舟，会暴风漂荡，几至覆没"④。

鉴于上述原因，中渎水道在魏军对吴作战里使用不多，仅有曹丕的两次南征，还都遇到了不小的麻烦。由于汉水和中渎水在沟通江南（三吴地区）与中原联络方面的种种不利因素，肥水—濡须水一线便成为当时南北交通最为重要的干道。这条路线水陆兼行，自华北大平原南下，可以通过黄河以南的泗、涡、颍、汝等诸条水道入淮，至寿春后沿肥水而行，经巢肥运河过合肥，进巢湖，再沿濡须水入江，顺流直下，即可到达建业、京口及太湖流域。此路比汉水一途距离缩短了许多，又没有中渎水航道的各种自然障碍，故汉末三国时北方人士南游，常走这条路

---

① 田余庆：《秦汉魏晋史探微》，《汉魏之际的青徐豪霸》，中华书局，1993年，第109页。

②《三国志》卷14《魏书·蒋济传》。

③ "大江，西北自六合县界流入，晋祖逖击楫中流自誓之所，南对丹徒之京口，旧阔四十余里，今阔十八里。"〔唐〕李吉甫：《元和郡县图志》下册，《阙卷逸文》卷2《淮南道》扬州，中华书局，1983年，第1072页。"初自广陵扬子镇济江，江面阔相距四十余里，唐立伊娄埭，江阔犹二十余里，宋时瓜洲渡口犹十八里，今瓜洲渡至京口不过七八里。"〔清〕顾祖禹：《读史方舆纪要》卷23《南直五》，中华书局，2005年，第1117～1118页。

④《资治通鉴》卷70魏文帝黄初五年九月。

线。如："崔琰字季珪，清河东武城人也。……琰既受遣，而寇盗充斥，西道不通。于是周旋青、徐、兖、豫之郊，东下寿春，南望江湖。"[1]魏、吴使臣在洛阳、建业之间往来，亦经此途。如元兴元年（264）曹魏遣徐绍出使东吴，徐绍回国途中就是在濡须被追截，召回建业后处死的。[2]出于上述缘故，魏国军队的南下作战，也就频频采用这条道路了。

濡须口所在的地理位置，正好处于这条水陆交通干线的终点。魏军如果进据水口，把它作为前方基地，入江攻吴，还能在军事上获得多种益处。例如：

第一，濡须口附近港汉众多，风浪较小，江中没有礁石矶头的险阻，易于强渡。在对岸登陆后东进，便可直插孙吴的腹地苏湖平原。正如顾祖禹所言："濡须口，三吴之要害也。江流至此，阔而多夹。阔则浪平，多夹则无风威，繇此渡江而趋繁昌，无七矶、三山之险也。石臼湖、黄池之水，直通太湖，所限者东壩一坏（抔）土耳。百人剖之，不逾时也。陆则宁国县及泾县皆荒山小邑，方阵可前，一入广德，自宜兴窥苏、常，长兴窥嘉、湖，独松关窥杭州，三五日内事耳。然则濡须有警，不特建邺可虞，三吴亦未可处堂无患也。"[3]

第二，濡须口的位置适中，正处在吴国两大经济、政治区域——荆、扬二州之间，魏军由此地可以向多个战略方向用兵。除了南渡之外，顺江东北而去，会威胁沿岸津要芜湖、牛渚及吴都建业的安全。溯流西上，则逼迫中游的皖城、武昌、夏口等重镇。

---

① 《三国志》卷12《魏书·崔琰传》。
② 《三国志》卷48《吴书·孙皓传》："（元兴元年）是岁，魏置交阯太守之郡。晋文帝为魏相国，遣昔吴寿春城降将徐绍、孙彧衔命赍书，陈事势利害，以申喻皓。甘露元年三月，皓遣使随绍、彧报书曰：'……今遣光禄大夫纪陟、五官中郎将弘璆宣明至怀。'绍行到濡须，召还杀之，徙其家属建安，始有白绍称美中国者故也。"
③ 〔清〕顾祖禹：《读史方舆纪要》卷26《南直八》，中华书局，2005年，第1283页。

　　第三，占领濡须，还能堵住吴军北上进攻的道口。肥水—巢湖—濡须水一途，不仅屡为魏国南征所用，同时也是吴师北伐的首选途径。王象之曾曰："古者巢湖水北合于肥河，故魏窥江南则循涡入淮，自淮入肥，豀肥而趣巢湖，与吴人相持于东关。吴人挠魏亦必豀此。"[①]吴国若想逐鹿中原，战胜曹魏而一统寰宇，也必须首先控制淮南，将其作为前进的跳板。吴军的优势在于舟师，经濡须水入巢湖后抵达合肥，再沿肥水进至寿春，是他们攻击淮南时最重要的一条途径；濡须若被魏国占据，航道封闭，孙吴船队滞于江内，不得北上，就无法发挥其军事上的长处了。

　　总之，在曹魏与孙吴的对抗当中，濡须地区具有很高的战略价值，夺取该地会使魏军处于攻防俱便的有利形势之下，所以曹魏多次在这一方向出动重兵，力图攻占这片水域。

　　对孙吴来说，自然不能让敌人的图谋得逞。吴国的兵力相对不足，比起曹魏来明显处于劣势；它所守御的长江尽管号称天堑，但是防线过长，实际上没有力量在沿江处处派兵屯驻。如果与敌人划江而守，天险即失其半；长江绵延数千里，其间可渡之处甚多，会顾此失彼，防不胜防。仅仅依靠江中的水战来阻止强敌南渡，也是把握不大的。如建安十三年（208），曹兵云集赤壁，濒江待发，就给孙吴君臣带来极大的恐慌："诸议者皆望风畏惧，多劝（孙）权迎之。"[②]《三国志》卷54《吴书·周瑜传》记载当时群臣主降的重要理由，就是曹操兵强，又已占领沿江地带，因此使孙吴处于十分不利的局面："议者咸曰：'曹公豺虎也，然托名汉相，挟天子以征四方，动以朝廷为辞，今日拒之，事更不顺。且将军大势，可以拒操者，长江也。今操得荆州，奄有其地，刘表治水军，蒙冲斗舰，乃以

---

①〔清〕顾祖禹：《读史方舆纪要》卷19《南直一》，中华书局，2005年，第891页。
②《三国志》卷47《吴书·吴主传》。

千数，操悉浮以沿江，兼有步兵，水陆俱下，此为长江之险，已与我共之矣。而势力众寡，又不可论。愚谓大计不如迎之。'"

为了保障江东的安全，从军事上考虑，较为理想的策略是在淮南建立外围防线，不让敌人到达江畔。史实表明，赤壁之战以后，吴国调整了守江战略，主要就是缩短战线，把有限的军队集中到江北几处枢纽地点，努力夺取或扼守一些交通冲要，如江陵、濡须、沔口、广陵等，尽量阻止敌人的兵马水师入江。曹操曾称孙吴此举为"临江塞要，欲令王师终不得渡"①。张栻曾评论道："自古倚长江之险者，屯兵据要，虽在江南，而挫敌取胜，多在江北，故吕蒙筑濡须坞而朱桓以偏将却曹仁之全师，诸葛恪修东兴堤而丁奉以兵三千破胡遵七十（"十"字为衍文）万。转弱为强，形势然也。"②这种作战意图，在后来吴臣纪陟出使魏国时与司马昭的对话里明确地表现出来，见《三国志》卷48《吴书·孙皓传》注引干宝《晋纪》："（司马昭）又问：'吴之戍备几何？'对曰：'自西陵以至江都，五千七百里。'又问曰：'道里甚远，难为坚固。'对曰：'疆界虽远，而其险要必争之地，不过数四，犹人虽有八尺之躯靡不受患，其护风寒亦数处耳。'"

肥水—巢湖—濡须水一线，既然是魏军南征的主要途径，那么堵住这条水陆干道，便成了孙吴防御作战的一项重任。吴军在这条路线上的哪个地点驻扎人马、阻击敌人最为理想呢？从史实来看，孙吴的历任统帅是很想夺取合肥的，如果控制了该地，就可以扼守将军岭一带狭窄的水陆通道，把魏军挡在江淮丘陵以北，并且使巢湖东、南的几处滨江渡口（历阳、羡溪、濡须口、皖口）得到掩护。为了达此目的，孙权曾多次亲率大军围攻合肥，但是由于军事实力及作战指挥等方面的原因，吴

---

① 《文选》卷42《书中·阮元瑜为曹公作书与孙权》。
② 〔清〕顾祖禹：《读史方舆纪要》卷19《南直一》，中华书局，2005年，第915～916页。

国始终未能攻克该城，不得已而退求其次，即选择了固守濡须地区的战略。濡须口是濡须水入江之处，其北面的东兴（关）有濡须、七宝两山对峙，河道狭窄，地势险要，曹魏的优势兵力难以展开和做迂回运动，有利于吴军的防守作战。如张浚所言："武侯谓曹操四越巢湖不成者，巢湖之水，南通大江，濡须正扼其冲，东西两关又从而辅翼之，馈舟难通，故虽有十万之师，未能寇大江也。"[①]另外，孙吴要想在这一航线沿途加以阻击，这里是最后的地点。如果濡须失守，魏军主力再次集结江畔，吴国"临江塞要"战略部署中最重要的一环即被打破，又得被迫在广阔的长江防线上以弱敌强，面对类似赤壁之战前夕的不利局势。这是它绝对不愿意看到的。因此，孙吴在濡须设坞置防，来阻止敌人入江，每当这一作战方向情势危急，往往会迅速调遣军队前来援救，竭尽全力保卫该地。吴国的这种战略部署，是根据濡须地区在当时具备的重要军事意义和枢纽作用而决定的。

六、结语

综上所述，濡须地区位于交通枢要，北凭山险，南控江口，所扼之水路是当时中原与江南来往的主要途径，在军事上具有重要的地位，因而成为魏、吴两国频繁交兵的必争之地。吴国利用濡须、东关一带的狭窄水道和险要地势，设置军镇，建筑坞城，并在战时及时赴援，故能屡次以弱抗强，挫败曹魏优势兵力的进攻。不过，地理条件并非决定战争胜负的全部因素。吴国末年政治腐败，昏君孙皓滥施酷刑，横征暴敛，导致民怨沸腾；加上军队指挥无方，士气低落，"吴之将亡，贤愚所知"[②]。

---

① 〔清〕顾祖禹：《读史方舆纪要》卷19《南直一》，中华书局，2005年，第915页。
② 《三国志》卷48《吴书·孙皓传》注引《襄阳记》。

因此西晋大军南征时，孙吴诸镇人马一触即溃，昔日固若金汤的要塞纷纷陷落，只好在石头城上树起降幡了。

值得注意的是，西晋灭吴之役，兵分六路，"遣镇军将军琅邪王伷出涂中，安东将军王浑出江西，建威将军王戎出武昌，平南将军胡奋出夏口，镇南大将军杜预出江陵，龙骧将军王濬、巴东监军鲁国唐彬下巴、蜀，东西凡二十余万"①。扬州的晋军是攻吴的主力，大军指向涂中（今安徽省滁河流域）和横江（今安徽省和县东南），地点皆在濡须和东关的东北。其意图很明显，就是避实就虚，攻占孙吴防御比较薄弱的一些津要，不在守卫坚固的濡须、东关损耗大量兵力，贻误时间。看来，西晋军队的统帅吸取了曹魏时期强攻濡须地区屡屡受挫的经验教训，这一战略调整获得了成功。晋军顺利抵达横江，在没有关险可守的滨江平原上消灭了来援的孙吴中军主力，致使建业门户洞开，孙皓无兵可调，只得俯首称臣。

---

① 《资治通鉴》卷 80 晋武帝咸宁五年（279）冬十一月。

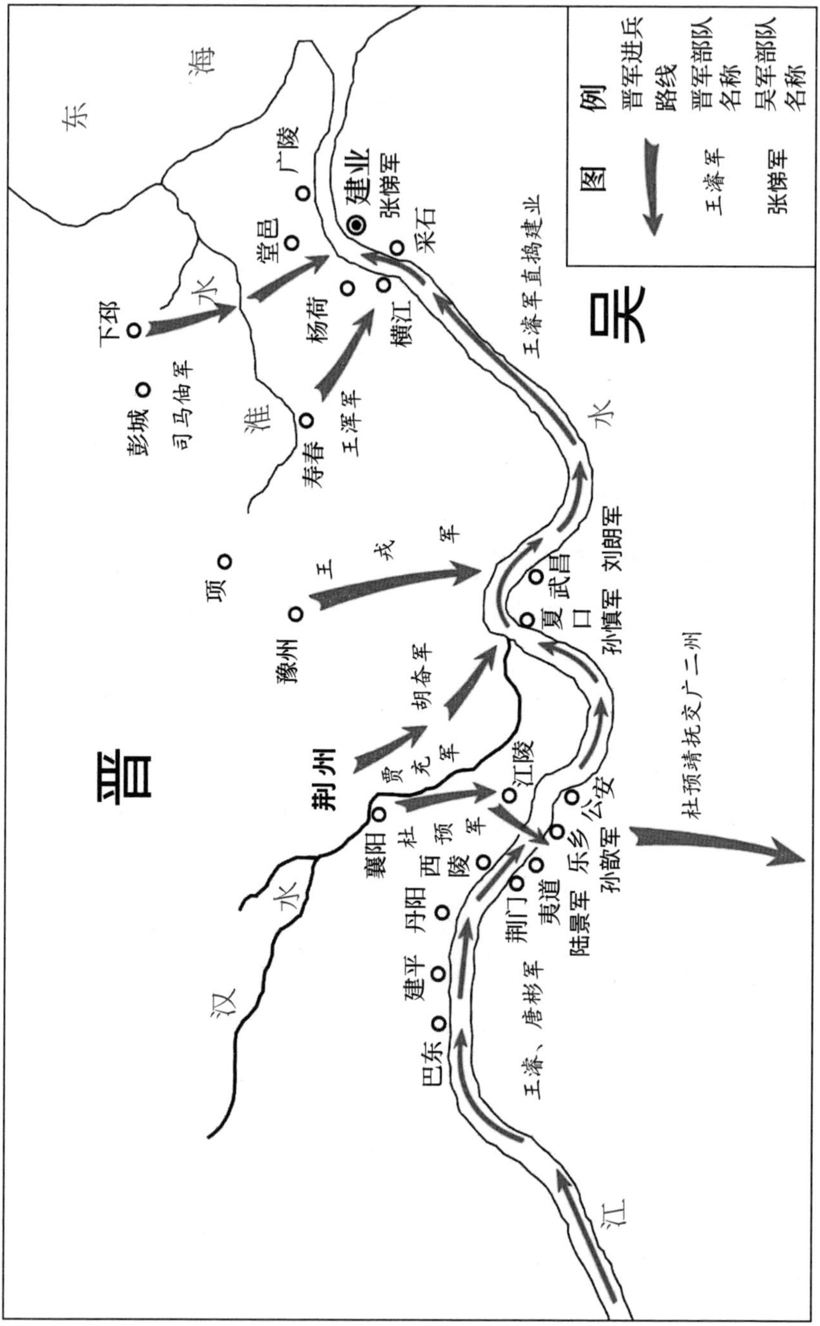

西晋灭吴之战示意图（280）

第十二章

——

孙吴武昌又称"东关"考

一、对太和二年孙吴"东关"地理位置的疑问

三国魏明帝太和二年（228）发生了魏、吴石亭之战，其整个过程为：孙权令吴鄱阳太守周鲂施诈降计，诱使魏扬州牧曹休领兵十万深入皖地（今安徽省潜山市），至石亭（今安徽省潜山市北）被吴将陆逊击败，"因驱走之，追亡逐北，径至夹石，斩获万余，牛马骡驴车乘万两，军资器械略尽"[①]。由于魏豫州刺史贾逵及时率兵援救，曹休的部队才避免了全军覆没的厄运。因为耻言其败，《三国志·魏书》中的《明帝纪》和《曹休传》载此事甚略，仅寥寥数语。从其他记载来看，曹魏发动的这次进攻规模很大，实际上是兵分三路，由豫州、扬州、荆州辖区的魏军主将贾逵、曹休和司马懿亲自出征，企图分别攻击孙吴的要镇东关、皖城和江陵。参见《三国志》卷15《魏书·贾逵传》："太和二年，帝使逵督前将军满宠、东莞太守胡质等四军，从西阳直向东关，曹休从皖，司马

————————

① 《三国志》卷58《吴书·陆逊传》。

宣王从江陵。"《资治通鉴》卷 71 魏明帝太和二年（228）亦载周鲂诈降后，"（曹）休闻之，率步骑十万向皖以应鲂；（明）帝又使司马懿向江陵，贾逵向东关，三道俱进"。后来魏国方面发现曹休孤军深入，有覆灭的危险，才命令司马懿所部停止前进，并派遣贾逵引兵与曹休会合。

贾逵起初领兵所向的"东关"，过去史家一直认为是孙吴于东兴（今安徽省含山县东关镇）设立的边境要塞，地点在巢湖东南、含山县西南的濡须水北口附近。胡三省注《资治通鉴》卷 71 魏明帝太和二年（228）五月"贾逵向东关"条曰："东关，即濡须口，亦谓之栅江口，有东、西关；东关之南岸，吴筑城，西关之北岸，魏置栅。后诸葛恪于东关作大堤以遏巢湖，谓之东兴堤，即其地也。"[1] 卢弼注《三国志》卷 15《魏书·贾逵传》"时孙权在东关"条亦曰："东关在今安徽和州含山县西南七十里，濡须坞之北。"[2] 长期以来，这种看法并无争议。目前流行的一些军事史著作对此也是这样解释的[3]。笔者近读《三国志》《晋书》等史籍后，觉得此说可疑之处甚多，特提出与学界同人探讨。

疑点之一：如按上述说法来解释，贾逵所率魏军进攻东关的举动显得有些反常。因为从魏、吴两国交战的历史来看，曹魏各州驻防军队出境的作战行动可以分为三类。

1. 援救邻州

曹魏与孙吴接壤的南部地域，自东而西划分为徐州、扬州、豫州、荆州四个军政辖区，守军平时负责本州的防务，不得随意离境。在邻近州郡遭到入侵或发生动乱、形势十分危急时，他们才根据朝廷的调遣出境救援。例如，《三国志》卷 15《魏书·温恢传》载建安二十四年（219）

---

①《资治通鉴》卷 71 魏明帝太和二年。

② 卢弼：《三国志集解》卷 15《魏书·贾逵传》，中华书局，1982 年，第 430 页。

③《中国军事史》编写组：《中国军事史》附卷，《历代战争年表（上）》，解放军出版社，1991 年，第 328 页。武国卿：《中国战争史》（第四册），金城出版社，1992 年，第 305 页。

关羽围攻襄樊，温恢提醒兖州刺史裴潜准备率兵出境支援，"于是有樊城之事，诏书召潜及豫州刺史吕贡等"，"潜受其言，置辎重，更为轻装速发"。又《三国志》卷14《魏书·蒋济传》：

> 建安十三年，孙权率众围合肥。时大军征荆州，遇疾疫，唯遣将军张喜单将千骑，过领（豫州）汝南兵以解围。

《三国志》卷26《魏书·满宠传》：

> （太和）四年，拜宠征东将军。其冬，孙权扬声欲至合肥，宠表召兖、豫诸军，皆集。贼寻退还，被诏罢兵。

《三国志》卷4《魏书·三少帝纪》咸熙元年（264）：

> 初，自平蜀之后，吴寇屯逼永安，遣荆、豫诸军掎角赴救。七月，贼皆遁退。

2. 合兵进攻

曹操在世时，因为力量有限，向孙吴发动进攻时基本上是用其主力——中军，再调集部分州郡的兵员，会聚一路南下征伐，如赤壁之战和后来的"四越巢湖"。此外，曹丕于黄初五年（224）、六年（225）发动的两次"广陵之役"，也是这种情况。

3. 分道进兵

曹丕代汉后至西晋初期，国势日盛，经常采取向吴国分兵几路发动进攻的策略。如果不算太和二年（228）的这次出征，还有四次，基本上都是驻扎各州的军队分别向自己防区正面的敌境进兵。例如：

（1）黄初三年（222）三道征吴。当年九月，文帝派遣征东大将军曹休（镇寿春）出洞口，大将军曹仁（屯合肥）出濡须，中军大将军曹真、征南大将军夏侯尚（屯宛）出南郡。[①]

（2）嘉平二年（250）征南将军王昶所属的荆州军队分兵三路南征。"乃遣新城太守州泰袭巫、秭归、房陵，荆州刺史王基诣夷陵，昶诣江陵"[②]。

（3）嘉平四年（252）三道征吴。魏国派遣征南大将军王昶（屯宛）攻南郡，镇南将军毌丘俭（屯豫州项城）攻武昌，镇东将军诸葛诞、征东将军胡遵（屯寿春）攻东关。[③]

（4）西晋太康元年（280）六路平吴。镇军将军司马伷（镇下邳）出涂中，安东将军王浑（镇寿春）出江西横江，建威将军王戎（镇豫州安城）出武昌，平南将军胡奋（镇荆州江夏）出夏口，镇南大将军杜预（镇襄阳）出江陵，龙骧将军王濬下巴蜀。[④]

若按上述的战役分类方法来区别，贾逵此次向东关的攻击属于第三类——分道进兵。但就此类其他战例来看，若是分道进兵，豫州地区的曹魏军队通常是南下，向武昌、夏口对岸的孙吴江北境界出击，没有发生过出境到本国邻州后再单独向敌邦边境发动进攻的情况。因此，在太和二年（228）三道征吴时，如果朝廷命令贾逵领兵越过州界，远赴扬州地区独自进攻东兴，似乎与当时的用兵惯例不合。

疑点之二：曹休攻皖，是从寿春向巢湖西南进军；若贾逵从西阳

---

① 《三国志》卷2《魏书·文帝纪》黄初四年（223）三月癸卯注引《魏书》载《丙午诏》，《三国志》卷47《吴书·吴主传》和《资治通鉴》卷69魏文帝黄初三年（222）九月。

② 《三国志》卷27《魏书·王昶传》。

③ 《三国志》卷4《魏书·三少帝纪》嘉平四年五月注引《汉晋春秋》，《三国志》卷4《魏书·三少帝纪》嘉平四年十一月，《资治通鉴》卷75魏邵陵厉公嘉平四年十一月、十二月。

④ 《晋书》卷3《武帝纪》咸宁五年（279）十一月，《三国志》卷48《吴书·孙皓传》天纪三年（279）冬。

进攻巢湖东南的东兴，那么，在地图上画出曹、贾两军行进的路线，就会发觉它们交叉起来，呈"×"形，反映出这两支部队在开往战场时舍近赴远，即东兵向西南出征、西兵向东南进发，实在是有悖军事指挥与部队调动的常情。东兴距离曹魏的扬州驻军最近，从寿春乘船出发，顺肥水、施水入巢湖后即可到达，相当便利。从三国历史来看，魏国向孙吴的濡须口岸发动攻击基本上都是走这条路线，以中军或扬州的部队担任进攻主力。如曹操的"四越巢湖"，曹仁对濡须、诸葛诞和胡遵对东兴的进攻等。而贾逵统领的兵马远在西阳（治在今河南省光山县西），如奔赴东兴，无水路可通，需要远途陆行跋涉，甚为不便。魏军的战略决策者们为什么要舍近求远，不使用邻近的扬州驻军，而让贾逵的豫州军队出境去进攻东兴呢？从常理上讲，他们不应该犯这种低级错误。

再者，魏、吴主要是沿着几条南北流向的水道——汉水，肥水、巢湖、濡须水，中渎水交战，多在荆、扬二州境内。曹魏对吴的兵力部署，也是以这两州为重点。豫州南部有大别山脉的阻隔，境内又没有直接通航入江的河流，南北交通不便，所以军事地位不甚重要，敌寇的入侵不多，州郡驻军的数量也比较少。和缘边他州相比，豫州对国家安全提供的主要支持是在财赋方面，而不是武备。如杜恕在太和年间上疏所云："今荆、扬、青、徐、幽、并、雍、凉缘边诸州皆有兵矣，其所恃内充府库外制四夷者，惟兖、豫、司、冀而已。"[1]从敌国的情况来看，濡须口岸是孙吴对魏作战的主要防御方向，坞城坚固，驻有重兵。曹操在世时，"四越巢湖"均未得手。建安二十二年（217）一役，曹操曾出动四十万大军攻打濡须，仍受阻而退。《资治通鉴》卷68载是年三月，"操引军还，留伏波将军夏侯惇、都督曹仁、张辽等二十六军屯居巢"。相形之下，贾

---

[1]《三国志》卷16《魏书·杜恕传》。

逯所率出征东关的豫州部队数量很少，仅有满宠、胡质等统领的区区四军，又未得到扬州魏兵的补充，如果让他们进攻濡须重镇，根本没有取胜的希望。很难设想魏军的统帅们会不明白这一点，做出以弱旅攻坚的决定。

疑点之三：在汉晋史书中，"直"字表示的道路或行进路线，在地图上往往呈现为南北方向的垂直线段。此类历史记载的例证很多，如秦朝开拓的"直道"，就是从关中的甘泉宫向北直抵边防重镇九原（今内蒙古包头市西）①。又如《汉书》卷29《沟洫志》载贾让奏言："民居金堤东，为庐舍，往十余岁更起堤，从东山南头直南与故大堤会。"《后汉书》卷17《岑彭传》载建武十一年（35）岑彭伐蜀，攻拔江州后，"留冯骏守之，自引兵乘利直指垫江，攻破平曲，收其米数十万石"。按江州即今重庆，垫江在其北面，为今四川的合川。又《晋书》卷34《羊祜传》载羊祜上奏伐吴方略亦曰：

> 今若引梁益之兵水陆俱下，荆楚之众进临江陵，平南、豫州，直指夏口，徐、扬、青、兖并向秣陵，鼓旆以疑之，多方以误之，以一隅之吴，当天下之众，势分形散，所备皆急。

由此看来，《魏书·贾逵传》中的"从西阳直向东关"，应该理解为从西阳南下开赴东关。也就是说，这座"东关"的位置当在豫州西阳的正南方向，而东兴在其东面略为偏南，方位并不符合。

贾逵如果是统兵自西阳向东兴进军，按照《三国志》的写法，不应称为"直向"。类似的情况可见《三国志》卷36《蜀书·关羽传》所载：

---

① 《史记》卷15《六国年表》秦始皇三十五年（前212）："为直道，道九原，通甘泉。"《史记》卷88《蒙恬列传》太史公曰："自直道归，行观蒙恬所为秦筑长城亭障，堑山堙谷，通直道，固轻百姓力矣。"

建安十三年（208）曹操南征荆州，刘备自樊城退往江陵，"曹公追至当阳长阪，先主斜趣汉津，适与羽船相值，共至夏口"。虽然刘备从当阳逃往汉津的路径也是直线，但因在地图上标示出来不是垂直的，所以被陈寿写作"斜趣"，而非"直向"。

　　疑点之四：这是最重要的一点，当时孙吴尚未在东兴建立东关。252年以前，孙吴是在濡须水的南口濒临长江处立坞，抵抗曹魏军队南征的。坞城附近有长江的中洲，洲上居住着濡须守军的家属①。该地在东兴之南，相距有百余里②。建安十七年（212）魏军南征时，孙权曾在东关设立前哨营寨，称为"三关屯"。见《三国志》卷56《吴书·朱然传》："曹公出濡须，然备大坞及三关屯。"卢弼《三国志集解》卷56注引赵一清曰："大坞即濡须坞也，三关屯即东兴关也。关当三面之险，故吴人置屯于此。"③又见《读史方舆纪要》卷26《南直八》庐州府无为州巢县"东关"条④。曹操兵抵濡须，吴军退保大坞，坞北的三关屯即被放弃了。此后，东兴属于魏境，吴军只是在进攻合肥时经过该地，并未在那里设置关塞，留驻守兵。孙权黄龙二年（230）曾于东兴筑堤以遏巢湖，随即败坏，但其事在石亭之战以后。直到曹魏嘉平四年，即吴建兴元年（252），孙吴权臣诸葛恪为了向北扩张，才在濡须水北口筑堤阻水，建立关城。其事可见《三国志》卷48《吴书·孙亮传》建兴元年：

---

① 《三国志》卷47《吴书·吴主传》黄武二年（223）三月、卷56《吴书·朱桓传》。
② "（濡须）坞在巢县东南二百八十里濡须水口。""东关口，在（巢）县东南四十里，接巢湖，在西北至合肥界，东南有石渠，凿山通水，是名关口，相传夏禹所凿，一号东兴。"〔唐〕李吉甫：《元和郡县图志·阙卷逸文》卷2《淮南道》，中华书局，1983年，第1078、1082页。
③ 卢弼：《三国志集解》卷56《吴书·朱然传》，中华书局，1982年，第1038页。
④ "又有三关屯，即东关也。关当三面之险，故吴人置屯于此。《吴志》：曹公出濡须，朱然备大坞及三关屯。皆东关矣。"〔清〕顾祖禹：《读史方舆纪要》卷26《南直八》庐州府巢县"东关"条，中华书局，2005年，第1289页。

冬十月，太傅恪率军遏巢湖，城东兴，使将军全端守西城，都尉留略守东城。

《三国志》卷64《吴书·诸葛恪传》：

初，（孙）权黄龙元年迁都建业，二年筑东兴堤遏湖水。后征淮南，败以内船，由是废不复修。恪以建兴元年十月会众于东兴，更作大堤，左右结山侠（夹）筑两城，各留千人，使全端、留略守之，引军而还。魏以吴军入其疆土，耻于受侮，命大将胡遵、诸葛诞等率众七万，欲攻围两坞，图坏堤遏。……丹杨太守聂友，素与恪善，书谏恪曰："大行皇帝（孙权）本有遏东关之计，计未施行。今公辅赞大业，成先帝之志……"

如前所述，在太和二年（228），濡须水北口的东关尚未建立，该地既不存在吴国的城堡要塞，也没有"东关"这个名称，贾逵领兵所向的"东关"自然不会在那里。如果认为他是率军进攻濡须水南口的孙吴坞城，也是无法自圆其说的。因为在《三国志》及裴注的记载里，当地只称作"濡须"，从未叫过"东关"。

综上所述，主张太和二年贾逵领兵所赴之"东关"即东兴的传统观点缺乏根据，与史实不符，是无法成立的。

二、三国有三"东关"，贾逵所向之"东关"乃武昌

那么，诸葛恪在东兴设关筑堤之前，吴国是否另有一处"东关"，又位于曹魏豫州境域的南面呢？笔者检索《三国志》及裴注，发现其中共有16处提到"东关"，就其时间和地点可以分为三类。

1. 东兴之东关。计有13条，其时间背景皆在建兴元年（252）诸葛

恪于当地筑堤建城之后，或为魏、吴述论当年的东兴之战，或为记载宝鼎三年（268）吴主孙皓督师北征到东关的事迹。这组史料的文字内容较多，不便赘举，故将出处列入注释，以备读者检索查阅。①

2. 蜀汉之江州（今重庆市）。《三国志》卷40《蜀书·李严传》注引诸葛亮又与严子丰教曰："吾与君父子戮力以奖汉室，此神明所闻，非但人知之也。表都护典汉中，委君于东关者，不与人议也。"卢弼《三国志集解》："胡三省曰东关谓江州。"② 其事见《三国志》卷40《蜀书·李严传》："（建兴）四年，转为前将军。以诸葛亮欲出军汉中，严当知后事，移屯江州……八年，迁骠骑将军。以曹真欲三道向汉川，亮命严将二万人赴汉中。亮表严子丰为江州都督督军，典严后事。"

以上两组记载都和贾逵领兵"直向东关"没有直接联系。

3. 孙吴都城武昌。《三国志》卷15《魏书·贾逵传》中可见两条记载。所叙为明帝太和元年（227）、二年（228）事，时间均在诸葛恪于东兴设关之前。文中谈到的"东关"，地点在曹魏的豫州之南，反映了当时这座"东关"实际上是孙吴的都城武昌。

第一条记载："明帝即位，……时孙权在东关，当豫州南，去江四百余里。每出兵为寇，辄西从江夏，东从庐江。国家征伐，亦由淮、沔。是时州军在项，汝南、弋阳诸郡，守境而已。权无北方之虞，东西有急，并军相救，故常少败。逵以为宜开直道临江，若权自守，则二方无救；

---

① 《三国志》卷4《魏书·三少帝纪》嘉平四年（252）冬十一月、卷11《魏书·王修传》注引王隐《晋书》、卷13《魏书·王肃传》、卷21《魏书·傅嘏传》、卷21《魏书·傅嘏传》注引司马彪《战略》、卷22《魏书·桓阶传》、卷27《魏书·王基传》、卷28《魏书·毌丘俭传》、卷28《魏书·毌丘俭传》注、卷28《诸葛诞传》、卷48《吴书·孙皓传》载吴宝鼎三年秋九月、卷60《吴书·全琮传》注引《吴书》、卷64《吴书·诸葛恪传》。

② 卢弼：《三国志集解》卷40，中华书局，1982年，第817页。

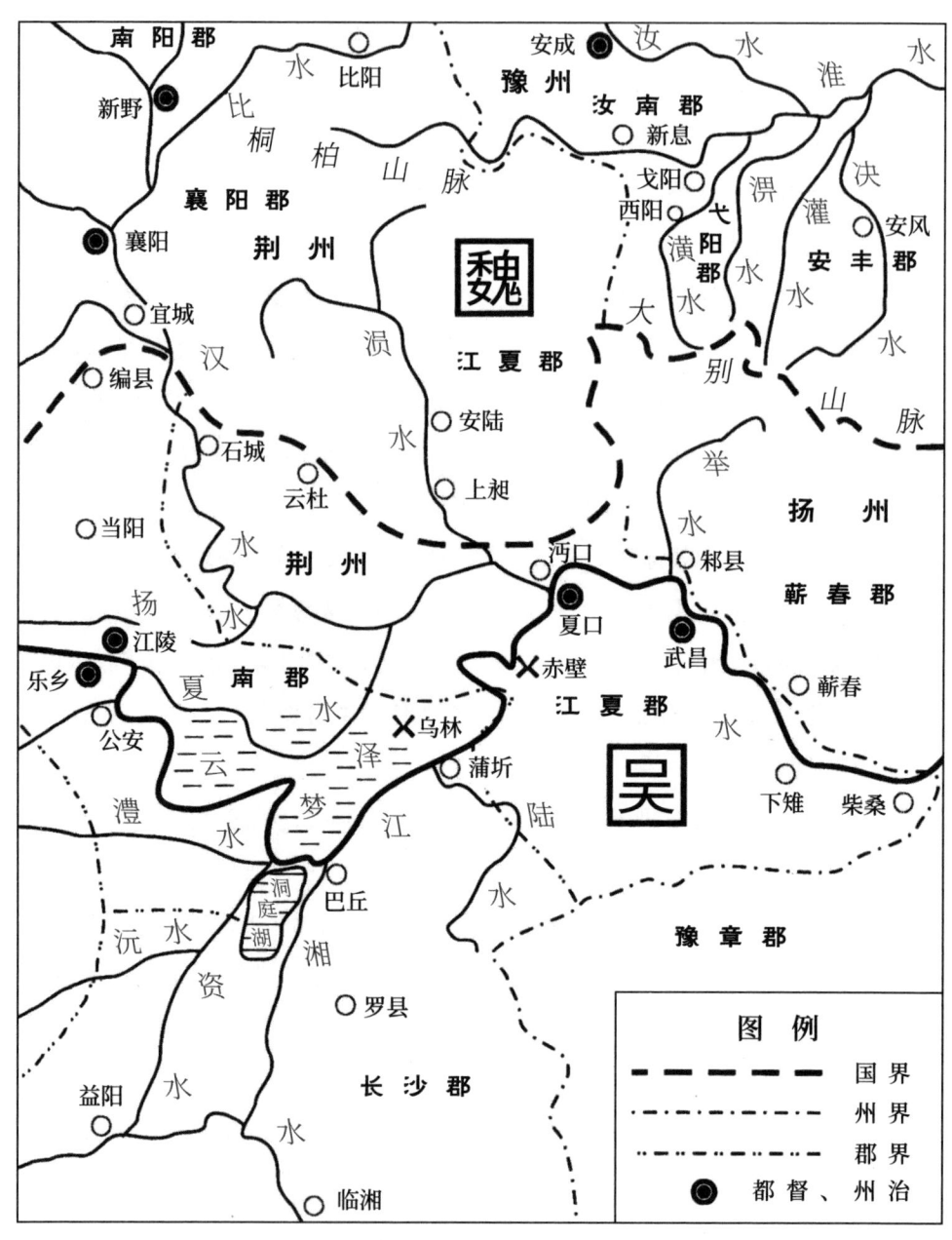

三国武昌夏口地区形势图

若二方无救，则东关可取。乃移屯潦口，陈攻守之计，帝善之。"详细分析如下：

首先，这条记载中提到的"东关"为吴主孙权的驻跸之所，也是吴国军队主力的所在地，常由此处出兵袭扰曹魏的江夏、庐江等郡。魏明帝即位之初，孙权常驻在哪里呢？众所周知，是在武昌（今湖北省鄂州市），而不是在濡须或东兴。汉献帝建安二十四年（219），孙权遣吕蒙袭取荆州、擒获关羽后，便由建业徙驻公安（今湖北省公安县）①。《三国志》卷47《吴书·吴主传》载曹魏黄初二年（221）四月，"（孙）权自公安都鄂，改名武昌，以武昌、下雉、寻阳、阳新、柴桑、沙羡六县为武昌郡。……八月，城武昌"。至魏太和三年（229）四月，孙权在武昌正式称帝。后因三吴的粮米财赋溯江运输困难，他才于当年九月将都城迁回建业。

在此期间，吴国的军队主力——中军亦随孙权西移，部署于武昌附近。《元和郡县图志》卷27《江南道三》"鄂州"条曰："三国争衡，为吴之要害，吴常以重兵镇之。"②《三国志》卷62《吴书·胡综传》载："黄武八年夏，黄龙见夏口，于是（孙）权称尊号，因瑞改元。又作黄龙大牙，常在中军，诸军进退，视其所向。"陶弘景的《刀剑录》亦写孙权在武昌设立了规模较大的兵器作坊，为其军队提供装备："黄武五年采武昌山铜铁作十口剑、万口刀，各长三尺九寸，刀头方，皆是南钢越炭作之，上有大吴篆字。"③

《三国志》卷60《吴书·周鲂传》所载周鲂与曹休书信中也提到孙权调拨兵马北伐，自领中营（军）渡江进攻，以致武昌兵力空虚的情况："吕范、孙韶等入淮，全琮、朱桓趋合肥，诸葛瑾、步骘、朱然到襄阳，

---

① 《三国志》卷54《吴书·吕蒙传》。
② 〔唐〕李吉甫：《元和郡县图志》卷27《江南道三》，中华书局，1983年，第643页。
③ 《太平御览》卷343《兵部七十四·剑中》。

陆议、潘璋等讨梅敷。东主（孙权）中营自掩石阳，别遣从弟孙奂治安陆城，修立邸阁，辇赀运粮，以为军储，又命诸葛亮进指关西，江边诸将无复在者，才留三千所兵守武昌耳。"周鲂为引诱曹休入皖，所供关于吴军进攻方向、路线的情报是虚假的，但是信中确实反映出孙吴军队主力平时驻扎在武昌一带，曹魏方面也清楚这一点。

在太和二年（228）的石亭之役中，孙权曾随迎击曹休的军队主力到皖口[①]，拜陆逊为大都督，"统御六师及中军禁卫而摄行王事"[②]，后即返回武昌。获胜后的吴军诸部也先回到武昌，接受孙权的检阅和赏赐。见《三国志》卷58《吴书·陆逊传》黄武七年（228）条："诸军振旅过武昌，（孙）权令左右以御盖覆逊，入出殿门，凡所赐逊，皆御物上珍，于时莫与为比。"

上述史实，皆与《魏书·贾逵传》所言"时孙权在东关"相合，这是笔者认为当时之"东关"即指武昌的第一条理由。

其次，《魏书·贾逵传》中这条史料所说的"东关"在曹魏豫州的正南方向，而且是在魏江夏郡之东，庐江郡之西："时孙权在东关，当豫州南。……每出兵为寇，辄西从江夏，东从庐江。"由此看来，这座"东关"绝对不会是濡须或东兴，因为这两地都在曹魏豫州的东南，又在魏庐江郡的东边，其方位与《魏书·贾逵传》所载截然不同。但是吴都武昌的地理方位却与上述记载相符，恰好在曹魏豫州的正南方，其经度位于江夏与庐江两郡之间。这是第二条理由。

再次，这条史料还反映了曹魏太和二年三道征吴作战计划出笼的背景。当时，孙权定都武昌，正在豫州之南。而贾逵所率的州军驻扎在项

[①]《三国志》卷47《吴书·吴主传》黄武七年："夏五月，鄱阳太守周鲂伪叛，诱魏将曹休。秋八月，权至皖口，使将军陆逊督诸将大破休于石亭。"
[②]《三国志》卷58《吴书·陆逊传》注引陆机《逊铭》。

（今河南省沈丘县南），距离江边甚远，对于防区正面屯于武昌、夏口等地的吴军主力并未构成威胁，使敌人东西用兵自如。为了改变军事上的不利局面，贾逵在太和元年（227），即石亭之战的前一年上奏魏明帝，请求开辟一条南下临江的"直道"，遣兵进驻江北，逼迫武昌之敌，使其不敢轻易向东西两个作战方向分兵："逵以为宜开直道临江，若权自守，则二方无救；若二方无救，则东关可取。乃移屯潦口，陈攻守之计，帝善之。"此计得到了魏明帝的赞同，这才有了次年三道伐吴的军事举措：豫州兵马直向东关（武昌），扬州曹休袭皖，荆州司马懿攻江陵，这一战役的部署基本上是按照贾逵建议的作战方案执行的。只是由于后来曹休中计，深入绝地，形势突然变化，才改调贾逵所部急赴夹石救援。

《魏书·贾逵传》中涉及"东关"的这条史料并不是孤证，还可以参见其他史籍的记载。如《晋书》卷1《宣帝纪》"太和元年"条后，曾载司马懿到洛阳朝见魏明帝，言及征吴方略，其文曰："（天子）又问二虏宜讨，何者为先？（司马懿）对曰：'吴以中国不习水战，故敢散居东关。凡攻敌，必扼其喉而摏其心。夏口、东关，贼之心喉。若为陆军以向皖城，引（孙）权东下，为水战军向夏口，乘其虚而击之，此神兵从天而坠，破之必矣。'天子并然之，复命帝屯于宛。"

这次谈话的时间，卢弼认为当在太和二年（228）正月至三月期间，即同年九月三道伐吴之前。见《三国志集解》卷3《魏书·明帝纪》注："魏之攻吴，三道进兵，本用懿策。曹休统率无方，遂有夹石之败。赵氏言魏君臣怵于硖石之役，谋吴甚急，则前后事实颠倒矣。仲达此策，盖在攻破孟达之后，街亭战胜之前。若马谡已败，三郡皆平，魏明必不询二虏宜讨何者为先矣。"

《晋书》卷1《宣帝纪》的记载表明：第一，孙权当时所驻的"东关"在皖城之西，故司马懿曰："夏口、东关，贼之心喉。若为陆军以向皖城，引（孙）权东下……"这也是该地即为武昌的明证。文中的"东关"

若是东兴，则应该在皖城之东。这里提到孙权"散居东关"，应是指武昌所在临江依山，地域狭隘①，吴国军队主力实际上分散驻扎在武昌及附近几处沿江要镇，如西邻的夏口、沙羡及对岸的鲁山等，故称为"散居"②。

第二，司马懿提出的征吴方案与贾逵的建议内容相近，即主张以陆军一部进攻江北的皖城，吸引武昌的吴军主力东下救援，再遣水军乘虚而入，沿汉江顺流直捣夏口，打击敌人的心脏。由此可见，曹魏太和二年（228）的征吴行动，在兵力部署上综合采纳了贾逵与司马懿的建议，先派遣曹休率军入皖，豫州和荆州的军队随即开拔，进逼武昌、夏口与江陵。但是由于曹休的轻敌冒进，另外两路兵马尚未到达攻击目标时，他已被吴军击溃，致使整个作战计划失败。

《三国志》卷15《魏书·贾逵传》的这条记载存有一个疑问，就是其中"去江四百余里"一句，说的是哪个地点呢？如果仅从上文来看，它似乎是指当时孙权所驻的东关："时孙权在东关，当豫州南，去江四百余里……"但若仔细考察，这种理解存在着许多矛盾，是难以解释清楚的。

如前所述，《三国志》中提到的"东关"有三处，其中蜀汉的江州与此无涉；孙吴的武昌虽在豫州之南，可是位于江边，并非"去江四百余里"，与《魏书·贾逵传》的记载不合。若按传统的观点来解释，此处的东关指东兴，则问题更多。首先是方位不对。东兴并不在曹魏豫州的

---

① 《三国志》卷61《吴书·陆凯传》载陆凯所言："又武昌土地，实危险而墝确，非王都安国养民之处，船泊则沉漂，陵居则峻危。"

② 吴军在武昌附近的分布情况可以参见《水经注》卷35《江水三》载夏口（今湖北省武汉市武昌区）有黄军浦："昔吴将黄盖军师所屯，故浦得其名，亦商舟之所会也。"又"（黄）鹄山东北对夏口城，魏黄初二年，孙权所筑也"。鲁山城在今汉阳龟山上，亦见《水经注》卷35《江水三》："江水又东径鲁山南，古（右）翼际山也。……山上有吴江夏太守陆涣所治城。"沙羡城在今武汉市武昌区西之金口镇北，赤壁之战后，程普领江夏太守，治沙羡。后又筑城。见《三国志》卷47《吴书·吴主传》赤乌二年（239）："夏五月，城沙羡。"

南面，而是在其南境的东方；其次，东兴距离长江岸边也远不到四百里，只有一百余里；再次，孙权当时驻留在武昌，并未率兵前往东兴。

总之，这三处"东关"都与《魏书·贾逵传》所载"去江四百余里"的条件不符。

那么，孙权是否有可能在豫州之南、距离长江四百余里的某个地点另设置过一座东关，并在那里亲驻过呢？答案显然是否定的。这不仅因为史籍中没有这方面的记载，而且从三国的史实来看，孙权在魏、吴战争期间的几处都址——京（镇江）、建业（南京）、武昌（鄂城），都在沿江上下，非有数百里之遥。综观孙权的战时行踪，除了在上述三处都城常驻之外，主要是在"滨江兵马之地"——柴桑、陆口、公安、皖城、夏口等处临时停留活动，仅有几次统兵短暂攻击过江北的石阳与合肥，从未在远离长江数百里处久驻。另外，豫州之南及长江以南四百余里的地点，即属于孙吴的大后方，并无设置对魏作战的军事重镇之必要，事实上，吴国也没有在那一带建立过著名的关塞。

怎样才能合乎史实与逻辑地解释《魏书·贾逵传》的这条记载呢？从整段史料的叙述情况和当时的地理形势来看，笔者认为，"去江四百余里"指的是贾逵统领的豫州南境，陈寿在撰写《三国志》时，可能在此句之前省略了"豫州"二字，致使后人在理解上出现了一些困难。

当时，曹魏的豫州南以大别山脉为界，和长江之间隔有原来汉朝扬州的庐江郡，相距数百里。建安十七年（212），曹操命令滨江郡县居民内迁，引起骚乱。《三国志》卷47《吴书·吴主传》载："民转相惊，自庐江、九江、蕲春、广陵户十余万皆东渡江，江西遂虚，合肥以南惟有皖城。"这样，就在江北形成了一条人烟绝少的隔离地带，两国边境上只有一些军事据点，曹魏的军队主力和居民繁众之地离长江较远。例如《三国志》卷51《吴书·孙韶传》载魏"淮南滨江屯候皆彻兵远徙，徐、泗、江、淮之地，不居者各数百里"。《三国志》卷62

《吴书·胡综传》亦曰："吴将晋宗叛归魏，魏以宗为蕲春太守，去江数百里，数为寇害。"豫州南境的汝南、弋阳两郡，其治所距离江边约四百里，未与孙吴边境相邻。也正是由于这个缘故，如前引《三国志》卷16《魏书·杜恕传》所言，曹魏在太和年间并没有把豫州看作"缘边诸州"。

在这种形势下，吴国的军队若想攻击曹魏的豫州南境，必须舍舟陆行，不仅要放弃水战的特长，又要长途跋涉、转运粮草，困难是很多的。所以《魏书·贾逵传》记载孙权在考虑进攻的战略目标时，通常选择豫州两翼临水的庐江、江夏："每出兵为寇，辄西从江夏，东从庐江。"另一方面，曹魏的豫州州军远在项城（今河南省沈丘县），距离江畔有数百里之遥，对武昌、夏口的吴军并未构成威胁。因此《魏书·贾逵传》中写道："权无北方之虞，东西有急，并军相救，故常少败。"

如果用补注的方式标出《魏书·贾逵传》这段史料中省略的某些词语，其内容便易于理解了。试阅："时孙权在东关，当豫州南，（豫州）去江四百余里；（孙权）每出兵为寇，辄西从江夏，东从庐江。"这样认识既符合此时的历史状况，也不妨碍笔者对当时"东关"即武昌的解释。这里存在以下可能性，即陈寿撰写这段文字时，因为"去江四百余里"一句的主语"豫州"，与前一句"当豫州南"的词句有重叠，所以把它省略了。

《三国志》卷15《魏书·贾逵传》的第二条记载："太和二年，帝使逵督前将军满宠、东莞太守胡质等四军，从西阳直向东关，曹休从皖，司马宣王从江陵。逵至五将山，休更表贼有请降者，求深入应之。诏宣王驻军，逵东与休合进。逵度贼无东关之备，必并军于皖；休深入与贼战，必败。乃部署诸将，水陆并进，行二百里，得生贼，言休战败，（孙）权遣兵断夹石。……（逵）乃兼道进军，多设旗鼓为疑兵，贼见逵军，遂退。逵据夹石，以兵粮给休，休军乃振。"

这条史料提到贾逵曾督率满宠、胡质等所属的四支军队进攻东关。

《三国志》卷 26《魏书·满宠传》也叙述了此次军事行动，但误作太和三
年，卢弼在《三国志集解》卷 26 中已作纠正。《魏书·满宠传》的记载
明确地反映了他领兵征吴的方向并非东进，而是由豫州南下，直逼武昌
附近的夏口："（太和二年）秋，使曹休从庐江南入合肥，令宠向夏口。"
满宠发觉曹休若孤军深入，处境极为危险，便及时上疏请求朝廷准备给
予支援。"宠表未报，休遂深入。贼果从无强口断夹石，要休还路。休战
不利，退走。会朱灵等从后来断道，与贼相遇。贼惊走，休军乃得还"。
这也可以证明《魏书·贾逵传》中的"直向东关"并不是去进攻濡须或
东兴，而是前往武昌、夏口方向作战。

三、"东关（武昌）"名称来历的探讨

武昌在当时为什么又被称作"东关"呢？史籍当中对此并无明文记
载，笔者只能做些分析与推测。据《古今图书集成》所载，孙权将鄂县
名称改为"武昌"，是为了使这个地名带有褒扬之义，表示孙吴政权将要
"以武而昌"："章武元年，吴孙权自公安徙都，更鄂曰武昌。按县南有山
名武昌，权欲以武而昌，故名。"[①]曹魏与吴为敌，双方兵戈相见，对立仇
视。魏国若在当时承认"武昌"这个名称，则在政治影响上多少助长了
敌人的气焰，对自己有损无益。所以，如果魏方对此地点采取另一种叫
法，也是合乎情理的。

值得注意的是，《三国志》的《吴书》中，并没有出现把武昌称为
"东关"的记载，此类情况仅存在于《三国志》的《魏书》里，很可能反

---

① 〔清〕陈梦雷编撰，〔清〕蒋廷锡校订：《古今图书集成》第 15 册卷 1115《方舆汇
编·职方典·武昌府部汇考一·武昌府建置沿革考》"武昌县"条，中华书局、巴蜀书社，
1985 年，第 17723 页。

映了在此特定时期（孙权迁都武昌到诸葛恪于东兴筑堤建城），"东关"只是曹魏单方面用来称呼武昌的。从《三国志》的成书背景来看，陈寿修此书时，魏、吴两国先已有史，如官修的王沈《魏书》、韦昭《吴书》，以及鱼豢私撰的《魏略》。这三种书是陈寿所依据的基本材料，虽然做了某些改动，但是仍在很大程度上保留了原有的内容。《三国志·吴书》源于吴人的著作，吴人并不称武昌为"东关"，所以在其中见不到这类记载。而《魏书·贾逵传》中涉及"东关"的两条史料则带有较多的原始性，它们更为直接地反映了历史的实际情况，表明当时魏人对武昌的叫法是与吴人有别的。

此外，从地理位置来看，武昌被称作"东关"可能还有以下理由：

武昌、夏口附近地域在周代曾称为"鄂"，因为鄂城位于鄂地之东，在过去被称作"东鄂"。如《晋书》卷15《地理志下》武昌郡武昌县注曰："故东鄂也。楚子熊渠封中子红于此。"《太平寰宇记》卷112《江南西道十》鄂州"武昌县"条亦云："旧名东鄂，《系本》云：'楚子熊渠封中子红于鄂。'汉为鄂县。"黄初二年（221）孙权迁都武昌后，在当地筑城，自此"武昌"成为鄂地东部的军事重镇，这或许是它被称为"东关"的原因。

另一种可能性是，当时武昌和邻近的夏口并峙江上，成为相邻的两座雄关。后人苏轼的《前赤壁赋》曾云："西望夏口，东望武昌，山川相缪，郁乎苍苍。"也许是由于武昌在夏口之东，因此魏人把它叫作"东关"。

建兴元年（252）诸葛恪于东兴筑堤建城之后，"东关"这个地名开始被用来称呼东兴，并且得到了魏、吴双方的认可。而作为武昌别称的"东关"则渐渐湮晦，以致后来被人们淡忘了。

第十三章

———

蜀国在汉中的兵力部署与对魏战略之演变

在三国时代的长期混战里，汉中是蜀、魏双方频频用兵、争夺激烈的战略要地。从214年刘备占领成都、统治益州开始，到263年蜀国灭亡为止，在这50年的时间内，蜀汉对魏的多次大规模进攻行动和汉中有关。建安二十二年（217）至二十四年（219），刘备用法正之谋，举倾国之师，历时岁余夺取了汉中。《华阳国志》卷2曰："是后处蜀、魏界，固险重守，自丞相、大司马、大将军皆镇汉中。"蜀国常以该郡作为北伐的屯兵基地，屡次由当地发兵进攻曹魏。计有：

1. 建安二十四年，刘封自汉中乘水东下，与孟达配合，占领西城、上庸、房陵三郡。

2. 建兴六年（228），诸葛亮初出祁山，占据天水、陇西、南安三郡后，兵败街亭退还。

3. 建兴六年至七年（229），诸葛亮自故道进攻陈仓之役。

4. 建兴七年，陈式攻取武都、阴平。

5. 建兴八年（230），魏延、吴壹出兵阳溪击败郭淮。

6. 建兴九年（231），诸葛亮再出祁山，退兵时射杀张郃。

7. 建兴十二年（234），诸葛亮自斜谷兵出五丈原之役。

8. 延熙二十年（257）至二十一年（258），姜维领兵出骆谷，与邓艾、司马望相持于渭滨。

曹魏方面这一时期也对汉中地区很重视，数番出动大军进攻汉中，兵力多在十万以上[①]。计有：

1. 建安二十年（215），曹操统兵攻破阳平关，迫降张鲁，占领汉中。

2. 建安二十四年（219），曹操率众经褒斜道入汉中，救援张郃、郭淮诸军。

3. 太和四年（230），曹真、司马懿率兵自斜谷、骆谷、西城三道进攻汉中，遇雨被迫退兵。

4. 正始五年（244），曹爽、夏侯玄率众自骆谷入汉中，受到蜀将王平、费祎阻击，不利而还。

5. 景元四年（263），钟会统大军自斜谷、骆谷、子午谷伐蜀，直入汉中，攻陷关城，敲响了蜀国灭亡的丧钟。

历史事实表明，对于蜀汉政权来说，汉中一地的得失，实与国家的安危有着极为密切的关系。这一地区为什么会在蜀、魏战争中具有如此重要的作用？蜀国在汉中的军事部署前后发生过何种演变？这些变化给当时的政治军事形势带来了哪些影响？上述问题，笔者试在下文中分析研究。

---

①《三国志》卷8《魏书·张鲁传》注引《魏名臣奏》杨暨表曰："武皇帝始征张鲁，以十万之众，身亲临履，指授方略……"《三国志》卷40《蜀书·魏延传》载魏延曰："若曹操举天下而来，请为大王拒之；偏将十万之众至，请为大王吞之。"据此估计，曹操第二次兵临汉中时所领军队总数也应在十万以上。又见《三国志》卷43《蜀书·王平传》："（延熙）七年春，魏大将军曹爽率步骑十余万向汉川，前锋已在骆谷。"《三国志》卷28《魏书·钟会传》："（景元）四年秋，乃下诏使邓艾、诸葛绪各统诸军三万余人，艾趣甘松、沓中连缀维，绪趣武街、桥头绝维归路。（钟）会统十余万众，分从斜谷、骆谷入。"

一、汉中郡的地理特点及战略影响

秦汉时期的汉中郡地域辽阔，西起沔阳的阳平关（今陕西省勉县武侯镇），东至郧关（今湖北省十堰市郧阳区）和荆山，绵延千里。秦、西汉时其郡治在西城（今陕西省安康市），属下有西城、锡、安阳、旬阳、长利、上庸、武陵、房陵、南郑、成固、褒中、沔阳12县，东汉时裁至9县，郡治移在南郑（今陕西省汉中市）。汉献帝初平二年（191），张鲁割据汉中，改称为汉宁郡。建安二十年（215），曹操兵入南郑，遂降张鲁，复设汉中郡，但划出该郡东部的西城、安阳二县设西城郡（后称魏兴郡），割锡、上庸二县及武陵地设上庸郡，另设有房陵郡；上述三郡纳入荆州版图，时称为"东三郡"。至此，汉中郡的管辖领域大致与今汉中地区相同，仅剩下南郑、褒中、沔阳、成固四县。刘备在219年夺取该郡后，又增设了若干县级辖区，数目说法不一，据《〈补三国疆域志〉补注》考订，蜀汉汉中郡有七县，为南郑、褒中、沔阳、城固、蒲池[①]、南乡、西乡。

汉中地区之所以受到蜀、魏双方的重视，成为军事要镇，和以下几个方面有着密切关系：

（一）汉中处于蜀、魏两国的交界地带

三国时期，政治力量的地域分布态势是南北对峙，由南方的吴蜀联盟与占据北方中原的曹魏相抗衡。关中平原是魏国西部的经济、政治重心区域。自曹操击败马超、韩遂，占有此地后，设置卫觊等良吏，招抚

[①] "据唐孙樵《兴元新路记》一文所录晋太康元年（280）褒谷内摩崖文字，记载征调褒中、蒲池县石佐修治褒斜谷道事。可知蒲池县当在褒中县以北的褒斜道沿线，不会远在他处，约今留坝县东北、凤县、太白县交界处至眉县南部一带。"郭鹏：《汉中历史政区建置沿革研究》，《汉中师院学报》1998年第3期。

流亡，劝课农桑，兴修水利，大兴屯田，又多次从临近地区向那里迁徙人口，使当地的生产迅速恢复，军事力量逐步增强，成为对蜀作战的强大基地。蜀汉的基本统治区域则是以成都平原为中心的四川盆地，汉中郡坐落在关中和巴蜀之间，属于两大区域交界的中间地带，蜀、魏两国为了保卫自己根据地的安全，有必要把重兵部署在敌我接壤之处，以便阻止对方军队入境践踏劫掠；同时，也造就了己方军队可以迅速开赴敌境的有利态势。占据汉中，具有防止敌人入侵和准备出击的双重作用，所以这一地区成了割据战争中蜀、魏尽力争夺的前哨阵地。如顾祖禹所言："府北瞰关中，南蔽巴、蜀，东达襄、邓，西控秦、陇，形势最重。春秋以来属楚，故楚为最强，秦不能难也。秦惠文君十三年攻汉中，取地六百里，置汉中郡，而楚始见陵于秦矣。"[①]

　　例如，刘备在建安十九年（214）占领益州后，曹操立刻意识到关中所受的威胁。为了不让刘备抢先夺得汉中，进逼秦陇，曹操迅速在第二年率军西征，打败张鲁，控制了这一战略要地，并派遣张郃领兵侵入巴中，"割蜀股臂"。刘备也随即采取了针锋相对的措施，倾注全力与曹操争夺汉中，经过岁余的反复交锋，终于迫使曹军撤退，获得了这块宝贵的领土。在此后数十年内，该郡的防御为蜀国的安全提供了切实的保障。如乐史所称："汉中实为巴蜀捍蔽，故先主初得汉中，曰：'曹操虽来，无能为也。'是以巴蜀有难，汉中辄没。自公孙述、先主、李雄、谯纵据蜀，汉中皆为所有。氐虏接畛，又为威御之镇。"[②]

（二）汉中是道路汇集、通往几个战略方向的交通枢纽

　　汉中地区之所以受到蜀、魏两国统帅的重视，另一个原因就是该郡

---

① 〔清〕顾祖禹：《读史方舆纪要》卷 56《陕西五》，中华书局，2005 年，第 2660 页。
② 《太平寰宇记》卷 133《山南西道一》"兴元府"条。

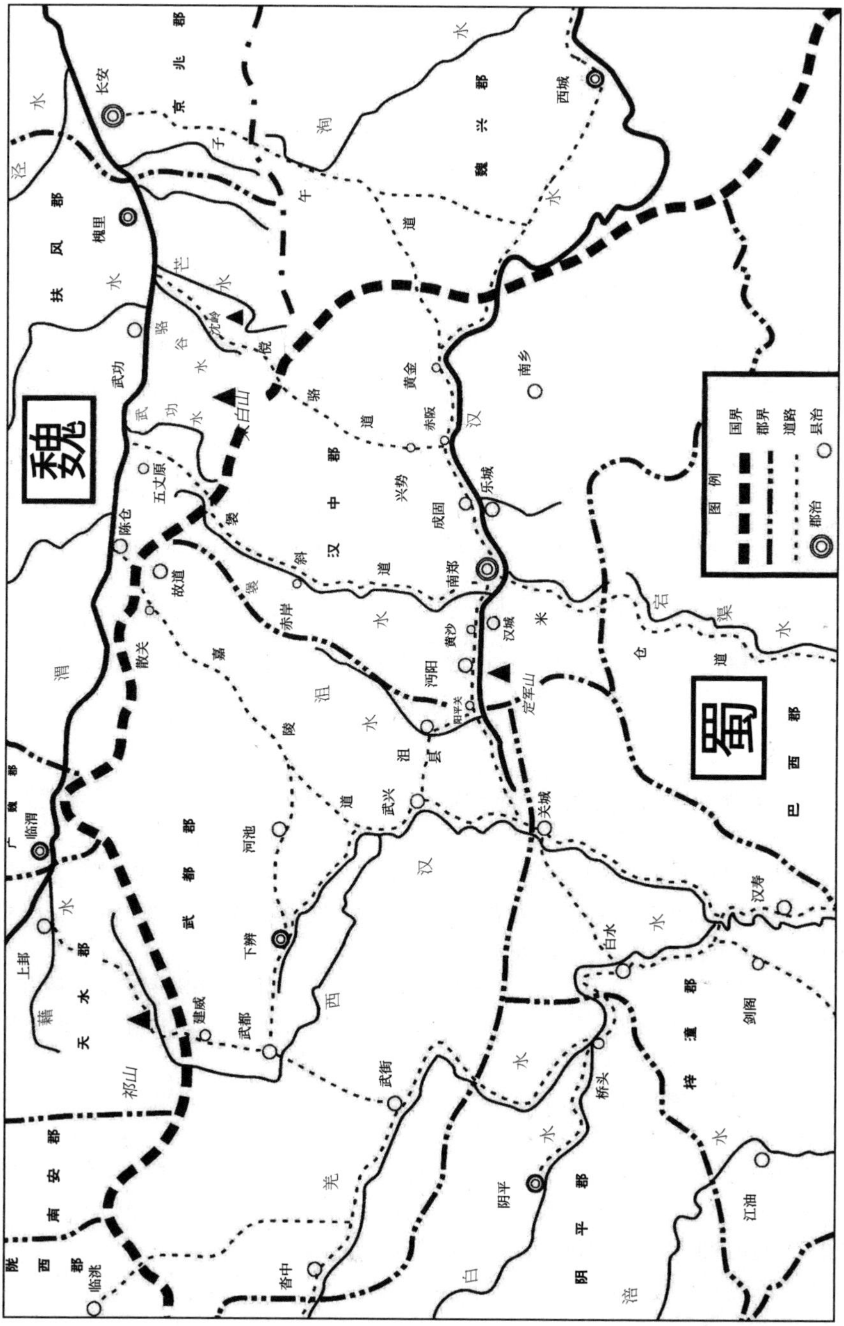

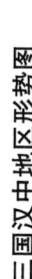

三国汉中地区形势图

四通八达，川陕之间的多条交通路线经过此地，并且可以东出襄樊，西抵陇右，是兵家所谓的"衢地"，即现代军事学所言的战略枢纽。

关中平原通往四川盆地的道路中，较为近捷的是穿越秦岭山脉中间的几条通道，即褒斜道、傥骆道和子午道，到达汉中后，再通过金牛道或米仓道，分别进入川西（成都平原）和川东（嘉陵江以东的巴地）。这五条道路汇集在汉中盆地，以南郑为中心①。下面予以详述。

1. **雍州方向**。在汉中之北，通往关中平原。主要有三条道路。

（1）褒斜道。以南循褒谷、北走斜水而得名②。此道路程为五百余里③，由南郑出发，向西北行至褒中县（今陕西省勉县褒城镇），进入褒水（今褒河）河谷北行，过石门、三交城、赤崖（又称赤岸），抵达褒水源头。此处和与它对应的斜水（今石头河）河谷有分水岭相隔，古称五里坂④。出谷便是魏国扶风郡郿县的五丈原，面临渭水。在秦岭诸道当中，这条道路的旅途最短，有利于节省通行时间，故汉代关中通往巴蜀的驿

---

① "《志》曰：汉中入关中之道有三，而入蜀中之道有二。所谓入关中之道三者，一曰褒斜道，二曰傥骆道，三曰子午道也。所谓入蜀中之道二者，一曰金牛道，二曰米仓关道也。今縣关中以趋汉中，縣汉中以趋蜀中者谓之栈道。其北道即古之褒斜，南道即古之金牛。而子午、傥骆以及米仓之道，用之者或鲜矣。"〔清〕顾祖禹：《读史方舆纪要》卷56《陕西五》，中华书局，2005年，第2663页。

② "褒斜道，今之北栈。南口曰褒，在褒城县北十里；北口曰斜，在凤翔府郿县西南三十里。总计川陕相通之道，谷长四百七十里，昔秦惠王取蜀之道也。"〔清〕顾祖禹：《读史方舆纪要》卷56《陕西五》，中华书局，2005年，第2663页。

③《史记》卷29《河渠书》："天子以为然，拜（张）汤子卬为汉中守，发数万人作褒斜道五百余里。"

④ "褒、斜二水在今太白县五里坡相近，一在坡西，一在坡东。五里坡古称五里坂，是一个长五六华里的一面斜坡，坡下为斜水中游桃川谷的平坦川道，坡上则为红岩河上游虢川平地的宽阔草滩与农田。短短五六华里的坡路，就把褒、斜二水的河谷贯通，成为'褒斜道'。"王开主编：《陕西公路交通史》，陕西人民出版社，1989年，第99页。又《史记》卷29《河渠书》："漕从南阳上沔入褒，褒之绝水至斜，间百余里。"其说与之不同。

路就设在此道。就传世的金石铭文来看，两汉修筑褒斜道路的次数比较多，反映出其往来利用频繁，是秦岭诸道中较为重要的一条。如司马迁在《史记》卷 129《货殖列传》里所言："（巴蜀）然四塞，栈道千里，无所不通，唯褒斜绾毂其口。"

（2）傥骆道。由汉中盆地东端的城固（今陕西省洋县）入傥水河谷，过分水岭后，再沿骆谷进入关中平原。《读史方舆纪要》卷 56《陕西五》汉中府："傥骆道，南口曰傥，在洋县北三十里；北口曰骆，在西安府盩厔县西南百二十里。谷长四百二十里，其中路屈曲八十里，凡八十四盘。"傥骆道的路程虽然短促，但是中间的绝水地段较褒斜道为长，山路险峻，通行困难。

（3）子午道。该道在长安正南，经子午谷循池水而行，到达汉中盆地。《读史方舆纪要》卷 56《陕西五》汉中府："子午道，今新开。南口曰午，在洋县东百六十里；北口曰子，在西安府南百里。谷长六百六十里，或曰即古蚀中也。项羽封沛公为汉王，都南郑。汉王之国，从杜南入蚀中，去辄烧绝栈道，盖即此。汉元始五年王莽通子午道，从杜陵直绝南山径汉中。后汉顺帝初，诏罢子午道，通褒斜路。"其汉魏时路线由今西安市向南，沿子午谷入山后转入沣水河谷，翻越秦岭，经洵河上游，南过腰竹岭，顺池河到汉江北岸的池河镇附近，又陡转西北，大致沿汉江北岸，绕黄金峡西到南段的终端，即城固县东的龙亭，此处与傥骆道的南口相近，这两条道路在城固会合后，再西行至盆地的中心南郑。见《读史方舆纪要》卷 56《陕西五》汉中府洋县："子午谷，胡氏曰：'在县东百六十里。'《寰宇记》：'县东龙亭山，由此入子午道。'是也。又傥谷，在县北三十里，即骆谷之南口也。"

2. **益州方向**。在汉中之南，通往四川盆地，主要有两条道路：

（1）金牛道。又称"剑阁道""石牛道"。自汉中盆地西端的古阳平关（今陕西省勉县武侯镇）西南行，穿越巴山至葭萌（即蜀汉之"汉寿"，在今四省川广元市老昭化北）与陈仓道会合①，南行穿过剑门山，即天险剑阁，经梓潼、涪（今四川省绵阳市）、雒（今四川省广汉市）到达成都。这是巴山通道中较为重要的一条，也是历史上联系长安和成都的一条主要交通动脉。《读史方舆纪要》卷56《陕西五》"汉中府"曰："金牛道，今之南栈。自沔县而西南至四川剑州之大剑关口，皆谓之金牛道，即秦惠王入蜀之路也。自秦以后，繇汉中至蜀者，必取途于此，所谓蜀之喉嗌也。"

（2）米仓道。自南郑向南行，溯汉水的支流濂水而进，穿越巴山山脉的西段——米仓山，再沿宕渠水（今巴水河上游）而行，即到达巴中②。建安二十年（215），曹操兵入汉中，张鲁南逃时就是走的这条路线。由此向西，可以到达巴西郡的首府阆中，取道西至成都。若继续顺流而下，则能抵达宕渠（今四川省渠县）、垫江（今重庆市合川区），汇入西汉水（嘉陵江），南入大江。张鲁归降后，曹操命张郃南徇三巴，曾进军至宕渠之蒙头、荡石，为张飞所败，逃回汉中。

此外，关中入蜀的另一条重要路线——陈仓道（又称故道、嘉陵道），也和汉中有着密切的联系。陈仓道由长安沿渭水西行至陈仓（今陕西省宝鸡市），翻越秦岭山脉的西端，向西南过散关，沿着嘉陵江的北段而下，经河池（今甘肃省徽县）、武兴（今陕西省略阳县）、关城（今陕西省阳平关）、白水关（今四川省青川县东北），至葭萌（汉寿县）与金牛道会合入蜀。

---

① "这条古道应从古南郑（汉中）经勉县西南烈金坝。烈金坝'一名金牛驿，即秦人置石牛处也'。接着又入宁强东北的五丁峡（金牛峡）。其地'山如斧劈，临壁凌空，步步缅而上下'，古道出五丁峡经今七盘关、龙门阁和明月峡的古栈道入古葭萌（广元昭化），再经剑门、柳池驿、武连驿、梓潼送险亭、五妇岭、石牛铺入成都。"蓝勇：《四川古代交通道路史》，西南师范大学出版社，1989年，第9页。

② "米仓山，在（汉中）府西南百四十里，牟子才云'汉中前瞰米仓'是也。又孤云山，在米仓西，《志》云'山在褒城县南百二十里，亦曰两角山'；皆出达巴中之道也。"〔清〕顾祖禹：《读史方舆纪要》卷56《陕西五》，中华书局，2005年，第2674页。

陈仓道迂回遥远，不若褒斜道近捷。如《史记》卷29《河渠书》所言："抵蜀从故道，故道多阪，回远。今穿褒斜道，少阪，近四百里。"但是较为平坦易行，又有嘉陵江的水运之便，所以历来颇受人们重视。汉代四川的物资北运秦陇，除了走褒斜道外，也经漕运至沮县（今陕西省略阳县），再走陈仓道进入关中①。这条道路虽然未入汉中境界，但是其途中的要枢——沮县，即蜀国之武兴临近汉中西陲的要塞阳平关，并有水路可通漕运。曹魏的军队如果未能占领汉中，想走陈仓道入蜀，会受到东侧蜀军的严重威胁，很容易被其出击阻截。或者蜀军先放魏师通过，随后切断补给供应，使魏军陷入大军乏粮的窘境。

另外，巴蜀政权向关中的进军，也可以从汉中出发，经阳平关、沮县（武兴）北上，走陈仓道穿越秦岭。汉高祖刘邦的"明修栈道，暗度陈仓"，以及诸葛亮的二次北伐，都使用了这条道路。

3. **凉州方向**。由汉中西行，出阳平关至武兴后，除了可以沿故道北上陈仓，南下关城之外，还可以经多条道路通往原来汉朝的凉州地区：

（1）武都、阴平。这两郡位于汉中之西，在今甘南藏族自治州境，

---

① "四川的布谷利用嘉陵水运可以运到沮县（略阳），以上就有两个去路：一条是沿着嘉陵江支流黑峪河经下辨（成县）运到武都、天水等地，这就是虞诩所开的船道，另一条则先出散关、陈仓运往长安，汉析里桥'郙阁颂'：

惟斯析里，处汉之右……汉水逆瀼，稽滞行旅，路当二州，经用由沮。……常车迎布，岁数千两。

析里的郙阁即今略阳西二十里的临江崖，这里的汉水为西汉水即嘉陵江，沮就是现在的略阳。四川一向以布帛著名，'常车迎布，岁数千两'，跟上引虞诩传漕布谷集中沮县情形符合。铭文中的'路当二州'，其一指益州，其二则指凉州（陇西、武都诸郡）。铭文最后提到李翕派人造析里大桥，'醳散关之渐瀿，从朝阳之平燥'，这就是指由沮县北上嘉陵道出散关到关中的道路情形，由此可以证明沮县是当时四川布谷集中之地，从这里然后分散到陇西跟关中地区。"黄盛璋：《川陕交通的历史发展》，《地理学报》1957年第11期。

"土地险阻，有麻田、氐叟，多羌戎之民"①。东汉中叶，武都太守虞诩曾动员吏士，开通自沮至武都郡治下辨（今甘肃省成县）的嘉陵江支流航道②，再往西南即到达阴平。二郡北与曹魏的天水、南安、陇西等郡接壤，南临益州的梓潼郡，阴平有景谷道（又名左担道）通往江油和涪县，是蜀汉政权西北的侧门，后来邓艾灭蜀便是经由此途。武都、阴平若是落入敌手，蜀地和汉中西境都会受到威胁，故此刘备曾遣吴兰、雷铜领兵争夺该地，但是败于曹洪。建兴七年（229）诸葛亮派陈式自汉中起兵，攻占二郡。汉中和武都之间有水路相通，诸葛亮再出祁山时，便由此途以舟船运送兵员粮草。见《华阳国志》卷7《刘后主志》："（建兴）九年春，丞相亮复出围祁山，……盛夏雨水，（李）平恐漕运不给，书白亮宜振旅。"刘琳解释道："这里说的漕运即后汉虞诩所开的从沮县到下辨的漕运河道。《后汉书·虞诩传》：虞诩为武都太守，住下辨，'先是运道艰险，舟车不通，驴马负载，僦五致一。诩乃自将吏士案行川谷，自沮至下辨数十里皆烧石翦木，开漕船道，以人僦直雇借佣者，于是水运通利'。沮县在今陕西略阳东，下辨在今甘肃成县西。虞诩所开漕运道盖自今略阳溯嘉陵江、青源河及成县南河而达下辨。以后汉中的粮食经由此漕运到武都。"③诸葛亮病逝后，武都、阴平又成为姜维北伐的主要屯兵地。

（2）祁山、天水。由武兴至下辨（今甘肃省成县）或河池（今甘肃省徽县），均有陆路北行，经祁山（今甘肃省礼县东北）一带进入陇西的天水郡界。这组道路可以绕过秦岭的西侧，避开其险峻难登的不利地形。

①〔晋〕常璩撰、刘琳校注：《华阳国志校注》卷2《汉中志》，巴蜀书社，1984年，第155页。

②《后汉书》卷58《虞诩传》："（迁武都太守）先是运道艰险，舟车不通，驴马负载，僦五致一。诩乃自将吏士，案行山谷，自沮至下辨数十里中，皆烧石翦木，开漕船道，以人僦直雇借佣者，于是水运通利，岁省四千余万。"

③〔晋〕常璩撰、刘琳校注：《华阳国志校注》卷7《刘后主志》，巴蜀书社，1984年，第560～561页。

蜀汉后主建兴六年（228）诸葛亮初次北伐，未听魏延"直从褒中出，循秦岭而东，当子午而北"的建议，就是采用了这条较为安全的进军路线："亮以为此县（悬）危，不如安从坦道，可以平取陇右，十全必克而无虞，故不用延计。"①

4. **荆州方向**。在汉中之东，自盆地东端的成固沿汉水而下，可以从秦岭、巴山之间的缺口向东到达西城（今陕西省安康市），后人称为"西城道"。循汉水东进过旬阳、锡县（今陕西省白河县）至郧关（今湖北省十堰市郧阳区），东去陆路可入南阳盆地，抵达名都宛城（今河南省南阳市），这就是历史上的"旬关道"。从郧关东南顺流而下，则到达江汉平原的北方门户重镇——襄阳。自西城东南陆行，还有一条支路可达上庸（今湖北省竹山县）、新城（今湖北省房县），然后能够南下秭归，或者东去襄阳。

三国时期，这一战略方向也发生过几次军事行动。如建安二十四年（219），刘备夺取汉中后，为了实现"隆中对"时制定的"跨有荆益"作战计划，曾令关羽北攻襄阳，又命刘封乘汉水东进，与孟达配合，占领西城、上庸、房陵三郡。后来孟达降魏，引兵来攻，蜀汉的上庸太守申耽又乘机反叛，刘封才丢弃西城，败归成都。

曹魏太和四年（230），荆州都督司马懿配合曹真伐蜀，亦由宛西进，溯汉水而上，企图夺取汉中，后来道遇霖雨而还。

诸葛亮死后，蒋琬镇守汉中时，也曾有过利用汉水航运向东进攻，攻占魏兴、上庸等地的打算。②

综上所述，秦陇与巴蜀、襄樊联系的交通道路，大多汇总于汉中。此地实为四通五达之衢，占领该地攻防俱便，容易掌握军事上的主动权，因此地位十分重要。张浚曾言："汉中实天下形势之地。号令中原，必基

①《三国志》卷40《蜀书·魏延传》注引《魏略》。
②《三国志》卷44《蜀书·蒋琬传》："琬以为昔诸葛亮数窥秦川，道险运艰，竟不能克，不若乘水东下。乃多作舟船，欲由汉、沔袭魏兴、上庸。会旧疾连动，未时得行。"

于此。……前控六路之师，后据两川之粟，左通荆襄之财，右出秦陇之马。"①《读史方舆纪要》卷56《陕西五》亦引牟子才曰："汉中前瞰米仓，后蔽石穴，左接华阳、黑水之壤，右通阴平、秦、陇之墟，黄权以为蜀之根本，杨洪以为蜀之咽喉者，此也。"曹魏若是占领汉中，可以从多条道路威胁巴蜀，使其防不胜防。而蜀国如果握有此地，控制这个交通枢要，则能够阻击截断由关中穿越秦岭的诸条路线，保证成都平原的安全。若要采取进攻态势，向北方中原用兵，可以选择几个战略方向进军，神出鬼没，使敌人难以判断。例如诸葛亮和姜维的多次北伐，都是以弱攻强，虽然和魏军互有胜负，但是主动权往往掌握在蜀汉方面。原因之一，就是蜀国占据了汉中要地，能够利用其通达性，转换进军方向，起到出敌不意的效果。如诸葛亮初次北伐，用赵云、邓芝所部在箕谷佯动，作为疑兵，然后师出祁山。致使"南安、天水、安定三郡叛魏应亮，关中响震"②。诸葛亮在屡次进攻陇右之后，又突然走褒斜道穿越秦岭，兵临五丈原。姜维也曾在频频出击陇西之际，挥师由骆谷直入秦川，皆为此类战例。

（三）汉中地形险要，利于守方防御

蜀国以区区一州之域对抗雄踞中原的曹魏，在很大程度上得益于地理条件。如《博物志》卷1所言："蜀汉之土，与秦同域，南跨邛筰，北阻褒斜，西即隈碍，隔以剑阁，穷险极峻，独守之国也。"在与魏军抗争时，汉中首当其冲。它的四周群山环绕，峡谷纵横，地形相当复杂，构成了交通往来的巨大障碍。《栈道铭》称汉中："秦之坤，蜀之艮，连高夹深，九州之险也。阴溪穷谷，万仞直下，奔崖峭壁，千里无土。"其北边的秦岭雄峙于渭水之南，西起嘉陵江，东至丹水河谷，横长约400千

---

①《建炎以来系年要录》卷28。
②《三国志》卷35《蜀书·诸葛亮传》。

米，纵宽100~180千米，海拔多在2000米左右，给关中入蜀的各条通道带来处处险阻。汉中南边的巴山，自嘉陵江谷向东，绵延千余里，耸立于川、陕、鄂三省之间，又是四川盆地北部的天然屏障。曹魏军队入蜀，必须越过这两条山脉，或穿行于深峡穷谷，或攀登上座座高阪，其途之艰险可知。尤其是秦岭诸道的河谷两侧，多有悬崖峭壁，人马难以立足通行，因此古来常在沿途凿山架木，修建栈道①。汉中西陲的阳平关、东端的黄金戍，也是著名的天险。守御的一方可以烧绝栈道阻挡敌寇，凭借山险设置要塞，或利用峡谷以小股游军抄掠对方的辎重粮草，能够起到以寡制众的效果。例如：

建安二十年（215），曹操亲率十万大军西征汉中，张鲁之弟张卫据守阳平关，"横山筑城十余里，攻之不能拔"②。曹操感叹汉中地势之险，恐怕对峙日久，有全军覆没的危险，故下令撤退，称："作军三十年，一朝持与人，如何？"③后因张卫等闻讯懈怠，被曹军偷袭得手，才侥幸进入汉中。

建安二十四年（219），刘备在定军山阵斩夏侯渊，凭险固守，迫使

① 秦岭诸道的栈道情况可见：褒斜道，"李文子曰：'自褒城县北褒谷至凤州界一百五十里，始通斜谷。谷中褒水之所经，皆穴山架木而行。'《汉中志》：'褒斜谷中宋时有栈阁二千九百八十九间，元时有板阁二千八百九十二间。历代制作，增损不定。'……自凤县至褒城皆大山，缘坡岭行，有缺处，以木续之成，道如桥然，所谓栈道也。其间乔木夹道，行者遇夜或宿于岩穴间。出褒城地始平。"〔清〕顾祖禹：《读史方舆纪要》卷56《陕西五》汉中府，中华书局，2005年，第2667~2668页。子午道，《水经注》卷27《沔水上》："（直）水北出子午谷岩岭下，又南枝分，东注旬水。又南径蒨阁下，山上有戍，置于崇阜之上，下临深渊，张子房烧绝栈阁，示无还也。又东南历直谷，径直城西，而南流注汉。""子午道，……项羽封沛公为汉王，都南郑。汉王之国，从杜南入蚀中，去辄烧绝栈道，盖即此。"〔清〕顾祖禹：《读史方舆纪要》卷56《陕西五》，中华书局，2005年，第2669页。又，陈仓道中也有栈道，参见黄盛璋：《川陕交通的历史发展》，《地理学报》1957年第11期。

②《三国志》卷1《魏书·武帝纪》。

③《三国志》卷8《魏书·张鲁传》注引《魏名臣奏·杨暨表》。

曹操退回关中。参加这两次战役的曹魏君臣对当地的绝险深有感触。曹操事后"数言'南郑直为天狱，中斜谷道为五百里石穴耳'，言其深险，喜出（夏侯）渊军之辞也"①。曹丕也说："汉中地形实为险固，四岳三涂皆不及也。张鲁有精甲数万，临高守要，一夫挥戟，千人不得进。"②后来魏明帝欲攻打汉中，大臣孙资亦引曹操西征故事来劝阻，言："今若进军就南郑讨（诸葛）亮，道既险阻，计用精兵又转运镇守南方四州遏御水贼，凡用十五六万人，必当复更有所发兴，天下骚动，费力广大，此诚陛下所宜深虑。"③曹叡因此取消了作战计划。

此后，汉中的险要地势仍给曹魏大军的西征带来许多挫折与困难。如太和四年（230），曹真、司马懿率兵自斜谷、骆谷、西城三道进攻汉中，"兵行数百里而值霖雨，桥阁破坏，后粮腐败，前军县（悬）乏"④。大臣王肃上疏建议撤军，曰："前志有之：'千里馈粮，士有饥色，樵苏后爨，师不宿饱。'此谓平涂之行军者也。又况于深入阻险，凿路而前，则其为劳必相百也。今又加之以霖雨，山坂峻滑，众逼而不展，粮县（悬）而难继，实行军者之大忌也。闻曹真发已逾月而行裁半谷，治道功夫，战士悉作。是贼偏得以逸而待劳，乃兵家之所惮也。"⑤后来只得回师。

正始五年（244），曹爽、夏侯玄率众自骆谷入汉中，在兴势受到蜀军阻击，逾月不得进。司马懿给夏侯玄写信道："'《春秋》责大德重，昔武皇帝再入汉中，几至大败，君所知也。今兴平路势至险，蜀已先据；若进不获战，退见徼绝，覆军必矣。将何以任其责！'玄惧，言于爽，引军退。费祎进兵据三岭以截爽，爽争崄苦战，仅乃得过。所发牛马运

---

① 《三国志》卷 14《魏书·刘放传》注引《孙资别传》。
② 《太平御览》卷 353《兵部·戟下》引《魏文帝书》。
③ 《三国志》卷 14《魏书·刘放传》注引《孙资别传》。
④ 《三国志》卷 27《魏书·王基传》注引《战略》。
⑤ 《三国志》卷 13《魏书·王肃传》。

转者，死失略尽，羌、胡怨叹，而关右悉虚耗矣。"^①魏军损失重大。

（四）汉中具有丰富的经济资源

汉中受到蜀、魏双方重视的另一个原因，在于当地拥有得天独厚的自然条件。汉中盆地山环水绕，气候温润，土地肥饶，多有利于农业垦殖的河川平原和丘陵、平坝。《华阳国志》卷2《汉中志》称其"厥壤沃美，赋贡所出，略侔三蜀"，曾与天府之国四川齐名。境内汉水及其大小支流纵横交织，便于发展水利事业，稻麦皆宜。盆地周围的秦巴山地森林茂盛，"褒斜材木竹箭之饶，拟于巴蜀"^②。据《汉书·地理志》《后汉书·郡国志》及《元和郡县图志》记载，汉中有数县出产铁矿、铜矿，可以开采冶炼。

种种优越的自然条件，使汉中获得了较早的开发。战国时期，当地就已成为天下知名的经济区域。《战国策·秦策一》载苏秦说秦惠王曰："大王之国，西有巴、蜀、汉中之利，北有胡貉、代马之用。"秦亡之后，刘邦被项羽封为汉王，都南郑，曾听从萧何的建议，在那里广开堰塘，练兵积谷，为后来出兵三秦、东进中原准备了物质基础。《华阳国志》卷2《汉中志》载刘邦进军关中后，"萧何常居守汉中，足食足兵"。当时修建的水利设施至后代仍得到了长期的修缮沿用。^③西汉时武帝曾听从张汤等人的建议，"拜汤子卬为汉中守，发数万人作褒斜道五百余里"，为的是"汉中之谷可致（长安）"^④，可见汉中农业之发达。汉末张鲁割据巴汉，多

---

① 《三国志》卷9《魏书·曹爽传》注引《汉晋春秋》。

② 《史记》卷29《河渠书》。

③ 汉初水利设施遗迹有山河堰，在今褒城镇南，原名萧何堰，相传为萧何所建，后传讹为山河堰，见《宋史》卷95《河渠志》、卷173《食货志·上一》。又有张良渠，见《水经注》卷27《沔水上》："壻水又东径七女冢，……水北有七女池，池东有明月池，状如偃月，皆相通注，谓之张良渠，盖良所开也。"

④ 《史记》卷29《河渠书》。

有聚敛。曹操占领汉中后，曾"尽得鲁府库珍宝"①，并用缴获的物资大犒三军，随同出征的文人王粲在诗中描写当时的情景："陈赏越丘山，酒肉逾川坻，军人多饫饶，人马皆溢肥。徒行兼乘还，空出有余资。"②由此能够看出当地物产的丰富。

对于蜀、魏两国来说，如果部署大量军队在秦岭或巴山一带作战，粮草供应是一个生死攸关的问题。虽然关中和巴蜀沃野千里，盛产粮粟，但是出征路途险阻，转运维艰。若是能在前线附近就地解决部分给养，可以节省大量的人力、物力，减少国家的耗费。汉中盆地恰恰是川陕之间理想的屯兵垦殖场所，蜀国夺取汉中后，诸葛亮和他的继任者都曾在那里大兴屯田，并设立督农官职，劝课农桑，利用当地的山水沃土耕种粟谷，显著减弱了前方军粮供给不足的矛盾。

综上所述，汉中地区具有临近边界、道路汇集、地形险要、物产丰富等多种优越的地理条件，利于驻兵镇守和向敌境出击，具有重要的战略价值。在三国时期的割据混战中，占据汉中的一方可以获得政治、经济、军事等诸方面的好处，有益于巩固自己的统治地位。如阎圃所称："汉川之民，户出十万，财富土沃，四面险固。上匡天子，则为桓、文，次及窦融，不失富贵。"③因此，该地区受到蜀、魏两国的高度重视，引起了对该地区的激烈争夺。

二、蜀国对魏战略与汉中兵力部署之演变

三国时期，蜀国对汉中地区的兵力部署屡屡做出调整。这和它在各历史阶段对魏作战方略的不同有着直接关系。分述如下：

---

① 《三国志》卷 1《魏书·武帝纪》。
② 《文选》卷 27 王粲《从军诗五首·之一》。
③ 《三国志》卷 8《魏书·张鲁传》。

（一）刘备亲征汉中时期

这一时期从建安二十二年冬（217）刘备发兵进攻汉中，至建安二十四年（219）七月攻占汉中全境后撤军回川为止，其特点是向这个战略方向投入了主力部队，并且倾注了全蜀人员、财赋的支持，直至取得战役的胜利。

1. 背景——曹操占领汉中及刘备的初步应对。 赤壁之战以后，曹操和孙权、刘备形成了南北对峙的局面，在江北沿线相持不下的状况难以打开，因此都想在敌对势力较为弱小的西部地区扩张，壮大自己的力量，制约对手。曹操于建安十六年（211）进兵关中，驱逐了马超、韩遂。而孙权和刘备却企图占据益州和凉州，汉中这块战略要地也引起了他们的觊觎。《三国志》卷32《蜀书·先主传》注引《献帝春秋》曰："孙权欲与备共取蜀，遣使报备曰：'米贼张鲁居王巴、汉，为曹操耳目，规图益州。刘璋不武，不能自守。若操得蜀，则荆州危矣。今欲先攻取璋，进讨张鲁，首尾相连，一统吴、楚，虽有十操，无所忧也。'备欲自图蜀，拒答不听。"

建安十九年（214）四月，刘备占领成都，统治了益州，奠定了蜀汉政权的基业。刘备闯荡半生，屡受挫折，长期未有立足之地。赤壁之战以后，他虽然从孙吴手中借得荆州栖身，但是形势仍然窘迫。正如诸葛亮所言："主公之在公安也，北畏曹公之强，东惮孙权之逼，近则惧孙夫人生变于肘腋之下；当斯之时，进退狼跋。"[①]直到攻占益州后，才"翻然翱翔，不可复制"。曹操始终把刘备视为自己的强劲对手，当初他听到孙权"以土地业备，方作书，落笔于地"[②]。此时刘备全取益州，自然会给曹操极大的震动。曹操采取的对策，就是针锋相对地出兵攻占川

[①]《三国志》卷37《蜀书·法正传》。
[②]《三国志》卷54《吴书·鲁肃传》。

陕的中间地带——汉中。这一举措既保护了关中腹地，又能对巴蜀造成直接的威胁。

　　曹操经过准备，乘刘备领兵东下，与孙权争夺长沙、零陵、桂阳，蜀中兵力空虚之际，于建安二十年（215）三月亲率大军十万西征；七月抵达阳平关，攻破该城后，张鲁被迫逃往巴中；八月，曹操进驻汉中首府南郑，随即派遣使者去巴西劝降张鲁和当地少数民族首领，此举获得了成功。"九月，巴七姓夷王朴胡、賨邑侯杜濩举巴夷、賨民来附，于是分巴郡，以胡为巴东太守，濩为巴西太守，皆封列侯。……十一月，（张）鲁自巴中将其余众降。封鲁及五子皆为列侯。"[①]至十二月，曹操留征西将军夏侯渊、张郃、益州刺史赵颙等镇守汉中，并命令张郃南侵巴地，强迫迁徙当地居民到汉中，自领大众撤还邺城。

　　曹操进占汉中对蜀汉造成了严重的威胁。益州士民刚刚归降刘备，众心未定，闻讯普遍震恐。《三国志》卷14《魏书·刘晔传》注引《傅子》曰："蜀降者说：'蜀中一日数十惊，备虽斩之而不能安也。'"另外，"曹公使夏侯渊、张郃屯汉中，数数犯暴巴界"[②]，也使川东地区不得安宁。刘备深感局势危急，便向孙权求和，割长沙、江夏、桂阳东属，收兵回川；任命黄权为护军，"率诸将迎（张）鲁，鲁已降，权遂击朴胡、杜濩、任约，破之"[③]；又令大将张飞领兵击败张郃，收复了巴山以南的失地，使局势重新稳定。

　　2.刘备进攻汉中的兵力部署。两年之后，刘备在益州的统治基本巩固。他听从法正之谋[④]，利用曹军主力退还中原，汉中守军薄弱、将帅才略不足的有利形势，出兵北伐，夺取了这块战略要地。蜀汉方面的兵力

①《三国志》卷1《魏书·武帝纪》建安二十年。

②《三国志》卷32《蜀书·先主传》建安二十年。

③《资治通鉴》卷67汉献帝建安二十年十一月。

④《三国志》卷37《蜀书·法正传》载建安二十二年（217）"法正说先主曰"条。

部署可以根据此次战役的进展情况划分为三个阶段。

（1）相持阶段。自东汉建安二十二年（217）冬刘备发兵进攻汉中，至建安二十四年（219）春，蜀军逾阳平关进入汉中盆地之前。刘备投入这次战役的兵力分为东西两部。

甲、东路。为蜀军主力，由刘备亲自统率，具体人数史无详载。据《三国志》卷32《蜀书·先主传》所载，刘备在两年前东征长沙三郡时所领的主力部队为5万人，此次可能大致相同。这支队伍是蜀军的精锐，以法正为谋主，部将有赵云、黄忠、魏延、刘封、陈式、张翼、高详等人，留诸葛亮在成都镇守接济。进军路线是北出汉寿后走金牛道，企图攻占阳平关，由西边进入汉中。魏将夏侯渊、张郃、徐晃等率兵利用阳平关附近的险要地势加以阻击，双方相持了将近一年[1]。其间刘备曾派陈式带领小股部队阻绝马鸣阁道，欲截断汉中魏军的后方补给路线，被徐晃击败。[2] 据《三国志》卷17《魏书·张郃传》所载："刘备屯阳平，郃屯广石。备以精卒万余，分为十部，夜急攻郃。郃率亲兵搏战，备不能克。"由于战事不利，兵力消耗很大，刘备急令诸葛亮发兵支援。《三国

---

[1]《三国志》卷9《魏书·夏侯渊传》："（建安）二十三年，刘备军阳平关，渊率诸将拒之，相守连年。"

[2]《三国志》卷17《魏书·徐晃传》："太祖还邺，留晃与夏侯渊拒刘备于阳平。备遣陈式等十余营绝马鸣阁道，晃别征破之，贼自投山谷，多死者。太祖闻，甚喜，假晃节，令曰：'此阁道，汉中之险要咽喉也。刘备欲断绝外内，以取汉中。将军一举，克夺贼计，善之善者也。'"马鸣阁的地点，据胡三省注《资治通鉴》卷68曰："马鸣阁，在今利州昭化县。"即当时蜀之葭萌附近，后人多从其说，但其中有疑问。从前引《魏书·徐晃传》的记载来看，第一，马鸣阁如在葭萌附近，即不属于汉中境界，曹操所言"此阁道，汉中之险要咽喉也"就无法解释。第二，当时刘备已在阳平关一带与夏侯渊交战，葭萌在蜀军的后方；若从胡三省之说，刘备遣陈式绝马鸣阁岂不成了切断自家的粮道交通，焉有此理？第三，汉中曹军既然在阳平关与刘备对峙，怎能绕到蜀军背后数百里外的葭萌附近去和敌人作战呢？由此看来，马鸣阁应在汉中与关中间的秦岭峡谷之中，而在昭化附近之说是不能成立的。

志》卷41《蜀书·杨洪传》载诸葛亮为此事与当地豪族大姓商议，杨洪主张全力以赴，拿下汉中，以保障益州的安全。他说："汉中则益州咽喉，存亡之机会，若无汉中则无蜀矣，此家门之祸也。方今之事，男子当战，女子当运，发兵何疑！"结果，"亮于是表洪领蜀郡太守，众事皆办，遂使即真"。蜀军在后方的倾力支持下，逐渐扭转了战局。

乙、西路。张飞、马超、吴兰等人率偏师沿陈仓道北上，经过武兴（今陕西省略阳县），进驻下辨（今甘肃省成县）。随后，又命令吴兰、雷铜率军西入武都、阴平郡界。由于上次曹操西征时走的是陈仓道，所以张飞等人领兵屯驻下辨，一来可以阻击陇西和陈仓方面曹魏开往汉中的援军，掩护刘备主力的侧翼；二来能够保护益州的门户——白水、剑阁，不使敌军南下切断蜀汉后方运往阳平关前线的粮草供应。张飞此次率领的兵力数目没有明确记载，按其本传所言，他平时属下军队有万余人[1]，若加上马超、吴兰所部，人数可能将近两万。

曹操当时采取的对策，首先是派遣大将曹洪、曹休领兵自陇西攻击屯驻下辨的张飞所部，企图打破蜀军对汉中的封锁。其中，曹休、曹真率领的是魏军之精锐骑兵——虎豹骑[2]。建安二十三年（218）正月，张飞屯兵固山（今甘肃省成县西北），诈称要截断曹洪军队的后路，但被曹休识破。后者向曹洪提出："贼实断道者，当伏兵潜行。今乃先张声势，此其不能也。宜及其未集，促击（吴）兰，兰破则飞自走矣。"[3]曹洪接受

---

①《三国志》卷36《蜀书·张飞传》："飞率精卒万余人，从他道邀郃军交战，山道迮狭，前后不得相救，飞遂破郃。……先主伐吴，飞当率兵万人，自阆中会江州。"

②《三国志》卷9《魏书·曹休传》："常从征伐，使领虎豹骑宿卫。刘备遣将吴兰屯下辨，太祖遣曹洪征之，以休为骑都尉。"《三国志》卷9《魏书·曹真传》："太祖壮其鸷勇，使将虎豹骑。……以偏将军将兵击刘备别将于下辨，破之，拜中坚将军。"《三国志》卷9《魏书·曹纯传》："初以议郎参司空军事，督虎豹骑从围南皮。"注引《魏书》曰："纯所督虎豹骑，皆天下骁锐。"

③《三国志》卷9《魏书·曹休传》。

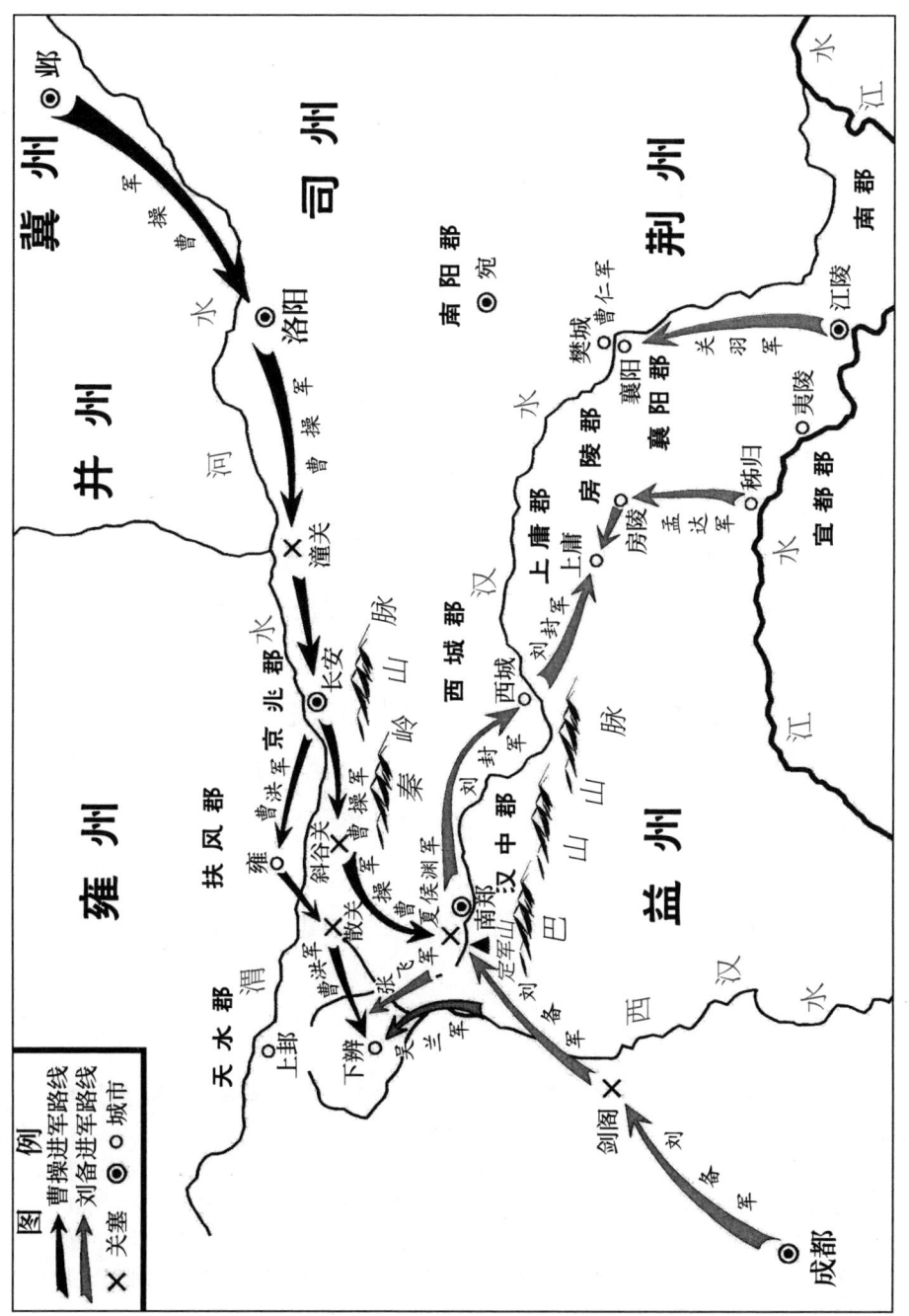

刘备攻占汉中战役形势图（217—219）

了他的建议，纵兵击败吴兰。三月，张飞、马超见形势不利，退出下辨，吴兰等将被阴平氏族首领强端所杀[①]。不过，张飞、马超的部下并未遭受重大损失，仍在武都、汉中之间坚持阻击，使曹洪军队未能赶赴阳平关前线救援，基本实现了作战意图[②]。

其次，据《三国志》卷1《魏书·武帝纪》所载，当年七月，曹操见汉中战事胶着，唯恐有失，便亲自率领大军来援。九月，兵至长安。

（2）进攻阶段。从建安二十四年（219）正月刘备兵入阳平关，至三月曹操进兵汉中前。在这个阶段内，刘备攻入汉中盆地；曹军失去地利，在兵力和作战指挥上都处于劣势，遭到惨败，督帅夏侯渊阵亡。

刘备打破阳平天险，进入汉川之后，做了如下部署：

甲、留部将高详驻守阳平关，保护后方补给的通道[③]。

乙、主力南渡汉水，在定军山麓扎营，伺机东进。这样部署的原因，其一，可以避免陷入背水作战的不利境地。因为夏侯渊所部在汉水之北，依托褒斜道口来对抗蜀军；而曹操大兵近在关中，随时可以经秦岭诸道南下增援。刘备若背靠汉水与敌人交锋，一旦战事不利，退无所据，就有全军覆没的危险，所以他不敢在没有把握的情况下，陈兵于水北与曹军作战。即使在定军山战役胜利之后，蜀军和张部、郭淮所部占有明显的优势时，刘备也不愿冒这个风险。可见《三国志》卷26《魏书·郭淮传》：

---

① 《三国志》卷1《魏书·武帝纪》建安二十三年（218）正月："曹洪破吴兰，斩其将任夔等。三月，张飞、马超走汉中，阴平氏强端斩吴兰，传其首。"

② "张飞从固山退走后，去向如何，史书虽未明确记载，但是，度当时之势，张飞可能在武都与汉中之间继续阻击曹洪。因为张飞、马超的目的是切断成都曹兵与汉中的联系，而在整个战斗中，均未见武都的曹洪援救汉中的夏侯渊，说明张飞、马超尽管在初期失败了，但仍起到了阻止成都曹兵南下的作用。"李承畴、孙启祥：《张飞"间道"进兵汉中考辨》，《汉中师院学报》1991年第1期。

③ 《三国志》卷9《魏书·曹真传》。

渊遇害，军中扰扰，淮收散卒，推荡寇将军张郃为军主，诸营
乃定。其明日，（刘）备欲渡汉水来攻。诸将议众寡不敌，备便乘胜，
欲依水为陈以拒之。淮曰："此示弱而不足挫敌，非算也。不如远水
为陈，引而致之，半济而后击，备可破也。"既陈，备疑不渡。淮遂
坚守，示无还心。

其二，在汉水以南驻营，既可以沿流进攻盆地中心，还能够诱使敌
人渡河来战，使对方处于背水对阵的不利形势，以便获胜。例如，后来
曹军渡汉水来攻蜀营，赵云"更大开门，偃旗息鼓。（曹）公军疑云有伏
兵，引去。云雷鼓震天，惟以戎弩于后射公军，公军惊骇，自相蹂践，
堕汉水中死者甚多"①。

其三，在定军山麓驻扎，有居高临下的地势条件，无论防御还是反
攻都比较有利。事后夏侯渊领兵来攻时，"先主命黄忠乘高鼓噪攻之，大
破渊军，斩渊及曹公所署益州刺史赵颙等"②，即反映了蜀军部署的得当。

刘备在定军山之役获胜后，汉中曹军处于全面劣势，且有被歼灭
的危险。在此情况下，曹操不得不亲自出马，率领大军到他深感憎恶的
"妖妄之国"来解救受困的部下。

（3）防御和反攻阶段。时间为建安二十四年（219）三月至五月，
从曹操率众来到汉中，到他撤回长安、刘备夺得汉中及东三郡为止。曹
操前次西征走的是陈仓道，但是这次该途已被张飞所部封锁，于是改走
较为近捷而险阻很多的褒斜道。为了防备蜀军在中途截击，曹操先派出
部队遮护险要地段，然后大军进临汉中。曹操所率的兵卒数目没有明确
记载，不过可以做一些推断。《三国志》卷35《蜀书·诸葛亮传》引《诸

---

①《三国志》卷36《蜀书·赵云传》注引《云别传》。
②《三国志》卷32《蜀书·先主传》建安二十四年。

葛亮集·正议》曰:"夫据道讨淫,不在众寡。及至孟德,以其谲胜之力,举数十万之师,救张郃于阳平,势穷虑悔,仅能自脱,辱其锋锐之众,遂丧汉中之地。"此处可能有所夸张,但曹操兵力超过十万应无问题。另外,曹操前次西征领兵十万,这次战役结束后,蜀将魏延曾对刘备说:"若曹操举天下而来,请为大王拒之;偏将十万之众至,请为大王吞之。"①看来曹操亲征所领的兵力应该在十万以上。如果加上张郃、郭淮所部,那么他在汉中前线的人马数量要大大超过刘备。尽管如此,曹操面临的局面仍然相当棘手。因为魏军虽众,可是秦岭诸道交通困难,粮运难继;而且东方荆襄地区的战事频频告急,亟待曹操回援,所以他不可能在汉中久驻。刘备分析当前的形势后,明智地选择了坚壁不战、迫使敌人撤兵的做法。他信心十足地对臣下讲:"曹公虽来,无能为也,我必有汉川矣。"②在东路的汉中盆地,蜀军在汉水之南依据山险而守,不与曹军交锋③,又派遣兵将毁其粮储,使敌人的给养更加匮乏④。双方相持月余,曹营军心开始涣散,逃兵越来越多。曹操被迫放弃汉中,领兵退还。见《三国志》卷32《蜀书·先主传》:"及曹公至,先主敛众拒险,终不交锋,积月不拔,亡者日多。夏,曹公果引军还,先主遂有汉中。"

　　蜀军在西路的情况不详,从曹魏方面的记载来看,夏侯渊战死后,张郃、郭淮等率领其余部退往阳平关附近。曹操随即任命曹真为征蜀护军,督徐晃等将在阳平击败蜀将高详,打通了去往武都的道路。后来,

----

①《三国志》卷40《蜀书·魏延传》。

②《三国志》卷32《蜀书·先主传》。

③《三国志》卷1《魏书·武帝纪》建安二十四年（219）:"三月,王自长安出斜谷,军遮要以临汉中,遂至阳平。备因险拒守。夏五月,引军还长安。"《三国志》卷17《魏书·张郃传》:"太祖在长安,遣使假节节。太祖遂自至汉中,刘备保高山不敢战。"

④《三国志》卷36《蜀书·赵云传》注引《云别传》:"夏侯渊败,曹公争汉中地,运米北山下,数千万囊。黄忠以为可取,云兵随忠取米。忠过期不还,云将数十骑轻行出围,迎视忠等。"

魏军从汉中撤退时，曹真、张郃率领部众自阳平关向西移动，与驻守下辨的曹洪军队会合，然后走故道向北退至陈仓。[1]张飞、马超所部原来可能驻扎在武兴（今陕西省略阳县）一带阻击曹洪。看来，曹操大军进入汉中以后，张飞等人为了避免遭受两面夹攻，退出了这一地区，致使曹真、张郃与曹洪能够合兵一处。据《三国志》卷40《蜀书·魏延传》记载，建安二十四年（219）七月，张飞曾出现在汉中蜀军营内，但无法确定他是在曹操退兵关中之前还是之后率众与刘备会师的。

　　曹军北撤之后，刘备占据汉中，但这只是两汉汉中郡境的西部，其东部的西城、上庸、房陵三郡还在曹魏手里。为了连接荆、益两州，保障汉中盆地侧翼的安全，刘备乘胜进攻，令副军中郎将刘封顺汉水东下，攻击上庸；宜都太守孟达从秭归北攻房陵。孟达进军顺利，杀房陵太守蒯祺，夺取该郡后与刘封合攻上庸，迫使太守申耽投降，并送其妻子和宗族到成都为人质。刘备任命申耽为征北将军，领上庸太守，其弟申仪为西城太守。[2]至此，原来汉朝的汉中郡辖区被蜀军全部占领，还打开了通往中原荆襄地区的道路。汉中战役为蜀汉政权夺得了横越千里的战略要地，巩固了它的统治，形成极为有利的形势。这一重大成功标志着刘备平生事业到达光辉顶点，而胜利的获取与其审时度势、部署得当有着紧密的关联。

---

① 《三国志》卷17《魏书·张郃传》："渊遂没，郃还阳平。……遂推郃为军主。郃出，勒兵安陈，诸将皆受郃节度，众心乃定。太祖在长安，遣使假郃节。……太祖乃引出汉中诸军，郃还屯陈仓。"《三国志》卷9《魏书·曹真传》："从至长安，领中领军。是时，夏侯渊没于阳平，太祖忧之，以真为征蜀护军，督徐晃等破刘备别将高详于阳平。太祖自至汉中，拔出诸军，使真至武都迎曹洪等还屯陈仓。"

② 见《三国志》卷32《蜀书·先主传》、卷40《蜀书·刘封传》，《资治通鉴》卷68建安二十四年夏五月。

（二）魏延镇守汉中时期

这一时期从建安二十四年（219）七月刘备撤还成都，命魏延驻守汉中开始，到蜀汉建兴五年（227）三月，诸葛亮统众北驻沔阳之前。当时的形势与蜀国汉中兵力部署情况论述如下：

1. **形势的变化**。和前一时期相比，魏延镇守期间的汉中在驻军数量和外界环境上发生了很大改变。

（1）**主力南撤，留守偏师**。刘备在占领汉中和东三郡后，于当年七月在沔阳登坛称王，任命屡有战功的魏延为汉中都督、镇远将军领汉中太守，总揽当地军政要务。然后率领蜀军主力撤回成都休整，后年（221）为了报荆州丢失、关羽被杀之仇，刘备又亲率八万大军东征孙吴[①]，在夷陵遭受惨败。刘禅继位后，诸葛亮主持国政，与孙吴和好，"务农殖谷，闭关息民"[②]；蜀国军队主力平时驻守在成都附近，仅于建兴三年（225）三月出征南中，平定当地蛮夷叛乱，事后又回到成都。

在此期间，蜀国在汉中方向采取的是防御态势，所以留驻了一支偏师，具体人数不详。不过，据前引《三国志》卷40《蜀书·魏延传》所载，刘备临行时，魏延向他保证，"若曹操举天下而来，请为大王拒之；偏将十万之众至，请为大王吞之"。如果要达到这一作战目的，汉中的守军数目不能太少。夷陵之战以前，蜀汉全国的兵力有十余万。张鹤泉曾根据史实推断，"汉中、江州都督区平时所驻军队都不会低于2万人"[③]，其说大致可信。

（2）**东面侧翼丧失**。刘备从汉中撤离时，该郡的两翼都在蜀军控制之下，东边的西城、上庸、房陵，由刘封、孟达等镇守；西边的武都、

① 《三国志》卷14《魏书·刘晔传》注引《傅子》："（孙）权将陆议大败刘备，杀其兵八万余人，备仅以身免。"
② 《三国志》卷33《蜀书·后主传》建兴二年（224）。
③ 张鹤泉：《蜀汉镇戍都督论略》，《吉林大学学报》1998年第6期。

阴平虽属魏境，但是其中的要镇武兴由蜀军掌握，否则后来诸葛亮不可能由此西出祁山。因为左右提供了保护，魏延最初的防御任务，只是阻击北面秦岭诸道来犯的敌人，相对来说要容易一些。但是，荆州关羽覆亡之后，东三郡与魏、吴接壤，同时受到两国的威胁，形势岌岌可危；守将刘封又与孟达发生矛盾，夺其鼓吹，致使孟达降魏，引敌兵来攻。申耽、申仪兄弟本是地方豪族，首鼠两端，见局面不利即随之叛变。结果刘封孤军作战失败，逃归成都，西城、上庸、房陵落入魏国之手。①

　　东三郡的丧失，不仅使蜀国丢掉了一条出入中原的重要通道，而且加重了汉中郡的防御负担。魏延不得不从有限的军队中分出一部分投入到盆地的东缘，来提防曹魏在西城方向可能发动的进攻。好在当地形势险要，扼守关塞并不需要太多的人马。

　　2.**兵力部署**。魏延镇守汉中的情况，史书的记载很少，因此只能作些简略的论述。

　　（1）督营驻所。蜀国汉中主将驻扎在南郑。《三国会要》卷34《舆地一》汉中郡南郑县注："蜀置，汉中都督屯此以为重镇。"此城位于盆地中央较为宽绰的地方，西北距褒斜道南口不过数十里，而傥骆道和子午道会于成固后西行抵达南郑才能分金牛道、米仓道两路入川，因而是总缩几条路线的枢纽，地理位置相当重要。楚汉之际刘邦为汉王时，曾以此为都，建立城池。《水经注》卷27《沔水上》："汉高祖入秦，项羽封为汉王，萧何曰：'天汉，美名也。'遂都南郑。大城周四十二里，城内有小城，南凭津流，北接环雉，金墉漆井，皆汉所修筑，地沃川险。"汉末张鲁也居此为首府。魏延屯兵南郑，既能借用旧有城池，又可以利用交通枢要的位置，在边界有警时迅速赴救各方。

---

①《三国志》卷40《蜀书·刘封传》、《资治通鉴》卷69魏文帝黄初元年（220）七月。

　　另外，南郑附近平川较多，灌溉便利，有屯种垦殖的优越条件，甚至能够一岁两熟。《太平寰宇记》卷133《山南西道一》兴元府"南郑县"条曰："黄牛山，在县西南五十里，……山下有黄牛川。《十道记》云：黄牛川有再熟之稻，土人重之。"汉中都督与帐下军队屯驻于此，不仅便于居中策应，还能利用当地的农业资源解决部分给养。

　　（2）实兵诸围。据《三国志》卷44《蜀书·姜维传》记载："初，先主留魏延镇汉中，皆实兵诸围以御外敌，敌若来攻，使不得入。"魏延采用的防御战略，是在汉中四周的山险要道以土木筑"围"，即以堑壕、围墙为主体的营垒，外设鹿角[①]，驻扎守军，用来阻挡入侵之敌，不让他们进入盆地内部的平川。诸围在南郑以外的汉中各县，有些在张鲁统治时期就建立了关塞，如沔阳的阳平关、成固的黄金戍[②]，是必守之地。有些因为位置重要，刘备在撤离之前就已派兵戍守。例如：

　　兴势。见顾祖禹《读史方舆纪要》卷56《陕西五》汉中府洋县："兴势山，县北二十里，亦曰兴势阪。山形如盆，外甚险，中有大谷。汉建安二十四年先主于兴势作营，其后武侯尝屯戍于此，为蜀汉之重镇。"

　　南乡。《元和郡县图志》卷22《山南道三》兴元府洋州："本汉汉中郡成固县地，先主分成固立南乡县，为蜀重镇。"

　　还有秦岭诸道的南端路口和途中紧要去处，历史上虽无蜀汉置围的记载，但度其形势，很有屯驻的可能。如《太平寰宇记》卷133《山南西道一》兴元府褒城县载："石门，《舆地志》云：'石门在褒中之北，汉中之西，是为全蜀之险固也。'"这类地点恐怕也不得不派兵戍守。

　　魏延的"实兵诸围"还有以下情况值得注意：第一，他的这套作战

---

① 当时两军设置营围鹿角的情况，参见《三国志》卷9《魏书·夏侯渊传》建安二十四年（219）正月、卷17《魏书·徐晃传》载"太祖令"。

②《通典》卷175《州郡五·洋川郡·黄金县》："汉安阳县。故黄金城在县西北八十里，张鲁所筑。南接汉川，北枕古道，险固之极。"

方案，即坚守外围以待援兵、阻止敌人进入平川，得到了继任者的使用，《三国志》卷44《蜀书·姜维传》载："及兴势之役，王平捍拒曹爽，皆承此制。"并且收到了很好的效果。一直到蜀汉景耀元年（258），才被姜维更改。

第二，魏延所修的诸围依凭地势，防御坚固，后来在抵抗魏军进攻时发挥了重要作用。甚至在蜀国灭亡前夕，钟会大兵云集汉中，当地守军仍能据围坚守数月，直至成都陷落、刘禅归降后，才停止抵抗。见《资治通鉴》卷78景元四年（263）："（姜维等闻后主降魏）将士咸怒，拔刀砟石。于是诸郡县围守皆被汉主敕罢兵降。"胡三省注："围守，即魏延所置汉中诸围之守兵也。"

总之，魏延镇守汉中时期，兵力部署和防御工事的修建都是合理有效的，确保了蜀国北方门户的安全。此外，曹魏在这一时期，先是经历了曹操去世、曹丕篡汉等重大政治事变，后又和孙权交恶，在黄初三年（222）、五年（224）、六年（225）三次动员大军，南下征吴；面对蜀汉的西线基本上相安无事，没有发生过大的军事冲突，使汉中度过了战乱年代当中少有的和平岁月。

（三）诸葛亮屯兵汉中时期

这一时期从蜀汉建兴五年（227）春开始，诸葛亮率领蜀汉大军北驻汉中，对曹魏摆出进攻态势，多次兵伐秦陇，又准备迎击敌人的入侵；至建兴十二年（234）秋，诸葛亮在五丈原病逝，蜀军主力撤还成都结束。

刘备去世后，诸葛亮总揽蜀汉大权。他首先做出外交努力，"遣尚书郎邓芝固好于吴，吴王孙权与蜀和亲使聘，是岁通好"[1]，结束了两国的

①《三国志》卷33《蜀书·后主传》建兴元年（223）。

敌对状态，共同抗魏。然后劝课农桑，休养生息，使国计民生得以恢复。既而南渡泸水，平定四郡的叛乱，稳定益州内部的统治，并从南中少数民族那里获得了丰厚的贡赋收入，"出其金、银、丹、漆、耕牛、战马给军国之用"[①]，增强了蜀汉的实力。这时他开始改变原来对魏作战以防御为主的方略，着手实现北伐中原、匡复汉室的宏愿。由于荆州和东三郡（西城、上庸、房陵）的丢失，蜀军出川攻魏的途径只剩下秦陇方向，而汉中作为进军的出发基地，可以东向新城，北越秦岭，西出祁山，又遮护着自关中入川的门户，屯兵十分有利。因此诸葛亮在建兴五年（227）三月率大军进驻汉中，在7年之内从该地六次兴师伐魏。在此期间，汉中集结了蜀军的主力，人数前后略有变化，大体维持在10万左右。可参见《三国志》卷39《蜀书·马良传附弟谡传》注引《襄阳记》载诸葛亮自街亭战败后退还汉中，斩马谡以谢众，"于时十万之众为之垂涕"。建兴十二年（234），诸葛亮兵进秦川，《晋书》卷1《宣帝纪》载此事曰："（青龙）二年，亮又率众十余万出斜谷，垒于郿之渭水南原。"司马懿与其弟孚书信曰："亮志大而不见机，多谋而少决，好兵而无权，虽提卒十万，已堕吾画中，破之必矣。"

从历史记载来看，诸葛亮在汉中期间兵力部署的前后变化，可以划分为三个阶段。

第一阶段（227—229）。其特点是大军主力和丞相府营驻扎在沔阳县之阳平、石马。下面分别论述当时的情况：

1. **西部——府营的设置**。刘禅即位后，诸葛亮以丞相身份主持国事，随即建立府署，设置官吏来处理政务。《三国志》卷35《蜀书·诸葛亮传》载："建兴元年，封亮武乡侯，开府治事。顷之，又领益州牧。政事无巨细，咸决于亮。"建兴五年诸葛亮率诸军北驻汉中，相府机构一分为二，

---

① 《华阳国志》卷4《南中志》。

一部留在成都，由参军蒋琬和长史张裔等"统留府事"①，解决国内的日常政务和大军的后勤供应事宜；另一部分官员则跟随他前往汉中，见于本传的有霍弋、向朗、吕乂、杨仪等人。从三国的史实来看，各国军队的主力（中军）往往部署在最高统帅的居住之处附近。例如，曹操的中军平时驻扎于邺，后因曹丕定都洛阳又迁往河南②；孙吴的中军也随着都城的迁移，或在建业，或在武昌。诸葛亮北驻汉中时期，蜀军主力因为随相府所在屯集，合称为"府营"，起初驻扎在盆地西部的沔阳县境（今陕西省勉县）汉水北岸的阳平、石马。《三国志》卷33《蜀书·后主传》："（建兴）五年春，丞相亮出屯汉中，营沔北阳平、石马。"《三国志》卷35《蜀书·诸葛亮传》亦曰："（建兴）五年，率诸军北驻汉中，临发，上疏曰……遂行，屯于沔阳。"

"阳平"即古阳平关，后又称为阳安关、关口、白马城、浕口城，在沔阳西境，汉水与浕水（今汇河）交汇之处，即今勉县武侯镇。《水经注》卷27《沔水上》："沔水又东径白马戍南，浕水入焉。……浕水又南径张鲁治东，水西山上有张天师堂，于今民事之。庾仲雍谓山为白马塞，堂为张鲁治。东对白马城，一名阳平关。浕水南流入沔，谓之浕口。其城西带浕水，南面沔川，城侧二水之交，故亦曰浕口城矣。"

"石马"在阳平关之东，相距60里③；由于附近有白马山，山石形状如马而得名。参见《资治通鉴》卷70太和元年（227）胡三省注："沔水径白马戍南，谓之白马城，一名阳平关。又有白马山，山石似马，望之

---

① 《三国志》卷44《蜀书·蒋琬传》。
② 《三国志》卷1《魏书·武帝纪》、卷24《魏书·辛毗传》。又《三国志》卷35《蜀书·诸葛亮传》注引《汉晋春秋》载诸葛亮向群臣陈述与孙吴结好的理由，曾曰："若就其不动而睦于我，我之北伐，无东顾之忧，河南之众不得尽西，此之为利，亦已深矣。"
③ 谢钟英：《〈补三国疆域志〉补注》蜀国汉中郡沔阳县："阳平关（注：今沔县西四十里），石马（注：今沔县东二十里）。"

逼真。"又见《〈补三国疆域志〉补注》卷 10 汉中郡"沔阳县"条：

> 有石马，钟英按：《水经注》：沔水径白马戍南，谓之白马城，
> 一名阳平关。又有白马山，山石如马，望之逼真，疑即石马。其地
> 当与阳平相近。《方舆纪要》：今沔县东二十里。

《诸葛亮集·故事》卷 5《遗迹篇》引《雍胜略》：

> 石马城在沔阳东二十里，诸葛亮屯兵处。

《读史方舆纪要》卷 56《陕西五》汉中府沔县：

> 石马城，在县东二十里。蜀汉建兴五年，武侯伐魏至汉中，屯
> 于沔北阳平、石马，此即石马城。

阳平、石马是蜀军主力分驻之所。另据《水经注》记载，诸葛亮的相府设置在两地之间、沔阳故城以西之处，后人称为"武侯垒"。《水经注》卷 27《沔水上》："沔水又东径武侯垒南，诸葛武侯所居也。南枕沔水，水南有亮垒，背山向水，中有小城，回隔难解。沔水又东径沔阳县故城南。"

值得注意的是，诸葛亮的府营驻地选择了汉中西部的沔阳，而没有设置在盆地的中心区域南郑。前文曾经叙述，南郑原来是汉中都督魏延的驻所，他的属下有两万余人，除了实兵诸围的兵员之外，其余人马都屯集于此处。诸葛亮领众军进驻汉中以后，当地的军政要务由他本人主持，魏延的都督官职被撤销，另外有所任命，其所属部队改编为大军的前部。《三国志》卷 40《蜀书·魏延传》："诸葛亮驻汉中，更以延为督前部，领丞相司马、凉州刺史。"后来魏延又因屡立战功，"迁为前军师征西大将军，假节"。从魏延在蜀汉建兴八年（230）进封南郑侯的情况来看，他统辖的部队并未移防，应该还是驻扎在南郑附近，因为三国时

期边境守将的封邑往往就是他自己领兵的驻地^①。诸葛亮统领的大军进驻汉中后屯于沔阳，和刘备当年在该地驻营并登坛称王的情况相似。不过，从一些记载来看，诸葛亮的府营虽在沔阳，但是他本人也曾在南郑召集过诸将商议军机。可见《三国志》卷40《蜀书·魏延传》注引《魏略》："夏侯楙为安西将军，镇长安，亮于南郑与群下计议。"又《水经注》卷27《沔水上》引《诸葛亮笺》亦云："朝发南郑，暮宿黑水，四五十里。"

诸葛亮为什么选择沔阳作为府营和大军主力的驻地呢？笔者分析可能有以下原因：

（1）和西出祁山、平取陇右的进攻战略有关。《三国志》卷40《蜀书·魏延传》注引《魏略》的记载表明，诸葛亮不同意魏延"直从褒中出，循秦岭而东，当子午而北"，直接攻击长安的计划，认为这样做太危险。因为蜀汉的兵力、财物有限，如果在关中和魏军正面交锋，河南的敌军主力比较容易增援，自己的后勤供应又难以保证，成功的把握不大，所以他采取的是西出阳平关，经武兴、下辨，过祁山，夺取凉州诸郡的战略。这条路线没有褒斜、子午诸道中那样多的险阻，行军和运输给养较为容易。如诸葛亮所言，此举"安从坦道，可以平取陇右"。而且，陇右诸郡士民对曹魏的统治并不心悦诚服，诸葛亮匡复汉室的号召会得到普遍的响应，这可以从后来"南安、天水、安定三郡叛魏应亮"^②得到证明。另外，敌兵增援则需要远涉千里，蜀军迎战时能够以逸待劳，还能利用陇山的有利地形组织防御，截断关中通往凉州的道路，阻止魏军登

---

①《三国志》卷54《吴书·周瑜传》："（孙）权拜瑜偏将军，领南郡太守。以下隽、汉昌、刘阳、州陵为奉邑，屯据江陵。"《三国志》卷55《吴书·程普传》："拜裨将军，领江夏太守，治沙羡，食四县。"《三国志》卷58《吴书·陆逊传》："加拜逊辅国将军，领荆州牧，即改封江陵侯。"

②《三国志》卷35《蜀书·诸葛亮传》。

坂西援^①。如能实现上述战略意图，陇右地区就会有不少人叛曹拥汉。正如陇西太守游楚对蜀将所言："卿能断陇，使东兵不上，一月之中，则陇西吏人不攻自服；卿若不能，虚自疲弊耳。"^②

向西北凉州用兵能够获得的益处，诸葛亮看得很清楚，所以他不愿走秦岭诸道进攻关中。在诸葛亮策划的六次北伐里（自己领兵四次，陈式、魏延各一次），前五次都是从汉中西出阳平关，向祁山、陈仓或武都、阴平方向进攻。显然，府营和大军主力屯驻在沔阳，距离盆地西侧的出口较近，便于向上述地区运动兵力。如果是北越秦岭，走褒斜、傥骆、子午诸道进攻关中，那么府营和军队主力设置在盆地中部或东部就比较有利了。

（2）利于陈仓（嘉陵）道与汉中的防御。曹操此前两次进军汉中，一次是走陈仓道经武兴入阳平关，一次是走褒斜道过褒中。这两条道路是川陕交通的正途，也是敌兵进攻汉中的主要路线。沔阳的位置在武兴东南、褒谷南口的西南，蜀军主力屯集于此，距离两处要道都不远，无论敌兵从哪条路线进攻，迎击均很方便。尤其是西边的陈仓道值得注意：

甲、当时剑阁至武兴的道路虽然由蜀军控制，但是武都、阴平尚在敌手，所以这条路线西边和北边受到的威胁较大。敌军若从陈仓、下辨南下，武兴一旦有失，不仅蜀国的门户关城、白水岌岌可危，就连汉中蜀军回川的道路也有被切断的危险。诸葛亮屯兵于沔阳，离陈仓道较近，从防御的角度来说，能够及时地增援武兴，确保汉中与蜀地之间的联系。

乙、阳平关山水交会，地势险要，在这里设置关戍可以有效地阻击来犯之敌。但它也是汉中盆地西部的最后一道屏障，若被敌人攻破，直

---

①《三国志》卷22《魏书·陈泰传》："众议以（王）经奔北，城不足自固，（姜）维若断凉州之道，兼四郡民夷，据关、陇之险，敢能没经军而屠陇右。宜须大兵四集，乃致攻讨。大将军司马文王曰：'昔诸葛亮常有此志，卒亦不能。事大谋远，非维所任也。……'"
②《三国志》卷15《魏书·张既传》注引《魏略》。

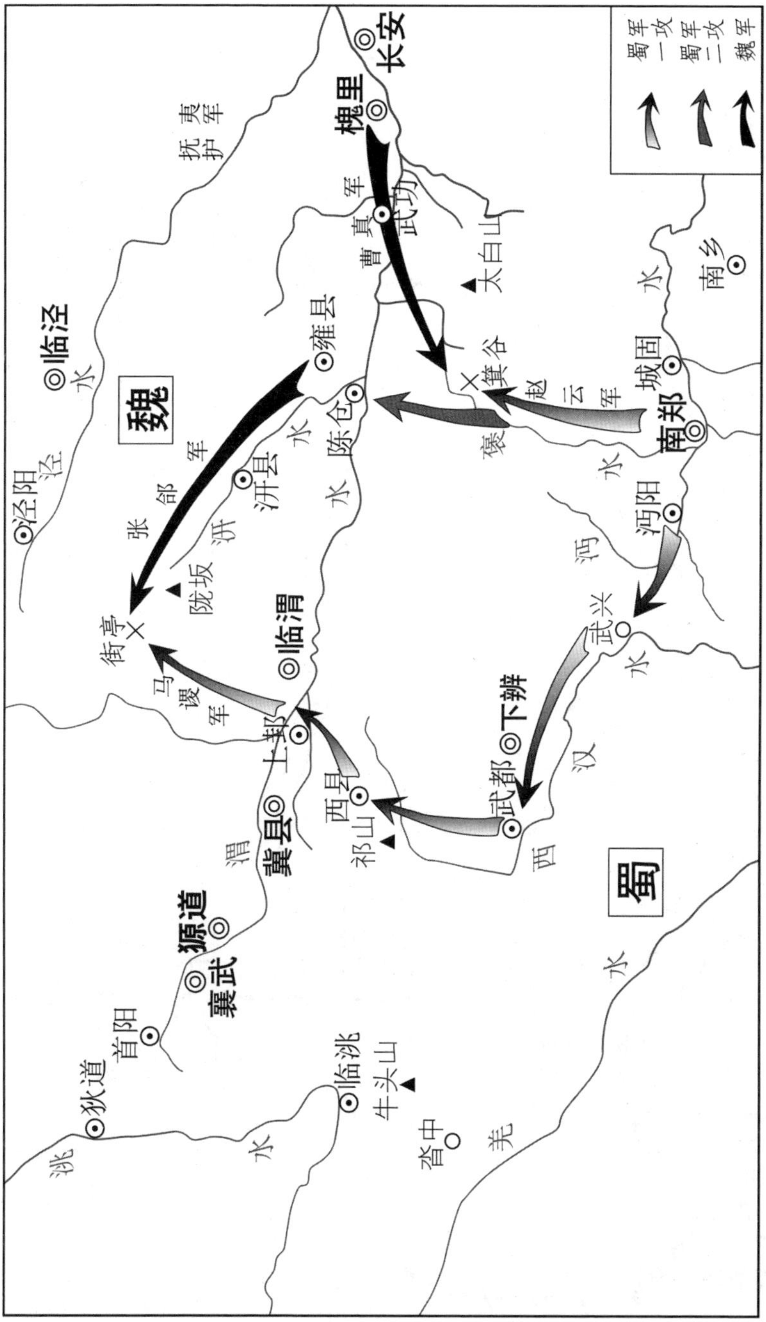

诸葛亮第一、二次北伐示意图（228）

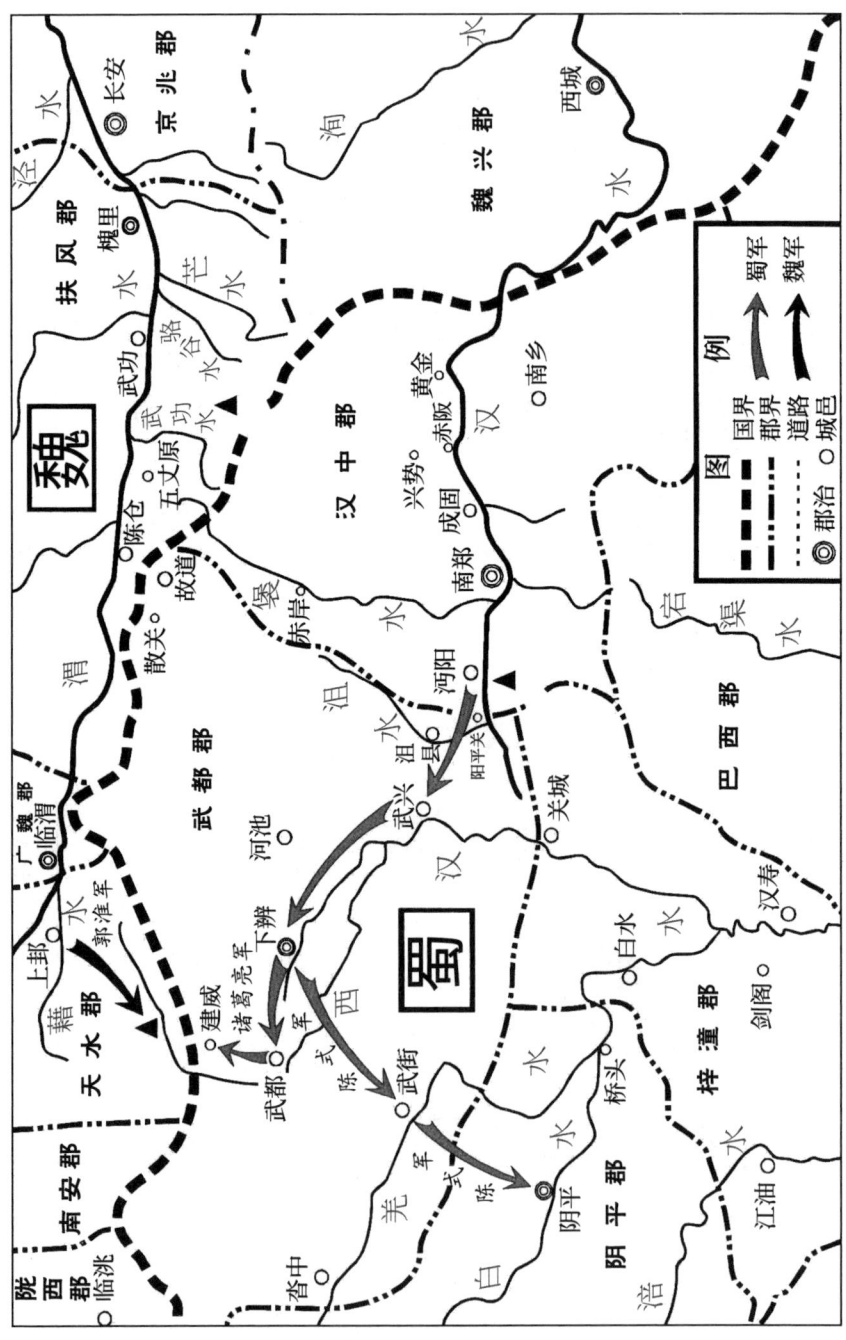

诸葛亮第三次北伐示意图（229）

入平川，蜀军即无险可守。此前曹操、刘备都是经由此途占领汉中的。诸葛亮在制定防御策略时，肯定会考虑刚刚发生过的这两次战例。阳平西北通往武兴，西南则是著名的金牛道，至汉寿与陈仓道会合入蜀；因此它是汉中乃至蜀国北方极为重要的战略枢纽，不容有失。如《资治通鉴》卷 74 载王平所言："贼若得关，便为深祸。"诸葛亮将大军部署在这里，攻防俱便，一举两得。

（3）垦殖条件优越。沔阳地处汉水上游，境内有多条支流汇入，河川丘陵土壤肥沃，灌溉便利，具有优越的农业发展条件。近世勉县老道寺东汉墓中出土的釉陶陂池、水田、陶水塘模型，即反映了当时沔阳水利事业的发达。[①] 蜀军主力屯驻于此，还能够利用该地的丰饶资源组织屯田，解决一部分粮饷供应。此后史籍所载的蜀军黄沙屯田，就是在沔阳东境。

（4）可以利用当地矿产。蜀汉的北伐战争势必要消耗大量兵器，蜀地虽然盛产铁矿，但是如果能在前线附近就地制造补充，可以省却不少运输上的困难。而汉中产铁，沔阳是其中一个重点矿区。两汉时期，政府就已经在这里开矿冶炼，并设置了负责铸作事务的机构——铁官。可见《汉书》卷 28 上《地理志上》汉中郡沔阳县班固注："有铁官。"《续汉书·郡国志五》亦曰汉中郡沔阳"有铁"。《华阳国志》卷 2《汉中志》曰："沔阳县，州治，有铁官。"

此外，附近的山地又有"林木竹箭之饶"，冶矿的燃料和弓箭的主要材料都有充分的来源。《诸葛亮集·文集》卷 2 有《作斧教》，载其在北伐战争中曾"自令作部（作）刀、斧数百枚"。如今定军山一带经常出土"扎马钉"、箭镞和铁刀等三国遗物，专家分析它们可能就是诸葛亮在当

---

① 参见《十年来陕西文物考古的新发现》，文物编辑委员会：《文物考古工作十年》，文物出版社，1991 年。

地铸造的兵器。

这一时期，蜀汉在沔阳还修筑了一座城池，后世号为"诸葛城"。《太平寰宇记》卷133《山南西道一》兴元府"西县"（今陕西省勉县，三国时沔阳）条后："诸葛城，即孔明拔陇西千余家还汉中，筑此城以处之，因取名焉。"

《三国志》卷35《蜀书·诸葛亮传》载建兴六年（228）街亭战役失败后，蜀军撤离陇右，"亮拔西县千余家，还于汉中，戮（马）谡以谢众"。《资治通鉴》卷71胡三省注引《续汉志》曰："西县，前汉属陇西郡，后汉属汉阳郡，有嶓冢山、西汉水。"因为这些移民原来属于敌国，政治上不甚可靠，为了防止其逃亡叛乱，蜀汉在大军驻地附近专门建筑了城池来安置他们，集中居住，便于监管。这种情况在孙吴那里也能看到，见《读史方舆纪要》卷26《南直八》"无为州偃月城"条："新附城在州南十五里，三国吴诸葛恪筑此以居新附者，因名。"

2. 北部——赤崖（岸）。汉中北部的防务主要是在褒斜道沿线部署兵力，伺机北出秦川，或是阻击敌人入侵。这一时期的布防除了沿袭旧制，还在褒斜道途中的赤崖（或称赤岸）新建了储备物资给养的军事据点，见《读史方舆纪要》卷56《陕西五·汉中府·南郑县》：

> 赤崖，在府城西北，亦曰赤岸。武侯屯汉中，置赤岸库以储军资。

《三国志》卷36《蜀书·赵云传》注引《云别传》曰：

> 云有军资余绢，亮使分赐将士，云曰："军事无利，何为有赐？其物请悉入赤岸府库，须十月为冬赐。"亮大善之。①

---

① 《资治通鉴》卷71太和二年（228）亦载此事，胡三省注："赤崖即赤岸，蜀置库于此，以储军资。"

据现代考古调查，赤岸在今陕西省留坝县柘梨园村北 7.5 千米处，山石皆呈红色，人们称为"红崖"或"赤崖"[1]。

此外，据《水经注》所载，诸葛亮初临汉中时，为了加强褒斜道的防务，保护赤崖的物资，派遣赵云、邓芝率领一支偏师在附近驻守屯田。建兴六年（228）诸葛亮初出祁山，曾令赵云、邓芝所部为疑兵，伪称将从褒斜道进军，吸引了关中曹真率领的魏师主力，以寡敌众，结果兵败于箕谷，退至赤崖；撤军途中曾烧毁了沿路的栈道[2]，以断阻追兵。赤崖有守军和粮秣贮备，防御较为坚固，是蜀国在褒斜道上的前哨阵地。赤崖以北则属于隙地——蜀、魏两国的中间地带，魏军来侵时不会遇到顽强的阻挡，但是到了赤崖便是蜀国的势力范围，不能轻易通过了。因此，《资治通鉴》卷 72 载诸葛亮病死于五丈原后蜀军撤退，司马懿率众追击，"追及赤岸，不及而还"。

3. **东部**。诸葛亮未想从这个方向发动进攻，而是采取防御态势，用少数兵力来监视和阻击可能由傥骆道、子午道和溯汉水而来的敌军。这一时期当地兵力部署情况的记述不多，因为蜀军主力驻扎在西部的沔阳，估计东部地区防务没有发生大的变动，仍然是在成固、南乡等县城屯军，

---

[1] 王开主编：《陕西公路交通史》，陕西人民出版社，1989 年，第 98 页。

[2]《水经注》卷 27《沔水上》："汉水又东合褒水。水西北出衙岭山，东南迳大石门，历故栈道下谷，俗谓千梁无柱也。诸葛亮《与兄瑾书》云：'前赵子龙退军，烧坏赤崖以北阁道，缘谷百余里。其阁梁一头入山腹，其一头立柱于水中。今水大而急，不得安柱，此其穷极，不可强也。'又云：'顷大水暴出，赤崖以南桥阁悉坏。时赵子龙与邓伯苗，一戍赤崖屯田，一戍赤崖口，但得缘崖与伯苗相闻而已。'后诸葛亮死于五丈原，魏延先退而焚之，谓是道也。自后案旧修路者，悉无复水中柱，迳涉者浮梁振动，无不摇心眩目也。"《三国志》卷 36《蜀书·赵云传》："（建兴）五年，随诸葛亮驻汉中。明年，亮出军，扬声由斜谷道，曹真遣大众当之。亮令云与邓芝往拒，而身攻祁山。云、芝兵弱敌强，失利于箕谷，然敛众固守，不至大败。军退，贬为镇军将军。"

并且注重傥骆道上的兴势围和子午道南端的黄金围两处据点的防守。①

　　第二阶段（229—231）。部署特点是通过筑汉、乐二城和移动府营来加强汉中盆地沔水南岸的防务，并从蜀中调兵前来增援，准备迎击入侵的魏军。其举措按照时间顺序分述如下：

　　1. 徙府筑城。《三国志》卷33《蜀书·后主传》载建兴七年（229）："冬，亮徙府营于南山下原上，筑汉、乐二城。"即将其相府所在的中军大营由汉水北岸迁移到南岸的定军山麓（诸葛亮后来的葬身之地）。《三国疆域表》蜀国汉中郡"沔阳县"条曰："南山，今沔县直南南江县北。"汉、乐二城则分别在沔阳和成固两地，可见《华阳国志》卷2《汉中志》成固县："蜀时以沔阳为汉城，成固为乐城。"又见《资治通鉴》卷71曹魏太和三年（229）十二月：

> 　　汉丞相亮徙府营于南山下原上，筑汉城于沔阳，筑乐城于成固。（胡三省注：沔阳、成固二县，皆属汉中郡。《水经注》："沔水迳白马戍城南，城即阳平关也。又东迳武侯垒南，诸葛武侯所居也。又东迳沔阳故城南，城南对定军山。又东过南郑县，又东过成固县南。"如此，则汉城在南郑西，乐城在南郑东也。）

　　这里的问题是，沔阳、成固两县已有汉代旧城。诸葛亮所建汉、乐二城是在原有城址上修筑，还是另起城池呢？刘琳在《华阳国志校注》卷2中写道："【汉城】《水经注》称西乐城，在今勉县东南、汉水之南、

洋家河西岸山上。"而沔阳旧城则在汉水北岸。史籍中关于"西乐城"有以下记载。《水经注》卷 27《沔水上》:

> 沔水又东迳西乐城北,城在山上,周三十里,甚险固。城侧有谷,谓之容裘谷。道通益州,山多群獠,诸葛亮筑以防违(遏)。……城东,容裘溪注之,俗谓之洛水也。水南导巴岭山,东北流,水左有故城,凭山即险,四面阻绝。昔先主遣黄忠据之,以拒曹公。溪水又北迳西乐城东,而北流注于汉。

《太平寰宇记》卷 133《山南西道一》兴元府西县后:

> 西乐城古城,甚险固,号为张鲁城。在县西四十里。

《诸葛亮集·故事》卷 5《遗迹篇》引《地理通释》:

> 《通鉴》:(诸葛亮)筑汉城于沔阳、乐城于城固,二城属汉中郡。沔阳今兴元府西县,城固今城固县,故西乐城在西县西南,武侯所立甚险固。

照《水经注》的记载来看,汉城(西乐城)的地理位置相当重要。由那里往南,有一条道路穿过巴山山脉可以通往四川盆地,而当地的少数民族与蜀汉政权的服属关系又不很稳定,在此筑城具有"镇遏蛮夷"的军事意义。

成固汉代旧城亦在汉水以北,但在南岸也有一座古城遗迹,俗传为蜀将刘封所筑。刘琳在《华阳国志校注》卷 2 中曾做过考据:"【成固县】《秦汉金文录》著录有《秦成固戈》,当是秦已置县。两汉、蜀、晋因。故城在今陕西城固县东六里汉水北岸(《史记·晁错传》《正义》引《括地志》、《元和志》卷二二、《寰宇记》卷一三三、《舆地纪胜》卷一八三等均同)。其城北面与东面皆临湑水河,南临汉水(见《水经注》)。《元和志》说是韩信所筑。传说蜀汉时刘封又于汉水南筑城，称为南城（见《舆地纪胜》卷一八三、《纪要》卷五六）。"笔者认为，刘封在汉中战役结束后立即东下上庸，至多曾经在成固一带短暂停留，并没有时间筑城，南城应是诸葛亮所筑的乐城，后被讹传为同时代的刘封所建。

值得注意的是，诸葛亮的上述部署（筑城、移府营）都是在汉水南岸实施的，其原因史籍未载。笔者分析，这显然和加强汉中防务、准备抵御魏军入侵有直接关系。府营是指挥中枢，设在汉水北岸有一定危险。如果魏军依仗兵力雄厚，突破汉中的外围防御进入盆地，府营即面临背水迎敌的不利局面。若是迁徙到水南的定军山麓，敌兵来攻时必须先涉汉水，蜀军可以半渡而击，或是乘其既济未曾列阵时发动进攻，使对方陷入背水作战的窘境。这样部署在防御上比较有利，和此前刘备率军入阳平关后渡沔水而南，依定军山山势扎营的情况相同。汉、乐二城筑于沔南也有同样的考虑，即准备在敌人攻入汉川平原后在水南坚持作战，利用城垒固守对抗。

从当时的历史背景来看，诸葛亮已经向魏国发动了三次北伐，虽未能割据陇右、占领陈仓，但是也取得了斩王双、破追兵，攻占武都、阴平二郡的胜利，引起魏国朝野的震动。魏明帝曹叡在诸葛亮初入汉中之际，就企图发兵进攻，被孙资等大臣劝阻。[1] 而这时蜀军的胜利很可能会引来魏国的报复性反击，相形之下，敌强己弱，因此孔明未雨绸缪，预先做好防御的准备。事实上，魏国在第二年（230）便大举兴兵攻打汉中。由此可见诸葛亮确实具有先见之明，事前就对形势发展做出了正确的预测，使自己立于不败之地。

2. 增兵汉中。建兴八年（230），魏明帝欲遣曹真、张郃、司马懿兵分三路进攻汉中。消息传来后，诸葛亮从容应对，命令江州都督李严

---

[1]《三国志》卷14《魏书·刘放传》注引《孙资别传》。

率兵北上，以加强汉中的兵力。见《三国志》卷40《蜀书·李严传》："（建兴）八年，迁骠骑将军。以曹真欲三道向汉川，亮命严将二万人赴汉中。亮表严子丰为江州都督督军，典严后事。"

诸葛亮在初次北伐失利后，有人曾建议从蜀中发兵补充队伍，被他拒绝了。诸葛亮认为街亭、箕谷之败的原因是统帅指挥不当，应该裁减兵员，提高将领的指挥艺术。他说："大军在祁山、箕谷，皆多于贼，而不能破贼为贼所破者，则此病不在兵少也，在一人耳。今欲减兵省将，明罚思过，校变通之道于将来；若不能然者，虽兵多何益！"[①] 后来他对汉中军队采取了轮换休整的制度，"十二更下，在者八万"[②]，即从原有驻守的十万大军中每番遣还十分之二回乡，期满依次更替，前线兵力减少到八万。而此时局面紧张，故从后方调兵增援。

3. **屯军赤阪**。当年秋季，魏军发动进攻，诸葛亮亲率主力由沔阳东移至成固县境的赤阪，做好迎击的准备。见《三国志》卷33《蜀书·后主传》："（建兴）八年秋，魏使司马懿由西城，张郃由子午，曹真由斜谷，欲攻汉中。丞相亮待之于城固、赤阪。"

成固（今陕西省洋县）位于汉中盆地的东端，曹魏由东方、东北方向进攻汉中的三条道路（即傥骆道、子午道和溯汉水沿线）在盆地边缘的成固县境会合，越过山险之后，才能进入平川，抵达南郑。赤阪在成固县东的龙亭山，正处在交通要冲，屯兵于此，能够以逸待劳，就近支援兴势、黄金围守，阻击敌人进入盆地。可见《资治通鉴》卷71太和四年（230）八月胡三省注：

> 赤坂在今洋州东二十里龙亭山，坂色正赤。魏兵溯汉水及从子午道入者，皆会于成固，故于此待之。

---

① 《三国志》卷35《蜀书·诸葛亮传》注引《汉晋春秋》。
② 《三国志》卷35《蜀书·诸葛亮传》注引《郭冲五事》。

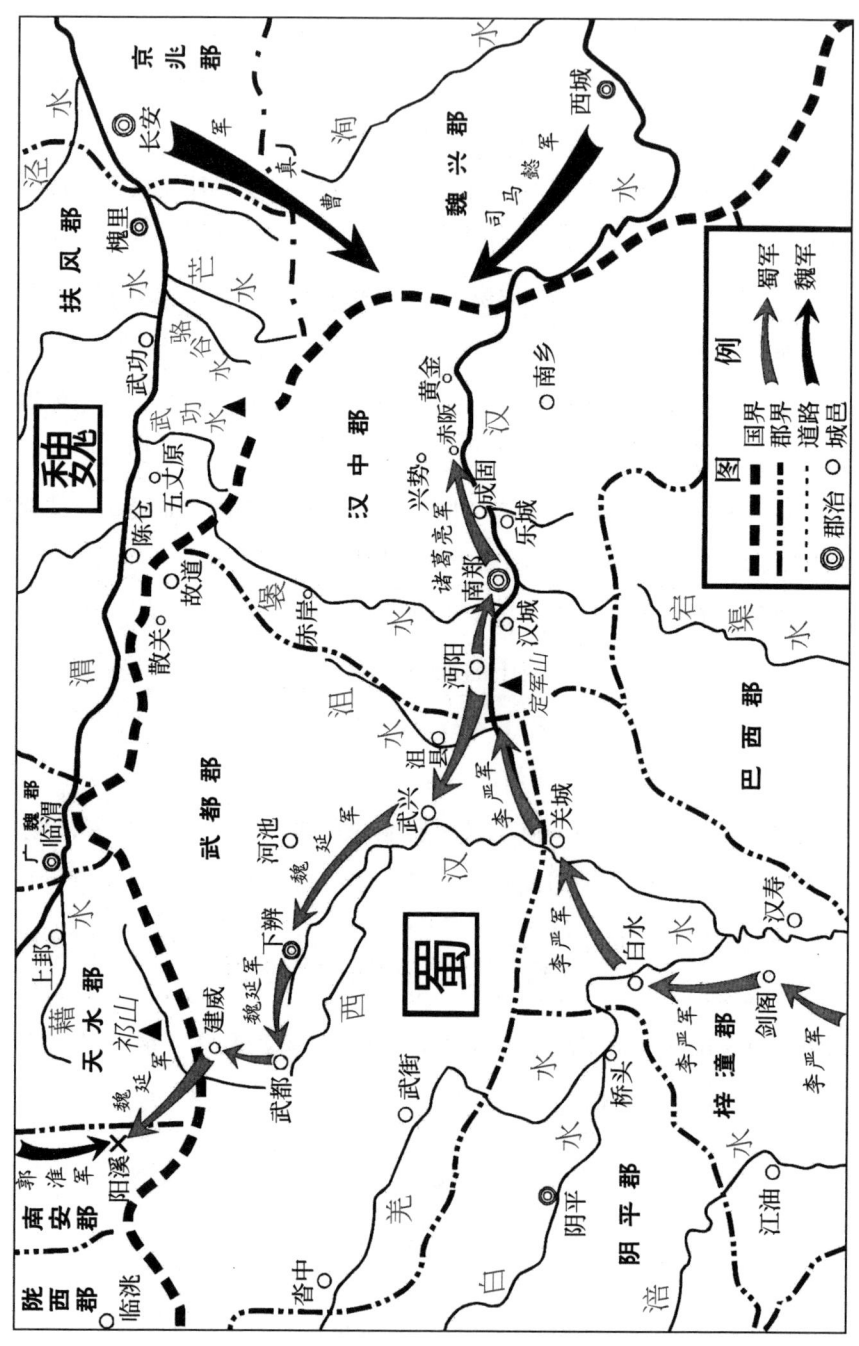

曹真、司马懿侵蜀与诸葛亮第四次北伐示意图（230）

《读史方舆纪要》卷56《陕西五》汉中府洋县：

> 龙亭山，县东二十里。《志》云：龙亭山乃入子午谷之口，其山阪赭色，亦名赤阪。蜀汉建兴八年，魏曹真繇子午谷，司马懿繇西城汉水侵汉，武侯次于城固赤阪以待之。盖两道并进，此为总会之地也。

看来，诸葛亮认为褒斜道沿途险阻较多，且此前被赵云退兵时烧毁栈道，难以通行，易于防守，使用现有的兵力阻击来寇已经足够了。而子午道和沿汉水而上的魏军如会师则人数众多，被他当作心腹之患，因此亲自率领主力开赴赤阪。

后来，魏军在进兵途中遭遇连日霖雨，"桥阁破坏，后粮腐败，前军县（悬）乏"[1]，又受到阻击[2]，无法前进，被迫还师，蜀军主力未曾投入战斗就获得了胜利。不过，诸葛亮准备充分、部署周密得当，而魏军的兵力优势在山险之地不得施展，给养运输又难以维持，即使未遇到天气的阻碍干扰，这次战役也没有多少取胜的可能。

第三阶段（232—234）。蜀军的部署特点是将主力部署在沔阳黄沙一带屯田，向斜谷邸阁聚集粮草，为从褒斜道北伐做准备。就绪后，诸葛亮即在建兴十二年（234）春率大军直出斜谷，占据五丈原。先叙述这次蜀军部署变动的背景：

曹真、司马懿等退兵后，蜀军主力也从赤阪撤回沔阳，继续北伐的准备。随后魏延出兵阳遂、击败郭淮，诸葛亮再攻祁山，这两次战役蜀国在交锋中均有胜绩，但未能达到攻占陇右的目的。首先，是因为路途

---

[1]《三国志》卷27《魏书·王基传》注引司马彪《战略》。
[2]《三国志》卷9《魏书·夏侯渊传》注引《魏略》："黄初中为偏将军。子午之役，霸召为前锋，进至兴势围，安营在曲谷中。蜀人望知其是霸也，指下兵攻之。霸手战鹿角间，赖救至，然后解。"

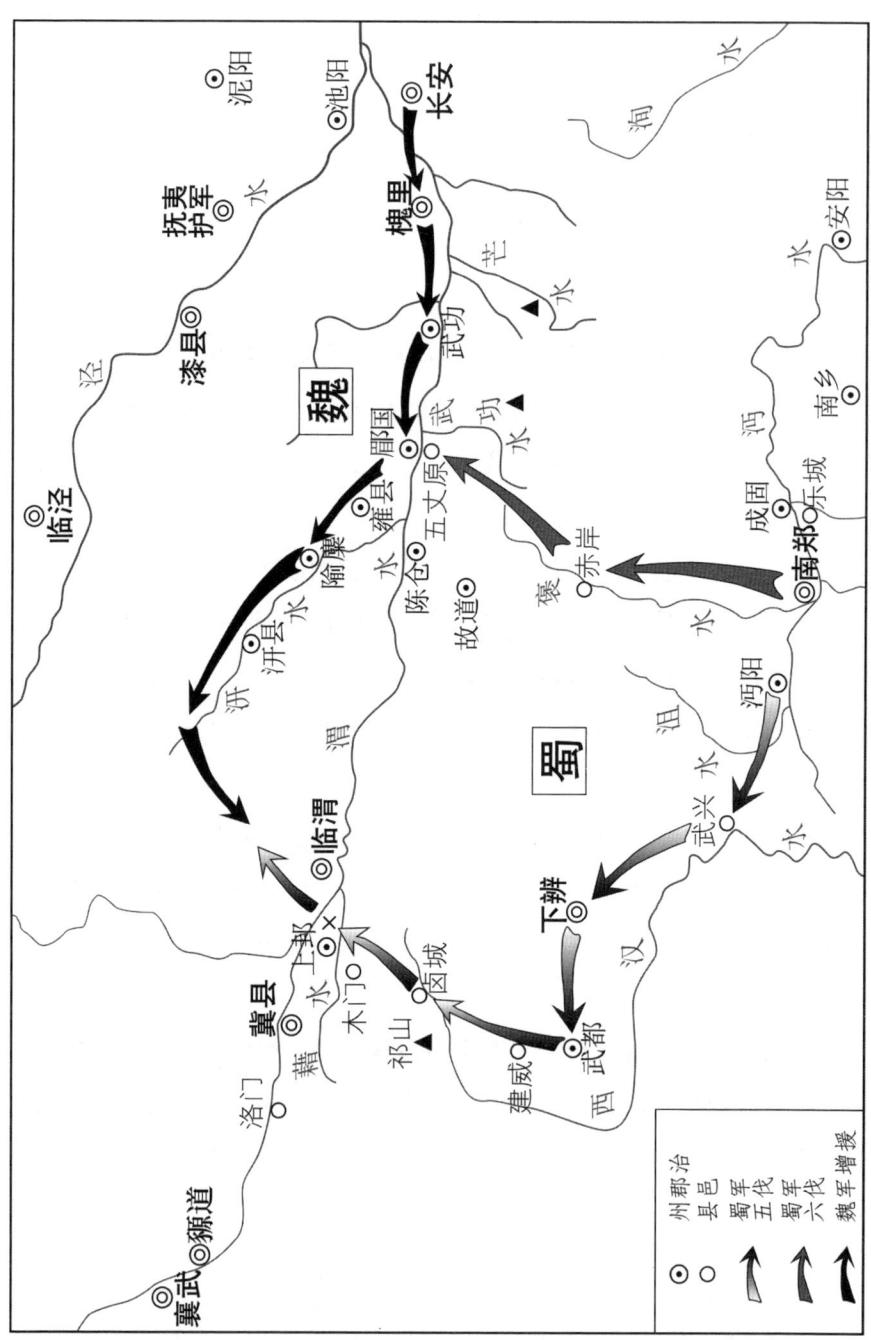

诸葛亮第五、六次北伐示意图（231—234）

迁远，粮饷供应难以维持而被迫退兵。参见《三国志》卷40《蜀书·李严传》："（建兴）九年春，亮军祁山，平催督运事。秋夏之际，值天霖雨，运粮不继，平遣参军狐忠、督军成藩喻指，呼亮来还；亮承以退军。"

其次，曹魏加强了该地区的防御力量。诸葛亮一再向陇西用兵，已经引起了魏方的重视，把祁山当作必保之地。如曹叡所称："先帝东置合肥，南守襄阳，西固祁山，贼来辄破于三城之下者，地有所必争也。"①故派遣名将司马懿、张郃等率雍凉劲卒先据地利，而且坚守不战，使蜀军难以获得大胜。

另外，初次北伐时，诸葛亮未听魏延的建议，不肯直接攻击关中。其原因之一是自知蜀军的战斗力不如对手，和敌人正面交锋没有获胜的把握。街亭之败以后，蜀军经过悉心艰苦的训练，作战能力大有提高。如孔明所称："八阵既成，自今行师，庶不覆败。"②自陈仓之役伏斩王双以来，蜀军未曾在野战当中输给过对手，使司马懿"畏蜀如虎"，所以此时敢于在关中平原上与敌人展开决战。在这种情况下，诸葛亮考虑放弃实施多年的陇右作战计划，准备改变进攻方向和路线，从褒斜道直出秦川。但是蜀道艰难，加上褒斜的险阻，若从后方调运粮草，仍会遇到不少困难。因此，诸葛亮在进军关中之前，针对给养的解决问题做了以下部署：

1. **屯田黄沙，造木牛流马**。《三国志》卷33《蜀书·后主传》载："（建兴）十年，亮休士劝农于黄沙，作流马木牛毕，教兵讲武。"黄沙在沔阳东境，是诸葛亮驻军屯田的地点。可见《水经注》卷27《沔水上》：

---

① 《三国志》卷3《魏书·明帝纪》青龙二年（234）。
② 《水经注》卷33《江水一》。

汉水又东，黄沙水左注之。水北出远山，山谷邃险，人迹罕交，溪曰五丈溪。水侧有黄沙屯，诸葛亮所开也。

《读史方舆纪要》卷56《陕西五》宁羌州沔县：

黄沙水，在县东四十里，有天分堰，引水溉田。《志》云：黄沙水源在县东北四十里之云濛山，下流入于汉。又有养家河，在县南二十里，或曰漾水之支流也。今县南三十里为白崖堰，又南五里为马家堰，县东南三十里又有石燕子堰，俱引以溉田。又旧州河，在县北二十五里，引为石刺塔堰，又罗村河，在县西南百九十里，引为罗村堰；俱有灌溉之利。

可见黄沙附近多为汉水支流交汇之处，利于修筑塘堰，灌溉农田。诸葛亮将大军主力由沔阳西部东迁，是为了利用当地的自然条件屯垦积粮，这里距离褒斜道的南口也比较近，起程出兵亦很方便。同时为了将来运输粮草，又建造了不少车辆——木牛、流马。

2. 造斜谷邸阁，使诸军运米。《三国志》卷33《蜀书·后主传》载："（建兴）十一年冬，亮使诸军运米，集于斜谷口，治斜谷邸阁。""诸军"即诸葛亮率领北驻汉中的蜀军主力，见《三国志》卷33《蜀书·后主传》载建兴十二年（234）孔明死后，"（杨）仪率诸军还成都"。"邸阁"是三国时军队储粮的大仓，通常设置在前线附近，平时积贮，战时可就近取食[1]。斜谷邸阁的地址，有人以为是在斜谷北口，李之勤提出质疑，认为斜谷北段处于曹魏势力范围之内，蜀军不可能在那里设仓，"斜谷口"在史籍中也被用来表示褒谷之口，蜀军的邸阁应是设在该地。[2]邸阁所在的谷

---

① 王国维：《观堂集林·邸阁考》，中华书局，2004年。

② 李之勤：《诸葛亮北出五丈原取道城固小河口说质疑》，《西北大学学报》1985年第3期。

口不仅是屯粮之所，诸葛亮还在此地设置了一座大型武器制造作坊，由名匠蒲元主持。参见《诸葛亮集·故事》卷4《制作篇》引《诸葛亮别传》：

> 亮尝欲铸刀而未得，会蒲元为西曹掾，性多巧思，因委之于斜谷口，熔金造器，特异常法，为诸葛铸刀三千口。……刀成，以竹筒密纳铁珠满中，举刀断之，应手虚落，若剃水刍，称绝当世，因曰神刀。

诸葛亮安排蜀军主力往斜谷邸阁运粮，所运粟米除了汉中屯田所产之外，还应有从后方调运来的粮饷。待大军出征后，再由此运往秦川。从后来诸葛亮北伐的情况来看，十余万军队在五丈原与魏师对峙半年之久，而未发生乏粮现象。至孔明死后，蜀军撤退，司马懿"乃行其营垒，观其遗事，获其图书、粮谷甚众"[1]，反映出给养的充足。上述史实表明，诸葛亮屯田积谷的部署获得成效，基本上解决了困扰蜀军多年的后勤供给问题。

（四）蒋琬、费祎主持军政时期

这一时期从建兴十二年（234）秋蜀军主力撤回成都开始，至延熙十六年（253）春费祎出屯汉寿被刺身亡结束。诸葛亮死后，蜀汉"以丞相留府长史蒋琬为尚书令，总统国事。……（次年）夏四月，进蒋琬位为大将军"[2]，后被费祎接替。在此期间，魏国的政局很不稳定，出现了辽东公孙渊的叛乱、曹爽与司马懿的激烈争权，以及王凌在淮南的谋反，吴国亦屡屡出兵攻魏，形势对于蜀汉的北伐是相当有利的。但是，蜀国的治理较诸葛亮在世时逊色，其经济、军事力量略有下降，执

---

① 《晋书》卷1《宣帝纪》。
② 《三国志》卷33《蜀书·后主传》。

政的蒋琬、费祎又谨慎持重，不愿冒险，所以基本上是采取伺机待发的战略。这一思想反映在军事部署上就是：最高统帅大将军的驻镇和军队主力在成都、汉中、涪县和汉寿之间频频调动，屡次准备出击魏境，但是犹豫不决，始终没有投入主力进攻，只是在后期由姜维率领一支偏师向陇西发动了三次攻势。汉中兵力部署情况可以根据变化分为以下几个阶段：

第一阶段（234—238）。建兴十二年（234）秋，杨仪率领蜀军主力撤回成都后，汉中仅留下原有规模的驻守军队，数量为两万余人，任命吴壹主持当地的防务。《三国志》卷45《蜀书·杨戏传》末赞载："（建兴）十二年，丞相亮卒，以壹督汉中，车骑将军，假节，领雍州刺史，进封济阳侯。"吴壹原是刘璋的属下，后归降刘备，担任过护军讨逆将军、关中都督，立有战功，其妹又被刘备纳为夫人。[1] 由他来镇守汉中要地，在政治和军事上都比较可靠。

建兴十五年（237）吴壹病逝，由其副手王平继任汉中都督[2]。在此期间，当地的兵力没有变化，一直处于防御态势，也未尝遇到魏军入侵。

第二阶段（238—243）。延熙元年（238），曹魏出师平定公孙渊的叛乱，为此将司马懿调离长安，领兵赶赴辽东。蜀汉认为有机可乘，便在当年十一月命蒋琬率领诸军出屯汉中[3]，并开府治事，准备和吴国联合发兵，东西两线配合作战。《三国志》卷44《蜀书·蒋琬传》载刘禅为此颁发的诏文：

---

[1]《三国志》卷45《蜀书·杨戏传》末赞："先主定益州，以壹为护军讨逆将军，纳壹妹为夫人。章武元年，为关中都督。建兴八年，与魏延入南安界，破魏将费瑶，徙亭侯，进封高阳乡侯，迁左将军。"

[2]《三国志》卷43《蜀书·王平传》："迁后典军、安汉将军，副车骑将军吴壹住汉中，又领汉中太守。十五年，进封安汉侯，代壹督汉中。"

[3]《三国志》卷33《蜀书·后主传》。

寇难未弭，曹叡骄凶，辽东三郡苦其暴虐，遂相纠结，与之离隔。叡大兴众役，还相攻伐。曩秦之亡，胜、广首难，今有此变，斯乃天时。君其治严，总帅诸军屯住汉中，须吴举动，东西掎角，以乘其衅。

次年，后主又加封蒋琬为大司马，表明朝廷对汉中屯兵统帅的重视。由于"吴期二三，连不克果"①，几次攻魏都是试探、骚扰性的，没有产生重大的影响，雍凉地区的魏军也未能调赴东线，因此蜀军主力不敢贸然北伐。蒋琬在等待时机期间，对进攻关中的众多困难深有感触，故提出了顺汉水东进，攻略曹魏荆州西境的建议，但是遭到了朝内群臣的反对。其事见《三国志》卷44《蜀书·蒋琬传》：

> 琬以为昔诸葛亮数窥秦川，道险运艰，竟不能克，不若乘水东下。乃多作舟船，欲由汉、沔袭魏兴、上庸。会旧疾连动，未时得行。而众论咸谓如不克捷，还路甚难，非长策也。

延熙四年（241）十月，后主派遣费祎、姜维到汉中说明朝廷反对东伐的意见，并和蒋琬商议制定新的战略计划。《三国志》卷44《蜀书·蒋琬传》记载了关于此事的上奏：

> 琬承命上疏曰："芟秽弭难，臣职是掌。自臣奉辞汉中，已经六年，臣既暗弱，加婴疾疢，规方无成，夙夜忧惨。今魏跨带九州，根蒂滋蔓，平除未易。若东西并力，首尾掎角，虽未能速得如志，且当分裂蚕食，先摧其支党。然吴期二三，连不克果，俯仰惟艰，实忘寝食。辄与费祎等议，以凉州胡塞之要，进退有资，贼之所惜；且羌、胡乃心思汉如渴，又昔偏军入羌，郭淮破走，算其长短，以

---

① 《三国志》卷44《蜀书·蒋琬传》。

为事首，宜以姜维为凉州刺史。若维征行，衔持河右，臣当帅军为维镇继。今涪水陆四通，惟急是应，若东北有虞，赴之不难。"

蒋琬和费祎认为，魏国的地域辽阔，势力强大，与之正面交战难以获胜，何况孙吴也不肯尽力北伐来配合蜀军行动。在此形势下，二人建议暂时不对曹魏发动大规模进攻，改变兵力部署和作战计划。其内容如下。

（1）蜀军主力从汉中撤退到涪县（今四川省绵阳市）屯驻。当地有涪水运输之利，上抵边关江油，下达重镇江州（今重庆市）。陆路北通剑阁，西南距成都仅三百余里[1]，粮饷供应方便，可以接应四方。汉中若有警急，再赶赴增援。

（2）凉州位于魏国西陲，防御薄弱，当地羌胡少数民族又和曹魏政权有较深的矛盾。建议先由姜维率领偏师出击陇右，如有成效，获得立足之地，主帅再统领大军随之北进，占领这一地区。

上述计划经朝廷同意后，便付诸实施，次年（242）春从汉中将部分军队南撤。见《三国志》卷33《蜀书·后主传》："（延熙）五年春正月，监军姜维督偏军，自汉中还屯涪县。"《资治通鉴》卷74 胡三省注此事道："蜀诸军时皆属蒋琬，姜维所领偏军耳。"

延熙六年（243），蒋琬亦率蜀军主力撤驻涪县，费祎随即出任大将军，从患病的蒋琬手中接掌兵权。汉中的军政事务仍由王平主持。见《资治通鉴》卷74 正始四年（243）："冬十月，汉蒋琬自汉中还住涪，疾益甚，以汉中太守王平为前监军、镇北大将军，督汉中。十一月，汉主以尚书令费祎为大将军、录尚书事。"

蜀军兵力部署的此番改动引起吴国震恐。荆州守将步骘、朱然等以为蜀国背弃盟约，欲联魏伐吴，急报朝廷，但是孙权自有卓识，不信流

---

① 《三国志》卷31《蜀书·刘璋传》："先主至江州北，由垫江水诣涪，去成都三百六十里，是岁建安十六年也。"

言，仍然与蜀交好，共同抗魏①。

　　第三阶段（243—248）。从延熙六年（243）冬蜀军主力撤至涪县，到延熙十一年（248）夏费祎出屯汉中前。其间大司马蒋琬驻镇于涪；尚书令、大将军费祎平时居成都治理国事，边境有警时便领兵北上增援。汉中都督王平驻守至延熙十一年去世，当地守军仍保持两万余人的规模。这个阶段蜀军的部署有以下特点：

　　1. **汉中兵力不足。**据《三国志》卷43《蜀书·王平传》记载："时汉中守兵不满三万。"兵力又分散在数百里范围内的多处据点之中，呈现出相对薄弱的态势；若是敌人大举入侵，后方援军不及赴救，便有陷落的危险。魏国方面也看出了这一形势，所以在蜀军主力南撤后的第二年（244）即发动进攻，"魏大将军曹爽率步骑十余万向汉川"。汉中蜀将闻讯大惊。在军事会议上，有些将领认为敌众我寡，"今力不足以拒敌，听当固守汉、乐二城，遇贼令入，比尔间，涪军足得救关"，即建议采取收缩兵力、放弃外围而固守待援的做法。主将王平坚决反对，他主张在傥骆道中的险要地段——兴势阻击魏军，说："汉中去涪垂千里，贼若得关，便为祸也。今宜先遣刘护军、杜参军据兴势，平为后拒；若贼分向黄金，平率千人下自临之，比尔间，涪军行至，此计之上也。"从他的话来看，由于汉中的守军人数有限，又相当分散，王平所率领的"后拒"（机动预备队）数量少得可怜，如果敌人从兴势前线分出部分兵力改走子午道，由黄金戍进入汉中，身为都督的王平只能带领千人赶赴援救。

---

① 《三国志》卷47《吴书·吴主传》赤乌七年（244），"是岁，步骘、朱然等各上疏云：'自蜀还者，咸曰欲背盟与魏交通，多作舟船，缮治城郭。又蒋琬守汉中，闻司马懿南向，不出兵乘虚以掎角之，反委汉中，还近成都。事已彰灼，无所复疑，宜为之备。'权揆其不然，曰：'吾待蜀不薄，聘享盟誓，无所负之，何以致此？又司马懿前来入舒，旬日便退，蜀在万里，何知缓急而便出兵乎？……人言苦不可信，朕为诸君破家保之。'蜀竟自无谋，如权所筹。"

众将中只有参军刘敏拥护王平的决策，认为"男女布野，农谷栖亩，若听敌入，则大事去矣"①。由于兵力严重不足，蜀军在防御时不得不采用虚张声势的做法，"多张旗帜，弥亘百余里"②。傥骆道内山路狭曲陡峭，魏军兵力上的优势得不到发挥，粮草难以运到前线。蜀军虽处于劣势，但凭险据守，有地利之便，又频频发动夜袭，致使敌人"进不获战，攻之不可"③，陷入被动境地，这才坚持到后方援军赶来，扭转了整个战局，迫使曹爽退兵。

2. **援军驻地距离汉中过远**。这次战役的情况表明，蜀国兵力的战略部署存在缺陷，即汉中前线与后方援军的驻地距离太远，遇有急难赴救时要耗费较多时日。蜀军主力屯集在涪县，担任支援北境的任务。《资治通鉴》卷74正始五年（244）"三月"条："汉中守兵不满三万，诸将皆恐，欲守城不出以待涪兵。"胡三省注曰："自蒋琬屯涪，蜀之重兵在焉。"而两地相隔几近千里，按汉代军队每日行程，"轻行五十里，重行三十里"④，加上蜀道阻险，行旅艰难，援军赶赴汉中需要较长时间。据《资治通鉴》卷74所载，曹爽大兵三月自骆谷入汉中，"闰月，汉主遣大将军费祎督诸军救汉中"；四月，"涪军及费祎兵继至"。前后拖延了将近两月，若不是王平安排得当，竭力死守，汉中就有失陷的危险。

战役结束后，至九月，费祎见局势稳定，便撤还成都。此后蜀汉又在军务上作出调整。《资治通鉴》卷74载："是岁，汉大司马（蒋）琬以病固让州职于大将军（费）祎，汉主乃以祎为益州刺史，以侍中董允守

---

① 《三国志》卷44《蜀书·蒋琬传附刘敏传》。
② 《三国志》卷44《蜀书·蒋琬传附刘敏传》。
③ 《晋书》卷2《文帝纪》："大将军曹爽之伐蜀也，以帝为征蜀将军，副夏侯玄出骆谷，次于兴势。蜀将王林夜袭帝营，帝坚卧不动。林退，帝谓玄曰：'费祎以据险距守，进不获战，攻之不可，宜亟旋军，以为后图。'爽等引旋，祎果驰兵趣三岭，争险乃得过。"
④ 《汉书》卷70《陈汤传》。

尚书令，为祎之副。"费祎主管军国大事，朝廷日常公务交给董允处理。次年（245），"十二月，汉费祎至汉中，行围守"。据胡三省注，"围守"即"实兵诸围"，在外围据点补充兵员，加强防御。汉代刺史巡视辖区称为"行部"[①]，费祎"行围守"，是检查汉中的战备情况。看来，蜀汉朝廷对去年的作战仍然心有余悸，唯恐该地在防守上还有漏洞，所以再派费祎到那里视察。次年（246）六月费祎返回成都。

第四阶段（248—251）。延熙十一年（248）五月，大将军费祎率领蜀军主力再次出屯汉中，当时魏国并未准备侵蜀，看来蜀汉军事部署变更的目的是伺机进攻，这和曹魏政局的动荡有着密切关系。首先，费祎北驻汉中的前一年，魏国朝内斗争激化，执政新贵曹爽等人与司马懿为首的旧臣不和，《资治通鉴》卷75正始八年（247）载："大将军爽用何晏、邓飏、丁谧之谋，迁太后于永宁宫，专擅朝政，多树亲党，屡改制度。太傅（司马）懿不能禁，与爽有隙。五月，懿始称疾，不与政事。"

其次，雍、凉二州的羌胡起兵反魏，并派遣使者向蜀汉表示归顺，请兵援助。见《三国志》卷26《魏书·郭淮传》："（正始）八年，陇西、南安、金城、西平诸羌饿何、烧戈、伐同、蛾遮塞等相结叛乱，攻围城邑，南招蜀兵，凉州名胡治无戴复叛应之。"蜀国遣姜维领兵赴陇西接应，"与魏大将军郭淮、夏侯霸等战于洮西。胡王治无戴等举部落降，维将还安处之"[②]。费祎原与蒋琬制定了北攻凉州，断魏关中右臂的计划，现认为机会将临，因此亲率大军进驻汉中，待曹魏内乱之际，再出兵陇右。

费祎抵达汉中的第二年（249），魏国发生了高平陵事变，司马懿诛灭曹爽集团。虽然没有出现蜀国期待的内战，但是敌方镇守雍、凉的主将之一夏侯霸前来投降。费祎认为时机已到，便在当年和次年派姜维两

① 《汉书》卷83《朱博传》。
② 《三国志》卷44《蜀书·姜维传》。

番伐魏。《三国志》卷33《蜀书·后主传》：

> （延熙十二年）秋，卫将军姜维出攻雍州，不克而还。将军句
> 安、李韶降魏。
>
> 十三年，姜维复出西平，不克而还。

这两次进军都未获成功，原因一是魏国的统治仍很稳定，朝内的政变并未削弱边境的防御力量；二是蜀汉投入的兵力太少，姜维"每欲兴军大举，费祎常裁制不从，与其兵不过万人"[①]，只是派出少数军队做试探性进攻，因此难以取得赫赫战果。

曹魏政局转危为安和姜维西征的连续失利，使费祎打消了北伐的企图，在延熙十四年（251）夏从汉中撤出主力，自己回到成都。《三国志》卷44《蜀书·姜维传》注引《汉晋春秋》曰："费祎谓维曰：'吾等不如丞相亦已远矣，丞相犹不能定中夏，况吾等乎！且不如保国治民，敬守社稷，如其功业，以俟能者，无以为希冀徼幸而决成败于一举。若不如志，悔之无及。'"

第五阶段（251—253）。从延熙十四年冬费祎北屯汉寿（今四川省广元市昭化区北），至十六年（253）春他在当地被刺身亡。这一阶段蜀军主力随费祎驻扎在汉寿，汉中的守将为都督胡济，采取防御态势，军队数量仍是原有的较小规模。

《三国志》卷44《蜀书·费祎传》载："（延熙）十四年夏，还成都。成都望气者云都邑无宰相位，故冬复北屯汉寿。"陈寿把蜀汉军事的这一部署调动说成是迷信所致，很难令人信服。胡三省在注《资治通鉴》卷75时，就对此种解释提出了反对："以祎之才识，乃复信望气者之说邪！"实际上，费祎屯兵汉寿是对原有防御部署缺陷的弥补，蒋琬在世

[①]《三国志》卷44《蜀书·姜维传》。

时蜀军主力驻扎于涪，其优点是距离成都较近，给养运输方便，而且位置居中，利于策应四方。缺点是离汉中前线较远，一旦遇警，有赴救不及之虞。而大军驻于汉中，虽能有效地保护边陲，震慑敌境，后方的给养供应却是沉重不堪的负担。汉寿在涪县东北数百里，物产丰富[①]，有西汉水（嘉陵江）运输之便，又南遮剑阁，居陈仓、金牛两道会合入蜀之口。不仅具有控御枢要、交通便利的条件，还把和汉中的距离缩短了一倍，可以更加迅速地支援前方。费祎将军队主力屯于汉寿，是一种攻防俱利的折中办法，使原来大军驻扎汉中或涪县带来的种种困难得到缓解，改善了北部地区的防御部署，不失为蜀、魏双方对弈中的一步妙手。

（五）姜维统军时期（253—263）

这一时期从延熙十六年（253）春费祎被刺身亡、姜维执掌军权开始，至景耀六年（263）蜀汉灭亡为止。兵力部署的特点是蜀军主力由汉寿北移到武都、阴平境内，频频向魏国的陇西等地发动进攻；而汉中的防御力量受到削弱，致使在曹魏大举入侵时未做有效的抵抗，轻易被敌人占领。这一时期可以根据汉中守军人数的更变分为两个阶段：

第一阶段（253—258）。费祎将蜀军主力撤至汉寿后，汉中的守兵仍然维持原有两万余人的规模，继续由胡济担任都督，执行防御任务。但是在费祎死后，曹魏的政局发生了剧烈变化，出现了有利于蜀国进攻的形势：

首先，司马氏执政后，废掉魏主曹芳，杀夏侯玄、李丰等大臣，国内政治斗争日趋激烈。拥曹将领毌丘俭、诸葛诞相继在淮南起兵反抗，

[①] "晋寿县，本葭萌城，刘氏更曰汉寿。水通于巴西，又入汉川。有金银矿，民今岁岁洗取之。蜀亦大将军镇之。漆、药、蜜所出也。"〔晋〕常璩撰，刘琳校注：《华阳国志校注》卷2《汉中志》，巴蜀书社，1984年，第150页。

并联络吴军来援。这两次内战迫使司马氏将大量军队投入扬州地区。

其次，东吴自孙权去世，朝政先后由诸葛恪、孙峻、孙綝等权臣执掌。他们都企图利用曹魏的内乱，进军夺取淮南，扩展疆域。其中诸葛恪在 253 年领兵二十万攻魏，人马之众是吴国历次北伐中空前绝后的。257 年，孙綝为了增援诸葛诞，亦前后发兵十余万，欲解寿春之围。淮南将士的叛乱与孙吴频频北犯，使曹魏多次派遣重兵到东线，甚至征调了关中的驻军，因此在西方对蜀作战不得不采取守势。

蜀汉方面，姜维继承诸葛亮遗志，始终主张对魏国全力进攻，蚕食雍凉，图取中原，以兴复汉室。《三国志》卷 44《蜀书·姜维传》曰："维自以练西方风俗，兼负其才武，欲诱诸羌、胡以为羽翼，谓自陇以西可断而有也。每欲兴军大举，费祎常裁制不从。"在费祎死后，姜维掌握军权，蜀汉朝内无人能对其实行制约①，所以改变了蒋琬、费祎执政时期谨慎持重的防守战略，乘魏国内外多事，向其频繁发动攻势，在 253—258 年这六年中，姜维五次领兵北伐。其概况可见《三国志》卷 33《蜀书·后主传》：

> （延熙）十六年春正月，大将军费祎为魏降人郭循所杀于汉寿。夏四月，卫将军姜维复率众围南安，不克而还。
>
> 十七年春正月，姜维还成都。大赦。夏六月，维复率众出陇西。冬，拔狄道、河关、临洮三县民，居于绵竹、繁县。
>
> 十八年春，姜维还成都。夏，复率诸军出狄道，与魏雍州刺史王经战于洮西，大破之。经退保狄道城，维却住钟题。
>
> 十九年春，进姜维位为大将军，督戎马，与镇西将军胡济期会上邽，济失誓不至。秋八月，维为魏大将军邓艾所破于上邽。维退军还成都。……

----

① 《资治通鉴》卷 76 魏邵陵厉公嘉平五年（253）："及祎死，维得行其志。"胡三省注："费祎死，蜀诸臣皆出维下，故不能裁制之。"

二十年，闻魏大将军诸葛诞据寿春以叛，姜维复率众出骆谷，至芒水。……

景耀元年，姜维还成都。

这五次伐魏，前四次均在陇西作战，每番战役结束，姜维都要回到成都复命，第二年再赶赴前线出征。但是采取如此频繁的进攻，其帐下的蜀军主力不可能每次都随同姜维千里迢迢撤回成都，再开赴陇西。据史籍所载，他们是以蜀国北境的武都、阴平两郡的一些地点作为屯兵之所，由此出击或休整的。例如《资治通鉴》卷76嘉平五年（253）：

及（费）祎死，（姜）维得行其志，及将数万人出石营，围狄道。（胡三省注：石营在董亭西南，维盖自武都出石营也。）

《三国志》卷28《魏书·邓艾传》载正元二年（255）：

（邓艾）解雍州刺史王经围于狄道，姜维退驻钟提。（胡三省注《资治通鉴》卷76曰：钟提当在羌中，蜀之凉州界也。）

《资治通鉴》卷77魏高贵乡公甘露元年（256）六月：

姜维在钟提，议者多以为维力已竭，未能更出。

此外，值得注意的是阴平郡的沓中（今甘肃省甘南藏族自治州舟曲县），早在延熙八年（245）便已是姜维进军陇西的一个据点。见《三国志》卷26《魏书·郭淮传》："乃别遣夏侯霸等追维于沓中，淮自率诸军就攻（廖）化等，维果驰还救化。"后来该地又成为蜀军屯田练兵的基地。

后一次北伐，是在诸葛诞起兵后，魏军云集淮南，关中兵力削弱，姜维欲乘虚而入，故从汉中出发，"复率数万人出骆谷，径至沈岭"[1]。但

---

[1]《三国志》卷44《蜀书·姜维传》。

是邓艾、司马望等坚壁不战，相持逾岁，迫使蜀军又一次无功而还。

第二阶段（258—263）。蜀国灭亡前夕，姜维对军事部署做出重大调整，汉中兵力受到前所未有的削弱，为随即而来的失败埋下祸根。

景耀元年（258），姜维自关中退还成都后，提出了新的对魏作战计划，其内容可参见《三国志》卷 44《蜀书·姜维传》：

> 初，先主留魏延镇汉中，皆实兵诸围以御外敌，敌若来攻，使不得入。及兴势之役，王平捍拒曹爽，皆承此制。维建议，以为错守诸围，虽合《周易》"重门"之义，然适可御敌，不获大利。不若使闻敌至，诸围皆敛兵聚谷，退就汉、乐二城，使敌不得入平，且重关镇守以捍之。有事之日，令游军并进以伺其虚。敌攻关不克，野无散谷，千里县（悬）粮，自然疲乏。引退之日，然后诸城并出，与游军并力博之，此殄敌之术也。于是令督汉中胡济却住汉寿，监军王含守乐城，护军蒋斌守汉城，又于西安、建威、武卫、石门、武城、建昌、临远皆立围守。

这段记述的内容有自相矛盾之处。从整段文字来看，姜维的建议和后来实行的措施，是放弃汉中外围的据点，将驻军撤守汉、乐二城，采取坚壁清野、诱敌深入到盆地内部的做法。但是其中又说"使敌不得入平"，这就与前后内容具有截然相反的含义。《华阳国志》卷 7 也有关于此事的记载，此句作"听敌入平"。全文如下：

> （景耀元年）大将军维议，以为汉中错守诸围，适可御敌，不获大利。不若退据汉、乐二城，积谷坚壁，听敌入平，且重关镇守以御之。敌攻关不克，野无散谷，千里悬粮，自然疲退，此殄敌之术也。于是督汉中胡济却守汉寿，监军王含守乐城，护军蒋斌守汉城，又于西安、建威、武卫、石门、武城、建昌、临远皆立围守。

另外，《资治通鉴》卷77和《蜀鉴》亦作"听敌入平"，学术界因此判断今本《三国志》卷44《蜀书·姜维传》中可能有传抄错讹。任乃强先生即认为《华阳国志》的"听敌入平"是正确的，《姜维传》中"不得"二字衍，"重关"，"谓乐城、汉城、阳平关、白水关与兴势、黄金诸关戍镇守，使敌饥困平原中不得更进，非仅指一阳平关也"[1]。《华阳国志》等史籍虽系晚出，但当时撰写所据的《三国志》可能是善本，没有今本的一些错谬。

1. 姜维军事部署的内容。从前引史籍的记载来看，姜维做出的军事部署调整，包含以下几方面内容：

（1）放弃汉中外围，收缩防守，诱敌深入。更改了自魏延镇守汉中以来一贯采取的拒敌于盆地边缘山区的作战方针，撤销了外围的大部分据点，军队集中到汉、乐二城，以其作为防御核心，分别由蒋斌、王含驻守，各领兵五千人[2]。西隅则严守阳安（平）关，主将为傅佥、蒋舒[3]，阻止敌人破关后攻击武兴（今陕西省略阳县）或南下剑阁。并派遣小股部队游击骚扰，待敌军乏粮撤退时乘势发动反攻。

（2）削减汉中人马，退往汉寿。命令汉中都督胡济率领部分守军，撤至汉寿驻扎，待命行动。汉中驻军原来不满三万，此时分布情况大致是：汉、乐二城各有五千人，阳安关可能也有五千人，个别围守（如黄金、兴势围）各留少量兵力（千余人？）驻守，恐怕就不足两万了。

（3）加强陇西方向的防御。姜维所立的西安、建威、武卫、石门、武城、建昌、临远诸围守，皆在陇西前线、蜀国北境，即今甘肃省南部。据刘琳考证，建威在今甘肃省西和县南，武卫、石门都在今甘肃省甘南藏族自治州境内。武城围在今甘肃省武山县西南武城山上。西安、建昌、

---

① 任乃强：《华阳国志校注图补》，上海古籍出版社，1987年，第422页。
②《三国志》卷28《魏书·钟会传》："蜀监军王含守乐城，护军蒋斌守汉城，兵各五千。"
③《三国志》卷44《蜀书·姜维传》及注引《汉晋春秋》《蜀记》。

临远三围具体地点不详，但亦当在甘肃省南部①。

上述七围当中，有些实际是先前建立的，如建威围，《三国志》卷35《蜀书·诸葛亮传》："（建兴）七年，亮遣陈式攻武都、阴平，魏雍州刺史郭淮率众欲击式，亮自出至建威。"《三国志》卷45《蜀书·张翼传》载："延熙元年，入为尚书，稍迁督建威，假节，进封都亭侯，征西大将军。"

西安围，参见《三国志》卷45《蜀书·杨戏传》注引《益部耆旧杂记》："（王嗣）延熙世以功德显著，举孝廉，稍迁西安围督、汶山太守，加安远将军。绥集羌、胡，咸悉归服，诸种素桀恶者皆来首降，嗣待以恩信，时北境得以宁静。"

姜维的部署是在上述七围加强兵力，巩固防务。可见他还是把对魏作战的攻防重点放在了武都、阴平以北的陇西前线。

（4）主力屯汉寿，后移沓中。姜维从关中退兵，其所率蜀军有一部分随他撤回成都，另一部分留在汉寿待命，仍然沿用了费祎临终前制定实施的防御部署。前引《蜀书·姜维传》及《华阳国志》等书也提到胡济率领军队退驻汉寿。

景耀五年（262），姜维再次出征，北伐侯和（今甘肃省临潭县西南），被魏将邓艾挫败。朝内诸葛瞻、董厥等人认为"维好战无功，国内疲敝，宜表后主，召还为益州刺史，夺其兵权"②。而专权的宦官黄皓也想罢免姜维的大将军职务，让阎宇担任。姜维对此疑惧不安，便率领蜀军主力在沓中屯田，不再返回成都。③

---

① 〔晋〕常璩撰，刘琳校注：《华阳国志校注》，巴蜀书社，1984年，第587页。

② 《三国志》卷35《蜀书·诸葛亮传》注引孙盛《异同记》。

③ 《三国志》卷44《蜀书·姜维传》景耀五年，"维率众出汉、侯和，为邓艾所破，还住沓中。维本羁旅托国，累年攻战，功绩不立，而宦官黄皓等弄权于内，右大将军阎宇与皓协比，而皓阴欲废维树宇。维亦疑之，故自危惧，不复还成都"。《华阳国志》卷7《刘后主志》景耀五年："后主敕皓诣审陈谢，维说皓求沓中种麦，以避内逼。皓承白后主。秋，维出侯和，为魏将邓艾所破，还驻沓中。皓协比阎宇，欲废维树宇，故维惧，不敢还。"

2.**姜维调整部署的原因**。姜维更改蜀汉兵力的战略部署，主要目的有以下几点：

（1）加强西北兵力，巩固蚕食得来的领土。据姜维本传所载，他几次率领北伐的蜀军主力为"数万人"，人数并不具体。《晋书》卷2《文帝纪》载司马昭与群臣谋议伐蜀时，称"计蜀战士九万，居守成都及备他郡不下四万，然则余众不过五万"，是说蜀国北部对魏作战的兵力一共五万，这个数字应包括姜维在陇西作战的主力和汉中守军的人数。如果汉中兵力仍保持两万余人的旧有编制，姜维帐下就只有三万人左右。不过，司马昭之言是要说服群臣同意他伐蜀的主张，为了打消反对者和犹豫者的顾虑，他很有可能贬低蜀国的军事力量。实际上，据《三国志》卷33《蜀书·后主传》注引王隐《蜀记》所载，当时蜀国的兵力是"带甲将士十万二千"，略高于司马昭所说的人数。这样看来，姜维部下的蜀军主力数目可能也会略有增加，但至多也就四万人左右。单凭这数量有限的队伍，要想在陇西开疆拓土，谈何容易！因为曹魏在当地也能动员数万人马，比起姜维所部的战斗力也就是略处下风，但如果能够坚持到关中援兵到来，那么蜀军就没有优势可言，何况还有粮运乏济的困难。事实上，姜维在北伐中取得过一些胜利，甚至是大胜，如延熙十八年（255），"大破魏雍州刺史王经于洮西，经众死者数万人"[1]，并一度远征至金城（今甘肃省兰州市）、西平（今青海省西宁市），攻占了狄道城。但最终还是因为兵力不足，粮运难继，无法扩大战果或在当地建立持久的统治。

另外，汉中十余年来未遇入侵，两万余名守军长期处于待战的无事状态，不免给人以兵力闲置的错觉。而当地山川道路的险阻与曹真、曹爽进犯时受到的重挫，也会使人对汉中的防御前景做出过于乐观的判断。

----

[1]《三国志》卷44《蜀书·姜维传》。

蜀汉国土狭小，兵源匮乏，姜维难以从后方获得大量的人力补充，所以便产生了调动汉中部分守军参与北伐，加强自己进攻力量的想法。从前一阶段后期的情况来看，姜维这一作战指导思想的倾向是相当明显的。例如，延熙十九年（256），姜维自钟提兵出祁山伐魏，命令汉中都督胡济率军和他在上邽会合，结果"济失誓不至，故维为魏大将邓艾所破于段谷，星散流离，死者甚众"①。

第二年姜维率数万人自汉中出骆谷②。之所以没有选择陇西方向进攻，可能是由于刚刚遭受重创，部下缺少兵员，无法单独发动攻势。若调动汉中守军至陇西作战，则难保不再出现去年"失誓不至"的情况。从汉中兵出骆谷，可以乘势带走当地的部分守军，增强进攻兵力；而且关中的魏军大部东调，自顾不暇，没有力量组织反击，不用担心汉中的防务问题。

上述两次北伐，姜维都不同程度地利用了汉中的部分守军。由此可见，这次放弃汉中外围、削弱当地兵力以加强陇西方向攻防的部署，是他前一阶段作战思想的延续和发展，也是以贫国弱旅向强敌发动进攻的一种无奈之举。

（2）诱敌深入，力求多歼来寇。汉中的防御部署，自魏延镇守该地以来，始终采取"实兵诸围以拒外敌"的做法，即利用盆地边缘的山险，将兵力部署在外围的各个要塞阻击敌人，不让其进入汉中平原。曹真、曹爽两次伐蜀，蜀军采用这种战略都获得了成功，迫使敌人撤退。但是姜维认为上述部署虽然比较稳妥，符合《周易》中"重门"御敌的原则，然而在外围防御，只能阻敌入境，逼迫其退兵，无法大量歼灭来犯之敌。而陇西的作战，由于屡屡向该地进兵，曹魏方面已经提高了警惕，

---

① 《三国志》卷44《蜀书·姜维传》。

② 姜维此次兵进关中未走较近的褒斜道，是因为前次诸葛亮死后蜀军撤退时，魏延与杨仪争权，"率所领径先南归，所过烧绝阁道"（见《三国志》卷40《蜀书·魏延传》），而事后蜀汉又未曾加以修复，故姜维只能走傥骆道了。

预先设有防范，并且以逸待劳，蜀军的进攻也难以取得较大的战果。姜维是外邦之人，孤身入蜀，在朝野内外没有支持的势力，陈寿说他"本羁旅托国，累年攻战，功绩不立"①，故迫切需要一场大胜来提高和巩固自己的政治地位。客观形势的压力促使他铤而走险，做出放弃汉中外围防守，"敛兵聚谷，退就汉、乐二城"的决定，企图以此诱使敌人重兵进入汉中盆地，待其乏粮撤退时再举行反攻，力求全歼来寇。实际上，在敌强我弱的形势下，如果不能依赖汉中外围地形复杂、难以通行的有利条件部署防御，让魏国大军不受损失地开进平原，得以发挥其兵力上的优势，那么这一战略要地很可能就此陷落，从而打开蜀汉北境的大门。回想建兴八年（230）诸葛亮防御曹真、司马懿入侵汉中时，尽管手中握有重兵，还急令李严带领两万人北上增援，以求做到万无一失。而姜维不仅撤销围守，还把当地有限的守军再调一部分回到汉寿；相比诸葛亮用兵的谨慎，他的举措何其轻率冒险！

3. 对姜维改变部署的评价。 对于姜维此次军事部署的调整，历代史家多认为撤销汉中围守是重大失误。这一措施为后来汉中失守、蜀国灭亡埋下了祸根。可见郭允蹈《蜀鉴》：

> 蜀之门户，汉中而已。汉中之险，在汉魏则阳平而已。武侯之用蜀也，因阳平之围守，而分二城以严前后之防其守也，使之不可窥；而后其攻也，使之莫能御，此敌所以畏之如虎也。今姜维之退屯于汉寿也，撤汉中之备，而为行险侥幸之计，则根本先拨矣。异时钟会长驱而入，曾无一人之守，而敌已欣然得志。初不必邓艾之出江油，而蜀已不支，不待知者而能见。呜呼，姜维之亡蜀也，殆哉！

《资治通鉴》卷 74 正始五年（244）胡三省注：

---

①《三国志》卷 44《蜀书·姜维传》。

呜呼！王侯设险以守其国。其后关城失守，钟会遂平行至汉中；王平谓贼若得关，遂为深祸，斯言验矣。

《资治通鉴》卷 77 甘露三年（258）胡三省注：

姜维自弃险要以开狡焉启疆之心，书此为亡蜀张本。

卢弼《三国志集解》卷 44《通鉴辑览》曰：

外户不守而却屯以引敌，且俟其退而出搏之，真开门揖盗之见。刘友益以为维之失计，汉所以亡，良然！

先贤的评论是非常中肯的，蜀国与曹魏相比，在兵众和财力上处于明显的劣势，之所以能够守住汉中，拒敌于国门之外，在很大程度上靠的是依托汉中外围险要地势部署防御作战，这样可以用少数兵力扼守山川险隘，阻击来寇，使之不能入境。魏军人马虽众，但是千里跋涉，粮运难继，无法做持久的对抗。蜀军如果弃险不守，抛掉自己的有利条件，使强大的敌人轻易进入平原，得以发挥其兵力上的优势，那么，汉、乐二城及阳安（平）关的守御便岌岌可危了。这是一种极其冒险的战略部署，要是成功固然能获得大胜，但是以孤城弱旅应对强敌放开手脚的猛攻，难保不出现疏漏。倘若有失，汉中被敌人占领，将会对蜀国的安危造成极其严重的影响。

此外，蜀军主力在北伐侯和失利后，没有返回汉寿，而是留驻沓中屯田，更是一项严重的错误。蒋琬、费祎执政时期，蜀军主力平时屯于涪县、汉寿，位于后方。北部边境有警后，由于前线守军的就地抵抗，援兵在赶赴救急时，途中不会遇到敌人的阻击和干扰，可以按照预定的时间赶到作战地域。而姜维担心自己回朝后会失去兵权，又念念不忘北伐陇右，故不愿退师汉寿。主力屯于边陲偏僻的沓中，一则暴露在敌人面前，容易受到攻击；二则沓中和汉中东西悬隔千里，中间又有山水险阻的诸多障碍，一旦形势告急，很难及时援救。魏军统帅正是看出了姜维兵力部署的这一破绽，在第二年分兵进攻，以偏师牵制住沓中的姜维，主力顺利地占领汉中盆地，并攻陷了阳安关。

4.魏军灭蜀之役的部署与汉中陷落。

（1）战前形势与魏军的进攻部署。263年，魏国发动灭蜀战役之前，司马氏已经在几次夺权和内战斗争中获得了完全的胜利，彻底击败了拥曹势力，得到各方面的支持，国内政局非常稳定。据孙吴大臣张悌所言："司马懿父子自握其柄，累有大功，除其烦苛而布其平惠，为之谋主而救其疾，民心归之，亦已久矣。故淮南三叛而腹心不扰，曹髦之死，四方不动，摧坚敌如折枯，荡异同如反掌，任贤使能，各尽其心，非智勇兼人，孰能如之？其威武张矣，本根固矣，群情服矣，奸计立矣。"[1]自曹操统一北方以来，中原地区再未发生过大规模的战乱，经历数十年的休养生息，魏国的经济、军事力量相当强盛，相比于吴、蜀两国，已然具有压倒性优势。如司马昭所言："今诸军可五十万，以众击寡，蔑不克矣。"[2]诸葛诞在寿春的叛乱平息后，吴国损兵折将，大伤元气，无力再举北伐。东线的压力减轻后，魏国可以调集重兵征蜀，彻底改变西线长期以来的被动防御局面。

蜀国由于奸佞当朝，政治腐败，大臣不和，又因频频北伐而民力衰竭，在与曹魏的对抗中处于明显劣势。张悌据此认为魏军征蜀必胜。他说："今蜀阉宦专朝，国无政令，而玩戎黩武，民劳卒弊，竞于外利，不修守备。彼强弱不同，智算亦胜，因危而伐，殆其克乎！"[3]

司马昭判断形势，决心发动灭蜀战役。他针对姜维军事部署上的几处

---

①《三国志》卷48《吴书·孙皓传》天纪四年（280）注引《襄阳记》。

②《晋书》卷2《文帝纪》。

③《三国志》卷48《吴书·孙皓传》天纪四年注引《襄阳记》。

弱点，采取了分兵进攻的战略。《晋书》卷2《文帝纪》载司马昭对群臣所言："计蜀战士九万，居守成都及备他郡不下四万，然则余众不过五万。今绊姜维于沓中，使不得东顾，直指骆谷，出其空虚之地，以袭汉中。彼若婴城守险，兵势必散，首尾离绝。举大众以屠城，散锐卒以略野，剑阁不暇守险，关头不能自存。以刘禅之暗，而边城外破，士女内震，其亡可知也。"魏国"于是征四方之兵十八万"，所做的战役部署是：

甲、令征西将军邓艾率三万余人，自狄道（今甘肃省临洮县）出兵，进攻甘松（今甘肃省迭部县西南）、沓中，牵制住姜维所率的蜀军主力。

乙、雍州刺史诸葛绪领兵三万余人，从祁山（今甘肃省礼县东北）向武街（今甘肃省成县西北）、桥头（今甘肃省文县东南）进军，以堵截姜维东援汉中或撤回汉寿的去路。

丙、景元四年（263）八月，镇西将军钟会率领的魏军主力自洛阳出发，经关中进攻汉中："会统十余万众，分从斜谷、骆谷入。……魏兴太守刘钦趣子午谷，诸军数道平行，至汉中。"[1]

（2）蜀国的应战部署。在魏国进攻之前，姜维已然得到消息，并向后主上表，请求增援兵力，加强紧要关成的防御："闻钟会治兵关中，欲规进取，宜并遣张翼、廖化督诸军分护阳安关口、阴平桥头以防未然。"[2]但是刘禅被奸宦黄皓所蒙蔽，并未发兵，也没有向朝臣通报。直到魏军进攻开始，"然后乃遣右车骑廖化诣沓中为维援，左车骑张翼、辅国大将军董厥等诣阳安关口以为诸围外助"[3]。

汉中方面：魏军发动攻势后，"蜀令诸围皆不得战，退还汉、乐二城守"[4]，即执行姜维原来制定的诱敌深入计划，放弃外围大部分据点，收缩

①《三国志》卷28《魏书·钟会传》。
②《三国志》卷44《蜀书·姜维传》。
③《三国志》卷44《蜀书·姜维传》。
④《三国志》卷28《魏书·钟会传》。

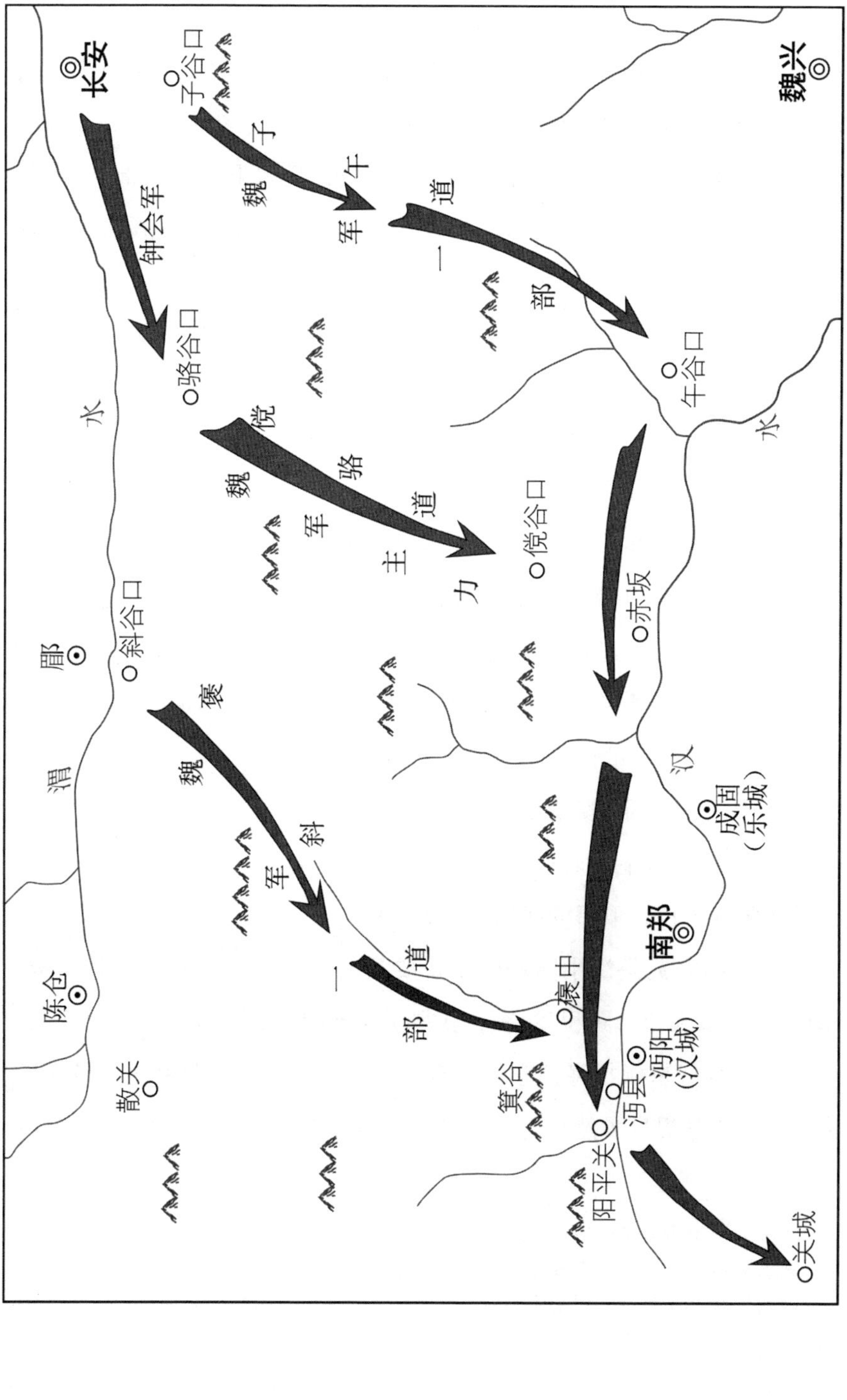

曹魏主力钟会军改取汉中示意图（263）

兵力，依托坚城防守。钟会顺利进入汉中平原后，一面攻打汉、乐二城，一面派遣护军胡烈领兵穿过盆地进攻关城。守关蜀将蒋舒率部下出城投降，引敌来袭，傅佥格斗而死。魏军占领关城，并缴获大量粮谷。钟会闻讯后不再浪费时间和兵力进攻汉、乐二城，只留下了少数部队围困，主力则迅速西进："会使护军荀恺、前将军李辅各统万人，恺围汉城，辅围乐城。会径过，西出阳安口。"①

沓中方面：廖化率兵到达阴平后，"闻魏将诸葛绪向建威，故住待之"②，没有前往桥头，而是等待姜维。邓艾"遣天水太守王颀等直攻（姜）维营，陇西太守牵弘等邀其前，金城太守杨欣等诣甘松"③。姜维在引兵东还时，至强川口被魏军追及战败，在桥头又遭到诸葛绪的阻截。他几经周折撤退到阴平，与廖化等军会合，此时汉中早已落入敌手。

这样，蜀军自开战以来节节败退，未曾组织有效的抵抗。除了汉、乐二城等少数据点，汉中全郡均被钟会占领，并且长驱直入，通过关城天险向汉寿、剑阁进军。姜维"积谷聚兵，听敌入平"，将魏军主力牵制在汉中盆地加以歼灭的计划受到了毁灭性的打击。

5. 汉中丢失对蜀汉防御的致命打击。

（1）造成蜀国整个北部防线的崩溃。魏军轻易地占据汉中，一举攻克了重镇阳安关口，取得的战果是多方面的。

首先，阳安关是汉中防御体系重要兵站基地，储存有大量的物资。魏军破关后，"大得库藏积谷"④，获得了意外的充足补给。

其次，蒋舒率领投降的守兵，至少在千人以上，不仅补充了魏军的人力，而且为其提供了熟悉蜀汉部署情况的向导。

---

①《三国志》卷 28《魏书·钟会传》。
②《三国志》卷 44《蜀书·姜维传》。
③《三国志》卷 28《魏书·邓艾传》。
④《资治通鉴》卷 78 魏元帝景元四年（263）九月。

再次，王平曾言"贼若得关，便为深祸"①，这是因为阳安关在汉中防御体系中起着举足轻重的作用。敌人即使攻陷了汉城或乐城，只要关城不失，就不得进窥蜀道，成都平原和陇南地区的安全还有保证。而魏军占领阳安关后，既可以西胁武兴，又能够从金牛道南下，直逼汉寿；驻扎在阴平、武都的蜀军就有被截断归路、陷入邓艾和钟会夹击而覆灭的危险。姜维和廖化只得放弃了苦心经营多年的下辨、武兴及西安七围等要塞，仓皇撤退至汉寿，与张翼、董厥的援兵会合。因为敌军势大，姜维等人被迫又退保剑阁。这样一来，除了个别据点，蜀汉从汉中至阴平绵延千余里的领土丧失殆尽，设在岷山、摩天岭、米仓山以北的外围防线落入敌手。

（2）为后来偷渡阴平、迫降刘禅创造了条件。魏军占领汉中及武都、阴平以后，得到了几处入蜀通道的隘口，可以从多条路线（金牛道、米仓道、嘉陵道、景谷道）进攻巴蜀，形势极为有利。钟会的十余万大军在汉中未受重创，全师而进，云集剑阁，使蜀国面临着严重的威胁。姜维部下仅有四五万人，处于明显劣势，虽然凭险固守，阻挡住敌人的进攻，但是终因全力以赴，无暇旁顾，被邓艾乘机从景谷道偷渡成功，灭亡了蜀汉政权。

倘若汉中不失，蜀国还能在陇南地区与魏军继续对抗。即使姜维撤出了阴平，西安七围和下辨、武兴等地设防坚固，加上后方的支援，邓艾很难取得速胜。魏军在陇南作战，远离后方，给养运输困难，大军是无法持久驻扎的。而且，如果存在着来自东邻武都的威胁，邓艾是不敢贸然从阴平悬军南下的。只是在侧翼安全得到保障的情况下，他没有被敌人断后的危险，才敢于孤军深入，偷袭成功。

从经济、政治、军事各方面的发展趋势来看，蜀国的灭亡是必然的，

①《资治通鉴》卷74魏邵陵厉公正始五年（244）三月。

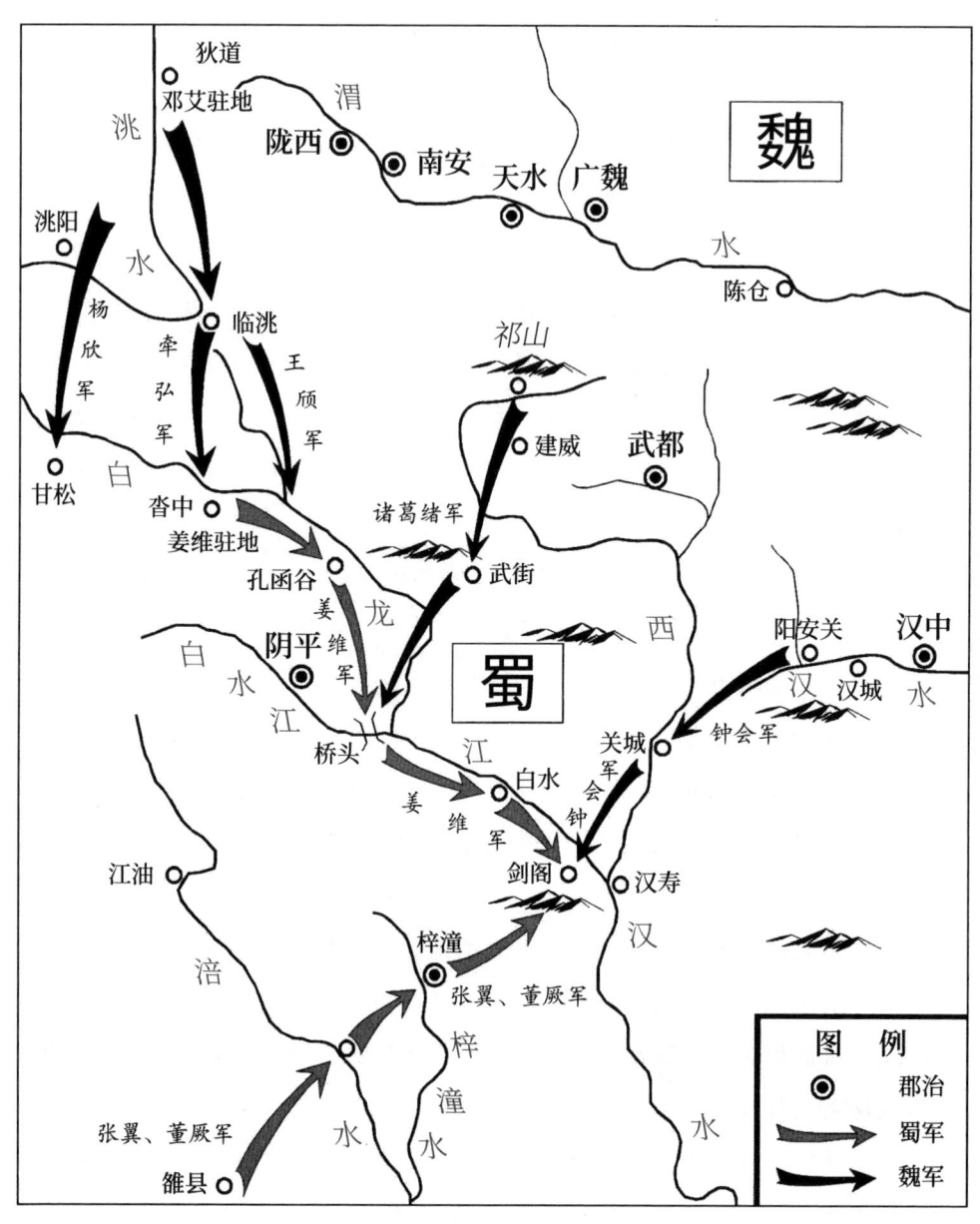

姜维退守剑阁路线图（263）

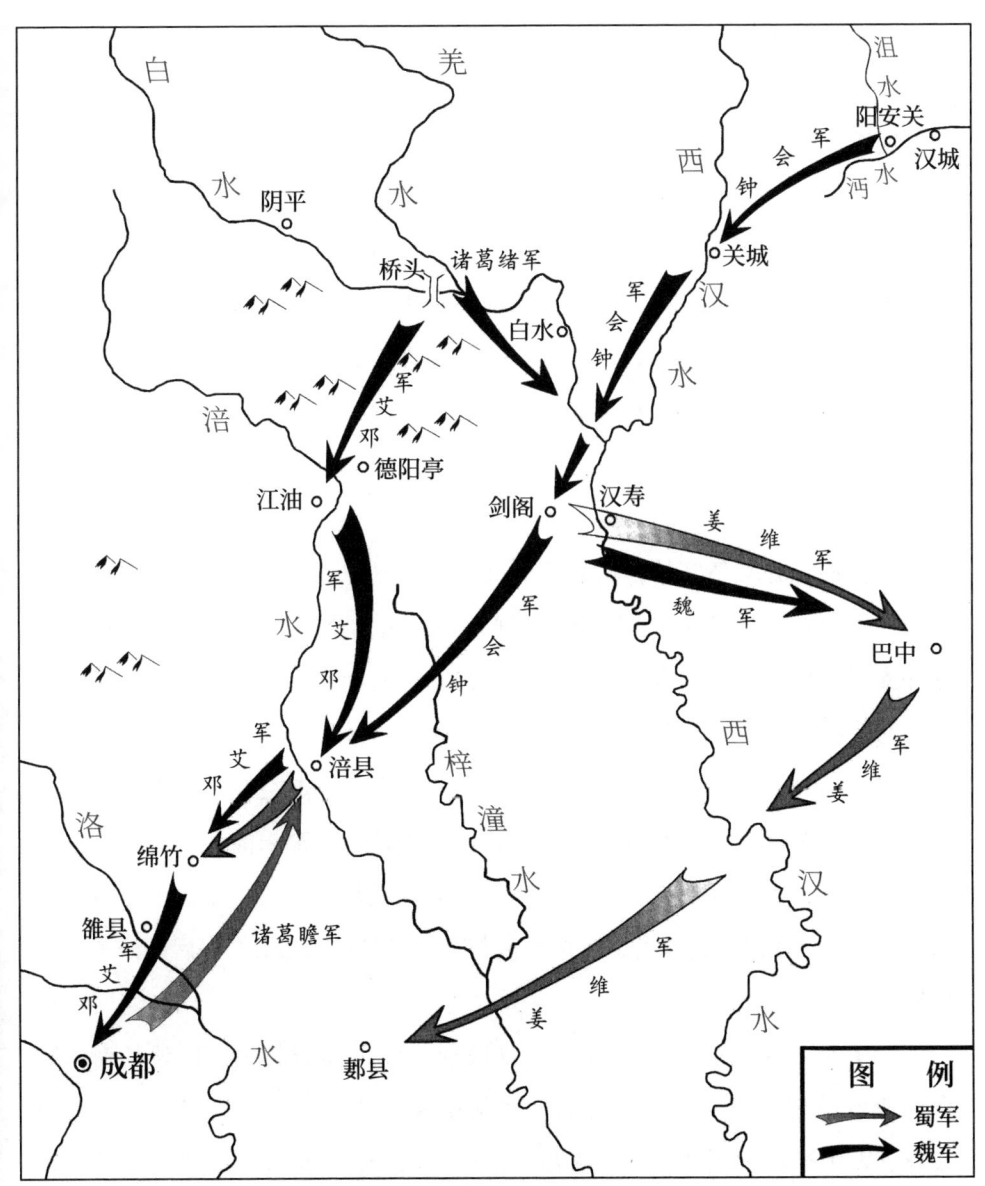

邓艾偷渡阴平示意图（263）

迟早会到来。但是就其亡国前还掌握着十万兵力和险要的地形、要塞、防线来说，仅仅三个月便土崩瓦解，与汉中地区过早、轻易地丢失有密切的联系。

6. 蜀汉应战部署的种种失误。当年曹操、曹真、曹爽对蜀作战时，三次投入十余万大军，耗费巨资无数，历经岁月，也未能逐走对手，占领汉中。而此番钟会伐蜀，魏国没有损失多少人马，便一帆风顺地攻下汉中，获得了重大战果。其中原因，除了魏方兵力占据压倒性优势、将帅又指挥得当，蜀汉方面在部署调动上的应对失误也是不可忽视的重要因素。

（1）主力滞留沓中，未能及时东调。姜维虽然在战前得知钟会在关中筹备伐蜀，并奏请守护桥头和阳安关口，但是他仍然受到凉州情结的困扰，念念不忘北伐陇右，继续屯兵于偏僻遥远的沓中，不愿提前东移，做好支援汉中的准备。等到战事爆发，蜀军主力回撤时，受到邓艾和诸葛绪的截击，不仅军队蒙受了损失，而且耽误了时间，未能赶到汉中。[①]

（2）后方援兵行动缓慢，赴救不及。魏国发动进攻之后，刘禅派遣廖化、张翼两路援军分赴桥头与阳安关口，可是他们都未能及时赶到指定地点。廖化停留在阴平，而张翼、董厥等在成都集合诸军后北上，行动过于迟缓，刚刚到达汉寿，汉中和武都、阴平均已丢失。[②]先后贻误了战机。

（3）用人不当。汉中得失与蜀汉政权的安危休戚相关，应该任命智勇兼备的忠贞之士来担任守将，才能确保万无一失。而自景耀元年（258）姜维撤汉中围守之后，都督胡济退驻汉寿，当地没有一员得力的

[①]《三国志》卷28《魏书·钟会传》："姜维自沓中还，至阴平，合集士众，欲赴关城。未到，闻其已破，退趣白水。"

[②]《三国志》卷44《蜀书·姜维传》："翼、厥甫至汉寿，维、化亦舍阴平而退，适与翼、厥合。"

大将来全面主持防务，只是在大敌压境时才匆匆派遣张翼、董厥赶赴阳安关。而镇守关城的蒋舒素无战绩，又心怀叵测。《三国志》卷44《蜀书·姜维传》注引《蜀记》曰："蒋舒为武兴督，在事无称。蜀命人代之，因留舒助汉中守。舒恨，故开城出降。"让无能又不可靠的人把守重镇，导致了阳安关的陷落，确实是一大失策。

需要强调的是，汉中围守的将士浴血奋战，抗击数倍乃至十倍于己的强敌，魏军始终未能用军事手段使他们屈服。直至敌兵深入内地、蜀国灭亡后，将士接到刘禅的敕令，才被迫缴械。参见《三国志》卷33《蜀书·后主传》载炎兴元年（263），后主降魏，"（汉中）诸围守悉被后主敕，然后降下"。又见《三国志》卷44《蜀书·姜维传》：

> 钟会攻围汉、乐二城，遣别将进攻关口。……会攻乐城，不能克，闻关口已下，长驱而前。

《资治通鉴》卷78魏元帝景元四年（263）：

> （姜维等闻后主降魏）将士咸怒，拔刀斫石。于是诸郡县围守皆被汉主敕罢兵降。（胡三省注：围守，即魏延所置汉中诸围之守兵也。）

《华阳国志》卷11《后贤志》：

> （柳隐）为牙门将、巴郡太守、骑都尉，迁汉中黄金围督。景耀六年，魏镇西将军钟会伐蜀，入汉川，围戍多下，惟隐坚壁不动。会别将攻之，不能克。后主既降，以手令敕隐，乃诣会。晋文帝闻而义之。

可惜由于昏君奸臣的腐败懦弱与军事指挥上犯下的种种错误，汉中将士的忠心和勇气空付东流了。

三、汉中对蜀、魏两国作战影响之区别

综上所述，在三国时代的长期战争中，汉中由于它的特殊地理位置及自然环境，发挥过极为重要的影响。值得注意的是，从蜀、魏两国的交战过程来看，汉中所具有的战略价值对双方并不是均等的。对处于弱势的蜀汉来说，汉中是必争必守之地。从防御的角度来讲，若失掉汉中，武都、阴平亦不能自保，四川盆地与关中、陇右之间就没有了保护前者安全的缓冲地带，敌人能够从多条道路进攻或威胁巴蜀，守卫者顾此失彼，会陷入非常被动的局面。从进攻的角度来分析，蜀国占领汉中后的形势是十分有利的，可以从多条道路攻击曹魏的荆襄、关中和陇右，魏军若是分兵防守，自然会削弱力量。事实上，诸葛亮、姜维频频发动的北伐，虽然与敌人互有胜负，但是基本上掌握着战争的主动权；曹魏的守军尽管在数量上占优，却经常处在被动的境地。其原因之一，就是汉中蜀军能从几个方向出击，声东击西，使其防不胜防，疲于奔命，因此陷入被动。蜀汉自刘备占据益州以来，拓展领土最多的两次辉煌胜利，都是在把主力部队投入到汉中地区以后取得的。第一次是刘备兵进汉中，斩夏侯渊，迫退曹操，又东取西城、上庸、房陵三郡；第二次是诸葛亮自汉中北伐，坐镇建威，派陈式攻占武都、阴平二郡。这些史实，都证明了汉中对于蜀国进攻曹魏所起的重要作用。

刘备在入川以后，军事上屡陷被动，几经惨败。究其原因，往往和他未对汉中驻防给予足够的重视有关。建安二十年（215），刘备引兵东下，和孙权争夺长沙、零陵、桂阳三郡，使曹操乘虚击败张鲁，夺得汉中，并进军三巴，致使蜀中惊恐摇动。建安二十四年（219），刘备在苦战之后占领了汉中和东三郡，却又把主力撤回成都，让关羽在东线孤军北伐，结果受到魏、吴双方南北合击，丢掉了荆州。刘封在上庸抵御魏国进攻时，由于力量薄弱，无法相抗；而汉中守军因数量有限，亦不能给予有力的支

持，使东三郡又落入敌手，蜀国在四川盆地以东的领土丧失殆尽。廖立曾严厉地批评刘备的错误决策："昔先帝不取汉中，走与吴人争南三郡，卒以三郡与吴人，徒劳役吏士，无益而还。既亡汉中，使夏侯渊、张郃深入于巴，几丧一州。后至汉中，使关侯身死无孑遗，上庸覆败，徒失一方。"①卢弼《三国志集解》曰："此虽忿言，然当日情势实如此。"

今人吴健曾详细论述刘备汉中撤兵带来的恶果。他认为，刘备如果率领益州主力留驻汉中或出击陇右，曹操的大部兵力是不敢离开关中的，至多只能抽调少数人马前往襄阳。而对付少数援兵，关羽不需要调走荆州守军；守军不调，荆州也就不会丢失。同时，若是关羽形势不利，身在汉中前沿的刘备君臣也会及时分兵顺汉江东援樊城，从侧后方夹攻曹军，关羽军队在荆州仍能站稳脚跟。之所以没有出现这种对蜀汉较为有利的局面，其根本原因就在于刘备率领益州主力离开了汉中前线，造成其既不能及时东援关羽，又无法牵制、打击曹操主力，导致关羽这支偏师独抗曹、孙两大强敌的局面。②

景耀元年（258），姜维做出了削减汉中兵力，放弃外围的防守，退保汉、乐二城，诱敌深入以求全歼的错误决定。后来钟会伐蜀，大军轻易地进入汉中平原，攻破阳安关，引起蜀国北部防御体系的全线崩溃。西晋名将羊祜曾对此感叹道："蜀之为国，非不险也，高山寻云霓，深谷肆无景，束马悬车，然后得济，皆言一夫荷戟，千人莫当。及进兵之日，曾无藩篱之限，斩将搴旗，伏尸数万，乘胜席卷，径至成都，汉中诸城，皆鸟栖而不敢出。……至刘禅降服，诸营堡者索然俱散。"③蜀国在三月之内土崩瓦解，其重要原因，也和其统帅的部署失当，未能在汉中驻扎重

---

① 《三国志》卷40《蜀书·廖立传》。
② 吴健：《刘备汉中撤军刍议》，《福建师范大学学报》（哲学社会科学版）1988年第2期。
③ 《晋书》卷34《羊祜传》。

兵，以保证其安全有关。说蜀国安危系于汉中，是一点也不过分的。

对于盘踞在中原和关西的曹魏来说，汉中地区固然也有重要的军事意义，但是对它的需要和依赖程度并不像蜀汉那样迫切。曹魏若要进攻巴蜀，那么汉中是势在必得的。如前所述，这样可以从几条道路入蜀，并使武都、阴平陷入孤悬境外、难以坚守的局面，对魏十分有利。相反，若未取汉中，仅有武都、阴平两郡，那么对蜀汉就构不成威胁。但是如果对蜀汉采取防御战略，情况就有所不同了。能够掌握汉中当然很好，但要是付出的代价太高，难以承受，也不妨放弃它。这样对曹魏虽有些被动，却还不至于构成致命的威胁。在汉中防御蜀汉需要不少兵力。例如当年夏侯渊、张郃的数万人马便抵御不了蜀军的进攻，曹操领大兵到来，其粮草给养需要从关中乃至中原内地运来，经过数百里上千里的跋涉，对于国家和民众来说都是极为沉重的负担，南阳等地甚至因此激起了民变[1]。曹操深知汉中战略地位的重要，又痛感大军在此驻防殊为不易，所以把该地形象地称为"鸡肋"[2]。在国力并不十分强大，中原残破、百废待举，又要兼顾东线战事的情况下，死守汉中对曹魏来说代价太大，有些得不偿失，不如把它抛给蜀汉。因此，曹操最终还是采取了放弃汉中的做法，将对蜀作战的正面防线收缩至关中，把秦岭难以通行运输的困难抛给了蜀汉一方，利用"五百里石穴"的天险来阻碍对手，并迁徙百姓，将汉中变成空旷无人的荒野，使蜀军在北伐时无法在沿途获得补给；自己则通过防守来休养生息，恢复和增强国力，为将来的统一战争做好物质准备。曹操这一战略构想，在孙资对魏明帝的追述中说得很明白。

---

① 《三国志》卷11《魏书·管宁传》："建安二十三年，陆浑长张固被书调丁夫，当给汉中。百姓恶惮远役，并怀扰动。民孙狼等因兴兵杀县主簿，作为叛乱，县邑残破。"

② 《三国志》卷1《魏书·武帝纪》注引《九州春秋》："时王欲还，出令曰'鸡肋'，官属不知所谓，主簿杨修便自严装，人惊问修：'何以知之？'修曰：'夫鸡肋，弃之如可惜，食之无所得，以比汉中，知王欲还也。'"

可见《三国志》卷14《魏书·刘放传》注引《孙资别传》：

> 诸葛亮出在南郑，时议者以为可因大发兵，就讨之，帝意亦然，以问资。资曰："昔武皇帝征南郑，取张鲁，阳平之役，危而后济。又自往拔出夏侯渊军，数言'南郑直为天狱，中斜谷道为五百里石穴耳'。言其深险，喜出渊军之辞也。又武皇帝圣于用兵，察蜀贼栖于山岩，视吴虏窜于江湖，皆桡而避之，不责将士之力，不争一朝之忿，诚所谓见胜而战，知难而退也。今若进军就南郑讨亮，道既险阻，计用精兵又转运镇守南方四州遏御水贼，凡用十五六万人，必当复更有所发兴。天下骚动，费力广大，此诚陛下所宜深虑。夫守战之力，力役参倍。但以今日见兵，分命大将据诸要险，威足以震摄强寇，镇静疆场，将士虎睡，百姓无事。数年之间，中国日盛，吴蜀二虏必自罢弊。"帝由是止。

从以后的历史进程来看，曹操放弃汉中、对蜀采取守势的战略，在其死后基本上得到了贯彻（数十年中，只有曹真、曹爽对汉中的两次短暂进攻），并最终获得了成功。蜀国夺取汉中后，由于秦岭的阻隔，诸葛亮和姜维的北伐多次因乏粮而被迫撤兵，在领土扩张方面，数十年来未能取得突破性进展。这说明曹操的上述决定是明智的，他对汉中的战略地位与军事价值做出了客观、正确的判断，眼光长远，为魏国将来的强盛与灭蜀统一奠定了基础。

第十四章

——

东晋南朝战争中的寿春

寿春故址在今安徽省中部的寿县，其地北滨长淮，东依淝水，南有巨泽芍陂。寿春之名初见于战国，为楚之县邑。楚考烈王二十二年（前241），因为受到秦国东侵的严重威胁，被迫自陈（今河南省周口市淮阳区）迁都于寿春。在秦汉统一帝国的行政区划当中，寿春县或属九江郡，或属淮南国；东汉、曹魏、西晋时，又作为扬州刺史的治所。自永嘉之乱始，中原烧杀劫掠，士民纷纷避乱南渡。东晋定都建康、偏安江左之后，中国的政治军事形势再度演变为南北割据对抗，而双方争战的热点区域之一，就在淮南的寿春（后因避简文帝郑太后名讳而称寿阳）。东晋南朝的历代政权皆以其为要镇，屯驻重兵，修筑坚城，作为抗击北敌入侵的前哨阵地。而十六国及北朝的统治者南征时，也屡屡向这一地区用兵，力图控制该地，以便打开进军江南的大门。由于受到各方政治势力的激烈争夺，寿春的得失归属频频发生改变。如《太平寰宇记》卷129《淮南道七》所称：

（寿春）自东晋以后，常为南北两朝疆场之地，彼废此立，改变无恒，各逐便宜，不常厥所。

据史籍所载，东晋咸和三年（328）爆发苏峻、祖约之乱，后赵乘机遣将石聪、石堪领兵攻占寿春，掠民户而归。永和元年（345），东晋"豫州刺史路永叛奔赵，赵王（石）虎使永屯寿春"[①]。永和五年（349）六月，赵将王浃又以寿春归晋。八月，"褚裒退屯广陵，西中郎将陈逵焚寿春而遁"[②]。太和四年（369）十月，豫州刺史袁真以寿春降燕。咸安元年（371）正月，即为桓温收复。太元八年（383）前秦苻坚南侵，攻克寿阳；淝水之战失败后，该地又为东晋所有。大致说来，东晋至南齐末年，寿春基本上为南方政权所掌握，北人占据该地的时间都不长，旋得旋失。

南齐灭亡前夕，即东昏侯永元二年（500），豫州刺史裴叔业以寿阳归降北魏；此次事件之后，南朝对该地的控制逐渐削弱，萧梁为夺回寿阳多次用兵，皆以失败告终。直至普通七年（526），梁武帝乘北魏内乱频仍，无暇顾及边镇，才出兵收复寿阳。但到太清二年（548）爆发侯景之乱，寿阳随即为东魏、北齐所据。陈朝太建五年（573）吴明彻北伐，再度攻占该城；但至太建十一年（579）又为北周将领韦孝宽所克，随即成为北朝向江南用兵的前线基地，直到隋渡江灭陈，统一中国。就淮南地区而言，寿春是易手最为频繁的要镇，由此可见南北作战双方对它的重视，正如顾祖禹《读史方舆纪要》卷21《南直三》所言："（寿）州控扼淮、颍，襟带江沱，为西北之要枢，东南之屏蔽。……自魏、晋用兵，与江东争雄长，未尝不先事寿春。及晋迁江左，而寿春之势益重。……南北朝时，寿春皆为重镇，隋欲并陈，亦先屯重兵于此。"

寿春地区为什么在东晋南朝时期会有突出的战略地位和重要的军事价值？江南政权在当地采取了哪些防御部署措施？南北作战双方对寿春的用兵有何特点？本章将对上述问题作一较为详细、深入的探讨。

------

① 《资治通鉴》卷97东晋穆帝永和元年。
② 《晋书》卷8《穆帝纪》。

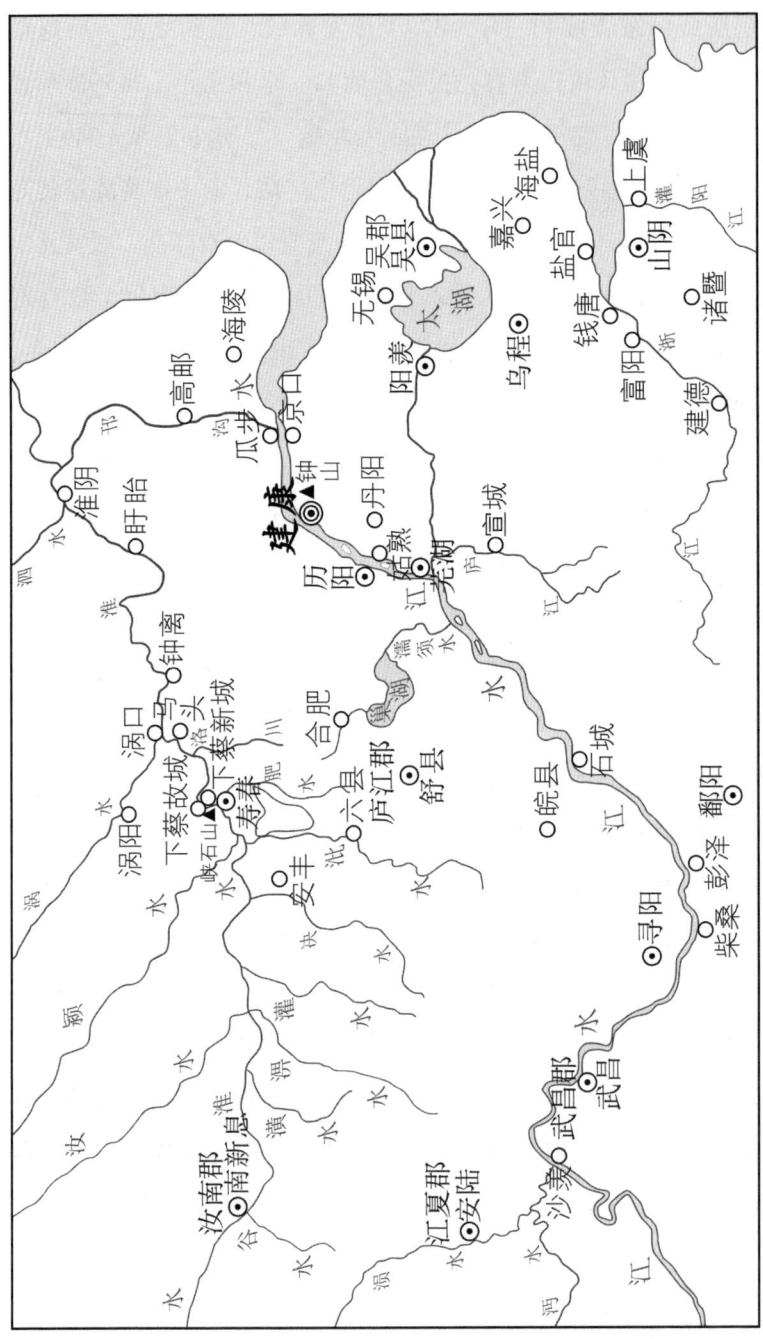

东晋南朝寿春与江淮地区形势图

一、寿春战略地位之分析

寿春在东晋南朝时期受到作战双方青睐，其中的原因是多方面的。归纳起来主要有以下几项。

（一）处于交通枢要的地理位置

笔者根据傅仲侠等执笔的《中国军事史·历代战争年表（上）》所录战事统计，东晋南朝时期北方政权的大规模南征行动为 19 次，主要进攻方向（行军路线）有四，自东而西为：

甲、**彭城—下邳—淮阴—广陵**。即由泗水顺流入淮，再经中渎水（古邗沟）至广陵入长江。

乙、**浚仪—陈、项—寿春—合肥—濡须口**。即由蒗荡渠入颍水入淮，再自肥口沿淝水入巢湖，顺濡须水入长江。

丙、**襄城—上蔡—义阳—江夏**。自许昌、襄城一带集结，顺汝水而下，至上蔡悬瓠城（今河南省汝南县）后分为二道，水道仍顺汝水入淮；陆路则南下越桐柏山至义阳（今河南省信阳市），经随县、安陆南抵长江。

丁、**南阳—襄阳—沔口或江陵**。由南阳顺淯水（今白河）而下，穿过襄邓走廊至襄阳后入汉水而下，至沔口（今汉口）入长江。或由宜城南下陆行，经当阳至江陵抵达江滨。

在这四条路线的用兵当中，寿春方向的次数最多，共有 12 次。需要指出的是，北方政权几次大规模南征行动多经过寿春，如 383 年前秦的淝水之役，450 年、479 年、494 年、500 年北魏的数次大举南侵，579 年北周攻占淮南之役，以及 588 年隋朝发动的灭陈之役。其中最后一次，隋朝进军江南是分兵八路，设淮南行省，即前敌指挥部于寿春，以晋王杨广为尚书令："合总管九十，兵五十一万八千，皆受晋王节度。"^①由此反映出寿春军事地位之重要。

为什么这一历史阶段北方政权向南用兵多走寿春一路呢？大军出征，将士和战马驮畜消耗的粮草给养消耗甚巨，从后方往前线的运输保证是战役行动必须解决的首要问题。就投送方式而言，古代舟船航运要比陆地车畜人力转运效率高得多，而且能够大大节省费用，因此六朝时期北方政权挥师南征，往往要利用江淮之间的三条水道，即前述甲、乙、丁三条路线；而义阳一途（即丙道），由于过桐柏山前后皆为陆行，道路多有险阻，不通舟船，所以很少被采用。

上述三条水路，对于北方政权的用兵来说，汉水距离南朝的都城建康（今南京）及经济重心三吴地区过于遥远，由此道南下，对敌人难以构成致命威胁。中渎水虽然接近建康与苏湖平原，但是南方政权也清楚这一战略方向对其威胁最大，所以对这条航道非常关注，在当地部署了较强的守备力量；而且由于后方很近，兵员和粮草供应方便，有利于组织防御作战。另外，即使沿着这条水道抵达江畔，广陵一带江面宽阔，常有风涛，会对航行造成影响；若要实行强渡，必须和南朝水师做殊死搏斗，亦难有胜算。所以北方政权由此进军也有很大的阻力，如黄初五年（224）九月，魏文帝亲率舟师至广陵，"（孙吴）大浮舟舰于江。时江水盛长，帝临望，叹曰：'魏虽有武骑千群，无所用之，未可图也。'帝御龙舟，会暴风漂荡，几至覆没"^②。次年十月，曹丕再度统水军南征，"如广陵故城，临江观兵，戎卒十余万，旌旗数百里，有渡江之志。吴人严兵固守。时大寒，冰，舟不得入江。帝见波涛汹涌，叹曰：'嗟乎，固天所以限南北也！'遂归"^③。

---

① 《隋书》卷2《高祖纪下》开皇八年（588）十月。
② 《资治通鉴》卷70魏文帝黄初五年。
③ 《资治通鉴》卷70魏文帝黄初六年。

相形之下，沿颍水、淝水、濡须水一线南征具有多种优势。首先，这条道路的位置居中，如果北方军队的主力由此道南征，则便于东西两线作战的策应。寿春作为这一路线中途的转运枢纽，有四通五达之利。如伏滔《正淮论》所言："彼寿阳者，南引荆汝之利，东连三吴之富；北接梁、宋，平涂不过七日；西援陈、许，水陆不出千里。"[①]而且它距离南朝都城建康也并非很远，如源怀所言，"寿春之去建康才七百里"，可以"乘舟藉水，倏忽而至"[②]。其次，这条航道的起点在北方王朝的统治中心区域、号称天下之中的河洛平原，当地水陆辐辏，便于人马粮草的征调聚集。再次，寿春总绾涡、颍、淮、淝几条水道，如果掌握了这一战略冲要，进则能攻，可以南经淝水而越巢湖，顺濡须水过东关而师临江滨，又能够沿淮水上下，西迫义阳三关，东逼钟离、淮阴。若占据两地，即打开了江南政权的东西大门；退则利守，能够有效地威胁或封锁寿春东西两条水旱通道的出口，使南军无法顺利北上。北方政权若是不能占领寿春，则无法有效地控制淮南，即使陷城再多，略地再广，也不得在当地久驻。如北魏太和十九年（495）孝文帝统大军南征，攻钟离、寿阳不克，"欲筑城置戍于淮南，以抚新附之民"。相州刺史高闾上书劝阻，言曰：

> 昔世祖以回山倒海之威，步骑数十万，南临瓜步，诸郡尽降，而盱眙小城，攻之不克。班师之日，兵不戍一城，土不辟一廛。夫岂无人？以为大镇未平，不可守小故也。夫壅水者先塞其原，伐木者先断其本；本原尚在而攻其末流，终无益也。寿阳、盱眙、淮阴，淮南之本原也；三镇不克其一，而留守孤城，其不能自全明矣。敌之大镇逼其外，长淮隔其内；少置兵则不足以自固，多置兵则粮运

---

① 《晋书》卷92《伏滔传》。
② 《资治通鉴》卷144齐和帝中兴元年（501）。

难通。大军既还，士心孤怯；夏水盛涨，救援甚难。以新击旧，以
劳御逸，若果如此，必为敌擒，虽忠勇奋发，终何益哉！[①]

结果说服了孝文帝，放弃屯兵淮南的计划，班师洛阳。近人徐益棠曾对此
加以分析，认为沿淮诸镇当中，"寿春最为适中，百川归淮，自中原入江
南者，亦以寿春最为便捷。故北人窥南，南人窥北，必先据此城为根基。
握南北之咽喉，掣东西之肘腋，其兵要地理上，自有不可磨灭的价值"[②]。

六朝立国于江南，皆以三吴，即苏湖平原为根本，都城设在建康
（业）。在这个历史阶段，南方政权不占天时，由于国力较弱，总的来说
处于下风和守势[③]；而长江绵延数千里，其间港汊湾口可渡之处甚多，南
军兵力有限，只能集中部署在几处要枢，无法沿江处处设防，阻止敌人
的强渡。所以六朝的基本防守战略，是尽量将防线北移，利用黄河或者
淮河作为天然的水利工事与长江的外围屏障来阻挡北敌。万不得已，才
退守江左；如果与北方之敌划江而守，那么对南方政权来说，形势是极
为不利的。如李焘在《六朝通鉴博议》卷 1 所言："吴之备魏，东晋之备
五胡，宋、齐、梁之备元魏，陈之备高齐、周、隋，力不足者守江，进
图中原者守淮，得中原而防北寇者守河。"而东晋南朝在其统治的大部分
时间内，因为处于弱势，多奉行守淮的战略："陈之国势已弱，不能进
取，故其所守止于江。自晋迄梁，惟宋武帝守河，其余皆保淮为固。"

淮河上下千余里，地域辽阔，而寿春由于位置居中，水旱道路交会，
是南方政权防守淮南的重心所在。如李焘所言："两淮之地南北余千里，
分兵而守则力不足，发兵而守则内可忧，故欲守两淮莫若守其本，淮北

---

①《资治通鉴》卷 140 齐明帝建武二年（495）三月。

② 徐益棠：《襄阳与寿春在南北战争中之地位》，《中国文化汇刊》第八卷，第 62 页。

③《六朝通鉴博议》卷 7《宋论》："南北分立几三百年，地土之形，广狭不齐。人民之
性，勇怯不一。南之不能抗北，五尺童子皆明见之矣。"又云："南北之时，较江南之兵，
不居北之一；较江南之地，不居北之五。"

之本在彭城，淮南之本在寿阳。若顾二镇，聚兵甲，蓄财货，大佃积谷，守以良将，以势临敌，敌人则终不敢越彭城以谋淮南，越寿春以惊江扬，两淮安则建康可以奠居。"①

一旦北方发生变乱，有机可乘，南方政权出兵中原，往往也是经过前述三条路线。即东由广陵、淮阴、彭城而入三齐，西自江陵、襄樊而趋南阳，中则由合肥、寿春而赴河洛。由于寿春可以呼应东西，震动南北，故为北伐之要途。正因如此，东晋南朝统治者恒以寿春所在的淮南西部为要镇，开设军府，驻以重兵，以为京师西北之藩篱。以都督、将军、豫州或南豫州刺史镇寿春者，先后有戴逖、殷浩、谢尚、刘裕、檀道济、刘粹、刘义欣、刘义康、刘义庆、刘休祐、刘铄、沈文季、萧遥昌、裴叔业、萧衍、萧渊明、吴明彻、黄法氍等，他们或为宗室，或为名将重臣，甚至有两位成为南朝的开国皇帝。

综上所述，由于地理位置和交通枢纽的作用，寿春地区及淝水、濡须水航道极受交战双方重视，尤其对南方政权来说，更是必争必守之地。如《读史方舆纪要》卷21《南直三》引吕祉言："淮西，建康之屏蔽，寿春又淮西之本源也。寿春失，则出合肥，扰历阳，建康不得安枕矣。故李延寿以为建业之肩髀，萧子显以为淮南之都会，良有以也。"有鉴于此，六朝时期有远见的统治者都充分了解寿春的战略地位，如东晋应詹曾建言："昔高祖使萧何镇关中，光武令寇恂守河内，魏武委钟繇以西事，故能使八表夷荡，区内辑宁。今中州萧条，未蒙疆理，此兆庶所以企望。寿春一方之会，去此不远，宜选都督有文武经略者，远以振河洛之形势，近以为徐豫之藩镇，绥集流散，使人有攸依，专委农功，令事有所局。"②南齐高帝即位后任命垣崇祖为使持节、监豫司二州诸军事、

①《六朝通鉴博议》卷9《梁论》。
②《晋书》卷26《食货志》。

豫州刺史，曰："我新有天下，夷虏不识运命，必当动其蚁众，以送刘昶为辞。贼之所冲，必在寿春。能制此寇，非卿莫可。"①陈朝太建五年（573），吴明彻克寿阳，宣帝下诏褒奖曰："寿春者古之都会，襟带淮、汝，控引河、洛，得之者安，是称要害。"②以上论述，都表明古代有识之士对寿春军事作用的充分了解。

（二）利于防御的地形和水文条件

在东晋南朝时期的战争当中，寿春能够发挥重要作用，除了地理位置和交通因素，周边利于防守的自然地理环境也是不可忽视的原因。寿春地处淮河干流南岸的平原，周围多有山水环绕，在地理形势上形成一个相对独立的区域。寿春之北，临近淮河有八公山、紫金山、硖石山等低山丘陵，构成一道天然的屏障，可以依凭险要设立城戍，抵抗来犯之敌。特别是西北的硖石山，为淮河中游的著名峡口，雄峙于水流两岸。《读史方舆纪要》卷21《南直三》曰："硖石山，州西北二十五里，夹淮为险，自古戍守要地，上有硖石城。"硖石、下蔡的东西戍所能够树栅阻舟，封锁沿淮上下的交通。如梁天监十五年（516），萧衍遣赵祖悦率众偷据硖石，昌义之、王神念等率水军溯淮来援，逼攻寿春。北魏都督崔亮令崔延伯守下蔡，与别将伊瓮生挟淮为营，树立木障、浮桥。"既断祖悦等走路，又令舟舸不通，由是衍军不能赴救，祖悦合军咸见俘虏"③。山陵地带之外的淮水，也是寿春北境的巨防，"长淮南北大小群川，无不附淮以达海者"④。每年三月，"春水生，淮水暴长六七尺"⑤。直至秋季九月，

①《南齐书》卷25《垣崇祖传》。
②《陈书》卷9《吴明彻传》。
③《魏书》卷73《崔延伯传》。
④〔清〕顾祖禹：《读史方舆纪要》卷19《南直一》，中华书局，2005年，第886页。
⑤《梁书》卷9《曹景宗传》。

仍会出现"淮水暴长，堰悉坏决，奔流于海"[①]的情景。滔滔洪流对北方入侵之敌来说，亦是难以逾越的障碍。

寿春西境，是大别山麓平缓坡地向淮北平原的过渡地带，有决（史河）、灌、沘（浠）河、泄（汲）诸水，北经六安、蓼县（今安徽省霍邱县、河南省固始县）一带，流注于淮水。其地水网密布，会对步兵、骑兵的行进产生不利影响，守方还能采取人工决水的方法淹没道路，断绝陆上交通。寿春以东的淝水，以南的黎浆水、芍陂，以及西境诸川，都可以利用陂塘堤堰，平时蓄水以防涝救旱，战时决水以阻滞敌军。如东晋祖约守寿阳，朝议"欲作涂塘以遏胡寇"[②]。北魏郁豆眷、刘昶等寇寿春，垣崇祖"堰肥水却淹为三面之险"[③]，成功打退了优势之敌。所以伏滔称其地，"外有江湖之阻，内保淮肥之固"[④]。

寿春南过芍陂，沿淝水而下，是大别山余脉构成的低山地带，即江淮丘陵。它向东延伸二百余千米，是长江与淮河之间的分水岭。在江淮丘陵中部的将军岭附近，有一处狭窄的蜂腰地段，即古代施水、肥水（今东肥河、南肥河）的分流之处。《读史方舆纪要》卷26《南直八》引《邑志》曰："肥水旧经（合肥）城北分二流，一支东南入巢湖，一支西北注于淮。"这两条河流原本不相通，只在夏水暴涨时才汇合。后来经过人工开凿疏浚，使肥水与施水、巢湖及濡须水连接起来，形成了邗沟之外的另一条南北水道，能够贯通江淮。[⑤]在这条狭窄通道之上，设有六朝的军事重镇合肥。它依托江淮丘陵为道路要冲，是寿春南境的门户。由于地势险要，城垒坚固，此地曾经有力地保护了寿春地区的安全，被誉为"淮右襟

---

① 《梁书》卷18《康绚传》。
② 《晋书》卷100《祖约传》。
③ 《南齐书》卷25《垣崇祖传》。
④ 《晋书》卷92《伏滔传》。
⑤ 刘彩玉：《论肥水与江淮运河》，《历史研究》1960年第3期。

喉，江南唇齿"。顾祖禹曾云："三国时吴人尝力争之，魏主叡曰：'先帝
东置合肥，南守襄阳，西固祁山，贼来辄破之于三城之下者，地有所必争
也。'盖终吴之世曾不能得淮南尺寸地，以合肥为魏守也。"①

　　四周有利的地形、水文条件，也是寿春具有较高军事价值的原因之
一。所以，西晋永嘉四年（310），中原局势混乱危急，镇东将军周馥与
长史吴思、司马殷识等上书，请求迁都于寿春，认为其地形势完备，利
于帝居。其文曰："方今王都罄乏，不可久居，河朔萧条，崤函险涩，宛
都屡败，江汉多虞，于今平夷，东南为愈。淮扬之地，北阻涂山，南抗
灵岳，名川四带，有重险之固。是以楚人东迁，遂宅寿春，徐、邳、东
海，亦足戍御。且运漕四通，无患空乏。"②

（三）物产丰饶的自然环境

　　《南齐书》卷14《州郡志上》曰："寿春，淮南一都之会，地方千余
里，有陂田之饶，汉、魏以来扬州刺史所治。"其西边的豫南信阳地区冈
峦起伏，常年干旱缺水；其东边的苏北里下河平原地势低洼，湖泽密布，
多有泛滥之灾。如石珩问袁甫曰："卿名能辩，岂知寿阳已西何以恒旱？
寿阳已东何以恒水？"③相形之下，寿春的自然条件可以说是得天独厚了。
它位处淮河干流南岸的平原和丘陵地带，土质肥沃，地面起伏不大，坡
度和缓，比较适宜大规模的农垦建设。当地的气候温暖，降雨量充沛，
加上河流众多，陂塘星列，具有丰富的水利资源，对发展农业极为有利。
寿春南境边缘是大别山北麓的平缓坡地，多有川溪发源于此，蜿蜒北注，
汇聚入淮。例如有淝（肥）、决（史河）、灌、沘（淠）河、泄（汲）及

---

① 〔清〕顾祖禹：《读史方舆纪要》卷26《南直八》，中华书局，2005年，第1270页。
② 《晋书》卷61《周馥传》。
③ 《晋书》卷52《袁甫传》。

黎浆诸水，有名的芍陂，就在泄、泄与淝水之间，与诸水相注，灌溉其南境的沃野。芍陂曾是我国古代淮河流域最大的水利工程。《读史方舆纪要》卷21《南直三》凤阳府寿州曰：

> 芍陂，在安丰城南百步。亦曰安丰塘，亦曰期思陂。《淮南子》：孙叔敖决期思之水，灌雩娄之野。《意林》：孙叔敖作期思陂，而荆之土田赡。《水经注》，淝水东北径白芍亭东，积而为湖，谓之芍陂，周百二十里，在寿春县南八十里。陂有五门，吐纳川流。西北为香门，陂水北径孙叔敖祠下，谓之芍陂渎。又北分为二水，一水东注黎浆，一北至淝水。《皇览》：楚大夫子思造芍陂。崔实《月令》：叔敖作期思陂。《华彝对境图》：芍陂周回二百二十四里，与阳泉大业陂并孙叔敖所作。开沟引淠水为子午渠，开六门，灌田万顷。

《太平寰宇记》卷129《淮南道七》寿州亦云：

> 芍陂，在县东一百步，《淮南子》云：楚相作期思之陂，灌雩娄之野。又《舆地志》：崔实《月令》云孙叔敖作期思陂，即此。故汉王景为庐江太守，重修起之，境内丰给。齐、梁之代，多屯田于此。又按芍陂上承淠水，南自霍山县北界驺虞石入，号曰豪水，北流注陂中，凡经百里，灌田万顷。

寿春地区由于拥有优越的自然条件，便于农业垦殖，故物产颇丰。东晋伏滔曾称誉寿春："龙泉之陂，良畴万顷，舒、六之贡，利尽蛮越，金石皮革之具萃焉，苞木箭竹之族生焉，山湖薮泽之隈，水旱之所不害，土产草滋之实，荒年之所取给。此则系乎地利乎也。"[①] 所以，为了保证前线作战的物资需要，魏晋南北朝历代统治者皆于此招募流民，广开屯田，

---

① 《晋书》卷92《伏滔传》。

积聚粮草，作为固守淮南的经济基础。如《读史方舆纪要》卷21《南直三》凤阳府寿州"芍陂"条载："建安五年，刘馥为扬州刺史，镇合肥，广屯田，修芍陂、茹陂、七门、吴塘诸堰以溉稻田，公私有积，历代为利。后邓艾重修此陂，堰山谷之水，旁为小陂五十余所，沿淮诸镇并仰给于此。"

《晋书》卷26《食货志》载曹魏时邓艾曾向朝廷建议在两淮大兴屯田："可省许昌左右诸稻田，并水东下。令淮北二万人、淮南三万人分休，且佃且守。水丰，常收三倍于西，计除众费，岁完五百万斛以为军资。六七年间，可积三千万余斛于淮土，此则十万之众五年食也。以此乘敌，无不克矣。"获得执政的司马懿的批准，"遂北临淮水，自钟离而南横石以西，尽沘水四百余里，五里置一营，营六十人，且佃且守。兼修广淮阳、百尺二渠，上引河流，下通淮颍，大治诸陂于颍南、颍北，穿渠三百余里，溉田二万顷，淮南、淮北皆相连接。自寿春到京师，农官兵田，鸡犬之声，阡陌相属"。

西晋刘颂任淮南相，"在官严整，甚有政绩。旧修芍陂，年用数万人，豪强兼并，孤贫失业。颂使大小戮力，计功受分，百姓歌其平惠"①。永嘉南渡之后，由于寿春为兵家所必争，战事频繁，民众多受烧杀劫掠之苦，往往逃亡流散，致使田地荒芜。当地的水利设施也屡屡毁废，给农业造成巨大损失。但是因为自然环境相当优越，每当战事沉寂之时，驻守寿春地区的长官、将领又经常要修复堤堰，招集流亡，屯田积粮，以供军用，借此减轻后方运送给养的沉重负担。例如东晋应詹曾上表曰："寿春一方之会，去此不远，宜选都督有文武经略者，远以振河洛之形势，近以为徐豫之藩镇，绥集流散，使人有攸依，专委农功，令事有所局。"②后

---

① 《晋书》卷46《刘颂传》。
② 《晋书》卷26《食货志》。

毛修之曾"复芍陂，起田数千顷"①。刘宋刘义欣任豫州刺史，"芍陂良田万余顷，堤堨久坏，秋夏常苦旱。义欣遣谘议参军殷肃循行修理。有旧沟引淠水入陂，不治积久，树木榛塞。肃伐木开榛，水得通注，旱患由是得除"②。此后，南齐垣崇祖、萧梁裴邃等人亦治理过芍陂，发展当地的农业。

　　综上所述，由于寿春地处四通五达的交通枢纽，在南北战争的边界地带位置居中；周围山水环绕，便于守备；而其丰饶的自然环境，又能为当地驻军提供物资；所以它在东晋南北朝期间备受作战双方的重视，必欲取之以控制全局，掌握战争的主动。如李焘所云："寿春者，淮南之根本，淮北既去，则淮南当守。淮南欲守，则寿春在所先图。譬之常人之家，必有堂奥之居，收货财，聚子弟，以壮一室之望。四隅之地虽有倾败，而堂奥之势不可不壮。寿春在当时，江淮之堂奥也，南引汝颍之利，东连三江之富，北接梁宋，西通陈许，五湖之阻可以扞外，淮淝之固可以蔽内。壤土富饶，兵甲坚利，寿阳安则淮北有收复之望，河南有平荡之期。寿阳一去，画江为守，使敌在吾耳目之前，伺吾转眄之隙，则江扬荆襄其势孤矣。故寿阳在敌则吾忧，在我则敌惧，我得亦利，彼得亦利，此两家之所必争。"③

二、寿春的城防与周边要戍

　　寿春作为东晋南北朝战争中的一方重镇，据守此地者往往凭借坚固的城垒来挫败敌人的进攻。这是南方军队尤其擅长的防御战术。由于北方游牧居民自幼接受骑射训练，军队多为骑兵，行动迅速，具有很强的

---

① 《宋书》卷48《毛修之传》。
② 《宋书》卷51《刘义欣传》。
③ 《六朝通鉴博议》卷3。

冲击力，但是"习于野战，未可攻城"①。如果南军在平原地带与之对阵厮
杀，会使敌人的骑兵得以发挥优势，不如依托城池防守来迫使对方下马
强攻。这样可以扬长避短，增大敌人的伤亡，拖延时间以待来援，或者
使攻方负担不起人员和物资消耗而被迫撤兵。事实上，若有可能，双方
都会尽量选择适宜自己的作战方式来交锋。如元嘉二十八年（451）北魏
拓跋焘攻彭城，遣使李孝伯谓城中曰："城守君之所习，野战我之所长；
我之恃马，犹如君之恃城耳。"②

　　另外，寿春作为南北两方激烈争夺的焦点地区，无论是谁占据了该
地，出于防守的需要，都会把修筑城垒当作要务。寿春的城防体系可以
分为两大部分：寿春城及其近郊的若干小城、寿春周边地区设置的城垒
要塞。

（一）寿春与其近郊的城垒

　　这是寿春城市筑垒的主体部分。寿春城依山傍水而建，充分利用了
周围的地形和水文条件。《太平寰宇记》卷 129《淮南道七》言寿州"其
城临淝水，北有八公山，山北即灌水，自东晋至今，常为要害之地"。《读
史方舆纪要》卷 21《南直三》曰："淝水在城北二里，旧引淝水交络城
中，故昔人每恃淝水为攻守之资。齐东昏侯永元二年，豫州刺史裴叔业
以帝数诛大臣，心不自安，乃登寿阳城望淝水。陈太建五年，吴明彻攻
寿阳，引淝水灌城。"

　　寿春城有两重，即外城（郭），或曰罗城；内城，或曰子城。《通典》
卷 181《州郡十一·古扬州上》曰："寿州，战国时楚地。秦兵击楚，楚
考烈王东徙都寿春，命曰郢，即此地也。"杜佑自注："今郡罗城，即考

①《魏书》卷 58《杨侃传》。
②《魏书》卷 53《李孝伯传》。

烈王所筑。今郡子城，即宋武帝所筑。"此说有可疑之处，春秋战国时诸侯筑城，普遍采取内外二层的形制，即孟子所言"三里之城，七里之郭"。尤其是各国的都城，基本上都采用外郭围绕宫城的建筑布局，考古发掘多有验证。另外，寿春在西汉前期曾作为淮南国的都城，也应有宫城和外郭。因此，其大小城垒内外相套的设防制度理应出现较早，不会如《通典》所言，迟至南朝才建筑内城。据《水经注》卷32《肥水》所言，寿春城内原来就有小城，曰中城或金城，刘裕在东晋末年移镇寿春时，又在郭内筑了另一座内城，曰相国城。由于战争的破坏和洪水、暴雨的冲刷侵蚀，寿春城郭屡有倾圮。如干宝《晋纪》曰："寿春每岁雨潦，淮水溢，常淹城邑。……是日大雨，围垒皆毁。"①东晋永和五年（349）八月，"（褚）裒退屯广陵。陈逵闻之，焚寿春积聚，毁城遁还"②。所以需要经常修葺，才能保持寿春城的完固。例如刘宋元嘉七年（430），长沙王刘义欣任豫州刺史，镇寿阳，"于时土境荒毁，人民凋散，城郭颓败"③；经过他主持的各项重建工作，"城府库藏，并皆完实，遂为盛藩强镇"④。

1. **外城**。史籍或称为郭、外郭。《管子·度地》曰："内为之城，城外为之郭。"或称郛、外郛。《初学记》卷24引《风俗通义》曰："郭或谓之郛，郛者亦大也。"或称罗城，见前文。郭中的居民亦称"郭人"。参见《魏书》卷58《杨侃传》："萧衍豫州刺史裴邃治合肥城，规相掩袭，密购寿春郭人李瓜花、袁建等令为内应。"城内的空间广阔，可容纳十余万人，如曹魏嘉平五年（253）毌丘俭在淮南起兵失败，"寿春城中十余万口，惧诛，或流迸山泽，或散走入吴"⑤。甘露二年（257），诸葛诞反于

①《三国志》卷28《魏书·诸葛诞传》注。
②《资治通鉴》卷98东晋穆帝永和五年八月。
③《宋书》卷51《长沙王刘义欣传》。
④《宋书》卷51《长沙王刘义欣传》。
⑤《资治通鉴》卷76魏高贵乡公正元二年。

寿春，"敛淮南及淮北郡县屯田口十余万官兵，扬州新附胜兵者四五万人，聚谷足一年食，闭城自守"①。后吴国遣将全怿、全端等率三万众来接应，亦进入城内。

东晋咸和三年（328）七月，后赵石聪、石堪引兵攻寿春，曾经"虏寿春二万余户而归"②。如按一户五口的比例大致估算，此时寿春城内的居民也应有十几万人。刘宋元嘉二十七年（450），北魏拓跋焘率众南侵，"宋南平王士卒完盛，以郭大难守，退保内城"③。又《梁书》卷28《裴邃传》载："明年（普通五年），复破魏新蔡郡，略地至于郑城，汝颍之间所在响应。魏寿阳守将长孙稚、河间王元琛率众五万，出城挑战。"《魏书》卷8《世宗纪》景明元年（500）十月，"甲午，诏寿春置兵四万人"。这些史料都反映了寿春城郭之内面积甚巨，能够容纳大量的人员和物资。《读史方舆纪要》卷21《南直三》称："今州城周十三里有奇。"可供参考当时和前代的情形。

寿春外城的城门，据文献所载有以下几座。

（1）长逻门。在寿春城东。《南齐书》卷27《刘怀珍传》曰："泰始初，除宁朔将军、东安东莞二郡太守，率龙骧将军王敬则、姜产步骑五千讨寿阳。……引军至晋熙，伪太守阎湛拒守，刘子勋遣将王仲虬步卒万人救之，怀珍遣马步三千人袭击仲虬，大破之于莫邪山，遂进寿阳。又遣王敬则破殷琰将刘从等四垒于横塘死虎，怀珍等乘胜逐北，顿寿春长逻门。宋明帝嘉其功，除羽林监、屯骑校尉，将军如故。"按横塘、死虎垒在寿春城东，见《读史方舆纪要》卷21《南直三》，故刘怀珍等打败叛军后顺势追击，停驻在城东的长逻门。

---

① 《三国志》卷28《魏书·诸葛诞传》。
② 《资治通鉴》卷94东晋成帝咸和三年。
③ 《南齐书》卷25《垣崇祖传》。

（2）象门、沙门。在寿春城西。《水经注》卷 32《肥水》："（渎水）又北出城注肥水。又西径金城北，又西，左合羊头溪水，水受芍陂，西北历羊头溪，谓之羊头涧水。北径熨湖，左会烽水渎，渎受淮于烽村南，下注羊头溪，侧径寿春城西，又北历象门，自沙门北出金城西门逍遥楼下，北注肥渎。"

（3）石桥门（草市门）。在寿春城北。《水经注》卷 32《肥水》："肥水左渎又西径石桥门北，亦曰草市门，外有石梁。"杨守敬疏云："当是今凤台县城北门，今草市尚在北门内外也。"又云："石桥门取此石梁为名。"

（4）芍陂门。在寿春城南。《水经注》卷 32《肥水》："肥水又左纳芍陂渎，渎水自黎浆分水，引渎寿春城北，径芍陂门右，北入城。"杨守敬疏云："芍陂渎自南而北入寿春城，出城入肥，不得至寿春北始入城。且芍陂在寿春南，芍陂门当为寿春南门。渎水在芍陂门右入城，益见自南入城。"

2. **内城**。东晋南朝时期，寿春郭内有两座内城——金城（或曰中城）和相国城。《读史方舆纪要》卷 21《南直三》："《广记》云：'寿阳城中有二城，一曰相国城，刘裕伐长安时筑；一曰金城，寿阳中城也。自晋以来中城率谓之金城。'按曹魏时已有小城，则裕所筑者相国城也。"

郦道元《水经注》卷 32《肥水》曰："渎水又北径相国城东，刘武帝伐长安所筑也；堂宇厅馆仍故，以相国为名。"杨守敬对此注释道："《魏书·萧宝夤传》出相国东门，又云退入金城。《陈书·吴明彻传》，明彻攻齐寿阳，齐王琳等保寿阳外郭，明彻急攻之，城溃，齐兵退据相国城及金城。皆城中有二城之证。此《注》先叙渎水，北径相国城东，不言径金城。相国城去渎水必较金城为近。后叙肥水，西径金城北，不言径相国城，金城去肥水必较相国城为近，则相国城在金城东南，金城在相国城西北矣。"

　　《水经注》卷 32《肥水》又云："（溲水）又北出城注肥水。又西径金城北，又西，左合羊头溪水，水受芍陂，西北历羊头溪，谓之羊头涧水。北径熨湖，左会烽水溃，溃受淮于烽村南，下注羊头溪，侧径寿春城西，又北历象门，自沙门北出金城西门逍遥楼下，北注肥溃。"杨守敬注引会贞按："魏明帝筑金墉城于洛阳城西北角，此叙寿春城西之水，北出金城西门，北注肥，则金城亦在寿春城西北角，而不言水径相国城，益见金城在相国城西北矣。"

　　此段考证颇为精当，在郭城西北角修筑小城以增强防御能力，在魏晋南北朝的城垒建筑中相当流行，如曹魏和西晋都城洛阳的金墉城，也是此种城防工事。见《读史方舆纪要》卷 48《河南三》："金墉城，故洛阳城西北隅也。魏明帝筑城，南曰乾光门，东曰含春门，北有趣门，又置西宫于城内。"考古发现表明，"金墉城所在地势高亢，北倚邙山，俯瞰城区，是故城的制高点，具有重要的军事价值。金墉城由三座南北毗连的小城组成，彼此有门道相通，总平面略呈目字形，南北长约 1048 米，东西宽约 255 米，总面积约 26.7 万平方米。城垣夯筑而坚实，垣宽 12～13 米，共有城门 8 座"[1]。金墉城内另筑有一座高楼，可用于瞭望敌情。见《太平寰宇记》卷 3《河南道三》河南府河南县："百尺楼，在金墉城内。金墉城，在故城西北角，魏明帝所筑。"

　　外郭之内建筑两座分列的小城，而非套城，这种布局在魏晋南北朝的城垒遗址当中也能见到。例如著名的十六国大夏之统万城（今陕西省靖边县北）亦有外城、内城，"内城又分东、西两城。两城略呈长方形，之间隔墙实即西城的东墙。东城周长 2566 米，西城周长 2470 米"[2]。

---

① 中国社会科学院考古研究所：《新中国的考古发现和研究：考古学专刊甲种十七号》，文物出版社，1984 年，第 518 页。
②《中国军事史》编写组：《中国军事史》第六卷《兵垒》，解放军出版社，1991 年，第 144 页。

相国城内亦有居民住宿，并非单纯的防御建筑。《魏书》卷66《李崇传》曰有解思安者被捕，"称有兄庆宾，今住扬州相国城内，嫂姓徐，君脱矜愍，为往报告，见申委曲，家兄闻此，必重相报，所有资财，当不爱惜"。

金城和相国城的城门，可能也有东、西、南、北四座。史书所见者，有"金城西门"，见《水经注》卷32《肥水》；有"相国东门"，见《魏书》卷59《萧宝夤传》。

3. **城外的小城**。曹魏时寿春已有小城之记载。《三国志》卷28《魏书·诸葛诞传》曰："（文）钦子鸳及虎将兵在小城中，闻钦死，勒兵驰赴之，众不为用。鸳、虎单走，逾城出，自归大将军。"又载城破之时，"诞窘急，单乘马，将其麾下突小城门出。大将军司马胡奋部兵逆击，斩诞，传首，夷三族"。对于上述记载，旧史家往往把小城解释为内城，在外郭之中。但是此说颇有疑问之处：

第一，如果小城在大城之内，文鸳、文虎翻越小城后，还有大城城墙及其卫兵的阻隔，怎么能顺利地逃到司马师的军营里？另外，寿春城陷之际，诸葛诞被迫突围，出小城后即与魏军交锋；若是小城在外城之内，还要受到城墙的阻隔，怎么能立即和敌人接战呢？

第二，据文献记载，寿春城近旁还有一座小城，乃诸葛诞所筑。参见《太平寰宇记》卷129《淮南道七》寿州："诸葛诞城，在县东一里，魏甘露二年，诞攻扬州刺史乐綝，杀之，乃与文钦叛，保据此城。大将军司马文王讨平之。"又《读史方舆纪要》卷21《南直三》凤阳府寿州寿春废县曰："又州东一里有诸葛城，相传诸葛诞所筑。"因此，笔者认为，《三国志》卷28《魏书·诸葛诞传》中的"小城"，有可能是在城外不远之处筑造的，与大城形成掎角之势，相互支援，以分散敌人围攻的兵力。

此外，寿春城北还有一座小城，名为玄康城。《水经注》卷32《肥水》："肥水逶玄康城西北流，北出，水际有曲水堂，亦嬉游所集也。"杨守敬疏："《凤台县志》：玄康城不知何由得名，考其地，当在今八公山下，肥水北曲处。土名姚湾，城址虽废，耕者犹时得古城砖。"前引《水经注》同卷又云："肥水北注旧渎之横塘，为玄康南路驰道，左通船官坊也。"杨守敬疏："会贞按：玄康指下玄康城南路驰道通船官坊，水道则横塘通船官湖也。"玄康可能是当时某位将军的名字，该城由其督筑，因此以这位将领之名来称呼。如六朝史籍所载之郭默城、郭僧坎城、赵祖悦城等。又《魏书》卷 106 中《地形志二中》"南陈郡"条本注曰南陈县"治玄康城"，有可能和寿春之玄康城是由同一将领筑造，如郭默城之有二座，江州、寿春各有其一。

　　魏晋南北朝时期既有大小二城相套的建筑形制，也有大小二城相邻并峙的格局，这在当时的军事筑垒当中也很常见。例如《三国志》卷 8《魏书·公孙瓒传》："瓒军败走勃海，与范俱还蓟，于大城东南筑小城，与虞相近。"又《北史》卷 34《高闾传》曰："今故宜于六镇之北筑长城，以御北房，虽有暂劳之勤，乃有永逸之益，即于要害，往往开门，造小城于其侧，因施却敌，多置弓弩。"也是筑小城于长城近旁。

　　从实战的情况来看，亦能见到这种城垒的建筑形式。如《晋书》卷 120《李特载记》曰："晋梁州刺史许雄遣军攻特，特陷破之，进击，破尚水上军，遂寇成都。蜀郡太守徐俭以小城降，特以李瑾为蜀郡太守以抚之。罗尚据大城自守。流进屯江西，尚惧，遣使求和。"正是由于成都小城在大城之外，李特才能在大城仍然拒守的情况下接受小城的投降。《陈书》卷 5《宣帝纪》太建五年（573）九月丁亥，"前鄱阳内史鲁天念克黄城小城，齐军退保大城。……壬辰晦，夜明。黄城大城降"。这条史料也是同样的例证。如果黄城小城在大城之内，那么就不会先被陈军攻克，而只能是在大城失守之后才会陷落。

　　文献记载当中，也还可以看到南北朝寿春守将在抵御敌人进攻时，采取在城外另筑小城的做法。例如《南齐书》卷 25《垣崇祖传》载其守寿阳，"乃于城西北立堰塞肥水，堰北起小城，周为深堑，使数千人守之"。《魏书》卷66《李崇传》曰："（崇）又于八公山之东南，更起一城，以备大水，州人号曰魏昌城。"《梁书》卷32《陈庆之传》还记载："普通七年，安西将军元树出征寿春，除庆之假节、总知军事。魏豫州刺史李宪遣其子长钧别筑两城相拒，庆之攻之，宪力屈遂降，庆之入据其城。"可见在大城附近另筑小城的防御体系配置在当时是很常见的。

4. **寿春城防的基本策略**。寿春城池的防守通常有两种战术策略。第一种是放弃外城，收缩兵力，进入内城防御。如《晋书》卷77《蔡谟传》曰："时左卫将军陈光上疏请伐胡，诏令攻寿阳，谟上疏曰：'今寿阳城小而固。……'"说明防守者是退据内城来抵抗的。前引《南齐书》卷25《垣崇祖传》亦曾追述刘宋南平王刘铄在抗击拓跋焘南侵时，"以郭大难守，退保内城"。但是更多的战例是采取第二种战术，即坚持在外郭防守，如果失利，被敌人攻陷后再退保内城，依托第二道防线继续抵抗，这样可以有更多的周旋余地。如果放弃外城，专守内城，则对守方相当被动。如垣崇祖所言："若舍外城，贼必据之，外修楼橹，内筑长围，四周无碍，表里受敌，此坐自为擒。"据守寿春外城战例甚多，其中不乏成功的记载。例如《魏书》卷59《萧宝夤传》载正始元年（504）三月：

> 值贼将姜庆真内侵，士民响附，围逼寿春，遂据外郭。宝夤躬贯甲胄，率下击之。自四更交战，至明日申时，贼旅弥盛。宝夤以众寡无援，退入金城。又出相国东门，率众力战，始破走之。

《梁书》卷28《裴邃传》载普通四年（523）：

> 大军将北伐，以邃督征讨诸军事，率骑三千，先袭寿阳。九月壬戌，夜至寿阳，攻其郭，斩关而入，一日战九合，为后军蔡秀成失道不至，邃以援绝拔还。

《梁书》卷3《武帝纪下》普通五年（524）九月：

> 壬戌，宣毅将军裴邃袭寿阳，入罗城，弗克。

《资治通鉴》卷161梁武帝太清二年（548）十二月：

> 鄱阳王范遣其将梅伯龙攻王显贵于寿阳，克其罗城；攻中城，
> 不克而退。

《陈书》卷9《吴明彻传》载太建五年（573）北伐：

> 进逼寿阳，齐遣王琳将兵拒守。琳至，与刺史王贵显保其外郭。
> 明彻以琳初入，众心未附，乘夜攻之，中宵而溃，齐兵退据相国城
> 及金城。

以上都是在外郭被破后退守内城，得以继续抵抗，不致立即陷落的
战例。

另外，南朝据守寿春城池的任务，还有探测敌军动向情报，以及在
优势之敌过境南下后，出轻骑游兵抄掠其辎重、断绝其运输道路等。如
南齐建元二年（480），高帝裁省南豫州，左仆射王俭上奏表示反对。其
文曰："愚意政以江西连接汝、颍，土旷民希，匈奴越逸，唯以寿春为
阻。若使州任得才，房动要有声闻，豫设防御，此则不俟南豫。假令或
虑一失，丑羯之来，声不先闻，胡马倏至，寿阳婴城固守，不能断其路，
朝廷遣军历阳，已当不得先机。"[①]齐明帝时，"建武二年，虏寇寿春，豫
州刺史丰城公遥昌婴城固守，数遣轻兵相抄击"[②]。

---

① 《南齐书》卷14《州郡上》。
② 《南齐书》卷44《沈文季传》。

（二）周边城戍

寿春城池虽然坚固，但是在通常情况下，防御作战的一方绝不愿意困守孤城；如有可能总是在周边的紧要地点设置城垒戍守，以迟滞敌人的进攻，且分散对方的兵力，借以争取时间，等待救援。早在三国时，曹魏寿春守将诸葛诞面对吴军攻势的准备，除了请求增调援兵，"又求临淮筑城以备寇"①。东晋南朝防守寿春也是采取这种战略，即在附近筑城防御，如果敌军人少就分散抵抗，寇多势众则将各城军民集中撤退到寿春。如《资治通鉴》卷125载刘宋文帝元嘉二十七年（450）正月，"魏主将入寇。二月，甲午，大猎于梁川。帝闻之，敕淮、泗诸郡：'若魏寇小至，则各坚守；大至，则拔民归寿阳。'"顾祖禹《读史方舆纪要》卷21《南直三》引周必大曰："晋至宋，寿阳皆为重镇。寇少至，则淮泗诸郡坚守以待援；大至，则发民而归寿阳。盖寿阳不陷，敌虽深入，终不能越之而有淮南。"北方政权对寿春的防御策略亦同。如《晋书》卷77《蔡谟传》言后赵"自寿阳至琅邪，城壁相望，其间远者裁百余里，一城见攻，众城必救"。

寿春周边主要有以下城戍。

1. **下蔡城**。其地在寿春之北、淮水西岸，为古代淮上要戍。《读史方舆纪要》卷21《南直三》凤阳府寿州："下蔡城，州北三十里，古州来也。……汉置下蔡县，属沛郡。后汉属九江郡。晋属淮南郡。升平三年谢石军下蔡，帅众入涡、颍以援洛阳，旋溃还。南北朝时，皆为战争要地。"下蔡古名州来，为春秋时楚国边邑。《左传》昭公四年（前538）、十九年（前523）记载楚国两次在当地筑城，后被吴国占领，两国多在此地交锋。

下蔡城又分为旧、新两座。旧城即春秋时楚国所置州来邑（今安徽省凤台县），在西硖石山东北淮河河曲。《史记》卷35《管蔡世家》载蔡

_____

① 《三国志》卷28《魏书·诸葛诞传》。

昭侯二十六年（前493），"楚昭王伐蔡，蔡恐，告急于吴。吴为蔡远，约迁以自近，易以相救；昭侯私许，不与大夫计。吴人来救蔡，因迁蔡于州来"。此后更名下蔡①，两汉于此置下蔡县。

下蔡新城则在淮水东岸，与旧城隔河相峙。南齐豫州刺史垣崇祖见北魏势强，恐怕其进攻淮北，下蔡难以守御，遂将此戍迁至淮河南岸。《水经注》卷30《淮水》曰："淮水又北迳下蔡县故城东，本州来之城也。吴季札始封延陵，后邑州来，故曰延州来矣。《春秋》哀公二年，蔡昭侯自新蔡迁于州来，谓之下蔡也。淮之东岸又有一城，即下蔡新城也。二城对据，翼带淮渍。"杨守敬疏引《凤台县志》曰："下蔡新城在县西北三十八里，淮河东岸，地名月河滩。《齐书》建元三年，魏攻寿阳，垣崇祖击却之，恐魏人复寇淮北，乃徙下蔡戍于淮东，即此城也。《寰宇记》《舆地广记》但云梁大同中，于硖石山筑城以拒东魏，即今县城。胡氏《通鉴注》引宋白同。《方舆纪要》引杜佑曰，梁于硖石山下筑城，以拒魏，即下蔡新城，皆误。梁所筑者硖石城，非下蔡城，自下蔡望硖石，正在西南，何云东岸乎？诸书皆未得之目验耳。"

垣崇祖移下蔡戍于淮东之事，参见《南齐书》卷25本传。崇祖时镇寿春，"虑虏复寇淮北，启徙下蔡戍于淮东。其冬，虏果欲攻下蔡，既闻内徙，乃扬声平除故城。众疑虏当于故城立戍，崇祖曰：'下蔡去镇咫尺，虏岂敢置戍；实欲除此故城。正恐奔走杀之不尽耳。'虏军果夷掘下蔡城，崇祖自率众渡淮与战，大破之，追奔数十里，杀获千计"。此后两座下蔡城夹淮相望，皆为军事要地。在南北朝大部分时间内，旧城为北朝所据，新城为南朝所有。

下蔡之地，北有颍水入淮之口，南有淝水入淮之口，为三条河道汇集之所，属于交通枢纽。在此驻守可以断绝淮水南北或东西方向的交

---

① 《史记》卷35《管蔡世家》《索隐》曰："州来在淮南下蔡县。"

通，有效地保护寿春的安全，阻截沿淮来犯之敌。《北史》卷43《李平传》载天监十四年（515）北魏进攻梁将赵祖悦据守的硖石，"安南将军崔延伯立桥于下蔡，以拒贼之援，贼将王神念、昌义之等不得进救。祖悦守死穷城，平乃部分攻之，斩祖悦，送首于洛"。《魏书》卷19中《任城王澄附嵩传》亦载："（萧）衍征虏将军赵草屯于黄口，嵩遣军司赵炽等往讨之，先遣统军安伯丑潜师夜渡，伏兵下蔡。革率卒四千，逆来拒战，伯丑与下蔡戍主王虎等前后夹击，大败之，俘斩溺死四千余人。"又载："衍将姜庆真专据肥汭，冠军将军曹天宝屯于鸡口，军主尹明世屯东硖石。嵩遣别将羊引次于淮西，去贼营十里；司马赵炽率兵一万为表里声势。众军既会，分击贼之四垒。四垒之贼，战败奔走，斩获数千，溺死万数。统军牛敬宾攻硖石，明世宵遁。庆真合余烬浮淮下，下蔡戍主王略截流击之，俘斩太半。"

　　六朝时南北双方用兵于两淮，下蔡往往是重要的进攻方向，或是屯兵据点。例如，东晋升平三年（359）十月，"慕容儁寇东阿，遣西中郎将谢万次下蔡，北中郎将郗昙次高平以击之"①。太元八年（383）桓冲统兵十万北伐，"龙骧胡彬攻下蔡"②。北魏太和四年（480）八月分兵五路南征，"遣平南将军郎大檀三将出朐城，将军白吐头二将出海西，将军元泰二将出连口，将军封匹三将出角城，镇南将军贺罗出下蔡"；"冬十月丁未，诏昌黎王冯熙为西道都督，与征南将军桓诞出义阳；镇南将军贺罗自下蔡东出钟离"。太和五年（481）二月，"（萧）道成豫州刺史垣崇祖寇下蔡，昌黎王冯熙击破之"③。

　　2.硖石城。在寿春西北下蔡县（今安徽省凤台县）硖石山上。此地

①《晋书》卷8《穆帝纪》。
②《晋书》卷114《苻坚载记下》。
③《魏书》卷7上《高祖纪上》。

为淮河中游的著名峡口，两岸山岭夹峙流水，自古即为津渡。《水经注》卷30《淮水》曰："鸡水右会夏肥水，而乱流东注，俱入于淮。淮水又北径山硖中，谓之硖石，对岸山上结二城，以防津要。"《南史》卷80《侯景传》亦载景败于慕容绍宗，"丧甲士四万人，马四千匹，辎重万余两。乃与腹心数骑自硖石济淮，稍收散卒，得马步八百人"。

硖石城也有两座，分列淮水两岸，称为西硖石、东硖石，分别属于下蔡和寿春。《读史方舆纪要》卷21《南直三》凤阳府寿州："硖石城，在州西北二十五里硖石山上。山两岸相对，淮水经其中，相传大禹所凿。……《通释》：'硖石以淮水中流分界，在西岸者为西硖石，属下蔡。在东岸者则属寿春。'杜佑曰：硖石东北即下蔡城。是也。"硖石城亦有内外两重，参见《魏书》卷65《李平传》载北魏攻西硖石："令崔亮督陆卒攻其城西，李崇勒水军击其东面，然后鼓噪，南北俱上。贼众周章，东西赴战。屠贼外城，贼之将士相率归附。"《魏书》卷66《李崇传》："及萧衍遣其游击将军赵祖悦袭据西硖石，更筑外城，逼徙缘淮之人于城内。"

六朝时当地多有战事，北方胡族军队来攻寿春，必先经过硖石，然后渡淮直趋城下。如《晋书》卷114《苻坚载记下》："融等攻陷寿春，执晋平虏将军徐元喜、安丰太守王先。垂攻陷郧城，害晋将军王太丘。梁成与其扬州刺史王显、弋阳太守王咏等率众五万，屯于洛涧，栅淮以遏东军。成频败王师。晋遣都督谢石、徐州刺史谢玄、豫州刺史桓伊、辅国谢琰等水陆七万，相继距融，去洛涧二十五里，惮成不进。龙骧将军胡彬先保硖石，为融所逼，粮尽，诈扬沙以示融军，潜遣使告石等曰：'今贼盛粮尽，恐不见大军。'"《北齐书》卷20《慕容俨传》："正光中，魏河间王元琛率众救寿春，辟俨左厢军主，以战功赏帛五十匹。军次西硖石，因解涡阳之围，平仓陵城、荆山戎。"

而南朝军队北伐夺取寿春时采取的一种战略，则是先渡淮袭取西硖石，截断寿春之敌的退路和后方的兵力粮草支援，再对该城发起攻击。例如《资治通鉴》卷143载永元二年（500），南齐豫州刺史裴叔业以寿春降北魏，齐主遣平西将军崔慧景征讨，其部署为："豫州刺史萧懿将步军三万屯小岘，交州刺史李叔献屯合肥。懿遣裨将胡松、李居士帅众万余屯死虎。骠骑司马陈伯之将水军溯淮而上，以逼寿阳，军于硖石。寿阳士民多谋应齐者。"

《魏书》卷65《李平传》载梁天监十四年（515），"萧衍遣其左游击将军赵祖悦偷据西硖石，众至数万，以逼寿春"。《魏书》卷66《李崇传》亦曰："肃宗践祚，褒赐衣马。及萧衍遣其游击将军赵祖悦袭据西硖石，更筑外城，逼徙缘淮之人于城内。又遣二将昌义之、王神念率水军溯淮而上，规取寿春。田道龙寇边城，路长平寇五门，胡兴茂寇开霍。扬州诸戍，皆被寇逼。崇分遣诸将，与之相持。密装船舰二百余艘，教之水战，以待台军。"

《陈书》卷5《宣帝纪》载太建五年（573）遣吴明彻率众北伐，"秋七月乙丑，镇前将军、开府仪同三司吴明彻进号征北大将军。戊辰，齐遣众二万援齐昌，西阳太守周炅破之。己巳，吴明彻军次峡口，克其北岸城，南岸守者弃城走。周炅克巴州城。淮北绛城及谷阳士民，并诛其渠帅，以城降。景戌，吴明彻克寿阳外城"。《陈书》卷9《吴明彻传》亦曰："次平峡石岸二城，进逼寿阳。"随即攻克了这座城池。

3. 马头戍。或曰马头城，亦为寿春外围重要军戍，共有两处，一处较近，在寿春西北淮水南岸，临近硖石。《读史方舆纪要》卷21《南直三》凤阳府寿州曰："马头戍城，在州西北二十里，淮滨戍守处也。梁天监五年取魏合肥，魏人守寿阳，于马头置戍。普通五年梁取寿阳，亦置戍于此。太清二年东魏慕容绍宗败侯景于涡阳，景自硖石济淮，南奔马头，戍主刘神茂往候景，遂导景袭寿阳。既而侯景以寿阳叛，西攻马头，东攻木栅。是马头在寿阳西也。或以为当涂之马头郡，误矣。"

　　另一处较远，在寿春以东，今安徽省怀远县南淮河南岸，曾为马头郡治所在地。《读史方舆纪要》卷21《南直三》凤阳府怀远县曰："马头郡城，在县西南二十里，下临淮河。旧《志》云：在县西二十里。又西二十里有梁时所置马头新城，下有新城淮河渡。沈约曰：'马头郡，晋安帝立，因山形如马头而名。领虞县等县，属南豫州。'虞县亦侨置县也。宋元嘉二十七年，魏人分道南寇，遣将长孙真趋马头，拓跋英趋钟离。既而拓拔仁逼寿阳，马头、钟离悉被焚掠。齐建元二年，魏拓跋琛攻拔马头戍，杀太守刘从。梁天监五年，魏将元英等复取梁城，遂北至马头城，攻拔之。寻复入于梁。梁末，魏复取之。陈大建五年伐齐，沈善庆克马头城是也。《南齐志》以虞县属钟离郡，而马头郡治己吾县，又以己吾属沛郡，而马头郡治蕲县，盖皆后魏当涂故地。齐省。《舆程记》：'今县西二十二里地名马头城，为往来渡淮者必经之地，盖即南北朝时故郡治矣。'……又寿州、六安州皆有此城。"

　　后一马头戍北距涡口不远，亦为淮河津渡要冲，附近有淮河中游的第二座著名峡口——荆涂峡口。荆山在东，涂山在西，淮水穿流峡口扬波北注。东晋南朝曾以其为豫州和马头郡、荆山郡的治所，如《宋书》卷36《州郡志二》载晋穆帝时，"（永和）二年，（南豫州）刺史谢尚镇芜湖；四年，进寿春；九年，尚又镇历阳；十一年，进马头"；晋孝武帝"太元十年，刺史朱序戍马头"。《南齐书》卷14《州郡志上》亦曰："穆帝永和五年，胡伪扬州刺史王浃以寿春降，而（豫州）刺史或治历阳，进马头及谯，不复归旧镇也。"

　　刘宋时设将督马头淮西诸军郡事，见《宋书》卷47《刘敬宣传》："迁使持节、督马头淮西诸军郡事、镇蛮护军、淮南安丰二郡太守、梁国内史，将军如故。"该地储存了大量军粮，以供前线需要。如《梁书》卷18《昌义之传》："（天监）四年，大举北伐，扬州刺史临川王督众军军洛口，义之以州兵受节度，为前军，攻魏梁城戍，克之。五年，高祖以征役久，有诏班师，众军各退散，魏中山王元英乘势追蹑，攻没马头，城内粮储，魏悉移之归北。"

由于马头地位重要，也是北朝攻击的重点，自450年起，北魏每次南侵，几乎都要围攻此城。双方对马头的争夺可参见《魏书》卷4下《世祖纪下》太平真君十一年（450）十月：

> 乃命诸将分道并进，使征西大将军永昌王仁自洛阳出寿春，尚书长孙真趋马头，楚王建趋钟离，高凉王那自青州趋下邳，车驾自中道。

《南齐书》卷28《崔祖思附文仲传》载建元二年（480）：

> 虏攻钟离，文仲击破之。又遣军主崔孝伯等过淮攻拔虏茬眉戍，杀戍主龙得侯及伪阳平太守郭杜羝，馆陶令张德，濮阳令王明。时虏攻杀马头太守刘从，上曰："破茬眉，足相补。"

《魏书》卷98《萧道成传》：

> 于是高祖诏梁郡王嘉督二将出淮阴，陇西公元琛三将出广陵，河东公薛虎子三将出寿春以讨之。元琛等攻其马头戍，克之。道成遣其徐州刺史崔文仲攻陷茬眉戍，诏遣尚书游明根讨之。

《魏书》卷7上《高祖纪上》太和四年（480）春正月癸卯：

> 陇西公元琛等攻克萧道成马头戍。

《南齐书》卷27《李安民传》：

> 虏寇寿春，至马头。诏安民出征，加鼓吹一部。虏退，安民沿淮进寿春。

《魏书》卷8《世宗纪》正始三年（506）九月：

> 己丑，中山王英大破衍军于淮南，衍中军大将军、临川王萧宏，尚书右仆射柳惔，徐州刺史昌义之等弃梁城沿淮东走。追奔次于马头，衍冠军将军、戍主朱思远弃城宵遁，擒送衍将四十余人，斩获士卒五万有余。英遂攻钟离。

马头在南北朝时期曾经多次易手，交战双方都对它非常重视。最后因北周占领寿阳，陈朝被迫放弃。参见《南史》卷10《陈宣帝纪》，太建十一年（579）十一月，"戊戌，周将梁士彦围寿阳，克之。辛亥，又克霍州。……十二月乙丑，南、北兖、晋三州及盱台、山阳、阳平、马头、秦、历阳、沛、北谯、南梁等九郡民并自拔向建邺。周又克谯、北徐二州。自是淮南之地，尽归于周矣"。

4. **潘城、湄城**。亦称潘溪戍、郿城，在寿春东北。《水经注》卷30《淮水》曰："淮水东迳八公山北，山上有老子庙。淮水历潘城南，置潘溪戍。戍东侧潘溪，吐川纳淮，更相引注。又东径梁城，临侧淮川，川左有湄城，淮水左迤为湄湖。"又《梁书》卷3《武帝纪下》天监五年（506）载裴邃北伐，"（十月）甲辰，又克秦墟。魏郿、潘溪守悉皆弃城走"。

5. **梁城**。在寿春之东，今凤阳县西南淮水之滨。《读史方舆纪要》卷21《南直三》凤阳府曰："梁城，府西南九十里。亦曰南梁城。晋太元中侨立南梁郡于淮南，兼领侨县，义熙中土断，始有淮南故地，属南豫州。宋大明六年属西豫州，改为淮南郡，八年复故。《志》云：南梁郡治睢阳。盖宋析寿春地侨置，即此城也。《水经注》'淮水经寿春城北，又东经梁城'是矣。齐永元二年，南梁郡入魏，因别置梁郡，治北谯。胡氏曰：'梁城在钟离西南，寿春东北。'梁天监五年，徐州刺史昌义之，魏将陈伯之，战于梁城，败绩，伯之寻自梁城来归，义之因进克梁城。既而魏将邢峦与元英合攻钟离，义之引退。六年，元英攻钟离不克，单骑遁入梁城，缘淮百余里，尸相枕藉。十五年，魏将崔亮攻赵祖悦于夹石，诏昌义之等溯淮赴救，魏兵守下蔡，断淮流，义之屯梁城不得进。后魏仍置南梁郡，隋开皇初废。今淮河中有梁城滩，东至洛河口二十五里。"

6. **黄城、郭默城**。在寿春之西，《魏书》卷106中《地形志中》指出下蔡郡有黄城县，本注曰："萧衍黄城戍，武定六年改置。"《读史方舆纪要》卷21《南直三》凤阳府寿州："黄城，在州西。梁置黄城戍，寻置颍川郡于此。东魏武定六年改置下蔡郡，治黄城县。《寰宇记》：'晋义熙十二年置小黄县，在安丰城西北三十里；或即黄城也。'胡氏曰：'下蔡在淮北，黄城在寿阳西。'又西有郭默城，相传晋咸和中郭默尝屯此。陈大建五年，吴明彻攻寿阳，别将鲁天念克黄城，郭默城降。诏置司州于黄城。十一年，周韦孝宽侵淮南，分遣宇文亮攻黄城，拔之。十二年，鲁广达复克周之郭默城。是黄城与郭默城相近也。"郭默为东晋边将，以武勇著称，郭默城当为其所筑。《晋书》卷63《郭默传》史臣曰："邵、李、魏、郭等诸将，契阔丧乱之辰，驱驰戎马之际，威怀足以容众，勇略足以制人，乃保据危城，折冲千里，招集义勇，抗御仇雠，虽艰阻备尝，皆乃心王室。"

黄城有大小二城相邻，其说已见前文。《陈书》卷5《宣帝纪》太建五年（573）九月："丁亥，前鄱阳内史鲁天念克黄城小城，齐军退保大城。……壬辰晦，夜明。黄城大城降。冬十月甲午，郭默城降。"

7. **苍陵城**。或曰仓陵，在寿春西北，淮水南岸。《读史方舆纪要》卷21《南直三》凤阳府寿州曰："苍陵城，在州西北。《水经注》：'淮水东流与颍水会，东南迳苍陵北，又东北流经寿春县故城西。'陈大建五年吴明彻下寿阳，齐人遣兵援苍陵，败去。"《魏书》卷106中《地形志中》载："淮南郡，领县三。寿春、汝阴、西宋。"本注"寿春县"曰："故楚，有仓陵城。"

苍陵亦为寿春周边要镇，梁朝豫州刺史夏侯夔曾于此兴修水利，秣马厉兵。见《梁书》卷28《夏侯夔传》："豫州积岁寇戎，人颇失业，夔乃帅军人于苍陵立堰，溉田千余顷，岁收谷百余万石，以充储备，兼赡贫人，境内赖之。……在州七年，甚有声绩，远近多附之。有部曲万人，马二千匹，并服习精强，为当时之盛。"其地战事可见《北齐书》卷20《慕容俨传》："正光中，魏河间王元琛率众救寿春，辟俨左厢军主，以战功赏帛五十匹。军次西硖石，因解涡阳之围，平仓陵城、荆山戍。梁遣将郑僧等要战，俨击之，斩其将萧乔，梁人奔溃。"

不过，据史籍记载来看，淮水北岸亦有一苍陵城。如陈朝于太建五年（573）攻占寿阳，"（十月）丁未，齐遣兵万人至颍口，樊毅击走之。辛亥，遣兵援苍陵，又破之"①。其详细情况见《北齐书》卷41《皮景和传》："及吴明彻围寿阳，敕令景和与贺拔伏恩等赴救。景和以尉破胡军始丧败，怯懦不敢进，顿兵淮口，频有敕使催促，然始渡淮。属寿阳已陷，狼狈北还，器械军资，大致遗失。陈将萧摩诃率步骑于淮北仓陵城截之，景和得整旅逆战，摩诃退归。是时拒吴明彻者多致倾覆，唯景和全军而还，由是获赏。"

8. **死虎垒**。在寿春之东，原有死虎塘、死虎亭，其垒因以为名。《水经注》卷32《肥水》曰："肥水又北，右合阎涧水，水上承施水于合肥县，北流迳浚遒县西，水积为阳湖。阳湖水自塘西北径死虎亭南，夹横塘西注。宋泰始初，豫州司马刘顺帅众八千据其城地，以拒刘勔。杜叔宝以精兵五千，送粮死虎，刘勔破之此塘。"杨守敬疏："《宋书·殷琰传》不载筑垒事。（殷）琰遣将刘顺，筑四垒于死虎，见《齐书·王敬则传》。死虎亭即在死虎塘，说见上。郦氏于肥水、阳湖水，分叙塘亭，以示变化。"《读史方舆纪要》卷21《南直三》凤阳府寿州亦曰："死虎垒，

---

① 《资治通鉴》卷171 陈宣帝太建五年。

在州东四十余里。宋泰始二年（266），豫州刺史殷琰遣将刘顺等东据宛塘，筑四垒以拒刘勔。《通典》曰：'宛塘，死虎之讹也。'齐永元三年裴叔业以寿阳降魏，诏萧懿讨之，懿屯小岘，遣将胡松、李居士帅众屯死虎，即此也。《水经注》：淝水合阎涧水积为阳湖，自塘西北迳死虎亭，即殷琰将刘顺筑垒处。是又名死虎也。"

南朝宋齐时此地多有战事，可参见《宋书》卷83《黄回传》、《南齐书》卷26《王敬则传》与卷37《刘悛传》、《魏书》卷63《王肃传》等史料。

9. **安城**。在寿春之南。《读史方舆纪要》卷21《南直三》凤阳府寿州："安城县城，在州南。梁普通五年，豫州刺史裴邃攻寿阳之安城，既而马头、安城皆降。魏收《志》'梁置新兴郡，治安城县'，即此。"《梁书》卷3《武帝纪下》载天监五年（506）十一月遣将北伐，"壬戌，裴邃攻寿阳之安城，克之。丙寅，魏马头、安城并来降"。又《陈书》卷5《宣帝纪》载太建五年（573）吴明彻北伐，"九月甲子，阳平城降。壬申，高唐太守沈善度克马头城。甲戌，齐安城降"。

10. **黎浆戍**、**荻城**、**麌城**。黎浆戍又曰黎浆亭，在寿春东南，位于黎浆水与淝水的汇合之处。《读史方舆纪要》卷21《南直三》凤阳府寿州曰："黎浆亭，在州东南。《水经注》：'芍陂渎水东注黎浆水，水东经黎浆亭南，又东注淝水，谓之黎浆水口。'吴朱异救诸葛诞于寿春，进屯黎浆。又梁普通五年裴邃拔荻城，又拔麌城，进屯黎浆。……梁主以淮堰水盛，寿阳城几没，遣郢州刺史元树等自北道攻黎浆，豫州刺史夏侯亶自南道攻寿阳是也。荻城、麌城，盖是时寿阳、合肥间沿边戍守处。"

11. **建安戍**。在今河南省固始县，东晋南朝时属豫州北新蔡郡。《读史方舆纪要》卷50《河南五》汝宁府固始县曰："建安城，在县东，萧齐所置戍守处也。永元二年寿阳降魏，魏遣元勰镇之。……魏收《志》建安县属冯翊郡，盖东魏侨置郡于此，后废。今县东有建安乡。胡氏曰：

'建安与固始期思城相近。'北魏正光中群蛮出山，居边城建安者八九千户。边城郡治期思，则建安亦去期思不远矣。"

建安为淮河上游之重镇，是寿春以西的重要屏障。《魏书》卷44《宇文福传》："景明初，乃起拜平远将军、南征统军。进计于都督彭城王勰曰：'建安是淮南重镇，彼此要冲。得之则义阳易图，不获则寿春难保。'勰然之。及勰为州，遂令福攻建安。建安降，以勋封襄乐县开国男，邑二百户。"又《魏书》卷21下《彭城王勰传》："自勰之至寿春，东定城戍，至于阳石，西降建安，山蛮顺命，斩首获生，以数万计。进位大司马，领司徒，余如故，增邑八百户。"

南北朝所设之建安戍主可见《魏书》卷21下《彭城王勰传》：

> 又诏勰以本官领扬州刺史。勰简刑导礼，与民休息，州境无虞，退迩安静。扬州所统建安戍主胡景略犹为宝卷拒守不下，勰水陆讨之，景略面缚出降。

《梁书》卷10《夏侯详传》：

> 出为征虏长史、义阳太守。顷之，建安戍为魏所围，仍以详为建安戍主，带边城、新蔡二郡太守，并督光城、弋阳、汝阴三郡众赴之。详至建安，魏军引退。

《魏书》卷70《李神传》：

> 李神，恒农人。父洪之，秦益二州刺史。神少有胆略，以气尚为名。早从征役，其从兄崇深所知赏。累迁威远将军、新蔡太守，领建安戍主。

《魏书》卷71《席法友传》：

席法友，安定人也。祖父南奔。法友仕萧鸾，以膂力自效军勋，稍迁至安丰、新蔡二郡太守，建安戍主。萧宝卷遣胡景略代之，法友遂留寿春，与叔业同谋归国。

双方在建安争战的情况可参见《南齐书》卷57《魏虏传》："豫州刺史裴叔业以寿春降虏。……虏既得淮南，其夏，遣伪冠军将军南豫州刺史席法友攻北新蔡、安丰二郡太守胡景略于建安城，死者万余人，百余日，朝廷无救，城陷，虏执景略以归。其冬，虏又遣将桓道福攻随郡太守崔士招，破之。"又见《魏书》卷98《萧宝卷传》："世宗诏冠军将军、南豫州刺史席法友三万人围宝卷辅国将军北新蔡、安丰二郡太守胡景略于建安城，克之，擒景略。宝卷雍州刺史萧衍据襄阳，举兵伐之，荆州行事萧颖胄应衍。"

《魏书》卷66《李崇传》亦载李崇任北魏扬州刺史，镇寿春："萧衍霍州司马田休等率众寇建安，崇遣统军李神击走之。又命边城戍主邴申贤要其走路，破之于濡水，俘斩三千余人。灵太后玺书劳勉。许昌县令兼纻麻戍主陈平玉南引衍军，以戍归之"。

12. 阳（羊）石。在寿春西南霍丘县境，亦为重要城戍。《魏书》卷21下《彭城王勰传》："自勰之至寿春，东定城戍，至于阳石，西降建安，山蛮顺命，斩首获生，以数万计。"《读史方舆纪要》卷21《南直三》寿州霍丘县："阳石城，在县东南。亦曰羊石。梁天监二年，后魏以降将陈伯之为江州刺史，屯阳石。四年，杨公则出洛口，别将姜庆真与魏战于羊石，不利，公则退保马头。五年，庐江太守裴邃克魏羊石城，进克霍丘。胡氏曰：'羊石城在庐江西北，霍丘东南。'"

（三）水口要戍

寿春守军在周边地区河流入淮的几处水口也设置了戍所，屯驻军队，以防止敌人船队由此驶入淮河，或从淮河进入支流。著名的要戍有以下几处。

1. **肥口**。淝水入淮之口，在寿春东北，淮水南岸。《读史方舆纪要》卷 21《南直三》："淝水，在州东北十里。自庐州府北流，经废安丰县境，又北流经此，折而西北流十里入于淮。"北路进攻寿春的军队多由此渡淮，溯淝水行至其城下。如《晋书》卷 118《姚兴载记下》写其召尚书杨佛嵩，"谓之曰：'吴儿不自知，乃有非分之意。待至孟冬，当遣卿率精骑三万焚其积聚。'嵩曰：'陛下若任臣以此役者，当从肥口济淮，直趣寿春，举大众以屯城，纵轻骑以掠野，使淮南萧条，兵粟俱了，足令吴儿俯仰回惶，神爽飞越。'"

北魏景明元年（500），"秋七月，宝卷又遣陈伯之寇淮南。……八月乙酉，彭城王勰破伯之于肥口"[1]。北周灭齐后兵取寿阳，也是先至肥口。如《陈书》卷 5《宣帝纪》太建十一年（579）十一月，"甲午，周遣柱国梁士彦率众至肥口。戊戌，周军进围寿阳"。《隋书》卷 74《崔弘度传》亦载："宣帝嗣位，从郧国公韦孝宽经略淮南。弘度与化政公宇文忻、司水贺娄子干至肥口，陈将潘琛率兵数千来拒战，隔水而阵。忻遣弘度谕以祸福，琛至夕而遁。进攻寿阳，降陈守将吴文立，弘度功最。"

2. **颍口**。颍水入淮之口，在寿春西北淮河对岸。《读史方舆纪要》卷 21《南直三》："颍水，在州西北四十里。《汉志》：'颍水出阳城县阳乾山，东至下蔡入淮。'是也。其入淮处谓之颍尾。《左传》昭十二年：'楚子狩于州来，次于颍尾。'亦曰颍口。"颍水是北军船队南下入淮和南方舟师北上的一条主要航道，故其水口很受重视。东晋太元八年（383）淝水之战，前秦的先锋部队在主力未至时抢先占领了此地："及苻坚自率兵次于项城，众号百万，而凉州之师始达咸阳，蜀汉顺流，幽并系至。

---

[1]《魏书》卷 8《世宗纪》。

先遣苻融、慕容暐、张蚝、苻方等至颍口。"①《资治通鉴》卷105亦载："坚至项城，凉州之兵始达咸阳，蜀、汉之兵方顺流而下，幽、冀之兵至于彭城，东西万里，水陆齐进，运漕万艘。阳平公融等兵三十万，先至颍口。"

《陈书》卷31《樊毅传》载："（太建）五年，众军北伐，毅率众攻广陵楚子城，拔之。击走齐军于颍口。"《资治通鉴》卷171亦载此事曰："齐行台右仆射琅邪皮景和等救寿阳，以尉破胡新败，怯懦不敢前，屯于淮口，敕使屡促之。然始渡淮，众数十万，去寿阳三十里，顿军不进。"胡三省注曰："淮口盖即颍口。景和之师自颍上出至淮而屯，因谓之淮口。"

颍口设有戍防之外，有时还竖立木栅以阻遏行船。如《隋书》卷60《于𬱟传》："大象中，以水军总管从韦孝宽经略淮南。𬱟率开府元绍贵、上仪同毛猛等，以舟师自颍口入淮。陈防主潘深弃栅而走，进与孝宽攻拔寿阳。"

3. 汝口。在寿春之西、汝水入淮处。汝水发源于今河南省汝阳县西南，东南流至两汉原鹿县（治今安徽省阜南县南）南入于淮，入口处称汝口。北魏时曾于当地设置戍所。见《水经注》卷21《汝水》："所谓汝口，侧水有汝口戍，淮汝之交会也。"南朝也曾在此地驻守，并立栅以阻止北军的船队。《魏书》卷70《傅永传》即载永元二年（500）南齐遣将陈伯之"侵逼寿春，沿淮为寇"。北魏宣武帝"诏遣永为统军，领汝阴之兵三千人先援之。永总勒士卒，水陆俱下，而淮水口伯之防之甚固。永去二十余里，牵船上汝南岸，以水牛挽之，直南趋淮，下船便渡。适上南岸，贼军亦及。会时已夜，永乃潜进，晓达寿春城下"。汝口亦称淮口。《读史方舆纪要》卷21《南直三》凤阳府颍州："汝水，在州南百里。自河南息县流入境。《志》云：汝水东北流，至桃花店入州界，又东至永

---

①《晋书》卷79《谢玄传》。

安废县，环地理故城至朱皋镇入于淮，亦谓之淮口。"

4. **洛口**。在寿春东北、怀远县南，为洛水北流入淮之处。《读史方舆纪要》卷21《南直三》凤阳府怀远县："洛水，在县南七十里。其地有洛河镇。上流自定远县流入，至此注于淮。亦谓之洛涧。《水经注》：'洛涧北历秦墟下注淮，谓之淮口。'《纪胜》：'洛水自定远县西白望堆流入寿州界，屈曲而北历秦墟，至新城村南十五里入于淮，即洛口也。'晋太元八年，苻坚寇晋，遣将梁成屯洛涧，栅水以扼东兵。谢玄遣刘牢之率精兵破斩之。梁天监四年谋伐魏，遣杨公则将宿卫兵塞洛口，与魏将石荣战，斩之。既而以临川王宏都督北兖诸军事，次洛口。魏将奚康生等言于元英曰：'梁人久不进兵，其势可见。若进据洛水，彼必奔散。'英不从。既而洛口暴风雨，军中惊，遂溃还，魏人因取马头城。盖洛口与马头城相近也。《志》云：今县南六十里有洛河渡，盖即淮河渡处。"

洛口平时亦有戍所。《魏书》卷73《奚康生传》载其守寿春，"固城一月，援军乃至。康生出击桓和、伯之等二军，并破走之，拔梁城、合肥、洛口三戍"。

5. **涡口**。在寿春东北，今安徽省怀远县东北，为涡水南流入淮之口。《读史方舆纪要》卷21《南直三》凤阳府怀远县："涡水，在县东北一里。班固曰：'淮阳国扶沟县有涡水，首受蒗荡渠，东至向入淮，过郡三，行千里。'《水经》：阴沟水出河南阳武县蒗荡渠，东南至沛为涡水。涡水东径谯郡，又东南至下邳睢陵县入淮。是涡水为汴河之支流也。《广志》：'今涡河自归德府鹿邑县境流入亳州界，黄河从西北来注之，经亳城北与马尚河合，东南流经蒙城县而入县界，至县东入淮，谓之涡口。'今黄河横决，涡口上源几不可问矣。汉建安十四年，曹公至谯，引水军自涡口入淮，出肥水，军合肥，开芍陂屯田。曹丕黄初五年，以舟师自谯循涡入淮。吴孙皓建衡二年，遣丁奉入涡口。齐建武末，裴叔业攻魏涡阳不克，还保涡口。……涡口盖淮南要害之地也。"同书同卷又曰："涡口城，县东北十五里，今讹为菰城。齐建武末，裴叔业攻涡阳，魏将王肃等驰救，叔业引还，为魏所败，还保涡口。"

三、南北双方在寿春地区的水战

寿春所在的淮南西部丘陵地区水道交织，陂塘散布，复杂的地理因素在军事上具有很高的价值。如唐人所言："寿春，其地堑水四络，南有淠，西遮淮、颍；东有淝，下以北注，激而回为西流，环郛而浚，入于淮，此天与险于是也。"[①]因此，东晋南朝时期寿春地区战争的一个显著特点，就是经常利用当地的水文条件来克敌制胜。借水攻战的主要方式有以下几种：

（一）利用水道运输、交锋

由于古代舟船航运要比陆地车畜人力转运效率高得多，六朝时期，无论北方的胡族政权挥师南征，还是南方的汉族政权兴兵北伐，都在寿春地区最大限度地运用水军船队运输和交战，以求迅速地把兵员、给养投入到需要的战场。下面分别对其情况展开论述。

1. 北方政权向寿春用兵时的水运。寿春北有长、淮为屏障，淮河中下游的干流水道水源充足，河道宽深，是先秦以来的重要漕路。在鸿沟水系尚未破坏之时，中原王朝南下征伐，往往沿蒗荡渠入涡、颍二水，至寿春以北东西两侧的涡口（今安徽省怀远县）、颍口（今安徽省颍上县东南）进入淮河，然后围攻寿春及其周边的城戍。例如，三国时曹魏水师进军淮南，就经常利用这两条水运干道。建安十三年（208）七月，曹操"自涡入淮，出肥水，军合肥"。黄初五年（224）八月，曹丕"为水

---

① 《全唐文》卷 736 沈亚之《寿州团练副使厅壁记》。

军，亲御龙舟，循蔡、颍，浮淮，幸寿春"；六年（225）"八月，帝遂以舟师自谯循涡入淮"。不过，由于涡水上游浅涩，不能直接北通黄河，受此局限，自曹魏以后，少有北方政权由这条河道派遣水军和船队入淮的记载。

十六国至北朝，胡族政权南征的水路主要使用颍水，其间或用汝水。例如永嘉六年（312）石勒欲大举南侵，曾于葛陂（今河南省汝南县东）造船，欲取道淮南袭击建业，晋军因此在寿春集结待命。《晋书》卷104《石勒载记上》曰："勒于葛陂缮室宇，课农造舟，将寇建邺。会霖雨历三月不止，元帝使诸将率江南之众大集寿春。"后来石勒出兵，"发自葛陂，遣石季龙率骑二千距寿春。会江南运船至，获米布数十艘，将士争之，不设备。晋伏兵大发，败季龙于巨灵口，赴水死者五百余人，奔退百里，及于勒军。军中震扰，谓王师大至，勒阵以待之。晋惧有伏兵，退还寿春"。

从《水经注》的记载来看，葛陂当时沟通淮河的水道，应是经过澺水（汝水支流）进入汝水，再由汝水入淮。参见《水经注》卷21《汝水》："澺水自葛陂东南迳新蔡县故城东而东南流，注于汝。"汝水又东至原鹿县（治今安徽省阜南县南）南入于淮，入口处称汝口，北魏时曾于当地设置戍所。

383年淝水之战，前秦苻坚"自率兵次于项城，众号百万。……先遣苻融、慕容暐、张蚝、苻方等至颍口，梁成、王显等屯洛涧"[1]。然后渡淮攻克寿阳。苻坚进军寿阳的主要路线，也是从河洛地区出发，由黄河经荥阳石门进入蒗荡渠，再分别顺颍水和汝水而南下入淮。《晋书》卷114《苻坚载记下》写其出师盛况："东西万里，水陆齐进。运漕万艘，自河入石门，达于汝、颍。"北魏控制淮河流域后，亦对这条漕渠加以修浚，

---

① 《晋书》卷79《谢玄传》。

使之能够顺利通航。参见《魏书》卷66《崔亮传》："亮在度支，别立条格，岁省亿计。又议修汴、蔡二渠，以通边运，公私赖焉。"蔡渠即蒗荡渠下游进入颍水的河段。据《水经注》卷22《渠水》所言，这条航道直至北魏末年还在使用，"水流津通，漕运所由"。宣武帝景明元年（500），镇守汝南新蔡县广陵城（今河南省息县）的东豫州刺史田益宗还说："有事淮外，须乘夏水泛长，列舟长淮，师赴寿春。"①又《魏书》卷110《食货志》言北魏后期发展漕运的情况：

> 自徐扬内附之后，仍世经略江淮，于是转运中州，以实边镇，百姓疲于道路。乃令番戍之兵，营起屯田；又收内郡兵资与民和籴，积为边备。有司又请于水运之次，随便置仓，乃于小平、石门、白马津、漳涯、黑水、济州、陈郡、大梁凡八所，各立邸阁，每军国有须，应机漕引。自此费役微省。

文中提到的漕路近侧所置八座仓储之中，石门仓在今河南省荥阳市，即蒗荡渠渠首；大梁仓在今河南省开封市，即蒗荡渠与汴渠交汇之处；陈郡仓在今河南省淮阳区，即蒗荡渠与颍水汇合之所；可见这条漕渠对北魏出兵淮上和供应军需有着重要的作用。直到北朝末年，北周攻占淮南及寿春，仍是使用的这条水道。《隋书》卷60《于颎传》："大象中，以水军总管从韦孝宽经略淮南。颎率开府元绍贵、上仪同毛猛等，以舟师自颍口入淮。陈防主潘深弃栅而走，进与孝宽攻拔寿阳。"

2. 北魏扬州水军的建立。北方的胡族军队作战时素以骑射之术称雄，但是在淮南水网地带，步兵、骑兵难以逾越河道湖泽，必须拥有一支水师船队，才能适应当地的地理环境，否则只能望水兴叹。北魏中期以后，拓跋氏政权日益强盛，逐渐控制了淮北地区。尤其是500年南齐豫州刺

---

① 《魏书》卷61《田益宗传》。

史裴叔业降魏，使北朝控制了寿春。为了对抗南朝的舟师，确保对当地的统治，北魏政权也开始重视水军的作用，并练习水战。《北史》卷37《崔延伯传》载灵太后召见大臣问南征之策，杨大眼对曰："臣辄谓水陆二道一时俱下，往无不克。"崔延伯曰："水南水北，各有沟渎，陆地之计，如何可前。愚臣短见，愿圣心思水兵之勤，若给复一年，专习水战，脱有不虞，召便可用。"灵太后曰："卿之所言，深是宜要，当敕如请。"

北魏在扬州治所寿春设置了船厂和停泊舰只的港湾，规模宏大。见《水经注》卷32《肥水》："肥水又西分为二水，右即肥之故渎，遏为船官湖，以置舟舰也。"杨守敬疏引会贞按："今凤台县城北盛家湖，即船官湖。"前引《水经注》同卷又云寿春城北有西昌寺，"寺西即船官坊，苍兕都水，是营是作"。船官坊是官营造船的工厂；"苍兕都水"，杨守敬疏"苍兕"云："《史记·齐世家》苍兕，《索隐》曰：本或作苍雉。按马融曰：苍兕主舟楫，官名。王充云：苍兕，水兽九头。"是说苍兕本为传说中的九头水兽，后为主管航运的官员。杨氏又疏"都水"云："《汉书·百官公卿表》：太常属官有都水长、丞。又云：水衡都尉，都水长、丞，属焉。然如淳《注》曰：《律》，都水治渠堤水门。非掌舟航。《通典》：晋省水衡，置都水台，掌舟航及运部。郦氏因叙船官坊称都水，谓掌舟航也。"

上述记载说明北魏占领寿春时期曾置"苍兕都水"官以负责造舟和航运事务，并设造船工厂"船官坊"，水师舟船会聚于城北的船官湖。有人认为，东晋南朝控制寿春的时间更长，故亦应利用当地的有利条件来发展造船业，训练水师。

北魏在寿春建立的水军，由扬州刺史管辖，曾有战船多艘，并在后来的几次战役中发挥了重要作用。如梁天监十二年（513）五月，北魏扬州治中裴绚率寿春城南百姓数千家归降梁朝，扬州刺史李崇"遣从弟宁朝将军神等将水军讨之,绚战败,神追拔其营"①。天监十五年(516),梁朝遣赵祖悦袭取西硖石,又派昌义之、王神念率水军溯淮而上,谋攻寿春,李崇"分遣诸将,与之相持。密装船舰二百余艘,教之水战,以待台军"②;其后又"遣李神乘斗舰百余艘,沿淮与李平、崔亮合攻硖石。李神水军克其东北外城,祖悦力屈乃降"③。

3. 南方政权向寿春的军事水运。江南地区水道交织,舟船是其首要的交通工具,当地居民的生活和水运有着密切联系,普遍熟练掌握驾舟和游泳的技术,将其运用到作战方面,和北方军队相比具有明显的优势。如沈约所言:"夫地势有便习,用兵有短长,胡负骏足,而平原悉车骑之地;南习水斗,江湖固舟楫之乡。"④因此,南方政权在战斗中尽量利用淮南繁多的水道来运输部队,或及时增援,或组织反攻。南朝的水军规模巨大,号称"舟舸百万,覆江横海"⑤。齐将张欣泰曾谓北魏广陵侯曰:"我将连舟千里,舳舻相属,西过寿阳,东接沧海,仗不再请,粮不更取,士卒偃卧,起而接战,乃鱼鳖不通,飞鸟断绝,偏师淮左,其不能守,皎可知矣。"⑥此言虽有吹嘘的成分,但南朝水军强盛,却是事实。如景明元年(500)南齐遣将陈伯之进攻寿春,"屯于肥口,胡松又据梁城,水军相继二百余里"⑦。南军这一用兵策略深为北朝所忌。如梁天监三年(504)二月,北魏任城王元澄围攻钟离,《资治通鉴》卷145曰:"魏(宣武帝)诏任城王澄,以'四月淮水将涨,舟行无碍。南军得时,勿昧利以取后悔'。"但未引起元澄的重视,结果会战失利,"澄引兵还寿阳。魏

---

① 《资治通鉴》卷147梁武帝天监十二年(513)五月。
② 《魏书》卷66《李崇传》。
③ 《魏书》卷66《李崇传》。
④ 《宋书》卷95《索虏传》史臣曰。
⑤ 《南齐书》卷51《张欣泰传》。
⑥ 《南齐书》卷51《张欣泰传》。
⑦ 《魏书》卷21下《彭城王勰传》。

军还既狼狈，失亡四千余人"。

六朝政权的首都在建康（业），北征的兵马粮草往往在当地集结后出发，其水运至寿春的通道主要有两条。

（1）溯濡须水、淝水而上。由建康西行入濡须口，溯流上至东关，入巢湖，再经淝水穿越江淮丘陵，过合肥、芍陂而抵寿春。《读史方舆纪要》卷19《南直一》引王象之曰："古者巢湖水北合于肥河，故魏窥江南则循涡入淮，自淮入肥，繇肥而趣巢湖，与吴人相持于东关。吴人挠魏亦必繇此。司马迁谓合肥、寿春受南北潮，盖此水耳。"但是这条水道比较狭窄，沿途又有东关、江淮丘陵等地的险扼。如顾祖禹所言："大要六安以东有芍陂之险，钟离以东无非湖浊之地，西自皖东至扬则多断流为阻，故自前世征役，多出东道，如吴邗沟，魏广陵，周鹳河，率资堰水之利，南北所通行也。惟庐、寿一路，陆有东关、濡须、硖石之扼，重以陂水之艰，最为险要。"[①]如果东关至合肥一带被敌人占领，在沿途依凭险阻，设障戍守，则难以通行，恐怕得另辟他径了。

（2）经中渎水溯淮而上。据文献记载，南朝水军开赴寿春经常走另一条道路，即由广陵北上，经中渎水（邗沟）道至淮阴，然后再溯淮而上，过钟离、马头、硖石、肥口，抵达寿春。淮水中下游河道宽阔，流量充足，利于船只航运。如《宋书》卷77《沈庆之传》载孝建元年（454）正月，鲁爽造反，"上遣左卫将军王玄谟讨之，军溯淮向寿阳，总统诸将"。《魏书》卷8《世宗纪》载景明元年（500）正月，南齐豫州刺史裴叔业以寿春内属，二月"（萧）宝卷将胡松、李居士率众万余屯宛，陈伯之水军溯淮而上，以逼寿春"。《魏书》卷98《萧宝卷传》亦载："宝卷遣侍中崔慧景率诸军自广陵水路，欲赴寿阳。慧景见宝卷狂虐，不复自保，及得专征，欣然即路。"

---

① 〔清〕顾祖禹：《读史方舆纪要》卷19《南直一》，中华书局，2005年，第895～896页。

使用这条路线还有一个好处，就是可以利用南朝水军的优势兵力来控制寿春以北的沿淮城戍，阻断北方之敌对这一作战区域的补给和救援，使寿春陷于孤立，然后再对它发动攻击。例如《魏书》卷66《李崇传》载梁天监十四年（515）"萧衍遣其游击将军赵祖悦袭据西硖石，更筑外城，逼徙缘淮之人于城内。又遣二将昌义之、王神念率水军溯淮而上，规取寿春"。

如果南朝兵力强盛，则往往分兵两路，对寿春实行南北夹攻。如《梁书》卷28《夏侯亶传》载普通六年（525），梁武帝"大举北伐，先遣豫州刺史裴邃帅谯州刺史湛僧智、历阳太守明绍世、南谯太守鱼弘、晋熙太守张澄，并世之骁将，自南道伐寿阳城，未克而邃卒。乃加亶使持节，驰驿代邃，与魏将河间王元琛、临淮王元彧等相拒，频战克捷。寻有密敕，班师合肥，以休士马，须堰成复进。七年夏，淮堰水盛，寿阳城将没，高祖复遣北道军元树帅彭宝孙、陈庆之等稍进，亶帅湛僧智、鱼弘、张澄等通清流涧，将入淮、肥。魏军夹肥筑城，出亶军后，亶与僧智还袭，破之。进攻黎浆，贞威将军韦放自北道会焉。两军既合，所向皆降下。凡降城五十二，获男女口七万五千人，米二十万石"。

又据《陈书》卷5《宣帝纪》所载，太建五年（573）陈朝出兵收复淮南，南道鲁广达、黄法氍等领兵克大岘城、历阳，"庐陵内史任忠军次东关，克其东西二城，进克蕲城"，进而攻占合州（肥）。大都督吴明彻统主力十万人马自广陵北上，克秦州、瓜步、仁州，溯淮又克硖石、马头、安城、黄城、郭默城，然后攻克寿阳。

4. **木栅阻船**。为了阻碍南方水军船队的航行，北方胡族政权在淮南作战中普遍运用竖立木栅的设障战术。例如淝水之战，《晋书》卷114《苻坚载记下》："融等攻陷寿春，执晋平虏将军徐元喜、安丰太守王先。垂攻陷郧城，害晋将军王太丘。梁成与其扬州刺史王显、弋阳太守王咏等率众五万，屯于洛涧，栅淮以遏东军。"《资治通鉴》卷146载梁天监六年（507）正月，"魏中山王英与平东将军杨大眼等众数十万攻钟离。钟离城北阻淮水，魏人于邵阳洲两岸为桥，树栅数百步，跨淮通道。英据南岸攻城，大眼据北岸立城，以通粮运"。《魏书》卷73《崔延伯传》载天监十五年（516），梁遣左游击将军赵祖悦率众偷据硖石，北魏"诏延伯为别将，与都督崔亮讨之。亮令延伯守下蔡。延伯与别将伊瓮生挟淮为营。延伯遂取车轮，去辋，削锐其辐，两两接对，揉竹为絙，贯连相属，并十余道，横水为桥，两头施大辘轳，出没任情，不可烧斫。既断祖悦等走路，又令舟舸不通，由是衍军不能赴救，祖悦合军咸见俘虏。"

直到陈朝时期，这种战术仍在使用。如《读史方舆纪要》卷19《南直一》山川险要涂水曰："北齐于六合置秦州，以州前江浦通涂水，乃伐大木栅水中以备陈人。"《陈书》卷9《吴明彻传》亦言："会朝议北伐，公卿互有异同，明彻决策请行。（太建）五年，诏加侍中、都督征讨诸军事，仍赐女乐一部。明彻总统众军十余万，发自京师，缘江城镇，相续降款。军至秦郡，克其水栅。齐遣大将尉破胡将兵为援，明彻破走之，斩获不可胜计，秦郡乃降。"

而对付树栅拦截船只的办法，主要有以下几种。一是火攻，用船只、木筏运载燃料迫近焚烧。如梁天监六年（507），北魏于下蔡立栅修桥，阻断淮水。《梁书》卷9《曹景宗传》："高祖诏景宗等逆装高舰，使与魏桥等，为火攻计。令景宗与（韦）睿各攻一桥，睿攻其南，景宗攻其北。"又见《梁书》卷12《韦叡传》："魏人先于邵阳洲两岸为两桥，树栅数百步，跨淮通道。睿装大舰，使梁郡太守冯道根、庐江太守裴邃、秦郡太守李文钊等为水军。值淮水暴长，睿即遣之，斗舰竞发，皆临敌垒，以小船载草，灌之以膏，从而焚其桥。风怒火盛，烟尘晦冥，敢死之士，拔栅斫桥，水又漂疾，倏忽之间，桥栅尽坏。"北魏为了保护舟桥，也采用了以船只阻止的对策。《魏书》卷66《李崇传》："衍淮堰未破，水势日增。崇乃于硖石戍间编舟为桥，北更立船楼十，各高三丈，十步置一篱，至两岸，蕃板装治，四箱解合，贼至举用，不战解下。又于楼船之北，连覆大船，东西竟水，防贼火筏。"

二是引舟上岸，绕过木栅再下水航行。《魏书》卷70《傅永传》："萧宝卷将陈伯之侵逼寿春，沿淮为寇。时司徒、彭城王勰，广陵侯元衍同镇寿春，以九江初附，人情未洽，兼台援不至，深以为忧。诏遣永为统军，领汝阴之兵三千人先援之。永总勒士卒，水陆俱下，而淮水口伯之防之甚固。永去二十余里，牵船上汝南岸，以水牛挽之，直南趋淮，下船便渡。适上南岸，贼军亦及。会时已夜，永乃潜进，晓达寿春城下。"

三是拔出木栅。《陈书》卷10《程文季传》："秦郡前江浦通涂水，齐人并下大柱为杙，栅水中，乃前遣文季领骁勇拔开其栅，明彻率大军自后而至，攻秦郡克之。又别遣文季围泾州，屠其城。进攻盱眙，拔之。仍随明彻围寿阳。"

（二）筑堰蓄水以资攻守

淮南地区河道交织，湖沼星罗棋布，夏季多有暴雨、洪水为患。当地居民很早就开始修建渠堰堤坝等工程，用来除害兴利。但是在战争当中，这些设施也可以用作进攻或是防御的手段，从而获取胜利。东晋南北朝时期，寿春所在的淮河流域处在割据双方争夺的中间地带，水攻战术的运用非常普遍，大致可以分为以下几种。

1. 作塘放水以阻遏来寇。 即筑堤蓄水然后释放出来，形成大面积的沼泽、泥泞地带，使敌人无法通行。这种战术始见于三国时期。孙吴赤乌十三年（250）十一月，孙权"遣军十万，作堂邑涂塘以淹北道"[1]。卢弼《三国志集解》卷47引杜佑曰："扬州六合县，春秋楚之棠邑，汉为堂邑。淹北道以绝魏兵之窥建业。吴主老矣，良将多死，为自保之规矣而已。"

---

[1]《三国志》卷47《吴书·吴主传》。

《读史方舆纪要》卷 19《南直一》亦引薛氏之言，谈到六朝时期淮南塘堰及其用来阻遏敌寇的举措："孙氏割据，作涂中东兴塘，以淹北道。南朝城瓦梁城，塞涂河为渊，障蔽长江，号称北海。大抵淮东之地，沮泽多而丘陵少；淮西山泽相半，无水隔者独邾城白沙戍入武昌及六安、舒城走南硖二路耳。古人多于川泽之地立塘堰，以遏水溉田。在孙氏时尽罢县邑，治以屯田都尉。魏自刘馥、邓艾之后，大田淮南；迄南北朝增饰弥广。今舒州有吴陂塘，庐江有七门堰，巢县有东兴塘，滁、和州、六合间有涂塘、瓦梁堰，天长有石梁堰，高邮有白马塘，扬州有邵伯埭、裘塘屯，楚州有石鳖塘、射陂、洪泽陂，淮阴有白水屯，盱眙有破釜塘，安丰有芍陂，固始有茹陂，是皆古人屯田遏水之迹，其余不可胜纪。"

东晋南朝时寿春地区的战斗中也使用过这种手段。如《资治通鉴》卷 93 载晋成帝咸和元年（326）十一月，后赵石聪攻寿春，守将祖约屡次上表请救，朝廷不为出兵。石聪班师后，"朝议又欲作涂塘以遏胡寇，祖约曰：'是弃我也！'益怀愤恚"。另外，寿春城之外郭庞大，如遇强敌来攻，守军力量不足，若是分散把守则容易被对方突破，在此情况下，有时也采取筑堰放水于郭外以阻敌攻城的做法。如南齐建元二年（480）二月，北魏遣梁王郁豆眷及刘昶，领马步军号称二十万，入寇寿春。守将垣崇祖召集文武部下议曰："贼众我寡，当用奇以制之。当修外城以待敌，城既广阔，非水不固，今欲堰肥水却淹为三面之险，诸君意如何？"[1]尽管遭到众人的反对，垣崇祖仍坚持自己的意见。《资治通鉴》卷 135 载："（垣崇祖）乃于城西北堰肥水，堰北筑小城，周为深堑，使数千人守之，曰：'虏见城小，以为一举可取，必悉力攻之，以谋破堰；吾纵水冲之，皆为流尸矣。'魏人果蚁附攻小城，崇祖著白纱帽，肩舆上城，

①《南齐书》卷 25《垣崇祖传》。

晡时，决堰下水；魏攻城之众漂坠堑中，人马溺死以千数。魏师退走。"最终保住了寿春城池。

北周大象元年（579），韦孝宽为行军元帅，徇地淮南，率众进攻寿阳。他在攻城之前，先派遣一支部队袭取了五门堰，致使陈朝军队决塘阻敌的战术未能成功。参见《周书》卷31《韦孝宽传》："初孝宽到淮南，所在皆密送诚款。然彼五门，尤为险要。陈人若开塘放水，即津济路绝。孝宽遽令分兵据守之。陈刺史吴文育果遣决堰，已无及。于是陈人退走，江北悉平。"

2. 筑堰蓄水以灌城。利用寿春附近的河道，修建堤坝积蓄流水来冲灌城池，使城墙和房屋倒塌淹没。在六朝的战争里，这种做法主要被南方的军队采用，相当普遍。如程文季"临事谨急，御下严整，前后所克城垒，率皆迮水为堰，土木之功，动逾数万"[①]。寿春城的防御坚固，又有邻近城垒的支援，很难用强攻的战术迅速占领。《资治通鉴》卷96载东晋咸康五年（339），成帝遣陈光领兵出征收复寿阳，徐州刺史蔡谟上疏劝阻道：

> 寿阳城小而固。自寿阳至琅邪，城壁相望，一城见攻，众城必救。又，王师在路五十余日，前驱未至，声息久闻，贼之邮驿，一日千里，河北之骑，足以来赴。夫以白起、韩信、项籍之勇，犹发梁焚舟，背水而阵。今欲停船水渚，引兵造城，前对坚敌，顾临归路，此兵法之所诫。若进攻未拔，胡骑卒至，惧桓子不知所为而舟中之指可掬也。

但是，当时筑城皆为土垒，容易被洪水冲垮，或是因浸泡而坍塌。《三国志》卷28《魏书·诸葛诞传》注引干宝《晋纪》曰："初，寿春每

---

① 《陈书》卷10《程文季传》。

岁雨潦，淮水溢，常淹城邑。故文王之筑围也，诞笑之曰：'是固不攻而自败也。'及大军之攻，亢旱逾年。城既陷，是日大雨，围垒皆毁。"所以，进攻寿春的将帅往往会运用水攻的战术来达到陷城的目的，在举措上可以分为三类。

（1）堰淝水。寿春临近淝水，瞭望可及，其支流渒水甚至穿城而过。《南齐书》卷51《裴叔业传》载："叔业登寿春城北望肥水，谓部下曰：'卿等欲富贵乎？我言富贵亦可办耳。'"《水经注》卷32《肥水》曰："渒水又北径相国城东，刘武帝伐长安所筑也；堂宇厅馆，仍故以相国为名。又北出城注肥水。又西径金城北，又西，左合羊头溪水，水受芍陂，西北历羊头溪，谓之羊头涧水。北迳熨湖，左会烽水渒，渒受淮于烽村南，下注羊头溪，侧迳寿春城西，又北历象门，自沙门北出金城西门逍遥楼下，北注肥渒。"因此，阻遏淝水导引灌城是较为方便的。《读史方舆纪要》卷19《南直一》即言道：

> 肥水经寿阳城外，引流入城，交络城中，堰肥水以灌城，其势顺易也。……夫庐、寿二州，为江淮形势之地，而肥水又为庐、寿战守之资。

如陈宣帝太建五年（573），吴明彻攻寿阳，"齐遣王琳将兵拒守。琳至，与刺史王贵显保其外郭。明彻以琳初入，众心未附，乘夜攻之，中宵而溃，齐兵退据相国城及金城。明彻令军中益修治攻具，又迮肥水以灌城。城中苦湿，多腹疾，手足皆肿，死者十六七。会齐遣大将军皮景和率兵数十万来援，去寿春三十里，顿军不进。诸将咸曰：'坚城未拔，大援在近，不审明公计将安出？'明彻曰：'兵贵在速，而彼结营不进，自挫其锋，吾知其不敢战明矣。'于是躬擐甲胄，四面疾攻，城中震恐，一鼓而克，生禽王琳、王贵显、扶风王可朱浑孝裕、尚书卢潜、左丞李駒驎，送京师"①，就是一次成功的战例。

此外，梁武帝在天监五年（506）反攻淮南，起初并不顺利，后来豫州刺史韦叡也是采用筑堰泚水以灌城的战术，才夺取了重镇合肥。参见《梁书》卷12《韦叡传》："先是，右军司马胡略等至合肥，久未能下，叡按行山川，曰：'吾闻汾水可以灌平阳，绛水可以灌安邑，即此是也。'乃堰肥水，亲自表率，顷之，堰成水通，舟舰继至。……魏兵来凿堤，叡亲与争之，魏军少却，因筑垒于堤以自固。叡起斗舰，高与合肥城等，四面临之。魏人计穷，相与悲哭，叡攻具既成，堰水又满，魏救兵无所用。魏守将杜元伦登城督战，中弩死，城遂溃。俘获万余级，牛马万数，绢满十间屋，悉充军赏。"

（2）断东关。这是南军在兵力不占优势、无法于寿春城外长期停留的情况下采取的水攻战法。泚水上通将军岭，分流南注入巢湖，湖南有濡须水经东关流入长江。东关一带河道狭窄，两岸有濡须山、七宝山对立，三国孙权曾在此筑堤断流。梁武帝于天监二年（503），也在东关修建堤坝，企图淹没巢湖以北、淮河以南的合肥、寿春地区。此举引起北魏的极大恐慌。《魏书》卷19中《任城王澄传》载元澄上表提醒朝廷：

> 萧衍频断东关，欲令巢湖泛溢。湖周回四百余里，东关合江之际，广不过数十步，若贼计得成，大湖倾注者，则淮南诸戍必同晋阳之事矣。又吴楚便水，且灌且掠，淮南之地，将非国有。寿阳去江五百余里，众庶惶惶，并惧水害。……豫勒诸州，纂集士马，首秋大集，则南渎可为饮马之津，霍岭必成徙倚之观。事贵应机，经略须早。纵混一不可必果，江西自是无虞。若犹豫缓图，不加除讨，关塞既成，襄陵方及，平原民戍定为鱼矣。

结果得到准许，"诏发冀、定、瀛、相、并、济六州二万人，马一千五百匹，令仲秋之中毕会淮南，并寿阳先兵三万，委澄经略"。当年十月，以元澄督军南征，"命统军党法宗、傅竖眼、太原王神念等分兵寇东关、大岘、淮陵、九山，高祖珍将兵三千骑为游军，澄以大军继其后。竖眼，灵越之子也。魏人拔关要、颍川、大岘三城，白塔、牵城、清溪皆溃。徐州刺史司马明素将三千救九山，徐州长史潘伯邻据淮陵，宁朔将军王燮保焦城。党法宗等进拔焦城，破淮陵，十一月，壬午，擒明素，斩伯邻"①。最终获得大胜，使萧梁的计划未能得逞。

（3）阻淮河。南北朝时，北魏势力日益加强，逐步向南扩张，萧齐永元二年（500）正月，南朝豫州刺史裴叔业以寿阳降魏，"魏遣骠骑大将军彭城王勰、东骑将军王肃帅步骑十万赴之；以叔业为使持节、都督豫、雍等五州诸军事、征南将军、豫州刺史，封兰陵郡公"。二月，"戊戌，魏以彭城王勰为司徒，领扬州刺史，镇寿阳。魏人遣大将军李丑、杨大眼将二千骑入寿阳，又遣奚康生将羽林一千驰赴之"②。此后南朝几次出兵收复寿阳，都遭到失败，北魏在淮南的势力得到了明显的扩张。《魏书》卷21下《彭城王勰传》曰："自勰之至寿春，东定城戍，至于阳石，西降建安，山蛮顺命，斩首获生，以数万计。"并且向南延伸到合肥、巢湖一带。萧衍建立梁朝之后，举兵北伐亦多失利，直至天监六年（507）三月，淮河暴涨，梁军乘水势在钟离（今安徽省凤阳县东北）邵阳洲大败魏军，"诸垒相次土崩，悉弃其器甲争投水，死者十余万，斩首亦如之"③，"缘淮百余里，尸骸枕藉。生擒五万余人，收其军粮器械，积如山岳，牛马驴骡，不可胜计"④。此后，南朝在淮南的形势略有好转，但仍无

①《资治通鉴》卷145 梁武帝天监二年（503）。

②《资治通鉴》卷143 齐东昏侯永元二年。

③《资治通鉴》卷146 梁武帝天监六年。

④《梁书》卷9《曹景宗传》。

力收复寿春地区。

天监十二年（513）五月，"寿阳久雨，大水入城，庐舍皆没。魏扬州刺史李崇勒兵泊于城上，水增未已，乃乘船附于女墙，城不没者二板"①。北魏扬州治中裴绚因避水率城南百姓数千家乘舟南走，归降梁朝。这一事件发生后的第二年，北魏降将王足向梁武帝献堰淮水以灌寿阳之策，他引用童谣曰："荆山为上格，浮山为下格，潼沱为激沟，并灌巨野泽。"建议在荆山或浮山（淮河中游的两个峡口）修筑堤堰，拦截淮水，以潼河与沱河为引水河道，就可以用淮水淹没附近两岸平原，包括地势低洼的寿阳，甚至能够向北淹到山东的巨野泽，这样会使北魏无法在淮南立足。梁武帝竟然采纳了王足的建议。他先派水工陈承伯、材官将军祖暅查看地形，二人视察后回朝汇报："咸谓淮内沙土漂轻，不坚实，其功不可就。"②但是梁武帝固执己见，不为所动，命令徐、扬两州"率二十户取五丁以筑之"③，并任命康绚"都督淮上诸军事，并护堰作于钟离。役人及战士合二十万，南起浮山，北抵巉石，依岸筑土，合脊于中流"④。天监十四年（515）四月，"堰将合，淮水漂疾，辄复决溃"，"或谓江、淮多有蛟，能乘风雨决坏崖岸，其性恶铁。因是引东西二冶铁器，大则釜鬶，小则鏄锄，数千万斤，沉于堰所，犹不能合。乃伐树为井干，填以巨石，加土其上。缘淮百里内，冈陵木石，无巨细必尽，负担者肩上皆穿。夏日疾疫，死者相枕，蝇虫昼夜声相合"。至天监十五年（516）四月，"堰乃成。其长九里，下阔一百四十丈，上广四十五丈，高二十丈，深十九丈五尺。夹之以堤，并树杞柳，军人安堵，列居其上。其水清洁，

①《资治通鉴》卷 147 梁武帝天监十二年。

②《梁书》卷 18《康绚传》。

③《梁书》卷 18《康绚传》。

④《资治通鉴》卷 147 梁武帝天监十三年（514）。

俯视居人坟墓，了然皆在其下"①。

从当时的情况来看，为了保障北境的安全，梁武帝很想收复寿春，但考虑到军力不足，与北魏交战并无胜算，所以采纳了王足的建议。这实际上反映了他的投机心理，企图在避免大规模作战的前提下，运用水攻的办法来取得胜利。为了达到这一目的，他居然不顾沿淮百姓的生命安全和工程的巨大耗费。如《魏书》卷98《萧衍传》所称"初，衍每欲称兵境上，窥伺边隙，常为诸将摧破，虽怀进趣之计，而势力不从。遂于浮山堰淮，规为寿春之害。"

这次拦淮筑堰的地址，史籍记载有两说，其一说在浮山，即今安徽省明光市北浮山乡境内，为淮河三峡之一，南岸为浮山，北岸为巉石（今江苏省泗洪县潼河山），此说的史料根据较多②。另一说在荆山，在今安徽省怀远县，亦为淮河三峡之一，西岸为荆山，东岸为涂山。参见《梁书》卷18《昌义之传》："是冬，高祖遣太子右卫率康绚督众军作荆山堰。明年，魏遣将李昙定大众逼荆山，扬声欲决堰，诏假义之节，帅太仆卿鱼弘文、直阁将军曹世宗、徐元和等救绚，军未至，绚等已破魏军。"《南史》卷55《昌义之传》所述亦同。

关于这一疑问，后世史籍多未深究，或持其一说，但有讹错。如胡三省《资治通鉴》卷147注引杜佑曰："浮山堰在濠州城西一百一十二里。"濠州城即今安徽省怀远县，其西百余里应是荆山而非浮山。《太平寰宇记》卷128濠州钟离县："废荆山堰，在州西一百二十二里。……今涡口东岸是也。"也是说堰址在荆山。下文却又说该堰"南起浮山，北抵巉石"，这明明讲的是浮山堰的地址，其说自相矛盾。值得注意的是，顾

---

① 《梁书》卷18《康绚传》。

② 《梁书》卷2、卷18，《魏书》卷9、卷19中、卷59、卷64、卷73、卷98、卷105，《南史》卷6，《北史》卷29、卷37、卷43、卷70，以及《水经注》卷30《淮水》。

祖禹对此问题采取了两说并录的做法。《读史方舆纪要》卷21《南直三》凤阳府凤阳县："荆山堰城，府西六十里，即梁所筑荆山堰。梁天监十三年，魏降人王足陈计，求堰淮水以灌寿阳。足引北方童谣曰：'荆山为上格，浮山为下格，潼沱为激沟，并灌巨野泽。'梁主从之。……此盖其旧址也。时筑城以守堰，北对荆山，因名。"同书同卷《南直三》凤阳府泗州盱眙县又曰："浮山，县西百四十里。北临淮水，一名临淮山。《水经注》：'淮水自钟离县又东经浮山，北对巉石山。'梁筑浮山堰，盖以此山名也。"今人朱更扬先生归纳诸说，提出梁朝曾先在荆山筑堰，后因受到魏军逼迫，予以放弃，改在浮山筑堰。他说："据上述各项记载，不难看出关于堰址有一个选择过程。既然'荆山为上格'，而且距寿阳又较近，以淹寿阳为目的拦淮大堰的堰址，首先选择荆山是可以理解的。因此，康绚开始筑堰可能就是在荆山。魏将李昙定曾进'逼荆山，扬声决堰'，被梁军打败，事件发生在514年。此后，魏又遣将攻位在上游的硖石，可见荆山虽为梁军统辖，但毕竟靠近前沿阵地，干扰较大，工程难就。以后就停止了荆山堰工程，改筑浮山堰。"①

浮山堰筑成后，对上游的寿春构成重大威胁，引起了北魏的恐慌，屡有大臣建议征伐，并且得到了朝廷的准许。《魏书》卷64《郭祚传》曰："先是，萧衍遣将康绚遏淮，将灌扬、徐，祚表曰：'萧衍狂悖，擅断川渎，役苦民劳，危亡已兆。然古谚有之，敌不可纵。夫以一酌之水，或为不测之渊，如不时灭，恐同原草。宜命一重将，率统军三十人，领羽林一万五千人，并科京东七州虎旅九万，长驱电迈，遄令扑讨。擒斩之勋，一如常制，贼资杂物，悉入军人。如此，则鲸鲵之首可不日而悬。诚知农桑之时，非发众之日，苟事理宜然，亦不得不尔。昔韦顾跋扈，殷后起昆吾之师；猃狁孔炽，周王兴六月之伐。臣职忝枢衡，献纳是主，

---

① 《淮河水利简史》编写组：《淮河水利简史》，水利电力出版社，1990年，第94～95页。

心之所怀，宁敢自默。并宜敕扬州选一猛将，遣当州之兵令赴浮山，表里夹攻。'朝议从之。"《魏书》卷19中《任城王澄传》曰："萧衍于浮山断淮为堰，以灌寿春。乃除使持节、大将军、大都督、南讨诸军事，勒众十万，将出彭、宋。"

据史籍所载，北魏曾派遣萧宝夤、杨大眼等率军在上流决开渠道，以减弱淮堰的蓄水数量。《魏书》卷59《萧宝夤传》曰："萧衍遣其将康绚于浮山堰淮以灌扬、徐。除宝夤使持节、都督东讨诸军事、镇东将军以讨之。寻复封梁郡开国公，寄食济州之濮阳。熙平初，贼堰既成，淮水滥溢，将为扬徐之患。宝夤于堰上流，更凿新渠，引注淮泽，水乃小减。"《北史》卷37《杨大眼传》曰："后梁将康绚于浮山遏淮，规浸寿春，明帝加大眼光禄大夫，率诸军镇荆山，复其封邑。后与萧宝夤俱征淮堰，不能克，遂于堰上流凿渠决水而还。"

不过，据《梁书》卷18《康绚传》所言，其实魏军是中了对方的计策："或人谓绚曰：'四渎，天所以节宣其气，不可久塞。若凿湫东注，则游波宽缓，堰得不坏。'绚然之，开湫东注。又纵反间于魏曰：'梁人所惧开湫，不畏野战。'魏人信之，果凿山深五丈，开湫北注，水日夜分流，湫犹不减。其月，魏军竟溃而归。水之所及，夹淮方数百里地。魏寿阳城戍稍徙顿于八公山，此南居人散就冈垄。"使寿阳及淮北、淮南地区遭受严重的水患。《北史》卷43《李崇传》亦载北魏在寿春的应对措施："梁淮堰未破，水势日增。崇乃于硖石戍间编舟为桥。北更立船楼十，各高三丈。十步置一篙，至两岸，蓄版装庇，四箱解合，贼至举用，不战解下。又于楼船之北，连覆大船，东西竟水，防贼火筏。又于八公山之东南，更起一城，以备大水，州人号曰魏昌城。"

由于徐州刺史张豹子对浮山堰不加维修，天监十五年（516）九月丁丑，"淮水暴涨，堰坏，其声如雷，闻三百里，缘淮城戍村落十余万口皆漂入海"①。梁武帝耗尽民力所建的巨堰终究未能消灭淮南的敌军，而北魏闻讯则庆幸不已："初，魏人患淮堰，以任城王（元）澄为大将军、大都督南讨诸军事，勒众十万，将出徐州来攻堰；尚书右仆射李平以为：'不假兵力，终当自坏。'及闻破，太后大喜，赏平甚厚，澄遂不行。"②

据《梁书》卷28《夏侯亶传》所载，梁武帝在普通六年（525）出师北伐，"先遣豫州刺史裴邃帅谯州刺史湛僧智、历阳太守明绍世、南谯太守鱼弘、晋熙太守张澄，并世之骁将，自南道伐寿阳城，未克而邃卒。乃加亶使持节，驰驿代邃，与魏将河间王元琛、临淮王元彧等相拒，频战克捷。寻有密敕，班师合肥，以休士马，须堰成复进"。说明梁朝在进军同时又在淮水中游筑堰，以图再淹寿阳。因当时尚未竣工，故召回夏侯亶所部人马暂归合肥。普通七年（526）夏，"淮堰水盛，寿阳城将没，高祖复遣北道军元树帅彭宝孙、陈庆之等稍进，亶帅湛僧智、鱼弘、张澄等通清流涧，将入淮、肥"，对寿阳实行两路夹攻。结果会师后大获全胜，北魏扬州刺史李宪以寿阳降梁："凡降城五十二，获男女口七万五千人，米二十万石。诏以寿阳依前代置豫州，合肥镇改为南豫州，以亶为使持节、都督豫州缘淮南豫霍义定五州诸军事、云麾将军、豫南豫二州刺史。"上述战役情况在《南史》卷55《夏侯亶传》和《资治通鉴》卷151普通七年也有同样记载，这是南朝军队利用水攻收效最大的战例。

但是，此次梁朝所筑之"淮堰"位置在何处，史籍中未有明确记载。有人认为可能是浮山堰在516年溃决之后又重新筑立的。也有人不同意这种看法，认为堰溃浩劫时隔不远，梁武帝何以竟冒天下之大不韪？而且史言初筑浮山堰，沿淮百里木石皆尽，此次又到何处取材？另外，郦道元《水经注》指斥筑浮山堰"逆天地之心，乖民神之望，自然

---

① 《资治通鉴》卷148 梁武帝天监十五年（516）。
② 《资治通鉴》卷148 梁武帝天监十五年。

水溃坏矣"，却未言复筑之事。因此，不能断定上述史籍中的"淮堰"就是浮山堰。[1]

四、余论

魏晋南北朝是寿春在兵要地理上影响最为显著的历史阶段，随着古代中国社会的发展，寿春在军事战略上的地位逐渐下降。其主要原因大致有二。

首先，是隋唐以降运河的开凿使用。隋朝建立之后，在开皇七年（587），隋文帝为了出兵江南，消灭陈朝，"于扬州开山阳渎，以通运漕"[2]，即对古邗沟、中渎水做了疏浚和修整。隋统一中国后，炀帝又在大业元年（605）开通济渠，同时拓宽山阳渎，以方便漕运和巡幸："发河南、淮北诸郡民，前后百余万，开通济渠。自西苑引谷、洛水达于河；复自板渚引河历荥泽入汴；又自大梁之东引汴水入泗，达于淮；又发淮南民十余万开邗沟，自山阳至杨子入江。渠广四十步，渠旁皆筑御道，树以柳；自长安至江都，置离宫四十余所。"[3]这样一来，隋唐时期南北水运的主要航道就确定在寿春以东，由通济渠（唐称汴渠或汴河）与山阳渎贯穿淮河流域，沟通黄河与长江。东南的物资大都经过这条运河向京师输送，而汴渠沿途则在唐代产生了数座新的军事重镇。列举如下。

睢阳，即今河南商丘。该地原称宋州，唐玄宗天宝元年（742）改为睢阳郡。由于是交通枢纽，贸易十分繁荣，"淮湖漕挽，刀布辐辏，万商射利，奸之所由聚也"[4]。安史之乱爆发后，张巡镇守该地，多次挫败叛军

---

[1]《淮河水利简史》编写组：《淮河水利简史》，水利电力出版社，1990年，第95页。
[2]《隋书》卷1《高祖纪上》。
[3]《资治通鉴》卷180隋炀帝大业元年三月。
[4]《毗陵集》卷8《唐故睢阳郡太守赠秘书监李公神道碑铭并序》。

的进攻，使其不得南下江淮："贼所以不敢越睢阳而取江淮，江淮所以保全者，巡之力也。"①

　　埇桥，或称埇口，今安徽宿州北，"在徐之南界汴水上，当舟车之要"②。《旧唐书》卷 152《张万福传》载李正己反叛，"将断江、淮路，令兵守埇桥、涡口。江、淮进奏舡千余只，泊涡下不敢过"。唐宪宗元和四年（809）在当地置宿州，"以其地南临汴河，有埇桥为舳舻之会，运漕所历，防虞是资。又以蕲县北属徐州，疆界阔远，有诏割符离、蕲县及泗州之虹县置宿州"③。

　　徐州在埇桥之北，可以就近控制这一要镇。如《旧唐书》卷 140《张建封传》曰："初，建中年李洧以徐州归附，洧寻卒，其后高承宗父子、独孤华相继为刺史，为贼侵削，贫困不能自存；又咽喉要地，据江淮运路，朝廷思择重臣以镇者久之。贞元四年，以建封为徐州刺史，兼御史大夫、徐泗濠节度、支度营田观察使。"另见《新唐书》卷 158《张建封传》："始，李洧以徐降，洧卒，高承宗、独孤华代之，地迫于寇，常困蹙不支。于是李泌建言：'东南漕自淮达诸汴，徐之埇桥为江、淮计口，今徐州刺史高明应甚少，脱为李纳所并，以梗饷路，是失江、淮也。请以建封代之，益与濠、泗二州。夫徐地重而兵劲，若帅又贤，即淄青震矣。'帝曰：'善。'繇是徐复为雄镇。"

　　泗州故治在今盱眙北，即汴渠与淮水汇合处。白居易称该地："濒淮列城，泗州为要，控转输之路，屯式遏之师。"④沈亚之曰："汴水别河而东合于淮，淮水东，米帛之输关中者也，由此会入。其所交贩往来，大

---

①《全唐文》卷 430 李翰《张巡中丞传表》。

②《旧唐书》卷 38《地理志一》。

③〔唐〕李吉甫：《元和郡县图志》卷 9《河南道五》"宿州"条，中华书局，1983 年，第 228 页。

④《长庆集》卷 34《柳经李褒并泗州判官制》。

贾豪富，故物多游利，盐铁之臣亦署致其间。"[1]还有楚州，今江苏淮安，地当山阳渎北入淮水之口。清口，即今江苏淮阴西，为清水（泗水）南入淮河之口，在楚州的对岸。

此外，寿春—合肥—濡须口一线的水路则渐渐湮废，尤其是合肥将军岭一带的巢肥运河因淤塞而不再通舟，使这条航道的中途梗阻，无法直接沟通江淮，由此引起寿春的地位明显跌落。尽管如此，寿春在唐末五代仍可算作军事重镇。如南唐刘仁瞻在"淮南之地已半为周有"[2]的情况下，守寿州三年，使后周军队不能完全控制淮南，推迟了他们南下渡江、灭亡南唐的行动。

靖康之变以后，南宋偏安江左，北方水利不修，使汴水干涸，舟船无法航行。淮上重镇渐向东移，于是泗水、山阳渎乃成为北通齐汴、南下江浙的唯一水道；楚州面对清口（淮泗口），则是拱卫广陵京口的唯一门户。如陈敏所言："金兵每出清河，必遣人马先自上流潜渡，今欲必守其地，宜先修楚州城池，盖楚州为南北襟喉，彼此必争之地。长淮二千余里，河道通北方者五，清、汴、涡、颍、蔡是也；通南方以入江者，惟楚州运河耳。北人舟舰自五河而下，将谋渡江，非得楚州运河，无缘自达。昔周世宗自楚州北神堰凿老鹳河，通战舰以入大江，南唐遂失两淮之地。由此言之，楚州实为南朝司命，愿朝廷留意。"[3]《宋史》载"（韩）世忠在楚州十余年，兵仅三万，而金人不敢犯"[4]。绍兴三十一年（1161），"金主（完颜）亮调军六十万，自将南来，弥望数十里，不断如银壁，中外大震。时宿将无在者，乃以锜为江、淮、浙西制置使，节制逐路军马。八月，锜引兵屯扬州，建大将旗鼓，军容甚肃，观者叹息。

---

①《全唐文》卷 736 沈亚之《淮南都梁山仓记》，按都梁山在泗州盱眙县北。
②《资治通鉴》卷 293 后周世宗显德三年（956）。
③《宋史》卷 402《陈敏传》。
④《宋史》卷 364《韩世忠传》。

以兵驻清河口，金人以毡裹船载粮而来，锜使善没者凿沉其舟"①。可见南方政权必争必守的国之北门向东转移到了淮河下游。

其次，北宋以后，中国的政治重心地区逐渐由中原向东北方向移动，元明清三代王朝都在北京建都，而大运河蜿蜒数千里，沟通京杭，漕舟商船都由此道往来运输。虽然山川依旧，但是经济、政治形势发生了很大变化，寿春所在的淮南西部地区也就不再像过去那样受到兵家的热切关注。如徐益棠先生所云："元明以后，淮水不修，水旱频仍，寿濠一带益加衰落。而运河纵贯，南北一家，寿春非复当时令人注意的要地了！"②

---

①《宋史》卷 366《刘锜传》。

② 徐益棠：《襄阳与寿春在南北战争中之地位》,《中国文化研究汇刊》第八卷，第 62 页。

第十五章

———

河东与两魏周齐的战争

北朝后期，北魏分裂为东、西魏后，我国的政治形势发生了巨大变化。军事斗争的地域表现演变为以关中（宇文氏）、山东（高氏）两大集团的对抗为重心，原来南北相持的格局则退居为从属的次要地位。位于山西南部的运城地区，古称"河东"，处在东、西魏交界的枢纽地带，控制着几条水陆交通要道，因而受到双方的瞩目和激烈争夺。宇文泰占领河东之后，改变了关中地区频受袭击的被动局面，使自己在攻防态势上处于较为有利的地位，逐渐掌握了战争的主动权，直至后来周武帝师出河东，克晋州、破晋阳，最终灭亡北齐，统一了北方。本章将分析探讨河东区域的地理特点，以及它对两魏、周齐交兵所产生的战略影响。

一、"河东"地望及其历史演变

"河东"这一地理名词，在隋朝以后，所指的范围大致相当于今山西省全境，如唐之河东道，宋之河东路。而在此之前，它却有着不同的内涵，随着历史的发展而有所变化。"河东"一词最早出现于战国时的

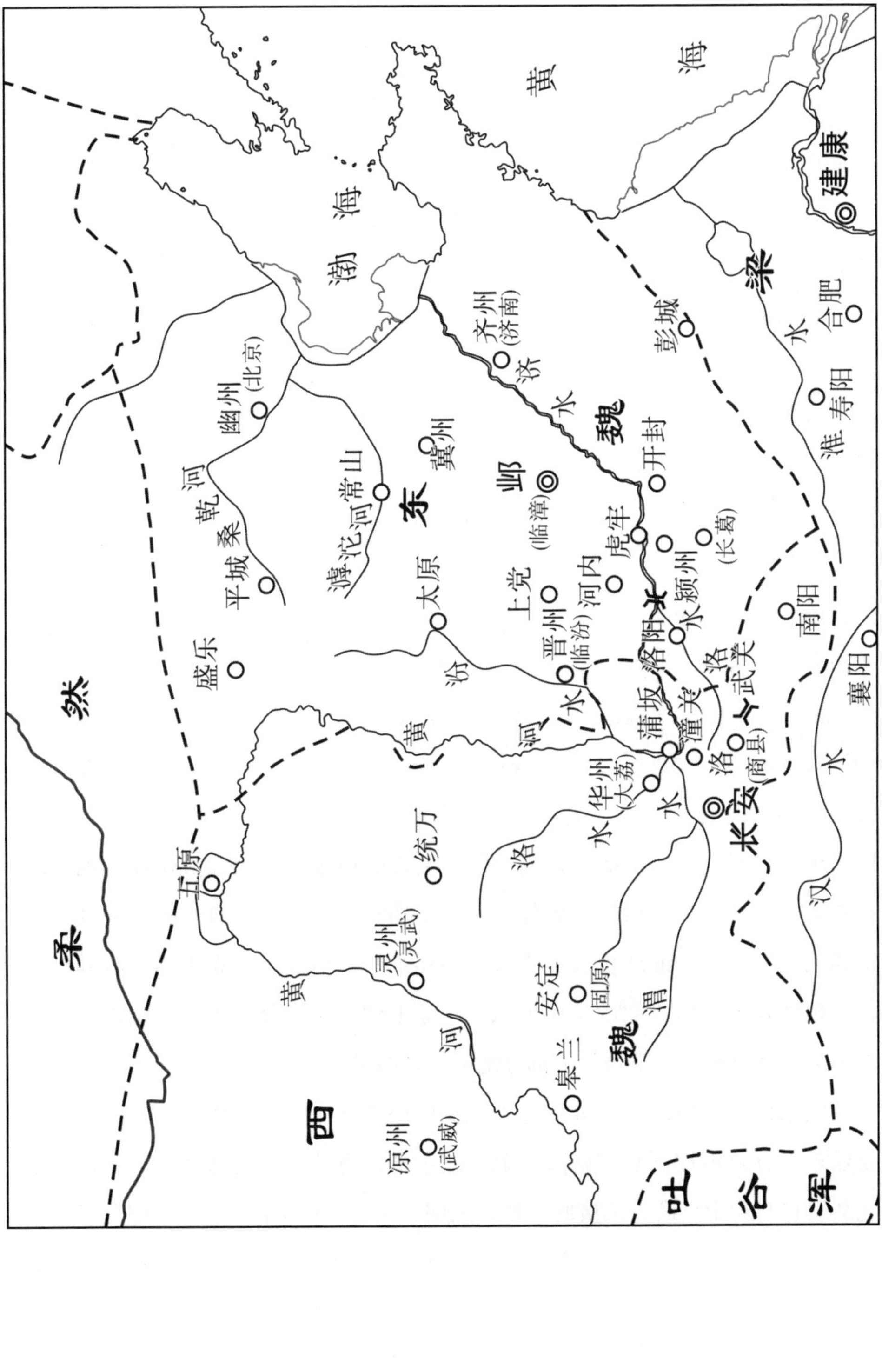

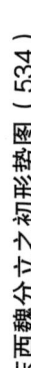

黄 海

渤 海

◎建康

梁

合肥

淮 寿阳

济水

彭城

齐州 济
(济南)

魏

水

幽州
(北京)

襄州

开封

滱河

桑乾河

邺

长葛

虎牢

(临漳)

东

颍州 颍水

上党

河内

南阳

常山
滹沱河

晋州
(临汾)

洛阳

平城

大原

汾水

洛水

水

武关

襄阳

盛乐

黄河

蒲坂

潼关

长安(商县)

华州
(大荔)

洛

统万

水

河水

五原

水

灵州
(灵武)

洛水

安定
(固原)

皋兰

黄 河

魏

渭水

凉州
(武威)

柔 然

西

汉 水

吐 谷 浑

东西魏分立之初形势图（534）

著作中。如《战国策·赵策三》载乐毅谓赵王曰："今无约而攻齐，齐必仇赵。不如请以河东易燕地于齐。赵有河北，齐有河东，燕、赵必不争矣。"鲍彪对文中的"河东""河北"注道："此二非郡。"即表示这两个名称不是具体的地名，仅代表其位置在黄河以东、以北。又如《战国策·秦策四》："三国攻秦，入函谷。秦王谓楼缓曰：'三国之兵深矣，寡人欲割河东而讲。'"鲍彪注："大河之东，非地名。"当时，"河东"一词或指战国前期魏国都城安邑所在的统治重心区域，即今山西西南运城地区。如《孟子·梁惠王上》曰："河内凶，则移其民于河东，移其粟于河内。河东凶亦然。"赵岐注："魏国在河东，后为强国，兼得河内也。"按三家分晋时，赵据晋阳（今太原盆地）；韩都平阳（今临汾盆地）；魏都安邑（今山西省夏县），即以今运城盆地为主体。

秦朝及两汉统一时期设置河东郡，治安邑，辖境仍以运城盆地为主体，还包括原韩国故都平阳所在的临汾盆地及晋西高原的南部，东括太岳山脉及王屋山，北至今灵石县、石楼县南境，西、南两面濒临黄河。《汉书》卷 28 上《地理志上》载河东郡为秦置，有 24 县（《汉书》卷 76《尹翁归传》载为 28 县），包括安邑、大阳、猗氏、解、蒲反、河北、左邑、汾阴、闻喜、濩泽、端氏、临汾、垣、皮氏、长秋、平阳、襄陵、彘、杨、北屈、蒲子、绛、狐讘、骐，包含的地域范围比起战国魏之河东扩大了许多。西汉时期，朝廷为了强干弱枝，增加自己直接控制的领土和人力、财赋，继续扩展中央直辖的司隶校尉所属之河东郡境，将其向东延展到王屋山以北的沁水流域，把原上党郡西南部的濩泽、端氏等地（包括今沁水县、阳城县大部分地区）划归过来。

汉末以来，中国长期处于分裂割据的政治状态，地方势力强横，而朝廷难以有效地控制它们，故采取了缩小地方行政区域的做法，试图以此减弱它们对中央政权的威胁。如《三国志》卷 4《魏书·三少帝纪》载正始八年（247）"夏五月，分河东之汾北十县为平阳郡"。曹魏之河东郡的辖境西、南两面不变，北边则退至汾水下游河道及浍水以南一线，大致仅包括秦汉河东郡在汾水以南的辖区，即今运城地区，将汾北划为平阳郡管辖。西晋时期，河东郡的辖境进一步缩小。据《晋书》卷14《地理志上》所载，朝廷又把王屋山以东沁水流域的濩泽、端氏两县划归平阳郡。河东郡仅统九县，户四万二千五百。

经过十六国的长期战乱，北魏统一中原后，建立新的行政区划，地方政权的辖境再度缩小。根据《魏书》卷106《地形志》记载，拓跋氏将原晋朝河东郡境分属泰州、东雍州和陕州河北郡管辖，河东郡治蒲坂（今山西省永济市西南），仅有蒲坂、安定（今山西省永济市东？）、南解（今山西省永济市东）、北解（今山西省临猗县西南）、猗氏（今山西省临猗县南）五县。北魏分裂时，河东地区被东魏高欢占据，沿袭了过去的行政区划。这样，河东郡的辖境进一步缩小，在北魏、东魏统治时期只有中条山以北、涑水中下游的上述五县之地；西魏、北周统治时期又加以合并，省为蒲坂、虞乡二县。

由于上述原因，"河东"这一地理概念，到了北朝后期有三种含义：

1. 泛指黄河以东。
2. 仅指退至蒲坂周围五县之北朝河东郡。
3. 魏晋时期的河东郡辖境。

本文中使用的"河东"一词，基本上属于第三种含义，其地域范围大致相当于西晋的河东郡，即以今山西运城地区（包括今运城、永济、河津三市，及芮城、临猗、万荣、新绛、稷山、闻喜、夏县、绛县、垣曲、平陆十县）为主体，这是西魏、北周与高氏对抗时在黄河以东长期占有的区域（汾水以北之地时得时丧），其西、南两边有河水环绕，蒲坂之东又有中条山脉向东北方向延伸。北境的汾水与浍水相交后，横流汇入黄河；汾、浍两水之南是峨嵋台地，自东而西分布有绛山（紫金山）、峨嵋岭、稷王山、介山诸峰，迤逦至大河之滨。这一地区的平面呈三角形，在自然地理方面接近一个完整的区域单位。它古属冀州，春秋属晋，战国属魏，秦汉魏晋属河东郡地，故史称"河东"。

二、河东区域的地理特点

河东地区历史悠久，人文荟萃。早在新石器时代，当地就成为我国境内原始农牧业极为发达的区域之一；是仰韶文化与龙山文化类型遗存分布的中心区域（与关中、豫西北平原并称），晋西南平原发现了四百多处。[①]进入文明时代以来，该地区仍然具有重要的地位和影响。传说中尧都平阳、舜都蒲坂、禹都安邑，皆在河东区域；今临汾市、翼城县、夏县、新绛县、绛县、曲沃县、河津市、闻喜县、运城市、永济市等地均发现了夏文化遗址。[②]河东由于位置居中，自然环境优越，交通方便，在夏商周三代一直是我国政治中心与经济、文化最为发达的地区。

战国前期，李悝为魏相，推行"尽地力之教"，发展精耕细作，提高土地的利用率和单位面积产量，遂使国家富强。给魏国早期的对外征伐提供了充足的兵员劳力和粮草财赋，奠定了其霸业兴盛的经济基础。魏国迁都大梁之后，秦国经过多年的蚕食侵略，占领了河东，从而使三晋处于极为被动的局面。如《战国策·赵策四》所言："秦得安邑之饶，魏为上交，韩必入朝秦。"

三国时期军阀割据混战，曹操亦把河东视为"天下之要地"。据《三国志》卷16《魏书·杜畿传》所载，曹操拜杜畿为河东太守，巩固当地的统治，恢复并发展了农业经济，后来平定关西之乱时，河东发挥了非

---

① 卫斯：《河东史前农业的考古观察》，《古今农业》1988 年 1 期。

② 邹衡：《夏商周考古学论文集》，文物出版社，1980 年，第 236 页。

常重要的作用："韩遂、马超之叛也，弘农、冯翊多举县邑以应之。河东虽与贼接，民无异心。太祖西征至蒲坂，与贼夹渭为军，军食一仰河东。及贼破，余畜二十余万斛。"

河东在历史上之所以产生过重要的影响，和它得天独厚的自然、人文地理条件是分不开的。

（一）物华天宝的经济环境

晋西南地区的运城、临汾盆地，即涑水和汾水下游流域，是山西高原地势最低、无霜期最长、耕地最为密集的区域，具有较好的农业发展条件。区内大部分是河谷平原和盆地，地势平坦，气候温暖，热量充足，无霜期长达 180~200 天，甚至可以推行一年两熟、两年三熟的复种制，是主要产粮区。因此，在山西高原乃至华北地区，河东是较早的农业开发地之一。传说播殖百谷的农官后稷，即活动在河东稷山等地。西汉以来，汾阴还立有纪念这位农神的后土祠，汉、魏、北朝的皇帝们屡次到那里祭祀，祈求风调雨顺，五谷丰登。

此外，运城盆地四周环山，每到雨季，洪水带来的泥土淤积也有利于提高土壤肥力。如程师孟所言："河东多土山高下，旁有川谷，每春夏大雨，众水合流，浊如黄河矾山水，俗谓之天河水，可以淤田。"①

河东地区之内，可以用以灌溉的河流较多。像发源于绛县横岭关的涑水，横贯运城盆地，西流经五姓湖汇入黄河，全长约 193 千米，其流域两岸皆可受灌溉之利。运城盆地以南的中条山脉水文状况相当良好，地下水和地表水都相当丰富，山麓的诸多泉溪汇入涑水，也能溉注沿途的田地②，

---

① 《宋史》卷 95《河渠志五》（熙宁）九年（1076）八月程师孟言。
② 〔清〕顾祖禹：《读史方舆纪要》卷 41《山西三》平阳府闻喜县"涑水"条、《山西三》解州安邑县"中条山"条，中华书局，2005 年，第 1909、1906 页。

还可以开发渠道，利用汾水与河水发展灌溉事业。如西汉武帝时，河东太守番系便向朝廷提出了引水溉田的建议："穿渠引汾溉皮氏、汾阴下，引河溉汾阴、蒲坂下，度可得五千顷。五千顷故尽河壖弃地，民茭牧其中耳，今溉田之，度可得谷二百万石以上。"①

河东地区还有许多天然湖沼。河流与山区泉溪的溉注，使这一地区出现了众多陂泽。见于史籍的有"潃泽"，又名"浊泽"②，地点在今运城市解州镇西；董泽，在闻喜县东北；晋兴泽、张泽，在今永济市西、中条山北麓③。这些湖泽也有利于河东地区的水利事业，后来由于河流改道导致水源断绝而干涸，或因被围垦田而先后消失。

由于这些有利条件，河东地区的耕地利用率和农作物产量均较高。

再者，中条山区是历史上山西生物资源最为丰富的地区，植被以暖温带落叶阔叶杂木林为主；在当时植被良好，林木繁茂。除森林外，还分布有大量的草地与陂泽，为牲畜的繁殖提供了优越的环境，促使畜牧业得到发展。春秋至魏晋北朝时期，河东以出产马牛而闻名天下。如《左传·昭公四年》载晋平公称"晋有三不殆"，其中之一便是"国险而多马"。《水经注》卷6《涑水》亦述猗顿曾"大畜牛羊于猗氏之南，十年之间，其息不可计，赀拟王公"。汉末杜畿治河东，"渐课民畜牸牛、草马，下逮鸡豚犬豕，皆有章程。百姓勤农，家家丰实"④。

《魏书》卷110《食货志》亦载北魏神龟初年高阳王元雍等上奏时，提到当时鼓吹主簿王后兴等请求朝廷每年向河东征供百官食盐两万斛之外，还要"岁求输马千匹、牛五百头"，由此可见当地畜牧业的发达。

---

① 《史记》卷29《河渠书》。
② 《史记》卷43《赵世家》、卷44《魏世家》。
③ 《水经注》卷6《涑水》，《读史方舆纪要》卷41《山西三》平阳府解州闻喜县"董泽"条、蒲州临晋县"五姓湖"条。
④ 《三国志》卷16《魏书·杜畿传》。

河东还蕴藏着丰富的盐、铁、铜、银等矿产资源。《汉书》卷28下《地理志下》称"河东土地平易，有盐铁之饶"。著名的解池在安邑之南，食盐储量巨大，加工程序简单方便，是当时内陆最大的产盐地，有着广阔的销售市场。《史记》卷129《货殖列传》称"山东食海盐，山西食盐卤"，后者主要指的是河东盐池所产的硝盐，给历代政府带来的利润是非常可观的，是国家财赋收入的重要来源之一。据《资治通鉴》卷152梁武帝大通二年（528）正月记载，北魏大臣长孙稚说，当时一年的盐税不下绢帛三十万匹，甚至声称"一失盐池，三军乏食"。

古代河东的金属矿产资源亦很著名，中条山区的矿产以铜为主，还有铁、金、煤等多种矿物资源，为山西高原重要的矿区。先秦时期，就有"黄帝采首山铜，铸鼎于荆山下"[①]的记载。1958年，考古工作者在山西运城的洞沟发现了一座古代铜矿遗迹。据分析，这处遗址开采的历史可从先秦延续到东汉。[②]河东又"有盐铁之饶"，南部的中条山脉是我国北方冶铁的发源地之一，而其北部绛邑之著名，亦缘于紫金山的铁矿。魏都安邑所在地山西省夏县曾发现过大批战国冶铜的陶范，以及不少战国前期的铁制工具，表明当地金属铸造业的发达。后来西汉政府在安邑、绛、皮氏等地设置铁官，就是对前代魏、秦铁官的继承经营。

北魏熙平二年（517）尚书崔亮奏请各地开铜矿铸钱之处，即有王屋山矿（时属河内郡），"计一斗得铜八两"[③]。银矿的记载可见《读史方舆纪要》卷41《山西三》解州安邑县："中条山，县南三十里。……又有银谷在山中，《隋志》：县有银冶。唐大历中亦尝置冶于此。"

正是由于自然条件的优越，古代河东是北方农业、畜牧业、采矿冶

---

① 《论衡》卷7《道虚第二十四》。

② 安志敏、陈存洗：《山西运城洞沟的东汉铜矿和题记》，《考古》1962年第10期。

③ 《魏书》卷110《食货志》。

铸业相当发达的地区，丰饶的出产使该地区成为中原历代封建政权的重要财赋基础。

（二）利于防御的地形、水文条件

河东之所以在古代战争中发挥过重要的作用，除了物产丰富之外，还和它周围利于防守的自然地理环境有着密切的联系。运城盆地四周多有山水环绕，成为与相邻地区隔划的天然分界线，使其在地理形势上自成一个单元。河东地区的西、南两边以黄河为襟带，隔河与关中平原、豫西山地相望；河东地区西、南两面黄河航道的几处绝险，对于防御作战尤为有利，西面河道的北端有壶口、龙门，急流澎湃，无法航行，南面河道的东端有三门、砥柱，只能顺水从人门通过。如建德四年（575）周武帝东征洛阳，遣水师自渭入河，经三门顺流而下，攻破河阴大城。但撤兵时船只却无法逆水返回，只得烧舟而退。壶口与三门之险使得上游、下游两地敌人的船队不能直接驶入，减少了河东遭受攻击的威胁。

此外，黄河出禹门口后，由于汇集了发源于吕梁山南坡的三川河、昕水河等十余条支流，又陆续注入汾水、浍水、涑水、渭水，致使流量剧增，又使河床极不稳定，在当地有"三十年河东，三十年河西"的说法。龙门以下至蒲津数百里内，是黄河中游最易改道的地段，两岸多有淤沙、浅滩、洲渚，船只难以靠岸停泊，故只有龙门（夏阳）、蒲津两处理想的码头。潼关以东至三门的河段，因为两岸地形的限制，亦仅有风陵渡、窦津、茅津（大阳津）等少数渡口。在这种情况下，河东守军只需集中扼守几处要枢，来抵抗对岸敌人的强渡，不必在黄河沿岸分散兵力组织防御，这对守卫者来说又是一项有利的因素。

正因如此，顾祖禹在《读史方舆纪要》卷39《山西一》中一再强调河水对河东地区防御的重要作用，称黄河在"春秋时为秦、晋争逐之交，战国属魏。《史记》：'魏武侯浮西河而下，曰：美哉，山河之固，此魏国之宝也。'后入于秦，而三晋遂无以自固。"

运城盆地南及东面又有中条山、王屋山为屏障，可以居高临下，雄视来犯之敌。中条山脉分布于河东地区的东南边界，在黄河与涑水、沁水之间。它西起今山西省永济市西南的首阳山，东至垣曲县东北部的舜王坪（历山），北与太岳山相接，南抵黄河北岸，略呈东北—西南走向，绵延约 170 千米，宽 10 千米～30 千米，一般海拔 1100 米～1900 米，相对高差 800 米～1000 米，横卧于运城盆地与黄河谷地之间；因为在军事上具有重要的阻碍作用，故被称为"领（岭）陀"。《史记》卷 68《商君列传》载商鞅谓秦孝公曰："魏居领陀之西，都安邑，与秦界河，而独擅山东之利。利则西侵秦，病则东收地。"《索隐》注"领陀"曰："盖即安邑之东，山领险陀之地，即今蒲州之中条已东，连汾晋之崤嵝也。"

外敌若从南边渡河来攻，只能穿越山脉中间几条峡谷通道，如虞坂、白径等道；因为地势险峻，守方占有极大的优势，而进攻者很难由此进入盆地。《资治通鉴》卷 151 梁武帝大通元年（527）十月"正平民薛凤贤反，宗人薛修义亦聚众河东，分据盐池，攻围蒲坂，东西连结以应（萧）宝夤。诏都督宗正珍孙讨之"，结果，"守虞坂不得进"。

王屋山脉东连太行，西接中条，是晋南豫北的一大名山，属于中条山的分支，位于今河南省济源市西北，今山西省垣曲、阳城二县之间，是济水的发源地。其得名据传是因为"山有三重，其状如屋"①。王屋山与中条山在垣曲县交接，有路自河内（今河南省济源市）沿黄河北岸西经轵关至垣曲（今山西省垣曲县古城镇），再北逾王屋山麓，经皋落镇至闻喜县含口镇（今绛县冷口），到达涑水上游，从而进入运城盆地。王屋山

---

① 〔清〕顾祖禹：《读史方舆纪要》卷 49《河南四》怀庆府济源县"王屋山"条，中华书局，2005 年，第 2291 页。

区及其东至轵关的道路岗峦重叠，林木繁茂，崎岖难行，便于守兵阻击，而对进攻一方不利。如武定四年（546）高欢围攻玉壁，命令河南守将侯景经齐子岭进攻邵郡（治今山西省垣曲古城镇）。西魏名将杨㤝领兵抵御，"景闻㤝至，斫木断路者六十余里，犹惊而不安，遂退还河阳"[①]。

运城盆地北边则有峨嵋台地和汾水、浍水阻扼对手的进兵；汾水经太原盆地、灵霍峡谷南流至新绛后汇入浍水，但是受到峨嵋台地的阻挡，因此折而向西，切过吕梁山的南端，经稷山、龙门（今河津市）流入黄河。数十万年以前，汾水在新绛以东本来是直向南流的，经礼元（今闻喜县北）取道涑水汇入黄河。后来由于地质构造的变动，峨嵋台地隆起，致使该处河道断流，只得沿着台地的北麓向西流去。[②]这样，汾水的下游河段（曲沃—新绛—稷山—河津）便构成了河东地区的北部屏障。战争期间，河东的保卫者往往凭借峨嵋台地与汾河的阻隔，与北方的敌人夹水相持，往来交锋。此外，北方之敌南征河东，往往选择深秋和冬季，乘汾水流量不大、便于涉渡之时前来进攻。如高欢四次自晋阳出兵河东，两至蒲津，两围玉壁，分别是在天平三年（536）十二月、四年（537）十月、兴和四年（542）十月、武定四年（546）九月，表明其充分考虑了汾水的阻碍作用。

河东地区的北部，汾水、浍水以南，是中条山的分支——峨嵋台地，又称峨嵋原、峨嵋坡、峨嵋山、晋原、清原。它地势高，面积宽阔，东起曲沃县、绛县之交的紫金山（古称绛山），向西延伸，历侯马市、闻喜县、

---

① 《周书》卷 34《杨㤝传》。

② "汾河下游河道原分两股，一股即从新绛向西流经河津的现在河道，另一股由新绛向南流经闻喜隘口注入运城盆地，再注入黄河。中更新世晚期的构造变动，使闻喜隘口抬升，河道就断流了。目前隘口一带还保留着老河谷形态，其西不远有很厚的河相砂砾石层。"中国科学院《中国自然地理》编辑委员会：《中国自然地理·地貌》，科学出版社，1980 年，第 27 页。

新绛县、稷山县、万荣县、河津市，至黄河畔后南下，抵达临猗县和永济、运城两市的北界，绵延百余千米，地跨十一县市，是著名的黄土长原。峨嵋台地及其北麓的涑水与汾水下游河段构成了天然防御屏障，北方之敌如沿汾水河谷南下，至河曲（今侯马市及曲沃、新绛县境）即受到峨嵋原的阻隔，只能穿过狭窄的闻喜隘口（今闻喜县礼元镇附近）进入运城盆地的北端，容易受到守兵的截击。

闻喜隘口以西的台地，分布有稷山（或称稷王山、稷神山，海拔1279米）、介山（今孤峰山，海拔1411米），其间亦有峡谷通道可达盆地北部。敌军由此入侵，通常要在新绛西南的玉壁渡过汾水，然后南行。守军若在此地筑城戍备，也能够依托险要的地势阻挡来犯之敌。如西魏王思政、韦孝宽先后镇守玉壁，以孤城及数千人马两次击退了高欢的20万大军。

河东的军队如果占据峨嵋原，对汾水以北之敌就有居高临下的优势，便于向敌发动进攻。例如《左传·宣公十五年》载"晋侯治兵于稷，以略狄土，立黎侯而还"。这里所说的"稷"，据后人考证，就是峨嵋台地的稷山。

鉴于上述原因，河东自古被视为易守难攻的完固之地。如顾祖禹所称："府东连上党，西略黄河，南通汴洛，北阻晋阳。宰孔所云'景霍以为城，汾、河、涑、浍以为渊'，而子犯所谓'表里山河'者也。"①

（三）道路四达的交通枢纽

《史记》卷129《货殖列传》曰："夫三河在天下之中，若鼎足，王者所更居也。"河东的地理位置处于东亚大陆的核心，水道旱路四通八达，便于和相邻地域的往来。其境内的汾水、涑水古时均可航行舟船，

①〔清〕顾祖禹：《读史方舆纪要》卷41《山西三》平阳府，中华书局，2005年，第1872页。

入河溯渭，沟通秦晋两地。运城盆地处在几条道路的交会点，北过绛州、平阳、晋阳，即可直达代北。东走垣曲道，逾王屋山，穿过轵道及太行山南麓，便进入华北平原。南由茅津（今山西省平陆县）或封陵（今山西省风陵渡镇）渡河，经豫西走廊东出崤（殽）函，就是号称"九朝古都"的洛阳；西越桃林、华下，又能进入关中平原；还可以从西境的龙门（今山西省河津市）、蒲坂（今山西省永济市西南）等地渡河入秦。交通条件的便利，不仅使河东商旅荟萃，贸易发达，而且便于军队调遣，有助于向各个方向的兵力运动。顾祖禹在《读史方舆纪要·山西方舆纪要序》中谈到山西形势特点时，曾强调河东作为交通枢纽区域的重要作用："于南则首阳、底柱、析城、王屋诸山，滨河而错峙；又南则孟津、潼关，皆吾门户也。汾、浍萦流于右，漳、沁包络于左，则原隰可以灌注，漕粟可以转输矣。且夫越临晋、溯龙门，则泾渭之间可折箠而下也。出天井，下壶关，邯郸、井陉而东，不可以惟吾所向乎？"

北朝后期，政治军事斗争的地域表现主要有二，首先是东西对抗的形势重现，形成了关西宇文氏与关东（山东）高氏军事集团的对峙；其次是晋阳—并州的战略地位日益重要。东魏的实际统治者高欢虽将国都由洛阳迁至邺城，但又在晋阳屯驻重兵，设置大丞相府处理政务，以该地为霸府别都，以至于在北方中原形成了邺城、晋阳和长安三个政治中心鼎足而立的局面。河东适在三地之中，占据了许多关塞津渡，既控制和威胁着东西方陆路交通的两条干线——晋南豫北通道和豫西通道，又扼守着黄河、汾河水路与闻喜隘口，阻挡了晋阳之师南下关中平原的几条途径，故在军事上处于极为有利的位置。

由于豫西、晋南豫北通道两条干线的几处关键路段被河东所控制，在东西对峙交战当中，占领它的一方在军事上能够获得极为有利的地位，既能从多条路线出兵攻击对手，又可以给敌人的兵力运动造成很大困难，使对方无法将军队顺利输送到对手的心腹要地——政治、经济重心所在的关中、河洛、冀南平原。

下面对河东地区的交通情况予以分别叙述。

1. **东去河洛**。由运城盆地出发，可以通过黄河北岸的道路抵达河洛平原，主要路线是王屋道，或称东道、垣曲道、轵关道。该道从盆地北部涑水上游的含口（今山西省绛县冷口乡）东南行，过横岭关，经过皋落（今山西省垣曲县皋落乡），穿越王屋山区而抵达邵郡治所垣曲县阳胡城（今山西省垣曲县东南古城镇）；再东经齐子岭、轵关（今河南省济源市西北），进入河内郡界。河内郡属怀州（治所在今河南省沁阳市），该地是洛阳在黄河北岸的门户，由此可以南渡孟津，直抵洛阳。或由河内北上天井关，进入上党地区；或东过临清关（今河南省获嘉县）而趋邺城，进入河北平原。这条道路出现甚早。春秋前期，晋献公向外扩张时，就派遣太子申生进攻皋落，力图控制该道。晋文公励精图治，为了出兵中原，与楚国争霸，亦多次利用这条道路。据《魏书》卷69《裴庆孙传》记载，北魏后期战乱频仍，故在阳胡城建立邵郡，借以加强对这条道路的控制。

宇文氏与高氏交战时，也屡次派遣杨㩩、李穆等率偏师经王屋道进攻河内。此外，由蒲津南下绕过风陵堆，可以沿黄河北岸、中条山脉的南麓向东而行，经芮城、平陆至垣曲古城，与王屋道会合后再东出齐子岭。

2. **西通关中**。河东通往关中平原的道路主要有两条：

（1）涑水道（蒲津道）。沿运城盆地内部的涑水河道而下，或乘舟，或在沿岸陆行，到达河曲的蒲津（今河南省永济市西南蒲州镇）后，渡河自对岸临晋（今陕西省大荔县朝邑镇东）登陆，即可进入渭北平原，经陆路前往长安。这条道路在先秦时期即成为联系东西方交通的纽带，而且很早就在渡口架设浮桥。《左传·昭公元年》记载，春秋时秦公子鍼出奔于晋，从车千乘，曾经在此"造舟于河，十里舍车，自雍及绛"。《史记》卷5《秦本纪》亦载秦昭王五十年（前257）"初作河桥"。《史记正义》曰："此桥在同州临晋县东，渡河至蒲州，今蒲津桥也。"秦始皇统一天下后出巡关东，返回时，也曾由上党经河东首府安邑至蒲津，渡河抵临晋后而归咸阳。关中人众若由此处东渡蒲津，可以溯涑水而上，经闻喜、正平北去晋州（今山西省临汾市）、晋阳，或走王屋（垣曲）道远赴河内。

涑水道的黄河东岸渡口蒲津，又名蒲反、蒲坂、蒲坂津、蒲津关，在山西省永济市西南蒲州镇，传说曾为舜都，春秋属晋，战国属魏，秦建蒲坂县，曹魏至北周时为河东郡治所。其地当河曲冲要，为陕、晋、豫三省之控扼枢纽，其得失对于关西、关东两地争雄的政治势力影响甚巨，战略地位极为重要。东方之敌欲夺关中，往往先要力争蒲津，借此来打开门户。而关中集团进兵中原，也经常攻占蒲津，再由河东北上晋阳，或东出河北，或南下伊洛平原。故唐朝名相张说在《蒲津桥赞》中称赞其为"隔秦称塞，临晋名关，关西之要冲，河东之辐凑，必由是也"[①]。

与蒲津隔河相望的西岸渡口临晋，本名大荔，为戎王所据；秦得之后曾"筑高垒以临晋国"，故改名临晋，位于陕西省大荔县朝邑镇东。战国初年，魏国曾一度越河占有此地，商鞅强秦后又将其夺回。该渡口处于晋南豫北通道的西端，是关中平原的门户。战国秦汉之间，临晋多次成为关中与山东势力争夺与会盟之所，钱穆《史记地名考》"临晋"条六记云："魏文十六，伐秦，筑临晋元里。秦惠文王十二，与魏王会临晋。魏哀十七，与秦会临晋。秦武三，与韩惠王会临晋。汉王从临晋渡，下河内。汉王还定三秦，渡临晋。"由此也能证明临晋、蒲津与涑水道对于古代交通的显著影响。

（2）汾水道。或称"龙门道"。龙门即禹门口，是黄河东岸的另一处重要古渡口，在今山西省河津市西北和陕西省韩城市东北30千米处，传说为大禹治水时开凿。黄河流至此地，两岸峭壁对峙，形如阙门，惊涛激浪，巨流湍急。而出龙门口后，河道变宽，便一泻千里。龙门以下数

---

①《全唐文》卷226张说《蒲津桥赞》。

百里，两岸数十里沙滩间，洲渚密布，浅滩及分流层出不穷，多有淤沙蛇陷之厄。"故黄河自龙门以下数百里之河道，均无一处理想适宜之渡口；而龙门口以东，又恰为汾水盆地交通之要冲，故龙门口遂成秦晋两地古今驰名之渡口。"①

　　古代汾水下游可以通航。春秋时期，秦国都雍（今陕西省凤翔区），在渭水中游；晋国都绛（今山西省侯马市），在汾水支流、浍水流域；船只顺浍、汾而下，可以经龙门的汾水河口驶入黄河，转入渭水，进入关中平原。公元前647年，晋国遭受饥荒，求救于秦，"秦于是乎输粟于晋，自雍及绛相继"，史称"泛舟之役"，就是利用了这一段水道，见《左传·僖公十三年》。北朝时期，汾河仍用于水运。《魏书》卷110《食货志》载三门都将薛钦上言："汾州有租调之处，去汾不过百里，华州去河不满六十，并令计程依旧酬价，车送船所。"

　　由正平（今山西省新绛县）沿汾水北岸的陆路西行，过高凉（今山西省稷山县）、玉壁（今稷山县西南），至龙门峡谷口渡河，登陆后南下即为夏阳（今陕西省韩城市东南）。《通典》卷173《同州·冯翊郡》"韩城"条曰："古韩国谓之少梁。汉为夏阳县，有梁山，……有韩原，即《左传》'秦晋战于韩原'是也。"过夏阳后进入渭北平原，即可南下咸阳、长安。

　　关中之旅由夏阳东渡，对岸是汾阴故城，有著名的后土祠，岸边津渡称为"汾阴渡"或"后土渡"，可供舟楫来往。东汉建武初年，邓禹领兵自汾阴渡河入夏阳，即由此处。西魏大统三年（537），高欢率师自晋阳南下，"将自后土济"②，也是企图经此进入关中。由汾阴东北行，渡过汾水，即至龙门县。《元和郡县图志》卷12《河东道一》绛州曰："龙门县，古耿国，殷王祖乙所都，灭之，晋献公以赐赵夙。秦置为皮氏县，

---

① 严耕望：《唐代交通图考》第一卷，"中央研究院"历史语言研究所专刊第八十三，1985年，第109页注。

②《周书》卷2《文帝纪下》。

汉属河东郡。后魏太武帝改皮氏为龙门县，因龙门山为名，属北乡郡。"由此沿汾水北岸东行，至稷山、正平，亦可北去晋州（今临汾市）、太原。由龙门县南渡汾水，沿大河东岸南行，过汾阴后，即进入运城盆地。

3. **南向崤函**。这条道路在新安、宜阳以西的部分又称"崤函道"，崤函道的西段（陕县至潼关县）与河东只有黄河一水之隔，河东之南，逾中条山、黄河而与豫西的崤函山区相对，那里是古代关中与华北平原交通联络的陆路主道——豫西通道的艰险地段，古称崤函道。河东师旅如果在蒲津、龙门西渡受阻，或是王屋道东行不畅的情况下，还可以从南面的风陵渡、茅津（大阳津）或窦津等处渡河，经崤函道西行进入关中；或是东越崤山，进入洛阳盆地，再东去华北平原。但是中条逶迤，黄河汹涌，其间可以逾涉之途径主要有：

（1）中条山脉南北通道。由运城盆地南越中条山脉的通道有：

甲、虞坂（巅軨）道。《太平寰宇记》卷46《河东道七》解州安邑县曰："中条山，在县南二十里。其山西连华岳，东接太行山，有路名曰虞坂。"这条道路在盆地中心城市安邑（今夏县）之南，翻越山脉后即达河北郡治河北县（今平陆县），与陕州（今三门峡市）隔河相对，县南之陕津（大阳津）可渡。通道的山北原上有古虞城，扼守长坂，相传为虞舜所筑，故得名。该地在《左传》中称为"颠（巅）軨"，是因为中途有山涧横绝，被人用土筑成通道，名为軨桥的缘故。古代河东池盐多用车载经此道运往中原，由于路途艰险，车重难以攀登，因此产生了"骐骥驾盐车上虞坂，迁延不能进"的寓言故事。

乙、白陉（径）道。此路在虞坂道之西，以途经白陉岭而得名，《大清一统志》解州卷山川目"白陉岭"条载："岭在州东南十五里，跨安邑、平陆二县界，中条之别岭也。"这条路线自解县（今运城市）东南越中条山脉之白陉岭，由今平陆县西北抵陕津，又称"石门道"，是古代池盐外运的另一条通道。参见《元和郡县图志》卷12《河东道一》河中府

"解县"条云："通路自县东南逾中条山，出白径，趋陕州之道也。山岭参天，左右壁立，间不容轨，谓之石门，路出其中，名之白径岭焉。"

（2）黄河北岸渡口。自运城盆地南越中条山脉后，即到达黄河北岸。舟楫往来的主要渡口从东向西排列有以下几处。

甲、陕津。古称茅津、茅城津、大（太）阳津，其北岸渡口在今山西省平陆县西南故茅城南，该地古时又有"大阳"之称，以故得名。南岸渡口即在陕县（今河南省三门峡市）之北。陕津是古代黄河重要的渡口之一，原因有二：首先，陕县为豫西通道西段的交通枢纽，是崤山南北两道的交会之处，由此地可以西通函谷、潼关，直赴关中；或东去新安，或东南赴宜阳，越崤函山区而抵达伊洛平原；因此自古即为晋豫交通之重要码头。其次，该处河床较窄，仅宽七十余丈，便于涉渡来往。参见《元和郡县图志》卷6《河南道二》陕州陕县："太阳桥，长七十六丈，广二丈，架黄河为之，在县东北三里。贞观十一年，太宗东巡，遣武侯将军丘行恭营造。"

由于陕津沟通晋豫两地，故很早即成为兵家觊觎之所。西周末年，犬戎攻破镐京，杀幽王。虢国随平王东迁，定居于陕，分众据守黄河南北，史称南虢、北虢。公元前658年，晋献公假道于虞（今平陆县境），经巅軨道逾中条山脉而攻占虢之下阳；公元前655年晋军又渡河克上阳，虢公丑奔京师洛邑，国亡。公元前624年，秦穆公渡河伐晋，"晋人不出，遂自茅津济，封殽尸而还"[1]。魏晋南北朝战争频繁，茅津屡为黄河南北军队往来所涉渡，地位显著，北周曾于此设大阳关，以守护津要。见《元和郡县图志》卷6《河南道二》陕州陕县："太阳故关，在县西北四里，后周大象元年置，即茅津也。"

乙、湆（窦）津。故址在今山西省芮城县南，对岸码头在今河南省

---

① 《左传·文公三年》。

灵宝市西北。"洰"或作"窦""郖",传说汉武帝微服出行,遇辱于窦氏之肆,为其妻解困,后将津渡赐于窦妇,以故得名。但经郦道元考证,应是由于河北渡口在洰水流入黄河之处的缘故,参见《水经注》卷4《河水》。又见《元和郡县图志》卷6《河南道二》陕州灵宝县:"洰津,在县西北三里。隋义宁元年置关。贞观元年废关置津。"

　　洰津的地位及作用不如陕津,但是在两岸交兵时,人们多注重陕津的防守,进军的一方往往会出其不意,从被人忽视的洰津渡过黄河。例如东汉建安十年(205)河东豪强卫固割据该郡,曹操委派杜畿为太守赴任,"(卫)固等使兵数千人绝陕津,畿至不得渡。……遂诡道从郖津度"①,平定了这场叛乱。北魏正平二年(452)六月,刘宋派遣"庞萌、薛安都寇弘农。……八月,冠军将军封礼率骑二千从洰津南渡赴弘农"②。

　　丙、风陵渡。在今山西省芮城县风陵渡镇南,地当黄河弯曲处,其北有风陵堆山,渡口与天险潼关隔岸相对,北去蒲津约三十千米,为河东、关中之间要冲。《水经注》卷4《河水》曰:"(潼)关之直北,隔河有层阜,巍然独秀,孤峙河阳,世谓之风陵,戴延之所谓风堆者也。南则河滨姚氏之营,与晋对岸。"严耕望曰:"两军对岸立营,正见为一津渡处。"③春秋时此地即筑有羁马城(阳晋),是秦晋交兵争夺的要镇。④风陵渡之所以重要,是因为南面的潼关形势险要,山东之师若欲经崤函道西进关中,容易在此受阻。如果出敌不意,北渡风陵后再由蒲津转涉黄河,即可摆脱敌人主力,顺利进入渭北平原。例如,建安十六年(211)八月,曹操西征关中,马超、韩遂等拥兵十万,于潼关严阵以待。曹操

---

①《三国志》卷16《魏书·杜畿传》。

②《魏书》卷4下《世祖纪下》。

③ 严耕望:《唐代交通图考》第一卷,"中央研究院"历史语言研究所专刊第八十三,1985年,第174页。

④ 靳生禾、谢鸿喜:《春秋战略重镇羁马遗址考》,《中国史研究》1991年第1期。

见难以逾越，便接受了徐晃的建议，命令徐晃与朱灵领兵北渡风陵，再西渡蒲坂，先据河西为营，然后亲率大军再次由此途径进入渭北。

4.**北通晋阳**。关中师旅从临晋、蒲津渡河后，由河东北上山西高原的核心区域——晋阳所在的太原盆地，主要有两条道路。

（1）桐乡路。从蒲津沿涑水河谷东北而行，经过虞乡、解县、安邑，在闻喜县境穿越峨嵋台地，渡过汾水，到达正平（唐之绛州，今新绛县）；然后至汾曲（今侯马、曲沃县境）沿汾水河谷北上，穿过临汾盆地、灵石峡谷，抵达晋阳。道路名为"桐乡"，是由于中途经过桐乡古城。《元和郡县图志》卷12《河东道一》河中府绛州"闻喜县"条："桐乡故城，汉闻喜县也，在县西南八里。"北周武帝在建德五年（576）出兵河东，北上伐齐，攻占重镇晋州（平阳，今临汾市）后，留梁士彦驻守，而将主力经此道南撤，命宇文宪率领，屯于涑水上游待命增援。参见《资治通鉴》卷172陈宣帝太建八年（576）十一月："周主使齐王宪将兵六万屯涑川，遥为平阳声援。"可见由涑水上游北接汾曲，有一条能够通行大军的道路，将临汾与运城两个盆地联系起来。后来周武帝在晋州大败齐师，乘胜北上，攻占了晋阳。

（2）汾阴路。由蒲津沿黄河东岸北进，经北乡郡（治汾阴，今山西省万荣县荣河镇）渡过汾水，到达龙门县，再沿汾水北岸东行，至正平与桐乡路会合。严耕望先生曾举《资治通鉴》卷141的史事为例，说明这条道路在北魏时的使用情况：

> （南齐建武四年）"三月己酉，魏主南至离石。……夏四月庚申，至龙门，遣使祀夏禹。癸亥，至蒲坂，祀虞舜。辛未，至长安。"是龙门至蒲坂才三日程，必直南行至蒲坂，不绕道也。[1]

---

[1] 严耕望：《唐代交通图考》第一卷，"中央研究院"历史语言研究所专刊第八十三，1985年，第110页。

东魏天平二年（535）高欢领兵由晋阳南下，亦走汾阴路从龙门趋至蒲津，造浮桥渡河去攻打关中。隋炀帝大业十三年（617），李渊起兵太原，进攻长安，亦由绛州至龙门，分军西渡黄河占领韩城，而自率大兵经汾阴至河东，又由蒲津渡河到朝邑，走的也是这条路线。

综上所述，河东地区土厚水深，物产丰富，又有山河陵原环绕，易守难攻，水旱道路四通八达，因此具有重要的战略地位。北朝后期东西对抗的形势下，河东的位置处于长安、太原、洛阳—邺城等政治重心之间，在兼并战争当中，占领该地的一方会获得明显的优势，或能御敌于国门之外，或能朝几个方向出兵进攻，从而掌握作战的主动权，故备受各方君主将帅瞩目。

三、北魏分裂后的军事形势

北魏王朝分裂以后，东亚大陆形成三大政治军事集团对峙的局面。如杜佑所言："自东、西魏之后，天下三分，梁陈有江东，宇文有关西，高氏据河北。"[1]南朝的经济虽较为富庶，但是由于门阀政治的腐朽，军事力量相当衰弱，故仅对东、西魏的斗争作壁上观，未能乘机大举兴师夺取中原。侯景之乱以后，江南残破，愈发无力北进，直到临近高齐灭亡之际，才出兵收复了淮南。

1. **东、西魏初年的国力对比。**高欢执政的东魏，综合国力（领土、经济、人口、兵力之总括）远强于西魏。东魏政权占据了淮河以北、晋陕边境黄河及潼关、商洛山地以东的中原大部分地区，控制着当时中国人口最密集、经济文化最发达的区域，军事力量亦较西魏强大得多。从高欢几次出征的情况来看，除了留守部队，可以出动大约 20 万兵众，超

---

[1]《通典》卷 171《州郡一·序目上》。

过对方兵力两倍以上，完全处于优势。如《北齐书》卷8《后主纪论》所言，东魏、北齐的国境"南极江淮，东尽海隅，北渐沙漠，六国之地，我获其五；九州之境，彼分其四。料甲兵之众寡，校帑藏之虚实，折冲千里之将，帷幄六奇之士，比二方之优劣，无等级以寄言"。

西魏仅占有关陇地区，当地的农业经济从魏晋以后屡经战乱破坏，远没有东魏统治的河北、山东发达。北魏末年，关中因为长期遭受兵祸，早已失去往日的繁华。《魏书》卷106上《地形志二上》曰："孝昌之际，离乱尤甚。恒代而北，尽为丘墟；崤潼已西，烟火断绝；……于是生民耗减，且将大半。"西魏的人口、军队远比东魏为少，经济资源也差得很多。故高澄对西魏被俘将领裴宽说："卿三河冠盖，材识如此，我必使卿富贵。关中贫狭，何足可依，勿怀异图也。"[①] 后来北齐卢叔虎奏请师伐周，亦言："我强彼弱，我富彼贫，其势相悬。然干戈不息，未能吞并者，此失于不用强富也。"[②]

2. 高欢采取的战略部署。 在处于优势状态的情况下，高欢在东魏建国之初又实施了一系列军事部署，进一步巩固和加强自己的有利地位。

（1）进占崤函与河东。永熙三年（534）七月，宇文泰迎魏孝武帝入关，定都长安。高欢率师进入洛阳后，又领兵向西追击魏孝武帝，顺势占领了崤函山区与河东，控制了壶口以下的龙门、蒲津、风陵、大阳等渡口，封锁了豫西通道和晋南豫北通道，并占据了关中东出中原的首要门户——天险潼关，将山东—关西这两大经济、政治区域的中间地带（山西高原和豫西丘陵）悉数囊括。如《北齐书》卷2《神武纪下》所载："神武寻至恒农，遂西克潼关，执毛洪宾。进军长城，龙门都督薛崇礼降。神武退舍河东，令行台尚书长史薛瑜守潼关，大都督厍狄温守封

---

① 《周书》卷34《裴宽传》。
② 《资治通鉴》卷168陈文帝天嘉元年（560）。

陵。"通过这次军事行动，高欢封堵了西魏东进中原的主要道路，又对关中地区造成了严重威胁。由于屯兵崤函、河东，他可以从几个方向、多条道路向西魏出击，形势十分有利。尽管宇文泰在当年十月"进军攻潼关，斩薛瑜，虏其卒七千人，还长安"①，也只是稍微缓和了局势；西魏未能夺回崤函、河东两处战略要地，也就无法从根本上改变被动不利的局面。

（2）迁都邺城、重兵屯集晋阳。高欢在北魏末年统领重兵时，就曾考虑到洛阳屡受战火摧残，民生凋敝，如果继续在此地建都，需要从山东转运巨量的物资，负担沉重，不如将首都迁到靠近经济重心地区的邺城。他向魏孝武帝提出迁都建议，但是未获准允。西征归来，高欢立元善见为帝，独揽大权，而洛阳的西、南两境又受到宇文氏和萧梁的威胁，安全无法保障，高欢便下令将东魏的国都迁往邺城，自己统率军队主力回到晋阳，设立大丞相府总揽政事。见《北齐书》卷2《神武纪下》天平元年（534）十月："魏于是始分为二。神武以孝武既西，恐逼崤、陕，洛阳复在河外，接近梁境。如向晋阳，形势不能相接，乃议迁邺，护军祖莹赞焉。诏下三日，车驾便发，户四十万狼狈就道。神武留洛阳部分，事毕还晋阳。自是军国政务，皆归相府。"于是出现了并立的两个政治中心，而晋阳因为屯集重兵，高欢亲驻，其地位与作用均超过了邺城。

（3）尽力在河西建立据点。高欢占领河东地区后，迅速派遣兵将西渡黄河，在对岸设置城垒，夹河据守，企图控制两岸渡口，借此保障自己的军队能够顺利地渡河往来，随时可以将兵力投入到关中平原。其表现有二。一是在蒲津西岸筑城，并企图夺取邻近的华州（今陕西省大荔县）。《资治通鉴》卷156梁武帝中大通六年（534）九月："（高）欢退屯河东，使行台长史薛瑜守潼关，大都督库狄温守封陵，筑城于蒲津西岸，

---

①《资治通鉴》卷156梁武帝中大通六年。

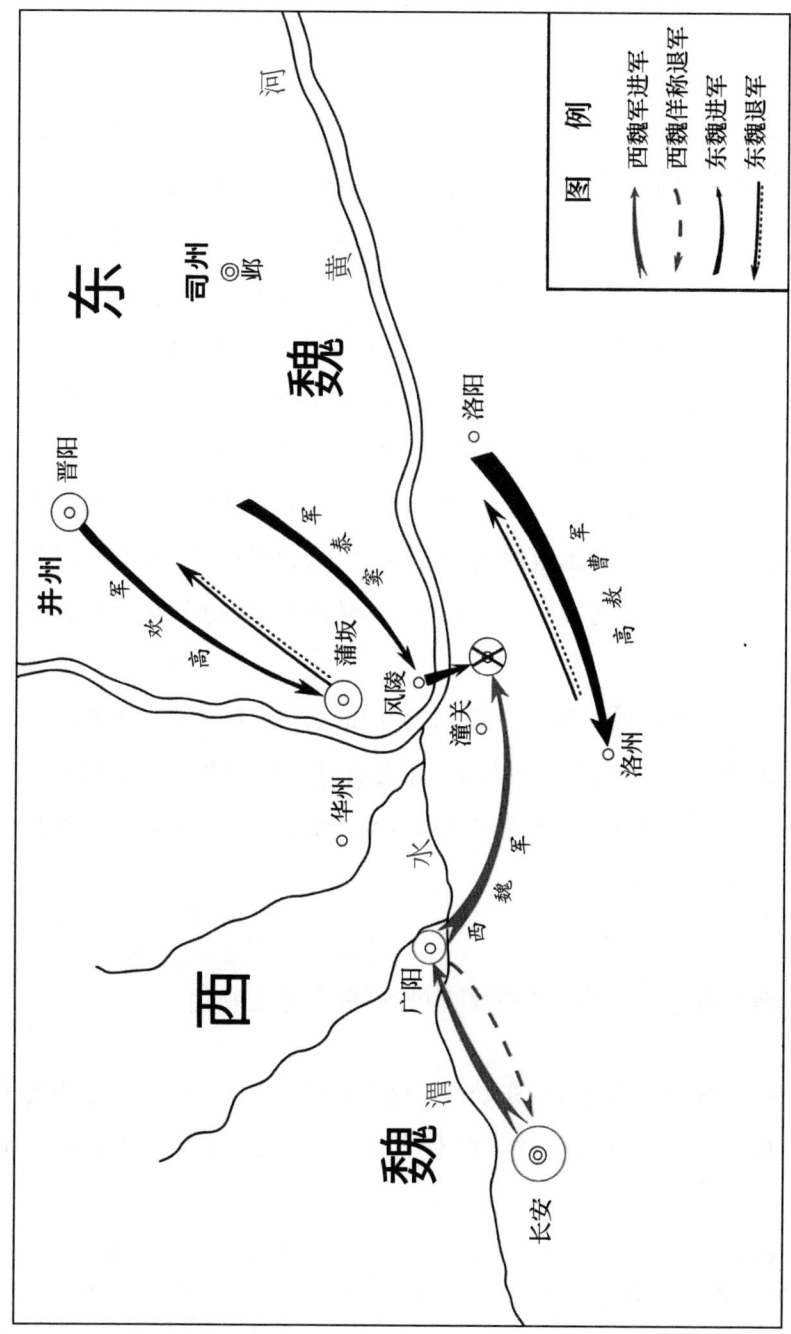

东西魏潼关之战形势图（537）

以薛绍宗为华州刺史，使守之。以高敖曹行豫州事。"

二是在龙门渡河，占领对岸的要塞杨氏壁。《北齐书》卷 20《薛修义传》："武帝之入关也，高祖奉迎临潼关，以修义为关右行台，自龙门济河。西魏北华州刺史薛崇礼屯杨氏壁，修义以书招之，崇礼率万余人降。"《资治通鉴》卷 156 胡三省注曰："据《薛端传》，杨氏壁在龙门西岸，当在华阴、夏阳之间，盖华阴诸杨遇乱筑壁以自守，因以为名。"

（4）以河东为前线基地，频频进攻关中。东魏军队的主力在晋阳，由于控制了河东地区，南下征伐西魏甚为方便，可以依靠当地有利的地理条件左出右入，从蒲津或风陵—潼关两个战略方向直接威胁关中平原，使敌人顾此失彼。晋阳、邺城的东魏军队如果南渡河阳，走崤函道进攻关中，需要克服豫西山地的重重险碍，人员、粮草运行不易。因此，沙苑之战以前，东魏对关中的三次攻击都是由晋阳南下，以河东为前线基地发动的。[①]

西魏警惕河东方向的入侵时，晋阳的东魏军队主力则乘其不备、袭击陕北的城镇[②]，使其顾此失彼。由此可见，高欢的军事部署相当成功。凭借优势兵力与河东、崤函的有利地势，东魏在这一阶段对西魏的作战中完全占据了主动。

四、西魏弘农、沙苑之战的胜利与军事形势之变化

1. **西魏攻取弘农及河东数郡。** 西魏大统二年（536），关中遭受了严重的旱灾。《资治通鉴》卷 157 载"是岁，魏关中大饥，人相食，死者

---

① 《资治通鉴》卷 157 梁武帝大同元年（535）正月，大同二年（536）十二月，大同三年（537）正月、闰九月；《周书》卷 2《文帝纪下》大统三年（537）春正月。
② 参见《资治通鉴》卷 157 梁武帝大同二年正月、二月、四月两魏在夏州、灵州、秦州的战事。

什七八"。为了摆脱粮食匮乏的困境并消除强敌压境的威胁，宇文泰接受了宇文深进攻弘农的建议。[①]弘农郡治陕城（今河南省三门峡市），该地位于崤函山区的枢要地点，是崤山南北二道的会合之处，北魏时期又筑有屯储漕粮的巨仓。攻占弘农，是一举数得的好棋，既可以阻断崤函道，北渡陕津进入河东，又能够获取屯粮，补给西魏军队与关中民众的食用。

大统三年（537）八月，宇文泰率李弼、独孤信等十二将出潼关东伐，"戊子，至弘农。东魏将高干、陕州刺史李徽伯拒守。于时连雨，太祖乃命诸军冒雨攻之。庚寅，城溃，斩徽伯，虏其战士八千"[②]。

西魏攻占陕城之后，形势迅速朝着有利的方向发展，其表现如下。

（1）补充了军民用粮。据《周书》卷2《文帝纪下》记载，宇文泰在占领该郡后曾将大军留驻月余，来补充给养："是岁，关中饥。太祖既平弘农，因馆谷五十余日。"并把仓粟运往关内。直到高欢发动反攻，宇文泰才将主力撤回，留下少数人马驻守陕城，被东魏高昂（字敖曹）包围才停止了存粮西运。见《北齐书》卷26载薛琡所言："西贼连年饥馑，无可食啖，故冒死来入陕州，欲取仓粟。今高司徒已围陕城，粟不得出。但置兵诸道，勿与野战，比及来年麦秋，人民尽应饿死，宝炬、黑獭自然归降。愿王无渡河也。"

（2）崤函归附。黄河以南原先归顺东魏的地方豪强，又纷纷归附西魏，使宇文泰未受损耗便控制了宜阳、新安所在的崤山南北二道。参见《周书》卷2《文帝纪下》载大统三年八月，"于是宜阳、邵郡皆来归附。先是河南豪杰多聚兵应东魏，至是各率所部来降"，另见《周书》卷43韩雄、陈忻、魏玄本传。

（3）进占河东数郡。宇文泰攻占陕城后，又派贺拔胜领兵北渡黄

---

① 《周书》卷27《宇文深传》："深又说太祖进取弘农，复克之。"

② 《周书》卷2《文帝纪下》。

河，追擒敌将高干，并乘势攻取了河北郡（治今山西省平陆县）、邵郡（治今山西省垣曲县古城镇）等河东地区的南部、东部地段，并北上占领了正平（今山西省新绛县）。①

2. **东魏的反攻与沙苑之战**。宇文泰取弘农后，崤函山区与河东等战略要地相继沦陷，使东魏受到了沉重打击，这是高欢无法接受的，因此他迅速做出回应，亲自率领大军发起反攻。弘农在八月失陷，当年闰九月，"东魏丞相欢将兵二十万自壶口趣蒲津，使高敖曹将兵三万出河南"②。出征之前，大臣薛琡、侯景都劝高欢不要贸然投入全部主力，可以采取缓兵或分兵进攻的策略，但是遭到高欢的拒绝，他自恃兵力强大，想借西魏灾乱匮乏之际一举获得成功。③ 高欢率军在蒲津渡河后，绕过华州，涉渡洛水，向长安进发。但是西魏军队利用渭曲的复杂地形，在沙苑大败对手，高欢乘夜逃往黄河东岸，仅以身免。

3. **沙苑之战的影响**。沙苑之战扭转了东、西魏对峙交战的局面，其影响巨大，主要表现在以下几个方面：

（1）双方的兵力差距显著缩小。东魏在这次战役中，"丧甲士八万人，弃铠仗十有八万"④，人员和物资装备损失相当惨重，相对于西魏的军事优势明显减弱了。此后，在两国的交战当中，西魏经常处于主动出击

①《周书》卷2《文帝纪下》载大统三年（537）八月宇文泰取弘农，"高干走度河，令贺拔胜追擒之，并送长安"。《周书》卷34《杨㯹传》："时弘农为东魏守，㯹从太祖攻拔。然自河以北，犹附东魏。㯹父猛先为邵郡白水令，㯹与其豪右相知，请微行诣邵郡，举兵以应朝廷，太祖许之。㯹遂行，与土豪王覆怜等阴谋举事，密相应会者三千人，内外俱发，遂拔邵郡。擒郡守程保及令四人，并斩之。"《资治通鉴》卷157梁武帝大同三年（537）八月，载杨㯹取邵郡后，"遣谍说谕东魏城堡，旬月之间，归附甚众。东魏以东雍州刺史司马恭镇正平，司空从事中郎闻喜裴邃欲攻之，恭弃城走，（宇文）泰以杨㯹行正平郡事。"
②《资治通鉴》卷157梁武帝大同二年（536）、《北齐书》卷26《薛琡传》。
③《资治通鉴》卷157梁武帝大同二年。
④《资治通鉴》卷157梁武帝大同三年十月。

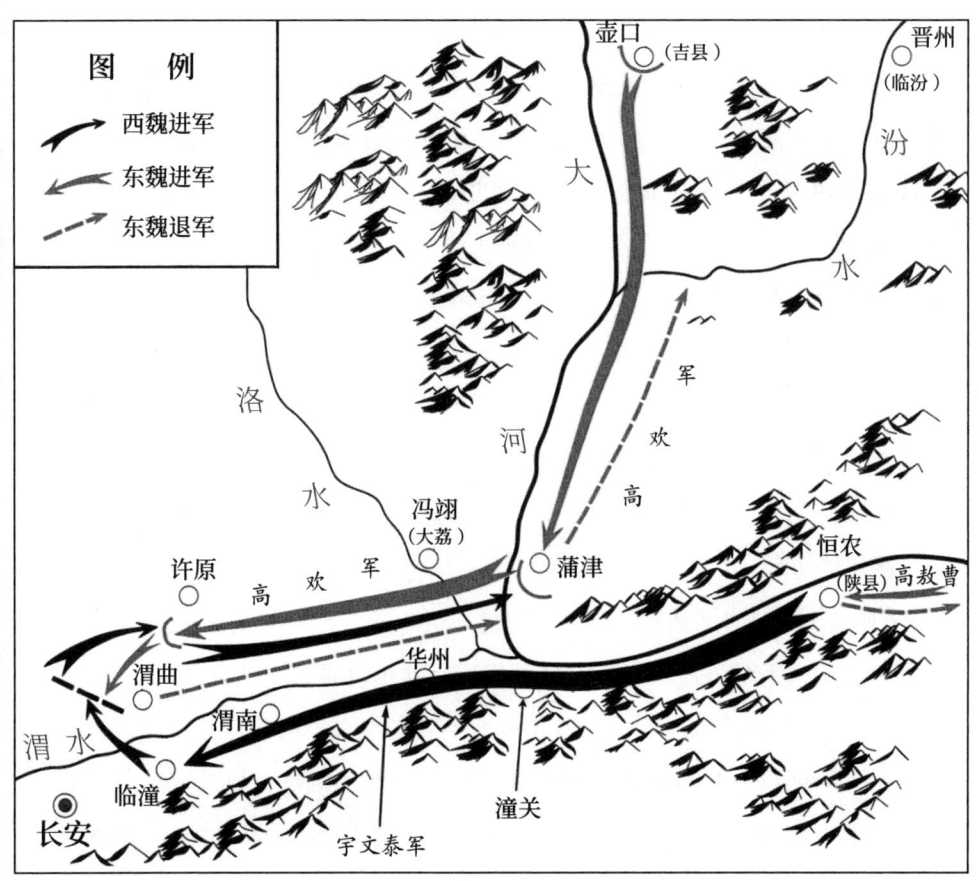

东西魏弘农、沙苑之战形势图（537）

的状态，改变了过去隔河相持、防不胜防的被动局面。

（2）西魏全取河东，战略形势转为有利。沙苑之战后，西魏乘胜出兵，自蒲津东渡，河东豪强纷纷归顺。"丞相泰进军蒲坂，略定汾、绛"，不仅全部占领了河东重地，还夺取了汾水以北的正平（今山西省新绛县）、绛郡（治今山西省绛县）及汾州（治今山西省吉县）等地，兵临晋州（今山西省临汾市）城下，在西、南两面对东魏的霸府晋阳构成了严重威胁。[①]

（3）收复崤函，进取洛阳、颍川。沙苑之战胜利后，围攻弘农的高昂被迫撤兵，退回洛阳。而宇文泰乘势东征，命冯翊王元季海与开府独孤信率步骑两万直趋洛阳，洛州刺史李显进军荆州，并且顺利占领了洛阳与颍川等重地。[②]

《通典》卷171《州郡一·序目上》曰："当齐神武之时，与周文帝抗敌，十三四年间，凡四出师大举西伐，周师东讨者三焉。自文宣之后，才守境而已。"如前所述，西魏初年局面不利，经常被动挨打。宇文泰占领河东、崤函后形势扭转，因为有这两块缓冲地带阻隔，敌人无法直接威胁关中。西魏只要做好这两地的防卫，就可以御敌于国门之外，确保首都与根据地的平安。后来高欢两次出师攻打玉壁，均失利而还，未能进入河东。西魏在防御时仅动用了当地的驻军，并未损耗关中的主力即获成功，就证明了这一点。

另外，河东、崤函两地可以向东、北、南等几个战略方向用兵，这使西魏在进攻上占据了有利的地位。沙苑之战后，宇文泰及其后继者多次从两地发动攻击，基本处于主动态势。能够在国力弱于对手的情况下，

---

①《资治通鉴》卷157 梁武帝大同三年（537）十月、《北齐书》卷20《薛修义传》及《薛修义传附嘉族传》。

②《周书》卷2《文帝纪下》大统三年（537）十月、《资治通鉴》卷157 梁武帝大同三年十月。

取得交战的主动权，与河东、崤函两处要枢的易手有着密切的联系，而这些又都是弘农、沙苑之战的胜利所带来的。因此，古代的史家曾高度评价这两次战役对于北朝后期政治军事形势所起的重要作用，如李百药在《北史》卷9《周本纪上》中说："高氏藉甲兵之众，恃戎马之强，屡入近畿，志图吞噬。及英谋电发，神旆风驰，弘农建城濮之勋，沙苑有昆阳之捷，取威定霸，以弱为强。"

五、西魏巩固河东防务的措施

高欢在沙苑之战失败后，把主攻方向放在河南，经过河桥之役等战斗，先后收复了洛阳、颍川两块重地，迫使宇文泰退往崤陕。崤函山区地形复杂，难以展开兵力，通行运输亦有许多困难。豫西通道的西段路径，"东自崤山，西至潼津，通名函谷，号曰天险"[1]。其间有新安、宜阳、陕县、函谷、潼关等多座关隘，险要的地势加上重兵防守足以使来犯者望而却步。高欢若想经此地入侵关中，困难是相当大的。而河东逼近东魏的政治军事重心——并州，从防御的角度来说，这里对高氏的腹心之地晋阳、河洛威胁很大。从进攻的情况来看，晋阳之师由汾水河谷南下攻击河东较为便利，如果占据河东，则能从几个渡口进入关中，对西魏构成严重威胁。因此，高欢在此后的数年内，对河东发动了几次攻击，力图夺回这一战略要地。东魏在河东方向的军事反攻，从小规模出兵收复南汾州及东雍州、绛郡开始，到542—546年两次出动大军围攻玉壁失败而告终。受挫的主要原因，是西魏政权在占领河东以后，采取了一系列有效的政治、军事措施，河东的防御能力明显增强。这些措施包括：

---

① 〔唐〕李吉甫：《元和郡县图志》卷6《河南道二》，中华书局，1983年，第158～159页。

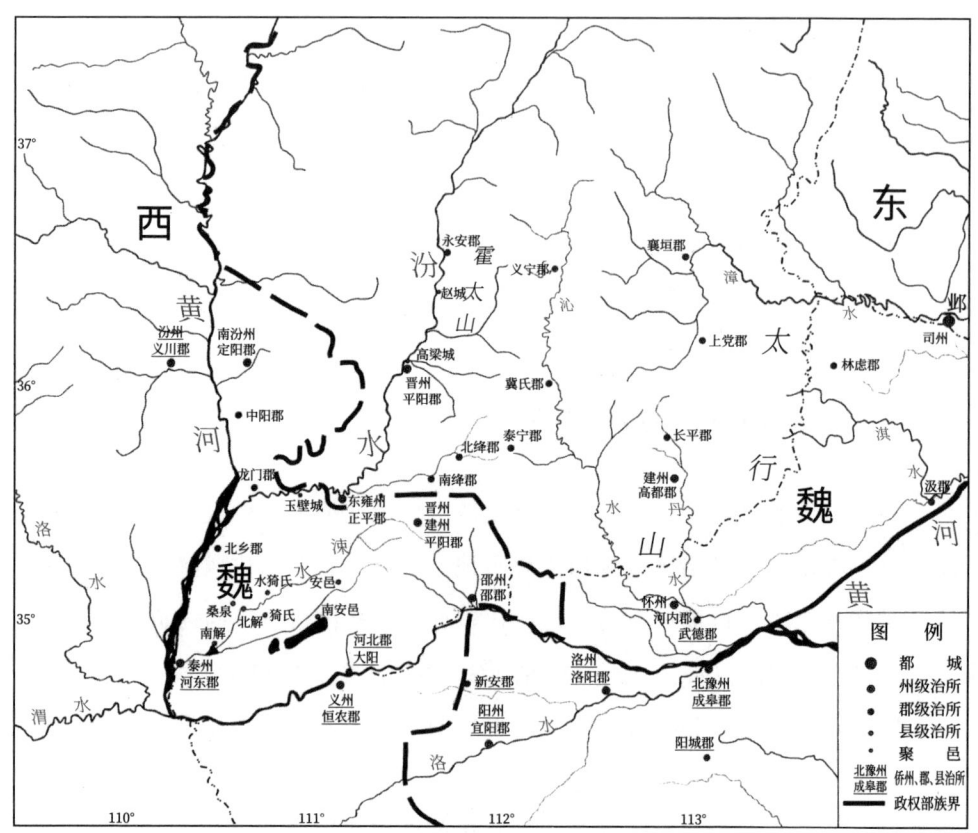

沙苑之战后东西魏对峙形势图（538）

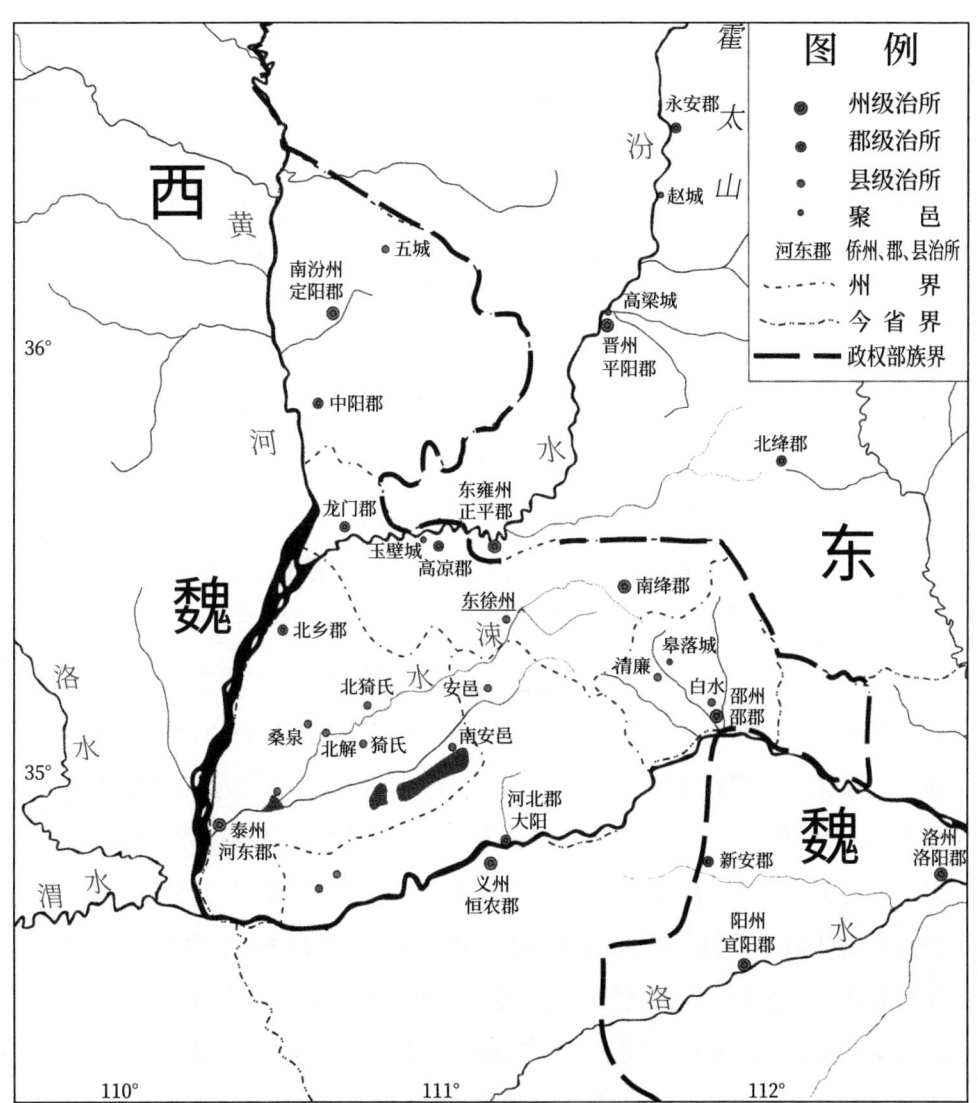

西魏河东地区行政区划图

（一）选用河东、关陇士族出任当地军政长官

1. **河东大姓。**魏晋南北朝是门阀士族统治时期。门阀士族阶层中许多人具备文武才能，掌握治国之术；又依靠封建依附关系，操纵着宗族乡里，是州郡的土霸王，也是不可忽视的社会势力。十六国北朝以来，入主中原的胡族统治者大多对其采取合作态度，以换取他们的支持。宇文泰起兵时主要依靠麾下的六镇鲜卑，但是人数有限，因此不得不拉拢西魏境内的各股汉族门阀势力，以充实自己的统治力量。而河东士族自魏晋以来盘踞繁衍，曾多次拥兵割据，对抗朝廷。顾炎武曾说河东"其地重而族厚"，当地的大姓，"若解之柳，闻喜之裴，皆历任数百年，冠裳不绝。汾阴之薛，凭河自保于石虎、苻坚割据之际，而未尝一仕其朝。猗氏之樊、王，举义兵以抗高欢之众。此非三代之法犹存，而其人之贤者又率之以保家亢宗之道，胡以能久而不衰若是"[①]。

西魏宇文泰在攻占河东前后，联络了许多当地豪族，并委派他们出任河东军政长官，依赖他们的力量巩固统治。例如他在弘农出兵渡河、攻打邵郡之际，借助大姓杨㧑联系当地豪强里应外合。见《周书》卷34《杨㧑传》："㧑父猛先为邵郡白水令，㧑与其豪右相知，请微行诣邵郡，举兵以应朝廷。"夺取邵郡后，杨㧑等人即上表奏请当地土豪王覆怜为郡守；杨㧑亦出任河东重职，历任建州刺史、正平郡守、邵州刺史，统领一方，守御边境多有战功。后来战败降敌，宇文氏政权考虑到他在当地的势力和影响，并未惩罚其亲属："朝廷犹录其功，不以为罪，令其子袭爵。"

又如沙苑之战后，汾阴大族薛敬珍兄弟率众归顺西魏，使宇文泰得以顺利占领了河东，事后亦对其大加封赏。事见《周书》卷35《薛善传附敬珍传》。另据《周书》本传记载，河东大姓被西魏政权委以重任，在故乡或朝内为官者甚众，这项政策一直延续到北周时期。例如，闻喜裴

[①]《亭林文集》卷5《裴村记》。

氏在西魏、北周时为官者有裴宽、裴汉、裴侠、裴果、裴邃、裴文举等多人，解县柳氏有柳庆、柳带韦、柳敏等人，汾阴薛氏有薛端、薛善、薛澄、薛寘等人。

2. **关陇大族**。另外，宇文泰还委派了一些关中、陇右大族担任河东地区的军政要职。例如镇守河东的王罴，三次出镇玉壁的韦孝宽。另据《周书》所载，西魏至北周时期关陇大族出任河东要职的还有杨敷、梁昕、李远、辛庆之、韦瑱、韦师等。这些人既是西魏政权的统治基础，与宇文氏有着共同利益；他们的亲族又远在后方，多被作为人质，使其难有二心。由于家属会受株连，在河东出任军政长官的关陇人士多忠心不贰。宁死不降者，如韦孝宽以玉壁孤城抗高欢大军，坚守数月，面对劝降，慷慨陈词曰："孝宽关西男子，必不为降将军也！"高欢将其侄韦迁"锁至城下，临以白刃，云若不早降，便行大戮。孝宽慷慨激扬，略无顾意"[①]。

又杨敷困守汾州，粮尽援绝，仍不肯降敌，"敷殊死战，矢尽，为孝先所擒。齐人方欲任用之，敷不为之屈，遂以忧惧卒于邺"[②]。

即使有个别降敌者，其亲属也会受到严惩，使他人心怀怵惧，不敢效仿。例如，宇文泰曾任命关中豪族韦子粲为南汾州刺史，镇守汾北前线。后来东魏进攻该地，韦子粲投降，宇文泰即诛灭其族[③]。其弟韦子爽逃亡隐匿，后至大赦时出首，仍被处以死刑。

（二）发展经济，缓和边界关系

宇文泰占领河东后，对当地的吏治非常重视，多次派遣贤臣循吏出任郡县守令，安抚民众，劝课农桑，修习战备，很快就使当地社会秩序

---

① 《周书》卷31《韦孝宽传》。

② 《周书》卷34《杨敷传》。

③ 《资治通鉴》卷158梁武帝大同四年（538）二月、《北齐书》卷27《韦子粲传》。

安定，经济形势好转，并且增强了防御力量。可参见《周书》卷 25《李贤传附弟远传》：

> 时河东初复，民情未安，太祖谓远曰："河东国之要镇，非卿无以抚之。"乃授河东郡守。远敦奖风俗，劝课农桑，肃遏奸非，兼修守御之备。曾未期月，百姓怀之。太祖嘉焉，降书劳问。

《周书》卷 37《张轨传》：

> （大统）六年，出为河北郡守。在郡三年，声绩甚著。临人治术，有循吏之美。大统间，宰人者多推尚之。

《周书》卷 35《裴侠传》：

> 裴侠字嵩和，河东解人也。……除河北郡守。侠躬履俭素，爱民如子，所食唯菽麦盐菜而已。吏民莫不怀之。

《周书》卷 29《王雅传》：

> 世宗初，除汾州刺史。励精为治，人庶悦而附之，自远至者七百余家。

由于西魏政权刚刚占领河东，统治尚未稳固，国力又略显弱势，如果和东魏（北齐）的边界关系保持紧张状态，频频发生武装冲突，一来消耗财物和人力，二来妨碍生产与社会的安定，不利于当地的建设发展。因此，河东守境的地方长官往往采取友好态度，多次放回俘获的东魏人士，以求缓和两国的关系，保持边境的和平。"自是东魏人大惭，乃不为寇。汾、晋之间，各安其业。两界之民，遂通庆吊，不复为仇雠矣"[1]。

---

[1]《周书》卷 27《宇文测传》。

这项政策至北周统治时期仍在奉行，并且常常取得成效，使边界的冲突大大减少。如《周书》卷31《韦孝宽传》载其出任勋州刺史时，"又有汾州胡抄得关东人，孝宽复放东还，并致书一牍，具陈朝廷欲敦邻好"。又见《周书》卷37《韩褒传》："故事，获生口者，并囚送京师。褒因是奏曰：'所获贼众，不足为多。俘而辱之，但益其忿耳。请一切放还，以德报怨。'有诏许焉。自此抄兵颇息。"

不过，东魏（北齐）方面虽然会有所回应，减少边境的抄掠，却不肯放回被俘的对方人众，这使宇文氏政权耿耿于怀，后来成为出师伐齐的一个借口。如《周书》卷6《武帝纪下》载建德四年（575）七月丁丑诏书陈述伐齐理由时曾说："往者军下宜阳，衅由彼始；兵兴汾曲，事非我先。此获俘囚，礼送相继；彼所拘执，曾无一反。"

（三）收缩防区，确立卫戍重点

沙苑之战失败后，高欢仓皇逃归晋阳，放弃了许多城池，使西魏得以在河东、汾北、河南大肆扩张领土。但是如前所述，东魏的国力毕竟略胜一筹，在稍事休整后，随即开始了反攻。大统四年（538）初，高欢遣尉景、莫多娄贷文先后攻克南汾州（今山西省吉县）、东雍州（治正平，今山西省新绛县）[①]。河桥之战失利后，西魏又丢弃了洛阳、颍川等地。宇文泰在河东地区投入的防御兵力并不多，在相当程度上要依靠当地土豪大族的武装。在敌强我弱的形势下，他采取了收缩兵力，放弃某些边境地段的做法，以便使河东的防务更加稳固。这方面部署的变更主要表现在该地区与敌国接壤的东部、北部两个战略方向。

1. 东部放弃建州，退至邵郡。宇文泰占领河东后，曾派遣杨㯹招募当地义兵，自筹粮饷东伐，一度扩展到建州（治高平，今山西省晋城市

---

① 《北史》卷69《杨㯹传》、《北齐书》卷19《莫多娄贷文传》。

东北）。《周书》卷34《杨攔传》："太祖以攔有谋略，堪委边任，乃表行建州事。时建州远在敌境三百余里，然攔威恩夙著，所经之处，多并赢粮附之。比至建州，众已一万。东魏刺史车折于洛出兵逆战，攔击败之。又破其行台斛律俱步骑二万于州西，大获甲仗及军资，以给义士。由是威名大振。"

建州与河东的联络有两条路线：一是北道，由正平东去汾曲，经浍水上游的曲沃、翼城过中条山尾，横渡沁水后抵达高平；二是南道，由邵郡（治阳胡城，今山西省垣曲县东南古城镇）东越王屋山，过齐子岭、轵关到河内，再北逾太行山麓至建州。这两条路线都很艰险。杨攔占领该地后，孤军深入东魏境内，由于道路崎岖险阻，后方的粮草援兵难以接济。东魏攻陷正平、南绛郡后，建州与河东联络的北道已被隔断，高欢又派遣兵将前去增援。杨攔之师孤悬于境外，危在旦夕，故施计蒙蔽敌人，退军至邵郡，将齐子岭一带的险要路段抛为弃地，用作阻碍敌军的屏障。[1]

2. 北部让出东雍州，建立玉壁要塞。在沙苑之战前后的数年内，西魏与东魏曾反复争夺位于战略要地汾曲的枢纽地点——东雍州，即正平；据《周书》卷34《杨攔传》所载，该地凡三次易手。大统四年（538）河桥之战以后，西魏有识之士王思政提出建议，将河东北部边境防御重心要塞移至正平以西、汾水之南的玉壁（今山西省稷山县西南），不再和敌方力争汾北的东雍州。见《资治通鉴》卷158梁武帝大同四年（538）："东道行台王思政以玉壁险要，请筑城自恒农徙镇之，诏加都督汾、晋、并州诸军事、并州刺史，行台如故。"

此后，正平基本上归属东魏，高欢两次率大军南下攻打玉壁，均顺利来往于汾曲，未遇到阻碍。直至北齐之世，正平仍为高氏占领，并在

---

[1]《周书》卷34《杨攔传》。

其西设武平关，其南设家雀关。参见《通典》卷179《州郡九·古冀州下·绛郡·正平县》：

> 有汾、浍二水。有高齐故武平关，在今县西三十里；故家雀关，在县南七里，并是镇处。

西魏为什么要放弃正平，选择玉壁作为河东北部的防御重心呢？这和两地的地理位置、作战环境，以及东魏的进攻路线有关。高欢出兵河东之途径，是率大军自晋阳、晋州南下，至汾曲（今侯马市、新绛县）有二道。

（1）闻喜（桐乡）路。即直接南下，经闻喜隘口穿过峨嵋台地到达涑水上游，顺流进入河东腹地。这条路线沿途地形复杂，隘口道路崎岖狭窄，兵力不易展开和机动，粮草运输困难，又容易受到阻击，附近的豪强势力也持敌对态度。大统三年（537）东魏占领正平后，曾南下试探，结果遭到闻喜大姓裴邃等地方武装的抵抗，最终连正平郡城也被迫放弃了。参见《周书》卷37《裴文举传》：

> 河东闻喜人也。……大统三年，东魏来寇，（父）邃乃纠合乡人，分据险要以自固。时东魏以正平为东雍州，遣其将司马恭镇之。每遣间人，扇动百姓。邃密遣都督韩僧明入城，喻其将士，即有五百余人，许为内应。期日未至，恭知之，乃弃城夜走。因是东雍遂内属。及李弼略地东境，邃为之乡导，多所降下。

因此，这条道路并不是东魏进攻河东的主要途径。

（2）龙门、汾阴路。自汾曲沿汾水北岸西行，过正平、高凉（今山西省稷山县）到达龙门，然后再渡过汾水，沿黄河东岸南下，经汾阴进入运城盆地。选择这条路线有以下好处。

首先，道路易行。正平到龙门的陆路较为平坦，能够避开峨嵋台地的障碍，行进方便。如北魏孝文帝太和二十一年（497）由平城南巡，至河东蒲坂，即未走闻喜路，而选择了比较舒适便利的龙门、汾阴路。[①] 另外，大军由此道西征，还可以与船队同行，水陆并进，便于给养的运输。

其次，通达性强。对于东魏来说，进攻河东是为了将军队投入到关中平原。而进兵龙门能够从两个方向对西魏造成威胁，即或在龙门西渡黄河之夏阳（今陕西省韩城市东南）进入渭北平原，或南下汾阴、蒲坂，自蒲津西渡黄河而进入关中。使用这条路线，敌人不易判断攻方的意图，如果分兵在夏阳、蒲津镇守，就会削弱防御力量，有利于攻方的作战。所以高欢在玉壁之战前两次西征，走的都是这条道路[②]。

正平处于涑水道、汾水道的交叉路口，地理位置固然重要，但是距离东魏的重镇晋州太近，西魏的国势又相对较弱，难以在此长期据守。此外，正平地处汾水北岸，与后方有河流相隔，防御时背水作战，和后方的联系易被截断，故为兵家所忌。这些都是西魏放弃该地的主要原因。

玉壁城的位置在高凉西南十二里、汾水南岸渡口处[③]，西魏在此处建立城垒，作为南汾州及勋州治所，北周又于此地设玉壁总管府，作为河东北部防御的重心和支撑点，是由以下原因决定的。

第一，作战环境有利。玉壁城前临汾水，可以作为天然堑壕，阻滞敌军的来攻。该城又据峨嵋岭上，地势高峻，"四面并临深谷"[④]，增加了敌人仰攻的难度。

---

① 《魏书》卷 7 下《高祖纪下》。

② 《周书》卷 2《文帝纪下》大统三年（537）春正月，《资治通鉴》卷 157 梁大同三年（537）四月及胡三省注。

③ 〔唐〕李吉甫：《元和郡县图志》卷 12《河东道一》河中府绛州稷山县"玉壁故城"条，中华书局，1983 年。〔清〕顾祖禹：《读史方舆纪要》卷 41《山西三》平阳府绛州稷山县"玉壁城"条，中华书局，2005 年。

④ 〔唐〕李吉甫：《元和郡县图志》卷 12《河东道一》河中府绛州稷山县，中华书局，1983 年，第 335 页。

第二，阻遏敌人入侵。玉壁原为汾水下游的一处渡口，北魏时曾在此设置关卡①。由此地渡河后南行，有穿越峨嵋台地的隘路，可以通往汾阴（今山西省万荣县），到达运城盆地的北部。在玉壁筑城设防，能够阻断这条进入盆地的通道，保护河东腹地的安全。

第三，威胁对方的补给路线。前文已述，东魏进攻河东时主要走龙门、汾阴路，由正平、高凉西至龙门，在汾水北岸行进。南岸玉壁城的守军约有八千人，难以渡河阻挡高欢的大兵，但是在敌军主力通过后，却可以分头出动，封锁道路，断绝其后方运输的给养。即使东魏在高凉留下一些部队戍守，也难以杜绝对方在龙门道上的骚扰破坏，会给前线的大军行动带来许多麻烦。

综上所述，玉壁在军事上具有重要的地位价值，故宇文泰接受了王思政的建议，在该地设立要塞，部署精兵良将，使其成为东魏西征路上的严重障碍。大统八年（542）、十二年（546），高欢两次率倾国之师攻打玉壁，均铩羽于锐卒坚城之下，惨败而归。尤其是后一次，"顿军五旬，城不拔，死者七万人"②，致使高欢"智力俱困，因而发疾"③，还师晋阳后二月即死去了。

（四）设置中潬城、蒲津关城，重建浮桥

"潬"即江河之中的沙洲。西魏兵进河东后，在蒲津渡口两岸中间的沙洲上建立了城垒，名为"中潬城"，并留置兵将守备，借以保护浮桥，增强津渡的防御力量。见《周书》卷39《韦瑱传》："大统八年，齐神武

---

① "《志》云：今县西南十二里有玉壁渡，元魏时于汾水北置关，后为渡。其南又有景村渡，后徙而西北为李村渡。夏秋以舟，冬为木桥以济。"〔清〕顾祖禹：《读史方舆纪要》卷41《山西三》平阳府绛州稷山县"汾水"条，中华书局，2005年。

② 《北齐书》卷2《神武纪下》武定四年（546）。

③ 《周书》卷31《韦孝宽传》。

侵汾、绛，瑱从太祖御之。军还，令瑱以本官镇蒲津关，带中潬城主。"此前蒲津的中潬城不见记载，史籍仅有高欢在蒲津西岸筑城的记录，可以认为它是在大统三年（537）西魏占领河东以后至大统八年（542）宇文泰增援玉壁还军期间设置的。

《通典》卷179《州郡九·古冀州下》河东郡"河东县"条曰："汉蒲坂县，春秋秦晋战于河曲，即其地也。有蒲津关，后魏大统四年造浮桥，九年筑城为防。"前文已述，据《左传·昭公元年》记载，蒲津浮桥早在春秋时期就已修筑。《史记》卷5《秦本纪》亦载秦昭王五十年（前257）"初作河桥"，《史记正义》注曰："此桥在同州临晋县东，渡河至蒲州，今蒲津桥也。"但浮桥为绳索连系木船而成，不甚牢固，每年冬初或春初常有冰凌漂浮河面，顺流而下，屡屡发生将浮桥冲毁之事，可参见《全唐文》卷226张说《蒲津桥赞》。此外，历代爆发的战乱也常常使浮桥遭到破坏。西魏大统初年，蒲津舟桥已经荡然无存，故《周书》卷2《文帝纪下》载大统三年正月，东魏高欢下河东，"屯军蒲坂，造三道浮桥度河"，后来他撤兵时又将浮桥拆毁。西魏在当年十月沙苑之战胜利后进军占据泰州，为了巩固当地的防务，便于从关中根据地向河东运送兵员、给养，在次年重新建造了浮桥。

再者，泰州州城暨河东郡治所在的蒲坂县城，距离渡口还有数里之遥，浮桥西端的蒲津关原无城池保护。大统八年东魏出动大军进攻玉壁之后，河东的军事形势日趋紧张。出于增强浮桥防务的目的，宇文泰下令在蒲津关筑城为防。据前引《周书》卷39《韦瑱传》所言，西魏的蒲津关守将兼任中潬城主，表明了朝廷对当地防御的重视。

（五）在临近河东的华（同）州设立重镇

华州治武乡，故址在今陕西省大荔县城关镇东。该地西南有洛水环绕，东临黄河，距蒲津渡口数十里，自古即为兵家重地。春秋初年，犬戎据此筑王城，称大荔国，后为秦所灭，改称临晋，为进军河东之前线要塞。两汉魏晋时该地属冯翊郡，北魏孝文帝太和十一年（487）置华州；西魏仍之，至废帝三年（554）改称同州。见《魏书》卷106下《地形志下》载华州，"太和十一年分秦州之华山、澄城、白水置。"《隋书》卷29《地理志上》："冯翊郡，后魏置华州，西魏改曰同州。"

华（同）州是长安至河东的中途要镇，该地临近蒲津渡口，是控制这条交通路线的枢要。魏孝武帝入关后，高欢兵进崤陕、河东，又在蒲津两岸夹河筑城，控制了黄河渡口，势逼华州。宇文泰率领西魏军队主力屯于长安附近，因为蒲津方向的威胁太大，故派遣老将王罴任大都督，镇守华州，并补修城池，以抵御来犯之敌。参见《太平寰宇记》卷28《关西道四》：

> 按《郡国记》云，同州所理城，即后魏永平三年刺史安定王元燮所筑。其东城，正光五年，刺史穆弼筑，西与大城通。其外城，大统元年刺史王罴筑。

河东归属东魏时，高欢数次调遣兵将由蒲津西渡，攻打华州，企图夺取这一要地，打开进军长安的门户。但是由于王罴的奋力防卫，均未能得逞。①

沙苑之战后，高欢败归晋阳，西魏乘势攻占河东。为了巩固当地的防务，在敌人大兵压境时能够迅速给予支援，宇文泰调整了兵力部署，留魏帝于京师长安，而以华州为别都、霸府，亲自率领诸将及军队主力移居该地，并设立丞相府，处理军国政务。有急便领兵出征，事讫即还屯华州。②如胡三省所言："宇文泰辅政多居同（华）州，以其地扼关、

---

① 《周书》卷18《王罴传》、《北史》卷62《王罴传》、《周书》卷2《文帝纪下》大统三年（537）九月。
② 《周书》卷2《文帝纪下》大统三年十月至十四年夏五月。

河之要，齐人或来侵轶，便于应接也。"①

西魏恭帝三年（556）九月乙亥，宇文泰在云阳病逝，世子宇文觉继位后，亦当即奔赴同州，掌握权力。②后来宇文护执掌朝政，都督中外诸军事，亦在同州晋国公第置府发号施令，设立皇帝的别庙，并建有同州宫和长春宫两座宫殿。见《周书》卷11《晋荡公护传》："自太祖为丞相，立左右十二军，总属相府。太祖崩后，皆受护处分，凡所征发，非护书不行。护第屯兵禁卫，盛于宫阙。事无巨细，皆先断后闻。保定元年，以护为都督中外诸军事，令五府总于天官。……于是诏于同州晋国第，立德皇帝别庙，使护祭焉。"

王仲荦先生对此评论道："按宇文护执周政，亦以同州地扼关河之要，多居同州。北周诸帝又时巡幸，故同州置同州宫也。"③

而周武帝除掉宇文护后，也立即派遣齐国公宇文宪赴同州，"往护第，收兵符及诸簿书等"④。

西魏、北周的统治者还在同州附近开办屯田、兴修水利，大力发展农业，以壮大当地的经济力量。例如，《周书》卷35《薛善传》载宇文泰克河东后，"时欲广置屯田以供军费，乃除司农少卿，领同州夏阳县（今陕西省韩城市、黄龙县东南部）二十屯监。又于夏阳诸山置铁冶，复令善为冶监，每月役八千人，营造军器"。《周书》卷5《武帝纪上》载，周武帝保定二年（562）正月，又于同州"开龙首渠，以广灌溉"，使这里的生产事业得以发展。

在军事上，华州（同州）自此成为西魏（北周）军队前往河东的出发基地。例如，高欢在大统八年（542）领兵攻打河东的前方要塞玉壁，

① 《资治通鉴》卷166梁敬帝太平元年（556）九月"丙子"条注。
② 《资治通鉴》卷166梁敬帝太平元年九月"乙亥""丙子"条。
③ 王仲荦：《北周地理志》，中华书局，1980年，第56页。
④ 《周书》卷12《齐炀王宪传》。

宇文泰即从此出兵增援："冬十月，齐神武侵汾、绛，围玉壁。太祖出军蒲坂，将击之。军至皂荚，齐神武退。"①

保定三年（563），北周派遣杨忠、达奚武自塞北、河东两路夹攻晋阳，也是周武帝亲临同州后由此发兵的。②天和五年（570），斛律光、段荣等进占汾北，执政宇文护亦率兵将由同州北上，至龙门渡河后实行反攻。③

周武帝亲政后，亦频频巡幸同州、蒲州等，并在河东举行军事演习，为大举伐齐做准备，直至最后出兵北攻晋阳，灭亡北齐，统一了北方。④

六、沙苑之战后东魏（北齐）对河东、汾北的反攻

（一）大统四年（538）春季、秋季的反攻

大统三年（537）十月沙苑之战后，西魏夺取了河东与汾北地区，因为所失地域具有极高的战略价值，从西、南两面对东魏的政治军事重心并州构成了直接威胁，这是高欢无法容忍的。在重新聚集兵力、粮草之后，他于次年（538）二月发动了反攻，计有以下几个方向：南汾州，东雍州，北绛郡、南绛郡，邵郡。

1. **南汾州**。南汾州治定阳（今山西省吉县），为北魏所置。东魏初年，南汾为高欢所有。沙苑之战后，高欢逃归晋阳，宇文泰随即派兵进占南汾州，并任命关中豪族韦子粲为南汾州刺史，其弟韦道谐为镇城都

---

① 《周书》卷2《文帝纪下》。
② 《周书》卷5《武帝纪上》保定三年九月"丙戌""戊子"条，十二月"辛卯"条。
③ 《周书》卷12《齐炀王宪传》。
④ 《周书》卷6《武帝纪下》建德三年（574）九月"庚申"条，十月"甲寅""丙辰"条；四年（575）三月"丙寅"条，十月"甲午"条；五年（576）春正月"癸未""辛卯""甲午"条，三月"壬寅"条，四月"乙卯"条，十月"东伐"条。

督。大统四年（538）二月，高欢遣大都督善无贺拔仁等率军收复南汾州，擒获韦子粲兄弟①，并委任薛修义为晋、南汾、东雍、陕四州行台②。

2. 东雍州（正平）。 大统三年（537）八月，西魏克弘农、陕县后，又进据东雍州治正平（今山西省新绛县）；后高欢自晋阳统大军南征时，收复了正平，任命司马恭为东雍州刺史③。沙苑之战后，西魏军锋逼至晋州城下，正平再度失陷，宇文泰先后任命裴邃、段荣显为正平郡守，金祚为晋州刺史，入据东雍州。④次年（538）二月，东魏收复南汾州后，又令平阳太守封子绘于千里径东旁开新路，以利大军通行；以太保尉景、大将斛律金、莫多娄贷文、库狄干等南下攻克正平，遣薛荣祖为东雍州刺史，具体时间不详，但在河桥之战（八月）以前⑤。

东魏占据正平后，从闻喜隘口南下，沿涑水进入运城盆地，企图占领盐池重地。但是遭到守将辛庆之的抵抗，无功而返。⑥

八月河桥之战后，西魏建州刺史杨㯹又占正平。⑦十二月，王思政奏请筑玉壁城，聚兵屯守，作为河东北境重镇，遂放弃了汾北的正平。此后东雍州又为东魏所有，高欢委任大将潘乐为该州刺史，后来因为该地逼近敌境，难以维持，一度想要弃守，但在潘乐的劝阻下撤销了。参见《北齐书》卷15《潘乐传》："累以军功拜东雍州刺史。神武尝议欲废州，

---

①《资治通鉴》卷158梁武帝大同四年（538）二月，及《北史》卷5《魏本纪第五》大统四年："二月，东魏攻陷南汾、颍、豫、广四州。"

②《北齐书》卷20《薛修义传》。

③《周书》卷37《裴文举传》。

④《周书》卷34《杨㯹传》、卷37《裴文举传》，《北史》卷53《金祚传》，《北齐书》卷20《薛修义传》。

⑤《北史》卷69《杨㯹传》，《北齐书》卷17《斛律金传》、卷19《莫多娄贷文传》、卷20《薛修义传》、卷21《封隆之传附子绘传》。

⑥《周书》卷39《辛庆之传》。

⑦《北齐书》卷20《薛修义传》。

乐以东雍地带山河，境连胡蜀，形胜之会，不可弃也。遂如故。"

3. 北绛郡、南绛郡。北绛郡治北绛县，故址在今山西省翼城县东南三十五里北绛村（古翼城址）。汉朝称为绛县，属河东郡，北魏时改称北绛县，立北绛郡。参见《隋书》卷30《地理中》"绛郡"条："翼城，后魏置，曰北绛县，并置北绛郡。后齐废新安县，并南绛郡入焉。开皇初郡废，十八年改为翼城。"《太平寰宇记》卷47《河东道八》："翼城县，本汉绛县地，属河东郡。自汉至魏不改。后魏明帝置北绛县于曲沃县东，属北绛郡。周齐不改。隋开皇三年罢郡，改属晋州。十六年改为翼城县，属绛州，因县东古翼城为名也。"

南绛郡治南绛县，故址在会交川①，即今山西省绛县东北大交镇，当时亦为南绛县治所在地。"会交"又名"浍交"，见《水经注》卷6《浍水》："浍水东出绛高山，亦曰河南山，又曰浍山，西径翼城南。……浍水又西与诸水合，谓之浍交。"

大统三年（537）八月，宇文泰克弘农后，渡河取邵郡，并夺走南北二绛，事见前引《周书》卷34《杨㨚传》。高欢反攻时大军途经汾曲，收复正平、二绛等地；沙苑之战败后仓皇退兵时，汾曲诸地又被放弃，因此西魏军锋逼至晋州，再次占领了二绛。

大统四年（538），东魏克复南汾州、正平。八月，宇文泰攻洛阳，高欢率主力前赴应敌，令大将斛律金领偏师南下，进攻河东，但是在晋州（今山西省临汾市）受阻，遂与守将薛修义和乔山等地的土寇作战，直至与高欢主力会合后，才得以获胜，随即又南下反攻，夺回南绛等汾曲重地。②

---

① 《魏书》卷106上《地形志二上》载晋州有南绛郡，"建义初置，治会交川"，又"领县二，户八百三十六，口二千五百九十一，南绛、小乡"。
② 《北齐书》卷17《斛律金传》、卷21《封隆之传附子绘传》。

但是从史书记载来看，高欢主力撤退后，西魏曾收复正平与南绛郡。见《周书》卷34《杨㯹传》："（河桥战后）时东魏以正平为东雍州，遣薛荣祖镇之。㯹将谋取之，乃先遣奇兵，急攻汾桥。荣祖果尽出城中战士，于汾桥拒守。其夜，㯹率步骑二千，从他道济，遂袭克之。进骠骑将军。……转正平郡守，又击破东魏南绛郡，虏其郡守屈僧珍。"而北绛郡的许多据点也在西魏军队手里。到天保年间，才又被北齐名将斛律光攻占，见《北齐书》卷17《斛律光传》：

> （天保三年）除晋州刺史。东有周天柱、新安、牛头三戍，招引亡叛，屡为寇窃。七年，光率步骑五千袭破之，又大破周仪同王敬俊等，获口五百余人，杂畜千余头而还。九年，又率众取周绛川、白马、浍交、翼城等四戍。

以上诸戍的具体位置，请参见王仲荦先生的考证[①]。

4.**邵郡**。邵郡治阳胡城，在今山西省垣曲县东南古城镇，临近黄河，对岸即崤函山区。该地原属东魏。大统三年（537）八月，宇文泰克弘农后，又派杨㯹与邵郡土豪联络，攻取该郡。见《周书》卷34《杨㯹传》："时弘农为东魏守，㯹从太祖攻拔之。然自河以北，犹附东魏。㯹父猛先为邵郡白水令，㯹与其豪右相知，请微行诣邵郡，举兵以应朝廷，太祖许之。㯹遂行，与土豪王覆怜等阴谋举事，密相应会者三千人，内外俱发，遂拔邵郡。擒郡守程保及令四人，并斩之。众议推㯹行郡事，㯹以因覆怜成事，遂表覆怜为邵郡守。以功授大行台左丞，率义徒更为经略。"

沙苑之战后，杨㯹领兵东取建州（今山西省晋城市东北）；大统四年（538）东魏反攻，连克南汾州、东雍州，杨㯹孤立无援，遂撤回邵

---

① 王仲荦：《北周地理志》，中华书局，1980年，第805页。

郡；随即北上击败薛荣祖，夺取正平。河桥之战后，宇文泰自洛阳撤回关中，又有降兵内乱，形势一度很紧张，邵郡也发生了叛乱，被东魏军队占领。西魏所授河北守令闻风而逃，东魏军队甚至一度从东方攻入运城盆地，威胁盐池，后被辛庆之击退。而事后杨㩑再次率众南下，夺回了邵郡。[①]此后，战事趋于平稳，东魏于轵关附近筑城拒守，西魏则固守邵郡，双方隔齐子岭相持，战事往来互有胜负，直至建德五年（576）北周灭齐之役。

（二）大统八年（542）高欢初攻玉壁

西魏在河桥之战失利后，接受了王思政的建议，调整河东军事部署，在玉壁（今山西省稷山县西南）筑城，作为北境的防御重心。至兴和三年（541），东魏连获丰收，经济形势逐渐好转。《资治通鉴》卷158梁武帝大同七年（541）："魏自丧乱以来，农商失业，六镇之民相帅内徙，就食齐、晋，（高）欢因之以成霸业。东西分裂，连年战争，河南州郡鞠为茂草，公私困竭，民多饿死。欢命诸州滨河及津、梁皆置仓积谷以相转漕，供军旅，备饥馑，又于幽、瀛、沧、青四州傍海煮盐，军国之费，粗得周赡。至是，东方连岁大稔，谷斛至九钱，山东之民稍复苏息矣。"次年，高欢又任命大将侯景为兼尚书仆射、河南道大行台，总管黄河以南对梁朝和西魏的防务。胡三省注《资治通鉴》卷158梁武帝大同八年（542）八月"庚戌"条："既委景以备梁、魏，又使讨叛贰，随机则便宜从事，其任重矣。"这样高欢得以全力以赴，专统重兵自晋阳南下，以夺取河东这块战略要地。

大统八年八月，高欢率大军进攻河东，具体兵力数目不详，但据《资治通鉴》卷158记载，其规模巨大，"入自汾、绛，连营四十里"。

---

①《北齐书》卷17《斛律金传》，《周书》卷34《杨㩑传》、卷39《辛庆之传》。

可能与前次出征沙苑的兵力相近，在 20 万左右。宇文泰"使王思政守玉壁以断其道"。高欢先以书招降，被严词拒绝，随即开始对该城展开围攻，战事相当激烈，最终以高欢的失败撤退而告终。其失败原因大致有三。

1. **城险备严**。玉壁地势险要，"城周回八十（'十'字衍）里，四面并临深谷"[①]。王思政的防御设施又很周密，致使东魏损兵折将，无法得手。见《周书》卷 18《王思政传》："（河桥战后）思政以玉壁地在险要，请筑城。即自营度，移镇之。迁并州刺史，仍镇玉壁。八年，东魏来寇，思政守御有备，敌人昼夜攻围，卒不能克，乃收军还。"

2. **天时不利**。高欢此番攻城，恰好遇到恶劣的降雪天气，阻碍了军队的行动；另外，军粮供应不足也造成部队严重减员，被迫停止进攻。见《资治通鉴》卷 158 梁武帝大同八年（542）"冬，十月，己亥，（高）欢围玉壁，凡九日，遇大雪，士卒饥冻，多死者，遂解围去"。

3. **西魏救援及时**。针对高欢对玉壁的围攻，西魏先遣太子元钦领兵镇守蒲坂津要，随即由宇文泰亲率大军前去援救。他帐下的名将如贺拔胜、赵贵、怡峰、杨忠、尉迟纲、郑伟、裴果、阳雄等，都随同参加了这次行动，事见《周书》各人本传。以上说明西魏对此非常重视，援兵的规模亦相当可观。行至中途，高欢判断形势不利，便迅速撤退，宇文泰纵兵追击，渡过汾水，但未能赶上。见《资治通鉴》卷 158 梁武帝大同八年十月，"魏遣太子钦镇蒲坂。丞相泰出军蒲坂，至皂荚，闻欢退渡汾，追之，不及"。

至此，高欢对玉壁的初次进攻以失败告终。

---

① 〔唐〕李吉甫：《元和郡县图志》卷 12《河东道一》河中府绛州稷山县，中华书局，1983 年，第 335 页。

（三）大统十二年（546）高欢二攻玉壁

大统九年（543），高欢在邙山之战中大胜西魏军队，"拓地至弘农而还"。次年（544），他出征讨平并州之西的山胡，下一年（545）又亲临北边，营筑城垒，完成对奚、柔然的防御部署[1]。巩固后方的统治之后，高欢于大统十二年调集全国兵马，再度出征河东，兵力有 25 万~30 万，帐下名将萃集（如斛律金、韩轨、刘丰、慕容俨等，见《北齐书》各人本传），并让河南大行台侯景领兵自齐子岭攻击邵郡[2]，以分散河东的防御兵力。东魏此番进攻准备充分，志在必得，围攻玉壁的目的还在于吸引西魏主力前来救援，以便反客为主，发挥其兵力上的优势，战而胜之。但是这一计划被宇文泰识破，只以玉壁孤城抗击敌军，并不派遣人马前来增援。见《资治通鉴》卷 159 梁武帝中大同元年（546）八月，"东魏丞相欢悉举山东之众，将伐魏；癸巳，自邺会兵于晋阳；九月，至玉壁，围之。以挑西师，西师不出"。

高欢此番围攻玉壁，历时近两月，时间超过上次数倍。在攻城手段上采取了起土山、凿地道、断绝城中水源、攻车冲击、火炬焚烧等多种战术。守将韦孝宽应对有方，"城外尽其攻击之术，孝宽咸拒破之"[3]，使东魏军队伤亡惨重，士气衰落。《北齐书》卷 2《神武纪下》载："顿军五旬，城不拔，死者七万人，聚为一冢。有星坠于神武营，众驴并鸣，士皆詟惧。"高欢智力俱困，无计可施，因而发病，"十一月庚子，舆疾班师"，烧营而退。高欢回到晋阳后，病情加剧而死。东魏劳师丧众，遭受了巨大的人力物力损失，在此重创下元气大伤，直至后来北齐禅代，20 余年未向西魏（北周）发动大规模进攻，只是乘南朝在侯景之乱时国势衰弱，攻取了淮南之地。

---

① 《北齐书》卷 2《神武纪下》武定三年（545）十月"丁卯"条。

② 《周书》卷 34《杨摽传》。

③ 《周书》卷 31《韦孝宽传》。

（四）东魏（北齐）向河东地区发动零星攻势（547—569）

玉壁战役受挫后，高氏统治集团遭重创之余，先是应付侯景在河南的反叛，后又忙于禅代魏室，无力也无暇向关中的宇文氏发动大举进攻。相反，西魏及后来的北周却乘机频频东征，并联合突厥对河东地区实行夹击。北齐在东西对抗的形势中处于被动地位，在此期间只向河东地区发动了一些小规模的攻势。

1. 东魏武定六年至七年（548—549）。《北史》卷55《房谟传》载房谟就任晋州刺史、摄南汾州事时，曾经拉拢附近的胡汉人士，攻克西魏在龙门以北的许多城戍："先时境接西魏，土人多受其官，为之防守。至是，酋长、镇将及都督、守、令前后降附者三百余人，谟抚接殷勤，人乐为用。爰及深险胡夷，咸来归服。谟常以己禄物，充其犒赏，文襄嘉之，听用公物。西魏惧，乃增置城戍。慕义者，自相纠合，击破之。自是龙门已北，西魏戍皆平。文襄特赐粟千石，绢二百匹，班示天下。"

2. 西魏大统十八年（552）。《周书》卷19《达奚武传》载是年达奚武以大将军出镇玉壁，量地形胜，建立乐昌、胡营、新城三防。"齐将高苟子以千骑攻新城，武邀击之，悉虏其众"。

3. 北齐天保七年（556）。齐将斛律光攻破周北绛郡天柱等三戍。

4. 北齐天保九年（558）。斛律光又取周南绛郡绛川等四戍。

以上天保两事参见《北齐书》卷17《斛律光传》："（天保三年）除晋州刺史。东有周天柱、新安、牛头三戍，招引亡叛，屡为寇窃。七年，光率步骑五千袭破之，又大破周仪同王敬俊等，获口五百余人，杂畜千余头而还。九年，又率众取周绛川、白马、浍交、翼城等四戍。除朔州刺史。"

5. 北齐天保十年（559）。斛律光取周柏谷（壁）、文侯镇。《北齐书》卷17《斛律光传》："（天保十年）二月，率骑一万讨周开府曹回公，斩之。柏谷城主仪同薛禹生弃城奔遁，遂取文侯镇，立戍置栅而还。"其事又见《资治通鉴》卷167陈武帝永定三年（559）二月，"齐斛律光将骑一万，击周开府仪同三司曹回公，斩之，柏谷城主薛禹生弃城走，遂取文侯镇，立戍置栅而还。"此处之"柏谷"即其他史籍中所称之"柏壁"，北周镇守玉壁的大将达奚武所筑。《周书》卷19《达奚武传》："武成初，……齐将斛律敦侵汾、绛，武以万骑御之，敦退。武筑柏壁城，留开府权严、薛羽生守之。"此处之薛羽生即前引《北齐书》《资治通鉴》所载"薛禹生"。

柏壁城在今山西省新绛县西南二十里，北魏曾于此处置镇，并作为东雍州、正平郡的治所。西魏大统四年（538）筑玉壁城，放弃汾北的正平之后，亦把柏壁当作正平郡、闻喜县治所。见《元和郡县图志》卷12《河东道一》河中府绛州正平县"柏壁"条。文侯镇又称文侯城，在汾水之南，柏壁城附近。[①]

6. 北齐皇建元年（560）卢叔虎献平西策。北齐建国以后，内部逐渐安定，国力得到恢复发展。《资治通鉴》卷168陈文帝天嘉元年（560）十一月载："初，齐显祖之末，谷籴踊贵。济南王即位，尚书左丞苏珍芝建议，修石鳖等屯，自是淮南军防足食。肃宗即位，平州刺史嵇晔建议，开督亢陂，置屯田，岁收稻粟数十万石。北境周赡。又于河内置怀义等屯，以给河南之费。由是稍止转输之劳。"在此情况下，皇帝和一些大臣产生了西征关陇、统一北方的想法。

560年，孝昭帝高演即位，《北齐书》卷6《孝昭帝纪》载其"雄断有谋，于时国富兵强，将雪神武遗恨，意在顿驾平阳，为进取之策"。大臣卢叔虎乘机向朝廷建议征讨宇文氏，认为北齐的国力远超过北周，但是在战略的运用上却没有发挥这一优势："人众敌者当任智谋，智谋钧者当任势力，故强者所以制弱，富者所以兼贫。今大齐之比关西，强弱不

---

① 王仲荦：《北周地理志》，中华书局，1980年，第800页。

同，贫富有异，而戎马不息，未能吞并，此失于不用强富也。"他提出不以胜负难料的野战为主要手段，而是在平阳（今山西省临汾市）建立重镇，"深沟高垒，运粮积甲，筑城戍以属之"，乘隙蚕食河东之地，"彼若闭关不出，则取其黄河以东，长安穷蹙，自然困死。如彼出兵，非十万以上，不为我敌，所供粮食，皆出关内。我兵士相代，年别一番，谷食丰饶，运送不绝。彼来求战，我不应之。彼若退军，即乘其弊。自长安以西，民疏城远，敌兵来往，实有艰难，与我相持，农作且废，不过三年，彼自破矣"①，并自愿前往平阳，筹备落实这一计划。卢叔虎的作战方案得到高演的赞许，后者命令元文遥和卢叔武讨论制定了《平西策》，准备执行。不料"未几帝崩，事遂寝"②。

7. 北齐河清二年（563）。大将斛律光率领步骑二万在轵关以西修筑勋掌城及长城二百里，安置了十三处戍所，以加强对河东邵郡方向的防御。此外，北齐的边境部队还袭击了汾州（治今山西省吉县），抄掠人口财物，被北周汾州刺史韩褒设伏击败，尽获其众。事见《北齐书》卷17《斛律光传》和《周书》卷37《韩褒传》。

在上述河东及汾北地区小规模的交战当中，北齐虽然胜多负少，但是未能改变双方对峙的基本战略态势。

（五）武平元年至二年（570—571）斛律光、段韶再夺汾州

自河清二年起，周、齐两国矛盾激化，宇文氏开始发动大规模进攻，企图灭亡高齐政权。十月，北周联合突厥对晋阳南北夹攻，虽未获得预期战果，但已使并州地区损失惨重。次年（564），宇文护又统兵二十余万，东征洛阳，在邙山战败；突厥亦在幽州地区侵略骚扰。天统四

---

① 《北齐书》卷42《卢叔武传》。
② 《北齐书》卷42《卢叔武传》。

年（568），北周又迎皇后于突厥，加深两国关系。北齐面临的威胁加剧，迫使它考虑采取更为积极的军事行动来保护自己的安全。故自天统五年（569），周、齐开始在崤山南道的冲要（宜阳）展开激烈的争夺战斗。参见《资治通鉴》卷170陈宣帝太建元年（569）：

> 八月，庚辰，盗杀周孔城防主，以其地入齐。
>
> 九月，辛卯，周遣齐公宪与柱国李穆将兵趣宜阳，筑崇德等五城。
>
> 十二月，……周齐公宪等围齐宜阳，绝其粮道。

同书同卷太建二年（570）正月：

> 齐太傅斛律光将步骑三万救宜阳，屡破周军，筑统关、丰化二城而还。周军追之，光纵击，又破之，获其开府仪同三司宇文英、梁景兴。

但因宜阳地形险要复杂，兵力不易展开，两国交战各有得失，战事处于胶着状态。双方的有识之士都考虑到应该把争夺的重点转移到更具战略价值的河东外围地带——汾北。《资治通鉴》卷170载："周、齐争宜阳，久而不决。勋州刺史韦孝宽谓其下曰：'宜阳一城之地，不足损益。两国争之，劳师弥年。彼岂无智谋之士，若弃崤东，来图汾北，我必失地。今宜速于华谷及长秋筑城以杜其意。脱其先我，图之实难。'乃画地形，具陈其状。"而执政的宇文护却认为难以派遣守将，"谓使者曰：'韦公子孙虽多，数不满百。汾北筑城，遣谁守之！'事遂不行"。

由于宇文护的失策，北齐抢得先手。武平元年（570）冬，将领斛律光、段韶等人领兵在汾北地区展开攻势，连连获胜。《北齐书》卷17《斛律光传》载："（武平元年）其冬，光又率步骑五万于玉壁筑华谷、龙门二城，与宪、显敬等相持，宪等不敢动。光乃进围定阳，仍筑南汾城，置州以逼之，夷夏万余户并来内附。二年，率众筑平陇、卫壁、统戎等镇戍十有三所。周柱国枹罕公普屯威、柱国韦孝宽等，步骑万余，来逼平陇，与光战于汾水之北，光大破之，俘斩千计。"

《周书》卷31《韦孝宽传》载："是岁，齐人果解宜阳之围，经略汾北，遂筑城守之。其丞相斛律明月至汾东，请与韦孝宽相见。明月曰：'宜阳小城，久劳战争。今既入彼，欲于汾北取偿，幸勿怪也。'"

斛律光的出击大获成功，使北齐取得了交战的主动权，迫使"周人释宜阳之围以救汾北"[1]。武平二年（571）正月，北周大将宇文宪领兵赴救。三月，"周齐公宪自龙门渡河，斛律光退保华谷，宪攻拔其新筑五城。齐太宰段韶、兰陵王长恭将兵御周师，攻柏谷（壁）城，拔之而还"[2]。

四月，北周又在崤函南道发动攻势，"陈国公纯、雁门公田弘率师取齐宜阳等九城"[3]。北齐方面留段韶在汾北继续作战，遣斛律光统兵前往救援，攻陷四座城戍后回师。[4]

五月至六月，段韶在汾北连连告捷，攻克定阳与姚襄城，生擒北周汾州刺史杨敷，后来段韶因病情严重而停止了攻势。而宇文宪仅占领了龙门附近的几座城垒，战果有限，未能驱逐齐兵、收复大部分失地。[5]这一战役前后历时一年半，北齐方面在汾北"拓地五百里"[6]，获得了较为重大的胜利，使前线重镇平阳侧翼的安全得到保障，同时也改善了自己在河东战场的处境。但是当年（571）九月，段韶病逝；次年六月，齐后主听信谗言，诛杀斛律光。这两位名将的去世，使北齐再也没有能够担当

---

①《资治通鉴》卷170陈宣帝太建二年（570）十二月。

②《资治通鉴》卷170陈宣帝太建三年（571）三月。

③《周书》卷5《武帝纪上》天和六年（571）四月"庚子"条。

④《北齐书》卷17《斛律光传》："是月，周遣其柱国纥干广略围宜阳，光率步骑五万赴之，大战于城下，乃取周建安等四戍，捕虏千余人而还。"

⑤ 其经过参见《资治通鉴》卷170陈宣帝太建三年五月、六月事。

⑥《资治通鉴》卷170陈宣帝太建三年正月。

重任的军事统帅；再加之高氏统治集团政治腐败，内部矛盾激化，此后便无力再对北周发动大规模的进攻了。

七、从地域角度分析西魏（北周）进攻战略的演变

沙苑之战以后，西魏攻占了河东、崤函两处要地，在地理形势上占据了较为有利的地位，逐渐掌握了战场上的主动权。第一，它的关中根据地摆脱了频受威胁的状态，再未受到敌人直接的进攻。高氏的数次西征均被守方依托汾水、峨眉台地、王屋山或崤函山区有利的地形、水文条件阻挡住了。第二，从此后两国交锋的情况来看，宇文氏的主动进攻次数明显要多于对手。如果统计出动举国之兵进攻的次数，沙苑之战后高氏仅有围攻玉壁的两次大规模行动，而宇文氏则有 5～6 次。下文将从地域角度分析建德五年（576）灭齐之役前西魏（北周）的进攻战略，以及灭齐战略。

（一）灭齐之役前西魏（北周）进攻战略特点

1. **以崤函—河阳为主攻方向**。从宇文氏对东魏（北齐）的进军路线和主攻方向来看，在建德五年发动灭齐之役之前，大举东征的路线基本上都选择了崤函山区的豫西通道，主攻目标是号称"天下之中"的洛阳，企图占领河洛地区，尤其是交通枢纽河阳三城，这样就能控制位于东亚大陆核心地带的十字路口和水陆冲要，北入上党，攻击晋阳；东出河北平原，直逼山东的经济、政治中心邺城；东南顺汴渠而下，到达江淮流域；南面可进兵南阳盆地，经过襄樊而抵江汉平原。西魏（北周）在这一方向发动的大规模进攻共有五次：

（1）河桥之战。大统四年（538）八月，宇文泰率大军救援被围的洛阳金墉城守兵，与东魏军队战于河桥。西魏先败后胜，杀东魏大将高敖

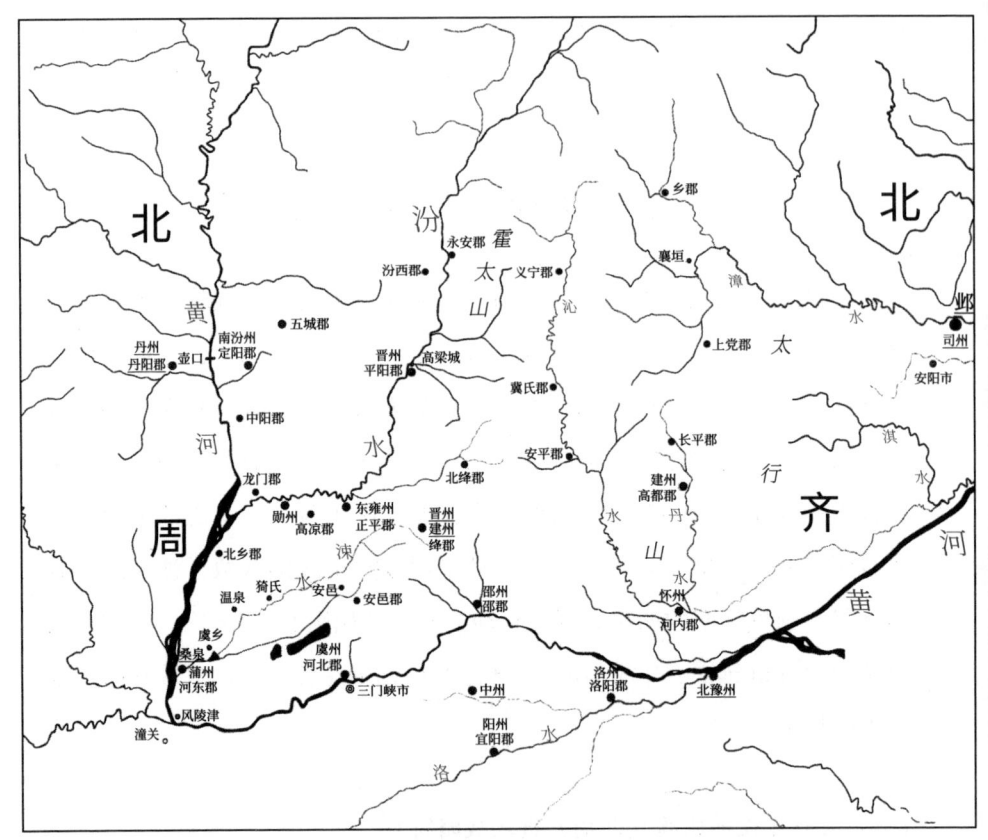

北周、北齐分立形势图

曹、西兖州刺史显宗，"虏甲士万五千人，赴河死者以万数"。但是"魏独孤信、李远居右，赵贵、怡峰居左，战并不利；又未知魏主及丞相泰所在，皆弃其卒先归。开府仪同三司李虎、念贤等为后军，见信等退，即与俱去。泰由是烧营而归，留仪同三司长孙子彦守金墉"。宇文泰撤退后，长孙子彦抵挡不住高欢的围攻，"弃城走，焚城中室屋俱尽，欢毁金墉而还"①。西魏遂丧失了在河洛地区的据点，退守新安、宜阳，守住崤山南北二道。

（2）首次邙山之战。大统九年（543）二月，东魏北豫州刺史高慎（字仲密）叛降，被困。三月，宇文泰领大军来援，在邙（芒）山会战中失利而退。②

（3）弘农北济之役。大统十六年（550）九月，宇文泰乘魏齐禅代、政局不稳之际，率大兵东出潼关，自弘农北济至建州（今山西省晋城市东北）。因高齐方面有所准备，"齐主自将出顿东城"，又遇到恶劣气候，"会久雨，自秋及冬，魏军畜产多死"，只得撤回关中。③

550—562年12年间，周、齐休战，无大冲突。

（4）二次邙山之战。保定四年（564）十月，北周执政宇文护领兵东征，"遣柱国尉迟迥帅精兵十万为前锋，趣洛阳，大将军权景宣帅山南之兵趣悬瓠，少师杨檦出轵关"④，十二月于邙山会战中失败。《北齐书》卷16《段韶传》载："短兵始交，周人大溃。其中军所当者，亦一时瓦解，投坠溪谷而死者甚众。洛城之围，亦即奔遁，尽弃营幕，从邙山至

---

①《资治通鉴》卷158梁武帝大同四年（538）。

②《北齐书》卷2《神武纪下》武定元年（543）："三月壬辰，周文率众援高慎，围河桥南城。戊申，神武大败之于芒山，擒西魏督将已下四百余人，俘斩六万计。……豫、洛二州平。神武使刘丰追奔，拓地至弘农而还。"

③《资治通鉴》卷163梁简文帝大宝元年（550）十一月。

④《资治通鉴》卷169陈文帝天嘉五年（564）十月。

谷水三十里中，军资器物弥满川泽。"宇文护被迫撤兵，退回关中。

（5）周武帝东征河阳。建德四年（575）七月，北周出动18万大军伐齐，《资治通鉴》卷172陈宣帝太建七年（575）七月曰："丁丑，下诏伐齐。以柱国陈王纯、荥阳公司马消难、郑公达奚震为前三军总管，越王盛、周昌公侯莫陈崇、赵王招为后三军总管。齐王宪帅众二万趋黎阳，随公杨坚、广宁公薛迥将舟师三万自渭入河，梁公侯莫陈芮帅众二万守太行道，申公李穆帅众三万守河阳道，常山公于翼帅众二万出陈汝。……壬午，周主帅众六万，直指河阴。"亦以洛阳地区为主攻目标，沿黄河两岸水陆数道并进。八月到达河洛地区，周武帝率军攻陷河阴大城（即河阳南城，今河南省孟津县东），齐王宪攻占洛口东、西二城，纵火烧断河阳浮桥。但是北齐洛州刺史独孤永业坚守金墉城，周军围攻河阳中潬20余日亦未得手。北齐右丞相高阿那肱统救兵来援，武帝又突发重症，只好放弃已得诸城，烧掉舟舰，退军回境。[①]

以上五次战役，西魏（北周）获得的战果不同，但是最终都没有达到占领河洛地区的预期目的。

2. 周武帝即位后曾依靠突厥从北边攻击晋阳。突厥是生活在漠北地区的游牧民族，6世纪中叶强大起来，并对中原的周、齐两国形成威胁。《北史》卷99《突厥传》载其俟斤可汗"西破嚈哒，东走契丹，北并契骨，威服塞外诸国。其地，东自辽海以西，至西海，万里；南自沙漠以北，至北海，五六千里，皆属焉"。

当时在北方对峙的周、齐都想联结突厥以为外援。宇文泰在世时即有此谋，因早死而止。周武帝即位后，有消灭北齐、统一中原的宏图大略，但是考虑到河洛地区敌人的防御部署非常坚固，宇文泰在世时几次

---

①《周书》卷6《武帝纪下》建德四年八月、九月事，《北齐书》卷8《后主纪》武平六年（575）八月、闰月事。

兵出崤函均无功而返，因此改变了战略，企图联合突厥，依靠它强大的骑兵力量，从北方进攻高氏的军政要地霸府晋阳，自己只用少数兵力从河东北上，对晋阳形成夹攻之势。为了达此目的，北周频频派遣大臣出使突厥，请求和亲。在保定三年（563）突厥终于许周和亲，并答应出动大军，配合周师攻齐。①

据《周书》卷5《武帝纪上》所载，当年（563）九月戊子，"诏柱国杨忠率骑一万与突厥伐齐"；十二月辛卯，"遣太保、郑国公达奚武率骑三万出平阳以应杨忠"。杨忠在攻破陉岭隘口之后，"突厥木杆、地头、步离三可汗以十万骑会之"②，双方合兵进入长城，南下并州。北齐朝廷闻讯后作出应对，武成帝自邺城赶奔并州，亲率齐军主力抵抗突厥，并遣名将斛律光"将步兵三万屯平阳"③。次年（564）正月，双方在晋阳郊外会战，由于突厥临阵退却，周军惨败。师出河东的周将达奚武因畏惧而顿兵于平阳，后闻杨忠等战败，随即撤退，均未能取得预期战果。八月，"突厥寇幽州，众十余万，入长城，大掠而还"④，亦未与齐军正面作战。

通过此次战役，北周方面认识到以下几点。

（1）突厥不愿和北齐的精锐部队交锋。木杆可汗起初受到周使的蒙蔽，误认为齐国内乱，兵马衰弱，不堪一击，企图乘虚而入，捞取好处。但发现对方仍有较强的战斗力之后，立即采取了避战的做法，以免消耗自己的实力。如《北史》卷51《高叡传》即载："（齐武成）帝与宫人被绯甲，登故北城以望，军营甚整。突厥咎周人曰：'尔言齐乱，故来伐之；今齐人眼中亦有铁，何可当邪！'"

---

① 《周书》卷9《皇后传》、卷11《晋荡公护传》、卷19《杨忠传》、卷50《突厥传》。
② 《资治通鉴》卷169陈文帝天嘉四年（563）十二月。
③ 《资治通鉴》卷169陈文帝天嘉四年。
④ 《资治通鉴》卷169陈文帝天嘉五年（564）。

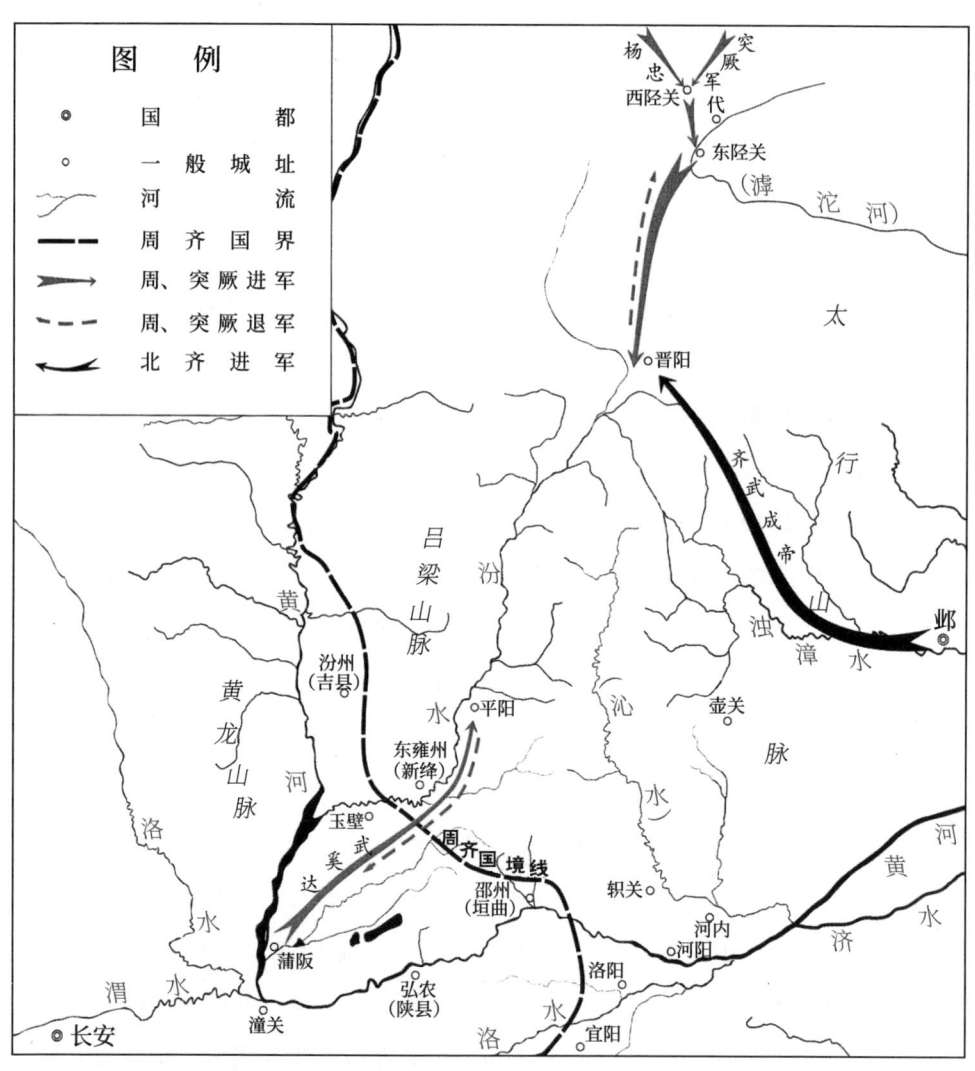

北周保定三至四年（563—564）进攻晋阳形势图

晋阳郊外的会战，也是因为"齐悉其锐师鼓噪而出。突厥震骇，引上西山，不肯战"[①]，致使周师大败而还。当年（564）八月，突厥与北周相约攻齐，又选择了对方防御较弱的幽州出击，目的仅限于劫掠人畜财物，并不想损伤兵马。这和北周依赖突厥去消灭齐军主力的战略意图相去甚远。

（2）突厥军队的组织、战斗能力很低。在这次联合作战当中，北周的将领发现突厥军队的武器装备很差，缺乏严密的组织和法制号令，并非设想的那样强大。如杨忠归国后对武帝说："突厥甲兵恶，爵赏轻，首领多而无法令，何谓难制驭。正由比者使人妄道其强盛，欲令国家厚其使者，身往重取其报。朝廷受其虚言，将士望风畏慑。但虏态诈健，而实易与耳。今以臣观之，前后使人皆可斩也。"[②]

北齐方面经过这次防御战斗也得出了同样的认识，即突厥入侵造成的危险远不如北周严重，后者的威胁往往是致命的。例如保定四年（564）八月，周师东进洛阳，突厥袭扰幽州。齐主高湛召见大将段韶，"世祖召谓曰：'今欲遣王赴洛阳之围，但突厥在此，复须镇御，王谓如何？'韶曰：'北虏侵边，事等疥癣，今西羌窥逼，便是膏肓之病，请奉诏南行。'世祖曰：'朕意亦尔。'乃令韶督精骑一千，发自晋阳，五日便济河"[③]。

鉴于以上原因，周武帝放弃了借助突厥兵力灭亡北齐的打算，只得依靠自己的力量来统一北方了。

3.联合陈朝，两面夹攻。为了削弱和牵制北齐的力量，集中兵力打击主要敌手，周武帝对江南的陈朝采取和好的态度，释放了被俘的陈文

---

①《资治通鉴》卷169陈文帝天嘉五年（564）。

②《周书》卷50《异域下·突厥传》。

③《北齐书》卷16《段韶传》。

帝之弟安成王顼，并屡次遣使联络，商定共同出兵，分别由西、南两面伐齐。①

建德二年（573）十月，陈将吴明彻攻占淮南；十一月，陈师又克淮阴、朐山、济阴、南徐州，"齐北徐州民多起兵以应陈，逼其州城"，对北齐南境造成威胁，引起其君臣的恐慌，调遣了部分兵力南下增援。佞臣穆提婆等甚至建议后主放弃黄河以南的领土，在黎阳临黄河筑城以拒陈兵。②

4. 河东方向少有攻势。在这一阶段，河东方向则被西魏、北周当作防御的重点，未被作为主要进攻方向。这段时间内，宇文氏仅在河东地区发动了三次中等规模的战役。

（1）**达奚武攻平阳**。保定三年（563）十月，周武帝"遣（杨）忠将步骑一万，与突厥自北道伐齐，又遣大将军达奚武帅步骑三万，自南道出平阳，期会于晋阳"③。达奚武至平阳城下，畏其守将斛律光，停留不进。突厥在晋阳进攻不利，退回塞北；达奚武闻讯后亦撤回。

（2）**杨㯹攻轵关**。保定四年（564）八月，宇文护东征洛阳，杨㯹领万余人自邵州进攻轵关。周师主力在邙山战败，杨㯹偏师因为轻敌亦被消灭。④

（3）**宇文宪战龙门**。天和五年至六年（570—571），斛律光侵占汾北，周齐国公宇文宪率兵反击，师渡龙门，在当地与齐军展开激战。因为兵力有限（约有数万人），只收复了部分失地，未能保住汾州等重镇。

---

① 《隋书》卷66《鲍宏传》："累迁遂伯下大夫，与杜子晖聘于陈，谋伐齐也，陈遂出兵江北以侵齐。"及《周书》卷39《杜杲传》。
② 《资治通鉴》卷171陈宣帝太建五年（573）十月。
③ 《资治通鉴》卷169陈文帝天嘉四年（563）。
④ 《周书》卷34《杨㯹传》载："时洛阳未下，而㯹深入敌境，又不设备。齐人奄至，大破㯹军。㯹以众败，遂降于齐。"

（4）李穆出轵关。建德四年（575）周武帝率主力进攻洛阳时，曾派遣李穆领偏师三万人由王屋道东出轵关，企图"守河阳道"，即占领河内，在黄河北岸策应。李穆的进军相当顺利，"攻轵关及河北诸县，并破之"①。后来武帝攻河阳中潬不下，又患病撤兵，李穆也被迫班师回国。

总结这一时期西魏（北周）的攻齐战略，有许多成功之处，但是在主攻方向和进军路线的选择上犯有严重失误。尤其是建德四年伐齐之役。当时北齐政局混乱，奸佞当朝，库藏空虚，民不聊生。大将斛律光、高长恭先后被害，军事力量被严重削弱。在这样的有利形势下，周武帝判断已经到了出兵灭齐的时机。这场战役本来是可能一举成功的，但是武帝仍然沿袭过去的进攻战略，兵出崤函，直指洛阳："今欲数道出兵，水陆兼进，北拒太行之路，东扼黎阳之险。"认为占领河洛平原后，豫东、鲁西南等地必然会闻风而降，北周军队可以在洛阳地区休整，以逸待劳，反客为主，诱使齐师前来决战，以便胜之："若攻拔河阴，兖、豫则驰檄可定。然后养锐享士，以待其至。但得一战，则破之必矣。"②

据《资治通鉴》卷172陈宣帝太建七年（575）七月条记载，这一作战方案在廷议时遭到了许多大臣的反对。他们指出：

（1）以往宇文氏东征，曾经多次选择这条路线，致使敌人有所准备，已经在河阳等地聚集了数万精兵，进攻恐怕难以得手。如宇文敬说："齐氏建国，于今累世；虽曰无道，藩镇之任，尚有其人。今之出师，要须择地。河阳冲要，精兵所聚，尽力攻围，恐难得志。"鲍宏说："我强齐弱，我治齐乱，何忧不克？但先帝往日屡出洛阳，彼既有备，每有不捷。"

---

① 《北史》卷59《李穆传》、《隋书》卷56《卢恺传》、《周书》卷29《刘雄传》。
② 《周书》卷6《武帝纪下》建德四年七月。

（2）河洛平原是四战之地，敌军前来增援比较容易，而周军即使占领了该地也难以据守。赵𤪼说："河南、洛阳，四面受敌，纵得之，不可以守。"

（3）河东地区面对的敌人守备较弱，并未准备迎击周军主力的攻击，当地的地形便于运动兵力，"出于汾曲（胡三省注：汾曲，汾水之曲也），戍小山平，攻之易拔。用武之地，莫过于此"。此地距离齐政治军事中心地区晋阳又较近，具有诸多便利条件，应该从此处发动主攻，"请从河北直指太原，倾其巢穴，可一举而定"，"进兵汾、潞，直掩晋阳，出其不虞，似为上策"。在消灭并州的敌军主力后，东出太行，可直捣邺城所在的河北平原。

但是周武帝固执己见，仍然亲统大军东出河洛，结果受挫，未能攻占防御坚固的河阳中潭与北城。敌人援兵到来时，武帝又突患急症，只得收兵回国；周师在黄河南北占领的大片土地也被迫放弃。如《资治通鉴》卷172所载："齐王宪、于翼、李穆，所向克捷，降拔三十余城，皆弃而不守。唯以王药城要害，令仪同三司韩正守之，正寻以城降齐。"

（二）建德六年（577）兵出河东的灭齐战略

建德五年（576）十月，周武帝病愈后，准备再次伐齐。他总结了上次失败的教训，决定接受宇文敬、鲍宏等人的建议，将主力部队调往河东，北出汾曲，攻击北齐的边界重镇晋州（今山西省临汾市）。由于该城是晋阳南边的门户，齐军必然前来援救。周师攻占晋州后，可以在那里以逸待劳，消灭远道而来的敌军主力，然后乘胜东进，直指邺都。他对群臣说：

> 朕去岁属有疹疾，遂不得克平逋寇。前入贼境，备见敌情，观彼行师，殆同儿戏。又闻其朝政昏乱，政由群小，百姓嗷然，朝不

谋夕。天与不取，恐贻后悔。若复同往年，出军河外，直为抚背，未扼其喉。然晋州本高欢所起之地，镇摄要重，今往攻之，彼必来援，吾严军以待，击之必克。然后乘破竹之势，鼓行而东，足以穷其窟穴，混同文轨。①

由于去年失利的挫折，众将多不愿意出征。周武帝却表示了坚定的决心，对臣下说："几者事之微，不可失矣。若有沮吾军者，朕当以军法裁之。"

建德六年（577）十月，周武帝统兵出征，居中督率，其行军部署如下："以越王盛为右一军总管，杞国公亮为右二军总管，随国公杨坚为右三军总管，谯王俭为左一军总管，大将军窦恭为左二军总管，广化公丘崇为左三军总管，齐王宪、陈王纯为前军。"②大军到达晋州前线时，武帝又分派诸将领兵各据要地。

（1）北路。准备抵御晋阳之敌的增援，守住齐师南下的各条要道。遣齐王宇文宪率精骑两万守雀鼠谷（今山西省介休市西南），陈王宇文纯率步骑两万守千里径（今山西省临汾市北），郑国公达奚震率步骑一万守统军川（今山西省石楼县南），柱国宇文盛率步骑一万守汾水关。

（2）东路。派大将军韩明率步骑五千守齐子岭（今山西省垣曲县东）、乌氏公尹升率步骑五千守鼓钟镇（今山西省垣曲县北），防御怀州（治今河南省沁阳市）、建州（治今山西省晋城市东北）之敌的进攻，堵住其西进的道路。

（3）后路。遣凉城公辛韶率步骑五千守蒲津关，保障自己后方交通运输的安全。

此外，又派赵王宇文招率步骑一万自华谷（今山西省闻喜县东）进

①《周书》卷6《武帝纪下》建德六年十月。
②《周书》卷6《武帝纪下》建德六年十月。

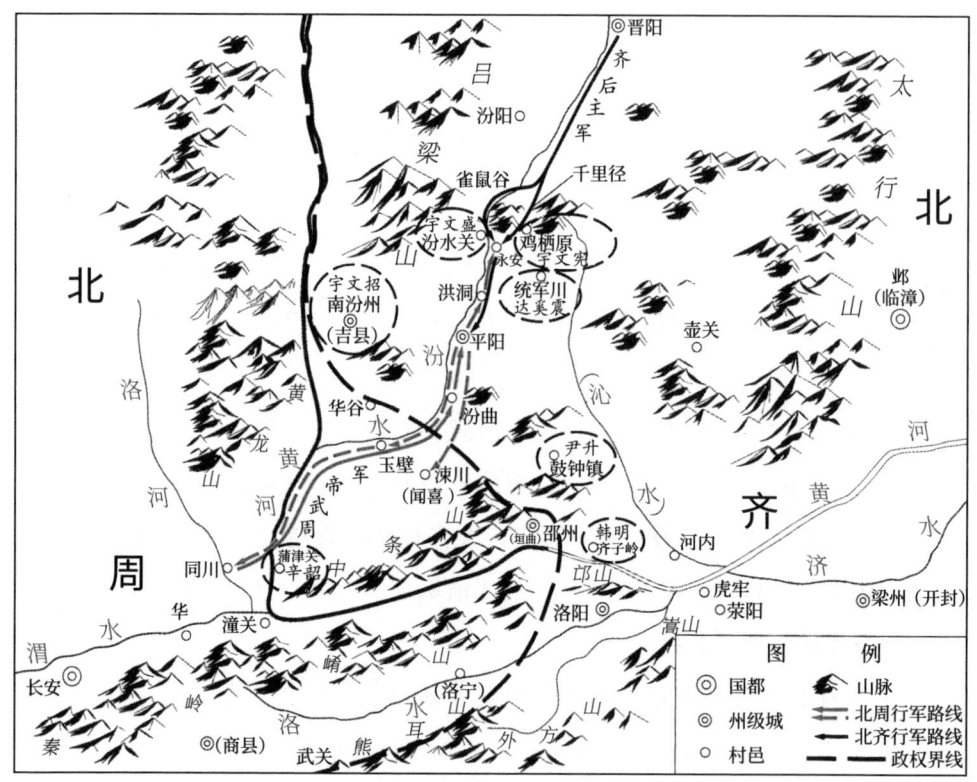

北周围攻晋州战役形势图（576）

攻北齐的汾州（治蒲子城，今山西省隰县）诸城，使其无法援救晋州。遣内史王谊监督诸军围攻晋州治所平阳城。武帝每日自汾曲至城下督战。在周军的强大攻势下，北齐平阳守将侯子钦、崔景嵩先后出降。壬申夜中，周军攻占平阳，俘虏齐军主将海昌王尉相贵及甲士八千人；随后又占领了晋州以北的洪洞、永安等城。

十一月己卯，齐后主亲率大军来援，至平阳城外。周武帝"以齐兵新集，声势甚盛，且欲西还以避其锋"，任命梁士彦为晋州刺史，"留精兵一万镇之"。齐军开始围攻平阳后，周武帝又令齐王宇文宪领兵六万回援，屯于涑川以观其变。由于梁士彦率众拼死抵御，齐军攻城月余未能得逞，已师老兵疲，士气低落。十二月戊申，周武帝亲统援兵至平阳，"诸军总集，凡八万人"。随即在城南的会战中击溃了敌军，"齐师大溃，死者万余人，军资器械，数百里间，委弃山积"。北周军队乘胜北上，夺取晋阳，继而挥师东进，顺利攻占了邺城，灭亡高齐，统一了北方。[①]

综观两魏周齐的战争，河东起到了至关重要的作用。从双方对峙态势的演变和兴亡过程来看，宇文氏由弱转强与高氏盛极而衰，固然有其经济、内政、外交方面的诸多因素，但是河东的得失与这一地区在攻守战略上发挥的作用确实是不可忽视的。西魏在占领河东后，摆脱了关中地区屡受袭击、被动挨打的局面，交战形势大为好转。北周武帝发动灭齐之役，也是利用了河东的地位价值，由此出兵攻克平阳后取得了战争的主动权。而北齐后期在防御周师东侵的军事部署上，始终沿袭旧的思路，只关注河洛地带，认为这里是敌人的主攻方向，故此在河阳、金墉城等地投入重兵固守，以待晋阳主力南下增援；对于河东方向的入侵，

[①] 周武帝出兵河东伐齐之役的经过，参见《周书》卷6《武帝纪下》建德六年（577）事，以及《周书》卷12《齐炀王宪传》、《资治通鉴》卷172陈宣帝太建八年（576）的记载。

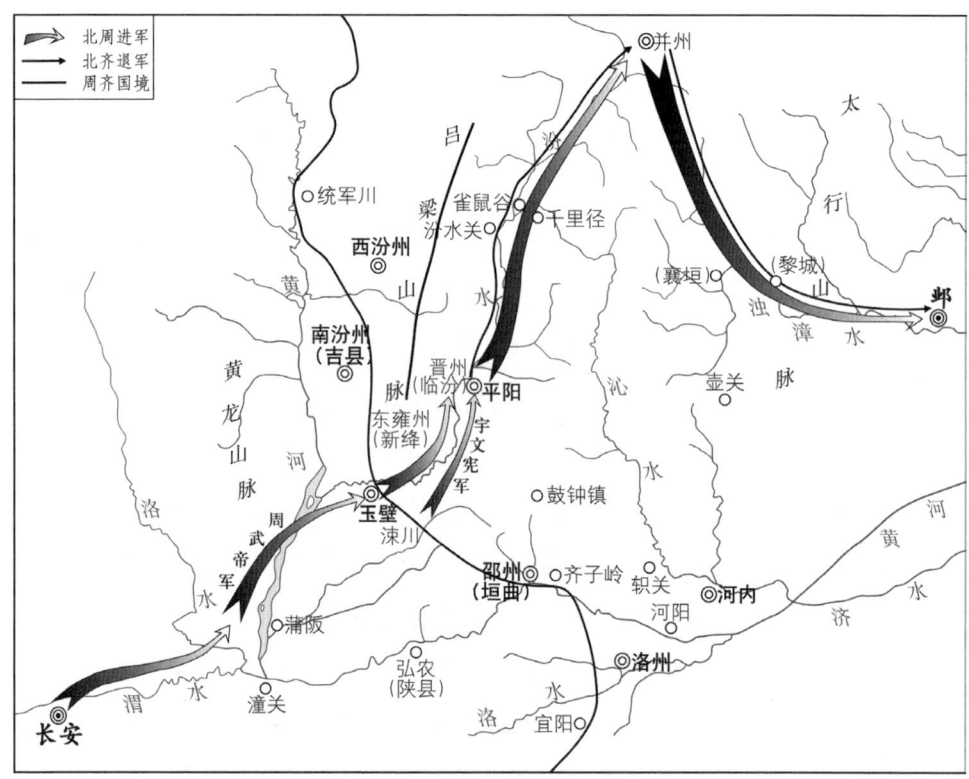

周齐晋州会战及北周灭齐进军形势图（576—577）

则没有给予足够的重视，要镇晋州仅有八千余人驻守，比起河阳守军的三万人来，相差甚远。所以周师大军来攻，援兵尚未到达，城池就已陷落，从而引起了并州以南整个防御体系的崩溃，并且造成周师在汾曲反客为主、迎击齐军的有利形势。因此可以说，河东在北朝后期东西对抗的政治军事格局当中，有着特别重要的影响；它的归属与利用，在一定程度上决定了双方交战的走势和最终结果。

第十六章

——

晋阳与北朝后期的东西战争

北朝后期，地处山西高原中部的晋阳（今山西省太原市）在政治、军事上的地位陡然提升，从尔朱荣盘踞此地势力壮大后南下入洛、控制朝政，到高欢在当地设置霸府（大丞相府）总揽国务，并将东魏军队的主力屯驻于并州及其附近。高氏取代元氏建立北齐王朝后，继续执行先人的国策，以邺城为都城、晋阳为别都，历任皇帝多居于晋阳，使其在事实上成为全国的军政中心。东魏、北齐与其对手西魏、北周交战的时候，屯集大军于晋阳及周边地区，这一地域对双方攻防战略的制定产生了重要影响。直到晋阳的齐师主力南下救援晋州并遭到击溃，晋阳最后被周武帝领兵攻陷，北齐政权也最终垮台。晋阳为什么在当时受到如此重视，学术界对此多有讨论[①]，但是它对北朝后期的东西战争及其攻防战

① 参见毛汉光：《中国中古政治史论》，《北魏东魏北齐之核心集团与核心区》，上海书店出版社，2002年。渠川福：《我国古代陪都史上的特殊现象——东魏北齐别都晋阳略论》，《中国古都研究》第4辑，浙江人民出版社，1988年。崔彦华：《晋阳在东魏北齐的霸府与别都地位》，《晋阳学刊》2004年第3期。崔彦华：《"邺—晋阳"两都体制与东魏北齐政治》，《社会科学战线》2010年第7期。康玉庆、靳生禾：《试论古都晋阳的战略地位》，《中国古都研究》第12辑，山西人民出版社，1998年。

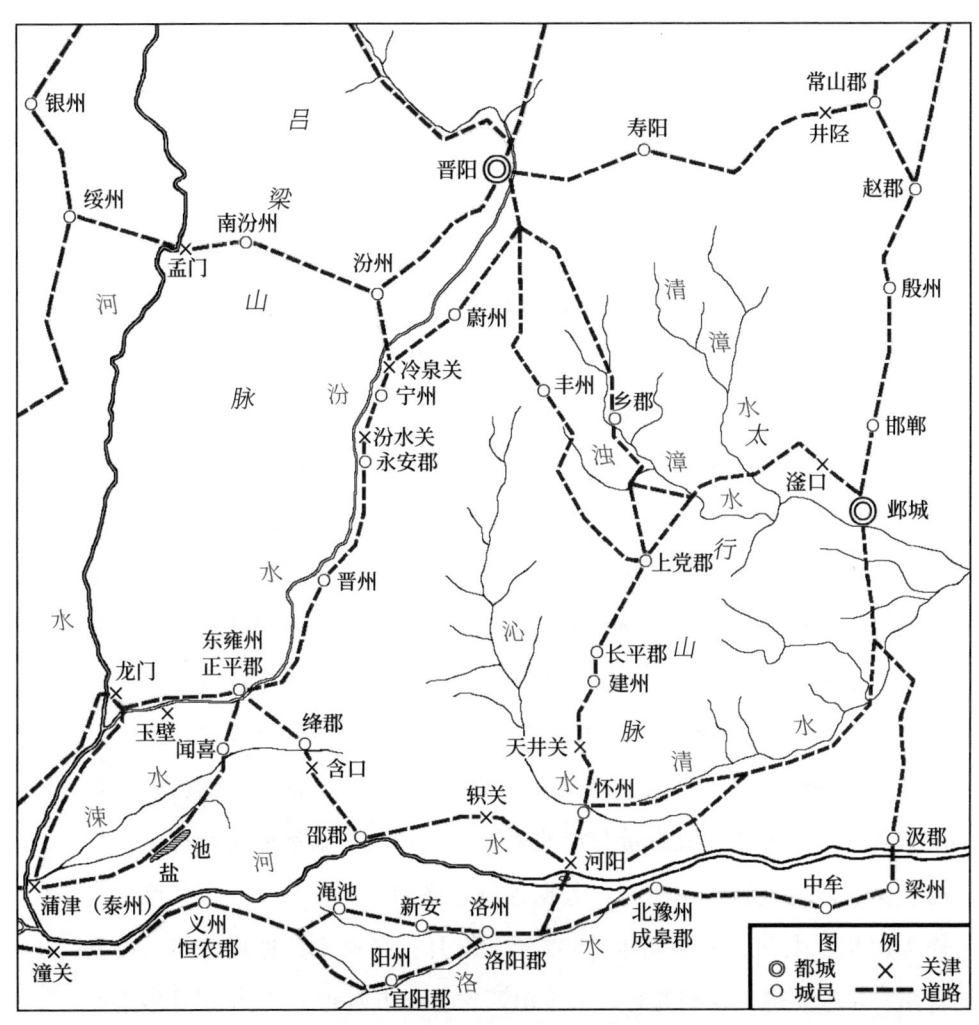

北朝后期晋阳道路通达示意图

略产生了哪些作用，则尚未有详细深入的研究。有鉴于此，本文试对上述问题进行探讨。

一、高欢以晋阳为军政中心的战略布局

高欢，字贺六浑，自称渤海郡修县（治今河北景县东）人，出身六镇兵户之家，"累世北边，故习其俗，遂同鲜卑"①。北魏末年六镇起义时，高欢率众先后加入了杜洛周、葛荣和军阀尔朱荣的队伍。高欢因智勇兼备、气度深沉而恢宏，很受尔朱荣器重。尔朱荣曾询问左右，自己若去世后谁能统率大军，左右都回答是尔朱兆，他却说："此正可统三千骑以还，堪代我主众者唯贺六浑耳。"②尔朱荣被魏孝庄帝暗杀后，尔朱兆领兵再入洛阳，将孝庄帝绑架至晋阳后，将其杀害。高欢此时任晋州刺史，有心反叛而实力单薄，恰逢葛荣部下余众二十余万人流入并州、肆州，"为契胡陵暴，皆不聊生，大小二十六反，诛夷者半，犹草窃不止"③。高欢趁机诱骗尔朱兆将剩下的"六镇反残"编入自己部下，到山东去躲避灾荒，随后依靠这股力量与河北豪强的支持，在信都举兵反抗尔朱氏的统治。他接连打败尔朱兆，进据邺城、洛阳，拥立魏孝武帝元修，自任大丞相、太师。永熙元年（532 年）七月，高欢率兵进攻并州，占据晋阳，尔朱兆逃到肆州秀容（治今山西省忻州市西北），次年正月尔朱兆被消灭，于是高欢控制了山西高原、河北平原和山东半岛，成为中国北方势力最强大的军阀，他将晋阳附近作为军事和政治重心，以震慑其他地区。永熙三年（534 年）七月，高欢与魏孝武帝的矛盾激化，高欢从晋

①《北齐书》卷 1《神武帝纪上》。
②《北齐书》卷 1《神武帝纪上》。
③《北齐书》卷 1《神武帝纪上》。

阳领兵南下进据洛阳，魏孝武帝逃往长安，投靠宇文泰。高欢追击不及后，于九月回到洛阳，另立孝静帝元善见，北魏王朝至此分裂为东魏和西魏。在东魏政权建立前后，高欢为了应对各种威胁，作出了以下战略部署。

（一）立晋阳为霸府，屯重兵于并、肆、汾州

早在永熙元年（532年），高欢进入并州驱逐尔朱兆时，就将霸府设置在晋阳，以统治所辖区域。他的主力军队则部署在晋阳周围的并、肆、汾三州境内，其地域范围相当于今山西省太原盆地和忻定盆地。北魏末年六镇起义后，当地军民纷纷内迁，边疆失守，朝廷被迫在并、肆、汾州侨置恒、燕、云、朔、显、蔚六州，以安置原来北边三州（恒、燕、云）及六镇的移民，称其为"六州鲜卑"。高欢当年就是依靠这股力量起兵，打败尔朱氏集团的，高欢领兵回到晋阳后，仍安排他们居住在原地。对此，王仲荦总结道："北齐神武帝高欢实以此六州鲜卑兆基霸业，故北魏东魏先后于并、肆、汾侨置六州，以居此六州鲜卑军士。"[①] 由于并、肆、汾三州在军事、政治上非常重要，又设并肆汾大行台来统领。

分布在并、肆、汾三州及境内侨置州郡的鲜卑军士，即高欢麾下的主力部队，战时聚集在晋阳待命出征，因此被当时人们称作"晋阳之甲"[②]。这支部队的人数前后有所变化，在永熙三年（534年）高欢入洛之前，晋阳可出动十二万人，这还不算留守的军队。高欢对孝武帝上表曰："臣今潜勒兵马三万，拟从河东而渡；又遣恒州刺史库狄干、瀛州刺史郭琼、汾州刺史斛律金、前武卫将军彭乐拟兵四万，从其来违津渡；遣领军将军娄昭、相州刺史窦泰、前瀛州刺史尧雄、并州刺史高隆之拟兵

---

① 王仲荦：《东西魏北齐北周侨置六州考略》，《文史》第五辑，中华书局，1978年。
② 参见《北齐书》卷37《魏收传》、《周书》卷32《卢柔传》、《梁书》卷56《侯景传》。

五万，以讨荆州。"① 这就是他在晋阳附近的部队，不包括"山东兵七万、突骑五万"②。高欢拥立孝静帝后，至天平元年（534年）十月，亲自指挥从洛阳迁都邺城，"事毕还晋阳。自是军国政务，皆归相府"③。晋阳随即成为全国实际上的军政中心，邺城的东魏朝廷只是徒具形式而已。主管河南、河北诸州丁帐及发召征兵事务的外兵曹，还有掌管马匹饲养、征集事务的骑兵曹，都脱离尚书省而归属大丞相府，由高欢直接统辖，北齐建立后分别改称为外兵省和骑兵省。他还吞并了原来北魏在河南的近十万人马，势力更加强大。天平四年（537年）东魏发动沙苑之役，"神武（高欢）西讨，自蒲津济，众二十万"④，经此一役，达到了其全盛时期。至北齐末年国力衰弱，后主从晋阳发兵南下援救晋州，仍能出动十余万人⑤，由此可见当地兵力之强盛。

（二）迁都邺城，置于晋阳霸府兵力控制之下

北魏自孝文帝南迁以来，洛阳作为其都城已有数十年，它的缺陷有三：一是其位于天下之中，在战乱之时四面临敌而不够安全；二是其地处豫西丘陵山地之间，平原狭小，物产有限，平日尚需要关东的漕运接济，若是遇到灾荒则难于度日；三是其距离北方的经济重心河北平原、山东半岛稍远，不易对这些地区进行统御；而邺城就在经济重心附近，周围物产丰饶，供给便利，驾驭应手。汉初张良曾对刘邦说洛阳"其中

---

① 《北齐书》卷2《神武帝纪下》。
② 《北齐书》卷2《神武帝纪下》。
③ 《北齐书》卷2《神武帝纪下》。
④ 《北齐书》卷2《神武帝纪下》。
⑤ 《北史》卷92《恩幸传·高阿那肱》高阿那肱曰："兵虽多，堪战者不过十万，病伤及绕城火头，三分除一……"齐军已攻晋州城月余，多有伤亡，尚余十万人，可见此前总数应在十万以上。

小，不过数百里，田地薄，四面受敌"①。慕容垂也说："洛阳四面受敌，北阻大河，至于控驭燕赵，非形胜之便，不如北取邺都，据之而制天下。"②御史崔光等亦向北魏孝文帝建议："邺城平原千里，漕运四通，有西门、史起旧迹，可以饶富，在德不在险，请都之。"③高欢在领兵入洛之前，洛阳地区因频频受到战乱破坏而日益衰弱，因此他曾向孝武帝提议："以为洛阳久经丧乱，王气衰尽，虽有山河之固，土地褊狭，不如邺，请迁都。"④但是这一提议遭到拒绝，因而高欢就截断了河北对洛阳的漕运来威胁孝武帝，"于白沟虏船不听向洛，诸州和籴粟运入邺城"⑤。东西魏分裂后，洛阳"西逼西魏，南近梁境"⑥，面临的形势更为不利；而且该地距离高欢的霸府晋阳较远，又被黄河阻隔，与其建立联系和控制不便，不如将都城定在邺城，以晋阳加以控御更为近便，为此高欢下了迁都的决心。"神武以孝武既西，恐逼崤、陕，洛阳复在河外，接近梁境，如向晋阳，形势不能相接，乃议迁邺。"⑦傀儡孝静帝不得不服从，"诏下三日，车驾便发，户四十万狼狈就道"⑧。此后东魏直到北齐末年，始终延续了以邺城为都城、晋阳为别都的政治格局。

高欢在入洛之前，曾给孝武帝上表说他拥有"山东兵七万"⑨，这是在太行山以东河北平原和山东半岛的全部兵力。孝武帝西奔长安前，曾

---

①《史记》卷 55《留侯世家》。
②《晋书》卷 123《慕容垂载记》。
③〔宋〕李昉等：《太平御览》卷 161《州郡部七·河北道上·相州》引《后魏书》，中华书局，1960 年，第 782 页。
④《北齐书》卷 2《神武帝纪下》。
⑤《北齐书》卷 2《神武帝纪下》。
⑥《资治通鉴》卷 156 梁武帝中大通六年。
⑦《北齐书》卷 2《神武帝纪下》。
⑧《北齐书》卷 2《神武帝纪下》。
⑨《北齐书》卷 2《神武帝纪下》。

"亲勒兵十余万屯河桥"①。后来他逃往关中，"六坊之众从孝武帝西行者不及万人，余皆北徙"。胡三省注："魏盖以宿卫之士分为六坊。"②剩下的部队多随孝静帝北迁到邺城，可能还有一部分留在河南戍守或随高欢回到晋阳。守备邺都的兵力有多少，史籍未有明确记载，大约会有数万人，其数量与战斗力都远不如晋阳的主力部队，双方实力对比悬殊，因此齐主高湛对侍中高元海说："以邺城兵马抗并州，几许无智！"③

东魏元氏皇帝居住在邺城，他在名义上是高欢的国君，但在实际上仍属于高欢潜在的敌人，高欢需要密切关注邺城的政治动向，防止东魏皇帝及其皇族、贵戚与拥护元氏的大臣们发动政变，从而摆脱他的控制而自己掌权。从政治上来说，高欢居住在邺城也不太安全，必须吸取尔朱荣被孝庄帝在洛阳暗害的教训，而且他在朝内树敌较多，不如在自己的根据地晋阳更为可靠。而朝中万一发生动乱，从晋阳所在的太原盆地居高临下东行，大军能够迅速开赴邺都所在的河北平原。严耕望曾论述："武平七年十二月丁巳夜，帝弃晋阳东走，庚申至邺……则自晋阳至邺才三日。"④这也说明了两地交通之便利。为了对邺都实行严密的控制，高欢及其后北齐的统治者频繁往来于晋阳与邺城之间，据毛汉光统计，东魏北齐四十三年之间，"高氏执政者共穿梭三十七次，驻在晋阳的时间约二十九年，在邺都的时间约十四年，在晋阳的时间为在邺都的时间之倍"⑤。

---

① 《资治通鉴》卷 156 梁武帝中大通六年。

② 《资治通鉴》卷 156 梁武帝中大通六年。

③ 《北史》卷 51 《高元海传》。

④ 严耕望：《唐代交通图考》第 5 卷 《河东河北区》，上海古籍出版社，2007 年，第 1424 页。

⑤ 毛汉光：《中国中古政治史论》，《北魏东魏北齐之核心集团与核心区》，上海书店出版社，2002 年，第 97~98 页。

（三）分兵据守河阳，遇急则派晋阳主力南下支援

古代中国的北方曾以函谷关（今河南省灵宝市西）或崤山（今河南省三门峡市境内）为界，分为东西两大区域，称作关东、关西，或山东、山西，这也是东魏和西魏立国的基本统治地区，双方的经济重心是华北平原与关中平原，而沟通这两大区域最为便捷的道路就是豫西通道，自潼关东行，穿过崤函山区至洛阳盆地，再向东过偃师、巩县、虎牢、荥阳，即进入豫东平原。这条道路的枢纽是号称"天下之中"的洛阳，该地四通八达，总绾几条干道，西魏若是沿豫西通道进军关东，洛阳是其必经之地。东西魏分裂之际，宇文泰挟持孝武帝逃往关中，高欢追击到豫陕边境，并留下兵将驻守。"命行台尚书长史薛瑜守潼关，大都督库狄温守封陵（风陵渡）。于蒲津西岸筑城，守华州，以薛绍宗为刺史。高昂行豫州事。"[①] 东魏豫州治今河南省汝南县，与萧梁及西魏接壤，高昂（字敖曹）即行豫州事管理当地的军政事务。另外，高欢还在河南留下了窦泰和侯景两员大将，但未设一名主帅统领。天平二年（535年）四月，萧梁遣元庆和攻城父（治今安徽省亳州市东南），"丞相（高）欢遣高敖曹帅三万人趣项，窦泰帅三万人趣城父，侯景帅三万人趣彭城，以任祥为东南道行台仆射，节度诸军"[②]。可见高昂、窦泰、侯景各自的部下至少有三万人，由此看来，东魏在黄河以南的驻军应有十万以上。上述战役之后，侯景留在东线，筹措并入侵萧梁的淮南，被梁将陈庆之击退。豫西的东魏守军剩下窦泰与高昂两部。虽然后来西魏收复了华州和潼关，但是国势仍然较弱，无力大举东征，洛阳暂时没有受到威胁。

天平四年（537年）正月，窦泰在小关（今陕西省潼关县东）兵败自杀，东魏在豫西的军队受到重创。十月，高欢在沙苑（今陕西省大荔

---

① 《北齐书》卷2《神武帝纪下》天平元年八月。
② 《资治通鉴》卷157梁武帝大同元年。

市西）大败，西魏趁机东进至洛阳，占据河南多地。高欢于是调侯景回
到河南主持军务，元象元年（538年）二月，"东魏大行台侯景等治兵
于虎牢，将复河南诸州"[①]。高昂则担任侯景副手，"复为军司大都督。统
七十六都督，与行台侯景治兵于武（虎）牢"[②]。值得注意的是，东魏在
河南的防守战略发生了重大改变，即放弃洛阳城，将重兵集结在洛阳东
北的河阳。河阳古称孟津，是黄河中游的著名渡口，自西晋以来便架设
浮桥，方便通行。严耕望云："此桥规制宏壮，为当时第一大桥，连锁三
城，为南北交通之枢纽。渡桥而南，临拊洛京，在咫尺之间。渡桥而北，
直北上天井关，趋上党、太原；东北经临清关，达邺城、燕、赵；西北
入轵关，至晋、绛，诚为中古时代南北交通之第一要津。"[③]洛阳由于市内
居民迁徙到邺城，成为一座庞大的空城，因而不易防守。高欢将河南军
队屯集到河阳，可以防止敌军北渡；西魏兵马若想经过洛阳东进，则要
顾虑其后援、粮草会被河阳守军截断，必须先攻占河阳，消除其侧翼的
威胁，才敢放心东行。河阳在北魏孝文帝时曾在北岸渡口筑有城池，为
了加强当地的防务，高欢在沙苑战败的次年，即元象元年增筑中潬城和
南城。中潬城是在黄河中流沙洲上建造的城垒，见《元和郡县图志》卷5：
"中潬城，东魏孝静帝元象元年筑之。"[④]此城有内外两道城墙，见《三城
记》："中潬城表里二城，南北相望。"[⑤]南城的作用是保卫南岸渡口与浮
桥，是后来当地军队指挥机构河阳道行台的驻地。《太平寰宇记》卷52：
"又有南城，与（河阳）县接，乃东魏元象二年所筑，高齐于其中置行

①《资治通鉴》卷158梁武帝大同四年。

②《北齐书》卷21《高昂传》。

③ 严耕望：《唐代交通图考》第1卷《京都关内区》，第131~132页。

④〔唐〕李吉甫：《元和郡县图志》卷5《河南道一·河南府河阳县》，中华书局，1983
年，第144页。

⑤〔清〕顾祖禹：《读史方舆纪要》卷46《河南一·河阳三城》引《三城记》，中华书
局，2005年，第2132页。

台。"①笔者按：此处"二年"有误，应为"元年"，因为元象元年（538年）八月东西魏河桥之战中已有河阳南城，《北齐书》卷14《高永乐传》、卷21《高昂传》均有记载，可见该城筑于此次战前，应是和中潬城同时建造的。高欢对河阳南北二城守将的任命可见《通典》卷177："（河阳北城）孝文太和中筑之，齐神武以潘乐镇于此，又使高永乐守南城以备西魏，并今城也。"②

东魏对河南洛阳地区的防御策略是：如果西魏大军沿豫西通道进攻，即由河阳驻军凭借坚固的城池进行阻击，同时派遣晋阳的军队主力前来救援。上述部署在实战中相当奏效，中潬城和南城建成后的元象元年（538年）八月，宇文泰率领西魏兵马东征，侯景在河阳桥南迎击，"北据河桥，南属邙山，与泰合战"③，结果先败后胜，迫使敌兵撤退。"东魏太师（高）欢自晋阳将七千骑至孟津，未济，闻魏师已遁，遂济河，遣别将追魏师至崤。"④从此以后，东魏在河阳固守、等待晋阳援军南下的战略始终不变，并在北齐时期得到了延续，多次挫败了西魏、北周大军的进攻，详情见后文。

晋阳及附近地区为什么能成为东魏北齐屯驻主力部队、设置霸府和朝廷进行统治的军事政治重心？其原因较为复杂，特分述如下。

首先，太原盆地具备利于防守的地理条件。高欢打败尔朱兆后，"以晋阳四塞，乃建大丞相府而定居焉"⑤。所谓"四塞"是说晋阳周围群山环绕，其东有太行山为屏障，阻隔华北大平原；其西有吕梁山与黄河作

①〔宋〕乐史等：《太平寰宇记》卷52《河北道一·孟州河阳县》，中华书局，2007年，第1078页。
②〔唐〕杜佑：《通典》卷177《州郡七·孟州河阳县》，中华书局，1988年，第4655页。
③《资治通鉴》卷158梁武帝大同四年。
④《资治通鉴》卷158梁武帝大同四年。
⑤《北齐书》卷1《神武帝纪上》。

为襟带，成为陕北高原与并州地区之间的天堑；其北有云中山、系舟山遮护，与忻定盆地相连；其南有太岳山脉隔绝内外。此外，并州在地势上居高负险，从河北及豫北平原进入山西需要艰难攀登，但从太原盆地开赴两地则是居高临下，因势利便，所以称得上是易守难攻的战略要地。顾炎武曾感叹说："自河内观之，则山高万仞；自朝歌望之，则如黑云在半天。即太原、河东亦环趾而处于山之外也。乃其势东南绝险，一夫当关，万军难越，西北绝要，我去则易，彼来则难。夫非最胜之地哉。"[1]

其次，太原盆地气候适宜，物产丰富。太原盆地的东南两面有山岭将海洋气流阻隔，属于暖温带季风型大陆性气候。由于地势较高，年平均气温要比同纬度相邻的河北平原低 3～6 摄氏度，与草原气温相近，适于畜牧业。北朝时期，草原马匹进入中原，往往要在晋阳所在的并州饲养一段时间，以逐渐适应中原的气候和水土。如北魏时，"每岁自河西徙牧于并州，以渐南转，欲其习水土而无死伤也"[2]。因此当地也是东魏、北齐饲养军马的基地。齐后主曾赐宠臣穆提婆以晋阳之田，斛律光随即反对说："此田，神武帝以来常种禾，饲马数千匹，以拟寇难，今赐提婆，无乃阙军务也？"[3]另外，晋阳北邻的肆、恒州也有大规模的官办马场。"河清三年，突厥入境，代、忻二牧悉是细马，合数万匹，在五台山北柏谷中避贼。"[4]骑兵是东魏、北齐军队中战斗力最强的兵种，将主力部队屯集在并、肆、汾州，有利于战马的饲养和就近补充。此外，鲜卑军士本是草原民族，平时愿意居住在温度、水土条件与草原相近的并、肆、汾州，不愿到夏季酷热的河北、山东与河南等地生活。

---

① 〔清〕顾炎武撰，黄珅等校点：《天下郡国利病书·山西备录》，上海古籍出版社，2012 年，第 1929 页。

②《魏书》卷 110《食货志》。

③《北齐书》卷 17《斛律光传》。

④《北齐书》卷 40《白建传》。

太原盆地周边的山岭还有煤、铁矿产资源，当地的金属冶炼技术相当发达，北齐政府在那里专门设置了管理冶铁生产的"晋阳冶"[①]，有著名工匠綦母怀文，使用夹钢法锻造宿铁刀，"以柔铁为刀脊，浴以五牲之溺，淬以五牲之脂，斩甲过三十札"[②]。丰富的煤、铁矿产资源与冶炼工艺便于兵器的制造，高欢曾说："并州，军器所聚"[③]，这也为当地大部队的集结提供了军士所需的武器装备。

再次，太原盆地道路四通八达。太原盆地还是联结西北、东北、中原和塞外的交通枢纽，蜿蜒的河流与峡谷陉道，使并州得以实现对外交通。当时，晋阳通往各地的干线有"并邺道"，即东南到襄垣，再东越太行山脉出滏口（今河北省磁县西北）到达邺城；或走"土门道"，东出井陉（今河北省井陉县西北）后再南下抵邺。又有"并洛道"，即南经上党（今山西省长治市），出天井关到河内（今河南省沁阳县），再从河阳渡黄河抵达洛阳。又有龙门、蒲津道，即沿汾水河谷南下，至正平（今山西省新绛县）折而西行抵龙门（今山西省河津市），再沿黄河东岸南下至蒲津（今山西省永济市）渡黄河后，沿渭水北岸西行到长安。或由正平南行，在礼元（今山西省闻喜县北）穿过峨眉台地，进入运城盆地后沿涑水到蒲津，与前一条道路汇合。还有平城道，即北经马邑（今山西省朔州市）到北魏古都平城（今山西省大同市），再北行或东北行出塞；或由马邑北上经杀虎口（今山西省右玉县北）出塞。

最后，晋阳具有重要的地缘优势。除了上述各种条件，当时全国政治、军事形势的特殊性使晋阳及所在并州的地理价值极为重要，这一地缘优势促使高欢下定决心，将其作为霸府别都，并将东魏的重兵屯集于此。详述如下。

---

①《隋书》卷 27《百官志中》。

②《北史》卷 89《艺术传上·綦母怀文》。

③《资治通鉴》卷 159 梁武帝大同十一年。

其一，晋阳迫近西魏的领土。对于高欢来说，当时的主要外敌是关西的宇文泰和南朝的梁武帝萧衍。这两个敌人当中，宇文泰威胁最大。因为梁武帝昏聩，朝政紊乱，无力北伐。而宇文泰精明强干，握有重兵，又挟持魏帝和东魏诸将家属，是高欢的心腹之患。在追击孝武帝的进军行动中，东魏占据了汾北与河东，在黄河沿线与西魏直接对峙，无论是进攻还是防御，西魏都是高欢的首要目标。屯兵晋阳，外有河山之固，敌军难以入侵；距离西魏边境又不甚远，兴兵西征较为方便。宇文泰要想进兵中原，必须通过崤函山区的豫西通道，或是走河东的晋南豫北通道，高欢从晋阳南下抵御，既可以走陆路迅速驰援，也能利用汾水顺流运输粮草人马；可谓攻防俱便，这是他屯集重兵于晋阳的重要原因。

其二，此处距离北边柔然势力较近。柔然是生活在中国漠北地区的游牧民族，"其西则焉耆之地，东则朝鲜之地，北则渡沙漠，穷瀚海，南则临大碛"[1]。后来势力一度衰弱，自北魏末年北方发生战乱后，柔然再度强大起来，酋长阿那瓌"勒众十万，从武川镇西向沃野，频战克捷"[2]。即从大漠南下，占领了自今内蒙古武川县西至巴彦淖尔市乌拉特前旗一带，逼近晋北、陕北高原。阿那瓌于是自称可汗，对中原构成威胁。为了减轻北方边境的祸患，东西魏竞相与其通婚结好，西魏文帝和高欢都娶阿那瓌之女为妻。自战国秦汉以来，晋阳就是中原王朝抗御北方游牧民族南下的一座重镇。因此，高欢在晋阳驻扎军队主力，既可以对西魏构成威胁，又便于北向出兵与柔然交战，可谓是一举两得之策。

其三，东赴华北平原有高屋建瓴之势。在东魏的统治区域里，沃野千里的河北平原与山东半岛是经济重心，其粟帛财赋是国家的主要收入来源。为了对上述地区就近治理，高欢将东魏皇帝与朝廷迁徙到邺城，

---

① 《魏书》卷 103《蠕蠕传》。
② 《北史》卷 89《蠕蠕传》。

将其作为名义上的国都。由于军事上的需要，高欢屯重兵在晋阳有利于对西魏、柔然作战。如果河北、山东发生动乱，东魏军队的主力"晋阳之甲"可以穿越"太行八陉"中的井陉与滏口陉两条道路，从山西高原顺利下行，迅速开赴华北平原镇压叛变。

综合可见，晋阳正好处在高欢在中国北方的两个强敌——西魏、柔然以及潜在的政敌东魏皇帝的驻地邺城当中，也就是在关中、漠南与河北之间，把重兵和统治中枢机构部署在这里，可以居中策应，便于联络各方，无论哪个地区发生战争或严重动乱，都能利用晋阳四通八达的交通条件迅速赴援。当地的形势险固、物产丰饶，又利于自守，所以据此作为军事基地和政治中心，可以说是非常理想了。

二、东魏由晋阳南下的主攻路线与西魏之防御对策

东西魏分裂后，两国频繁交锋，东魏政权凭借地广物博，兵马众多，先后向西魏发动过四次大规模进攻，都是由高欢亲自担任统帅，没有委派其他将领来指挥，可见他对掌握兵权的重视。其具体情况分述如下。

第一次，天平三年（536年）蒲津之役。高欢在当年十二月下令三路进攻西魏，遣司徒高昂攻上洛（今陕西省洛南县东南），大都督窦泰攻潼关，自率主力从晋阳经龙门至蒲津。次年正月，高欢在蒲津造三道浮桥，准备渡黄河进入关中。西魏宇文泰屯兵广阳（今陕西省临潼县北），扬言退保陇西，还长安后秘密东进至小关，窦泰仓促应战后兵败自杀。高欢"以冰薄不得赴救"[1]，被迫撤除浮桥，还兵晋阳。高昂攻克上洛，接到撤军命令后还师。

第二次，天平四年（537年）沙苑之役。当年闰九月，高欢自晋阳领

---

[1]《北齐书》卷2《神武帝纪下》。

二十万兵南下，经龙门至蒲津；令高昂领三万人围攻陕州（今河南省三门峡市陕州区）。高欢主力渡黄河后绕过华州（今陕西省大荔市东），进驻许原西。十月，宇文泰领军至沙苑设伏，大败东魏军队，高欢渡河逃走，"丧甲士八万人，弃铠仗十有八万"[①]。

第三次，兴和四年（542 年）初攻玉壁。当年九月，高欢在晋阳集结部队出征；十月，在临近龙门的玉壁城（今山西省稷山县西南）受到西魏名将王思政阻击，攻城不利。宇文泰派兵来援，又逢天气恶劣，"神武以大雪，士卒多死，乃班师"[②]。

第四次，武定四年（546 年）再攻玉壁。当年高欢调集全国兵马，"自邺会兵于晋阳"[③]；至九月，再次南下进攻玉壁，并让侯景率河南军队攻邵郡（治今山西省垣曲县南），以分散河东的防御兵力。东魏此番进攻准备充分，志在必得，围攻玉壁的目的还在于吸引西魏主力前来救援，以便反客为主，发挥其兵力优势以战而胜之。但是这一计划被宇文泰识破，只以韦孝宽守玉壁孤城抗击敌兵，并不派遣人马前来援救。高欢"顿军五旬，城不拔，死者七万人"[④]。于是智力俱困，因而发病，烧营而退，回到晋阳后病情加重而死。东魏劳师丧众，损失沉重，遭此巨创而元气大伤；直到后来北齐禅代，二十余年内再也无力对西魏、北周发动大规模进攻；只是在宜阳、汾北等地进行过有限的局部攻击。

东魏的上述进军兵马众多，其中沙苑之役出动了二十万人，初攻玉壁的兵力数额没有具体记载，但是其部队"入自汾、绛，连营四十里"[⑤]，规模相当庞大，可能与上次出征沙苑的兵力相近。再攻玉壁之役，

---

① 《资治通鉴》卷 157 梁武帝大同三年。
② 《北齐书》卷 2《神武帝纪下》。
③ 《北齐书》卷 2《神武帝纪下》。
④ 《北齐书》卷 2《神武帝纪下》。
⑤ 《资治通鉴》卷 158 梁武帝大同八年。

东魏战死七万人，据《周书》卷2《文帝纪下》记载："齐神武攻围六旬不能下，其士卒死者什二三。"即死亡人数占到总数的20%~30%，照此估算其兵力在三十万人上下。东魏这四次进军的主攻路线具有鲜明的特点，即由晋阳出发，走龙门、蒲津道去攻打西魏的关中，其行军道路如出一辙。具体来说就是都在晋阳集结部队，然后沿汾水河谷南下，至正平西折而到龙门；前两次是从龙门沿黄河东岸南下，到蒲津渡河进入关中。后两次由于在玉璧受阻，未能到达龙门。高欢坚持走这条行军路线的原因：一是可以利用汾水的水运来输送兵员和粮草给养，比较节省人力、物力；二是这条路线通往关中较为方便，在地形上没有敌人把守的艰险路段。如果南赴洛阳，再行入关中，不仅绕路浪费时间，还要经过险峻的崤函山区，有陕州、函谷、潼关等著名要塞阻挡，因而困难重重。

那么，高欢为什么一再走龙门南下蒲津，而不肯走今同蒲铁路沿线，即经过礼元、闻喜进入运城盆地，再沿涑水到蒲津呢？笔者分析其原因有二。第一，走涑水一线只有蒲津一座渡口可以利用，而走龙门南下沿路有龙门、夏阳、蒲津等多座渡口可以西渡，这条路线的通达性更为优越。第二，涑水沿路的豪强民众对东魏存有浓重的敌意，而从正平沿汾水到龙门的情况要好得多。据毛汉光研究，"涑水上游中游的裴氏及涑水中下游的柳氏亦倾向宇文氏，涑水下游蒲坂地方豪强敬珍、敬祥等强烈归向宇文氏。故自大统三年高欢沙苑之败后，上述河东地区已与西魏、北周政权牢牢结合，而使得宇文氏能巩固地拥有此区"[1]。而在汾水下游至与黄河交汇处，自正平至龙门一带的豪强薛修义则倾向于高欢，"修义从弟嘉族为正平太守，修义从父光炽曾为东雍州（即正平）刺史，嘉族与光炽亦亲东魏，当此之时在汾北浍水一带，高欢获得重要之助力。这股

---

[1] 毛汉光：《北魏东魏北齐之核心集团与核心区》，上海书店出版社，2002年，第173页。

势力且延伸至龙门及龙门之黄河对岸杨氏壁等处……"①高欢也向运城盆地发动过试探性的进攻，结果遇到了强烈的抵抗。"东魏攻正平郡，陷之，遂欲经略盐池，（辛）庆之守御有备，乃引军退。"②经此，高欢放弃了进军该地的想法，选择了沿途多有拥护者的龙门、蒲津道。

西魏方面经过抵御高欢前两次进攻的胜利，对东魏的主攻路线已然了若指掌。宇文泰占据了河东郡（今山西省运城地区）后，接受了王思政的建议，"以玉壁地在险要，请筑城。即自营度，移镇之"③。这一举措表明西魏方面已经提前预判到高欢仍会率领大军从晋阳南下，走龙门、蒲津道进攻关中，因而把抵抗敌军的前线阵地向北推进到玉壁，此举扩大了自己的防御纵深，试图御敌于国门之外，收到了很好的效果。玉壁位于从正平到龙门的中途，这座要塞在汾水南岸的峨嵋岭断裂台地上，四面是悬崖峭壁，难以攀登，只有一道狭窄的山梁与原上相连，因而易守难攻。玉壁城驻有8000人，威胁着汾水北岸的东魏行军大道，高欢的部队如果径直开过，则后援辎重会受到玉壁守军的拦截，所以必须攻克这座要塞，才可以放心自龙门南下蒲津。但是玉壁守将王思政、韦孝宽防御得法，使高欢的部队的土山、地道、冲车、火攻等战术遭到挫败，无法通过。西魏由于采用了正确的防御策略，依靠有利的地势，只用了少量部队扼守要道，就使强敌无计可施并遭受惨重伤亡而被迫撤退。

三、西魏、北周主攻河洛却忽视晋阳援军的挫败

沙苑之战以后，西魏攻占了河东、崤函两处要地，在形势上占据了有利的地位，从而逐渐掌握了战场上的主动权。第一，它的关中根据地

---

① 毛汉光：《北魏东魏北齐之核心集团与核心区》，上海书店出版社，2002年，第151页。
②《周书》卷39《辛庆之传》。
③《周书》卷18《王思政传》。

摆脱了频受威胁的状态，再也没有受到敌人的直接进攻。高氏此后的两次西征均被守方依托汾水与峨嵋台地的天堑阻挡住了。第二，从此后两国交锋的情况来看，宇文氏主动进攻的次数明显要多于对手。如果统计出动重兵进攻的次数，沙苑之战后高氏仅有围攻玉壁的两次大规模军事行动，而宇文氏则有5~6次军事行动。若是从地域角度来分析建德五年（576年）灭齐之役以前西魏、北周的进攻战略，可以看出以河阳、洛阳为主攻方向是其基本特点，详述如下。

从宇文氏攻击东魏、北齐的进军路线来看，在建德五年（576年）发动灭齐之役之前，大举东征的途径都是崤函山区的豫西通道，主攻目标是号称"天下之中"的洛阳，企图占领河洛地区，尤其是交通枢纽——河阳三城，这样就能控制位于东亚大陆核心地带的十字路口和水陆冲要，可以北入上党，攻击晋阳；东出河北平原，直逼太行山东的经济、政治中心邺城；东南顺汴渠而下，到达江淮流域；南面可进兵南阳盆地，经过襄樊而抵江汉平原。西魏北周在这一方向发动的大规模进攻战役共有5次，而东魏北齐方面坚持以固守河阳待援，晋阳主力迅速南下赴救的战略，成功地将其一一挫败。其相关经过略述如下。

第一次，元象元年（538年）河桥之战。当年八月，宇文泰率领大军救援被围的洛阳金墉城守兵，与东魏军队战于河阳桥南。西魏先败后胜，杀死东魏大将高昂，但是后来又失利撤退。"（宇文）泰由是烧营而归，留仪同三司长孙子彦守金墉。"[1] 这一战役中，高欢亦率精兵自晋阳渡河来救，并攻克了西魏的要塞金墉城。"长孙子彦弃城走，焚城中室屋俱尽，（高）欢毁金墉而还。"[2] 西魏遂丧失了在河洛地区的据点，退守新安、宜阳，守住崤函南北二道。

---

①《资治通鉴》卷158梁武帝大同四年。
②《资治通鉴》卷158梁武帝大同四年。

第二次，武定元年（543 年）首次邙山之战。当年二月，东魏北豫州刺史高慎叛降西魏，被困。三月，宇文泰领大军来救，高欢亦迅速自晋阳领大军十万渡河来援，双方在洛阳北郊邙山举行会战，东魏获胜，"擒西魏督将已下四百余人，俘斩六万计"[①]。明日复战，宇文泰又失利而退。"豫、洛二州平。神武使刘丰追奔，拓地至弘农而还。"[②]

第三次，天保元年（550 年）弘农北济之役。当年九月，宇文泰乘魏齐禅代、政局不稳之际，率大兵东出潼关，至弘农（治今河南省三门峡市陕州区）北渡黄河到建州（治今山西省晋城市东北），准备在黄河北岸攻击河阳，并阻击由晋阳南下的北齐援军。齐主高洋闻讯后迅速从邺城赶回晋阳，部署兵马准备迎击。当时遇到恶劣天气，"会久雨，自秋及冬，（西）魏军畜产多死，乃自蒲阪还。于是河南自洛阳，河北自平阳已东，皆入于齐"[③]。

第四次，河清三年（564 年）第二次邙山之战。当年十月，北周执政宇文护领兵东征，"护军至潼关，遣柱国尉迟迥帅精兵十万为前锋，趣洛阳，大将军权景宣帅山南之兵趣悬瓠，少师杨檦出轵关"[④]。北齐派遣名将兰陵王高长恭、大将军斛律光率兵自晋阳来援，到达河阳后畏惧周师强盛，未敢进击。齐主见形势危急，又派太宰、并州刺史段韶率精骑前往督战，双方又在邙山交锋。"周人大溃。其中军所当者，亦一时瓦解，投坠溪谷而死者甚众。洛城之围，亦即奔遁。"[⑤]宇文护被迫撤兵，退回关中。

第五次，武平六年（575 年）北周武帝东征河阳。当年七月，北周出

①《北齐书》卷 2《神武帝纪下》。
②《北齐书》卷 2《神武帝纪下》。
③《资治通鉴》卷 163 梁简文帝大宝元年。
④《资治通鉴》卷 169 陈文帝天嘉五年。
⑤《北齐书》卷 16《段荣附子韶传》。

动大军十八万伐齐，亦以洛阳地区为主攻目标，沿黄河两岸水陆数道并进。"申公李穆帅众三万守河阳道"，胡三省注："自河阴北渡河为河阳。周主将攻河阳、洛阳，守之以断其相往来。"[①]"壬午，周主帅众六万，直指河阴。"[②] 八月，周军到达河洛地区，周武帝率军攻克河阴大城（即河阳南城，今河南孟津东），齐王宇文宪攻占洛口东、西二城，纵火烧断河阳浮桥。但是北齐洛州刺史独孤永业坚守金墉城，周军围攻河阳中潬城二十余日亦未得手。北齐右丞相高阿那肱亦自晋阳统兵来救，周武帝又突患重病，只好放弃已得诸城，烧掉舟船，退军回境。

以上五次战役的结果，反映了东魏、北齐方面战略部署相当正确，高欢当年制定的屯重兵于晋阳以应变，以河阳固守待援的兵力布局非常成功。东魏、北齐在河南地区遇到强敌侵犯时，对洛阳空城不大重视，把当地驻军的主力设置在其东北的黄河浮桥与河阳三城，坚守水陆交通枢纽，等待晋阳的救兵前来解围。北齐又设河阳道行台，其长官往往兼任洛州刺史，担任洛阳地区的军事与政务之总指挥，手下有兵马数万，足以坚持到晋阳援军抵达。由于沿途道路交通设施完善，东魏、北齐的骑兵只需要几天时间就能赶来。例如永熙三年（534年），高欢自晋阳入洛，宇文泰称："高欢数日行八九百里，晓兵者所忌。"[③] 二次邙山之战，段韶率领精骑，"发自晋阳，五日便济河，与大将共量进止"[④]。步兵则需要二十余日。西魏、北周这五次东征的主攻方向都是河阳、洛阳地区，其目的是尽快攻入敌人的腹地华北平原，因而选择了最为近便的路线。但是此项战略决定具有明显的缺陷，一是对河阳防务的强固估计不足，以至于每次都无法迅速攻克，造成了战事的拖延；二是对晋阳敌军

---

① 《资治通鉴》卷172陈宣帝太建七年。
② 《资治通鉴》卷172陈宣帝太建七年。
③ 《周书》卷1《文帝纪》。
④ 《北齐书》卷16《段荣附子韶传》。

主力的支援作用有所忽视，而每当河阳告急时，东魏、北齐的"晋阳之甲"都能及时赶赴前线，改变战局的力量对比态势，致使宇文氏的大军被迫撤退。东魏、北齐对西魏、北周在这一阶段的进军路线，早有充分准备，救援又相当及时，所以使宇文氏政权损兵折将，徒劳无功，未能达到预期的作战目的。

四、北周东征转向晋阳与最终胜利

纵观西魏、北周的东征战略，虽然取得了若干成功，但是在主攻方向和进军路线的选择上一意孤行，固执地沿着豫西通道强攻河洛地区，而敌人已提前做好准备，依靠河阳一带的坚城死守待援，晋阳的军队主力又能凭借便利的交通条件迅速赶到解围，这就使宇文氏屡屡遭到失败。在接连受挫的教训下，北周统治者逐步总结经验，认识到北齐的晋阳重兵集团是其维持统治的根本，必须率先设法消灭它们，并攻占敌人的这一军政重心，才能打垮对峙多年的对手。周武帝因而改变过去的灭齐战略，试图用新的作战计划来取得胜利。

（一）北连突厥，夹攻晋阳

6世纪以降强大起来的漠北地区游牧民族——突厥对中原形成了威胁，它灭亡柔然之后，"尽有塞表之地，控弦数十万，志陵中夏"[1]。当时在北方对峙的北周、北齐都想联结突厥以为外援，因而对其竞相拉拢。"（北周）朝廷既与和亲，岁给缯絮锦彩十万段。突厥在京师者，又待以优礼，衣锦食肉者，常以千数。齐人惧其寇掠，亦倾府藏以给之。"[2]周武

---

① 《周书》卷9《皇后传·武帝阿史那皇后》。
② 《周书》卷50《突厥传》。

帝即位后，具有消灭北齐、统一中原的宏图大略，但是考虑到河洛地区敌人的防御部署非常坚固，此前几次兵出崤函均无功而返，因而他改变了战略，企图联合突厥，依靠它强大的骑兵力量，从北方进攻高齐政权的要地晋阳，自己只用少数兵力从河东北上，对晋阳形成夹攻之势。为了达到这一目的，北周频频派遣大臣出使突厥，请求和亲，经过与北齐的一番外交斗争，在保定三年（563年），突厥终于同意嫁女，并答应出动大军，配合周师攻齐。当年九月戊子，"诏柱国杨忠率骑一万与突厥伐齐"[①]。十二月辛卯，"遣太保、郑国公达奚武率骑三万出平阳以应杨忠"[②]。杨忠在攻破陉岭隘口之后，突厥木汗、地头、步离三可汗率领十万骑兵与其相会，双方合兵进入长城，南下并州。北齐朝廷闻讯后应对如下：武成帝自邺城赶奔并州，亲率齐军主力抵抗突厥，并遣名将斛律光率领步兵三万屯驻平阳，抵御达奚武的北进部队。次年（564年）正月，双方在晋阳郊外会战，由于突厥临阵退却，周军惨败。达奚武因为畏惧而顿兵于平阳，后闻杨忠等战败，随即撤退，未能够取得预期战果。

通过这次战役，北周方面认识到以下两点。一是突厥回避与北齐主力交锋。突厥可汗起初受到周使的蒙蔽，误认为北齐内乱，兵马衰弱不堪一击，企图乘虚而入，捞取好处。但发现对方战斗力较强之后，立即采取了避战的做法，以免消耗自己的实力。晋阳城外的会战，"齐人乃悉其精锐，鼓噪而出。突厥震骇，引上西山不肯战"[③]。突厥避战致使杨忠被击败。当年九月，突厥又与北周相约攻齐，再次选择了对方防御较弱的幽州出击，"众十余万，入长城，大掠而还"[④]。其目的仅限于抢劫人畜财物，并不想损伤兵马。这和北周企图依赖突厥去消灭齐军主力的战略意

---

①《周书》卷5《武帝纪上》。

②《周书》卷5《武帝纪上》。

③《周书》卷19《杨忠传》。

④《资治通鉴》卷169陈文帝天嘉五年九月。

图相去甚远。二是突厥骑兵的战斗力不强。在这次联合作战中，北周将领发现突厥军队的武器装备很差，缺乏严密的组织和纪律性，并非像原来设想得那样强大。如杨忠归国后对武帝说："突厥甲兵恶，爵赏轻，首领多而无法令，何谓难制驭。正由比者使人妄道其强盛，欲令国家厚其使者，身往重取其报。朝廷受其虚言，将士望风畏葸。但虏态诈健，而实易与耳。今以臣观之，前后使人皆可斩也。"①

北齐方面经过这次防御战斗，也得出了同样的认识，即突厥入侵造成的危险远不如北周严重，后者的威胁则是致命的。保定四年（564年）八月，周师东进洛阳，突厥袭扰幽州。齐主高湛召见大将段韶商议曰："今欲遣王赴洛阳之围，但突厥在此，复须镇御，王谓如何？"段韶回答："北虏侵边，事等疥癣，今西羌窥逼，便是膏肓之病，请奉诏南行。"②君臣达成了一致的意见，于是全力支援洛阳，挫败了周军的进攻。

鉴于以上原因，周武帝放弃了借助和依赖突厥兵力灭亡北齐的打算，只得依靠自己的力量来统一北方了。

（二）南结陈朝，进兵侵齐

周武帝即位后，为了统一北方，还积极联系南方的陈朝，共同打击北齐政权这个宿敌。他释放了被俘的陈文帝之弟安成王陈顼，以求与陈朝改善关系，双方还划定了国界。他两次派遣杜杲出使陈朝，缓和紧张局势，商定共同出兵，分别由西、南两面伐齐。《隋书》载鲍宏"与杜子晖受聘于陈，谋伐齐也。陈遂出兵江北以侵齐"③。

建德二年（573年）三月壬午，陈宣帝下令，"分命众军，以（吴）

---

① 《周书》卷50《突厥传》。
② 《北齐书》卷16《段荣附子韶传》。
③ 《隋书》卷66《鲍宏传》。

明彻都督征讨诸军事,(裴)忌监军事,统众十万伐齐"[1]。陈师连战连捷,
十月攻占淮南重镇寿阳（今安徽省寿县）；十一月,陈师又克淮阴、朐
山,济阴、南徐州,"齐北徐州民多起兵以应陈,逼其州城"[2]。陈师对北
齐南境造成严重威胁,引起其君臣的恐慌,于是北齐调遣了部分兵力南
下增援,并在黎阳（治今河南省浚县东）筑城戍守。佞臣穆提婆还劝齐
后主不用发愁,说:"假使国家尽失黄河以南,犹可作一龟兹国。更可怜
人生如寄,唯当行乐,何用愁为!"胡三省注:"齐之君臣以乐慆忧……
惧陈兵之来,真欲画河自保。"[3]陈朝在淮南的扩张与胜利削弱了北齐的军
事力量,造成了有利于北周东征的战略态势,这是周武帝外交斗争的一
大成功。

（三）出师河东、北攻晋阳方略的提出

北周建德四年（575 年）,周武帝根据当时的政治、军事形势,认为
东征消灭北齐的时机已到,但是他过于相信自己兵力的强大,低估了敌
方抵抗力量,导致他再次沿袭旧的作战方略,主力部队继续穿越崤函山
区,走豫西通道至河洛地带,攻击河阳三城。这一作战方略在廷议时遭
到了许多大臣的反对,这些大臣还提出以河东为主攻方向,全力消灭晋
阳的北齐重兵。主要有以下三条意见。

首先,以往宇文氏东征,曾经多次选择攻击河路,致使敌人有充分
准备,已经在河阳等地聚集了数万精兵,进攻恐怕难以得手。如鲍宏称:
"先帝往日屡出洛阳,彼既有备,每有不捷。"宇文弼也说:"河阳冲要,
精兵所聚,尽力攻围,恐难得志。"[4]

---

[1]《资治通鉴》卷 171 陈宣帝太建五年。
[2]《资治通鉴》卷 171 陈宣帝太建五年。
[3]《资治通鉴》卷 171 陈宣帝太建五年十月。
[4]《资治通鉴》卷 172 陈宣帝太建七年七月。

其次，河洛平原是四战之地，敌人前来增援比较容易，而周军即使占领了这一地区也很难防御。如赵䎖所言："河南、洛阳，四面受敌，纵得之，不可以守。"①

最后，河东地区面对敌人的守备较弱，北齐方面没有准备迎击周军主力的攻击，当地的地形又便于运动兵力。"出于汾曲，戍小山平，攻之易拔。用武之地，莫过于此。"②应该从此处发动主攻，"进兵汾、潞，直掩晋阳，出其不虞，似为上策"③。也就是说，先消灭并州的敌军主力，再东出太行，直捣邺城所在的河北平原。

但周武帝刚愎自用，拒不采纳上述建议，结果再一次受到挫折，强攻河阳不下，北齐援兵从晋阳赶到后，北周方面面对不利形势，只得被迫撤兵，并烧掉了所有船只，放弃了原先占领的三十余座城池，损失重大。

（四）北周攻陷晋州，击溃敌晋阳援军

建德六年（577 年）十月，周武帝病愈后，准备再次伐齐。他总结了上次的失败教训，决定接受臣下的建议，将主力部队调往河东，北出汾曲，攻击北齐的边界重镇晋州（治平阳，今山西省临汾市）。该城是晋阳南边的门户，齐军必然前来援救。周师攻占晋州后，可以在那里以逸待劳，消灭远道而来的敌军主力，然后乘胜北进，直捣北齐的政治、军事重心晋阳。周武帝在制订此项计划时，考虑到敌方以往的既定战略方针，也注意到高氏政权并未给予晋阳南边的军事重镇——晋州以足够的重视，那里的防守兵力不足，只有甲士八千人，远逊于河阳驻军的三万

---

①《资治通鉴》卷 172 陈宣帝太建七年七月。

②《资治通鉴》卷 172 陈宣帝太建七年七月。

③《资治通鉴》卷 172 陈宣帝太建七年七月。

人。主将尉相贵昏聩无谋，担当不起防御的重任，这些因素都会促成北周此番东征的成功。他认为这次出兵有相当把握，因此对群臣说："若复同往年，出军河外，直为抚背，未扼其喉。然晋州本高欢所起之地，镇摄要重，今往攻之，彼必来援，吾严军以待，击之必克。然后乘破竹之势，鼓行而东，足以穷其窟穴，混同文轨。"①

周武帝亲自统兵出征，大军到达晋州前线时，周武帝留下数万精锐，"遣内史王谊监六军，攻晋州城"②，又分派诸将领兵各据要地。其中北路遣齐王宇文宪率精骑二万守雀鼠谷（今山西省介休县西南），陈王宇文纯率步骑二万守千里径（今山西省临汾市北），郑国公达奚武率步骑一万守统军川（今山西省石楼县南），柱国宇文盛率步骑一万守汾水关（今山西省灵石县西南），准备抵御晋阳之敌的增援，堵住齐兵南下的各条要道。东路派大将军韩明率步骑五千守齐子岭（今山西省垣曲县东），乌氏公尹升率步骑五千守鼓钟镇（今山西省垣曲县北），防御怀州（治今河南省沁阳县）、建州之敌的援救，堵住其西进的道路。后路遣凉城公辛韶率步骑五千守蒲津关，保障自己后方交通运输的安全。此外，又派赵王宇文招率步骑一万自华谷（今山西省闻喜县东）进攻北齐的汾州（治蒲子城，今山西省隰县）诸城，使其无法增援晋州③。

北周军队在十月己酉出征，癸亥至晋州，随即开始围攻。在周军的强大攻势下，平阳守军人心动摇，几位北齐将领见城池难保，密谋投降，先后与周营联系。"庚午，齐行台左丞侯子钦出降。壬申，齐晋州刺史崔景嵩守城北面，夜密遣使送款。"④周武帝立即命令上开府王轨领兵前去接应。"未明，登城鼓噪，齐众溃，遂克晋州，擒其城主特进、开府、海昌

---

① 《周书》卷6《武帝纪下》。

② 《周书》卷6《武帝纪下》。

③ 北周的上述军事部署可参阅《周书》卷6《武帝纪下》建德六年。

④ 《周书》卷6《武帝纪下》。

王尉相贵，俘甲士八千人。"①至此，周武帝准备的第一阶段作战方案得以顺利完成。

周师围攻晋州时，北齐后主高纬正和嫔妃、群臣在天池游猎。"晋州告急者，自旦至午，驿马三至。"②但是昏聩的后主耽于玩乐，不以为意。右丞相高阿那肱说："大家正为乐，边鄙小小交兵，乃是常事，何急奏闻！"③直至接到平阳失陷的消息后，后主准备返回晋阳，但宠妃冯氏兴致正高，提出再打一场游猎，后主竟然同意了。十月癸亥，后主回到晋阳，次日便下令集合兵马于城南晋祠。庚午，高纬亲统十余万大军离开晋阳南征。十月癸酉，齐师列阵上鸡栖原，北周的阻击部队在宇文宪的率领下缓缓撤兵，不与盛气而来的齐师交锋。

十一月己卯，北齐后主亲率大军来到平阳城外，周武帝认为齐军士气正盛，便将主力后撤以避其锋芒，他任命梁士彦为晋州刺史，留下精兵一万镇守。齐军开始围攻平阳后，周武帝又命令齐王宇文宪领兵六万回援，屯于涑川以观其变。梁士彦率众拼死抵抗，齐军攻城月余未能得逞，死伤惨重，已经师老兵疲，士气低落。十二月戊申，周武帝亲率援兵到达平阳，"诸军总集，凡八万人"。随即在城南的会战中与齐军对阵交锋，齐军参战约有六七万人④。战事激烈进行之际，齐师左翼稍有退却，贪生怕死的高纬即与冯淑妃及近臣数十人弃军逃走，此举引起北齐将士军心涣散，惨败而逃。"齐师大溃，死者万余人，军资器械，数百里间，委弃山积。安德王（高）延宗独全军而还。"⑤北周取得了平阳会战的大捷，周武帝此前策划的战略部署最终得以实现。

---

① 《周书》卷 6《武帝纪下》。

② 《资治通鉴》卷 172 陈宣帝太建八年十月。

③ 《资治通鉴》卷 172 陈宣帝太建八年十月。

④ 《资治通鉴》卷 172 陈宣帝太建八年十二月，高阿那肱对后主言："吾兵虽多，堪战不过十万，病伤及绕城樵爨者复三分居一。"

⑤ 《资治通鉴》卷 172 陈宣帝太建八年十二月。

（五）周军攻克晋阳、邺城，北齐灭亡

　　由于会战失利，北齐军队的人员、装备损失惨重，元气大伤，很难再进行有效的抵抗。北齐后主带领部下北还晋阳。同时，他又派遣右丞相高阿那肱率兵万余人，驻守在险要镇戍高壁（今山西省灵石县东南）和附近的洛女砦，企图阻止周师北上。周武帝在获胜后统兵北上追击，十二月甲寅，周军主力开赴永安（今山西省霍州市），与先期到达的前锋宇文宪所部会合，"周主引军向高壁，（高）阿那肱望风退走。齐王宪攻洛女砦，拔之"①。然后宇文宪在介休与周武帝大军会师，开赴并州。为了分化瓦解敌方阵营，周武帝下诏宣布："伪将相王公已下，衣冠士民之族，如有深识事宜，建功立效，官荣爵赏，各有加隆。"②这一措施收到了极好的效果，沿途的北齐将领等官员相继投降。

　　十二月丁巳，周师先锋至晋阳城下，北齐后主不敢迎战，遂再次大赦，"改元隆化。以安德王（高）延宗为相国、并州刺史，总山西兵"③。而自己在夜里逃往邺城。庚申，"周军围晋阳，望之如黑云四合"④。高延宗搜罗残余人马，"拥兵四万出城抗拒"⑤，在城东防御的齐军将领"阿于子、段畅以千骑投周"⑥，致使晋阳东门失守。周武帝率领先头部队攻入晋阳东门，但是后续人马未能及时进城支援，高延宗退兵入城反攻，倚仗兵力上的优势，几乎全歼了城内的周军。"（周武）帝从数骑，崎岖危险，仅得出门。"⑦他整顿兵马，重新对晋阳发动了进攻，"还攻东门，克之，

①《资治通鉴》卷172 陈宣帝太建八年十二月。
②《周书》卷6《武帝纪下》。
③《资治通鉴》卷172 陈宣帝太建八年十二月。
④《北齐书》卷11《文襄六王传·安德王延宗》。
⑤《周书》卷6《武帝纪下》。
⑥《北齐书》卷11《文襄六王传·安德王延宗》。
⑦《周书》卷6《武帝纪下》。

又入南门。（高）延宗战，力屈，走至城北，于人家见禽（擒）"[1]。至此，北齐的精锐部队被消灭殆尽，重镇晋阳只防御了两天即告陷落。造成这一局面主要有两个原因。一是当地的齐军主力被迫前往晋州增援，又在会战中被击溃，剩下能够抵抗的人马不多，高延宗手下的四万军队只有原来晋阳驻军的三分之一，又士气低落，屡有叛变，所以抵挡不住乘胜来攻城的北周大军。二是高延宗的防御策略有误，他的兵力明显弱于周军，却没有采取守城的战术，而是领兵出城与强敌进行野战，这就导致齐师的迅速溃败。如果他用数万军队固守晋阳坚城，北周军队恐怕难以在短期内将其攻克。

周武帝占领晋阳后安定民心、奖励部下，积极准备向北齐的最后巢穴——都城邺城进军。十二月癸酉，"周师趣邺，命齐王（宇文）宪先驱，以上柱国陈王（宇文）纯为并州总管"[2]，留守当地。周军一路势如破竹，迅速穿过太行山脉，进入河北平原。后主高纬见大势已去，急忙宣布禅位于太子，自己称太上皇，让幼主和后宫亲属弃城逃往济州（治今山东省茌平县西南）。周军逼近邺城，"烧城西门，太上皇将百余骑东走。乙亥，度（渡）河入济州"[3]。北周占领邺城后派兵追击，高纬与皇后、幼主又逃往青州，"为周将尉迟纲所获，送邺"[4]。北齐王朝至此灭亡。

五、结语

顾祖禹曰："夫太原为河东都会，有事关、河以北者，此其用武之资

---

① 《北齐书》卷11《文襄六王传·安德王延宗》。
② 《资治通鉴》卷172陈宣帝太建八年十二月。
③ 《北齐书》卷8《幼主纪》。
④ 《北齐书》卷8《幼主纪》。

也。"①晋阳附近山川环绕，物产丰富，水土宜人，又交通便利，加上位于关中、塞北与河南、河北之间，因而具有优越的地理条件，被东魏、北齐统治者看中，作为霸府、别都和军事基地，并且在与西魏、北周的作战中发挥了重要的作用。从双方的交兵情况来看，在选择主攻方向与进军路线方面出奇制胜是非常必要的。高欢由于将主力部队屯集在晋阳一带，向关中进攻必然走近便的龙门、蒲津道。西魏将帅对此熟悉后采取了极富针对性的防御策略，即在其必经的玉壁修筑坚城，派驻精兵，先后以区区数千人阻击了敌人逾二十万的大军，御敌于国门之外，可以说是非常成功的。反观东魏、北齐，坚守河阳三城，等待晋阳大军前来援救的防守战略屡屡奏效，曾经五次挫败了敌方的重兵进攻。但是北齐君臣将帅墨守成规，对晋阳南边的门户晋州未曾给予足够的重视，守军数量少，将领又缺乏胆智，结果被周武帝抓住了破绽。周武帝听取臣下"从河北直指太原，倾其巢穴，可一举而定"②的建议，改变了主力作战的进攻方向与路线，迅速攻克晋州，然后反客为主，以守城消耗来援的齐军晋阳主力，随即在会战中击败这一劲敌，顺利攻克晋阳、邺城，终于完成了统一北方的伟业。

---

① 〔清〕顾祖禹：《读史方舆纪要》卷 40《山西二·太原府》，中华书局，2005 年，第 1807～1808 页。
② 《资治通鉴》卷 172 陈宣帝太建七年七月。

第十七章

——

北朝至唐中叶的河阳三城

　　河阳三城故址在今河南省孟州市之南、古孟津渡口处，为北城、中潭城和南城，分别位于黄河北岸、河中沙洲与南岸之侧，其间有两座浮桥相连，是西晋至隋唐时期沟通黄河南北往来的冲要。严耕望先生曾说："此桥规制宏壮，为当时第一大桥，连锁三城，为南北交通之枢纽。渡桥而南，临拊洛京，在咫尺之间。渡桥而北，直北上天井关，趋上党、太原；东北经临清关，达邺城、燕、赵；西北入轵关，至晋、绛，诚为中古时代南北交通之第一要津。顾祖禹曰：'河阳盖天下之腰膂，南北之噤喉。''都道所辖，古今要津'是矣。故为兵家必争之地，天下有乱，常置重兵。"[1]关于河阳浮桥及三城的建立过程，以及它们在当时战争中发挥的作用，笔者将在下文予以详细探讨。

　　① 严耕望：《唐代交通图考》第一卷篇四《洛阳太原驿道》，"中央研究院"历史语言研究所专刊之八十三，1985 年，第 131～132 页。

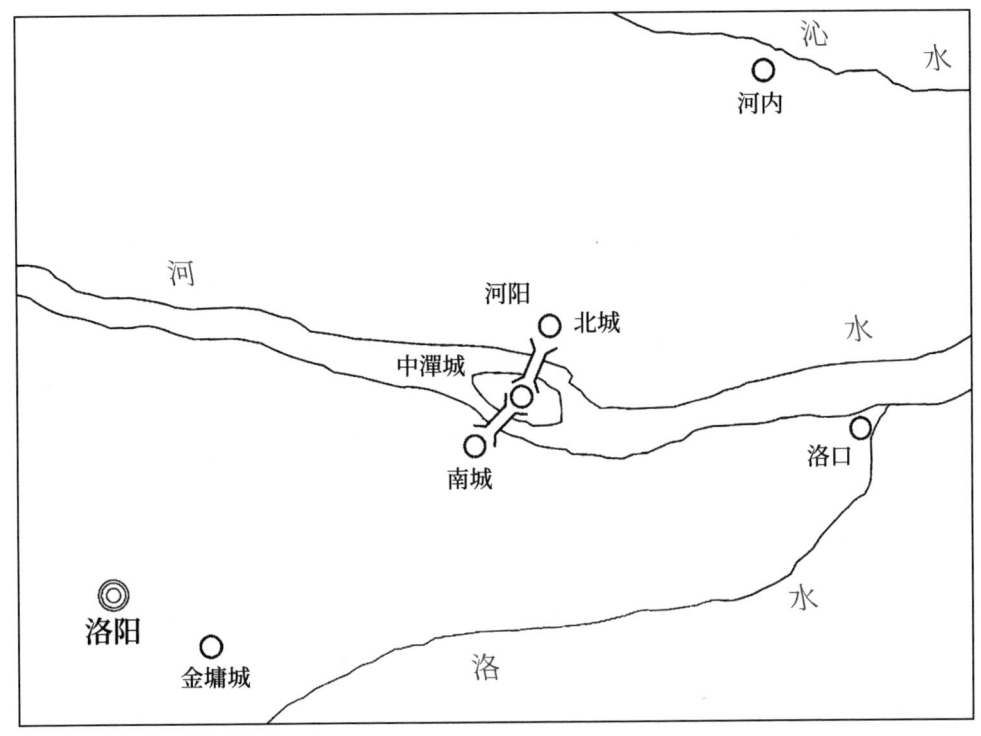

河阳三城与河桥设置图

一、河桥的由来

1. 河阳与孟津。"河阳"之名最初见于《春秋·僖公二十八年》:"冬,公会晋侯、齐侯、宋公、蔡侯、郑伯、陈子、莒子、邾子、秦人于温。天王狩于河阳。壬申,公朝于王所。"当年(前632),晋文公在城濮之战中击败楚军,称霸中原,并将周襄王请到河阳,接受他和诸侯的朝见。古地名中带有"阳"字者,往往表示地点在山之南或水之北;顾名思义,"河阳"是在黄河北岸。《水经注》卷5引《十三州志》曰河阳"治河上,河,孟津河也",即指其在黄河孟津渡口的北岸。孟津,古时亦称"盟津",相传武王伐纣时,曾与诸侯于此地会盟渡河。"或谓之富平津,或谓之小平津,或谓之陶河渚,即异名也"[①]。

黄河是古代南北交通的一个巨大障碍,而河阳所在的孟津则是其重要渡口之一。顾祖禹称黄河中游"盖自东而西,横亘几千五百里,其间可渡处约以数十计,而西有陕津,中有河阳,东有延津,自三代以后,未有百年无事者也"[②]。孟津之南的洛阳,古代号为"天下之中",是各条水陆干线汇集的交通枢纽。其地西经函谷、桃林可至关中,南过伊阙、襄樊而入江汉流域;东浮黄河、济水与鸿沟诸渠而下,通往山东半岛和黄淮海平原;北渡孟津则能够分赴河东与河内、幽燕。洛阳因此被称为"居五诸侯之衢,跨街冲之路也"[③],历来受到兵家觊觎;而附近的孟津作为联系三河(河南、河东、河内)地区的交通津要,也备受君主将帅们

---

① 《太平寰宇记》卷52《河北道一》孟州河阳县。又见严耕望先生:"汉平县故城在偃师县西北二十五里,首阳山近处,北对河津,曰小平津,一名河阴津,在盟津下游仅五六里,故古代志书往往指为盟津,而实为两地。"严耕望:《唐代交通图考》第五卷,"中央研究院"历史语言研究所专刊之八十三,1985年,第1551~1552页。
② 〔清〕顾祖禹:《读史方舆纪要》卷46《河南一》,中华书局,2005年,第2102~2103页。
③ 《盐铁论·通有》。

的关注，在战乱之际，往往派遣人马镇守该地，防止敌寇渡河来犯。例如东汉初年，刘秀于河内起兵，欲北收燕赵，即拜冯异为孟津将军，统魏郡、河内兵众，以备更始政权的洛阳守将朱鲔、李轶前来进攻。[①]汉安帝永初五年（111），关中的先零羌入寇河东，经温、轵侵至河内，朝廷亦"使北军中候朱宠将五营士屯孟津"[②]，以保障京师洛阳的安全。

2. 河桥的建立。 在古代的技术条件下，水面宽广的江河只能建造舟桥，它的起源很早，《初学记》卷7云："凡桥有木梁、石梁，舟梁谓浮桥，即《诗》所谓'造舟为梁'者也。周文王造舟于渭，秦公子鍼奔晋，造舟于河。"注："在蒲坂夏阳津，今蒲津浮桥是其处。"上述浮桥都是临时架设使用的，黄河上首座固定的舟桥建于公元前257年，见《史记》卷5《秦本纪》昭襄王五十年，"初作河桥"，地点仍在蒲津（今山西省永济市）。

孟津之渡，时有险恶风波，会造成航船的倾覆。如曹魏时大臣杜畿，"受诏作御楼船，于陶河试船，遇风没"，魏明帝为此下诏致哀曰："故尚书仆射杜畿，于孟津试船，遂至覆没，忠之至也，朕甚愍焉。"[③]其孙杜预在西晋泰始十年（274）上奏，请求在当地建立浮桥，以克服风涛的危害。[④]但是此建议遭到了大臣们的反对，"议者以为殷周所都，历圣贤而不作者，必不可立故也"，胡三省注此事曰："殷都河内，周都洛，二代夹河建都，不立河桥，故以为言。"[⑤]杜预则坚持己见，并得到晋武帝的首肯。至当年九月，河桥建成，为了庆祝这一空前盛大的工程完工，晋武帝率领百官临会，并向杜预祝酒曰："'非君，此桥不立也。'对曰：'非

---

① 《后汉书》卷17《冯异传》："（刘秀）以魏郡、河内独不逢兵，而城邑完，仓廪实，乃拜寇恂为河内太守，（冯）异为孟津将军，统二郡军河上，与恂合势，以拒朱鲔等。"

② 《后汉书》卷87《西羌传》。

③ 《三国志》卷16《魏书·杜畿传》。

④ 《晋书》卷34《杜预传》："预又以孟津渡险，有覆没之患，请建河桥于富平津。"

⑤ 《资治通鉴》卷80西晋武帝泰始十年九月胡三省注。

陛下之明，臣亦不得施其微巧。'"

河阳浮桥建成后，大大方便了黄河南北两岸的交通往来，但是随后发生了"八王之乱"和十六国、北朝的"五胡入华"，中国陷入长期的分裂混战状态。洛阳是天下之枢，具有重要的战略地位，各股割据力量都想控制该地，河桥也因此成为他们竞相争夺的对象；而势弱难守的一方往往将其焚毁，不让敌人得手。严耕望先生曾言："《通鉴》八五晋惠帝太安二年，成都王颖等起兵向洛，'列军自朝歌至河桥，鼓声闻数百里。帝亲屯河桥以御之'。是南北用兵，此桥见重之始。其后历代用兵，事涉洛阳者，无不争此桥之控制权。《纪要》四六《河南重险》条已详征引。既为兵家所争，故史事所见，屡图破坏。"[1]

北魏孝文帝在太和十七年（493），将首都从平城南迁到洛阳，随行的人马、物资数量浩繁，若用船只渡河运输，相当费时费力，于是他下诏在孟津重建浮桥。《魏书》卷 7 下《高祖纪下》太和十七年载此事曰："六月丙戌，帝将南伐，诏造河桥。"至九月南迁时，"戊辰，济河。……庚午，幸洛阳"。所率步骑百余万众仅用了两天时间，便渡过河桥，平安抵达新都。

二、河阳三城的建立

西晋以前孟津无桥，北岸渡口处也未筑城设防。如汉之河阳县城址在孟津西北30余里，距河较远[2]。这是因为背水作战乃兵家所忌。若有敌

---

① 严耕望：《唐代交通图考》第一卷，"中央研究院"历史语言研究所专刊之八十三，1985 年，第 133 页。

② 西汉政府曾于河阳之北设立平县，筑城设防，属河南郡，见《汉书》卷 28 上《地理志上》。其址在今河南省孟州市西北，见《太平寰宇记》卷 52《河北道一》孟州"河阳县"条："今县西北三十五里有古城，即汉理。"

寇临河，守方通常并不采取越水到对岸迎击的战术，而是隔河相拒，布好阵列等敌人涉水前来，待其半渡而击；或是乘其渡河后人马混乱、阵势未整时发动进攻。但是在筑桥之后，形势即发生变化，遇到上述情况，若不在对岸设防，长桥一端就会被敌人控制；如果焚毁桥梁，重建时又要耗费巨大的人力、财力。所以，这一阶段开始出现在渡口附近筑城屯兵来保护浮桥的防御部署，相继出现了三城。

1. **北城**。在河阳三城当中，北城是最先修筑的。北魏孝文帝在重建浮桥之后，又于北岸筑造了城池，遣北中郎将领兵镇守，属下有精锐的禁卫军——羽林、虎贲，以及迁徙而来的府户。[①]因此北城又称为"北中府城"，建立的时间是重建浮桥后三年。见《太平寰宇记》卷52《河北道一》孟州河阳县："北中府城即郡城也。《洛阳记》云太和二十年造北中府城。"

据《水经注》卷5《河水五》所载，北中城附近有"讲武场"，即北魏军队训练演习的场所。其事可见《魏书》卷7下《高祖纪下》太和二十年（496）"九月戊辰，车驾阅武于小平津"。

北中府城或简称"北中城"。《魏书》卷58《杨侃传》载元颢借梁朝兵马进据洛阳，"孝庄徙御河北，……及车驾南还，颢令萧衍将陈庆之守北中城，自据南岸"。又见《资治通鉴》卷153中大通元年（529）闰月，"尔朱荣与颢相持于河上，庆之守北中城，颢自据南岸"，胡三省注："河桥南岸也。"

北城在当时又称"河阳城"，因其防卫坚固，靠近京师，便于皇帝直接控制，又被作为囚禁犯罪宗室的场所。如孝文帝太子元恂图谋叛逃，被发觉后，"乃废为庶人，置之河阳，以兵守之，服食所供，粗免饥寒而

---

① 《水经》卷5《河水五》："河水又东径平县故城北。"郦道元注："有（魏）高祖讲武场，河北侧岸有二城相对，置北中郎府，徙诸徒隶府户并羽林虎贲领队防之。"严耕望在《唐代交通图考》中认为"河北侧岸有二城相对"一句或许有误，可能应为黄河南北两岸二城相对。

已。……中尉李彪承间密表，告恂复与左右谋逆。高祖在长安，使中书侍郎邢峦与咸阳王禧，奉诏赍椒酒诣河阳，赐恂死，时年十五。敛以粗棺常服，瘗于河阳城"①。又称为"无鼻（辟）城"，地点在河桥以北二里。见《资治通鉴》卷140齐明帝建武三年（496），"闰月，丙寅，废（元）恂为庶人，置于河阳无鼻城，以兵守之"，胡三省注："《水经》：溴水出河内轵县原山，南流注于河水，东有无辟邑，谓之无鼻城。萧子显曰：在河桥北二里。"另见《读史方舆纪要》卷49《河南四》怀庆府孟县"无辟城"条。

《魏书》卷113《官氏志》载北魏设"四方郎将"，即东、西、南、北中郎将各一人，官阶为右从第三品。郑樵《通志》记述，四方中郎将初为东汉设立，六朝时沿置，权力较大②。北魏迁都洛阳后，四方中郎将统领军队部署在都城四周，负责拱卫京师。但是属下兵马数量有限，不足以拒退强敌。后来胡太后执政时，任城王元澄曾奏请提高四方中郎将的品阶，使北中郎将兼领河内郡，并加强所属的兵力。他的奏议遭到大臣们的反对，未能获准。③

2. **中潬城**。"潬"的本义是指江河中流沉积而成的沙洲，见《尔雅·释水》："潬，沙出。"孟津中潬南北长约一里④，其最初的名称为"中渚"。见《水经注》卷5《河水五》："郭颁《世语》云：晋文王之世，大鱼见孟津，长数百步，高五丈，头在南岸，尾在中渚。"前引《魏书》卷58

---

① 《魏书》卷22《废太子恂传》。
② 《通志》卷55《职官志五》曰："按此四中郎将并后汉置，江左弥重，或领刺史，或持节为之，银印青绶，服同将军。"
③ 《魏书》卷19中《任城王澄传》："时四中郎将兵数寡弱，不足以襟带京师，澄奏宜以东中带荥阳郡，南中带鲁阳郡，西中带弘农郡，北中带河内郡，选二品三品亲贤兼称者居之，省非急之作，配以强兵，如此则深根固本，强干弱枝之义也。灵太后初将从之，后议者不同，乃止。"
④ 〔日〕成寻：《参天台五台山记》，崇文书局，2022年，第122页。

《杨侃传》亦曰："（元）颢令萧衍将陈庆之守北中城，自据南岸。有夏州义士为颢守河中渚，乃密信通款，求破桥立效。"此事又见于《资治通鉴》卷153，胡三省注"中渚"云："《水经注》曰：河中渚上有河平侯祠，河之南岸有一碑，题曰洛阳北界。意此中渚即唐时河阳之中潬城也。"

孟津"中渚"的称呼一直延续到北魏末年，后改称"中潬"，则是使用了南方吴语的称谓。见郭璞注《尔雅·释水》："今江东呼水中沙堆为潬。"在历史上，黄河若发生特大洪水，中潬上的建筑往往会被冲毁。[①]

中潬城的始建，李吉甫认为是在东魏元象元年（538）。《元和郡县图志》卷5河南道河阳县："中潬城，东魏孝静帝元象元年筑之。"严耕望在《唐代交通图考》第一卷134页云："《北齐书》四一《暴显传》，天平二年（梁大同元年）除北徐州刺史，'从高祖与西师战于邙山，……显守河桥镇，据中潬城'。此似为河阳中潬见史之始。"严先生此处引书有误，按《北齐书·暴显传》所载，他担任北徐州刺史在元象二年（539）[②]，而邙山之战则在此前一年，《元和郡县图志》所载的中潬筑城年代，可能就是据此而来的。中潬的驻军设防，实际上要早于元象元年，严耕望先生做过考证，引《魏书》卷58《杨侃传》所载夏州义士为元颢守河中渚事，时间是北魏孝庄帝永安二年（529）。"然此事在东魏元象二年之前十年，盖筑城前早已为兵家所重，为守御要害也。"[③]

---

①《新唐书》卷36《五行志》贞观十一年（637），"九月丁亥，河溢，坏陕州之河北县及太原仓，毁河阳中潬。"《容斋随笔·续笔十二》"古迹不可考"条："又河之中泠一洲岛，名曰中潬。……上有河伯祠，水环四周，乔木蔚然。嘉祐八年秋，大水冯襄，了无遗迹，中潬自此遂废。"

②《北齐书》卷41《暴显传》："元象元年，除云州大中正，兼武卫将军，加镇东将军。二年，除北徐州刺史，当州大都督。从高祖与西师战于邙山，高祖令显守河桥镇，据中潬城。"

③ 严耕望：《唐代交通图考》第一卷，"中央研究院"历史语言研究所专刊之八十三，1985年，第134页。

据《读史方舆纪要》卷46《河南一》引《三城记》曰："中潬城。表里二城，南北相望。"是有内外两层城墙，防御设施比较坚固。

3. **南城**。在孟津南岸渡口处，靠近浮桥南端，亦始建于东魏。《元和郡县图志》卷5河南道河阳县曰："南城，在县西，四面临河，即孟津之地，亦谓之富平津。后魏使高永乐守河南以备西魏，即此也。"其文"四面临河"有误，"四"字应为"三"字之讹。《读史方舆纪要》卷46引《三城记》云："南城三面临河，屹立水滨。"或认为当是说中潬城的情况，见本书第527页注释①。又见《通典》卷177《州郡七·河南府》：

> 河阳，古孟津，后亦曰富平津。……浮桥即晋当阳侯杜元凯所立。后魏庄帝时，梁将陈庆之来伐，克洛阳，渡河守北中府城，即此；孝文太和中筑之。齐神武使潘乐镇于此，又使高永乐守南城以备西魏，并今城也。

上述两条史料提到的南城战事，亦为元象元年（538）河桥之战（或称"河阴之役"）中的情况。可见《北齐书》卷14《高永乐传》："河阴之战，司徒高昂失利退。永乐守河阳南城，昂走趣城，西军追者将至，永乐不开门，昂遂为西军所擒。"同书卷21《高昂传》所载略同。上述史实，《资治通鉴》卷158梁武帝大同四年（538）八月"辛卯"条记载较为详细。文字如下：

> （宇文泰）击东魏兵，大破之，东魏兵北走。京兆忠武公高敖曹（即高昂）意轻泰，建旗盖以陵陈，魏人尽锐攻之，一军皆没。敖曹单骑走投河阳南城，守将北豫州刺史高永乐，欢之从祖兄子也，与敖曹有怨，闭门不受。敖曹仰呼求绳，不得，拔刀穿闉未彻而追兵至。敖曹伏桥下，追者见其从奴持金带，问敖曹所在，奴指示之。敖曹知不免，奋头曰："来，与汝开国公！"追者斩其首去。

上述史实反映：第一，南城与浮桥近在咫尺，故高昂在入城不得后，能够随即走伏于桥下。第二，魏晋时期，曾经盛行临河的弧形防御工事，称为"偃月城"或"偃月坞"①，即三面筑城，保护渡口码头，防止陆上之敌来犯；濒水的一面则是开放的，便于部队登船。南城没有使用这种建造形式，它是在桥旁采取环形筑垒，城池是封闭性的，这样守卫更为坚固。但是"偃月城"能够把河桥南端包在城内，而南城是和桥头分离的，这种构筑形式的缺点是：一旦强寇来临，守军不敢出城迎战，只能闭门自守，无法阻止敌人登桥。高昂被追兵擒杀的史实，就是一个明显的例子。

河阳三城当中，要属南城最大，又位处黄河南岸，故亦称为"河阴大城"②。

三、河阳三城的修筑原因与战略影响

河阳三城的先后修筑，与北魏中叶到末叶政治重心区域的转移，以及主要防御方向的改变有着密切的关系。下面就此问题分别展开论述。

1. **孝文迁洛后北方的政治形势与北中府城的建立原因。**北魏太和年间于孟津北岸筑城，而不设在南岸，其意图明显是为了防备北方的假想敌，保护设在河南的新都洛阳。孝文帝迁洛之后，南朝萧齐的国势已衰，无力北伐；京师洛阳面临的威胁主要来自黄河以北的几股敌对政治力量。

（1）**鲜卑贵族的保守势力。**孝文帝大力推行汉化改革，断胡俗胡语，使统治集团内部的矛盾逐渐激化。保守派官僚多留据代北任职，其

---

① 〔唐〕李吉甫：《元和郡县图志》，中华书局，1983 年，第 1082 页。〔清〕顾祖禹：《读史方舆纪要》卷 19《南直一》、卷 26《南直八》，中华书局，2005 年，第 913～914、1284 页。《唐代交通图考》："且《志》云'四面临河'，当是说中潬城，亦非南城形势也。"严耕望：《唐代交通图考》第一卷，"中央研究院"历史语言研究所专刊之八十三，1985 年，第 135 页。
② 《资治通鉴》卷 172 陈宣帝太建七年（575）八月。

朝内的守旧贵族也想和他们串通起来，发动叛乱。就在筑北中府城的太和二十年（496），先有太子元恂杀中庶子高道悦，"与左右密谋，召牧马轻骑奔平城"，事情败露后被孝文帝囚禁。孝文帝认为"今恂欲违父逃叛，跨据恒、朔，天下之恶孰大焉！"[①]后又出现大臣穆泰等人在代北组织的叛乱。事见《资治通鉴》卷140："及帝南迁洛阳，所亲任者多中州儒士，宗室及代人往往不乐。（穆）泰自尚书右仆射出为定州刺史，自陈久病，土温则甚，乞为恒州；帝为之徙恒州刺史陆叡为定州，以泰代之。泰至，叡未发，遂相与谋作乱，阴结镇北大将军乐陵王思誉、安乐侯隆、抚冥镇将鲁郡侯业、骁骑将军超等，共推朔州刺史阳平王颐为主。"孝文帝捕杀了很多人，才把这次政变镇压下去。

（2）中原河东、河北等地的被征服民族。北魏王朝是通过野蛮的征服战争建立起来的，国内的民族矛盾相当尖锐。如太和二十年，汾州的吐京胡即掀起过暴动。

（3）塞北的柔然、敕勒等游牧民族。据《资治通鉴》记载，自孝文帝即位至迁洛的22年内，北方柔然的大规模入侵和敕勒族的起义共有13次之多，其中柔然南下的军队屡屡达到十余万骑，给北魏造成的损失相当沉重。

黄河北岸一旦燃起大规模的战火，敌对势力即有可能南下孟津，威胁洛阳的安全；或者是截断河桥，使洛阳的魏军主力难以迅速渡河平叛。孝文帝修筑北中府城，是在孟津渡口设立了一座桥头堡，既可以阻滞敌人的进攻，保护河桥，又能够维系黄河两岸交通往来的通道，便于军队调动，其战略作用是十分重要的。正如《洛志》所云："魏都洛阳以北中为重地，北中不守，则可平行至洛阳。"[②]后来尔朱荣自晋阳起兵向洛，拥

---

①《资治通鉴》卷140齐明帝建武三年（496）八月。

②〔清〕顾祖禹：《读史方舆纪要》卷46《河南一》，中华书局，2005年，第2128页。

立孝庄帝。胡太后以李神轨为大都督，领兵拒敌；而镇守北中的别将郑季明、郑先护开城投降，"李神轨至河桥，闻北中不守，即遁还"①，致使尔朱荣顺利占领了洛阳。

2. 东魏初年政局的演变与中潭城、南城的建造。 孝文帝迁洛之后，豫西地区成为政治军事重心，朝廷政令发自洛阳，主力军队也屯集于此，以应对四方之变。但是到了北魏末年，情况发生了变化。掌握朝政的军阀高欢，其根据地原在太行山东、以邺城为中心的河北平原。他消灭了尔朱兆以后，又在山西北部的晋阳建立了新的军事基地，将相府和重兵安置于此。《资治通鉴》卷155载："（高）欢以晋阳四塞，乃建大丞相府而居之。"胡三省注曰："太原郡之地，东阻太行、常山，西有蒙山，南有霍太山、高壁岭，北扼东陉、西陉关，故亦以为四塞之地。""自此至于高齐建国，遂以晋阳为陪都。"

永熙三年（534）七月，高欢率领大军南渡黄河，挟立傀儡孝静帝元善见。魏孝武帝元修被迫放弃洛阳，西投关中军阀宇文泰，在北方形成了东西两大集团对抗的政治格局。此时，高欢认为洛阳作为都城已经不合时宜，原因主要有以下两点：

首先，豫西地区范围狭小，又连遭兵祸，百业凋敝，民不聊生；而高欢的根据地远在太行山东，若继续以洛阳为都，需要转运大量的物资供其消费，会严重损耗国力。而在河北的邺城建都，傍近基本经济区域，有供应方便之利。因此，高欢在这次进军以前，就产生了迁都的打算："初，神武自京师将北，以为洛阳久经丧乱，王气衰尽，虽有山河之固，土地偏狭，不如邺，请迁都。"②

其次，洛阳距离东魏的两个敌国——萧梁、西魏的边界较近，易受

---

①《资治通鉴》卷152梁武帝大通二年（528）。
②《北齐书》卷2《神武纪下》。

攻击；而高欢的主力军队远在千里之外的晋阳，又有黄河阻隔，若有危机，救援不便。正如《北齐书》卷2《神武纪下》所言："神武以孝武既西，恐逼崤、陕，洛阳复在河外，接近梁境，如向晋阳，形势不能相接，乃议迁邺，护军祖莹赞焉。"由于仓促做出迁都的决定，"诏下三日，车驾便发，户四十万狼狈就道，神武留洛阳部分，事毕还晋阳。自是军国政务，皆归相府"。

东魏迁邺以后，洛阳的地位发生变化，从政治中心变为边境的冲要。因为该地总绾数条干道，西魏若向东方扩张势力，洛阳是必经之途。高欢守住洛阳，也就封锁了敌人进兵中原的通道，因此不能轻易放弃这块战略要地。尤其是天平四年（537）沙苑之役，东魏惨败，"丧甲士八万人，弃铠仗十有八万"[①]。而西魏的势力转盛，改守为攻，开始向河南出击。从上述背景来看，高欢在第二年筑中潬城和南城，派遣兵将驻守，是为了加强洛阳地区的防御部署，保护河桥通道的安全，其作用主要有二。

一、河南战斗不利时，有南城守卫桥头，败军可以经过河桥北撤，避免遭到歼灭。《资治通鉴》卷158载元象元年（538）河桥之战，东魏方面的作战部署是："（侯）景为陈，北据河桥，南属邙山，与（宇文）泰合战。"胡三省注曰："景置陈北据河桥者，虑兵有利钝，先保固其北归之路也。"后来东魏军队战败，即由浮桥退往河北。亦见于《资治通鉴》卷158："及邙山之战，诸军北渡桥，（万俟）洛独勒兵不动，谓魏人曰：'万俟受洛干在此，能来可来也！'魏人畏之而去。"胡三省注曰："北渡河桥也。"

二、便于河北的军队增援。洛阳战事危急时，东魏在河北的精锐之师便南下来援。有中潬城和南城保护浮桥，援兵能够迅速过河，投入战斗；比起登舟转渡，大大节省了时间。例如此次河桥之战后，高欢"自

---

①《资治通鉴》卷157梁武帝大同三年（537）。

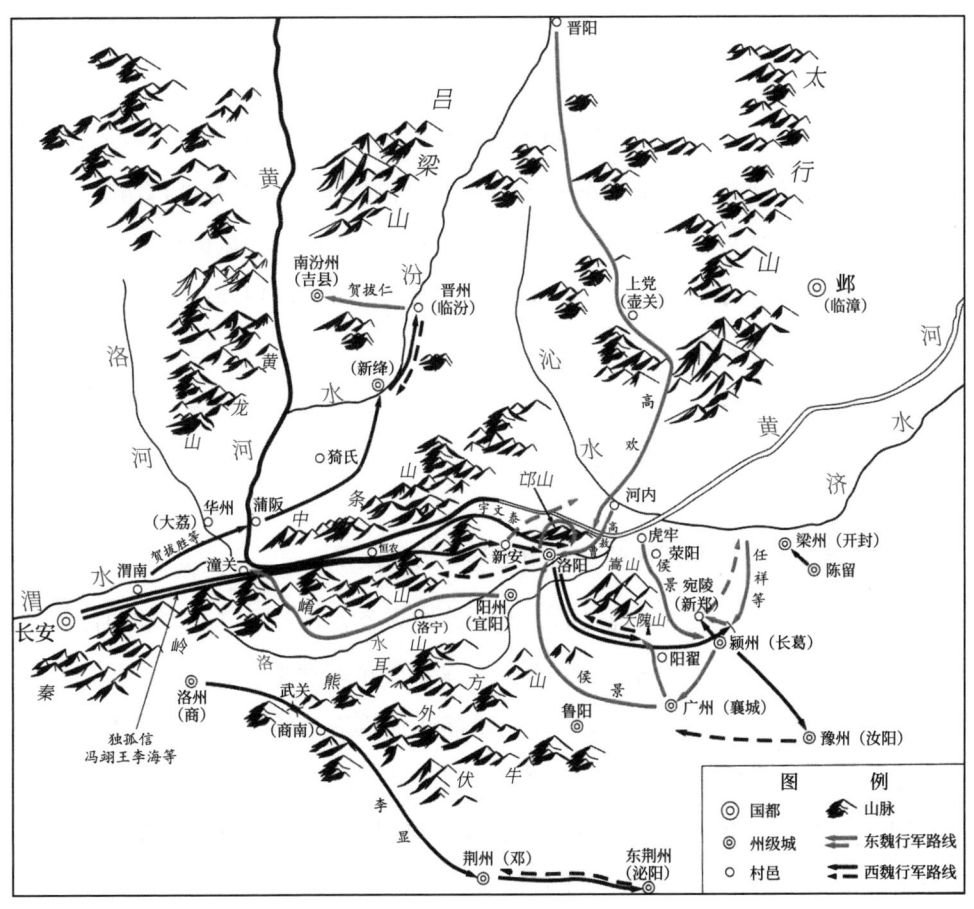

东西魏河桥之战形势图（538）

晋阳帅众驰赴，至孟津，未济，而军有胜负。既而神武渡河，（长孙）子彦亦弃城走，神武遂毁金墉而还"①。

综上所述，北魏中叶迁都洛阳，至东魏初年徙往邺城，政治中心先移河南，后转河北；河阳驻军的防御部署也由抗拒北敌变为抵御南寇，这就是当地先筑北中府城，后筑中潬城与南城的原因。三城的建立，有效地保护了河桥与孟津渡口，使北魏与东魏的军队可以顺利往来于黄河两岸，为作战调动提供了方便。

四、西魏（北周）攻取河阳的战略演变

（一）东魏（北齐）利用河桥及河阳屯兵取得的战果

北魏分裂为东魏、西魏之后，至周武帝灭齐，统一北方，北朝两国对峙攻战了 40 余年。沙苑之战以后，宇文氏逐渐掌握了主动权，频频自关中出兵东征，其作战方向基本上是沿崤函通道进攻豫西地区，试图夺取洛阳这个战略枢纽。而东魏（北齐）的对策，是将河南驻军主力置于河阳，其指挥机构称"河阳道行台"，设在河阳南城。②其署官或兼洛州刺史。参见《北齐书》卷 25《王峻传》：

> 废帝即位，除洛州刺史、河阳道行台左丞。

《北齐书》卷 41《独孤永业传》：

> 乾明初，出为河阳行台右丞，迁洛州刺史。……治边甚有威信，迁行台尚书。……（武平年间）朝廷又以疆场不安，除永业河阳道

---

① 《北齐书》卷 2《神武纪下》。
② 《太平寰宇记》卷 52《河北道一》孟州河阳县，"又有南城与县接，乃东魏元象二年所筑，高齐于其中置行台"。

行台仆射、洛州刺史。……有甲士三万。

河阳道行台长官即为洛阳地区军事总指挥。故《周书》卷30《于翼传》载："齐洛州刺史独孤永业开门出降，河南九州三十镇，一时俱下。"

敌兵来攻时，河阳行台所属的军队先在豫西走廊沿线加以阻击，待晋阳等地的救兵通过河桥前来支援，再发动反攻，逐退对手。这一战略的实施屡获成效，曾多次使西魏（北周）在河南的作战无功而返。例如：

1. 武定元年（543）二月，东魏北豫州刺史高仲密以重镇虎牢归降西魏，宇文泰亲率大军至洛阳接应，攻破柏谷坞。高欢"使（斛律）金统刘丰、步大汗萨等步骑数万守河阳城以拒之"①，并自领十万大军从晋阳南下驰援，渡过河桥，据邙山为阵。在三月十四日的会战中，宇文泰先胜后败，被迫退回关中。

2. 武定五年（547）高欢去世，河南大将侯景叛降西魏，东魏亦将主力屯于河阳，阻断西魏救援之路，再南下围攻颍川，获得了胜利。见《北齐书》卷17《斛律金传》：

> 世宗嗣事，侯景据颍川降于西魏，诏遣金帅潘乐、薛孤延等固守河阳以备。西魏使其大都督李景和、若干宝领马步数万，欲从新城赴援侯景。金率众停广武以要之，景和等闻而退走……侯景之走南豫，西魏仪同三司王思政入据颍川，世宗遣高岳、慕容绍宗、刘丰等率众围之。复诏金督彭乐、可朱浑道元等出屯河阳，断其奔救之路。又诏金率众会攻颍川。事平，复使金率众从崿坂送米宜阳。

3. 河清三年（564）冬，周武帝"遣柱国尉迟迥帅精兵十万为前锋，

---

① 《北齐书》卷17《斛律金传》。

趣洛阳"①，为土山、地道以攻城，形势危急。北齐派兰陵王高长恭、大将军斛律光相救，与敌军对峙于邙山之下。齐武成帝又令段韶督精骑增援，"发自晋阳，五日便济河"②。结果在会战中大破周师，解洛阳之围。

4. 天统三年（567）冬，"周遣将围洛阳，壅绝粮道"③。次年正月，北齐派斛律光率步骑三万救援，击败周将宇文桀，"斩首二千余级，直到宜阳"④。

5. 武平二年（571）四月，"周遣其柱国纥干广略围宜阳。（斛律）光率步骑五万赴之，大战于城下，乃取周建安等四戍，捕虏千余人而还"⑤。

6. 武平六年（575）八月，北周出动十八万大军伐齐，沿黄河两岸进攻。周武帝率主力直趋洛阳，攻克河阳南城、武济与洛口东西二城，围中潬城二旬不下。"九月，齐右丞高阿那肱自晋阳将兵拒周师，至河阳，会周主有疾，辛酉夜，引兵还。水军焚其舟舰。"⑥

（二）西魏（北周）对河阳三城及浮桥的攻击

元象元年（538）邙山之役失利以后，西魏政权对于河阳浮桥与三城的重要作用有了充分的认识。此后的历次豫西作战当中，宇文氏不仅对洛阳及附近的金墉、虎牢、宜阳等据点展开进攻，而且力图攻陷河阳三城，破坏浮桥，截断对手的救援之路。其采取的措施如下。

1. **烧毁河桥**。如武定元年（543）宇文泰攻洛阳，闻高欢领兵来援，

---

① 《资治通鉴》卷 169 陈文帝天嘉五年（564）。
② 《北齐书》卷 16《段韶传》。
③ 《北齐书》卷 17《斛律光传》。
④ 《北齐书》卷 17《斛律光传》。
⑤ 《北齐书》卷 17《斛律光传》。
⑥ 《资治通鉴》卷 172 陈宣帝太建七年（575）。

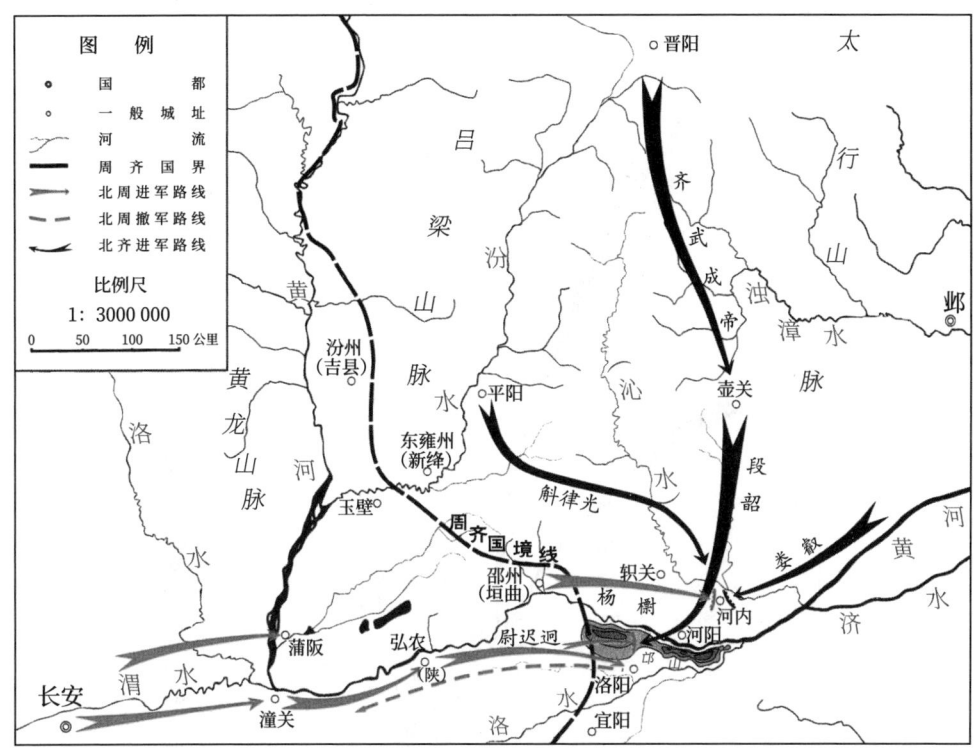

周齐邙山之战形势图（564）

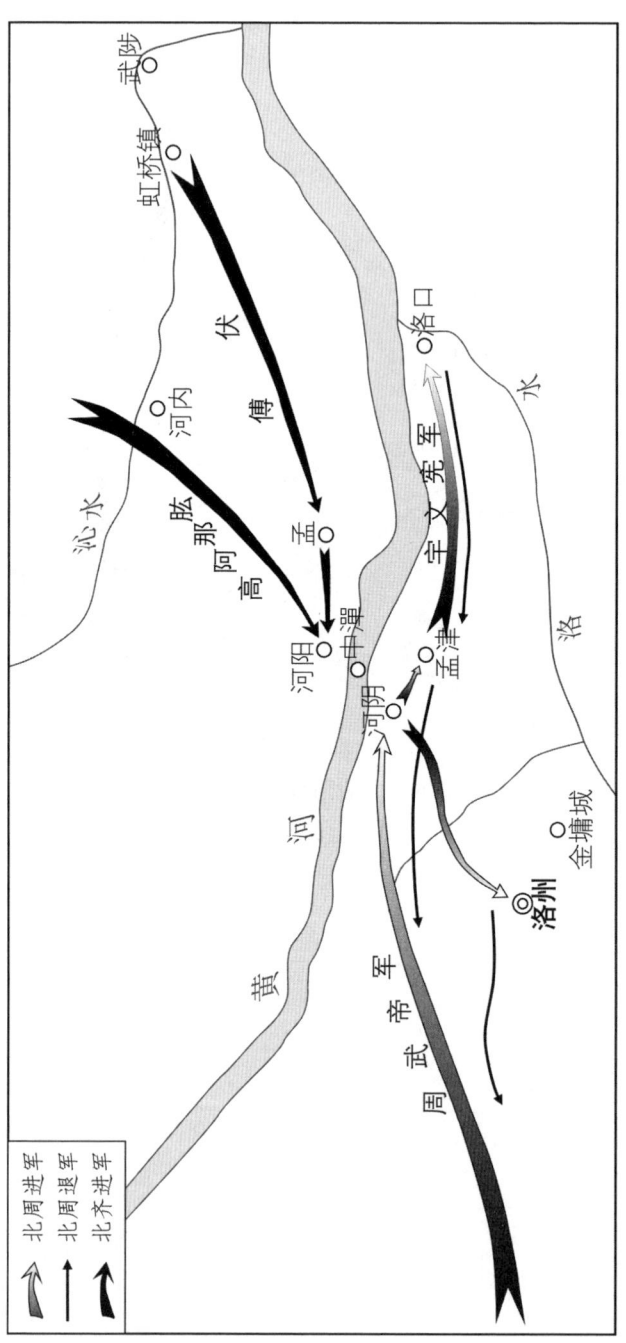

北周建德四年（575）东征河阳形势图

图例：
- 北周进军
- 北周退军
- 北齐进军

即退军瀍上（洛阳西），纵火船而下，欲烧断河桥，使高欢援军不得渡河，被东魏守将挫败。[①]武平六年（575），周武帝攻河阳时，也曾"纵火焚浮桥，桥绝"[②]。

2. 破坏河阳以南的道路。 如河清三年（564）尉迟迥攻洛阳，"三旬不克，晋公护命诸将堙断河阳路，遏齐救兵，然后同攻洛阳"[③]。

3. 围攻河阳城。 西魏（北周）在对豫西发动进攻时，曾经多次围攻河阳城，企图占领这一战略枢纽，打破敌人河南防御体系的核心。但是由于东魏（北齐）在当地部署重兵，又有坚固的城垒，援军很快就能赶到，所以屡攻不克。只有武平六年的洛阳战役，周军尽力攻下了南城，但是齐军大都督傅伏守中潬城二旬，岿然不动；援兵到来后，周军只得撤退。[④]

总之，西魏（北周）对河阳三城与浮桥所施的种种进攻和破坏办法，都没有收到满意的效果。由于敌人始终据有这条重要通道，能够将后续部队源源不断地投入河南战场，解救危急，战事多有惊无险。尽管北齐后期政治腐败，民怨沸腾，是北周消灭它的绝好时机，但是宇文氏在洛阳地区的长期作战中耗费了大量兵力、物资，却始终陷于胶着状态，迟迟打不开局面。多次受挫的教训，使北周君臣开始反思检讨进攻战略，制定新的方案。

---

① 《北齐书》卷25《张亮传》："高仲密之叛也，与大司马斛律金守河阳。周文帝于上流放火船烧河桥，亮乃备小艇百余艘，皆载长锁（索），锁头施钉。火船将至，即驰小艇，以钉钉之，引锁向岸，火船不得及桥。桥之获全，亮之计也。"
② 《资治通鉴》卷172陈宣帝太建七年（575）。
③ 《资治通鉴》卷169陈文帝天嘉五年（564）。
④ 《资治通鉴》卷172陈宣帝太建七年八月："丁未，周主攻河阴大城，拔之。齐王宪拔武济；进围洛口，拔东、西二城，纵火焚浮桥，桥绝。齐永桥大都督太安傅伏，自永桥夜入中潬城。周人既克南城，围中潬，二旬不下。"

（三）北周攻齐战略的改变

周武帝在建德四年（575）伐齐之时，已经有不少大臣反对他出兵河阳、洛阳的计划。《资治通鉴》卷172 对此事记载较详，文字如下：

> 周主将出河阳，内史上士宇文敬曰："齐氏建国，于今累世；虽曰无道，藩镇之任，尚有其人。今之出师，要须择地。河阳冲要，精兵所聚，尽力攻围，恐难得志。如臣所见，出于汾曲，戍小山平，攻之易拔，用武之地，莫过于此。"民部中大夫天水赵煚曰："河南、洛阳，四面受敌，纵得之，不可以守。请从河北直指太原，倾其巢穴，可一举而定。"遂伯下大夫鲍宏曰："我强齐弱，我治齐乱，何忧不克！但先帝往日屡出洛阳，彼既有备，每有不捷。如臣计者，进兵汾、潞，直掩晋阳，出其不虞，似为上策。"

群臣不同意攻击河南地区的理由，概括起来有以下几点：

1. 此前屡次兵伐洛阳，敌方对这一战略方向已经有了充分的准备，难以获胜。

2. 河阳是北齐重镇，驻有精兵，不易攻克。

3. 洛阳地区是交通枢纽，四面临敌，敌军救援方便，即使攻下该地也很难坚守。

因此，他们建议以黄河北岸的汾、潞（今山西省临汾市、上党区地区）为主攻方向，得手后进击敌人的腹地晋阳，这样可以出其不意，一战成功。但是周武帝没有听从，仍然坚持率主力进攻河阳、金墉等地。他对诸将说："若攻拔河阴（河阳南城），兖、豫则驰檄可定。然后养锐享士，以待其至。但得一战，则破之必矣。"[1] 结果又遭失利，无功而还。

建德五年（576），周武帝决定再次伐齐。他吸取教训，决心改变以

---

[1]《周书》卷6《武帝纪下》。

往的部署，放弃在河南的作战，以晋阳与洛阳之间的要枢晋州（治平阳，今山西省临汾市）为主攻目标，集中兵力，待敌军来援时予以消灭，然后再乘势东征，拿下北齐的首都邺城。周武帝对群臣说："朕去岁属有疹疾，遂不得克平逋寇。前入贼境，备见敌情，观彼行师，殆同儿戏。又闻其朝政昏乱，政由群小，百姓嗷然，朝不谋夕。天与不取，恐贻后悔。若复同往年，出军河外，直为抚背，未扼其喉。然晋州本高欢所起之地，镇摄要重，今往攻之，彼必来援，吾严军以待，击之必克。然后乘破竹之势，鼓行而东，足以穷其窟穴，混同文轨。"[①]

此年十月，周武帝亲率诸军伐齐，攻占平阳，果然吸引了晋阳的敌军主力来援。十二月庚戌，双方在平阳城南会战，"齐师大溃，死者万余人，军资器械，数百里间，委弃山积"[②]。周军乘胜北克晋阳，东取邺城，俘获齐后主，完成了统一北方的大业。北周此番获胜，得益于改变战略进攻方向，避开河阳的重兵坚城，这样既使敌人无法利用当地优越的防御条件，又能在野战中发挥自己军队战斗力强劲的优势，因而取得了最终的胜利。

五、隋朝的河阳

隋朝建立后，以洛阳为东都，作为控御中原和东方的重心，并于此地大修宫室，屯驻重兵，还在附近设置洛口仓、回洛仓等聚积粮粟的巨型仓城。洛阳以北的河阳，仍然受到隋朝政府的重视，值得注意的有以下举措。

1. **沿置宫、关**。北周统一北方后，曾于河阳设立皇帝的行宫，隋朝

①《周书》卷6《武帝纪下》。
②《资治通鉴》卷172陈宣帝太建八年（576）十二月。

予以保留。① 另外，东魏在中潬筑城后，又置关以稽查行旅，隋朝亦予继承。严耕望先生曾对此考述道："《御览》一六一引《冀州图经》：'河阳在河内郡南六十四里，有宫有关。'此殆河阳关之最早见者。《通鉴》一八五唐武德元年纪有河阳都尉独孤武都（《隋书·恭帝纪》作河阳郡尉，字讹）。按隋制，关置都尉，如潼关有都尉也。知河阳亦置关。"②

2. 建河阳仓。 开皇三年（583），由于长安粮储不足，朝廷命令在黄河、汴水等漕运沿岸设置粮仓，以便向京师转运，其中也有河阳。见《隋书》卷24《食货志》："于是诏于蒲、陕、虢、熊、伊、洛、郑、怀、邵、卫、汴、许、汝等水次十三州，置募运米丁。又于卫州置黎阳仓，洛州置河阳仓，陕州置常平仓，华州置广通仓，转相灌注。漕关东及汾、晋之粟，以给京师。"

3. 重立县治。 北齐时期，一度撤销河阳县，其辖境并入温、轵二县。③ 隋文帝平陈、统一天下之后，又恢复了河阳县的行政区域，归怀州管辖。④ 隋炀帝时，曾将怀州改称河内郡。

4. 南城改称"大通城"。 《资治通鉴》卷185武德元年（618）正月辛酉条，载王世充于洛北之役败于瓦岗军后，"不敢入东都，北趣河阳，是夜，疾风寒雨，军士涉水沾湿，道路冻死者又以万数。世充独与数千人至河阳，自系狱请罪，越王侗遣使赦之，召还东都，赐金帛、美女以安

---

① "周、隋为宫，贞观置镇。"〔唐〕李吉甫：《元和郡县图志》卷5《河南道一》"河阳县"条，中华书局，1983年。

② 严耕望：《唐代交通图考》第一卷，"中央研究院"历史语言研究所专刊之八十三，1985年，第136页。

③ "本周司寇苏忿生之邑，后为晋邑，在汉为河阳县，属河内。高齐省入温、轵二县。隋开皇十六年，分温、轵二县重置，属怀州。"〔唐〕李吉甫：《元和郡县图志》卷5《河南道一》"河阳县"条，中华书局，1983年。

④ 《隋书》卷30《地理志中》河阳县注："旧废，开皇十六年置。有盟津，有古河阳城治。"

其意"。注引《资治通鉴考异》载《杂记》则记述此次战役曰："唯世充败免，与数百骑奔大通城，败兵得还者，于道遭大雨，冻死者六七千人。世充停留大通十余日，惧罪不还。十四年正月，越王遣世充兄世恽往大通慰谕，赦世充丧师之罪。"可见河阳南城在当时改名为"大通（城）"。

六、隋末唐初战争中的河阳

隋朝后期到唐初，洛阳地区经历了长期的残酷战乱，成为各政治势力竞相争夺的热点。自杨玄感、宇文化及、李密，至窦建德、王世充，觊觎神器的几位草头天子都是在这里折翼覆灭的。李唐王朝定鼎中原的决定性战役，也是在洛阳附近完成的。在多股军事力量的拉锯战中，河阳曾几度易手，其归属情况大致可分为以下阶段。

1. 隋军占领时期。 隋炀帝大业九年（613），杨玄感在黎阳（今河南省浚县东北）起兵反隋，沿黄河北岸西进，企图从孟津南渡，迅速占领洛阳。据《隋书》卷70《杨玄感传》记载，由于他委任的怀州刺史唐祎叛变，"修武县民相率守临清关，玄感不得济，乃于汲郡南渡河"。后来杨玄感在洛阳作战接连获胜，炀帝遣屈突通等率援军自河北来救，屯于河阳。"玄感请计于前民部尚书李子雄。子雄曰：'屈突通晓习兵事，若一渡河，则胜负难决，不如分兵拒之。通不能济，则樊、卫失援。'"杨玄感准备采用这条计策，但被隋朝东都守将樊子盖得知，频频向其进攻，牵制其兵力，使屈突通从河阳顺利南渡，改变了战局。杨玄感腹背受敌，退往关西，中途败亡。

河阳三城在武德元年（618）正月乙丑之前，仍为隋朝军队控制，守将为河阳都尉独孤武都，并未设置重兵。前文已述，当年正月辛酉，隋将王世充兵败后曾畏罪逃往河阳，被越王杨侗赦免后"收合亡散，复得万余人，屯于含嘉城中，不敢复出"①。

2. **瓦岗军占领时期**。武德元年（618）正月乙丑，李密率众三十万进逼洛阳，大败段达、韦津所统的隋兵。"于是偃师、柏谷及河阳都尉独孤武都、检校河内郡丞柳燮、职方郎柳续等各举所部降于密"②。瓦岗军随即占领了该地，由刘德威守怀州，黄君汉守柏崖城（在孟津西五六十里），事见《旧唐书》卷77《刘德威传》《崔义玄传》。当年九月，王世充重创瓦岗军，"时王伯当弃金墉保河阳，（李）密自虎牢归之，引诸将共议"③，决定降唐，随即撤离河阳。

3. **隋军再占时期**。为武德元年九月或十月至二年（619）七月。李密投唐时，"从密入关者凡二万人，于是密之将帅、州县多降于隋"④。刘德威亦率所部随李密归唐，河阳与怀州随即复入隋军之手。《资治通鉴》卷187武德元年十二月条："隋将尧君素守河东，上遣吕绍宗、韦义节、独孤怀恩相继攻之，俱不下。时外围严急，君素为木鹅，置表于颈，具论事势，浮之于河；河阳守者得之，达于东都。"即表明该地当时由隋军控制。次年三月，王世充遣高毗在河内地区发动攻势。五月，攻占义州（今河南省武陟县）等地，转而攻西济州；黄君汉势危降唐，拜为怀州刺史，暂以柏崖城为怀州州治。⑤李世民遣刘弘基率兵至河内与其战斗；七月甲申，"刘弘基遣其将种如愿袭王世充河阳城，毁其河桥而还"⑥。这次

---

①《隋书》卷85《王（世）充传》。

②《资治通鉴》卷185唐高祖武德元年正月。

③《资治通鉴》卷186唐高祖武德元年九月。

④《资治通鉴》卷186唐高祖武德元年九月。

⑤《旧唐书》卷39《地理志三》河北道："怀州雄，隋河内郡。武德二年，于济源西南柏崖城置怀州，领大基、河阳、集城、长泉四县。其年，于济源立西济州……"《新唐书》卷39《地理志三》河北道："怀州河内郡，雄。武德二年没王世充，侨治济源之柏崖城。四年，世充平，还旧治。"

⑥《资治通鉴》卷187唐高祖武德二年。

失败后，王世充即将河阳的驻军撤回。

4. **李商胡占领时期**。王世充在洛阳称帝、建国号郑之后，因河北地区的战事不利，主要向东、南及西方扩展，放弃了河阳。该地由瓦岗军余部李商胡（本名李文相）控制，其中营即设在孟津中潬①。武德二年（619）岁末，河北义军首领窦建德听从徐世勣的建议，遣其妻兄曹旦率兵五万南渡黄河，②李商胡等小股农民军皆表示归顺。因曹旦等纵兵侵扰，引起当地义军不满，次年正月，李商胡"召曹旦偏裨二十三人，饮之酒，尽杀之。旦别将高雅贤、阮君明尚在河北未济，商胡以巨舟四艘济河北之兵三百人，至中流，悉杀之。……商胡复引精兵二千，北袭阮君明，破之，高雅贤收众去，商胡追之，不及而还"③；二月，窦建德遣大军报复，攻占河阳，杀死李商胡。

5. **郑军占领时期**。窦建德占据河阳后，见王世充在洛阳兵势强盛，不愿渡河与之争锋，即放弃该地，撤回河北，全力北伐幽州的罗艺，致使河阳又被王世充占领，并将洛阳地区与怀州连成一片，沟通了黄河南北两岸的交通，形势复为有利。郑军随即向西扩张，与河东的唐兵发生了冲突。武德三年（620）四月，"（唐）怀州总管黄君汉击王世充太子玄应于西济州，大破之；熊州行军总管史万宝邀之于九曲，又破之"④。

---

① 《资治通鉴》卷188唐高祖武德三年正月："曹旦，建德之妻兄也，在河南，多所侵扰，诸贼羁属者皆怨之。贼帅魏郡李文相，号李商胡，聚五千余人，据孟津中潬（胡注：此即河阳中潬城也）；母霍氏，亦善骑射，自称霍总管。世勣结商胡为昆弟，入拜商胡之母。"

② 《资治通鉴》卷188唐高祖武德二年末："李世勣复遣人说窦建德曰：'曹、戴二州，户口完实，孟海公窃有其地，与郑人外合内离；若以大军临之，指期可取。既得海公，以临徐、兖，河南可不战而定也。'建德以为然，欲自将徇河南，先遣其行台曹旦等将兵五万济河，世勣引兵三千会之。"

③ 《资治通鉴》卷188唐高祖武德三年。

④ 《资治通鉴》卷188唐高祖武德三年。

七月，秦王李世民领兵十余万东征洛阳，王世充闻讯后做出应战部署："遣魏王弘烈镇襄阳，荆王行本镇虎牢，宋王泰镇怀州，齐王世恽检校南城，楚王世伟守宝城，太子玄应守东城，汉王玄恕守含嘉城，鲁王道徇守曜仪城，世充自将战兵，左辅大将军杨公卿帅左龙骧二十八府骑兵，右游击大将军郭善才帅内军二十八府步兵，左游击大将军跋野纲帅外军二十八府步兵，总三万人，以备唐。"①其中河阳防务由镇守怀州的王泰负责，他本人驻扎在河内（今河南省沁阳市）。

李世民则安排唐军分路进攻。行军总管史万宝从宜阳向南攻占龙门，切断洛阳与襄阳的联系；将军刘德威逾太行山麓，围攻王泰所在的河内；上谷公王君廓断绝敌人自洛口仓通往洛阳的粮道；怀州总管黄君汉自河阴进攻郑军的另一个粮储基地回洛城；李世民亲率大军屯于北邙，结连营寨以逼迫洛阳之敌。②

八月，双方接战，"甲辰，黄君汉遣校尉张夜叉以舟师袭回洛城，克之，获其将达奚善定，断河阳南桥而还，降其堡聚二十余。世充使太子玄应帅杨公卿等攻回洛，不克，乃筑月城于其西，留兵戍之"③。乙卯日，刘德威袭击怀州，攻入河内城池的外郭，并收复了周围的许多堡聚。④守将王泰见形势不利，南移到河阳驻扎。

随着唐军在洛阳周围作战的节节获胜，河南郡县相继归降，外围的各股郑军势单力孤，纷纷逃回洛阳。武德四年（621）二月庚戌，郑军镇守怀州的主将王泰弃河阳而逃，"其将赵复等以城来降"⑤，结束了王世充在河阳的统治。

---

①《资治通鉴》卷 188 唐高祖武德三年（620）。

②《旧唐书》卷 2《太宗纪上》。

③《资治通鉴》卷 188 唐高祖武德三年八月。

④《资治通鉴》卷 188 唐高祖武德三年八月。

⑤《资治通鉴》卷 189 唐高祖武德四年。

6. 唐军据守时期。李世民占领河阳后，进围东都，洛阳危在旦夕，王世充被迫向窦建德求救。窦建德此时在曹州俘获了孟海公，率众西救洛阳，连克管州、荥阳、阳翟，"泛舟运粮，溯河西上。王世充之弟徐州行台世辩遣其将郭士衡将兵数千会之，合十余万，号三十万，军于成皋之东原，筑宫板渚，遣使与王世充相闻"①。李世民集众将商议，决定用部分兵力继续围困洛阳，自率精兵在虎牢扼守险要，阻击窦建德，使其不得西进；又遣王君廓率轻骑抄掠其粮饷，俘获夏军大将张青特。"建德数不利，人情危骇，将帅已下破孟海公，皆有所获，思归洺州"②。此时，谋士凌敬劝窦建德带领大兵北渡黄河，攻取怀州、河阳，使重将守之，再翻越太行山，进入上党，占领汾、晋，直取蒲津，并强调"如此有三利：一则蹈无人之境，取胜可以万全；二则拓地收众，形势益强；三则关中震骇，郑围自解。为今之策，无以易此。"③窦建德起初表示同意，但由于王世充使者频频哀求，并向诸将行贿，使他们反对凌敬的建议，结果窦建德在怂恿下决定向虎牢进攻。五月己未，夏军悉众来犯，被李世民以逸待劳，一战击溃，阵俘窦建德。王世充闻讯后彻底绝望，只得率太子、群臣出降，唐军取得了这场具有决定意义的战役的胜利。

隋末唐初战争的主要战场虽然仍在洛阳附近，但是交战各方并没有派遣主力屯驻河桥，亦未反复拼死争夺该地，反映出河阳对这一阶段战争的影响不像以前那样重要。笔者分析，大致有以下原因：

首先，洛阳的隋、郑守军主要依靠附近的人力和粮储补充。黄河北岸的怀州是弹丸之地，仅仅作为东都防御的犄角，并不像东魏（北齐）那样，在河东、河北具有强大的根据地，可以通过河桥向河南战场提供

①《资治通鉴》卷 189 唐高祖武德四年（621）。

②《旧唐书》卷 54《窦建德传》。

③《资治通鉴》卷 189 唐高祖武德四年。

有力的支援。对于隋、郑的洛阳防守来说，与黄河北岸的交通联络不是至关重要的生命线，它的援兵基本上来自东方或南方，所以河阳在军事补给方面并不具有头等的战略价值。

其次，活动于河北的窦建德起义军在与王世充联手之前，并未将主力投入到河南战场。进攻洛阳的敌军主力来自东西两个方向，如李密的瓦岗军、李世民的唐军，他们都沿黄河南岸向东都进发。洛阳面临的主要威胁并非来自河阳所在的黄河北岸，因此隋、郑政权只是把一支人数不多的偏师放在河阳及怀州地区，借以扩张声势。该地受到攻击时，洛阳通常也不派出军队援救，说明这一据点并未受到特殊重视。

七、唐朝前期的河阳

唐朝平定中原后，仍以洛阳为东都，并作为全国交通网的中心枢纽，全力经营。严耕望曾云："中国中古时代，中原北通北塞主要干道有二，西为洛阳北通太原、雁、代道，东为洛阳汴州北通邯郸、燕、蓟道。东道坦，西道险。唐都长安，而建洛阳为东都，太原为北都，故西道交通尤显重要。"[①] 上述两条干道都与河阳有密切关系，因此唐朝政府对于这一据点给予充分的重视，并陆续采取了一系列巩固安全的措施。

1. **改隶河南府**。隋朝的河阳归怀州（河内郡）管辖，治所在黄河北岸的河内（今河南省沁阳市）。虽然它控制着洛阳地区北上河东、幽冀的重要通道，在行政管理方面却不隶属于河南郡，未能与东都的防御系统融为一体。唐朝的统治者注意到这个问题，据《旧唐书》卷38《地理志一》所载，武德四年（621）平定王世充后，"于隋河阳宫置盟（孟）州，

---

① 严耕望：《唐代交通图考》第一卷，"中央研究院"历史语言研究所专刊之八十三，1985年，129页。

领河阳、集城、温三县"，属河南府；"八年，废盟州，省集城入河阳县，以河阳、温属怀州"；显庆二年（657）又将河阳隶属洛州。

2. **保留隋代的宫、关**。河阳行宫和关卡在唐代仍然保有，见第 539 页注释 ① 引《元和郡县图志》卷 5《河南道一》河阳县；同书同卷亦曰："中潬城，东魏孝静帝元象元年筑之，仍置河阳关。天宝已前，亦于其上置关。"严耕望先生亦考证道："《元大一统志》一二三《孟州古迹目》'河阳关在河阳古县城南，遗迹犹存。'此关当驿道，《六典》之制，当为中关；然《六典》六，中关十三，无河阳。盖其时承平，未置耳。"①

3. **复置河阳仓**。隋代河阳的仓廪在战乱中遭到毁弃，唐初恢复漕运，但规模不大，"高祖、太宗之时，用物有节而易赡，水陆漕运，岁不过二十万石"②。至高宗时有所发展，在长安、东都附近重建和新置了诸多仓储。咸亨元年（670），复置河阳仓，隶属于中央的司农寺③，用来存储转运的粮粟，玄宗开元十年（722）废除④。

4. **设镇**。为了保护河桥的安全，贞观年间，政府又在河阳设立军镇，驻扎兵将。前引《元和郡县图志》卷 5《河南道一》河阳县："周、隋为宫，贞观置镇。"在唐朝前期，"镇"主要设置在边疆，守将曰"使"，由所在道大将统率。见《新唐书》卷 50《兵志》：

> 唐初，兵之戍边者，大曰军，小曰守捉，曰城，曰镇，而总之者曰道。……其军、城、镇、守捉皆有使，而道有大将一人，曰大总管，已而更曰大都督。至太宗时，行军征讨曰大总管，在其本道曰大都督。

---

① 严耕望：《唐代交通图考》第一卷，"中央研究院"历史语言研究所专刊之八十三，1985 年，第 136 页。
②《新唐书》卷 53《食货志三》。
③《唐会要》卷 88《仓及常平仓》："咸亨元年闰九月六日，置河阳仓，隶司农寺。"
④《旧唐书》卷 8《玄宗纪上》开元十年九月，"废河阳、柏崖仓"。

河阳由于地位重要，故亦置镇守卫。

5. **常置木工、水手。**政府专为河阳浮桥配置了一批木匠和船夫，负责巡视、修缮浮桥，以保证这条重要孔道的安全与畅通。《唐六典》卷7《尚书工部·水部郎中》："巨梁十有一，皆国工修之。……（注：河阳桥船于潭、洪二州造送……河阳桥置水手二百五十人，大阳桥水手二百人，仍各置木匠十人。）"

八、安史之乱中的河阳三城

安史之乱历经唐玄宗、肃宗、代宗三朝，持续八年，烽火遍及中原，是唐朝规模巨大的一场内战。在此次战争期间，双方的军队主力沿范阳—相州—汴州—洛阳—长安一线陆路干道驱骋攻守，反复厮杀；而河阳适当其冲，为两军的将帅所瞩目，一度成为争夺的热点；尤其是李光弼以弱旅扼守三城，使史思明大兵不得全力西进，是河阳战争史上最为著名的一页。下面予以详细论述。

（一）河阳对叛军进攻战略制定的影响

安禄山任平卢、范阳、河东节度使，属下三镇统兵16.39万[1]；又兼河北、河东采访处置使，掌握着东起平州（治今河北省卢龙县）、营州（治今辽宁省朝阳市），西至忻州（治今山西省忻州市）、代州（治今山西省代县）这一广大地区的军事、民政与财政大权。他的根据地在幽州（今北京地区），为筹备叛乱，"乃于范阳筑雄武城，外示御寇，内贮兵器，养同罗及降奚、契丹曳落河八千余人为假子，及家童教弓矢者百余人，以推恩信，厚其所给，皆感恩竭诚，一以当百。又畜单于、护真大马习战斗者数

---

[1] 参见《旧唐书》卷38《地理志一》。

万匹，牛羊五万余头，总三道以节制，刑赏在己"①。后又收降突厥阿布思叶护余部，"则兵雄天下，愈偃肆"②，并利用兼任闲厩、陇右牧使的职权，密遣亲信在各地不断挑选良马送至范阳，组成了一支骁勇善战的铁骑。

安禄山起兵反唐，其战略意图是夺取东西两京，以称帝于天下；而首要的进攻目标就是号称"中兹宇宙，通赋贡于四方；交乎风雨，均朝宗于万国"③的神都洛阳，控制这个全国最为重要的经济、政治与交通中枢。《新唐书》卷225上《安禄山传》即载他发兵前，"先三日，合大将置酒，观绘图，起燕至洛，山川险易攻守悉具，人人赐金帛，并授图，约曰：'违者斩！'至是，如所素"。从范阳进军至东都，途经太行山东麓、贯穿河北平原的驿道——大官道，过易州、定州、赵州、邢州、洺州至相州（今河南省安阳市）后，分为二径，旅途如下。

1. 自汤阴西南行，沿太行山麓与黄河北岸之间的通道，经卫州（今河南省卫辉市）、怀州（今河南省沁阳市）至河阳孟津，渡过浮桥后即抵达洛阳。这条路线是唐代幽州至东都军队商旅行进的主要干道，可见杜甫诗《后出塞——为出兵赴幽州、渔阳所作》："朝进东门营，暮上河阳桥，落日照大旗，马鸣风萧萧。"岑参诗《送郭乂杂言》："何时过东洛，早晚度盟津，朝歌城边柳掸地，邯郸道上花扑人。"

2. 自汤阴东南行，至滑州境界渡过黄河，南行至汴州（今河南省开封市），然后折向西进，经郑州、荥阳、虎牢而抵达洛阳。窦建德等救王世充，便是经由此途。

对于安史叛军的进攻计划来说，这两条路线各有利弊。第一条路线距离较近，据《通典》卷178《州郡八》所载，幽州去洛为1680里。而

---

① 〔唐〕姚汝能：《安禄山事迹》卷上，上海古籍出版社，1983年。
② 《新唐书》卷225上《安禄山传》。
③ 《全唐文》卷12《高宗二·建东都诏》。

走第二条路线，幽州至相州 1120 里，《元和郡县图志》卷 7《河南道三》载汴州西至东都 420 里，北至滑州 210 里，滑州至相州 130 里，合计为 1880 里，多出 200 里左右。叛军南下时，"师行日六十里"[①]，如走第一条路线可以节省 3 ~ 4 日的时间。俗语说"兵贵神速"，所以它是军事家们首选的途径。例如唐太宗贞观十九年（645）征高丽，便是从洛阳出发，经河阳、武德（今河南省温县东北）、卫州（治今河南省卫辉市）、安阳、邺城、定州而到达幽州的。

但是，第一条路线也有明显的缺点。

（1）卫州经获嘉、武陟、温县至河阳一途，位于太行山南麓与黄河之间的狭窄通道，叛军的优势兵力不宜展开，少有回旋余地。

（2）行至怀州后，过河的渡口只有孟津一处，而河阳三城又是唐军必守之地，进攻须耗费时日。而唐军若想阻挠叛兵渡河，只要拆断河阳浮桥就可以收效。事实上，安史之乱中，叛兵两次从范阳大举南下，进攻东都，唐军都采取了这一举措。如天宝十四年（755）十一月，封常清守洛阳，"乃断河阳桥，为守御之备"[②]；乾元二年（759）三月，唐军九节度使兵败邺城，郭子仪"以朔方军断河阳桥保东京"[③]，都曾使叛军无法由孟津南渡。

（3）大军若从相州西取河阳，还须防备黄河南岸驻守汴、郑二州的唐军北上袭击，截断自幽州而来的粮饷运输，给前线的供应造成困难。

安禄山与属下商议进攻路线之时，曾有数人向他建议，走河阳捷近一途，突袭东都。如《新唐书》卷 225 上《安禄山传》载："贼之未反，（高）邈为谋，声进生口，直取洛阳，无杀光翙，天下当未有知者。"何

---

①《新唐书》卷 225 上《安禄山传》。

②《资治通鉴》卷 217 唐玄宗天宝十四年十一月。

③《资治通鉴》卷 221 唐肃宗乾元二年三月。

千年亦"劝禄山自将兵五万梁河阳，取洛阳，使蔡希德、贾循以兵二万绝海收淄、青，以摇江淮；则天下无复事矣"。但是安禄山考虑到种种不利条件，均未予以采纳。

第二条路线虽然较远，可是却具有以下几点有利因素。

（1）选择滑州一带南渡黄河，自灵昌津至白马津、濮阳百余里内均有渡口，可以同时涉渡，或采取声东击西的战术来欺骗对手。由于渡河点多，对岸的敌人容易顾此失彼，阻击有一定难度。

（2）滑州黄河北岸有黎阳仓，储粮甚多，占领了它能够有效地解决供应问题。

（3）滑州以南便是汴州，这是关东地区除洛阳之外最大的商业城市。它位于汴水之滨，东去齐鲁，南通江淮，西达洛京，居水陆要冲，"舟车辐凑，人庶浩繁"[1]，是南北漕运的中转枢纽。叛军攻占汴州，既可以取得财富，阻断江南漕运，还能遣偏师东犯曹、郓，或沿汴水而下，攻掠江淮平原。实际上，叛军首领们也正是这样部署的，如安禄山占领汴州、陈留后，自率主力西取洛阳，另派张通晤任睢阳太守，"与陈留长史杨朝宗将胡骑千余东略地，郡县官多望风降走"[2]。后又遣令狐潮、尹子奇等围攻雍丘、睢阳，全凭张巡的坚守死战，消耗了敌军大量兵力，才保护了江淮地区未受敌骑蹂躏。

权衡利弊，安禄山选择了第二条进军路线，即以滑州灵昌为渡河地点。"以緪约败船及草木横绝河流，一夕，冰合如浮梁，遂陷灵昌郡"[3]。然后顺利地攻克了陈留，转向西进洛阳。乾元二年（759），史思明称大燕皇帝后，再度从范阳起兵进攻东都，仍然沿用了这条路线："命诸郡太

---

[1]《旧唐书》卷 190 中《齐澣传》。
[2]《资治通鉴》卷 217 唐玄宗天宝十四年（755）。
[3]《资治通鉴》卷 217 唐玄宗天宝十四年。

守各将兵三千从己向河南，分为四道，使其将令狐彰将兵五千自黎阳济河取滑州，思明自濮阳，史朝义自白皋，周挚自胡良济河，会于汴州。"①胡三省注曰："白皋、胡良皆河津济渡之要，在滑州西北岸。"从作战的效果来看，都相当令人满意；叛军依靠人数和战斗力的优势，势如破竹，占领了汴州至洛阳的土地。

（二）河阳对唐军东都防御战略的影响

安史之乱战争中，唐朝军队在洛阳地区两度阻击叛兵的进攻，由于采取了不同的防御策略，取得的战果截然相反。其中是否利用河阳三城，成为胜败的关键之一。

1. **封常清防御洛阳的失败。**天宝十四年（755）十二月，安禄山自灵昌渡河后，连下陈留、荥阳，直取东都。守将封常清募兵得六万人，"屯武牢以拒贼，贼以铁骑蹂之，官军大败。常清收余众，战于葵园，又败；战上东门内，又败。丁酉，禄山陷东京，贼鼓噪自四门入，纵兵杀掠。常清战于都亭驿，又败；退守宣仁门，又败；乃自苑西坏墙西走"②。在接连惨败之后，他被迫放弃洛阳，率领残兵逃往陕县。

唐军作战失败的主要原因是士兵未经训练，战斗力低下，士气不振，兵仗器械亦不如敌。《新唐书》卷225上《安禄山传》曰："时兵暴起，州县发官铠仗，皆穿朽钝折不可用，持梃斗，弗能亢。吏皆弃城匿，或自杀，不则就禽，日不绝。禁卫皆市井徒，既授甲，不能脱弓韣、剑繁。"《旧唐书》卷187下《李憕传》亦载："禄山所统，皆蕃汉精兵，训练已久；常清之众，多市井之人，初不知战。及兵交之后，被铁骑唐突，飞矢如雨，皆魂慑色沮，望贼奔散。"但是，封常清在敌强我弱的形

---

① 《资治通鉴》卷221唐肃宗乾元二年九月。
② 《资治通鉴》卷217唐玄宗天宝十四年。

势下，未能采取固守城池的战术，以避敌之锋芒；反而错误地出兵迎战，结果自然是丧地失众，他本人也被朝廷处死。另一方面，河阳三城在这次洛阳的防御作战中，也没有发挥任何积极作用。封常清奉命赶赴东都后，即斫断河阳浮桥，以绝叛军南涉孟津之路。而安禄山率众自灵昌渡河，经汴州、荥阳而来，使唐军断桥阻敌的计划落空。叛军逼近洛阳时，守城官吏见大势已去，"东京留守李憕、中丞卢奕、采访使判官蒋清烧绝河阳桥"[①]，彻底破坏了这座贯通黄河南北的津梁。

2. 郭子仪、李光弼据守河阳的决策。 乾元二年（759）三月，唐军兵败邺城，郭子仪率朔方军退保东都。"战马万匹，惟存三千；甲仗十万，遗弃殆尽。东京士民惊骇，散奔山谷；留守崔圆、河南尹苏震等官吏南奔襄、邓；诸节度各溃归本镇。士卒所过剽掠，吏不能止，旬日方定。"[②] 洛阳形势危急，郭子仪断河阳桥后，准备在当地守城备战，但是部伍惊乱，又逃至缺门。诸将会集后，有兵数万，在讨论防御战略时，多数人认为难以御敌，主张放弃东都，退守蒲津、陕州。都虞侯张用济坚决反对，提出"蒲、陕荐饥，不如守河阳，贼至，并力拒之"，得到郭子仪的采纳，"使都游弈使灵武韩游瑰将五百骑前趣河阳，用济以步卒五千继之。周挚引兵争河阳，后至，不得入而去。用济役所部兵筑南、北两城而守之。段秀实帅将士妻子及公私辎重自野戍渡河，待命于河清之南岸，荔非元礼至而军焉"[③]。终于迫退敌兵，稳定了局势。

七月，郭子仪被召还京师，由李光弼代任其职。"光弼治军严整，始至，号令一施，士卒、壁垒、旌旗、精采皆变。"[④] 九月，史思明大举来犯，连克滑州、汴州，汴滑节度使许叔冀、濮州刺史董秦与属将等归降。

---

① 《旧唐书》卷 200 上《安禄山传》。
② 《资治通鉴》卷 221 唐肃宗乾元二年。
③ 《资治通鉴》卷 221 唐肃宗乾元二年。
④ 《资治通鉴》卷 221 唐肃宗乾元二年。

叛军乘胜西攻郑州，李光弼见其势盛难敌，便领兵撤至洛阳，与东都官吏议论对策。当时的情况和安禄山初犯洛阳时的形势相似，李光弼手下仅有两万兵、十日之粮[1]，由于接连受挫，士气亦不高涨。因此，留守韦陟建议将军队退至陕州，利用潼关的险要地势抗击敌人。这项主张遭到李光弼的反对。他说："此盖兵家常势，非用奇之策也。夫两军相寇，贵进尺寸之间耳。今委五百里而不顾，是张贼势也。"并提出驻守河阳以牵制敌兵的举措："若移军河阳，北阻泽潞、三城以抗，胜则擒之，败则自守，表里相应，使贼不敢西侵，此则猿臂之势也。"[2]胡三省对此注解道："猿臂可伸而长，可缩而短，故以为喻。"

判官韦损认为洛阳地位非常重要，不应放弃，责问李光弼曰："东京帝宅，侍中何不守之？"光弼则反问道："若守洛城，氾水、崿岭皆须人守，子为兵马判官，能守之乎？"[3]最终决定撤离洛阳，让留守韦陟率东京官属西入关中，河南尹李若幽领吏民出城避难，李光弼督率军士将油、铁等防御作战的重要物资运往河阳。他自己带五百骑兵殿后，进入南城，"排阅守备，号令严明，与士卒同甘苦，咸誓力战"[4]。

李光弼的部署非常成功。叛军入洛阳空城后，掠无所得，若派兵西进、南下，又害怕河阳唐军袭其后路，反而陷入被动。《旧唐书》卷110《李光弼传》载："贼惮光弼威略，顿兵白马寺，南不出百里，西不敢犯宫阙，于河阳南筑月城，掘壕以拒光弼。"

3. 叛军、唐军攻守河阳的作战方略。自乾元二年（759）十月，史思明与李光弼围绕河阳三城展开了激烈的争夺，其间叛军采取了多种进攻措施与谋略，均被唐军破解。

---

[1]《资治通鉴》卷221唐肃宗乾元二年九月，"光弼夜至河阳，有兵二万，粮才支十日"。
[2]《旧唐书》卷110《李光弼传》。
[3]《旧唐书》卷110《李光弼传》。
[4]《旧唐书》卷110《李光弼传》。

（1）耀武河滨。为了向唐朝守军炫耀武力，动摇其士气，史思明每日将良马千余匹驱至黄河南岸洗浴，"循环不休以示多"①。李光弼则于诸营搜罗牝马五百匹，系其驹于中潬城内；待叛军良马至河滨时，放出牝马嘶鸣不止，引其渡河，驱入城中，既挫败了敌人之谋，又使叛军多有损失。

（2）火焚浮桥。河阳三城之间有浮桥相连，可以根据需要调动兵力，运输粮饷。史思明企图用火攻将河桥焚毁，断绝守军的往来与供应，"列战船数百艘，泛火船于前而随之，欲乘流烧浮桥"②。李光弼则准备了数百支百尺长竿，后用巨木支撑，竿头装上用毡布包着的铁叉，以阻止火船，使其不得靠近浮桥，自焚殆尽。"又以叉拒战船，于桥上发炮石击之，中者皆沉没，贼不胜而去。"③

（3）攻击三城。史思明遣伪丞相周挚领众先对南城发动强攻，唐军守将为郑陈节度使李抱玉，李光弼自居中潬策应，兼顾北城；与李抱玉约以二日为期，"过期而救不至，任弃也"④。李抱玉经过血战，在城陷之际以诈降蒙骗叛军，得以修缮城堞，挫败敌兵的进攻，杀伤甚众。

周挚在南城受挫后，并力攻击唐军的防御核心中潬城。李光弼先于城外置木栅，栅外挖掘堑壕，深、宽各二丈；派遣勇将荔非元礼领兵据守，自居城东北角瞭望指挥。周挚倚仗人马众多，"直逼其城，以车二乘载木鹅、蒙冲、斗楼、橦车随其后，督兵填城下堑，三面各八道过其兵，又当堑开栅，各置一门"⑤。当叛军填壕破栅涌入时，荔非元礼率死士突然杀出，大败敌兵。

---

①《资治通鉴》卷 221 唐肃宗乾元二年（759）十月。

②《资治通鉴》卷 221 唐肃宗乾元二年。

③《资治通鉴》卷 221 唐肃宗乾元二年。

④《旧唐书》卷 110《李光弼传》。

⑤《旧唐书》卷 110《李光弼传》。

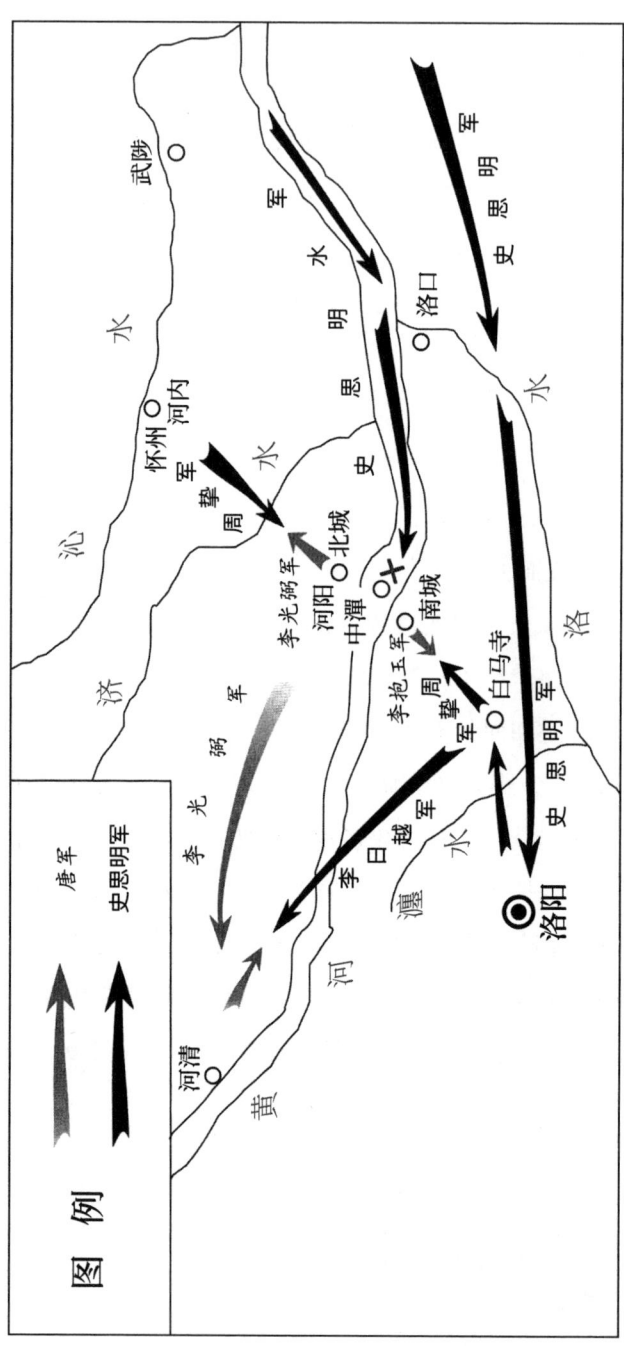

唐李光弼守河阳作战示意图（759）

　　周挚收兵整队后，又对北城发动猛攻，李光弼立即率兵将赶往救援。李光弼登城望敌后说："彼虽众，乱而嚣，不足惧也。当为公等日午而破之。"[1]命部将郝廷玉率铁骑三百冲击敌阵西北角，论惟贞率二百骑冲击东南角，并与诸将约定以麾旗为号令："尔等望吾旗而战，若麾旗缓，任尔观望便宜；吾旗连麾三至地，则万众齐入，生死以之，少退者斩无舍。"[2]郝、论二将冲阵厮杀后，李光弼见时机成熟，连麾旌旗，三军奋勇冲杀，声动天地，敌人阵脚大乱，溃不成军，"斩首万余级，俘八千余人，马二千，军资器械以亿计"[3]。周挚仅率数骑逃去，叛军大将徐璜玉、李秦授被擒，安太清走保怀州。史思明不知周挚已败，仍在进攻南城，李光弼向其展示俘虏，使敌人丧气退兵。叛军直接进攻河阳三城的战斗以失败告终。

　　（4）断绝粮道。河阳城内的存粮不多，需要从河东补给。其运输路线有两条，一是由泽州（今山西省晋城市）、潞州（今山西省长治市）下天井关，经怀州至河阳，由于叛军于乾元二年（759）三月占领了怀州，这条道路已被截断。二是从绛州（今山西省新绛县）至绛县，沿清水河谷穿过中条山与王屋山之间的孔道至垣县（今山西省垣曲县），再西至王屋县（今河南省济源市王屋镇），过轵关陉到济源，东南至河阳，此途是河阳守军粮饷的主要供应路线。史思明在攻城不利的情况下，派兵到河清（今河南省孟津县黄河北岸），准备断绝唐军粮道。他宣称："我且渡河，绝彼饷道，三城食尽，不攻自下。"[4]李光弼闻讯后，领兵于野水渡设防。傍晚光弼返回河阳，留牙将雍希颢率千人驻守营栅，曰："贼将高（庭）晖、李日越，万人敌也，贼必使劫我。尔留此，贼至勿与战，若降，与偕

①《旧唐书》卷110《李光弼传》。
②《旧唐书》卷110《李光弼传》。
③《新唐书》卷136《李光弼传》。
④《资治通鉴考异》引《邠志》。

来。"①诸将莫名其妙，纷纷窃笑。当夜史思明果然遣李日越引兵至野水渡，袭劫唐军营寨，并警告他："必获李君，不然无归！"②李日越次日凌晨至栅下，得知光弼已归河阳，恐回营后被史思明治罪，遂投降唐军。

李光弼据守河阳三城，接连挫败敌人的进攻，取得的战果是多方面的。首先，唐军杀伤俘获了大批敌兵，并迫使叛将高庭晖、李日越、董秦等先后率领所部归降，严重削弱了敌手的兵力。

其次，史思明所率的叛军主力被牵制在洛阳一带，不敢大举西犯长安，"畏光弼掎其后"③，使原来危急的形势有所缓和。

再次，河阳防御战的胜利为唐朝政府争取了时间。如李吉甫所称："陕州得修戎备，关隘无虞，皆光弼保河阳之力。"④乾元二年（759）十一月，肃宗调发安西、北庭驻军到陕州，完成了关中地区的防御部署。十二月，史思明遣将李归仁率五千骑兵西进骚扰，在陕州礓子阪被唐军击破，后又在永宁、莎栅间屡遭失败⑤，京畿安然无恙。

正是因为河阳战斗给予叛军沉重的打击，阻止了其西进，才保全了关中和京师长安。因李光弼功劳卓著，唐肃宗加授他为太尉兼中书令，并下诏褒奖道："自狂胡构祸，寰宇未清，义勇竭于臣心，勋庸著于王室。顷者豺狼余孽，尚稽天讨，蚊蚋相依，仍侵河外，是用仗其深略，为我长城，有穰苴之法令，亚夫之威略，远能挫群凶之锐，全百胜之师，为庙堂之宝臣，成军国之重任。"⑥

---

① 《新唐书》卷136《李光弼传》。
② 《太平广记》卷189《李光弼》。
③ 《资治通鉴》卷221唐肃宗乾元二年十月。
④ 〔唐〕李吉甫：《元和郡县图志》卷5《河南道一》河南府河阳县，中华书局，1983年。
⑤ 《资治通鉴》卷221唐肃宗乾元二年十一月，"发安西、北庭兵屯陕，以备史思明"。十二月，"史思明遣其将李归仁将铁骑五千寇陕州，神策兵马使卫伯玉以数百骑击破之于礓子阪，得马六百匹，归仁走。……李忠臣与归仁等战于永宁、莎栅之间，屡破之"。
⑥ 《唐大诏令集》卷60《李光弼太尉中书令制》。

4. 河阳唐军的北向攻势。上元元年（760）二月，李光弼为了打通河阳与太原之间的联系道路，消除背后的敌患，向怀州发动进攻，在与叛军的交战中屡屡获胜。据《资治通鉴》卷 221 记载：

> 二月，李光弼攻怀州，史思明救之。癸卯，光弼逆战于沁水之上，破之，斩首三千余级。
>
> （三月）庚寅，李光弼破安太清于怀州城下；夏，四月，壬辰，破史思明于河阳西渚，斩首千五百余级。
>
> （十一月）李光弼攻怀州，百余日，乃拔之，生擒安太清。

怀州重镇的收复，改变了河阳三城腹背受敌的不利局面，唐军得以自由出入太行陉，取得与泽、潞二州的联络，又增加了一条补给兵员、粮饷的通道，使战场的形势发生了有利于唐军的明显改观。

5. 唐军邙山之败与河阳的弃守。史思明在屡次受挫之后，采取了诱敌出击的计策，企图使唐军离开河阳坚城，在平原与自己交锋，以发挥铁骑的野战优势。[①]据《新唐书》卷 136《李光弼传》所载："思明使谍宣言贼将士皆北人，讴吟思归。"《资治通鉴》卷 222 亦载其事曰："或言：'洛中将士皆燕人，久戍思归，上下离心，击之，可破也。'"陕州观军容使鱼朝恩信以为真，频频上言肃宗，请求进攻洛阳。唐肃宗也被一系列的胜利冲昏头脑，下诏令李光弼迅速出战，收复东都。李光弼深谙敌情，屡次上表奏言："贼锋尚锐，请候时而动，不可轻进。"[②]而部将仆固怀恩因为属下恃功不法者多受惩治，对李光弼心怀忌恨，也附和鱼朝恩，妄称洛阳可取。于是朝廷督促河阳唐军出战的中使络绎于途。李光弼迫不

[①]《资治通鉴》卷 221 乾元二年（759）十月："（李）光弼曰：'此人情耳。思明常恨不得野战，闻我在外，以为必可取。……'"

[②]《旧唐书》卷 110《李光弼传》。

得已，遂令郑陈节度使李抱玉守河阳，与仆固怀恩带兵和鱼朝恩及神策节度使卫伯玉进攻洛阳。

上元二年（761）二月戊辰，唐军与叛兵相逢于邙山。李光弼命仆固怀恩依山据险布阵，仆固怀恩却偏要在平原列阵，声称："我用骑，今迫险，非便地，请阵诸原。"[①]李光弼反驳说："有险，可以胜，可以败；阵于原，败斯歼矣。且贼致死于我，不如阻险。"[②]二人争执不下，史思明乘其布阵未定，出兵冲击，唐军大败，"死者数千人，军资器械尽弃之"[③]。李光弼、仆固怀恩渡河退保闻喜（今属山西省），鱼朝恩与卫伯玉逃至陕州，李抱玉亦因兵力寡弱，放弃河阳撤到泽州，于是河阳三城与怀州相继被叛军占领。

李光弼与史思明相持于河阳时，战局趋于稳定，并开始出现对唐军有利的形势。而唐肃宗与鱼朝恩不懂军事，轻信妄言，做出进攻洛阳的错误决策，造成邙山之役的惨败。三月，史思明率大军西进，欲乘胜攻入关中，至永宁发生内乱，为其子史朝义所杀，并引兵退回洛阳。如果不是这场事变，京师长安与关中将再一次受到严重威胁。史朝义自立为帝，斩丞相周挚等，并密令张通儒在范阳杀其少弟史朝清及不附己者数十人。"其党自相攻击，战城中数月，死者数千人，范阳乃定"[④]。至此，叛军集团四分五裂，大为衰弱，无力再组织大规模的攻势。唐朝政府则通过积蓄力量，向回纥借兵，于次年（762）十月发动总反攻，接连收复河南、河北等地。广德元年（763）正月，史朝义兵败自尽而死，持续八年的安史之乱终告结束。

---

① 《新唐书》卷 136《李光弼传》。
② 《新唐书》卷 136《李光弼传》。
③ 《资治通鉴》卷 222 唐肃宗上元二年二月"戊辰"条。
④ 《资治通鉴》卷 222 唐肃宗上元二年三月。

九、五代以后河阳战略地位的衰微

唐王朝虽然平定了安史之乱，却无力根除叛军余部，因此在招降李怀仙、田承嗣等人后，被迫承认其在河北的原有势力范围，就地委以节度使之职。李怀仙等"各招合遗孽，治兵缮邑，部下各数万劲兵，文武将吏，擅自署置，贡赋不入于朝廷"①，依然保持着割据状态。唐朝政府为了防遏他们起兵反叛，在河朔三镇沿界部署了大量军队，"河东、盟津、滑台、大梁、彭城、东平尽宿厚兵，以塞虏冲"②。其中河阳的地位尤为显要。严耕望先生曾言："安史乱后，中原多事，河北更久为藩镇割据，几于敌国。洛阳为唐代潼关以东第一政治军事中心，惟借黄河之阻，以绝河北藩镇之窥伺，而河阳为最近洛阳之大津渡处，故常置河阳节度使，统重兵以镇之，是以李吉甫称为'都城之巨防'也。"③唐代宗在诛灭史朝义之后，即"留观军容使鱼朝恩守河阳，乃以河南府之河阳、河清、济源、温四县租税入河阳三城使。河南尹但总领其县额。寻又以汜水军赋隶之"④。德宗建中二年（781），又置河阳三城节度使，委东都留守路嗣恭担任，统怀、郑、汝、陕四州军事。⑤建中四年（783）二月，又"以河阳三城、怀、卫州为河阳军"⑥。终唐一代，河阳始终受到统治集团的重视。

不过，河朔三镇的势力远没有以往那样强大，不敢公开反叛、进兵东西两都，故而唐朝后期河阳一带的战事寥寥。至唐末五代之际，朱温

① 《旧唐书》卷 143《李怀仙传》。
② 《樊川文集》卷 5《论战》。
③ 严耕望：《唐代交通图考》第一卷，"中央研究院"历史语言研究所专刊之八十三，1985 年，第 132 页。
④ 《旧唐书》卷 38《地理志一》。
⑤ 《资治通鉴》卷 226 唐德宗建中二年。
⑥ 《资治通鉴》卷 228 唐德宗建中四年。

与李克用争雄,"河东屡争河阳不克,朱温自是益强"[①]。后唐与后晋时期,此地亦发生过一些战斗,但规模和影响都远不能和前代相比。五代以降,我国的政治重心自长安、洛阳东移,主要水陆交通干线和大战的战场也转到太行山、外方山以东的华北平原、江淮平原之上;河阳三城与孟津桥渡的战略地位亦随之逐渐衰落,淡出中国军事历史的舞台。

[①]〔清〕顾祖禹:《读史方舆纪要》卷46《河南一》,中华书局,2005年,第2131页。

第十八章

——

隋末唐初战争中东都洛阳的防御部署

　　在隋末唐初的群雄兼并和农民战争中，洛阳是各方激烈争夺的热点。先是杨玄感拥兵十万，围攻东都；继而瓦岗军据洛口仓，在北邙山下、洛水之滨与隋兵展开了长达岁余的殊死搏斗；直至李世民率常胜之师，打败王世充，迫其出降，唐朝政权定鼎中原；其间还夹杂着宇文化及的北归和窦建德西援的两次大战。洛阳郊野血雨腥风，城垒内外抛尸者何止百万！足见各路雄豪都把它视为统一寰宇的必争之地。东都城守的坚固与战事之惨烈，在我国古代军事史上是空前的，自秦汉六朝至唐初，未有哪座都城经历了如此长久的顽强防守。隋朝政府在洛阳实行的防御部署情况如何？为什么对该地这样重视？从地域的角度考察，东都防御体系的特点和最终失败的主要原因有哪些？本章将重点探讨这几个问题。

一、隋朝政府对洛阳的军事防御部署

　　大业元年（605）二月，隋炀帝命令在洛阳营建新都，次年新都落成，炀帝由长安徙居，并于大业五年（609）改东京为东都。在此期间，隋朝政

府不仅在当地大造宫室苑囿，修通漕运，还在河洛地区①实施了规模巨大的军事部署，如修建长堑坚城、设置关塞、筑仓聚粮、屯驻重兵，在周围数百里内构筑了异常强固的防御体系。其详细情况，下面分别予以论述。

（一）外围长堑

隋朝仁寿四年（604）七月，炀帝即位，在平息了代王杨谅的叛乱之后，于十一月驾幸洛阳，策划营建新都。此月丙申，炀帝下令征调民夫数十万，在洛阳的北、东、南三面修筑环形长壕，企图用外围工事来增强这一地区的防御力量，保护未来新都的安全。据《隋书》卷3《炀帝纪上》载，长堑自龙门（今山西省河津市）东接长平（今山西省晋城市东南）、汲郡（治今河南省滑县西北），抵临清关（今河南省新乡市东北），然后南渡黄河，至浚仪（今河南省开封市）折向西南，经襄城（今河南省许昌市襄城县）等地往西延伸，达于上洛（今陕西省商洛市商州区），并于沿线建立了关防要塞。长堑绵延千余里，将洛阳和联系关中、山东两大经济区域的三条主要交通干线——晋南豫北通道、豫西通道和黄河中游水道包围起来。在实施此项举措之后，炀帝才于此月癸丑日下诏，准备在伊洛流域营建东京城邑。

（二）东都城垒

1. **洛阳城垒布局**。新建的洛阳城是东都防御体系的核心，北依邙山，南对伊阙，西临涧河，东距汉魏洛阳故城九千米。新都的城垒是守军抗御进攻的主要工事，据文献记载和考古发掘来看，包括自外及内相套的郭城、皇城、宫城及其他小城。

---

① 河洛地区以洛阳为中心，东越郑州、中牟一线，西抵潼关、华阴，南以汝河、颍河上游的伏牛山脉为界，北以黄河以北、汾水以南的晋南、河南的济源、沁阳为界。参见薛瑞泽等：《河洛与河洛地区研究补正》，《中国历史地理论丛》1999年第2期。

（1）郭城。或称罗城、罗郭城、外城，是都城的外沿城垒。中华人民共和国成立后对隋唐洛阳故城遗址的发掘表明，其平面近方形，南宽而北窄，城墙为夯筑，据遗迹判断，墙基宽约 5 米余、高 5 米余、顶宽 3 米左右。郭城东、南、北三面共开八门。[①] 城东墙长 7312 米、南墙长 7290 米、北墙长 6138 米，西墙纡曲，长 6776 米；周长约 27.5 千米。[②] 郭城之内，设置诸多坊里，为百官府第和百姓住宅所在地。洛水西来，穿城而过，将其分为南、北两部分，有天津桥、翊津桥和通远桥相连。

（2）皇城。在郭城的西北隅，南临洛水，城墙亦为夯筑，内外两侧覆有青砖，其宽、高约 11 米，顶宽 6 米余，东、西墙长约 2100 米，南、北墙长约 1670 米，周长 7.5 千米左右。[③] 皇城围绕着宫城的东、西、南三面，共有六门，"南面三门：正南曰端门，东曰左掖门，西曰右掖门。东面一门：曰东太阳门。西面二门：南曰丽景门，北曰西太阳门"[④]。其东西二壁与宫城东西墙之间分别形成一段夹城。皇城之内有许多殿堂和院落，皇帝子孙、公主的宅第和一些官署建筑在此。[⑤]

（3）宫城。隋代称作"紫微城"，在皇城中间偏北，其东、西、南三面被皇城包围。考古发掘表明，它的平面近方形，东墙长约 1270 米、西

---

① 《河南志·隋城阙古迹》曰："罗郭城，大业元年筑。……南面三门：正南曰定鼎门（原注：南通伊阙，北对端门，隋曰建国。唐武德四年，平王世充改），东曰长夏门，西曰厚载门。东面三门：北曰上东门（西对东城之宣仁门，隋曰上春，唐初改），中曰罗门，南曰建春门。北面二门：东曰接喜门，西曰徽安门。"〔清〕徐松辑，高敏点校：《中国古代都城资料选刊：河南志》，中华书局，1994 年，第 99～100 页。

② 《中国军事史》编写组：《中国军事史》第六卷《兵垒》，解放军出版社，1991 年，第 163 页。

③ 中国科学院考古研究所洛阳发掘队：《隋唐东都城址的勘察和发掘》，《考古》1961 年第 3 期；《中国军事史》编写组：《中国军事史》第六卷《兵垒》，解放军出版社，1991 年，第 163 页。

④ 《河南志·隋城阙古迹》"隋皇城"条。〔清〕徐松辑，高敏点校：《中国古代都城资料选刊：河南志》，中华书局，1994 年，第 107～108 页。《说郛》卷 57 杜宝《大业杂记》。

⑤ 〔清〕徐松辑，高敏点校：《中国古代都城资料选刊：河南志》，中华书局，1994 年。

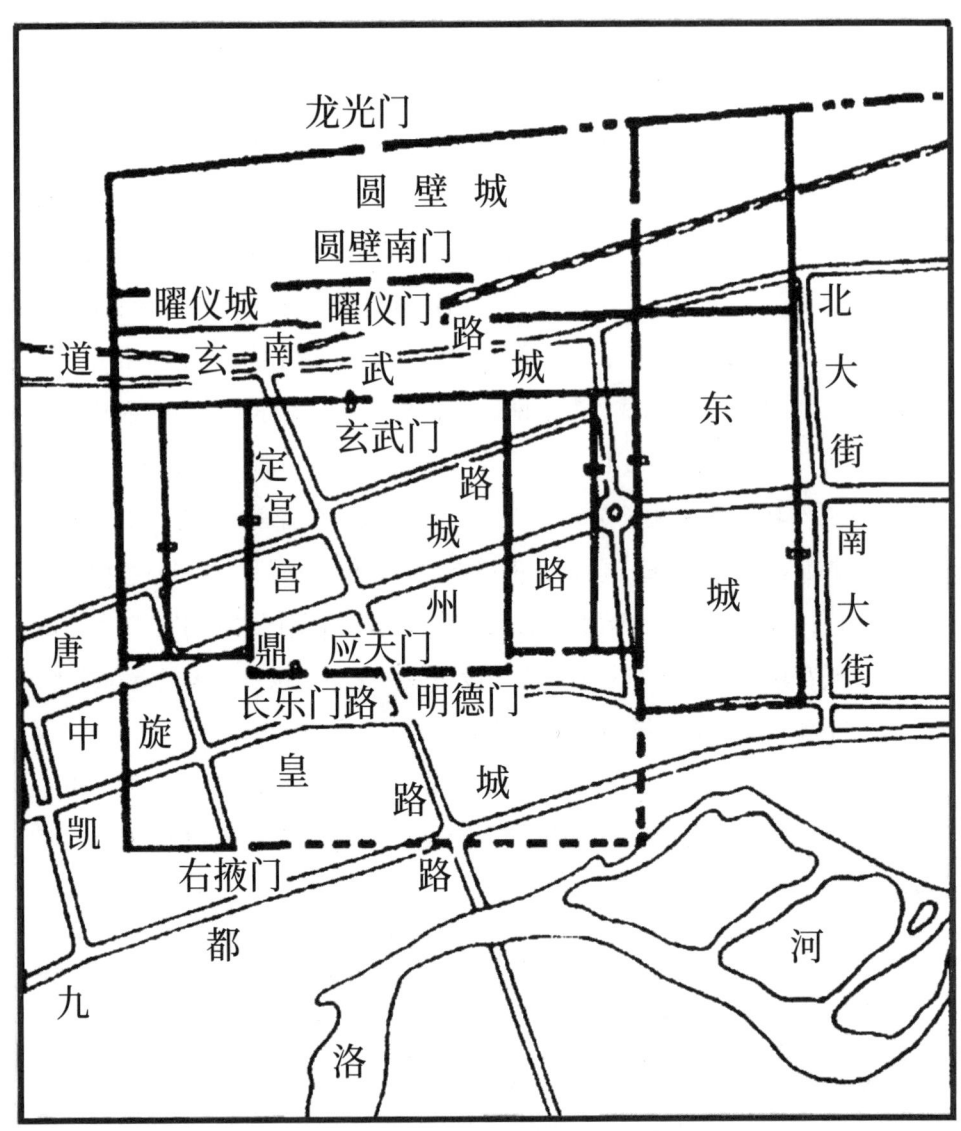

隋唐洛阳宫城城垣发掘示意图

（出自：中国社会科学院考古研究所洛阳唐城队《隋唐洛阳城城垣 1995—1997 年发掘简报》）

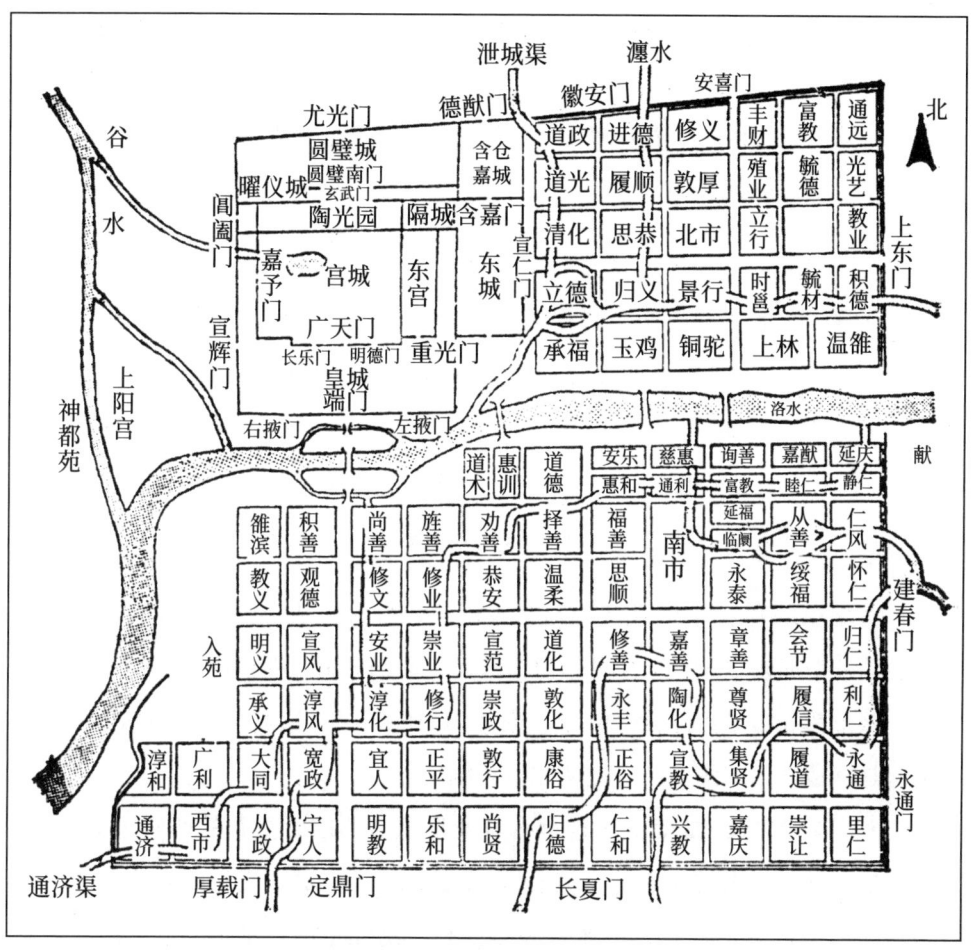

唐代洛阳城郭布局结构图

（出自：杨宽《中国古代都城制度史研究》）

墙长 1275 米、北墙长 1400 米，南墙正中有向南凸起的部分，长 1710 米；周长约 5.6 千米。[①] 由于东西两墙与皇城东西墙相距不过 300 米，所以构成双重城垒。宫城的城墙亦为夯筑包砖，宽 15 米 ~ 16 米，共有七门，见《河南志·隋城阙遗迹》：

> 宫城曰紫微城（原注：其城象紫微宫，因以名），在都城之西北隅。南面四门：正门曰则天门，东曰兴教门，又东曰泰和门，西曰兴政门。东面一门：曰重光门。西面一门：曰宝城门。北面一门：曰玄武门。玄武门北，曰曜仪门（原注：号曜仪城），其北曰圆壁门（原注：号圆壁城），门之西曰方诸门。则天门北曰永泰门。东西横门曰东华门，曰西华门。永泰门北曰乾阳门，正殿曰乾阳殿。

宫城东部有东宫，"附于宫城之东南角，自为一城，它利用宫城东墙的北端及南墙东端 340 米一段作为东南北三面的城垣，西墙宽 14 米，……整个城址呈长方形，东西 330 米，南北 1000 米"[②]。宫城北部为陶光园，中部是宫殿区，与陶光园有城墙和门相隔。

（4）曜仪城、圆壁城。这是宫城及皇城之北前后重叠的两座小城，曜仪城紧邻宫城北墙（亦为皇城北墙），其北为圆壁城，它们的东西墙即皇城东西墙向北的延长，二城皆为东西长、南北短的长条形，见《河南志·唐城阙古迹》：

> 宫城（原注：因隋名改为紫微城），周十三里二百四十一步，高四丈八尺（原注：东西四里一百八十八步，南北二里八十五步）。城

① 《中国军事》编写组：《中国军事史》第六卷《兵垒》，解放军出版社，1991 年，第 164 ~ 165 页。

② 中国科学院考古研究所洛阳发掘队：《隋唐东都城址的勘察和发掘》，《考古》1961 年第 3 期。

中隔城四重（原注：最北曰圆壁，次曰曜仪，次曰玄武，最南曰洛城）。贞观六年，号为洛阳宫。……北面二门：东曰安宁门，西曰玄武门（原注：隋名，南当应天门），玄武门北曰曜仪城，城有三门：北面一门，曰圆壁南门（原注：隋曰曜仪门，显庆中改）；东曰曜仪东门，西曰曜仪西门。曜仪城北曰圆壁城，城有二门：北面曰龙光门，东曰圆壁门（原注：门北即外郭之外）。

（5）东城。在皇城之东，相接之处亦共用一墙。据考古发掘，东城南北长度与皇城相同，东西长度约 620 米[1]，共有三门、四条街道，内设百官府署。见《河南志·隋城阙古迹》：

东城（原注：大业九年筑）：东面一门：曰宣仁门（原注：直东对外郭之上春门）。南面一门：曰承福门（原注：在左掖门东二里，南临洛水，左翊津桥，通缮经道场）。北面一门：曰含嘉门（原注：南对承福门，其北即含嘉仓。仓有城，号含嘉城）。其北曰德猷门。城内四街：第一街，鸿胪寺，次东司农寺，次东太常寺。第二街，尚书省（原注：在道北）。第三街，将作监，次东太仆寺。第四街，卫尉寺，次东都水监，次东宗正寺，次东大理寺。

（6）含嘉城。位于东城之北与曜仪、圆壁二城之东的夹角处。考古发掘表明，其城址为长方形，南北两墙分别利用郭城北墙（长 615 米）及东城北墙为之，西墙长 725 米。[2] 其南门为含嘉门，与东城相通；北门为德猷门，通往郭城之外。见上引《河南志·隋城阙古迹》"东城"条。

---

[1] 中国社会科学院考古研究所洛阳工作队：《"隋唐东都城址的勘察和发掘"续记》，《考古》1977 年第 6 期。

[2] 中国社会科学院考古研究所洛阳工作队：《"隋唐东都城址的勘察和发掘"续记》，《考古》1977 年第 6 期。

含嘉城在隋代曾为东都屯兵之所,《读史方舆纪要》卷48《河南三》河南府"洛阳县"条曰:"含嘉城,在东都城北,隋含嘉仓城也。王世充与李密战,败于巩北,奔还东都,屯含嘉城。又唐武德三年,世民伐王世充,世充使其子玄恕守含嘉仓。"

从上述东都城垒的建筑布局来看,包含宫城的皇城是防御的重心,东城、含嘉城和曜仪、圆壁二城实际上是皇城东、北两面的卫城,敌人必须先攻占它们才能接近皇城。皇城以南有郭城南部和洛水作为防守的外围屏障,西边虽然没有郭城和卫城,但是建造了规模庞大的禁苑,四周筑有围墙,苑内有守军,以及众多假山、湖池、水渠和堂观楼阁,地形复杂,使来犯之敌不易在那里部署和展开进攻的兵力。可以看出,隋朝的统治者围绕着宫城、皇城设有多重筑垒工事,并且能够利用天然或人工构造的地形、水文障碍来阻滞敌人的攻击,东都的城防部署是相当坚固的。

2.《资治通鉴》记载的东都诸城。上述各城的名称,宫城、东城、曜仪城、含嘉城皆是旧称,见于史籍,而郭城、皇城则是后人的称呼。值得注意的是,《资治通鉴》对于隋唐之际东都诸城的名称有许多重要记载,有些甚至为《隋书》《新唐书》《旧唐书》所不录;另外,《资治通鉴》中"宫城"一词的含义也和后人的理解不同。现分别叙述如下:

(1)"四城"。《资治通鉴》卷188唐武德三年(620)六月:"上议击王世充,世充闻之,选诸州镇骁勇皆集洛阳,置四镇将军,募人分守四城。"胡三省注:"谓洛阳四城也。"说明当时守军是分别部署在四个城区组织防御作战的。不过,上述"四城"指的是哪四个城区,正文和胡注都没有说清楚。我国古代城市中的"四城"一般是指东、西、南、北城,但是如前所述,隋唐东都的城市布局并不是简单地按照四方位置来划分的;因此,这里所说的"四城",可能是指前文所述东都诸城中的某四个城垒。

(2)"宫城"。《资治通鉴》中记载的洛阳"宫城"实为皇城及其内城(紫微城)的总称,这是当时人的叫法,并非后人所言在皇城之内的宫城。可见《大业杂记》："宫城东西五里二百步，南北七里，城南、东、西各两重，北三重。"其中所说的"两重"即后人所称的皇城和宫城在这三面的城墙，"北三重"则指北面的圆壁城、曜仪城和宫城城墙。

《大业杂记》还记载："初，卫尉卿刘权、秘书丞韦万顷总监筑宫城。一时布兵夫，周匝四面，有七十万人。城周匝两重，延袤三十余里。"也就是说它有内外两层城墙，即后人所称的皇城和宫城两道墙垒。

《资治通鉴》卷182大业九年（613）六月载杨玄感起兵后进攻东都，遣弟玄挺为先锋，隋将裴弘策领八千人迎敌，于城东五战五败。"丙辰，玄挺直抵太阳门，弘策将十余骑驰入宫城，自余无一人返者"。文中所说的"太阳门"即皇城的东门——东太阳门，杨玄挺在门前受阻，可见裴弘策进入的"宫城"应是皇城。本章中凡涉及这一概念，即皇城及其内城的总称，都以带引号的"宫城"来表示。

另外，"宫城"一词在当时的含义还泛指内有宫殿的城池，不仅表示京都的内城，还包括一些筑有行宫的小城。如《隋书》卷70《杨玄感传》所载："至弘农宫，父老遮说玄感曰：'宫城空虚，又多积粟，攻之易下。进可绝敌人之食，退可割宜阳之地。'"这里的"宫城"，就是指陕县（弘农郡治）的县城。

又《资治通鉴》卷188武德三年（620）六月壬午条，载王世充为了抵抗唐军的进攻，调整了东都的防御部署，命令"齐王世恽检校南城，楚王世伟守宝城，太子玄应守东城，汉王玄恕守含嘉城，鲁王道徇守曜仪城"。此处提到的五所城垒，东城、含嘉城和曜仪城见于文献和考古发掘，毋庸置疑。不过，曜仪城在圆壁城之后，如果遭受外来的攻击，显然是外边的圆壁城先受敌，失陷之后，曜仪城才有可能被攻击。《资治通鉴》此处仅记载"鲁王道徇守曜仪城"，不提圆壁城的防务，有些费解。也许是因为这两座城垒狭小相连，在作战编制上同属一个单位，都由鲁王道徇管辖，而他的驻所设在较为安全的曜仪城。那么，文中所言的

"南城"和"宝城"是何处城垒？下面即对此问题加以分析论证。

（3）宝城。据胡三省对《资治通鉴》卷188的注释，他认为隋代东都的"宝城"是指皇城，"宝城即宝城朝堂，盖皇城也"。此说不够准确，"宝城"应该是隋代皇城之内的宫城，即《资治通鉴》所言"宫城"的内城。

根据之一，宫城的西门称为"宝城门"，《河南志·隋城阙古迹》称宫城："南面四门：正门曰则天门，东曰兴教门，又东曰泰和门，西曰兴政门。东面一门：曰重光门。西面一门：曰宝城门。"

根据之二，《河南志·隋城阙古迹》记载，"宝城门内有仪鸾殿。"注曰："大业□年，有二鸾鸟降宝城内，因造殿及仪鸾双表高尺余，殿南有楬梓林、栗林、蒲桃架四行，长百余步。架南有射堂，对阊阖门。"此事发生在隋炀帝大业十一年（615）三月，见《资治通鉴》卷182："有二孔雀自西苑飞集宝城朝堂前，亲卫校尉高德儒等十余人见之，奏以为鸾，时孔雀已飞去，无可得验，于是百僚称贺。诏以德儒诚心冥会，肇见嘉祥，擢拜朝散大夫，赐物百段，余人皆赐束帛。"又据《大业杂记》："（阊阖）门西即入宝城，城内有仪鸾殿，殿南有乌梓林、栗林，有蒲桃架四行，行长百余步。架南有射堂，对阊阖（门）。直西二百二十步，有宝城门。"而据《河南志·隋城阙图》显示，仪鸾殿在宫城之内。[①]

根据之三，宝城在古代的初义为坚城，见《文选》卷53陆士衡《辨亡论》："逮步阐之乱，凭宝城以延强寇，重资币以诱群蛮。"而对隋唐东都的考古发掘表明，在诸城遗址之中，宫城的城垣最为宽厚高大，因而也是最为坚固的，故宝城应该是指宫城。

（4）南城。胡三省认为"南城"是在皇城之南的一座城垒，他在《资治通鉴》卷188的注释中说："以地望准之，南城盖在皇城之南，端

---

① 曹洪涛：《中国古代城市的发展》图35 隋洛阳都城（宫城、皇城）图，中国城市出版社，1995年，第88页。

门之外。"从文献和考古资料反映的东都城市布局来看，洛水穿城而过，在皇城之南，和它隔岸相对的是郭城的南半部分，其东、西、南三面都有城墙，北凭洛水，自成一个防御单位，其中再没有别的小城。据此推论，胡三省所判断的"南城"应是在洛水以南的东都郭城。可是，大业十三年（617）四月，瓦岗军夜袭洛阳郭城，引起隋朝留守官员的惊恐。越王杨侗随即下令徙移郭内民众，"于是东京居民悉迁入宫城，台省府寺皆满"①，放弃了外郭的防守，自后东都的城防作战始终是依托"宫城"（皇城）展开的，百姓也一直居住在"宫城"之内。另见《资治通鉴》卷189武德四年（621）三月，"唐兵围洛阳，掘堑筑垒而守之。城中乏食，……死者相枕倚于道。皇泰主之迁民入宫城也，凡三万家，至是无三千家"。因此，王世充在安排城防部署时，不可能在荒废多日、无人居住的洛南郭城驻军屯守。实际上，"南城"是指"宝城"（宫城）之南的皇城南部，因为那里是皇城的主体部分，面积最为广阔，多有府署宅第，可以安置守军和迁入的市民。如前所述，皇城的东西部分只是两段宽200余米的狭窄隔城，无法大量屯兵和居住百姓。

　　"南城"即东都皇城（以其南部为主体），可见《永乐大典》所载《河南志·隋城阙古迹》："隋皇城，在府治城西二里，尚有阙门旧基。定鼎门在府城南一十里。皇城曰太微殿〔城〕。"本注曰："形制曲折，上应太微宫星之度，因以名，亦号南城。"②该书《唐城阙古迹》注东都"皇城"条也道："隋曰太微城，亦号南城。"

（三）洛阳防御兵力和物资储备

　　1. **兵员**。东都作为隋朝政府控御四方的军事枢纽，有重兵镇守，一

---

①《资治通鉴》卷183隋恭帝义宁元年（617）四月。
②〔清〕徐松辑、高敏点校：《中国古代都城资料选刊：河南志》，中华书局，1994年，第107页。

且天下有变，可以闭城自守，拖住进攻的强敌，等待援军的到来；对付较弱的叛兵，则能够迅速出击镇压，将其消灭。城防军队的数额，战时与平时不同，皇帝安居与出巡时也有很大差异，会根据形势的变化有所增减。炀帝居住在东都时，有禁军十二卫和其他部队守卫，人数无确切记载，估计至少 20 万。因为他外出巡幸时，随行的卫兵有数十万。可参见《资治通鉴》卷 180 大业元年（605）八月，杨广大发船队自洛阳前往江都，"后宫、诸王、公主、百官、僧、尼、道士、蕃客乘之，及载内外百司供奉之物"，仅挽船的士兵就有八万人，还不算禁军的人马。"又有平乘、青龙、艨艟、艚舸、八棹、艇舸等数千艘，并十二卫兵乘之，并载兵器帐幕，兵士自引，不给夫"。同书同卷载大业三年（607）八月炀帝北巡，"时天下承平，百物丰实，甲士五十余万，马十万匹，旌旗辎重，千里不绝"。

在国内和平的局面下，由于皇帝出巡或征伐高丽带走了大量将士，东都留守的兵员不多，大约只有数万人。例如大业九年（613）六月，杨玄感攻东都，留守樊子盖仅能派出一万余人的两支部队来迎击："东都遣河南令达奚善意将精兵五千人拒（杨）积善，将作监、河南赞治裴弘策将八千人拒（杨）玄挺。"[1] 杨玄感获胜后，"收兵得五万余人，分五千守慈磵道，五千守伊阙道，遣韩世谔将三千人围荥阳，顾觉将五千人取虎牢"[2]。他自己手下的兵马不过三万余人，东都的隋军都不敢出来接战。直到卫文昇的关中部队和屈突通的河北援兵到达，迫使杨玄感分兵抵御，力量削弱后，樊子盖才派兵出城交锋。"玄感分为两军。西拒文昇，东拒通。子盖复出兵大战，玄感军屡败。"[3]

---

① 《资治通鉴》卷 182 隋炀帝大业九年。
② 《资治通鉴》卷 182 隋炀帝大业九年。
③ 《资治通鉴》卷 182 隋炀帝大业九年。

大业十三年（617）二月，李密说翟让袭取洛口仓时，曾说过："今东都空虚，兵不素练。"①瓦岗军占领仓城后，"越王侗遣虎贲郎将刘长恭、光禄少卿房崱帅步骑二万五千讨密"②。仅能派出这些人马，可见其兵力薄弱，恐怕亦只有数万人。

瓦岗军占领洛口仓后声势大振，"道路降者不绝如流，众至数十万"③。越王杨侗见形势危急，便下令疯狂扩充兵员，"于是发教募士庶商旅奴等，分置营壁，各立将帅统领而固守"④。又调集外围守军增援，使东都兵力剧增，达到20余万。⑤

经过几次激战和失败后，洛阳隋军的人数骤减。《资治通鉴》卷186载武德元年（618）九月，"（李）密以东都兵数败微弱，而将相自相屠灭，谓旦夕可平"。王世充简练精锐出战，也不过"得二万余人，马二千余匹"。但是由于李密过于轻敌，在邙山之战大败亏输，致使隋军俘获甚众。"王世充收李密美人、珍宝及将卒十余万人还东都，陈于阙下。"这些俘虏及归降者加上原有的隋军，兵力又恢复到二十万人左右。

另外，炀帝营建东都期间，又从附近及外地迁徙普通百姓、富商、上户和手工工匠到洛阳，充实当地的人口，加强其经济力量。参见《隋书》卷3《炀帝纪上》大业元年：

> 三月丁未，诏尚书令杨素、纳言杨达、将作大匠宇文恺营建东京，徙豫州郭下居人以实之。……徙天下富商大贾数万家于东京。

---

① 《资治通鉴》卷183 隋恭帝义宁元年（617）二月。

② 《资治通鉴》卷183 隋恭帝义宁元年二月。

③ 《资治通鉴》卷183 隋恭帝义宁元年二月。

④ 《资治通鉴》卷183 隋恭帝义宁元年二月庚子条注引《略记》。

⑤ 《资治通鉴》卷183 隋恭帝义宁元年四月："东都兵尚二十余万人，乘城击柝，昼夜不解甲。"

《隋书》卷24《食货志》：

> 炀帝即位，……始建东都，以尚书令杨素为营作大监，每月役
> 丁二百万人。徙洛州郭内人及天下诸州富商大贾数万家，以实之。

《大业杂记》：

> （大业二年）五月，敕江南诸州科上户分房入东都住，名为部京
> 户，六千余家。

《资治通鉴》卷180大业三年（607）十月：

> 敕河南〔北〕诸郡送一艺户陪东都三千余家，置十二坊于洛水
> 南以处之。（胡三省注：艺户，谓其家以技艺名者。陪，助也。）

东都人口众多，繁华富庶，这对于防御作战有很大的益处。第一，
能够提供兵源，遇到紧急情况，在外援未能及时赴救时，可以征调市民
入伍参战。第二，迁徙大量富户和手工匠人到东都，可以在战时为守城
供应必要的物资，并修缮兵仗器械。

2. **武库**。隋朝政府实行的地缘战略和秦、西汉王朝基本相同，即
"以关中制山东"；如陈寅恪先生所言之"关中本位"，把山东（崤山以东
的黄河中下游地区）作为假想敌盘踞的主要区域，而以京师长安所在的
关中为根据地。这种防御战略的重要部署之一，就是在这两大经济、政
治区域的交界之处洛阳附近，设置储备巨量军用物资（兵器、粮饷、财
帛）的仓库。秦与西汉时曾建荥阳敖仓与洛阳武库，大军由关中东征时
要经过上述地带，可以就地取得补给，免得从后方辗转千里运来。当时
人们把荥、洛地区视为兵家必争之地，一方面因为那里位处豫西通道的
咽喉冲要，另一方面也正是由于该地储存着巨量的军资。如七国之乱时，
桓将军说吴王曰："愿大王所过城邑不下，直弃去，疾西据洛阳武库，食

敖仓粟，阻山河之险以令诸侯，虽毋入关，天下固已定矣。"[1] 王夫人请求汉武帝封其子王于洛阳，遭到严词拒绝，武帝曰："洛阳有武库、敖仓，天下冲厄，汉国之大都也。先帝以来，无子王于洛阳者。"[2]

隋朝的做法和秦、西汉如出一辙，设立两座武库，一在京师长安，一在洛阳，储存大量武器装备，主官为武库令，由卫尉管辖。《唐六典》卷16"卫尉寺"条曰："武库令，两京各一人，从六品下。……武库令掌藏天下之兵仗器械，辨其名数，以备国用。"并说明这是继承了隋代的制度，见上文注："隋卫尉寺，统武库署令二人，皇朝因之。"

据历史记载，东都遇到危急时，往往从城市居民中募集兵员，组织部队防御或出击。如大业十三年（617）二月，李密袭取洛口仓，越王杨侗招募兵士应战。"时东都人皆以密为饥贼盗米，乌合易破，争来应募，国子三馆学士及贵胜亲戚皆来从军"，隋朝政府发给他们优良的装备，"器械修整，衣服鲜华，旌旗钲鼓甚盛"[3]。

东都武库的地点史无明载，据隋代有关制度来判断，武库属于卫尉寺管辖，而卫尉寺的官署设在东城。《河南志·隋城阙古迹》："（东城）第四街，卫尉寺，次东都水监，次东宗正寺，次东大理寺。"则武库地点很可能和卫尉寺在一起，位于东城之内。

3. 仓城。以东都洛阳为中心，在黄河沿岸设置众多粮仓，是隋代转运诸仓布局的特点。《通典》卷7《食货七·丁中》曰："隋氏西京太仓，东京含嘉仓、洛口仓，华州永丰仓，陕州太原仓，储米粟多者千万石，少者不减数百万石。"据《隋书》卷24《食货志》记载，隋朝建国之初，首都长安仓储尚虚，政府于卫州（今河南省滑县）置黎阳仓、洛州（洛阳地区）设河阳仓、陕州（今河南省三门峡市陕州区）置常平仓（后称

---

[1]《史记》卷106《吴王濞列传》。

[2]《史记》卷60《三王世家》。

[3]《资治通鉴》卷183隋恭帝义宁元年（617）二月。

太原仓）、华州（今陕西省华阴市）设广通仓，"转相灌注，漕关东及汾、晋之粟，以给京师"。由于黄河三门的险阻，东方水运不能直入关中，漕粮大量积压在洛阳待运。政府为了解决这一困难，曾经下令，"募人能于洛阳运米四十石，经砥柱之险，达于常平者，免其征戍"。后来，关中遇到灾荒，隋文帝也曾数次率领百官、民众东徙到洛阳就食，可见那里是漕粮最大的囤积转运地点。

隋炀帝营建东都之后，为了保障当地的粮食供应，又增筑了几座大型粮仓。其中城内为子罗仓，在皇城内右掖门街，"街西有子罗仓，仓有盐二十万石，子罗仓西有粳米六十余窖，窖别受八千石"[①]。洛阳博物馆曾对仓区展开钻探勘察，并试掘了两座仓窖，其形制与结构和唐代含嘉仓粮窖基本相同。[②]

另据后人记载，隋代洛阳的含嘉城中也有粮仓，见《河南志·隋城阙古迹》："（东城）北面一门：曰含嘉门（原注：南对承福门，其北即含嘉仓，仓有城，号含嘉城）。"不过，含嘉城在建立之初是否即被用作大型粮仓，目前史学界尚有疑问，详见后说。

城外附近的两座，是巩县东南的洛口仓和洛阳北郊的回洛仓。见《资治通鉴》卷180大业二年（606），"（十月）置洛口仓于巩东南原上，筑仓城，周回二十余里，穿三千窖，窖容八千石以还，置监官并镇兵千人。十二月，置回洛仓于洛阳北七里，仓城周回十里，穿三百窖"。其中洛口仓的储量最大，不仅用于转运存储，向山东、河北、江南等地用兵时，还可以动用该仓的积粟发往各地，以充军用。例如隋炀帝征伐辽东时，就曾"发江、淮以南民夫及船运黎阳及洛口诸仓米至涿郡，舳舻相次千余里"[③]。

---

① 《大业杂记》。
② 余扶危、贺官保：《隋唐东都含嘉仓》，文物出版社，1982年，第44页。
③ 《资治通鉴》卷181隋炀帝大业七年（611）七月。

此外，洛阳城内的府库之中还储有大量的钱帛财物。《资治通鉴》卷183 隋恭帝义宁元年（617）四月载："东都城内乏粮，而布帛山积，至以绢为汲绠，然（燃）布以炊。"可见其数量之巨。

（四）东都近郊城垒

在洛阳城市的近郊，隋朝政府还先后设置了一些较小的城堡，屯兵驻守，和东都城形成犄角之势，借以增强其防御力量。

1. **金墉城**。原是曹魏在洛阳故城西北增筑的小城。《读史方舆纪要》卷48曰："金墉城，故洛阳城西北隅也。魏明帝筑城，南曰乾光门，东曰含春门，北有趣门，又置西宫于城内。"又见胡三省注《资治通鉴》卷183 隋恭帝义宁元年四月癸巳条："晋金墉城，在洛城西北，隋营东都城，东去故都十八里，则金墉亦在都城之东。"

金墉城所在地势高亢，北倚邙山，俯瞰城区，是故城的制高点，具有重要的军事价值。"金墉城由三座南北毗连的小城组成，彼此有门道相通，总平面略呈目字形，南北长约1048米，东西宽255米，总面积26万平方米。城垣夯筑而坚实，垣宽12米～13米，共有城门八座"①。金墉城内另筑有一座高楼，可用于瞭望敌情。见《太平寰宇记》卷3《河南道三》河南府河南县："百尺楼，在金墉城内。金墉城，在故城西北角。魏明帝所筑。"由于地势险要，防守坚固，自三国、西晋至于北魏，常作为囚禁废黜帝王、后妃的场所，可参见《读史方舆纪要》卷48《河南三》河南府洛阳县"金墉城"条。

北魏分裂为东、西魏后，高欢将都城迁到邺城，洛阳故城荒废，又屡遭战火。双方为了控制这一战略要地，展开了对金墉城的激烈争夺，

---

① 中国社会科学院考古研究所：《新中国的考古发现和研究：考古学专刊甲种十七号》，文物出版社，1984年，第518页。

东魏（北齐）守军曾数次挫败敌人的进攻。如《北齐书》卷41《独孤永业传》载河清三年（564），"周人寇洛州，永业恐刺史段思文不能自固，驰入金墉助守。周人为土山地道，晓夕攻战，经三旬，大军至，寇乃退。……周武帝亲攻金墉，永业出兵御之，……乃通夜办马槽二千。周人闻之，以为大军将至，乃解围去"。后来直到邺城陷落，北齐灭亡，金墉守军才出城归降。

隋朝统一天下后，对金墉城仍给予重视。《隋书》卷30《地理志中》载："（开皇）十四年于金墉城别置总监。"东都建成后，金墉城亦派兵镇守。大业十三年（617）四月，瓦岗军先后夺取了洛口仓、回洛仓，兵临洛阳城下，但围攻金墉城仍受挫而归。次年正月，李密在巩县大败王世充，才乘势攻下了这一重要据点，对洛阳构成了严重威胁。见《资治通鉴》卷185："密乘胜进据金墉城，修其门堞、庐舍而居之，钲鼓之声，闻于东都。"后来金墉城由王伯当镇守，至当年九月，瓦岗军兵败覆灭，才又被隋军夺回。

2. **回洛城**。在洛阳北郊，炀帝即位之初建立，内设众多仓窖，囤积粟米，是供应东都官兵居民的主要粮库。《太平寰宇记》卷3《河南道三》河南府洛阳县"回洛仓"条称其"南去洛阳县七里，仓城周十里，开三百窖，米百万斛。"《读史方舆纪要》卷48《河南三》河南府孟津县"回洛城"条亦称："在旧县东，《唐志》：河阳关南有回洛城。东魏大象初侯景邙山之战，诸军皆北渡河桥，万俟洛独勒兵不动，魏人畏之而去，高欢因名其所营地曰回洛。隋大业二年于其地置回洛仓。"

隋末农民战争时，李密曾奇袭占领回洛仓城，引起东都守军的恐慌和粮食供应危机，隋朝政府几番出兵，与瓦岗军拼死争夺，致使该城数次易手。可参见《资治通鉴》卷183隋恭帝义宁元年（617）四月：

癸巳，密遣裴仁基、孟让帅二万余人袭回洛东仓，破之；遂烧天津桥，纵兵大掠。东都出兵击之，仁基等败走，密自帅众屯回洛仓。东都兵尚二十余万人，乘城击柝，昼夜不解甲。密攻偃师、金墉，皆不克；乙未，还洛口。

东都城内乏粮，而布帛山积，至以绢为汲绠，然布以炊。越王侗使人运回洛仓米入城，遣兵五千屯丰都市，五千屯上春门，五千屯北邙山。为九营，首尾相应，以备密。……己亥，密帅众三万复据回洛仓，大修营堑以逼东都；段达等出兵七万拒之。辛丑，战于仓北，隋兵败走。

《资治通鉴》卷183隋恭帝义宁元年（617）五月：

时（李）密兵锋甚锐，每入苑，与隋兵连战。会密为流矢所中，尚卧营中。丁丑，越王侗使段达与庞玉等夜出兵，陈于回洛仓西北，密与裴仁基出战，达等大破之，杀伤太半，密乃弃回洛，奔洛口。

《资治通鉴》卷184隋恭帝义宁元年六月：

李密复帅众向东都，丙申，大战于平乐园。密左骑、右步，中列强弩，鸣千鼓以冲之，东都兵大败，密复取回洛仓。

直到次年九月瓦岗军覆败，回洛城才又被隋兵收复。

3. 硖石堡。在洛阳城之西郊。《资治通鉴》卷188武德三年（620）十月"甲辰，行军总管罗士信袭王世充硖石堡，拔之"。胡三省注："《水经注》：'谷水自新安县东流迳千秋亭，又东迳雍谷溪，回岫萦纡，石路阻峡，故亦有峡石之称。'《考异》曰：《河洛记》作'峡山堡'。今从《实录》。"

4. 千金堡。在洛阳城东30余里，古千金堨处。见《资治通鉴》卷188武德三年十月甲辰，"（罗）士信又围千金堡，堡中人骂之。士信夜遣百余人抱婴儿数十至堡下，使儿啼呼，诈云'从东都来归罗总管'。既而相谓曰：'此千金堡也，吾属误矣。'即去。堡中以为士信已去，来者洛阳亡人，出兵追之。士信伏兵于道，伺其门开，突入，屠之"。胡三省注曰："此于古千金堨筑堡也。《水经注》：'谷水径周乾祭门北，东至千金堨。《河南境簿》曰：'河南县城东十五里有千金堨。'《洛阳记》曰：'千金堨，旧堨谷水，魏时更修此堨，谓之千金堨。'"

5. **青城堡**。在洛阳城西，禁苑之内青城宫处《资治通鉴》卷187武德二年十月"壬戌，（罗）士信拔青城堡"。胡三省注："盖因青城宫为堡。"又见《资治通鉴》卷188武德四年（621）二月，"辛丑，（李）世民移军青城宫，壁垒未立，王世充帅众二万自方诸门出，凭故马坊垣堑，临谷水以拒唐兵，诸将皆惧"。胡三省注曰："东都城西连禁苑，方诸门盖自都城出禁苑之门也。青城宫在禁苑中，谷、洛二水会于禁苑之中。"

《大业杂记》亦曰："出宝城门西行七里，至青城宫，宫即西苑之内也。"

《河南志·隋城阙古迹》中亦提到上林苑中有青城宫，并叙述了该城的建造由来："北齐天保五年，常山王（高）演所筑，以拒周师，使其将严似略守之，亦号严城。炀帝因其城造宫。至宝城门七里。韦述云：古谷城也。"

6. **洛阳故城**。在东都城东，是汉魏时期修筑的旧城，见《元和郡县图志》卷5《河南道一》河南府"洛阳县"条："故洛阳城，在县东二十里。"大业初营建新都后，故城废弃。但在隋末唐初的战争中，东都的保卫者曾利用故城的壁垒屯兵驻守，来减弱敌军对皇城的攻击。如唐军围攻洛阳时，王世充的军队曾在故城坚守数月，直至河北来援的窦建德之师兵败覆亡，"世充将王德仁弃故洛阳城而遁，亚将赵季卿以城降"[①]。

---

① 《资治通鉴》卷189唐高祖武德四年五月"乙丑"条。

（五）东都外围的军事据点

在洛阳郊外，还有拱卫其安全的众多城堡坞垒，它们分布的范围包括河南郡所属的18县，以及周围的荥阳、河内、弘农、襄城等郡，构成了以东都为核心的防御体系。这些据点处于洛阳通往各地的交通冲要，阻山河之险，地位相当重要，因而受到隋朝统治集团的重视，修筑关城并派遣兵将镇守。

1. **东路**。洛阳通往四方的陆路干线，有东、西、南、北四途，其中东路出洛阳上春门，沿邙山南麓而行，过偃师、巩县、汜水（虎牢）、荥阳等地的低山丘陵，进入豫东平原后，天宽地阔，可以从黎阳北渡黄河，直赴幽燕；或沿通济渠东南行，经浚仪（今河南省开封市）、梁郡到达江淮平原；或顺济水而行，东去齐鲁。这条道路是山东、江南通往洛阳、关中的主要干线，对于东都的安全弥足重要，因此隋朝政权在沿途设置了许多据点。

（1）偃师。距东都70里，这是自洛阳东行的第一个紧要去处。县城北依邙山，山麓筑有河阳仓，储存转运粮粟；西北有著名的黄河孟津渡口。见《元和郡县图志》卷5《河南道一》河南府偃师县："北邙山，在县北二里，西自洛阳县界东入巩县界。旧说云北邙山是陇山之尾，乃众山总名，连岭修亘四百余里。……盟津，在县西北三十一里。"

据《隋书》卷30《地理志中》所言，朝廷在该县置关，稽查行旅商贾，并单独设立了驻军机构——都尉府。《隋书》卷28《百官志下》载炀帝大业三年（607）罢州置郡，"旧有兵处，则刺史带诸军事以统之，至是别置都尉、副都尉。都尉正四品，领兵，与郡不相知。副都尉正五品"。偃师都尉统领的是一支独立编制的军队，称为"偃师兵"。《资治通鉴》卷184隋恭帝义宁元年（617）九月"己未，越王侗使虎贲郎将刘长恭等帅留守兵，庞玉等帅偃师兵，与世充等合十余万众，击李密于洛口"。

（2）柏谷。在偃师县东南，旧有坞堡。《水经》卷15："（洛水）又东过偃师县南。"郦道元注:"洛水又东迳百(柏)谷坞北。戴延之《西征记》曰:'坞在川南,因高为坞,高十余丈,刘武王西入长安,舟师所保也。'"

《读史方舆纪要》卷48《河南三》河南府偃师县曰:"柏谷坞,在县东南十五里。……东魏武定初高季密以虎牢降魏,宇文泰率军应之,至洛阳,遣于谨攻柏谷,拔之。隋大业十四年李密围东都,柏谷降密。"柏谷山峡峭立,地势险要。《说郛》卷4载《北征记》曰:"柏谷,谷邑也,汉武帝微行至此,为老父所窘者也。谷中无回车地,夹以高原,柏林荫蔼,穷日幽暗,殆弗睹阳景。"

又据《资治通鉴》卷185武德元年(618)"正月"条记载,王世充自洛水之役战败后,李密拥众三十万,直逼东都城下。"于是偃师、柏谷及河阳都尉独孤武都、检校河内郡丞柳燮、职方郎柳续等各举所部降于密"。此处将柏谷与偃师并称,可见它的守军自成一部,并不属偃师都尉府管辖。

(3)巩县。在洛阳以东140里,与偃师县交界。《元和郡县图志》卷5《河南道一》河南府"巩县"条载:"县本与成皋中分洛水,西则巩,东则成皋,后魏并焉。按《尔雅》:'巩,固也。'四面有山河之固,因以为名。"据《隋书》卷30《地理志中》所载,巩县有九山,有天陵山、维山、东首阳山;县北有黄河,设有津渡。《元和郡县图志》卷5《河南道一》河南府"巩县"条曰:"黄河,西自偃师县界流入。河于此有五社渡,为五社津,后汉朱鲔遣曹强从五社津渡是也。"又有洛水入河之口,即洛口,古称什谷,亦为用兵之地。见前引书同卷:"洛水,东经洛汭,北对琅邪渚入河,谓之洛口。亦名什谷,张仪说秦王'下兵三川,塞什谷之口',即此也。"

巩县军事价值之高,还在于当地设有巨大的洛口仓。隋炀帝建立仓城后,"置监官并镇兵千人"[①]。但是该仓存有2400万石漕粮,仓城周回

---

①《资治通鉴》卷180隋炀帝大业二年(606)十月。

20 余里，区区千人守兵实在是太薄弱了。有些大臣提醒炀帝加强当地的防务，却遭到他的嘲笑："虞世基以盗贼充斥，请发兵屯洛口仓，帝曰：'卿是书生，定犹恇怯。'"不过，此事后来还是引起了他的注意，大业十二年（616）七月戊辰，"车驾幸巩，敕有司移箕山、公路二府于仓内，仍令筑城以备不虞"①。从以后的战争情况来看，这两个军府应是在洛口仓外另筑城垒戍守的，兵员的数量也不多。瓦岗军于次年二月轻易攻克洛口仓，而箕山府郎将张季珣保城固守，半年之后才被攻陷。事见《资治通鉴》卷 184 隋恭帝义宁元年（617）九月：

> 时（李）密众数十万在其城下，季珣四面阻绝，所领不过数百人，而执志弥固，誓以必死。久之，粮尽水竭，士卒羸病，季珣抚循之，一无离叛。自三月至是月，城遂陷。

巩县的城守看来也是相当坚固的，例如李世民自武德三年（620）七月进攻东都，河南州县大多降唐，东都被围数月，可是偃师和巩县的守军一直坚持到次年五月，窦建德兵败虎牢，形势彻底无法挽救，才献城投降。②

（4）虎牢。在巩县之东，隋代属汜水县，位于今河南省荥阳市汜水镇西，是历史上著名的雄关。炀帝大业初年营建东都之际，在虎牢也建立了都尉府，派兵驻守。《隋书》卷 30《地理志中》荥阳郡汜水县注："旧曰成皋，即武（虎）牢也。后魏置东中府，东魏置北豫州，后周置荥州。开皇初曰郑州，十八年改成皋曰汜水。大业初置武（虎）牢都尉府。"

《大业杂记》亦载大业元年（605）"十二月，置城皋关于武牢城西边，黄河、汜水之上"。

---

① 《资治通鉴》卷 183 隋炀帝大业十二年七月。
② 《资治通鉴》卷 189 唐高祖武德四年（621）五月，"甲子，世充偃师、巩县皆降"。

虎牢之所以受到隋朝统治者的重视，与其地处东西交通咽喉的地理位置有关。荥阳以东，是空旷辽阔的豫东平原，任凭大军纵横驰骋。但西入汜水县境，便进入峰谷交错的豫西丘陵山地。虎牢是豫西走廊东段的第一道天然屏障，它北临黄河，西、南两面是连绵起伏的岗峦，交通不便，只有一条道路在峡谷之中蜿蜒穿行。如《读史方舆纪要》卷46《河南一》所言：“今自荥阳而东皆坦夷，西入汜水县境地渐高，城中突起一山，如万斛囷。出西郭则乱岭纠纷，一道纡回，其间断而复续，使一夫荷戈而立，百人自废。”所以，它一直被视为洛阳的东大门。

虎牢城雄踞于大伾山上，地势险要。《读史方舆纪要》卷47《河南二》开封府郑州汜水县条载：“虎牢城，在今城西，自古戍守处也。……《通典》：‘城侧有广武城。’东魏将陆子章增筑虎牢城，其城萦带山阜，北临黄河，绝岸峻崖，以为险固。城西北隅有小城，周三里，北面临河直上，升眺清远，势尽川陆。武德二年将军张孝珉袭王世充汜水城，入其郛，即武牢城也。”

虎牢城东有汜水北流入河，亦可作为防守障碍。其东北有黄河津渡牛口渚，又有板渚，是流往江淮的通济渠与黄河交汇之处，都是水运冲要，故成为深受兵家瞩目的战略要地。隋末唐初的战争中，虎牢频频被各方夺据。《读史方舆纪要》卷46《河南一》曾有综括的介绍：

> （大业）九年，杨玄感围东都，分遣其将顾觉取虎牢；虎牢降，以觉为郑州刺史，镇虎牢。十二年，以河南盗翟让等为乱，命裴仁基镇虎牢。明年，仁基降于李密。唐武德初，李密将徐世勣以黎阳来归，使经略虎牢以东。三年，（李）世民围王世充于东都，将军王君廓引兵袭虎牢，拔之。四年，东都围急，窦建德引兵救世充，军于成皋东原。郭孝恪等请先据虎牢之险以拒之，世民亦曰：“建德将骄卒惰，吾据武牢，扼其咽喉，彼若冒险争锋，取之甚易。”遂东趣虎牢。及战，建德败灭。

（5）缑氏。今河南县，在洛阳东南 60 里处，扼守伊洛谷地通往豫东平原的另一条路。该县以当地有缑氏山而得名，东南又设有轘辕关。见《元和郡县图志》卷 5《河南道一》河南府缑氏县："本汉旧县，古滑国也。《左传》曰'秦师灭滑'。其后属晋。至秦、汉为县，因山为名。隋大业十年移据公路涧西，凭岸为城，即今县是也。……轘辕山，在县东南四十六里。《左传》：'栾盈过周，王使候出诸轘辕。'注曰：'缑氏县东南有轘辕关，道路险隘，凡十二曲，将去复还，故曰轘辕。'后汉河南尹何进所置八关，此其一也。"

据《读史方舆纪要》卷 48《河南三》记载，魏晋南北朝时期，该地曾多次设立关垒，抗御来犯之敌。其著名之处有鄂坂关、曹城、袁术固（又名袁公坞）、公路垒、钩故垒等；并列举了历史上从梁、许经轘辕进攻洛阳，或从洛阳经轘辕东出至许昌等地的很多战例。

据《隋书》卷 30《地理志中》记载，隋文帝在开皇十六年（596）废掉了缑氏县，但隋炀帝在营建东都以后，为了加强东南方向的防御，又下令复置该县。后来又将该县移至更为险要之处，建筑新城，派兵镇守。《元和郡县图志》卷 5《河南道一》河南府缑氏县："隋大业十年移据公路涧西，凭岸为城，即今县是也。"

2. 北路。 隋代洛阳北方以河内郡为防区，军事据点以河阳为重心，辅以其他城垒要塞。河内在北朝和隋初称怀州，大业三年（607）易名。这一地域在太行山南麓与黄河之间，东至临清关（今河南省新乡市东北），西到王屋县，属于一个不大的自然地理单位。该郡丰沃富饶，扼守东都通往河北、河东两地的交通冲要，具有很高的军事价值。《读史方舆纪要》卷 49《河南四》"怀庆府"条："府南控虎牢之险，北倚太行之固，沁河东流，沇水西带，表里山、河，横跨晋、卫，舟车都会，号称陆海。周之衰也，晋得南阳而霸业以成。战国时秦人与三晋争，多在南阳。……汉争中原，先定河内。东汉初方经营河北，以河内带河为固，北通上党，南迫洛阳，险要富实，命寇恂守之。谓曰：'昔高祖留萧何守关中，我今委公以河内。'"

河内的交通概况如下：自洛阳上春门东行，折北 60 余里，即至河阳（孟津）渡口，过河之后，进入河内郡境，分为三条路径：

（1）东往河北。沿黄河北岸东北行，经温县、永桥（今河南省武陟县）、新乡、临清关到达汲郡（治今河南省滑县），即进入辽阔的河北大平原；或先北上至河内县（今河南省沁阳市），再东行经修武、新乡，过临清关而入河北。这条道路是隋唐时期河北地区与洛阳交通联络最为近捷便利的途径，为用兵者所首选。如隋代北周之际，尉迟迥于相州（今河北省临漳县）起兵，杨坚遣韦孝宽率军平乱，即从河阳北渡黄河，经永桥、新乡而抵相州城下。①

杨玄感自黎阳起兵反隋时，企图袭击河内，渡河阳以取东都，但未能成功；其大军又受阻于临清关，因此只得退兵从汲郡之南渡河，延误了战机。后来隋炀帝撤回征辽的军队，自涿郡回援洛阳，也是由此路至河阳南渡，到达东都。《隋书》卷 61《宇文述传》："从至辽东，与将军杨义臣率兵复临鸭绿水。会杨玄感作乱，帝召述班师，令驰驿赴河阳，发诸郡兵以讨玄感。"

河北平原西有太行山脉，南有黄河环绕，河阳与黎阳两处渡口是其与中原交通的重要门户，故为兵家所关注。如梁士彦图谋反隋，"复欲于蒲州起事，略取河北，捉黎阳关，塞河阳路，劫调布以为牟甲，募盗贼以为战士"②。

（2）北上太原。从河阳经河内（县）北行，即抵达太行山麓的著名通道——太行陉。《元和郡县图志》卷 16《河北道》怀州河内县："太行陉，在县西北三十里，连山中断曰陉。《述征记》曰太行山首始于河内，自河内

---

① 《隋书》卷 40《宇文忻传》、卷 41《高颎传》、卷 61《宇文述传》。
② 《隋书》卷 40《梁士彦传》。

北至幽州，凡百岭，连亘十二州之界。有八陉：第一曰轵关陉，今属河南府济源县，在县理西十一里；第二太行陉，第三白陉，此两陉今在河内。"

由此陉穿越太行山麓，过长平、上党二郡（唐初称泽、潞二州，今山西省晋城市、长治市），即抵达汾水中游盆地和太原郡的首府晋阳。这条道路是塞北—河东地区通往中原乃至江淮、江汉地区的要途，亦多行师旅。如北魏孝昌四年（528），尔朱荣自晋阳发兵，经上党、河内、河阳，长驱入洛。[1]东魏（北齐）守河南时，将重兵屯集在晋阳，洛阳一旦有警，便急驰赴援。如河清三年（564）北周出兵攻洛，齐武成帝命段韶领兵督师，"发自晋阳，五日便济河"[2]。

隋朝统一江南时，杨广统属的并州军队，也是由此道南下，至河阳与主力会合，再沿汴渠东南抵达寿阳前线的。见《隋书》卷62《王韶传》："晋王广之镇并州也，除行台右仆射……平陈之役，以本官为元帅府司马，帅师趣河阳，与大军会。既至寿阳，与高颍支度军机，无所拥滞。"王世充占据东都时，亦通过此道与突厥联络，获得各种牲畜补给，后被唐兵在潞州（今山西省长治市）截断。《资治通鉴》卷188武德三年（620）五月，"突厥遣阿史那揭多献马千匹于王世充，且求婚，世充以宗女妻之，并与之互市"。同年七月，"癸亥，突厥遣使潜诣王世充，潞州总管李袭誉邀击，败之，虏牛羊万计"。

（3）西入绛郡。自河阳西北行，过济源、轵关、齐子岭至王屋县（今河南省济源市王屋镇）、垣县（北朝为邵州、邵郡，即今山西省垣曲县古城），西北逾王屋山脉，至含口（今山西省闻喜县东南）到达涑水上游，再行至汾水河谷之绛郡（唐之绛州，治今山西省新绛县）。可见《元和郡县图志》卷12《河东道一》绛州："东南至东都取垣县王屋路四百八十里。"

---

① 《资治通鉴》卷152梁武帝大通二年（528）三月。
② 《北齐书》卷16《段韶传》。

东魏（北齐）与西魏（北周）对抗期间，这条道路也是双方的进军路线之一。《北齐书》卷 26《平鉴传》载其为怀州刺史，"奏请于州西故轵道筑城以防遏西寇，朝廷从之。寻而西魏来攻"。

《周书》卷 34《杨㨏传》亦载："及齐神武围玉壁，别令侯景趣齐子岭。㨏恐入寇邵郡，率骑御之。景闻㨏至，斫木断路者六十余里，犹惊而不安，遂退还河阳，其见惮如此。"

隋代东都北边外围的军事据点，就分布在这三条路线上。分述如下。

（1）河阳。故址在今河南省孟州市之南，古孟津渡口处。西晋时杜预在当地设立浮桥，在十六国、北朝的长期战乱中，河桥屡毁屡建。北魏和东魏又先后在渡口北岸、河中沙洲与南岸修筑了三座城池，号称"河阳三城"。此地总绾前述三条通道，曾被史家誉为我国中古时代南北"交通第一津要"。《读史方舆纪要》卷 46《河南一》曰："河阳盖天下之腰膂，南北之噤喉也。《三城记》：'河阳北城南临大河，长桥架木，古称设险；南城三面临河，屹立水滨；中潬城表里二城，南北相望。黄河两派，贯于三城之间，每秋水泛滥，南北二城皆有濡足之患，而中潬屹然如故……自古及今，常为天造之险。'"

河桥之南，有隋开皇三年（583）建立的河阳仓，转运储存数百万石的漕粮。北周统一北方后，曾在河阳设立行宫，隋朝亦予保留，并置关以稽查行旅，设河阳都尉领兵镇守。由于该处地位重要，隋炀帝任命宗室杨浩担任河阳都尉一职；杨玄感围攻东都时，尽管虎牢、伊阙、慈涧等重地皆已陷落，形势危急，而杨浩力保河阳不失。后来他受到炀帝疑忌，被罢黜，由独孤纂、独孤武都兄弟继任。[①]瓦岗军与唐军进攻东都时，

①《隋书》卷 45《秦孝王俊传附子浩传》："后以浩为河阳都尉。杨玄感作逆之际，左翊卫大将军宇文述勒兵讨之。至河阳，修启于浩，浩复诣述营，兵相往复。有司劾浩，以诸侯交通内臣，竟坐废免。"《隋书》卷 79《独孤罗传》："子纂嗣，仕至河阳郡（都）尉。纂弟武都，大业末，亦为河阳郡尉。"

曾与隋（郑）兵围绕河阳展开激烈的争夺，几番易手。

（2）河内。该县古称野王城，在今河南省沁阳市，位于河内郡境的中心，是郡治所在地；其道路四通，尤其是控扼晋南豫北通道和代北南下洛阳的通道，为河阳三城的北方屏障，也是一座枢纽城市，属于隋朝的防御重点。杨玄感在黎阳起兵后，"遂引兵向洛阳，遣杨玄挺将骁勇千人为前锋，先取河内。唐祎据城拒守，玄挺无所获"[①]。瓦岗军逼近洛阳时，隋朝政府调动附近军队集结，"王世充、韦霁、王辩及河内通守孟善谊、河阳郡尉独孤武都各帅所领会东都"[②]。可见河内与河阳是两部人马，各有所属。

武德元年（618）九月，李密自北邙、洛口兵败后，弃虎牢而奔河阳，与诸将商议，企图依靠河内地区继续对抗隋兵："密欲南阻河，北守太行，东连黎阳，以图进取。"[③]后遭到众将的反对而作罢。李密投唐后，王世充在次年占领了河内城。武德三年（620）七月，王世充为了抗击唐军而部署东都防御，"遣魏王弘烈镇襄阳，荆王行本镇虎牢，宋王泰镇怀州（河内）"[④]，又派四王与太子分守洛阳诸城，可见河内是东都北方防御体系的重心。

（3）临清关。在今河南省新乡市东北，处于炀帝所修洛阳外围长堑的东端。《资治通鉴》卷180仁寿四年（604）十一月"丙申，发丁男数十万掘堑，自龙门东接长平、汲郡，抵临清关"。胡三省注："《唐志》：卫州新乡县东北有临清关。"大业九年（613）六月，杨玄感攻东都，受阻于临清关。《资治通鉴》卷182载："修武民相帅守临清关，玄感不得度，乃于汲郡南渡河，从之者如市。"看来，这座关塞的守军不多，需要调发附近的壮丁助守，才能挡住来敌的进攻。

---

① 《资治通鉴》卷182隋炀帝大业九年六月。
② 《资治通鉴》卷184隋恭帝义宁元年（617）九月。
③ 《资治通鉴》卷186唐高祖武德元年九月。
④ 《资治通鉴》卷188唐高祖武德三年七月。

（4）济源。在河阳西北，为济水发源地，今属河南省。济源古称轵邑，有号称太行第一陉的轵关陉，即古之轵道，是联系河东与河南、河北的一条要途。《元和郡县图志》卷16《河北道一》引《述征记》曰："太行山首始于河内，自河内北至幽州，凡百岭，连亘十二州之界。有八陉：第一曰轵关陉，今属河南府济源县，在县理西十一里。"同书卷5《河南道一》曰："济源县，古轵邑，属魏。秦昭王时，伐魏取轵。汉文帝时，封薄昭为轵侯，属河内郡。隋开皇十六年，分轵县置济源县，属怀州，以济水所出，因名。"

在隋末农民战争期间，济源连同河内郡都被瓦岗军控制。李密兵败后，河内诸城堡或随其归唐，或降于王世充。武德二年（619）二月至五月，王世充在河内地区发动攻势，连连取胜，向东占领了陟州（今河南省武陟县、获嘉县）、义州（新乡市）。但是他在济源的守将投降了唐朝，唐在该县设立了西济州，并打退王世充的进攻，保住了轵关这条要道。《资治通鉴》卷187武德二年"五月，王世充陷义州，复寇西济州，（唐）遣右骁卫大将军刘弘基将兵救之"。胡三省注："《新志》：济源县，武德二年，王世充将丁伯德以县来降，置西济州。"

唐朝政权控制了济源和轵关陉，兵临河内及河阳，对东都以北造成了严重的威胁。后来唐曾由此出兵毁掉河桥，破坏了洛阳与河内地区的交通孔道。《资治通鉴》187武德二年七月"甲申，行军总管刘弘基遣其将种如愿袭王世充河阳城，毁其河桥而还"。

（5）柏崖城。在济源县西南黄河北岸，唐朝曾于此置河清县，并设柏崖仓以转运粮粟。当地也是黄河的一个渡口，对岸便是洛阳北郊的邙山，位置相当重要，故东魏时于此筑城守卫。隋末该地被瓦岗军占领，后随李密归唐，武德二年王世充夺取济源，并在柏崖城临时设立了怀州州治。其守将丁伯德降唐后，又成为唐朝怀州州治所在地；直到武德四年（621）唐朝消灭王世充后，才将州治移回原来的河内县。参见《读史方舆纪要》卷 49《河南四》："（孟县）柏崖城，在故河清县西三里，东魏侯景所筑，隋末王世充以怀州侨治此。《唐志》：'武德二年于济源西南柏崖城置怀州，四年移治野王'是也。"

又《元和郡县图志》卷 16《河北道一》怀州条曰："武德二年陷贼，其年于河清县界柏崖城置怀州。四年讨平王世充，自柏崖城移于今理。"同书卷 5《河南道一》："河清县，本汉轵县地，县西有柏崖故城，即东魏将侯景所筑。武德初于城东置大基县，八年省。"

3. **西路**。洛阳以西，自新安、陕县而至潼关一带，包括崤山、函谷的广袤丘陵山地，是豫西走廊之中地形最复杂、最难通行的地段。如《读史方舆纪要》卷 46《河南一》所言："洛阳西至新安，道路平旷。自新安西至潼关殆四百里，重冈叠阜，连绵不绝，终日走硖中，无方轨列骑处。其间硖石及灵宝、阌乡，尤为险要，古之崤、函在此，真所谓百二重关也。"建都于关中的政权历来重视崤函地区的防御，例如秦与西汉王朝曾先后在灵宝和新安设置函谷关，为天下诸关之首，也是抵御东方之敌攻入关中平原的最后屏障。但是从历史记载来看，隋炀帝部署东都防御体系时，并未给崤函地区以足够的注意，他在当地采取了以下举措。

（1）兴建西苑。出郭城西门直到新安，是东都的西郊，即洛阳平原的西部，其终端与崤山东麓接壤。隋炀帝营建东京时，在当地构筑了规模宏大的禁苑，即西苑，供自己游玩享乐。《资治通鉴》卷 180 载大业元年（605）五月"筑西苑，周二百里；其内为海，周十余里"。《唐六典》卷 7 则记载它的面积略小一些："禁苑在皇都之西，北拒北邙，西至孝水，南带洛水支渠，谷、洛二水会于其间。"注："东面十七里，南面三十九里，西面五十里，北面二十里，周回一百二十六里。"《隋书》卷 24《食货志》则曰在西苑之南还有苑囿："（炀帝）又于皂涧（今河南省宜阳县东南）营显仁宫，苑囿连接，北至新安，南及飞山，西至渑池，周围数百里。课天下诸州，各贡草木花果、奇禽异兽于其中。开渠，引谷、洛水，自苑西入，而东注于洛。"

禁苑紧邻皇城西侧，外有苑墙，苑内"为蓬莱、方丈、瀛洲诸山，高出水百余尺，台观殿阁，罗络山上，向背如神。北有龙鳞渠，萦纡注海内。缘渠作十六院，门皆临渠，每院以四品夫人主之，堂殿楼观，穷极华丽"①。在建设的过程中，当地百姓被迁徙出去，该地变成了一片没有庶民居住的禁区。西苑的四周筑有苑墙，称为"苑城"。《大业杂记》："建国门西二里有白虎门，门西二里至苑城。傍城南行三里有天经宫。"禁苑周围开设苑门，苑内并有军队巡守。

禁苑修筑后对军事方面的影响是：苑内由于设置了假山、湖池、水渠和亭阁宫院，地形比较复杂，敌人不易在这一带部署及展开兵力进攻。苑内的守军战时可以利用其中的堡垒建筑来抗击敌人（如前述之青城堡），作为皇城西部的屏障。如《资治通鉴》卷183隋恭帝义宁元年（617）五月条载："时（李）密兵锋甚锐，每入苑，与隋兵连战。"胡三省注："苑，即大业初所筑西苑。"但是，禁苑的面积甚广，因为没有居民，平时驻军的任务只是巡查警备，人数不会很多，所以防御力量相对东路、北路来说是比较薄弱的。

（2）废崤山北道，更修南道。隋炀帝在大业元年（605）三月丁未下诏，由杨素、杨达、宇文恺等主持营建东京，同时命令："废二崤道，开菱册道。"②"二崤"即崤山之东崤、西崤，在陕城与渑池之间，是著名的险峻山道。《元和郡县图志》卷5《河南道一》"永宁县"条："二崤山，又名嵚崟山，在县北二十八里。……自东崤至西崤三十五里。东崤长坂数里，峻阜绝涧，车不得方轨。西崤全是石坂十二里，险绝不异东崤。"

崤山峡谷纵横深邃，难以通行，分为南北二道。北道即"二崤道"，

①《资治通鉴》卷180隋炀帝大业元年五月。
②《资治通鉴》卷180隋炀帝大业元年三月。

自洛阳至新安，沿谷水河谷西行，过缺门山、渑池、东崤、西崤而至陕县。南道自洛阳沿洛水西南行，至宜阳（今河南省洛宁县）折向西北，沿今永昌河谷、雁翎关河谷隘路，穿越低山丘陵，与北道会于陕县。两条路线比较，北道将洛阳与陕县直接联系起来，较为近捷，但是路途险恶，如《读史方舆纪要》卷46《河南一》所言："今自新安以西，历渑池、硖石、陕州灵宝、阌乡，而至于潼关，凡四百八十里。其地皆河流翼岸，巍峰插天，绝谷深委，峻坂纡回。崤、函之险，实甲于天下矣。"南道经宜阳迂回绕远，但是较为平坦，车马人众易为行进。据王文楚先生考证，蓂册道即崤山南道，"按'莎'与'蓂'字形近，蓂册或即莎册，栅或省作册。按莎册在今洛宁县东北河底村，永宁县在今洛宁县东北四十里（并详下），二地一北一南，同处在南路上，则隋大业初开蓂册道直通永宁县，以避二崤道之险"①。

秦汉时崤山的主道在北路，史载战事及交通往返多在北路一线，如秦末周文、项羽与王莽末年的赤眉军领兵入关，东汉时光武帝西巡及董卓挟持献帝从洛阳迁至长安，都是走的此道。北朝后期两魏及齐、周对立，洛阳是双方争夺的焦点，交战频繁；在此期间北道用兵明显减少，为了便于行军，多经宜阳走较为坦易的南道。隋炀帝废掉险阻的二崤道，更修使用易行的莎册道，也是上述趋势发展的必然结果。此举在军事上带来的后果是，北道废除后，沿途的许多驿站和关塞也随之取消，这条路线上驻守的兵力大大削弱。

（3）陕城及西线兵力薄弱。陕县（州）地势险要，是豫西走廊西段中途的交通枢纽；它北临黄河，东会崤山南北二路，西阻函谷、桃林之险，自古即被认为具有重要的战略意义。《读史方舆纪要》卷48《河南三》曾评论道：

---

① 王文楚：《古代交通地理丛考》，中华书局，1996年，第66页。

（陕）州内屏关中，外维河、洛，履崤坂而戴华山，负大河而肘函谷，贾生所云"崤函之国"也。戴延之云：其地"南倚山原，北临大河，良为形势。"崔浩曰："东自崤山，西至潼津，通名函谷，号为天险。"所谓秦得百二者，此地是也。东、西魏相争，宇文深劝宇文泰速取陕州，为兼并关东之计。唐初克长安，刘文静等将兵出潼关，克弘农，略定新安以西，而东洛已有削平之势。唐之中叶，陕州尤为重地。达奚抱晖之乱，李泌以单车定之。曰："陕州三面险绝，攻之未可岁月下也。"……盖据关、河之肘腋，扼四方之噤要，先得者强，后至者散，自古及今不能易也。

从西周到隋唐，陕地一直是山西、山东两大经济、政治区域的分野。如《史记》卷34《燕召公世家》言周初，"自陕以西，召公主之；自陕以东，周公主之"。《旧唐书》卷64《隐太子建成传》亦载唐高祖谓李世民曰："观汝兄弟，终是不和，同在京邑，必有忿竞。汝还行台，居于洛阳，自陕已东，悉宜主之。"

此外，陕地有黄河砥柱的艰危，难以行船。隋朝政府为了转运漕粟，又于开皇三年（583）在陕州修建了太原仓，屯贮粮米，地点在该县西南。《元和郡县图志》卷6《河南道二》陕州"陕县"条曰："太原仓，在县西南四里。"又见《读史方舆纪要》卷48《河南三》：

太原仓，在（陕）州西南五里，隋开皇三年所置常平仓也。

《陕县志》（民国）"太原仓"条：

在今三里涧之南、七里铺之西，其上高平处，所以储三门水运漕米。

综合以上原因，陕县成为隋朝洛阳以西、潼关以东最为重要的军事据点。隋文帝时，该地称陕州；炀帝即位后废州改郡，称为弘农，并在那里设置行宫，命宗室蔡王智积出任太守，以示对该县的重视。①

不过，这种重视仅仅是表面上的，陕城实际屯守的兵力远不能和东、北两路的虎牢、偃师、河阳等地相比。该城的存粮甚众，而驻军的数量不多。《隋书》卷70《杨玄感传》载其领兵西入关中时，"至弘农宫，父老遮说玄感曰：'宫城空虚，又多积粟，攻之易下。进可绝敌人之食，退可割宜阳之地。'"由此看来，不仅是陕城，就连南边的宜阳等要塞亦无重兵把守，防御相当松弛，所以当地父老认为占领了陕城即可控制宜阳，封锁崤山南道的交通。综合以上情况来看，隋朝在洛阳以西、潼关以东的防御体系是比较空虚、薄弱的，这从隋末的战争当中可以反映出来。

4. 南路。洛阳南边的交通路线，是从伊阙东南行至襄城（郡治在今河南省临汝镇），过汝南（今河南省宝丰县北）、鲁县（今河南省鲁山县），经过著名的"三鸦路"，沿灈河河谷（汇入沙河）穿越伏牛山分水岭，循鸭河河谷（古称鲁阳关水、鸦河）入南阳盆地。再顺白河（古称淯水）南下，过南阳、新野至襄阳，即可进入江汉平原。这条路线的第一个险要之处，就是洛阳以南25里的伊阙山（龙门山）。《元和郡县图志》卷5《河南道一》河南府伊阙县："伊阙山，在县北四十五里。两山相对，望之若阙，伊水流其间，故名。"《读史方舆纪要》卷48《河南三》河南府洛阳县："阙塞山，在府西南三十里。亦曰龙门山，亦曰伊阙山，一名阙口山，一名钟山，又为龙门垄。《志》云：山之东曰香山，西曰龙门，大禹疏以通水，两山对峙，石壁峭立，望之若阙，伊水历其门。"

伊阙是洛阳南面门户，战国时秦将白起曾在此大破韩魏联军，斩首24万。东汉黄巾起义时，朝廷曾在京师洛阳周围设立八关，伊阙即其一。

---

① 《隋书》卷30《地理志中》河南郡"陕县"条注："大业初州废，置弘农宫。"《隋书》卷44《蔡王智积传》："大业七年，授弘农太守，委政僚佐，清静自居。"

伊阙山之南 45 里，是隋之伊阙县城，古称新城，曾是战国时期韩、秦、楚三国激烈争夺的要塞。《读史方舆纪要》卷 48《河南三》"新城"条曰："东魏置新城郡于此。隋初郡废，开皇十八年，改县曰伊阙，以伊阙山为名，属伊州。大业初属河南郡。"大业二年（606）三月，隋炀帝自江都返回洛阳，走的就是此途。《资治通鉴》卷 180 载："夏，四月，庚戌，自伊阙陈法驾，备千乘万骑入东京。"

　　南路的伊阙虽然重要，但是从历史记载来看，隋朝及郑（王世充）在部署东都防御时，没有在此处屯驻重兵。和西路一样，对这一方向的防务并不重视。大业九年（613）六月，杨玄感攻打东都时，"收兵得五万余人，分五千守慈涧道，五千守伊阙道，遣韩世咢将三千人围荥阳，顾觉将五千人取虎牢"[1]，未曾经过攻城战斗便控制了慈涧、伊阙两地。李密进攻洛阳时，"东都号令不出四门"[2]。伊阙又被义军占领。瓦岗军失败后，张善相以伊州降唐。武德二年（619）四月伊阙被王世充攻陷。次年李世民攻打东都时，王世充收缩兵力入城，放弃了伊阙，被唐军轻易占领。《资治通鉴》卷 188 载武德三年（620）七月，"世民遣行军总管史万宝自宜阳南据龙门"，顺利切断了东都郑军与南阳、襄樊等地联络的交通线。

二、隋王朝以东都为战略防御枢纽的原因

　　隋炀帝兴建东都，全力构筑以洛阳为核心的防御体系，是有其深刻社会背景的。在我国古代，政治斗争往往表现为不同地域集团势力之间的对抗。东亚大陆幅员辽阔，内部各个区域的自然条件、经济与文化发

---

① 《资治通鉴》卷 182 隋炀帝大业九年六月。
② 《资治通鉴》卷 185 唐高祖武德元年（618）四月。

展水平，以及政治趋向、风俗习惯等，都存在着显著的差异。在此基础上形成若干股较强的政治力量，彼此往往产生各种联系，或矛盾对立，或合体双赢。在不同的历史时期，政治力量的分布态势和相互关系有所不同，敌对势力所在的区域和来往的交通路线也有区别。因此，历代王朝的统治者必须依据现实的形势来安排国防部署，在不同的区域、地点设置战略防御枢纽。北朝后期，我国内地存在着三大基本经济、政治区域，即关中（或曰关陇）、山东和江南；在此基础上形成了三股割据势力及其政权代表——西魏（北周）、东魏（北齐）和陈朝。隋王朝的建立，是关陇地主集团灭齐、平陈，先后征服山东、江南势力的结果。隋统一全国后，继续实行"关中本位"政策，使关陇地主集团在新政权里占据支配地位，享受诸如荫庇后代等种种优惠和特权，而山东和江南士人却受到排挤和歧视。例如，隋文帝曾罗织罪名，诛除原北齐归降的山东籍大臣李德林、李孝贞、高励、房恭懿、王頍等；在北齐旧境推行"大索貌阅""输籍定样"，清查户口，检括被当地豪族隐匿的人丁，借以削弱他们的经济力量，增加朝廷的赋役。开皇九年（589）二月，隋文帝在平陈之后，立即宣布在江南重建乡里基层组织[1]，又听从苏威"奏言江表依内州责户籍"[2]的建议，实行检括人口，撤换了全部陈朝的地方官吏，"牧人者尽改变之"。

据《隋书》卷2《高祖纪下》所载，隋朝政府在统一全国之后，曾在开皇九年四月和开皇十五年（595）二月两次下令禁止天下私自存造兵器，但是规定"关中、缘边，不在其例"，体现出对关陇地区特殊的照顾及对其他区域民众的不信任。开皇十八年（598）正月，隋文帝又下令严

---

[1]《隋书》卷2《高祖纪下》开皇九年二月"丙申"条："制五百家为乡，正一人；百家为里，长一人。"按：平陈之前，隋朝北方早已建立了乡里行政组织，此次颁布命令，显然针对刚征服的江南地区。

[2]《北史》卷63《苏威传》。

禁江南地区民众私造大船，并且检括当地旧有船只，长度超过标准者一律没收。诏曰："吴、越之人，往承弊俗，所在之处，私造大船，因相聚结，致有侵害。其江南诸州，人间有船长三丈已上，悉括入官。"①

以上种种做法，极大地损害了山东、江南豪族地主的利益，引起社会矛盾的激化。隋朝建立前后，上述两个地区屡次发生大规模的武装叛乱。例如，杨坚篡周建隋时，尉迟迥、司马消难等起兵反对，山东州县纷纷响应，"两河遭乱，三魏称兵，半天之下，汹汹鼎沸"，仅在相州一处，"赵、魏之士，从者若流，旬日之间，众至十余万"②。开皇十年至十一年（590—591），江南又出现反隋暴乱，"陈之故境，大抵皆反，大者有众数万，小者数千，共相影响，执县令，或抽其肠，或脔其肉食之"③，充分表明当地人士对隋政权的仇恨。文帝派遣杨素等率关中重兵镇压，方才平息。隋炀帝即位后，其弟汉王杨谅不满，起兵反抗，获得了北齐故地人士的支持，如炀帝诏书所言："今者汉王谅悖逆，毒被山东，遂使州县或沦非所。"④因此，隋朝统治集团在拟定战略防御计划时，把山东、江南的政治势力列为主要的假想敌，将这两个地区看作有可能爆发叛乱的敌对区域，其中又以地广人众、物产丰富的山东为甚。如隋文帝在平定三总管之乱后，"颇以山东为意"⑤；隋炀帝在下令营建东京的诏书中也说他所惦念的，是"南服遐远，东夏殷大"⑥。

山东或江南如果发生叛乱，朝廷首先要考虑京师长安及其所在的根据地——关中地区的安全，需要扼守叛军入关的要道，阻止其威胁王朝

---

① 《隋书》卷 2 《高祖纪下》。
② 《隋书》卷 1 《高祖纪上》。
③ 《资治通鉴》卷 177 隋文帝开皇十年十一月。
④ 《隋书》卷 3 《炀帝纪上》。
⑤ 《隋书》卷 39 《窦荣定传》。
⑥ 《隋书》卷 3 《炀帝纪上》。

腹地的军事行动。其次要出兵到当地镇压，恢复并巩固原有的统治。如炀帝所称"关河悬远，兵不赴急"[1]。但是，隋朝的重兵屯于关中，一旦上述两地出现事变，遣师赴难要跋涉千里乃至数千里，有鞭长莫及之弊。若是不能及时赶到，有可能会使叛乱愈演愈烈，酿成大祸，以致无法收拾。此外，叛军如若抢先进占豫西和晋南地区，利用黄河、崤函的天险，封锁关中兵力东进中原的道路，将其禁锢在潼关以西，那么形势对隋朝统治集团来说就更为不利了。

　　鉴于以上缘故，关陇集团——隋朝统治者对洛阳给予了特殊的重视。洛阳处在"天下之中"，即山东、江南和关中三大经济政治区域交界的中间地带，属于"四通五达之衢"，是全国水陆运输的中心枢纽。三大区域之间往来的主要交通干线——黄河、豫西走廊、晋南豫北通道——都要经过河洛地区。对隋朝政府来讲，在洛阳一带设置巨仓坚城，屯驻重兵，既能够作为关中的有力屏障，阻挡东、南方向的来敌，又可以及时出兵，镇压两地可能发生的叛乱，故而具有极为重要的战略意义。如《读史方舆纪要》卷46《河南一》载顾祖禹所言：

　　　　河南阃域中夏，道里辐辏。顿子曰："韩天下之咽喉，魏天下之胸腹。"范睢亦云："韩、魏中国之处，而天下之枢也。"秦氏观曰："长安四塞之国利于守，开封四通五达之郊利于战，洛阳守不如雍，战不如梁，而不得洛阳则雍、梁无以为重，故自古号为天下之咽喉。"夫据洛阳之险固，资大梁之沃饶，表里河山，提封万井。河北三郡足以指挥燕，赵，南阳、汝宁足以控御秦、楚，归德足以鞭弭齐鲁，遮蔽东南，中天下而立，以经营四方，此其选矣。

　　另外，洛阳地处伊洛平原，灌溉便利，周围有山河环绕，具备防御

---

[1]《隋书》卷3《炀帝纪上》。

作战的自然条件。《读史方舆纪要》卷48《河南三》曰："（河南）府河、山控带，形胜甲于天下。武王谓周公：'南望三涂，北望岳鄙，顾瞻有河，粤瞻伊、洛。'此言洛阳形胜之祖也。《史记》，吴起谓魏武侯：'夏桀之居，左河、济，右太华，伊阙在南，羊肠在北。'汉高祖初定都，群臣谓洛阳东有成皋，西有崤渑，背河乡伊、洛，其固足恃。"隋炀帝也是看到当地的山川形势后才做出建立东都的决定，见《元和郡县图志》卷5《河南道一》："初，炀帝尝登邙山，观伊阙，顾曰：'此非龙门邪？自古何因不建都于此？'仆射苏威对曰：'自古非不知，以俟陛下！'帝大悦，遂议都焉。"

　　综上所述，从北周统一北方至隋炀帝即位，洛阳的政治地位不断提升，由中央政府派出机构——"行台尚书省"的驻地变为陪都，甚至在作用上超过了京师长安。北周灭齐后，曾在其故都邺城（相州）、晋阳（并州）设置行宫与六府官，以加强对其旧境的统治。见《资治通鉴》卷173陈宣帝太建九年（577）二月："周主于河阳、幽、青、南兖、豫、徐、北朔、定置总管府，相、并二州各置宫及六府官。"胡三省注："相、并二州，皆有齐旧宫及（尚书）省，故仍置宫，若别都然。置六府官，以代省也。六府官，盖仿长安六官之府。"两年以后，周宣帝又下令，"以洛阳为东京，发山东诸州兵治洛阳宫，常役四万人，徙相州六府于洛阳"[①]。

　　隋代北周之际，平定了尉迟迥在相州的叛乱，并在开皇三年（583）正月于洛州设置了河南道行台（尚书）省，《资治通鉴》卷175载："又以秦王俊为河南道行台尚书令、洛州刺史，领关东兵。"胡三省注："洛州，治洛阳。"行台尚书省，是仿照中央的行政办公组织在外地设立的机构，处理所属地区的政务。《隋书》卷28《百官志下》曰："行台省，则有尚书令、仆射，兵部（兼吏部、礼部）、度支（兼都官、工部）尚书

———————————

① 《资治通鉴》卷173陈宣帝太建十一年（579）二月。

及丞各一人，都事四人。有考功、礼部、膳部、兵部、驾部、库部、刑部、度支、户部、金部、工部、屯田侍郎，各一人。每行台置食货、农圃、武器、百工监、副监，各一人，各置丞、录事等员。"在洛州设置行台省，表现出对该地区的重视。

大象二年（580）九月，隋文帝又令太子杨勇"出为洛州总管、东京小冢宰，总统旧齐之地"[①]，即把洛阳作为震慑山东的政治、军事基地。

炀帝即位后，于大业元年（605）在洛阳开始营建新都，次年落成徙居，改洛州为豫州；大业三年（607）又改称河南郡，五年（609）改东京为东都，反映其政治地位的逐步升级。东都洛阳地区的最高行政长官，也一直是由亲王担任的。如炀帝即位之初，命太子杨昭留守长安，让次子杨暕为豫州牧，后改称河南尹。杨暕失宠后，由炀帝少子杨杲继任。杨杲年幼，不能理事，在炀帝出巡时又多次随行，炀帝遂令皇孙（原太子杨昭之子）越王杨侗留守东都，与重臣樊子盖、段达等人共事。实际上，炀帝即位之后，由于种种缘故，不愿居住在长安，常在东都安居，或频频出巡、征伐，晚年迁居江都（扬州）；而百官或随行或在东都留守，他们的家属也多留在洛阳。参见《隋书》卷61《宇文述传》：

> 及（雁门）围解，车驾次太原，议者多劝帝还京师，帝有难色。述因奏曰："从官妻子多在东都，便道向洛阳，自潼关而入可也。"帝从之。

《隋书》卷70《李密传》载杨玄感曰：

> 今百官家口并在东都，若不取之，安能动物？且经城不拔，何以示威？

---

① 《隋书》卷45《房陵王勇传》。

由此可见东都政治地位的重要。总之，隋炀帝将洛阳作为陪都，又以它为战略核心枢纽，营建构筑了规模巨大的防御体系；这一举措，是由当时关中、山东、江南三大区域隐伏的对抗形势，关陇贵族地主所奉行的"关中本位"政策，以及洛阳"天下之中"的地理位置和利于防守的地形、水文条件所决定的。

三、从地理角度分析隋朝东都防御部署的弱点及失败原因

洛阳作为军事重地，在我国封建时代两千多年的战争史上频频受到争夺。而隋唐之际，它的防御之坚固，在全国战局中发挥的作用，以及受到各方政治势力重视的程度，可以说达到了顶峰。在当时参战的许多君臣将帅眼里，东都是最为重要的。如洛阳有难，隋朝政府即倾注各地兵力前来救援，唯恐有失。

杨玄感起兵后拒绝了夺取涿郡或关中的建议，首先攻打洛阳，声称："今百官家口并在东都，若先取之，足以动其心。"[1] 李密也否定了柴孝和西取关中的计策，坚持围攻东都；在连续击败隋军之后，"密官属裴仁基等亦上表请正位号，密曰：'东都未平，不可议此。'"[2]。李唐王朝也是在攻陷洛阳，消灭了夏、郑两股割据势力后，才定鼎中原的。这些史实都表明了洛阳在隋末唐初战争中的重要地位和影响。那么，从地域角度来考虑，东都的防御部署存在哪些问题或弱点，以致对后来的守城作战带来了不利影响呢？笔者分析，大致有以下几点：

1. **重内城、轻外郭**。春秋战国至南北朝时期，城市防御体系虽然多有内外两重城垒工事，所谓"三里之城，七里之郭"，但是在大多数情况

---

[1]《资治通鉴》卷182 隋炀帝大业九年（613）六月。
[2]《资治通鉴》卷185 唐高祖武德元年（618）正月。

下，内城的坚固程度、防护能力，以及投入的防御力量均不如外郭。守城作战时，基本是以防守外城为主。隋朝东都的城市防御布局与之不同，"宫城"不仅集中于一个区域，加大了防御纵深，城墙高厚，而且建有多重筑垒工事，难以攻入。而外郭的城墙则比较薄弱，守军的配备也不充分，从实战情况来看，郭城很容易被敌人突破，造成居民的恐慌。例如《隋书》卷70《杨玄感传》载：

> （玄感）屯兵上春门，众至十余万。（樊）子盖令河南赞治裴弘策拒之，弘策战败。瀍、洛父老竞致牛酒。玄感屯兵尚书省。

《资治通鉴》卷183隋恭帝义宁元年（617）四月：

> 李密以孟让为总管、齐郡公。己丑夜，让帅步骑二千入东都外郭，烧掠丰都市，比晓而去。

《资治通鉴》卷187唐高祖武德二年（619）十月：

> 行军总管罗士信帅勇士夜入洛阳外郭，纵火焚清化里而还。

从军事学角度分析，城垒的大小必须和居民多少相称，才能组织起有效的防御。古代的兵家早已详细论证过这个问题。如《尉缭子·兵谈》曰："建城称地，以城称人，以人称粟。三相称，则内可以固守，外可以战胜。"《墨子·杂守》亦曰："凡不守者有五，城大人少，一不守也；城小人众，二不守也；……率万家而城方三里。"如果居民和士卒全部退入内城抵抗，会因为面积狭窄、居住环境恶劣、储存粮食有限而难以持久生存。东都防御部署的缺陷之一正在于此。由于郭城的守备薄弱，大批百姓的安全得不到保障，遇到强攻时只得移居内城，陷入"城小人众"的被动局面。如大业十三年（617）四月，瓦岗军夜入洛阳外郭后烧掠，

"于是东京居民悉迁入宫城，台省府寺皆满"①。有3万家（约15万人）居民涌入宫城（皇城），很快就导致粮食供应严重不足。武德三年（620）唐军围攻东都，数月后再度引起城内的饥荒，结果严重削弱了守城的力量："皇泰主之迁民入宫城也，凡三万家，至是无三千家。虽贵为公卿，糠核不充。尚书郎以下，亲自负戴，往往馁死。"②

2. 主要粮仓设在城外。自1969年以来，考古工作者对隋唐洛阳含嘉仓城遗址做了全面勘察和重点发掘。根据获得的资料，再结合有关的文献记载，专家认为含嘉仓真正成为国家的大型粮仓，是从唐初开始的。首先，史籍中没有确切记载含嘉城在隋代已经是东都的重要粮仓，后来虽然有记载把含嘉城作为隋代的巨仓，而学术界一般认为这些记载是把"回洛仓"和"含嘉仓"混淆了。

其次，凡是隋代东都的粮仓，记载的都比较详细，有修建时间、仓城范围、仓窖数量等，如洛口仓、回洛仓和子罗仓等。而关于含嘉仓没有这些记载，据此可判断，含嘉城建成后，尚未立即用作国家的大型储粮仓库。

再次，从隋末唐初洛阳的战事记载来看，东都城内似乎不存在像唐代含嘉仓那样的大型粮仓。例如，李密及后来的李世民攻占洛口仓和回洛仓后，很快东都城内便陷入了严重乏粮的危机，城中若有大型官仓，应能坚持一段时间，不会如此迅速出现粮荒。

最后，考古工作者对含嘉仓各部位的仓窖都做过一定数量的发掘，出土不少刻铭砖，却都是唐代或北宋的，没有一块是隋代的。

综合以上几方面的分析，史学界认为含嘉城修建后，并没有马上成为隋代的大型粮仓；即使有储粮，也只是转运洛口、回洛等仓的少数粮

①《资治通鉴》卷183隋恭帝义宁元年（617）四月。
②《资治通鉴》卷189唐高祖武德四年（621）三月。

食，作为东都居民的部分口粮，规模不大。它真正成为仓城，应该是在唐王朝建立之后。[①]

如上所述，隋代东都城内仅有子罗仓，而含嘉城尚未用来储存大量粮食，城中数十万军民和官贵眷属的食粮供应主要依靠北郊的回洛仓和巩县的洛口仓；城外这两座巨仓若被攻占，会很快引起城内断粮的危机和恐慌。例如，李密攻打洛阳时，就利用了敌军部署的这一破绽，先袭据洛口仓；后又倾注全力与隋兵反复争夺，终于控制了回洛仓，几乎把守敌逼入了绝境。可见《资治通鉴》卷183隋恭帝义宁元年（617）四月：

> 东都城内乏粮，而布帛山积……越王侗遣太常丞元善达间行贼中，诣江都奏称："李密有众百万，围逼东都，据洛口仓，城内无食。若陛下速还，乌合必散；不然者，东都决没。"因歔欷呜咽，帝为之改容。

《资治通鉴》卷184隋恭帝义宁元年十二月：

> 东都米斗三钱〔千〕，人饿死者什二三。

《资治通鉴》卷185唐高祖武德元年（618）正月：

> 东都乏食，太府卿元文都等募守城不食公粮者进散官二品；于是商贾执象而朝者，不可胜数。
>
> （七月）东都大饥……米斛直钱八九万。
>
> （九月）时隋军乏食，而（李）密军少衣，（王）世充请交易，密难之；长史邴元真等各求私利，劝密许之。先是，东都人归密者，日以百数；既得食，降者益少，密悔而止。

---

① 余扶危、贺官保：《隋唐东都含嘉仓》，文物出版社，1982年，第44页。

　　李世民进攻东都时，也紧紧抓住守敌防御体系上的这个弱点，积极派遣兵力攻占城外粮仓，或切断其运粮路线。例如，武德三年（620）七月，李世民做进攻部署时，命令"上谷公王君廓自洛口断其饷道"①。八月，"甲辰，黄君汉遣校尉张夜叉以舟师袭回洛城，克之，获其将达奚善定。……世充使太子玄应帅杨公卿等攻回洛，不克，乃筑月城于其西，留兵戍之"②。至次年（621）三月，"城中乏食，绢一匹直粟三升，布十匹直盐一升，服饰珍玩，贱如土芥。民食草根木叶皆尽，相与澄取浮泥，投米屑作饼食之，皆病，身肿脚弱，死者相枕倚于道"③。

　　五月东都陷落前夕，据唐军将帅谋士会议所言，守敌的财物充裕，兵卒善斗，主要是由于缺粮而无力抗击，故困守孤城，陷入极为被动的局面。如记室薛收曰："世充保据东都，府库充实，所将之兵，皆江、淮精锐，即日之患，但乏粮食耳。以是之故，为我所持，求战不得，守则难久。"④李世民亦曰："世充兵摧食尽，上下离心，不烦力攻，可以坐克。"⑤唐朝前期吸取了隋末李密占据洛阳外围粮仓，导致东都城内严重缺粮的教训，在高宗、武后时期定洛阳为神都后，开始积极利用设在洛阳城内的含嘉仓，囤积了大量的粟米。

　　3. 西路、南路防御薄弱。前文已述，和东汉后期洛阳周围设置的"八关"相比，隋朝东都附近有都尉镇守的关塞只部署在东路（偃师、虎牢）与北路（河阳），外围的军事据点亦多在这两个方向，西路和南路的防御兵力相当薄弱，这和隋朝政府对未来战争做出的判断有关。从隋炀帝新建东京的诏书来看，他认为国家所受的主要威胁来自东、南两个战略方

①《资治通鉴》卷188唐高祖武德三年七月。
②《资治通鉴》卷188唐高祖武德三年八月。
③《资治通鉴》卷189唐高祖武德四年三月。
④《资治通鉴》卷189唐高祖武德四年三月。
⑤《资治通鉴》卷189唐高祖武德四年。

向，首先是"东夏"，即山东地区，此地是崤山以东、淮河以北的北齐故地；其次是"南服"，即江南地区，是原来陈朝的旧境。假设的敌人最有可能在这两个地区发动叛乱，得手后再向隋朝的腹地关中发动攻击。洛阳是全国水陆交通的枢纽，战祸来临后首当其冲。如果山东或江南的叛军进攻此地，走水路是经永济渠或通济渠入黄河西行；若走陆路，山东敌军或经河内地区至河阳南渡黄河抵达东都，或由黎阳渡河，经浚仪（今河南省开封市）、荥阳、虎牢西行赴洛，而江南敌军北伐也应是沿着后一条路线行进，不会把襄樊、南阳、伊阙一线当作主攻方向。关中是京师长安所在地，属于国之根本，洛阳是保护它的东方屏障，隋朝统治者自然不担心来自西方的攻击；相反，在东都遇到危急时，还要依靠关中守军的支援。因为预先判断假想敌是从洛阳东、北来犯，而西、南两路估计不会遭到强敌的攻击，所以炀帝未在西、南两个方向安排有力的防御部署。但是到炀帝统治后期，关中的兵力明显削弱，成为兵家觊觎的目标，而这时洛阳以西的松弛防务屡屡给予反隋力量以可乘之机。例如：

（1）杨玄感兵败东都后，引军西入关中，一路如入无人之境，未曾受到隋军的阻击。经过陕城时，守兵因为人少，不敢开城出战，只是拼死抵抗了三天。玄感有华阴诸杨的向导，如能听从李子雄等人直接入关、不与守敌纠缠的建议，"开永丰仓以赈贫乏，三辅可指麾而定。据有府库，东面而争天下"①，与隋军的战斗胜负尚未可知。

（2）李密进攻东都时，谋士柴孝和请求"间行观衅"，为大军西征窥测敌情。他仅带领了少数人马便通过了素称天险的崤山地区，"孝和与数十骑至陕县，山贼归之者万余人"②，可见沿途并无隋兵驻防。瓦岗军若迅速西进，也是有可能抢先占领关中的。

---

①《隋书》卷70《杨玄感传》。
②《资治通鉴》卷183隋恭帝义宁元年（617）五月。

（3）李渊自晋阳举兵后，破霍邑，围河东，从蒲津渡河进入关中，势如破竹地攻占了长安。他只派了一支偏师自潼关东进，便顺利夺取陕城，到达新安，轻而易举地控制了洛阳以西的大片土地，为日后大军东征开辟了道路。见《资治通鉴》卷184义宁元年（617）十二月，"刘文静等引兵东略地，取弘农郡，遂定新安以西"。次年（618）正月戊辰，"唐王以世子建成为左元帅，秦公世民为右元帅，督诸军十余万人救东都"，沿途未受阻挠便直抵洛阳城下，控制了崤函山区这一战略重地，"遂置新安、宜阳二郡，使行军总管史万宝、盛彦师镇宜阳，吕绍宗、任瓌将兵镇新安而还"①，巩固了李唐政权在洛阳以西的统治，严重威胁东都。这得益于隋朝统治者没有根据形势变化调整战略部署，未能利用西路沿线桃林、函谷、陕城、二崤及宜阳等天险设防。

4.东都防御能力的局限。在隋末唐初的战争中，洛阳城垒坚固，器械精良，加上各路人马的支援，使它在数年内经住了反隋义军怒涛般的冲击。杨玄感、李密和李世民都未能用强攻的手段直接打破该城的防御，使得隋朝的统治得以苟延时日。但是，东都最终还是陷落了，坚城锐兵挽救不了隋政权覆灭的命运。从政治上讲，炀帝多年来尽用民力，残害百姓，致使朝野同叛，自无不亡之理。继守东都的伪郑（王世充）所施政策与炀帝没有本质区别，可以看作是暴隋统治的延续，其崩溃也是必然的。

从地理角度分析，隋朝在东都地区部署的防御体系虽然坚固，但是其作战能力毕竟有很大局限。洛阳虽有山河环绕的险固，但是所在地域比较狭窄，"其中小，不过数百里，田地薄，四面受敌"②，周旋的余地不大；所能提供的人口、财物资源有限，本身并不具备持久作战的能力，

---

① 《资治通鉴》卷185唐高祖武德元年（618）四月。
② 《史记》卷55《留侯世家》。

无法和"沃野千里"的关中、山东（河北）或江南等基本经济区域相比。遇到强敌来攻时，必须依靠相邻的某个根据地提供有力的支持，才能抵抗和战胜对手。如果附近的几个基本经济区沦陷敌手，那么洛阳的防御就成了无根之木、无源之水，以区区伊洛平原的物力是无法长期抗击强邻的。顾祖禹在《读史方舆纪要》卷46《河南一》中指出，洛阳的防守，"不得河北则患在肩背，不得关中则患在噤吭，自古及今，无异辙也"。他在《河南方舆纪要序》中还列举了大量战例来说明关中、河北对于洛阳与河南防御的威胁：

> 汉以三河并属司隶，唐以长安、洛阳并建两京，此亦得周公之遗意者欤？然则河南固不可守乎？曰：守关中，守河北，乃所以守河南也。自古及今，河南之祸，中于关中者什之七，中于河北者什之九。秦人以关中并韩、魏，汉以关中定三河，符秦以关中亡慕容燕，宇文周以关中亡高齐。隋之亡也，群雄角逐而唐独以先入长安，卒兼天下。金人之迁河南也，蒙古道汉中，出唐、邓而捣汴梁，汴梁遂不可守。谓关中不足以制河南之命乎！三晋之蚕食郑、宋也，光武之南收河、洛也，刘聪、石勒之略有河南也，鲜卑、氐、羌纵横于司、豫之境，晋、宋君臣切切焉图复河南，分列四镇，求十年无事而不可得也。元魏孝文远法成周，卜宅中土，规为措置，可谓盛强，乃仅一再传，而河北遂成戎薮。尔朱荣自河北来矣，尔朱兆自河北来矣，高欢亦自河北来矣，北中、河桥易于平地，马渚、硖石捷于一苇，而魏以分，而魏以亡也。安、史以河北倡乱，而河南两见破残，存勖发奋太原，而朱梁卒为夷灭。契丹之辱，石晋罹于前；女真之毒，靖康被于后。河北犹不足以制河南之命乎！

隋朝的建立和统一，本来是依靠关陇贵族地主集团的支持才得以成功的，因此，"以关中制天下"是其既定国策，首都设在长安，重兵部署在畿内，并且聚敛全国各地的财赋漕运到这里，以保持关中地区在经济、政治上的强大支配地位。但是，在炀帝统治时期，政治军事形势发生了很大变化。杨广夺宗即位，此前他曾以晋王和扬州刺史的身份坐镇江都达十年之久，在长安及关中并没有势力基础。所以他上台之后宠信宇文述、郭衡等藩邸旧臣和虞世基、裴蕴等江淮人士，对于关陇贵族大臣则心存疑忌，文帝时的重臣名将高颎、贺若弼、宇文敱等都因"谤讪朝政"被杀。此外，他还迷信术士的说法，认为自己是木命，"雍州为破木之冲，不可久居"①。出于上述种种原因，他对关中并无好感，不愿在那里久住。炀帝在位十余岁，仅在长安盘桓数月，其他时间均在东都、江都，或于外地巡行。炀帝末年，国内四处爆发起义，对外战争连连失利，大兵屡败于高丽，车驾北巡又在雁门受困。在此形势下，他决定抛弃关中，重返藩邸故地江都，并先后杀掉了奏请还驻长安的臣下崔民象、王爱仁。如李密所言："当今主昏于上，人怨于下，锐兵尽于辽东，和亲绝于突厥，方乃巡游扬、越，委弃京都。"②甚至打算迁都到江南的丹阳（今江苏省南京市），这就使关中和长安逐渐失去了原有的政治重心地位。另外，隋朝军队的主力——禁军"骁果"多是关中人③，常年跟随炀帝外出巡幸征伐；关中的留驻兵力又因为频频外调和战事的消耗而数量削减，守备相当空虚。隋朝军事力量分布态势的这一变化，给反隋势力的战略谋划留下很大空间。

　　在群雄割据的兼并战争里，如果没有稳固的立足之处，那么进攻或相持时会缺乏兵员粮草补给，不能持久作战，一旦受挫，又无退军安身之地。因此，有远见的军事家常把占领和建设根据地视为首要任务。如

①《资治通鉴》卷180 隋文帝仁寿四年（604）十月。

②《旧唐书》卷53《李密传》。

③《资治通鉴》卷185 唐高祖武德元年（618）三月："时江都粮尽，从驾骁果多关中人，久客思乡里，见帝无西意，多谋叛归。"

荀彧所言："昔高祖保关中，光武据河内，皆深根固本以制天下，进足以胜敌，退足以坚守，故虽有困败而终济大业。"①隋末举兵起义的阵营里，在确定战略主攻方向和任务的问题上，往往有两派意见。一派主张率先攻取东都这个强固的政治中心和防御枢纽，借以威慑、号令海内，如杨玄感和作为瓦岗军统帅的李密。另一些深谋远虑之士则看出了隋朝防御体系的破绽，建议不打城垒坚固的东都，而抢先夺取防御薄弱的关中，掌握这块山河四塞的千里沃土，然后以此为根据地，出兵东征中原，统一寰宇。如《隋书》卷70《李密传》载杨玄感起兵后，李密向其献上三计："今公拥兵，出其不意，长驱入蓟，直扼其喉。前有高丽，退无归路，不过旬月，赍粮必尽。举麾一召，其众自降，不战而擒，此计之上也。又关中四塞，天府之国，有卫文昇，不足为意。今宜率众，经城勿攻，轻赍鼓行，务早西入。天子虽还，失其襟带，据险临之，故当必克，万全之势，此计之中也。若随近逐便，先向东都，唐祎告之，理当固守。引兵攻战，必延岁月，胜负殊未可知，此计之下也。"可是杨玄感目光短浅，偏偏采用了李密所说的下计，结果围攻洛阳不克，待隋朝援兵赶到时仓皇西走，兵败身死。

瓦岗军围攻洛阳时，柴孝和也曾劝李密西征曰："秦地山川之固，秦、汉所凭以成王业者也。今不若使翟司徒守洛口，裴柱国守回洛，明公自简精锐西袭长安。既克京邑，业固兵强，然后东向以平河、洛，传檄而天下定矣。方今隋失其鹿，豪杰竞逐，不早为之，必有先我者，悔无及矣。"②只是由于李密惑于攻占东都后在全国造成的巨大影响，又担心分兵会使部下脱离自己的控制，并且错误地认为凭借洛口、回洛两仓的存米可以满足粮饷补给的需要，没有将建立根据地当作瓦岗军亟待解决

---

①《三国志》卷10《魏书·荀彧传》。
②《资治通鉴》卷183 隋恭帝义宁元年（617）五月。

的首要任务^①，致使重蹈杨玄感的覆辙，兵困于洛阳城下，未能及时进占关中，失去了有利的战机；在邙山之役失败、洛口仓城丢失的情况下无地容身，只得去归顺李渊。故李世民批评他"顾恋仓粟，未遑远略"。

在《读史方舆纪要·河南方舆纪要序》中，顾祖禹总结了杨玄感、李密攻取东都失败的历史教训，指出洛阳是交通枢纽，属于兵家必争之地；但是取天下者应该率先夺取一块基本经济区域作为根据地，然后再向洛阳用兵，否则失败在所难免："河南者，四通五达之郊，兵法所称衢地者是也。往者吴王濞之叛也，说之者曰：'愿王所过城不下，直去，疾西据洛阳，虽无入关，天下固已定矣。'杨玄感祖是说以攻东都则败，李密复出此以攻东都则又败。盖濞举江东之众，合诸侯之师，诚能西入洛阳，则事势已就。玄感、李密，一朝创起，既不敢用长驱入蓟及直指江都之谋，又不能先据上游之势然后争衡天下，宜其败也。"

李渊起兵晋阳之前，刘文静即托李世民转达其乘虚入关的建议："今主上南巡江、淮，李密围逼东都，群盗殆以万数。当此之际，有真主驱驾而用之，取天下如反掌耳。太原百姓皆避盗入城，文静为令数年，知其豪杰，一旦收拾，可得十万人，尊公所将之兵复且数万，一言出口，谁敢不从！以此乘虚入关，号令天下，不过半年，帝业成矣。"李世民深以为然，即与裴寂等人劝李渊起兵西征："代王幼冲，关中豪杰并起，未知所附，公若鼓行而西，抚而有之，如探囊中之物耳。"^②李渊在迅速渡河占领长安后，伪与李密结盟，利用瓦岗军牵制隋朝的主要兵力，自己则全力巩固关陇。其策如他对部下所言："吾方有事关中，若遽绝之，乃是更生一敌；不如卑辞推奖以骄其志，使为我塞成皋之道，缀东都之兵，我得专意西征。俟关中平定，据险养威，徐观鹬蚌之势以收渔人之功，未

①《资治通鉴》卷184隋恭帝义宁元年（617）七月。
②《资治通鉴》卷183隋恭帝义宁元年四月。

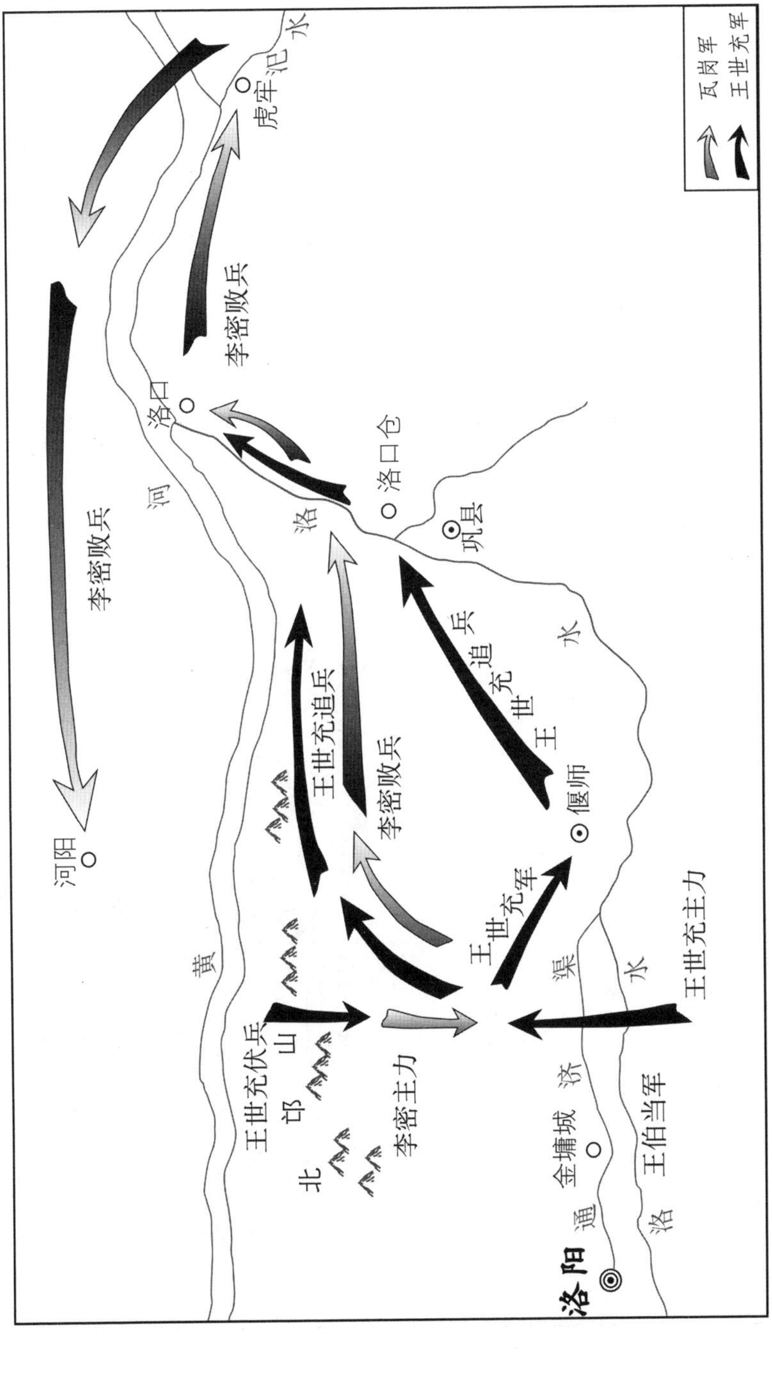

隋末李密、王世充北邙之战示意图（618）

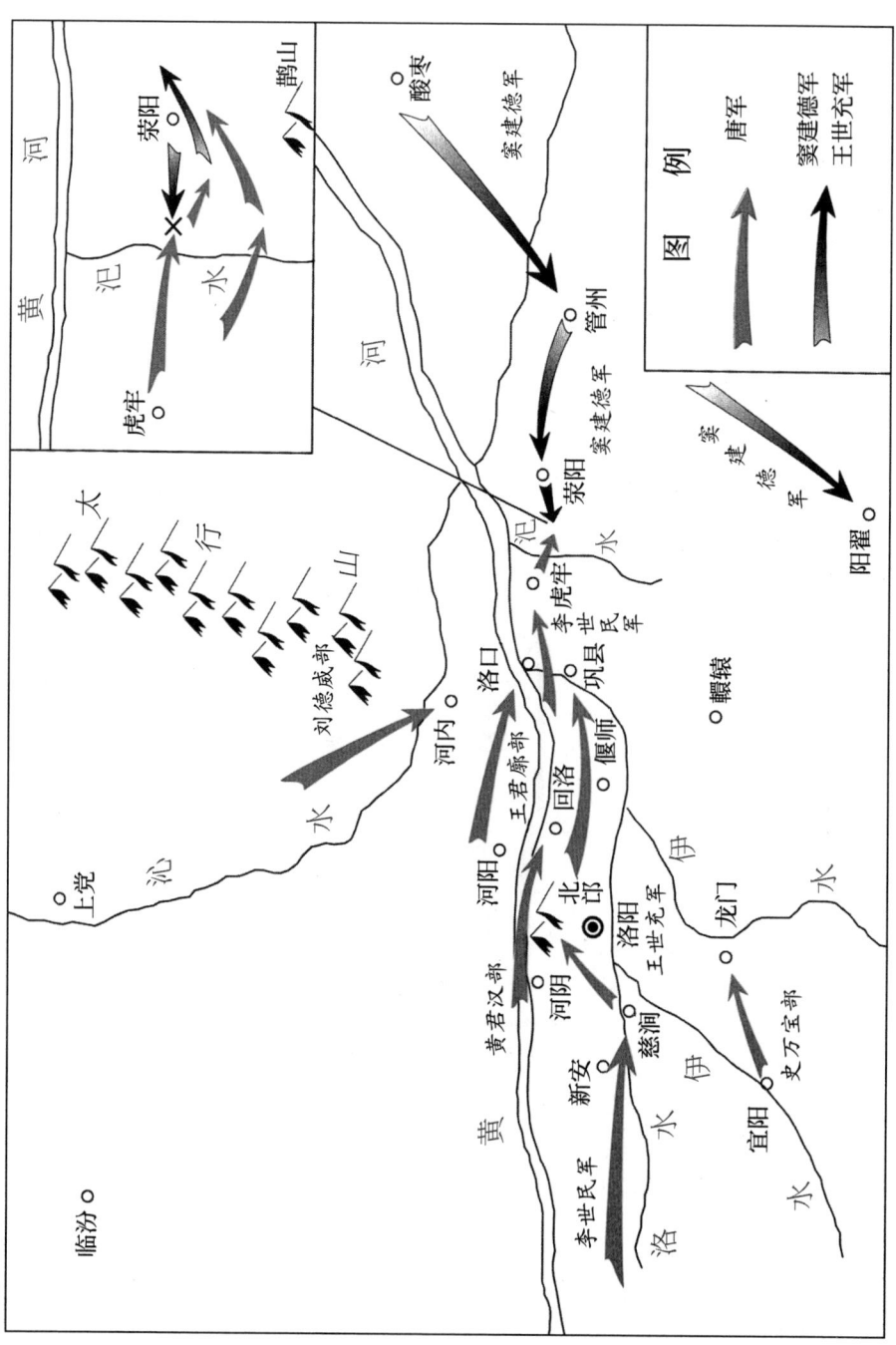

唐军进攻东都、虎牢之战示意图（621）

为晚也。"①结果三年之内，李唐集团坐拥关中沃野，西夺陇右，南下巴蜀，北据河东，建立了稳固的根据地；其兵强粮足，傲视群雄，为后来出潼关、克洛阳，进而统一天下奠定了坚实的基础。

---

① 《资治通鉴》卷184隋恭帝义宁元年（617）七月。

第十九章

——

蒙古灭宋之役中的襄阳

一、襄阳的地理环境与军事价值

在中国古代战争史上，襄阳颇受兵家瞩目，是南北对抗双方激烈争夺的热点区域。吴庆焘《襄阳兵事略·序》曰："世之言形胜者，荆州而外必及襄。其用兵萌于春秋，苗于东汉，枝于三国，蔓于东晋六朝，而穋于宋之南渡，史策具在，可坐而稽也。"[①] 周室东迁之后，随着楚国的强盛和立都于郢（后亦称江陵，今湖北省荆州市），江汉平原逐渐成为南方新兴的经济区域。楚地与北方华夏诸邦的交通往来，主要经过襄阳所在的鄂西山地，陆路可由郢都北上，过今当阳、荆门、宜城等地直趋襄樊[②]，或称作"荆襄道"。涉汉水后经襄邓走廊通道进入南阳盆地，然后分为三途。分述如下：

其一，向东北穿越伏牛山脉南麓与桐柏山脉北麓之间的方城隘口

---

① 石洪运、洪承越点校：《荆州记九种·襄阳四略》，湖北人民出版社，1999 年，第 159 页。
②《南齐书》卷 15《州郡志下》："江陵去襄阳步道五百，势同唇齿。"

（今河南省方城县东），到达华北平原的南端。如《荆州记》所言："襄阳旧楚之北津，从襄阳渡江，经南阳，出方（城）关，是周、郑、晋、卫之道。"[1]这一途径又称为"夏路"[2]，是楚师屡次与齐、晋等国逐鹿中原，争夺霸主地位的进军路线。顾栋高亦言："是时齐桓未兴，楚横行南服，由丹阳迁郢，取荆州以立根基。武王旋取罗、卢，为鄢郢之地，定襄阳以为门户。至灭申，遂北向以抗衡中夏。……如河决鱼烂，不可底止，遂平步以窥周疆矣。"[3]

其二，从南阳盆地沿白河支流河谷北行，越伏牛山脉分水岭，过鲁阳（又称三鸦，今河南省鲁山县南）、陆浑（今河南省嵩县东北）诸隘，则进入伊、洛流域，抵达号为"天下之中"的洛阳平原。《史记》卷40《楚世家》载庄王八年（前606），"伐陆浑戎，遂至洛，观兵于周郊"，并向使者王孙满询问周鼎之大小轻重，其大军走的就是这条道路。

其三，自申（今河南省南阳市）西行，越今内乡、淅川入武关，经商洛山区过蓝田后，到达秦国所在的关中平原，后人或称其为秦楚大道。楚怀王十七年（前312），"乃悉国兵复袭秦，战于蓝田"[4]，遭到惨败。《史记》卷5《秦本纪》载昭襄王十五年（前291），白起攻楚，取宛（今河南省南阳市）；二十八年（前278），白起复攻楚，取鄢（今湖北省宜城市）、邓（今河南省邓州市），"赦罪人迁之"；次年便攻克楚国首都郢城。前后出师均是走此条路线。

此外，襄阳沿滚河东行，过今枣阳，可走桐柏山和大洪山间的谷道抵达随州，再顺涢水南下，经安陆、云梦进入江汉平原北端，抵达长江

①《后汉书·郡国志四》注引《荆州记》。
②《史记》卷41《越王勾践世家》："商、於、析、郦、宗胡之地，夏路以左，不足以备秦。"《史记索隐》引刘氏云："楚适诸夏，路出方城，人向北行，以西为左，故云夏路以左。"
③〔清〕顾栋高：《春秋大事表》卷4《春秋列国疆域表·楚疆域论》，中华书局，1993年。
④《史记》卷40《楚世家》。

之滨的沔口（今汉口）。

江汉平原与北方联系的水路，则是通过汉水运输航行。汉水又称沔水，发源自陕南凤县，过汉中、安康盆地后，"自陕西白河县流入界，经郧阳府城南，又历均州及光化县之北，谷城县之东，又东至襄阳府城北折而东南，经宜城县之东，又南经承天府城西，荆门州之东，复东南出经潜江县北及景陵县南，又东历沔阳州北及汉川县南，至汉阳府城东北大别山下会于大江"①，几乎纵贯了整个江汉平原。《战国策·燕策二》载秦王威胁楚国说："汉中之甲，乘舟出于巴，乘夏水而下汉，四日而至五渚。寡人积甲宛，东下随，知者不及谋，勇者不及怒，寡人如射隼矣。"讲的就是将要利用汉水运兵伐楚。襄阳又是南阳盆地南部湍河、白河、唐河几条川流收束而下、汇入汉江的地点。因此，楚地与北国的水运交通，可从沔口溯汉江而上，经鄢郢（今湖北省宜城市）、石门（今湖北省钟祥市）至襄阳后，又可分为二途，或继续西行入汉中盆地，或转入三河口（或称三洲口，今唐白河口），北上直航宛南。顾祖禹《读史方舆纪要》卷79《湖广五》襄阳府曰："白河，府东北十里。其上流即河南南阳府湍、淯诸水所汇流也。自新野县流入界，经光化县东，至故邓城东南入于沔水。……或曰白河入汉之处亦名三洲口。吴将朱然攻樊，司马懿救樊，追吴军至三洲口，大获而还。又王昶屯新野，习水军于三洲，谋伐吴。《水经注》：'襄阳城东有白沙，白沙北有三洲，三洲东北有宛口，即淯水所入也。'"李吉甫曰："邓塞故城，在县东南二十二里。南临宛水，阻一小山，号曰邓塞。昔孙文台破黄祖于此山下，魏常于此装治舟舰，以伐吴。陆士衡表称'下江、汉之卒，浮邓塞之舟'，谓此也。"②

由此观之，襄阳自春秋以来就是连接江汉平原和南阳盆地的重要交

① 〔清〕顾祖禹：《读史方舆纪要》卷75《湖广一》，中华书局，2005年，第3500页。
② 〔唐〕李吉甫：《元和郡县图志》卷21《山南道二》襄州临汉县，中华书局，1983年，第530页。

通枢纽，几条陆路、水路在此交会，使其成为沟通南北、承东启西的重要枢纽，因而在军事上具有极高的地理价值。如司马懿所言："襄阳水陆之冲，御寇要害，不可弃也。"①庾翼亦曰："计襄阳，荆楚之旧，西接益、梁，与关、陇咫尺，北去洛、河，不盈千里，土沃田良，方城险峻，水路流通，转运无滞，进可以扫荡秦、赵，退可以保据上流。"②顾祖禹则列举史实论道："（襄阳）府跨连荆、豫，控扼南北，三国以来，尝为天下重地。曹操赤壁之败，既失江陵，而襄阳置戍屹为藩捍。关壮缪在荆州，尝力争之，攻没于禁等七军，兵势甚盛。徐晃赴救，襄阳不下，曹操劳晃曰：'全襄阳，子之力也。'盖襄阳失则沔、汉以北危。当操之失南郡而归也，周瑜说权曰：'据襄阳以蹙操，北方可图。'及壮缪围襄、樊，操惮其锋，议迁都以避之矣。吴人惧蜀之逼，遽起而议其后，魏终得以固襄阳，而吴之势遂屈于魏。自后诸葛瑾、陆逊之师屡向襄阳，而终无尺寸之利，盖势有所不得逞也。"③

襄阳之所以受到兵家重视的另一原因，则是它周围的地形、水文条件有利于军事上的防御。襄阳城北临汉水，与樊城隔江相对，川流湍急，难以泅渡。④蔡谟曾云："自沔以西，水急岸高，鱼贯溯流，首尾百里。"⑤顾祖禹称其"盖谓襄阳以西"⑥。按汉水在春秋时曾为楚国之北疆，并作

---

① 《晋书》卷1《宣帝纪》。

② 《晋书》卷73《庾翼传》。

③ 〔清〕顾祖禹：《读史方舆纪要》卷79《湖广五》襄阳府，中华书局，2005年，第3698页。

④ "古大堤西自万山，经檀溪、土门、龙池、东津渡，绕城北老龙堤复至万山之麓，周四十余里。……大概堤防至切者全在襄、樊二城间，盖二城并峙，汉水中流如峡口。且唐、邓之水从白河南注，横截汉流，以故波涛激射，城堤为害最剧也。"〔清〕顾祖禹：《读史方舆纪要》卷79《湖广五》襄阳府引《水利考》，中华书局，2005年，第3708页。

⑤ 《晋书》卷77《蔡谟传》。

⑥ 〔清〕顾祖禹：《读史方舆纪要》卷79《湖广五》襄阳府"汉江"条，中华书局，2005年，第3707页。

为它的天然水利工事。后代割据江南者，亦需要把外围防线推广至淮河、汉水一带，才能确保其统治的安全。《读史方舆纪要》卷75《湖广一》对此论述甚详：

> 《诗》："滔滔江汉，南国之纪。"《左传》："楚汉水以为池。"又曰："江、汉、睢、漳，楚之望也。"《史记·楚世家》昭王曰："先王受封，望不过江、汉。"夫楚之初，汉非楚境也，故屈完对齐桓云："昭王之不复，君其问诸水滨。"自楚武伐随，军于汉、淮之间，自是汉上之地渐规取之矣。吴之伐楚也，与楚夹汉，而楚之祸亟焉。林氏曰："楚之失始于亡州来、符离，其再失也由于亡汉。"晋蔡谟谓："沔水之险，不及大江。"不知荆楚之有汉，犹江左之有淮，唇齿之势也。汉亡江亦未可保矣。孙氏曰："国于东南者，保江、淮不可不知保汉，以东南而问中原者，用江、淮不可不知用汉，地势得也。"

徐益棠曾说"襄阳群山四绕，一水纵贯"[1]。鄂西北地区多为低山丘陵，襄阳城面向汉水，背依岘山，周围东有桐柏山，东南有大洪山，西北为武当山余脉，西南则为险峻的荆山山脉[2]，构成了四边的屏障，便于设防而不利于车骑与大军的行动。汉水自襄阳城东向南曲折，从两旁的山岭穿行而过，顺流东南而下，至石门（今湖北省钟祥市）进入江汉平原。襄阳正当其河谷通道的北口，可以利用临城的汉水与周围的群山封锁敌军的来路。所以《南齐书》称襄阳"疆蛮带沔，阻以重山，北接宛、洛，平涂直至，跨对樊、沔，为鄢郢北门"[3]。甄玄成亦曰："樊、沔冲要，

---

① 徐益棠：《襄阳与寿春在南北战争中之地位》，《中国文化研究汇刊》第八卷，第57页。
② 周兆锐主编：《湖北省经济地理》，新华出版社，1988年，第354页。
③《南齐书》卷15《州郡志下·雍州》。

山川险固，王业之本也。"①由于占据地利之险要，历史上守襄樊者屡借城池山水之固，挫败来犯之强敌。如建安二十四年（219）关羽征襄阳，围曹仁于樊城，"时汉水暴溢，于禁等七军皆没，禁降羽。仁人马数千人守城，城不没者数板，羽乘船临城，围数重，外内断绝，粮食欲尽，救兵不至。仁激厉将士，示以必死，将士感之皆无二。徐晃救至，水亦稍减，晃从外击羽，仁得溃围出，羽退走"②。又南齐建武四年（497）九月，北魏孝文帝帅众南征，"遂引兵向襄阳。彭城王勰等三十六军前后相继，众号百万，吹唇沸地"，攻拔新野，并屡败齐兵于沔北，齐雍州刺史曹虎屯守樊城；十二月庚午，"魏主南临沔水；戊寅，还新野"。次年（498）三月庚寅，"魏主将十万众，羽仪华盖，以围樊城"。曹虎坚守不下，"魏主临沔水，望襄阳岸，乃去"③。南方如果丢失了襄阳，就会造成极为不利的战略态势。如顾祖禹所言："彼襄阳者，进之可以图西北，退之犹足以固东南者也。有襄阳而不守，敌人逾险而南，汉江上下，罅隙至多，出没纵横，无后顾之患矣。"④

襄阳在历史上长期被作为军事枢纽，还有一个缘故，就是当地的自然环境相当优越，利于垦殖，能为前线的屯军提供充足的粮饷。《读史方舆纪要》曾设论道："客曰：然则襄阳可以为省会乎？曰：奚为不可？自昔言祖中之地为天下膏腴，诚引潼、淯之地，通杨口之道，屯田积粟，鞠旅陈师，天下有变，随而应之，所谓上可以通关、陕，中可以向许、洛，下可以通山东者，无如襄阳。"⑤

---

① 〔清〕顾祖禹：《读史方舆纪要》卷79《湖广五》襄阳府，中华书局，2005年，第3699页。
② 《三国志》卷9《魏书·曹仁传》。
③ 《资治通鉴》卷141南齐建武四年、永泰元年（498）。
④ 〔清〕顾祖禹：《读史方舆纪要·湖广方舆纪要序》，中华书局，2005年，第3486页。
⑤ 〔清〕顾祖禹：《读史方舆纪要·湖广方舆纪要序》，中华书局，2005年，第3487页。

　　襄阳附近低山丘陵之间多有可耕的平地，土壤肥沃，宜种粟、稻、桑、麻。同时，气候温和湿润，尤其是日照充足，年平均日照时数达2000小时，是今湖北全省日照时数最多的地区之一，基本上可以满足两熟的要求。[1]鄂西北处于北亚热带湿润季风气候带北缘，自西北流向东南的汉江及其支流堵河、南河、汇湾河、官渡河、唐白河、清河、滚河，呈树枝状水系分布，汇集在襄樊地区[2]，适于灌溉事业的开展。著名的水利工程有汉代所筑六门堰，刘宋时曾予重修："襄阳有六门堰，良田数千顷，堰久决坏，公私废业。世祖遣（刘）秀之修复，雍部由是大丰。"[3]又有木里沟，又称木渠，"在（宜城）县东。《水经》：'沔水又南得木里水。'是也。楚时于宜城东穿渠，上口去城三里。汉南郡太守王宠又凿之，引蛮水灌田，谓之木里沟，迳宜城东而东北入沔，谓之木里水口，灌田七百顷。宋时陈表臣复修之，起水门四十六，通旧陂四十有九。治平中县令朱纮修复木渠，溉田至六千余顷。淳熙八年襄阳守臣郭杲言：'木渠在中庐县界，拥漳水东流四十五里入宜城县，岁久湮塞，乞行修治。'十年诏疏襄阳木渠，以渠旁地为屯田，给民耕种。"[4]此外还有规模更大的长渠，在"（宜城）县西四十里。亦曰罗川，亦曰鄢水，亦曰白起渠，即蛮水也。宋至和二年宜城令孙永治长渠。绍兴三十二年王彻言：'襄阳古有二渠，长渠溉田七千顷，木渠溉田三千顷，今湮废。请以时修复。'"[5]顾祖禹曾考证曰："秦昭王二十八年使白起攻楚，去鄢百里，立堨壅是水为渠，以灌鄢。鄢入秦而起所为渠不废，引鄢水以灌田，今长渠是也。（郦）

① 周兆锐主编：《湖北省经济地理》，新华出版社，1988年，第354页。
② 周兆锐主编：《湖北省经济地理》，新华出版社，1988年，第353～354页。
③《宋书》卷81《刘秀之传》。
④〔清〕顾祖禹：《读史方舆纪要》卷79《湖广五》襄阳府宜城县，中华书局，2005年，第3714页。
⑤〔清〕顾祖禹：《读史方舆纪要》卷79《湖广五》襄阳府宜城县，中华书局，2005年，第3715页。

道元谓溉田三千余顷，盖水出西山诸谷，其源广，而流于东南者其势下也。"①故史称："襄阳左右，田土肥良，桑梓野泽，处处而有。"②历史上屡见在当地驻军屯田而大获成功者。如西晋与孙吴相持时，"羊祜镇襄阳，进据险要，开建五城，收膏腴之利，夺吴人之资，石城以西，尽为晋有。又广事屯田，预为储蓄。祜之始至也，军无百日之粮，及至季年，有十年之积。杜预继祜之后，遵其成算，遂安坐而弋吴矣"，顾祖禹因此称"襄阳遂为灭吴之本"③。东晋庾亮谋复中原，亦上疏朝廷曰："蜀胡二寇凶虐滋甚，内相诛锄，众叛亲离。蜀甚弱而胡尚强，并佃并守，修进取之备。襄阳北接宛、许，南阻汉水，其险足固，其土足食。臣宜移镇襄阳之石城下，并遣诸军罗布江沔。比及数年，戎士习练，乘衅齐进，以临河洛。"④刘宋元嘉五年（428），张邵出任雍州刺史，"及至襄阳，筑长围，修立堤堰，创田数千顷，公私充给"⑤。

二、南宋在蒙古灭金之后的防御部署

我国古代围绕襄阳展开的南北战争当中，持续时间最久、对战争全局乃至王朝更替影响最为重要者，要数蒙古灭宋之役。吴庆焘曰："元之图宋，举全国之力，围攻襄樊者七年，仅乃克之。襄克，而汉南以下无留行，不数稔亡宋。非形胜之验软？"⑥蒙古在此次战争中为什么会选择

① 〔清〕顾祖禹：《读史方舆纪要》卷 79《湖广五》襄阳府宜城县，中华书局，2005 年，第 3715 页。

② 《南齐书》卷 15《州郡志下·雍州》。

③ 〔清〕顾祖禹：《读史方舆纪要》卷 79《湖广五》襄阳府，中华书局，2005 年，第 3698 页。

④ 《晋书》卷 73《庾亮传》。

⑤ 《南史》卷 32《张邵传》。

⑥ 石洪运、洪承越点校：《荆州记九种·襄阳四略》，湖北人民出版社，1999 年，第 159 页。

襄阳作为主攻方向？襄阳在南宋的防御部署体系当中具有何种地位与作用？笔者试做如下分析：

宋理宗端平元年（1234）正月，蒙古军队攻陷蔡州，灭亡了残存的金朝政权，开始直接与南宋王朝接壤对垒。六月，南宋出师收复了东京汴梁、西京洛阳，史称"端平入洛"之役。但随即遭到惨败，两京复失，"兵民死者十数万，资粮器甲悉委于敌，边境骚然，中外大困"①。从此揭开了宋蒙战争的序幕。南宋自"绍兴和议"以来，基本上以秦岭、汉水及淮河为界，与北敌相持，至端平年间亦无显著变化，其防御战区主要有三，为两淮、京（荆）湖与川陕，分别为国内三个基本经济区域——太湖、宁绍平原，江汉平原，以及四川盆地提供保护屏障。

（一）两淮战区

两淮即淮南东路与淮南西路。南宋建都临安（今浙江省杭州市），仰仗附近的太湖、宁绍平原的财赋民力。自北宋以来，这里就是全国物产最为丰饶的地区，俗称"苏常湖秀，膏腴千里，国之仓庾也"②。《宋史》卷88《地理志四》说江南东、西路"川泽沃衍，有水物之饶。永嘉东迁，衣冠多所萃止，其后文物颇盛。而茗荈、冶铸、金帛、粳稻之利，岁给县官用度，盖半天下之入焉"，两浙路亦"有鱼盐、布帛、粳稻之产"。故李觏声称："吴楚之地，方数千里。耕有余食，织有余衣，工有余财，商有余货。铸山煮海，财用何穷？水行陆走，馈运而去，而不闻有一物由北来者。是江淮无天下，自可以为国也。"③这一经济、政治重心所在地区的安全保障，实在于江北的淮河沿岸地带。北敌如若占据淮

---

①《宋史》卷407《杜范传》。

②《范文正公集》卷9《上吕相公并呈中丞谘目》。

③《李直讲文集》卷28《寄上富枢密书》。

南，兵临大江，则滨江的建康乃至身后的国都临安即受到严重威胁，所以南宋的有识之士都主张着重守淮。如张浚曰："不守两淮而守江干，是示敌以削弱，怠战守之气。"[①]丘崈则曰："弃淮则与敌共长江之险矣。吾当与淮南俱存亡。"[②]赵范亦言："然有淮则有江，无淮则长江以北，港汊芦苇之处，敌人皆可潜师以济，江面数千里，何从而防哉！"[③]因此，南宋后期朝廷竭力加强这一地区的防务，兵力为十余万人，并随着战事的加剧有逐渐增多的趋势。如嘉定十七年（1224）淮东制置使许国"集两淮马步军十三万，大阅楚城之外，以挫北人之心"[④]。而咸淳七年（1271）上官涣上封事说："姑以两淮言之，官兵不下十七八万，每年防边，又调江上诸军以赴之，而常有敷布不周之虑。"[⑤]这一防区的军队是宋兵中战斗力最强的，如元臣郝经所言："彼之精锐尽在两淮。"[⑥]南宋两淮兵力平时集中驻守在沿淮的光州（今河南省潢川县）、安丰军（今安徽省寿县）、盱眙、楚州（今江苏省淮安市）等地，并在江淮之间的要镇庐州（今安徽省合肥市）、滁州（今属安徽省）、天长军（今安徽省天长市）等地屯兵以为策应。[⑦]

（二）京（荆）湖战区

或称为京（荆）襄、两湖战区。宋代荆湖地区包括当时的荆湖南、北路与属于京西路的均、房、随、郢、襄州及光化军、信阳军，大约相当于汉水、桐柏山脉以南，南岭以北，三峡以东，两江（长江、赣江）

① 《宋史》卷 361《张浚传》。
② 《宋史》卷 398《丘崈传》。
③ 《宋史》卷 417《赵范传》。
④ 《宋史》卷 476《李全传上》。
⑤ 《咸淳遗事》卷下。
⑥ 《元史》卷 157《郝经传》。
⑦ 何忠礼、徐吉军：《南宋史稿》，杭州大学出版社，1999 年，第 551 页。

以西的全部地区。其中湖北的江汉平原是其主要的农业耕作区，宋人说：
"湖北路平原沃壤，十居六七。"① "荆、襄之间，沿汉上下，膏腴之田七百
余里。"② 而江汉平原的北方门户则是前述的襄樊与其东邻的信阳（今河南
省信阳市，古称义阳，有著名的三关，地扼大别山、桐柏山脉之间的豫、
鄂通道）。南宋初年，岳飞即领兵击败伪齐刘豫的部将李成，收复了襄
阳附近地区，并在当地驻军屯田，招抚流亡，恢复经济，作为边防要镇。
朝廷以随、郢、唐、邓等州和信阳军并入襄阳府路，隶属岳飞。由于襄
阳位于江东与四川两大经济区之间，又有水旱道路沟通南北，其战略地
位之重要，多见时人议论。如李焘曾言："蜀为天下足，重关剑阁，险陁
四蔽，而不可以图远。吴为天下首，山川阻深，士卒剽悍，而不能亡西
顾之忧。襄阳者，天下之脊也。东援吴，西控蜀，连东西之势，以全天
下形胜。"③ 魏了翁认为，"襄阳得失，系国家安危之决"，曾给朝廷上奏道：
"臣切详前件探报，贼虏日夜谋据襄阳，为扼吭拊背之计。若非速行经理
襄阳，以为上流屏蔽，则京西一路，莽为虚邑，而江陵决不可守。江陵
不守，则吴楚襟喉中断，而长江与敌共之矣。"④ 杜范亦言："窃惟襄阳东
连吴会，西通巴蜀，古人以为国之西门，又谓天下喉襟。若为寇盗据其
门户，扼其喉襟，则吴蜀中断。自上流渡江，直可以控湖湘。若得舟而
下，直可以捣江浙。形势顺便，其来莫御。万一有此，则人心动摇，望
风奔溃，虽有智勇，将焉用之？"⑤

　　南宋原在江陵府（今湖北省荆州市）和鄂州（今湖北省武汉市武
昌区）屯驻有两个御前都统制司的军队，后又增加不少新军。嘉熙年间

①《宋会要辑稿·食货六之二十七》。
②《宋史》卷435《朱震传》。
③《六朝通鉴博议》卷1《吴论·五》。
④《鹤山集》卷30《贴黄》。
⑤《清献集》卷6《论襄阳失守札子》。

（1237—1240）京湖战区有十余万兵马，此后有所减少。李曾伯曰："臣职在京湖，夷考兵籍，则端平以前，未暇远论。只以嘉熙间兵颇犹及十三万人。自淳祐初拣汰之后，惟以九万为额。"[①] 其兵力分布较为分散，前线军队部署在京襄地带，以襄阳为主，兼有均（今属湖北省）、房（今属湖北省）、郢（今湖北省钟祥市）、随（今湖北省随州市）四州，以及枣阳、光化、信阳三军。另有部分兵力部署在以江陵府为主的地区，包括德安府（今湖北省安陆市）、归（今湖北省秭归县）、峡（今湖北省宜昌市）、复（今湖北省天门市）、鄂五州，及汉阳、荆门二军[②]，这是京湖战场的腹心地带，既可以北上支持襄阳、信阳和枣阳等地的战事，又能够扼守川东三峡门户，为四川盆地的战斗提供援助。

（三）川陕战区

成都平原古称天府之国，唐代即有"扬一益二"之说。《宋史》卷89《地理志五》言川峡四路，"土植宜柘，茧丝织文纤丽者穷于天下。地狭而腴，民勤耕作，无寸土之旷，岁三四收"。南宋时期，四川是朝廷岁收的重要来源之一，"蜀中财赋入户部五库者五百余万缗，入四总领所者二千五百余万缗，金银绫锦丝绵之类不与焉"[③]，几乎占据全国财政收入的三分之一，以致人言"东南立国，倚蜀为重"[④]。绍兴和议之后，宋金划秦岭为界，南北对峙，南宋保护四川盆地的防区主要是在秦岭以南，今川、陕、甘三省交界地带的"五州"，即西和州（今甘肃省西和县）、凤州（今陕西省凤县东北）、成州（今甘肃省成县）、阶州（今甘肃省陇南市武都区东）、沔州（今陕西省略阳县）。防卫重点是汉中盆地以西的

---

① 《可斋杂稿》卷20《回奏置游击军创方田指挥》。
② 何忠礼、徐吉军：《南宋史稿》，杭州大学出版社，1999年，第549页。
③ 《宋季三朝政要》卷二《理宗》。
④ 《清正存稿》卷1《丁丑上殿奏事第一札》。

"蜀口",如吴璘"驻蜀口武兴,精兵为天下冠"①。蜀口与汉水流域襄樊地区及两淮均为南宋抵御北敌交战最为频繁的地带,如《宋史》卷 474《韩侂胄传》曰:"自兵兴以来,蜀口、汉、淮之民死于兵戈者,不可胜计。"由秦陇而来的陈仓道及由汉中而来的金牛道到达成都平原的门户剑阁之前,沿途必须经过著名的"三关"隘口,前后有仙人关(今甘肃省徽县南)、阳平关(今陕西省宁强县西北)、白水关(今四川省广元市西北)。②

与两淮、京湖战区相比,南宋后期驻蜀的兵力相当薄弱,而且逐年减少。据理宗时吴昌裔《论救蜀四事》所言:"蜀兵旧以十万为额,尽皆关陕五路劲军,中兴诸将以抗金人而护蜀门者此也。开禧之变,招填仅及八万。己卯之溃,消折不满七万。端平以后,战散尤多。臣参以前年所闻,止有三万之数。迨今去冬,虏骑深入,则赤籍散亡,愈不可考矣。"③据魏了翁讲,宋蒙战争爆发时,四川"官军才六万余人,忠义万五千"④。另外,朝廷派往四川的最高军政长官宣抚使、制置使多非知能善任之人,致使军务与民政处置失当,辖境之内的局面相当紊乱:"自宝庆三年至淳祐二年,十六年间,凡授宣抚三人,制置使九人,副四人,或老或暂,或庸或贪,或惨或缪,或遥领而不至,或开隙而各谋,终无成绩。于是东、西川无复统律,遗民咸不聊生,监司、戎帅各专号令,擅辟守宰,荡无纪纲,蜀日益坏。"⑤理宗宝庆三年(1227)十二月,"蒙古兵入京兆,复破关外诸隘,至武、阶,四川制置使郑损弃沔州遁,三

①《宋史》卷 387《汪应辰传》。

②"《宋史》:'理宗宝庆元年蒙古破关外诸隘,至武、阶,四川制置使郑损弃沔州遁,于是三关不守,宋将曹友闻救却之。'此三关,谓仙人、阳平、白水也。汉中西面之险,以三关为最。"〔清〕顾祖禹:《读史方舆纪要》卷 56《陕西五》汉中府宁羌州"白水关"条注,中华书局,2005 年,第 2696 页。

③《历代名臣奏事》卷 100《吴昌裔论救蜀四事》。

④《鹤山先生大全文集》卷 19《被召除礼部尚书内引奏事第四札》。

⑤《宋史》卷 416《余玠传》。

关不守"，史称"丁亥之变"。事后蒙军虽然撤退，宋军一度收复失地，但是此役已经给蜀口的防务造成严重破坏，并带来军心、民心的涣散。如高稼所言："蜀以三关为门户，五州为藩篱，自前帅弃五州，民无固志。"[1]就战斗力而论，南宋初年的蜀兵相当强劲："始沔州诸军，自昔为天下最，盖御前诸军惟蜀中有关陕之旧，而武兴之众至六万人，分为十军。其间摧锋、踏白二军，又沔军之最劲者也。"[2]而到后期则远不如两淮和荆襄的守军，宋理宗曾云："中外之兵皆贫，蜀兵尤甚。驱饿卒而婴狂胡，其不误事者几希。"[3]上述情况，使川陕战区的形势变得对南宋颇为不利。

综上所述，宋蒙战争全面爆发之前，南宋的主要防御兵力集中在两淮战区。由于距离国都临安和太湖平原较近，还能够得到后方人员财力的充分支援。京湖战区的守备力量平平，且将帅、士卒不和。蒙古在灭金过程中，曾邀南宋出师相助。宋帅孟珙乘机收编了不少归降的汉族兵将，"所招中原精锐百战之士万五千余人，分屯澙北、樊城、新野、唐、邓间"[4]，部署在襄阳的外围防线上，号为"镇北军"。他们与原来的南宋军人互不信任，矛盾很深。京湖安抚制置使兼知襄阳府赵范"所节度四十五军，半北人"[5]，而他与亲信幕僚"朝夕酣狎，了无上下之序。民讼边防，一切废弛。属南北军将交争，范失于抚御"[6]，甚至"后厌降将多，恐聚此叵测，漫为受犒，欲致尽坑之"[7]。虽被劝阻而未施行，但是双方的仇视与敌意愈演愈烈，为日后的叛离埋下了祸根。川陕战区兵员少，防

---

①《宋史》卷 449《高稼传》。

②《建炎以来朝野杂记》乙集卷十七《兵马·沔州十军分正副两司事》。

③《宋史全文》卷 36《宋理宗六》。

④《宋史》卷 412《孟珙传》。

⑤《牧庵集》卷 18《邓州长官赵公神道碑》。

⑥《宋史》卷 417《赵范传》。

⑦《牧庵集》卷 18《邓州长官赵公神道碑》。

备破败松弛，距离江南腹地又远，难以获得支援，所以在南宋的防御体系当中最为薄弱，这也是蒙军首次南征时入川比较顺利的原因。

三、窝阔台时期蒙古的南征与襄阳防务之废弛

端平元年（1234）蒙古灭金之后，窝阔台汗于当年七月召开王公大会，商讨进攻南宋的方略，问曰："先皇帝肇开大业，垂四十年。今中原、西夏、高丽、回鹘诸国皆已臣附，惟东南一隅，尚阻声教。朕欲躬行天讨，卿等以为何如？"[①]得到了众臣的拥护。次年六月，蒙古大举征兵[②]，"遣诸王拔都及皇子贵由、皇侄蒙哥征西域，皇子阔端征秦、巩，皇子曲出及胡土虎伐宋，唐古征高丽"[③]。此番出师是四路出击，相对而言对西域一路较为重视，所以窝阔台派遣后来继承帝位的皇子贵由和皇侄蒙哥担任统帅，战役先后持续了五年才获胜班师。[④]对南宋的作战由四皇子曲出统率，又将人马分为三路，即四川、荆襄和两淮，屡有得失反复，至淳祐元年（1241）窝阔台病死而暂时告一段落。

（一）四川战区

端平二年（1235）十月，蒙古西路军统帅阔端在巩昌迫降金朝旧将汪世显，"仍旧职，帅所部从征"[⑤]；十二月，阔端自凤州（今陕西省凤县）

---

① 《元史》卷 119《塔思传》。

② 《续资治通鉴》卷 168 宋理宗端平二年六月："蒙古人每甲一人西征，一人南征，中州户每户一人南征，一人征高丽。"

③ 《元史》卷 2《太宗纪》七年（1235）。

④ 《元史》卷 2《太宗纪》十二年（1240）庚子春正月，"皇子贵由克西域未下诸部，遣使奏捷"。《续资治通鉴》卷 170 宋理宗嘉熙四年（1240）："十二月，蒙古主以西域诸部俱下，诏皇子库裕克（贵由）班师。"

⑤ 《续资治通鉴》卷 168 宋理宗端平二年（1235）十月。

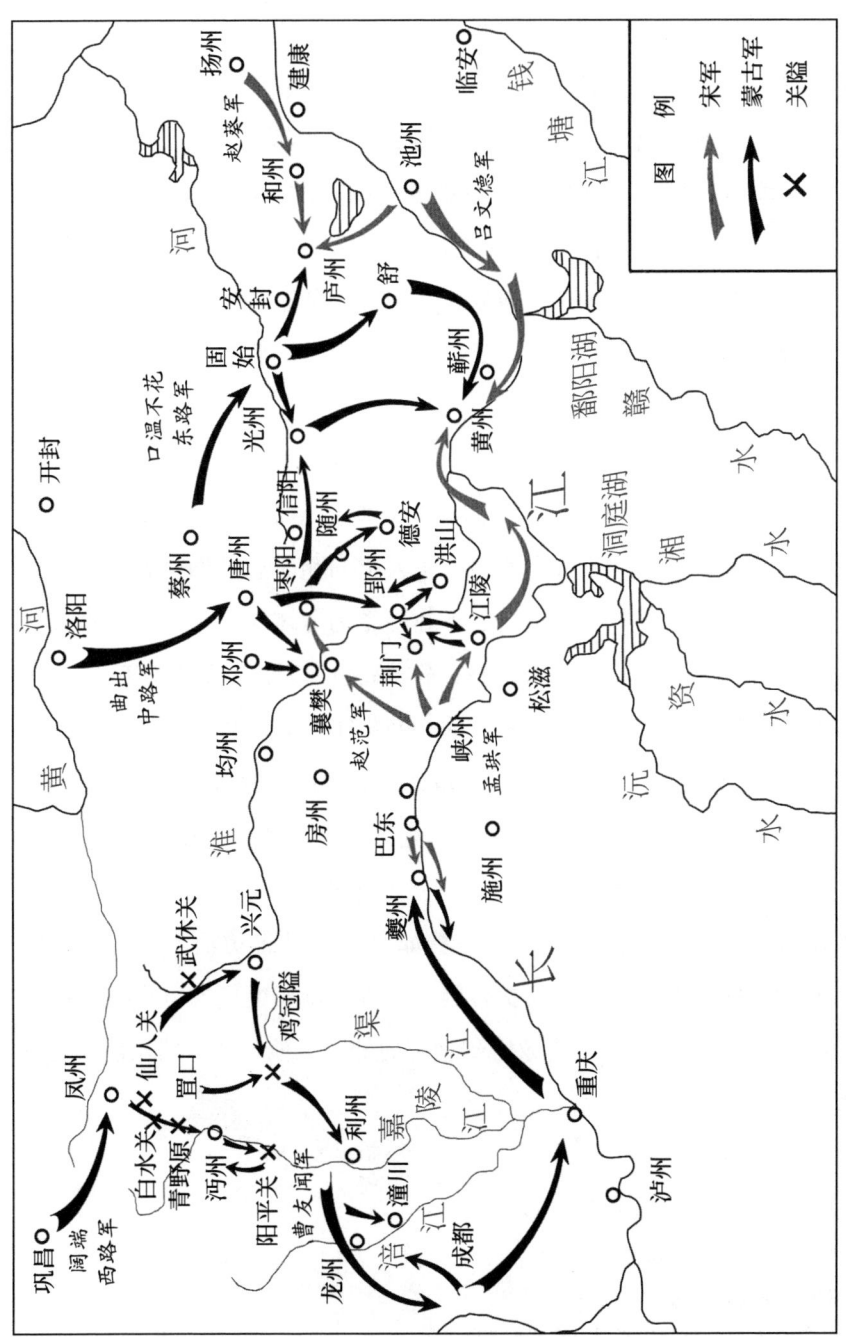

窝阔台攻宋作战示意图（1235—1241）

南攻沔州（治今陕西省略阳县），"沔无城，依山为阻"①，又未能得到后方及时支援，被蒙军迅速攻克，知州高稼战死。制置使赵彦呐退守青野原，利州守将曹友闻来救，连败蒙军，收复仙人关等隘口。次年九月，蒙军合西夏、女真、回回、吐蕃、渤海军等号称五十万，越秦岭大举来攻，占领兴元府（治今陕西省汉中市）后，又于鸡冠隘（今陕西省宁强县东北）击败南宋伏兵，守将曹友闻战死；十月，蒙军占领蜀口之外的五州后长驱入川，先后攻下利州、成都、潼川等重镇。后因攻宋主帅皇子曲出病死，一度弃成都北撤。

嘉熙三年（1239）八月，阔端又率兵入蜀，再夺成都，前锋抵达重庆，企图出三峡、入两湖。宋京西湖北路制置使孟珙预作防备，"请粟十万石以给军饷，以二千人屯峡州，千人屯归州。忠卫旧将晋德自光化来归，珙奖用之。珙弟瑛以精兵五千驻松滋为夔声援，遣于德兴增兵守归州隘口万户谷"②。后又增置营寨，分布战舰。"未几，蒙古渡万州湖滩，施、夔震动。珙兄璟，时知峡州，帅兵迎拒于归州大垭寨，胜之，遂复夔州"③。虽然阻止了蒙军由峡口出川，但是成都平原等大片沃土已经丢弃，宋军仅仅依靠川东山险抵抗，才勉强守住了蜀中一隅之地。嘉熙四年（1240）四月，吴申入朝奏事，强烈谴责守蜀将帅多不称职："弃边郡不守，郑损也；启溃卒为乱，桂如渊也；忌忠勇而不救，赵彦呐也。今彭大雅又险谲变诈，大费防闲。宜进孟珙于夔门，以东南之力助之，夔犹足以自立。"这一奏议得到理宗的赞同，他承认"蜀从前亦委寄非人"④。

---

① 《宋史》卷449《高稼传》。
② 《宋史》卷412《孟珙传》。
③ 《续资治通鉴》卷169宋理宗嘉熙三年十二月。
④ 《续资治通鉴》卷170宋理宗嘉熙四年四月。

(二) 京湖战区

端平二年（1235）七月，蒙将口温不花侵唐州（今河南省泌阳市），被制置使赵范率兵击退。十月，蒙将塔斯（思）破枣阳，进入京湖地区，围攻郢州（今湖北省钟祥县），"城坚守，不能下，塔斯乃掳掠而还"[①]；蒙军统帅曲出抄掠襄、邓一带，"虏人民牛马数万而还"[②]。次年正月，蒙军连攻洪山（今湖北省京山市北），受到宋将张顺、翁大成等的阻击；二月，窝阔台以京湖一路战事胶着，"命应州郭胜、钧州孛术鲁九住、邓州赵祥从曲出充先锋伐宋"[③]；三月，正当蒙军在荆襄地区进攻频频受挫的时候，襄阳的宋朝北军将领王旻、李伯渊等人发动叛变，城内大乱，相互攻杀，"火复自南门起，凡官民之居，一焚而空"[④]。主帅赵范等狼狈逃往郢州，王旻等降于蒙古。"时城中官民尚有四万七千有奇，财粟在仓库者无虑三十万，军器二十四万，金银盐钞不与焉，皆为蒙古所有。南军大将李虎，因乱劫掠，襄阳一空。自岳飞收复以来，百三十年，生聚繁庶，城池高深，甲于西陲，一旦灰烬。"[⑤]

自遭这场劫难以后，荆湖地区门户洞开。端平三年（1236）四月，"蒙古复破随、郢二州及荆门军"[⑥]；八月，又破枣阳军、德安府；十月，蒙军主帅曲出病死；十一月，蒙将特穆尔岱攻江陵（今湖北省荆州市），南宋朝廷命孟珙救援。"珙遣张顺先渡江，而自以全师继其后，变易旌旗服色，循环往来，夜则烈炬照江，数十里相接。又遣赵武等与战，珙亲往节度，遂破蒙古二十四寨，夺所俘二万口而归。"[⑦]嘉熙二年（1238），

---

① 《续资治通鉴》卷 168 宋理宗端平二年十月。
② 《元史》卷 2《太宗纪》七年（1235）十月。
③ 《元史》卷 2《太宗纪》八年（1236）二月。
④ 《齐东野语》卷 5《端平襄州本末》。
⑤ 《续资治通鉴》卷 168 宋理宗端平三年三月。
⑥ 《续资治通鉴》卷 168 宋理宗端平三年四月。
⑦ 《续资治通鉴》卷 168 宋理宗端平三年十一月。

孟珙发动收复襄樊失地的战役。"于是张俊复郢州，贺顺复荆门军。十二月壬子，刘全战于冢头，战于樊城，战于郎神山，屡以捷闻。三年春正月，曹文镛复信阳军，刘全复樊城，遂复襄阳。"① 襄樊地区经过战火洗劫，残破不堪，又北临强敌，孟珙因此请求政府多调兵员粮饷。上奏道："取襄不难而守为难，非将士不勇也，非车马器械不精也，实在乎事力之不给尔。襄、樊为朝廷根本，今百战而得之，当加经理，如护元气，非甲兵十万，不足分守。与其抽兵于敌来之后，孰若保此全胜？上兵伐谋，此不争之争也。"② 但是未受到当局的重视，只是批准设置先锋军，招纳襄阳、郢州一带归顺的汉族居民。此后在较长一段时间内，南宋与蒙古都没有占领荒凉凋敝的襄樊及附近随、枣、邓、唐等地。如李曾伯所言："京湖沿边诸城，十五六年付之榛莽，彼此视如弃地。"③ 直到淳祐十一年（1251），南宋才又出兵重占该地，着手恢复襄阳的防务和经济建设。

（三）两淮战区

蒙古南征的东路军面临江淮丘陵和淮河平原。当地河道纵横，水网密布，其地形和水文条件不利于骑兵行动。同时，攻宋的主帅皇子曲出在中路指挥作战，东路的部队受其节制，在开战之初仅作为掩护的偏师，投入战斗较迟。端平三年（1236）十月，蒙将口温不花攻占固始（今河南省固始县）；十一月进入淮西地区作战，"蕲守张可大、舒州李士达委郡去，光守董尧臣以州降。合三郡人马粮械攻黄守王鉴，江帅万文胜战不利"④，后得到孟珙兵将的支援，才守住城池。嘉熙元年（1237）十月，口温不花等攻庐州（今安徽省合肥市）不克，又围光州，"命张柔、巩彦

---

① 《宋史》卷 412《孟珙传》。
② 《宋史》卷 412《孟珙传》。
③ 《可斋杂稿》卷 16《奏申·辞免宝文阁学士京湖制置大使奏·三辞》。
④ 《宋史》卷 412《孟珙传》。

晖、史天泽攻下之。遂别攻蕲州，降随州，略地至黄州"[①]。由于宋军的及时援救，蒙军的进攻均遭失败，被迫退兵。嘉熙二年（1238）九月，蒙将察罕增援口温不花，"帅兵号八十万围庐州，期破庐，造舟巢湖以侵江左"，被宋将杜杲击败。杜杲又以舟师扼守淮水，"遣其子庶监吕文德、聂斌伏精锐于要害；蒙古不能进，遂引军归"[②]。

综上所述，蒙军自端平二年（1235）开始伐宋，至淳祐元年（1241）窝阔台病死而罢兵，前后历时六年。从其战果来看，东路的两淮战区没有取得明显的进展；四川方面最为顺利，占领了成都平原等重要经济区，迫使宋军退守川东的山地；中路的京湖战区曾经占领襄樊、随枣等重镇，深入江汉平原，使宋军在这一地域的防务遭到严重破坏。但是总的来说，未能使南宋统治崩溃。究其原因，首先是当时西征钦察、斡罗思，东征高丽与南下攻宋同时推进，战线过于宽广；即便是对南宋的进军也没有确定主攻方向，分散了有限的兵力，难以向其心腹地区——江南太湖、宁绍平原发动致命的攻击。其次是蒙军仍然保持着抢掠屠杀的野蛮习惯，并未以永久占领及巩固建设为战争目的。如姚燧所言，"虽岁加兵淮蜀，军将惟利剽杀，子女玉帛悉归其家，城无居民，野皆榛莽。"[③]从成吉思汗到窝阔台统治时期，蒙古军队作战时"惟利剽杀，未拓土地，抄掠以后，即弃之而去"[④]。而南宋在当时尽管政治上非常腐败，但还是个大国，拥有一定的经济、军事实力，其财赋收入所仰仗的东南内地又未受到劫掠，所以仍有力量与蒙古僵持，采用屠掠边境的手段并不能置其于死地。再次是蒙军统帅没有认识到襄阳地区的重要军事价值，旋得旋失，仅将邓、均、唐、襄等地的人民牲畜劫掠迁徙到洛阳，而未长期驻守该地，将其

---

① 《元史》卷 2《太宗纪》九年（1237）。
② 《续资治通鉴》卷 169 宋理宗嘉熙二年九月。
③ 《牧庵集》卷 15《中书左丞姚文献公神道碑》。
④ 〔瑞典〕多桑：《多桑蒙古史》上册，冯承钧译，中华书局，1962 年，第 270 页。

建设为攻宋的前方基地。傅骏曾评论道："如果蒙古国在端平三年获得襄樊的实际控制权后，筑城池，调军驻守，并和元世祖一样开屯田，修战船，则蒙元灭宋的战争将可能提早结束。"①

四、蒙哥的征宋之役与襄阳防务之复振

宋淳祐十一年（1251）六月，蒙哥被诸王推举为大汗（后庙号为宪宗），他在镇压了内部叛乱之后，开始部署新的攻宋战役。蒙哥委派其弟忽必烈掌握漠南汉地的军政大权，"以太弟镇金莲川，得开府专封拜"②。以察罕、也柳干统率两淮等地的蒙汉军队，太答儿（带答儿）指挥四川的蒙汉军，许儿台（昔里答）统领甘肃、青海等地军务。忽必烈接受汉族谋士姚燧的建议，"以是秋去春来之兵，分屯要地。寇至则战，寇去则耕。积谷高廪，边备既实，俟时大举，则宋可平"③；并于宪宗二年（1252）奏准，"乃立河南道经略司于汴梁，奏惟中等为使，俾屯田唐、邓、申、裕、嵩、汝、蔡、息、亳、颍诸州"④。在枣阳、光化等处修筑城堡，"宿重兵与襄阳制阃犄角，东连陈、亳、清口、桃源，列障守之"⑤。四川战区则于利州（今四川省广元市）、阆州立城戍守，为久驻之计；并将陕西诸军大部陆续调入四川内地，驻扎在成都等心腹要地。史家言："自是蒙古兵且耕且守，蜀土不可复矣。"⑥宪宗四年（1254），又对河北、河南、两淮驻军及将领做出调整，"帝谓大臣，求可以慎固封守、闲于将

---

① 傅骏：《端平年间京湖襄阳地区的战事》，《军事历史研究》2003 年第 1 期。

② 《元史》卷 146《杨惟中传》。

③ 《牧庵集》卷 15《中书左丞姚文献公神道碑》。

④ 《元史》卷 146《杨惟中传》。

⑤ 《牧庵集》卷 15《中书左丞姚文献公神道碑》。

⑥ 《续资治通鉴》卷 174 宋理宗宝祐二年（1254）正月。

略者。擢史枢征行万户，配以真定、相、卫、怀、孟诸军，驻唐、邓。张柔移镇亳州。权万户史权屯邓州。张柔遣张信将八汉军戍颍州"①。

有鉴于此前在两淮、四川战场受地形、水文条件阻碍的教训，蒙哥准备施行绕道西南（云南、广西），再北上攻宋，与淮蜀京湖正面战场形成腹背夹击的计划。宋宝祐元年（1253），他派遣忽必烈自甘肃临洮南下，经川西松潘等地远征云南。蒙军在十月渡过大渡河、金沙江，十二月攻占大理，又招降吐蕃诸部。忽必烈留兀良哈台驻守，自率余部北还。宝祐四年（1256），兀良哈台自云南北上，"遂出乌蒙，趋泸江，划秃剌蛮三城，却宋将张都统兵三万，夺其船二百艘于马湖江，斩获不可胜计。遂通道于嘉定、重庆，抵合州，济蜀江，与铁哥带儿会"②。次年又南下攻占交趾（今越南北部）。这样，就完成了对宋朝施行南北夹攻的战略构想。

在攻宋战争准备基本结束时，蒙哥开始发动大规模的南征。宝祐六年（1258）二月，他"命诸王额埒布格居守和林，阿勒达尔辅之，自将南侵，由西蜀以入。先遣张柔从皇弟呼必赉（忽必烈）攻鄂，趣临安，塔齐尔攻荆山，又遣乌兰哈达（兀良哈台）自交、广会于鄂"③。蒙哥的计划是由他所率领的西路主力入川后东出三峡，与忽必烈自京湖地区南下的中路军、兀良哈台北上的南路军在鄂州（今湖北省武昌）会合，然后顺江而下，直捣建康与宋都临安。

十月，蒙军西路主力入川；十二月，破隆州、雅州。开庆元年（1259）正月，"大元兵破利州、隆庆、顺庆诸郡，阆、蓬、广安守将相继纳降，又造浮梁于涪州之蔺市"④，围攻重庆。蒙军占领了川西、川北和

①《元史》卷3《宪宗纪》四年（1254）。
②《元史》卷121《兀良哈台传》。
③《续资治通鉴》卷175 宋理宗宝祐六年二月。
④《宋史》卷44《理宗纪四》开庆元年。

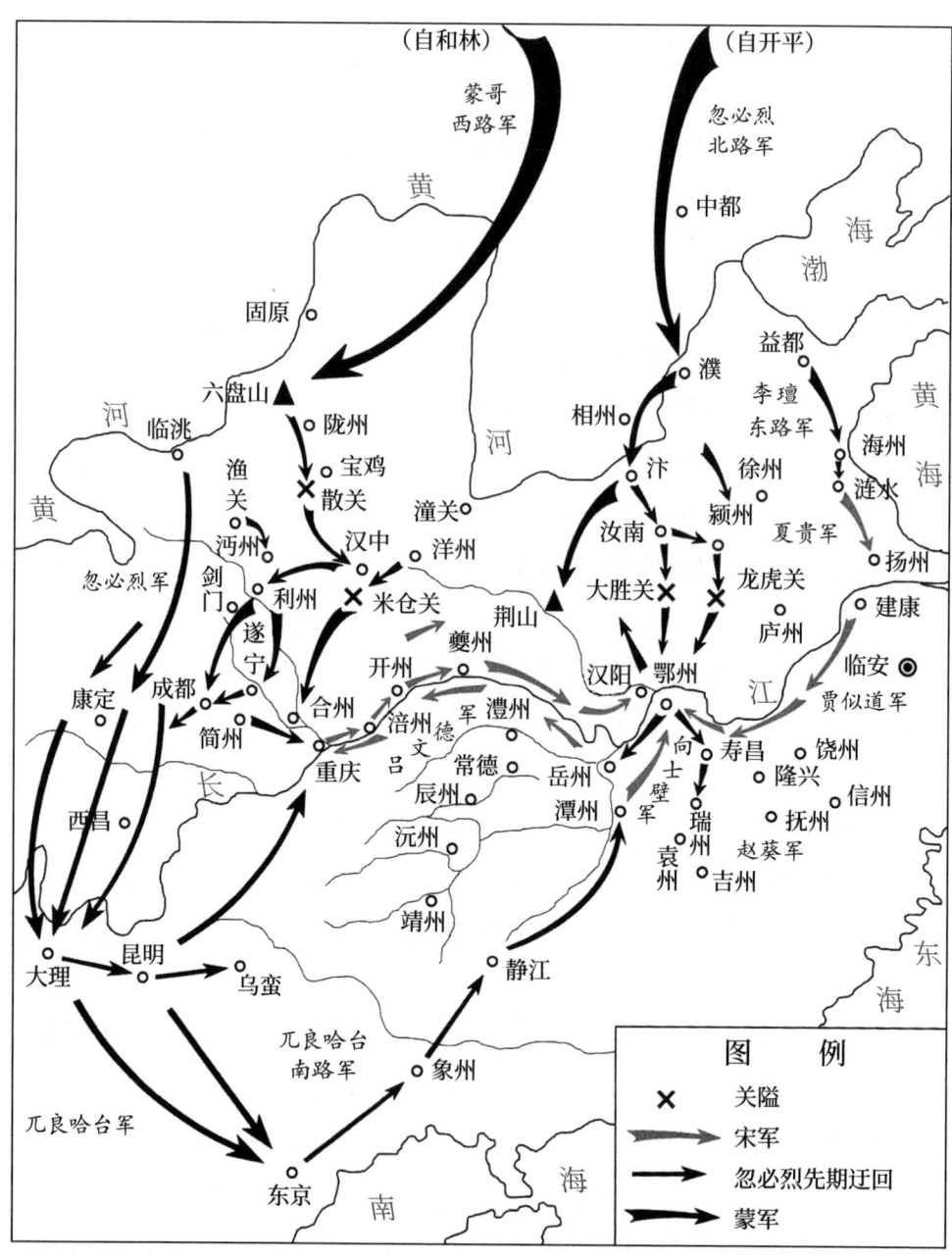

蒙哥攻宋及南宋抗击作战示意图（1253—1259）

川东的大片领土，但被天险山寨钓鱼城（今重庆市西北）所阻。由于水土不服，军中流行疾疫，士气和战斗力大受影响。七月，蒙哥病死，蒙军撤围北还，四川战事陷于停顿。南路的兀良哈台进至潭州（今湖南省长沙市）受阻，攻城不克，无法前进。两淮战区的东路军只是一支策应的偏师，蒙将李璮曾攻破海州（今江苏省连云港市）、涟水军（今江苏省涟水县），"通判侯畐鏖战，死之，举室遇害，余将士杀伤殆尽"①，但未能继续南进。八月，忽必烈领蒙军渡淮，与张柔分兵从大胜关（今湖北省大悟县宣化店镇北）、虎头关（今湖北省麻城市东北）进入京湖地区，沿路宋军未战即溃，蒙军经黄陂到达长江北岸。九月，忽必烈在阳逻堡（今湖北省黄冈市阳逻镇）击败宋军水师，随后渡江围攻重镇鄂州（今湖北省武汉市武昌区）。由于守军的坚决抵抗，鄂州久攻不下，宋朝援兵纷纷赶来，忽必烈又急于回师争夺帝位，于是和南宋权臣贾似道签订和约。蒙军北撤，宋"愿割江为界，且岁奉银、绢匹两各二十万"②。忽必烈退兵时，另派张杰、阎旺、特默齐等率偏师至潭州接应兀良哈台还师。

　　蒙哥在此次战役中已注意到自己的水军很弱，故将主力调离淮水、汉水流域及长江天堑，企图从西路入蜀后东出夔门，但是这一计划仍有明显的缺陷。劳师远征云南，战线过于漫长，耗费了巨量人力、财赋，却因为路途遥远而不能对南宋腹地构成致命威胁，也无力实现北进鄂州的计划。蒙军主力长期被牵制在钓鱼城的山险之下，术速忽里曾在诸将会议上向蒙哥建议："川蜀之地，三分我有其二，所未附者巴江以下数十州而已，地削势弱，兵粮皆仰给东南，故死守以抗我师。蜀地岩险，重庆、合州又其藩屏，皆新筑之城，依险为固，今顿兵坚城之下，未见其利。曷若城二城之间，选锐卒五万，命宿将守之，与成都旧兵相出入，不时扰之，

①《续资治通鉴》卷 175 宋理宗宝祐六年（1258）十一月。

②《元史》卷 159《赵璧传》。

以牵制其援师。然后我师乘新集之锐，用降人为乡导，水陆东下，破忠、涪、万、夔诸小郡，平其城，俘其民，俟冬水涸，瞿唐三峡不日可下，出荆楚，与鄂州渡江诸军合势，如此则东南之事一举可定。其上流重庆、合州，孤危无援，不降即走矣。"①蒙哥却惑于众将的反对而迟疑未定，致使战局日益被动，身死军还，未能落实东出三峡与中路军会师的战略预想。忽必烈孤军渡江，兵员和粮草的补给都有很大困难，随时有被敌人截断归途的危险，只是由于宋军主帅贾似道畏惧怯战，才得以全师北还。总的来说，蒙哥亲率主力由西路入川的这一作战计划具有很大的缺陷，当时蒙古方面对此也有不同意见。《元史》卷 159《商挺传》载忽必烈在进军鄂州途中与谋士商挺计议军事，"挺对曰：'蜀道险远，万乘岂宜轻动。'世祖默然久之，曰：'卿言正契吾心。'"说明他们都已看出蒙哥制定的进攻战略前景黯淡，后来的失败也就不足为怪了。

在蒙哥此番大举征宋的战役里，有一个现象值得注意，就是忽必烈率领的中路军没有走襄樊一途沿汉水南下江陵，而是经河南信阳出义阳三关进入江汉平原。为什么蒙军不像以前那样出唐、邓而攻襄阳，却采取了躲开此地、另择道路而行的策略呢？其主要原因在于蒙哥即位前后，南宋加强了对襄樊地区的控制与建设，使它再次成为京湖战区前线的重要作战基地。孟珙病逝后，权臣贾似道出任京湖制置使兼知江陵府，调度赏罚，得以便宜施行。由于当时战事缓和，"贾似道以盛年精力，极意经理，田莱加辟，稛人成功，视珙时固已推广倍半矣。然岁租之上，仅能及三十余万石"②。淳祐十年（1250）春，贾似道调任两淮制置大使，朝廷任命李曾伯为京湖安抚制置使、知江陵府，兼湖广总领、京湖屯田使，他到任后先修复前所废弃的郢州（今湖北省钟祥县）城池，驻军屯守，

---

① 《元史》卷 129《来阿八赤传》。
② 《可斋杂稿》卷 18《荆阃回奏四事》。

次年又占领襄樊。《续资治通鉴》卷173载淳祐十一年（1251）十一月丙申，李曾伯上报："调遣都统高达、晋德入襄、樊措置经理，汉江南北并已肃清，积年委弃，一旦收复。"他和立功将士官兵都得到了进官给赏。此后，李曾伯继续发展襄樊地区的经济，重整当地的防务。首先是抓紧修复前所废弃的城池："襄阳一城，周围余九里，樊城亦近四里有半，夹汉而垒，要非三万人不足以守。见今屯戍计二万一千余人，赖国威灵，连月修浚捍御，粗无疏失。"其次是请求批准襄樊驻军将家属移到当地居住，拨给田地与路费："臣去岁已曾支钱，令襄阳府计置创造寨屋万间，以备屯驻。臣又近曾行下襄阳府内戍军，有愿授田自耕，将来欲移家者，令以近城良田给付，姑以此诱之。但以军人挈家就道，券食仅给其身，一行移徙费用，官司所当优恤。"再次是大兴屯田，他曾上奏曰："盖今襄阳汉水之外，即是敌境，灌莽千里，久无人烟。募民则舍易而就险，用军则喜逸而恶劳，亦人情之所难，非威势之可强。今须当用晁错之说、张全义之规，以'劝'之一字为主。先给以本，未可便计其利。官司只得备办农具，贷借牛粮，开垦之初，与免官课，措置有绪，量纳屯租。官耕则选委将士，分任拘确。民耕则招募头目，团结队伍。无事则出作，有警则入保。许以开荒若干，收课若干，补转官资，以示优赏。"①又上疏请求："襄阳新复之地，城池虽修浚，田野未加辟；室庐虽草创，市井未阜通。请蠲租三年。"②政府也屡屡调拨钱粮物资，给予优待。《宋史·理宗纪》载淳祐十二年（1252）四月下诏："诏襄、郢新复州郡，耕屯为急，以缗钱百万，命京阃措置，给种与牛。"同年十月壬申，又"诏襄、樊已复，其务措置屯田，修渠堰"。以上举措体现了对这一地区的高度重视。部署在京湖战区的兵马也有所增加，"嘉熙间，兵颇犹及十三万人，

①《可斋杂稿》卷19《奏襄樊经久五事》。
②《宋史》卷420《李曾伯传》。

自淳祐初拣汰之后，唯以九万为额"①，而到淳祐十二年（1252），"江、鄂、荆、襄、潭、黄等处二十八屯，共管官军一十二万一百八十五人"②。据李曾伯《出师经理襄樊奏》所言，其管下拥有许多精锐部队，"皆是选摘南北之锐以往"③，其作战能力也得到了显著提升。

　　经过南宋军民数年的大力建设，襄阳"赖城高而池深与兵精而食足，士百其勇，将一乃心"④，重新成为京湖前线的军事重镇，并在随后的多次战斗里成功抗击了蒙军的进攻。例如《宋史·理宗纪》所载，宝祐元年（1253）正月，"癸卯，大元兵渡汉江，屯万州，入西柳关。高达调将士扼河关，上山大战，至鳖坑、石碑港而还。诏高达、程大元、李和各官两转，余恩赏有差"；十一月丙子，又因为对蒙军作战有功，"诏奖谕襄阳守臣高达"。宝祐二年（1254）三月己丑，再次奖励襄阳兵将："诏录襄城功，高达带行环卫官、遥郡团练使，职任依旧；王登行军器监丞、制司参议官；程大元、李和以下将士六千六百一十三人补转官资有差。"宝祐四年（1256），"十一月戊子朔，荆、襄阃臣以功状来上，诏推赏将士。戊戌，京湖继上战功"。宝祐五年（1257），"夏四月丁卯，诏襄阳安抚高达以白河战功，转行右武大夫带遥郡防御使；王登以沮河督战官一转，升直秘阁，并职任依旧"。宝祐六年（1258），蒙军进围襄樊，又被守兵挫败。五月庚戌，理宗下诏曰："襄、樊解围，高达、程大元应援，李和城守，皆有劳绩，将士用命，深可嘉尚，其亟议行赏激。"正是由于当地的防御坚固，指挥得当，军民一心，加上城池及山水之阻，蒙军在进攻时屡屡受挫，才迫使忽必烈采取避实就虚的战略，躲开襄樊而从信阳南下江滨，去攻打鄂州。

---

① 《可斋杂稿》卷20《回奏置游击军创方田指挥》。
② 《可斋杂稿》卷20《申密院照戎司兵额》。
③ 《可斋杂稿》卷18。
④ 《可斋续稿》前卷1《贺襄樊告捷》。

五、蒙古南征战略的再次调整与进攻襄阳的谋划成功

　　南宋景定元年（1260），"思大有为于天下"[①]的忽必烈在上都开平（今内蒙古自治区正蓝旗东闪电河北岸）继承了蒙哥的大汗宝座。他在即位之后先稳定后方，先后平定了其弟阿里不哥、关陇蒙古贵族和山东李璮的叛乱，并推行汉法，劝耕农桑，扩充军队，为最后灭宋、统一天下做好了各种准备。在攻宋具体战略计划方面，窝阔台和蒙哥时期虽然都分兵两淮、京湖、四川三路，但是进攻的重点始终在四川。"其中原因就是以四川远离南宋的统治中心临安，防御力量相对薄弱，而京湖、两淮是南宋重点防御地区，又多江河湖泊，不利于骑兵的冲突。如嘉熙二年（1238）以后，蒙古对襄阳的弃而不守，淮北、山东地区多命汉人军阀驻守，宝祐六年（1258）蒙哥汗亲率主力攻蜀，而命忽必烈的偏师攻鄂州，都是实施这一战略方针的具体表现。"[②]值得一提的是，景定二年（1261）南宋泸州守将刘整降蒙，他在景定四年（1263）向忽必烈建议于襄阳附近以开榷场为名修筑城堡，获得成功。咸淳三年（1267）十一月刘整再次朝觐时，又献计曰："攻宋方略，宜先从事襄阳。襄阳吾故物，由弃勿戍，使宋得筑为强藩。若复襄阳，浮汉入江，则宋可平也。"[③]他总结了以往蒙古攻宋的战略得失，主张以重兵进攻襄樊，在中路取得突破，然后既能西应巴蜀，又可顺流东下，直取临安。他对忽必烈说："攻蜀不若攻襄，无襄则无淮，无淮则江南可唾手下也。"[④]"进攻之计不于淮、不于湖广、不于蜀、独于襄者，盖知襄者东南之脊，无襄则不可立国。吕祉尝谓得襄阳，则可以通蜀汉而缀关辅，失襄阳，则江表之业可忧者，正此

---

① 《元史》卷 4《世祖纪一》。

② 何忠礼、徐吉军：《南宋史稿》，杭州大学出版社，1999 年，第 414 页。

③ 《续资治通鉴》卷 178 宋度宗咸淳三年十一月。

④ 《癸辛杂识》别集卷下《襄阳始末》。

也。"①在此之前，大臣郝经和郭侃先后提过类似的建议②，并没有引起忽必烈的重视；而刘整由于对宋军的兵力部署及作战方略非常熟悉，"东南之兵势、地势如指诸掌"③，所上的条陈很有说服力，所以元世祖采纳了这项计策，决定以襄阳作为进攻的重点，并任命兀良哈台之子阿术为都元帅，与刘整共同指挥这一军事行动。

主攻方向确定之后，如何夺取防守坚固的军事重镇襄阳，元朝统治集团经过深思熟虑，采取了一系列行之有效的措施，对于瓦解该城的防务起到了至关重要的作用。

（一）筑围立垒，封锁交通

修筑围墙、城堡壁垒及各种路障，阻断襄樊与后方的水陆交通线。即准备采取长期围困襄阳、持久作战的方针，抛弃过去游牧民族抄掠袭击而不久驻的传统，也不使用快速猛攻坚城的战术。如《元史》卷128《阿里海牙传》所言："始，帝遣诸将，命毋攻城，但围之，以俟其自降。"因为城防坚固，采用围困而不急攻的做法可以大大减少兵将的伤亡。如张弘范所称："国家取襄阳，为延久之计者，所以重人命而欲其自毙也。"④其筑垒过程大致可以分为以下三个阶段。

1. **建立立足点**。刘整了解襄阳守将吕文德有勇无谋而贪利的性格，

---

①《钱塘遗事》卷6《襄阳受围》。

②《元史》卷157《郝经传》载其与忽必烈南征鄂州时云："如欲存养兵力，渐次以进，以图万全，则先荆后淮，先淮后江。彼之素论，谓'有荆、襄则可以保淮甸，有淮甸则可以保江南'。"《元史》卷149《郭侃传》载其于世祖即位上平宋之策："其略曰：'宋据东南，以吴越为家，其要地，则荆襄而已。今日之计，当先取襄阳，既克襄阳，彼扬、庐诸城，弹丸地耳，置之勿顾，而直趋临安，疾雷不及掩耳，江淮、巴蜀不攻自平。'"

③《钱塘遗事》卷6《襄阳受围》。

④《元史》卷156《张弘范传》。

故在景定四年（1263）六月向忽必烈建议："南人惟恃吕文德耳，然可以利诱也。请遣使以玉带馈之，求置榷场于襄阳城外。"忽必烈听从了他的建议，派遣使者送礼于吕文德，并提出开设榷场的要求，果然得到了同意。使者又以保护榷场安全为由请求构筑防御工事，曰"南人无信，安丰等处榷场，每为盗所掠，愿筑土墙以护货物"，吕文德上奏朝廷获准。于是在七月间，蒙古"置榷场于樊城外，筑土墙于鹿门山，外通互市，内筑堡壁，蒙古又筑堡于白鹤。由是敌有所守，以遏南北之援，时出兵哨掠襄、樊城外，兵威益炽。文德弟文焕，知为蒙古所卖，以书谏止，文德始悟，然事无及，徒自咎而已"①。鹿门山在汉水东岸，临荆襄大道。《读史方舆纪要》卷79《湖广五》襄阳府："鹿门山，府东三十里。旧名苏岭，上有二石鹿，因改今名。……白鹤或作白马，今府城东南十里有白马山，上有白马泉。"蒙军在此构筑壁垒后，取得了进逼襄阳的立足点，又对该地和后方的陆路交通构成威胁："咸淳五年，蒙古将张弘范军于鹿门，自是襄、樊道绝，粮援不继。"②

2. **在外围各地修筑壁垒**。宋度宗咸淳三年（1267）八月，蒙古征南都元帅阿术"观兵襄阳，遂入南郡，取仙人、铁城等栅，俘生口五万。军还，宋兵邀襄、樊间。阿术乃自安阳滩济江，留精骑五千阵牛心岭，复立虚寨，设疑火。夜半，敌果至，斩首万余级。初，阿术过襄阳，驻马虎头山，指汉东白河口曰：'若筑垒于此，襄阳粮道可断也。'"③。次年，阿术与刘整在襄樊"遂筑鹿门、新城等堡"④；《宋史》卷46《度宗纪》亦载咸淳四年（1268）正月己丑，"吕文德言知襄阳府兼京西安抚副使吕文

---

① 《续资治通鉴》卷177宋理宗景定四年六月、七月。
② 〔清〕顾祖禹：《读史方舆纪要》卷79《湖广五》襄阳府襄阳县"鹿门山"条，中华书局，2005年。
③ 《元史》卷128《阿术传》。
④ 《元史》卷128《阿术传》。

焕、荆鄂都统制唐永坚蜡书报白河口、万山、鹿门山北帅兴筑城堡，檄知郢州翟贵、两淮都统张世杰申严备御"。

3.**建筑长围、阻断汉江**。即将防御工事的修筑由点扩张到线，把襄樊城池与后方的水陆交通彻底截断开来，使其守军无法获得粮饷器械和兵员的补充。咸淳五年（1269）正月，忽必烈派遣重臣史天泽与枢密副使呼喇楚前往督战。根据史天泽的主张，在襄阳城外"筑长围，起万山，包百丈山，令南、北不相通。又筑岘山、虎头山为一字城，联亘诸堡，为久驻计"[①]；九月，蒙古又设立河南行中书省，任命呼喇楚、史天泽并为平章政事，阿哩为中书右丞，并在襄阳城南数里的岘山之上筑城以安置行省。见姚燧《牧庵集》卷13《湖广行省左丞相神道碑》："又城岘首，开省其上。兵兴事剧星火，公专入奏，能日驰八百里。"岘山亦称岘首山。《读史方舆纪要》卷79《湖广五》襄阳府襄阳县："岘山，府南七里。亦曰南岘。《唐六典》：'岘山，山南道之名山也。'黄祖为孙坚所败，窜岘山中。羊祜镇襄阳，尝登此。亦曰岘首山。晋建元二年梁州刺史桓宣击赵将李黑，败于丹水，移戍岘山。宋嘉定十年金兵犯襄阳，复围枣阳，孟宗政午发岘首，迟明抵枣阳，驰突如神，金人骇遁。《水经注》：'山上有桓宣所筑城。'今凤林关在山上。"另外，主帅阿术"继又筑台汉水中，与夹江堡相应，自是宋兵援襄者不能进"[②]。

咸淳六年（1270），蒙将张弘范又在襄阳城东"戍鹿门堡，以断宋饷道，且绝郢之救兵"[③]。他还向史天泽建议彻底断绝襄阳城通过万山和汉水与后方的联系。《续资治通鉴》卷179咸淳六年载其事："蒙古张弘范言于史天泽曰：'今规取襄阳，周于围而缓于攻者，计待其自毙也。……而

---

①《续资治通鉴》卷179宋度宗咸淳五年正月。

②《元史》卷128《阿术传》。

③《元史》卷156《张弘范传》。

江陵、归、峡行旅休卒，道出襄阳者相继，宁有自毙之时乎？若筑万山以断其西，立栅灌〔罐〕子滩以绝其东，则速毙之道也。'天泽从之，遂城万山，徙弘范于鹿门。自是襄、樊道绝，粮援不继。"《元史》卷7《世祖纪四》载至元七年（1270）"八月戊辰朔，筑环城以逼襄阳"。至此，蒙古方面通过数年的工事修建，完成了对襄樊地区的严密封锁。如宋将李庭芝所奏："襄围不解，客主易位。重营复壁，繁布如林。遮山障江，包络无罅，旷岁持久。"①加上救援的宋军在数量和战斗力上均无优势，所以屡屡失利。

（二）聚重兵于襄樊，又分偏师牵制

为了在襄樊地区形成兵力上的绝对优势，忽必烈曾多次向该地区增调援军。咸淳三年（1267）十一月，他听从刘整的建议，"诏征诸路兵，命阿珠（术）与（刘）整经略襄阳"②。咸淳四年（1268）六月，阿术又向忽必烈请求增调汉族军队，声称"所领者蒙古军，若遇山水、寨栅，非汉军不可，宜令史枢率汉军协力征进"③。并得到许可。咸淳五年（1269）正月，蒙古再次"括诸路兵以益襄阳"④。除去各处守垒的兵将，阿术和刘整部下的机动部队就有五万之众。见《元史》卷161《刘整传》："（至元五年）九月，偕都元帅阿术督诸军，围襄阳，城鹿门堡及白河口，为攻取计。率兵五万，钞略沿江诸郡，皆婴城避其锐，俘人民八万。"至元九年（1272）正月，"河南省请益兵，敕诸路签军三万"⑤。花费的资财人力更是为数浩繁。如胡祗遹所称："我军围襄樊六年于兹，戈甲器刃所费若

①《癸辛杂识》别集下《襄阳始末》。
②《续资治通鉴》卷178宋度宗咸淳三年十一月。
③《元史》卷6《世祖纪三》至元五年（1268）六月。
④《续资治通鉴》卷179宋度宗咸淳五年正月。
⑤《元史》卷7《世祖纪四》至元九年正月。

干，粮斛俸禄所费若干，士卒沦亡若干，行赍居送人牛车具飞挽损折若
干，以国家每岁经费计之，襄樊殆居其半。"[1]

在集中兵力围攻襄樊的同时，忽必烈又分派诸将率领偏师在两淮、
京湖和四川多个方向发起佯攻，以分散和牵制南宋各地的军队，使其
难以抽调兵马支援襄樊。如《元史》卷7《世祖纪四》所载，至元八年
（1271），"五月乙丑，以东道兵围守襄阳，命赛典赤、郑鼎提兵，水陆并
进，以趋嘉定，汪良臣、彭天祥出重庆，札剌不花出泸州，曲立吉思出
汝州，以牵制之"，亦取得一些战果，"所至顺流纵筏，断浮桥，获将卒、
战舰甚众"[2]。

（三）大造战船、兴练水军

襄阳被围之后，南宋多次组织援军输送物资，和蒙军发生激战，但
是很少获得成功。仅在咸淳五年（1269），宋将夏贵率水师"乘春水涨，
轻兵部粮至襄阳城下，惧蒙古军掩袭，与吕文焕交语而还。及秋，大霖
雨，汉水溢，贵分遣舟师出没东岸林谷间"[3]。因为襄樊地区水网交织，蒙
军的骑兵、步兵优势得不到发挥，据张弘范所言："曩者，夏贵乘江涨送
衣粮入城，我师坐视，无御之者。"[4]这充分暴露了他们在水战方面的劣
势。咸淳六年（1270）三月，阿术与刘整计议，认为必须建设一支强大
的水军，来抵消南宋仅有的军事优势。两人上奏朝廷道："我精兵突骑，
所当者破，惟水战不如宋耳。夺彼所长，造战舰，习水军，则事济矣。"[5]
此计得到忽必烈的批准："乘驿以闻，制可。既还，造船五千艘，日练水

---

① 《紫山大全集》卷12《寄张平章书》。
② 《续资治通鉴》卷179 宋度宗咸淳七年（1271）五月。
③ 《续资治通鉴》卷179 宋度宗咸淳五年七月。
④ 《元史》卷156《张弘范传》。
⑤ 《元史》卷161《刘整传》。

军，虽雨不能出，亦画地为船而习之，得练卒七万。"①这一举措取得了显著的成就，弥补了蒙军的固有缺陷，随后与宋朝水军作战时连连获胜，使襄阳战局发生了变化。如咸淳七年（1271）六月，宋将"范文虎将卫卒及两淮舟师十万，进至鹿门。时汉水溢，阿珠（术）夹汉东西为阵，别令一军趣会丹滩，击其前锋。诸将顺流鼓噪，文虎军逆战，不利，弃旗鼓，乘夜遁去。蒙古俘其军，获战船、甲仗不可胜计"②。此后宋朝水师再不敢逆汉水来攻，只是在咸淳八年（1272）派遣襄、郢、山西民兵三千人在勇将张贵、张顺率领下乘舟突围至襄阳，送去紧缺的盐、衣等物资，但是在返回时受到蒙军水军阻击："阿术与元帅刘整分泊战船以待，燃薪照江，两岸如昼，阿术追战至柜门关，擒（张）贵，余众尽死。"③

（四）断浮桥以绝襄、樊之联络

蒙军虽然以重兵长期围困襄阳，隔绝其后方的供应，却未能迫使守军投降。《元史》卷128《阿里海牙传》曰："然城中粮储多，围之五年，终不下。……阿里海牙以为襄阳之有樊城，犹齿之有唇也，宜先攻樊城，樊城下，则襄阳可不攻而得。乃入奏。"获得批准后，蒙军乃于咸淳八年初开始对汉水以北的樊城发动猛攻。三月甲戌，"蒙古都元帅阿术、汉军都元帅刘整、阿里海牙督本军破樊城外郛，斩首二千级，生擒将领十六人，增筑重围守之"④。而南宋的樊城主将牛富又坚守内城达数月之久。《宋史》卷450《牛富传》载其"勇而知义，……累战不为衄，且数射书襄阳城中遗吕文焕，相与固守为唇齿。两城凡六年不拔，富力居多"。宋军原

---

① 《元史》卷161《刘整传》。
② 《续资治通鉴》卷179宋度宗咸淳七年六月。
③ 《元史》卷128《阿术传》。
④ 《元史》卷7《世祖纪四》至元九年（1272）。

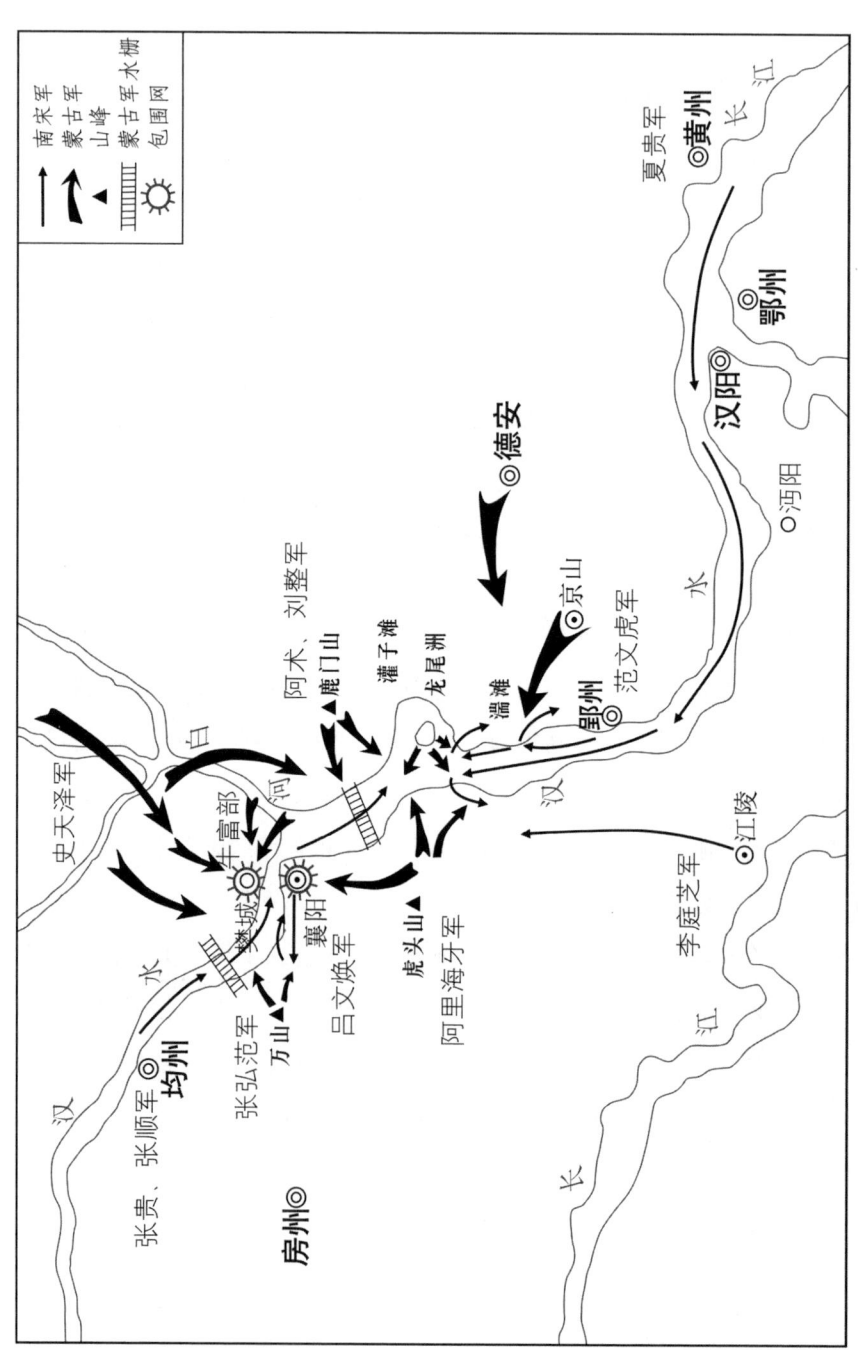

蒙古南宋襄樊战役示意图（1271—1273）

先在汉水中竖立木桩，用铁链连锁以架设浮桥，周围还有战船保护，借此作为联系襄阳、樊城的交通孔道，危急时可以通过浮桥来支援。《元史》卷 156《张弘范传》载张弘范向阿术建议先毁浮桥，再攻樊城，语曰："襄、樊相为唇齿，故不可破。若截江道，断其援兵，水陆夹攻，樊必破矣。樊破则襄阳何所恃。"此计得到了主帅的赞同。《元史》卷 128《阿术传》曰："先是，襄、樊两城，汉水出其间，宋兵植木江中，联以铁锁，中造浮梁，以通援兵，樊恃此为固。至是，阿术以机锯断木，以斧断锁，焚其桥，襄兵不能援。"在断绝了襄、樊两城的交通之后，元军向樊城发起猛攻，守军由于寡不敌众而被攻陷。"城破，（牛）富率死士百人巷战，死伤不可计，渴饮血水，转战前，遇民居烧绝街道"[①]，直至最后牺牲。在烧绝浮桥的战斗中，蒙古的水军发挥了重要的作用。《元史》卷 128《阿里海牙传》曰："先是，宋兵为浮桥以通襄阳之援，阿里海牙发水军焚其桥，襄援不至，城乃拔。"

（五）重炮的使用

在攻取樊城和襄阳的战斗里，蒙军还使用了当时先进的攻城武器"回回炮"，又称"西域炮"。忽必烈因为襄阳久困不下，向西域诸蒙古汗国征发炮师，得到著名工匠如阿老瓦丁、亦思马因等人。《元史》卷 203《阿老瓦丁传》曰："阿老瓦丁，回回氏，西域木发里人也。至元八年，世祖遣使征炮匠于宗王阿不哥，王以阿老瓦丁、亦思马因应诏，二人举家驰驿至京师，给以官舍，首造大炮竖于五门前，帝命试之，各赐衣段。"《元史》卷 203《亦思马因传》曰："亦思马因，回回氏，西域旭烈人也。善造炮，至元八年与阿老瓦丁至京师。十年，从国兵攻襄阳未

---

①《宋史》卷 450《牛富传》。

下，亦思马因相地势，置炮于城东南隅，（弹）重一百五十斤，机发，声震天地，所击无不摧陷，入地七尺。"

　　"回回炮"在进攻樊城时功效显著。《元史》卷166《隋世昌传》曰："（至元）九年，败宋兵于鹿门山。元帅刘整筑新门，使世昌总其役。樊城出兵来争，且拒且筑，不终夜而就。整授军二百，令世昌立炮帘于樊城栏马墙外，夜大雪，城中矢石如雨，军校多死伤，达旦而炮帘立。宋人列舰江上，世昌乘风纵火，烧其船百余。樊城出兵鏖战栏马墙下，世昌流血满甲，勇气愈壮，而樊城竟破，襄阳亦下。"一般认为"回回炮"是石炮，即抛石机，但是《元史》卷161《刘整传》曰："时围襄阳已五年，整计樊、襄唇齿也，宜先攻樊城。樊城人以栅蔽城，斩木列置江中，贯以铁索。整言于丞相伯颜，令善水者断木沉索，督战舰趋城下，以回回炮击之，而焚其栅。"炮弹会使木栅燃烧，周宝珠据此认为可能亦有火炮。[①] 总之，炮兵的运用对于蒙军最后攻陷襄、樊两城，是发挥了一定作用的。

　　咸淳九年（1273）二月，樊城攻破之后，蒙军"移其攻具以向襄阳。一炮中其谯楼，声如雷霆，震城中。城中汹汹，诸将多逾城降者"[②]。襄阳主将吕文焕见势穷援绝，被迫出降，经历数载的襄樊保卫战至此宣告结束。蒙古攻占襄阳之后，因为耗费甚巨，元气大伤，亦无力继续南征。经过了一年多的恢复准备，咸淳十年（1274）六月，忽必烈以南宋扣留元使郝经为借口，下令南征。"诏益兵十万，（阿术）与丞相伯颜、参政阿里海牙等同伐宋。"[③] 其主力部队就是由丞相伯颜统率，从襄阳沿汉水而下，攻郢州、鄂州，再顺长江直取建康的。沿途攻战势如破竹，连败宋

① 周宝珠：《南宋抗蒙的襄樊保卫战》，《史学月刊》1982年第6期。
②《元史》卷128《阿里海牙传》。
③《元史》卷128《阿术传》。

朝水师、步兵，在德祐二年（1276）二月进入临安，俘宋恭帝，结束了南宋自建炎以来的偏安局面。

从南宋末年的国势来看，理、度二帝昏庸无能，先后有史弥远、丁大全、董宋臣、贾似道等奸臣擅权用事，蠹国害民。由于政治腐败，奸佞当道，以致"在廷无谋国之臣，在边无折冲之帅"[1]。国内物价飞涨，财政衰竭。军队纪律废弛，导致"士有离心而无斗志"[2]。因为当局"驭失其道，赏罚无章，中外之军往往相谓：战不如溃，功不如过"[3]，南宋在政治、经济和军事上的颓溃之势显而易见，所以它的最终失败是在所难免的。襄阳占有地利，城高池深，兵器粮饷储备充足，守军不乏抗击的决心，所以能够浴血奋战，抵御强敌达数年之久。但是，南宋统治者昏聩，对战役的指挥部署屡次犯下严重错误。关于这个问题，前人多有论及。如执政的宰相贾似道寻欢作乐，偏袒自己的亲信吕文德、吕文焕兄弟及范文虎、夏贵、孙虎臣，排斥不肯附己之良将高达、李庭芝等人，未能组织有效的增援，还造成荆襄前线将帅不和，无法并力抗击元军；贾似道也没有及时在其他战场组织反攻，以牵制和分散围攻襄樊的元军。[4]他们的失策也加速了襄樊的陷落，毋庸赘言。

蒙古灭宋战争中的围攻襄樊之役，前后历时六年，耗费了巨额的财赋和人力，才攻陷了这座号称"京湖之首""天下之脊"的枢纽要地，打开了进军江南的大门。此后，蒙军"乘破竹之势，席卷三吴"[5]，顺利地实

① 《宋史》卷 422《陈仲微传》。

② 《鹤山集》卷 21《答馆职策一道》。

③ 《鹤山集》卷 19《被召除授礼部尚书内引奏事第四札》。

④ 周宝珠：《南宋抗蒙的襄樊保卫战》，《史学月刊》1982 年第 6 期；匡裕彻：《浅析宋元襄樊战役胜败的原因》，《历史教学》1984 年第 4 期；韩志远：《中国军事通史》第 13 卷《南宋金军事史》，军事科学出版社，1998 年；何忠礼、徐吉军：《南宋史稿》，杭州大学出版社，1999 年。

⑤ 《元史》卷 8《世祖纪五》。

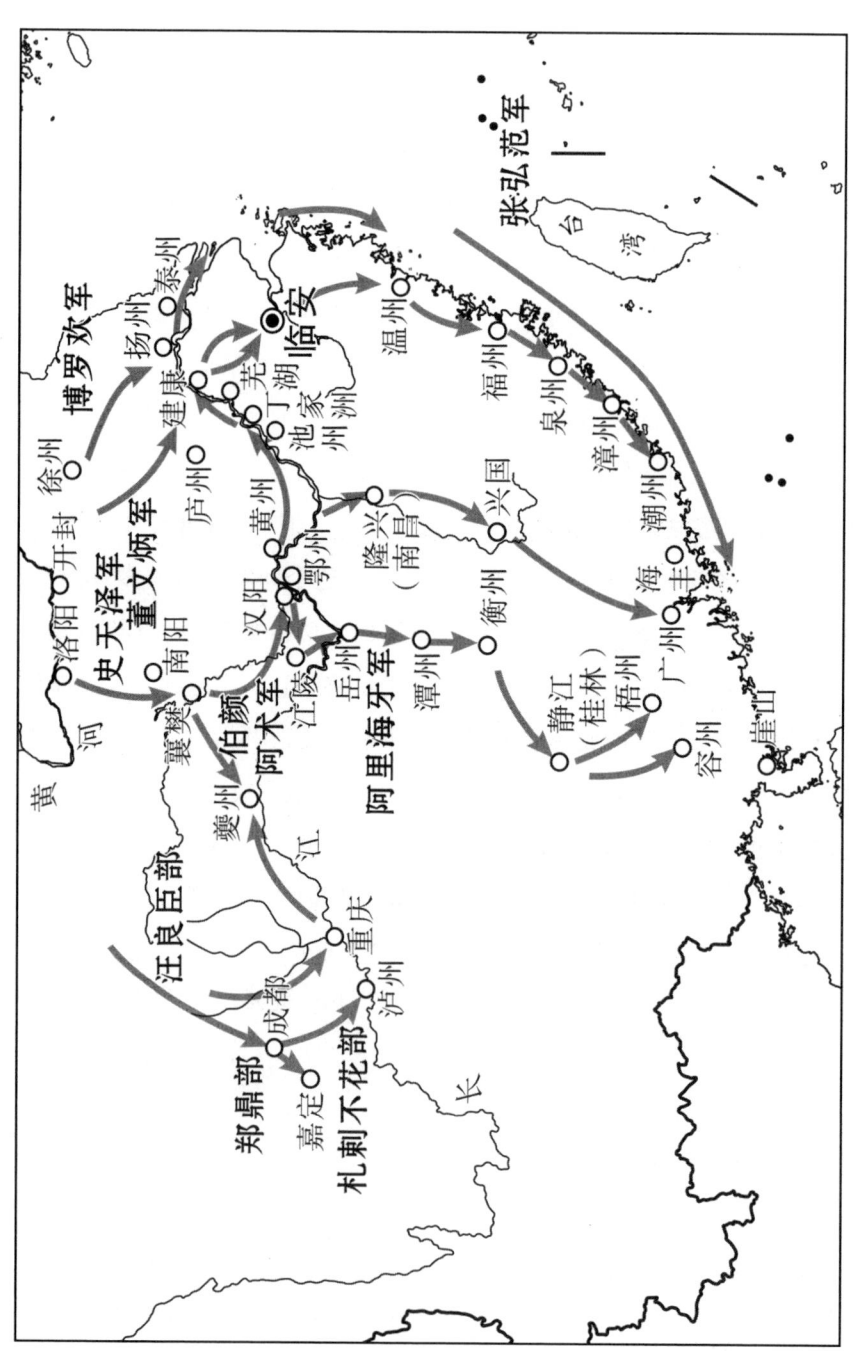

忽必烈灭南宋之战示意图

现了预期的战略计划。襄阳对于江南政权的屏蔽作用，在这次战争中表现得可谓淋漓尽致。正如顾祖禹所言："观宋之末造，孟珙复襄阳于破亡之余，犹足以抗衡强敌。及其一失，而宋祚随之。即谓东南以襄阳存以襄阳亡，亦无不可也。"①

---

① 〔清〕顾祖禹：《读史方舆纪要·湖广方舆纪要序》，中华书局，2005 年，第 3486 页。

附一

———

三代的城市经济与防御战争

一、夏、商、西周时期的防御战术

公元前519年，楚国令尹囊瓦（字子常）为了防备吴国军队的入侵，在郢都增筑城垣，遭到贵族沈尹戌的批评。其语见《左传·昭公二十三年》："子常必亡郢。苟不能卫，城无益也。古者，天子守在四夷；天子卑，守在诸侯。诸侯守在四邻；诸侯卑，守在四竟（境）。慎其四竟，结其四援，民狎其野，三务成功。民无内忧，而又无外惧，国焉用城？今吴是惧，而城于郢，守已小矣。卑之不获，能无亡乎？昔梁伯沟其公宫而民溃，民弃其上，不亡何待？夫正其疆场，修其土田，险其走集，亲其民人，明其伍候，信其邻国，慎其官守，守其交礼，不僭不贪，不懦不耆，完其守备，以待不虞，又何畏矣？《诗》曰：'无念尔祖，聿修厥德。'无亦监乎若敖、蚡冒至于武、文，土不过同，慎其四竟，犹不城郢。今土数圻，而郢是城，不亦难乎？"

沈尹戌所讲的，是国家防御的一些战略原则，如修明内政、重视农耕、亲附民众、杜绝奢僭、改善与邻国的外交、加强边境和交通冲要的守卫、保养好武器装备等，认为这些措施是国家安全的根本保障。当时楚国的政治腐败，经济萧条，执政者囊瓦聚敛无度，民不聊生，与属国唐、蔡的关系也陷于破裂，蕴藏着严重的社会危机。沈尹戍借城郢之事，抨击囊瓦的施政，阐明自己的主张。其中值得注意的是，他并不看重城垒在防御作战中的作用，竟然说："苟不能卫，城无益也。……国焉用城？"强调如果自己的力量不足以保卫国土，那么筑城、守城也没有什么用处。这种思想使人有些诧异，众所周知，火器发达以前，城垒作为守备工事，对战争的影响举足轻重。弱旅困守孤城，抗敌经年累月，迫使强寇无功而返甚至反败为胜的战例，历史上屡见不鲜。就拿沈尹戍所在的春秋时期来说，公元前 567 年，齐军历时一岁，才攻陷小邦莱国都城。而《吕氏春秋·审分览·慎势》记载："（楚）庄王围宋九月，康王围宋五月，声王围宋十月，楚三围宋矣而不能亡。"由于攻城耗时费力，难以奏效，将帅们往往尽量避免这种战斗，认为它是迫不得已而采用的下策。如孙武所言："故上兵伐谋，其次伐交，其次伐兵，其下攻城，攻城之法为不得已。"[1] 在冷兵器时代，据守城垒对于防御者来说是非常有利的，能够在很大程度上弥补自己战斗力量的不足。像《尉缭子·守权》所称："出者不守，守者不出。一而当十，十而当百，百而当千，千而当万。故为城郭者，非妄费于民聚土壤也，诚为守也。"由此看来，囊瓦虽然治国无术，多有劣迹，但其主持的城郢，就军事角度而言，属于增强国防的必要措施，本身是无可厚非的。所以，沈尹戍对这项举措的指摘讥讽，后人或有不理解者，认为是迂腐之论。如顾栋高在《春秋大事表》卷 23 中便举例反驳其观点，说此辈"徒以子囊城郢为嗤笑，而不知城郢未始非社稷之至计，此又可与楚昭之事连类而并观之也。……唐德宗幸奉天，朱泚围困京城逾年，卒能歼厥巨魁，光复旧物，此又深根固本之关于长

---

[1]《孙子兵法·谋攻》。

算，可为明效大验者也"。

　　春秋时期，随着诸侯争霸战争的加剧，各国的君主、卿大夫为了增强防御能力，纷纷在封土、采邑上修筑城郭，掀起了一阵热潮。据《春秋》记载，仅实力中等的鲁国，就新建大小城池 19 座。列国的君臣将相都把筑城视为首要政务，像伍员答吴王问时讲："凡欲安君治民，兴霸成王，从近制远者，必先立城郭，设守备，实仓廪，治兵库。"①而沈尹戌的议论却和时代潮流相背，这不免令人产生疑问，他的这种思想究竟从何而来呢？征诸史实，方知沈尹戌之论是对"古者"，即春秋以前宗法贵族政治、军事经验的总结概括。其中很重要的一条就是：防御作战时通常不采取固守城池、抵抗强敌的战术。这反映了夏、商、西周时期战争具有的某些规律和特点。试析如下：

　　三代（夏、商、西周）是华夏文明发展的最初阶段，尽管考古发掘表明，早在四千年前、夏朝建立之际就出现了以王城岗、平粮台古城为代表的早期城堡，后来又有了墙垒周长数千米的偃师商城、郑州商城。但是纵观三代的战争经过，却很少见到依托城池抵抗强敌围攻的记载，更没有成功的战例。春秋以后，像田单守即墨、刘秀战昆阳、拓跋焘攻盱眙、唐太宗围安市那种守城者以少胜多的战例不胜枚举，而三代却是绝无仅有的。从历史上看，夏、商、西周的大规模战争中，处于防御态势的一方采取的战术，通常是以下几种。

　　1. **出城迎战**。防御者自忖可与来犯之敌一决高下，便倾巢出动，离开城邑，在郊外的原野上摆开阵势，发起会战，"争一日之命"②。这种情况在三代最为常见，如禹伐三苗、启伐有扈、成汤伐桀、武王伐纣等。

　　2. **弃城而逃**。守方估计自己并非强敌对手，便走为上策，逃之夭夭。

---

① 《吴越春秋·阖闾内传第四》。
② 《墨子·明鬼下》。

如古公亶父居豳，戎狄来犯，"乃与私属遂去豳，度漆、沮，逾梁山，止于岐下"①。西周末年，申侯与缯侯、犬戎会师进攻镐京，"幽王举烽火征兵，兵莫至"②，即弃城东走，至骊山下被杀。

此外，在第一种战例中，防御一方在野战失败后，通常也不采取退守城池、继续抵抗的战术，而或是像鸣条之战后的桀、被周公东征打败的武庚那样，战败后率领族众南逃北窜，远徙他乡；或是像牧野之战以后的纣王，逃回宫内，自杀了事。

3. 守城拒敌。虽然己方势单力孤，不敢出城迎战，但也不愿抛弃家园，远离故土，因此往往依托城垒工事来抵御强敌。这种战例在三代非常少见，史籍所载，唯有文王伐崇一例，结果还是守方失利，全军覆没。特别是在夏、商、西周王朝灭亡之际，没有一位君主企图以守城战术来抵抗外敌来犯，这和北宋、金、明几朝末代皇帝困守孤城、抵抗强敌围攻的情况形成鲜明的对比。司马懿曾讲："能战当战，不能战当守，不能守当走。"③而三代防御一方的君主将帅，在敌强我弱的形势下，往往是如不能出战，即当逃走，极少采用守城抗敌的对策。应该说，沈尹戌轻视守城战术的思想，确实符合三代流行的防御原则。

二、三代作战不据城防守的原因

为什么夏、商、西周的君王统帅们处于被动防御态势时，通常不愿意依托城池组织抵抗呢？主要原因在于，三代的都邑不像春秋以后的城市那样具备坚固、持久的防御能力；在当时的客观环境下，统帅们认为

---

① 《史记》卷4《周本纪》。
② 《史记》卷4《周本纪》。
③ 《晋书》卷1《宣帝纪》。

守城战术难以经受强敌长期围攻的考验，因此多不愿采用。军队使用何种战斗方法，取决于他们所掌握的武器装备与进攻、防御的手段，而这些归根结底，是由当时的物质生产条件决定的。城市的防御能力包括多种因素，如规模、布局、筑垒的形式和材料，防守器械与人口、兵员、粮草和其他物资等。在各个历史时期，生产力、社会分工、商品经济发展水平不同，城市的防御能力也就有强弱之分，存在着明显的差别。例如，原始社会末期出现的城垒，只是在民众聚居的村落周围，修筑起简陋的围墙、栅栏和壕沟，用来防备邻近部落的掠夺和袭击。而到春秋战国时期，封建经济迅速发展，使城市的规模、人口、财富显著增长，"千丈之城、万家之邑相望也"①。不仅形成了临淄、郢、邯郸、大梁等富冠海内、居民繁众的名都，就连宜阳这样的大县，也是"城方八里，材士十万，粟支数年"②。城市的防御能力由此得以提高，使长期固守成为可能，据守城垒抗击强敌的战术才开始普遍运用。而这些物质条件，恰恰是三代的城市并不具备的；和后代相比，夏、商、西周时期的城市属于不发达的早期形态，缺乏持久防御作战的能力，其表现在以下几个方面：

1. 城垒规模普遍较小。 战国名将赵奢曾追述过三代城邑的情况："古者，四海之内，分为万国。城虽大，无过三百丈者；人虽众，无过三千家者。"③从出土的遗址分布来看，夏、商、西周时期除了王朝的都城范围较广外，其他古城的筑垒规模均很有限。如夏初的河南登封王城岗古城，是东西并列相连的两座小城，中间是二城共同的隔墙，根据残存的墙基计算，两城的边长都不过 100 米，总面积为 0.02 平方千米。④ 同时期的河南淮阳平粮台古城，城址呈正方形，长、宽各 185 米，面积为 0.034 平

① 《战国策·赵策三》。
② 《战国策·东周策》。
③ 《战国策·赵策三》。
④ 安金槐、李京华：《登封王城岗遗址的发掘》，《文物》1983 年第 3 期。

方千米。[①] 山东章丘的城子崖古城、寿光的边线王古城，是夏代东夷方国的旧迹，前者墙址南北长 450 米，东西长 390 米，面积为 0.175 平方千米；后者边长 220 米，面积为 0.048 平方千米。[②] 湖北黄陂的盘龙城被认为是商代方国的都邑，南北墙长 290 米，东西长 260 米，面积为 0.075 平方千米。[③] 而 1949 年以来发现的数十座春秋战国城市遗址里，诸侯大国、中等国家如齐、楚、吴、郑、韩、赵、魏、鲁国的都城面积，多在 15 平方千米 ~ 20 平方千米，其中燕下都故城遗址面积达 32 平方千米；小邦如山东的薛城、邾城，墙址周长约 10 千米，面积 6 平方千米。其他小城，周长一般在 5 千米左右，面积约 1.56 平方千米。[④] 和三代城垒的普遍规模相比，显然是有明显差别了。

三代城垒规模普遍较小的主要原因有两条：一是生产力水平低下。这一时期的中国刚刚跨入文明社会的大门，在考古学分期上属于青铜时代，由于青铜工具稀少贵重，人们在农业生产中还广泛使用着原始的木器、石器，未用牛耕，劳动效率很低；又采取抛荒休耕的农作法，占地多、产量少，所能供养的人口自然远远少于后代。此外，作为掘土翻地的工具材料，红铜太软，青铜又太脆，容易断裂，加上本身的贵重，是不适宜的。因此土方建筑工程所用的器具，也以木、石材料为主，效率不高。二是政治上处于部族、邦国林立的状态，诸侯众多，与王室的关系又很松散，统治范围都比较小。如王夫之所称："三代之国，幅员之

① 曹桂岑、马全：《河南淮阳平粮台龙山文化城址试掘简报》，《文物》1983 年第 3 期。
② 伍人：《山东地区史前文化发展序列及相关问题》，《文物》1982 年第 10 期；《中国历史学年鉴·考古文物新发现》1986 年。
③ 湖北省博物馆、北京大学考古专业盘龙城发掘队：《盘龙城一九七四年度田野考古纪要》，《文物》1976 年第 2 期。
④《中国军事史》编写组：《中国军事史》第六卷《兵垒》，解放军出版社，1991 年，第 31 页。

狭，直今一县耳。"①这样，各国拥有的人力、物力均很有限。薄弱的经济基础、简陋的技术条件、劳动力和财富的不足，使一般的部族、邦国没有力量构筑高大广阔的城池；只有三代的王室，掌握了最高领导权，统率着国内最强大的民族（夏族、商族），还能征发属下邦国的人力、财物，才有可能建造"大邑"。如商朝前期的国都郑州商城，墙址周长 6960 米，平均底宽约 20 米、顶宽约 5 米、高约 10 米。②构筑城墙需要挖土约 170 万立方米，夯土约 87 万立方米，据有关专家计算，在当时的劳动条件下，假如每天投入 1 万人作业，以最高的效率，也需要 8 年的时间才能完成。③"如果不是最高统治者所在之地，没有充足的人力、物力，是很难筑成如此规模宏大的城池的。"④

因此，限于当时的生产条件和政治状况，三代大部分城市的规模、面积很小，筑垒设施简陋，所容纳的人员、物资有限，很难抵抗优势之敌的持久强攻。

2. 有城无郭，非密封式规划。 夏、商、西周王朝的都城，已探明的旧址分布较广，像殷墟和丰、镐遗存能达到 20 余平方千米，和春秋战国诸侯都城的面积相仿，远远超过了同期的小邦城邑。但是为什么三代王室的统治者在敌军兵临城下时，也从来不采取守城拒敌的战术呢？很重要的一个原因是：三代属于中国都城发展史上的最初阶段，城市的规划布局很不完善，首都或没有城墙，或只是君主居住的宫城有墙，而平民的居住区、手工业作坊区却没有城墙——"郭"的保护，缺乏抵御强敌

---

①《读通鉴论》卷 19。

②《商周考古》，文物出版社，1979 年，第 58 页。

③《郑州商代城址试掘简报》，《考古》1977 年第 1 期；《郑州商代城遗址发掘报告》，《文物资料丛刊》第 1 期，文物出版社，1977 年。

④《中国军事史》编写组：《中国军事史》第六卷《兵垒》，解放军出版社，1991 年，第 18～19 页。

进攻的可靠屏障。

例如，河南偃师的二里头城市遗址，东西长达 2.5 千米，南北宽达 1.5 千米，面积 3.75 平方千米；经多数学者论证，认为是夏朝后期的都城斟鄩，而城市的四周并没有城墙，只是在遗址中间发现了一座建有土围墙的宫城，边长仅为 100 米左右。"该土围墙建立在一个大型夯土台基之上，台基高约 3 米，边缘部分为缓坡状，宫墙就筑在缓坡内边缘部位。墙内全是宫殿建筑遗址，总面积约 1 万平方米。"[①]四周则分散地存在着若干居民住所和手工作坊的遗址，未发现任何城墙或墙基的痕迹。

河南郑州商城的年代稍晚一些，被视为商汤灭夏后建立的国都——薄（亳），即学术界所称的"郑亳"。它的遗存分布约有 25 平方千米，却只有一个面积约 3 平方千米的夯土城圈，城圈的东北部有大片的宫殿残址，城圈外还有许多民房和手工作坊（冶铜、制骨、制陶）的遗迹，"这种分布情况，表明了当时土城内和土城外的整体性，很难把这一城市的范围，局限在城墙内这一部分"[②]。

湖北黄陂的盘龙城，始筑年代略迟于郑州商城，面积也要比它小得多。从城内发掘情况来看，亦为宫城；居民区和手工业区是在城北的杨家湾、西北的楼子湾和城南的卫家嘴等地，也没有城墙护卫。[③]

商代中期迁都于殷（今河南省安阳市）。据《竹书纪年》记载："自盘庚徙殷至纣之灭，二百七十三年更不徙都。"通常认为安阳小屯是宫殿区，以它为中心，在东、南、西三面的总面积达 24 平方千米的范围内，分布着大量的民居、手工业作坊遗址，出土了许多生产工具、生活用品、

---

① 《中国军事史》编写组：《中国军事史》第六卷《兵垒》，解放军出版社，1991 年，第 12 页。

② 俞伟超：《中国古代都城规划的发展阶段性》，《文物》1985 年第 2 期。

③ 湖北省博物馆、北京大学考古专业盘龙城发掘队：《盘龙城一九七四年度田野考古纪要》，《文物》1976 年第 2 期。

礼乐器具和刻有卜辞的甲骨，是一座规模巨大的城市。但迄今为止，经过近 20 次发掘，仍未发现有城墙存在。

西周的都城遗址，以陕西的丰、镐为例，情形也基本相同。西安市南沣河两岸的丰京和镐京旧址，亦在一二十平方千米的范围内，散布着各种遗存，也没有发现城郭的痕迹。①

另外，据前引《左传·昭公二十三年》中沈尹戌所言，楚国自先祖若敖、蚡冒至武王、文王，"土不过同，慎其四竟，犹不城郭"，直到春秋后期才开始增筑城垣②。

从古代中国城市建设布局的历史发展来看，自春秋开始普遍流行大城、小城相套，即内城与外郭结合的密封式规划布局，也就是孟子所说的"三里之城，七里之郭"。内城是由夏、商、西周时期的宫城演变而来的，主要作用是保护国君、贵族（王室、公室）的安全；外郭则是居民区、手工业区之外增修的城墙，使平民也得到筑垒工事的保障。如《世本》引《吴越春秋》所言："筑城以卫君，造郭以守民。"齐、鲁、燕、楚都城与郑韩故城遗址都表明了这一点，同期的其他城市遗存也大致如此，"凡诸侯国都，不论大小，绝大多数均有内、外二城"③。建造了外城，就使城市的防御设施有了纵深配置，守方作战时能够得到筑垒保护的空间大大扩充了，可以用来储备充足的军需、民需物资，驻扎较多的人口、军队；手工作坊得以安全作业——制造、修理兵器和守城械具，由此才

---

① 陈全方：《早周都城岐邑初探》，《文物》1979 年第 10 期；胡谦盈：《丰镐地区诸水道的踏察——兼论周都丰镐位置》，《考古》1963 年第 4 期。

② 童书业曾指出："古文献所谓'城'，多指增修城郭，如隐元年传，鲁人'城郎'，九年又书'城郎'。庄二十九年，鲁人'城诸及防'，文十二年又书'城诸及郓'，襄十三年又书'城防'，皆可证。"童书业：《春秋左传研究》，上海人民出版社，1980 年，第 233 页。

③《中国军事史》编写组：《中国军事史》第六卷《兵垒》，解放军出版社，1991 年，第 31 页。

能适应长期防御战斗的需要。而三代防守的都城没有外郭做屏障，平民的住房、手工作坊易被敌军占领、破坏；诸多民众如果退入宫城防守，城内空间狭窄、拥挤不堪，能够容纳的人员、物资受面积限制，难以在长期防守战斗中保证生活所需和军需补给，是无法持久抗敌的。

三代的都城建设为什么不能采用内城、外郭相结合的密封式规划，使平民居住区和手工作坊区得到筑垒保护呢？原因主要是当时的城市人口分布密度较低，劳力、财力相对不足，缺乏构筑城郭的物质、经济条件。春秋战国的都市民庶繁众，如齐都临淄，据苏秦描述，城中有 7 万户，仅男子就不下 21 万人，市内居民"连袵成帷，举袂成幕，挥汗成雨"[①]。楚国的郢都也是"车挂毂，民摩肩，市路相交，号为朝衣鲜而暮衣弊"[②]。考古发掘也表明，诸侯各国都城内的宫殿、吏民住宅、手工业作坊鳞次栉比，"各种遗存基本上连成一片，中间很少有空白地带"[③]。可是与之相比，三代王朝都城的人口分布密度很低，从遗址发掘的情况看，宫殿、宗庙、贵族和平民住地、官府手工业区等各种遗迹，通常是在城市总范围内，分散于若干地点，各个地点之间往往是一片没有遗存的空白地带，典型代表是殷墟和西周岐邑、丰、镐遗址。殷墟以安阳小屯的宫殿区为中心，在周围 24 平方千米的范围内，分布着大司空村、后岗、高楼庄、三裕村、花园庄、梅园庄、霍家小庄、白家坟、四盘磨等居住遗址和铁路苗圃、北辛庄等手工业遗址，彼此并不相连。西周岐邑的宫殿、宗庙和贵族住所遗址，在岐山的凤雏、扶风的召陈、强家、庄白等地，普通居民区广泛分布在许多地点，经过发掘的有岐山的礼村、扶风的齐家等地；手工业遗址则在扶风的云塘、白家、任家、齐家和召陈等现

① 《战国策·齐策一》。
② 《太平御览》卷 776 引桓谭《新论》。
③ 俞伟超：《中国古代都城规划的发展阶段性》，《文物》1985 年第 2 期，第 55 页。

代村落的范围都有发现。这些遗址，散布在东西3千米～4千米，南北4千米～5千米的范围内，彼此也并不连接。西安市沣河两岸的丰京、镐京遗址，亦是在一二十平方千米的范围内，分布于冯村、西王村、大原村、张家坡、客省庄、普渡村等地点。①

这种状况的出现，和三代城市工商业不发达、居民多以务农为业有关。夏、商、西周的都城遗址内，"虽已集中了当时规模最大的、技术最复杂的手工业生产，但许多居住区的出土物内容，同当时的一般村落遗址一样，也有许多农具，不少居民显然就近进行农业生产。一个城市内的若干居民点遗址同村落遗址没有很大差别的情况，正表现出了城乡的刚刚分化"②。古代城市是从乡村聚落发展演变而来的，它和乡村的分离不是一朝一夕完成的，需要一个逐步完善的过程。春秋以后，由于进入铁器时代，生产力发展出现质的飞跃，城乡分化日益明显。乡村居民以从事农业为主，而城市居民则以从事工商业和其他非农业生产或非生产性职业劳动为主，城区范围内基本不从事耕作，土地只供居住或做工、经商、办公，所以容纳的人口大大增加。而三代的都邑中，"工商食官"，没有独立的私人手工业、商业，多数居民仍以务农为本业，这样城区内就有相当多的土地用于垦种休耕，占地广阔而人口稀疏。因此，郑州商城、殷墟、丰镐旧址的遗存总面积虽然和春秋战国的诸侯名都不相上下，而人口密度却要低得多，这一点对于城市建设和防御作战来说，都起到了严重的局限、制约作用。

从现存的三代都城遗址来看，城墙最长者，属郑州商城，周长为6960米，城墙内面积约为3平方千米，这恐怕就是当时动员人力、物力

---

① 陈全方：《早周都城岐邑初探》，《文物》1979年第10期；胡谦盈：《丰镐地区诸水道的踏察——兼论周都丰镐位置》，《考古》1963年第4期。
② 俞伟超：《中国古代都城规划的发展阶段性》，《文物》1985年第2期。

所能完成筑垒规模的极限了。如果要把包括居民区、手工业区在内的城市总范围筑起密封式城垒，面积将达到 25 平方千米，城墙周长至少需要 20 千米。这样浩大的工程，以当时的物质财富、技术条件和劳动力数量来看是无法承受的，所以只好不筑城墙或仅筑较小的宫城了。

从另一个角度来讲，城垒的大小必须和居民多少相称，才能组织起有效的防御。春秋战国的军事家们详细地探讨研究过这个问题。如《尉缭子·兵谈》曰："建城称地，以城称人，以人称粟。三相称，则内可以固守，外可以战胜。"《尉缭子·守权》曰："守法，城一丈，十人守之，工食不与焉。……千丈之城，则万人之守。"《墨子·杂守》也说："凡不守者有五，城大人少，一不守也；城小人众，二不守也；……率万家而城方三里。"讲的就是这种情况。三代的都邑范围虽然较广，人口相对集中，但是分布密度太低；即使能在居民区、手工业区外筑起郭墙，也是"城大人少"，缺乏足够的防守兵力，难免被强敌攻陷。如果居民、士卒全部退入宫城抵抗，又会处于"城小人众"的不利境地。这也说明夏、商、西周都城的非密闭式规模和分散的居住状况是不适应长期防御战斗需要的。

3. **生产和贸易不发达，物资储备不足。**"争城以战，杀人盈城"[1]的春秋战国时期，兵学家们在论述守城战术时，都很重视保持充足的物资储备，以应付敌方长期围困、进攻的大量消耗。像《尉缭子·天官》曰："今有城东西攻不能取，南北攻不能取，四方岂无顺时乘之者耶？然不能取者，城高池深，兵器备具，财谷多积，豪士一谋者也。"特别强调城中应有蓄积多种货物的市场和富人，这是持久坚守所必需的。《尉缭子·武议》曰："夫出不足战，入不足守者，治之以市。市者，所以给战守也。万乘无千乘之助，必有百乘之市。……夫市也者，百货之官也。市贱卖

---

[1]《孟子·离娄上》。

贵，以限士人。人食粟一斗，马食菽三斗，人有饥色，马有瘠形。何也？市有所出，而官无主也。夫提天下之节制，而无百货之官，无谓其能战也。"《墨子·杂守》也说："凡不守者有五：……人众食寡，三不守也；市去城远，四不守也；畜积在外，富人在虚，五不守也。"墨子认为要塞得以坚守的几个必要条件包括粮储充裕、市场不能远离城池、蓄积的货物和饶有财资的富人必须屯驻在城内。

　　春秋战国时期，由于生产、分工和贸易的蓬勃发展，城市居民基本上脱离了农业活动，"工肆之人"的数量显著增加，以至于"士、农、工、商"可以并称为国中"四民"。为了满足城内大量非农业人口的消费需要，出现了规模宏大的集中商业区——"市"。它被居民区、手工业区所环绕，受到城郭的安全保护，成为城乡间、地区间经济交流的重要场所。市内商贾云集，百货充盈，战时能为守城提供充实的物资保障。随着私营工商业的兴起，又产生了一批结驷连骑、家累巨赀的富人，如《管子·轻重甲》所言："万乘之国必有万金之贾，千乘之国必有千金之贾，百乘之国必有百金之贾。"这些人依仗财势，役使贫民奴客，在社会上具有不可忽视的影响。他们积累的巨额财富，也能够有力地支持诸侯国家的战争。如齐国富人"丁氏之家粟可食三军之师行五月"[1]，桓公兵伐孤竹前，"召丁氏而命之曰：'吾有无赀之宝于此。吾今将有大事，请以宝为质于子，以假子之邑粟。'"[2]向他暂借军粮。城市防御作战时，这些富人发挥的作用是相当重要的，所以官府要严密地保护他们。《墨子·号令》："守城之法，敌去邑百里以上，城将如今尽召五官及百长，以富人重室之亲，舍之官府，谨令信人守卫之，谨密为故。"

　　夏、商、西周国都的情况则与之截然不同，考古学家至今未在其

---

①《管子·山权数》。
②《管子·山权数》。

城墙以内的遗存里发现手工业作坊和市肆的痕迹。根据文献记载，三代的都邑也有市场，所谓"大市"，是专为贵族服务的，货物种类少、价格高，有奴隶、大牲畜、贵重武器和奢侈品等。见《周礼·地官司徒·质人》："质人掌成市之货贿：人民、牛马、兵器、珍异，凡卖儥者质剂焉。"而守城所需的物资，多是民间日常生活用品，如《墨子·旗帜》所称："凡守城之法：石有积，樵薪有积，菅茅有积，萑苇有积，木有积，炭有积，沙有积，松柏有积，蓬艾有积，麻脂有积，金铁有积，粟米有积。"这些都是"大市"所不具备的。普通商贩、百姓参加交易的"朝市""夕市"，货物虽以生活日用品为主，但市场规模很小，开放时间短暂，仅一早一晚，商品种类、数量相当少。这两类市场都在宫城之外，没有郭墙的保护，容易被强敌占领、摧毁。还有设在野外道旁的集市，如《周礼·地官司徒·遗人》所载："凡国野之道，十里有庐，庐有饮食。三十里有宿，宿有路室，路室有委。五十里有市，市有候馆，候馆有积。"这类市场多是定期的集市，并非每天开放，规模不大，地理位置比较偏僻，是墨子所说的"市去城远"者，对守城并无补益。在社会分工不发达、城乡没有明显分化的上古时代，早期城市在很大程度上还是个"有围墙的农村"，商品经济的色彩十分淡薄。在"工商食官"的制度下，做工经商者隶属于官府，平民无法像春秋战国的巨贾那样拥有大量的财富。种种客观因素的限制，使三代都城没有繁荣、活跃的市场，容纳的人口、积累的财富相当有限，因此无法在物资供应方面满足长期防御作战的需要。

三代的君主、统帅通常不愿采取守城战术来抵御强敌，还有其他原因。例如这个时代的主要兵种是由贵族甲士组成的战车部队，野战才能充分发挥其威力，兵车在守城战中没有用武之地，等等。不过，军事活动归根结底是以物质资料生产为保障的。如恩格斯所说："暴力的胜利是以武器的生产为基础的，而武器的生产又是以整个生产为基础，因而是以'经济力量'，以'经济情况'，以暴力所拥有的物质资料为基础的。"[①]
夏、商、西周的生产、交换水平处在较低的状态，因而城市规模普遍较
小，都城、"大邑"的人口居住又相当分散，既无密封式的城郭保护，也
缺乏充裕的财富来维持固守战斗；较小的宫城，只能应付突发的动乱、
事变和袭击，暂时保护国君、贵族的安全，而无力抵抗强敌的持久攻打。
所以守城战役在三代的历史上实属罕见，更没有成功的例子。沈尹戌对
囊瓦城郢的批评，"苟不能卫，城无益也。……国焉用城"确实反映了"古
者"，即春秋以前青铜时代中国战争防御的客观规律：在强敌面前能战当
战，不能战当走。困守城邑的战术是不能挫败优势敌人长期围攻的。

---

① 恩格斯：《反杜林论》，《马克思恩格斯选集》第 3 卷，人民出版社，1972 年。

附二
——
战国秦汉的"陷陈"

一、"陷陈"的含义

秦汉史籍对作战经过的叙述里，常常会提到"陷陈"一词。例如，《史记》卷54《曹相国世家》："从南攻犨，与南阳守齮战阳城郭东，陷陈，取宛，虏齮，尽定南阳郡。"《汉书》卷83《陈汤传》曰："臣延寿、臣汤将义兵，行天诛，赖陛下神灵，阴阳并应，天气精明，陷陈克敌，斩郅支首及名王以下。"《后汉书》卷20《祭遵传附肜传》载其拜辽东太守，"（建武）二十一年秋，鲜卑万余骑寇辽东，肜率数千人迎击之，自被甲陷陈，虏大奔，投水死者过半"。

"陷陈"之"陈"，乃"阵"的古字，本义是指战车和徒兵（步卒）的排列，即军阵、战阵的意思。颜师古注《汉书》卷23《刑法志》曰："战陈之义本因陈列为名，而音变耳，字则作陈，更无别体。而末代学者辄改其字旁从车，非经史之本文也。""陈"以后又引申为军队各种战斗队形的泛称。

"陷"字则有穿透之义。如《韩非子·难一》曰："楚人有鬻盾与矛者，誉之曰：'吾盾之坚，物莫能陷也。'又誉其矛曰：'吾矛之利，于物无不陷也。'"用于军事作战方面，则引申为攻破。例如，《史记》卷107《魏其武安侯列传》："灌孟年老，颍阴侯强请之，郁郁不得意，故战常陷坚，遂死吴军中。"《三国志》卷7《魏书·臧洪传》："城陷，（袁）绍生执洪。""陷陈"则指冲破、打乱敌人的战斗阵形，如《六韬》卷6《犬韬·战车》载太公所言："敌之前后，行陈未定，即陷之。旌旗扰乱，人马数动，即陷之。士卒或前或后，或左或右，即陷之。陈不坚固，士卒前后相顾，即陷之。"军队溃败的先兆，往往就是阵列被敌兵冲垮。战国秦汉史籍对作战经过的叙述里，常会提到这种一般意义上的"陷陈"。

商周至秦汉在我国军事史上处于冷兵器时代，基本作战方式是用戈、矛、戟、刀剑展开白刃格斗和弓箭射击，以近战为主。在当时简陋的武器条件之下，交战双方都采取了排兵布阵，即组编各种战斗队形的方法，来加强军队的作战能力。将领们在战争实践中发现，同样数量的士兵，由于作战队形的差异，会表现出高低不同的战斗力。在人数上处于劣势的军队，若能组成严格的阵列，施以统一的号令和协同动作，常常可以击败人数众多、队形杂乱的强敌。如战国兵家著作《六韬》卷6《犬韬·均兵》所言："战则一骑不能当步卒一人，三军之众，成陈而相当。则易战之法：一车当步卒八十人，八十人当一车；一骑当步卒八人，八人当一骑；一车当十骑，十骑当一车。"

从简单的战斗队形发展为组织严密、纪律严明的方阵，就能够把千万人凝聚成一个协同作战的整体。而未经阵列训练、各自为战的军队，仅仅是乌合之众；即使人人武艺高超，剽悍狠猛，也不过是徒逞匹夫之勇，"其战则蜂至，败则鸟窜"[1]，无法抵御阵势严整的强敌。如荀子曾批评崇尚单兵搏斗技能、忽视阵战的齐国军队，认为他们只能对付弱小之

---

[1]《三国志》卷64《吴书·诸葛恪传》。

寇，遇到强大的敌人就会涣然崩溃："齐人隆技击，其技也，得一首者则赐赎锱金，无本赏矣。是事小敌毳，则偷可用也，事大敌坚则涣然离耳，若飞鸟然，倾侧反覆无日，是亡国之兵也，兵莫弱是矣。"[①]

另外，军阵不仅仅是战斗人员的排列部署，也是各种兵器的组合。根据长短兵器和远射兵器各自的性能特点，在阵内加以配置，亦能明显提高部队的战斗效率。如《司马法·定爵》所言："弓矢御，殳矛守，戈戟助。凡五兵五当，长以卫短，短以救长，迭战则久，皆战则强。"

阵列对兵员和武器加以合理配置部署，使其密切协同战斗，极大地增强了整体作战效能。古代军队在行进、野战、攻城、追击，乃至涉渡江河时，往往都要保持一定的阵形。因为"阵"对于战斗十分重要，所以被著名兵家孙膑放在指挥艺术的首位："凡兵之道四：曰阵，曰势，曰变，曰权。"[②]"陈（阵）"甚至成为军事的代名词，见《论语·卫灵公》："卫灵公问陈于孔子，孔子对曰：'……军旅之事，未之学也。'"

阵列对于古代作战是如此重要，以至于将帅们多把"陷陈"——破坏对方的战斗队形——当成克敌制胜的重要手段。从汉代的历史记载来看，"陷陈"一词，除了泛指攻破敌阵以外，在许多情况下，还代表一种战术，即在对阵交锋或突围时，由少数精锐部队发起冲击，突破并打乱对方战斗队形，主力随后跟进，击溃敌阵，从而达到获胜或解围的目的。可以参见《汉书》卷69《赵充国传》：

> 武帝时，以假司马从贰师将军击匈奴，大为虏所围。汉军乏食数日，死伤者多，充国乃与壮士百余人溃围陷陈，贰师引兵随之，遂得解。

---

① 《荀子·议兵》。

② 银雀山汉墓竹简整理小组：《孙膑兵法·势备》，文物出版社，1975 年，第 65 页。

《后汉书》卷1上《光武帝纪上》：

> 光武乃与敢死者三千人，从城西水上冲其中坚，（王）寻、邑陈
> 乱，乘锐崩之，遂杀王寻。

《三国志》卷64《吴书·孙峻传》注引《吴书》：

> 诸葛恪征东兴，（留）赞为前部，合战先陷陈，大败魏师，迁左
> 将军。

本文要探讨的是，汉代"陷陈"这一战术的起源及其组织与实施情
况如何？它反映了哪些时代特点？这些问题，笔者将在下文展开详细的
论述。

二、"陷陈"的起源

（一）商周时代尚无"陷陈"战术

就历史记载来看，尽管"陈（阵）"在我国起源很早，但是商周和春
秋的著作里尚未提到"陷陈"一词。史籍叙述的战斗情况，也还没有出
现用少数精锐部队率先冲击、打乱敌阵的战术，这和当时的生产力水平、
武器装备的作战性能低下有着密切的联系。商周和春秋前期处于青铜时
代，使用钝拙的铜戈、矛、戟、短剑和弓矢，甚至还保留着原始的木石
兵器——殳和石戈、石镞[1]。在军事史上，这个时期属于以车战为主的
阶段，兵员的数量不多，所谓"帝王之兵，所用者不过三万，而天下服
矣"[2]。军队的组织和战术也比较简单，双方往往"结日定地，各居一面，

---

[1] 杨泓：《中国古兵器论丛》，文物出版社，1980年，第84页。
[2]《战国策·赵策三》。

鸣鼓而战，不相诈"①。在交锋中通常不保留预备队，倾注全力于一战，因此在地域上局限于某个狭小的战场，没有绵长的战线；交战的时间也很短暂，不像后代的战争那样旷日持久。例如商汤灭夏的鸣条之战、武王伐纣的牧野之战，乃至春秋时期的一些著名战役（如城濮之战、邲之战、鄢之战等），多是一天之内就结束战斗。在阵形和进攻的战术上，上述时代有以下特点值得注意。

1. **战斗队形为一线横排方阵**。商周军队的阵形基本采取车卒密集混编的横排方阵，战车和徒兵互相掩护，协同战斗，一般分为右、中、左三个方阵。② 平常情况下，主力部署在中军，左右多配属弱旅。如《左传·成公十六年》载公元前575年鄢陵之战，苗贲皇谓晋侯曰："楚之良，在其中军王族而已。"李贤亦曰："凡军事，中军将最尊，居中以坚锐自辅，故曰中坚也。"③ 兵车和步卒在战阵中如何配置，目前学术界尚无统一意见。④ 据《司马法·仁本》记述，当时流行的战法是"成列而鼓，是以明其信也"，即双方先把战车、徒兵排成整齐的阵列，然后击鼓对攻。交锋时先用弓箭远射，接近后再用戈、矛、戟等长兵器厮杀，冲击敌人的方阵。若有一方的阵列发生动摇、混乱，就会导致全军的溃败，胜者即

①《公羊传·桓公十年》何休注。

② 商周春秋的方阵往往分为右、中、左三个。见商代卜辞："丁酉卜，王乍（作）三师，右中左。"《左传·桓公五年》载繻葛之战："王为中军，虢公林父将右军，蔡人、卫人属焉；周公黑肩将左军，陈人属焉。"郑军的部署为："曼伯为右拒，祭仲足为左拒，原繁、高渠弥以中军奉公。"亦称为上、中、下军，见《左传·僖公二十八年》载晋国任命三军之将事。

③《后汉书》卷1上《光武帝纪上》更始元年（23）六月"己卯"条李贤注。

④ 关于商周时代战阵中兵车与步卒配置的不同意见，可参见中国军事科学院战争理论部、《中国古代战争战例选编》编写组：《中国古代战争战例选编》第一册，中华书局，1981年，第2页；蓝永蔚：《春秋时期的步兵》，中华书局，1979年，第178页；卢林：《战术史纲要》，解放军出版社，1987年，第38页；王辉强：《秦兵马俑与秦军阵法》，《文博》1994年第6期。

开始追击或聚歼敌人的散兵。这种车卒混编的阵列，交锋时如果出现溃乱，很难重新整顿排列，所以很快就能决出胜负。

2. 进攻速度缓慢。 由于方阵是以一个巨大的整体向前运动，混编的战车和步卒必须保持共同的行进速度，兵车不能脱离阵列而长驱疾驰，只能在接战交锋中缓步前进。如《司马法·天子之义》所言："虽交兵致刃，徒不趋，车不驰。"另外，从《尚书·牧誓》的记载来看，为了严格保持方阵的队形，甲士们行进数步、完成几个击刺动作之后，就需要停顿下来，重新整顿队伍："不愆于四伐、五伐、六伐、七伐，乃止，齐焉。"从而也使行进速度大大减慢了。受早期方阵进攻的特点制约，即使面对溃逃之敌，胜者也无法实行长距离、快速的追击。如《司马法》所言，"古者逐奔不远""古者逐奔不过百步""逐奔不逾列，是以不乱"[①]。

3. 实施平推战术。 因为阵列是一线横排，进攻速度又相当缓慢，商周时代的攻击方法基本上是平推，即所谓"全正面攻击"，就是沿着作战正面平均分配兵力向前推进，没有攻击重点和主攻方向。这在军事学上也称为"单纯的正面进攻"。这是文明时代初期流行的一种死打硬拼的简单战术。如英国军事史学家富勒所言："足以支配战斗的不是他们的技巧，而是他们以身作则的勇气。战斗是以人与人之间的决斗为主，而不是头脑与头脑之间的决斗。"[②]

综上所述，商周和春秋初期的战斗受到武器装备水平的限制，只能以呆笨不灵的阵列和迟缓的前进速度交锋，在进攻的兵力配置上采取平推的部署，因而无法使用后代流行的"陷陈"作战方法，即集中兵力攻击敌阵的某个部位，由少数精锐率先发动快速的纵队突击，因此，"陷陈（阵）"一词和它所代表的进攻战术未能在这个时代出现。

---

① 《司马法》卷上《仁本》《天子之义》。
② 〔英〕富勒：《西洋世界军事史》，第1卷，解放军出版社，1981年，第17页。

（二）战国时期的"陷陈"之士

"陷陈（阵）"这个词与相应的进攻战术，首先出现在战国时期。当时著名的兵家著作《六韬》卷6《犬韬》在讲述"练士之道"时，说应该根据作战的需要和士卒本人的特点，将其分别编成若干个小分队："军中有大勇、敢死、乐伤者，聚为一卒，名为冒刃之士；有锐气、壮勇、强暴者，聚为一卒，名曰陷陈之士。"然后再加以训练。并且强调说："此军之服习，不可不察也。"

《吴子·图国》中也谈到同样的主张，即在国中选拔、招募勇武之士，组编成精锐部队，用来执行突围、攻城等危险的作战任务，并列举了春秋时期的一些事例："昔齐桓募士五万，以霸诸侯。晋文召为前行四万，以获其志。秦缪置陷陈三万，以服邻敌。故强国之君，必料其民。民有胆勇气力者，聚为一卒；乐以进战效力以显其忠勇者，聚为一卒；能逾高超远、轻足善走者，聚为一卒；王臣失位而欲见功于上者，聚为一卒；弃城去守，欲除其丑者，聚为一卒。此五者，军之练锐也。有此三千人，内出可以决围，外入可以屠城矣。"不过，秦穆公的精锐部队是否以"陷陈"为名、是否有三万之众，春秋文献无征，尚待详细考证。也许《吴子》一书的作者为了使自己的观点更有说服力，对其历史根据有所夸张和附会。但是，书中所言选募精锐部队执行特殊任务的情况，应视为战国军队组织的真实反映。

《商君书·境内》也提到秦国军中选编的类似队伍，称为"陷队之士"；朱师辙《商君书解诂》注曰："陷队，勇敢陷阵之士，即今之敢死队。""陷队之士"奋勇作战，每队若能斩获五颗首级，便赏赐每人爵位一级；如果战死，其爵位可由家中一人继承；若有人畏缩不前，就在千人围观之下，处以黥面、劓鼻的重刑。"陷队之士"的组成，采取个人申请报名的方式："其陷队也，尽其几者；几者不足，乃以欲级益之。"高亨在《商君书新笺·境内》中注曰："几疑为祈，二字古通用。……《广雅·释诂》：'祈，求也。'祈者即自己申请之人。欲级即希望升级之人，此言陷队之士（敢死队）尽用自己申请之人，自己申请之人不足，则以希望升级之人补充之。"

　　敢死队之类的编制，早在商周时期就已经存在。如《吕氏春秋·仲秋纪·简选》："殷汤良车七十乘，必死六千人，以戊子战于郕，遂禽推移、大牺，登自鸣条，乃入巢门，遂有夏。"《尉缭子·武议》："武王伐纣，师渡盟津，右旄左钺，死士三百，战士三万。"《史记》卷4《周本纪》载武王"遂率戎车三百乘，虎贲三千人，甲士四万五千人，以东伐纣"，《史记集解》引孔安国曰："虎贲，勇士称也。若虎贲兽，言其猛也。"又《史记》卷41《越王勾践世家》载吴王阖庐"乃兴师伐越。越王勾践使死士挑战，三行，至吴陈，呼而自刭。吴师观之，越因袭击吴师，吴师败于槜李，射伤吴王阖庐。……（勾践）乃发习流二千人，教士四万人，君子六千人，诸御千人，伐吴。"《史记正义》曰："谓先惯习流利战阵死者二千人也。"但是当时尚未采取"陷陈"的纵队突击战术，"死士"们多聚集在中军，以保护国君或将帅的安全，随同方阵进攻。像春秋韩原之战时，秦穆公被晋军围困，有赖"推锋争死"的岐下三百野人奋勇突围，"遂脱缪公而反生得晋君"[1]。战国时期的敢死队以"陷陈"或"陷队"为名，显然是以执行冲锋陷阵的任务为主，如孙膑所言："纂卒力士者，所以绝阵取将也。"[2] 但也包括攀城、突围等危险战斗。

（三）"陷陈"部队的兵种构成

　　从当时的文献记载来看，"陷陈"战斗的部队以车兵为主。《六韬》卷6《犬韬·均兵》曰："车者，军之羽翼也，所以陷坚陈，要强敌，遮

---

① 《史记》卷5《秦本纪》。

② 银雀山汉墓竹简整理小组：《孙膑兵法·威王问》，文物出版社，1975年，第43页。

走北也。"《六韬》卷6《犬韬·战车》还列举了"十害"与"八胜",即十种不利于车兵作战的地形,以及八种有利于战车陷阵的情况。

> 武王曰:"八胜之地奈何?"太公曰:"敌之前后,行陈未定,即陷之。旌旗扰乱,人马数动,即陷之。士卒或前或后,或左或右,即陷之。陈不坚固,士卒前后相顾,即陷之。前往而疑,后恐而怯,即陷之。三军卒惊,皆薄而起,即陷之。战于易地,暮不能解,即陷之。远行而暮舍,三军恐惧,即陷之。此八者,车之胜地也。将明于十害八胜,敌虽围周,千乘万骑,前驱旁驰,万战必胜。"

另《尉缭子·兵教下》也讲到军中的"死士"是车兵:"十一曰死士,谓众军之中有材力者,乘于战车,前后纵横,出奇制敌也。"

战国时期的骑兵多用于侦察、追击和突袭,"骑者,军之伺候也,所以踵败军、绝粮道、击便寇也"[①]。另一方面,由于骑兵的快速、机动,在当时往往和战车混编战斗,以发挥其行动迅速、冲击力强的优势,称为"轻车锐骑"。如马陵之战后,孙膑向田忌建议回师临淄:"背太山,左济,右天唐,军重踵高宛,使轻车锐骑冲雍门。若是,则齐君可正,而成侯可走。"[②]《六韬》卷5《豹韬·敌武》也列举了许多车骑部队的战法。例如:

> 伏我材士强弩,武车骁骑,为之左右,常去前后三里。敌人逐我,发我车骑,冲其左右。如此,则敌人扰乱,吾走者自止。……
>
> 选我材士强弩,伏于左右,车骑坚阵而处。敌人过我伏兵,积弩射其左右;车骑锐兵,疾击其军,或击其前,或击其后。敌人虽众,其将必走。

---

① 《六韬》卷6《犬韬·均兵》。
② 《战国策·齐策一》。

　　混编的车骑部队，也被用来从事"陷陈"战斗。《六韬》卷6《犬韬·战骑》："地平而易，四面见敌，车骑陷之，敌人必乱。"在某些有利的形势下，例如敌人阵势未定、队形混乱、兵无斗志、军心恐惧等，骑兵可以单独向其发起冲击。不过，骑兵的弱点在于马匹的目标较大，防护薄弱，容易受伤。如果对方阵势坚固，士气高涨，是不宜用骑兵发起攻击的，即所谓"敌人行阵整齐坚固，士卒欲斗，吾骑翼而勿去"[①]。

　　关于战国步兵在"陷陈"战斗里扮演的角色，当时的兵书讲的不甚详备，近世学者们多根据秦俑军阵的考古发掘资料开展研究。一号坑是秦俑军阵的主体，其正面是三列横队的轻装步兵俑，身着战袍，主要装备弓弩等远射武器，属于车兵和重装步兵（甲士）的辅助部队，被认为是军阵的前锋。横队之后是38路纵队的重装步兵，身着铠甲，装备着戈、矛、戟、铍等格斗武器，被认为是军队的主力。"俑坑军阵据目前出土情况，不见骑兵，而是以俑坑中间第六过道内的四路纵队的武士俑为中轴线，两侧对称地排列着战车、步兵、战车、战车、步兵"[②]。向敌人发动攻击时，秦俑军阵中哪些兵种担任"陷阵"的任务？目前看法略有分歧。叙述如下。

　　部分学者认为是由位于阵表的轻装步兵充当前锋，首先用弓弩远射，接近后插入敌阵，打通道路，以重装步兵为主的后续部队紧跟其后，扩大战果，以达到重创敌人之目的。[③] 有些学者还把秦俑军阵和希腊、罗马的步兵作战情况做了比较，认为有许多相似之处[④]，提出秦俑军阵反映的用兵原则，第一是"用射击部队首先接敌开战"，第二是"主力部队作战

---

① 《六韬》卷6《犬韬·战骑》。

② 秦鸣：《秦俑坑兵马俑军阵内容及兵器试探》，《文物》1975年第11期。

③ 彭文：《秦代步兵浅析》，《文博》1992年第5期。

④ 白建钢：《论秦俑军阵的轻、重装步兵》，《西北大学学报》1988年第1期。

时首先投入轻装步兵"①，并列举了古代西方军队的同类战术。

这里需要注意的是，希腊、罗马军队在对阵交锋时，虽然先用投石兵或弓箭手等轻装步兵接近敌人，发射矢石、标枪，但由于他们没有可靠的防护装备，在近战格斗中处于劣势，因此在接近敌阵时通常退至重装步兵的身后或两翼，不直接参加攻坚战斗。"重步兵用于冲击对方，对战斗胜负起决定作用"②，研究秦俑军阵的一些学者也注意到这个问题，"虽说轻步兵行动灵活，但在短兵相接的战斗中重装步兵的防护装备似乎能更有效地抵御敌人的进攻，保存实力以打击敌人"③，"轻装弓弩兵无防护能力，可以远射作战，不宜近战格斗，作战时'更发更止'，交替射箭。短兵相接时，当有撤至阵中或向两翼疏散的动作"④。由此分析，战国及秦代的轻装步兵恐怕难以承担攻坚陷阵的主要任务，可能还是由车兵和重装步兵来完成的。笔者比较赞同秦鸣的意见。他认为当时战斗队形的编组不是固定的，必须根据形势的变化来决定。"在地势平坦广阔的地区作战，则'轻车先出'，'以伍次之'。车用以'陷坚阵，要强敌，遮走北'，步兵则'坚阵疾战'。当遇到险峻的地区作战时，则以步兵居前，冲锋陷阵；或凭陵据险，截击敌人；而车稍后，相机配合步兵战斗。"⑤

（四）"陷陈"战术的阵形

战国时期"陷陈"战术的出现和应用，还和当时军事思想与阵形的发展有密切关系。春秋时期，列阵而后交锋的传统战法仍然占据着主导

---

① 白建钢、李琳：《论秦俑军阵的基本战术》，《唐都学刊》1987 年第 4 期。
② 卢林：《战术史纲要》，解放军出版社，1987 年，第 77 页。
③ 彭文：《秦代步兵浅析》，《文博》1992 年第 5 期。
④ 王辉强：《秦兵马俑与秦军阵法》，《文博》1994 年第 6 期。
⑤ 秦鸣：《秦俑坑兵马俑军阵内容及兵器试探》，《文物》1975 年第 11 期。

地位，典型战例就是在泓之战中，司马子鱼建议宋军利用楚军半渡及未布阵的时机发动进攻，却被保守顽固的宋襄公所拒绝，他甚至在失败以后还振振有词地辩解："寡人虽亡国之余，不鼓不成列。"[1]战国时期则情况大变，一方面，军事家们极力提倡利用敌阵未定、混乱移动时发起攻击，以便减少牺牲、取得更好的战果；而把阵形不稳固看作兵家大忌，并将其作为作战原则写进兵法著作，奉为经典。例如《吴子·料敌》曰：

> 凡料敌，有不卜而与之战者八：……八曰陈而未定，舍而未毕，行阪涉险，半隐半出。诸如此者，击之勿疑。……
>
> 武侯问敌必可击之道。起对曰："用兵必须审敌虚实而趋其危。敌人远来新至，行列未定，可击；既食，未设备，可击；……旌旗乱动，可击；……陈数移动，可击；将离士卒，可击；心怖，可击。凡若此者，选锐冲之，分兵继之，急击勿疑。"

《吴子·图国》曰：

> 不和于军，不可以出陈；不和于陈，不可以进战。

《六韬》卷3《龙韬·兵征》曰：

> 行陈不固，旌旗乱而相绕，逆大风甚雨之利，士卒恐惧，气绝而不属，戎马惊奔，兵车折轴，金铎之声下以浊，鼙鼓之声湿以沐，此大败之征也。

另一方面，在敌军布阵已毕的情况下，军事家们注意到，破坏其阵形是野战获胜的关键；敌军的崩溃往往是由战斗队形的混乱引起的。如《尉缭子·制谈》就认为进攻破阵有三个步骤，即"金鼓所指"，发出攻

击的命令；"陷行乱陈"，突破打乱敌人的战斗队形；"覆军杀将"，消灭敌军及其将领。在进攻敌人的坚固阵列时，旧式的横排方阵平推前进被认为是低效率的战术。《孙膑兵法·威王问》："威王曰：'地平卒齐，合而北者，何也？'孙子曰：'其阵无锋也。'"即应该用精锐兵力实施突击。另外，当时的军事家们还创造出适应"陷陈"战术的纵队进攻队形。

　　商周及春秋前期的阵法比较简单，主要是方阵和圆阵两种，分别用于攻击和防守。战国时期由于兵器装备与指挥艺术的进步，以及作战环境的复杂化，阵法的种类剧增，可以根据不同条件选择使用。《孙膑兵法·十阵》说到当时，"凡阵有十，有方阵，有圆阵，有疏阵，有数阵，有锥行之阵，有雁行之阵，有钩行之阵，有玄襄之阵，有火阵，有水阵。此皆有所利"，并论述了各种阵法的特点、性能和运用情况。其中的"锥行之阵"，是适应"陷陈"突击的纵队阵形，也就是作战正面狭窄而有纵深的、机动灵活的战斗队形，它可以对敌阵的某个局部集中兵力和武器装备，形成明显的优势。孙膑解释道："锥行之阵者，所以决绝也。"[1]即用于突破和截断敌阵。又说："锥行者，所以冲坚毁锐也。"[2]即用来冲破敌人的坚固阵地，摧毁其精锐部队。他还对此种阵势的构造和作用做了较为详细的说明："锥行之阵，卑之若剑，末不锐则不入，刃不薄则不剸，本不厚则不可以列阵。是故末必锐，刃必薄，本必鸿。然则锥行之阵可以决绝矣。"[3]是说这种阵形譬若宝剑，剑锋不锐利就无法刺入；剑刃不锋利则无法砍杀；剑身不厚实容易折断，则无法用于格斗。所以，部署此阵的前锋部队必须精锐勇猛，两翼部队必须灵活机动，后续部队必须兵力雄厚。这样布置的阵势，就可以突破和截断敌阵了。

---

① 银雀山汉墓竹简整理小组：《孙膑兵法·十阵》，文物出版社，1975 年。
② 银雀山汉墓竹简整理小组：《孙膑兵法·威王问》，文物出版社，1975 年。
③ 银雀山汉墓竹简整理小组：《孙膑兵法·十阵》，文物出版社，1975 年。

　　《孙膑兵法·势备》还借用宝剑的"锋"和"后"来论证"锥行之阵"中"陷陈"的前锋与后续部队。强调军阵没有锐利的前锋犹如剑之无锋，虽有孟贲之勇而不能前进；军阵没有强大的后续部队好像剑之无铤（把柄），即使是"巧士"也无法冲锋。无锋无后，还硬要向敌人发动进攻，这样的将领是根本不懂用兵之道的。所以军阵既要有前锋，又要有后续部队，才能"相信不动，敌人必走"，即稳定阵势，击溃敌军。

　　就意识形态而言，这一历史阶段"陷陈"之士的组成，"锥行之阵"和纵队突击战术的出现，反映了人们对战争经验的总结和军事理论认识的深化；从物质基础来说，则是当时军队普遍装备新式武器的结果。战国时期，锋利坚韧的钢铁兵器取代了钝拙的青铜兵器，其杀伤力和防护性能获得了显著的提高。像楚国的"宛钜铁䤜，惨如蜂虿"[1]，秦昭王亦言："吾闻楚之铁剑利而倡优拙。夫铁剑利则士勇，倡优拙则思虑远。"[2]韩国出产的剑戟，"皆陆断马牛，水击鹄雁，当敌即斩坚"[3]。它们为"陷陈"战术的实施提供了必要的技术条件与保护手段，使少数勇士能够在矢刃交加之下突入敌阵，打乱对方的作战队形。像《吕氏春秋·开春论·贵卒》所载的中山力士，"衣铁甲，操铁杖以战，而所击无不碎，所冲无不陷"，为后续部队的进击开辟道路，从而取得战斗的胜利。

三、汉代的"陷陈"部队及其战术

　　两汉时期，统一的多民族国家获得了巩固和成长，军队的规模庞大，并拥有完备的组织系统，所运用的阵形和战术得到了进一步的发展，关于"陷陈"部队的历史记载也比前代更为详细。

---

① 《荀子·议兵》。
② 《史记》卷 79《范雎列传》。
③ 《战国策·韩策一》苏秦语。

（一）"陷陈"部队的编制情况

　　1.**主将为"陷陈都尉"**。汉代军中，亦有以"陷陈"为名的作战分队，主将为"陷陈都尉"，这一官职在《史记》与《汉书》里未有记载。首都师范大学历史博物馆藏有一件汉代青铜弩机，上有铭文四行二十三字曰："陷陈都尉马士乍（作）紫赤间，间、郭师任居，建武十年丙午日造。"文中提到的"紫赤间"，乃弩机的名称①，由陷陈都尉马士监作；制造"间"（弩牙）和"郭"（铜铸机匣）的匠师名为任居；文中的"建武十年"，当是指东汉光武帝刘秀的年号。汉晋南北朝诸帝虽然多有用"建武"年号者，但历时十年以上者只有刘秀与后赵的石虎，而铭文所载的"都尉"又系汉代武官职称，故应断定为汉代遗物。按建武十年（34）天下未定，多有征伐，特别是东汉政府与蜀地公孙述、陇西隗嚣父子的战斗已经持续数岁。这一年的八月，刘秀亲率大军征讨陇西，至十月隗纯降汉，才班师回朝。弩机铭文中的陷陈都尉马士，《后汉书》不载其名，事迹无考，很可能只是东汉政府与公孙述或隗嚣作战中任职的一位武将，属于临时的职务，不同于边郡都尉、属国都尉等常设的地方军政长官。

　　据《汉书》卷19上《百官公卿表上》记载，秦朝及汉初，各郡皆设尉一人，"掌佐守典武职甲卒，秩比二千石"，即作为郡守的副职，主管当地军务与治安，汉景帝中二年（前148）更名都尉。后来武帝又设置三辅都尉、关都尉，以及掌管屯田事务的农都尉、主蛮夷降者的属国都尉等，都是地方驻军的长官。东汉建武六年（30）罢郡国都尉，九年（33）省关都尉，"唯边郡往往置都尉及属国都尉，稍有分县，治民比郡"②。后

---

① 汉魏弩机名称有"白间"（《后汉书》卷40《班固传》载《两都赋》）、"黄间"（《文选》卷4载张衡《南都赋》）、"赤黑间"（《金石索》卷2《汉右中郎将曹悦弩机铭文》）、"紫间"（见《太平御览》卷348引陆机《七导》），看来"紫赤间"也应是弩机之名。

② 《后汉书·百官志五》。

世"每有剧贼，郡临时置都尉，事讫罢之"①。

两汉郡国维持地方治安的常设都尉，其称呼多带有辖区的地名，如泰山都尉、上河农都尉、张掖属国都尉等。另外，在作战部队里亦有都尉，属于将军、将统辖之下的中级武官，与校尉等秩，掌军之一部。此类官职起源于战国，见《史记》卷73《王翦列传》："（楚兵）大破李信军，入两壁，杀七都尉，秦军走。"秦朝建立后，军中亦有此职，见《史记》卷95《樊哙列传》："攻武关，至霸上，斩都尉一人……"汉代此种都尉与郡国都尉不同的是，其官职前面往往冠以所辖兵种的名称，如车骑都尉、骁骑都尉、骑都尉、长铍都尉等。汉代的敢死队员也称"陷陈士"②，执行突击敌阵任务的精锐分队"名为陷陈营"③。由此看来，"陷陈都尉"应是专门率领"陷陈士"的武官。据《三国志》卷17《魏书·乐进传》记载，东汉兴平元年（194），曹操领兖州牧后，曾任命乐进为陷陈都尉。《三国志》卷17《魏书·于禁传》亦载："拜军司马，使将兵诣徐州，攻广威，拔之，拜陷陈都尉。"按曹操此时既为汉臣，其部队组织、官职应为汉制，他所设置的"陷陈都尉"，自然是沿袭东汉的军事制度，故与上述建武十年（34）弩机铭文所载官名相符。这一官职亦应是在战时临时设置的，有别于边郡都尉、属国都尉等常设的地方军事长官。

2. **属官有陷陈司马。**陷陈都尉的属官，据传世汉印反映，有"陷陈司马""陷陈破虏司马"④。《后汉书·百官志一》记载司马是将军属下各部校尉的副职，如该部未设校尉，则由司马统领："其领军皆有部曲。大将军营五部，部校尉一人，比二千石；军司马一人，比千石。部下有

---

① 《后汉书·百官志五》注引应劭曰。
② 《后汉书》卷87《西羌传》。
③ 《三国志》卷7《魏书·吕布传》注引《英雄记》。
④ 罗福颐：《秦汉南北朝官印征存》，文物出版社，1987年，第140～141、234页。

曲，曲有军候一人，比六百石。……其不置校尉部，但军司马一人。又有军假司马、假候，皆为副贰。其别营领属为别部司马，其兵多少各随时宜。"都尉与校尉属于同一级别，为军中一部的长官，故司马也是其副职，代理司马职务者称为"假司马"。例如居延汉简多载边郡军事组织的情况，可以见到都尉部下设有司马、骑司马、假司马、千人和候等属官。①汉简中还有司马随同都尉作战的记述："本始元年九月庚子，虏可九十骑入夹渠止北隧，略得卒一人，盗取官三石弩一、稾矢十二、牛一、衣物，去城，司马宜昌将骑百八十二人从都尉追。"②《史记》卷98《傅靳蒯成列传》载信武侯靳歙："略梁地，别将击邢说军菑南，破之，身得说都尉二人，司马、候十二人，降吏卒四千一百八十人。"也提到司马、候是都尉的下级。前引《三国志》卷17《魏书·乐进传》《魏书·于禁传》也记载二人是由军司马、假司马升迁为陷陈都尉的。

司马统辖的兵数，约在千人。可见《尉缭子·制谈》："令百人一卒，千人一司马，万人一将。"《汉书》卷52《灌夫传》亦载："请孟为校尉，夫以千人与父俱。"孟康注曰："官主千人，如候、司马也。"但也有率领数千人的记载，见《后汉书》卷65《段颎传》："乃分遣骑司马田晏将五千人出其东，假司马夏育将二千人绕其西。"属于特殊事例。

3."陷陈"部队的规模。汉代每支"陷陈"部队的兵员有多少？有关的记载很繁杂。如果仅从都尉领兵的人数来看，有数千人。《汉书》卷69《赵充国传》：

> （义渠）安国以骑都尉将骑三千屯备羌，至浩亹，为虏所击，失亡车重兵器甚众。

---

① 陈梦家：《汉简缀述》，中华书局，1980年，第39~45页。

② 谢桂华、李均明等：《居延汉简释文合校》，文物出版社，1987年。

如果从"陷陈"部队作战的事例来看，人数最少者仅有百余人。如前引《汉书》卷69《赵充国传》载其与匈奴作战时突围事。多者为数千人；又如《后汉书》卷13《公孙述传》载："述乃悉散金帛，募敢死士五千余人。"《后汉书》卷21《耿纯传》："选敢死二千人，俱持强弩。"昆阳之战，"光武乃与敢死者三千人，从城西水上冲其中坚，（王）寻、邑陈乱"①。值得注意的是，先秦古籍里记载的"死士"队伍有许多也是三千人。②

东汉后期的许多"陷陈"部队则为数百人到千人。例如《后汉书》卷74上《袁绍传》载界桥之战时，"绍先令麴义领精兵八百，强弩千张，以为前登"；《三国志》卷7《魏书·吕布传》注引《英雄记》载其部将高顺，"所将七百余兵，号为千人，铠甲斗具皆精练齐整，每所攻击无不破者，名为陷陈营"；《三国志》卷17《魏书·乐进传》记载，东汉兴平元年（194），曹操领兖州牧后，遣乐进回本郡募兵，"得千余人，还为军假司马、陷陈都尉"；《三国志》卷18《魏书·典韦传》载曹操"拜韦都尉，引置左右，将亲兵数百人，常绕大帐。韦既壮武，其所将皆选卒，每战斗，常先登陷陈"。

据此看来，汉代"陷陈"部队的人数多少要依据当时军队与战场的实际情况而定。

4. "陷陈"部队的装备。 "陷陈"部队的战斗力较强，其装备的武器也很精良。秦汉兵器铭文内多有制造官署、监作官吏与匠师的名称，通

---

① 《后汉书》卷1《光武帝纪上》。
② 《史记》卷69《苏秦列传》："汤武之士不过三千，车不过三百乘，卒不过三万，立为天子，诚得其道也。"《史记》卷4《周本纪》载武王"遂率戎车三百乘，虎贲三千人，甲士四万五千人，以东伐纣"。《吴子·图国》："民有胆勇气力者，聚为一卒；乐以进战效力以显其忠勇者，聚为一卒；能逾高超远、轻足善走者，聚为一卒；王臣失位而欲见功于上者，聚为一卒；弃城去守，欲除其丑者，聚为一卒。此五者，军之练锐也。有此三千人，内出可以决围，外入可以屠城矣。"

常是为了保证兵器的质量，以便事后追究责任。如《礼记·月令》所言："物勒工名，以考其诚，功有不当，必行其罪。"郑玄注："勒，刻也。刻工姓名于其器，以察其信，知其不功致。"前引《建武十年弩机铭文》曰："陷陈都尉马士乍（作）紫赤间……"这里的"作"，也应理解为监作，而不是亲自制作的意思。从两汉其他弩机铭文的内容来看，它们大多是中央少府的尚方和考工室（东汉属太仆），或各郡的工官、铜官制造的，监作官吏是这些机构的令、丞、护工掾、史等。像都尉这样的军官，本来是不管兵器制造事务的。但因国家草创，百废待举，或是受战乱的影响，官府手工业的生产活动脱离正轨，未必能够保证供给，所以出现军队部门自己组织武器生产的情况。如河北省定县北庄汉墓出土的建武三十二年（56）弩机，铭文就有虎贲官治铜弩机百一十枚的记载。[①] 虎贲官即虎贲中郎将，主宫廷宿卫，此时却也兼管制造兵器。武将监作弩机的现象还可以参见《汉金文录》卷6："永初三年□月，右将谭君造□石鐯。"

另外，部分兵器铭文中的官名，还有表示这些物品所属的官府或军队部门的意思，以示与其他机构或私人的兵器有别。见云梦秦简《秦律·工律》："公甲兵各以其官名刻久之，其不可刻久者，以丹若漆书之。"在出借时必须登记武器的标记，再按照标记收回。"陷陈士"等精锐部队装备的武器通常较好。像前述吕布的"陷陈营"，"铠甲斗具皆精练齐整"，需要专门供给。由此看来，陷陈都尉、虎贲官、右将等武官监作的弩机，很可能是专为装备其所辖部队而制造的。

5. "陷陈"部队的其他名称和任务。汉代的"陷陈"部队还有一些其他名称，如"敢死"，见前引《后汉书》卷1《光武帝纪上》，李贤注曰："谓果敢而死者。"及《后汉书》卷21《耿纯传》。或称"勇敢"，见《汉

---

① 河北省文化局文物工作队：《河北定县北庄汉墓发掘报告》，《考古学报》1964年第2期。

书》卷 84《翟方进传附子义传》。另外，常见的还有"先登"或"前登"，参见《史记》卷 95《樊郦滕灌列传》、《后汉书》卷 17《岑彭传》、《后汉书》卷 65《段颎传》《三国志》卷 6《魏书·袁绍传》注引《英雄记》等。

"陷陈士"即敢死队。他们执行的作战任务有许多种，突击敌阵只是其中之一。除此之外，较为多见的是"先登"，即在攻城中率先攀登。它和冲锋陷阵都是最危险最艰苦的战斗。如《六韬》卷 3《龙韬·厉军》所言"攻城争先登，野战争先赴"，以及《史记》卷 129《货殖列传》所讲的"攻城先登，陷阵却敌"。因此它们在当时的历史著作中往往被并列称为"先登陷阵（陈）"，可参见《史记》卷 95《樊哙列传》：

> 攻城，先登陷阵，斩县令丞各一人，首十一级，虏二十人，迁郎中骑将。

《史记》卷 95《郦商列传》：

> 项羽既已死，汉王为帝。其秋，燕王臧荼反，商以将军从击荼，战龙脱，先登陷阵，破荼军易下，却敌，迁为右丞相，赐爵列侯。

《后汉书》卷 20《铫期传》：

> 从击王郎将儿宏、刘奉于钜鹿下，期先登陷陈，手杀五十余人，被创中额，摄帻复战，遂大破之。

《三国志》卷 18《魏书·典韦传》：

> 韦既壮武，其所将皆选卒，每战斗，常先登陷陈。

敢死队执行的任务不只是攻城，还包括夺取浮桥。如《后汉书》卷 17《岑彭传》载："彭乃令军中募攻浮桥，先登者上赏。于是偏将军鲁奇应募而前。"或悬索渡河，见《后汉书》卷 65《段颎传》："追讨（羌寇）

南度河，使军吏田晏、夏育募先登，悬索相引，复战于罗亭，大破之。"
甚至"陷陈"、突击敌阵的战斗，也可以称为"先登"。《后汉书》卷17
《贾复传》："从击青犊于射犬，大战至日中，贼陈坚不却。光武传召复
曰：'吏士皆饥，可且朝饭。'复曰：'先破之，然后食耳。'于是被羽先
登，所向皆靡，贼乃败走。诸将咸服其勇。"

因此，可以认为这两个词在当时是互通的，"陷陈"部队或是"陷陈"
战斗有时也叫作"先登"。

(二)"陷陈"部队的组织方式

汉代的"陷陈"部队是由哪些人、通过何种方式编组而成的？从史
籍记载来看，大致可以分为以下三种：

1. **简选**。在军队将士当中考察选拔勇猛健壮、武艺高强之人，组成
精锐分队。如《后汉书》卷21《耿纯传》载："贼忽夜攻纯，雨射营中，
士多死伤。纯勒部曲，坚守不动。选敢死二千人，俱持强弩，各傅三矢，
使衔枚间行，绕出贼后，齐声呼噪，强弩并发，贼众惊走，追击，遂破
之。"这是从商周沿袭而来的传统制度。《吕氏春秋·仲秋纪·简选》对
此有专门的论述。又见《吴子·料敌》：

> 然则一军之中必有虎贲之士，力轻扛鼎，足轻戎马，搴旗取将，
> 必有能者。若此之等，选而别之，爱而贵之，是谓军命。其有工用
> 五兵、材力健疾、志在吞敌者，必加其爵列，可以决胜。厚其父母
> 妻子，劝赏畏罚。此坚陈之士，可与持久。能审料此，可以击倍。

《荀子·议兵》还提到当时魏国考核"武卒"的具体办法："衣三属
之甲，操十二石之弩，负服矢五十个，置戈其上，冠轴带剑，赢三日之
粮，日中而趋百里，中试则复其户，利其田宅。"

2. **招募**。就汉代情况而言，"陷陈"部队的组成，更多的是采用招募

的方式。即在战前颁布重赏，吸引军中的将士报名参加。可见《汉书》卷 84《翟方进传附子义传》："于是以九月都试日斩观令，因勒其车骑材官士，募郡中勇敢，部署将帅。"《后汉书》卷 65《段颎传》载其与羌族作战时，"使军吏田晏、夏育募先登"。《后汉书》卷 17《岑彭传》曰："彭乃令军中募攻浮桥，先登者上赏。于是偏将军鲁奇应募而前。"《三国志》卷 18《魏书·典韦传》载汉末曹操与吕布交战时，"募陷陈，韦先占，将应募者数十人"。这种办法利用了人们发财致富的思想，诱使他们自愿担任危险的战斗任务，故而能有较高的士气和求战欲望。正如《史记》卷 129《货殖列传》所言："富者，人之情性，所不学而俱欲者也。故壮士在军，攻城先登，陷阵却敌，斩将搴旗，前蒙矢石，不避汤火之难者，为重赏使也。"汉代兵书《黄石公三略·上略》亦引《军谶》曰："军无财，士不来；军无赏，士不往。""香饵之下，必有悬鱼；重赏之下，必有死夫。"

招募办法的流行，和战国以来商品货币经济、雇佣关系的普遍发展，以及人们对金钱的渴望迅速升级有关。所谓："天下熙熙，皆为利来；天下攘攘，皆为利往。"为了让利益成为一种驱动力量，传统的"简选"办法有时也和募赏结合起来，称为"简募"。《后汉书》卷 73《刘虞传》："（初平）四年冬，遂自率诸屯兵众合十万人以攻（公孙）瓒。……瓒乃简募锐士数百人，因风纵火，直冲突之。"

但是，生命毕竟比金钱更为重要，所以在战斗里也会出现贪财应募，却临阵丧胆、畏惧不前的可笑现象。如《史记》卷 107《魏其武安侯列传》载："于是灌夫披甲持戟，募军中壮士所善愿从者数十人。及出壁门，莫敢前，独二人及从奴十数骑驰入吴军中。"

3. **强制征调**。这种办法主要用于少数民族。古代的国家往往也是多民族政权，民族关系是不平等的，征服者和被征服者之间存在着剥削、压迫。统治民族为了减少自身的伤亡，经常强制性地征调附属民族参战，并且命令他们在阵前迎敌。例如夏桀征汤，曾发"九夷之师"①。武王伐纣时，有羌、卢、髳、彭、巴、濮、邓、蜀八国军队随从。这些民族文明程度较低，保持着勇猛无畏的个性，具有很强的战斗力，有时敌人的阵列就是由他们首先突破的。如牧野之战当中，"巴师勇锐，歌舞以凌殷人，前徒倒戈，故世称之曰'武王伐纣，前歌后舞'也"②。

汉代军队里也经常包括少数民族，像楚汉战争时，双方都有善于骑射的游牧民族"楼烦"将士。还有用于"陷陈"的巴人。《华阳国志》卷1《巴志》："阆中有渝水，賨民多居水左右，天性劲勇，初为汉前锋，陷阵，锐气喜舞。（高）帝善之，曰：'此武王伐纣之歌也。'"③

西汉中央常备军"八校尉"之中，越骑校尉专门掌管由越人组成的骑兵；长水校尉负责掌管由长水胡人组成、驻扎于宣曲（今陕西省西安市长安区西）的骑兵；胡骑校尉专管由匈奴人组成、驻扎于池阳（今陕西省泾阳县西）的骑兵。东汉时期，政府曾征调乌桓骑兵参战，冲锋陷阵，屡立战功。例如《后汉书》卷18《吴汉传》曰："旦日，（周）建、（苏）茂出兵围汉。汉选四部精兵黄头吴河等，及乌桓突骑三千余人，齐鼓而进。建军大溃，反还奔城。"《后汉书》卷73《公孙瓒传》曰："中平中，以瓒督乌桓突骑，车骑将军张温讨凉州贼。"

另外，东汉政府对役使的羌族骑兵不付酬劳，还美其名曰"义从"④。甚至发生过"义从"因为服役太久，心怀怨愤而激起叛乱的事件。如《后汉书》卷65《段颎传》载延熹四年（161）冬，段颎将湟中义从讨上郡沈氏、陇西牢姐、乌吾诸羌，"凉州刺史郭闳贪共其功，稽固颎军，使不得进。义从役久，恋乡旧，皆悉反叛"。

---

① 《说苑》卷13《权谋》。
② 〔晋〕常璩撰，刘琳校注：《华阳国志校注》卷1《巴志》，巴蜀书社，1984年，第21页。
③ 〔晋〕常璩撰，刘琳校注：《华阳国志校注》卷1《巴志》，巴蜀书社，1984年，第37页。
④ 《后汉书》卷65《段颎传》。

（三）"陷陈"部队的兵种构成

汉代用于"陷陈"的部队，其兵种构成前后有所变化，大致上可以分成以下几个阶段：车兵为主——车骑混编——骑兵或步兵。

1. **秦楚之际——车兵为主**。据《史记》卷95《樊郦滕灌列传》记载，汉高祖刘邦在反秦战斗里多次获胜，得力于其帐下的车兵。这支部队由他的亲信、后任太仆的夏侯婴指挥，自沛县起兵后转战千里，进入关中，屡次建立功绩，陷阵破敌多是"以兵车趣攻战疾"。当时参与陷阵战斗的还有曹参、樊哙所率的步兵。可见《史记》卷54《曹相国世家》："从南攻犨，与南阳守齮战阳城郭东，陷陈，取宛，虏齮，尽定南阳郡。"《史记》卷95《樊郦滕灌列传·樊哙》："从攻围东郡守尉于成武，却敌，斩首十四级，捕虏十一人，赐爵五大夫。从击秦军，出亳南。河间守军于杠里，破之。击破赵贲军开封北，以却敌先登，斩侯一人，首六十八级，捕虏二十七人，赐爵卿。从攻破杨熊军于曲遇。攻宛陵。先登，斩首八级，捕虏四十四人，赐爵封号贤成君。"

据《史记》卷95《樊郦滕灌列传》记载，在这一阶段，刘邦军中的骑兵数量很有限，尚未设有骑将，最高指挥官仅是校尉；在反秦战争里也没有看到刘邦所部有车骑混编部队作战的记述。这可能和农民军中缺乏马匹和骑术训练有关。例如陈胜的部队，"比至陈，车六七百乘，骑千余，卒数万人"[1]，骑兵人数也很少，在比例上远低于步兵乃至车兵。而其对手、秦朝军队主力章邯所部却拥有混编的车骑部队，曾和起义军屡次交锋。[2]

---

① 《史记》卷48《陈涉世家》。

② 《史记》卷54《曹相国世家》："又攻下邑以西，至虞，击章邯车骑。"《史记》卷57《绛侯周勃世家》："攻蒙、虞，取之。击章邯车骑，殿。定魏地。"《史记》卷95《樊郦滕灌列传·樊哙》："还定三秦，别击西丞白水北，雍轻车骑于雍南，破之。……从击秦军车骑壤东，却敌，迁为将军。"

2. 楚汉战争至文景时期——扩建骑兵、车骑混编。楚汉战争开始后，由于项羽拥有一支数量众多的骑兵，而刘邦在这方面力量薄弱，部下的车兵及步兵机动性较差，故与其交锋常处于被动。为形势所迫，汉军不得不扩建自己的骑兵部队，任命灌婴为骑将，李必、骆甲为左右校尉，与项羽抗衡并扭转了不利的局面。事见《史记》卷95《樊郦滕灌列传·灌婴》：

> （汉王）西收兵，军于荥阳。楚骑来众，汉王乃择军中可为车骑将者，皆推故秦骑士重泉人李必、骆甲习骑兵，今为校尉，可为骑将。汉王欲拜之，必、甲曰："臣故秦民，恐军不信臣，臣愿得大王左右善骑者傅之。"灌婴虽少，然数力战，乃拜灌婴为中大夫，令李必、骆甲为左右校尉，将郎中骑兵击楚骑于荥阳东，大破之。

事后，这支部队在与敌人的骑兵交战和发起奇袭、追击时频频告捷[①]，为汉王朝的建立屡创功勋。西汉初年的战车部队和骑兵经常混编作战，逐渐成为精锐主力。灌婴多次率领车骑大军与敌对势力交锋，他本人的官职也是车骑将军。刘邦扩建骑兵之后，夏侯婴仍然以太仆的职务率领车兵作战，但是从其参加的战役情况来看，往往是和灌婴的骑兵共同行动，可见《史记》卷95《樊郦滕灌列传》所载二人的作战经历。

刘邦晚年反击匈奴和镇压异姓诸侯王叛乱，除了依靠中央政府的车骑，还大量征发各诸侯国的车骑参战。如灌婴"受诏并将燕、赵、齐、梁、楚车骑，击破胡骑于砀石"[②]。《史记》卷54《曹相国世家》曰："黥布反，（曹）参以齐相国从悼惠王将兵车骑十二万人，与高祖会击黥布军，大破之。"另据《汉官仪》所载："高祖命天下郡国选能引关蹶张、材力

---

① 《史记》卷8《高祖本纪》、卷95《灌婴传》所载灌婴率领骑兵在楚汉战争中的战绩。
② 《史记》卷95《樊郦滕灌列传·灌婴》。

武猛者，以为轻车、骑士、材官、楼船，……平地用车骑，山阻用材官，水泉用楼船。"① 也说明当时平原野战主要使用车骑部队。

直至景帝时，汉朝中央政府的精锐部队仍以车骑为主。见《史记》卷106《吴王濞列传》桓将军曰："吴多步兵，步兵利险；汉多车骑，车骑利平地。愿大王所过城邑不下，直弃去，疾西据洛阳武库，食敖仓粟，阻山河之险以令诸侯，虽毋入关，天下固已定矣。即大王徐行，留下城邑，汉军车骑至，驰入梁楚之郊，事败矣。"

虽然有关汉初"陷陈"部队的史料记载很少，但是根据以上情况大致可以判断，当时用于冲锋陷阵的军队主要应由车兵和骑兵共同构成。

3. 武帝至东汉时期——以骑兵为主。随着中央集权力量的巩固壮大，与地方割据势力的日益削弱，西汉王朝与匈奴的军事冲突逐渐上升到首要地位。匈奴全用骑兵，能够长途、迅速地运动作战。汉朝的车骑混编部队则相形见绌，战车的速度较慢，其行驶又要受到地形的许多限制，不如骑兵那样具备良好的机动性；作战时车辆的动员集结工作烦琐拖沓，骑兵则要简便迅捷得多；战车部队还无法出塞做远程、快速的进击。以上种种车兵的弊病，使与其混编的骑兵受到拖累，往往贻误战机。例如汉文帝十四年（前166），匈奴十余万骑入塞，"杀北地都尉卬，虏人民畜产甚多，遂至彭阳。使奇兵入烧回中宫，候骑至雍甘泉。……（文帝）大发车骑往击胡。单于留塞内月余乃去，汉逐出塞即还，不能有所杀"②。由于汉朝长期陷于被动不利的局面，"匈奴日已骄，岁入边，杀略人民畜产甚多，云中、辽东最甚，至代郡万余人，汉患之"③。

与匈奴交战屡次失败的教训，使西汉王朝的统治者认识到必须加强

---

①《后汉书》卷1下《光武帝纪下》建武七年（31）三月"丁酉"诏注引《汉官仪》。
②《史记》卷110《匈奴列传》。
③《史记》卷110《匈奴列传》。

军队建设，大力发展骑兵。如文帝曾颁布"马复令"，鼓励百姓养马，"令民有车骑马一匹者，复卒三人"[①]。景帝时又在西部、北部边郡设立"牧师苑"，饲养官马数十万匹。这些措施都有力地促进了马匹的繁殖，为大规模扩建骑兵做了充分的准备。至汉武帝时，骑兵已然成为对匈奴作战的主力，一次能够出动数万骑、十万骑，甚至十八万骑[②]，而笨重的战车则逐渐退出了战争舞台。虽然军队还配备有车辆，但是以混编车骑作为精锐突击力量的做法基本上不复存在了。从西汉武帝到东汉末年，军队主要是以步兵和骑兵混编作战，在多数情况下，由骑兵充当冲锋陷阵的主力。例如，刘秀在建立东汉王朝的战斗过程中屡屡获胜，和他拥有当时最强劲的骑兵——渔阳、上谷突骑，并多次用其攻破敌阵有一定关系。其事可参见《后汉书》卷18《吴汉传》："光武北击群贼，汉常将突骑五千为军锋，数先登陷陈。"《后汉书》卷19《耿弇传》："（张步）乃与三弟蓝、弘、寿及故大彤渠帅重异等兵号二十万，至临淄大城东，将攻弇。弇先出淄水上，与重异遇，突骑欲纵，弇恐挫其锋，令步不敢进，故示弱以盛其气，乃引归小城，陈兵于内。"后出其不意，"乃自引精兵以横突步陈于东城下，大破之"。《后汉书》卷22《景丹传》曰："从击王郎将兒宏等于南䜌，郎兵迎战，汉军退却，丹等纵突骑击，大破之，追奔十余里，死伤者从横。丹还，世祖谓曰：'吾闻突骑天下精兵，今乃见其战，乐可言邪？'"再如东汉末年，各路军阀的精锐部队亦多是骑兵，如前述吕布之"陷陈营"，公孙瓒之"白马义从""迸骑"[③]，曹操之"虎骑""虎豹骑"[④]，在战斗中往往直突敌阵，摧枯拉朽。

---

① 《汉书》卷24上《食货志上》。

② 《汉书》卷6《武帝纪》元封元年（前110）："出长城，北登单于台，至朔方，临北河，勒兵十八万骑，旌旗径千余里，威震匈奴。"

③ 《三国志》卷6《魏书·袁绍传》注引《英雄记》。

④ 《三国志》卷1《魏书·武帝纪》建安十六年（211）九月、卷9《魏书·曹仁传附纯传》。

　　4. 东汉三国的"陷陈"步兵。汉代的步兵由于装备了钢铁利刃、甲盾和强弩等武器，也具备了"陷陈"的能力。从史籍记载来看，东汉三国时期也出现了单纯由步兵兵种组成的"陷陈"部队，并能在对阵中屡屡获胜。例如昆阳之战中刘秀率领敢死者三千人冲破新莽敌阵。汉末界桥之战，公孙瓒"步兵三万余人为方陈，骑为两翼，左右各五千余匹，白马义从为中坚，亦分作两校，左射右，右射左，旌旗铠甲，光照天地。（袁）绍令麴义以八百兵为先登，强弩千张夹承之，绍自以步兵数万结陈于后"，公孙瓒见袁绍前锋步兵人少，便放纵骑兵冲击，"（麴）义兵皆伏盾下不动，未至数十步，乃同时俱起，扬尘大叫，直前冲突，强弩雷发，所中必倒，临陈斩瓒所署冀州刺史严纲甲首千余级。瓒军败绩，步骑奔走，不复还营"[①]。三国时孙吴有"丹杨锐卒刀盾五千，号曰青巾兵，前后屡陷坚陈"[②]。魏吴东兴之战，"（丁奉）乃使兵解铠著胄，持短兵。敌人从而笑焉，不为设备。奉纵兵斫之，大破敌前屯。会（吕）据等至，魏军遂溃"[③]。这些都是著名的战例。不过，骑兵行进的速度快、冲击力强，适于野战，仍是这一时期"陷陈"部队的主力兵种。

（四）"陷陈"部队的阵列部署和战术

　　汉代自武帝以降，车兵退出主力兵种的位置，作战部队多是步骑混编（也有纯用步兵或骑兵的）。阵列之内的兵力部署，通常分为阵首（前锋）、中坚、殿后和两翼。在野战对阵厮杀时，"陷陈"部队的部署通常有两种：

　　1. 置于阵首。即对敌正面，作为前锋，承担冲阵和反冲阵的任务。

---

① 《三国志》卷 6《魏书·袁绍传》注引《英雄记》。
② 《三国志》卷 48《吴书·孙皓传》注引干宝《晋纪》。
③ 《三国志》卷 55《吴书·丁奉传》。

例如前引昆阳之战中刘秀的敢死士、界桥之战中袁绍的八百名先登步卒、孙吴的丹杨锐卒刀盾五千等。《通典》卷 149 引曹操《步战令》,也讲到其阵中兵力分为前、中、后三部,"前陷,阵骑次之,游骑在后"。"前陷"即部署在阵前,执行陷阵任务的部队。

2. 置于两翼。汉代骑兵通常布置在方阵的两翼,以便发挥快速机动的特点,这沿袭了古时列阵将轻车锐骑置于两旁的习惯[1]。交战时,往往也使用两翼的骑兵作为"陷阵"部队,来突击敌阵。例如东汉灵帝建宁元年(168)春,段颎领兵与先零羌战于逢义山,"虏兵盛,颎众恐。颎乃令军中张镞利刃,长矛三重,挟以强弩,列轻骑为左右翼。激怒兵将曰:'今去家数千里,进则事成,走必尽死,努力共功名!'因大呼,众皆应声腾赴,颎驰骑于傍,突而击之,虏众大溃,斩首八千余级,获牛马羊二十八万头"[2]。再如前述界桥之战,"(公孙)瓒兵三万,列为方陈,分突骑万匹,翼军左右,其锋甚锐。绍先令麹义领精兵八百,强弩千张,以为前登。瓒轻其兵少,纵骑腾之"[3],也是此种战例。

随着汉代战争规模的扩大,参战人数、兵种的增加,以及作战地域的扩展,军事思想和指挥艺术也有了明显的进步。它的反映之一,就是"陷阵"战术的复杂化。将领可以根据不同的形势需要采取各种战法。这个时期的"陷阵"战术,除了使用简单的步骑纵队正面冲击外,大致还包括以下几种:

(1)斩将搴旗。司马迁曰:"陷阵却敌,斩将搴旗。"[4]即用少数精锐将士冲击敌阵,擒杀主将,夺取军旗,破坏其指挥系统,引起对方阵列的崩

---

[1]《孙子兵法·行军》:"轻车先出居其厕(侧)者,陈也。"《孙膑兵法·八阵》亦曰:"车骑与战者,分以为三,一在于右,一在于左,一在于后。"

[2]《后汉书》卷 65《段颎传》。

[3]《后汉书》卷 74《袁绍传》。

[4]《史记》卷 129《货殖列传》。

溃。例如吴楚七国之乱时，汉军勇将灌夫披甲持戟，率领所募壮士"及从奴十数骑驰入吴军中，至吴将麾下，所杀伤数十人，不得前，复驰还"①。

昆阳之战中刘秀率三千敢死突击敌阵中坚，斩杀主帅王寻，"城中亦鼓噪而出，中外合执，震呼动天地，莽兵大溃，走者相腾践，奔殪百余里间"②。

汉末袁曹白马之战，"（袁）绍遣大将颜良攻东郡太守刘延于白马，曹公使张辽及羽为先锋击之。羽望见良麾盖，策马刺良于万众之中，斩其首还，绍诸将莫能当者，遂解白马围"③。

（2）横击。避开敌人阵势强固的正面，从较为薄弱的侧翼发动攻击。例如东汉耿弇与军阀张步战于临淄，"（张）步气盛，直攻弇营，与刘歆等合战，弇升王宫坏台望之，视歆等锋交，乃自引精兵以横突步陈于东城下，大破之"④。

（3）阵后攻击。敌人的注意力和主要兵力通常是在阵列的正面，背后防御薄弱，不太重视，故选择这一方位作为突破口。《六韬》卷6《犬韬·战骑》就谈到过这种战术："武王曰：'九败奈何？'太公曰：'凡以骑陷敌，而不能破陈，敌人佯走，以车骑返击我后，此骑之败地也。'"

汉代亦有此种战例。如《后汉书》卷12《彭宠传》："宠果盛兵临河以拒（邓）隆，又别发轻骑三千袭其后，大破隆军。"建武四年（28）王霸、马武与周建、苏茂交战，"乃开营后，出精骑袭其背。茂、建前后受敌，惊乱败走"⑤。《后汉书》卷13《公孙述传》："述乃悉散金帛，募敢死士五千余人，以配（延）岑于市桥。伪建旗帜，鸣鼓挑战，而潜遣奇

①《史记》卷107《魏其武安侯列传》。

②《后汉书》卷1上《光武帝纪上》。

③《三国志》卷36《蜀书·关羽传》。

④《后汉书》卷19《耿弇传》。

⑤《后汉书》卷20《王霸传》。

兵出吴汉军后，袭击破汉。"

（4）后发制人。此种战术是把"陷陈"部队当作预备队，并不在交战之初投入战斗，而是等到双方激战正酣、敌军力量减耗时，突然发起冲击，打乱敌人阵形，以此获胜。如东汉建武十二年（36）吴汉、臧宫伐蜀，公孙述"乃自将数万人攻汉，使延岑拒宫。大战，岑三合三胜。自旦及日中，军士不得食，并疲，汉因令壮士突之，述兵大乱"①。前述建武四年王霸、马武讨伐周建、苏茂之役，"（马）武恃霸之援，战不甚力，为茂、建所败。武军奔过霸营，大呼求救。霸曰：'贼兵盛，出必两败，努力而已。'乃闭营坚壁。……茂、建果悉出攻武。合战良久，霸军中壮士路润等数十人断发请战"②，此时王霸才派兵出击，击溃敌军。

以上各种"陷陈"的战术，倘若得手，随后的主力部队便会跟进攻击，歼灭敌人。如果冲阵不利，遭到对方的反击或发生混战，就难说鹿死谁手了。

综上所述，"陷陈"一词在战国秦汉的出现，有着深刻复杂的历史背景，它不仅代表着一般意义上的冲锋陷阵，而且反映了当时军中普遍设置的敢死分队组织与纵队突击敌阵的各种战术，属于铁器时代军事领域的新生事物，值得我们关注和研究探讨。

---

① 《后汉书》卷13《公孙述传》。
② 《后汉书》卷20《王霸传》。